Lippincott®
Illustrated Reviews:
Bioquímica

8.ª edición

Lippincott®
Illustrated Reviews:
Bioquímica

8.ª edición

Emine Ercikan Abali, PhD

Assistant Dean for Basic Science Curriculum

CUNY School of Medicine

New York, New York

Susan D. Cline, PhD

Professor of Biochemistry

Department of Biomedical Sciences

Mercer University School of Medicine

Macon, Georgia

David S. Franklin, PhD

Professor of Biochemistry & Molecular Biology

Tulane University School of Medicine

New Orleans, Louisiana

Susan M. Viselli, PhD

Professor of Biochemistry & Molecular Genetics

College of Graduate Studies

Midwestern University

Downers Grove, Illinois

. Wolters Kluwer

Philadelphia · Baltimore · New York · London
Buenos Aires · Hong Kong · Sydney · Tokyo

Av. Carrilet, 3, 9.ª planta – Edificio D
Ciutat de la Justícia
08902 L'Hospitalet de Llobregat
Barcelona (España)
Tel.: 93 344 47 18
Fax: 93 344 47 16
e-mail: consultas@wolterskluwer.com

Revisión científica:

Dr. C Ana María Guadalupe Rivas Estilla
Profesor y Jefe de Departamento de Bioquímica y Medicina Molecular de la Facultad de Medicina de la Universidad Autónoma de Nuevo León (UANL)

Dr. C Gerardo Raymundo Padilla Rivas
Profesor, Departamento de Bioquímica y Medicina Molecular de la Facultad de Medicina de la UANL

Dr. Med Blanca Esthela Alvarez Salas
Profesor, Departamento de Bioquímica y Medicina Molecular de la Facultad de Medicina de la UANL

Dr. C Daniel Arellanos Soto
Profesor, Departamento de Bioquímica y Medicina Molecular de la Facultad de Medicina de la UANL

Dr. Med Paulina Delgado González
Profesor, Departamento de Bioquímica y Medicina Molecular de la Facultad de Medicina de la UANL

Dr. Federico Martínez Montes
Departamento de Bioquímica, Facultad de Medicina, Universidad Nacional Autónoma de México

Traducción:
Q.B.P. Mayra Lerma Ortiz
Lic. Leonora Véliz Salazar
Lic. Penélope Martínez Herrera

Director editorial: Carlos Mendoza
Editora de desarrollo: Cristina Segura Flores
Gerente de mercadotecnia: Simon Kears
Cuidado de la edición: Olga Adriana Sánchez Navarrete
Adaptación de portada: Jesús Mendoza M.
Maquetación: Carácter Tipográfico/Eric Aguirre • Aarón León • Ernesto A. Sánchez
Impresión: C&C Offset-China
Impreso en China

Dedicatoria

Esta edición está dedicada a los que enseñamos y a los que nos enseñaron.

Emine Ercikan Abali, PhD

Susan D. Cline, PhD

David S. Franklin, PhD

Susan M. Viselli, PhD

Agradecimientos

Agradecemos a los autores fundadores de este título, los ya fallecidos Dra. Pamela Champe y Dr. Richard Harvey, que crearon las cuatro primeras ediciones, y a la Dra. Denise Ferrier, que fue coautora o autora de las tres ediciones siguientes. Nos hemos esforzado por continuar su labor de excelencia con la presente edición.

Valoramos a los numerosos miembros de la Association of Biochemistry Educators que aportaron una revisión crítica de los nuevos materiales producidos para esta edición.

Estamos agradecidos con el equipo de Wolters Kluwer. Nuestro reconocimiento a Lindsey Porambo por su estímulo e inestimable apoyo a lo largo de este proyecto, a Andrea Vosburgh por su orientación y su eficiente edición de desarrollo, y a Sean Hanrahan por su hábil coordinación editorial.

Editor colaborador, Preguntas de revisión de la unidad en línea

Jana M. Simmons, PhD
President, Association of Biochemistry Educators
Associate Professor
Department of Biochemistry and Molecular Biology
Michigan State University, College of Human Medicine
Grand Rapids, Michigan

Revisores

James D. Baleja, PhD
Associate Professor,
Departments of Medical Education and Developmental,
Molecular, and Chemical Biology
Tufts University School of Medicine
Boston, Massachusetts

Katelyn Carnevale, PhD
Assistant Professor,
Division of Biochemistry,
Department of Medical Education
Dr. Kiran C. Patel College of Allopathic Medicine
Nova Southeastern University
Fort Lauderdale, Florida

Gergana Deevska, PhD
Assistant Professor of Biochemistry
Idaho College of Osteopathic Medicine
Meridian, Idaho

Joseph Fontes, PhD
Professor,
Department of Biochemistry and Molecular Biology
Assistant Dean of Foundational Sciences,
Office of Medical Education
University of Kansas School of Medicine
Kansas City, Kansas

N. Kevin Krane, MD, FACP, FASN
Vice Dean for Academic Affairs
Professor of Medicine
Tulane University School of Medicine
New Orleans, Louisiana

Michael A. Lea, PhD
Professor,
Department of Biochemistry and Molecular Biology
Rutgers New Jersey Medical School
Newark, New Jersey

Pasquale Manzerra, PhD
Assistant Dean,
Medical Student Affairs and Admissions
Assistant Professor of
Biochemistry and Director of Medical Student Research
Sanford School of Medicine
The University of South Dakota
Vermillion, South Dakota

Richard O. McCann, PhD
Associate Dean of Admissions
Professor of Biochemistry
Mercer University School of Medicine
Macon, Georgia

Darla McCarthy, PhD
Assistant Dean of Curriculum
Associate Teaching Professor, Biochemistry
Department of Basic Medical Sciences
School of Medicine
University of Missouri-Kansas City
Kansas City, Missouri

Gwynneth Offner, PhD
Assistant Dean of Admissions
Director, Medical Sciences Program
Associate Professor of Medicine
Boston University School of Medicine
Boston, Massachusetts

Chante Richardson, PhD
Associate Professor of Biochemistry
Alabama College of Osteopathic Medicine
Dothan, Alabama

Scott Severance, PhD
Assistant Professor of Biochemistry
Department of Molecular and Cellular Science
College of Osteopathic Medicine
Liberty University
Lynchburg, Virginia

Luigi Strizzi, MD, PhD
Associate Professor of Pathology
College of Graduate Studies
Midwestern University
Downers Grove, Illinois

Tharun Sundaresan, PhD
Associate Professor of Biochemistry
Director,
Molecular and Cellular Biology (MCB)
Graduate Program
Uniformed Services University of the
Health Sciences (USUHS)
Bethesda, Maryland

Prefacio

La bioquímica es el estudio de la forma en que el cuerpo utiliza las sustancias nutritivas de la dieta para fabricar bloques de construcción, combustibles y moléculas de comunicación para las células. También incluye los procesos por los que las sustancias químicas se transforman y se eliminan dentro del organismo. Este libro ofrece una revisión breve e ilustrativa de estos complejos mecanismos. Al hacerlo, el libro también ofrece ejemplos de una útil herramienta de organización llamada mapa conceptual. A continuación se ofrece una explicación de los mapas conceptuales para que pueda utilizarlos mientras estudia bioquímica, y quizás crear sus propios mapas conceptuales en sus estudios.

Mapas conceptuales

En ocasiones los estudiantes ven la bioquímica como una lista de datos o ecuaciones que deben memorizar, en lugar de un conjunto de conceptos que deben entenderse en el contexto de la persona en general. Los detalles proporcionados para enriquecer la comprensión de estos conceptos se convierten de forma inadvertida en distracciones. Lo que parece faltar es una guía, o un tipo de ruta, que proporcione al estudiante una comprensión del contexto de cómo varios temas encajan para contar una historia. En este texto se ha creado una serie de mapas conceptuales bioquímicos para ilustrar de forma gráfica las relaciones entre las ideas y las conexiones entre los conceptos. Estos se presentan cerca del final de cada capítulo para mostrar cómo se puede agrupar u organizar la información. Un mapa conceptual es, por lo tanto, una herramienta para visualizar las conexiones entre conceptos. El material se representa de forma jerárquica, con los conceptos más inclusivos y generales en la parte superior del mapa, y los conceptos más específicos y menos generales dispuestos debajo. Lo ideal es que los mapas conceptuales funcionen como plantillas o directrices para organizar la información, de modo que el alumno pueda encontrar con facilidad las mejores formas de ayuda a la integración de la nueva información con los conocimientos que ya posee. A continuación se describe la construcción de los mapas conceptuales.

A: recuadros de conceptos y enlaces

Los educadores definen los conceptos como "regularidades percibidas en eventos u objetos". En los mapas bioquímicos, los conceptos incluyen abstracciones (p. ej., energía libre), procesos (p. ej., fosforilación oxidativa) y compuestos (p. ej., glucosa 6-fosfato). Estos conceptos, definidos en términos generales, se priorizan con la idea central situada en la parte superior de la página. Los conceptos que se desprenden de esta idea central se dibujan a continuación en recuadros (véase figura, parte A). El tamaño de la letra indica la importancia relativa de cada idea. Se dibujan líneas entre los recuadros de los conceptos para mostrar cuáles están relacionados. El rótulo de la línea define la relación entre dos conceptos, de modo que se lea como una afirmación válida (es decir, la conexión crea significado). Las líneas con puntas de flecha indican en qué dirección debe leerse la conexión.

B: enlaces a otras partes de un mapa

A diferencia de los diagramas de flujo o esquemas lineales, los mapas conceptuales pueden contener enlaces cruzados que permiten al lector visualizar relaciones complejas entre las ideas representadas en diferentes partes del mapa (véase figura, parte B) o entre el mapa y otros capítulos de este libro (véase figura, parte C) o con otros libros de la serie *Lippincott® Illustrated Reviews* (p. ej., *Lippincott® Illustrated Reviews: Biología molecular y celular*). Estos enlaces pueden ayudar a identificar los conceptos que son centrales en más de un tema de la bioquímica, lo que permite a los estudiantes ser eficaces en situaciones clínicas y en los exámenes de licencia profesional que requieren la integración del material. Estos mapas con enlaces proveen una ayuda visual para representar relaciones no lineales entre hechos, en contraste con las referencias cruzadas dentro del texto lineal y los conceptos. El primer ejemplo de un mapa conceptual completo puede encontrarse al final del capítulo 2 (fig. 2-13).

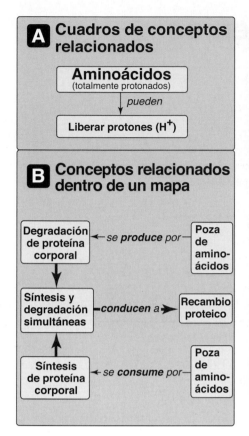

A Cuadros de conceptos relacionados

Aminoácidos
(totalmente protonados)

pueden

Liberar protones (H⁺)

B Conceptos relacionados dentro de un mapa

Degradación de proteína corporal ←*se produce por*— Poza de aminoácidos

Síntesis y degradación simultáneas —*conducen a*→ Recambio proteico

Síntesis de proteína corporal ←*se consume por* Poza de aminoácidos

C Conceptos vinculados con otros capítulos en el libro

. . . cómo se dobla la proteína en su conformación nativa

Estructura de las proteínas **3**

Uso recomendado para este libro de texto y otros recursos

Este libro es una revisión exhaustiva de la bioquímica. Además de mapas conceptuales y figuras ilustrativas, se incluyen recuadros clínicos para ofrecer a los estudiantes la aplicación biológica o médica de los conceptos. También se anima a los estudiantes a desafiar su comprensión de la información que han leído a partir de la resolución de preguntas de estudio al final de cada capítulo y en el banco de preguntas disponible en línea.

Contenido

UNIDAD I: *Agua y estructura, y función de las proteínas*

UNIDAD II: *Bioenergética y metabolismo de los carbohidratos*

UNIDAD III: *Metabolismo de los lípidos*

UNIDAD IV: *Metabolismo del nitrógeno*

UNIDAD V: *Integración del metabolismo*

Agua y pH

1

Dr. Daniel Arellanos Soto
Revisión científica: Dra. Ana Ma. Rivas Estilla

I. GENERALIDADES

La molécula del agua (H_2O) es la que más abunda en los sistemas biológicos. Existe evidencia científica de la participación del agua en los procesos que permitieron el origen de la vida en nuestro planeta; ha sido tan importante este elemento que sin su presencia los seres vivos no hubieran podido desarrollarse. El aprendizaje de la bioquímica implica el entendimiento inicial de que la unidad más pequeña que consideramos con las características de un ser vivo es la célula. Tomando en cuenta que las células son estructuras formadas por carbohidratos, proteínas, lípidos y ácidos nucleicos, resulta importante comprender que estas moléculas no se encuentran suspendidas en el aire o en un medio sólido. En este capítulo se discute la importancia del agua en los procesos bioquímicos; sus características moleculares, fisicoquímicas; sus funciones principales, y las posibles aplicaciones terapéuticas de las soluciones acuosas.

II. INTRODUCCIÓN

La principal matriz biológica que envuelve y contiene a todos los elementos necesarios para la vida es el agua. Dentro de esta fase continua, y aunque se le pudiera considerar un líquido inerte, sus características físicas y químicas son las responsables del correcto funcionamiento de todas las biomoléculas. Durante el periodo prebiótico en nuestro planeta, las sustancias primordiales estaban suspendidas en un caldo primigenio formado principalmente por agua líquida. La actividad volcánica de la Tierra en formación ocasionaba la evaporación de los océanos, lo cual dio origen a la atmósfera primitiva, la cual con su actividad eléctrica catalizó la condensación de elementos para generar las primeras biomoléculas. La existencia del agua líquida por tanto, es una pieza fundamental en el origen de los primeros organismos unicelulares. En la actualidad todos los seres vivos somos altamente dependientes de la existencia del agua en nuestro planeta.

A. Importancia

El agua es el compuesto más abundante en todos los organismos vivos que conocemos. En el caso de algunas plantas y animales marinos como las medusas, el agua constituye más de 95% del volumen de dichos organismos. En los seres humanos, el agua constituye cerca de 70% de la composición corporal: un individuo de 70 kg de peso contiene aproximadamente 50 L de agua.

El agua es el solvente en el que se llevan a cabo las reacciones de síntesis y degradación de biomoléculas, la obtención de energía y los procesos respiratorios; también contribuye a la correcta actividad enzimática al poseer diversos iones en solución y a la regulación de las funciones biológicas como termorregulación, equilibrio ácido-base y transporte de moléculas a través de membranas, entre muchas otras.

B. Distribución

En la Tierra, el agua se encuentra en sus tres estados de agregación: líquido, sólido y gaseoso. La totalidad del agua que encontramos en nuestro planeta conforma la hidrosfera, y resulta interesante tomar en cuenta que considerando su estructura química y comparándola contra otros solventes, se le encuentre en estado líquido a temperatura ambiente. El agua cubre poco más de 70% de la superficie del planeta. Cerca de 95% del agua total forma parte de mares y océanos; aproximadamente 2% se encuentra en yacimientos subterráneos; 2% forma parte de glaciares y menos de 1% contribuye a la composición atmosférica. Del total del agua que hay en la Tierra, solo 3% es agua dulce y de este porcentaje solo 1% se encuentra en estado líquido (*véase* la fig. 1-1).

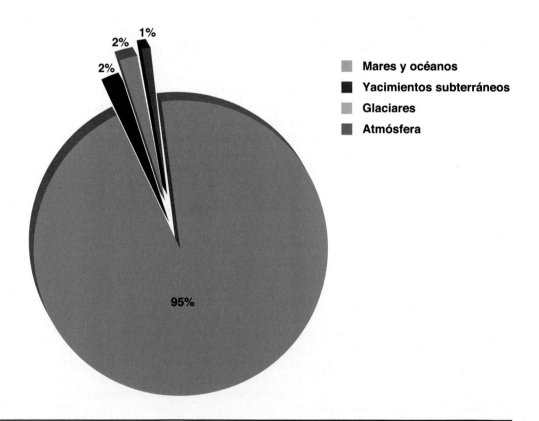

Figura 1-1

Distribución del agua en la Tierra. El agua total de la Tierra se concentra principalmente en mares y océanos (95%); el restante 5% se distribuye en yacimientos subterráneos (2%), glaciares (2%) y, en la menor proporción, en la atmósfera terrestre (1%).

El ciclo del agua o ciclo hidrológico se define como el intercambio continuo de agua entre la hidrósfera y la atmósfera, por lo que las proporciones de agua líquida, sólida y gaseosa en la Tierra fluctúan continuamente. La energía solar evapora el agua líquida presente en mares, ríos, lagos y cascos polares. La disminución de la temperatura a nivel atmosférico ocasiona la condensación del vapor de agua y su posterior precipitación, para ser transportada de regreso al mar por medio de ríos superficiales o por infiltración en subsuelo hacia ríos subterráneos (*véase* la fig. 1-2).

Se considera que poco más de dos terceras partes del cuerpo humano están constituidas por agua, aunque esto varía debido a múltiples factores como edad, peso, sexo y estado general de salud. La composición del embrión humano es aproximadamente 97% agua, en recién nacidos el porcentaje de agua corporal llega a alcanzar 73% y se va reduciendo conforme el individuo va creciendo. En el hombre promedio se considera que 58 ± 8% del peso corporal es agua, mientras que en una mujer promedio es de 48 ± 6%. La cantidad de agua en un individuo es inversamente proporcional a la cantidad de tejido adiposo, por tanto entre más tejido adiposo, menor cantidad de agua presente (*véase* la fig. 1-3).

Se estima que cerca de 70% del agua del cuerpo humano se encuentra en el interior de las células, mientras que el 30% restante forma parte del fluido extracelular. El requerimiento diario de agua para cada individuo es variable. Aunque existen referencias sin sustento científico que indican que necesitamos consumir 2 L de agua diarios, el consumo

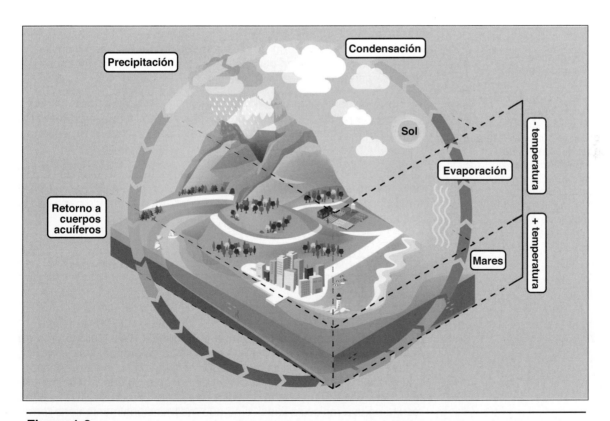

Figura 1-2
Ciclo del agua. El Sol emite calor sobre la superficie del mar y evapora agua hacia la atmósfera. La temperatura posee una relación inversamente proporcional con la altitud, en la superficie terrestre es mayor y disminuye conforme aumenta la altitud, esta propiedad favorece la evaporación y condensación en nubes en alturas más bajas y la precipitación en forma de lluvia cuando se alcanza una altura mayor. El agua de lluvia se filtra y se colecta en ríos y mantos subterráneos para después regresar al mar.

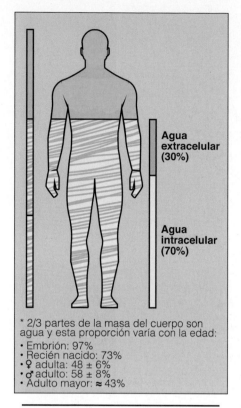

Agua
extracelular
(30%)

Agua
intracelular
(70%)

* 2/3 partes de la masa del cuerpo son
agua y esta proporción varía con la edad:
• Embrión: 97%
• Recién nacido: 73%
• ♀ adulta: 48 ± 6%
• ♂ adulto: 58 ± 8%
• Adulto mayor: ≈ 43%

Figura 1-3
Proporciones de agua en el
cuerpo humano. El agua compone
aproximadamente 2/3 de la masa del
cuerpo humano y esta proporción
cambia conforme a la edad y el
género. En un recién nacido, su
masa está compuesta principalmente
por agua mientras que un adulto
mayor la proporción disminuye a
alrededor de 43%. También existe
una diferencia entre géneros de
alrededor de 10%. La mayoría del
agua (70%) se encuentra en el
compartimento intracelular.

diario es dependiente de múltiples factores como el peso del individuo,
temperatura ambiental o actividad física, entre otros.

> El total de agua del cuerpo humano puede medirse por medio
> de diferentes técnicas, como la cuantificación por espectrome-
> tría de masas de la cantidad de isótopos del hidrógeno en el
> aliento de un individuo o mediante sistemas electrónicos. Por
> medio de básculas de bioimpedancia eléctrica, aparte de obte-
> ner el peso del individuo y la cantidad de agua corporal total,
> podemos calcular su proporción de masa muscular y tejido
> graso.

C. Funciones principales

Las funciones principales del agua en los seres vivos se deben a sus
características físicas y químicas; entre las más importantes están las
siguientes:

- Tiene un rol primordial como solvente universal y principal matriz biológica de los seres vivos.

- Forma parte fundamental del citoplasma celular así como de la matriz
  extracelular, permitiendo la movilidad de moléculas disueltas.

- Proporciona resistencia a células y tejidos.

- Permite la correcta termorregulación debido a su elevado calor específico, aunque también participa en procesos de enfriamiento cuando
  la temperatura corporal se eleva.

- Funciona como amortiguador mecánico: la elevada cohesión intramolecular le permite al agua formar parte de fluidos lubricantes como los
  líquidos cefalorraquídeo y sinovial, que absorben impactos mecánicos
  y disminuyen la fricción en las articulaciones, respectivamente.

La gran capacidad que tiene el agua como solvente le permite contener moléculas que el organismo debe desechar, siendo filtradas a nivel
renal y posteriormente eliminadas por vía urinaria o formando parte de las
heces en el tubo digestivo.

III. ESTRUCTURA Y PROPIEDADES MOLECULARES

A. Estructura atómica

El agua es una **molécula triatómica** con fórmula H_2O. Cada átomo de
hidrógeno posee un núcleo formado por un protón cargado positivamente,
rodeado por una nube electrónica conformada por un solo electrón; mientras que el oxígeno en su núcleo contiene ocho protones y ocho neutro-
nes, rodeados por una nube de ocho electrones. La unión H—O—H no
resulta en una molécula lineal, sino que tridimensionalmente tiene forma
tetraédrica, puesto que el átomo de oxígeno presenta una hibridación
tipo sp^3. El oxígeno se encuentra ubicado al centro de la estructura tetraédrica, y en dos de los vértices se encuentran los hidrógenos, donde generan un ángulo de enlace de 104° 5′. Un **mol** de agua líquida pura tiene
un peso fórmula aproximado de 18 g. Esto significa que 18 g de agua
equivalen a 6.02×10^{23} moléculas (**número de Avogadro**). Tomando en

cuenta que 1 L de agua tiene una masa aproximada de 1 kg, en él podemos encontrar 3.3×10^{25} moléculas de agua.

B. Enlaces

El agua es una molécula eléctricamente neutra, pero polar. El átomo de hidrógeno y el átomo de oxígeno tienen diferentes electronegatividades (2.2 para H y 3.44 para O). Los enlaces presentes en su estructura son del tipo covalente simple, donde cada hidrógeno aporta un electrón para completar el octeto de la capa de valencia del oxígeno. La longitud de los enlaces covalentes O−H en la molécula es aproximadamente de 0.097 nm en el agua líquida. Posterior a la generación de dichos enlaces covalentes con los átomos de hidrógeno, el oxígeno permanecerá con dos pares de electrones no compartidos que permitirán que el agua pueda interactuar con otros compuestos electroatractores.

Debido a que la electronegatividad del oxígeno es mayor, los electrones de los hidrógenos se encuentran ligeramente desplazados hacia el núcleo del oxígeno, presentándose una asimetría eléctrica en la cual la densidad de electrones es mayor al centro de la molécula y menor en sus extremos. Este fenómeno se denomina **momento dipolar** y le otorga al agua su característica de solvente universal: el oxígeno presentará una carga parcial negativa ($\delta-$), mientras que los hidrógenos una carga parcial positiva ($\delta+$) (*véase* la fig. 1-4).

C. Interacciones en sistemas acuosos: puente de hidrógeno

La polaridad del agua le proporciona la capacidad para interactuar con ella misma o con otras sustancias polares. La existencia del momento dipolar y los pares de electrones no compartidos en el átomo de oxígeno dan origen a una interacción electrostática, similar a un enlace, denominada **puente de hidrógeno**. Dentro del agua líquida, los puentes de hidrógeno se generan cuando los electrones no compartidos en el átomo de oxígeno atraen al hidrógeno de otra molécula de agua debido a que presentan cargas parciales positivas (*véase* la fig. 1-5).

Los puentes o enlaces de hidrógeno son relativamente débiles, ya que poseen menos de 10% de la fuerza de un enlace covalente. La longitud del puente de hidrógeno es de 0.186 nm, longitud mayor que la de los enlaces covalentes que forman la molécula del agua. Se requieren 23 kJ/mol para romper un puente de hidrógeno, mientras que los enlaces covalentes de la molécula del agua necesitan 470 kJ/mol para su ruptura, por lo cual se trata de interacciones relativamente débiles. El tiempo de vida de un puente de hidrógeno es de 1 a 20 picosegundos, sin embargo la alta densidad molecular presente en el agua ocasiona que los puentes de hidrógeno se rompan y se formen de manera continua, y que la energía requerida para la ruptura de todos los puentes de hidrógeno sea muy alta. Una molécula de agua puede participar en cuatro puentes de hidrógeno de forma simultánea, ya que puede aceptar dos hidrógenos en los dos pares de electrones no compartidos del oxígeno, y puede donar dos hidrógenos a un átomo de oxígeno circundante.

Los puentes de hidrógeno no se forman exclusivamente entre moléculas de agua, también se presentan cuando el agua interactúa con solutos polares que tienen en su estructura átomos electronegativos con pares de electrones no compartidos (en general oxígeno o nitrógeno), y átomos de hidrógeno unidos de forma covalente a estos átomos electronegativos. Los átomos que poseen los pares de electrones no compartidos se con- vierten en aceptores de hidrógeno. Los hidrógenos enlazados de forma covalente a cadenas de carbono no participan en la formación de puentes de hidrógeno (*véase* la fig. 1-6).

Biológicamente los puentes de hidrógeno tienen una alta importancia en múltiples procesos como la disolución de sustancias polares; la

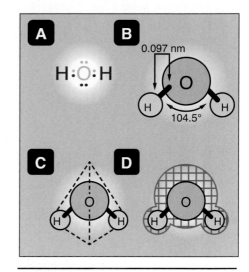

Figura 1-4
Estructura atómica. **A)** Estructuras de Lewis que ejemplifican la forma en la cual los elementos comparten sus electrones en el enlace covalente. **B)** Ángulo y longitud del enlace H-O. **C)** Forma tridimensional tetraédrica de la molécula de agua. **D)** Distribución de la nube electrónica (red verde), la mayor densidad se encuentra distribuida en la región del oxígeno.

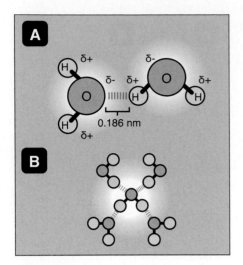

Figura 1-5

Puente de hidrógeno. **A)** Una molécula de agua forma puentes de hidrógeno con otra; los puentes (*azul*) poseen una longitud de 0.186 nm. Las cargas parciales de cada molécula se ilustran en rojo. **B)** Mediante puentes de hidrógeno, cada molécula de agua puede enlazarse con hasta cuatro moléculas más.

unión de las dos hebras del ADN; la interacción entre ADN y ARN; la formación de estructuras secundarias, terciarias y cuaternarias en cadenas proteicas; estabilidad y reconocimiento de sitios activos enzimáticos, entre otros. La constante formación y la ruptura de puentes de hidrógeno en la molécula de agua definen las propiedades fisicoquímicas tan peculiares que se observan en este líquido cuando se le compara con otros solventes.

IV. PROPIEDADES FISICOQUÍMICAS

El agua es una molécula de gran importancia en las reacciones bioquímicas. Puede coexistir en la naturaleza en tres estados de agregación, donde cada uno recibe un nombre específico: hielo, en estado sólido; agua, *per se* en estado líquido, y vapor, en estado gaseoso. En estado líquido, el agua pura presenta tres características organolépticas que la definen: es incolora (sin color), inodora (sin olor) e insípida (sin sabor) (*véase* la Tabla 1-1).

El hielo, agua líquida y vapor son interconvertibles cuando se adiciona o se remueve energía de las moléculas de agua. Si la presión se mantiene constante (1 atmósfera/760 mm Hg), cuando se administra energía en forma de calor al agua líquida, sus moléculas adquieren energía cinética, de tal manera que al alcanzar una temperatura de 100°C, se presenta el cambio de fase líquida a vapor en un proceso denominado **evaporación**. En cambio, si al vapor se le enfría a una temperatura menor a los 100°C, las moléculas comienzan a perder energía y se regenerará el agua líquida (**condensación**). Cuando se le resta energía al agua líquida, el movimiento de sus moléculas comenzará a disminuir, por tanto, las moléculas que conforman al líquido se acercarán y formarán redes cristalinas. Si la temperatura disminuye a 0°C, el agua líquida se congelará, volviéndose hielo (**solidificación**).

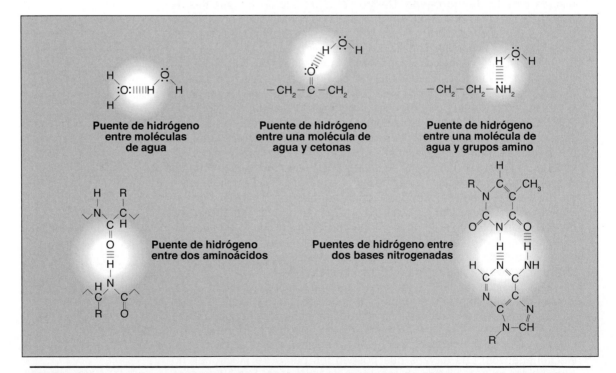

Figura 1-6

Formación de puentes de hidrógeno entre diferentes sustancias. Los puentes de hidrógeno (*azul*) se pueden formar entre diferentes moléculas; por ejemplo, agua con agua, agua con cetonas, agua con grupos amino, entre dos aminoácidos o entre dos bases nitrogenadas.

TABLA 1-1 Características fisicoquímicas del agua	
Característica	**Valor**
Fórmula	H_2O
Peso molecular	18.01 g/mol
Densidad	1 g/cm^3 (líquido) y 0.92 g/cm^3 (hielo)
Punto de fusión	0 °C (273 °K) a 1 atm
Punto de ebullición	99.8 °C (373 °K) a 1 atm
pH	7
Calor específico	1 cal/g °C
Calor de vaporización	40.7 kJ/mol a 0 °C
Constante dieléctrica	78.5 a 25 °C

En cambio, si al hielo se le calienta por arriba de los 0 °C, sus moléculas ganarán energía cinética y regresará a estado líquido en un proceso denominado **fusión** (*véase* la fig. 1-7).

Aunque el agua es incolora en cantidades pequeñas, utilizando técnicas de medición de la absorción de luz, se ha demostrado que absorbe débilmente en la zona roja del espectro de luz visible, reflejando un tenue color azul turquesa observable para el ojo humano cuando el agua se encuentra en grandes cantidades, como en lagos y océanos.

A continuación se analizarán las principales características fisicoquímicas del agua: calor específico, calor de vaporización, tensión superficial, capila-

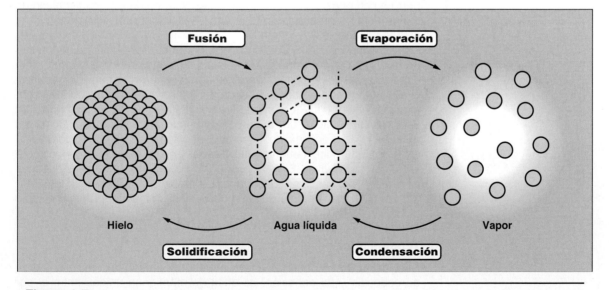

Figura 1-7

Estados de agregación del agua y cambios de estado. El acomodo entre las moléculas de agua (*azul*) varía de acuerdo con el estado de la materia en que se encuentren. En el estado sólido, las moléculas están muy organizadas y unidas; en el líquido, se encuentran separadas pero con interacciones entre sí y con movimiento; en el estado gaseoso se encuentran dispersas y con movimiento libre. Las flechas indican las direcciones y los nombres de los cambios de fase entre cada estado de agregación.

ridad, constante dieléctrica, conductividad eléctrica, capacidad de ionización y densidad.

A. Calor específico

El calor específico es la cantidad de calor que se requiere para elevar un grado centígrado 1 g de una sustancia. En el caso del agua, su calor específico es de 1 cal/g°C, y es más alto que el de muchas sustancias comunes. En el agua líquida los puentes de hidrógeno se rompen y forman continuamente, puesto que las moléculas se encuentran en movimiento constante. Debido a la gran cantidad de puentes de hidrógeno presentes en el agua líquida y la cantidad de energía que se requiere para romperlos, el agua líquida tiene la capacidad de absorber grandes cantidades de calor sin que se presenten incrementos significativos en su temperatura, al transformarlo en energía cinética.

B. Calor de vaporización

El calor de vaporización o entalpía de vaporización es la cantidad de calor requerido para ocasionar el cambio de de 1 g de sustancia en estado líquido a gaseoso. El agua posee un calor de vaporización alto, es decir, grandes cantidades de calor pueden aplicarse sin que se presenten cambios significativos en su estado de agregación. Asimismo, su calor de vaporización es muy elevado (40.7 kJ/mol a 0°C o 273°K) si se le compara con el de otros solventes como el etanol (40.5 kJ/mol a 77°C) o el del hexano (31.9 kJ/mol a 61°C); esta característica le permite conservar el estado líquido a temperatura ambiente.

La gran cantidad de puentes de hidrógeno presentes en el agua líquida, en conjunto con su elevado calor específico, hace que el agua requiera gran cantidad de calor para pasar del estado líquido al gaseoso. La administración de calor al agua ocasiona un aumento en la energía cinética de las moléculas que la conforman, haciendo que se acerquen y se alejen entre ellas. Al momento de alejarse de las moléculas con las cuales se forman los puentes de hidrógeno iniciales, creando puentes nuevos con otras moléculas de agua, requiriendo de la administración de mayor energía para que se separen lo suficiente para poder cambiar al estado gaseoso.

El agua líquida se encuentra en equilibrio con su fase de vapor, con un leve intercambio entre las moléculas de agua que se evaporan en la superficie del líquido con las que se condensan en la fracción gaseosa. El elevado calor específico del agua, junto con su elevado calor de vaporización, hacen del agua uno de los solventes con uno de los puntos de ebullición más altos, 100°C, en contraste con 78°C del etanol, 65°C del metanol y 68°C del hexano. El calor específico y el calor de vaporización del agua están directamente relacionados con su capacidad termorreguladora en seres vivos. El calor específico del agua permite a los océanos absorber 1 000 veces más calor que la atmósfera sin cambiar su temperatura, funcionando como el sistema que reduce el efecto del calentamiento global (*véase* la fig. 1-8).

C. Tensión superficial

El agua es un compuesto cuyas moléculas presentan una alta fuerza de cohesión y de adhesión, es decir se mantienen unidas entre sí por fuerzas intermoleculares y pueden interactuar con otros cuerpos diferentes (razón por la cual el agua 'moja'). La gran cantidad de puentes de hidrógeno en el agua la convierten en un líquido casi incompresible. Una consecuencia de esta alta cohesión es la tensión superficial, que se define como la resistencia que presenta la superficie de un líquido a ser

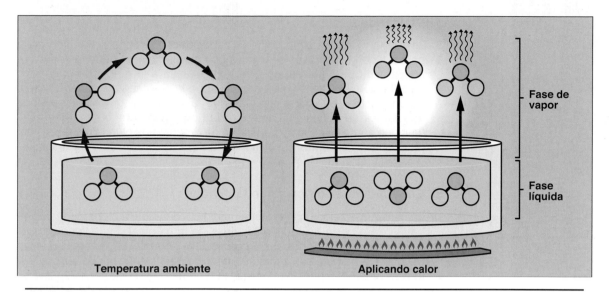

Figura 1-8

Equilibrio líquido-gas en el agua. Se ilustran dos contenedores con agua. El de la izquierda se encuentra a temperatura ambiente, y se observa que las moléculas de la fase líquida se evaporan rápidamente pero se vuelven a integrar por condensación a la fase líquida. Al contenedor de la derecha se le ha aplicado calor, de tal forma que las moléculas del líquido comienzan a ganar energía y salen despedidas hacia la fase de vapor, rompiendo el equilibrio líquido-gas que se presenta a temperatura ambiente y cambiando de fase a vapor. Las moléculas de agua en el vapor tienen movimiento libre y sin restricción, indicado por flechas delgadas.

penetrada. El agua a 20 °C tiene una tensión superficial de 72.8 dinas/cm, mientras que la del etanol es de 22.3 dinas/cm y la del mercurio líquido, de 465 dinas/cm.

La superficie de un líquido se comporta como una película capaz de alargarse y contribuye a que los cuerpos ligeros puedan flotar en la superficie del agua aun cuando su densidad sea superior. La elevada tensión superficial del agua hace que, cuando el líquido no se encuentra contenido en un recipiente, las moléculas se agrupen formando gotas de agua cuando se hallan sobre superficies no solubles, como en las hojas de las plantas y el vidrio (*véase* la fig. 1-9).

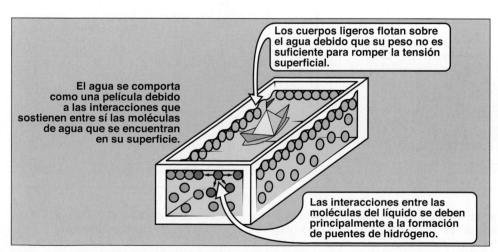

Los cuerpos ligeros flotan sobre el agua debido que su peso no es suficiente para romper la tensión superficial.

El agua se comporta como una película debido a las interacciones que sostienen entre sí las moléculas de agua que se encuentran en su superficie.

Las interacciones entre las moléculas del líquido se deben principalmente a la formación de puentes de hidrógeno.

Figura 1-9

Las moléculas que se encuentran en la superficie del agua interactúan entre sí mediante puentes de hidrógeno y forman una película que impide que objetos ligeros, como un barquito de papel, puedan flotar debido a que su peso es insuficiente para romper la tensión superficial.

D. Capilaridad

La capilaridad se define como la capacidad que tiene un líquido para poder ascender a través de conductos con diámetros pequeños denominados "**tubos capilares**", en dirección opuesta a la fuerza de gravedad. La adhesión y cohesión elevadas del agua le permiten ascender a través de conductos estrechos, mientras que la fuerza de gravedad equilibra a la fuerza de adhesión. La capilaridad del agua contribuye a que ésta funcione como sistema de transporte en organismos pluricelulares, al viajar dentro de sistemas circulatorios, tanto en plantas como en animales (*véase* la fig. 1-10).

E. Constante dieléctrica y conductividad

La constante dieléctrica (e) de un medio continuo es la propiedad relacionada con la permisividad eléctrica y mide la propiedad que tiene un solvente para separar iones con carga positiva opuesta. El momento dipolar del agua le permite convertirse en un excelente disolvente de sustancias iónicas y de compuestos covalentes polares: las sustancias iónicas al contacto con el agua se disocian con rapidez. La constante dieléctrica del agua a 25 °C es de 78.5, lo cual confirma su naturaleza como un solvente más polar que el etanol (e = 24), el metanol (e = 32.6) y el benceno (e = 2.3). La interacción del agua con los iones positivos o cationes se produce con el polo negativo de la molécula (oxígeno), mientras que la interacción con los iones negativos o aniones se produce con el polo positivo de la molécula (hidrógeno). Cuando se trata de disolver sustancias no polares en agua, éstas son rechazadas hacia afuera del agua. En el caso de solutos **anfipáticos** o **anfifílicos** (moléculas que poseen una porción polar y una no polar), su porción polar protege del agua a la porción no polar al mantenerla en el interior de una estructura globular denominada **micela**. Las micelas tienen importancia a nivel biológico para la formación de emulsiones a nivel intestinal, por acción del jugo pancreático y la bilis en el proceso de absorción de lípidos (*véase* la fig. 1-11).

El agua pura desionizada conduce la electricidad de forma pobre. La conductividad eléctrica del agua se eleva cuando aumenta la concentra-

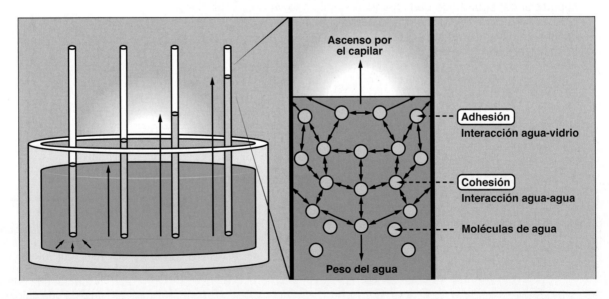

Figura 1-10

Capilaridad del agua. Mediante la interacción con el vidrio y de forma simultánea entre sí mediante puentes de hidrógeno, las moléculas de agua pueden ascender por capilares de vidrio en dirección opuesta a la gravedad.

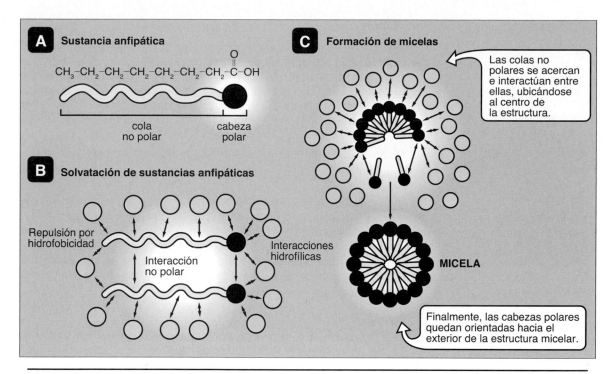

Figura 1-11

Formación de micelas. **A)** Fórmula de un ácido graso y su representación en forma de modelo de mola y palo. La cabeza polar se indica con color morado y la cola con color amarillo. **B)** Interacción entre el agua y la molécula anfipática; el agua rodea la cabeza polar y acerca las colas no polares por interacciones hidrofóbicas. **C)** Formación de la micela; las colas no polares quedan al centro, rodeadas de las cabezas polares que sí pueden interactuar con el agua.

ción de iones presentes en ella, de tal forma que toda disolución acuosa de una sustancia iónica es buena conductora de la corriente eléctrica, por lo que recibe el nombre de **electrolito** (*véase* la fig. 1-12).

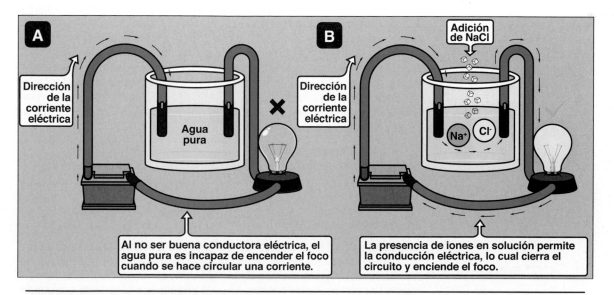

Figura 1-12

Conductividad eléctrica del agua. **A)** Circuito que no conduce electricidad debido a que el medio es agua pura. **B)** En un circuito cuyo medio también es agua pura pero al cual se le añade cloruro de sodio [NaCl (sal)], los iones añadidos permiten la conducción eléctrica y el encendido consecuente del foco.

F. Ionización

Cuando las moléculas del agua forman puentes de hidrógeno, algunas ceden un protón a una molécula vecina, apareciendo especies moleculares con carga eléctrica positiva o negativa real. Cuando el agua se ioniza se generan dos especies iónicas: el ion **hidronio** (H_3O^+) con carga positiva, y el ion **hidroxilo** (OH^-) con carga negativa.

$$2\,H_2O \rightleftarrows H_3O^+ + OH^-$$

Por facilidad de comprensión, la ecuación anterior se simplifica como:

$$H_2O \rightleftarrows H^+ + OH^-$$

En un litro de agua pura, la concentración de iones hidronio es igual a la de iones hidroxilo (1×10^{-7} moles/L), a 25 °C de temperatura constante. La reacción es reversible y se encuentra en equilibrio, de tal forma que en el momento en el cual el agua se está ionizando, de inmediato se reconstituye molecularmente. El producto de la concentración de iones hidronio por la concentración de iones hidroxilo se denomina **producto iónico del agua** o K_w, y tiene un valor de 1.0×10^{-14}.

$$K_w = (1 \times 10^{-7})(1 \times 10^{-7}) = 1 \times 10^{-14}$$

El valor del producto iónico del agua establece la base para definir la escala de pH, para medir la magnitud de la acidez o alcalinidad de una sustancia en disolución.

G. Densidad

La densidad es una magnitud escalar que se refiere a la relación que existe entre la masa y el volumen de la materia. Un litro de agua líquida pura a temperatura ambiente y presión normal (25 °C, 1 atm) tiene una masa de aproximadamente 1 kg (997 g), con una densidad aproximada de 1 g/cm^3. En estado líquido, cada molécula de agua interactúa con otras cuatro, y todas están en movimiento, de modo que los puentes de hidrógeno entre ellas se rompen y se vuelven a formar.

Cuando se comienza a reducir la temperatura para inducir un cambio de estado físico en el agua líquida, las moléculas empiezan a disminuir su movimiento y adquieren una estructura tridimensional cristalina. La densidad del hielo es de 0.92 g/cm^3 a 0 °C, es decir, el hielo es menos denso que el agua líquida, por lo que puede flotar sobre ella. La estructura cristalina del agua sólida tiene una forma hexagonal con espacios vacíos que no pueden llenarse por moléculas de agua en movimiento, como sucede en el estado líquido. Así que al aumentar el volumen y mantenerse constante la masa, la densidad del hielo resulta ser menor que la del agua líquida (*véase* la fig. 1-13).

V. FUNCIONES PRINCIPALES

A. Agua como disolvente

La elevada constante dieléctrica del agua le confiere capacidad como disolvente de las moléculas de alta polaridad, mediante la generación de puentes de hidrógeno. La capacidad de solvatación del agua le permite interactuar con múltiples solutos, lo cual origina cambios en la estructura y propiedades del agua líquida; asimismo, aumento del punto de ebullición, descenso del punto de congelación, disminución de la presión de vapor y capacidad de modulación de la presión osmótica.

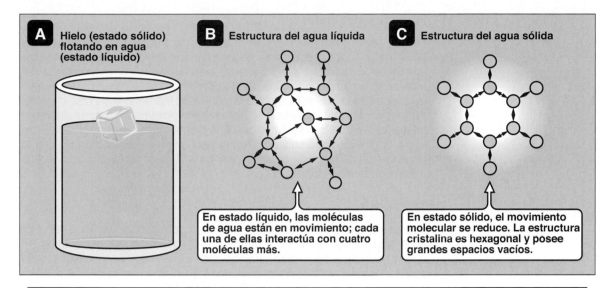

Figura 1-13
Diferencia de las densidades entre el agua líquida y sólida. **A)** El agua en estado sólido puede flotar en agua en estado líquido. **B)** Disposición de moléculas de agua en estado líquido. **C)** Posición hexagonal de las moléculas en estado sólido. El espacio entre las moléculas del líquido y del sólido denota la menor densidad del hielo en comparación con la del agua líquida.

Cuando una sustancia iónica entra en contacto con el agua, las moléculas del solvente comienzan a rodear las partículas de la sustancia iónica. Como si se tratara de un "taladro molecular", las moléculas del agua se separan de modo gradual de las moléculas del soluto. Debido a su elevada constante dieléctrica, el agua tiene la capacidad para orientar sus dipolos hacia las regiones iónicas de la sustancia a disolver. Una vez que las partículas se han separado en moléculas libres, el dipolo negativo del agua rodea a los iones con carga positiva (cationes), mientras que el dipolo positivo rodea a los iones con carga negativa (aniones). Este proceso recibe el nombre de **proceso de solvatación**.

Las sustancias que se disuelven en agua se conocen como **hidrófilas** o **hidrosolubles**, mientras que aquellas que no se disuelven se conocen como **hidrófobas**. La disolución de moléculas es un proceso físico reversible. Si se calienta la disolución para ocasionar la evaporación del agua, se puede recuperar cuantitativamente el soluto disuelto.

B. Participación en reacciones químicas

La alta capacidad de disolución del agua permite que sea el sitio en el cual se llevan a cabo todas las reacciones bioquímicas. El citosol, la región intracelular donde se llevan a cabo la mayor parte de reacciones celulares, está compuesto principalmente por agua. El agua participa de manera activa en los procesos bioquímicos, ya sea como reactivo o como producto de los mismos. En procesos bioquímicos, las hidrolasas son enzimas que se encargan de romper biomoléculas para permitir la entrada de agua (*véase* el capítulo 6, Enzimas). Dentro del proceso de respiración celular aerobia el aceptor final de electrones es el oxígeno, el cual genera agua como producto final (*véase* cadena transportadora de electrones).

C. Función estructural

La alta cohesión intramolecular debida a los puentes de hidrógeno del agua proporciona estructura, volumen y resistencia a las células por medio de la hidratación de biomoléculas. El agua es responsable del fenómeno de **turgencia**: la célula al absorber agua se hincha, y la presión osmótica resultante ejerce presión contra la membrana celular dándole resistencia física. La pérdida de agua es especialmente notoria en vegetales, donde en el momento en que una planta pierde cierto porcentaje de agua, comienza a marchitarse. Dentro del campo médico es importante la observación de la turgencia de la piel, para evaluar su elasticidad normal durante la exploración física.

D. Transporte

Los seres vivos aprovechan tejidos cuya proporción de agua es elevada para poder transportar moléculas a través de sus estructuras. El equilibrio hídrico tiene gran relación con la dinámica de movilización de sodio y potasio, y su elevada capacidad de disolución hace que el agua sea el medio adecuado para la distribución de nutrientes hacia todos los tejidos de los organismos multicelulares. Las propiedades de cohesión, adhesión y capilaridad del agua le permiten viajar a través de conductos como los que componen al sistema circulatorio. Asimismo, el riñón tiene la capacidad de filtrar la sangre y excretar metabolitos polares mediante la orina.

E. Termorregulación

El elevado calor específico del agua y su elevado calor de vaporización convierten al agua en un compuesto que permite mantener la temperatura de los cuerpos que la contienen y también favorece el enfriamiento de la superficie corporal mediante la transpiración. A nivel biósfera, la congelación de los cuerpos líquidos de agua funciona como un aislante térmico del ecosistema, ya que la capa superficial de los lagos guarda el calor presente en el agua líquida y los organismos submarinos no mueren. En los seres humanos el agua presente en el cuerpo impide que los cambios de temperatura ambientales alteren la función de las enzimas y desnaturalicen las proteínas estructurales, manteniendo constante la temperatura corporal al almacenar calor (36.5 a 37 °C).

En situaciones ambientales o por actividad física extenuante, la temperatura corporal puede elevarse. Durante el **proceso de transpiración**, las glándulas sudoríparas secretan sudor a través de la piel. El sudor está compuesto principalmente por agua; posee un pH ácido y contiene cloruro de sodio, urea y ácido úrico. La presencia del agua enfría la superficie de la piel, al absorber el calor excedente y evaporarse: la evaporación del sudor disminuye la temperatura del cuerpo como consecuencia de la transferencia de energía.

F. Ósmosis

La **ósmosis** es el fenómeno fisicoquímico que se presenta cuando una membrana semipermeable separa dos medios con concentraciones diferentes de solutos, por lo cual el agua difundirá de forma pasiva del medio más diluido al más concentrado hasta que ambos compartimentos se equilibren y alcancen la misma concentración de solutos (*véase* la fig. 1-14). Se denomina **presión osmótica** a la fuerza necesaria para detener la difusión del agua y depende del número de partículas en dilución denominadas **osmoles**. Un **osmol** de una sustancia no disociable equivale a su peso molecular, mientras el de una sustancia disociable equivale a su peso molecular dividido entre la cantidad de partículas en las

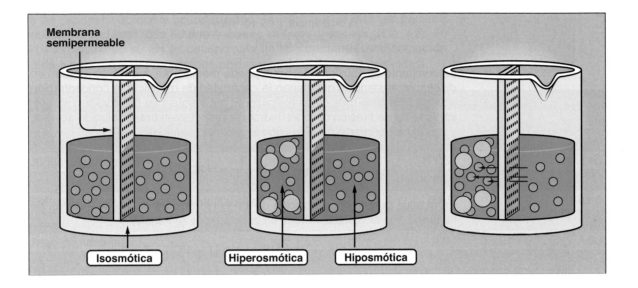

Figura 1-14
Ósmosis. En la figura se muestra cómo una membrana semipermeable separa dos medios con concentraciones diferentes de solutos.

que dicha sustancia se disocia. La **osmolaridad** de una solución se calcula dividiendo el número de osmoles disueltos entre el volumen de agua que contiene al soluto. En todos los seres vivos las membranas celulares son semipermeables, y la movilización de agua permite que la concentración entre el medio intracelular y el extracelular se mantenga equilibrada. La restauración del equilibrio hídrico en un paciente se realiza por medio de soluciones salinas llamadas **cristaloides** (*véase* sección en la p. 19 de este capítulo).

VI. pH

El grado de ionización del agua a 25 °C es bajo, aproximadamente dos moléculas de cada 10^9 están ionizadas en cualquier instante. Como el proceso se encuentra en equilibrio, se puede definir una constante de ionización en los siguientes términos:

$$\text{si} \quad H_2O \rightleftharpoons H^+ + OH^-, \text{ entonces:}$$

$$K_{eq} = \frac{[H^+][OH^-]}{[H_2O]}$$

El agua pura tiene una concentración de 55.5 mol/L (1 000 g de agua divididos entre 18 g/mol), por lo que sustituyendo en la ecuación tenemos que:

$$K_{eq} = \frac{[H^+][OH^-]}{55.5 \text{ mol/L}}$$

Como se definió previamente, en el agua pura a 25 °C la concentración de iones hidronio y de iones hidroxilo es igual (1×10^{-7} mol/L), por tanto:

en el valor del pH fisiológico se designa como **alcalosis**, y la disminución se denomina **acidosis**.

Actualmente se ha vuelto popular el consumo de alimentos y bebidas con propiedades moduladoras del pH fisiológico, justificado de manera seudocientífica. Estas "dietas alcalinas" donde se incluye al "agua alcalina" como producto milagroso, no tienen la capacidad de modificar el pH de la persona que se somete a ellas, y carecen de sustento clínico basado en evidencias. Mientras que nuestros pulmones y riñones estén funcionando de manera óptima, el pH de nuestro cuerpo se mantendrá constante, manteniendo su homeostasis ácido-base.

VII. SOLUCIONES ACUOSAS DE USO TERAPÉUTICO

En la práctica clínica el agua como disolvente tiene un papel fundamental. Permite la administración de medicamentos, electrolitos y nutrientes a los pacientes, principalmente por las vías oral e intravenosa.

A. Preparación de soluciones

Una solución es una mezcla homogénea formada por dos partes: el solvente y el soluto. El solvente siempre es el componente que se encuentra en mayor proporción, y cuando en una disolución el solvente es el agua, se le da el nombre de **solución** o **disolución acuosa**. Para preparar una solución se deben conocer dos datos: el volumen total a preparar y la cantidad de soluto a adicionar. Dependiendo de su forma de preparación, las soluciones pueden dividirse en **empíricas** o **cualitativas** y **valoradas** o **cuantitativas**.

Las **soluciones empíricas** o **cualitativas** son aquellas donde no se conoce con exactitud la cantidad de soluto que se está añadiendo al agua, pero sí se considera la proporción presente de cada uno. Pueden dividirse en diluidas, concentradas, saturadas y sobresaturadas:

Una **solución diluida** es aquella donde la cantidad de soluto es muy baja en comparación con la cantidad de solvente **presente**. La solución diluida permite la adición de soluto sin que éste se precipite.

Las **soluciones concentradas** son aquellas donde la proporción del soluto es grande pero no iguala la cantidad de solvente. Si se continúa añadiendo soluto se convertirá en una **solución saturada**, donde todas las moléculas del agua se encuentran rodeando al soluto añadido, presentando un equilibrio entre los dos.

La **solución sobresaturada** es aquella donde el solvente ya no admite la adición de soluto, de tal forma que éste comienza a precipitar al fondo del contenedor donde se está preparando la solución (*véase* la fig. 1-16).

El parámetro que indica la cantidad absoluta de masa de soluto presente en un volumen de solvente se denomina **concentración**, y las soluciones donde se conoce la cantidad de soluto disuelto se llaman **soluciones cuantitativas** o **valoradas**. Existen tres tipos de soluciones valoradas: soluciones porcentuales, soluciones molares y soluciones normales.

La **solución porcentual** toma en cuenta el volumen final de solución a preparar como el 100%. En el caso de soluciones porcentuales masa/volumen (m/v), cuando al 100% del volumen se le añade la cantidad en gramos equivalente al porcentaje deseado a preparar. Ejemplo: un litro de solución al 10% de cloruro de sodio se prepara disolviendo 100 g de NaCl en 1 L de agua (1 L = 1 000 mL).

Para las soluciones porcentuales volumen/volumen (v/v), el volumen final de la solución es el 100%, del cual se añadirá el volumen del soluto

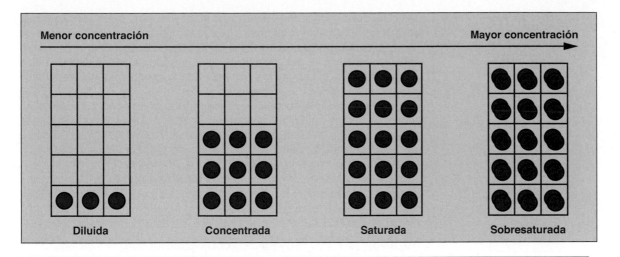

Figura 1-16
Tipos de soluciones acuosas empíricas. Los recuadros indican la ocupación de solvente disponible (recuadros) por soluto (círculos rojos) en diferentes soluciones. En la solución diluida, la ocupación por soluto es escasa, en la solución concentrada aumenta la ocupación, mientras que en la saturada se llena y se excede en la sobresaturada.

líquido al porcentaje que se desee preparar, para completar (aforar) el volumen final con agua. Ejemplo: 1 L de solución de alcohol etílico al 70% se prepara mezclando 700 mL de alcohol etílico con 300 mL de agua.

Una **solución molar** cuantifica la cantidad de moles de un soluto que se encuentran disueltos en 1 L de agua. Una solución 1M de NaCl contiene 1 mol de soluto (equivalente a su peso fórmula, 58 g) en 1 L de agua, mientras que una solución 10M contiene 580 g disueltos en 1 L de agua.

 La molaridad y la concentración porcentual son los dos tipos de medidas de concentración que se emplean con mayor frecuencia en el campo de las ciencias de la salud y en el medio clínico.

Las **soluciones normales** cuantifican la cantidad de equivalentes-gramo de un soluto que se encuentran presentes en un litro de solución. Esta medida de concentración a menudo se emplea para la preparación de diluciones de ácidos y bases; se considera como equivalente-gramo la cantidad de iones hidroxilo o hidróxido que se liberan al momento de disociarse en agua. La normalidad en una dilución es igual a la molaridad cuando la cantidad de H^+/OH^- que el compuesto libera es de 1.

B. Clasificación y composición de los cristaloides

Los **cristaloides** son soluciones acuosas compuestas por solutos iónicos y no iónicos con baja masa molecular, como electrolitos, proteínas y azúcares, que se usan en terapia intravenosa para restituir líquidos perdidos en pacientes. Su capacidad de modular el volumen está directamente relacionada con la concentración de sodio presente, ya que es el factor determinante en la generación de un gradiente osmótico entre los compartimentos intra y extracelulares. Las soluciones cristaloides se consideran libres de reacciones adversas y de toxicidad, aunque el empleo incorrecto de ellas puede acarrear alteraciones en el paciente. Su composición es variada, según la función que realizarán al ser administradas, y según su concentración de solutos se pueden clasificar en **hipotónicas**, **isotónicas** o **hipertónicas** con respecto al plasma.

Las **soluciones hipotónicas** o **hipoosmóticas** tienen una osmolaridad menor que la del plasma, es decir menos de 285 mOsmol/L. Las más utilizadas son la solución hiposalina al 3 y 0.45%, así como la dextrosa en agua al 5%.

Las **soluciones isotónicas** o **isoosmóticas** se conocen como soluciones fisiológicas o fluidos primarios, ya que poseen una osmolaridad similar a la de los líquidos corporales (285 a 295 mOsmol/L). Las más utilizadas son la solución salina al 0.9%, la solución Ringer lactato (Hartmann) y la solución glucosada o suero glucosado al 5% con 278 mOsmol/L.

Las **soluciones hipertónicas** o **hiperosmóticas** presentan una osmolaridad superior a los líquidos corporales (> 295 mOsmol/L), ejerciendo una mayor presión osmótica que el líquido extracelular. Las más utilizadas son la solución salina al 3, 5 y 7%, así como la glucosada al 10% con 555 mOsmol/L.

C. Usos terapéuticos

La función principal de los cristaloides a nivel clínico es la de restaurar el equilibrio hídrico en un paciente que está perdiendo un porcentaje significativo de su agua corporal (**reposición de líquidos**). Generalmente la administración de ellos se realiza por infusión intravenosa. También se emplean como líquidos de mantenimiento, como promotores del flujo de orina y para tratar desequilibrios electrolíticos; asimismo, como vehículos para la administración de medicamentos y nutrientes como aminoácidos y glucosa.

El agua es uno de los factores más importantes para la regulación de la **homeostasis** de los seres vivos. En los humanos, cerca de 50% de la sangre está formada por agua, por lo cual la reducción del porcentaje de agua conlleva a una hemoconcentración. Definimos como **deshidratación** el proceso en el cual el volumen corporal total de agua se reduce, lo cual puede ser causado por múltiples factores como la baja ingesta de líquidos, sudoración excesiva, cuadros diarreicos, vómito, micción excesiva e incluso por retención y secuestro interior. Los órganos que son más sensibles a la deshidratación son el cerebro, los riñones y el corazón.

En individuos que pierden una cantidad de agua equivalente a 4% de su peso corporal, se observan síntomas de deshidratación como cefalea, sed, calambres musculares y sensación de boca seca. Si no se administra el volumen de líquido perdido al individuo, se puede presentar un incremento en la frecuencia cardiaca, hiperventilación, ojos hundidos, delirio y mareo. La deshidratación grave que no se trata puede generar convulsiones, daño cerebral permanente y culminar en muerte. Se estima que el tiempo máximo de sobrevivencia del ser humano sin consumir agua es de 4 días a 1 semana. En condiciones extremas es posible perder de 1 a 1.5 L de agua en forma de sudor, por lo cual el porcentaje de agua corporal disminuye significativamente y debe ser restaurado lo más pronto posible. La pérdida de más de 10% del agua corporal, representa una condición médica de urgencia.

Muchos de los nutrientes reportan toxicidad cuando su concentración en el organismo aumenta. En el caso del agua, no existe un registro en individuos sanos donde una gran cantidad de agua presente toxicidad, siempre y cuando los riñones filtren el agua excedente. Los cuadros de intoxicación por agua son muy raros y generalmente se reportan en pacientes que presentan polidipsia, la cual puede llevar a una hiponatremia dilucional.

Entre los efectos adversos de la perfusión de grandes volúmenes de cristaloides está la aparición de edema periférico y edema pulmonar, por lo que el personal clínico que administra dichas soluciones debe ser consciente y tener al paciente bajo observación continua, para suspender el uso si se llegan a detectar signos tempranos de alteraciones.

> Toda solución cristaloide isotónica se distribuye en una proporción de 25% en el espacio intravascular y 75% en el espacio intersticial; así que si una persona pierde sangre, se debe reponer en cristaloide de tres a cuatro veces el volumen que perdió. Si se pierden 500 mL de sangre, se debe reponer el volumen con un cristaloide isotónico, administrando de 1 500 a 2 000 mL vía intravenosa.

C1. Uso de soluciones acuosas en condiciones fisiológicas

En condiciones fisiológicas de salud, no se acostumbra perfundir cristaloides vía intravenosa a los pacientes, sino que se administran vía oral soluciones que contienen concentraciones isotónicas de solutos en forma de bebidas rehidratantes y sueros, para restablecer las pérdidas de minerales producidas por la sudoración al momento de realizar actividades físicas y mantener un nivel adecuado de hidratación. Si la práctica de ejercicio físico es extenuante o excede una hora de duración, se recomienda el aporte de bebidas isotónicas al organismo para reducir el tiempo de restitución de líquidos. Dentro de la composición de bebidas rehidratantes se debe tener precaución de no exceder de 10% de glucosa, para no interferir con la correcta absorción del agua.

En otras ramas del campo de la salud, se emplean soluciones isotónicas para el manejo de muestras biológicas como biopsias, y en el ámbito de trasplantes se usan como soluciones preservantes de órganos.

C2. Uso de soluciones acuosas en condiciones patológicas

Los cristaloides son herramientas importantes en la clínica. Sumado a su capacidad de modular el equilibrio hídrico, se puede usar el agua como vehículo, pueden administrarse diferentes electrolitos y nutrientes por vía intravenosa. La tabla 1-3 muestra la composición de algunos de los cristaloides más empleados para el tratamiento de pacientes.

Tabla 1-3 Composición de los cristaloides más comunes								
Líquido	**mEq/L**							**Osmolalidad (mOsm/L)**
	Na	**Cl**	**K**	**Ca****	**Mg**	**Amortiguadores**	**pH**	
Plasma	140	103	4	4	2	HCO_3^- (25)	7.4	290
NaCl 0.9%	154	154	-	-	-	-	5.7	308
NaCl 7.5%*	1 283	1 283	-	-	-	-	5.7	2 567
Inyección de Ringer	147	156	4	4	-	-	5.8	309
Ringer lactato	130	109	4	3	-	Lactato (28)	6.5	273
Ringer acetato	131	109	4	3	-	Acetato (28)	6.7	275
Normosol Plasma-Lyte A®	140	98	5	-	3	Acetato (27) Gluconato (23)	7.4	295
Isofundin®	145	127	4	2.5	1	Lactato (24) Malato (5)	5.1 a 5.9	309

* No disponible comercialmente.
** Concentración de calcio ionizado en mg/dL.
Modificada de: Marino, Paul L. Marino. *El Libro de la UCI*. 4a. ed. Barcelona, Wolters Kluwer, 2015.

Las soluciones hipotónicas se emplean en forma limitada para corregir anomalías electrolíticas en pacientes diabéticos, para aumentar la diuresis o para valorar la función renal; su administración es poco frecuente y están contraindicadas en pacientes hipovolémicos y neurocríticos. A los 60 minutos de administración intravenosa de soluciones hipotónicas solo se encuentra en circulación 8% del volumen perfundido.

Las soluciones isotónicas se emplean para la expansión del volumen plasmático en casos de hemoconcentración. La **solución salina fisiológica** o **suero salino fisiológico al 0.9%** se emplea para la reposición de agua y electrolitos, hipovolemia, deshidratación y alcalosis clorosensible; su administración excesiva puede ocasionar edemas o acidosis hipoclorémicas.

La solución de **Ringer lactato** o **solución de Hartmann** es la indicada en casos donde se requiere reponer grandes cantidades de agua, como en cirugías mayores y en quemaduras. Las concentraciones de soluto le permiten usar calcio y potasio como sustitutos del sodio perdido. No se debe emplear en pacientes con hepatopatía y nunca debe administrarse en compañía de sangre. A los 60 minutos de administración de una solución isotónica, solo permanece en circulación de 20 a 30% del volumen perfundido.

Entre las soluciones isotónicas más empleadas está el **suero glucosado al 5%**, que se usa en programas de nutrición parenteral. Cada litro de solución glucosada al 5% aporta 50 g de glucosa, los cuales equivalen a 200 kcal, lo que reduce el catabolismo de proteínas y actúa como protector hepático y fuente de energía para el sistema nervioso central y el miocardio.

Las soluciones hipertónicas se emplean como expansores de volumen para la reanimación de pacientes en *shock* hemorrágico. Permiten el aumento de la tensión arterial, disminuyen la resistencia vascular sistémica, aumentan el índice cardiaco y el flujo esplénico. Al administrarse por vía intravenosa incrementan la concentración de sodio, propiciando la retención de agua por movilización del espacio intracelular hacia el compartimento intravascular. Las soluciones glucosadas al 10, 20 y 40% se utilizan para tratar el colapso circulatorio, edema cerebral y edema pulmonar, generando una deshidratación celular y atrayendo agua hacia el espacio vascular.

VIII. RESUMEN DEL CAPÍTULO

El **agua** es la molécula más abundante en los seres vivos y su presencia en la Tierra permitió el desarrollo de la vida; constituye 2/3 partes del cuerpo humano. El agua coexiste en el planeta en sus tres estados de agregación: **sólido**, **líquido** y **gaseoso**, y se moviliza a través de un **ciclo de evaporación-condensación-precipitación** que se conoce como **ciclo del agua**.

La totalidad del agua de la Tierra constituye la **hidrósfera**, y cubre más de 70% de la superficie de nuestro planeta. De la totalidad del agua en la Tierra, únicamente 3% es potable y de esta proporción solo 1% se presenta en estado líquido.

La fórmula química del agua es H_2O, la cual representa una **molécula triatómica** que desde el punto de vista tridimensional tiene forma **tetraédrica**; la diferencia de electronegatividades entre los átomos que la conforman origina un **momento dipolar** donde cargas parciales positivas y negativas le otorgan una **gran capacidad de disolución** de sustancias polares, designándola como **disolvente universal**. Los pares de electrones no compartidos en el oxígeno permiten establecer **puentes de hidrógeno** entre moléculas de agua, y además con otros compuestos polares. Debido a la generación de puentes de hidrógeno y a la alta densidad molecular, el agua existe en forma líquida a temperatura ambiente. El agua líquida es un compuesto **inodoro**, **incoloro** e **insípido**, cuyos tres estados de la materia son interconvertibles entre sí cuando se aporta o se resta energía calorífica. El agua presenta un **elevado calor específico**, un **elevado calor de vaporización** y una **elevada tensión superficial**, tiene la capacidad de ascender por tubos capilares. Asimismo, su **elevada constante dieléctrica** ocasiona que el agua interactúe fuertemente con sustancias polares para poder separarla en iones mediante el **proceso de solvatación**. Las sustancias que se disuelven en agua se conocen como **hidrófilas**, mientras que aquellas que son insolubles se denominan **hidrófobas**. Las sustancias **anfipáticas** poseen porciones polares y no polares, así, aunque no se disuelven en agua, sí pueden interactuar con ella, separándose de la fase acuosa. El agua se encuentra en un **proceso de ionización continua**, generando iones **hidronio** e **hidroxilo** que se encuentran en equilibrio. La disociación del agua define la existencia de la **escala de pH**, que permite evaluar si una sustancia en disolución es **ácida** (aumenta la concentración de iones hidronio) o **alcalina** (aumenta la concentración de iones hidroxilo). Biológicamente el agua realiza múltiples funciones, como ser portadora de sustancias en disolución, dar resistencia a las células, actuar como sistema de termorregulación, modular la movilización de solutos entre compartimentos, entre muchas otras tareas. Las **soluciones** son **mezclas homogéneas** formadas por dos partes: **soluto** y **solvente**, aquellas donde el solvente es el agua se denominan **soluciones acuosas**. Los **cristaloides** son un tipo de solución acuosa que se emplean frecuentemente en el ámbito clínico para restaurar el equilibrio hídrico del paciente, y dependiendo si su concentración de sales es **menor**, **igual** o **mayor** a la del plasma, se les denomina soluciones **hipotónicas**, **isotónicas** o **hipertónicas**, respectivamente.

Preguntas de estudio

Elija la RESPUESTA correcta.

1.1 Se disuelven 450 g de cloruro de sodio en dos litros de agua. ¿Cuál es la concentración molar presente en la solución preparada?

A. 7.75 mol/L
B. 3.87 mol/L
C. 2.25 mol/L
D. 9 mol/L

Respuesta correcta = B. Para calcular la concentración molar de la solución preparada, se debe dividir la masa total del cloruro de sodio (NaCl) entre su peso fórmula. El peso fórmula del NaCl es de 58 g/mol (el peso del sodio es de 23 y el del cloro de 35) dando como resultado que 450 g de NaCl sean equivalentes a 7.75 moles. Por último dividimos el número de moles obtenido entre el volumen total de la dilución: 7.75 moles/2 L resulta en una concentración de 3.87 moles/L o 3.87 M.

1.2 La concentración de iones hidronio en una solución de HCl es de 1×10^{-5} mol/L. Calcule el pH de la solución resultante.

A. 0.5
B. −5
C. 5.5
D. 5

Respuesta correcta = D. El HCl es un ácido que se disocia totalmente, por lo cual podemos sustituir la concentración de iones hidronio directamente en la expresión matemática pH = −log[H$^+$], obteniendo como resultado un valor de 5 unidades de pH.

1.3 Paciente de 40 años acude a la clínica con temblor, cefalea, mareos y debilidad. Los análisis de laboratorio indican que su concentración de glucosa es de 65 mg/dL, cuando los valores normales deberían encontrarse en el rango de 70 a 100 mg/dL. Se le indica administración de un cristaloide glucosado por vía intravenosa. ¿Cuál administraría usted?

A. Solución de glucosa al 5%
B. Solución de Ringer lactato
C. Solución de cloruro de sodio al 50%
D. Solución fisiológica al 0.9%

Respuesta correcta = A. Los datos de laboratorio indican que el paciente se encuentra ligeramente hipoglucémico, de tal manera que el empleo de un cristaloide isotónico glucosado es la opción más viable.

Aminoácidos y la función del pH

2

I. GENERALIDADES

Las proteínas son las moléculas más abundantes y de mayor diversidad funcional en los sistemas vivos. Casi todos los procesos vitales dependen de esta clase de macromoléculas. Por ejemplo, las enzimas y hormonas polipeptídicas dirigen y regulan el metabolismo en el cuerpo, mientras que las proteínas contráctiles en el músculo permiten el movimiento. En los huesos, la proteína colágeno forma una estructura para el depósito de los cristales de fosfato de calcio y actúan como cables de acero en concreto reforzado. En el torrente sanguíneo, proteínas como la hemoglobina y la albúmina transportan moléculas esenciales para la vida, mientras que las inmunoglobulinas combaten a las bacterias infecciosas y a los virus. En resumen, las proteínas muestran una increíble diversidad de funciones, no obstante, todas comparten la misma característica estructural de ser polímeros lineales de aminoácidos. En este capítulo se describen las propiedades de los aminoácidos y la importancia del pH para el funcionamiento normal de las proteínas y el organismo. El capítulo 3 explora cómo estos componentes simples se unen para formar proteínas que tienen estructuras tridimensionales únicas, lo cual les permite llevar a cabo funciones biológicas específicas.

II. ESTRUCTURA

Aunque se han descrito > 300 aminoácidos en la naturaleza, solo 20 se suelen encontrar como constituyentes de las proteínas de los mamíferos. Estos 20 aminoácidos estándar son los únicos codificados por el ADN, el material genético en la célula. Los aminoácidos no estándar se producen por la modificación química de los aminoácidos estándar. Cada aminoácido tiene un grupo carboxilo, un grupo amino primario (excepto la prolina, que tiene un grupo amino secundario) y una cadena lateral distintiva o grupo R enlazada al átomo de carbono-α.

A pH fisiológico (~7.4), el grupo carboxilo de un aminoácido se disocia y forma el ion carboxilato con carga negativa (–COO⁻), y el grupo amino se protona (–NH₃⁺) (fig. 2-1A). En las proteínas, casi todos estos grupos caboxilo y amino se combinan mediante enlaces peptídicos y, en general, no están disponibles para una reacción química excepto por la formación de enlaces de hidrógeno o iónicos (fig. 2-1B). Los aminoácidos de las proteínas se denominan *residuos* en referencia a la estructura residual que queda tras la formación de enlaces peptídicos entre aminoácidos consecutivos. Es la naturaleza de las cadenas laterales lo que al final dicta el

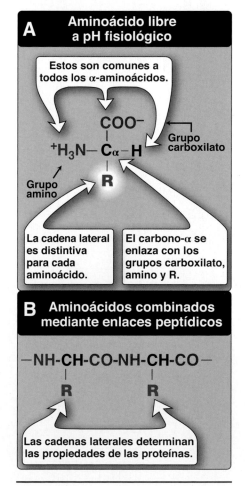

A Aminoácido libre a pH fisiológico

Estos son comunes a todos los α-aminoácidos.

$$^+H_3N - C_\alpha - H$$
$$COO^-$$
$$R$$

Grupo carboxilato

Grupo amino

La cadena lateral es distintiva para cada aminoácido.

El carbono-α se enlaza con los grupos carboxilato, amino y R.

B Aminoácidos combinados mediante enlaces peptídicos

$$-NH-CH-CO-NH-CH-CO-$$
$$R \qquad R$$

Las cadenas laterales determinan las propiedades de las proteínas.

Figura 2-1

A y B) Características estructurales de los aminoácidos.

papel que juega un aminoácido en una proteína. Por consiguiente, es útil clasificar a los aminoácidos según las propiedades de sus cadenas laterales, es decir, si estas son apolares, con una distribución en pares de electrones, o polares, con una distribución impar de electrones, como los ácidos y las bases (figs. 2-2 y 2-3).

A. Aminoácidos con cadenas laterales apolares (no polares)

Cada uno de estos aminoácidos tiene una cadena lateral no polar que no gana ni pierde electrones, ni participa en puentes de hidrógeno ni enlaces iónicos (*véase* fig. 2-2). Las cadenas laterales de estos aminoácidos pueden considerarse como "aceitosas" o de tipo lipídico, una propiedad que promueve las interacciones hidrófobas (*véase* fig. 3-10).

1. **Localización en las proteínas:** en proteínas que se encuentran en un medio polar, como las soluciones acuosas, las cadenas laterales de los aminoácidos apolares tienden a agruparse en el inte-

CADENAS LATERALES APOLARES (NO POLARES)

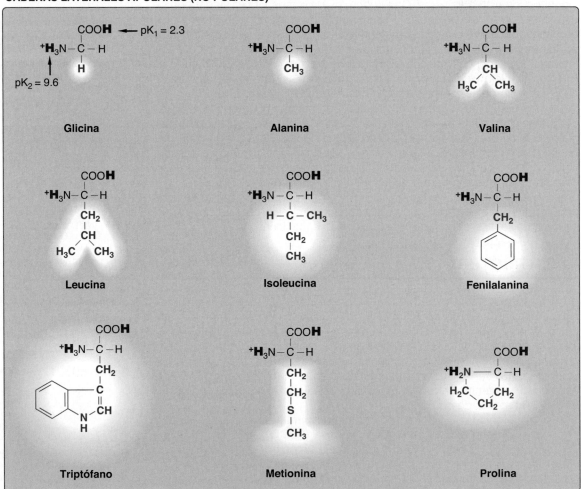

Figura 2-2

Clasificación de los 20 aminoácidos estándar, según la carga y la polaridad en sus cadenas laterales a pH ácido, misma que continúa en la figura 2-3. Cada aminoácido se muestra en su forma totalmente protonada, con los iones hidrógeno disociables en *color rojo*. Los valores de pK para los grupos α-carboxilo y α-amino de los aminoácidos no polares son semejantes a los que se muestran para la glicina.

CADENAS LATERALES POLARES SIN CARGA

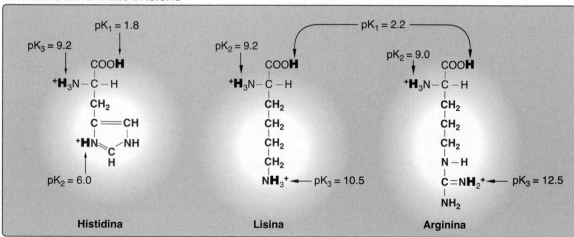

CADENAS LATERALES ÁCIDAS

CADENAS LATERALES BÁSICAS

Figura 2-3

Clasificación de los 20 aminoácidos estándar, según la carga y la polaridad de sus cadenas laterales a pH ácido (continúa de la fig. 2-2). (Nota: a pH fisiológico (7.35 a 7.45), los grupos α-carboxilo, las cadenas laterales ácidas y la cadena lateral de histidina libre pierden los protones.)

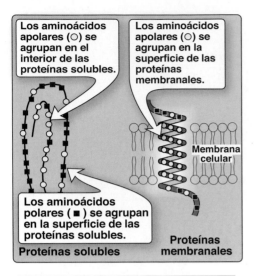

Figura 2-4
Localización de aminoácidos apolares
en proteínas solubles y de membrana.

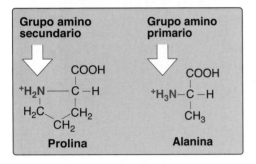

Figura 2-5
Comparación del grupo amino
secundario de la prolina con el grupo
amino primario que se encuentra en
otros aminoácidos como alanina.

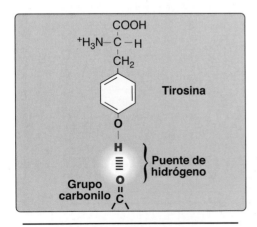

Figura 2-6
Puente de hidrógeno entre el grupo
hidroxilo fenólico de tirosina y otra
molécula que contiene un grupo
carbonilo.

rior de la proteína (fig. 2-4). Este fenómeno se conoce como efecto hidrófobo y es el resultado de la hidrofobicidad de los grupos R apolares, los cuales actúan en gran medida como gotitas de aceite que confluyen en un medio acuoso. Al ocupar el interior de la proteína doblada, estos grupos apolares R ayudan a darle a esta su forma tridimensional.

Para proteínas localizadas en un medio hidrófobo, como dentro del núcleo hidrofóbico de una membrana fosfolipídica, los grupos R apolares se encuentran en la superficie externa de la proteína e interactúan con el medio lipídico (*véase* fig. 2-4). La importancia de estas interacciones hidrofóbicas para estabilizar la estructura proteica se analiza en en el capítulo 3.

> La anemia de células falciformes es una enfermedad que causa que los eritrocitos adquieran la forma de una hoz en lugar de forma de disco, como resultado de la sustitución del glutamato polar con la valina no polar en la posición 6 de la subunidad β de la hemoglobina A (véase cap. 5).

2. **Características únicas de la prolina:** difiere de otros aminoácidos en que su cadena lateral y el nitrógeno α-amino forman una estructura de anillo rígido de cinco miembros (fig. 2-5). La prolina, pues, posee un grupo amino secundario (más que primario) que con frecuencia se denomina "iminoácido". La geometría única de la prolina contribuye a la formación de la estructura fibrosa extendida del colágeno (véase cap. 5, II Colágeno B. Estructura), pero esta interrumpe las hélices α que se encuentran en las proteínas globulares (véase cap. 3, III Estructura secundaria).

B. Aminoácidos con cadenas laterales polares sin carga

Estos aminoácidos tienen una carga neta de cero a pH fisiológico de alrededor de 7.4, aunque las cadenas laterales de cisteína y tirosina pueden perder un protón en un pH alcalino (véase fig. 2-3). Serina, treonina y tirosina contienen, cada una, un grupo hidroxilo polar que puede participar en la formación de puentes de hidrógeno (fig. 2-6). Las cadenas laterales de asparagina y glutamina contienen, cada una, un grupo carbonilo y uno amida, los cuales también pueden participar en los puentes de hidrógeno.

1. **Formación del enlace disulfuro:** la cadena lateral de la cisteína contiene un grupo sulfhidrilo [–SH (tiol)], el cual es un componente importante dentro del sitio activo de muchas enzimas. En las proteínas, los grupos –SH de dos cisteínas pueden oxidarse para formar un enlace cruzado covalente llamado enlace disulfuro (–S–S–). Dos residuos de cisteína que forman un enlace disulfuro se denominan cistina. (Véase cap. 3, sección IV. B. para una discusión más detallada sobre la formación del enlace disulfuro.)

> Muchas proteínas extracelulares se estabilizan mediante enlaces disulfuro. La albúmina, una proteína de la sangre que participa en el transporte de una diversidad de moléculas en la sangre, es un ejemplo. El fibrinógeno, una proteína de la sangre que se convierte en fibrina para estabilizar los coágulos, es otro ejemplo.

2. **Cadenas laterales como sitios de unión para otros compuestos:** el grupo hidroxilo polar de serina, treonina y tirosina puede servir como sitio de unión para grupos fosfato. Las cinasas son enzimas que catalizan las reacciones de fosforilación. Las fosfatasas son enzimas que eliminan el grupo fosfato. Los cambios en el estado de fosforilación de las proteínas (fosforiladas o no), en especial de las enzimas, alteran su estado de activación; algunas enzimas son más activas cuando están fosforiladas mientras que otras son menos activas. Asimismo, el grupo amida de asparagina, lo mismo que el hidroxilo de serina o treonina, pueden servir como sitio de unión para cadenas de oligosacáridos en las glucoproteínas (véase también cap. 15, sección VII).

C. Aminoácidos con cadenas laterales ácidas

Los aminoácidos ácido aspártico y ácido glutámico son donadores de protones. A pH fisiológico, las cadenas laterales de estos aminoácidos se ionizan por completo y contienen un grupo carboxilato con carga negativa ($-COO^-$). Las formas totalmente ionizadas se llaman aspartato y glutamato.

D. Aminoácidos con cadenas laterales básicas

Las cadenas laterales de los aminoácidos básicos aceptan protones (véase fig. 2-3). A pH fisiológico, los grupos R de lisina y arginina se ionizan en su totalidad y poseen carga positiva. En contraste, el aminoácido libre histidina es una base débil y en gran medida carece de carga a pH fisiológico. No obstante, cuando se incorpora histidina en una proteína, su grupo R puede tener carga positiva (protonada) o neutra, según el medio iónico proporcionado por la proteína. Esta importante propiedad de la histidina contribuye al papel regulador de pH que juega en la función de proteínas, incluida la hemoglobina (*véase* cap. 4). La histidina es el único aminoácido con una cadena lateral que puede ionizarse dentro del intervalo de pH fisiológico (7.35 a 7.45).

Aplicación clínica 2-1: insulina de acción más lenta y prolongada creada mediante sustitución de aminoácidos

La insulina glargina se aprobó por primera vez en Estados Unidos en el año 2000. Es una forma de insulina de acción más lenta creada en el laboratorio al sustituir la asparagina que suele estar en la posición 21 de la cadena A de la insulina por glicina, y ampliar el extremo carboxi con dos residuos adicionales de arginina. El resultado de estos cambios es una forma de insulina menos hidrosoluble con una carga neta de +0.2, que es más cercana a 0, lo que provoca una absorción más lenta de la insulina glargina en el lugar de la inyección. La sustitución por glicina previene la desamidación de la asparagina a pH ácido en el espacio subcutáneo neutro. Los residuos adicionales de arginina desplazan el punto isoeléctrico de pH 5.4 a 6.7, lo que hace a la molécula más soluble al pH ácido y menos soluble al pH neutro. Por lo tanto, la insulina glargina es una forma de insulina que actúa con lentitud, tiene una actividad más prolongada y requiere inyecciones con menos frecuencia. Esta forma de insulina puede ser útil en el tratamiento de diabetes mellitus y ayuda a los pacientes a lograr un mejor control glucémico. (*Véase* en el cap. 24 la estructura de la insulina.)

1 Primera letra única:

Cisteína	=	Cys =	**C**
Histidina	=	His =	**H**
Isoleucina	=	Ile =	**I**
Metionina	=	Met =	**M**
Serina	=	Ser =	**S**
Valina	=	Val =	**V**

2 Los aminoácidos más comunes tienen prioridad:

Alanina	=	Ala =	**A**
Glicina	=	Gly =	**G**
Leucina	=	Leu =	**L**
Prolina	=	Pro =	**P**
Treonina	=	Thr =	**T**

3 Nombres con sonidos semejantes:

Arginina	=	Arg =	**R** ("a**R**ginina")
Asparagina	=	Asn =	**N** (contiene una N)
Aspartato	=	Asp =	**D** ("aspar**D**ico")
Glutamato	=	Glu =	**E** ("glut**E**mato")
Glutamina	=	Gln =	**Q** ("**Q**-tamina")
Fenilalanina	=	Phe =	**F** ("**F**enilalanina")
Tirosina	=	Tyr =	**Y** ("t**Y**rosina")
Triptófano	=	Trp =	**W** (doble anillo en la molécula)

4 Letra cercana a la letra inicial:

Aspartato o asparagina	=	Asx =	**B** (cerca de la A)
Glutamato o glutamina	=	Glx =	**Z**
Lisina	=	Lys =	**K** (cercana a la L)
Aminoácido no determinado	=		**X**

Figura 2-7
Abreviaturas y símbolos de los aminoácidos estándar.

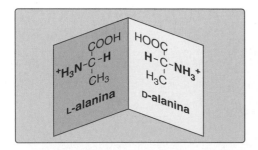

Figura 2-8
Las formas D y L de alanina son imágenes especulares (enantiómeros).

E. Abreviaturas y símbolos para aminoácidos comunes

Cada nombre de aminoácido tiene asociada una abreviatura de tres letras y un símbolo de una letra (fig. 2-7). Los códigos de una letra están determinados por las siguientes reglas:

1. **Primera letra única:** si un solo aminoácido comienza con una letra dada, entonces esa letra se usa como su símbolo. Por ejemplo, V = valina.

2. **Los aminoácidos más comunes tienen prioridad**: si más de un aminoácido comienza con una letra particular, el más común de ellos recibe esa letra como su símbolo. Por ejemplo, la glicina es más común que el glutamato, así que G = glicina.

3. **Nombres con sonido semejante:** algunos símbolos de una letra suenan como el aminoácido al que representan. Por ejemplo, F = fenilalanina.

4. **Letra cercana a la letra inicial:** para los aminoácidos restantes, se asigna un símbolo de una letra que esté lo más cerca en el alfabeto a la letra inicial como sea posible, por ejemplo, K = lisina. Más aún, la B se asigna a Asx, lo cual significa ya sea ácido aspártico o asparagina; Z se asigna a Glx, lo cual significa ácido glutámico o glutamina; W se asigna a triptófano, y X se asigna a un aminoácido no identificado.

F. Isómeros de aminoácidos

Dado que el carbono-α de un aminoácido está unido a cuatro grupos químicos diferentes, es un átomo asimétrico o quiral. La glicina es la excepción porque su carbono-α quiral tiene dos sustituyentes hidrógeno. Los aminoácidos con un carbono-α quiral existen en dos formas isoméricas diferentes, que se designan D y L, las cuales son enantiómeros, o imágenes especulares (fig. 2-8). (Nota: los enantiómeros son ópticamente activos. Si un isómero, ya sea D o L, hace que el plano de luz polarizada rote en el sentido del reloj, se designa como la forma [+].) Todos los aminoácidos que se encuentran en las proteínas de los mamíferos son de configuración L. No obstante, los D-aminoácidos se hallan en algunos antibióticos y en las paredes celulares bacterianas. (Nota: las racemasas interconvierten en forma enzimática los isómeros D y L de los aminoácidos libres.)

III. PROPIEDADES ÁCIDAS Y BÁSICAS

Los aminoácidos en soluciones acuosas contienen grupos α-carboxilo débilmente ácidos y α-amino débilmente básicos. Además, cada uno de los aminoácidos ácidos y básicos contiene un grupo ionizable en su cadena lateral. En consecuencia, tanto los aminoácidos libres como algunos aminoácidos combinados en enlaces peptídicos pueden actuar como reguladores de pH. Los ácidos pueden definirse como donadores de protones y las bases como receptores de protones. Los ácidos (o las bases) descritos como débiles se ionizan solo hasta un punto limitado.

A. pH

La concentración de protones ($[H^+]$) en solución acuosa se expresa como pH.

$$pH = \log 1/[H^+] \text{ o } -\log[H^+]$$

1. **Constantes de disociación:** la sal o base conjugada, A^-, es la forma ionizada de un ácido débil. Por definición, la constante de disociación del ácido, K_a, es:

$$K_a = \frac{[H^+][A^-]}{[HA]}$$

Entre mayor es K_a, más fuerte es el ácido, porque la mayor parte del HA se disocia en H^+ y A^-. Por el contrario, entre menor es K_a, menor es la cantidad de ácido que se disocia y, por lo tanto, más débil es el ácido.

2. **Ecuación de Henderson–Hasselbalch:** al resolver la ecuación anterior para $[H^+]$, tomar el logaritmo de ambos lados de la ecuación, multiplicar ambos lados por –1 y sustituir $pH = - \log [H^+]$ y $pK_a = - \log K_a$, se obtiene la ecuación de Henderson-Hasselbalch:

$$pH = pKa + \log [A^-]/[HA]$$

Esta ecuación describe la relación cuantitativa entre el pH de la solución y la concentración de un ácido débil (HA) y su base conjugada (A^-).

B. Soluciones reguladoras

Una solución reguladora es aquella que resiste el cambio en el pH después de la adición de un ácido o una base y puede crearse al mezclar un ácido débil (HA) con su base conjugada (A^-). Si se agrega un ácido a una solución reguladora, A^- puede neutralizarlo y se convierte en HA en el proceso. Si se añade una base, HA puede, de igual manera, neutralizarla y se convierte en A^- en el proceso.

La máxima capacidad reguladora ocurre a un pH igual al pK_a, pero un par ácido-base conjugado aún puede servir como un regulador efectivo cuando el pH de una solución está dentro de alrededor de ±1 unidades de pH del pK_a. Si las cantidades de HA y A^- son iguales, el pH es igual a pK_a. Como se ve en la figura 2-9, una solución que contiene ácido acético (HA = CH3 – COOH) y acetato (A^- = CH3 – COO^-) con un pK_a de 4.8 resiste un cambio de pH de 3.8 a 5.8 con un amortiguamiento máximo de 4.8. En valores de pH inferiores al pK_a, la forma ácida protonada (CH3 – COOH) es la especie predominante en la solución. A valores de pH mayores que el pK_a la forma básica desprotonada (CH3 – COO^-) es la especie predominante.

1. **Disociación de grupos carboxilo:** la constante de disociación del grupo carboxilo de un aminoácido se llama K_1, en lugar de K_a, porque la molécula contiene un segundo grupo factible de titulación. La ecuación de Henderson-Hasselbalch puede usarse para analizar la disociación del grupo carboxilo de la alanina:

$$K_1 = [H^+][II] / [I]$$

donde I es la forma por completo protonada de la alanina y II es la forma isoeléctrica de esta (*véase* fig. 2-10). Esta ecuación se puede reordenar y convertirse en su forma logarítmica para dar:

$$pH = pK_1 + \log [II] / [I]$$

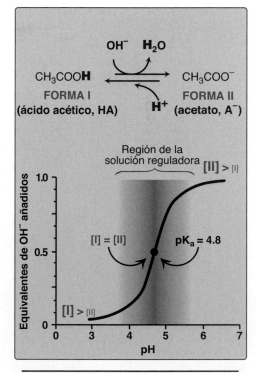

Figura 2-9
Curva de titulación del ácido acético.

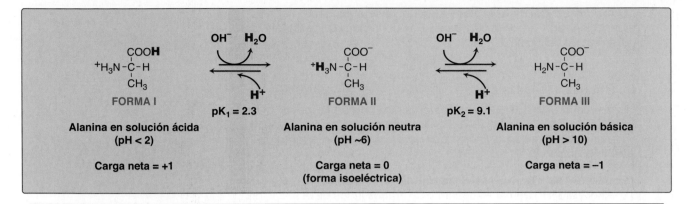

Figura 2-10
Formas iónicas de alanina en soluciones ácidas, neutras y básicas.

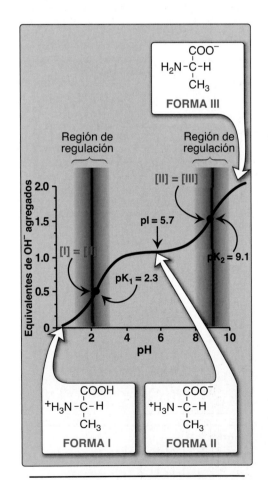

Figura 2-11
La curva de titulación de alanina.

2. **Disociación del grupo amino:** el segundo grupo titulable de alanina es el grupo amino ($-NH_3^+$). Dado que este es un ácido mucho más débil que el grupo $-COOH$, posee una constante de disociación mucho menor, K_2. (Nota: su pK_a es, por lo tanto, mayor.) La liberación de un H^+ del grupo amino protonado de la forma II resulta en la forma totalmente desprotonada de la alanina, la forma III.

3. **pKs y disociación secuencial:** la disociación secuencial del H^+ de los grupos carboxilo y amino de la alanina se resume en la figura 2-10 con la alanina como ejemplo. Cada grupo titulable tiene un pK_a que es numéricamente igual al pH al cual se ha eliminado justo la mitad de los H^+ de ese grupo. El pK_a del grupo más ácido ($-COOH$) es pK_1, mientras que el pK_a del siguiente grupo más ácido ($-NH_3^+$) es pK_2. (Nota: el pK_a del grupo α-carboxilo de los aminoácidos es ~2, mientras que el pK_a del grupo α-amino es ~9).

Al aplicar la ecuación de Henderson-Hasselbalch a cada grupo ácido disociable, es posible calcular la curva de titulación completa de un ácido débil. La figura 2-11 muestra el cambio en pH que ocurre durante la adición de una base a la forma totalmente protonada de alanina (I) para producir la forma por completo desprotonada (III).

a. **Pares de soluciones reguladoras:** el par $-COOH/-COO^-$ puede servir como regulador en la región de pH en torno de pK_1 y el par $-NH_3^+/-NH_2$ puede regular en la región alrededor de pK_2.

b. **Cuando pH = pK:** cuando el pH es igual a pK_1 (2.3) existen cantidades iguales de las formas I y II de alanina en solución. Cuando el pH es igual a pK_2 (9.1), cantidades iguales de las formas II y III están presentes en la solución.

c. **Punto isoeléctrico:** a pH neutro, alanina existe en forma predominante como la forma dipolar II en la cual los grupos amino y carboxilo están ionizados, pero la carga neta es cero. El punto isoeléctrico (pI) es el pH al cual un aminoácido es eléctricamente neutro, es decir, donde la suma de las cargas positivas es igual a la de las cargas negativas. Para alanina, con solo dos hidrógenos disociables (uno del α-carboxilo y uno del grupo α-amino), el pI es el promedio de pK_1 y pK_2 ($pI = [2.3 + 9.1]/2 = 5.7$) como se muestra en la figura 2-11. El pI está, por lo tanto, a medio camino entre pK_1 (2.3) y pK_2 (9.1). El pI corresponde al pH al cual la forma II (que tiene una carga neta de cero) predomina y en el cual también existen cantidades iguales de las formas I (carga neta de +1) y III (carga neta de –1).

> En el laboratorio, por lo regular la separación por carga de las proteínas del plasma se hace a un pH por arriba del pI de las principales proteínas. Por lo tanto, a un pH elevado (alcalino) la carga de las proteínas es negativa. En un campo eléctrico, las proteínas se moverán hacia el electrodo positivo a una velocidad determinada por su carga negativa neta. Las variaciones en el patrón de movilidad sugieren ciertas enfermedades.

4. Carga neta a pH neutro: a pH fisiológico, los aminoácidos tienen un grupo con carga negativa ($-COO^-$) y un grupo con carga positiva ($-NH_3^+$), ambos unidos al carbono α. Glutamato, aspartato, histidina, arginina y lisina tienen grupos adicionales potencialmente cargados en sus cadenas laterales. Sustancias como los aminoácidos que pueden actuar como ácido o base se denominan anfóteros.

C. Regular la sangre, el sistema de regulación del bicarbonato

El pH de nuestra sangre se mantiene en un rango un tanto alcalino de 7.35 a 7.45 debido al sistema regulador del bicarbonato. La mayoría de las proteínas funciona de manera óptima a este pH fisiológico y sus componentes aminoácidos existen en forma química; las excepciones incluyen algunas enzimas digestivas que trabajan al pH ácido del estómago entre 1.5 y 3.5. Las enzimas lisosomales también actúan en un rango de pH ácido entre 4.5 y 5.0. Mantener el pH arterial en 7.40 ± 0.5 es importante para la salud; por lo regular, el sistema de regulación del bicarbonato es capaz de mantener el pH dentro del rango aceptable.

La concentración de iones bicarbonato [HCO_3^-] y la concentración de dióxido de carbono [CO_2] influyen en el pH sanguíneo, como se muestra en la figura 2-12A. La necesidad de un sistema regulador puede apreciarse al considerar que los ácidos orgánicos (p. ej., el ácido láctico) se generan durante el metabolismo y que la oxidación de la glucosa y los ácidos grasos, forma CO_2, la forma anhidra del H_2CO_3 (ácido carbónico). El CO_2 un tanto insoluble al agua es convertido por la enzima anhidrasa carbónica en HCO_3^- (bicarbonato) soluble al agua, que es transportado por la sangre a los pulmones, donde se exhala el CO_2 disuelto. Por lo tanto, los pulmones regulan la pérdida y retención de CO_2 al alterar la frecuencia respiratoria. Los riñones también son importantes en la regulación del equilibrio ácido-básico. Estos retienen o excretan bicarbonato, H^+, amoniaco y otros ácidos/bases que pueden aparecer en la sangre.

D. pH y la absorción de fármacos

Muchos fármacos se administran por vía oral oral y deben transportarse a través de las células epiteliales del intestino para ser absorbidos por la sangre. La mayoría de los fármacos es ya sea ácido débil o base débil. Los fármacos ácidos (HA) liberan un H^+, que hace que se forme un anión cargado (A^-). Las bases débiles (BH^+) también pueden liberar

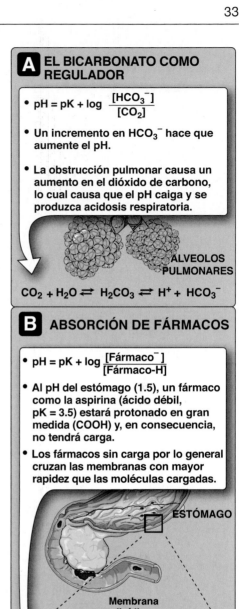

A EL BICARBONATO COMO REGULADOR

- $pH = pK + \log \dfrac{[HCO_3^-]}{[CO_2]}$

- Un incremento en HCO_3^- hace que aumente el pH.

- La obstrucción pulmonar causa un aumento en el dióxido de carbono, lo cual causa que el pH caiga y se produzca acidosis respiratoria.

ALVEOLOS PULMONARES

$$CO_2 + H_2O \rightleftarrows H_2CO_3 \rightleftarrows H^+ + HCO_3^-$$

B ABSORCIÓN DE FÁRMACOS

- $pH = pK + \log \dfrac{[\text{Fármaco}^-]}{[\text{Fármaco-H}]}$

- Al pH del estómago (1.5), un fármaco como la aspirina (ácido débil, $pK = 3.5$) estará protonado en gran medida (COOH) y, en consecuencia, no tendrá carga.

- Los fármacos sin carga por lo general cruzan las membranas con mayor rapidez que las moléculas cargadas.

ESTÓMAGO

Membrana lipídica

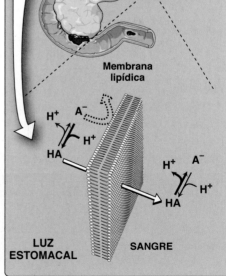

LUZ ESTOMACAL

SANGRE

Figura 2-12
La ecuación de Henderson-Hasselbalch se usa para predecir: **A)** Cambios en el pH a medida que se alteran las concentraciones de bicarbonato (HCO_3^-) o dióxido de carbono (CO_2) y **B:** Las formas iónicas de los medicamentos.

un H^+; sin embargo, la forma protonada de los fármacos básicos por lo general tiene carga, y la pérdida de un protón produce la base sin carga (B).

$$HA \leftarrow \quad \rightarrow H^+ + A^-$$
$$BH^+ \leftarrow \quad \rightarrow B + H^+$$

Los fármacos se absorben mejor a un pH en el que la disociación de sus cadenas laterales deriva en la molécula más neutra. La concentración efectiva de la forma permeable de cada fármaco en su sitio de absorción está determinada por las concentraciones relativas de las formas con carga y sin carga (fig. 2-12B). Se cree que el transporte de los fármacos ocurre mediante las proteínas transportadoras y con frecuencia se produce mediante un transporte activo, aunque los sistemas no están bien caracterizados.[1]

E. Gases sanguíneos y pH

Como consecuencia de ciertos procesos patológicos o tóxicos, el pH sanguíneo puede volverse anormal. La acidemia se define como un pH arterial < 7.35 y la alcalosis como un pH arterial > 7.45. En el sistema regulador del bicarbonato, el CO_2 es un ácido y el bicarbonato una base. Como el regulador de bicarbonato es un sistema abierto y el CO_2 se libera en la respiración, los cambios en la respiración pueden afectar el equilibrio ácido-básico en el cuerpo. La hiperventilación puede causar la liberación de demasiado ácido, lo que provoca alcalosis; por otro lado, la generación de un exceso de ácidos metabólicos (p. ej., la acidosis láctica o la cetoacidosis que puede acompañar a la diabetes mellitus tipo 1) puede causar acidosis. La pérdida de un exceso de ácido mediante el vómito también puede ocasionar una alteración ácido-base. Ni la compensación renal ni la compensación por cambios en la frecuencia respiratoria (compensación respiratoria) regresarán el pH al rango fisiológico normal si se ha generado un exceso de ácidos metabólicos. Se debe resaltar que ni los pulmones ni los riñones pueden compensar en su totalidad o sobrecompensar los desequilibrios del pH. Medir el CO_2 y el bicarbonato junto con el pH puede ayudar a determinar el desequilibrio ácido-básico que puede estar presente en un paciente (tabla 2-1).

---

[1]Para más información sobre el transporte de fármacos, véase LIR. Biología molecular y celular, 2.ª edición, cap. 16.

Tabla 2-1: Alteraciones del equilibrio ácido-básico

pH	[H^+]	Problema inicial	Respuesta	Trastorno
Disminuido	Aumentado	Hipoventilación; mayor retención de CO_2 (más ácido)	Aumento de la retención renal de HCO_3^- (más básico)	Acidosis respiratoria; los pulmones no excretan suficiente ácido en forma de CO_2, como en la EPOC
Aumentado	Disminuido	Hiperventilación; mayor liberación de CO_2 (menos ácido)	Reducción de la retención renal de HCO_3^- (menos básico)	Alcalosis respiratoria; los pulmones excretan demasiado ácido en forma de CO_2, como en la hiperventilación y el asma
Disminuido	Aumentado	Se genera más ácido	Se libera menos CO_2 en la respiración (hipoventilación); el HCO_3^- bajará para intentar regular el ácido	Acidosis metabólica; el cuerpo genera ácido que no puede excretarse por los pulmones, como en acidosis láctica, cetoacidosis diabética, ingestión de ácido
Aumentado	Disminuido	HCO_3^- aumenta	Se libera más CO_2 en la respiración (hiperventilación); excreción renal de HCO_3^-	Alcalosis metabólica; cuando la sangre es alcalina y no se debe a un desequilibrio respiratorio, como en la pérdida excesiva de ácido en el vómito o la ingestión de una base

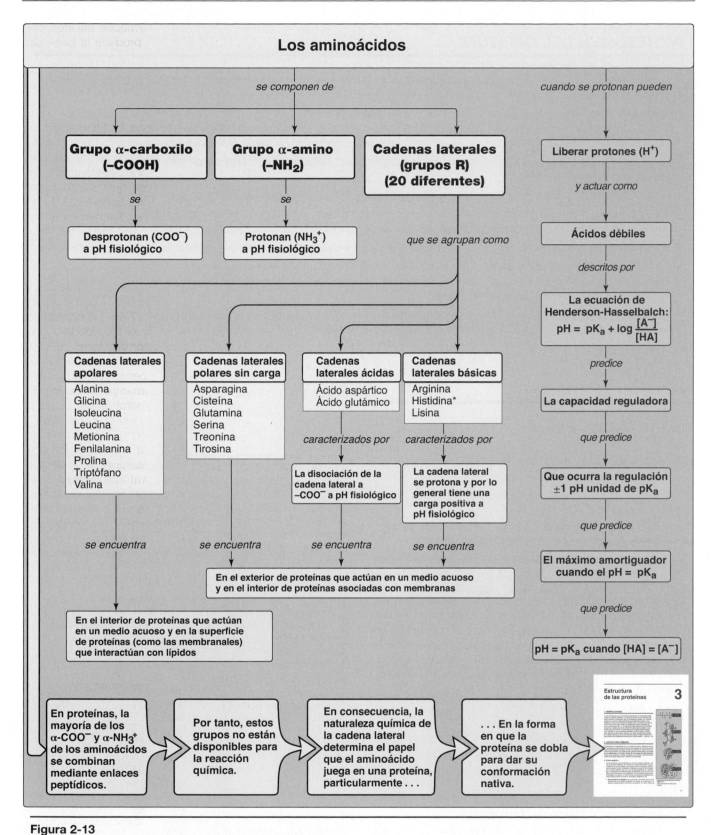

Los aminoácidos

se componen de

Grupo α-carboxilo (–COOH)

se

Desprotonan (COO⁻) a pH fisiológico

Grupo α-amino (–NH₂)

se

Protonan (NH₃⁺) a pH fisiológico

Cadenas laterales (grupos R) (20 diferentes)

que se agrupan como

cuando se protonan pueden

Liberar protones (H⁺)

y actuar como

Ácidos débiles

descritos por

La ecuación de Henderson-Hasselbalch:
$$pH = pK_a + \log \frac{[A^-]}{[HA]}$$

predice

La capacidad reguladora

que predice

Que ocurra la regulación ±1 pH unidad de pK_a

que predice

El máximo amortiguador cuando el pH = pK_a

que predice

pH = pK_a cuando [HA] = [A⁻]

Cadenas laterales apolares

Alanina
Glicina
Isoleucina
Leucina
Metionina
Fenilalanina
Prolina
Triptófano
Valina

Cadenas laterales polares sin carga

Asparagina
Cisteína
Glutamina
Serina
Treonina
Tirosina

Cadenas laterales ácidas

Ácido aspártico
Ácido glutámico

caracterizados por

La disociación de la cadena lateral a –COO⁻ a pH fisiológico

Cadenas laterales básicas

Arginina
Histidina*
Lisina

caracterizados por

La cadena lateral se protona y por lo general tiene una carga positiva a pH fisiológico

se encuentra   *se encuentra*   *se encuentra*   *se encuentra*

En el exterior de proteínas que actúan en un medio acuoso y en el interior de proteínas asociadas con membranas

En el interior de proteínas que actúan en un medio acuoso y en la superficie de proteínas (como las membranales) que interactúan con lípidos

En proteínas, la mayoría de los α-COO⁻ y α-NH₃⁺ de los aminoácidos se combinan mediante enlaces peptídicos.

Por tanto, estos grupos no están disponibles para la reacción química.

En consecuencia, la naturaleza química de la cadena lateral determina el papel que el aminoácido juega en una proteína, particularmente . . .

. . . En la forma en que la proteína se dobla para dar su conformación nativa.

Figura 2-13

Mapa conceptual clave para los aminoácidos. (Nota: *la histidina libre está desprotonada en gran medida a pH fisiológico, pero cuando se incorpora a una proteína, puede protonarse o desprotonarse según el entorno local.)

IV. RESUMEN DEL CAPÍTULO

- Cada aminoácido posee un **grupo α-carboxilo** y un **grupo α-amino** primario (excepto la **prolina**, que tiene un **grupo amino secundario**) (fig. 2-13).

- Dado que el carbono α de cada aminoácido (excepto glicina) está unido a cuatro grupos químicos diferentes, es asimétrico (**quiral**), y los aminoácidos existen en las formas D- y L-isoméricas que son imágenes especulares ópticamente activas (**enantiómeros**). La forma L de los aminoácidos se encuentra en proteínas que sintetiza el cuerpo humano.

- A pH fisiológico, el grupo α-carboxilo se disocia y forma el ion carboxilato de carga negativa ($-COO^-$), y el grupo α-amino se protona ($-NH_3^+$).

- Cada aminoácido también contiene una de 20 **cadenas laterales** distintivas unida al átomo de carbono α.

- La naturaleza química del **grupo R** determina la función de un aminoácido en una proteína y proporciona la base de la clasificación de estas moléculas como **apolares**, **polares sin carga**, **ácidos (polares negativos)** y **básicos (polares positivos)**.

- Todos los aminoácidos libres, más los aminoácidos cargados en las cadenas peptídicas, pueden servir como **reguladores**.

- La **ecuación de Henderson-Hasselbalch** describe la relación cuantitativa entre el pH de una solución y la concentración de un ácido débil (HA) y su base conjugada (A^-). La regulación ocurre dentro de ±1 unidad de pH del pK_a y es máxima cuando $pH = pK_a$, al cual $[A^-] = [HA]$.

- El pH de la sangre se mantiene en un rango un tanto alcalino de 7.4 ± 0.5 debido al sistema regulador del bicarbonato; los pulmones regulan el CO_2 ácido al alterar la frecuencia respiratoria y los riñones retienen o liberan ácidos y bases.

Preguntas de estudio

Elija la RESPUESTA correcta.

2.1 El péptido Val-Cys-Glx-Ser-Asp-Arg-Cys:
- A. Contiene asparagina.
- B. Contiene una cadena lateral con un grupo amino secundario.
- C. Contiene una cadena lateral que puede fosforilarse.
- D. No puede formar un enlace disulfuro interno.
- E. No se puede mover hacia el cátodo durante la electroforesis a pH 5.

Respuesta correcta = C. El grupo hidroxilo de la serina puede aceptar un grupo fosfato. Asp es aspartato, no asparagina. La prolina contiene un grupo amino secundario y no está dentro de este péptido. Los dos residuos de cisteína pueden, bajo condiciones oxidantes, formar un enlace disulfuro. La carga neta del péptido a pH 5 es negativa, y se movería hacia el ánodo.

2.2 Un aminoácido tiene un grupo amino secundario que es incompatible de forma geométrica con una espiral derecha de una hélice alfa. Se observa que inserta un pliegue en la cadena de aminoácidos e interfiere con la estructura helicoidal de la hélice alfa que suele ser lisa, y se encuentra en alta concentración en el colágeno. El aminoácido descrito es:
- A. Ala
- B. Cys
- C. Gly
- D. Pro
- E. Ser

Respuesta correcta = D. La prolina se distingue de otros aminoácidos en que su cadena lateral y su nitrógeno α-amino forman una estructura rígida de anillo de 5 miembros y, por lo tanto, contiene un grupo amino secundario. Interrumpe las hélices α en las proteínas globulares, contribuye a la estructura del colágeno y se halla en alta concentración en el colágeno. Ninguno de los otros aminoácidos tiene estas propiedades.

2.3 Un aminoácido que puede tener su cadena lateral fosforilada por la acción de una cinasa es:
- A. Arg
- B. Cys
- C. Gly
- D. Thr
- E. Val

Respuesta correcta = D. El grupo hidroxilo polar encontrado en Ser, Thr y Tyr puede servir como sitio de unión para los grupos fosfato. Las cinasas son enzimas que catalizan las reacciones de fosforilación. Ninguno de los otros aminoácidos contiene un grupo hidroxilo susceptible de ser fosforilado por una cinasa.

2.4   Acerca de la curva de titulación para un aminoácido apolar donde las letras A a D designan ciertas regiones de la curva siguiente,

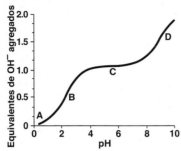

A. El punto A representa la región donde el aminoácido se desprotona.

B. El punto B representa una región de regulación mínima.

C. El punto C representa la región donde la carga neta en el aminoácido es cero.

D. El punto D representa el pK del grupo carboxilo del aminoácido.

E. El aminoácido podría ser lisina.

2.5   Una mujer de 18 años de edad, con antecedente de 15 años de diabetes mellitus tipo 1, llega al área de urgencias para ser evaluada por náusea, vómito y alteración de la conciencia. Su glucosa en sangre es de 560 mg/dL (rango de referencia para glucosa aleatoria < 200 mg/dL). Su pH arterial es de 7.15 (rango de referencia, 7.35 a 7.45) y el bicarbonato es de 12 mEq/L (rango de referencia, 22 a 28 mEq/L). ¿Cuál de los siguientes es el tipo de compensación esperada en su cuerpo en respuesta a este desequilibrio ácido-básico?

A. Respiración aumentada.

B. Aumento de la liberación renal de ácido.

C. Incremento de la retención renal de base.

D. Respiración disminuida.

E. Disminución de la liberación renal de ácido.

Estructura de las proteínas

3

I. GENERALIDADES

Las proteínas están compuestas por aminoácidos que están unidos por enlaces peptídicos en una secuencia lineal, generando una estructura proteica que se va plegando hasta adquirir una forma tridimensional única que determina la función. La complejidad de la estructura proteínica se analiza mejor al considerar la molécula en términos de los cuatro niveles de organización: primario, secundario, terciario y cuaternario (fig. 3-1). Un examen de estas jerarquías de complejidad creciente ha revelado que ciertos elementos estructurales se repiten en una amplia gama de proteínas, lo cual sugiere que hay reglas generales respecto a cómo las proteínas adquieren su forma nativa (funcional). Estos elementos estructurales repetidos van desde combinaciones simples de hélices α y láminas β que forman pequeños diseños hasta el plegamiento complejo de dominios polipeptídicos de proteínas multifuncionales (*véase* cap. 3, sección IV).

II. ESTRUCTURA PRIMARIA

La secuencia lineal de aminoácidos en una proteína es la estructura primaria de la proteína. Muchas enfermedades genéticas derivan en proteínas con secuencias anormales de aminoácidos, las cuales causan pliegues inadecuados y la pérdida de o el deterioro de la función normal. Si se conocen las estructuras primarias de las proteínas normales y aquellas con mutación, esta información puede usarse para diagnosticar o estudiar la enfermedad.

A. Enlace peptídico

En las proteínas, los aminoácidos adyacentes se unen de manera covalente a través de enlaces peptídicos, los cuales son uniones amida entre el grupo α-carboxilo de un aminoácido y el α-amino del aminoácido siguiente. Por ejemplo, valina y alanina pueden formar el dipéptido valil-alanina mediante la formación de un enlace peptídico (fig. 3-2). Los enlaces peptídicos son resistentes a condiciones que desnaturalizan las proteínas, como el calor y las altas concentraciones de urea. Se requiere la exposición prolongada a una base o un ácido fuerte a temperaturas elevadas para romper estos enlaces de modo no enzimático.

1. **Nomenclatura de péptidos:** por convención, el extremo amino libre (N-terminal) de la cadena peptídica se escribe a la izquierda y el extremo carboxilo libre (C-terminal) a la derecha. Por lo tanto, todas las secuencias de aminoácidos se leen del N- al C-terminal. Por ejemplo, en la figura 3-2A, el orden de los aminoácidos en el

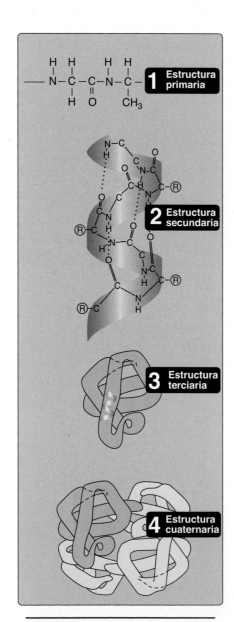

Figura 3-1
Cuatro jerarquías de estructura proteica.

dipéptido es valina, alanina. La unión de 50 o más aminoácidos por medio de enlaces peptídicos deriva en una cadena sin ramificar denominada polipéptido o proteína. Cada componente de aminoácido se llama residuo, porque es la porción del aminoácido que resta después que los átomos de agua se pierden en la formación del enlace peptídico. Cuando se da nombre a un péptido, se cambian los sufijos de todos los residuos de aminoácidos (-ina, -ana, -ico o -ato) a -il, con la excepción del aminoácido C-terminal. Por ejemplo, un tripéptido compuesto de valina N-terminal, glicina y leucina C-terminal se llama valil-glicil-leucina.

2. **Características del enlace peptídico:** el enlace peptídico tiene un carácter parcial de doble enlace, es decir, es más corto que un enlace simple y es rígido y planar (fig. 3-2B). Esto evita la rotación libre alrededor del enlace entre el grupo carbonilo y el nitrógeno del enlace peptídico. No obstante, los enlaces entre los carbonos α y los grupos α-amino o α-carboxilo pueden rotar con libertad (aunque los limita el tamaño y carácter de los grupos R). Esto permite que la cadena polipeptídica asuma una diversidad de conformaciones posibles. El enlace peptídico casi siempre se encuentra en la configuración *trans* (en lugar de la *cis*; *véase* fig. 3-2B), en gran parte debido a la interferencia estérica de los grupos R (cadenas laterales) cuando está en la posición *cis*.

3. **Polaridad del enlace peptídico:** al igual que todos los enlaces amida, los grupos —C=O y —NH del enlace peptídico carecen de carga, y tampoco aceptan ni liberan protones en el intervalo de pH de 2 a 12. Los grupos cargados presentes en los polipéptidos constan solo del grupo N-terminal (α-amino), el C-terminal (α-carboxilo) y cualquier grupo ionizado presente en las cadenas laterales de los aminoácidos constituyentes. Sin embargo, los grupos —C=O y —NH del enlace peptídico son polares y pueden participar en la formación de puentes de hidrógeno (p. ej., en las hélices α y láminas β), como se describe en la página 41.

B. Determinación de la composición de aminoácidos de un polipéptido

El primer paso en la determinación de la estructura primaria de un polipéptido es identificar y medir sus aminoácidos constituyentes. Una muestra purificada del polipéptido que se analizará se hidroliza primero con ácido fuerte para unir los enlaces peptídicos y liberar los aminoácidos individuales. Estos pueden separarse por medio de cromatografía de intercambio catiónico. Los aminoácidos se unen a la columna cromatográfica con diferentes afinidades según sus cargas, hidrofobicidad y otras características. A continuación, cada aminoácido se libera de manera secuencial de la columna de cromatografía mediante la elución con soluciones de fuerza iónica y pH crecientes (fig. 3-3) y los aminoácidos separados se cuantifican de manera espectrofotométrica. El procedimiento descrito se realiza con un analizador de aminoácidos, una máquina automatizada cuyos componentes se ilustran en la figura 3-3.

C. Secuenciación de un péptido desde su extremo N-terminal

La secuenciación es un proceso en pasos para identificar el aminoácido específico en cada posición de la cadena peptídica, partiendo del extremo N-terminal. En la actualidad se usan secuenciadores automatizados; el proceso histórico para producir derivados de aminoácidos se muestra en la figura 3-4.

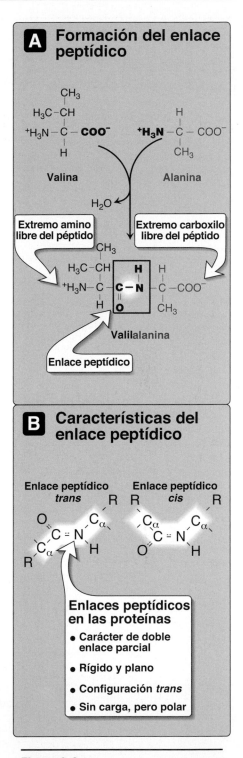

Figura 3-2
A) Formación de un enlace peptídico, mostrando la estructura del dipéptido valilalanina. **B)** Características del enlace peptídico. (Nota: los enlaces peptídicos que involucran a la prolina pueden presentar configuración cis).

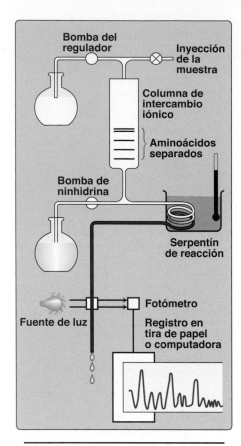

Figura 3-3
Determinación de la composición de aminoácidos de un polipéptido mediante un analizador de aminoácidos.

D. Degradación del polipéptido en fragmentos más pequeños

Muchos polipéptidos tienen una estructura primaria compuesta de más de 100 aminoácidos. Tales moléculas no pueden secuenciarse de forma directa de un extremo al otro. Sin embargo, estas grandes moléculas pueden romperse en sitios específicos y secuenciar entonces los fragmentos resultantes (fig. 3-5). Las enzimas que hidrolizan los enlaces peptídicos se denominan peptidasas o proteasas. (Nota: las exopeptidasas cortan en los extremos de las proteínas y se clasifican en aminopeptidasas y carboxipeptidasas. Las carboxipeptidasas se usan para determinar el aminoácido del C-terminal. Las endopeptidasas cortan dentro de la proteína.)

E. Determinación de la estructura primaria de una proteína por secuenciación del ADN

La secuencia de nucleótidos en una región codificante de proteínas del ADN especifica la secuencia de aminoácidos de un polipéptido. En consecuencia, si es posible determinar la secuencia de nucleótidos, el conocimiento del código genético permite que la secuencia de nucleótidos se traduzca en la secuencia correspondiente de aminoácidos de ese polipéptido. Este proceso indirecto, aunque se usa de rutina para obtener las secuencias de aminoácidos de las proteínas, posee la limitación de no ser capaz de predecir las posiciones de los enlaces disulfuro en la cadena doblada y de no identificar los aminoácidos que se hayan modificado después de su incorporación en el polipéptido (modificación postraducción). Por lo tanto, la secuenciación directa de las proteínas es una herramienta en extremo importante para determinar el carácter verdadero de la secuencia primaria de muchos polipéptidos. (*Véase* también cap. 35 para una discusión de las técnicas relacionadas.)

III. ESTRUCTURA SECUNDARIA

El esqueleto polipeptídico no asume una estructura tridimensional al azar sino que, en lugar de ello, forma acomodos regulares de aminoácidos que se localizan cercanos entre sí en la secuencia lineal. Estos acomodos se denominan "estructura secundaria" del polipéptido. La hélice α, la lámina β y el doblez β (o giro β) son ejemplos de estructuras secundarias que se suelen encontrar en las proteínas. Cada una se estabiliza mediante puentes de hidrógeno entre los átomos del esqueleto peptídico. (Nota: la hélice de la cadena α del colágeno, otro ejemplo de estructura secundaria, se analiza en el cap. 5.)

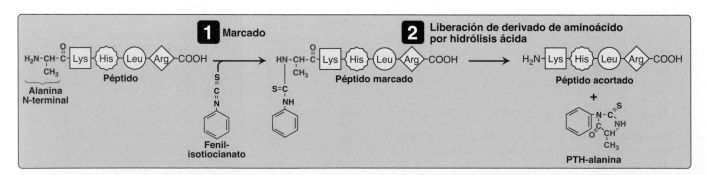

Figura 3-4
Determinación del residuo amino (N)-terminal de un polipéptido por degradación de Edman. PTH, feniltiohidantoína.

A. Hélice α

Existen diversas hélices polipeptídicas en la naturaleza, pero la hélice α es la más común. Se trata de una estructura rígida, en espiral hacia la derecha, que consta de un esqueleto polipeptídico central estrechamente compactado y enrollado, con las cadenas laterales de los L-aminoácidos componentes que se extienden hacia afuera desde el eje central para evitar la interferencia estérica entre sí (fig. 3-6). Un grupo muy diverso de proteínas contiene hélices α. Por ejemplo, las queratinas son una familia de proteínas estrechamente relacionadas de tipo rígido y fibroso cuya estructura es en su totalidad α-helicoidal. Son el componente principal de tejidos como el pelo y la piel. En contraste con la queratina, la mioglobina, cuya estructura también es altamente α-helicoidal, es una molécula globular y flexible que se encuentra en los músculos (*véase* cap. 4, sección II. B.).

1. **Puentes de hidrógeno:** la hélice α se estabiliza por la formación extensa de puentes de hidrógeno entre los oxígenos del grupo carbonilo y los hidrógenos del grupo amida presentes en el enlace peptídico, los cuales van constituyendo al esqueleto polipeptídico (*véase* fig. 3-6). Los puentes de hidrógeno se extienden hacia arriba y son paralelos a la espiral del oxígeno carbonilo de un enlace peptídico hacia el grupo —NH de un enlace peptídico cuatro residuos adelante en el polipéptido. Esto asegura que todos los componentes del enlace peptídico, menos el primero y el último, estén ligados entre sí a través de los puentes de hidrógeno dentro de la cadena. Los puentes de hidrógeno son débiles en forma individual, pero de manera colectiva sirven para estabilizar la hélice.

2. **Aminoácidos por vuelta:** cada vuelta de una hélice α contiene 3.6 aminoácidos. En consecuencia, los aminoácidos espaciados por tres o cuatro residuos en la secuencia primaria están más cercanos desde el punto de vista espacial cuando se pliegan en una hélice α.

3. **Aminoácidos que alteran una hélice α:** el grupo R de un aminoácido determina su propensión a formar parte de una hélice α. La prolina altera la hélice α porque su grupo amino secundario rígido no es geométricamente compatible con la espiral hacia la derecha de la hélice α. En lugar de ello, inserta un pliegue en la cadena, el cual interfiere con la estructura helicoidal lisa. La glicina, con el hidrógeno como su grupo R, confiere alta flexibilidad. Asimismo, los aminoácidos con grupos R cargados o voluminosos, como glutamato y triptófano, de forma respectiva, y aquellos con una rama en el carbono β, el primer carbono en el grupo R (p. ej., valina), tienen menos probabilidades de encontrarse en una hélice α.

B. Lámina β

La lámina β es otra forma de estructura secundaria en la cual todos los componentes del enlace peptídico están implicados en los puentes de hidrógeno (fig. 3-7A). Dado que las superficies de las lámina β parecen doblarse o formar "pliegues", con frecuencia se les llama láminas β plegadas. Los pliegues se deben a que los carbonos α sucesivos se encuentran ligeramente por arriba o por debajo del plano de la lámina. Las ilustraciones de la estructura proteica con frecuencia muestran a las cadenas β como flechas gruesas (fig. 3-7B).

1. **Formación:** una lámina β está formada por dos o más cadenas peptídicas (cadenas β) alineadas de manera lateral y estabilizadas por puentes de hidrógeno entre los grupos carboxilo y amino de los aminoácidos que se encuentran alejados en un solo polipéptido (enlaces intracadena) o en cadenas polipeptídicas diferentes (enlaces interca-

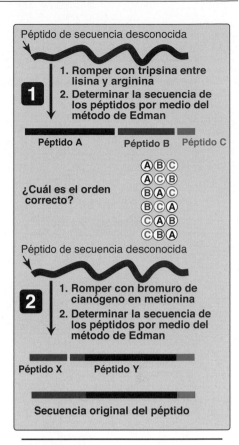

Figura 3-5

La superposición de los péptidos producidos por la acción de rompimiento de la tripsina y del bromuro de cianógeno.

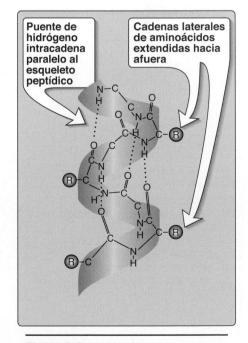

Figura 3-6

Estructura de una hélice α.

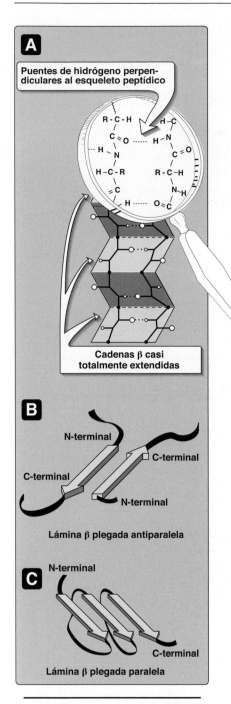

Figura 3-7

A) Estructura de una lámina β.
B) Una lámina β antiparalela con las cadenas β representadas como flechas gruesas. **C)** Una lámina β paralela formada de una sola cadena polipeptídica que se dobla sobre sí misma.

denas). Las cadenas β adyacentes se acomodan ya sea antiparalelas entre sí (con los N-terminales alternados como muestra la fig. 3-7B) o paralelas entre sí (con los N-terminales juntos como se ve en la fig. 3-7C). En cada cadena-β, los grupos de los aminoácidos adyacentes se extienden en direcciones opuestas, por arriba y debajo del plano de la lámina β. Las láminas β no son planas y tienen un enrollamiento hacia la derecha (torcimiento) cuando se observan a lo largo del esqueleto polipeptídico.

2. **Comparación entre hélices α y láminas β:** en las láminas β, las cadenas β están casi por completo extendidas y los puentes de hidrógeno entre las cadenas son perpendiculares al esqueleto polipeptídico (*véase* fig. 3-7A). En contraste, en las hélices α, el polipéptido está enrollado y los puentes de hidrógeno son paralelos al esqueleto (*véase* fig. 3-6).

> La orientación de los grupos R de los residuos de aminoácidos tanto en la hélice α como en la lámina β puede derivar en la formación de lados polares y apolares en estas estructuras secundarias, lo cual las hace, por lo tanto, anfipáticas.

C. Dobleces β

Los dobleces β, también denominados giros inversos y giros β, invierten la dirección de una cadena polipeptídica y la ayudan a tomar una forma compacta y globular. Por lo general se encuentran en la superficie de las moléculas proteicas y con frecuencia incluyen residuos cargados. Los dobleces β reciben este nombre porque con frecuencia conectan cadenas sucesivas de láminas β antiparalelas. Estos suelen estar compuestos de cuatro aminoácidos, uno de los cuales puede ser prolina, el aminoácido que causa un doblez en la cadena polipeptídica. Glicina, aquel con el grupo R más pequeño, también se encuentra con frecuencia en los dobleces β. Estos últimos se estabilizan por la formación de puentes de hidrógeno entre el primero y el último residuos en el doblez.

D. Estructura secundaria no repetitiva

Cerca de la mitad de una proteína globular promedio está organizada en estructuras repetitivas, como la hélice α y la lámina β. El resto de la cadena polipeptídica se describe como poseedora de una conformación en asa o en hélice. Estas estructuras secundarias no repetitivas no se presentan al azar, más bien simplemente tienen una estructura menos regular que las descritas en párrafos anteriores. El término "espiral aleatoria" se refiere a la estructura desordenada obtenida cuando se desnaturalizan las proteínas (*véase* cap. 3, sección IV. D.).

E. Estructuras supersecundarias (diseños)

Las proteínas globulares se construyen por combinación de elementos estructurales secundarios, incluidas hélices α, láminas β y espirales, lo cual produce patrones geométricos específicos o diseños. Estos forman sobre todo la región central (interior) de la molécula. Están conectadas por regiones en asa (p. ej., dobleces β) en la superficie de la proteína. Las estructuras supersecundarias por lo general se producen por un empaquetamiento estrecho de las cadenas laterales de los elementos estructurales secundarios. Por ejemplo, las hélices α y láminas β que están adyacentes en la secuencia de aminoácidos también suelen estar (aunque no siempre) adyacentes en la proteína final plegada. Algunos de los diseños o formas más comunes se ilustran en la figura 3-8.

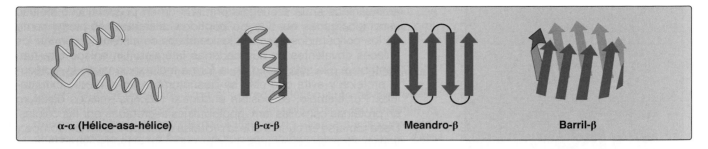

Figura 3-8

Diseños estructurales comunes que incluyen hélices α y láminas β. Los nombres describen su apariencia esquemática.

> Los diseños pueden estar asociados con funciones particulares. Las proteínas que se unen al ADN contienen un número limitado de diseños. El diseño hélice-asa-hélice es un ejemplo que se encuentra en numerosas proteínas que funcionan como factores de transcripción (*véase* cap. 32).

IV. ESTRUCTURA TERCIARIA

La estructura primaria de una cadena polipeptídica determina su estructura terciaria. El término terciaria se refiere tanto al doblez de los dominios (las unidades básicas de estructura y función; *véase* A en el párrafo siguiente) como al acomodo final de los dominios en el polipéptido. La estructura terciaria de las proteínas globulares en la solución acuosa es compacta, con alta densidad (empaquetado compacto) de los átomos en el centro de la molécula. Las cadenas laterales hidrófobas se incrustan en el interior, mientras que los grupos hidrofílicos suelen encontrarse en la superficie de la molécula.

A. Dominios

Los dominios son las unidades funcionales estructurales fundamentales y tridimensionales de los polipéptidos. Las cadenas polipeptídicas que tienen más de 200 aminoácidos de longitud por lo general poseen dos o más dominios. El centro de un dominio se construye a partir de combinaciones de elementos estructurales supersecundarios (motivos o diseños). El plegamiento de una cadena peptídica dentro de un dominio suele ocurrir de manera independiente del doblado en otros dominios. Por lo tanto, cada dominio tiene las características de una proteína globular pequeña que desde el punto de vista estructural es independiente de otros dominios en la cadena polipeptídica.

B. Interacciones estabilizantes

La estructura tridimensional única de cada polipéptido se determina por su secuencia de aminoácidos. Las interacciones entre las cadenas laterales de aminoácidos guían el plegamiento del polipéptido para formar una estructura compacta. Los siguientes cuatro tipos de interacciones cooperan para estabilizar las estructuras terciarias de las proteínas globulares.

1. **Enlaces disulfuro:** un enlace disulfuro (−S−S−) es un enlace covalente formado por el grupo sulfhidrilo (−SH) de cada uno de dos residuos de cisteína para producir un residuo de cistina (fig. 3-9). Las dos cisteínas pueden estar separadas entre sí por muchos otros

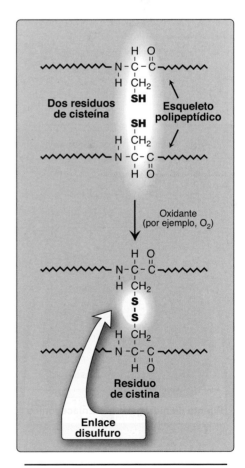

Figura 3-9

Formación de un enlace disulfuro por la oxidación de dos residuos de cisteína, lo cual produce un residuo de cistina. O_2, oxígeno.

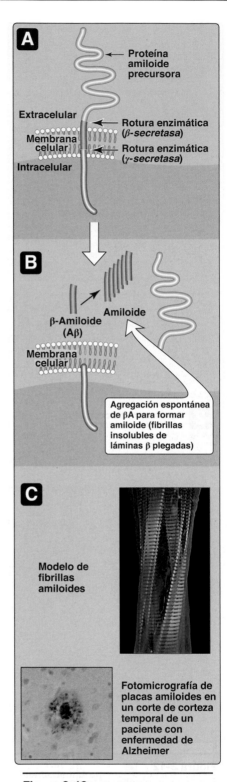

Figura 3-13
A) a C) formación de placas amiloides encontradas en pacientes con enfermedad de Alzheimer (EA). (Nota: las mutaciones de la presenilina, la subunidad catalítica de γ-*secretasa*, son la causa más común de EA hereditaria.)

lares, de proteínas mal dobladas, en particular a medida que las personas envejecen. Los depósitos de proteínas mal dobladas se asocian con un gran número de enfermedades.

A. Enfermedad amiloide

El plegamiento erróneo de proteínas puede ocurrir de manera espontánea o ser producto de una mutación en un gen particular, lo cual entonces produce una proteína alterada. Asimismo, algunas proteínas de apariencia normal pueden, después del rompimiento proteolítico anormal, tomar una conformación única que conduce a la formación espontánea de conjuntos de proteína fibrilar que constan de láminas β-plegadas. La acumulación de estos agregados insolubles de proteínas fibrosas, llamados amiloides, se ha implicado en trastornos neurodegenerativos como la enfermedad de Alzheimer (EA) y la enfermedad de Parkinson.

El componente dominante de la placa amiloide que se acumula en la EA es β-amiloide (βA), un péptido extracelular que contiene 40 a 42 residuos aminoácidos con una estructura secundaria de lámina β-plegada en fibrillas sin ramificar. Este péptido, cuando se agrega en conformación de lámina β-plegada, es neurotóxico y es el evento patógeno central que conduce a la deficiencia cognitiva característica de la enfermedad. El βA que se deposita en el cerebro en la EA se deriva por degradación enzimática (por secretasas) a partir de la proteína amiloide precursora de mayor tamaño, una sola proteína transmembranal que se expresa en la superficie celular del cerebro y otros tejidos (fig. 3-13).

Los péptidos βA se agregan y generan el amiloide que se encuentra en el parénquima cerebral y alrededor de los vasos sanguíneos. La mayoría de los casos de EA no tiene bases genéticas, aunque por lo menos 5% de los mismos es hereditario. Un segundo factor biológico implicado en el desarrollo de la EA es la acumulación de nudos neurofibrilares dentro de las neuronas. Un componente clave de estas fibras enredadas es una forma anormal de la proteína tau (τ), la cual es hiperfosforilada e insoluble; en su versión sana, τ ayuda a construir y estabilizar la estructura microtubular. La proteína τ defectuosa parece bloquear las acciones de su contraparte normal. En la enfermedad de Parkinson, el amiloide se forma a partir de una proteína α-sinucleína.

B. Enfermedades por priones

Los priones o partículas proteicas infecciosas se asocian con diversas enfermedades. La proteína del prión (PrP) es el agente causal de las encefalopatías espongiformes transmisibles (EET), incluida la enfermedad de Creutzfeldt-Jakob en los humanos, la tembladera en ovejas (scarpie) y la encefalopatía espongiforme bovina, llamada de modo popular "enfermedad de las vacas locas", en el ganado. La actividad infecciosa del agente que causa la tembladera en las ovejas se asocia con una sola especie de proteína que no formaba complejos con ácidos nucleicos detectables. Esta proteína infecciosa se designa PrP^{Sc} (Sc = tembladera). Es altamente resistente a la degradación proteolítica y tiende a formar agregados insolubles de fibrillas, semejantes al amiloide que se halla en algunas otras enfermedades del cerebro. Una forma no infecciosa de PrP^{C} (C = celular), codificada por el mismo gen que el agente infeccioso, está presente en los cerebros normales de mamíferos sobre la superficie de las neuronas y las células de la glía. Por lo tanto, la PrP^{C} es una proteína del hospedero. No se han encontrado diferencias de la estructura primaria ni modificaciones postraducción entre las formas normales e infecciosas de la proteína. La clave para convertirse en infecciosa al parecer se encuentra en cambios de la conformación tridimensional de PrP^C. Los estudios han demostrado que un gran número de hélices α presentes en la PrP^C no infecciosa es remplazado por láminas β en la forma infecciosa (fig. 3-14). Esta diferencia conformacional es, según parece, lo que confiere resistencia relativa a la degradación proteolítica de los priones infecciosos y les permite distinguirse de la PrP^C en el tejido infectado. El agente infeccioso es, por lo tanto, una versión alterada de una proteína normal, la cual actúa como patrón para convertir la proteína normal a la conformación patógena. Las EET son invariablemente fatales y en la actualidad no existe un tratamiento que pueda alterar este resultado.

VII. Resumen del capítulo

- La conformación nativa es la estructura funcional, por completo plegada de la proteína (fig. 3-15).

- La estructura tridimensional única de una proteína está determinada por su **estructura primaria** o su secuencia de aminoácidos.

- Las interacciones entre las cadenas laterales de los aminoácidos guían el plegamiento de la cadena polipeptídica para formar las estructuras **secundaria**, **terciaria** y, en ocasiones, **cuaternaria**, las cuales cooperan en la estabilización de la conformación nativa de la proteína.

- Un grupo especializado de proteínas llamadas **chaperonas** se requiere para el plegamiento adecuado de muchas especies de proteínas.

- La **desnaturalización de proteínas** deriva en el desdoblamiento y la desorganización de la estructura proteica, las cuales no van acompañadas por la hidrólisis de los enlaces peptídicos.

- La enfermedad puede ocurrir cuando una proteína de apariencia normal asume una conformación que es citotóxica, como en el caso de la **enfermedad de Alzheimer (EA)** y las **encefalopatías espongiformes transmisibles (EET)**, incluida la **enfermedad de Creutzfeldt-Jakob**.

- En la EA, las proteínas normales, después de un proceso químico anormal, toman una conformación única que conduce a la formación de conjuntos de **péptido β amiloide (βA)** neurotóxico que constan de láminas β plegadas. En la EET, el agente infeccioso es una versión alterada de una **proteína de prion** normal que actúa como patrón para convertir la proteína normal a la conformación patógena.

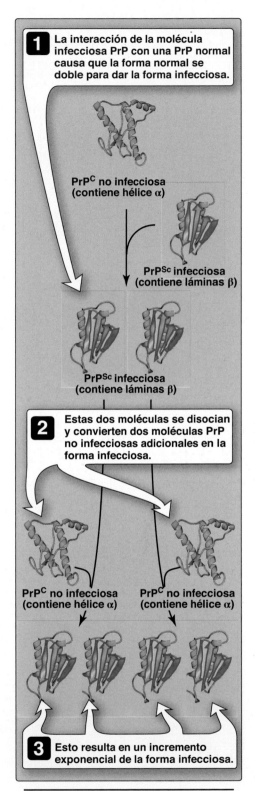

1 La interacción de la molécula infecciosa PrP con una PrP normal causa que la forma normal se doble para dar la forma infecciosa.

PrP^C no infecciosa (contiene hélice α)

PrP^{Sc} infecciosa (contiene láminas β)

PrP^{Sc} infecciosa (contiene láminas β)

2 Estas dos moléculas se disocian y convierten dos moléculas PrP no infecciosas adicionales en la forma infecciosa.

PrP^C no infecciosa (contiene hélice α)   PrP^C no infecciosa (contiene hélice α)

3 Esto resulta en un incremento exponencial de la forma infecciosa.

Figura 3-14
Mecanismo propuesto para la multiplicación de los priones infecciosos. PrP, proteína del prión; PrP^C, proteína del prión celular; PrP^{Sc}, proteína del prión de la tembladera (*scrapie*).

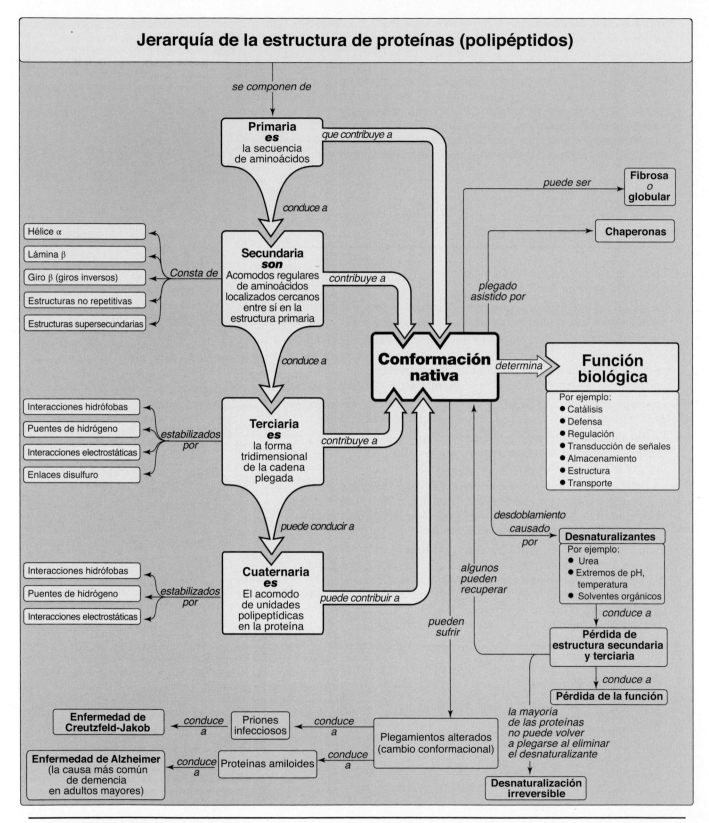

Figura 3-15
Mapa conceptual clave para la estructura de proteínas.

Preguntas de estudio

Elija la RESPUESTA correcta.

3.1 Respecto a la estructura de proteínas:

A. Las proteínas con un polipéptido tienen estructura cuaternaria que se estabiliza por medio de enlaces covalentes.

B. Los enlaces peptídicos que enlazan a los aminoácidos casi siempre se encuentran en la configuración *cis*.

C. Los enlaces disulfuro en las proteínas están entre residuos de cisteína adyacentes en la estructura primaria.

D. La desnaturalización de las proteínas conduce a la pérdida irreversible de elementos estructurales secundarios.

E. La fuerza impulsora primaria para el plegado de proteínas es el efecto hidrófobo.

Respuesta correcta = E. El efecto hidrófobo, o la tendencia de las entidades apolares para asociarse en un medio polar, es la fuerza impulsora primaria para el plegado de proteínas. La estructura cuaternaria requiere más de un polipéptido y, cuando está presente, este se estabiliza ante todo a través de enlaces no covalentes. El enlace peptídico casi siempre es *trans*. Los dos residuos de cisteína que participan en la formación de enlaces disulfuro pueden estar alejados por una gran distancia en la secuencia de aminoácidos de un polipéptido (o en dos polipéptidos separados), en estrecha proximidad por el plegamiento tridimensional del polipéptido. La desnaturalización puede ser reversible o irreversible.

3.2 Una mutación puntual particular deriva en la rotura de la estructura hélice α en un segmento de la proteína mutante. El cambio más probable en la estructura primaria de la proteína mutante es:

A. Glutamato en aspartato.

B. Lisina en arginina.

C. Metionina en prolina.

D. Valina en alanina.

Respuesta correcta = C. Prolina, debido a su grupo amino secundario, es incompatible con una hélice α. Glutamato, aspartato, lisina y arginina son aminoácidos con carga, y valina es un aminoácido ramificado. Los aminoácidos cargados y ramificados (voluminosos) pueden romper la hélice α. La flexibilidad del grupo R de glicina también puede alterar la hélice α.

3.3 ¿Cuál enunciado es cierto solo para las láminas β y no para las hélices α?

A. Se pueden encontrar en las proteínas globulares típicas.

B. Se estabilizan a través de enlaces hidrógeno entre cadenas.

C. Son un ejemplo de estructura secundaria.

D. Se pueden encontrar en estructuras supersecundarias.

Respuesta correcta = B. La lámina β se estabiliza por puentes de hidrógeno formados entre cadenas polipeptídicas separadas y por puentes de hidrógeno intracadenas formados entre regiones por un polipéptido individual. La hélice α, sin embargo, se estabiliza solo por puentes de hidrógeno intracadena. Los enunciados A, C y D se aplican para ambos de estos elementos estructurales secundarios.

3.4 La estabilidad de la estructura terciaria de las proteínas es provista en parte por:

A. Hélices alfa.

B. Aminopeptidasas.

C. Meandros beta.

D. Formación de enlaces disulfuro.

Respuesta correcta = D. Los enlaces disulfuro junto con las interacciones hidrofóbicas, los enlaces de hidrógeno y las interacciones iónicas se usan para estabilizar la estructura terciaria de las proteínas. Las hélices alfa y los meandros beta son ejemplos de estructuras secundarias. Las aminopeptidasas son enzimas que separan a los aminoácidos del N-terminal de las proteínas y no estabilizan la estructura terciaria.

3.5 Un hombre de 80 años de edad se presenta con déficit de la función intelectual y alteraciones de la conducta. Su familia informó desorientación creciente y pérdida de memoria durante los 6 meses anteriores. No existen antecedentes familiares de demencia. Se diagnostica al paciente de forma tentativa con enfermedad de Alzheimer (EA). Si este diagnóstico es correcto, entonces su condición:

A. Implica un β-amiloide, una proteína anormal con una secuencia alterada de aminoácidos.

B. Es resultado de la acumulación de proteínas desnaturalizadas que tienen conformaciones al azar.

C. Ocurrió como resultado de la acumulación de la proteína precursora de amiloide.

D. Está relacionada con el depósito de agregados de péptido β-amiloide neurotóxico.

E. Se adquirió a consecuencia de un daño ambiental no relacionado con la genética del individuo.

Respuesta correcta = D. La EA está relacionada con formaciones largas y fibrilares que constan de láminas β plegadas que se encuentran en el cerebro o en otros sitios. La enfermedad está asociada con el procesamiento anormal de una proteína normal. La proteína alterada acumulada se presenta con conformación de lámina β plegada que es neurotóxica. El amiloide β que se deposita en el cerebro, en la enfermedad de Alzheimer, se deriva por rompimientos proteolíticos de la proteína amiloide precursora de mayor tamaño, una sola proteína transmembranal que se expresa en la superficie celular en el cerebro y otros tejidos. En la mayoría de los casos la EA es esporádica, aunque al menos 5% de ellos es de origen genético.

Proteínas globulares

4

I. GENERALIDADES

En el capítulo anterior se describieron los tipos de estructuras secundarias y terciarias que son los ladrillos y el cemento de la arquitectura proteica. Al acomodar estos elementos estructurales fundamentales en diferentes combinaciones, es posible construir proteínas muy diversas capaces de funciones variadas y especializadas. Dos estructuras proteicas importantes son las proteínas globulares y las proteínas fibrosas (o escleroproteínas). Como su nombre lo indica, las proteínas globulares tienen una forma general esférica (o "globular"). Estas suelen ser algo solubles en agua, pues poseen muchos aminoácidos hidrofílicos en su superficie exterior orientados hacia el medio acuoso. Los aminoácidos más apolares se dirigen hacia el interior de la proteína, lo que proporciona interacciones hidrófobas para estabilizar aún más la estructura globular. Esto contrasta con las proteínas fibrosas, las cuales forman filamentos largos en forma de varilla, que son generalmente inmóviles o insolubles en agua y proporcionan soporte estructural en el entorno extracelular. En este capítulo se examina la relación entre estructura y función de las hemoproteínas globulares importantes en la clínica, como la hemoglobina y la mioglobina. Las proteínas estructurales fibrosas, como el colágeno y la elastina, se analizan en el capítulo 5.

II. HEMOPROTEÍNAS GLOBULARES

Las hemoproteínas son un grupo de proteínas especializadas que contienen un grupo prostético hemo fuertemente unido (en la p. 83 hay más información sobre los grupos prostéticos). La función del grupo hemo está determinada por el ambiente creado por la estructura tridimensional de la proteína. En la cadena de transporte de electrones de la mitocondria, la estructura de la proteína citocromo permite una transferencia de electrones de oxidación-reducción rápida y reversible del hierro coordinado con el hemo, que pasa de forma reversible entre sus estados ferroso (Fe^{2+}) y férrico (Fe^{3+}) (*véase* p. 107). En la enzima catalasa, el grupo hemo es parte del sitio activo de la enzima que cataliza el rompimiento del peróxido de hidrógeno (*véase* p. 187). La estructura proteica de la hemoglobina puede afectar la alineación del hierro ferroso (Fe^{2+}) respecto al plano del grupo prostético del hemo. Los cambios en esta alineación pueden alterar la afinidad de fijación y el transporte de oxígeno por la hemoglobina entre los pulmones y los tejidos.

A. Estructura del hemo

El hemo es una estructura plana, compuesta por un anillo de porfirina con hierro ferroso (Fe^{2+}) coordinado en el centro de ese anillo, como se muestra en la figura 4-1. El hierro se sostiene en el centro de la molécula hemo mediante enlaces con los cuatro nitrógenos del anillo de porfirina. El Fe^{2+} del hemo puede formar dos enlaces adicionales, uno a cada lado del anillo plano de la porfirina. En la hemoglobina, una de estas posiciones está coordinada con la cadena lateral de un residuo de histidina de la molécula de globina, mientras que la otra posición está disponible para unir O_2 (fig. 4-2).

B. Estructura y función de la mioglobina

La mioglobina, una hemoproteína presente en el músculo cardiaco y el músculo esquelético, funciona como reservorio y transporte de oxígeno que aumenta la velocidad de transporte de oxígeno dentro de la célula muscular. La mioglobina consta de una sola cadena polipeptídica que es similar de modo estructural a las cadenas polipeptídicas individuales de la molécula tetramérica de la hemoglobina. Esta homología hace que la mioglobina sea un modelo útil para interpretar algunas de las propiedades más complejas de la hemoglobina.

1. **Contenido α-helicoidal:** la mioglobina es una molécula compacta, con ~80% de su cadena polipeptídica plegada en ocho tramos de hélices α. Estas regiones α-helicoidales, marcadas como A a H en la figura 4-2A, terminan por la presencia de prolina, cuyo anillo de cinco miembros no puede acomodarse en una hélice α (*véase* p. 40) o por giros β y bucles estabilizados por puentes de hidrógeno y enlaces iónicos (*véase* p. 43). (Nota: los enlaces iónicos también se denominan interacciones electrostáticas o puentes salinos).

2. **Localización de residuos de aminoácidos polares y apolares:** el interior de la molécula globular de mioglobina se compone casi por completo de aminoácidos apolares. Los aminoácidos apolares están estrechamente empacados y forman una estructura estabilizada por interacciones hidrófobas entre estos residuos agrupados (*véase* p. 43). En contraste, los aminoácidos polares se localizan casi de modo exclusivo en la superficie, donde pueden formar puentes de hidrógeno, ya sea entre sí o con el agua.

3. **Unión del grupo hemo:** el grupo hemo prostético de la molécula de mioglobina se encuentra en una hendidura, la cual está recubierta con aminoácidos apolares. Dos residuos de histidina son excepciones notables, que son aminoácidos básicos (*véase* fig. 4-2B). Uno de esos residuos, la histidina proximal (F8), se une de forma directa con el Fe^{2+} del hemo. El segundo, la histidina distal (E7), no interactúa en

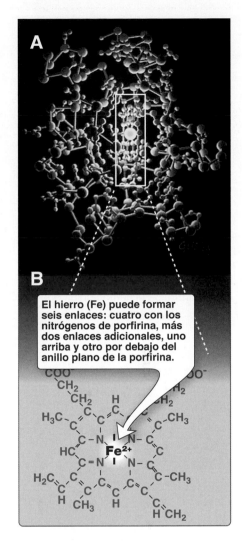

El hierro (Fe) puede formar seis enlaces: cuatro con los nitrógenos de porfirina, más dos enlaces adicionales, uno arriba y otro por debajo del anillo plano de la porfirina.

Figura 4-1
A) Hemoproteína (citocromo c).
B) Estructura del hemo.

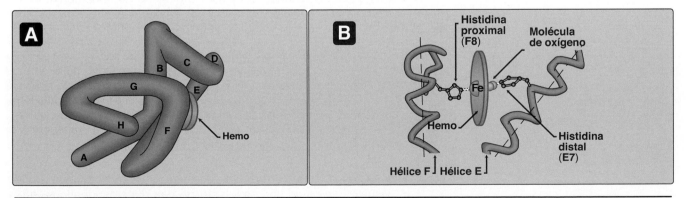

Figura 4-2
A) Modelo de mioglobina que muestra hélices α de A hasta H. **B)** Esquema del sitio de unión de oxígeno de la mioglobina.

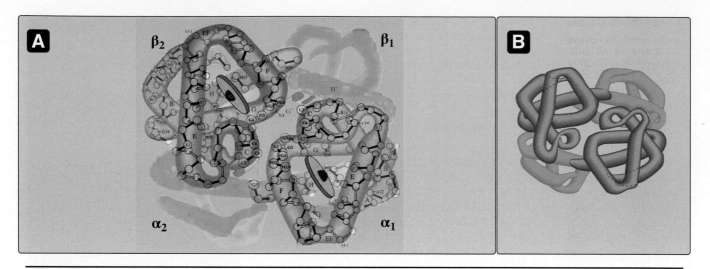

Figura 4-3
A) Estructura de la hemoglobina que muestra los esqueletos polipeptídicos. **B)** Dibujo simplificado que muestra las hélices α.

forma directa con el grupo hemo, pero ayuda a estabilizar la unión del O_2 al Fe^{2+}. En consecuencia, la porción de proteína, o globina, de la mioglobina crea un microambiente especial para el hemo que permite la oxigenación, la unión reversible de una molécula de oxígeno. La pérdida simultánea de electrones por el Fe^{2+} (oxidación a la forma férrica [Fe^{3+}]) ocurre en muy raras ocasiones.

C. Estructura y función de la hemoglobina

La hemoglobina se encuentra de forma exclusiva en los eritrocitos (glóbulos rojos), donde su función principal es transportar O_2 de los pulmones a los capilares de los tejidos. La hemoglobina A (HbA), la principal en los adultos, está compuesta de cuatro cadenas polipeptídicas (dos α y dos β) unidas entre sí por interacciones no covalentes (fig. 4-3). Cada cadena (subunidad) tiene tramos de estructura α-helicoidal y una cavidad hidrofóbica de unión al hemo semejante a la descrita para la mioglobina. No obstante, la molécula tetramérica de hemoglobina es más compleja desde el punto de vista estructural y funcional que la mioglobina. Por ejemplo, la hemoglobina puede transportar protones (H^+) y dióxido de carbono (CO_2) desde los tejidos a los pulmones, y cuatro moléculas de O_2 desde los pulmones a las células del cuerpo. Además, las propiedades de unión de oxígeno de la hemoglobina se regulan por la interacción con efectores alostéricos (*véase* p. 54).

> Obtener O_2 de la atmósfera solo por difusión limita en gran medida el tamaño de los organismos. Los sistemas circulatorios resuelven esto, pero también se necesitan moléculas de transporte como la hemoglobina debido a que el O_2 es solo ligeramente soluble en soluciones acuosas como la sangre.

1. **Estructura cuaternaria:** el tetrámero de hemoglobina puede visualizarse como un compuesto de dos dímeros idénticos, $\alpha\beta_1$ y $\alpha\beta_2$. Las dos cadenas polipeptídicas dentro de cada dímero se mantienen unidas de manera estrecha sobre todo por interacciones

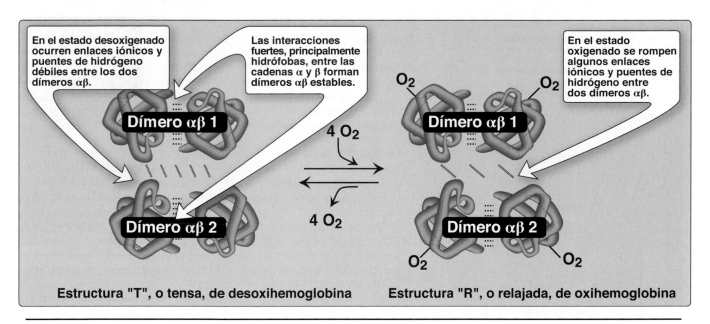

Figura 4-4
Esquema que muestra los cambios estructurales derivados de la oxigenación y desoxigenación de la hemoglobina.

hidrófobas (fig. 4-4). (Nota: en este caso, los residuos hidrófobos de aminoácidos se localizan no solo en el interior de la molécula sino también en una región sobre la superficie de cada subunidad. Múltiples interacciones hidrófobas intercatenarias forman fuertes asociaciones entre las subunidades α y β en cada uno de los dímeros). En contraste, los dos dímeros se mantienen unidos ante todo por enlaces polares. Las interacciones más débiles entre los dímeros permiten que estos se muevan uno con respecto al otro. Este movimiento hace que los dos dímeros ocupen diferentes posiciones relativas en la desoxihemoglobina en comparación con la oxihemoglobina (véase fig. 4-4).

a. **Forma T:** la forma desoxi de la hemoglobina se llama "T" o tensa (tirante). En la forma T, los dos dímeros αβ interactúan a través de una red de enlaces iónicos y puentes de hidrógeno que restringen el movimiento de las cadenas polipeptídicas. El hierro (Fe^{2+}) sale de la estructura plana del hemo. La conformación T es la forma de la hemoglobina de baja afinidad por el oxígeno.

b. **Forma R:** la unión de O_2 a la hemoglobina causa la rotura de algunos de los enlaces polares entre los dos dímeros αβ, lo cual permite el movimiento del Fe^{2+} con respecto la estructura plana del hemo. De manera específica, la unión de O_2 al grupo hemo Fe^{2+} jala de forma más directa al hierro hacia el plano de la estructura del anillo del hemo (fig. 4-5B). Dado que el hierro también está unido a la histidina proximal (F8), el movimiento resultante de las cadenas de globina altera la interfase entre los dímeros αβ. Esto conduce a una estructura llamada forma "R" o relajada (véase fig. 4-4). La conformación R es la forma de la hemoglobina de gran afinidad por el oxígeno.

D. Unión de oxígeno a mioglobina y hemoglobina

La mioglobina solo puede unir una molécula de O_2, porque solo contiene un grupo hemo. En contraste, la hemoglobina puede unir cuatro

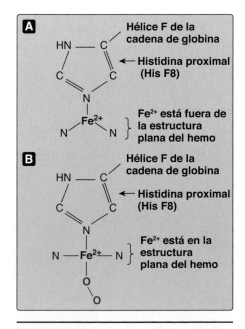

Figura 4-5
Movimiento del hierro hemo (Fe^{2+}).
A) Fuera del plano del hemo cuando el oxígeno (O_2) no está unido. **B)** En el plano del hemo al unirse el O_2.

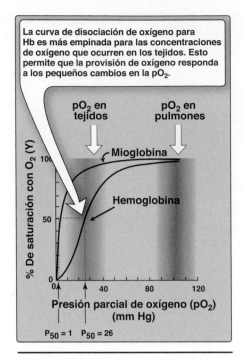

La curva de disociación de oxígeno para Hb es más empinada para las concentraciones de oxígeno que ocurren en los tejidos. Esto permite que la provisión de oxígeno responda a los pequeños cambios en la pO₂.

Figura 4-6
Curvas de disociación de oxígeno para mioglobina y hemoglobina (Hb).

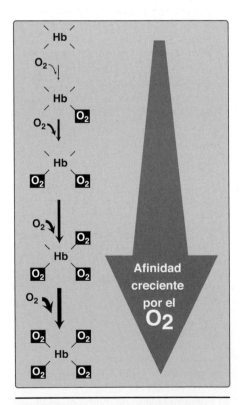

Figura 4-7
La hemoglobina (Hb) une moléculas sucesivas de oxígeno (O₂) con afinidad creciente.

moléculas de O_2, una en cada uno de sus grupos hemo. El grado de saturación (Y) de estos sitios de unión al oxígeno en todas las moléculas de mioglobina o hemoglobina puede variar entre cero (todos los sitios están vacíos) y 100% (todos los sitios están llenos), como se muestra en la figura 4-6. (Nota: la oximetría de pulso es un método no invasivo e indirecto para medir la saturación de oxígeno de la sangre arterial con base en las diferencias en la absorción de luz de la oxihemoglobina y la desoxihemoglobina.)

1. **Curva de disociación de oxígeno:** la gráfica del grado de saturación (Y) medida a diferentes presiones parciales de oxígeno (pO₂) se llama curva de disociación del oxígeno. (Nota: la pO₂ también puede representarse como PO₂.) Las curvas de la mioglobina y la hemoglobina muestran diferencias importantes (*véase* fig. 4-6). Esta gráfica ilustra que a todos los valores de la pO₂, la mioglobina tiene una afinidad por el oxígeno más elevada que la hemoglobina. La presión parcial de oxígeno necesaria para conseguir la saturación de la mitad de los sitios de unión (P_{50}) es de ~1 mm Hg para la mioglobina y 26 mm Hg para hemoglobina. Mientras mayor es la afinidad de oxígeno (esto es, entre más fuerte sea la unión del O_2), menor es la P_{50}.

   a. **Mioglobina:** la curva de disociación de oxígeno para mioglobina tiene una forma hiperbólica (*véase* fig. 4-6). Esto refleja el hecho de que la mioglobina se une de modo reversible a una sola molécula de O_2. Por lo tanto, la mioglobina oxigenada (MbO₂) y desoxigenada (Mb) existen en un equilibrio simple:

   $$Mb + O_2 \rightleftarrows MbO_2$$

   El equilibrio se desplaza hacia la derecha o a la izquierda a medida que se añade o elimina O_2 del sistema. (Nota: la mioglobina está diseñada para captar el O_2 liberado por la hemoglobina a la baja pO₂ que se encuentra en el músculo. La mioglobina, a su vez, libera O_2 dentro de la célula muscular en respuesta a la demanda de oxígeno.)

   b. **Hemoglobina:** la curva de disociación de oxígeno para la hemoglobina tiene forma sigmoidea (*véase* fig. 4-6), lo cual indica que las subunidades cooperan para la unión del O_2. La unión cooperativa de O_2 por las cuatro subunidades de hemoglobina implica que la unión de una molécula de oxígeno a un grupo hemo aumenta la afinidad por el oxígeno de las subunidades restantes en el mismo tetrámero de hemoglobina (fig. 4-7). Aunque es más difícil para la primera molécula de oxígeno unirse a la hemoglobina, la unión subsiguiente de moléculas de oxígeno ocurre con alta afinidad, como lo muestra la curva ascendente empinada en la región cercana a los 20 a 30 mm Hg (*véase* fig. 4-6).

E. **Efectores alostéricos**

La capacidad de la hemoglobina para unirse de modo reversible al O_2 se ve afectada por la pO₂, el pH del medio, la presión parcial de dióxido de carbono (pCO₂) y la disponibilidad del 2,3-bisfosfoglicerato (2,3-BPG). Estos se denominan de manera colectiva efectores alostéricos ("otro sitio"), porque su interacción en un sitio de la molécula tetramérica de hemoglobina causa cambios estructurales que afectan la unión del O_2 al hierro del hemo en otros sitios de la molécula. (Nota: el enlace del O_2 con la mioglobina monomérica no se ve influido por los efectores alostéricos).

1. **Oxígeno:** la curva sigmoidea de disociación de oxígeno refleja cambios estructurales específicos que se inician en una subunidad y se transmiten a otras subunidades en el tetrámero de hemoglobina. El efecto neto es que la afinidad de la hemoglobina por la unión del último oxígeno es ~300 veces mayor que su afinidad por la unión del primer oxígeno. El oxígeno, entonces, es un efector alostérico de hemoglobina. Este estabiliza la forma R.

    a. **Carga y descarga de oxígeno:** la unión cooperativa del O_2 permite que la hemoglobina proporcione más O_2 a los tejidos en respuesta a cambios un tanto pequeños de pO_2. Esto puede verse en la figura 4-6, lo cual indica la pO_2 en los alveolos pulmonares y los capilares de los tejidos. Por ejemplo, en el pulmón, la concentración de oxígeno es alta y la hemoglobina está virtualmente saturada (o "cargada") con O_2. En contraste, en los tejidos periféricos, donde el pO_2 es mucho más bajo que en los pulmones, la oxihemoglobina libera (o "descarga") gran parte de su O_2 para su uso en el metabolismo oxidativo de los tejidos (fig. 4-8).

    b. **Importancia de la curva sigmoidea de disociación de oxígeno:** la pendiente empinada de la curva de disociación de oxígeno a lo largo del intervalo de concentraciones de oxígeno que se produce entre los pulmones y los tejidos permite que la hemoglobina transporte y libere oxígeno con eficacia desde lugares de alta pO_2 hasta los de baja pO_2. Una molécula con una curva de disociación hiperbólica del O_2, como la mioglobina, podría no alcanzar el mismo grado de liberación de O_2 dentro de este intervalo de pO_2. En cambio, tendría una afinidad máxima por el O_2 en todo este intervalo de presiones de oxígeno y, por consiguiente, no entregaría O_2 a los tejidos.

2. **Efecto Bohr:** la liberación de O_2 de la hemoglobina aumenta cuando se reduce el pH (incrementa la concentración de protones [H+]) o si la hemoglobina está en presencia de un incremento de pCO_2. Ambas cosas provocan una disminución de la afinidad de la hemoglobina por el oxígeno y, por consiguiente, una desviación a la derecha en la curva de disociación del oxígeno (fig. 4-9). Ambos, entonces, estabilizan la forma T (desoxi). Este cambio en la unión del oxígeno se denomina efecto Bohr. Por otra parte, elevar el pH o reducir la concentración de CO_2 provoca una mayor afinidad por el oxígeno, una desviación a la izquierda en la curva de disociación del oxígeno, y la estabilización de la forma R (oxi).

    a. **Fuente de los protones que reducen el pH:** la concentración tanto de H^+ como de CO_2 en los capilares de tejidos metabólicamente activos es mayor que la observada en los capilares alveolares de los pulmones, donde el CO_2 se libera hacia el aire espirado. En los tejidos, el CO_2 se convierte en ácido carbónico por acción de la anhidrasa carbónica que contiene zinc:

    $$CO_2 + H_2O \rightleftarrows H_2CO_3$$

    el cual de modo espontáneo ioniza en bicarbonato (el principal amortiguador sanguíneo) y H^+:

    $$H_2CO_3 \rightleftarrows HCO_3^- + H^+$$

    El H^+ producido por este par de reacciones contribuye a reducir el pH. Este gradiente diferencial de pH (esto es, que los pul-

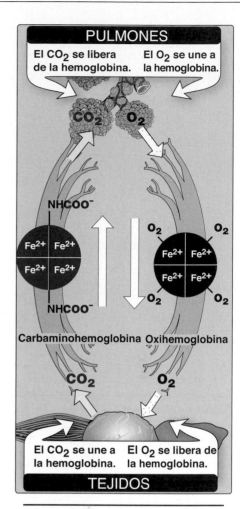

Figura 4-8

Transporte de oxígeno y dióxido de carbono por la hemoglobina. Fe, hierro.

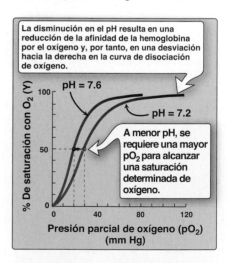

Figura 4-9

Efecto del pH en la afinidad de la hemoglobina por el oxígeno. Los protones son efectores alostéricos de la hemoglobina.

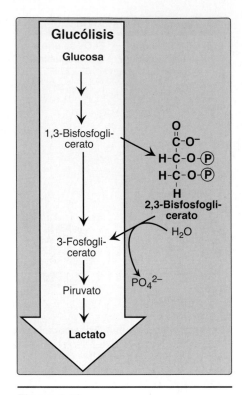

Figura 4-10
Síntesis de 2,3-bisfosfoglicerato. [Nota:
Ⓟes un grupo fosforilo, PO_3^{2-}.] En
la literatura antigua es posible que se
refieran al 2,3-bisfosfoglicerato (2,3-BPG),
como 2,3-difosfoglicerato (2,3-DPG).

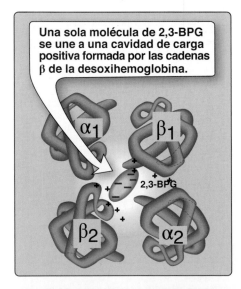

Figura 4-11
Unión del 2,3-bisfosfoglicerato (2,3-BPG)
por la desoxihemoglobina.

mones tengan un mayor pH y los tejidos uno menor) favorece la descarga de O_2 en los tejidos periféricos y la carga de O_2 en los pulmones. En consecuencia, la afinidad por el oxígeno de la molécula de hemoglobina responde a pequeños cambios de pH entre los pulmones y los tejidos que consumen oxígeno, lo cual convierte a la hemoglobina en un transportador más eficiente de O_2.

b. **Mecanismo del efecto Bohr:** el efecto Bohr refleja el hecho de que la desoxihemoglobina tiene mayor afinidad por el H^+ que la oxihemoglobina. Esto se debe a grupos ionizables como cadenas laterales de histidinas específicas que tienen mayor pK_a (*véase* p. 31) en la desoxihemoglobina que en la oxihemoglobina. Por lo tanto, un incremento en la concentración de H^+ (que resulta en la disminución del pH) hace que estos grupos se protonen (carguen) y sean capaces de formar enlaces iónicos (puentes salinos). Estos enlaces estabilizan de manera preferencial la desoxihemoglobina, lo cual produce una disminución en la afinidad por el oxígeno. (Nota: la hemoglobina es, entonces, un importante amortiguador sanguíneo).

El efecto Bohr puede representarse de manera esquemática como:

$$HbO_2 + H^+ \rightleftarrows HbH + O_2$$
oxihemoglobina   desoxihemoglobina

donde un incremento en H^+ (o una pO_2 menor) desvía el equilibrio a la derecha (y favorece a la desoxihemoglobina), mientras que un incremento en la pO_2 (o la disminución de H^+) desvía el equilibrio hacia la izquierda.

3. **Efecto del 2,3-bisfosfoglicerato sobre la afinidad por el oxígeno:** el 2,3-bisfosfoglicerato (2,3-BPG) es un regulador importante de la unión de O_2 a la hemoglobina. Es el fosfato orgánico más abundante en los eritrocitos, donde su concentración es aproximadamente igual a la de la hemoglobina. El 2,3-BPG se sintetiza mediante un intermediario de la vía glucolítica (fig. 4-10; *véase* p. 56 para tratar el tema síntesis del 2,3-BPG en la glucólisis).

a. **Unión del 2,3-BPG a la desoxihemoglobina:** el 2,3-BPG disminuye la afinidad de la hemoglobina por el oxígeno al unirse a la desoxihemoglobina, pero no a la oxihemoglobina. Esta unión preferencial estabiliza la conformación T de la desoxihemoglobina. El efecto de la unión del 2,3-BPG puede representarse de manera esquemática como:

$$HbO_2 + 2,3\text{-}BPG \rightleftarrows Hb - 2,3\text{-}BPG + O_2$$
oxihemoglobina   desoxihemoglobina

b. **Sitio de unión de 2,3-BPG:** una molécula de 2,3-BPG se une a una cavidad, formada por las dos cadenas de globina β, en el centro del tetrámero de la desoxihemoglobina (fig. 4-11). Esta cavidad contiene varios aminoácidos de carga positiva que forman enlaces iónicos con los grupos fosfato de carga negativa del 2,3-BPG. (Nota: el remplazo de uno de estos aminoácidos puede derivar en variantes de hemoglobina con afinidad alta anormal por el oxígeno que puede compensarse por el aumento en la producción de eritrocitos [eritrocitosis].) La oxigenación de la hemoglobina hace más estrecha la hendidura y provoca la liberación de 2,3-BPG.

c. **Desviación de la curva de disociación de oxígeno:** la hemoglobina de la cual se ha retirado el 2,3-BPG tiene alta afinidad por el oxígeno. No obstante, la presencia de 2,3-BPG reduce de modo significativo la afinidad de la hemoglobina por el oxígeno, lo cual desplaza la curva de disociación del oxígeno hacia la derecha (fig. 4-12). Esta afinidad reducida permite a la hemoglobina liberar O_2 de manera eficiente bajo las presiones parciales que se encuentran en los tejidos.

d. **Niveles de 2,3-BPG en la hipoxia o la anemia crónica:** la concentración del 2,3-BPG en los eritrocitos aumenta en respuesta a la hipoxia crónica, como la que se observa en la enfermedad pulmonar obstructiva crónica (EPOC) como enfisema, o a grandes altitudes, donde pO_2 es más baja y la hemoglobina circulante puede tener dificultades para recibir suficiente O_2. Los niveles intracelulares de 2,3-BPG también se elevan en la anemia crónica, en la cual se dispone de un número de eritrocitos menor de lo normal para suplir las necesidades de oxígeno del organismo. Los niveles elevados de 2,3-BPG reducen la afinidad de la hemoglobina por el oxígeno, lo cual permite mayor descarga de O_2 en los capilares de los tejidos (*véase* fig. 4-12).

e. **2,3-BPG en la sangre transfundida:** el 2,3-BPG es esencial para la función normal de transporte de oxígeno de la hemoglobina. No obstante, la sangre almacenada en los bancos de sangre reduce de modo gradual su 2,3-BPG. En consecuencia, esta sangre presenta una afinidad alta anormal por el oxígeno y no logra descargar su O_2 en forma adecuada en los tejidos. Por lo tanto, la hemoglobina deficiente en 2,3-BPG actúa como una "trampa" para el oxígeno más que como un sistema de provisión de oxígeno. Los eritrocitos transfundidos son capaces de restaurar sus suministros agotados de 2,3-BPG en 6 a 24 horas. Sin

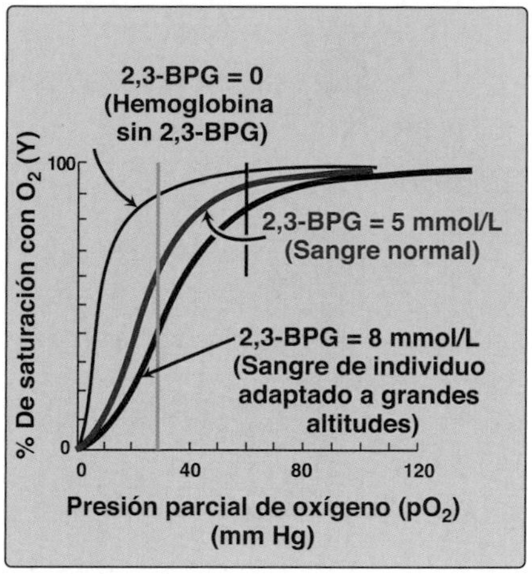

Figura 4-12
Efecto alostérico de 2,3-bisfosfoglicerato (2,3-BPG) sobre la afinidad de hemoglobina por el oxígeno. La *línea verde* indica la presión parcial de oxígeno en los tejidos. La presión parcial de oxígeno en los pulmones a gran altura se indica con la *línea púrpura*.

Aplicación clínica 4.1: el 2,3-BPG libera oxígeno a los tejidos

Para ejemplificar el uso de 2,3-BPG para descargar oxígeno a los tejidos, considere dos condiciones: un individuo que vive a nivel del mar con 5 mmol/L de 2,3-BPG, y viaja a una gran altitud donde la pO_2 es menor, y otro individuo que vive a gran altitud y para compensar, su concentración de 2,3-BPG está elevada a 8mmol/L. La hemoglobina en los pulmones del individuo con 5 mmol/L de 2,3-BPG estará por completo saturada a nivel del mar (fig. 4-12). En los tejidos, su hemoglobina está ~60% saturada (indicado por la *línea verde*) y entrega ~40% del oxígeno ligado a sus tejidos. En altitudes elevadas con 5 mmol/L de 2,3-BPG, la hemoglobina de este mismo individuo estará saturada solo a 90% en los pulmones (indicado por la *línea púrpura*), por lo que la entrega de oxígeno a sus tejidos es de solo 30%. No obstante, el individuo que vive a gran altura se ha adaptado a tener una hemoglobina con 8 mmol/L de 2,3-BPG. La curva de fijación de oxígeno se desplaza hacia la derecha. La saturación de oxígeno en los pulmones ahora es solo ~80% (indicada por la *línea púrpura*) y la saturación de oxígeno en los tejidos es ~40% (indicada por la *línea verde*), lo que provee una entrega similar de 40% del oxígeno ligado a los tejidos por el aumento en las concentraciones de 2,3-BPG. El cambio en la afinidad de unión del O_2 permitió una entrega comparable de 40% de oxígeno a los tejidos.

embargo, los pacientes con enfermedades graves pueden verse comprometidos si se les transfunden grandes cantidades de esta sangre con deficiencias en 2,3-BPG. La sangre almacenada, en consecuencia, se trata con una solución de "rejuvenecimiento" que restaura con rapidez el 2,3-BPG. (Nota: el rejuvenecimiento también restaura el ATP perdido durante el almacenamiento.)

4. **Unión del CO_2:** la mayor parte del CO_2 producido en el metabolismo se hidrata y transporta como ion bicarbonato (*véase* fig. 2-12 en la p. 33). Sin embargo, cierta cantidad de CO_2 se lleva como carbamato unido a los grupos amino terminales de la hemoglobina (lo que forma carbaminohemoglobina como se muestra en la fig. 4-8), lo cual puede representarse de manera esquemática como sigue:

$$Hb-NH_2 +CO_2 \rightleftarrows Hb-NH-COO^- +H^+$$

La unión de CO_2 estabiliza la forma T, o desoxi, de la hemoglobina, lo cual deriva en una disminución en su afinidad por el oxígeno (*véase* p. 54) y una desviación a la derecha en la curva de disociación del oxígeno. En los pulmones, el CO_2 se disocia de la hemoglobina y se libera en la respiración.

5. **Unión de CO:** el monóxido de carbono (CO) se une con gran fuerza (pero en forma reversible) al hierro de la hemoglobina, para formar carboxihemoglobina. Cuando el CO se une a uno o más de los cuatro sitios hemo, la hemoglobina se desplaza a la conformación R, lo cual hace que el resto de los sitios hemo se una al O_2 con alta afinidad. Esto desvía a la curva de disociación del oxígeno hacia la izquierda y cambia la forma sigmoidea normal a la forma hiperbólica. Como resultado, la hemoglobina afectada es incapaz de liberar el O_2 hacia los tejidos (fig. 4-13). (Nota: la afinidad de la hemoglobina por el CO es 220 veces mayor que para el O_2. En consecuencia, aun concentraciones mínimas de CO en el medio pueden producir concentraciones tóxicas de carboxihemoglobina en la sangre. Por ejemplo, en la sangre de los fumadores se encuentran niveles aumentados de CO. La toxicidad del CO parece derivar de una combinación de hipoxia tisular y daño directo mediado por el CO a nivel celular.) El envenenamiento con CO se trata con oxígeno a 100% a alta presión (terapia hiperbárica con oxígeno), lo cual facilita la disociación del CO de la hemoglobina. (Nota: el CO también inhibe el Complejo IV de la cadena de transporte de electrones [*véase* p. 108].) La hemoglobina también transporta el óxido nitroso gaseoso (NO). El NO es un vasodilatador potente (*véase* p. 190). Este puede captarse (rescatarse) o liberarse de los eritrocitos, lo que modula la disponibilidad de NO e influye sobre el diámetro de los vasos.

F. Hemoglobinas menores

Es importante recordar que la hemoglobina humana HbA es tan solo un miembro de una familia de proteínas relacionadas de forma funcional y estructural: las hemoglobinas (fig. 4-14). Cada una de estas proteínas transportadoras de oxígeno es un tetrámero, compuesto de dos polipéptidos de globina α (o tipo α) y dos polipéptidos de globina β (o tipo β). La HbF se sintetiza durante el desarrollo fetal, sin embargo representa < 2% de la hemoglobina en sangre adulta. La HbF se concentra en los eritrocitos conocidos como células F. La HbA_2 también se sintetiza en el adulto, aunque a niveles bajos comparados con la HbA. Esta última también puede modificarse por la adición covalente de una hexosa (HbA_{1c}, *véase* II.F.3., a continuación).

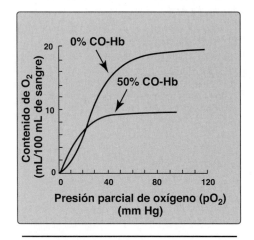

Figura 4-13
Efecto del monóxido de carbono (CO) sobre la afinidad de hemoglobina por el oxígeno. El CO compite con el O_2 para unirse al hierro hemo. CO-Hb, carboxihemoglobina (carbono monoxihemoglobina).

Forma	Composición de cadenas	Fracción de hemoglobina total
HbA	$\alpha_2\beta_2$	90%
HbA_2	$\alpha_2\delta_2$	2 a 3%
HbF	$\alpha_2\gamma_2$	< 2%
HbA_{1c}	$\alpha_2\beta_2$-glucosa	4 a 6%

Figura 4-14
Hemoglobinas humanas encontradas en la sangre adulta. HbA_{1c} es un subtipo de HbA (o HbA_1). (Nota: las cadenas α en estas hemoglobinas son idénticas). Hb, hemoglobina.

1. **Hemoglobina fetal:** la HbF es un tetrámero que consta de dos cadenas α idénticas a las que se encuentran en HbA, más dos cadenas γ ($\alpha_2\gamma_2$; *véase* fig. 4-14). Las cadenas γ son miembros de la familia de genes de globina β (*véase* p. 60).

   a. **Síntesis de HbF durante el desarrollo:** en el primer mes después de la concepción, el saco vitelino embrionario sintetiza las hemoglobinas embrionarias como la Hb Gower 1, compuesta de dos cadenas zeta (ζ) tipo α y dos cadenas épsilon (ε) tipo β ($\zeta_2\varepsilon_2$). En la quinta semana de gestación el sitio de la síntesis de globina se desplaza, primero hacia el hígado y luego a la médula ósea, y el principal producto es HbF. La HbF es la principal hemoglobina encontrada en el feto y el neonato, y constituye ~60% de la hemoglobina total de los eritrocitos durante los últimos meses de vida fetal (fig. 4-15). La síntesis de HbA inicia en la médula ósea cerca del octavo mes de embarazo y remplaza de manera paulatina a la HbF. La figura 4-15 muestra la producción relativa de cada tipo de cadena de hemoglobina durante la vida fetal y posnatal.

   b. **Unión de 2,3-BPG a la HbF:** en condiciones fisiológicas, la HbF tiene una mayor afinidad por el oxígeno que la HbA, debido a que la HbF solo se une de forma débil al 2,3-BPG. (Nota: las cadenas de globina γ de la HbF carecen de algunos de los aminoácidos de carga positiva que son responsables de unir al 2,3-BPG a las cadenas de globina β). Dado que el 2,3-BPG sirve para reducir la afinidad por el oxígeno de la hemoglobina, la interacción más débil entre el 2,3-BPG y la HbF resulta en una mayor afinidad por el oxígeno para la HbF en relación con la HbA. Por el contrario, si ambas, HbA y HbF, pierden su 2,3-BPG, tendrán una afinidad semejante por el oxígeno. La mayor afinidad de HbF por el oxígeno facilita la transferencia de O_2 de la circulación materna a través de la placenta hacia los eritrocitos del feto.

2. **Hemoglobina A_2:** es un componente menor de la hemoglobina adulta normal, que aparece poco antes del nacimiento y que, por último, constituye ~2% de la hemoglobina total. Está compuesta de dos cadenas de globina α y dos de globina δ ($\alpha_2\delta_2$; *véase* fig. 4-14).

3. **Hemoglobina A_{1c}:** en condiciones fisiológicas, las moléculas de azúcar, con predominio de la glucosa, se añaden de forma no enzimática a HbA en un proceso denominado glucosilación. El alcance de la glucosilación depende de la concentración plasmática de la hexosa. La forma más abundante de la hemoglobina glucosilada es HbA_{1c}. En HbA_{1c}, residuos de glucosa se unen con los grupos amino de las valinas N-terminales de las cadenas de globina β (fig. 4-16). En los eritrocitos de los pacientes con diabetes mellitus se encuentran cantidades aumentadas de HbA_{1c}, porque su HbA tiene contacto con mayores concentraciones de glucosa durante el tiempo de vida de 120 días de estas células (*véase* p. 364, donde se analiza el uso de los niveles de HbA_{1c} para valorar las concentraciones promedio de glucosa sanguínea en pacientes diabéticos.)

III. ORGANIZACIÓN DE LOS GENES DE LAS GLOBINAS

Para comprender las enfermedades que derivan de las alteraciones genéticas en la estructura o en la síntesis de hemoglobina, es indispensable saber cómo se organizan de manera estructural, y también cómo se expresan los

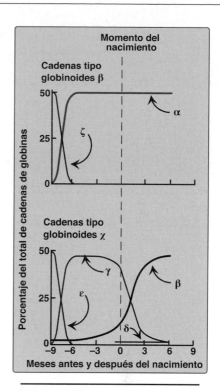

Figura 4-15
Cambios del desarrollo en la producción de globina.

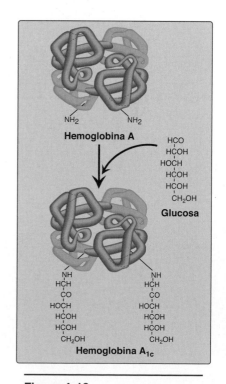

Figura 4-16
Adición no enzimática de glucosa a la hemoglobina. La adición no enzimática de un azúcar a una proteína se denomina glucosilación.

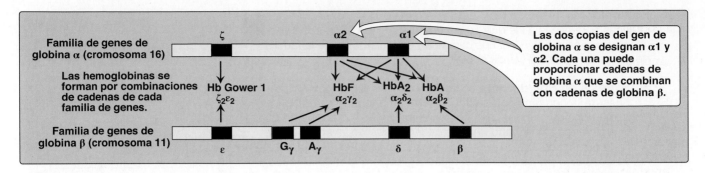

Figura 4-17
Organización de las familias de genes de globinas. Hb, hemoglobina.

genes de hemoglobina, los cuales dirigen la síntesis de las diferentes cadenas de globinas. La expresión de un gen de globina comienza en los precursores de eritrocitos, donde se transcribe la secuencia de ADN que codifica el gen. Dos intrones se empalman para unir tres exones en el ARNm maduro para su traducción. En la unidad VII, capítulos 31, 32 y 33, se da una descripción más detallada de la expresión génica.

A. Familia génica α

Los genes que codifican para las subunidades de globina α y β de las cadenas de hemoglobina se encuentran en dos conglomerados (o familias) separados de genes localizados en dos cromosomas diferentes (fig. 4-17). El grupo de genes α en el cromosoma 16 contiene dos genes para las cadenas de globina α. También contiene el gen ζ que se expresa al inicio del desarrollo como componente tipo globina α de la hemoglobina embrionaria. (Nota: las familias de genes de globina también contienen genes tipo globina que no se expresan, esto es, su información genética no se usa para producir cadenas de globina. Estos se llaman seudogenes.)

B. Familia génica β

En el cromosoma 11 se encuentra un solo gen para la cadena de globina β (*véase* fig. 4-17). Hay cuatro genes adicionales tipo globina β: el gen ε (el cual, al igual que el gen ζ, se expresa en las primeras etapas del desarrollo embrionario), dos genes γ (G_γ y A_γ que se expresan en HbF) y el gen δ, que codifica para la cadena de globina que se encuentra en la hemoglobina menor del adulto HbA_2.

IV. HEMOGLOBINOPATÍAS

Las hemoglobinopatías se definen como un grupo de trastornos genéticos causados por la producción de una molécula de hemoglobina de estructura anormal, la síntesis de cantidades insuficientes de hemoglobina normal o, en raras ocasiones, ambas. La anemia de células falciformes (HbS), la enfermedad de hemoglobina C (HbC), la enfermedad de hemoglobina SC (HbS + HbC = HbSC) y las talasemias son hemoglobinopatías representativas que pueden tener consecuencias clínicas graves. Los primeros tres padecimientos resultan de la producción de hemoglobina con una secuencia de aminoácidos alterada (hemoglobinopatía cualitativa), mientras que las talasemias se originan por la reducción en la producción de hemoglobina normal (hemoglobinopatía cuantitativa).

A. Anemia de células falciformes (enfermedad de hemoglobina S)

La anemia de células falciformes es un trastorno genético causado por la sustitución de un solo nucleótido (una mutación puntual, *véase* p. 473) en el gen de la globina β. La alteración en la secuencia de aminoácidos de la HbS hace que la morfología de los eritrocitos adquiera forma de hoz o media luna, en lugar de la estructura redonda y bicóncava de los eritrocitos que expresan HbA normal. Esta morfología celular anormal se denomina drepanocitosis. La anemia de células falciformes es la enfermedad sanguínea hereditaria más común en Estados Unidos, y afecta a 50 000 estadounidenses. Ocurre sobre todo en la población afroamericana, y afecta a 1 de 500 afroamericanos. La anemia de células falciformes es un trastorno autosómico recesivo. Se presenta en individuos que heredan dos alelos mutantes (uno de cada progenitor) que codifican para la síntesis de las cadenas β de las moléculas de globina. (Nota: la cadena globina β mutante se designa β^S, y la hemoglobina derivada, $\alpha_2 \beta^S_2$, se denomina HbS). El lactante no comienza a mostrar los síntomas de la enfermedad hasta que se haya sustituido suficiente HbF por HbS, momento en el que la afección empieza a manifestarse (*véase* p. 60). La anemia de células falciformes se caracteriza por episodios de dolor ("crisis") durante toda la vida, anemia hemolítica crónica con hiperbilirrubinemia (*véase* p. 340), e incremento de la vulnerabilidad a las infecciones, por lo general a partir de la lactancia. (Nota: la vida media de un eritrocito en la anemia de células falciformes es < 20 días, comparada con 120 días para los eritrocitos normales, de ahí la anemia.) Otros síntomas incluyen síndrome torácico agudo, evento vascular cerebral, disfunciones esplénica y renal, y cambios óseos debidos a hiperplasia de la médula. La esperanza de vida es reducida (media de edad de 40 años). Los heterocigotos, que representan 1 de cada 12 afroamericanos, tienen un alelo normal y uno de célula falciforme. Los eritrocitos de los heterocigotos contienen tanto HbS como HbA, y estas personas tienen rasgo de células falciformes, no enfermedad de células falciformes. Por lo general no muestran síntomas clínicos (pero pueden hacerlo bajo condiciones de esfuerzo físico extremo con deshidratación) y pueden tener una esperanza de vida normal.

1. **Sustitución de aminoácidos en las cadenas β de HbS:** en un paciente con anemia de células falciformes, una molécula de HbS contiene dos cadenas normales de globina α y dos cadenas mutantes de globina β (β^S), en las cuales el glutamato en la posición seis se ha remplazado con valina (fig. 4-18). El intercambio resultante de residuos de glutamato de carga negativa por residuos neutros apolares de valina en las dos cadenas β hace que HbS sea menos negativa que HbA. En consecuencia, durante la electroforesis a pH alcalino, la HbS migra más despacio hacia el ánodo (electrodo positivo) que la HbA (fig. 4-19). La electroforesis de hemoglobina obtenida de lisis de eritrocitos se usa de rutina en el diagnóstico del rasgo de células falciformes y la anemia de células falciformes (o la enfermedad de células falciformes).También se emplea el análisis de ADN para diagnosticar anemia de células falciformes (*véase* p. 568).

2. **Anoxia drepanocítica y tisular:** el remplazo del glutamato cargado con las formas apolares de valina forma una protuberancia hidrófoba en la cadena β que encaja en el sitio hidrófobo complementario sobre la cadena β de otra molécula de HbS en la célula (fig. 4-20). A baja presión de oxígeno, la HbS desoxigenada se polimeriza dentro del

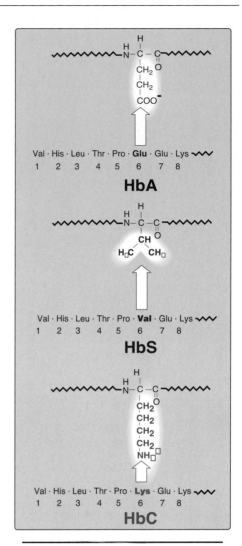

Figura 4-18
Sustituciones de aminoácidos en la hemoglobina S (HbS) y hemoglobina C (HbC).

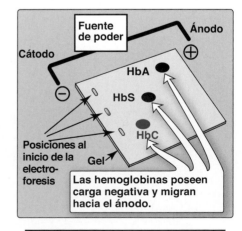

Figura 4-19
Diagrama de las hemoglobinas HbA, HbS y HbC después de la electroforesis.

eritrocito y forma una red de polímeros fibrosos insolubles que endurecen y distorsionan las células, lo que produce eritrocitos rígidos y en forma de hoz. Tales células falciformes con frecuencia bloquean el flujo de sangre en los capilares estrechos. Esta interrupción en la provisión de O_2 conduce a la anoxia localizada (privación de oxígeno) en el tejido, lo cual causa dolor y de modo eventual la muerte isquémica (infarto) de las células alrededor del bloqueo. La anoxia también conduce a un incremento en la HbS desoxigenada. (Nota: el diámetro promedio de un eritrocito es de 7.5 μm, mientras que el diámetro de los microvasos es de 3 a 4 μm. Comparadas con los eritrocitos normales, las células falciformes tienen una menor capacidad para deformarse y una mayor tendencia a adherirse a las paredes de los vasos. Esto hace que pasar a través de vasos tan pequeños sea difícil, lo que causa la oclusión microvascular.)

3. **Variables que incrementan la drepanocitosis:** la extensión de la drepanocitosis y, en consecuencia, la gravedad de la enfermedad, se incrementan por cualquier variable que aumente la proporción de HbS en el estado desoxi (esto es, reduce la afinidad de la HbS por el oxígeno). Estas variables incluyen la disminución de pO_2, el incremento en pCO_2, la reducción de pH, la deshidratación y el aumento en la concentración del 2,3-BPG en eritrocitos.

4. **Tratamiento:** la terapia incluye hidratación adecuada, analgésicos, terapia antibiótica agresiva si existe infección y transfusiones en pacientes con alto riesgo de oclusión fatal de los vasos sanguíneos. Las transfusiones intermitentes con concentrados de eritrocitos reducen el riesgo de evento vascular cerebral, pero los beneficios deben sopesarse respecto a las complicaciones de la transfusión que incluyen la sobrecarga de hierro que puede derivar en hemosiderosis (*véase* p. 475), infecciones transmitidas por sangre y complicaciones inmunológicas. La hidroxiurea (hidroxicarbamida), un fármaco antitumoral, es terapéuticamente útil porque incrementa los niveles circulantes de HbF, lo cual disminuye la cantidad de eritrocitos falciformes. Esto conduce a la reducción de la frecuencia de crisis dolorosas y disminuye la mortalidad. El trasplante de células madre es posible. (Nota: la morbilidad y mortalidad asociadas con la anemia de células falciformes ha llevado a su inclusión en las pruebas de detección sistemática en recién nacidos para permitir el inicio inmediato del tratamiento antibiótico profiláctico tras el nacimiento de un neonato afectado.)

5. **Posible ventaja selectiva del estado heterocigótico:** la alta frecuencia de la mutación β^S entre afroamericanos, a pesar de sus efectos dañinos en el estado homocigótico, sugiere que existe una ventaja selectiva para los individuos heterocigóticos. Por ejemplo, los heterocigóticos para el gen de las células falciformes son menos vulnerables al grave paludismo causado por el parásito *Plasmodium falciparum*. Este organismo pasa una parte obligatoria de su ciclo de vida en el eritrocito. Una teoría es que, dado que estas células en individuos heterocigóticos para HbS, igual que las de los homocigotos, tienen una vida media más corta, el parásito no puede completar la etapa intracelular de su desarrollo. Esto podría proporcionar una ventaja selectiva para los heterocigotos que viven en regiones donde el paludismo es una causa importante de mortalidad. Por ejemplo, en África, la distribución geográfica de la anemia por células falciformes es semejante a la del paludismo.

B. Enfermedad de la hemoglobina C

Al igual que la HbS, HbC es una variante que posee una sustitución en un solo aminoácido en la sexta posición de la cadena de globina β

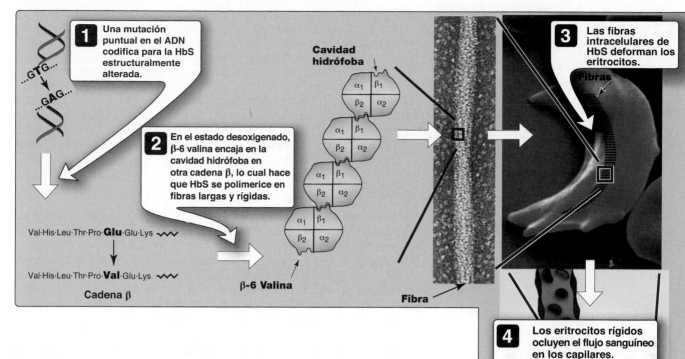

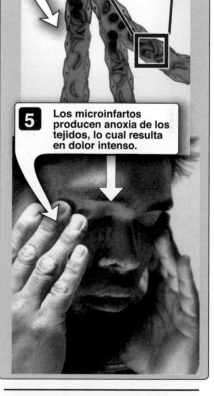

(*véase* fig. 4-18). No obstante, en la HbC el glutamato es sustituido por lisina (en comparación con la sustitución con valina en la HbS). (Nota: esta sustitución hace que la HbC se mueva con mayor lentitud hacia el ánodo que la HbA o la HbS [*véase* fig. 4-19]). Son raros los pacientes con HbC homocigótica que tienen por lo regular una anemia hemolítica crónica relativamente leve. No sufren crisis por infartos y no se requiere terapia específica.

C. Enfermedad de la hemoglobina SC

La enfermedad de la HbSC es otra de las alteraciones drepanocíticas de los eritrocitos. En esta afección algunas cadenas de globina β tienen la mutación de células falciformes, mientras que otras cadenas de globina β portan la mutación que se encuentra en la enfermedad de HbC. (Nota: los pacientes con enfermedad de HbSC son doblemente heterocigóticos. Se les llama heterocigotos compuestos porque sus dos genes de globina β son anormales, aunque diferentes entre sí.) Los niveles de hemoglobina tienden a ser mayores en la enfermedad de HbSC que en la anemia de células falciformes y pueden incluso estar en el extremo menor del intervalo normal. El curso clínico de los adultos con anemia HbSC difiere del de anemia de células falciformes en cuanto a que los síntomas como las crisis dolorosas son menos frecuentes y graves. Sin embargo, existe una variabilidad clínica significativa.

D. Metahemoglobinemias

La oxidación del hierro hemo en la hemoglobina del Fe^{2+} a Fe^{3+} produce metahemoglobina, la cual no puede unir O_2. Esta oxidación puede adquirirse y ser causada por la acción de ciertos fármacos, como los nitratos, o productos endógenos como las especies reactivas de oxígeno (*véase* p. 187). La oxidación también puede deivar de defectos congénitos, por ejemplo, una deficiencia de NADH-citocromo b5 reductasa (también llamada NADH-metahemoglobina reductasa), la enzima responsable de la conversión de metahemoglobina (Fe^{3+}) a (Fe^{2+}) hemoglobina, conduce a la acumulación de metahemoglobina (fig. 4-21). (Nota: los eritrocitos de

Figura 4-20
Eventos moleculares y celulares que conducen a la crisis de células falciformes. HbS, hemoglobina S.

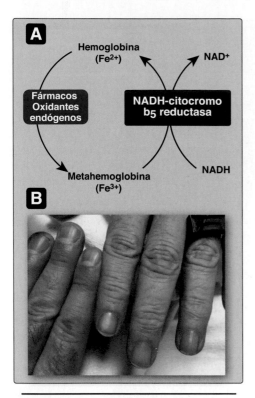

Figura 4-21
A) Formación de metahemoglobina y su reducción a hemoglobina por la NADH-citocromo b_5 reductasa.
B) Cianosis (coloración azulada de piel y lechos ungueales) característica de un paciente con metahemoglobinemia.

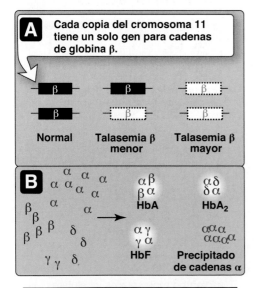

Figura 4-22
A) Mutaciones del gen de globina β en las talasemias β. **B)** Tetrámeros de hemoglobina (Hb formados en las talasemias β.

recién nacidos tienen cerca de la mitad de la capacidad de los eritrocitos adultos para reducir la metahemoglobina). Asimismo, mutaciones raras en las cadenas de globina α o β pueden causar la producción de HbM, una hemoglobina anormal que es resistente a la reductasa. Las metahemoglobinemias se caracterizan por la "cianosis chocolate" (la coloración azul de la piel y las membranas mucosas y la sangre color marrón) como resultado de la metahemoglobina de color oscuro. Los síntomas se relacionan con el grado de hipoxia tisular e incluyen ansiedad, dolor de cabeza y disnea. En casos raros pueden ocurrir el coma y la muerte. El tratamiento se lleva a cabo con azul de metileno, que se oxida como Fe^{3+} y se reduce de nuevo a Fe^{2+}.

E. Talasemias

Las talasemias son enfermedades hemolíticas hereditarias en las cuales ocurre un desequilibrio en la síntesis de cadenas de globina. Como grupo, son los trastornos de un solo gen más comunes en humanos. Por lo regular, las síntesis de cadenas de globina α y β están coordinadas, de manera que cada cadena de globina α tiene una pareja de cadena de globina β. Esto lleva a la formación de $\alpha_2\beta_2$ (HbA). En las talasemias, la síntesis, ya sea de la cadena de globina α o β es defectuosa, y la concentración de hemoglobina se reduce. Las talasemias pueden producirse por una diversidad de mutaciones, incluidas deleciones de genes completos o sustituciones o deleciones de uno a muchos nucleótidos en el ADN. (Nota: cada talasemia puede clasificarse ya sea como un trastorno en el cual no se producen cadenas de globina [talasemia α^0 o β^0], o una en la cual se sintetizan algunas cadenas, pero a nivel reducido [α^+ o talasemia β^+].)

1. **Talasemias β:** en estos padecimientos, la síntesis de cadenas de globinas β está reducida o ausente, por lo regular como resultado de mutaciones puntuales que afectan la producción de ARNm funcional. No obstante, la síntesis de cadenas de globina α es normal. Las cadenas de globina α excesivas no pueden formar tetrámeros estables y, en consecuencia, forman un precipitado que causa la muerte prematura de células al inicio destinadas a convertirse en eritrocitos maduros. También ocurre el incremento en $\alpha_2\delta_2$ (HbA$_2$) y $\alpha_2\gamma_2$ (HbF). Solo hay dos copias del gen de globina β en cada célula (una de cada cromosoma 11). Por lo tanto, los individuos con defectos en el gen de globina β presentan ya sea el carácter de talasemia β (talasemia β menor) si tienen solo un gen defectuoso de globina β, o talasemia β mayor (anemia de Cooley) si ambos genes son defectuosos (fig. 4-22). Dado que el gen de globina β no se expresa sino hasta etapas tardías del desarrollo prenatal, las manifestaciones físicas de talasemia β aparecen hasta varios meses después del nacimiento. Los individuos con talasemia β menor producen algunas cadenas β y por lo general no requieren tratamiento específico. No obstante, los lactantes nacidos con talasemia β mayor parecen sanos al nacer, pero desarrollan anemia grave, por lo general durante el primer o segundo año de vida, debido a la eritropoyesis ineficaz. También se observan cambios esqueléticos derivados de la hematopoyesis extramedular. Estos pacientes requieren transfusiones sanguíneas regulares. (Nota: aunque este tratamiento salva la vida, el efecto acumulativo de las transfusiones es la sobrecarga de hierro. El uso de la terapia de quelación ha reducido la morbilidad y la mortalidad.) La única opción curativa disponible es el trasplante de células madre hematopoyéticas.

2. **Talasemias α:** en estos padecimientos se reduce o desaparece la síntesis de las cadenas de globina α, por lo general como resultado de mutaciones delecionales. Dado que el genoma de cada individuo

contiene cuatro copias del gen de globina α (dos en cada cromosoma 16), hay varios niveles de deficiencia de cadenas de globina α (fig. 4-23). Si uno de los cuatro alelos codifica para la proteína α defectuosa de la globina, el individuo se denomina portador "silencioso" de talasemia α porque no ocurren manifestaciones físicas de la enfermedad. Si dos alelos codifican para proteínas de globina defectuosas, se dice que el individuo tiene el rasgo de talasemia α. Si tres alelos de globina α codifican para proteínas de globina defectuosas, el individuo tiene la enfermedad de hemoglobina H (β₄), una anemia hemolítica de gravedad variable. Si los cuatro genes de globina α codifican para proteínas de globina defectuosas, se produce la enfermedad de Bart de la hemoglobina (γ₄) con hidropesía fetal y la muerte del feto, dado que las cadenas de globina α son necesarias para la síntesis de HbF. (Nota: la ventaja de los heterocigotos contra el paludismo se observa tanto en las talasemias α como en las β.)

V. RESUMEN DEL CAPÍTULO

- **Hemoglobina A (HbA)**. Es la principal hemoglobina en adultos. Está compuesta de cuatro cadenas polipeptídicas (dos cadenas α y dos β, $\alpha_2\beta_2$) que se mantienen unidas mediante interacciones no covalentes (fig. 4-24).

- Las subunidades ocupan diferentes posiciones relativas en la desoxihemoglobina comparada con oxihemoglobina. La **forma desoxi** de la Hb se llama **conformación "T" o tensa (tirante)**. Posee una estructura constreñida que limita el movimiento de las cadenas polipeptídicas. La forma T es la **forma de baja afinidad por el oxígeno** de la Hb.

- La unión del oxígeno (O₂) al hierro hemo causa la rotura de algunos de los enlaces iónicos y de puentes de hidrógeno y el movimiento de los dímeros. Esto lleva a una estructura denominada **conformación "R" o relajada**. La forma R es la **forma de alta afinidad por el oxígeno** de la Hb.

- La **curva de disociación del oxígeno** para la Hb es de forma **sigmoidea** (en comparación con la de **mioglobina**, que es **hiperbólica**), lo que indica que las subunidades cooperan para unir O₂. La unión de una molécula de oxígeno a un grupo hemo incrementa la afinidad por el oxígeno de los grupos hemo restantes en la misma molécula de Hb (**cooperatividad**).

- La capacidad de la Hb para unir O₂ de manera reversible se ve afectada por la presión parcial de oxígeno (**pO₂**), el **pH** del medio, la presión parcial de dióxido de carbono (**pCO₂**) y la disponibilidad de **2,3-bisfosfoglicerato (2,3-BPG)**. Por ejemplo, la liberación de O₂ de la Hb aumenta cuando se reduce el pH o la pCO₂ aumenta (el **efecto Bohr**), como al **ejercitar los músculos**, y la curva de disociación de Hb se desvía hacia la derecha.

- Para enfrentar a largo plazo los efectos de la **hipoxia crónica** o la **anemia**, la concentración de **2,3-BPG** en los **eritrocitos** aumenta. El **2,3-BPG** se une a la Hb y reduce su afinidad por el oxígeno. Por lo tanto, este también desvía la curva de disociación del oxígeno hacia la derecha.

- La **hemoglobina fetal (HbF)** se une al 2,3-BPG de manera menos estrecha que la HbA y tiene mayor afinidad por el oxígeno.

- El **monóxido de carbono (CO)** se une con fuerza (pero de modo reversible) al hierro de la Hb, para formar **carboxihemoglobina**.

- Las **hemoglobinopatías** son padecimientos causados sobre todo por la producción de una molécula de Hb con estructura anormal, como en la **anemia de células falciformes**, o por la síntesis de cantidades insuficientes de subunidades normales de Hb como en las **talasemias** (fig. 4-25).

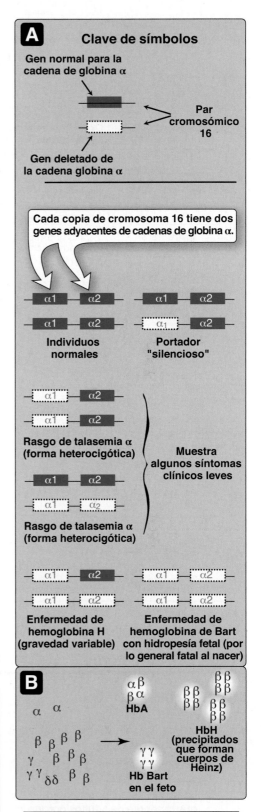

Figura 4-23
A) Supresiones del gen de globina α en las talasemias α. **B)** Tetrámeros de hemoglobina que se forman en las talasemias α.

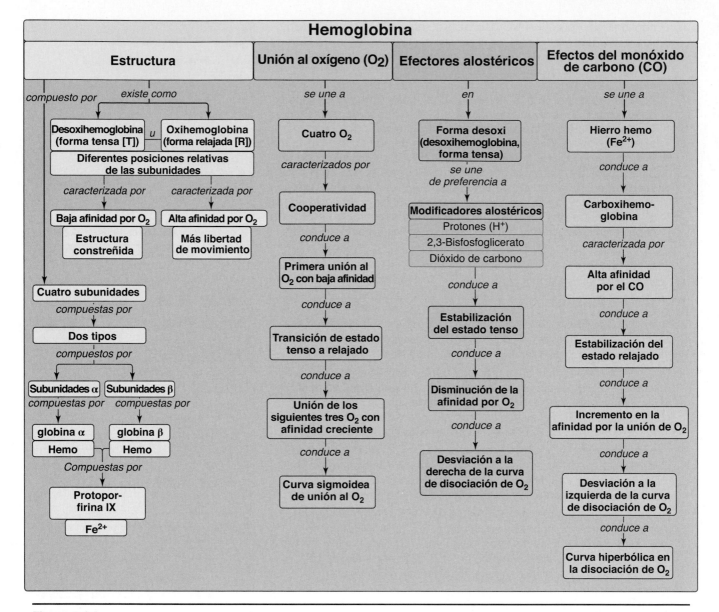

Figura 4-24
Mapa conceptual sobre la estructura y función de la hemoglobina. Fe^{2+}, hierro ferroso.

Preguntas de estudio

Elija la RESPUESTA correcta.

4.1 ¿Cuál de los siguientes enunciados acerca de la hemoglobina es correcto?

A. La HbA es la hemoglobina más abundante en los adultos normales.

B. La sangre fetal tiene menor afinidad por el oxígeno que la sangre de adultos porque la HbF tiene mayor afinidad por el 2,3-bisfosfoglicerato.

C. La composición de la cadena de globina en HbF es $\alpha_2\delta_2$.

D. La HbA$_{1c}$ difiere de HbA por una sola sustitución de aminoácidos genéticamente determinada.

E. La HbA$_2$ aparece al inicio de la vida fetal.

Respuesta correcta = A. HbA constituye cerca de 90% de la hemoglobina en un adulto normal. Si se incluye la HbA$_{1c}$, el porcentaje incrementa a ~97%. Dado que el 2,3-bisfosfoglicerato (2,3-BPG) reduce la afinidad de hemoglobina por el oxígeno, la interacción más débil entre el 2,3-BPG y HbF deriva en una mayor afinidad por el oxígeno para HbF en relación con HbA. HbF consta de $\alpha_2\gamma_2$. HbA$_{1c}$ es una forma glucosilada de HbA, que se forma de modo no enzimático en los eritrocitos. HbA$_2$ es un componente menor de la hemoglobina del adulto normal, que aparece en un inicio antes del nacimiento y se eleva hasta los niveles del adulto (~2% de la hemoglobina total) para la edad de 6 meses.

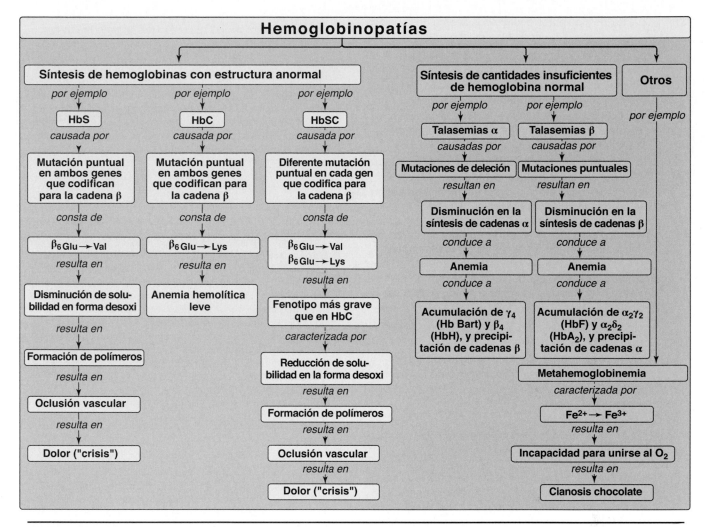

Figura 4-25
Mapa conceptual para hemoglobinopatías. Hb, hemoglobina; Fe, hierro; O_2, oxígeno.

4.2 ¿Cuál de los siguientes enunciados acerca de la capacidad de la acidosis para precipitar una crisis en la anemia por células falciformes es correcto?

A. La acidosis reduce la solubilidad de la HbS.

B. La acidosis aumenta la afinidad de la hemoglobina por el oxígeno.

C. La acidosis favorece la conversión de la hemoglobina de la conformación tensa a la relajada.

D. La acidosis desvía la curva de disociación del oxígeno hacia la izquierda.

E. La acidosis reduce la capacidad de 2,3-bisfosfoglicerato para unirse a la hemoglobina.

Respuesta correcta = A. La HbS es mucho menos soluble en la forma desoxigenada, comparada con la oxihemoglobina S. La reducción del pH (acidosis) hace que la curva de disociación del oxígeno se desplace hacia la derecha, lo cual indica la disminución de la afinidad por el oxígeno (incremento en la provisión). Esto favorece la producción de la forma desoxi, o tensa, de la hemoglobina, lo que puede precipitar crisis de células falciformes. La unión de 2,3-bisfosfoglicerato aumenta, porque este se une solo a la forma desoxi de la hemoglobina.

4.3 ¿Cuál de los siguientes enunciados acerca de la unión del oxígeno con la hemoglobina es correcto?

A. El efecto Bohr resulta en una menor afinidad por el oxígeno a valores mayores de pH.

B. El dióxido de carbono incrementa la afinidad de la hemoglobina por el oxígeno.

C. La afinidad de la hemoglobina por el oxígeno incrementa a medida que aumenta el porcentaje de saturación.

D. El tetrámero de hemoglobina se une a cuatro moléculas de 2,3-bisfosfoglicerato.

E. La oxihemoglobina y la desoxihemoglobina tienen la misma afinidad por los protones.

> Respuesta correcta = C. La unión del oxígeno en un grupo hemo aumenta la afinidad por el oxígeno de los grupos hemo restantes en la misma molécula. La elevación en el pH deriva en incremento de la afinidad por el oxígeno. El dióxido de carbono disminuye la afinidad por el oxígeno porque reduce el pH. Más aún, la unión del dióxido de carbono con los terminales N estabiliza la forma desoxi, esto es, tensa. La hemoglobina une una molécula de 2,3-bisfosfoglicerato. La desoxihemoglobina tiene una mayor afinidad por los protones que la oxihemoglobina.

4.4 La lisina β en HbA es importante para la unión de 2,3-bisfosfoglicerato. En la Hb Helsinki, este aminoácido básico con carga positiva se ha remplazado por el aminoácido no cargado metionina. ¿Cuál de los siguientes enunciados es verdadero respecto a la Hb Helsinki?

A. Debe estabilizarse en la forma tensa, más que en la relajada.

B. Debe proporcionar menos oxígeno a los tejidos.

C. La curva de disociación de oxígeno de la Hb Helsinki debe desviarse a la derecha en relación con HbA.

D. Resulta en anemia.

E. Debe reducir la afinidad de la hemoglobina por el oxígeno.

> Respuesta correcta = B. La sustitución de la lisina con carga positiva por la metionina neutra reduce la capacidad de los grupos fosfato con carga negativa 2,3-bisfosfoglicerato (2,3-BPG) para unir las subunidades β de la hemoglobina. Dado que 2,3-BPG reduce la afinidad de la hemoglobina por el oxígeno, una reducción en el 2,3-BPG debe derivar en el incremento de la afinidad por el oxígeno y la disminución de la provisión de oxígeno (O_2) a los tejidos. La forma relajada de hemoglobina es la de alta afinidad por el oxígeno. El incremento de la afinidad por el oxígeno (disminución de la provisión a tejidos) resulta en una desviación a la izquierda en la curva de disociación de oxígeno. La disminución de la provisión de O_2 se compensa con el aumento de la producción de eritrocitos.

4.5 Un hombre de 67 años de edad se presenta en el departamento de urgencias con antecedentes de 1 semana de angina y disnea. Se queja de que sus extremidades y cara han tomado un color azul. Su historial médico incluía angina crónica estable tratada con dinitrato de isosorbida y nitroglicerina. La sangre obtenida para el análisis era parda. ¿Cuál de los siguientes es el diagnóstico más probable?

A. Carboxihemoglobinemia.

B. Enfermedad de hemoglobina SC.

C. Metahemoglobinemia.

D. Anemia de células falciformes.

E. Talasemia β.

> Respuesta correcta = C. La oxidación del hierro ferroso (Fe^{2+}) al estado férrico (Fe^{3+}) en el grupo prostético hemo de la hemoglobina forma metahemoglobina. Esto puede deberse a la acción de ciertos fármacos como los nitratos. Las metahemoglobinemias se caracterizan por cianosis chocolate (una coloración azul de la piel y las membranas mucosas y sangre color chocolate) como resultado de la metahemoglobina de color oscuro. Los síntomas se relacionan con hipoxia de los tejidos e incluyen ansiedad, dolor de cabeza y disnea. En casos raros pueden ocurrir el coma y la muerte. (Nota: benzocaína, una amina aromática que se usa como anestésico tópico, puede causar metahemoglobinemia adquirida.)

4.6 ¿Por qué la enfermedad de hemoglobina C es un padecimiento no drepanocítico?

> En la HbC, el glutamato polar es remplazado por la lisina polar, en lugar de la valina apolar, como en la HbS.

4.7 ¿Qué sería cierto acerca del grado de drepanocitosis en individuos con HbS y la persistencia hereditaria de la HbF?

> Disminuiría porque la HbF reduce la concentración de HbS. También inhibe la polimerización de la desoxi HbS.

Proteínas fibrosas

5

I. GENERALIDADES

Las proteínas fibrosas suelen estar plegadas en filamentos extendidos o estructuras en forma de lámina, con secuencias de aminoácidos repetidas. Son un tanto insolubles y cumplen una función estructural o protectora en nuestros tejidos, como en los tejidos conectivos, los tendones, los huesos y las fibras musculares. El colágeno y la elastina son ejemplos de proteínas fibrosas y bien caracterizadas de la matriz extracelular (MEC). El colágeno y la elastina desempeñan funciones estructurales en el cuerpo y son componentes de la piel, el tejido conjuntivo, las paredes de vasos sanguíneos, así como la esclerótica y la córnea de los ojos. Cada proteína fibrosa presenta propiedades mecánicas especiales que derivan de su estructura única, la cual se obtiene al combinar aminoácidos específicos en elementos regulares de su estructura secundaria. Esto contrasta con las proteínas globulares (que se estudiaron en el cap. 4), cuyas formas son el resultado de interacciones complejas entre elementos de su estructura secundaria, terciaria y, en ocasiones, cuaternaria.

II. COLÁGENO

El colágeno es la proteína más abundante en el cuerpo humano. Una molécula típica de colágeno es una estructura larga y rígida en la cual tres polipéptidos (a los que se denominan cadenas α) están entretejidos en una triple hélice semejante a una cuerda (fig. 5-1). Aunque estas moléculas se encuentran a lo largo de todo el cuerpo, los numerosos subtipos de colágeno están organizados y dictados por la función estructural que desempeña el colágeno en un órgano particular. En algunos tejidos, el colágeno puede estar disperso como un gel que proporciona sostén a la estructura, como en la MEC o el humor vítreo del ojo. En otros, el colágeno puede estar empaquetado en fibras apretadas y paralelas que proporcionan gran fuerza, como en los tendones. En la córnea del ojo, el colágeno está apilado de manera que transmite la luz con un mínimo de dispersión. El colágeno del hueso se presenta como fibras dispuestas en ángulo entre sí para que resistan la fuerza de corte desde cualquier dirección.

A. Tipos

Las proteínas que integran la superfamilia del colágeno son > 25 tipos de colágeno, lo mismo que proteínas adicionales que tienen dominios tipo colágeno. Las tres cadenas polipeptídicas α se sostienen juntas por medio de puentes de hidrógeno intercatenarios. Las variaciones en la secuencia de aminoácidos de las cadenas α derivan en componentes estructurales que se acercan al mismo tamaño (~1 000 aminoácidos de longitud), pero con propiedades un tanto diferentes. Estas cadenas α se combinan para formar los diversos tipos de coláge-

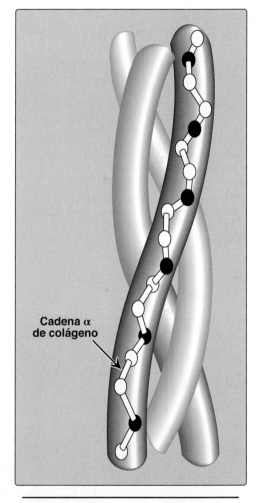

Figura 5-1
Triple hélice de colágeno formada por tres cadenas α. (Nota: las cadenas α en sí mismas son de estructura helicoidal).

Cadena α
de colágeno

TIPO	DISTRIBUCIÓN TISULAR
	Formación de fibrillas
I	**Piel, hueso, tendón, vasos sanguíneos, córnea**
II	**Cartílago, disco intervertebral, cuerpo vítreo**
III	**Vasos sanguíneos, piel, músculo**
	Formación de redes
IV	**Membrana basal**
VIII	**Córnea y endotelio vascular**
	Relacionado con fibrillas*
IX	**Cartílago**
XII	**Tendón, ligamentos, algunos otros tejidos**

Figura 5-2
Los tipos más abundantes de colágeno. (Nota: *los colágenos asociados con fibrillas con triples hélices interrumpidas se conocen como FACIT).

no que se encuentran en los tejidos. Por ejemplo, el colágeno más común, el tipo I, contiene dos cadenas llamadas $\alpha 1$ y otra denominada $\alpha 2$ ($\alpha 1_2 \, \alpha 2$), mientras que el colágeno tipo II contiene tres cadenas $\alpha 1$ ($\alpha 1_3$). Estos colágenos pueden organizarse en tres grupos, con base en su localización y funciones en el cuerpo (fig. 5-2).

1. **Colágenos formadores de fibrillas:** los tipos I, II y III son los colágenos fibrilares con la estructura tipo cuerda descrita en párrafos anteriores para una molécula típica de colágeno. Al microscopio electrónico, estos polímeros lineales de fibrillas poseen patrones característicos de bandas que reflejan el empacado regular escalonado de las moléculas individuales de colágeno en la fibrilla (fig. 5-3). Las fibras de colágeno tipo I (compuestas de fibrillas de colágeno) se encuentran en los elementos de sostén de alta fuerza de tensión (p. ej., tendones y córneas), mientras que las fibras formadas de moléculas de colágeno tipo II están restringidas a las estructuras cartilaginosas. Las fibras derivadas del colágeno tipo III prevalecen en tejidos con mayor capacidad de distensión como los vasos sanguíneos.

2. **Colágenos que forman redes:** los tipos IV y VIII forman una malla tridimensional, más que fibrillas definidas (fig. 5-4). Por ejemplo, las moléculas tipo IV se congregan en una lámina o malla que constituye una parte importante de las membranas basales.

> Las membranas basales son estructuras delgadas de tipo laminar que proporcionan apoyo mecánico para las células adyacentes y funcionan como una barrera de filtración semipermeable para las macromoléculas en órganos como el riñón y el pulmón.

3. **Colágenos relacionados con fibrillas:** los tipos IX y XII se unen a la superficie de las fibrillas de colágeno, lo cual une estas fibrillas entre sí y con otros componentes en la MEC (fig. 5-2).

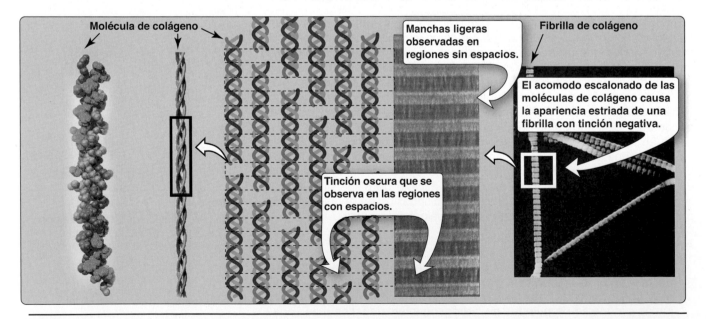

Figura 5-3
Las fibrillas de colágeno a la derecha tienen un patrón de bandas característico, lo cual refleja el acomodo escalonado regular de las moléculas individuales de colágeno en la fibrilla.

B. Estructura

A diferencia de la mayoría de las proteínas dobladas en estructuras compactas, el colágeno, una proteína fibrosa, posee una estructura alargada de tres hélices que se estabiliza por puentes de hidrógeno intercatenarios.

1. **Secuencia de aminoácidos:** el colágeno es rico en prolina y glicina, que son importantes en la formación de la hélice de tres cadenas. La prolina facilita la formación de la conformación helicoidal de cada cadena α porque su estructura anular causa "torceduras" en la cadena peptídica. (Nota: la presencia de prolina dicta que la conformación helicoidal de la cadena α no puede ser una hélice α [*véase* p. 40]). La glicina, el aminoácido más pequeño, se encuentra en cada tercera posición de la cadena polipeptídica. Encaja en los espacios restringidos donde las tres cadenas de la hélice se juntan. Los residuos de glicina son parte de una secuencia repetitiva, —Gly—X—Y—, donde X con frecuencia es prolina, y Y a menudo es hidroxiprolina (pero puede ser hidroxilisina, fig. 5-5). Por lo tanto, la mayor parte de la cadena α puede considerarse como un polipéptido cuya secuencia puede representarse como (—Gly—Pro—Hyp—)$_{333}$.

2. **Hidroxiprolina e hidroxilisina:** el colágeno contiene hidroxiprolina e hidroxilisina, los cuales son aminoácidos no estándar (*véase* p. 25) que están ausentes de la mayoría de las demás proteínas. Estos aminoácidos únicos derivan de la hidroxilación de algunos de los residuos de prolina y lisina tras su incorporación en cadenas polipeptídicas (fig. 5-6). En consecuencia, la hidroxilación es una modificación postraducción (*véase* p. 533). (Nota: la presencia de hidroxiprolina maximiza la formación de puentes de hidrógeno intercatenarios que estabilizan la estructura de triple hélice.)

3. **Glucosilación:** el grupo hidroxilo de los residuos de hidroxilisina del colágeno puede glucosilarse en forma enzimática. De manera más común, la glucosa y galactosa se unen de modo secuencial a la cadena polipeptídica antes de la formación de la triple hélice (fig. 5-7).

C. Biosíntesis

Los precursores polipeptídicos de la molécula de colágeno se sintetizan en los fibroblastos (o en los osteoblastos relacionados del hueso y los condroblastos de cartílago). Se modifican de manera enzimática y forman la triple hélice, la cual se secreta en la MEC. Después de la modificación enzimática adicional, las fibrillas de colágeno extracelular maduras se agrupan y forman enlaces cruzados para formar fibras de colágeno.

1. **Formación de cadenas pro-α:** el colágeno es una de muchas proteínas que funcionan con normalidad fuera de las células. Igual que la mayoría de proteínas producidas para su exportación, los precursores polipeptídicos recién sintetizados de las cadenas α (cadenas prepro-α) contienen una secuencia especial de aminoácidos en sus extremos amino (N)-terminales. Esta secuencia actúa como una señal que, en ausencia de señales adicionales, marca al polipéptido que se está sintetizando para su secreción de la célula. La secuencia de señal facilita la unión de los ribosomas al retículo endoplásmico rugoso (RER) y dirige el paso de la cadena prepro-α hacia la luz del RER. La secuencia señal se rompe rápido en la luz para proporcionar un precursor de colágeno llamada cadena pro-α (*véase* fig. 5-7).

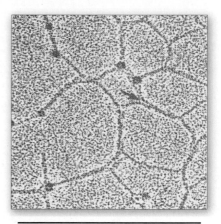

Figura 5-4
Micrografía electrónica de una red poligonal formada por asociación de monómeros de colágeno tipo IV.

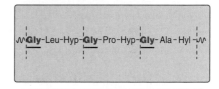

Figura 5-5
Secuencia de aminoácidos de la porción de la cadena α1 de colágeno. Hyp, hidroxiprolina; Hyl, hidroxilisina.

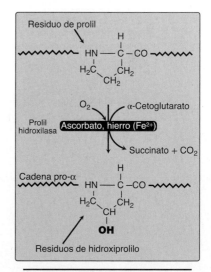

Figura 5-6
La hidroxilación de los residuos de prolina en las cadenas pro-α de colágeno por medio de la prolil hidroxilasa. (Nota: Fe^{2+} [cofactor de hidroxilasa] se protege de la oxidación a Fe^{3+} con el ascorbato [vitamina C].)

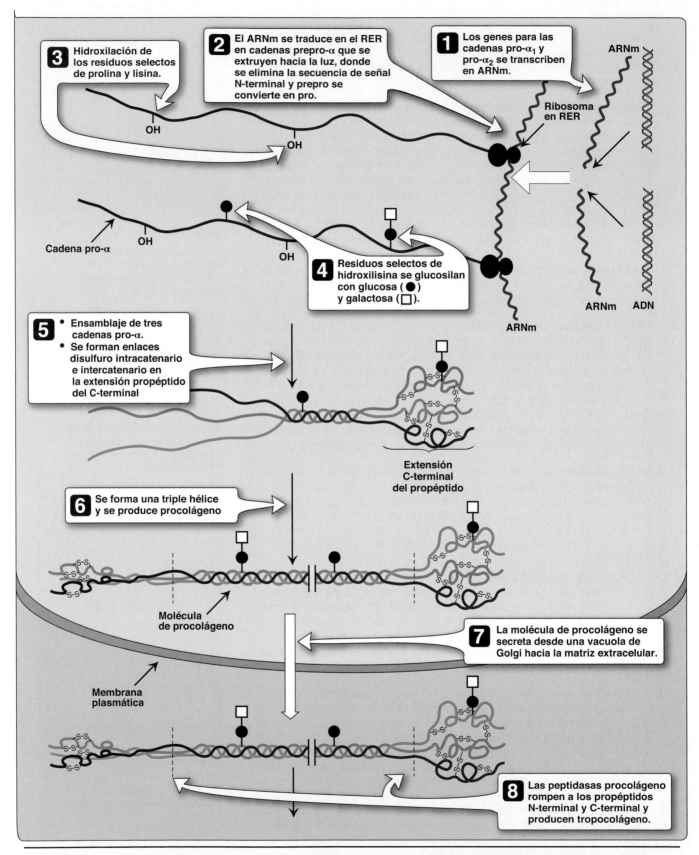

Figura 5-7
Síntesis de colágeno. RER, retículo endoplásmico rugoso; ARNm, ARN mensajero. (*Continúa en la página siguiente*)

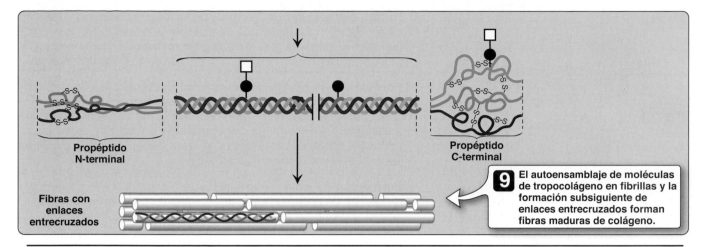

Propéptido
N-terminal

Propéptido
C-terminal

Fibras con
enlaces
entrecruzados

9 El autoensamblaje de moléculas de tropocolágeno en fibrillas y la formación subsiguiente de enlaces entrecruzados forman fibras maduras de colágeno.

Figura 5-7
Síntesis de colágeno. (*Continúa de la página anterior*)

2. **Hidroxilación:** las cadenas pro-α se procesan por un número de pasos enzimáticos dentro de la luz del RER mientras los polipéptidos aún se están sintetizando (fig. 5-7). Los residuos de prolina y lisina que se encuentran en la posición Y de la secuencia –Gly–X–Y– pueden hidroxilarse para formar residuos de hidroxiprolina e hidroxilisina. Estas reacciones de hidroxilación requieren oxígeno molecular, hierro ferroso (Fe^{2+}) y el agente reductor vitamina C (ácido ascórbico, *véase* p. 451), sin el cual las enzimas hidroxilantes, prolil hidroxilasa y lisil hidroxilasa, son incapaces de funcionar (*véase* fig. 5-6). En el caso de la deficiencia de ácido ascórbico (y, por lo tanto, la ausencia de hidroxilación de prolina y lisina), la formación de puentes de hidrógeno intercatenarios y la formación de una triple hélice estable se deterioran. Asimismo, las fibrillas de colágeno no pueden formar enlaces entrecruzados (*véase* subtítulo 7 más adelante), lo cual reduce en gran medida la fuerza de tensión de la fibra ensamblada. La enfermedad por deficiencia resultante se conoce como escorbuto. Los pacientes con escorbuto con frecuencia presentan equimosis (manchas semejantes a hematomas) y petequias en las extremidades como resultado de la extravasación subcutánea (fugas) de sangre debido a fragilidad capilar (fig. 5-8). Otros síntomas también incluyen enfermedad de las encías, aflojamiento de los dientes y mala cicatrización de las heridas.

3. **Glucosilación:** algunos residuos de hidroxilisina se modifican con la glucosilación con glucosa o glucosil-galactosa (*véase* fig. 5-7).

4. **Ensamblaje y secreción:** después de la hidroxilación y glucosilación, tres cadenas pro-α forman el procolágeno, un precursor de colágeno que tiene una región central de triple hélice flanqueada por las extensiones no helicoidales del N-terminal y el carboxilo (C)-terminal llamadas propéptidos (*véase* fig. 5-7). La formación del procolágeno inicia con la formación de puentes disulfuro intercatenarios entre las extensiones C-terminal de las cadenas pro-α. Esto hace que las tres cadenas α se conformen en una alineación favorable para la formación de la triple hélice. Las moléculas de procolágeno se mueven a través del aparato de Golgi, donde son empacadas en vesículas secretoras. Las vesículas se fusionan con la membrana celular, lo que causa la liberación de moléculas de procolágeno en el espacio extracelular.

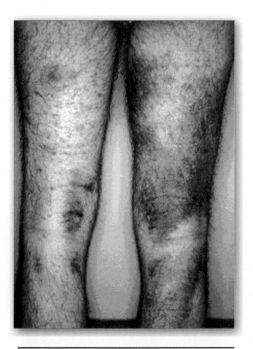

Figura 5-8
Las piernas de un hombre de 46 años de edad con escorbuto.

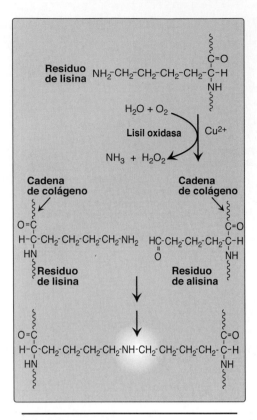

Figura 5-9
Formación de enlaces cruzados en el colágeno. (Nota: la lisil oxidasa es inhibida de manera irreversible por una toxina presente en las semillas de *Lathyrus odoratus* [chícharos dulces], lo cual conduce a un padecimiento conocido como latirismo, que se caracteriza por problemas esqueléticos y vasculares.) Cu^{2+}, cobre; H_2O_2, peróxido de hidrógeno; NH_3, amoniaco.

5. **Rotura extracelular de las moléculas de procolágeno:** después de su liberación, las moléculas de triple hélice de procolágeno se rompen por acción de N- y C-procolágeno peptidasas, que eliminan los propéptidos terminales y producen las moléculas de tropocolágeno.

6. **Formación de fibrilla de colágeno:** las moléculas de tropocolágeno se unen de modo espontáneo para formar fibrillas de colágeno. Estas forman un conjunto ordenado y paralelo, con moléculas adyacentes de colágeno dispuestas en un patrón escalonado, formadas por alrededor de tres cuartas partes de cada molécula superpuesta a su vecina (fig. 5-7).

7. **Formación de enlaces cruzados:** el acomodo de las moléculas de fibrillas de colágeno sirve como sustrato para lisil oxidasa. Esta enzima extracelular que contiene cobre desamina de manera oxidativa algunos de los residuos de lisina e hidroxilisina en el colágeno. Los aldehídos reactivos (allisina e hidroxialisina) derivados de las reacciones de desaminación pueden condensarse de manera espontánea con los residuos de lisina o hidroxilisina en las moléculas de colágeno vecinas para formar enlaces cruzados covalentes y, en consecuencia, fibras maduras de colágeno (fig. 5-9). (Nota: la formación de enlaces cruzados también es posible entre dos residuos de allisina).

> La lisil oxidasa es una de varias enzimas que contienen cobre. Otras incluyen ceruloplasmina (*véase* p. 475), citocromo c oxidasa (*véase* p. 108), dopamina hidroxilasa (*véase* p. 342), superóxido dismutasa (*véase* p. 187) y tirosinasa (*véase* p. 327. La alteración de la homeostasis del cobre causa deficiencia de este (síndrome de Menkes ligado al cromosoma X) o sobrecarga (enfermedad de Wilson) (*véase* p. 473)

D. Degradación

Los colágenos normales son moléculas altamente estables, que tienen vidas medias de hasta varios años. Sin embargo, el tejido conectivo es dinámico y se remodela de manera constante, con frecuencia en respuesta al crecimiento o la lesión del tejido. El rompimiento de las fibras de colágeno es dependiente de la acción proteolítica de las colagenasas, las cuales son parte de una gran familia de las metaloproteinasas de matriz. Para el colágeno tipo I, el sitio de corte es específico y se generan fragmentos de tres cuartos y de un cuarto de su longitud. Estos fragmentos son degradados aún más por otras proteinasas de la matriz.

E. Colagenopatías

Los defectos en cualquiera de los muchos pasos en la síntesis de fibras de colágeno pueden derivar en una enfermedad genética que implique la incapacidad del colágeno para formar fibras de forma adecuada y, por lo tanto, en la incapacidad para proporcionar a los tejidos la fuerza de tensión necesaria que esta proteína suele proporcionar. Se han identificado más de 1 000 mutaciones en 23 genes que codifican para 13 de los tipos de colágeno. Los siguientes son ejemplos de enfermedades (colagenopatías) que derivan de la síntesis defectuosa del colágeno.

1. **Síndrome de Ehlers-Danlos:** el síndrome de Ehlers-Danlos (SED) es un grupo heterogéneo de trastornos del tejido conectivo que resulta de defectos hereditarios en el metabolismo de las moléculas de colágeno fibrilar. El SED puede producirse por una deficiencia de las enzimas que procesan el colágeno (p. ej., lisil hidroxilasa o N-pro-

colágeno peptidasa) o por mutaciones en las secuencias de aminoá-cidos del colágeno tipos I, III y V. La forma clásica de SED, causada por defectos en el colágeno tipo V, se caracteriza por la extensibili-dad y fragilidad de la piel, y por la hipermovilidad articular (fig. 5-10). La forma vascular, debida a defectos en el colágeno tipo III, es la forma más grave de SED porque se relaciona con la rotura arte-rial en potencia letal. (Nota: las formas clásica y vascular muestran herencia autosómica dominante.) El colágeno que contiene cadenas mutantes puede presentar alteraciones en la estructura, secreción o distribución, y con frecuencia es degradada. (Nota: la incorporación de solo una cadena mutante puede derivar en la degradación de la triple hélice. Esto se conoce como efecto dominante negativo.)

2. **Osteogénesis imperfecta:** este síndrome, conocido como "enfer-medad de los huesos frágiles", es un trastorno genético de fragili-dad de los huesos caracterizado por huesos que se fracturan con facilidad, con un traumatismo mínimo o sin él (fig. 5-11). Más de 80% de los casos de osteogénesis imperfecta (OI) se debe a muta-ciones dominantes en los genes que codifican para las cadenas α1 o α2 en el colágeno tipo I. Las mutaciones más comunes causan el remplazo de glicina (en –Gly–X–Y–) por aminoácidos con cadenas laterales voluminosas. Las cadenas α de estructura anormal que derivan evitan que se integre la conformación requerida de triple hélice. La gravedad fenotípica varía desde leve a letal. La OI tipo I, la forma más común, se caracteriza por fragilidad ósea leve, pér-dida auditiva y esclerótica azul. La OI tipo II, la forma más grave, suele ser letal en el periodo perinatal como resultado de complica-ciones pulmonares. Se observan fracturas *in utero* (*véase* fig. 5-11, izquierda). El tipo III también es una forma grave y se caracteriza por múltiples fracturas al nacer, estatura corta, curvatura de columna que lleva a una apariencia jorobada (cifosis) y esclerótica azul. La dentinogénesis imperfecta, un trastorno del desarrollo dental, se puede observar en la osteogénesis imperfecta. La OI se trata con bifosfonatos (fig. 5-11, derecha), que funcionan al inactivar los osteoclastos, las células que descomponen el tejido óseo. Los bifosfonatos también aumentan la apoptosis (muerte celular) de los osteoclastos y, por lo tanto, inhiben la reabsorción de material óseo. De igual manera, los bifosfonatos disminuyen la apoptosis de los osteoblastos, las células que depositan nueva matriz ósea.

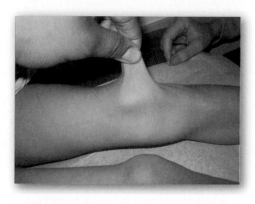

Figura 5-10
Piel elástica clásica del síndrome de Ehlers-Danlos y mecanismo de los bifosfonatos.

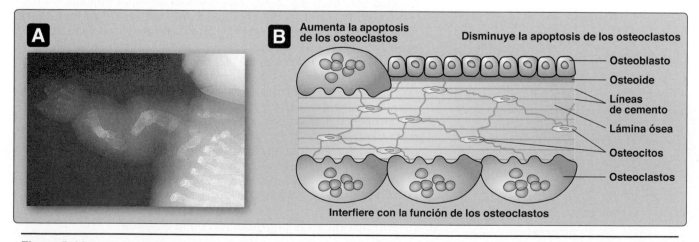

Figura 5-11
A) Forma letal (tipo II) de osteogénesis imperfecta en la cual las fracturas aparecen *in utero*, como lo revela esta radiografía de un feto de parto muerto. **B)** Mecanismo de acción de los bifosfonatos para tratar a pacientes con OI. OI, osteogénesis imperfecta.

3. **Síndrome de Alport:** este es un grupo de trastornos hereditarios heterogéneos de las membranas basales del riñón, y con frecuencia de la cóclea y el ojo, caracterizados por glomerulonefritis, hematuria, proteinuria, hipertensión y progresión a nefropatía terminal (NPT) y pérdida de audición durante las 2ª a 4ª décadas de la vida. Este trastorno es el resultado de mutaciones en los genes del colágeno tipo IV, con una frecuencia genética de cerca de un caso en 5 000. La forma más común se hereda como autosómica dominante ligada a X. El patrón de herencia y los síntomas difieren según el gen de colágeno tipo IV implicado.

III. ELASTINA

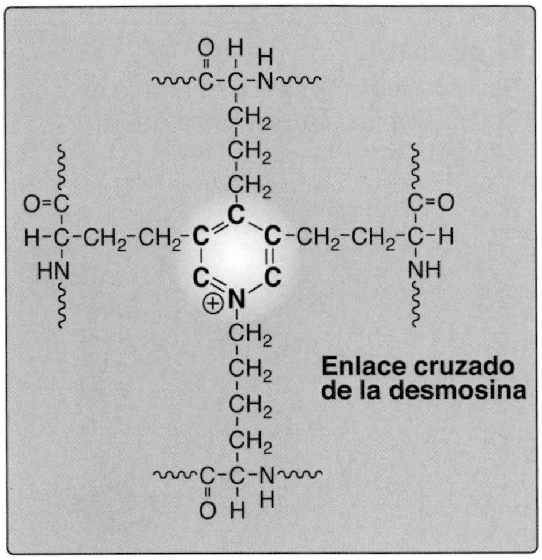

En contraste con el colágeno, el cual forma fibras que son resistentes y tienen alta fuerza de tensión, la elastina es una proteína fibrosa del tejido conectivo con propiedades semejantes a las del hule o caucho. Las fibras elásticas compuestas de elastina y microfibrillas de glucoproteína se encuentran en los pulmones, las paredes de las grandes arterias y los ligamentos elásticos. Estas pueden estirarse varias veces su longitud normal, pero regresan a su forma original cuando se relaja la fuerza de estiramiento.

A. Estructura

La elastina es un polímero proteico insoluble generado a partir de un precursor, la tropoelastina, que es un polipéptido soluble compuesto de ~700 aminoácidos que son sobre todo pequeños y no polares (p. ej., glicina, alanina y valina). La elastina también es rica en prolina y lisina, pero contiene escasos residuos de hidroxiprolina e hidroxilisina. La célula secreta tropoelastina hacia la MEC. Ahí, esta interactúa con microfibrillas específicas de glucoproteína, como fibrilina, que funciona como un armazón sobre el cual se deposita la tropoelastina. Algunas de las cadenas laterales de lisilo de los polipéptidos de tropoelastina se desaminan de modo oxidativo por acción de la *lisil oxidasa* y forman residuos de allisina. Tres de las cadenas laterales de allisil más una cadena lateral sin alterar de lisilo de los mismos polipéptidos circundantes forman un enlace cruzado de desmosina (fig. 5-12). Esto produce elastina, una red elástica con extensas interconexiones que puede estirarse y doblarse en cualquier dirección cuando está bajo tensión, lo cual da elasticidad al tejido conectivo (fig. 5-13). Las mutaciones en la proteína de fibrilina-1 son responsables del síndrome de Marfan, un trastorno del tejido conectivo caracterizado por deficiencias en la integridad estructural del esqueleto, el ojo y el sistema cardiovascular. Con esta enfermedad, la proteína anormal de fibrilina se incorpora en las microfibrillas a lo largo de la fibrilina normal, e inhibe la formación de microfibrillas funcionales. Los pacientes con síndrome de Marfan suelen ser altos, con brazos, piernas, dedos de manos y pies largos y delgados. Tienen articulaciones flexibles y pueden presentar escoliosis. A menudo el corazón y la aorta también están afectados, y existe un mayor riesgo de prolapso de la válvula mitral o aneurisma de la aorta. (Nota: los pacientes con síndrome de Marfan, OI o SED pueden tener escleróticas azules debido al adelgazamiento del tejido que permite que el pigmento subyacente pueda apreciarse a través del tejido.)

B. α₁-antitripsina en la degradación de la elastina

La sangre y otros líquidos corporales contienen una proteína, α_1-antitripsina (AAT), que inhibe una serie de enzimas proteolíticas (llamadas peptidasas, proteasas o proteinasas) que hidrolizan y destruyen a las

Figura 5-12
Enlace cruzado de la desmosina único para la elastina.

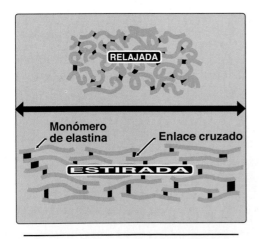

Figura 5-13
Fibras de elastina en situaciones relajada y estirada.

proteínas. (Nota: el inhibidor en un principio se llamaba AAT porque inhibe la actividad de tripsina, una enzima proteolítica sintetizada como tripsinógeno por el páncreas [*véase* p. 298]). La AAT tiene el importante papel fisiológico de inhibir la elastasa de los neutrófilos, una proteasa potente que se libera hacia el espacio extracelular y degrada la elastina de las paredes alveolares así como a otras proteínas estructurales en una variedad de tejidos (fig. 5-14). La mayoría de las AAT que se encuentran en el plasma se sintetiza y secreta en el hígado. También ocurre la síntesis extrahepática.

1. **α1-antitripsina en los pulmones:** en el pulmón normal, los alveolos están expuestos en forma crónica a niveles bajos de elastasa neutrofílica liberada por los neutrófilos activados y en degeneración. La actividad proteolítica de la elastasa puede destruir la elastina en las paredes alveolares si no se opone a ella la acción de la AAT, el inhibidor más importante de la elastasa de los neutrófilos (*véase* fig. 5-14). Dado que el tejido pulmonar no puede regenerarse, la destrucción del tejido conectivo de las paredes alveolares causada por un desequilibrio entre la proteasa y su inhibidor deriva en enfermedad pulmonar.

2. **Deficiencia de α1-antitripsina y enfisema:** en Estados Unidos, ~2% a 5% de los pacientes con enfisema tiene predisposición a la enfermedad por defectos hereditarios en AAT. Se conoce un sinnúmero de mutaciones diferentes en el gen para AAT que causan una deficiencia de la proteína, pero una sola mutación de una base púrica (GAG en AAG, que resulta en la sustitución de lisina por ácido glutámico en la posición 342 de la proteína) es la más extendida y grave en el aspecto clínico. (Nota: la proteína con la mutación se denomina variante Z.) La mutación hace que la AAT por lo regular monomérica se pliegue de manera equivocada, se polimerice y forme agregados dentro del RER de los hepatocitos, lo cual produce la disminución en la secreción hepática de AAT. La deficiencia de AAT es, por lo tanto, una enfermedad relacionada con el plegamiento incorrecto de las proteínas. (Nota: el polímero que se acumula en el hígado puede producir cirrosis. Este daño hepático es una de las principales causas de insuficiencia hepática pediátrica terminal, que requiere trasplante de hígado.) Dado que el hígado segrega menos AAT, las concentarciones de AAT en sangre se reducen, al igual que la cantidad de AAT disponible para los tejidos pulmonares. En Estados Unidos, la mutación de AAT es más común en caucásicos con ascendencia del norte de Europa. Un individuo debe heredar dos alelos anormales de AAT para estar en riesgo de desarrollar enfisema. En un heterocigoto, con un alelo normal y otro defectuoso, los niveles de AAT son suficientes para proteger a los alveolos contra el daño. (Nota: se requiere metionina 358 en AAT para la unión del inhibidor en sus *proteasas* blanco. El tabaquismo causa la oxidación y la inactivación subsecuente de la metionina, lo cual hace que el inhibidor sea incapaz de neutralizar la *elastasa*. Por lo tanto, los fumadores con deficiencia de AAT tienen una tasa elevada considerable de destrucción pulmonar y un menor porcentaje de supervivencia que los no fumadores con la deficiencia.) La deficiencia del inhibidor de *elastasa* puede tratarse con una terapia semanal de incremento, esto es, la administración intravenosa de AAT. La proteína difunde desde la sangre hacia el pulmón, donde alcanza niveles terapéuticos en el líquido que rodea las células epiteliales pulmonares.

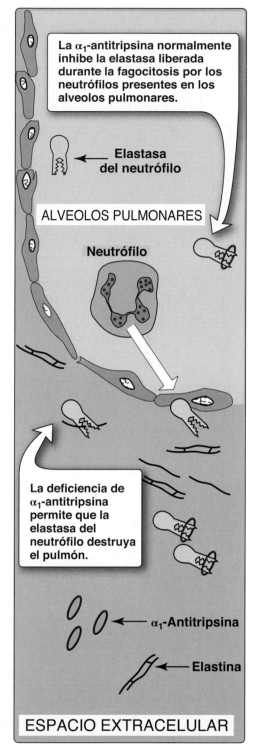

La α₁-antitripsina normalmente inhibe la elastasa liberada durante la fagocitosis por los neutrófilos presentes en los alveolos pulmonares.

Elastasa del neutrófilo

ALVEOLOS PULMONARES

Neutrófilo

La deficiencia de α₁-antitripsina permite que la elastasa del neutrófilo destruya el pulmón.

α₁-Antitripsina

Elastina

ESPACIO EXTRACELULAR

Figura 5-14
Destrucción del tejido alveolar por la elastasa liberada de los neutrófilos activados como parte de la respuesta inmune ante patógenos transmitidos por el aire.

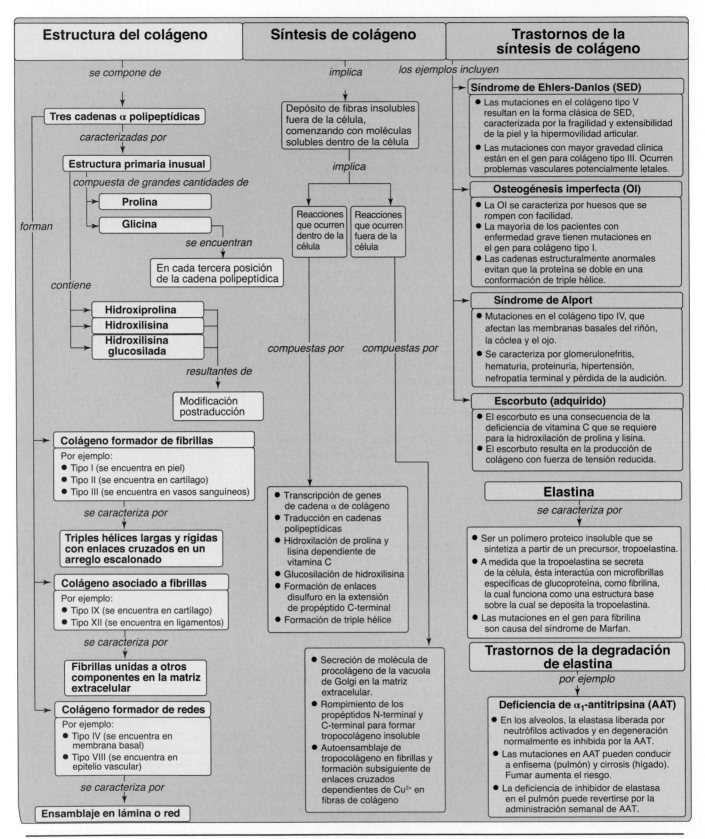

Figura 5-15

Mapa conceptual guía de las proteínas fibrosas colágeno y elastina. Cu^{2+}, cobre.

IV. RESUMEN DEL CAPÍTULO

- El colágeno y la elastina son proteínas fibrosas estructurales de la matriz extracelular (fig. 5-15).

- El **colágeno** contiene una abundancia de **prolina**, **lisina** y **glicina**; esta última se presenta en cada tercera posición en la estructura primaria. También contiene **hidroxiprolina**, **hidroxilisina** e **hidroxilisina glucosilada**, cada una de las cuales se forma por modificación postraducción.

- El colágeno fibrilar tiene una estructura larga y rígida, en la cual tres cadenas α polipeptídicas de colágeno se entre-cruzan en una **triple hélice**, semejante a una cuerda, estabilizadas por **puentes de hidrógeno entre cadenas**. Las enfermedades de la síntesis de colágeno fibrilar afectan huesos, articulaciones, piel y vasos sanguíneos.

- La **elastina** es una proteína del tejido conectivo con propiedades tipo látex en tejidos como el pulmón. La α₁-antitripsina (AAT), producida sobre todo por el hígado, inhibe la degradación catalizada por **elastasa** de la elas-tina en las paredes alveolares. La deficiencia de AAT incrementa la degradación de elastina y puede causar **enfisema** y, en algunos casos, **cirrosis** hepática.

Preguntas de estudio

Elija la RESPUESTA correcta.

5.1 Una mujer de 30 años de edad de ascendencia del norte de Europa se presenta con disnea progresiva (falta de aire). Niega el uso de cigarrillos. Su historial familiar revela que su hermana también tiene problemas pulmonares. ¿Cuál de las siguientes etiologías explica mejor los síntomas pulmonares de esta paciente?

A. Deficiencia de vitamina C en la dieta.
B. Deficiencia de α₁-antitripsina.
C. Deficiencia de prolil hidroxilasa.
D. Actividad reducida de elastasa.
E. Incremento en la actividad de colagenasa.

Respuesta correcta = B. La deficiencia de α₁-antitripsina (AAT) es un trastorno genético que puede causar daño pul-monar y enfisema incluso en ausencia del tabaquismo. La deficiencia de AAT permite el incremento de la actividad de elastasa para destruir la elastina en las paredes alveo-lares. Es necesario sospechar la deficiencia de AAT cuando se desarrolla enfermedad pulmonar obstructiva crónica en un paciente menor de 45 años de edad que no tiene antecedentes de bronquitis crónica ni de uso de tabaco, o cuando múltiples miembros de una familia desarrollan una enfermedad pulmonar obstructiva a edad temprana. Las opciones A, C y E se refieren al colágeno, no a la elastina.

5.2 Un lactante de 7 meses de edad "se cayó" mientras gateaba y aho-ra se presenta con una pierna hin-chada. La imagenología revela una fractura y el fémur arqueado, secun-darios a un traumatismo menor, y huesos frágiles (*véase* la radiografía a la derecha). También se obser-van escleróticas azules. A la edad de 1 mes, el lactante tenía diversas fracturas en diferentes estados de recuperación (clavícula derecha, húmero y radio derechos). Un his-torial familiar cuidadoso ha descar-tado traumatismo no accidental (abuso infantil) como causa de las fracturas óseas. ¿Cuál combinación de molécula defectuosa (o deficiente) y la patología resul-tante encajan mejor en esta descripción clínica?

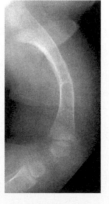

A. Elastina y enfisema.
B. Fibrilina y enfermedad de Marfan.
C. Colágeno tipo I y osteogénesis imperfecta.
D. Colágeno tipo V y síndrome de Ehlers-Danlos.
E. Vitamina C y escorbuto.

Respuesta correcta = C. Lo más probable es que el lac-tante tenga osteogénesis imperfecta. La mayoría de los casos se deriva de un defecto en los genes que codifican para colágeno tipo I. Los huesos en los pacientes afec-tados son delgados, osteoporósicos y con frecuencia arqueados, y en extremo propensos a las fracturas. No se observan problemas pulmonares en este bebé. Los indi-viduos con síndrome de Marfan tienen deficiencias en la integridad estructural del esqueleto, los ojos y el sistema cardiovascular. Los defectos en el colágeno tipo V causan la forma clásica de síndrome de Ehlers-Danlos caracteri-zada por extensibilidad y fragilidad de la piel e hipermo-vilidad articular. El escorbuto, causado por deficiencia de vitamina C, se caracteriza por fragilidad capilar.

5.3   ¿Cuál es la base diferencial de las patologías hepática y pulmonar observadas en la deficiencia de α_1-antitripsina (AAT)?

> Con la deficiencia de α_1-antitripsina (AAT), la cirrosis que puede resultar se debe a la polimerización y retención de AAT en el hígado, su lugar de síntesis. El daño alveolar se debe a la deficiencia de AAT basada en la retención (un inhibidor de la serina proteasa) en el pulmón, de manera que la elastasa (una serina proteasa) no encuentra oposición.

5.4   ¿Cómo y por qué se hidroxila la prolina en el colágeno?

> La prolina se hidroxila por acción de la prolil hidroxilasa, una enzima del retículo endoplásmico que requiere oxígeno, hierro ferroso y vitamina C. La hidroxilación incrementa la formación de puentes de hidrógeno intercatenario, lo que fortalece la triple hélice del colágeno. La deficiencia de vitamina C daña la hidroxilación.

5.5   Un hombre indigente de 60 años de edad acude a urgencias con queja de fatiga progresiva, dolor en las piernas y debilidad generalizada. Tiene heces sanguinolentas, dificultad para respirar, fácil aparición de hematomas, piernas hinchadas y una erupción roja en brazos y piernas. No toma ninguna medicación. Al seguir con las preguntas, revela que su dieta consiste por completo de pan, carne enlatada y cerveza. Un examen más detallado de las erupciones en las piernas revela pelos en forma de sacacorchos y extravasación subepidérmica de eritrocitos alrededor de los folículos pilosos. ¿Cuál es el problema subyacente en este paciente?

A. Mutación del colágeno tipo V.
B. Mutación del colágeno tipo I.
C. Actividad disminuida de prolil hidroxilasa y lisil hidroxilasa.
D. Concentraciones reducidas de AAT circulante.
E. Mutación de fibrilina.

> Respuesta correcta = C. El paciente tiene escorbuto, causado por una deficiencia de vitamina C. La vitamina C es necesaria para la actividad de prolil hidroxilasa y lisil hidroxilasa. La hidroxilación de los residuos de prolina y lisina en la secuencia –Gly–X–Y– del colágeno es esencial para la formación de enlaces H entre cadenas y una triple hélice de colágeno estable. Una mutación en el colágeno de tipo V es característica del SED. Una mutación en el colágeno tipo I es característica de la OI. La concentración reducida de AAT circulante es la base de la deficiencia de AAT, que deriva en posibles daños pulmonares y síntomas de enfisema, o una insuficiencia hepática pediátrica terminal. Una mutación en la fibrilina es característica del síndrome de Marfan.

Enzimas

6

I. GENERALIDADES

Casi todas las reacciones en el cuerpo están mediadas por enzimas, que son catalizadores proteicos, localizadas regularmente al interior de las células, que incrementan la velocidad de las reacciones sin experimentar cambios durante el proceso de la reacción. Entre todas las reacciones biológicas que son energéticamente posibles, las enzimas canalizan de manera selectiva los reactantes o sustratos hacia vías útiles. Por lo tanto, las enzimas dirigen todos los sucesos metabólicos. En este capítulo se examina la naturaleza de estas moléculas catalíticas y sus mecanismos de acción.

II. NOMENCLATURA

A cada enzima se le asignan dos nombres: el primero es un nombre corto y recomendado, conveniente para el uso cotidiano. El segundo es el nombre sistemático más completo, mismo que se emplea cuando una enzima debe identificarse sin ambigüedad.

A. Nombre recomendado

Los nombres de enzimas de uso más común poseen el sufijo "-asa" unido al sustrato de la reacción, como glucosidasa y ureasa. Los nombres de otras enzimas incluyen una descripción de la acción que realizan, por ejemplo, lactato deshidrogenasa (LDH) y adenilil ciclasa. Algunas enzimas conservan sus nombres triviales originales, mismos que no dan indicios de la reacción enzimática asociada, por ejemplo, tripsina y pepsina.

B. Nombre sistemático

En el sistema de nomenclatura sistemática, las enzimas se dividen en seis clases principales (fig. 6-1), cada una con numerosos subgrupos. Para una enzima determinada, el sufijo -asa se une a la descripción de la reacción química catalizada, incluidos los nombres de todos los sustratos, por ejemplo, lactato:nicotinamida adenina dinucleótido (NAD$^+$) oxidorreductasa. (Nota: también se asigna a cada enzima un número de clasificación. *Lactato:NAD$^+$ oxidorreductasa* es 1.1.1.27.) Los nombres sistemáticos son inequívocos e informativos, pero con frecuencia demasiado complicados para ser de uso general.

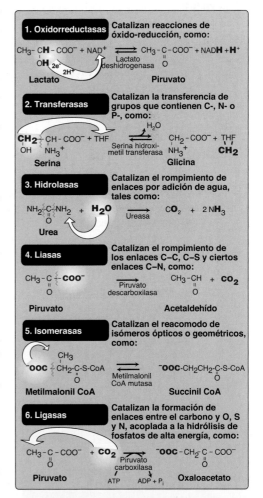

Figura 6-1

Las seis clases principales de enzimas con ejemplos. NAD(H), nicotinamida adenina dinucleótido; THF, tetrahidrofolato; CoA, coenzima A; CO_2, dióxido de carbono; NH_3, amoniaco; ADP, difosfato de adenosina; P_i, fosfato inorgánico.

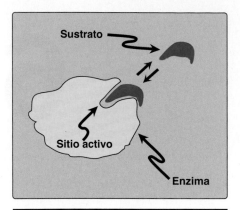

Figura 6-2
Esquema que representa una enzima
con un sitio activo donde se une a una
molécula de sustrato.

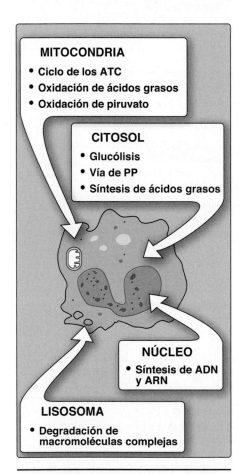

Figura 6-3
Localización intracelular de algunas vías
bioquímicas importantes. ATC, ácido
tricarboxílico; PP, pentosa fosfato.

Cierta nomenclatura de enzimas que podría ser confusa incluye aquellas con nombres similares pero funciones o mecanismos diferentes. Por ejemplo, una *sintetasa* requiere ATP, mientras que una *sintasa* no requiere ATP. Las *fosfatasas* utilizan agua para remover un grupo fosfato, mientras que las *fosforilasas* utilizan fosfato inorgánico para romper un enlace y generar un producto fosforilado. Las *deshidrogenasas* (que usan NAD^+ o flavina adenina dinucleótido, FAD) aceptan electrones en una reacción redox. Las *oxidasas* utilizan oxígeno como un aceptor de electrones, sin incorporarlo en el sustrato, mientras que las *oxigenasas* sí incorporan átomos de oxígeno a sus sustratos.

III. PROPIEDADES

Una enzima es un catalizador proteico, eficiente y específico que al integrar un sustrato en su sitio activo, favorece la reacción química para convertirlo en producto. Sin las enzimas, la mayoría de las reacciones bioquímicas no ocurriría con la suficiente rapidez para tener importancia fisiológica en el cuerpo humano. Si bien las enzimas incrementan la velocidad de una reacción química, una de sus principales características es que no se consumen o modifican durante la misma. (Nota: algunos ácidos ribonucleicos [ARN] pueden catalizar reacciones que afectan los enlaces fosfodiéster y peptídicos. Los ARN con actividad catalítica se llaman ribozimas y son mucho menos comunes que los catalizadores proteicos.)

A. Sitio activo

Las moléculas enzimáticas contienen un hueco o hendidura especial llamado "sitio activo", formado por el plegamiento de la proteína. El sitio activo contiene residuos de aminoácidos cuyas cadenas laterales participan en la unión del sustrato y en la catálisis (fig. 6-2). El sustrato primero se une a la enzima y forma un complejo enzima-sustrato (ES). Se cree que la unión causa un cambio conformacional en la enzima (modelo de ajuste inducido) que permite una rápida conversión de la ES en un complejo de enzima-producto (EP) que más adelante se disocia en enzima libre y producto.

B. Eficiencia

Las reacciones catalizadas por enzimas son altamente eficientes y se desarrollan de 10^3 hasta 10^8 veces más rápido que las reacciones sin catalizar. El número de moléculas de sustrato convertidas en producto por molécula de enzima por segundo se denomina "número de recambio" o k_{cat}, y suele ser 10^2 a 10^4 s^{-1}. (Nota: k_{cat} es la constante de velocidad para la conversión de ES a E + P.)

C. Especificidad

Las enzimas son altamente específicas y tienen la capacidad de interactuar ya sea con uno solo o con varios sustratos y pueden catalizar solo un tipo de reacción química. El conjunto de enzimas sintetizadas dentro de una célula determina qué reacciones ocurren en ella.

D. Holoenzimas, apoenzimas, cofactores y coenzimas

Algunas enzimas requieren compuestos no proteicos para tener actividad enzimática. El término **holoenzima** se refiere al componente proteico de la enzima activa junto con su componente no proteico, mientras que la enzima sin su integrante no proteico se denomina **apoenzima** y carece de actividad. En el caso de enzimas que requieren componentes no proteicos, estos deben estar presentes para que la enzima funcione en la catálisis.

Si la parte no proteica es un ion metálico, como zinc (Zn^{2+}) o hierro (Fe^{2+}), este se denomina **cofactor**. Si es una molécula orgánica pequeña, se llama **coenzima**. Las coenzimas o cosustratos se asocian solo de manera transitoria con la enzima y se disocian de la enzima en una forma alterada (p. ej, el NAD^+). Si la coenzima se asocia de manera permanente con la enzima y regresa a su forma original, se llama **grupo prostético** (p. ej., el FAD). Es común que las coenzimas se deriven de las vitaminas. Por ejemplo, NAD^+ contiene niacina y FAD contiene riboflavina.

E. Regulación

La actividad enzimática a menudo puede aumentarse o reducirse, de tal manera que la velocidad de formación de producto siempre corresponda con las necesidades celulares.

F. Localización dentro de la célula

La mayoría de las enzimas funciona en el interior de las células, dentro de los límites establecidos por las membranas plasmáticas. Muchas enzimas se localizan en organelos específicos dentro de las células (fig. 6-3). Tal compartimentación sirve para aislar el sustrato o producto de la reacción de otras reacciones competidoras. Esto proporciona un medio favorable para la reacción y organiza las miles de enzimas presentes en la célula dentro de vías útiles.

IV. MECANISMO DE LA ACCIÓN ENZIMÁTICA

El mecanismo de la acción enzimática puede verse desde dos perspectivas diferentes. La primera trata la catálisis en términos de cambios de energía que suceden durante la reacción. Esto es, las enzimas proporcionan una vía de reacción alterna energéticamente favorable diferente a la de la reacción sin catalizar. La segunda perspectiva describe cómo es que el sitio activo facilita de modo químico la catálisis.

A. Cambios de energía que ocurren durante la reacción

Casi toda reacción química tiene una barrera de energía que separa a los reactivos y los productos. Esta barrera, llamada "energía de activación" (E_a), es la diferencia de energía entre la de los reactivos y un intermediario de alta energía, el estado de transición (T^*), el cual se forma durante la conversión de reactivo a producto. La figura 6-4 muestra los cambios de energía durante la conversión de una molécula del reactivo A en el producto B, a medida que pasa a través del estado de transición.

$$A \rightleftarrows T^* \rightleftarrows B$$

1. **Energía de activación:** el pico de energía en la figura 6-4 es la diferencia en energía libre entre el reactivo y el T^*, en el cual el intermediario de alta energía y vida corta se forma durante la conversión del reactivo en producto. Debido a la elevada E_a, las velocidades de las reacciones químicas sin catalizar con frecuencia son lentas.

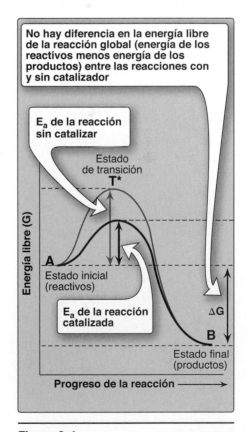

No hay diferencia en la energía libre de la reacción global (energía de los reactivos menos energía de los productos) entre las reacciones con y sin catalizador

E_a de la reacción sin catalizar

Estado de transición T^*

Energía libre (G)

A

Estado inicial (reactivos)

E_a de la reacción catalizada

ΔG

B

Estado final (productos)

Progreso de la reacción ⟶

Figura 6-4
Efecto de una enzima sobre la energía de activación (E_a) de una reacción. ΔG, cambio en la energía libre.

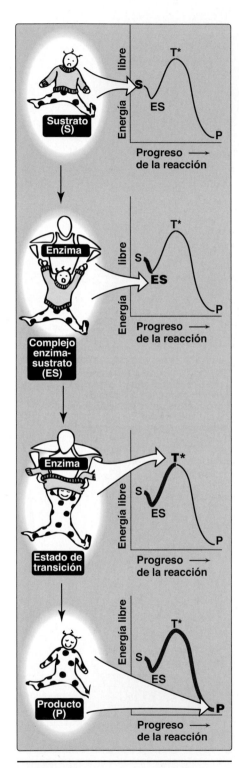

Figura 6-5

Representación esquemática de los cambios de energía que acompañan la formación de un complejo enzima-sustrato y la formación subsiguiente del estado de transición.

2. **Velocidad de reacción:** para que las moléculas reaccionen deben contener suficiente energía para superar la barrera energética del estado de transición. En ausencia de una enzima, solo una pequeña proporción de la población de moléculas puede poseer suficiente energía como para alcanzar el estado de transición entre reactivo y producto. La velocidad de reacción está determinada por el número de tales moléculas energizadas. En general, entre menor es la E_a, más moléculas tienen energía suficiente para pasar a través del estado de transición y, por lo tanto, mayor es la velocidad de reacción.

3. **Vía alterna de reacción:** una enzima permite que una reacción proceda con rapidez bajo las condiciones que prevalecen en la célula al proporcionar una vía alterna de reacción con una menor E_a (*véase* fig. 6-4). La enzima no modifica las energías libres de los reactivos (sustratos) ni de los productos y, en consecuencia, no cambia el equilibrio de la reacción. Sin embargo, sí acelera la velocidad con la cual se alcanza el equilibrio.

B. Química del sitio activo

El sitio activo no es un receptáculo pasivo para la unión del sustrato, más bien, es una máquina molecular compleja que emplea una diversidad de mecanismos químicos para facilitar la conversión del sustrato a producto. Un sinnúmero de factores son responsables de la eficiencia catalítica de las enzimas, incluidos los siguientes ejemplos.

1. **Estabilización del estado de transición:** el sitio activo con frecuencia actúa como una plantilla o un patrón molecular flexible que une al sustrato e inicia su conversión al estado de transición, una estructura en la cual los enlaces no son como los del sustrato ni como los del producto (*véase* T* en la parte superior de la curva en la fig. 6-4). Al estabilizar el estado de transición, la enzima incrementa en gran medida la concentración del reactivo intermediario que puede convertirse en producto y, por lo tanto, acelera la reacción. (Nota: el estado de transición no puede aislarse.)

2. **Catálisis:** el sitio activo puede proporcionar grupos catalíticos que incrementan la probabilidad de que se forme el estado de transición. En algunas enzimas, estos grupos pueden participar en la catálisis general ácido-base en la cual los residuos de aminoácidos liberan o aceptan protones. En otras enzimas, la catálisis puede implicar la formación transitoria de un complejo ES covalente.

> Los mecanismos de acción de quimiotripsina, una enzima de la digestión de proteínas en el intestino, incluyen una base general, un ácido general y una catálisis covalente. Una histidina en el sitio activo de la enzima gana (base general) y pierde (ácido general) protones, mediados por el pK de histidina en las proteínas que están cerca del pH fisiológico. La serina en el sitio activo forma un enlace covalente transitorio con el sustrato.

3. **Visualización del estado de transición:** la conversión de sustrato a producto catalizada por enzimas puede visualizarse como algo semejante a quitarle el suéter (grupo químico) a un bebé que no coopera (sustrato) (fig. 6-5). El proceso tiene una E_a elevada porque la única estrategia razonable para retirar la prenda requiere que

extienda por completo ambos brazos sobre la cabeza, una postura poco probable que se adopte sin un catalizador. Se puede visualizar a uno de los padres que actúa como una enzima, al entrar primero en contacto con el bebé (formar el complejo ES) y luego guiar los brazos del bebé a una posición extendida y vertical, análoga al estado de transición. Esta postura (conformación) del bebé facilita retirar el suéter, y se forma el bebé sin la prenda, que representa el producto. (Nota: el sustrato unido a la enzima [ES] se encuentra a una energía ligeramente menor que el sustrato sin unir [S] y explica la pequeña depresión en la curva en ES).

V. FACTORES QUE AFECTAN LA VELOCIDAD DE REACCIÓN

Las enzimas pueden aislarse de las células para estudiar sus propiedades en un tubo de ensayo, esto es, *in vitro*. Las diferentes enzimas muestran distintas respuestas a los cambios en la concentración de sustrato, temperatura y pH. Esta sección describe factores que influyen en la velocidad de reacción de las enzimas. Las respuestas enzimáticas a estos factores nos proporcionan pistas valiosas sobre cómo funcionan las enzimas en las células vivas, esto es, *in vivo*.

A. Concentración de sustrato

1. **Velocidad máxima:** la tasa o velocidad de una reacción (v) es el número de moléculas de sustrato que se convierten en producto por unidad de tiempo. La velocidad por lo general se expresa como μmoles de producto formadas por segundo. La velocidad de una reacción catalizada por enzimas aumenta con la concentración de sustrato hasta que se alcanza una velocidad máxima ($V_{máx}$) (fig. 6-6). La nivelación de la velocidad de reacción con altas concentraciones de sustrato refleja la saturación con sustrato de todos los sitios de unión disponibles en las moléculas de enzima presentes.

2. **Forma de la curva de cinética enzimática:** la mayoría de las enzimas presenta una cinética de Michaelis-Menten (*véase* p. 86), en la cual la gráfica de la velocidad inicial de reacción (V_0) contra la concentración de sustrato es hiperbólica (de forma semejante a la de la curva de disociación de oxígeno de la mioglobina; *véase* cap. 4). En contraste, las enzimas alostéricas no siguen la cinética de Michaelis-Menten y presentan una curva sigmoidea (*véase* fig. 6-6) que es semejante en forma a la curva de disociación de oxígeno de la hemoglobina.

B. Temperatura

1. **Incremento de la velocidad con la temperatura:** la velocidad de reacción aumenta con la temperatura hasta que se alcanza una velocidad máxima (fig. 6-7). Este incremento es el resultado de que un mayor número de moléculas de sustrato tenga suficiente energía para pasar sobre la barrera energética y formar los productos de la reacción.

2. **Reducción de la velocidad con el aumento de temperatura:** una mayor elevación de la temperatura causa una disminución en la velocidad de reacción como resultado de una desnaturalización de la enzima inducida por la temperatura (*véase* fig. 6-7).

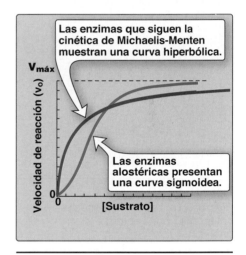

Figura 6-6
Efecto de la concentración de sustrato en la velocidad de reacción.

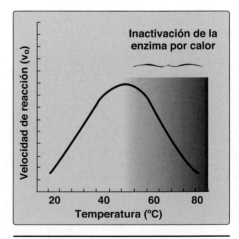

Figura 6-7
Efecto de la temperatura sobre una reacción catalizada por enzimas.

La temperatura corporal normal es de 37 °C. La temperatura óptima para la mayoría de las enzimas humanas está entre 35 y 40 °C. Las enzimas humanas comienzan a desnaturalizarse a temperaturas por arriba de 40 °C, pero las bacterias termofílicas que se encuentran en las aguas termales tienen temperaturas óptimas de 70 °C.

C. pH

1. Efecto del pH sobre la ionización del sitio activo: la concentración de protones ($[H^+]$) afecta la velocidad de reacción en diversas formas. Primero, el proceso catalítico por lo general requiere que la enzima y el sustrato tengan grupos químicos específicos ya sea en estado ionizado o no ionizado con el fin de interactuar. Por ejemplo, la actividad catalítica puede requerir que un grupo amino de la enzima se encuentre en la forma protonada ($-NH_3^+$). Dado que este grupo se desprotona a pH alcalino, la velocidad de la reacción disminuye.

2. Efecto del pH sobre la desnaturalización de enzimas: los pH extremos también pueden conducir a la desnaturalización de las enzimas, porque la estructura de la molécula proteica catalíticamente activa depende del carácter iónico de las cadenas laterales de los aminoácidos.

3. pH óptimo variable: el pH al cual se obtiene la máxima actividad enzimática es diferente para las distintas enzimas y con frecuencia refleja la $[H^+]$ a la cual la enzima funciona en el cuerpo. Por ejemplo, la pepsina, una enzima digestiva en el estómago, tiene su máximo nivel de actividad a pH 2, mientras que otras enzimas, diseñadas para funcionar a pH neutro, se desnaturalizan en un ambiente ácido (fig. 6-8).

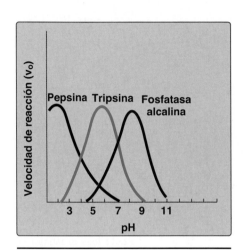

Figura 6-8
Efecto del pH sobre las reacciones catalizadas por enzimas.

VI. CINÉTICA DE MICHAELIS-MENTEN

En un artículo publicado en 1913, Leonor Michaelis y Maude Menten propusieron un modelo simple que explica la mayoría de las características de muchas de las reacciones catalizadas por enzimas. En este modelo, la enzima se combina de manera reversible con su sustrato para formar un complejo ES que en seguida genera el producto, lo que regenera la enzima libre. El modelo de reacción, que involucra a una molécula de sustrato, se representa a continuación:

$$E + S \underset{K_{-1}}{\overset{K_1}{\rightleftharpoons}} ES \xrightarrow{K_2} E + P$$

donde   S es el sustrato;
         E es la enzima;
         ES es el complejo enzima-sustrato;
         P es el producto;
         k_1, k_{-1}, y k_2 (o k_{cat}) son constantes de velocidad.

A. Ecuación de Michaelis-Menten

La ecuación de Michaelis-Menten describe la manera en que la velocidad de la reacción varía con respecto a la concentración de sustrato:

$$V_o = \frac{V_{máx}[S]}{K_m + [S]}$$

donde v_o = velocidad de reacción inicial;
              $V_{máx}$ = velocidad máxima = k_{cat} $[E]_{Total}$;
              K_m = constante de Michaelis = $(k_{-1} + k_2)/k_1$;
              [S] = concentración del sustrato;

Las siguientes suposiciones se llevan a cabo al derivar la ecuación de velocidad de Michaelis-Menten.

1. **Concentraciones relativas de enzima y sustrato:** la concentración de sustrato ([S]) es mucho mayor que la concentración de enzima, de manera que el porcentaje de sustrato total unido por la enzima en cualquier momento dado es pequeño.

2. **Suposición del estado estacionario:** la concentración del complejo de la ES no cambia con el tiempo (la suposición del estado estacionario), esto es, la velocidad de formación de ES es igual a la del rompimiento de ES (a E + S y a E + P). En general, se dice que un intermediario en una serie de reacciones se encuentra en el estado estacionario cuando su velocidad de síntesis es igual a su velocidad de degradación.

3. **Velocidad inicial:** las velocidades de reacción inicial (v_o) se usan en el análisis de las reacciones enzimáticas. Esto significa que la velocidad de la reacción se mide tan pronto como se mezclan la enzima y el sustrato. En ese momento, la concentración de producto es muy pequeña, y por lo tanto, la velocidad de la reacción inversa de producto a sustrato puede ignorarse.

B. **Conclusiones importantes**

1. **Características de la K_m:** la constante de Michaelis, K_m, es característica de cada enzima y su sustrato particular refleja la **afinidad** de la enzima por ese sustrato. La K_m es numéricamente igual a la concentración de sustrato a la cual la velocidad de reacción es igual a la mitad de la $V_{máx}$. La K_m no varía con la concentración de enzima.

     a. **K_m pequeña:** una K_m numéricamente pequeña (baja) refleja una alta afinidad de la enzima por el sustrato, debido a que se necesita una baja concentración de sustrato para saturar la mitad de la enzima, esto es, para alcanzar una velocidad que sea la mitad de la $V_{máx}$ (fig. 6-9).

     b. **K_m grande:** una K_m numéricamente grande (alta) refleja una baja afinidad de la enzima por el sustrato, debido a que una alta concentración de sustrato es necesaria para saturar a la mitad de la enzima.

2. **Relación de la velocidad con la concentración de enzima:** la velocidad de la reacción es proporcional de manera directa a la concentración de la enzima porque [S] no es limitante. Por ejemplo, si la concentración de enzima se reduce a la mitad, las velocidades iniciales de la reacción (v_o) y la $V_{máx}$ se reducen a la mitad de la original.

3. **Orden de la reacción:** cuando [S] es mucho menor (<<) que la K_m, la velocidad de la reacción es aproximadamente proporcional a la concentración del sustrato (Fig. 6-10). Entonces se dice que la velocidad de la reacción es de primer orden con respecto al sustrato. Cuando [S] es mucho mayor (>>) que la K_m, la velocidad es constante e igual a la $V_{máx}$. La velocidad de la reacción es entonces independiente de la concentración del sustrato porque la enzima

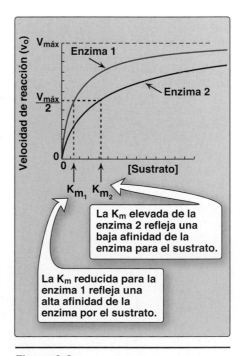

Figura 6-9
Efecto de la concentración de sustrato sobre las velocidades de reacción para dos enzimas: la enzima 1 con una pequeña constante de Michaelis-Menten (K_m) y la enzima 2 con una K_m alta. $V_{máx}$, velocidad máxima.

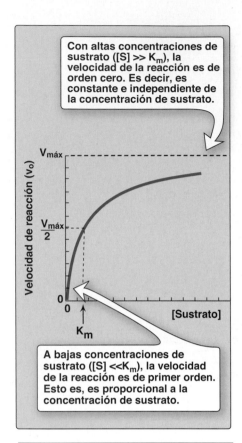

Con altas concentraciones de sustrato ([S] >> K_m), la velocidad de la reacción es de orden cero. Es decir, es constante e independiente de la concentración de sustrato.

A bajas concentraciones de sustrato ([S] <<K_m), la velocidad de la reacción es de primer orden. Esto es, es proporcional a la concentración de sustrato.

Figura 6-10
Efecto de la concentración del sustrato sobre la velocidad de reacción para una reacción catalizada por una enzima. $V_{máx}$, velocidad máxima; K_m, constante de Michaelis.

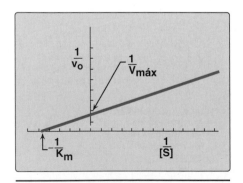

Figura 6-11
Gráfica de Lineweaver-Burk. v_O, velocidad inicial de reacción; $V_{máx}$, velocidad máxima; K_m, constante de Michaelis; [S], concentración del sustrato.

está saturada de sustrato y se dice que es de orden cero con respecto a la concentración de sustrato (*véase* fig. 6-10).

C. Gráfica de Lineweaver-Burk

Cuando v_O se grafica contra [S], no siempre es posible determinar cuándo se ha logrado $V_{máx}$ debido a la pendiente ascendente paulatina de la curva a altas concentraciones del sustrato. Sin embargo, como Hans Lineweaver y Dean Burk describieron por primera vez en 1934, si $1/v_O$ se grafica *vs.* 1/[S], se obtiene una línea recta (fig. 6-11). Esta gráfica, la de Lineweaver-Burk (también denominada gráfica de dobles recíprocos), puede usarse para calcular K_m y $V_{máx}$, así como para determinar el mecanismo de acción de los inhibidores enzimáticos.

La ecuación que describe la gráfica de Lineweaver-Burk es:

$$\frac{1}{V_o} = \frac{K_m}{V_{máx}\,[S]} + \frac{1}{V_{máx}}$$

donde la intersección sobre el eje x es igual a $-1/K_m$, y la intersección en el eje y es igual a $1/V_{máx}$. (Nota: la pendiente = $K_m/V_{máx}$.)

VII. INHIBICIÓN ENZIMÁTICA

Cualquier sustancia que pueda reducir la velocidad de una reacción catalizada por enzimas se llama "**inhibidor**". Los inhibidores pueden ser reversibles o irreversibles. Los inhibidores irreversibles se unen a las enzimas a través de enlaces covalentes. El plomo, por ejemplo, puede actuar como un inhibidor irreversible de algunas enzimas. Este forma enlaces covalentes con la cadena lateral sulfhidrilo de la cisteína en las proteínas. El plomo inhibe de forma irreversible a la ferroquelatasa, una enzima implicada en la síntesis del grupo hemo. En cambio los inhibidores reversibles se unen a las enzimas a través de enlaces no covalentes y forman un complejo enzima-inhibidor. La dilución del complejo enzima-inhibidor deriva en la disociación del inhibidor enlazado de manera reversible y en la recuperación de la actividad enzimática. Los dos tipos más comunes de inhibición reversible son competitiva y no competitiva.

A. Inhibición competitiva

Este tipo de inhibición ocurre cuando el inhibidor se une de modo reversible al mismo sitio que el sustrato ocuparía normalmente y, por lo tanto, compite con este último por dicho sitio.

1. **Efecto sobre $V_{máx}$:** el efecto de un inhibidor competitivo se revierte al aumentar la concentración del sustrato. A una [S] suficientemente alta, la velocidad de reacción alcanza la $V_{máx}$ observada en ausencia del inhibidor, esto es, la $V_{máx}$ no cambia en presencia de un inhibidor competitivo (fig. 6-12).

2. **Efecto sobre K_m:** un inhibidor competitivo incrementa la K_m aparente para un sustrato dado. Esto significa que, en presencia de un inhibidor competitivo, se requiere más sustrato para alcanzar la mitad de la $V_{máx}$.

3. **Efecto sobre la gráfica de Lineweaver-Burk:** la inhibición competitiva muestra una gráfica de Lineweaver-Burk característica, en la cual las gráficas de las reacciones inhibidas y no inhibidas tienen intersección sobre el eje y en $1/V_{máx}$ ($V_{máx}$ permanece sin cambios).

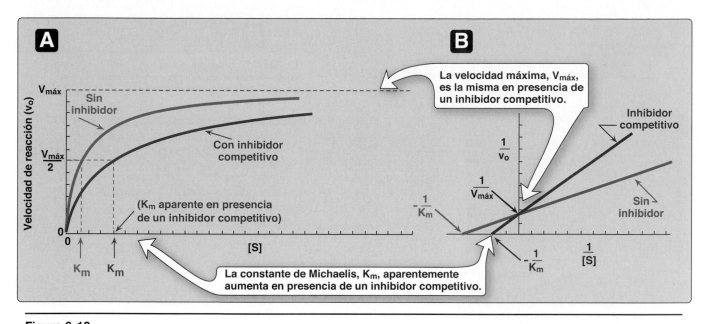

Figura 6-12

A) Gráfica del efecto de un inhibidor competitivo sobre la velocidad de reacción *vs*. la concentración del sustrato [S]. **B)** Gráfica de Lineweaver-Burk de la inhibición competitiva de una enzima. (Nota: la pendiente aumenta si la concentración del inhibidor aumenta.)

Las reacciones inhibidas y no inhibidas muestran diferentes intercepciones en el eje x, lo cual indica que la K_m aparente aumenta en presencia del inhibidor competitivo dado que $-1/K_m$ se acerca a cero desde un valor negativo (*véase* fig. 6-12). (Nota: un grupo importante de inhibidores competitivos son los análogos del estado de transición, moléculas estables que se aproximan a la estructura del estado de transición y que, en consecuencia, se unen a la enzima con mayor fuerza que el sustrato.)

4. **Los fármacos de estatinas como ejemplos de inhibidores competitivos:** las estatinas son una familia de fármacos que actúan como agentes reductores de la síntesis de colesterol endógeno, ya que inhiben de manera competitiva el paso limitante de la velocidad (el más lento) en la biosíntesis de colesterol. El catalizador de esta reacción es la hidroximetilglutaril coenzima A reductasa (HMG CoA reductasa; *véase* cap. 20). Las estatinas, como atorvastatina y pravastatina, son análogos estructurales del sustrato natural de esta enzima y compiten con eficacia para inhibir la HMG CoA reductasa. Al hacerlo, inhiben la síntesis de *novo* del colesterol (fig. 6-13).

B. Inhibición no competitiva

Este tipo de inhibición se reconoce por su efecto característico que provoca una reducción en $V_{máx}$ (fig. 6-14). La inhibición no competitiva se presenta cuando el inhibidor y el sustrato se unen en sitios diferentes en la enzima. El inhibidor no competitivo puede unirse a la enzima libre o al complejo ES, y así evitar que ocurra la acción (fig. 6-15).

1. **Efecto sobre $V_{máx}$:** la inhibición no competitiva <u>no puede</u> superarse por medio del aumento de la concentración del sustrato. Por lo tanto, los inhibidores no competitivos reducen la $V_{máx}$ aparente de la reacción.

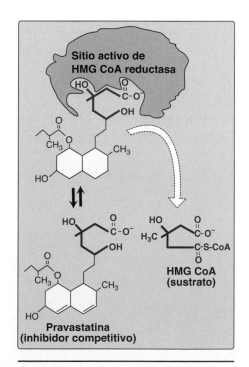

Figura 6-13

Pravastatina compite con hidroximetilglutaril coenzima A (HMG CoA) por el sitio activo de la HMG CoA reductasa.

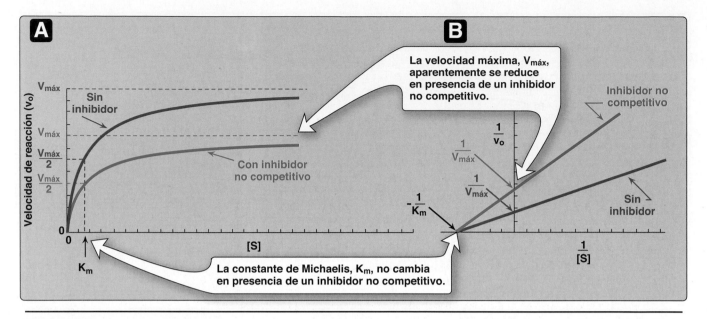

Figura 6-14
A) Gráfica del efecto de un inhibidor no competitivo sobre la velocidad de reacción *vs.* la concentración del sustrato [S]. **B)** Gráfica de Lineweaver-Burk de la inhibición no competitiva de una enzima. (Nota: la pendiente aumenta si la concentración del inhibidor aumenta.)

2. **Efecto sobre la K_m:** los inhibidores no competitivos no interfieren con la unión del sustrato a la enzima. En consecuencia, la enzima muestra la misma K_m en presencia o ausencia del inhibidor no competitivo, esto es, la K_m no cambia en presencia de un inhibidor no competitivo.

3. **Efecto sobre la gráfica de Lineweaver-Burk:** la inhibición no competitiva se diferencia con facilidad de la inhibición competitiva al graficar $1/v_O$ *vs.* $1/[S]$ y observar que la $V_{máx}$ aparente disminuye en presencia de un inhibidor no competitivo, mientras que la K_m no cambia (*véase* fig. 6-14).

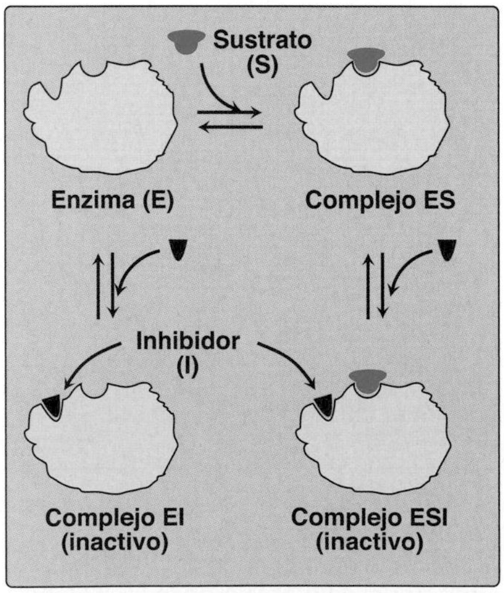

C. Inhibidores enzimáticos como fármacos

Por lo menos la mitad de los fármacos que se prescriben con mayor frecuencia en Estados Unidos actúa como inhibidores enzimáticos. Por ejemplo, los antibióticos β-lactámicos de amplia prescripción, como penicilina y amoxicilina, actúan a través de la inhibición de enzimas implicadas en la síntesis de la pared celular bacteriana. Los fármacos también pueden actuar a través de la inhibición de reacciones extracelulares. Esto se ejemplifica mediante los inhibidores de la enzima convertidora de angiotensina (ECA). Estos reducen la tensión arterial al bloquear la ECA del plasma que rompe la angiotensina I para formar el potente vasoconstrictor angiotensina II. Tales medicamentos, que incluyen captopril, enalapril y lisinopril, causan la vasodilatación y, por lo tanto, una reducción en la presión arterial. El ácido acetilsalicílico (aspirina), un fármaco que no requiere receta, inhibe de modo irreversible la síntesis de prostaglandina y tromboxano mediante la inhibición de la ciclooxigenasa.

Figura 6-15
Un inhibidor no competitivo que se une tanto a la enzima libre como al complejo enzima-sustrato (ES).

VIII. REGULACIÓN DE ENZIMAS

La regulación de la velocidad de reacción de las enzimas es esencial si un organismo requiere coordinar numerosos procesos metabólicos. Las velocidades de la mayoría de las enzimas responden a cambios en la concentración del sustrato, debido a que el nivel intracelular de muchos sustratos se encuentra en el intervalo de la K_m. Por lo tanto, un incremento en la concentración de sustrato favorece un aumento en la velocidad de reacción, lo cual tiende a devolver la concentración de sustrato a la normalidad. Asimismo, algunas enzimas con funciones reguladoras especializadas responden a los efectores alostéricos o a la modificación covalente, o a ambas cosas, o muestran velocidades alteradas de síntesis (o degradación) de enzimas cuando se cambian las condiciones fisiológicas.

A. Enzimas alostéricas

Las enzimas alostéricas no siguen la cinética de Michaelis–Menten, sino que están reguladas por moléculas llamadas **efectores** que se unen de modo no covalente en un sitio distinto al activo. Estas enzimas casi siempre están compuestas por múltiples subunidades, y el sitio regulador (alostérico) donde se une el efector es distinto al sitio de unión del sustrato y puede estar localizado en una subunidad que no sea en sí misma catalítica.

Los efectores que inhiben la actividad de la enzima se denominan efectores negativos, mientras que los que aumentan la actividad enzimática se llaman efectores positivos. Los efectores positivos y negativos pueden afectar la afinidad de la enzima por su sustrato ($K_{0.5}$), modificar la actividad catalítica máxima de la enzima ($V_{máx}$), o ambas cosas (fig. 6-16). Nótese que las enzimas alostéricas con frecuencia catalizan el paso comprometido, casi siempre el que limita la velocidad, al inicio de una vía metabólica.

1. **Efectores homótropos:** cuando el sustrato en sí sirve como efector, se dice que el efecto es homótropo, o igual que el del sustrato. Casi siempre, un sustrato alostérico funciona como efector positivo. En tal caso, la presencia de una molécula de sustrato en un sitio de la enzima mejora las propiedades catalíticas de los otros sitios de unión del sustrato. Esto es, sus sitios de unión cooperan entre sí para la unión del sustrato y se dice que presentan **cooperatividad**. Estas enzimas muestran una curva sigmoidea cuando v_O se grafica contra la concentración de sustrato, como se muestra en la figura 6-16. Esto contrasta con la curva hiperbólica característica de las enzimas que siguen la cinética de Michaelis-Menten, como se discutió antes. (Nota: el concepto de la cooperatividad de la unión del sustrato es análogo a la unión del oxígeno a la hemoglobina [*véase* cap. 4]).

2. **Efectores heterótropos:** cuando el efector es una molécula diferente del sustrato, se dice que el efecto es heterótropo. Por ejemplo, considere la inhibición por retroalimentación (*feedback* o retroinhibición) que se muestra en la figura 6-17. La enzima que convierte D a E tiene un sitio alostérico donde se une el producto final, G. Si la concentración de G aumenta (p. ej., porque no se usa tan rápido como se sintetiza), es común que se inhiba el primer paso irreversible único para esa vía metabólica. La inhibición por retroalimentación le proporciona a la célula cantidades apropiadas de un producto que necesita por medio de la regulación del flujo de moléculas de sustrato a través de la vía que sintetiza ese producto. Los efectores heterótropos son comunes. Por ejemplo, la enzima glucolítica fosfofructocinasa-1 es inhibida en forma alostérica por el citrato, que no es un sustrato para la enzima.

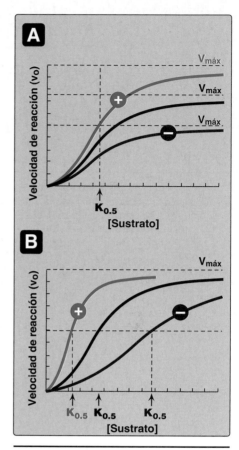

Figura 6-16
Efectos de los efectores negativos o positivos sobre una enzima alostérica. **A)** Se altera la velocidad máxima ($V_{máx}$). **B)** Se altera la concentración de sustrato que proporciona la mitad de la velocidad máxima ($K_{0.5}$).

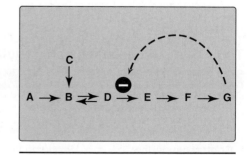

Figura 6-17
Inhibición por retroalimentación de una vía metabólica.

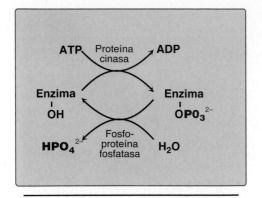

Figura 6-18
Modificación covalente por la adición y eliminación de grupos fosfato. (Nota: HPO_4^{2-} puede representarse como P_i y PO_3^{2-} como P.) ADP, difosfato de adenosina.

B. Modificación covalente

La modificación covalente regula muchas enzimas, casi siempre por la adición o eliminación de grupos fosfato de residuos específicos de serina, treonina o tirosina de la enzima. La fosforilación proteica se reconoce como una de las maneras principales en las cuales se regulan los procesos celulares.

1. **Fosforilación y desfosforilación:** las reacciones de fosforilación son catalizadas por una familia de enzimas llamadas proteína **cinasas**, que catalizan la adición de un grupo fosfato a su proteína o sustrato enzimático, con el ATP como donador de fosfato. Las proteínas fosfatasas son enzimas que escinden grupos fosfato en las proteínas fosforiladas (fig. 6-18).

2. **Respuesta enzimática a la fosforilación:** según la enzima específica, la forma fosforilada puede ser más o menos activa que la enzima sin fosforilar. Por ejemplo, la fosforilación mediada por hormonas de la glucógeno fosforilasa, una enzima que degrada el glucógeno, incrementa la actividad, mientras que la fosforilación de la glucógeno sintasa, una enzima que sintetiza glucógeno, disminuye la actividad (*véase* cap. 12).

C. Síntesis de enzimas

Los mecanismos reguladores descritos en párrafos anteriores modifican la actividad de las moléculas enzimáticas existentes. No obstante, las células también pueden regular la cantidad de enzima presente al alterar la velocidad de degradación de la enzima o, de manera más común, la velocidad de síntesis de enzimas. El incremento (inducción) o la reducción (represión) de la síntesis de enzimas conduce a una alteración en la población total de sitios activos. Las enzimas sujetas a la regulación de la síntesis con frecuencia son aquellas que se requieren solo en una etapa del desarrollo o bajo condiciones fisiológicas selectas. Por ejemplo, los niveles elevados de insulina como resultado de las altas concentraciones de glucosa en sangre causan un aumento en la síntesis de enzimas clave implicadas en el metabolismo de glucosa (*véase* cap. 24).

En contraste, las enzimas que están en uso constante por lo general no son reguladas mediante la alteración de la velocidad de la síntesis enzimática. Las alteraciones en los niveles enzimáticos derivadas de la inducción o la represión de la síntesis proteica son lentas (horas a días), comparadas con cambios regulados de manera alostérica o covalente en la actividad enzimática, los cuales ocurren en segundos a minutos. La tabla 6-1 resume las formas comunes de regulación de actividad enzimática.

Tabla 6-1: Mecanismos para regular la actividad enzimática

EVENTO REGULADOR	EFECTOR TÍPICO	RESULTADOS	TIEMPO REQUERIDO PARA EL CAMBIO
Disponibilidad del sustrato	Sustrato	Cambio en velocidad (v_o)	Inmediato
Inhibición por producto	Producto de la reacción	Cambio en $V_{máx}$ o K_m	Inmediato
Control alostérico	Producto final de la vía metabólica	Cambio en $V_{máx}$ o $K_{0.5}$	Inmediato
Modificación covalente	Otra enzima	Cambio en $V_{máx}$ o K_m	Inmediato a minutos
Síntesis o degradación de la enzima	Hormona o metabolito	Cambio en la cantidad de enzima	Horas a días

Nota: la inhibición por el producto final de la vía metabólica también se denomina inhibición por retroalimentación.

IX. LAS ENZIMAS EN LA SANGRE HUMANA

Aunque la mayoría de las enzimas tienen localización intracelular, algunas pueden encontrarse fuera de las células en líquidos biológicos, incluido el plasma sanguíneo, la parte líquida de la sangre. Las enzimas que aparecen en el plasma de personas sanas pueden clasificarse en dos grupos principales. Primero, cierto tipo de células secreta de manera activa un grupo pequeño relativo de enzimas hacia la sangre. Por ejemplo, el hígado secreta zimógenos (precursores inactivos) de las enzimas proteasas implicadas en la coagulación sanguínea. Tales proteasas pueden activarse y tener una función enzimática en la sangre. Segundo, las enzimas se liberan de las células durante el recambio celular normal. Estas enzimas casi siempre funcionan solo de manera intracelular y no tienen la capacidad de catalizar reacciones en el plasma. En individuos sanos, los niveles de estas enzimas son bastante constantes y representan un estado estable en el cual la velocidad de liberación de estas enzimas desde las células dañadas hacia el plasma es balanceado por una velocidad igual de eliminación del plasma. Un incremento en los niveles plasmáticos de algunas enzimas puede indicar daño tisular y una muerte celular mayor que aquella del recambio normal (fig. 6-19).

> El plasma sanguíneo es la parte líquida no celular de la sangre. Las pruebas de laboratorio para determinar actividad enzimática casi siempre usan suero, que es el líquido obtenido por centrifugación de la sangre entera después de permitir su coagulación. El plasma es un líquido fisiológico, mientras que el suero es un líquido preparado en el laboratorio a partir de una muestra de la sangre entera de un paciente.

A. Niveles enzimáticos en plasma en estados patológicos

Muchas enfermedades pueden causar daño en diversos tejidos, incluyendo la ruptura de membranas plasmáticas y la lisis de células que integran dicho tejido. Como resultado, las células dañadas liberan su contenido hacia los líquidos biológicos incluido el plasma, ésto provoca un aumento en la concentración de enzimas en el mismo. Estas enzimas suelen ser aquellas con actividad intracelular, así que no pueden catalizar reacciones cuando están fuera de su ubicación

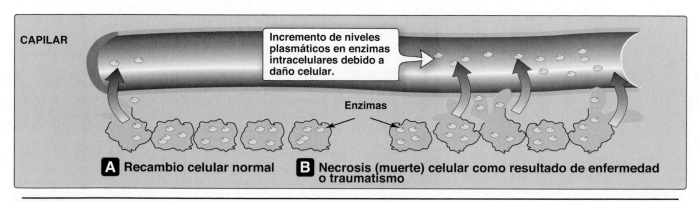

Figura 6-19
Liberación de enzimas de células normales (**A**) y enfermas o traumatizadas (**B**).

Tabla 6-2: Algunas enzimas útiles en la clínica

Enzima	Abreviatura	Fuente(s) principal(es) de tejido	Útil para evaluar
Alanina aminotransferasa	ALT	Hígado	Daño o enfermedad hepática
Fosfatasa alcalina	ALP	Hígado, hueso	Enfermedades hepáticas y óseas
Amilasa	Amilasa	Páncreas	Enfermedades pancreáticas
Aspartato aminotransferasa	AST	Hígado, músculo	Enfermedades hepáticas y musculares
Creatina cinasa	CK	Músculo	Daño o enfermedad muscular
Gamma glutamil transferasa	GGT	Hígado, conducto biliar	Enfermedad hepatobiliar (ictericia obstructiva)
Lipasa	Lipasa	Páncreas	Enfermedades pancreáticas
Lactato deshidrogenasa	LDH	Eritrocitos, hígado, la mayoría de las células musculares	Marcador general de muerte celular; en particular en hemólisis, enfermedades hepáticas o musculares
5' nucleotidasa	5'NT	Hígado	Enfermedad hepatobiliar (ictericia obstructiva)

La aparición de estas enzimas en la sangre puede indicar daños en las células del tejido donde la enzima suele funcionar.

celular normal. Sin embargo, se puede realizar su cuantificación de manera rutinaria en análisis de sangre de pacientes, de esta manera si la concentración de una enzima característicamente intracelular se eleva en plasma puede indicar una posible lesión en células o tejidos específicos. El nivel de actividad de enzimas específicas en el plasma con frecuencia se correlaciona con el alcance del daño tisular. En consecuencia, determinar el grado de elevación de la actividad de una enzima particular en el plasma con frecuencia resulta útil en la evaluación del grado de daño tisular, la respuesta al tratamiento y el pronóstico para el paciente.

B. Enzimas plasmáticas como herramientas de diagnóstico

Algunas enzimas muestran actividad relativamente alta en solo uno o en unos cuantos tejidos (Tabla 6-2). Por lo tanto, la presencia de niveles elevados de estas enzimas en el plasma refleja el daño al tejido correspondiente. Por ejemplo, la enzima alanina aminotransferasa (ALT) es una de las muchas enzimas que abundan en el hígado. La presencia de niveles elevados de ALT en plasma señala posible daño en tejido hepático. La medición de ALT liberada en la sangre del paciente por las células moribundas es parte del panel de prueba de función hepática. Los aumentos en los niveles plasmáticos de enzimas con alta distribución tisular proporcionan una indicación menos específica del sitio del daño celular y limita su valor diagnóstico.

C. Isoenzimas

Las isoenzimas son variaciones de una enzima particular que catalizan la misma reacción pero tienen propiedades físicas algo distintas debido a diferencias genéticas en la secuencia de aminoácidos. Por esta razón, las isoenzimas pueden contener diferentes números de aminoácidos cargados, lo cual les permite separarse unas de otras por electroforesis (el movimiento de partículas cargadas en un campo eléctrico) (fig. 6-20).

Es común que los distintos órganos contengan proporciones características de diferentes isoenzimas. La LDH se encuentra en una concentración alta relativa en la mayoría de los tejidos; existen cinco formas isoenzimáticas de LDH, LDH 1–5, con LDH5 como predominante en el hígado y el músculo esquelético, LDH2 en los eritrocitos y LDH1 en el músculo cardiaco, por ejemplo. El patrón de isoenzimas hallado en el plasma puede, por lo tanto, servir como medio para identificar el sitio del daño tisular. Los niveles plasmáticos de distintas formas isoenzimáticas de LDH y creatina cinasa (CK) varían en función del estado de algunas enfermedades.

1. **Estructura cuaternaria de isoenzimas:** las isoenzimas de una determinada enzima a menudo contienen diferentes subunidades en diversas combinaciones. Por ejemplo, LDH se presenta como cinco isoenzimas y cada una existe como un tetrámero, que contiene cuatro subunidades (combinaciones de subunidades denominadas H y M por corazón y músculo esquelético respectivamente, sitios donde se descubrieron por primera vez) de manera que LDH1 (H_4) LDH2 (H3M) LDH3 (H2M2) LDH4 (H1M3) y LDH5 (M4). La CK se presenta como tres isoenzimas. Cada isoenzima de CK es un dímero compuesto de dos polipéptidos (llamados subunidades B y M) asociados en una de tres combinaciones: CK1 = BB, CK2 = MB y CK3 = MM. Cada isoenzima CK muestra una movilidad electroforética característica (*véase* fig. 6-20). (Nota: virtualmente toda la CK en el cerebro es de la isoforma BB, mientras que la MM se encuentra en el músculo esquelético. En el músculo cardiaco, la mayoría de la CK es MM, pero la presencia de CK MB es única del miocardio.)

2. **Uso histórico en el diagnóstico de infarto de miocardio:** la medición de las concentraciones sanguíneas de isoenzimas con especificidad cardiaca (biomarcadores) tuvo un uso importante en el diagnóstico de IM antes de la aparición de las pruebas de proteínas cardiacas conocidas como troponinas (*véase* más adelante). Debido a que el músculo de miocardio es el único tejido que contiene > 5% de la actividad total de CK como la isoenzima CK MB (CK2), su presencia en el plasma es virtualmente específica para daño al músculo del miocardio y se observa tras un infarto de miocardio (IM o ataque cardiaco). Después de un IM agudo, la CK MB aparece en el plasma del paciente dentro de las 4 a 8 horas siguientes al inicio del dolor en tórax, alcanza un pico de actividad a las ~24 horas, y regresa a la basal después de 48 a 72 horas (fig. 6-21).

Aplicación clínica 6-1: Uso diagnóstico de las troponinas

Las troponinas T (TnT) e I (TnI) son proteínas reguladoras implicadas en la contractilidad del músculo. Las isoformas cardiacas (cTn) de las troponinas se liberan en el plasma como respuesta al daño cardiaco, y hay una indicación muy sensible y específica de daño en el tejido cardiaco. Las cTn aparecen en el plasma dentro de las 4 a 6 horas siguientes al IM, alcanzan el máximo en 24 a 36 horas y permanecen elevadas por 3 a 10 días. Las cTn elevadas, en combinación con la presentación clínica y los cambios característicos en el ECG, se consideran en la actualidad el "estándar de oro" en el diagnóstico de un IM. Si bien las características de aparición de la cTN en el plasma después de un IM agudo son similares a las de CK MB, el cambio desde los valores basales hasta los máximos es mucho mayor para la cTN (*véase* fig. 6-21).

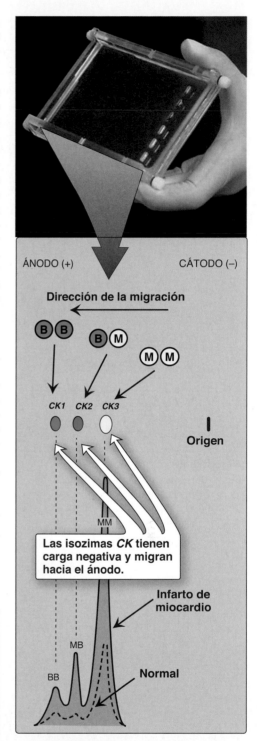

Figura 6-20
Composición de subunidades, movilidad electroforética y actividad enzimática de las isoenzimas de creatina cinasa (CK).

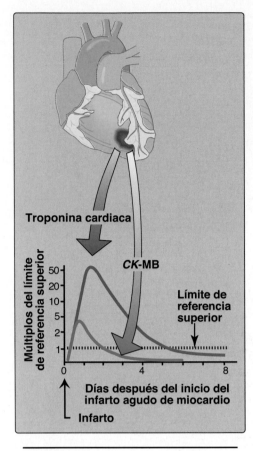

Figura 6-21
Aparición en el plasma de CK-MB,
la isozima de creatina cinasa, y de
troponina cardiaca tras un infarto de
miocardio. (Nota: pueden medirse la
troponina cardiaca T o la I.)

X. RESUMEN DEL CAPÍTULO

- Las enzimas son **catalizadores proteicos** que incrementan la velocidad de una reacción química al proporcionar una vía de reacción alternativa con una energía de activación menor (fig. 6-22).

- Las enzimas contienen una hendidura especial llamada **sitio activo**, el cual se une al sustrato y forma un **complejo enzima-sustrato (ES)**, con conversión al producto (ES → EP → E + P).

- La mayoría de las enzimas presenta la **cinética de Michaelis-Menten**, y la gráfica de la **velocidad inicial de reacción** (v_O) contra la **concentración de sustrato ([S])** tiene una forma **hiperbólica; las enzimas alostéricas** muestran una curva **sigmoidea**.

- La gráfica de **Lineweaver-Burk** o de doble reciprocidad de $1/v$ y $1/[S]$ transforma la curva de forma hiperbólica a una línea recta y permite una determinación más fácil de $V_{máx}$ (velocidad máxima) y K_m (la constante de Michaelis, que refleja la afinidad por el sustrato).

- Un **inhibidor** es cualquier sustancia que pueda reducir o bloquear la velocidad de una reacción catalizada por enzimas.

- Los dos tipos más comunes de inhibición son **competitiva**, que **aumenta** la K_m **aparente**, y **no competitiva**, que **reduce la $V_{máx}$ aparente**.

- Las **enzimas alostéricas** están compuestas por subunidades y están reguladas por moléculas llamadas **efectores** que se unen de modo no covalente en un sitio distinto al sitio activo.

- Los efectores alostéricos **positivos** incrementan la actividad enzimática, y los efectores **negativos** reducen la actividad enzimática.

- Las enzimas también pueden regularse por **modificación covalente** casi siempre a través de la fosforilación catalizada por las proteínas cinasas, o la eliminación de grupos fosfato (desfosforilación) catalizada por las proteínas fosfatasas.

- La regulación también se puede dar por cambios en la velocidad de síntesis o degradación enzimática.

- Debido a que la mayoría de las enzimas funciona de forma intracelular, su aparición en el plasma puede indicar daños en un tejido correspondiente, lo que da a las enzimas un valor diagnóstico en medicina.

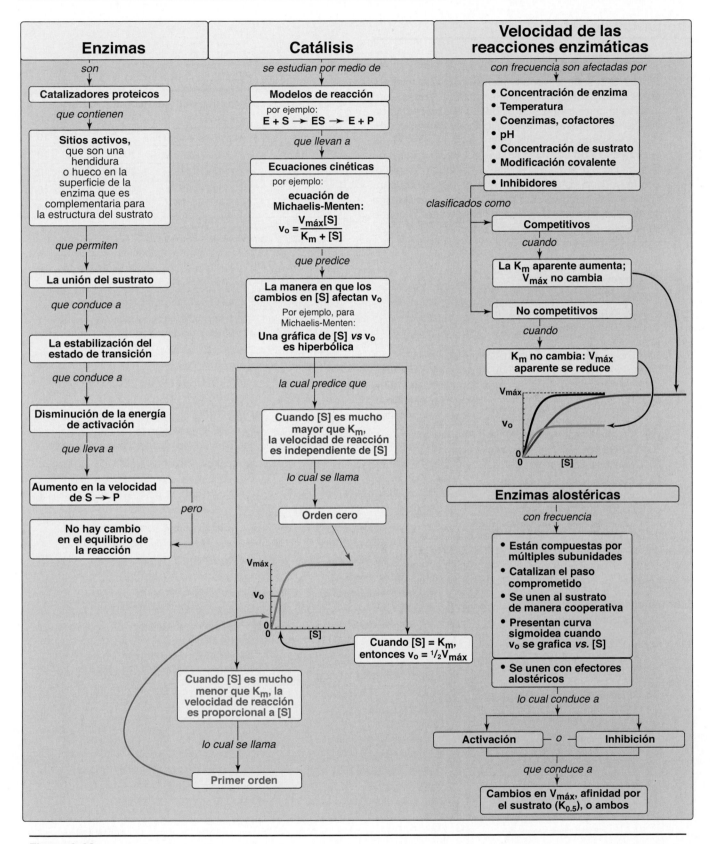

Figura 6-22

Mapa conceptual para las enzimas. S, sustrato; [S], concentración del sustrato; P, producto; E, enzima; v_o, velocidad inicial; $V_{máx}$, velocidad máxima; K_m, constante de Michaelis; $K_{0.5}$, concentración del sustrato que da la mitad de la velocidad máxima.

Preguntas de estudio

Elija la RESPUESTA correcta.

6.1 En los casos de envenenamiento con etilenglicol y su acidosis metabólica característica, el tratamiento implica la corrección de la acidosis, la eliminación de cualquier remanente de etilenglicol y la administración de un inhibidor de alcohol deshidrogenasa (ADH), la enzima que oxida el etilenglicol a los ácidos orgánicos que causan la acidosis. El etanol (alcohol de grano) con frecuencia es el inhibidor que se administra para tratar el envenenamiento con etilenglicol. A la derecha se muestran los resultados de los experimentos donde se emplea ADH con y sin etanol. Con base en estos datos, ¿qué tipo de inhibición produce el etanol?

A. Competitiva.

B. Por retroalimentación.

C. Irreversible.

D. No competitiva.

Concentración de sustrato con etanol (Mm)	Velocidad de reacción (mol/L/s)	Concentración del sustrato sin etanol	Velocidad de reacción (mol/L/s)
5	3.0×10^{-7}	5	8.0×10^{-7}
10	5.0×10^{-7}	10	1.2×10^{-6}
20	1.0×10^{-6}	20	1.8×10^{-6}
40	1.6×10^{-6}	40	1.9×10^{-6}
80	2.0×10^{-6}	80	2.0×10^{-6}

Respuesta correcta = A. Un inhibidor competitivo aumenta la K_m aparente para un sustrato dado. Esto significa que, en presencia de un inhibidor competitivo, se necesita más sustrato para lograr la mitad de la $V_{máx}$. El efecto de un inhibidor competitivo se revierte al aumentar la concentración de sustrato ([S]). Con una [S] lo bastante alta, la velocidad de reacción alcanza la $V_{máx}$ observada en ausencia del inhibidor.

6.2 La alcohol deshidrogenasa (ADH) requiere nicotinamida adenina dinucleótido (NAD$^+$) oxidada para tener actividad catalítica. En la reacción catalizada por ADH, se oxida un alcohol para dar un aldehído cuando el NAD$^+$ se reduce a NADH y se disocia de la enzima. El NAD$^+$ funciona como un/una:

A. Apoenzima.

B. Coenzima-cosustrato.

C. Coenzima-grupo prostético.

D. Cofactor.

E. Efector heterotrópico.

Respuesta correcta = B. Las coenzimas cosustratos son moléculas orgánicas pequeñas que se asocian de manera transitoria con una enzima y dejan a la enzima ya cargada. Los grupos prostéticos de las coenzimas son pequeñas moléculas orgánicas que se asocian de manera permanente con una enzima y se devuelven a su forma original sobre la enzima. Los cofactores son iones metálicos. Los efectores heterotrópicos no son sustratos.

Para las preguntas 6.3 y 6.4, use la gráfica que aparece a continuación, que muestra los cambios en energía libre cuando un reactivo se convierte en un producto en presencia y ausencia de una enzima. Seleccione la letra que mejor la representa:

6.3 La energía de activación de la reacción catalizada en sentido positivo.

6.4 Energía libre de reacción.

Respuestas correctas = B; D. Las enzimas (catalizadores proteicos) proporcionan una vía de reacción alternativa con una menor energía de activación. No obstante, no cambian la energía libre del reactivo o el producto. A es la energía de activación de la reacción sin catalizar. C es la energía de activación de la reacción inversa catalizada.

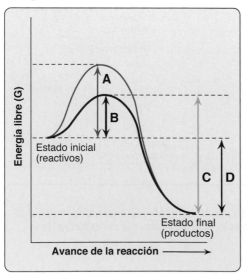

6.5 Si un inhibidor no competitivo se incluye en la reacción de una enzima con su sustrato, entonces:

A. La adición de concentraciones suficientes de sustrato superará la inhibición.

B. K_m disminuirá debido a la reducción de la afinidad enzima-sustrato.

C. Inhibidor y sustrato se unirán a sitios diferentes de la enzima.

D. La curva al trazar la velocidad *versus* [sustrato] se convertirá en sigmoidea.

E. $V_{máx}$ permanecerá igual que para la reacción no inhibida.

Respuesta correcta = C. Los inhibidores no competitivos no se unen al sitio activo de la enzima sino a otros sitios de unión en esta. Los sustratos se unen a los sitios activos de la enzima. Como la unión es a un sitio diferente, la adición de sustrato no superará la inhibición. K_m permanecerá igual, ya que el sustrato continuará su unión al sitio activo, sin embargo será un complejo inactivo cuando también se una un inhibidor no competitivo. Para las enzimas que siguen la cinética de Michaelis-Menten, la curva de forma hiperbólica se desplazará a una $V_{máx}$ inferior en presencia de un inhibidor no competitivo.

6.6 En una reacción catalizada por una enzima, la proteína Q es el sustrato de la enzima X, una cinasa. El producto de esta reacción será:

A. ATP.

B. Enzima X desfosforilada.

C. Enzima X fosforilada.

D. Proteína Q desfosforilada.

E. Proteína Q fosforilada.

Respuesta correcta = E. El sustrato de una cinasa se convertirá en su forma fosforilada como resultado de la reacción. El ATP se utiliza como donante de fosfato y se hidrolizará a ADP en el curso de la reacción. La enzima cinasa en sí no se verá alterada por la reacción.

6.7 Las sulfamidas pueden ser eficaces para limitar las infecciones bacterianas en humanos sin producir efectos tóxicos en las células humanas. Para explicar estas características, lo más probable es que las sulfamidas actúen como un:

A. Efector alostérico que aumenta la acción catalítica de una enzima bacteriana.

B. Antimetabolito que interrumpe la replicación en todos los tipos de células en división.

C. Inhibidor competitivo de una enzima requerida por las bacterias pero no por células humanas.

D. Inhibidor no competitivo de varios pasos reguladores de la glucólisis.

E. Efector alostérico positivo de una enzima en la síntesis de la pared celular bacteriana.

Respuesta correcta = C. Al actuar como un inhibidor competitivo de una enzima que solo necesitan las bacterias, las sulfamidas y otros antibióticos pueden detener el crecimiento bacteriano sin dañar las células humanas. Los agentes como los antimetabolitos, que interrumpen todas las células en división, dañarían las células humanas del huésped además de las bacterias. La mayoría de los fármacos que actúan como inhibidores enzimáticos es competitiva y se diseña para parecerse al sustrato desde el punto de vista estructural, de forma que pueda unirse al sitio activo. Tanto las células humanas como bacterianas realizan la glucólisis. Los efectores alostéricos que aumentan la función catalítica de una enzima son efectores positivos. Los efectores alostéricos positivos aumentan la actividad enzimática y no la inhiben.

Bioenergética y fosforilación oxidativa

7

I. GENERALIDADES

La bioenergética describe la transferencia y utilización de energía en los sistemas biológicos y se ocupa de los estados de energía inicial y final de los componentes de la reacción. La bioenergética utiliza unas cuantas ideas básicas del campo de la termodinámica, en particular el concepto de la energía libre. Dado que los cambios en energía libre proporcionan una medida de la factibilidad energética de una reacción química, estos permiten predecir si un proceso o reacción puede ocurrir o no. En resumen, la bioenergética predice si un proceso es posible, mientras que la cinética mide la velocidad de reacción.

II. ENERGÍA LIBRE

La dirección y el alcance de una reacción química están determinados por el grado de cambio de dos factores durante la reacción. Estos son la entalpía (ΔH, una medida del cambio [Δ] en el contenido de calor de los reactivos y productos) y la entropía (ΔS, una medida del cambio en la aleatoriedad o el desorden de los reactivos y productos), como se muestra en la figura 7-1. Ninguna de estas cantidades termodinámicas por sí misma es suficiente para determinar si una reacción química procederá de manera espontánea en la dirección en que está escrita. No obstante, cuando se combinan de forma matemática (*véase* fig. 7-1), entalpía y entropía pueden usarse para definir una tercera cantidad, la energía libre (G), que predice la dirección en la cual procederá de modo espontáneo una reacción.

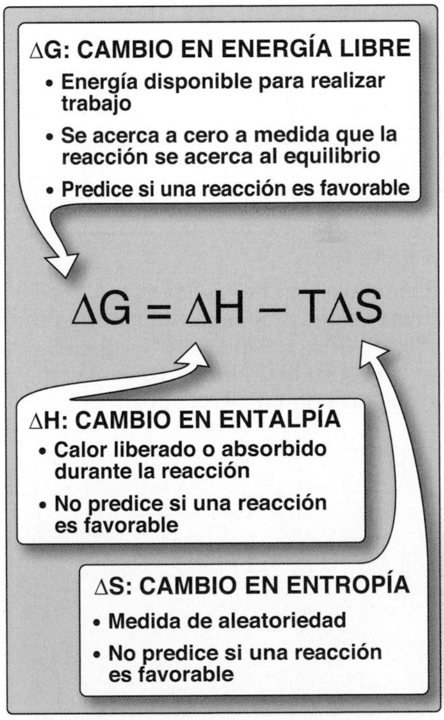

III. CAMBIO DE ENERGÍA LIBRE

El **cambio en la energía libre** se representa de dos maneras: ΔG y ΔG^0. La primera, ΔG (sin el superíndice "0"), representa el cambio en energía libre y, en consecuencia, la dirección de una reacción a cualquier concentración específica de productos y reactivos. Por lo tanto, ΔG es una variable. Esto contrasta con el cambio de energía libre estándar, ΔG^0 (con el superíndice "0"), que es el cambio de energía cuando los reactivos y productos

ΔG: CAMBIO EN ENERGÍA LIBRE

- **Energía disponible para realizar trabajo**
- **Se acerca a cero a medida que la reacción se acerca al equilibrio**
- **Predice si una reacción es favorable**

$$\Delta G = \Delta H - T\Delta S$$

ΔH: CAMBIO EN ENTALPÍA

- **Calor liberado o absorbido durante la reacción**
- **No predice si una reacción es favorable**

ΔS: CAMBIO EN ENTROPÍA

- **Medida de aleatoriedad**
- **No predice si una reacción es favorable**

Figura 7-1
Relación entre los cambios en energía libre (G), entalpía (H) y entropía (S). T es la temperatura absoluta en grados Kelvin (K), donde K = °C + 273.

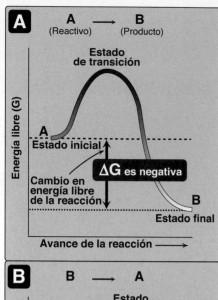

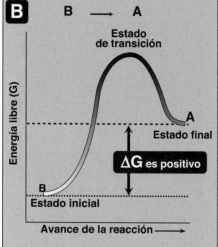

Figura 7-2
Cambio en la energía libre (ΔG)
durante una reacción. **A)** El producto
tiene menor energía libre (G) que el
reactivo. **B)** El producto tiene mayor
energía libre que el reactivo.

se encuentran a una concentración de 1 mol/L. (Nota: la concentración de protones [H^+] se considera de 10^{-7} mol/L [es decir, pH = 7]. Esto puede indicarse con un signo de prima ['], p. ej., $\Delta G^{0\prime}$.) Aunque ΔG^0, una constante, representa cambios de energía bajo estas concentraciones no fisiológicas de reactivos y productos, no deja de ser útil para comparar los cambios de energía de distintas reacciones. Más aún, ΔG^0 puede determinarse con gran facilidad a partir de la medición de la constante de equilibrio.

A. ΔG y la dirección de la reacción

El signo de ΔG puede usarse para predecir la dirección de una reacción a temperatura y presión constantes. Considere la reacción:

$$A \rightleftarrows B$$

Si ΔG es negativa, la reacción se considera exergónica con una pérdida neta de energía. En este caso, la reacción se desarrolla de manera espontánea como está escrita, con A convertida en B (fig. 7-2A). Si ΔG es positiva, la reacción es endergónica con una ganancia neta de energía. Es necesario añadir energía al sistema para que la reacción de B a A se lleve a cabo (fig. 7-2B). En los casos donde ΔG = 0, la reacción se encuentra en equilibrio. Nótese que cuando una reacción procede de manera espontánea (ΔG es negativa), la reacción continúa hasta que ΔG alcanza cero y se establece el equilibrio.

B. ΔG de las reacciones de avance y retroceso

La energía libre de la reacción de avance (A → B) tiene la misma magnitud pero el signo opuesto comparada con la reacción de retroceso (B → A). Por ejemplo, si el ΔG de la reacción de avance es –5 kcal/mol, entonces la de la reacción de retroceso es +5 kcal/mol. (Nota: ΔG también puede expresarse en kilojoules por mol o kJ/mol [1 kcal = 4.2 kJ].)

C. ΔG y concentraciones de reactivos y productos

El ΔG de la reacción A → B depende de la concentración del reactivo y del producto. A temperatura y presión constantes, es posible derivar la siguiente relación:

$$\Delta G = \Delta G^0 + RT \ln \frac{[B]}{[A]}$$

donde ΔG^0 es el cambio estándar de energía libre (véase D más adelante)

R es la constante de los gases (1.987 cal/mol K)
T es la temperatura absoluta (K)
[A] y [B] son las concentraciones reales del reactivo y el producto
ln representa el logaritmo natural.

Una reacción con un ΔG^0 positivo puede proceder en la dirección de avance si la proporción entre productos y reactivos ([B]/[A]) es lo bastante pequeña (esto es, la proporción de reactantes respecto a productos es grande) para hacer que ΔG sea negativo. Por ejemplo, considere la reacción:

$$\text{Glucosa 6-fosfato} \rightleftarrows \text{fructosa 6-fosfato}$$

La figura 7-3A muestra las condiciones de reacción en las cuales la concentración del reactivo, glucosa 6-fosfato, es elevada en comparación con la concentración del producto, fructosa 6-fosfato. Esto significa que la proporción del producto respecto al reactivo es pequeña, y RT ln([fructosa 6-fosfato]/[glucosa 6-fosfato]) es grande y negativa, lo cual hace que ΔG sea negativo a pesar de que ΔG^0 sea positivo. En consecuencia, la reacción puede proceder en dirección de avance.

D. Cambio de energía libre estándar

El cambio de energía libre estándar, ΔG^0, es igual al cambio de energía libre, ΔG, bajo condiciones estándar, cuando los reactivos y productos se encuentran en concentraciones de 1 mol/L (fig. 7-3B). Bajo estas condiciones, el logaritmo natural de la proporción de productos respecto a reactivos es cero (ln 1 = 0) y, por lo tanto, la ecuación que aparece al final de la página anterior se convierte en:

$$\Delta G = \Delta G^0 + 0$$

1. **ΔG^0 y dirección de la reacción:** bajo condiciones estándar, ΔG^0 puede usarse para predecir la dirección en que procede una reacción porque, bajo estas condiciones, ΔG^0 es igual a ΔG. No obstante, ΔG^0 no puede predecir la dirección de una reacción bajo condiciones fisiológicas porque está compuesta solo de constantes (R, T y K_{eq}) [*véase* inciso 2 a continuación]) y no se altera, por ende, con los cambios en las concentraciones del producto o sustrato.

2. **Relaciones entre ΔG^0 y K_{eq}:** en una reacción A $\rightleftarrows$ B, se alcanza un punto de equilibrio en el cual no tiene lugar ningún otro cambio químico neto. En este estado, la relación de [B] respecto a [A] es constante, sin importar la concentración real de los dos compuestos:

$$K_{eq} = \frac{[B]_{eq}}{[A]_{eq}}$$

donde K_{eq} es la constante de equilibrio y $[A]_{eq}$ y $[B]_{eq}$ son las concentraciones de A y B en el equilibrio. Si se permite que la reacción A $\rightleftarrows$ B llegue al equilibrio a temperatura y presión constantes, entonces, en el equilibrio, el ΔG total es cero (fig. 7-3C). En consecuencia,

$$\Delta G = 0 = \Delta G^0 + RT \ln \frac{[B]_{eq}}{[A]_{eq}}$$

donde las concentraciones reales de A y B son iguales a las concentraciones en el equilibrio de reactivo y producto ($[A]_{eq}$ y $[B]_{eq}$), y su relación es igual a la K_{eq}. Por lo tanto,

$$\Delta G^0 = -RT \ln K_{eq}$$

Esta ecuación permite algunas predicciones simples:

Si K_{eq} = 1, entonces ΔG^0 = 0
Si K_{eq} > 1, entonces ΔG^0 < 0
Si K_{eq} < 1, entonces ΔG^0 > 0

3. **ΔG^0 de dos reacciones consecutivas:** los ΔG^0 son aditivos en cualquier secuencia de reacciones consecutivas, lo mismo que los ΔG. Por ejemplo:

Glucosa + ATP	→ glucosa 6-fosfato + difosfato de adenosina (ADP)	ΔG^0 = −4 000 cal/mol
Glucosa 6-fosfato	→ fructosa 6-fosfato	ΔG^0 = +400 cal/mol
Glucosa + ATP	→ fructosa 6-fosfato + ADP	ΔG^0 = −3 600 cal/mol

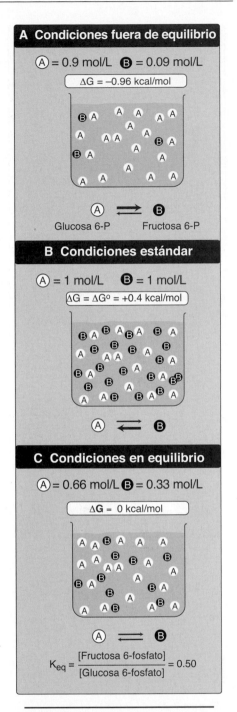

A Condiciones fuera de equilibrio

Ⓐ = 0.9 mol/L   Ⓑ = 0.09 mol/L

ΔG = −0.96 kcal/mol

Ⓐ $\rightleftarrows$ Ⓑ
Glucosa 6-P   Fructosa 6-P

B Condiciones estándar

Ⓐ = 1 mol/L   Ⓑ = 1 mol/L

$\Delta G = \Delta G^0$ = +0.4 kcal/mol

Ⓐ $\rightleftarrows$ Ⓑ

C Condiciones en equilibrio

Ⓐ = 0.66 mol/L   Ⓑ = 0.33 mol/L

ΔG = 0 kcal/mol

Ⓐ $\rightleftarrows$ Ⓑ

$$K_{eq} = \frac{[\text{Fructosa 6-fosfato}]}{[\text{Glucosa 6-fosfato}]} = 0.50$$

Figura 7-3
El cambio de energía libre (ΔG) de una reacción depende de la concentración del reactivo y del producto. Para la conversión de glucosa 6-fosfato a fructosa 6-fosfato, el ΔG es negativo cuando la proporción del reactivo respecto al producto es grande (**panel A**, superior), es positiva bajo condiciones estándar (**panel B**, central) y es cero en el equilibrio (**panel C**, inferior). ΔG^0 = cambio de energía libre estándar.

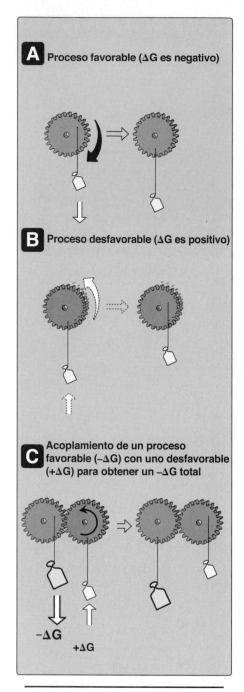

Figura 7-4

Modelo mecánico del acoplamiento de los procesos favorables y desfavorables. **A)** Un engrane unido a un peso gira de modo espontáneo en la dirección que logra el estado de menor energía. **B)** El movimiento inverso es energéticamente desfavorable (no espontáneo). **C)** El movimiento energéticamente favorable puede impulsar al desfavorable. ΔG = cambio en la energía libre.

4. **Los ΔG de una vía metabólica:** la propiedad aditiva del ΔG es muy importante en las vías bioquímicas a través de las cuales los sustratos deben pasar en una dirección particular (p. ej., A $\to$ B $\to$ C $\to$ D $\to$ ...). Mientras la suma de los ΔG de las reacciones individuales sea negativa, la vía puede proceder como está escrita, incluso si algunas de las reacciones individuales de dicha ruta tienen una ΔG positiva. Sin embargo, las velocidades reales de las reacciones dependen de la reducción de las energías de activación (E_a) mediante las enzimas que catalizan las reacciones.

IV. ATP: UN PORTADOR DE ENERGÍA

Las reacciones con un ΔG positivo elevado son posibles mediante el acoplamiento del movimiento endergónico de los iones con un segundo proceso espontáneo que posea un ΔG elevado negativo como la hidrólisis exergónica del ATP (véase p. 120). La figura 7-4 muestra un modelo mecánico del acoplamiento de energía. El ejemplo más simple de acoplamiento de la energía en las reacciones biológicas ocurre cuando las reacciones que requieren y producen energía comparten un intermediario común.

A. Intermediarios comunes

Dos reacciones químicas poseen un intermediario común cuando suceden de manera secuencial y el producto de la primera reacción es el sustrato de la segunda. Por ejemplo, dadas las reacciones

$$A + B \to C + D$$

$$D + X \to Y + Z$$

D es el intermediario común y puede servir como portador de energía química entre ambas reacciones. (Nota: el intermediario puede unirse a una enzima.) Muchas reacciones acopladas usan el ATP para generar un intermediario común. Estas reacciones pueden implicar la transferencia de un grupo fosfato de ATP a otra molécula. Otras reacciones implican la transferencia del fosfato desde un intermediario rico en energía al difosfato de adenosina (ADP), para formar ATP.

B. Energía transportada por ATP

El ATP está formado por una molécula de adenosina a la cual están unidos tres grupos fosfato (fig. 7-5). La eliminación de un fosfato produce ADP, y la eliminación de dos fosfatos produce monofosfato de adenosina (AMP). Para el ATP, el ΔG^0 de hidrólisis es de alrededor de -7.3 kcal/mol para cada uno de los dos grupos fosfato terminales. Debido a esta gran ΔG^0 negativa de la hidrólisis, el ATP se considera un compuesto fosfatado de alta energía. (Nota: los nucleótidos de adenina se interconvierten [2 ADP $\rightleftarrows$ ATP + AMP] por acción de la adenilato cinasa.)

 ## V. CADENA DE TRANSPORTE DE ELECTRONES

Las moléculas ricas en energía, como la glucosa, se metabolizan a través de una serie de reacciones de oxidación que al final generan dióxido de carbono y agua (H_2O) (fig. 7-6). Los intermediarios metabólicos de estas reacciones donan electrones a coenzimas específicas, nicotinamida adenina dinucleótido (NAD^+) y flavina adenina dinucleótido (FAD), para integrar las formas reducidas ricas en energía, NADH y flavina adenina dinucleótido ($FADH_2$). Estas coenzimas reducidas pueden, a su vez, donar cada una un par de electrones a un conjunto especializado de transportadores de electrones, que se llama en forma colectiva "cadena de transporte de electrones" (CTE), que se describe en esta sección. A medida que los electrones pasan a lo largo de la CTE, pierden gran parte de su energía libre. Esta energía se usa para mover H^+ a través de la membrana mitocondrial interna, lo cual crea un gradiente de H^+ que impulsa la producción de ATP a partir de ADP y fosfato inorgánico (P_i). El acoplamiento del transporte de electrones con la síntesis de ATP se llama fosforilación oxidativa, que a veces se denota como OXPHOS. Esta procede de modo continuo en todos los tejidos que contienen mitocondrias. Nótese que la energía libre que no se atrapa como ATP se usa para impulsar reacciones complementarias como el transporte de iones de calcio al interior de las mitocondrias o para generar calor.

A. Cadena de transporte de electrones en la mitocondria

La CTE (excepto por el citocromo c) se localiza en la membrana mitocondrial interna y es la vía común final a través de la cual los electrones derivados a partir de diferentes nutrientes del cuerpo fluyen hacia el oxígeno (O_2), y lo reducen para formar H_2O (*véase* fig. 7-6).

1. **Membranas mitocondriales:** la mitocondria tiene una membrana externa y una interna separadas por un espacio intermembranal. La membrana externa contiene canales especializados, formados por la proteína porina, que la hacen libremente permeable para la mayoría de los iones y las moléculas pequeñas. La membrana interna es una estructura especializada que es impermeable para la mayoría de los iones pequeños, incluidos los H^+, y moléculas pequeñas como ATP, ADP, piruvato y otros metabolitos importantes para la función mitocondrial (fig. 7-7). Se requieren proteínas de transporte para mover iones o moléculas a través de esta membrana. La membrana mitocondrial interna es inusualmente rica en proteínas, más de la mitad de las cuales están asociadas de forma directa en la fosforilación oxidativa. También contiene circunvoluciones, llamadas crestas, que incrementan en gran medida el área de superficie.

2. **Matriz mitocondrial:** la solución tipo gel del interior de las mitocondrias se denomina matriz y también es rica en proteínas. Estas incluyen las enzimas responsables para la oxidación de piruvato, aminoácidos y ácidos grasos (por β-oxidación), lo mismo que aquellas del ciclo de los ácidos tricarboxílicos (ATC). La síntesis de glucosa, urea y grupos hemo ocurre de modo parcial en la matriz de las mitocondrias. Además, la matriz contiene NAD^+ y FAD (las formas oxidadas de las dos coenzimas que se requieren como aceptores de electrones), y ADP y P_i, que se usan para producir ATP. (Nota: la matriz también contiene ácido desoxirribonucleico mitocondrial [ADNmt], ácido ribonucleico mitocondrial [ARNmt] y ribosomas.)

B. Organización

La membrana mitocondrial interna contiene cuatro complejos proteicos separados llamados Complejos I, II, III y IV que contienen, cada uno, parte de la CTE (fig. 7-8). Estos complejos aceptan o donan electrones al transportador de electrones relativamente móvil llamado coenzima

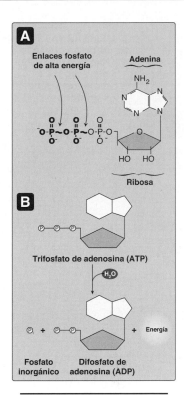

Figura 7-5

A) Trifosfato de adenosina (ATP). **B)** hidrólisis de ATP.

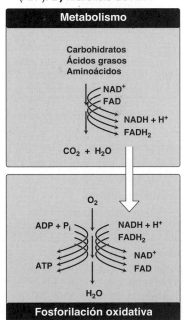

Figura 7-6

Degradación metabólica de las moléculas productoras de energía. NADH, nicotinamida adenina dinucleótido; $FADH_2$, dinucleótido de flavina y adenina; ADP, difosfato de adenosina; P_i, fosfato inorgánico; CO_2, dióxido de carbono.

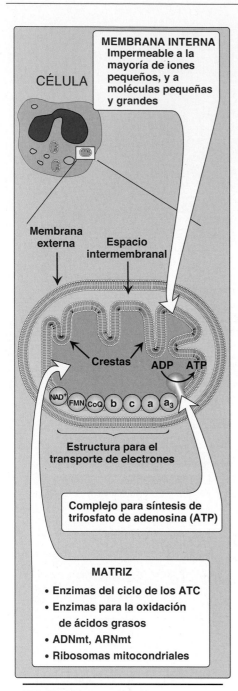

Figura 7-7
Estructura de una mitocondria que muestra la representación esquemática de la cadena de transporte de electrones y el complejo de síntesis de ATP en la membrana interna. (Nota: a diferencia de la membrana interna, la externa es altamente permeable, y el medio del espacio intermembranal es como el del citosol.) ADP, difosfato de adenosina; ARN, ácido ribonucleico; ATC, ácido tricarboxílico; mt, mitocondrial.

Q (CoQ) y **citocromo c**. Cada transportador en la CTE puede recibir electrones de un donador de ellos y donarlos de manera subsecuente al siguiente aceptor en la cadena. Los electrones, por último, se combinan con O_2 y H^+ para formar H_2O. Esta necesidad de O_2 convierte al proceso de transporte de electrones en la cadena respiratoria, que es responsable de la mayor parte del uso de O_2 en el organismo.

C. Reacciones

Con la excepción de la CoQ, que es una quinona liposoluble, todos los miembros de la CTE son proteínas. Estas pueden funcionar como enzimas, como es el caso de las deshidrogenasas que contienen flavina, pueden contener hierro como parte de un centro hierro-azufre (Fe–S), es posible que contengan hierro como parte de un grupo prostético de porfirina del hemo como en los citocromos, o pueden contener cobre (Cu) como el complejo del citocromo $a + a_3$.

1. **Formación de NADH:** NAD^+ se reduce a NADH por acción de las deshidrogenasas que remueven dos átomos de hidrógeno de su sustrato. (Nota: en la p. 147 encontrará ejemplos de estas reacciones, en el análisis de las deshidrogenasas del ciclo de los ATC.) Ambos electrones, pero solo un H^+ (esto es, un ion hidruro [$:H^-$]) se transfieren al NAD^+, para formar NADH más un H^+ libre.

2. **NADH deshidrogenasa:** el H^+ libre más el ion hidruro transportado por NADH se transfieren a la NADH deshidrogenasa, un complejo proteico (Complejo I) integrado en la membrana mitocondrial interna. El Complejo I cuenta con una molécula firmemente unida de flavín mononucleótido (FMN), una coenzima relacionada de manera estructural con FAD que acepta los dos átomos de hidrógeno (dos electrones + dos H^+), y se convierte en $FMNH_2$. NADH deshidrogenasa también contiene subunidades peptídicas con centros Fe–S (fig. 7-9). En el Complejo I, los electrones pasan de NADH a FMN y al hierro de los centros Fe–S y luego a la CoQ. A medida que fluyen los electrones, pierden energía. Esta energía se usa para bombear cuatro H^+ a través de su membrana mitocondrial, desde la matriz al espacio intermembranal.

3. **Succinato deshidrogenasa:** en el Complejo II, los electrones de la oxidación que convierte succinato a fumarato, catalizada por succinato deshidrogenasa, se mueven desde la coenzima, **$FADH_2$**, a una proteína Fe–S, y luego a la CoQ. (Nota: dado que no se pierde energía en este proceso, no se bombean H^+ en el Complejo II.)

4. **Coenzima Q:** la CoQ, también llamada ubiquinona, es un derivado de quinona con una cola isoprenoide larga e hidrófoba, hecha a partir de un intermediario de la síntesis de colesterol (*véase* cap. 19). La CoQ es un transportador móvil de electrones y puede aceptar electrones de la NADH deshidrogenasa (Complejo I), de la succinato deshidrogenasa (Complejo II) y de otras deshidrogenasas mitocondriales, como glicerol 3-fosfato deshidrogenasa y acil CoA deshidrogenasas. La CoQ transfiere electrones al Complejo III (citocromo bc_1). Por lo tanto, una función de la CoQ es enlazar las deshidrogenasas flavoproteicas con los citocromos.

5. **Citocromos:** los miembros restantes de la CTE son proteínas con citocromos. Cada una contiene un grupo hemo, que es un anillo de

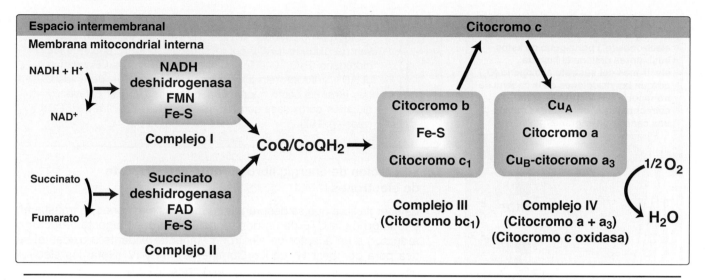

Figura 7-8

Cadena de transporte de electrones. El flujo de electrones se muestra con las *flechas color magenta*. CoQ, coenzima Q; Cu, cobre; FAD, flavina adenina dinucleótido; FeS, hierroazufre; FMN, flavín mononucleótido; NADH, nicotinamida adenina dinucleótido.

porfirina más hierro. A diferencia de los grupos hemo de la hemoglobina, el hierro del citocromo se convierte de modo reversible de su forma férrica (Fe^{3+}) a la ferrosa (Fe^{2+}) como parte normal de su función como aceptor y donador de electrones. Los electrones pasan a lo largo de la cadena del citocromo bc_1 (Complejo III), al citocromo c y luego a los citocromos a + a_3 ([Complejo IV], *véase* fig. 7-8). Al fluir los electrones, se bombean cuatro H^+ a través de la membrana mitocondrial interna en el Complejo III y dos en el Complejo IV. (Nota: el citocromo c se localiza en el espacio intermembranal, asociado de manera "débil" con la cara externa de la membrana interna. Como se observa con la CoQ, el citocromo c es un transportador móvil de electrones.)

6. **Citocromo a + a_3:** dado que este complejo de citocromos (Complejo IV) es el único transportador de electrones en el cual el hierro del hemo tiene un sitio de coordinación disponible que puede reaccionar de forma directa con el O_2, también se le llama citocromo c oxidasa. En el Complejo IV se reúnen los electrones transportados, el O_2 y los H^+ libres, y el O_2 se reduce a H_2O (*véase* fig. 7-8). (Nota: se requieren cuatro electrones para reducir una molécula de O_2 a dos moléculas de H_2O.) La citocromo c oxidasa contiene átomos de Cu que se requieren para que ocurra esta complicada reacción. Los electrones se mueven de Cu_A al citocromo a hacia el citocromo a_3 (en asociación con Cu_B) al O_2.

7. **Inhibidores específicos del sitio:** los inhibidores de sitios específicos en la CTE han sido identificados y se ilustran en la figura 7-10. Estos inhibidores respiratorios evitan el paso de electrones al unirse en un componente en la cadena y bloquear la reacción de óxidoreducción. Por lo tanto, todos los transportadores de electrones antes del bloqueo se reducen en su totalidad, mientras que los que se encuentran después del bloqueo se oxidan por completo. (Nota: la inhibición de la CTE impide la síntesis de ATP porque estos procesos están acoplados de forma estrecha.)

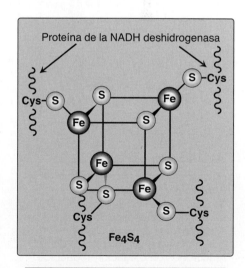

Figura 7-9

Centro hierro-azufre (Fe–S) del Complejo I. (Nota: los Complejos II y III también contienen centros Fe–S.) Cys, cisteína; NADH, nicotinamida adenina dinucleótido.

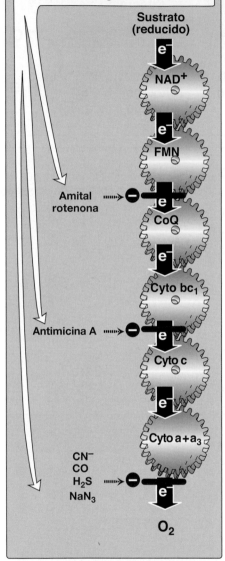

El bloqueo de la transferencia de electrones (e⁻) por alguno de estos inhibidores detiene el flujo de electrones del sustrato al oxígeno (O₂) porque las reacciones de la cadena de transporte de electrones están estrechamente entrelazadas como una cadena de engranes.

Sustrato (reducido)

NAD⁺

FMN

Amital rotenona

CoQ

Cyto bc₁

Antimicina A

Cyto c

Cyto a+a₃

CN⁻
CO
H₂S
NaN₃

O₂

Figura 7-10
Modelo mecánico que representa a los inhibidores específicos del sitio del transporte de electrones que muestra el acoplamiento de las reacciones de oxidación-reducción. (Nota: se ilustra la dirección normal del flujo de electrones.) CN⁻, cianuro; CO, monóxido de carbono; CoQ, coenzima Q; Cyto, citocromo; FMN, flavín mononucleótido; H₂S, sulfuro de hidrógeno; NAD⁺, nicotinamida adenina dinucleótido; NaN₃, azida de sodio.

La fuga de electrones de la CTE produce especies reactivas de oxígeno (ERO), como superóxido (O_2^-), peróxido de hidrógeno (H_2O_2) y radicales hidroxilo (OH^-). Las ERO dañan el ADN y las proteínas, y causan peroxidación de lípidos. Las enzimas como superóxido dismutasa (SOD), catalasa y glutatión peroxidasa son defensas celulares contra los ERO (*véase* p. 187).

D. Liberación de energía libre durante el transporte de electrones

La energía libre que se desprende cuando los electrones se transfieren a lo largo de la CTE de un donador de electrones (agente reductor o reductor) a un aceptor de electrones (agente oxidante u oxidante) se usa para bombear H^+ en los Complejos I, III y IV. (Nota: los electrones pueden transferirse como iones hidruro al NAD^+; como átomos de hidrógeno a FMN, CoQ y FAD; o como electrones a los citocromos.)

1. **Pares redox:** la oxidación (pérdida de electrones) de una sustancia siempre va acompañada por la reducción (ganancia de electrones) de una segunda. Por ejemplo, la figura 7-11 muestra la oxidación del NADH a NAD^+ por acción de la NADH deshidrogenasa en el Complejo I, acompañada por la reducción del FMN, el grupo prostético, a $FMNH_2$. Tales reacciones redox pueden escribirse como la suma de dos medias reacciones separadas, una de oxidación y otra de reducción (*véase* fig. 7-11). NAD^+ y NADH forman un par redox, lo mismo que FMN y $FMNH_2$. Los pares redox difieren en su tendencia a perder electrones. Esta tendencia es característica de cada redox particular y puede especificarse de manera cuantitativa por una constante, E_0 (el potencial de reducción estándar), con unidades en voltios.

2. **Potencial de reducción estándar:** el E_0 de los diversos pares redox puede ordenarse del E_0 más negativo al más positivo. Entre más negativo el E_0 del par redox, mayor es la tendencia del miembro reductor del par a perder electrones. Entre más positivo el E_0, mayor es la tendencia del miembro oxidante del par para aceptar electrones. En consecuencia, los electrones fluyen desde el par con el E_0 más negativo hacia aquel con el E_0 más positivo. Los valores de E_0 para algunos miembros de la CTE se muestran en la figura 7-12. (Nota: los componentes de la cadena están acomodados en orden de valores positivos crecientes de E_0.)

3. **Relación de ΔG^0 a ΔE_0:** el ΔG^0 está relacionada de forma directa con la magnitud del cambio en E_0:

$$\Delta G^0 = -nF\,\Delta E_{0'}$$

   donde   n = número de electrones transferidos (1 por un citocromo, 2 por el NADH, $FADH_2$ y CoQ)
   F = constante de Faraday (23.1 kcal/volt mol)
   $\Delta E_0 = E_0$ del par aceptor de electrones menos el E_0 del par donador de electrones
   ΔG^0 = cambio en la energía libre estándar

4. **ΔG^0 del ATP:** la ΔG^0 para la fosforilación del ADP en ATP es de + 7.3 kcal/mol. El transporte de un par de electrones del NADH al O_2 a través de la CTE libera 52.6 kcal. Por lo tanto, hay energía más que suficiente para producir tres moléculas de ATP de tres

moléculas de ADP y tres P_i ($3 \times 7.3 = 21.9$ kcal/mol), en ocasiones expresado como una relación de P/O (ATP formado por átomo de O reducido) de 3:1. Las calorías restantes se usan para reacciones secundarias o se liberan como calor. (Nota: el P:O para $FADH_2$ es de 2:1 porque se "rodea" el Complejo I.)

VI. FOSFORILACIÓN DEL ADP EN ATP

La transferencia de electrones hacia abajo de la CTE está favorecida en forma energética porque el NADH es un fuerte donador de electrones y el O_2 es un ávido aceptor de ellos. No obstante, el flujo de electrones no resulta de manera directa en síntesis de ATP.

A. Hipótesis quimiosmótica

La hipótesis quimiosmótica (también conocida como hipótesis de Mitchell) explica cómo se usa la energía libre generada por el transporte de electrones en la CTE para producir ATP a partir de ADP + P_i.

1. **Bomba de protones:** el **transporte de electrones** está acoplado con la fosforilación del ADP por el bombeo de H^+ a través de la membrana mitocondrial interna, desde la matriz del espacio intermembranal, en los Complejos I, III y IV. Por cada par de electrones transferidos del NADH al O_2, se bombean 10 H^+. Esto crea un gradiente eléctrico (con más cargas positivas en el lado citosólico de la membrana que en el lado de la matriz) y un gradiente de pH (químico) (el lado citosólico de la membrana se encuentra a menor pH que el lado de la matriz), como se muestra en la figura 7-13. La energía (fuerza protón-motriz) generada por estos gradientes es suficiente para impulsar la síntesis de ATP. En consecuencia, el gradiente de H^+ sirve como el intermediario común que acopla la oxidación con la fosforilación.

2. **ATP sintasa:** la enzima con múltiples subunidades ATP sintasa ([Complejo V], fig. 7-14) sintetiza ATP por medio de la energía del gradiente de H^+. Contiene un dominio membranal (F_0) que abarca la membrana mitocondrial interna y un dominio extramembranal (F_1) que aparece como una esfera que sobresale hacia la matriz mitocondrial (véase fig. 7-13). La hipótesis quimiosmótica propone que después de que se han bombeado H^+ hacia el lado citosólico de la membrana mitocondrial interna, estos vuelven a entrar a la matriz al pasar a través de un canal de H^+ en el dominio de F_0, e impulsan la rotación del anillo c de F_0 y, al mismo tiempo, disipan los gradientes de pH y eléctrico. La rotación en F_0 causa cambios conformacionales en las tres subunidades β de F_1 que permiten que ellos unan ADP + P_i, fosforilen ADP a ATP, y liberen ATP. Una rotación completa del anillo c produce 3 ATP. (Nota: la ATP sintasa también se llama F_1/F_0-ATPasa porque la enzima también puede catalizar la hidrólisis de ATP en ADP y P_i.)

   a. **Acoplamiento en la fosforilación oxidativa:** en las mitocondrias normales, la síntesis de ATP está acoplada con el transporte de electrones a través del gradiente de H^+. Incrementar (o reducir) un proceso tiene el mismo efecto sobre el otro. Por ejemplo, la hidrólisis del ATP para dar ADP y P_i en reacciones que requieren energía aumenta la disponibilidad de los sustratos para la ATP sintasa y, en consecuencia, incrementa el flujo de H^+ a través

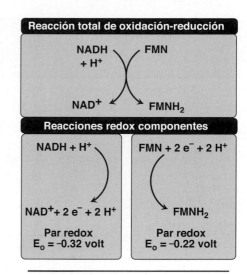

Figura 7-11
Oxidación del NADH por el FMN, separada en dos medias reacciones componentes. e^-, electrón; E_0, potencial de reducción estándar; $FMNH_2$, flavín mononucleótido; H^+, protón; NADH, nicotinamida adenina dinucleótido.

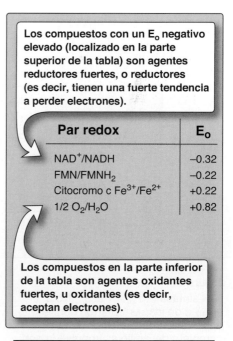

Los compuestos con un E_0 negativo elevado (localizado en la parte superior de la tabla) son agentes reductores fuertes, o reductores (es decir, tienen una fuerte tendencia a perder electrones).

Par redox	E_0
$NAD^+/NADH$	−0.32
$FMN/FMNH_2$	−0.22
Citocromo c Fe^{3+}/Fe^{2+}	+0.22
$1/2\ O_2/H_2O$	+0.82

Los compuestos en la parte inferior de la tabla son agentes oxidantes fuertes, u oxidantes (es decir, aceptan electrones).

Figura 7-12
Potenciales de reducción estándar (E_0) de algunas reacciones. Fe, hierro; $FMNH_2$, flavín mononucleótido; NADH, nicotinamida adenina dinucleótido.

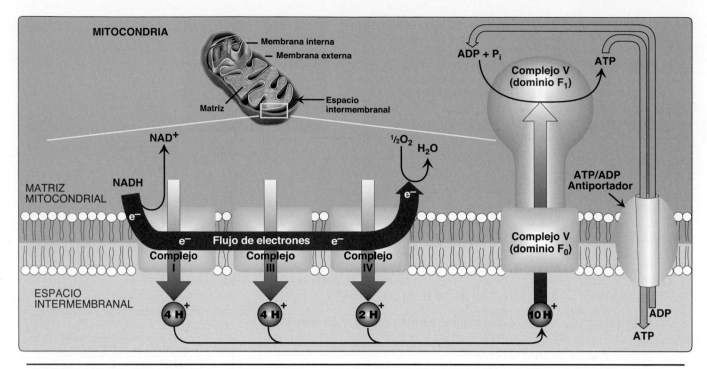

Figura 7-13

Cadena de transporte de electrones en asociación con el bombeo de protones (H^+). Se bombean 10 protones (H^+) por cada nicotinamida adenina dinucleótido (NADH) que se oxida. [Nota: no se bombean H^+ en el Complejo II.] e^-, electrón; Complejo V = ATP sintasa.

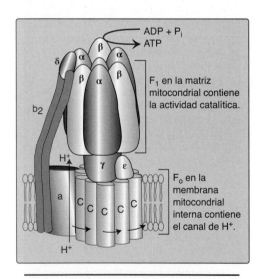

Figura 7-14

ATP sintasa (F_1F_0-ATPasa). (Nota: el anillo c de los vertebrados contiene ocho subunidades. Una vuelta completa del anillo es impulsada por ocho H^+ [protones] que se mueven a través del dominio F_0. Los cambios conformacionales resultantes en las tres subunidades β del dominio F_1 permiten la fosforilación de tres difosfatos de adenosina [ADP] para dar tres ATP.) P_i, fosfato inorgánico.

de la enzima. El transporte de electrones y el bombeo de H^+ por la CTE aumentan para mantener el gradiente de H^+ y permitir la síntesis de ATP.

b. **Oligomicina:** este fármaco se une al dominio F_0 (de ahí la letra "o") de la ATP sintasa, lo cual cierra el canal y evita que los H^+ vuelvan a entrar a la matriz, con lo que se inhibe la fosforilación de ADP a ATP. Dado que los gradientes de pH y eléctricos no pueden disiparse en presencia de este inhibidor de la fosforilación, el transporte de electrones se detiene debido a la dificultad de bombear más H^+ contra un gradiente elevado. Esta dependencia de la respiración celular de la capacidad para fosforilar ADP para obtener ATP se conoce como control respiratorio y es la consecuencia del estrecho acoplamiento de estos procesos.

c. **Desacoplamiento proteico:** el desacoplamiento proteico (UCP, por sus siglas en inglés) ocurre en la membrana mitocondrial interna de los mamíferos, incluidos los humanos. Estas proteínas forman canales que permiten que los H^+ regresen a la matriz mitocondrial sin que se genere energía como ATP (fig. 7-15). La energía se libera como calor, y el proceso se llama termogénesis sin escalofríos. UCP1, también llamada termogenina, es responsable de la producción de calor en los adipocitos pardos de mamíferos, ricos en mitocondrias. (Nota: el frío causa la activación dependiente de catecolamina de la expresión de UCP1.) En la grasa parda, a diferencia de la grasa blanca más abundante, ~90% de la energía respiratoria se usa para termogénesis en lactantes como respuesta al frío. En consecuencia, la grasa parda está implicada en el gasto de energía, mientras que la grasa blanca lo está en el almacenamiento de energía. (Nota: recién se ha demostrado que los depósitos de grasa parda están presentes en los adultos.)

d. Desacoplantes sintéticos: el transporte de electrones y la fosforilación del ADP también pueden desacoplarse por medio de compuestos que introducen H^+ a través de la membrana mitocondrial, disipando el gradiente. El ejemplo clásico es 2, 4-dinitrofenol, un transportador lipofílico de H^+ (ionóforo) que difunde con facilidad a través de la membrana mitocondrial (fig. 7-16). Este desacoplante hace que el transporte de electrones proceda a una velocidad rápida sin establecer un gradiente de H^+, muy parecida a la forma en que actúan las UCP. De nueva cuenta, la energía se libera como calor más que ser utilizada para sintetizar ATP. (Nota: en altas dosis, el ácido acetilsalicílico [aspirina] y otros salicilatos desacoplan la fosforilación oxidativa, lo que explica la fiebre que acompaña las sobredosis tóxicas de estos medicamentos.)

B. Sistemas de transporte de membranas

La membrana mitocondrial interna es impermeable a la mayoría de las sustancias con carga o hidrofílicas. No obstante, contiene numerosas proteínas transportadoras que permiten el paso de ciertas moléculas del citosol a la matriz mitocondrial.

1. Transporte de ATP y ADP: la membrana interna requiere transportadores especializados para el transporte del ADP y P_i del citosol (donde el ATP se hidroliza a ADP en muchas reacciones que requieren energía) al interior de las mitocondrias, donde el ATP puede resintetizarse. Un antiportador de adenina nucleótido importa un ADP del citosol hacia la matriz, mientras se exporta un ATP de la matriz hacia el citosol (*véase* fig. 7-13). Un simportador cotransporta P_i y H^+ del citosol a la matriz.

2. Transporte de equivalentes de reducción: la membrana mitocondrial interna carece de un transportador NADH, y el NADH producido en el citosol (p. ej. en glucólisis; *véase* p. 135) no puede penetrar de manera directa en la matriz mitocondrial. Sin embargo, se transportan los equivalentes reductores de NADH desde el citosol hacia la matriz por medio de lanzaderas de sustrato. En la lanzadera del glicerol 3-fosfato (fig. 7-17A) se transfieren dos electrones desde el NADH a dihidroxiacetona fosfato por acción de la glicerol 3-fosfato deshidrogenasa. El glicerol 3-fosfato producido se oxida a través de la isozima mitocondrial a medida que FAD se reduce a $FADH_2$. La CoQ del CTE oxida el $FADH_2$. Por lo tanto, la lanzadera del glicerol 3-fosfato deriva en la síntesis de dos ATP por cada NADH citosólico oxidado. Esto contrasta con la lanzadera de malato-aspartato (fig. 7-17B), que produce NADH (más que $FADH_2$) en la matriz mitocondrial, por lo cual se producen tres ATP por cada NADH oxidado por malato deshidrogenasa a medida que el oxaloacetato se reduce a malato. Una proteína transportadora mueve el malato a la matriz mitocondrial.

C. Defectos hereditarios en la fosforilación oxidativa

El ADNmt codifica 13 de los ~90 polipéptidos requeridos para la fosforilación oxidativa y se sintetizan en la mitocondria, mientras que el ADN nuclear codifica las proteínas restantes, que se sintetizan en el citosol y luego se transportan al interior de la mitocondria. Los defectos

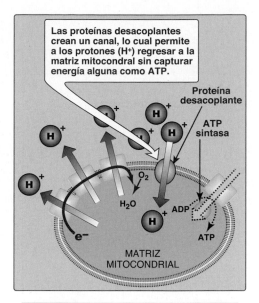

Figura 7-15
Transporte de protones a través de la membrana mitocondrial por una proteína desacoplante. ADP, difosfato de adenosina; e⁻, electrones.

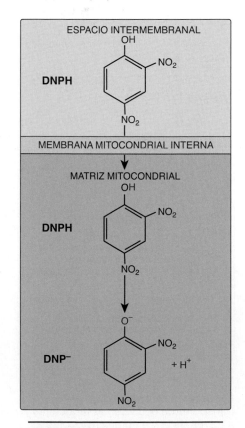

Figura 7-16
2,4-Dinitrofenol (DNP), un acarreador de protones (H^+), que se muestra en sus formas reducida (DNPH) y oxidada (DNP⁻).

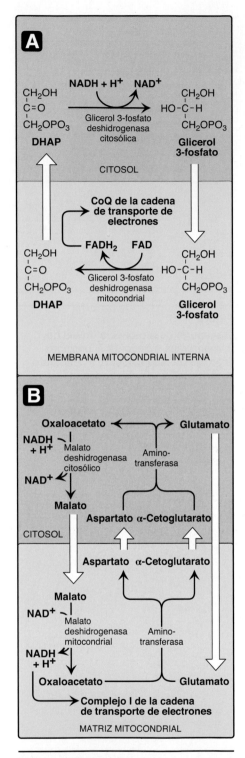

Figura 7-17
Lanzaderas de sustrato para el transporte de equivalentes reductores a través de la membrana mitocondrial interna. **A)** Lanzadera de glicerol 3-fosfato. **B)** Lanzadera de malato-aspartato. CoQ, coenzima Q; DHAP, dihidroxiacetona fosfato; FADH$_2$, flavín adenina dinucleótido; H$^+$, protón; NADH, nicotinamida adenina dinucleótido.

en la fosforilación oxidativa son más probables como resultado de las alteraciones en el ADNmt, que tiene una tasa de mutación cerca de 10 veces mayor que la del ADN nuclear. Las células en los tejidos con altos requerimientos de ATP son particularmente vulnerables e incluyen células localizadas en cerebro, los nervios, la retina, los músculos esqueléticos y cardiaco, así como en el hígado. Las alteraciones en la fosforilación oxidativa usualmente provocan acidosis láctica, en especial en los músculos, el sistema nervioso central y la retina. Las manifestaciones clínicas de los trastornos de la fosforilación oxidativa incluyen convulsiones, oftalmoplejia, debilidad muscular y miocardiopatía (tabla 7-1). Se sabe que algunos medicamentos afectan la función mitocondrial y deben evitarse en personas con trastornos mitocondriales. (Nota: el ADNmt se hereda por vía materna porque las mitocondrias del esperma no sobreviven al proceso de fecundación y solo aquellas del ovocito sobreviven en el embrión en desarrollo y el individuo adulto).

Tabla 7-1: Trastornos de la fosforilación oxidativa mitocondrial

Alteración	Características
Síndrome de Kearns-Sayre	• Debilidad o parálisis de los músculos oculares con párpados caídos (ptosis), pérdida de la visión, defectos de conducción cardiaca, inestabilidad al caminar (ataxia), debilidad muscular en las extremidades, problemas renales, deterioro de la función cognitiva (demencia) y estatura corta • Las características aparecen antes de los 20 años de edad • Las células suelen contener ADNmt mutante y nativo (copia original) y su expresión es variable.
Neuropatía óptica hereditaria de Leber (NOHL)	• Pérdida de la visión central bilateral causada por un desprendimiento de la retina • Suele aparecer entre los 20 y 30 años de edad • Causada por la herencia mitocondrial a lo largo de la línea materna, aunque hay cuatro veces más hombres afectados que mujeres
Enfermedad de Leigh	• Trastorno neurológico grave que se manifiesta en el primer año de vida. La acidosis láctica está acompañada de problemas progresivos de deglución, poco aumento de peso, hipotonía, debilidad, ataxia, nistagmo y atrofia óptica • La muerte suele ocurrir entre los 2 y 3 años de edad por insuficiencia respiratoria • Causada por mutaciones en el ADN nuclear o ADNmt
Encefalopatía mitocondrial, acidosis láctica y episodios parecidos a apoplejía (MELAS, por sus siglas en inglés)	• Neurodegeneración progresiva • Episodios repetidos de acidosis láctica y miopatía • Las células suelen contener ADNmt mutante y normal y su expresión es variable
Epilepsia mioclónica con fibras rojas rasgadas (MERRF, por sus siglas en inglés)	• Condición progresiva • Contracciones musculares no controladas, demencia, ataxia y miopatía • Causada por una mutación en ADNmt; la expresión de la enfermedad es variable
Neuropatía, ataxia y retinitis pigmentosa (NARP)	• Condición progresiva • Neuropatía sensorial con entumecimiento u hormigueo en las extremidades, debilidad muscular, ataxia y pérdida de visión, deterioro cognitivo y convulsiones • Causada por una mutación en el ADNmt que altera la ATP sintasa y reduce la capacidad de producir ATP

D. Mitocondrias y apoptosis

El proceso de apoptosis o muerte celular programada puede iniciarse a través de una vía intrínseca o mediada por mitocondrias, en respuesta a un daño irreparable dentro de la célula. Durante este proceso, las proteínas que forman canales (Bax o Bak) se insertan en la membrana mitocondrial externa y permiten que el citocromo c deje el espacio intermembranal y entre al citosol. Ahí, el citocromo c, en asociación con factores proapoptóticos, forma una estructura llamada apopto-soma que activa una familia de enzimas proteolíticas (las caspasas) y causa el rompimiento de proteínas clave que resultan en cambios morfológicos y bioquímicos característicos de la apoptosis.[*]

---

[*]Para más información sobre la apoptosis, *véase LIR. Biología molecular y celular*, 2.ª edición, capítulo 23.

VII. Resumen del capítulo

- El **cambio** en **energía libre (ΔG)** que ocurre durante una reacción predice la **dirección** en la cual la reacción procederá de manera espontánea (fig. 7-18).

- Si el ΔG es **negativo**, entonces la reacción es **espontánea** en la forma que está escrita. Si el ΔG es **positivo**, entonces la reacción **no es espontánea**. Si el ΔG = **0**, entonces la reacción está en **equilibrio**.

- El ΔG de la reacción hacia adelante es igual en magnitud, pero de signo opuesto, a la reacción inversa.

- Las reacciones con un ΔG grande y positiva son posibles a través del **acoplamiento** con aquellas que tienen un ΔG grande y negativa, como la **hidrólisis del ATP**.

- Las coenzimas reducidas **NADH** y **FADH$_2$** donan cada una un par de electrones a un conjunto especializado de **transportadores o acarreadores de electrones**, que consisten de **FMN, centros** Fe-S, **CoQ** y una serie de **citocromos** que contienen grupos hemo y se denominan de modo colectivo **cadena de transporte de electrones**.

- Esta vía está presente en la **membrana mitocondrial interna** y es la vía común final por la cual los electrones derivados de diferentes nutrientes fluyen hacia el O$_2$, que posee un **potencial de reducción (E$_0$)** elevado y positivo, y lo reducen hasta agua.

- El citocromo terminal, **citocromo c oxidasa**, es el único citocromo capaz de unir O$_2$.

- El transporte de electrones deriva en el **bombeo de protones** (H$^+$) a través de la membrana mitocondrial interna desde la matriz hacia el espacio intermembranal, 10 H$^+$ por NADH oxidado.

- Este proceso crea un **gradiente eléctrico** y de **pH** a través de la membrana mitocondrial interna. Después de que los H$^+$ se transfieren al lado citosólico de la membrana, estos regresan a la matriz a través del canal de H$^+$ de la **F$_o$** en la **ATP sintasa (Complejo V)**, lo cual disipa los gradientes de pH y eléctrico y provoca cambios conformacionales en las subunidades **F1β** de la sintasa que resultan en la síntesis de ATP a partir de ADP + fosfato inorgánico.

- El **transporte de electrones** y la **fosforilación** están estrechamente ligados en la **fosforilación oxidativa**. Estos procesos pueden desacoplarse por medio de la **proteína desacoplante-1 (UCP1)** de la membrana mitocondrial interna de los adipocitos pardos y por compuestos sintéticos como **2,4-dinitrofenol** y **ácido acetilsalicílico (aspirina)**, los cuales disipan el gradiente de H$^+$.

- En las mitocondrias desacopladas, la energía producida por el transporte de electrones se libera como **calor** en lugar de usarse para sintetizar ATP.

- Los defectos en la fosforilación oxidativa usualmente resultan de alteraciones en el ADNmt. Los trastornos en la fosforilación oxidativa a menudo causan **acidosis láctica**, en especial en los músculos, el sistema nervioso central y la retina. Las manifestaciones clínicas de las alteraciones de la fosforilación oxidativa incluyen convulsiones, oftalmoplejia, debilidad muscular y miocardiopatía.

- La liberación del **citocromo c** de las mitocondrias hacia el citosol estimula la generación del apoptosoma y la subsiguiente activación de las caspasas proteolíticas que da lugar a la **muerte celular apoptótica**.

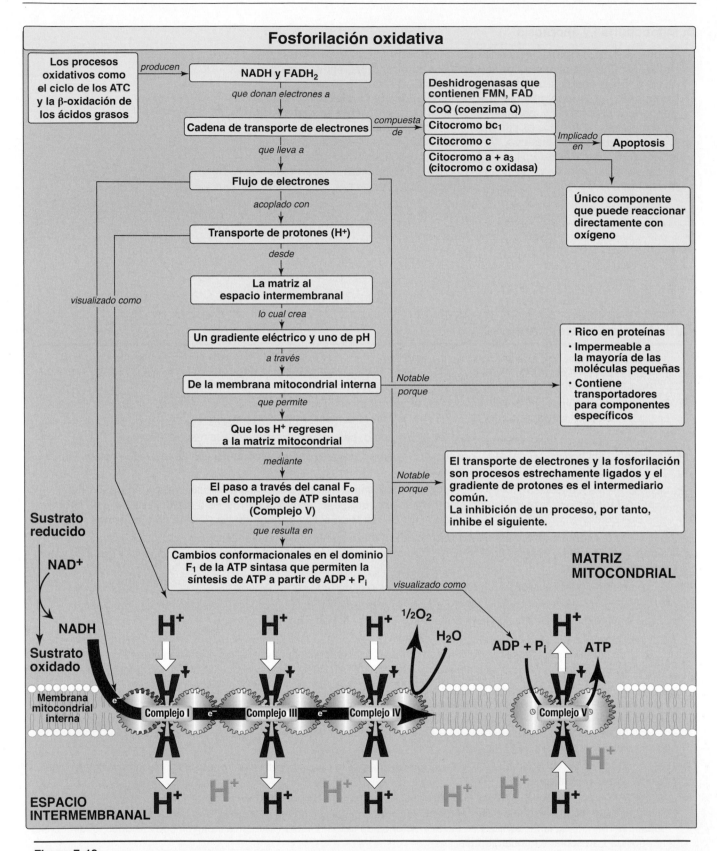

Figura 7-18

Mapa conceptual para la fosforilación oxidativa (OXPHOS). (Nota: el flujo de electrones [e⁻] y la síntesis de ATP se muestran como conjuntos de engranes entrelazados para enfatizar el acoplamiento.) ATC = ácido tricarboxílico; NADH, nicotinamida adenina dinucleótido; $FADH_2$, flavín adenina dinucleótido; FMN, flavín mononucleótido; ADP, difosfato de adenosina.

Preguntas de estudio

Elija la RESPUESTA correcta.

7.1 En la década de 1930 se usó 2,4-dinitrofenol (DNP), un desacoplante de la fosforilación oxidativa, como agente para perder peso. Los informes de sobredosis fatales condujeron a su descontinuación en 1939. ¿Cuál de los siguientes enunciados podría aplicarse respecto a los individuos que tomaban 2,4-DNP?

A. Los niveles de ATP en la mitocondria son más altos que lo normal.

B. La temperatura corporal se eleva como resultado del hipermetabolismo.

C. El cianuro no tiene efecto sobre el flujo de electrones.

D. El gradiente de H^+ a través de la membrana mitocondrial interna es mayor que lo normal.

E. La velocidad del transporte de electrones es anormalmente baja.

> Respuesta correcta = B. Cuando la fosforilación se desacopla del flujo de electrones, se espera una reducción en el gradiente de protones que atraviesa la membrana mitocondrial interna y, por lo tanto, una deficiencia en la síntesis de ATP. En un intento por compensar este defecto en la captura de energía, se incrementan el metabolismo y el flujo de electrones hacia el oxígeno. Este hipermetabolismo estará acompañado por elevación en la temperatura corporal porque la energía en los nutrientes se desperdicia y aparece como calor. La cadena de transporte de electrones aún será inhibida por el cianuro.

7.2 ¿Cuál de las siguientes sustancias tiene la mayor tendencia a ganar electrones?

A. Coenzima Q

B. Citocromo c

C. Flavina adenina dinucleótido

D. Nicotinamida adenina dinucleótido

E. Oxígeno

> Respuesta correcta = E. El oxígeno es el aceptor terminal de los electrones en la cadena de transporte de electrones (CTE). Los electrones fluyen hacia abajo por la CTE hacia el oxígeno porque este posee el mayor (más positivo) potencial de reducción (E_0). Las otras opciones preceden al oxígeno en la CTE y tienen E_0 de valores menores.

7.3 Explique por qué y cómo mueve la lanzadera de malato-aspartato los equivalentes reductores de nicotinamida adenina dinucleótido del citosol a la matriz mitocondrial.

> No hay transportador para nicotinamida adenina dinucleótido (NADH) en la membrana mitocondrial interna. No obstante, el NADH citoplásmico puede oxidarse a NAD^+ mediante malato deshidrogenasa a medida que oxaloacetato (OAA) se reduce a malato. El malato se transporta a través de la membrana interna hacia la matriz, donde la isozima mitocondrial de malato deshidrogenasa lo oxida a OAA mientras el NAD^+ mitocondrial se reduce a NADH. Ese NADH puede oxidarse por medio del Complejo I de la cadena de transporte de electrones, lo cual genera tres ATP mediante los procesos acoplados de la fosforilación oxidativa.

7.4 El monóxido de carbono (CO) se une e inhibe el Complejo IV de la cadena de transporte de electrones. ¿Qué efecto, si lo hay, podría tener este inhibidor respiratorio sobre la fosforilación de difosfato de adenosina (ADP) para dar ATP?

> La inhibición del transporte de electrones por inhibidores respiratorios como CO deriva en la discapacidad para mantener el gradiente de protones (H^+). Por lo tanto, la fosforilación de ADP para dar ATP se inhibe, lo mismo que las reacciones secundarias como la captación de calcio en la mitocondria, porque también requieren el gradiente de H^+.

7.5 Las personas con defectos en la fosforilación oxidativa suelen desarrollar su condición por

A. Daños adquiridos en los genes autosómicos.

B. Herencia de una mutación en el ADNmt.

C. Mutaciones heredadas del padre.

D. Herencia ligada al cromosoma X de la madre.

> Respuesta correcta = B. Es más probable que los defectos en la fosforilación oxidativa deriven de alteraciones en el ADNmt, cuya tasa de mutación es cerca de 10 veces mayor que la del ADN nuclear. Las mitocondrias y el ADNmt se heredan de forma exclusiva de la madre. La herencia ligada a X es del ADN nuclear, no del ADNmt.

Introducción a los carbohidratos

8

I. GENERALIDADES

Los carbohidratos son las moléculas orgánicas más abundantes en la naturaleza. Poseen una amplia gama de funciones que incluyen proporcionar una fracción importante de las calorías provenientes de la dieta para la mayoría de los organismos, actuar como forma de almacenamiento de energía en el cuerpo y servir como componentes de la membrana celular que median algunas formas de comunicación intercelular. Los carbohidratos también sirven como componentes estructurales de muchos organismos, incluidos las paredes celulares de las bacterias, el exoesqueleto de los insectos y la celulosa fibrosa de las plantas. La fórmula empírica para muchos de los carbohidratos más simples es $(CH_2O)_n$, donde $n \geq 3$, de ahí el nombre de "hidratos de carbono".

NOMBRES GENÉRICOS	EJEMPLOS
3 Carbonos: triosas	Gliceraldehído
4 Carbonos: tetrosas	Eritrosa
5 Carbonos: pentosas	Ribosa
6 Carbonos: hexosas	Glucosa
7 Carbonos: heptosas	Sedoheptulosa
9 Carbonos: nonosas	Ácido neuramínico

Figura 8-1
Ejemplos de monosacáridos que se encuentran en humanos, clasificados según el número de carbonos que contienen.

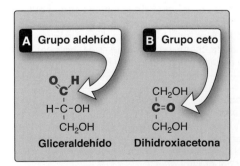

Figura 8-2
Ejemplos de un azúcar aldosa (**A**) y una cetosa (**B**).

II. CLASIFICACIÓN Y ESTRUCTURA

Los monosacáridos o azúcares simples pueden clasificarse según el número de átomos de carbono que contienen. La figura 8-1 presenta una lista de algunos de los monosacáridos que se encuentran comúnmente en los humanos. También pueden clasificarse por el tipo de grupo carbonilo que contienen. Los carbohidratos con un aldehído como su grupo carbonilo se llaman aldosas, mientras que aquellos con un grupo ceto como su carbonilo se denominan cetosas (fig. 8-2). Por ejemplo, el gliceraldehído es una aldosa, mientras que la dihidroxiacetona es una cetosa. Los carbohidratos que tienen un grupo carbonilo libre tienen el sufijo –osa. (Nota: las cetosas tienen un "ul" adicional en su sufijo, como la xilulosa. Hay excepciones para esta regla, como la fructosa.) Los monosacáridos pueden unirse con enlaces glucosídicos a fin de crear estructuras más grandes (fig. 8-3). Los disacáridos contienen dos unidades de monosacáridos, los oligosacáridos contienen 3 a 10 unidades de monosacáridos, y los polisacáridos contienen más de 10 unidades de monosacáridos y pueden tener una longitud de cientos de unidades de azúcar.

A. Isómeros y epímeros

Los compuestos que tienen la misma fórmula química, pero diferentes estructuras, se llaman isómeros. Por ejemplo, fructosa, glucosa, manosa y galactosa tienen la misma fórmula química, $C_6H_{12}O_6$, con estructuras distintas. Los isómeros de carbohidrato que difieren en la configuración solo en torno de un átomo de carbono específico (con excepción del carbono de carbonilo, *véase* C.1. más adelante) se definen como epímeros del otro. Por ejemplo, glucosa y galactosa son epímeros C-4 porque sus estructuras difieren solo en la posición del grupo –OH (hidroxilo) en el carbono 4. (Nota: los carbonos en los azúcares se numeran comenzando en el extremo que contiene el grupo carbonilo [es decir, el grupo aldehído o ceto], como se muestra en la fig. 8-4.) Glucosa y manosa son epímeros C-2. No obstante, dado que galactosa y manosa difieren en la posición de los grupos –OH en dos carbonos (C-2 y C-4), son isómeros más que epímeros (*véase* fig. 8-4).

B. Enantiómeros

Se encuentra un tipo especial de isomería en los pares de estructuras que son imágenes especulares entre sí. Estas imágenes en espejo se llaman enantiómeros, y los dos miembros del par se designan como azúcar-D y -L (fig. 8-5). La gran mayoría de los azúcares en los humanos es isómero-D. En la forma isomérica-D, el grupo –OH en el carbono asimétrico (un carbono unido a cuatro átomos o grupos distintos) más alejado del carbono carbonilo se encuentra a la derecha, mientras que en el isómero-L se halla a la izquierda. La mayoría de las enzimas es específica ya sea para la forma D o L, pero las enzimas conocidas como isomerasas son capaces de interconvertir los isómeros D y L.

C. Ciclización de monosacáridos

Menos de 1% de cada uno de los monosacáridos con cinco o más carbonos existe en la forma de cadena abierta (acíclica) en solución. Es más común encontrarlos en forma de anillo (cíclica), en la que el grupo aldehído (o ceto) ha reaccionado con un grupo hidroxilo de la misma azúcar, lo cual hace que el carbono carbonilo (carbono 1 para una aldosa y carbono 2 para una cetosa) sea asimétrico. Este carbono asimétrico se denomina carbono anomérico.

1. **Anómeros:** la creación de un carbono anomérico (el carbono carbonilo anterior) genera un nuevo par de isómeros, las configuraciones α y β del azúcar (p. ej., α-D-glucopiranosa y β-D-glucopiranosa), como se muestra en la figura 8-6, que son anómeros entre sí. (Nota: en la configuración α, el grupo –OH en el carbono anomérico se proyecta al mismo lado que el anillo en la fórmula modificada de proyección de Fischer [*véase* fig. 8-6A] y es *trans* respecto al grupo de CH_2OH en una fórmula de proyección de Haworth [*véase* fig. 8-6B]. Las formas α y β no son imágenes especulares y se denominan diastereómeros.) Las enzimas son capaces de distinguir entre estas dos estructuras y usar una o la otra de manera preferencial. Por ejemplo, el glucógeno se sintetiza a partir de la α-D-glucopiranosa, mientras que la celulosa se sintetiza a partir de la β-D-glucopiranosa. Los anómeros cíclicos α y β de un azúcar en solución forman de manera espontánea (pero lenta) una mezcla en equilibrio, un proceso que se conoce como mutarrotación (*véase* fig. 8-6). (Nota: para la glucosa, la forma α constituye 36% de la mezcla.)

2. **Azúcares reductores:** si el grupo hidroxilo de un carbono anomérico de un azúcar ciclado no está unido a otro compuesto por medio de un enlace glucosídico (*véase* E. más adelante), el anillo puede abrirse. El azúcar puede actuar como un agente reductor y se le llama "azúcar reductor". Tales azúcares pueden reaccionar con agentes cromogénicos (p. ej., el reactivo de Benedict) y hacer que el reactivo se reduzca y coloree a medida que se oxida el grupo aldehído del azúcar acíclico para dar un grupo carboxilo. Todos los monosacáridos, pero no todos los disacáridos, son azúcares reductores. (Nota: la fructosa, una cetosa, es un azúcar reductor porque puede isomerizarse para dar una aldosa.)

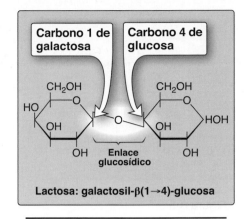

Lactosa: galactosil-β(1→4)-glucosa

Figura 8-3
Enlace glucosídico entre dos hexosas que produce un disacárido.

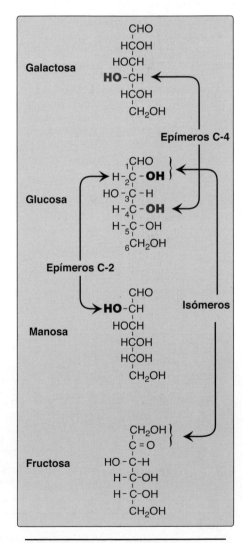

Figura 8-4
Los epímeros del carbono-2 (C-2) y C-4, y un isómero de la glucosa.

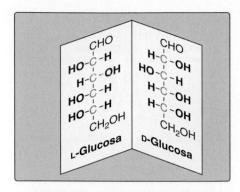

Figura 8-5
Enantiómeros (imágenes
especulares) de la glucosa. La
designación de D- y L- es por
comparación con una triosa, el
gliceraldehído. (Nota: los carbonos
asimétricos se muestran en *verde*.)

Una prueba colorimétrica puede detectar un azúcar reductor en orina. Un resultado positivo indica una enfermedad
subyacente (porque los azúcares no suelen estar presentes
en orina) y es posible darle seguimiento con pruebas más
específicas para identificar el azúcar reductor.

D. Unión de monosacáridos

Los monosacáridos pueden unirse para formar disacáridos, oligosacáridos y polisacáridos. Los disacáridos importantes incluyen a la lactosa
(galactosa + glucosa), la sacarosa (glucosa + fructosa) y la maltosa (glucosa + glucosa). Los polisacáridos importantes incluyen glucógeno (de
fuentes animales) y almidón ramificados (de fuentes vegetales) y celulosa sin ramificar (de origen vegetal). Cada uno es polímero de glucosa.

E. Enlaces glucosídicos

Los enlaces que unen a los azúcares se llaman "enlaces glucosídicos".
Estos se forman por la acción de las enzimas llamadas glucosiltransferasas que usan azúcares nucleótidos (azúcares activados) como uridina difosfato glucosa como sustratos. Los enlaces glucosídicos entre
azúcares reciben su nombre según el número de carbonos conectados
y en relación con la posición del grupo hidroxilo anomérico del primer
azúcar implicado en el enlace. Si este hidroxilo anomérico está en la
configuración α, entonces el enlace es de tipo α. Si está en la configuración β, entonces el enlace es de tipo β. La lactosa, por ejemplo, se
sintetiza mediante la formación de un enlace glucosídico entre el carbono 1 de β-galactosa y el carbono 4 de la glucosa. En consecuencia,
la unión es un enlace glucosídico β(1→4) (*véase* fig. 8-3). (Nota: dado
que el extremo anomérico del residuo de glucosa no está implicado en
el enlace glucosídico, este [y, por lo tanto, la lactosa] se conserva como
azúcar reductor.)

F. Unión de carbohidratos con no carbohidratos

Los carbohidratos pueden unirse mediante enlaces glucosídicos a
estructuras distintas a los carbohidratos, incluidos bases purina y pirimidina en los ácidos nucleicos, y anillos aromáticos como los halla-

Figura 8-6
A) La figura muestra la interconversión (mutarrotación) de las formas anoméricas α y β de la glucosa como fórmulas
modificadas de la proyección de Fischer. **B)** La interconversión como fórmulas de proyección de Haworth. (Nota: un
azúcar con un anillo de seis miembros [5 C + 1 O] se denomina piranos, mientras que uno con cinco miembros
[4 C + 1 O] es una furanosa. Casi toda la glucosa en solución se encuentra en la forma piranosa.)

dos en esteroides, proteínas y lípidos. Si el grupo de la molécula no carbohidrato al cual está unida el azúcar es un grupo –NH₂, entonces el enlace se llama N-glucosídico. Si el grupo es un –OH, entonces el enlace es de tipo O-glucosídico (fig. 8-7). (Nota: todos los enlaces glucosídicos azúcar-azúcar son O-glucosídicos.)

III. DIGESTIÓN DE LOS CARBOHIDRATOS DE LA DIETA

Los sitios principales de la digestión de los carbohidratos de la dieta son la boca y la luz intestinal. Esta digestión es rápida y se cataliza por medio de enzimas conocidas como glucósido hidrolasas (glucosidasas) que hidrolizan los enlaces glucosídicos (fig. 8-8). Dado que la proporción de monosacárido es baja en las dietas de origen mixto animal y vegetal, las enzimas son sobre todo endoglucosidasas que hidrolizan polisacáridos y oligosacáridos, y disacaridasas que hidrolizan tri y disacáridos para dar sus componentes de azúcares reductores. Las glucosidasas por lo general son específicas para la estructura y configuración del residuo glucosil que se eliminará lo mismo que para el tipo de enlace que se romperá. Los productos finales de la digestión de carbohidratos son los monosacáridos glucosa, galactosa y fructosa que se absorben en las células (enterocitos) del intestino delgado.

A. α-amilasa salival

Los principales polisacáridos dietéticos consumidos por los humanos son de origen vegetal (almidón, compuesto de amilosa y amilopectina) y animal (glucógeno). Durante la masticación, la α-amilasa salival actúa de forma breve sobre el almidón de la dieta y el glucógeno, e hidroliza los enlaces α(1→4) al azar. (Nota: en la naturaleza se encuentran tanto α[1→4] como β[1→4] endoglucosidasas, pero los humanos no producen esta última. En consecuencia, no somos capaces de digerir la celulosa, un carbohidrato de origen vegetal que contiene enlaces glucosídicos β[1→4] entre los residuos de glucosa.) Dado que la amilopectina ramificada y el glucógeno también contienen enlaces α(1→6), a los cuales no puede hidrolizar α-amilasa, el producto digerido derivado de su acción contiene una mezcla de oligosacáridos cortos ramificados y no ramificados conocidos como dextrinas (fig. 8-9). (Nota: también están presentes disacáridos, ya que estos también son resistentes a la amilasa.) La digestión de carbohidratos se suspende de modo temporal en el estómago, porque la elevada acidez inactiva la α-amilasa salival.

B. α-amilasa pancreática

Cuando el contenido ácido del estómago alcanza el intestino delgado, aquel se neutraliza por bicarbonato secretado por el páncreas, y la α-amilasa pancreática continúa con el proceso de la digestión del almidón.

C. Disacaridasas intestinales

Los procesos digestivos finales ocurren ante todo en el recubrimiento de la mucosa del duodeno y la parte superior del yeyuno, e incluyen la acción de diversas disacaridasas (*véase* fig. 8-9). La isomaltasa rompe, por ejemplo, el enlace α(1→6) en la isomaltosa, y la maltasa rompe el enlace α(1→4) en maltosa y maltotriosa, cada una de las cuales produce glucosa. La sucrasa rompe el enlace α(1→2) en la sacarosa y produce glucosa y fructosa, y la lactasa (β-galactosidasa) rompe el enlace β(1→4) en la lactosa y produce galactosa y glucosa. (Nota: los sustratos para isomaltasa son más amplios de lo que su nombre sugiere, y esta hidroliza la mayor parte de la maltosa.) La trehalasa degrada la

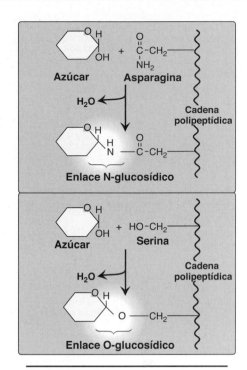

Figura 8-7
Ejemplos de los enlaces N- y O-glucosídicos en las glucoproteínas.

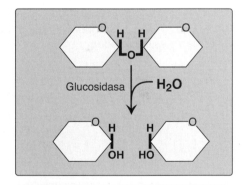

Figura 8-8
Hidrólisis de un enlace glucosídico.

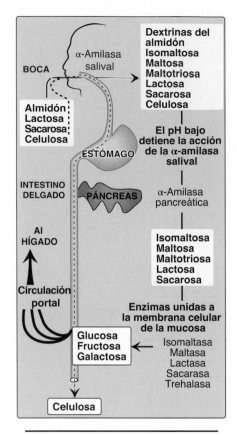

Figura 8-9
Digestión de los carbohidratos.
(Nota: la celulosa no digerible entra
al colon y es excretada.)

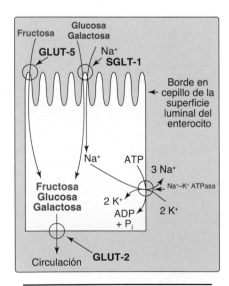

Figura 8-10
Absorción por enterocitos de los
monosacáridos producidos por
la digestión de carbohidratos. K+,
potasio; GLUT, transportador de
glucosa; SGLT-1, cotransportador
de glucosa dependiente de sodio
(Na+).

trehalosa, un disacárido α(1→1) de la glucosa que se encuentra en las
setas y otros hongos. Estas enzimas son proteínas transmembranales
del borde en cepillo de la superficie luminal (apical) de los enterocitos.

> La sacarasa e isomaltasa son actividades enzimáticas de una
> sola proteína que se degrada en dos subunidades funciona-
> les, las cuales permanecen asociadas en la membrana celular
> y forman el complejo sacarasa-isomaltasa (SI). En contraste,
> la maltasa es una de dos actividades enzimáticas de la pro-
> teína membranal individual maltasa-glucoamilasa (MGA) que
> no se degrada. Su segunda actividad enzimática, glucoami-
> lasa, rompe los enlaces α(1→4) glucosídicos en dextrinas.

D. Absorción intestinal de monosacáridos

La parte superior del yeyuno absorbe la mayor parte de los monosacáridos producidos en la digestión. Sin embargo, los distintos azúcares
tienen diferentes mecanismos de absorción (fig. 8-10). Por ejemplo,
galactosa y glucosa entran a los enterocitos mediante transporte activo
secundario que requiere una captación concomitante (simporte) de
iones sodio (Na+). La proteína de transporte es el cotransportador
de glucosa 1 dependiente de sodio (SGLT-1). (Nota: el transporte de
azúcares está impulsado por el gradiente de Na+ creado por Na+-po-
tasio [K+] ATPasa que saca el Na+ del enterocito e introduce K+ [*véase*
fig. 8-10].) La absorción de fructosa utiliza un transportador de monosacáridos independiente de energía y Na+ (GLUT-5). Los tres monosacáridos se transportan desde los enterocitos hacia la circulación portal
mediante otro transportador más, GLUT-2. (Nota: *véanse* pp. 130 y 131
para un análisis sobre estos transportadores.)

E. Degradación anormal de disacáridos

El proceso general de la digestión y absorción de carbohidratos es tan
eficiente en los individuos sanos, que por lo general el total de carbohidrato digerible de la dieta se ha absorbido para el momento en que el
material ingerido alcanza el yeyuno inferior. Sin embargo, dado que
solo se absorben los monosacáridos, cualquier deficiencia (genética
o adquirida) en una actividad específica de disacaridasa en la mucosa
intestinal causa el paso de carbohidratos sin digerir hacia el intestino
grueso. Como consecuencia de la presencia de este material osmóti-
camente activo, el agua es extraída desde la mucosa hacia el intestino
grueso y causa diarrea osmótica. Esto se refuerza por la fermentación
bacteriana del carbohidrato restante para dar compuestos de dos y
tres carbonos (que también tienen actividad osmótica), más grandes
volúmenes de dióxido de carbono y gas hidrógeno (H₂), lo cual causa
dolores abdominales, diarrea y flatulencia.

1. **Deficiencias de enzimas digestivas:** las deficiencias genéticas
   de las disacaridasas individuales derivan en intolerancia a los disacáridos. Las alteraciones en la degradación de disacáridos también
   pueden ser producto de una diversidad de enfermedades intestinales, desnutrición y fármacos que lesionan la mucosa del intestino delgado. Por ejemplo, las enzimas del borde en cepillo se pierden de
   forma rápida en los individuos normales con diarrea grave, lo cual
   causa una deficiencia enzimática adquirida temporal. Por lo tanto,
   los pacientes que sufren o se están recuperando de tal padecimiento
   no pueden beber ni comer cantidades significativas de productos
   lácteos ni sacarosa sin exacerbar la diarrea.

2. Intolerancia a la lactosa: más de 60% de los adultos del mundo experimenta malabsorción de lactosa porque carece de la enzima lactasa (fig. 8-11). Los individuos con ascendencia del norte de Europa tienen más probabilidades de mantener la capacidad de digerir la lactosa en la edad adulta. Hasta 90% de los adultos con ascendencia africana o asiática tiene deficiencia de lactasa. En consecuencia, tienen menor capacidad de metabolizar la lactosa que los individuos con ascendencia del norte de Europa. La pérdida dependiente de la edad de la actividad de la lactasa a partir de alrededor de los 2 años de edad representa una reducción en la cantidad de enzima producida. Se cree que la causan pequeñas variaciones en la secuencia del ADN de una región en el cromosoma 2 que controla la expresión del gen para la lactasa, también en el cromosoma 2. El tratamiento para este padecimiento consiste en reducir el consumo de leche; comer yogures y algunos quesos (la acción bacteriana y el proceso de añejamiento reducen el contenido de lactosa), lo mismo que vegetales verdes, como brócoli, para asegurar una ingestión adecuada de calcio; usar productos tratados con lactasa, o tomar la enzima como pastilla antes de comer. Se conocen pocos casos de deficiencia congénita de lactasa.

3. Deficiencia de sacarasa-isomaltasa: la deficiencia de SI provoca intolerancia a la sacarosa ingerida. Esta condición se consideraba bastante rara, más común en el pueblo inuit de Alaska y Groenlandia; ahora se estima que hasta 9% de los estadounidenses de ascendencia europea está afectado por una forma de deficiencia de SI.

En un principio se pensó que era un trastorno autosómico de forma exclusiva, pero aquellos con una mutación (portadores) a veces expresan manifestaciones de la enfermedad. Ahora se conocen 25 mutaciones diferentes en el gen humano de la sacarosa. Los individuos homocigotos para las mutaciones expresan una deficiencia congénita de SI y experimentan diarrea osmótica, esteatorrea leve, irritabilidad y vómito tras consumir sacarosa. Los portadores heterocigotos suelen presentar síntomas como diarrea crónica, dolor abdominal y distensión abdominal. El tratamiento incluye la restricción dietética de la sacarosa y la terapia de remplazo enzimático.

4. Diagnóstico de las deficiencias de enzimas: la identificación de una deficiencia enzimática específica puede lograrse mediante pruebas de tolerancia oral con los disacáridos individuales. La medición del H_2 en el aliento es una prueba confiable para determinar la cantidad de carbohidrato ingerido no absorbido por el cuerpo, sino que es metabolizado por la flora intestinal (*véase* fig. 8-11).

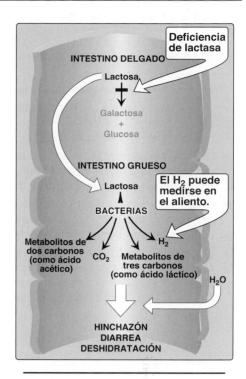

Figura 8-11
Metabolismo anormal de lactosa. CO_2, dióxido de carbono; H_2, gas hidrógeno.

IV. Resumen del capítulo

- Los **monosacáridos** (fig. 8-12) que contienen un grupo aldehído se llaman **aldosas**, y los que tienen un grupo ceto se llaman **cetosas**.

- Los **disacáridos**, **oligosacáridos** y **polisacáridos** constan de monosacáridos unidos mediante **enlaces glucosídicos**.

- Los compuestos con la misma fórmula química, pero diferente estructura, se llaman **isómeros**.

- Dos isómeros de monosacáridos que difieren en su configuración alrededor de un átomo de carbono específico (no el carbonilo) se definen como **epímeros**.

- En los **enantiómeros** (imágenes especulares), los miembros del par de azúcares se designan como **isómeros** $_D$- y $_L$-. Cuando el grupo aldehído en un azúcar acíclico se oxida al tiempo que un agente cromogénico se reduce, es un **azúcar reductor**.

- Cuando el azúcar forma un compuesto cíclico, se crea un **carbono anomérico** a partir del **carbono carbonilo** del grupo aldehído o ceto. El azúcar puede tener dos configuraciones y formar **anómeros α o β**.

- El carbono anomérico de un azúcar puede estar unido a un grupo $-NH_2$ o a un $-OH$ en otra estructura mediante **enlaces N- u O-glucosídicos**, de forma respectiva.

- La **α-amilasa salival** inicia la digestión de los **polisacáridos de la dieta** (p. ej., almidón o glucógeno) y produce oligosacáridos. La **α-amilasa pancreática** continúa el proceso. Los procesos digestivos finales ocurren en el recubrimiento de la mucosa del **intestino delgado**.

- Diversas disacaridasas (p. ej., **lactasa [β-galactosidasa], sacarasa, isomaltasa** y **maltasa**) producen monosacáridos (glucosa, galactosa y fructosa). Estas enzimas son **proteínas transmembranales** del **borde en cepillo** luminal de las células de la **mucosa intestinal (enterocitos)**.

- La absorción de los monosacáridos requiere **transportadores** específicos. Si la degradación de carbohidratos es deficiente (como resultado de la herencia, la enfermedad o por medicamentos que lesionan la mucosa intestinal), el carbohidrato sin digerir pasará al intestino grueso, donde puede causar **diarrea osmótica**.

- La fermentación bacteriana del material produce grandes volúmenes de dióxido de carbono y gas hidrógeno, lo cual causa dolor abdominal, diarrea y flatulencia. La **intolerancia a la lactosa**, producida sobre todo por la pérdida dependiente de la edad de la **lactasa (hipolactasia tipo adulto)**, es por mucho la más común de estas deficiencias.

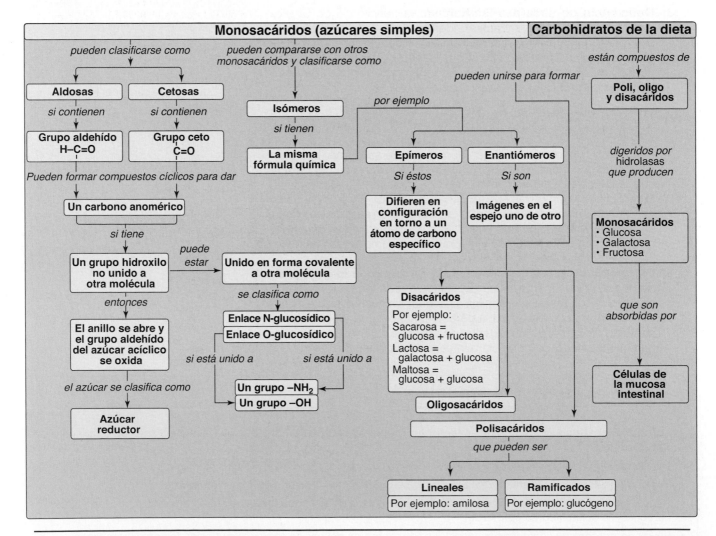

Figura 8-12

Mapa conceptual sobre la clasificación y estructura de los monosacáridos y la digestión de los carbohidratos de la dieta.

Preguntas de estudio

Elija la RESPUESTA correcta.

8.1 La glucosa:
   A. Es un epímero C-4 de la galactosa.
   B. Es una cetosa y por lo general existe como un anillo de furanosa en solución.
   C. Se produce a partir del almidón de la dieta por la acción de α-amilasa.
   D. Se utiliza en sistemas biológicos solo en la forma L-isomérica.

Respuesta correcta = A. Porque glucosa y galactosa difieren solo en la configuración alrededor del carbono 4, son epímeros C-4 interconvertibles por la acción de una epimerasa. La glucosa es una aldosa que suele existir como un anillo piranosa en solución. No obstante, la fructosa es una cetosa con un anillo furanosa. La α-amilasa no produce monosacáridos. La forma D-isomérica de los carbohidratos es la forma que por lo regular se encuentra en los sistemas biológicos, en contraste con los aminoácidos que es común encontrar en la forma L-isomérica.

8.2 Un hombre de 28 años de edad acude a consulta con la queja principal de distensión abdominal y diarrea recurrentes. Sus ojos están hundidos y el médico observa signos adicionales de deshidratación. La temperatura del paciente es normal. Este explica que el episodio más reciente ocurrió anoche, poco después de comer helado como postre. Es muy probable que este cuadro clínico se deba a la deficiencia en la actividad de:
   A. Isomaltasa.
   B. Lactasa.
   C. α-amilasa pancreática.
   D. α-amilasa salival.
   E. Sacarasa.

Respuesta correcta = B. Los síntomas físicos sugieren la deficiencia de una enzima responsable de la degradación de carbohidratos. Los síntomas observados tras la ingestión de productos lácteos sugieren que el paciente tiene deficiencia de lactasa como resultado de la reducción dependiente de la edad de la expresión de la enzima.

8.3 El examen de rutina de la orina de un paciente pediátrico asintomático mostró una reacción positiva con Clinitest (un método de reducción del cobre para detectar azúcares reductores), pero una reacción negativa con una prueba de glucosa oxidasa para detectar glucosa. Por medio de estos datos, indique en la tabla siguiente cuál de los azúcares podría (SÍ) o no (NO) estar presente en la orina de este individuo.

Azúcar	Sí	No
Fructosa		
Galactosa		
Glucosa		
Lactosa		
Sacarosa		
Xilulosa		

Cada uno de los azúcares de la lista, excepto sacarosa y glucosa, podría estar presente en la orina de este individuo. Clinitest es una prueba no especifica que produce un cambio en el color si la orina es positiva para sustancias reductoras como azúcares reductores (fructosa, galactosa, glucosa, lactosa, xilulosa). Dado que la sacarosa no es un azúcar reductor, no es posible detectarla con Clinitest. La prueba de glucosa oxidasa solo detectará glucosa y no otros azúcares. La prueba negativa de glucosa oxidasa acoplada con una prueba positiva para azúcares reductores significa que la glucosa no puede ser el azúcar reductor en la orina del paciente.

8.4 Explique por qué se pueden usar inhibidores de α-glucosidasa que se toman junto con alimentos, como acarbosa y miglitol, en el tratamiento de algunos pacientes con diabetes mellitus. ¿Qué efecto deben tener estos medicamentos sobre la digestión de la lactosa?

Los inhibidores de α-glucosidasa hacen más lenta la producción de glucosa a partir de carbohidratos de la dieta, por lo cual reducen la elevación posprandial en la glucosa sanguínea y facilitan un mejor control de glucosa en el torrente sanguíneo en los pacientes diabéticos. Estos fármacos no tienen ningún efecto sobre la digestión de la lactosa porque el disacárido lactosa contiene un enlace β-glucosídico, no α-glucosídico.

Introducción al metabolismo y la glucólisis

9

I. GENERALIDADES DEL METABOLISMO

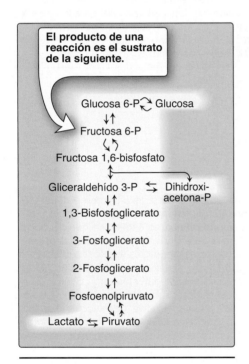

El producto de una reacción es el sustrato de la siguiente.

Glucosa 6-P ⇄ Glucosa
↓↑
Fructosa 6-P
↓↑
Fructosa 1,6-bisfosfato
↑
Gliceraldehído 3-P ⇄ Dihidroxi-acetona-P
↓↑
1,3-Bisfosfoglicerato
↓↑
3-Fosfoglicerato
↓↑
2-Fosfoglicerato
↓↑
Fosfoenolpiruvato
↓↑
Lactato ⇄ Piruvato

Figura 9-1
La glucólisis es un ejemplo de vía metabólica. (Nota: el paso de piruvato a fosfoenolpiruvato requiere dos reacciones.) Las *flechas curvas de las reacciones* (⇄) indican reacciones hacia adelante e inversas que catalizan diferentes enzimas. P, fosfato.

En el capítulo 6 se analizaron reacciones enzimáticas individuales en un esfuerzo por explicar los mecanismos de la catálisis. No obstante, en las células estas reacciones raras veces ocurren de manera aislada. En lugar de ello, están organizadas en secuencias de múltiples pasos llamadas "vías", como la glucólisis (fig. 9-1). En una vía, el producto de una reacción sirve como el sustrato de la reacción subsiguiente. La mayoría de las vías puede clasificarse como **catabólicas** (de degradación) o **anabólicas** (de síntesis). Las vías catabólicas degradan las moléculas complejas, como proteínas, polisacáridos y lípidos, en unas cuantas moléculas simples (p. ej., dióxido de carbono, amoniaco y agua). Las vías anabólicas forman productos finales complejos a partir de precursores simples, por ejemplo, la síntesis del polisacárido glucógeno a partir de la glucosa. Las diferentes vías pueden intersecarse y formar una red integrada y con un propósito de reacciones químicas. El metabolismo es la suma de todos los cambios químicos que ocurren en una célula, un tejido o el cuerpo. Los metabolitos son productos intermedios del metabolismo. Los siguientes capítulos se concentran en las vías metabólicas centrales que están implicadas en sintetizar y degradar carbohidratos, lípidos y aminoácidos.

A. Mapa metabólico

El metabolismo se comprende mejor si se examinan las vías que lo componen. Cada vía está integrada por secuencias de múltiples enzimas, y cada enzima, a su vez, puede mostrar características catalíticas o reguladoras importantes. La figura 9-2 muestra un mapa metabólico que contiene las vías centrales importantes del metabolismo energético. Esta "visión global" del metabolismo es útil para trazar las conexiones entre vías, visualizar el movimiento dirigido de los metabolitos, y representar el efecto del flujo de los intermediarios si se bloquea una vía, por ejemplo, por medio de un medicamento o la deficiencia heredada de una enzima. A lo largo de las tres unidades siguientes de este libro, cada vía que se analice se presentará de forma repetida como parte del mapa metabólico principal que se muestra en la figura 9-2.

B. Vías catabólicas

Las reacciones catabólicas sirven para capturar energía química en forma de ATP a partir de la degradación de moléculas de combustibles ricas en energía. La generación de ATP por la degradación de moléculas complejas ocurre en tres etapas, como se muestra en la figura 9-3. (Nota: las vías catabólicas suelen ser oxidativas y requieren coenzimas oxidadas como dinucleótido de nicotinamida y adenina [NAD^+].) El catabolismo también

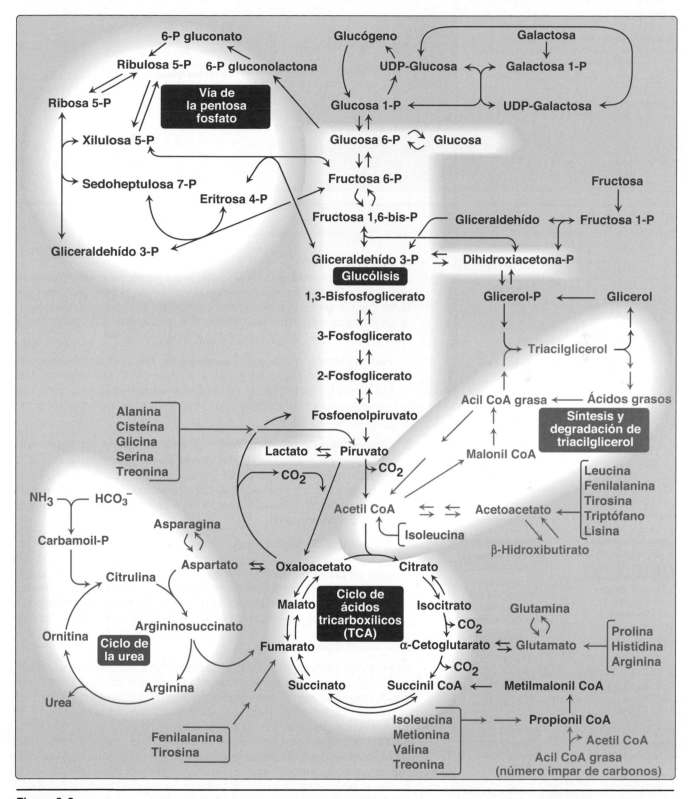

Figura 9-2

Reacciones importantes del metabolismo intermediario. Se subrayan varias vías importantes que se discuten en capítulos posteriores. Las *flechas de reacción curvas* (⟳) indican reacciones hacia el frente e inversas catalizadas por diferentes enzimas. Las *flechas rectas* (⇆) indican reacciones hacia adelante e inversas catalizadas por la misma enzima. *Texto en azul* = intermediarios del metabolismo de carbohidratos; *texto marrón* = intermediarios del metabolismo de lípidos; *texto verde* = intermediarios del metabolismo proteico. CO_2, dióxido de carbono; CoA, coenzima A; HCO_3^-, bicarbonato; NH_3, amoniaco; P, fosfato; UDP, difosfato de uridina.

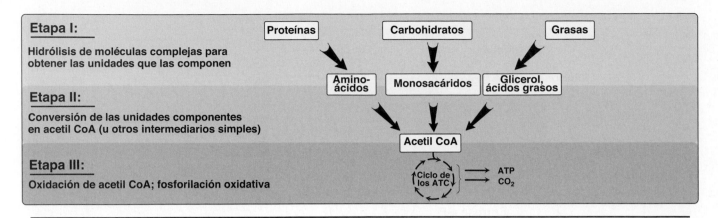

Figura 9-3

Tres etapas del catabolismo. ATC, ácido tricarboxílico; CO_2, dióxido de carbono; CoA, coenzima A.

permite que las moléculas en la dieta, o las moléculas nutrientes almacenadas en las células, se conviertan en las unidades elementales necesarias para la síntesis de moléculas complejas. Entonces, el catabolismo es un proceso convergente en el que una amplia gama de moléculas se transforma en unos cuantos productos finales comunes.

1. **Hidrólisis de moléculas complejas:** en la primera etapa, las moléculas complejas se rompen en sus unidades componentes. Por ejemplo, las proteínas se degradan en aminoácidos, los polisacáridos en monosacáridos y las grasas (triacilgliceroles) en ácidos grasos libres y glicerol.

2. **Conversión de los componentes esenciales en intermediarios simples:** en la segunda etapa, estos elementos diversos se degradan aún más hasta acetil coenzima A (CoA) y algunas otras moléculas simples. Parte de la energía se captura como ATP, pero la cantidad es pequeña comparada con la energía producida durante la tercera etapa del catabolismo.

3. **Oxidación de acetil CoA:** el ciclo de los ácidos tricarboxílicos (ATC) (*véase* cap. 10) es la vía metabólica común final en la oxidación de las moléculas de combustible que producen acetil CoA. La oxidación de la acetil CoA genera grandes cantidades de ATP vía la fosforilación oxidativa a medida que los electrones fluyen del NADH y el dinucleótido de flavina ($FADH_2$) al oxígeno ($[O_2]$, *véase* cap. 7).

C. Vías anabólicas

En contraste con el catabolismo, el anabolismo es un proceso divergente en el cual unos cuantos precursores biosintéticos (como los aminoácidos) forman una amplia variedad de productos poliméricos, o complejos (como las proteínas [fig. 9-4]). Las reacciones anabólicas requieren energía (son endergónicas), la cual por lo general se obtiene por la hidrólisis del ATP en difosfato de adenosina (ADP) y fosfato inorgánico (P_i). (Nota: las reacciones catabólicas generan energía [son exergónicas].) Las reacciones anabólicas con frecuencia incluyen reducciones químicas en las cuales el poder reductor casi siempre se deriva del donador de electrones NADPH (NADH fosforilado, *véase* cap. 14).

II. REGULACIÓN DEL METABOLISMO

Las vías del metabolismo deben coordinarse, de manera que la producción de energía o la síntesis de los productos finales cubra las necesidades de la

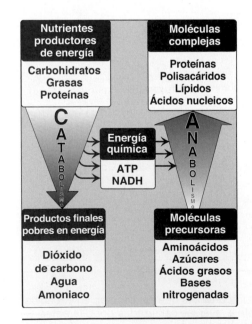

Figura 9-4

Comparación de vías catabólicas y anabólicas. NADH, dinucleótido de nicotinamida y adenina.

célula. Más aún, las células individuales funcionan como parte de una comunidad de tejidos en interacción, no aislados. Por ello, se ha desarrollado un sistema de comunicación sofisticado para coordinar las funciones del cuerpo. Las señales reguladoras que informan a una célula individual del estado metabólico del cuerpo como un todo incluyen hormonas, neurotransmisores y la disponibilidad de nutrientes. Estos, a su vez, influyen en las señales generadas dentro de las células (fig. 9-5).

A. Comunicación intracelular

La velocidad de la vía metabólica puede responder a señales reguladoras que se generan desde el interior de la célula. Por ejemplo, la velocidad puede estar influida por la disponibilidad de sustratos, por la inhibición por producto o por las alteraciones en los niveles de activadores o inhibidores alostéricos. Es común que estas señales intracelulares generen respuestas rápidas y son importantes para la regulación del metabolismo en cada momento.

B. Comunicación intercelular

La capacidad de responder a las señales intercelulares es esencial para el desarrollo y la supervivencia de los organismos. Las señales entre las células proporcionan integración de largo alcance del metabolismo y por lo general resultan en una respuesta, como el cambio en la expresión de los genes, que es más lento que lo observado en las señales intracelulares. La comunicación entre células puede estar mediada, por ejemplo, por el contacto entre superficies y, en algunos tejidos, por la formación de uniones comunicantes, que permiten la comunicación directa entre los citoplasmas de las células adyacentes. No obstante, para el metabolismo energético, la vía de comunicación más importante son las señales químicas entre células llevadas a cabo por hormonas en la sangre o por neurotransmisores.

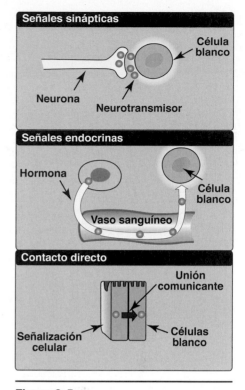

Figura 9-5
Algunos mecanismos comunes empleados para la transmisión de señales reguladoras entre células.

C. Receptores asociados a la proteína G y sistemas de segundo mensajero

Las hormonas y los neurotransmisores pueden considerarse señales y sus receptores, detectores de señales. Los receptores son proteínas que a menudo se encuentran incrustadas en las membranas plasmáticas de sus células blanco. Responden a un ligando para iniciar una serie de reacciones que, en última instancia, dan lugar a respuestas intracelulares específicas. Muchos receptores que regulan el metabolismo están vinculados a proteínas intracelulares de unión a GTP denominadas proteínas G y se conocen como receptores acoplados a la proteína G (GPCR). Este tipo de receptor regula la producción de moléculas denominadas segundo mensajero, llamadas así porque intervienen entre el mensajero extracelular original (el neurotransmisor u hormona) y el efecto intracelular final. Los segundos mensajeros son parte de la cascada de eventos que convierte (transduce) la unión de ligandos en una respuesta.

Dos de los sistemas de segundos mensajeros más reconocidos y regulados por las proteínas G son el sistema de fosfolipasa C, que implica al calcio y el fosfatidilinositol, y el sistema de adenilil ciclasa (adenilato ciclasa), el cual es de particular importancia para regular las vías del metabolismo intermediario. Ambos sistemas son iniciados por la unión de ligandos, como adrenalina o glucagón, a GPCR específicos integrados en la membrana plasmática de la célula blanco que responderá a la hormona.

Los GPCR se caracterizan por un dominio extracelular de unión de ligandos, siete hélices α transmembranales y un dominio intracelular que inte-

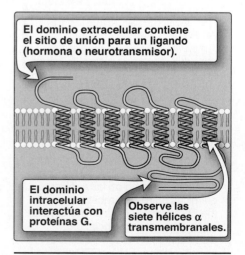

El dominio extracelular contiene el sitio de unión para un ligando (hormona o neurotransmisor).

El dominio intracelular interactúa con proteínas G.

Observe las siete hélices α transmembranales.

Figura 9-6
Estructura de un típico receptor acoplado de proteína G en la membrana plasmática.

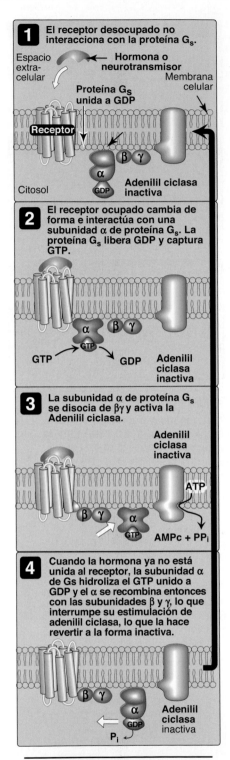

Figura 9-7

El reconocimiento de las señales
químicas en ciertos receptores
membranales dispara un incremento
(o, con menor frecuencia, una
disminución) en la actividad de la
adenilil ciclasa. GDP y GTP, di- y
trifosfato de guanosina; AMPc,
monofosfato de adenosina cíclico.

ractúa con proteínas G heterotriméricas compuestas por subunidades α,
β y γ (fig. 9-6). (Nota: la insulina, otro regulador clave del metabolismo,
no actúa a través de GPCR, sino mediante un receptor con actividad de
tirosina cinasa [*véase* cap. 24].)[a]

D. Adenilil ciclasa (adenilato ciclasa)

La fijación del ligando hormonal por algún GPCR, incluidos los receptores β y α₂-adrenérgicos, dispara ya sea el aumento o la reducción en la
actividad de adenilil ciclasa. Esta es una enzima unida a la membrana
que convierte el ATP en monofosfato de 3′,5′-adenosina (AMP cíclico o
AMPc) cuando está activa.

1. **Proteínas reguladoras dependientes de trifosfato de guanosina:** el efecto del GPCR activado, ocupado sobre la formación de
   segundos mensajeros es indirecto, mediado por proteínas G heterotriméricas especializadas (subunidades α, β y γ) que se encuentran en la cara interna de la membrana plasmática. Las proteínas
   G reciben este nombre porque su subunidad α se une a trifosfato
   de guanosina (GTP) cuando se activa. En la forma inactiva de una
   proteína G, la subunidad α se une al GDP (fig. 9-7). La unión de
   ligandos causa un cambio conformacional en el receptor, lo que
   dispara el remplazo de este GDP con GTP. La forma unida a GTP de
   la subunidad α se disocia de las subunidades βγ y se mueve hacia
   la enzima adenilil ciclasa unida a la membrana, lo cual afecta la actividad enzimática. Un receptor activado forma muchas moléculas
   de proteína Gα activa. (Nota: la capacidad de una hormona o un
   neurotransmisor para estimular o inhibir la adenilil ciclasa depende
   del tipo de proteína Gα que se une al receptor. Un tipo, designado
   como Gₛ, la estimula [*véase* fig. 9-7], mientras que Gᵢ la inhibe [no
   se muestra]).

La adenil ciclasa activada convierte el trifosfato de adenosina
(ATP) en el segundo mensajero AMPc o monofosfato de adenosina cíclico. A continuación, el AMPc activa la proteína cinasa
de serina/treonina conocida como proteína cinasa A (PKA), que
se describe a continuación. Las acciones del complejo Gα-GTP
son de corta duración, porque Gα tiene una actividad inherente
de GTPasa, lo cual deriva en la hidrólisis rápida de GTP a GDP.
Esto causa la inactivación de Gα, su disociación de adenilil
ciclasa y su reasociación con el dímero βγ.

> Las toxinas de *Vibrio cholerae* (cólera) y *Bordetella per-
> tussis* (tos ferina) causan la activación inapropiada de la
> adenilil ciclasa a través de la modificación covalente (ADP-
> ribosilación) de diferentes proteínas G. Con el cólera, la acti-
> vidad de GTPasa de Gαₛ se inhibe en las células intestinales.
> Con la tos ferina, la toxina pertussis inactiva Gαᵢ en las célu-
> las del tracto respiratorio. El resultado en ambas situacio-
> nes es un aumento de la actividad de la adenil ciclasa y un
> exceso de producción del segundo mensajero, el AMPc.

[a]Para más información sobre la señalización de GPCR y los segundos mensajeros, *véase LIR.
Biología molecular y celular*, 2.ª edición.

2. **Proteína cinasas:** el siguiente paso en el sistema de segundos mensajeros del AMPc es la activación de una familia de enzimas llamadas proteína cinasas AMPc dependientes, que incluye a PKA, como se muestra en la figura 9-8. AMPc activa la PKA al unirse a sus dos subunidades reguladoras, lo cual causa la liberación de sus dos subunidades catalíticamente activas. La PKA activa es una serina/treonina cinasa porque funciona para transferir fosfato del ATP a residuos específicos de serina o treonina de los sustratos proteicos. Las proteínas fosforiladas pueden actuar de manera directa sobre los canales de iones de la célula o, si son enzimas, pueden ser activadas o inhibidas. (Nota: no todos los tipos de proteína cinasas son dependientes de AMPc, por ejemplo, proteína cinasa C, que se activa en respuesta a la señalización de la fosfolipasa C, es dependiente del calcio.)

3. **Proteína fosfatasas:** los grupos fosfato añadidos a las proteínas por proteína cinasas son eliminados por fosfoproteínas fosfatasas, enzimas que rompen por hidrólisis los ésteres de fosfato (*véase* fig. 9-8). Las acciones de las fosfatasas aseguran que los cambios en la actividad proteica inducidos por la fosforilación no sean permanentes.

4. **Hidrólisis de AMPc:** el AMPc se hidroliza de forma rápida a 5′-AMP por acción de la AMPc fosfodiesterasa que rompe el enlace 3′,5′-fosfodiéster. 5′AMP no es una molécula de señalización intracelular. En consecuencia, los efectos de los incrementos mediados por neurotransmisores u hormonas del AMPc terminan rápido si se elimina la señal extracelular. (Nota: la cafeína, un derivado de la metilxantina, inhibe a la AMPc fosfodiesterasa.)

III. GENERALIDADES DE LA GLUCÓLISIS

Todos los tejidos emplean la vía glucolítica para la oxidación de la glucosa para proporcionar energía (como ATP) e intermediarios para otras vías metabólicas. La glucólisis se encuentra en el eje del metabolismo de carbohidratos porque casi todos los azúcares, ya sea que se deriven de la dieta o de reacciones catabólicas en el cuerpo, pueden convertirse al final en glucosa (fig. 9-9A). El piruvato es el producto final de la glucólisis en células con mitocondrias y una provisión adecuada de O_2. Esta serie de 10 reacciones se llama glucólisis aeróbica porque se requiere O_2 para reoxidar el NADH formado durante la oxidación de gliceraldehído 3-fosfato (fig. 9-9B). La glucólisis aeróbica establece el escenario para la descarboxilación oxidativa de piruvato a acetil CoA, un combustible esencial del ciclo de ATC. De modo alternativo, el piruvato se reduce a lactato cuando el NADH se oxida a NAD^+ (fig. 9-9C). Esta conversión de la glucosa a lactato se denomina glucólisis anaeróbica porque puede ocurrir sin la participación de O_2. La glucólisis anaeróbica permite la producción de ATP en los tejidos que carecen de mitocondrias (p. ej., eritrocitos [glóbulos rojos] y partes del ojo) o en células privadas de suficiente O_2 (hipoxia).

IV. TRANSPORTE DE GLUCOSA A LA CÉLULA

La glucosa no puede difundir de forma directa al interior de las células, sino que entra mediante uno de dos sistemas de transporte: por un sistema de transporte independiente de sodio (Na^+) y ATP, o por un sistema de cotransporte dependiente de Na^+ y ATP.

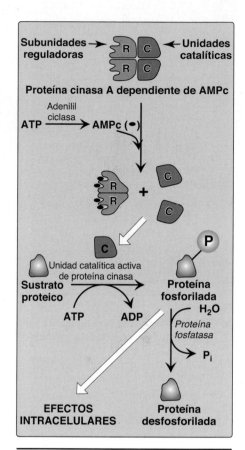

Figura 9-8
Acciones de monofosfato de adenosina cíclico (AMPc). Ⓟ, fosfato; ADP, difosfato de adenosina; P_i, fosfato inorgánico.

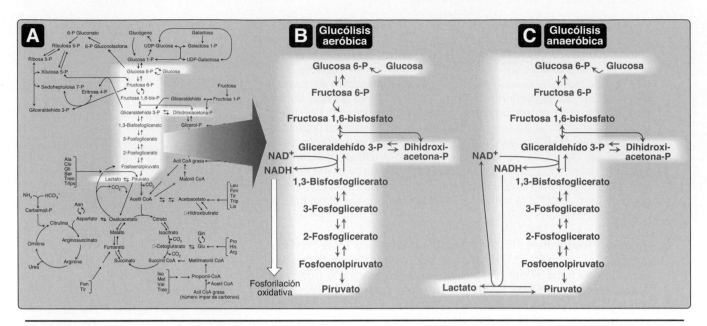

Figura 9-9
A) La glucólisis como una de las vías esenciales del metabolismo de energía. **B)** Reacciones de la glucólisis aeróbica.
C) Reacciones de glucólisis anaeróbica. NAD(H), dinucleótido de nicotinamida y adenina; P, fosfato.

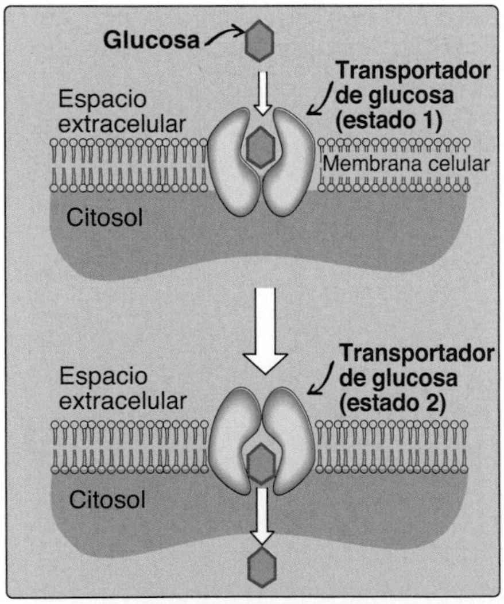

A. Sistema de transporte independiente de sodio y ATP

Este sistema pasivo está mediado por una familia de 14 isoformas de transportadores de glucosa (GLUT) que se encuentran en las membranas celulares. Se designan como GLUT-1 a GLUT-14. Estos transportadores monoméricos de proteínas existen en la membrana en dos estados conformacionales (fig. 9-10). La glucosa extracelular se une al transportador, el cual altera entonces su conformación y transporta la glucosa a través de la membrana celular por medio de la difusión facilitada. Dado que los GLUT transportan una molécula a la vez, son uniportadores.[b]

1. **Especificidad del tejido:** los GLUT presentan un patrón de expresión específico del tejido (*véanse* en la tabla 9-1 algunos ejemplos de GLUT). Por ejemplo, GLUT-1 es abundante en la mayoría de los tejidos especialmente en barrera hematoencefálica, mientras que GLUT-4 es abundante en el músculo y el tejido adiposo, y GLUT-5 transporta fructosa. (Nota: el número de transportadores GLUT-4 activos en estos tejidos aumenta por acción de la insulina [en la p. 369 encontrará un análisis sobre la insulina y el transporte de glucosa].) GLUT-2 es abundante en hígado, riñones y células β pancreáticas. Las otras isoformas de GLUT también tienen distribuciones en tejidos específicos.

2. **Funciones especializadas:** en la difusión facilitada, el movimiento de glucosa mediado por transportadores es a favor de un gradiente de concentración (es decir, desde una concentración alta a una más baja, por lo tanto, no se requiere de energía). Por ejemplo, los GLUT-1, GLUT-3 y GLUT-4 participan sobre todo en la captación de glucosa de la sangre, este último, relacionado a

Figura 9-10
Representación esquemática del transporte facilitado de glucosa a través de una membrana celular. (Nota: las proteínas transportadoras de glucosa son monoméricas y contienen 12 hélices α transmembranales.)

---

[b]Para más información sobre el transporte de glucosa, *véase LIR. Biología molecular y celular*, 2.ª edición, Capítulo 15.

Tabla 9-1: Distribución tisular de determinados GLUT

	Ubicación	Función	K_m (mM)
GLUT-1	La mayoría de los tejidos. Abundante en cerebro	Captación de glucosa basal. Permite que la glucosa atraviese barrera hematoencefálica	1
GLUT-2	Hígado, riñones, páncreas	Elimina el exceso de glucosa de la sangre	15–20
GLUT-3	La mayoría de los tejidos. Abundante en neuronas y placenta	Captación de glucosa basal	1
GLUT-4	Músculo y adipocitos	Elimina el exceso de glucosa de la sangre. Dependiente de Insulina	5
GLUT-5	Intestino delgado, testículos	Transporte de fructosa	10

receptores de insulina. En contraste, GLUT-2, en hígado y riñones, puede transportar glucosa dentro de estas células cuando los niveles de glucosa son altos, o transportar glucosa de estas células cuando los niveles de glucosa en sangre son bajos (p. ej., durante el ayuno). GLUT-5 es raro en cuanto a que es el transportador primario para fructosa (no glucosa) en el intestino delgado y los testículos.

B. Cotransporte de glucosa dependiente de sodio y ATP

Este tipo de cotransporte de glucosa con sodio se produce en las células epiteliales del intestino, los túbulos renales y el plexo coroideo. Este es un proceso que requiere energía que transporta glucosa en contra (a mayor) de su gradiente de concentración, desde bajas concentraciones extracelulares hacia mayores concentraciones intracelulares, mientras el Na^+ es transportado a favor de su gradiente electroquímico. La concentración extracelular de Na^+ es mucho mayor que la intracelular, lo que se debe a la Na^+–K^{++} ATPasa. El gradiente de concentración de Na^+ impulsa el transporte de glucosa en contra de su gradiente de concentración; la hidrólisis de ATP es una fuente de energía indirecta porque es necesaria para establecer el gradiente de Na^+ (*véase* también fig. 8-10). Dado que este proceso, llamado transporte activo secundario, requiere la captación conjunta (simporte) de Na^+, el transportador recibe el nombre de cotransportador de glucosa dependiente de sodio (SGLT) (Nota: el plexo coroideo, parte de la barrera hematoencefálica, también contiene GLUT-1).[c]

La proteína del cotransportador sodio-glucosa tipo 2 (SGLT2) se encuentra en los riñones y es el principal transportador para la reabsorción de glucosa en la sangre. Las gliflozinas son inhibidores del SGLT2, que reducen la reabsorción de glucosa en el riñón y, por lo tanto, disminuyen la glucemia. Los inhibidores del SGLT2 se utilizan para tratar la hiperglucemia en personas con diabetes tipo II.

V. REACCIONES DE LA GLUCÓLISIS

La conversión de glucosa a piruvato ocurre en dos etapas (fig. 9-11). Las primeras cinco reacciones de la glucólisis corresponden a una fase de

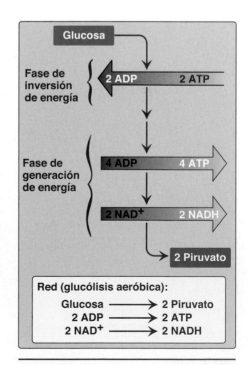

Figura 9-11
Las dos fases de la glucólisis aeróbica. NAD(H), dinucleótido de nicotinamida y adenina; ADP, difosfato de adenosina.

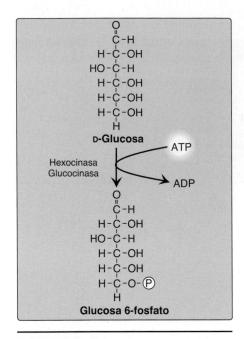

Figura 9-12
Fase de inversión de energía:
fosforilación de la glucosa. (Nota: las
cinasas usan el ATP en complejo con
un ion metálico divalente, casi siempre
magnesio.) ADP, difosfato de adenosina;
$\textcircled{P}$, fosfato.

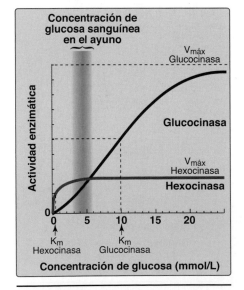

Figura 9-13
Efecto de la concentración de glucosa
en la velocidad de fosforilación
catalizada por *hexocinasa* y
glucocinasa. K_m, constante de
Michaelis; $V_{máx}$, velocidad máxima.

inversión de energía en la cual se sintetizan las formas fosforiladas de los intermediarios a expensas del ATP. Las reacciones subsiguientes de la glucólisis constituyen una fase de generación de energía en la cual se forma una red de dos moléculas de ATP por fosforilación al nivel sustrato.

A. Fosforilación de la glucosa

Las moléculas fosforiladas de azúcar no penetran con facilidad las membranas celulares porque no hay transportadores transmembranales específicos para estos compuestos y porque son demasiado polares para difundir a través del centro lipídico de las membranas. Por lo tanto, la fosforilación irreversible de la glucosa (fig. 9-12) atrapa con eficacia el azúcar como glucosa 6-fosfato citosólica y la compromete a una mayor metabolización en la célula. Los mamíferos poseen cuatro isozimas (I a IV) de la enzima hexocinasa que catalizan la fosforilación de la glucosa a glucosa 6-fosfato.

1. **Hexocinasas I a III:** en la mayoría de los tejidos, la fosforilación de la glucosa se cataliza por medio de una de estas isoenzimas de hexocinasa, la cual es una de tres enzimas reguladoras de la glucólisis (junto con fosfofructocinasa [PFK] y piruvato cinasa [PK]). Las inhibe el producto de la reacción, glucosa 6-fosfato, el cual se acumula cuando se reduce el metabolismo adicional de esta hexosa fosfato. Las hexocinasas I a III poseen una constante de Michaelis (K_m) baja y, como consecuencia, tienen alta afinidad por la glucosa (*véase* p. 87). Esto permite la fosforilación eficiente y el metabolismo subsiguiente de la glucosa, incluso cuando las concentraciones tisulares de este azúcar son bajas (fig. 9-13). Sin embargo, dado que estas isozimas poseen una velocidad máxima baja ([$V_{máx}$] *véase* p. 85) para la glucosa, no secuestran (atrapan) el fosfato celular en forma de glucosa fosforilada ni fosforilan más glucosa de la que la célula puede usar. (Nota: estas isozimas poseen amplia especificidad por el sustrato y son capaces de fosforilar varias hexosas además de glucosa.)

2. **Hexocinasa IV:** en las células del parénquima hepático y células β pancreáticas, la glucocinasa (la isozima de hexocinasa IV) es la enzima predominante responsable de la fosforilación de la glucosa. En las células β, glucocinasa funciona como un sensor de glucosa y determina el umbral para la secreción de insulina (*véase* p. 367). (Nota: hexocinasa IV también sirve como sensor de glucosa en las neuronas del hipotálamo y juega un papel clave en la respuesta adrenérgica a la hipoglucemia [*véase* p. 374]). En el hígado, la enzima facilita la fosforilación de la glucosa durante la hiperglucemia. A pesar del nombre popular, aunque engañoso, de glucocinasa, la especificidad por un azúcar de la enzima es semejante a la de otras isozimas hexocinasas.

   a. **Cinética:** la glucocinasa difiere de las hexocinasas I a III en varias propiedades importantes. Por ejemplo, posee una K_m mucho mayor que requiere una concentración de glucosa mucho más alta para la saturación media (véase fig. 9-13). Por lo tanto, glucocinasa funciona solo cuando la concentración intracelular de glucosa en el hepatocito es elevada, como durante el breve periodo posterior al consumo de una comida rica en carbohidratos, cuando altos niveles de glucosa llegan al hígado a través de la vena porta. Glucocinasa posee una $V_{máx}$ alta, lo cual permite al hígado eliminar con eficacia la gran cantidad de glucosa transportada por la sangre portal. Esto evita que grandes cantidades de glucosa entren a la circulación sistémica después de una comida de este tipo, lo que minimiza la hiperglucemia durante el periodo de absorción. (Nota: GLUT-2 asegura que la glucosa sanguínea se equilibre con rapidez a través de la membrana del hepatocito.)

b. **Regulación:** la actividad de la glucocinasa no se ve inhibida de manera directa por glucosa 6-fosfato, lo mismo que otras hexocinasas. En lugar de ello, fructosa 6-fosfato (que está en equilibrio con glucosa 6-fosfato, un producto de glucocinasa) la inhibe de modo indirecto y la glucosa (un sustrato de glucocinasa) la estimula de manera indirecta. La regulación se logra mediante la unión reversible a la proteína hepática "proteína reguladora de glucocinasa (GKRP)". En presencia de fructosa 6-fosfato, glucocinasa se une con fuerza a la GKRP y es translocada al núcleo, lo cual inactiva a la enzima (fig. 9-14). Cuando los niveles de glucosa en sangre (y también en el hepatocito, como resultado de GLUT-2) aumentan, la GKRP libera glucocinasa y la enzima regresa al citosol, donde fosforila a la glucosa a glucosa 6-fosfato. (Nota: GKRP es un inhibidor competitivo del uso de glucosa por glucocinasa.)

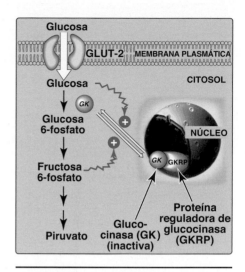

Figura 9-14
Regulación de la actividad de glucocinasa por la proteína reguladora de glucocinasa. GLUT, transportador de glucosa.

> Glucocinasa funciona como sensor de la glucosa en la homeostasis de glucosa en sangre. Las mutaciones inactivadoras de glucocinasa son la causa de una forma rara de diabetes, la diabetes del adulto de inicio juvenil tipo 2 (MODY 2), que se caracteriza por deficiencias en la secreción de insulina e hiperglucemia.

B. Isomerización de glucosa 6-fosfato

Fosfoglucosa isomerasa cataliza la isomerización de glucosa 6-fosfato a fructosa 6-fosfato (fig. 9-15). La reacción es reversible con facilidad y no es un paso limitante de la velocidad ni regulado.

C. Fosforilación de fructosa 6-fosfato

La reacción irreversible de fosforilación que cataliza PFK-1 es el punto de control más importante y la etapa más comprometida y limitante de la velocidad de la glucólisis (fig. 9-16). Las concentraciones disponibles de los sustratos ATP y fructosa 6-fosfato, lo mismo que otras moléculas reguladoras, controlan a PFK-1.

1. **Regulación por niveles intracelulares de energía:** los niveles elevados de ATP, que actúan como una señal rica en energía que indica una abundancia de compuestos de alta energía, inhiben de forma alostérica a PFK-1. Los niveles elevados de citrato, un intermediario en el ciclo de ATC (*véase* p. 146), también inhiben a PFK-1. (Nota: la inhibición por citrato favorece el uso de glucosa para la síntesis de glucógeno [*véase* p. 162].) Por otro lado, PFK-1 se activa de manera alostérica con altas concentraciones de AMP, lo cual señala que los almacenes de energía de la célula están vacíos.

2. **Regulación por fructosa 2,6-bisfosfato:** fructosa 2,6-bisfosfato es el activador más potente de PFK-1 (*véase* fig. 9-16) y es capaz de activar la enzima incluso cuando los niveles de ATP son elevados. Se forma a partir de fructosa 6-fosfato por acción de PFK-2.

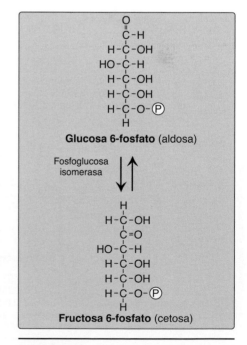

Figura 9-15
Isomerización aldosa-cetosa de glucosa 6-fosfato a fructosa 6-fosfato. Ⓟ, fosfato.

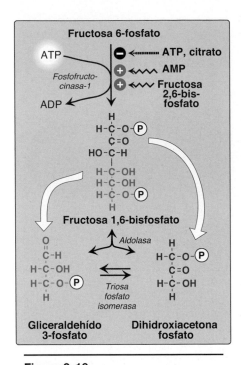

Figura 9-16
Fase de inversión de energía
(continua): conversión de fructosa
6-fosfato a triosa fosfatos. ⓟ, fosfato;
AMP y ADP, mono y difosfato de
adenosina.

A diferencia de PFK-1, PFK-2 es una proteína bifuncional que posee tanto la actividad de cinasa que produce fructosa 2,6-bisfosfato como la actividad de fosfatasa que desfosforila la fructosa 2,6-bisfosfato para dar fructosa 6-fosfato. En la isozima hepática, la fosforilación de PFK-2 inactiva el dominio de cinasa y activa el de fosfatasa (fig. 9-17). Se puede observar lo contrario en la isozima cardiaca. La PFK-2 esquelética no está regulada en forma covalente. (Nota: fructosa 2,6-bisfosfato es un inhibidor de fructosa 1,6-bisfosfatasa, una enzima de la gluconeogénesis. Las acciones recíprocas de fructosa 2,6-bisfosfato sobre glucólisis [activación] y gluconeogénesis [inhibición] aseguran que ambas vías no estén totalmente activas al mismo tiempo, lo cual evita un ciclo inútil de oxidación de glucosa a piruvato seguido por la resíntesis de glucosa a partir de piruvato.)

a. **Durante el estado de buena alimentación:** los niveles reducidos de glucagón y elevados de insulina (como los que ocurren tras una comida con alto contenido en carbohidratos) causan un incremento en la fructosa 2,6-bisfosfato hepática (PFK-2 se desfosforila) y, por lo tanto, en la velocidad de la glucólisis (*véase* fig. 9-17). En consecuencia, la fructosa 2,6-bisfosfato actúa como una señal intracelular de abundancia de glucosa.

b. **Durante el ayuno:** en contraste, los niveles elevados de glucagón y los niveles bajos de insulina que se presentan durante el ayuno (véase p. 388) causan un decremento en la fructosa 2,6-bisfosfato hepática (PFK-2 se fosforila). Esto deriva en la inhibición de la glucólisis y la activación de la gluconeogénesis.

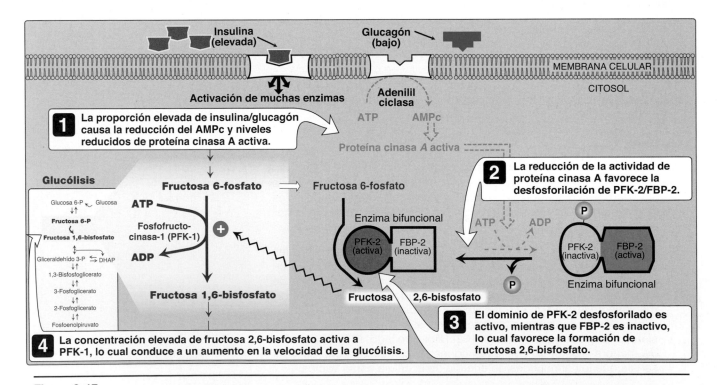

Figura 9-17
Efecto de la concentración elevada de insulina en la concentración intracelular de fructosa 2,6 bisfosfato en el hígado.
AMP y ADP, mono y difosfato de adenosina; AMPc, AMP cíclico; FBP-2, fructosa 2,6-bisfosfatasa; ⓟ, fosfato; PFK-2, fosfofructocinasa-2.

D. Escisión de fructosa 1,6-bisfosfato

La aldolasa rompe la fructosa 1,6-bisfosfato en dihidroxiacetona fosfato (DHAP) y gliceraldehído 3-fosfato (fig. 9-16). La reacción es reversible y no regulada. (Nota: aldolasa B, la isoforma hepática, también rompe la fructosa 1-fosfato y funciona en el metabolismo dietético de la fructosa.)

E. Isomerización de dihidroxiacetona fosfato

La enzima triosa fosfato isomerasa interconvierte a DHAP y gliceraldehído 3-fosfato (fig. 9-16). DHAP debe ser isomerizado a gliceraldehído 3-fosfato para ser metabolizado de manera adicional en la vía glucolítica. Esta isomerización deriva en la producción neta de dos moléculas de gliceraldehído 3-fosfato a partir de los productos de la escisión de fructosa 1,6-bisfosfato. (Nota: DHAP se utiliza en la síntesis de triacilglicerol.)

F. Oxidación de gliceraldehído 3-fosfato

La conversión de gliceraldehído 3-fosfato en 1,3-bisfosfoglicerato (1,3-BPG) por la gliceraldehído 3-fosfato deshidrogenasa es la primera reacción de oxidación-reducción de la glucólisis (fig. 9-18). (Nota: dado que hay una cantidad limitada de NAD^+ en la célula, el NADH formado por la reacción de deshidrogenasa debe oxidarse para que la glucólisis continúe. Dos de los mecanismos principales para oxidar NADH a NAD^+ son la reducción de piruvato a lactato por lactato deshidrogenasa [LDH] anaeróbica y la cadena de transporte de electrones [CTE; aeróbica]. Dado que NADH no puede cruzar la membrana mitocondrial interna, la CTE requiere las lanzaderas de sustratos de malato-aspartato y glicerol 3-fosfato para mover los equivalentes reductores de NADH hacia la matriz mitocondrial.)

1. **Síntesis de 1,3-bisfosfoglicerato:** la oxidación del grupo aldehído del gliceraldehído 3-fosfato a un grupo carboxilo está acoplada a la unión de P_i al grupo carboxilo. Este grupo fosfato, unido al carbono 1 del producto 1,3-BPG por un enlace de alta energía, conserva mucha de la energía libre producida por la oxidación de gliceraldehído 3-fosfato. Este fosfato de alta energía impulsa la síntesis de ATP en la siguiente reacción de la glucólisis.

Aplicación clínica 9-1: envenenamiento por arsénico

La toxicidad del arsénico se debe sobre todo a la inhibición por el arsénico trivalente (arsenito) de enzimas como el complejo de piruvato deshidrogenasa (PDHC), que requiere ácido lipoico como coenzima (*véase* p. 145). No obstante, el arsénico pentavalente (arsenato) puede evitar la producción neta de ATP y NADH por la glucólisis sin inhibir la propia vía. Lo hace al competir con P_i como sustrato para gliceraldehído 3-fosfato deshidrogenasa y formar un complejo que se hidroliza en forma espontánea para formar 3-fosfoglicerato (*véase* fig. 9-18). Al sortear la síntesis y la transferencia de fosfato desde el 1,3-BPG, la célula se ve privada de la energía que por lo general obtiene de la vía glucolítica. (Nota: el arsenato también compite con la unión del P_i al dominio F_1 de ATP sintasa, lo cual resulta en la formación de ADP-arsenato que se hidroliza con rapidez.)

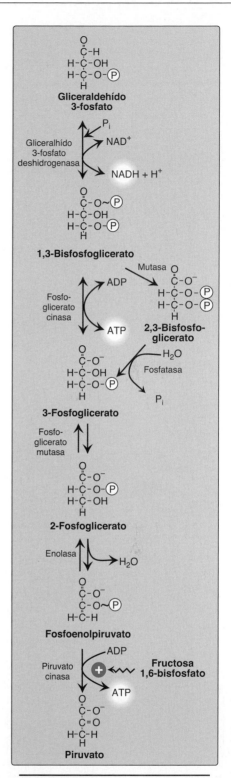

Figura 9-18
Fase generadora de energía: conversión de gliceraldehído 3-fosfato en piruvato. ~, enlace de alta energía; ADP, difosfato de adenosina; NAD(H), dinucleótido de nicotinamida y adenina; Ⓟ, fosfato; P_i, fosfato inorgánico.

2. **Síntesis de 2,3-bisfosfoglicerato en eritrocitos:** parte del 1,3-BPG se convierte en 2,3-BPG por la acción de la bisfosfoglicerato mutasa (fig. 9-18). El 2,3-BPG, que se encuentra solo en cantidades traza en la mayoría de las células, está presente en altas concentraciones en los eritrocitos y sirve para aumentar la provisión de O_2. El 2,3-BPG se hidroliza por medio de una fosfatasa para dar 3-fosfoglicerato, que también es un intermediario en la glucólisis (fig. 9-18). En los eritrocitos, la glucólisis se modifica por la inclusión de estas reacciones de derivación.

G. Síntesis de 3-fosfoglicerato y producción de ATP

Cuando 1,3-BPG se convierte en 3-fosfoglicerato, el grupo fosfato de alta energía de 1,3-BPG se usa para sintetizar ATP a partir de ADP (fig. 9-18). Esta reacción es catalizada por fosfoglicerato cinasa, la cual, a diferencia de la mayoría del resto de las cinasas, es fisiológicamente reversible. Dado que se forman dos moléculas de 1,3-BPG de cada molécula de glucosa, la reacción de cinasa remplaza las dos moléculas de ATP consumidas por la formación previa de glucosa 6-fosfato y fructosa 1,6-bisfosfato. (Nota: esta reacción es un ejemplo de la fosforilación al nivel del sustrato, en la cual la energía necesaria para la producción de un fosfato de alta energía se deriva de un sustrato más que de la CTE [*véase* J. más adelante para más ejemplos].)

H. Desplazamiento del grupo fosfato

El desplazamiento del grupo fosfato del carbono 3 al carbono 2 de fosfoglicerato por acción de fosfoglicerato mutasa es libremente reversible.

I. Deshidratación de 2-fosfoglicerato

La deshidratación de 2-fosfoglicerato por la enolasa redistribuye la energía dentro del sustrato y forma fosfoenolpiruvato (PEP), que contiene enol fosfato de alta energía (fig. 9-18). La reacción es reversible, a pesar de la naturaleza de alta energía del producto. (Nota: el fluoruro inhibe la enolasa y la fluoración del agua reduce la producción de lactato de las bacterias orales, lo cual reduce la caries dental.)

J. Síntesis de piruvato y producción de ATP

La conversión de PEP a piruvato, catalizada por PK, es la tercera reacción irreversible de la glucólisis. El enol fosfato de alta energía en el PEP se usa para sintetizar ATP a partir de ADP y es otro ejemplo de fosforilación a nivel de sustrato (fig. 9-18).

1. **Regulación de proalimentación:** el producto de la reacción de PFK-1, fructosa 1,6-bisfosfato, activa a PK. Esta regulación de proalimentación (*feedforward*, en lugar de la retroalimentación que es más común) tiene el efecto de vincular las actividades de las dos cinasas: el aumento en la actividad de PFK-1 deriva en niveles elevados de fructosa 1,6-bisfosfato, lo cual activa PK. (Nota: ATP inhibe a PK.)

2. **Regulación covalente en el hígado:** la fosforilación por PKA dependiente de AMPc conduce a la inactivación de la isozima hepática de PK (fig. 9-19). Cuando los niveles de glucosa sanguínea son bajos, el nivel elevado de glucagón incrementa el nivel intracelular de AMPc, lo cual causa la fosforilación e inactivación de PK solo en el hígado. En consecuencia, PEP es incapaz de continuar en la glucólisis y, en lugar de ello, entra a la vía de la gluconeogénesis. Esto explica en parte la inhibición observada de la glucólisis hepática y

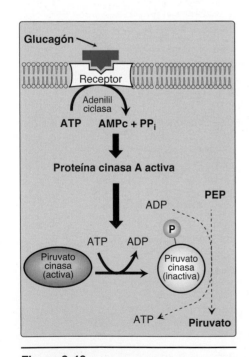

Figura 9-19
La modificación covalente de piruvato cinasa hepática deriva en la inactivación de la enzima. ADP, difosfato de adenosina; AMPc, monofosfato de adenosina cíclico; (P), fosfato; PEP, fosfoenolpiruvato; PP$_i$, pirofosfato.

la estimulación de la gluconeogénesis por el glucagón. La desfosforilación de PK por una fosfatasa resulta en la reactivación de la enzima.

3. **Deficiencia de piruvato cinasa:** dado que los eritrocitos maduros carecen de mitocondrias, dependen por completo de la glucólisis para la producción de ATP. El ATP se requiere para cubrir las necesidades metabólicas de los eritrocitos y como combustible de las bombas de iones necesarias para el mantenimiento de la forma flexible y bicóncava que les permite comprimirse a través de los estrechos capilares. La anemia observada en las deficiencias de enzima glucolítica es una consecuencia de la reducción en la velocidad de la glucólisis, la cual lleva a la disminución de la producción de ATP por la fosforilación a nivel de sustrato. Las alteraciones derivadas en la membrana de los eritrocitos conducen a cambios en la forma celular y, en última instancia, a la fagocitosis por células del sistema de fagocitos mononucleares, en particular los macrófagos esplénicos. La muerte prematura y la lisis de los eritrocitos conducen a anemia hemolítica leve a grave, donde la forma grave requiere transfusiones regulares. Entre los pacientes con defectos genéticos raros de las enzimas glucolíticas, la mayoría tiene una deficiencia en PK. (Nota: el mismo gen que el de la isozima de eritrocitos codifica para la PK hepática. No obstante, los hepatocitos no muestran efecto porque pueden sintetizar más PK y también pueden generar ATP por fosforilación oxidativa.) La gravedad depende tanto del grado de deficiencia de la enzima (por lo general 5 a 35% de los niveles normales) como del punto hasta el cual los eritrocitos compensan al sintetizar niveles mayores de 2,3-BPG (*véase* p. 56). Casi todos los individuos con deficiencia de PK poseen una enzima mutante que muestra cinética alterada o estabilidad reducida (fig. 9-20). Los individuos heterocigotos para deficiencia de PK poseen resistencia a las formas más graves de paludismo.

 La expresión específica por tejidos de PK en eritrocitos y el hígado resulta del uso de distintos sitios de inicio en la transcripción (*véase* p. 497) del gen que codifica para la enzima.

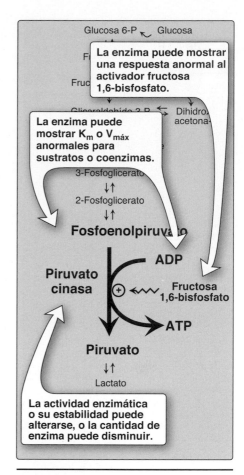

Figura 9-20
Alteraciones observadas con diversas formas mutantes de piruvato cinasa. ADP, difosfato de adenosina; K_m, constante de Michaelis; $V_{máx}$, velocidad máxima.

K. Reducción de piruvato a lactato

Lactato, formado a partir de piruvato mediante la LDH, es el producto final de la glucólisis anaeróbica en las células eucarióticas (fig. 9-21). La reducción a lactato es el destino principal para piruvato en los tejidos poco vascularizados (p. ej., el cristalino y la córnea del ojo, y la médula renal) o en eritrocitos que carecen de mitocondrias.

1. **Formación de lactato en el músculo:** cuando se ejercita el músculo esquelético, la producción de NADH (por la gliceraldehído 3-fosfato deshidrogenasa y por las tres deshidrogenasas vinculadas con NAD$^+$ del ciclo de los ATC, *véase* también cap. 10) excede la capacidad oxidativa de la CTE. Esto deriva en una relación elevada de NADH/NAD$^+$, lo cual favorece la reducción de piruvato a lactato por la LDH. En consecuencia, durante el ejercicio intenso, el lactato se acumula en el músculo y causa una caída en el pH intracelular, lo que crea la probabilidad de sufrir calambres. De modo eventual, gran parte de este lactato difunde hacia el torrente sanguíneo y puede emplearse en el hígado para producir glucosa.

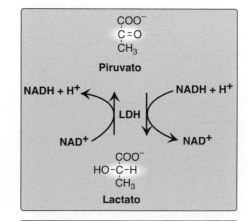

Figura 9-21
Interconversión de piruvato y lactato por acción de lactato deshidrogenasa (LDH). NAD(H), dinucleótido de nicotinamida y adenina.

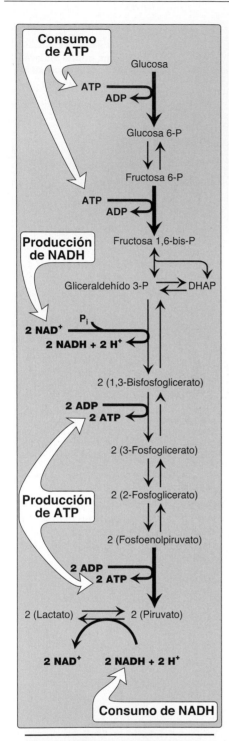

Figura 9-22

Resumen de la glucólisis anaeróbica. Las reacciones que implican la producción o el consumo de ATP o de nicotinamida adenina dinucleótido (NADH) están indicadas. Las tres reacciones irreversibles de la glucólisis se indican con *flechas gruesas*. ADP, difosfato de adenosina; DHAP, dihidroxiacetona fosfato; P, fosfato.

2. **Utilización de lactato:** la dirección de la reacción de LDH depende de las concentraciones intracelulares relativas de piruvato y lactato, y de la proporción de NADH/NAD$^+$. Por ejemplo, en hígado y corazón esta proporción es menor que en el músculo durante el ejercicio. En consecuencia, el hígado y el corazón oxidan lactato (obtenido de la sangre) a piruvato. En el hígado, el piruvato se convierte en glucosa por gluconeogénesis o a acetil CoA que se oxida en el ciclo de los ATC. El músculo cardiaco oxida de forma exclusiva lactato a dióxido de carbono y agua vía el ciclo de los ATC.

3. **Acidosis láctica:** la concentración elevada de lactato en el plasma, denominada "acidosis láctica" (un tipo de acidosis metabólica), ocurre cuando hay un colapso del sistema circulatorio, como en el caso del infarto de miocardio, la embolia pulmonar o una hemorragia sin controlar, o cuando el individuo está en choque. La incapacidad para llevar cantidades adecuadas de O$_2$ a los tejidos deriva en una fosforilación oxidativa insuficiente y en la reducción de la síntesis de ATP. Para sobrevivir, las células se basan en la glucólisis anaeróbica para generar ATP, esto produce ácido láctico como el producto final. (Nota: la producción de cantidades incluso mínimas de ATP puede salvar la vida durante el periodo requerido para restablecer el flujo adecuado de sangre a los tejidos.) El O$_2$ adicional requerido para recuperarse de un periodo en el que la disponibilidad de O$_2$ ha sido inadecuada se denomina deuda de O$_2$. (Nota: la deuda de O$_2$ con frecuencia se relaciona con la morbilidad y mortalidad del paciente. En muchas situaciones clínicas, medir los niveles de ácido láctico en sangre permite la detección rápida y oportuna de deuda de O$_2$ en los pacientes y en la vigilancia de su recuperación.)

L. Rendimiento energético de la glucólisis

A pesar de la producción de cierta cantidad de ATP de la fosforilación a nivel sustrato durante la glucólisis, el producto final, piruvato o lactato, aún contiene la mayor parte de la energía contenida de manera original en la glucosa. El ciclo del ATC es necesario para liberar esa energía por completo.

1. **Glucólisis anaeróbica:** se genera una cantidad neta de dos moléculas de ATP por cada molécula de glucosa que se ha convertido en dos moléculas de lactato (fig. 9-22). No hay producción ni consumo neto de NADH.

2. **Glucólisis aeróbica:** la generación de ATP es la misma que en la glucólisis anaeróbica (es decir, una ganancia neta de dos ATP por molécula de glucosa). También se producen dos moléculas de NADH por molécula de glucosa. La glucólisis aeróbica continua requiere la oxidación de la mayor parte de este NADH por la CTE, lo cual produce tres ATP por molécula de NADH que entra a la cadena (*véase* p. 109). (Nota: el NADH no puede cruzar la membrana mitocondrial interna y se requieren lanzaderas de sustrato.)

VI. REGULACIÓN HORMONAL

La regulación de la actividad de las enzimas glucolíticas irreversibles por activación/inhibición alostérica o fosforilación/desfosforilación covalente es a corto plazo (es decir, los efectos se presentan durante minutos u horas). Superpuestos sobre estos efectos en la actividad de moléculas enzimáticas preexistentes se encuentran los efectos hormonales a largo plazo sobre el número de nuevas moléculas enzimáticas. Estos efectos hormonales pueden derivar en aumentos de 10 a 20 veces en la síntesis enzimática que suele ocurrir en lapsos de horas a días.

El consumo regular de comidas altas en carbohidratos o la administración de insulina inician un incremento en la cantidad de glucocinasa, PFK-1 y PK en el hígado (fig. 9-23). El cambio refleja un aumento en la transcripción de genes, que deriva en el incremento de la síntesis enzimática. El aumento en la disponibilidad de estas tres enzimas favorece la conversión de glucosa en piruvato, una característica del estado de absorción. (Nota: los efectos de transcripción de insulina y carbohidrato [de forma específica glucosa] están mediados por los factores de transcripción proteína 1-c de unión al elemento regulador del esterol y proteína de unión al elemento de respuesta a carbohidratos, de forma respectiva. Estos factores también regulan la transcripción de genes implicados en la síntesis de ácidos grasos.) De manera inversa, la expresión de genes de las tres enzimas se reduce cuando el glucagón del plasma es elevado y la insulina es baja (p. ej., como se ve en el ayuno o la diabetes).

VII. DESTINOS ALTERNATIVOS DEL PIRUVATO

El piruvato puede metabolizarse a otros productos distintos del lactato.

A. Descarboxilación oxidativa para dar acetil CoA

La descarboxilación oxidativa del piruvato por PDHC es una vía importante en los tejidos con alta capacidad oxidativa como el músculo cardiaco (fig. 9-24). PDHC convierte de manera irreversible el piruvato, el producto final de la glucólisis aeróbica, en acetil CoA, un sustrato del ciclo de los ATC y la fuente de carbono para la síntesis de ácidos grasos.

B. Carboxilación a oxaloacetato

La carboxilación de piruvato a oxaloacetato por la piruvato carboxilasa es una reacción dependiente de biotina (fig. 9-24). Esta reacción irreversible es importante porque reabastece el intermediario del ciclo de ATC y proporciona sustrato para la gluconeogénesis.

C. Reducción a etanol (microorganismos)

La reducción de piruvato a etanol ocurre mediante las dos reacciones que se resumen en la figura 9-24. La descarboxilación de piruvato a acetaldehído por piruvato descarboxilasa que requiere tiamina ocurre en levaduras y en algunos otros microorganismos, pero no en humanos.

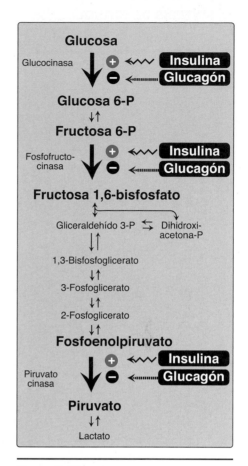

Figura 9-23
Efecto de insulina y glucagón sobre la expresión de las enzimas clave de la glucólisis en el hígado. P, fosfato.

VIII. RESUMEN DEL CAPÍTULO

- La mayoría de las **vías metabólicas** puede clasificarse como **catabólicas** (esto es, que degradan moléculas complejas para proporcionar unos cuantos productos simples con la **producción de ATP**) o **anabólicas** (síntesis de productos finales complejos a partir de precursores simples con **hidrólisis de ATP**).

- Las señales **intercelulares** proporcionan la integración del metabolismo. La vía primaria de esta comunicación son las **señales químicas** (p. ej., **hormonas** o **neurotransmisores**).

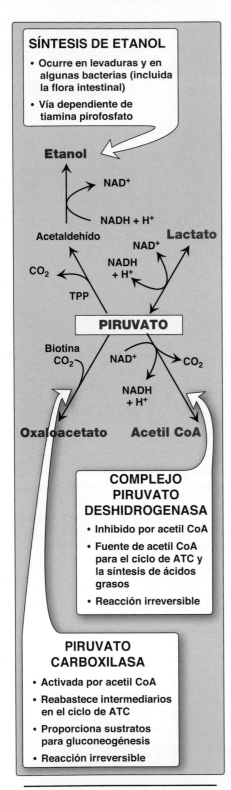

Figura 9-24

Resumen de los destinos metabólicos del piruvato. CO_2, dióxido de carbono; CoA, coenzima A; NAD(H), dinucleótido de nicotinamida y adenina; TCA, ácido tricarboxílico; TPP, pirofosfato de tiamina.

- Las **moléculas de segundos mensajeros** se regulan en respuesta a GPCR y transducen una señal química a las respuestas intracelulares adecuadas.

- La **adenilil ciclasa** es una enzima de la membrana celular regulada por GPCR que sintetiza **AMPc cíclico** en respuesta a las hormonas **glucagón** y **adrenalina**.

- El AMPc producido activa la **PKA**, la cual fosforila una diversidad de enzimas, en residuos de serina/treonina, y causa su activación o inactivación.

- La fosforilación se revierte por medio de las **fosfoproteínas fosfatasas**.

- La **glucólisis aeróbica**, donde **piruvato** es el producto final, ocurre en células con mitocondrias y una provisión adecuada de oxígeno ($[O_2]$, fig. 9-25).

- La **glucólisis anaeróbica**, en la cual el **ácido láctico** es el producto final, ocurre en las células que carecen de mitocondrias y en células carentes de suficiente O_2.

- La glucosa se transporta de manera pasiva a través de las membranas por medio de los **GLUT**, que tienen distribuciones específicas en los tejidos.

- La oxidación de glucosa a piruvato (**glucólisis**, *véase* fig. 9-25) ocurre a través de una fase de **inversión de energía** en la cual se sintetizan intermediarios fosforilados a expensas del ATP y de una fase de **generación de energía** en la cual se produce ATP a través de la **fosforilación a nivel de sustrato**.

- La **hexocinasa** tiene **alta afinidad** (**baja K_m**) y una **velocidad máxima baja** ($V_{máx}$) para la glucosa y es inhibida por glucosa 6-fosfato. **Glucocinasa** posee alta K_m y $V_{máx}$ elevada para la glucosa. Está regulada de forma indirecta por la fructosa 6-fosfato (la inhibe) y la glucosa (la activa) a través de la **GKRP**.

- Glucosa 6-fosfato se isomeriza a **fructosa 6-fosfato**, el cual se fosforila a **fructosa 1,6-bisfosfato** por acción de **PFK-1**. Se usa un total de **dos ATP** durante esta fase de la glucólisis.

- Fructosa 1,6-bisfosfato se rompe para formar dos triosas que se metabolizan aún más en la vía glucolítica y forman piruvato. Durante esta fase, se producen **cuatro ATP** y **dos NADH** por molécula de glucosa.

- **PK** cataliza el paso final en la síntesis de piruvato a partir de **PEP**. La **deficiencia de PK** es responsable de la mayoría de los defectos hereditarios en las enzimas glucolíticas. Los efectos están restringidos a los **eritrocitos** y se presentan como **anemia hemolítica crónica**, de leve a grave.

- La **transcripción** del gen glucolítico mejora por efecto de la insulina y la glucosa.

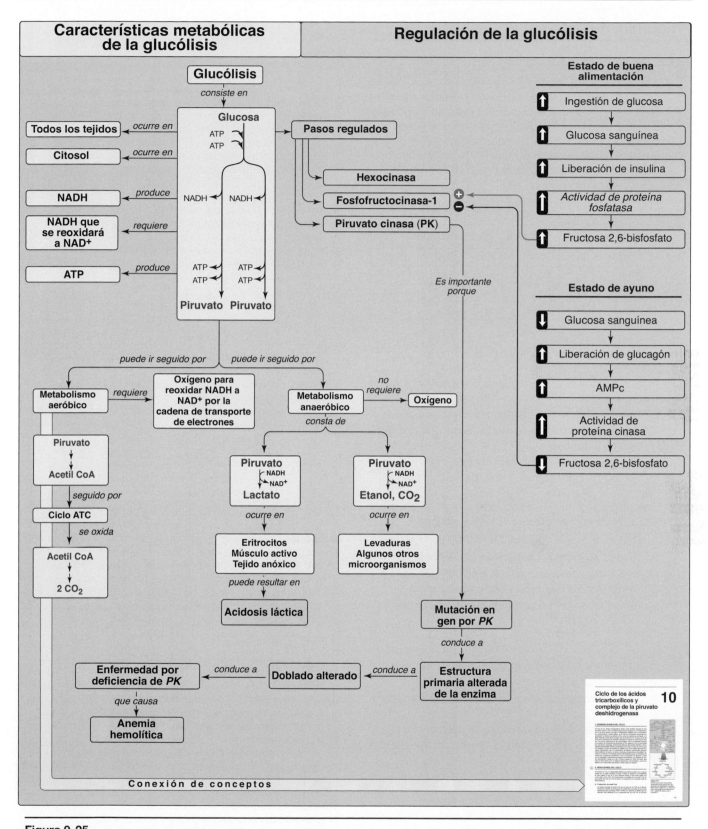

Figura 9-25

Mapa conceptual para la glucólisis. AMPc, monofosfato de adenosina cíclico; ATC, ácido tricarboxílico; CO_2, dióxido de carbono; CoA, coenzima A; NAD(H), dinucleótido de nicotinamida y adenosina.

Preguntas de estudio

Elija la RESPUESTA correcta.

9.1   ¿Cuál de las siguientes opciones describe mejor el nivel de actividad y el estado de fosforilación de las enzimas hepáticas señaladas en un individuo que consumió una comida con alto contenido en carbohidratos hace cerca de 1 hora? PFK-1, fosfofructocinasa-1; PFK-2, fosfofructocinasa-2; Ⓟ, fosforilado.

Opción	PFK-1		PFK-2		Piruvato cinasa	
	Actividad	Ⓟ	Actividad	Ⓟ	Actividad	Ⓟ
A.	Baja	No	Baja	No	Baja	No
B.	Alta	Sí	Baja	Sí	Baja	Sí
C.	Alta	No	Alta	No	Alta	No
D.	Alta	Sí	Alta	Sí	Alta	Sí

Respuesta correcta = C. Justo después de una comida, los niveles de glucosa sanguínea y la captación hepática de glucosa aumentan. La glucosa se fosforila a glucosa 6-fosfato y se usa en la glucólisis. En respuesta a la elevación de la glucosa sanguínea, se incrementa la proporción insulina/glucagón. Como resultado, el dominio de cinasa de PFK-2 se encuentra desfosforilado y activo. Su producto, fructosa 2,6-bisfosfato, activa de forma alostérica a PFK-1. (PFK-1 no se regula de manera covalente.) PFK-1 activa produce fructosa 1,6-bisfosfato que es una proalimentación (*feedforward*) de piruvato cinasa. La piruvato cinasa hepática se regula de manera covalente, y el aumento de insulina favorece la desfosforilación y la activación.

9.2   ¿Cuál de los siguientes enunciados es verdadero solo para las vías anabólicas?

A. Sus reacciones irreversibles (sin equilibrio) están reguladas.

B. Se llaman ciclos si regeneran un intermediario.

C. Son convergentes y generan unos cuantos productos simples.

D. Son de síntesis y requieren energía.

E. Es común que requieran coenzimas oxidadas.

Respuesta correcta = D. Los procesos anabólicos son de síntesis y requieren energía (endergónicos). Los enunciados A y B se aplican tanto a los procesos anabólicos como catabólicos, mientras que C y E solo se aplican a los procesos catabólicos.

9.3   Comparado con el estado de reposo, el músculo esquelético en contracción vigorosa muestra:

A. Reducción de la proporción AMP/ATP.

B. Niveles reducidos de fructosa 2,6-bisfosfato.

C. Reducción de la proporción NADH/NAD⁺.

D. Incremento en la disponibilidad de oxígeno.

E. Aumento en la reducción de piruvato a lactato.

Respuesta correcta = E. El músculo esquelético en contracción vigorosa muestra aumento en la reducción del piruvato a lactato comparado con el músculo en reposo. Los niveles de nicotinamida adenina dinucleótido reducido (NADH) aumentan y exceden la capacidad oxidativa de la cadena de transporte de electrones. En consecuencia, los niveles de monofosfato de adenosina (AMP) crecen. La concentración de fructosa 2,6-bisfosfato no es un factor regulador clave en el músculo esquelético.

9.4   Elija el enunciado correcto. El transporte de glucosa en:

A. Las neuronas se efectúa a través de transporte activo.

B. Las células de mucosa intestinal requiere insulina.

C. Los hepatocitos implica un transportador de glucosa.

D. La mayoría de las células es a través de difusión simple.

Respuesta correcta = C. La captación de glucosa en hígado, cerebro, músculo y tejido adiposo se lleva a cabo hacia abajo de un gradiente de concentración y los transportadores de glucosa específicos del tejido (GLUT) facilitan el transporte. En los tejidos adiposo y muscular, se requiere insulina para captar la glucosa. Mover la glucosa contra un gradiente de concentración requiere energía y se observa con el cotransportador de glucosa 1 dependiente de sodio (SGLT1) de las células de mucosa intestinal. Salvo en algunos gases, el transporte por la membrana hacia las células no ocurre por simple difusión. Todo el transporte de glucosa utiliza las proteínas de transporte GLUT.

9.5 Debido a que la K_m de glucocinasa para glucosa es 10 mM, mientras que la de hexocinasa es 0.1 mM, ¿qué isozima se acercará más a la $V_{máx}$ a la concentración normal de glucosa sanguínea de 5 mM?

Respuesta correcta = hexocinasa. La K_m (constante de Michaelis) es la concentración de sustrato que proporciona $1/2$ $V_{máx}$ (velocidad máxima). Cuando la concentración de glucosa en sangre es 5 mM, la hexocinasa ($K_m = 0.1$ mM) estará saturada, pero la glucocinasa ($K_m = 10$ mM) no lo estará.

9.6 En pacientes con infección por pertussis y tos ferina, se inhibe $G\alpha_i$. ¿Cómo conduce esto a una elevación en monofosfato de adenosina cíclico (AMPc)?

Respuesta correcta = las proteínas del tipo $G\alpha_i$ inhiben la adenilil ciclasa (AC) cuando su receptor acoplado a proteína G está unido a un ligando. Si $G\alpha_i$ es inhibida por una toxina de pertussis, la producción de AMPc por acción de AC se activa de manera inadecuada.

Ciclo de los ácidos tricarboxílicos y el complejo piruvato deshidrogenasa

10

I. GENERALIDADES DEL CICLO

El **ciclo de los ácidos tricarboxílicos** (ciclo ATC) también puede denominarse ciclo del ácido cítrico o ciclo de Krebs, y juega diversos papeles en el metabolismo. Es la vía final donde converge el catabolismo oxidativo de los carbohidratos, aminoácidos y ácidos grasos, en el cual sus esqueletos carbonados se convierten en dióxido de carbono (CO_2), como se muestra en la figura 10-1. Esta oxidación proporciona energía para la producción de la mayor parte del ATP en la mayoría de los animales, incluidos los humanos. Dado que el ciclo de ATC ocurre por completo en las mitocondrias, está en proximidad cercana a la cadena de transporte de electrones (CTE), la cual oxida las coenzimas reducidas dinucleótido de nicotinamida y adenina (NADH) y dinucleótido de flavina y adenina ($FADH_2$) producidas por el ciclo. El ciclo de ATC es una vía aeróbica porque se requiere el oxígeno (O_2) como aceptor final de electrones. Reacciones como el catabolismo de algunos aminoácidos generan intermediarios del ciclo y se llaman reacciones anapleróticas (del griego "llenarse"). El ciclo de ATC también provee intermediarios para un sinnúmero de reacciones anabólicas importantes, como la formación de glucosa a partir de los esqueletos carbonados de algunos aminoácidos y la síntesis de ciertos aminoácidos (*véase* cap. 21, sección V) y hemo (*véase* cap. 22, sección II B). Por lo tanto, este ciclo no debe verse como un sistema cerrado sino, por el contrario, como uno abierto con compuestos que entran y salen según se requiere.

II. REACCIONES DEL CICLO

En el ciclo de ATC, el oxaloacetato (OAA) se condensa primero con un grupo acetilo de la **acetil coenzima A** (CoA) y luego se regenera al completarse el ciclo (*véase* fig. 10-1). Dos carbonos entran al ciclo como acetil CoA y dos salen como CO_2. En consecuencia, la entrada de una acetil CoA en una vuelta del ciclo de ATC no lleva a la producción ni al consumo neto de intermediarios.

A. Producción de acetil CoA

La fuente principal de acetil CoA para el ciclo de los ATC es la descarboxilación oxidativa de **piruvato** por la multienzima **complejo de la piruvato deshidrogenasa** (complejo PDH o CPDH). No obstante, el CPDH (que se describe más adelante) no es componente del ciclo de ATC. El piruvato, producto final de la glucólisis aeróbica, se transporta

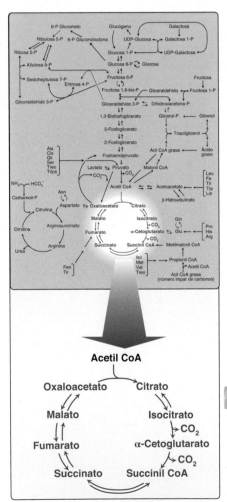

Figura 10-1
El ciclo de los ácidos tricarboxílicos representado como parte de las vías esenciales del metabolismo energético. (Nota: *véase* fig. 9-2 para un mapa más detallado del metabolismo). CO_2, dióxido de carbono; CoA, coenzima A.

del citosol a la matriz mitocondrial por medio del transportador mitocondrial de piruvato de la membrana mitocondrial interna. En la matriz, CPDH convierte el piruvato en Acetil CoA. (Nota: la oxidación de ácidos grasos es otra fuente de acetil CoA [*véase* cap. 17, sección IV].)

1. **Enzimas componentes del CPDH:** el CPDH es un agregado proteico de múltiples copias de tres enzimas, piruvato descarboxilasa ([E1] en ocasiones llamada PDH), dihidrolipoil transacetilasa (E2) y dihidrolipoil deshidrogenasa (E3). Cada una cataliza parte de la reacción global (fig. 10-2). Su asociación física vincula las reacciones en la secuencia adecuada sin la liberación de intermediarios. Además de las enzimas que participan en la conversión de piruvato en acetil CoA, el CPDH también contiene dos enzimas reguladoras, **piruvato deshidrogenasa cinasa (PDH cinasa)** y **piruvato deshidrogenasa fosfatasa (PDH fosfatasa)**.

2. **Coenzimas:** el CPDH contiene cinco coenzimas que actúan como transportadores u oxidantes para los intermediarios de las reacciones que aparecen en la figura 10-2. E1 requiere **pirofosfato de tiamina** (TPP), E2 necesita ácido **lipoico** y CoA, y E3 funciona con **FAD** y **NAD$^+$**. (Nota: TPP, ácido lipoico y FAD están muy unidos a las enzimas y funcionan como grupos coenzimáticos-prostéticos [*véase* p. 82])

> Las deficiencias de tiamina o niacina pueden provocar problemas graves del sistema nervioso central. Esto se debe a que las neuronas son incapaces de producir suficiente ATP a través del ciclo de los ATC si el CPDH está inactivo. Wernicke-Korsakoff, un síndrome de encefalopatía-psicosis debido a la deficiencia de tiamina, puede observarse en personas con trastorno por consumo de alcohol.

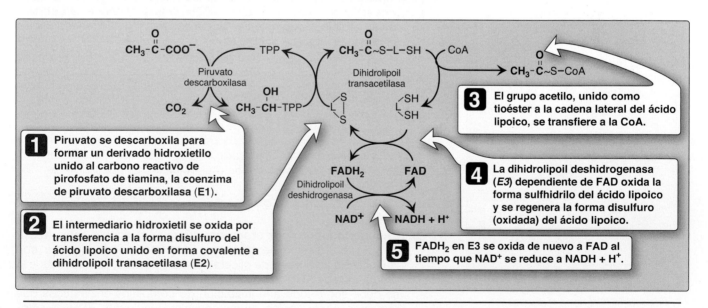

Figura 10-2

Mecanismo de acción de las enzimas (E) del complejo de la piruvato deshidrogenasa. (Nota: todas las coenzimas del complejo, excepto el ácido lipoico, se derivan de vitaminas. TPP de tiamina, FAD de riboflavina, NAD de niacina y CoA de ácido pantoténico.) ~, enlace de alta energía; CO_2, dióxido de carbono; CoA, coenzima A; FAD(H_2) y NAD(H), dinucleótidos de flavina, y nicotinamida adenina; L, ácido lipoico; TPP, tiamina pirofosfato.

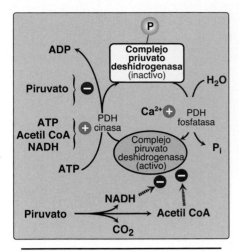

Figura 10-3

Regulación del complejo de piruvato deshidrogenasa (PDH). P, fosfato. (⟶ denota inhibición por productos.)

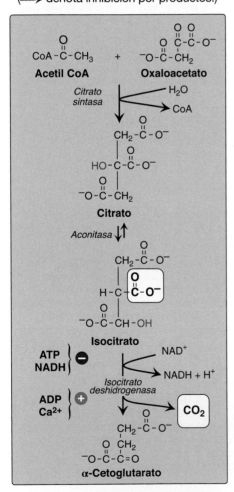

Figura 10-4

Formación de α-cetoglutarato a partir de acetil coenzima A (CoA) y oxaloacetato. CO_2, dióxido de carbono; NADH, dinucleótido de nicotinamida y adenina.

3. **Regulación:** las modificaciones covalentes efectuadas por las dos enzimas reguladoras del CPDH activan y desactivan de manera alternada a E1. **PDH cinasa** fosforila e inactiva a E1, mientras que PDH fosfatasa desfosforila y activa a E1 (fig. 10-3). La cinasa por sí misma se activa de forma alostérica por ATP, acetil CoA y NADH. En consecuencia, en presencia de estos productos de alta energía, CPDH se inactiva. (Nota: de hecho es la elevación en las proporciones de ATP/ADP [difosfato de adenosina], NADH/NAD$^+$, o acetil CoA/CoA lo que afecta la actividad enzimática.)

El piruvato es un potente inhibidor de PDH cinasa. Por consiguiente, si las concentraciones de piruvato están elevadas, E1 alcanzará su máximo de actividad. El calcio (Ca^{2+}) es un fuerte activador de PDH fosfatasa y estimula la actividad E1. Esto es de particular importancia en el músculo esquelético, donde la liberación de Ca^{2+} durante la contracción estimula a CPDH y, en consecuencia, la producción de energía. (Nota: aunque la regulación covalente por la cinasa y la fosfatasa es primaria, CPDH también está sujeto a la inhibición por producto [NADH y acetil CoA].)

4. **Deficiencia:** la deficiencia de las subunidades α del componente tetramérico E1 de CPDH, aunque muy rara, es la causa bioquímica más común de la **acidosis láctica congénita**. La deficiencia resulta en la disminución de la capacidad de convertir piruvato en acetil CoA, lo cual causa que el piruvato se derive en lactato vía la lactato deshidrogenasa (*véase* p. 137). Esto crea problemas particulares para el cerebro, el cual se basa en el ciclo de los ATC para obtener la mayor parte de su energía y es en especial sensible a la acidosis. Los síntomas son variables e incluyen neurodegeneración, espasticidad muscular y, en la forma de inicio neonatal, muerte temprana. El gen para la subunidad α está ubicado en el cromosoma X. La herencia de un solo cromosoma X con la mutación deriva en la enfermedad; el patrón de herencia es dominante ligada al X, con hombres y mujeres afectados. Aunque no existe tratamiento comprobado para la deficiencia de CPDH, la restricción de carbohidratos en la dieta y la complementación con tiamina pueden reducir los síntomas en algunos pacientes.

El síndrome de Leigh (encefalomielopatía necrosante subaguda) es un trastorno raro, progresivo y neurodegenerativo causado por defectos en la producción de ATP mitocondrial, ante todo como resultado de mutaciones en genes que codifican para proteínas del CPDH, la CTE o la ATP sintasa. Tanto el ADN nuclear como el mitocondrial pueden verse afectados.

5. **Envenenamiento por arsénico:** como se describió antes (*véase* p. 135), el arsénico pentavalente (arsenato) puede interferir con la glucólisis en el paso de gliceraldehído 3-fosfato, lo cual reduce la producción de ATP. No obstante, el **envenenamiento por arsénico** se debe sobre todo a la inhibición de complejos enzimáticos que requieren ácido lipoico como coenzima, incluidos PDH, α-cetoglutarato deshidrogenasa (*véase* E. más adelante) y α-ceto ácido deshidrogenasa de cadena ramificada (*véase* cap. 21, sección III). Arsenito (la variante trivalente del arsénico) forma un complejo estable con los grupos tiol (–SH) del ácido lipoico, lo cual hace que este compuesto no esté disponible para servir como coenzima. Cuando

se une al ácido lipoico en el CPDH, piruvato (y, en consecuencia, lactato) se acumula. Lo mismo que con la deficiencia de CPDH, esto afecta en particular el cerebro y causa trastornos neurológicos y la muerte.

B. Síntesis de citrato

Citrato sintasa, la enzima iniciadora del ciclo de los ATC (fig. 10-4), cataliza la condensación irreversible de acetil CoA y OAA para formar citrato (un ATC). Esta condensación aldólica tiene un cambio en extremo negativo en la energía libre estándar ($[\Delta G^0]$), que favorece en gran medida la formación de citrato. La enzima se inhibe con citrato (inhibición por producto). La disponibilidad de sustrato es otro medio de regulación de citrato sintasa. La unión de OAA incrementa en forma considerable la afinidad de la enzima por acetil CoA. (Nota: citrato, además de ser un intermediario en el ciclo de los ATC, es una fuente de acetil CoA para la síntesis citosólica de los ácidos grasos y el colesterol. El citrato también inhibe la fosfofructocinasa-1 [PFK-1], la enzima que limita la velocidad de la glucólisis y activa la acetil CoA carboxilasa [la enzima que limita la velocidad de la síntesis de ácidos grasos, *véase* cap. 17, sección III].)

C. Isomerización de citrato

El **citrato** es isomerizado a **isocitrato** a través de la migración de grupos hidroxilo catalizada por **aconitasa** (aconitato hidratasa), una proteína hierro-azufre (*véase* fig. 10-4). (Nota: fluoroacetato, una toxina vegetal que se usa como pesticida, inhibe a la aconitasa. Fluoroacetato se convierte a fluoroacetil CoA que se condensa con OAA para formar fluorocitrato, un inhibidor potente de aconitasa.)

D. Descarboxilación oxidativa de isocitrato

Isocitrato deshidrogenasa cataliza la descarboxilación oxidativa irreversible de isocitrato para dar **α-cetoglutarato**, lo cual produce la primera de tres moléculas de NADH que se generan en el ciclo y la primera liberación de CO_2 (*véase* fig. 10-4). Este es uno de los pasos limitantes de velocidad del ciclo de ATC. La enzima se activa de manera alostérica por el ADP (una señal de baja energía) y Ca^{2+} y se inhibe por ATP y NADH, cuyos niveles se elevan cuando la célula posee almacenes abundantes de energía.

E. Descarboxilación oxidativa de α-cetoglutarato

El complejo de α-cetoglutarato deshidrogenasa, un agregado proteico de múltiples copias de tres enzimas (fig. 10-5), cataliza la conversión irreversible de **α-cetoglutarato** en **succinil CoA**. El mecanismo de esta descarboxilación oxidativa es muy similar al que se usa para la conversión de piruvato en acetil CoA por acción del CPDH. La reacción libera el segundo CO_2 y produce el segundo NADH del ciclo. Las coenzimas requeridas son TPP, ácido lipoico, FAD, NAD^+ y CoA. Cada una funciona como parte del mecanismo catalítico en una manera análoga a la descrita para el CPDH. El gran ΔG^0 negativo de la reacción favorece la formación de succinil CoA, un tioéster de alta energía semejante a acetil CoA. El complejo α-cetoglutarato deshidrogenasa es inhibido por sus productos, NADH y succinil CoA, y activado por Ca^{2+}. No obstante, no está regulado por reacciones de fosforilación/desfosforilación como se describe para el CPDH. (Nota: α-cetoglutarato también se produce por desafinación oxidativa y transaminación del aminoácido glutamato.)

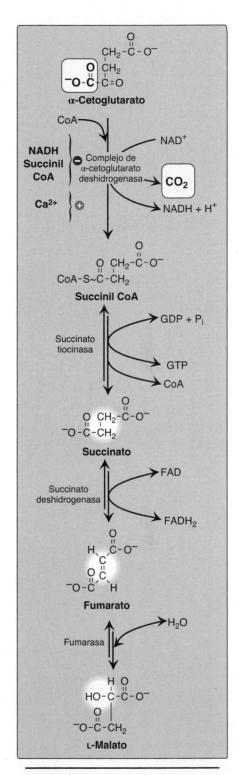

Figura 10-5

Formación de malato a partir de α-cetoglutarato. ~, enlace de alta energía; CoA, coenzima A; $FAD(H_2)$ y NAD(H), dinucleótidos de flavina, nicotinamida y adenina; GDP y GTP, di y trifosfato de guanosina.

F. Rompimiento de succinil CoA

Succinato tiocinasa (también llamada succinil CoA sintetasa, debido a la reacción inversa) rompe el enlace tioéster de alta energía de succinil CoA (*véase* fig. 10-5). Esta reacción está acoplada con la fosforilación de difosfato de guanosina (GDP) a trifosfato de guanosina (GTP). GTP y ATP se interconvierten de modo energético por medio de la reacción de la nucleósido difosfato cinasa:

$$GTP + ADP \rightleftarrows GDP + ATP$$

La generación de GTP por succinato tiocinasa es otro ejemplo de la fosforilación **a nivel de sustrato** (*véase* p. 136). (Nota: succinil CoA también se produce a partir de propionil CoA derivada del metabolismo de ácidos grasos con un número impar de átomos de carbono y del metabolismo de varios aminoácidos. Puede convertirse a piruvato para la gluconeogénesis [*véase* cap. 11] o usarse en la síntesis de grupos hemo [*véase* cap. 22].)

G. Oxidación de succinato

El succinato es oxidado a **fumarato** por medio de la succinato deshidrogenasa, al tiempo que su coenzima FAD se reduce a $FADH_2$ (*véase* fig. 10-5). Succinato deshidrogenasa es la única enzima del ciclo de ATC que está integrada en la membrana mitocondrial interna. Como tal, funciona como el Complejo II de la CTE (*véase* p. 107). (Nota: FAD, más que NAD^+, es el aceptor de electrones debido a que el poder reductor de succinato no es suficiente para reducir a NAD^+).

H. Hidratación de fumarato

El fumarato es hidratado a **malato** en una reacción libremente reversible catalizada por **fumarasa** (fumarato hidratasa, *véase* fig. 10-5). (Nota: el ciclo de la urea también produce fumarato, en la síntesis de purinas [*véase* fig. 23-7], y durante el catabolismo de los aminoácidos fenilalanina y tirosina.)

I. Oxidación de malato

El malato es oxidado a OAA vía la malato deshidrogenasa (fig. 10-6). Esta reacción produce el tercer y último **NADH** del ciclo. El ΔG^0 de la reacción es positiva, pero la reacción se impulsa en la dirección del OAA por la reacción altamente exergónica de citrato sintasa. (Nota: OAA también se produce mediante la transaminación del aminoácido ácido aspártico.)

III. ENERGÍA PRODUCIDA POR EL CICLO

Se transfieren cuatro pares de electrones durante una vuelta del ciclo de ATC: tres pares reducen tres NAD^+ en NADH y un par reduce a FAD a $FADH_2$. La oxidación de un NADH por la CTE conduce a la formación de tres ATP, mientras que la oxidación de $FADH_2$ produce dos ATP. La producción total de ATP a partir de la oxidación de una acetil CoA se muestra en la figura 10-7. La figura 10-8 resume las reacciones del ciclo de ATC. (Nota: el ciclo no implica el consumo o la producción netos de intermediarios. Dos carbonos que entran como acetil CoA se equilibran con dos CO_2 que salen.)

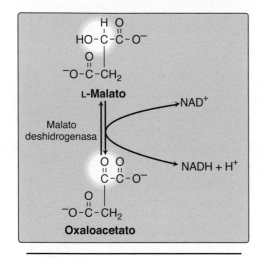

Figura 10-6

Formación (regeneración) de oxaloacetato a partir de malato. NAD(H), dinucleótido de niconamida y adenina.

Reacción productora de energía	Número de ATP producidos
3 NADH ⟶ 3 NAD^+	9
$FADH_2$ ⟶ FAD	2
GDP + P_i ⟶ GTP	1
	12 ATP/acetil CoA oxidada

Figura 10-7

Número de moléculas de ATP producidas a partir de la oxidación de una molécula de acetil coenzima A (CoA) por medio de ambas, la fosforilación a nivel de sustrato y la oxidativa. GDP y GTP, di y trifosfatos de guanosina; NADH y $FADH_2$, dinucleótidos de flavina, nicotinamida y adenina; P_i, fosfato inorgánico.

IV. REGULACIÓN DEL CICLO

En contraste con la glucólisis, que está regulada sobre todo por PFK-1, el ciclo de ATC está controlado por la regulación de varias enzimas (*véase* fig. 10-8). Las enzimas reguladoras más importantes son aquellas que catalizan reacciones con un ΔG^0 muy negativo: citrato sintasa, isocitrato deshidrogenasa y el complejo de α-cetoglutarato deshidrogenasa. Los equivalentes reductores necesarios para la fosforilación oxidativa se generan por medio del CPDH y del ciclo de los ATC, y ambos procesos se activan como respuesta a la reducción en la proporción de ATP/ADP.

V. Resumen del capítulo

- En el **ciclo de los ATC**, también llamado **ciclo de Krebs, piruvato** se descarboxila de manera oxidativa por el **CPDH,** lo que produce **acetil CoA** (fig. 10-9).

- La multienzima CPDH requiere cinco coenzimas: **TPP,** ácido **lipoico, dinucleótido de flavina** y **adenina (FAD), dinucleótido de nicotinamida y adenina (NAD⁺)** y **CoA.**

- La modificación covalente de **E1** por **PDH cinasa** y **PDH fosfatasa** regula al CPDH: la fosforilación inhibe a E1.

- ATP, acetil CoA y NADH activan de forma alostérica a PDH cinasa, y piruvato la inhibe. El calcio (Ca^{2+}) activa a la fosfatasa.

- La **deficiencia de piruvato descarboxilasa** es la causa bioquímica más común de la **acidosis láctica congénita**. El cerebro se ve en particular afectado en este trastorno **dominante ligado al cromosoma X**.

- El **envenenamiento por arsénico** causa la inactivación del CPDH al unirse al ácido lipoico. En el ciclo de los ATC, se sintetiza **citrato** a partir de **OAA** y **acetil CoA** por acción de la **citrato sintasa**, que es inhibida por el producto.

- La **aconitasa (aconitato hidratasa)** isomeriza al **citrato** y lo convierte a **isocitrato**. La **isocitrato deshidrogenasa** descarboxila de manera oxidativa a isocitrato para dar α-**cetoglutarato** y se producen CO_2 y **NADH**. ATP y NADH inhiben a la enzima, y ADP y Ca^{2+} la activan.

- α-**cetoglutarato** se descarboxila en forma oxidativa a **succinil CoA** por acción del **complejo α-cetoglutarato deshidrogenasa** y se producen CO_2 y **NADH**. La enzima es muy semejante al CPDH y usa las mismas coenzimas.

- El complejo de α-cetoglutarato deshidrogenasa se activa con Ca^{2+} y se inhibe con NADH y succinil CoA, pero no presenta regulación covalente. Succinil CoA se rompe por acción de **succinato tiocinasa**, y produce **succinato** y **GTP**. Este es un ejemplo de la **fosforilación a nivel de sustrato**.

- Succinato se oxida a **fumarato** vía la **succinato deshidrogenasa** y se produce **FADH₂**. Fumarato se hidrata a **malato** vía la **fumarasa (fumarato hidratasa)**, y malato se oxida a OAA mediante la malato deshidrogenasa, lo cual produce **NADH**.

- Una vuelta del ciclo de ATC produce **tres NADH** y **un FADH₂**.

- La generación de acetil CoA por la oxidación de piruvato vía el CPDH también produce un NADH. La oxidación de NADH y FADH₂ por la CTE produce 14 ATP. El fosfato terminal del GTP producido por la fosforilación a nivel de sustrato en el ciclo de ATC puede transferirse al ADP vía una nucleósido difosfato cinasa, lo cual produce otro ATP.

- Por concomitancia, se produce un total de 15 ATP de la oxidación mitocondrial completa de piruvato a CO_2.

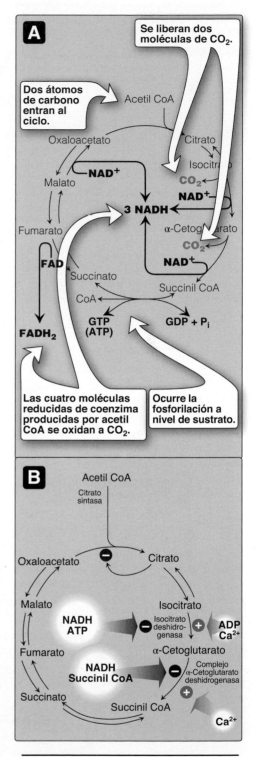

Figura 10-8

A) Producción de coenzimas reducidas, ATP y dióxido de carbono (CO_2) en el ciclo de los ácidos tricarboxílicos. (Nota: nucleósido difosfato cinasa interconvierte a trifosfato de guanosina [GTP] y ATP.) **B)** Inhibidores y activadores del ciclo.

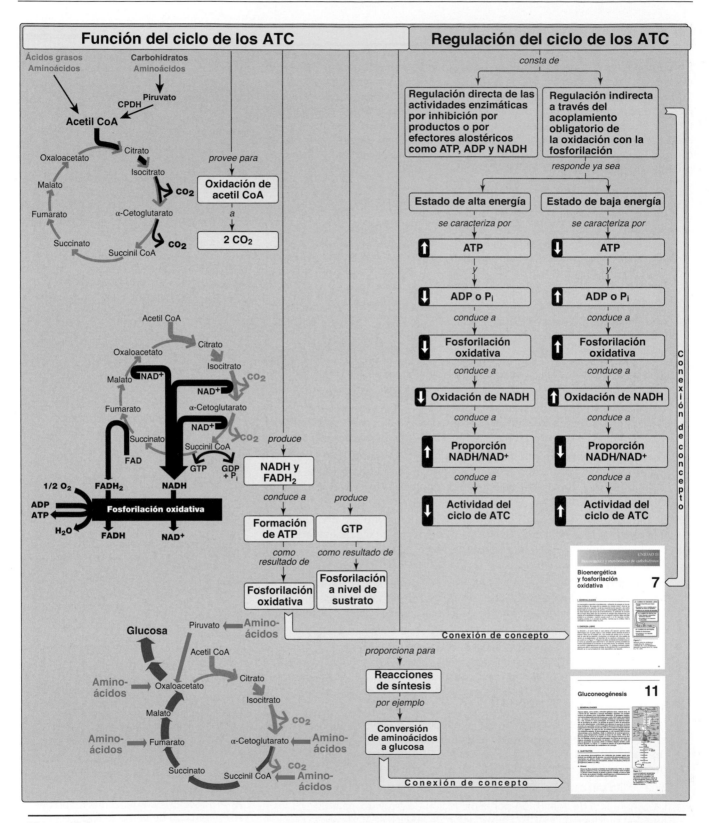

Figura 10-9

Mapa conceptual para el ciclo de los ácidos tricarboxílicos (ATC). ADP, difosfato de adenosina; CO_2, dióxido de carbono; CoA, coenzima A; CPDH, complejo de la piruvato deshidrogenasa; $FAD(H_2)$, dinucleótido de flavina y adenina; GDP y GTP, di y trifosfato de guanosina; NAD(H), dinucleótido de nicotinamida y adenina; P_i, fosfato inorgánico.

Preguntas de estudio

Elija la RESPUESTA correcta

10.1 La conversión de piruvato a acetil coenzima A y dióxido de carbono:
   A. Implica la participación del ácido lipoico.
   B. Es activado cuando la piruvato descarboxilasa del complejo piruvato deshidrogenasa (CPDH) es fosforilado por la PDH cinasa en presencia de ATP.
   C. Es reversible.
   D. Ocurre en el citosol.
   E. Requiere la coenzima biotina.

Respuesta correcta = A. El ácido lipoico es un aceptor intermediario del grupo acetilo formado en la reacción. (Nota: el ácido lipoico unido a un residuo de lisina en E2 funciona como un "brazo oscilante" que permite la interacción con E1 y E3.) El CPDH cataliza una reacción irreversible que se inhibe cuando el componente descarboxilasa (E1) se fosforila. El CPDH se localiza en la matriz mitocondrial. La biotina es utilizada por carboxilasas no por descarboxilasas.

10.2 ¿Cuál de las siguientes condiciones reduce la oxidación de acetil coenzima A por el ciclo del ácido cítrico?
   A. Alta disponibilidad de calcio.
   B. Alta proporción de acetil CoA/CoA.
   C. Baja proporción de ATP/ADP.
   D. Baja proporción de NAD^+/NADH.

Respuesta correcta = D. Una baja proporción de NAD^+/NADH (cantidad de dinucleótido de nicotinamida y adenina oxidado respecto al reducido) limita las tasas de las deshidrogenasas que requieren NAD^+. La alta disponibilidad de calcio y sustrato (acetil coenzima A) y una baja proporción de ATP/ADP (adenosina tri a difosfato) estimulan el ciclo.

10.3 La siguiente es la suma de tres pasos en el ciclo del ácido cítrico:

$$A + B + FAD + H_2O \rightarrow C + FADH_2 + NADH.$$

Elija la letra de la respuesta que corresponde a los reactivos "A", "B" y "C" faltantes en la ecuación.

Reactivo A	Reactivo B	Producto C
A. Succinil CoA	GDP	Succinato
B. Succinato	NAD^+	Oxaloacetato
C. Fumarato	NAD^+	Oxaloacetato
D. Succinato	NAD^+	Malato
E. Fumarato	GTP	Malato

Respuesta correcta = B. Succinato + NAD^+ + FAD + $H_2O \rightarrow$ oxaloacetato + NADH + $FADH_2$.

10.4 Un varón de 1 mes de edad muestra problemas neurológicos y acidosis láctica. Una prueba de actividad del complejo de piruvato deshidrogenasa (CPDH) realizado en extractos de fibroblastos de cultivos de piel muestra 5% de actividad normal con baja concentración de pirofosfato de tiamina (TPP), pero 80% de actividad normal cuando la prueba contiene una concentración mil veces mayor de TPP. ¿Cuál de los siguientes enunciados respecto al paciente es correcto?
   A. Se espera que la administración de tiamina reduzca su nivel de lactato en suero y mejore sus síntomas clínicos.
   B. Se esperaría que una dieta rica en carbohidratos beneficiara al paciente.
   C. Se espera que la producción de citrato derivado de la glucólisis aeróbica aumente.
   D. Se espera que esté activa la PDH cinasa, una enzima reguladora del CPDH.

Respuesta correcta = A. El paciente parece tener una deficiencia de CPDH que responde a tiamina. El componente de piruvato descarboxilasa (E1) del CPDH no se une a pirofosfato de tiamina a bajas concentraciones, pero muestra actividad significativa a altas concentraciones de la coenzima. Esta mutación, que afecta a la K_m (constante de Michaelis) de la enzima para la coenzima, está presente en algunos, pero no en todos, los casos de deficiencia de CPDH. Dado que el CPDH es una parte integral del metabolismo de carbohidrato, se esperaría que una dieta baja en carbohidratos amortiguara los efectos de la deficiencia de la enzima. La glucólisis aeróbica genera piruvato, el sustrato del CPDH. La actividad reducida del complejo disminuye la producción de acetil coenzima A, un sustrato para citrato sintasa. Dado que piruvato inhibe de forma alostérica a PDH cinasa, esta se inactiva.

10.5 ¿Qué coenzima-cosustrato usan las deshidrogenasas tanto en la glucólisis como en el ciclo de ácidos tricarboxílicos?

La gliceraldehído 3-fosfato deshidrogenasa de la glucólisis, la isocitrato deshidrogenasa, la α-cetoglutarato deshidrogenasa y la malato deshidrogenasa del ciclo de ácidos tricarboxílicos usan dinucleótido de niconamida y adenina (NAD^+) oxidado. (Nota: E3 del complejo de piruvato deshidrogenasa requieren dinucleótido de flavina y adenina [FAD] oxidado y NAD^+.)

Gluconeogénesis

11

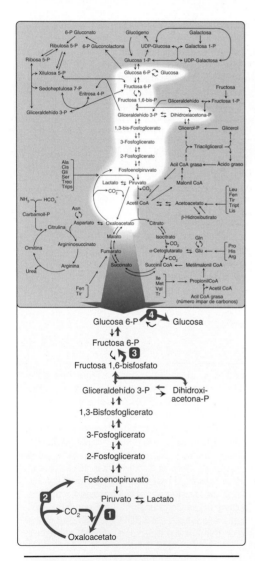

I. GENERALIDADES

Algunos tejidos, como cerebro, eritrocitos (glóbulos rojos), médula renal, iris y córnea del ojo, testículos y músculo esquelético, requieren una provisión continua de glucosa como combustible metabólico. El glucógeno hepático, una fuente posprandial esencial de glucosa, puede cubrir estas necesidades por lo < 24 horas en ausencia de la ingestión dietética de carbohidratos (*véase* p. 161). Sin embargo, durante un ayuno prolongado las reservas hepáticas de glucógeno se agotan y la glucosa se genera a partir de precursores que no son carbohidratos. La formación de la glucosa no ocurre por la simple reversión de la glucólisis, porque el equilibrio general de esta última favorece en gran medida la formación de piruvato. En lugar de ello, se sintetiza glucosa de *novo* por una vía metabólica especial, la gluconeogénesis, la cual requiere tanto enzimas mitocondriales como citosólicas. La deficiencia de enzimas gluconeogénicas causa hipoglucemia. Durante el ayuno de una noche, ~90% de la gluconeogénesis ocurre en el hígado y ~10% restante ocurre en los riñones. No obstante, durante el ayuno prolongado de 48 h o más, los riñones se convierten en órganos principales de producción de glucosa y contribuyen con ~40% del total de la generación de glucosa. El intestino delgado también puede producir glucosa. La figura 11-1 muestra la relación de la gluconeogénesis con otras vías esenciales del metabolismo de la energía.

II. SUSTRATOS

Los **precursores gluconeogénicos** son moléculas que pueden usarse para producir una síntesis neta de glucosa. Los precursores gluconeogénicos más importantes son el glicerol, el lactato y los **α-cetoácidos** obtenidos de aminoácidos glucogénicos. Todos los aminoácidos, excepto dos (leucina y lisina), son glucogénicos.

A. Glicerol

El **glicerol** se libera durante la hidrólisis de los triacilgliceroles (TAG) en el tejido adiposo y es transportado por la sangre hacia el hígado. El glicerol es fosforilado por la glicerol cinasa a glicerol 3-fosfato, el cual se oxida por acción de la glicerol 3-fosfato deshidrogenasa a dihidroxiacetona fosfato, un intermediario de glucólisis y gluconeogénesis.

Figura 11-1
La gluconeogénesis representada como una de las vías esenciales del metabolismo energético. Las reacciones numeradas son únicas de la gluconeogénesis. (Nota: la fig. 9-2 muestra un mapa más detallado del metabolismo.), CO_2, dióxido de carbono; P, fosfato.

B. Lactato

El **lactato** proveniente de la glucólisis anaeróbica se libera hacia la sangre al ejercitar el músculo esquelético y desde los eritrocitos, células que carecen de mitocondrias. En el ciclo de Cori, este lactato es captado por el hígado, donde es oxidado a piruvato y convertido a glucosa, la cual es liberada a la circulación (fig. 11-2).

C. Aminoácidos

Los aminoácidos producidos por la hidrólisis de las proteínas tisulares son las fuentes principales de glucosa durante el ayuno. Su metabolismo genera α-cetoácidos, como el **piruvato**, que se convierte en glucosa, o **α-cetoglutarato** que puede entrar al ciclo de los ácidos tricarboxílicos (ATC) para formar oxaloacetato (OAA), un precursor directo de **fosfoenolpiruvato (PEP)**. (Nota: **acetil coenzima A [CoA]** y compuestos que dan lugar solo a acetil CoA [p. ej., acetoacetato, lisina y leucina] no pueden dar lugar a la síntesis neta de **glucosa**. Esto se debe a la naturaleza irreversible del complejo de la piruvato deshidrogenasa [PDHC], que convierte piruvato en acetil CoA. Estos compuestos generan en su lugar cuerpos cetónicos y se denominan cetogénicos.)

III. REACCIONES

Siete reacciones glucolíticas son reversibles y se usan en la síntesis de glucosa a partir de lactato o piruvato. No obstante, tres reacciones glucolíticas son irreversibles y deben ser remplazadas por cuatro alternativas que favorecen de manera energética la síntesis de glucosa. Estas reacciones irreversibles, que en conjunto son únicas para la gluconeogénesis, se describen a continuación.

A. Carboxilación del piruvato

El primer obstáculo a superar en la síntesis de glucosa a partir de piruvato es la conversión irreversible en la glucólisis de PEP a piruvato por acción de la **piruvato cinasa (PK)**. En la gluconeogénesis, el piruvato es carboxilado por la piruvato carboxilasa (PC) y produce OAA, el cual se convierte en PEP por acción de la PEP-carboxicinasa (PEPCK) (fig. 11-3).

1. Biotina: la PC requiere que la coenzima biotina (*véase* p. 455) se una a la enzima de forma covalente al grupo ε-amino de un residuo de lisina en la enzima (*véase* fig. 11-3). La hidrólisis de ATP impulsa la formación de un intermediario enzima-biotina-dióxido de carbono (CO_2), que a continuación carboxila al piruvato para formar OAA. (Nota: HCO_3^- proporciona el CO_2.) La reacción de la PC ocurre en las mitocondrias de los hepatocitos y de las células renales y tiene dos propósitos: permitir la producción de PEP, un sustrato importante para la gluconeogénesis, y proporcionar OAA que puede reabastecer los intermediarios del ciclo del ATC que pueden agotarse. Las células musculares también pueden contener PC, pero usan el producto de OAA solo para propósitos de reabastecimiento (anapleróticos) y no sintetizan glucosa. (Nota: la proteína transportadora de piruvato mueve a este último del citosol al interior de las mitocondrias.)

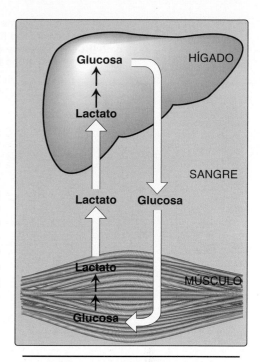

Figura 11-2
El ciclo de Cori intertisular vincula gluconeogénesis con glucólisis. (Nota: las proteínas de transporte facilitan la difusión de lactato y glucosa a través de las membranas.)

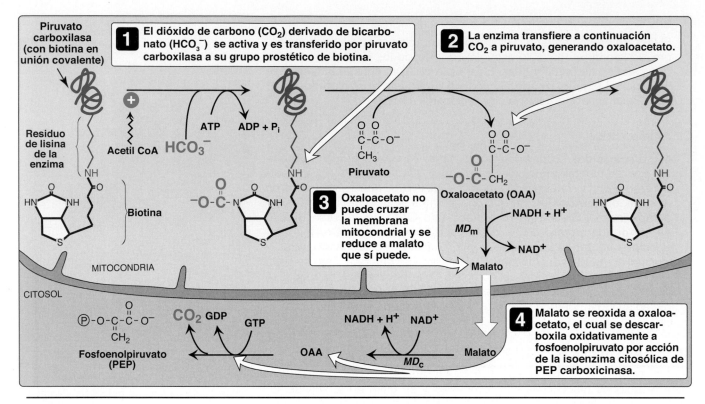

Figura 11-3
Síntesis de PEP en el citosol. (Nota: el proceso mueve los equivalentes reductores del dinucleótido de nicotinamida y adenina [NADH] requeridos para la gluconeogénesis hacia el exterior de la mitocondria y al citosol.) ADP, difosfato de adenosina; GTP y GDP, tri y difosfato de guanosina; MD$_m$ y MD$_c$, isoenzimas mitocondriales y citosólicas de malato deshidrogenasa.

PC es una de varias carboxilasas que requieren biotina. Otras incluyen acetil CoA carboxilasa (p. 227), propionil CoA carboxilasa (p. 239) y metilcrotonil CoA carboxilasa (p. 319).

2. **Regulación alostérica:** acetil CoA activa de modo alostérico a la PC. Los niveles elevados de acetil CoA en las mitocondrias señalan un estado metabólico en el cual se requiere el incremento en la producción de OAA. Por ejemplo, esto ocurre durante el ayuno, cuando se usa OAA para la gluconeogénesis en hígado y riñones. Por otra parte, con niveles bajos de acetil CoA, la PC se inactiva en gran proporción, y el PDHC oxida sobre todo a piruvato para dar acetil CoA que puede oxidarse aún más en el ciclo de los ATC.

B. **Transporte de oxaloacetato al citosol**

Para que la gluconeogénesis continúe, OAA debe convertirse en PEP por acción de la PEPCK. La producción de PEP en el citosol requiere el transporte de OAA fuera de la mitocondria. Sin embargo, no hay transportador de OAA en la membrana mitocondrial interna y la malato deshidrogenasa (MD) de la mitocondria reduce primero al OAA a malato. Este último es transportado al citosol y se reoxida a OAA por acción de la MD citosólica al tiempo que el dinucleótido de nicotinamida y adenina (NAD$^+$) se reduce a NADH (*véase* fig. 11-3). El NADH se usa en la reducción de 1,3-bisfosfoglicerato a gliceraldehído 3-fosfato mediante la gliceraldehído 3-fosfato deshidrogenasa, una reacción común para la glucólisis y gluconeogénesis. (Nota: cuando es abundante, lactato se oxida a piruvato, al tiempo que se reduce NAD^+. El piruvato se transporta al interior de las mitocondrias y PC lo carboxila para dar OAA, que puede convertirse en PEP por acción de la isoenzima mitocondrial de PEPCK. PEP se transporta al citosol. El OAA también puede convertirse en aspartato, el cual se transporta al citosol.)

C. Descarboxilación de oxaloacetato citosólico

OAA se descarboxila y fosforila a PEP en el citosol por acción de PEPCK. La hidrólisis de trifosfato de guanosina (GTP; *véase* fig. 11-3) impulsa la reacción. Las acciones combinadas de PC y PEPCK proporcionan una vía energéticamente favorable de piruvato a PEP. A continuación, el PEP se modifica por acción de las reacciones de glucólisis que corren en dirección inversa hasta que se convierte en fructosa 1,6-bisfosfato.

El acoplamiento de carboxilación con descarboxilación impulsa reacciones que de otra manera serían desfavorables desde el punto de vista energético. Esta estrategia también se usa en la síntesis de ácidos grasos (AG).

D. Desfosforilación de fructosa 1,6-bisfosfato

La hidrólisis de fructosa 1,6-bisfosfato por medio de la fructosa 1,6-bisfosfatasa, que se encuentra en hígado y riñones, evita la reacción irreversible de la **fosfofructocinasa-1 (PFK-1)** de la glucólisis y proporciona una vía energéticamente favorable para la formación de fructosa 6-fosfato (fig. 11-4). Esta reacción representa un punto de regulación importante de la gluconeogénesis.

1. **Regulación por niveles intracelulares de energía:** la fructosa 1,6-bisfosfatasa se inhibe por la elevación en la proporción de monofosfato de adenosina (AMP) a ATP, llamada relación AMP/ATP, la cual señala un estado de baja energía en la célula. Por el contrario, los niveles bajos de AMP y altos de ATP estimulan la gluconeogénesis, una vía metabólica que requiere energía.

2. **Regulación por fructosa 2,6-bisfosfato:** la fructosa 2,6-bisfosfato, un efector alostérico cuya concentración está influida por la proporción de insulina/glucagón, inhibe a la fructosa 1,6-bisfosfatasa. Cuando la concentración de glucagón es elevada, la PFK-2 hepática no forma al efector y, en consecuencia, la fosfatasa está activa (fig. 11-5). (Nota: las señales que inhiben [baja energía, fructosa 2,6-bisfosfato elevada] o activan [alta energía, fructosa 2,6-bisfosfato reducida] la gluconeogénesis tienen el efecto opuesto sobre la glucólisis, lo cual proporciona el control recíproco sobre las vías que producen y oxidan la glucosa.)

E. Desfosforilación de glucosa 6-fosfato

La hidrólisis de glucosa 6-fosfato por acción de **glucosa 6-fosfatasa** "desvía" la reacción irreversible de hexocinasa/glucocinasa y proporciona una vía energéticamente favorable para la formación de glucosa

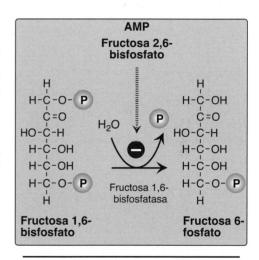

Figura 11-4
Desfosforilación de fructosa 1,6-bisfosfato. AMP, monofosfato de adenosina; (P), fosfato.

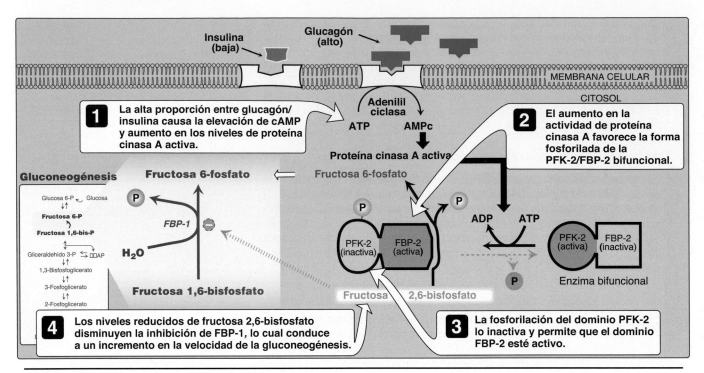

Figura 11-5
Efecto del glucagón elevado sobre la concentración intracelular de fructosa 2,6-bisfosfato en el hígado. AMP y ADP, mono y difosfato de adenosina; AMPc, AMP cíclico; FBP-2, fructosa 2,6-bisfosfatasa; FBP-1, fructosa 1,6-bisfosfatasa; Ⓟ y Ⓟ, fosfato; PFK-2, fosfofructocinasa-2.

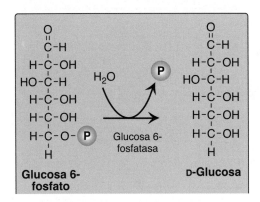

Figura 11-6
La desfosforilación de glucosa 6-fosfato permite la liberación de glucosa libre de los tejidos gluconeogénicos (principalmente el hígado) hacia la sangre. Ⓟ, fosfato.

libre (fig. 11-6). El hígado es el órgano primario que produce glucosa libre a partir de glucosa 6-fosfato. Este proceso requiere un complejo de dos proteínas que se encuentran solo en tejido gluconeogénico: la glucosa 6-fosfato translocasa, que transporta glucosa 6-fosfato a través de la membrana del retículo endoplásmico (RE), y glucosa 6-fosfatasa, que elimina el fosfato y produce glucosa libre (*véase* fig. 11-6). Estas proteínas de la membrana de RE también se requieren para el paso final de la degradación de glucógeno.

Las enfermedades del almacenamiento del glucógeno Ia y Ib, producidas por deficiencias en la fosfatasa y la translocasa, de forma respectiva, se caracterizan por una hipoglucemia grave en el ayuno, dado que no es posible producir glucosa libre ni por gluconeogénesis ni por glucogenólisis. Los transportadores específicos son responsables de transportar a la glucosa libre al citosol y luego a la sangre.

F. Resumen de las reacciones de glucólisis y gluconeogénesis

De las 11 reacciones requeridas para convertir piruvato a glucosa libre, siete son catalizadas por enzimas glucolíticas reversibles (fig. 11-7). Las tres reacciones irreversibles (catalizadas por hexocinasa/glucocinasa, PFK-1 y PK) son "rodeadas" por reacciones que catalizan glucosa 6-fosfatasa, fructosa 1,6-bisfosfatasa, PC y PEPCK. En la gluconeogénesis, el equilibrio de las reacciones glucolíticas se desplaza hacia la síntesis de glucosa como resultado de la formación en esencia irreversible de PEP, fructosa 6-fosfato y glucosa por acción de las enzimas gluconeogénicas. (Nota: la estequiometría de la gluconeogénesis a partir de dos moléculas de piruvato acopla la rotura de seis enlaces fosfato de alta energía y la oxidación de dos NADH con la formación de una molécula de glucosa [*véase* fig. 11-7].)

IV. REGULACIÓN

La regulación continua de la gluconeogénesis está determinada ante todo por el nivel circulante de glucagón y por la disponibilidad de los sustratos gluconeogénicos. Además, los cambios adaptativos lentos en la cantidad de enzima son resultado de una alteración en la velocidad de síntesis de esta o de su degradación, o de ambas. (Nota: el control hormonal del sistema glucorregulador se presenta en el cap. 24).

A. Glucagón

Esta hormona peptídica producida en las células α de los islotes pancreáticos (*véase* p. 371) estimula la gluconeogénesis por tres mecanismos.

1. **Cambios en los efectores alostéricos:** el glucagón disminuye la fructosa 2,6-bisfosfato hepática, lo cual deriva en la activación de fructosa 1,6-bisfosfatasa y la inhibición de PFK-1, lo que favorece la gluconeogénesis sobre la glucólisis (*véase* fig. 11-5).

2. **Modificación covalente de la actividad enzimática:** glucagón se une a su receptor acoplado a proteína G y, a través de una elevación en el nivel de AMP cíclico (AMPc) y por la actividad de proteína cinasa A dependiente de AMPc, estimula la conversión de la PK hepática a su forma inactiva (fosforilada). Esto reduce la conversión de PEP a piruvato, que tiene el efecto de desviar a PEP a la gluconeogénesis (fig. 11-8).

3. **Inducción de la síntesis de enzimas:** el glucagón incrementa la transcripción del gen para la PEPCK a través de la proteína de unión al elemento de respuesta del factor de transcripción AMPc –o CREB– lo que aumenta la disponibilidad de esta enzima a medida que los niveles de su sustrato se elevan durante el ayuno. El cortisol, un glucocorticoide, también incrementa la expresión del gen, mientras que la insulina la reduce.

B. Disponibilidad del sustrato

La disponibilidad de precursores gluconeogénicos, en particular aminoácidos glucogénicos, influye de manera significativa en la velocidad de la síntesis de glucosa. Los niveles disminuidos de insulina favorecen la movilización de aminoácidos de la proteína muscular para proporcionar esqueletos de carbono para gluconeogénesis. El ATP y las coenzimas NADH requeridas para la gluconeogénesis se derivan sobre todo de la oxidación de ácidos grasos.

C. Activación alostérica por acetil CoA

La activación alostérica de la PC hepática por la acetil CoA ocurre durante el ayuno. Como resultado del aumento en la hidrólisis de TAG en el tejido adiposo, el hígado se inunda de ácidos grasos. La velocidad de formación de acetil CoA por la β-oxidación de estos ácidos grasos excede la capacidad del hígado para oxidarla a CO_2 y agua. Como resultado, la acetil CoA se acumula y activa la PC. (Nota: acetil CoA inhibe el PDHC [al activar la PDH cinasa]. En consecuencia, este

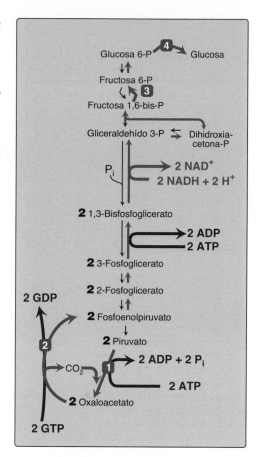

Figura 11-7
Resumen de las reacciones de glucólisis y gluconeogénesis, que muestra los requerimientos de energía de la gluconeogénesis. Las reacciones numeradas son únicas para la gluconeogénesis. ADP, difosfato de adenosina; GDP y GTP, di y trifosfatos de guanosina; NAD(H), dinucleótido de nicotinamida y adenosina; P, fosfato.

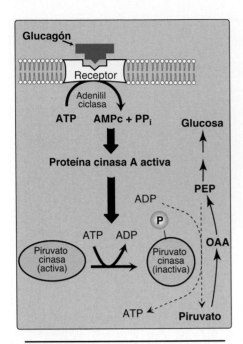

Figura 11-8
La modificación covalente de
piruvato cinasa deriva en la
inactivación de la enzima. (Nota:
solo la isoenzima hepática está
sujeta a regulación covalente.)
AMP y ADP, mono y difosfato de
adenosina; AMPc, AMP cíclico;
OAA, oxaloacetato; ℗, fosfato; PEP,
fosfoenolpiruvato; PPi, pirofosfato.

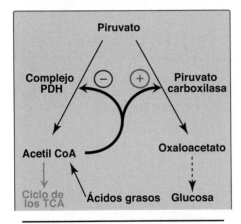

Figura 11-9
Acetil coenzima A (CoA) desvía a
piruvato de la oxidación y hacia
la gluconeogénesis. ATC, ácido
tricarboxílico; PDH, piruvato
deshidrogenasa.

compuesto por sí solo puede desviar al piruvato hacia la gluconeogénesis y alejarlo del ciclo de los ATC [fig. 11-9].)

D. Inhibición alostérica por el AMP

Fructosa 1,6-bisfosfatasa es inhibida por AMP, un compuesto que activa a PFK-1. Esto deriva en la regulación recíproca de glucólisis y gluconeogénesis que se observó antes con **fructosa 2,6-bisfosfato** (*véase* p. 146). Por lo tanto, el AMP elevado estimula las vías de producción de energía e inhibe las que requieren energía.

V. RESUMEN DEL CAPÍTULO

- Los **precursores gluconeogénicos** incluyen al **glicerol** liberado durante la hidrólisis de TAG en tejido adiposo, **lactato** liberado por células que carecen de mitocondrias y por el músculo esquelético durante el ejercicio, y **α-cetoácidos** (p. ej., **α-cetoglutarato** y **piruvato**) derivados del metabolismo de aminoácidos glucogénicos (fig. 11-10).

- Siete de las reacciones de la glucólisis son reversibles y se usan para la gluconeogénesis en hígado y riñones.

- Tres reacciones, catalizadas por **PK, PFK-1** y glucocinasa/hexocinasa, son fisiológicamente irreversibles y deben esquivarse.

- **Piruvato** se convierte en **OAA** y luego en **PEP** por acción de la **PC** y **PEPCK**.

- PC requiere **biotina** y **ATP**, y se activa de forma alostérica por medio de la **acetil CoA**. PEPCK requiere **GTP**.

- La fructosa 1,6-bisfosfato es convertida en fructosa 6-fosfato por la **fructosa 1,6-bisfosfatasa**. Esta enzima se inhibe con la alta relación AMP/ATP y mediante la **fructosa 2,6-bisfosfato**, el activador alostérico primario de la glucólisis.

- **Glucosa 6-fosfato** se desfosforila a **glucosa** mediante **glucosa 6-fosfatasa**. Esta enzima de la membrana del RE cataliza el paso final en la gluconeogénesis y en la degradación de glucógeno. Su deficiencia resulta en grave hipoglucemia en el ayuno.

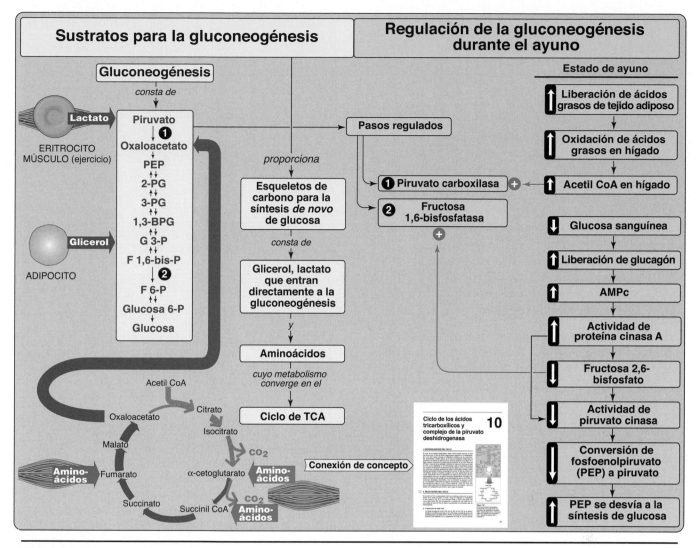

Figura 11-10

Mapa conceptual para la gluconeogénesis. AMPc, monofosfato de adenosina cíclico; ATC, ácido tricarboxílico; (B)PG, (bis)fosfoglicerato; CO2, dióxido de carbono; CoA, coenzima A; F, fructosa; G, gliceraldehído; P, fosfato.

Preguntas de estudio

Elija la RESPUESTA correcta

11.1 ¿Cuál de los siguientes enunciados acerca de la gluconeogénesis es correcto?

A. Es un proceso productor de energía (exergónico).

B. Es importante para mantener la glucosa sanguínea durante un ayuno de 2 días.

C. Se inhibe con una caída en la proporción de insulina/glucagón.

D. Ocurre en el citosol de las células musculares.

E. Usa esqueletos de carbono proporcionados por la degradación de ácidos grasos.

Respuesta correcta = B. Durante un ayuno de 2 días, las reservas de glucógeno se agotan y la gluconeogénesis mantiene la glucosa sanguínea. Esta es una vía que requiere energía (endergónica) (se hidrolizan tanto ATP como GTP) que ocurre sobre todo en el hígado, mientras que los riñones son los mayores productores de glucosa en el ayuno prolongado. La gluconeogénesis emplea tanto enzimas mitocondriales como citosólicas y la estimula una caída en la proporción de insulina/glucagón. La degradación de ácidos grasos genera acetil coenzima A (CoA), la cual no puede convertirse en glucosa. Esto se debe a que no hay ganancia neta de carbonos derivados de acetil CoA en el ciclo de ácidos tricarboxílicos, y el complejo de piruvato deshidrogenasa es irreversible desde el punto de vista fisiológico. Son los esqueletos de carbono de la mayoría de los aminoácidos los que son glucogénicos.

11.2 ¿Cuál reacción del diagrama que se presenta continuación se inhibiría en presencia de grandes cantidades de avidina, una proteína de la clara del huevo que
se une y secuestra la biotina?

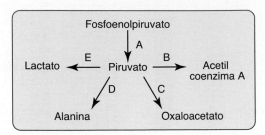

Respuesta correcta = C. El piruvato se carboxila a oxalacetato por acción de la piruvato carboxilasa, una enzima que
requiere biotina. B (el complejo de piruvato deshidrogenasa) requiere tiamina pirofosfato, ácido lipoico, dinucleótidos de flavina, nicotinamida y adenina (FAD y NAD^+)
y coenzima A; D (transaminasa) requiere piridoxal fosfato;
E (lactato deshidrogenasa) requiere NADH.

11.3 ¿Cuál de las siguientes reacciones es única para la
gluconeogénesis?

A. 1,3-bisfosfoglicerato → 3-fosfoglicerato.

B. Lactato → piruvato.

C. Oxaloacetato → fosfoenolpiruvato.

D. Fosfoenolpiruvato → piruvato.

Respuesta correcta = C. Las otras reacciones son comunes
tanto para gluconeogénesis como para glucólisis.

11.4 Use el cuadro a continuación para mostrar el efecto de
monofosfato de adenosina (AMP) y fructosa 2,6-bis-
fosfato sobre las enzimas señaladas de la gluconeogénesis y la glucólisis.

Ambas, fructosa 2,6-bisfosfato y monofosfato de adenosina, inhiben la fructosa 1,6-bisfosfatasa de la gluconeogénesis y activan a la fosfofructocinasa-1 de la glucólisis.
Esto deriva en la regulación recíproca de las dos vías.

Enzima	Fructosa 2,6-bisfosfato	AMP
Fructosa 1,6-bisfosfatasa		
Fosfofructocinasa-1		

11.5 El metabolismo del etanol por la alcohol deshidrogenasa produce dinucleótido de nicotinamida y adenina
reducida (NADH) a partir de la forma oxidada (NAD^+).
¿Qué efecto se espera que tenga la caída en la proporción de NAD^+/NADH sobre la gluconeogénesis?
Explique.

El incremento en NADH a medida que se oxida el etanol
reduce la disponibilidad de oxaloacetato (OAA) porque
la oxidación reversible de malato a oxaloacetato por la
malato deshidrogenasa del ciclo de los ácidos tricarboxílicos es impulsada en la dirección inversa por el NADH.
Asimismo, la reducción reversible de piruvato a lactato
mediante la lactato deshidrogenasa es impulsada a lactato por el NADH. Por lo tanto, dos importantes sustratos
gluconeogénicos, OAA y piruvato, disminuyen como resultado del incremento de NADH durante el metabolismo del
etanol. En consecuencia, la gluconeogénesis disminuye.

11.6 Debido a que acetil CoA no puede ser sustrato de la
gluconeogénesis, ¿por qué es esencial para la gluconeogénesis su producción en la oxidación de ácidos
grasos?

Acetil coenzima A inhibe el complejo de piruvato deshidrogenasa y activa la piruvato carboxilasa, lo cual desvía
el piruvato a la gluconeogénesis y lo aleja de la oxidación.

Metabolismo del glucógeno

12

I. GENERALIDADES

Una fuente constante de glucosa sanguínea es un requerimiento absoluto para la vida humana. La glucosa es la fuente de energía preferida por el cerebro y la fuente requerida de energía para células con pocas o ninguna mitocondria, como los eritrocitos maduros. La glucosa también es esencial como fuente de energía para el músculo durante el ejercicio, donde es el sustrato para la glucólisis anaeróbica. La glucosa sanguínea puede obtenerse de tres fuentes principales: la dieta, la degradación de glucógeno y la gluconeogénesis. La ingestión dietética de glucosa y de precursores de esta, como almidón (un polisacárido), disacáridos y monosacáridos, es esporádica y, según la dieta, no siempre es una fuente confiable de glucosa sanguínea. En contraste, la gluconeogénesis puede proporcionar la síntesis sostenida de glucosa, pero es relativamente lenta para responder a una caída en el nivel de glucosa. Por lo tanto, el cuerpo ha desarrollado mecanismos para almacenar una provisión de glucosa en una forma de rápida movilización, esto es, el glucógeno. En ausencia de una fuente de glucosa en la dieta, el azúcar se libera con rapidez en la sangre derivado del glucógeno hepático. De igual manera, el glucógeno del músculo se degrada de modo extenso durante el ejercicio para proporcionarle al tejido muscular una fuente importante de energía. Cuando se agotan las reservas de glucógeno, tejidos específicos sintetizan glucógeno *de novo* mediante el uso de glicerol, lactato, piruvato y aminoácidos como fuentes de carbono para la gluconeogénesis (*véase* cap. 11). La figura 12-1 muestra las reacciones de la síntesis y degradación de glucógeno como parte de las vías esenciales del metabolismo de energía.

II. ESTRUCTURA Y FUNCIÓN

Las principales reservas de glucógeno se encuentran en el músculo esquelético y el hígado, aunque la mayoría de las demás células almacena pequeñas cantidades de glucógeno para su propio uso. La función del glucógeno muscular es servir como reserva de combustible para la síntesis de ATP durante la contracción muscular, mientras que el propósito del glucógeno hepático es mantener la concentración de la glucosa sanguínea, en particular durante las etapas tempranas de un ayuno (fig. 12-2). (Nota: el glucógeno hepático puede mantener la glucosa sanguínea durante < 24 horas.)

A. Cantidades en hígado y músculo

Alrededor de 400 g de glucógeno constituyen 1 a 2% del peso fresco del músculo en reposo, y ~100 g de glucógeno constituyen hasta 10% del peso fresco del hígado de un adulto bien alimentado. No está claro

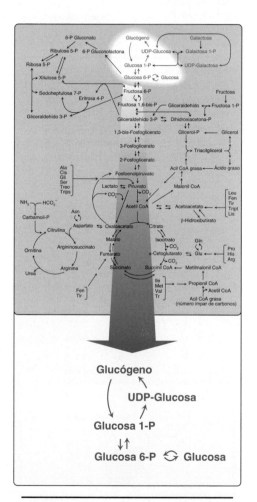

Figura 12-1
Síntesis y degradación del glucógeno representadas como parte de las vías metabólicas esenciales del metabolismo energético. (Nota: *véase* fig. 9-2 para un mapa más detallado del metabolismo). P, fosfato; UDP, difosfato de uridina.

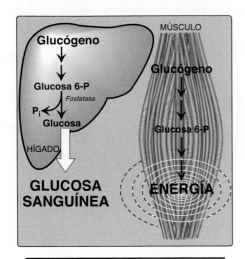

Figura 12-2
Funciones del glucógeno de músculo e hígado. (Nota: la presencia de la glucosa 6-fosfatasa en el hígado permite la liberación de la glucosa en sangre.) P, fosfato; P_i, fosfato inorgánico.

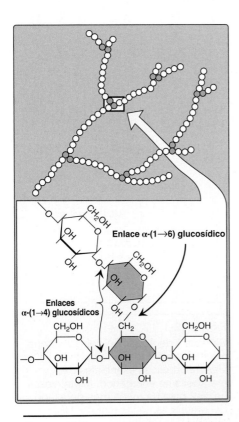

Figura 12-3
Estructura ramificada del glucógeno que muestra enlaces glucosídicos α-(1→4) y α-(1→6).

qué limita la producción de glucógeno a estos niveles. No obstante, en algunas enfermedades del almacenamiento de glucógeno (EAG) (*véase* fig. 12-8), la cantidad de glucógeno en hígado o músculo, o ambos, puede ser mucho mayor. (Nota: en el cuerpo, la masa muscular es mayor que la masa hepática. En consecuencia, la mayor parte del glucógeno del cuerpo se encuentra en el músculo esquelético.)

B. Estructura

El glucógeno es un polisacárido de cadena ramificada formado por ante todo por α-D-glucosa. El enlace glucosídico primario es de tipo α(1→4). Después de un promedio de 8 a 14 residuos glucosilo, hay una rama que contiene un enlace α(1→6) (fig. 12-3). Una sola molécula de glucógeno puede contener hasta 55 000 residuos glucosilo. Estos polímeros de glucosa existen como gránulos (partículas) citoplásmicos grandes y esféricos que también contienen la mayoría de las enzimas necesarias para la síntesis y degradación del glucógeno.

C. Fluctuación de las reservas de glucógeno

Las reservas hepáticas de glucógeno aumentan durante las etapas de buena alimentación y se desgastan durante el ayuno. El glucógeno muscular no se ve afectado por periodos cortos de ayuno (unos cuantos días) y solo se reduce de manera moderada en el ayuno prolongado (semanas). El glucógeno muscular se sintetiza para reabastecer las reservas musculares una vez que se agotan después del ejercicio extenuante. (Nota: la síntesis de glucógeno y la degradación continúan de forma permanente. La diferencia entre las velocidades de estos dos procesos determina los niveles de glucógeno almacenado durante los estados fisiológicos específicos.)

III. SÍNTESIS (GLUCOGÉNESIS)

El glucógeno se sintetiza a partir de moléculas de α-D-glucosa. El proceso ocurre en el citosol y requiere energía proporcionada por ATP (para la fosforilación de la glucosa) y uridina trifosfato (UTP).

A. Síntesis de uridina difosfato glucosa

La α-D-glucosa unida a uridina difosfato (UDP) es la fuente de todos los residuos glucosilo que se añaden a la molécula de glucógeno en crecimiento. La UDP-glucosa (fig. 12-4) se sintetiza a partir de glucosa 1-fosfato y UTP por UDP-glucosa pirofosforilasa (fig. 12-5). Pirofosfato (PP_i), el segundo producto de la reacción, se hidroliza a dos fosfatos inorgánicos (P_i) por acción de la pirofosfatasa. La hidrólisis es exergónica, lo cual asegura que la reacción de UDP-glucosa pirofosforilasa proceda en la dirección de la producción de UDP-glucosa. (Nota: la glucosa 1-fosfato se genera a partir de glucosa 6-fosfato mediante la fosfoglucomutasa. Glucosa 1,6-bisfosfato es un intermediario obligatorio en esta reacción reversible [fig. 12-6].)

B. Requerimiento y síntesis de iniciadores

La glucógeno sintasa forma los enlaces α-(1→4) en el glucógeno. Esta enzima no puede iniciar la síntesis de cadenas con glucosa libre como aceptor de una molécula de glucosa proveniente de UDP glucosa. En lugar de ello, solo puede alargar cadenas ya existentes de glucosa y, por lo tanto, requiere un iniciador; un fragmento de glucosa puede servir como tal. En ausencia de un fragmento, la proteína homodimérica glucogenina puede servir como aceptor de glucosa de la UDP-glucosa (*véase* fig.12-5). El grupo hidroxilo de la cadena lateral de la tirosina-194 en la proteína es el sitio en el cual se une la unidad glucosilo inicial. Debido que la reacción es catalizada por la propia glucogenina a través de la autoglucosilación, glucogenina es una enzima. A continuación, glucogenina cataliza la transferencia de por lo menos cuatro moléculas de glucosa de la UDP-glucosa, lo cual produce una cadena corta de glucosilo con enlaces α-(1→4). Esta cadena corta sirve como un iniciador que puede alargarse mediante glucógeno sintasa, que es "reclutada" por glucogenina, como se describe en C, más adelante. (Nota: la glucogenina permanece asociada con la cadena, y forma el centro de un gránulo de glucógeno.)

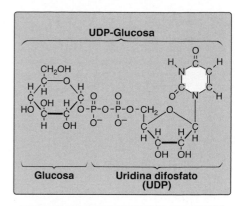

Figura 12-4
La estructura de UDP-glucosa, un azúcar nucleótido.

C. Alargamiento por medio de glucógeno sintasa

El alargamiento de una cadena de glucógeno implica la transferencia de glucosa de la UDP-glucosa al extremo no reductor de la cadena en crecimiento, lo cual forma un nuevo enlace glucosídico entre el grupo hidroxilo anomérico del carbono 1 de la glucosa activada y el carbono 4 del residuo glucosilo aceptor (*véase* fig. 12-5). (Nota: el extremo no reductor de una cadena de carbohidratos es aquel donde el carbono anomérico del azúcar terminal está unido por un enlace glucosídico a otra molécula, lo cual hace que el azúcar terminal no sea reductor.) La enzima responsable de formar

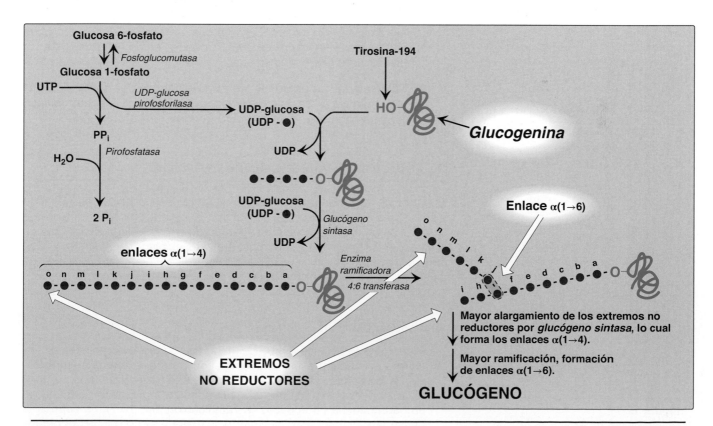

Figura 12-5
Síntesis de glucógeno. UDP y UTP, di y trifosfatos de uridina; PP$_i$, pirofosfato; P$_i$, fosfato inorgánico.

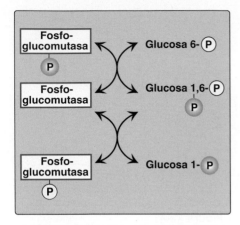

Figura 12-6

Interconversión de glucosa 6-fosfato y glucosa 1-fosfato por fosfoglucomutasa. Ⓟ y Ⓟ, fosfato.

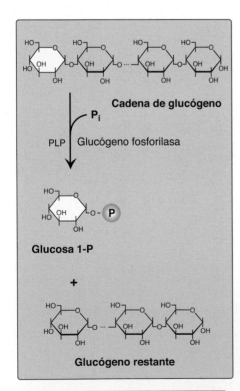

Figura 12-7

Rompimiento de un enlace $\alpha(1\rightarrow4)$-glucosídico. Ⓟ, fosfato; P_i, fosfato inorgánico; PLP, piridoxal fosfato.

los enlaces α-$(1\rightarrow4)$ en el glucógeno es la glucógeno sintasa. (Nota: el UDP es liberado cuando se forma el nuevo enlace glucosídico α-$[1\rightarrow4]$ puede fosforilarse a UTP mediante la nucleósido difosfato cinasa [UDP + ATP $\rightleftarrows$ UTP + ADP]).

D. Formación de ramas

Si ninguna otra enzima de síntesis actuara sobre la cadena, la estructura derivada sería una cadena lineal (sin ramas) de residuos de glucosilo unidos por enlaces $\alpha(1\rightarrow4)$. Tal compuesto se encuentra en los tejidos vegetales y se llama amilosa. En contraste, el glucógeno tiene ramas localizadas, en promedio, a ocho residuos de glucógeno de distancia, lo que deriva en una estructura altamente ramificada semejante a un árbol (*véase* fig. 12-3) que es mucho más soluble que la amilosa sin ramificar. Las ramas también incrementan el número de extremos no reductores a los cuales pueden añadirse los nuevos residuos de glucosilo (y también, como se describe en el inciso IV. más adelante, del cual pueden tomarse estos residuos), con lo que se acelera en gran medida la velocidad con la cual puede ocurrir la síntesis de glucógeno y aumenta en forma notable el tamaño de la molécula de glucógeno.

1. **Síntesis de ramas:** las ramas se forman mediante la acción de la enzima ramificante, amilo-$\alpha(1\rightarrow4)\rightarrow\alpha(1\rightarrow6)$-transglucosilasa. Esta enzima elimina un conjunto de seis a ocho residuos glucosilo del extremo no reductor de la cadena de glucógeno y rompe un enlace $\alpha(1\rightarrow4)$ en otro residuo de la cadena y lo une a un residuo no terminal de glucosilo por medio de un enlace $\alpha(1\rightarrow6)$, por lo cual funciona como una 4:6 transferasa. Al igual que el nuevo extremo resultante no reductor (*véase* "i" en la fig. 12-5), lo mismo que el extremo antiguo no reductor del cual se retiraron los seis a ocho residuos (*véase* "o" en la fig. 12-5), pueden ahora alargarse más por acción de la glucógeno sintasa.

2. **Síntesis de ramas adicionales:** después de que se ha realizado el alargamiento de estos dos extremos, sus seis a ocho residuos terminales pueden retirarse para generar ramas adicionales.

IV. DEGRADACIÓN (GLUCOGENÓLISIS)

La vía de degradación que moviliza al glucógeno almacenado en el hígado y el músculo esquelético no es la reversión de las reacciones de síntesis. En su lugar, se requiere un conjunto separado de enzimas citosólicas. Cuando el glucógeno se degrada, el producto principal es glucosa 1-fosfato, que se obtiene al romper los enlaces $\alpha(1\rightarrow4)$ glucosídicos. Además, se desprende glucosa libre de cada residuo glucosilo con enlaces $\alpha(1\rightarrow6)$ (punto de ramificación).

A. Acortamiento de la cadena

Glucógeno fosforilasa rompe de manera secuencial los enlaces glucosídicos $\alpha(1\rightarrow4)$ entre los residuos glucosilo y los extremos no reductores de las cadenas de glucógeno por simple fosforólisis (que produce glucosa 1-fosfato) hasta que cuatro unidades glucosilo permanecen en cada cadena en el punto de ramificación (fig. 12-7). La estructura derivada se llama "dextrina límite" y la fosforilasa no puede degradarla más (fig. 12-8). (Nota: fosforilasa requiere piridoxal fosfato [un derivado de la vitamina B_6] como coenzima.)

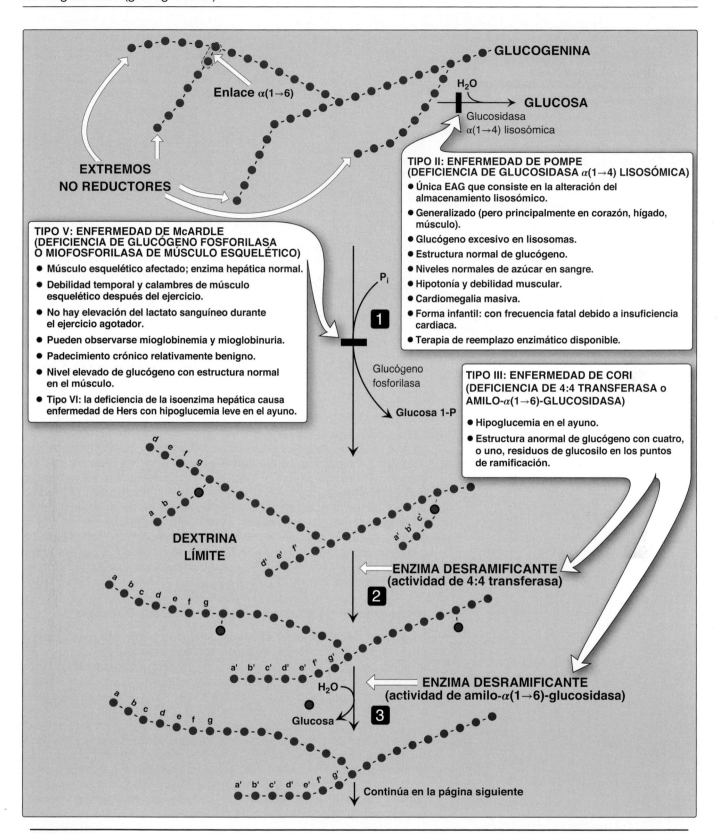

EXTREMOS NO REDUCTORES

Enlace $\alpha(1\rightarrow6)$

GLUCOGENINA

H_2O

GLUCOSA

Glucosidasa $\alpha(1\rightarrow4)$ lisosómica

TIPO II: ENFERMEDAD DE POMPE (DEFICIENCIA DE GLUCOSIDASA $\alpha(1\rightarrow4)$ LISOSÓMICA)
- Única EAG que consiste en la alteración del almacenamiento lisosómico.
- Generalizado (pero principalmente en corazón, hígado, músculo).
- Glucógeno excesivo en lisosomas.
- Estructura normal de glucógeno.
- Niveles normales de azúcar en sangre.
- Hipotonía y debilidad muscular.
- Cardiomegalia masiva.
- Forma infantil: con frecuencia fatal debido a insuficiencia cardiaca.
- Terapia de reemplazo enzimático disponible.

TIPO V: ENFERMEDAD DE McARDLE (DEFICIENCIA DE GLUCÓGENO FOSFORILASA O MIOFOSFORILASA DE MÚSCULO ESQUELÉTICO)
- Músculo esquelético afectado; enzima hepática normal.
- Debilidad temporal y calambres de músculo esquelético después del ejercicio.
- No hay elevación del lactato sanguíneo durante el ejercicio agotador.
- Pueden observarse mioglobinemia y mioglobinuria.
- Padecimiento crónico relativamente benigno.
- Nivel elevado de glucógeno con estructura normal en el músculo.
- Tipo VI: la deficiencia de la isoenzima hepática causa enfermedad de Hers con hipoglucemia leve en el ayuno.

P_i

1

Glucógeno fosforilasa

Glucosa 1-P

TIPO III: ENFERMEDAD DE CORI (DEFICIENCIA DE 4:4 TRANSFERASA o AMILO-$\alpha(1\rightarrow6)$-GLUCOSIDASA)
- Hipoglucemia en el ayuno.
- Estructura anormal de glucógeno con cuatro, o uno, residuos de glucosilo en los puntos de ramificación.

DEXTRINA LÍMITE

ENZIMA DESRAMIFICANTE (actividad de 4:4 transferasa)

2

ENZIMA DESRAMIFICANTE (actividad de amilo-$\alpha(1\rightarrow6)$-glucosidasa)

H_2O

Glucosa

3

Continúa en la página siguiente

Figura 12-8

Degradación de glucógeno que muestra algunas de las enfermedades del almacenamiento del glucógeno (EAG). (Nota: EAG tipo IV: la enfermedad de Andersen se produce por defectos en la enzima ramificante, una enzima de síntesis, que deriva en cirrosis hepática que puede ser fatal en el inicio de la infancia.) P, fosfato; P_i, fosfato inorgánico. (*Continúa en la página siguiente.*)

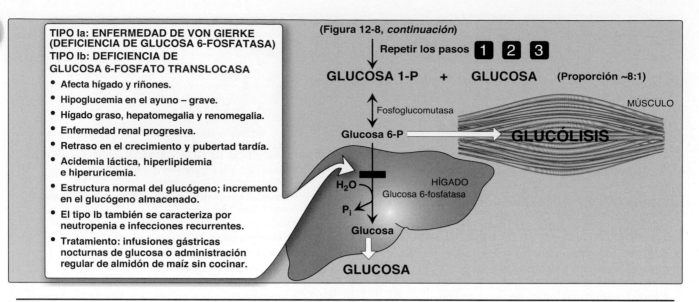

TIPO Ia: ENFERMEDAD DE VON GIERKE (DEFICIENCIA DE GLUCOSA 6-FOSFATASA)
TIPO Ib: DEFICIENCIA DE GLUCOSA 6-FOSFATO TRANSLOCASA

• Afecta hígado y riñones.
• Hipoglucemia en el ayuno – grave.
• Hígado graso, hepatomegalia y renomegalia.
• Enfermedad renal progresiva.
• Retraso en el crecimiento y pubertad tardía.
• Acidemia láctica, hiperlipidemia e hiperuricemia.
• Estructura normal del glucógeno; incremento en el glucógeno almacenado.
• El tipo Ib también se caracteriza por neutropenia e infecciones recurrentes.
• Tratamiento: infusiones gástricas nocturnas de glucosa o administración regular de almidón de maíz sin cocinar.

Figura 12-8 (*Continúa de la página anterior.*)

B. Eliminación de ramas

Las ramas se eliminan mediante las dos actividades enzimáticas de una sola proteína bifuncional, la enzima desramificadora (*véase* fig. 12-8). Primero, la actividad de la oligo-$\alpha(1\rightarrow4)\rightarrow\alpha(1\rightarrow4)$-glucantransferasa elimina los tres residuos externos de los cuatro glucosilos que permanecen en una rama. A continuación los transfiere al extremo no reductor de otra cadena, y la alarga según la reacción. En consecuencia, se rompe un enlace $\alpha(1\rightarrow4)$ y se forma un enlace $\alpha(1\rightarrow4)$, y la enzima funciona como una 4:4 transferasa. En seguida, el residuo restante de glucosa unido en un enlace $\alpha(1\rightarrow6)$ es eliminado en forma hidrolítica por la actividad de la amilo-$\alpha(1\rightarrow6)$-glucosidasa, lo cual genera glucosa libre (no fosforilada). La cadena glucosilo está ahora disponible de nuevo para su degradación por glucógeno fosforilasa hasta que se alcanzan cuatro unidades glucosilo en la siguiente rama.

C. Isomerización de glucosa 1-fosfato a glucosa 6-fosfato

La glucosa 1-fosfato, producida por glucógeno fosforilasa, se isomeriza en el citosol a glucosa 6-fosfato por fosfoglucomutasa (*véase* fig. 12-6). En el hígado, glucosa 6-fosfato se transporta hacia el retículo endoplásmico (RE) por acción de la glucosa 6-fosfato translocasa. Ahí, se desfosforila a glucosa por medio de glucosa 6-fosfatasa (la misma enzima empleada en el último paso de la gluconeogénesis, *véase* p. 155). La glucosa se transporta entonces del RE al citosol. Los hepatocitos liberan entonces glucosa derivada de glucógeno hacia la sangre para ayudar a mantener los niveles de glucosa sanguínea hasta que la vía gluconeogénica produce glucosa de manera activa. (Nota: el músculo carece de glucosa 6-fosfatasa. En consecuencia, la glucosa 6-fosfato no se puede desfosforilar y enviarse hacia la sangre. En lugar de ello, entra a la glucólisis, lo que proporciona la energía necesaria para la contracción muscular.)

D. Degradación lisosomal

Una pequeña cantidad (1 a 3%) del glucógeno se degrada por acción de la enzima lisosómica $\alpha(1\rightarrow4)$-glucosidasa ácida (maltasa ácida). El propósito de esta vía metabólica autofágica se desconoce. No obstante,

Tabla 12-1: Descripciones de las enfermedades de almacenamiento de glucógeno

Tipo[a]	Enzima deficiente	Signos/síntomas principales
I – Enfermedad de Von Gierke	Glucosa-6-fosfatasa	Acidosis láctica, hipoglucemia, hiperuricemia, retraso del crecimiento, adelgazamiento óseo
II – Enfermedad de Pompe[a]	α-glucosidasa ácida (maltasa ácida)	Exceso de glucógeno en los lisosomas. Glucemia normal. Agrandamiento de hígado y corazón; debilidad muscular y problemas cardiacos en las formas graves
III – Enfermedad de Cori[a]	Enzima de desramificación del glucógeno (4:4 transferasa)	Agrandamiento hepático, retraso del crecimiento, hipoglucemia en ayuno, estructura anormal del glucógeno, grasa elevada en sangre, posible debilidad muscular
IV – Enfermedad de Andersen	Enzima de ramificación del glucógeno (4:6 transferasa)	Retraso del crecimiento, agrandamiento del hígado, miopatía; muerte por lo general a los 5 años de edad
V – Enfermedad de McArdle[a]	Fosforilasa de glucógeno muscular (miofosforilasa)	Debilidad muscular y calambres tras el ejercicio; suele ser una afección un tanto benigna y crónica
VI – Enfermedad de Hers	Glucógeno fosforilasa hepática	Agrandamiento hepático; hipoglucemia; retraso del desarrollo
VII – Enfermedad de Tarui	Fosfofructocinasa muscular	Calambres musculares inducidos por el ejercicio, retraso en el desarrollo, anemia hemolítica en algunos

[a]Esta describe 7 de los 15 tipos de EAG. *Véase también* fig. 12-3.

una deficiencia de esta enzima causa la acumulación de glucógeno en vacuolas en los lisosomas y, por lo tanto, el resultado es una EAG grave tipo II: la enfermedad de Pompe (*véanse* tabla 12-1 y fig. 12-8). (Nota: la enfermedad de Pompe, provocada por la deficiencia de maltasa ácida, es la única EAG que es un padecimiento de almacenamiento lisosómico).

> Las enfermedades de almacenamiento lisosómico son trastornos genéticos caracterizados por la acumulación de cantidades anormales de carbohidratos o lípidos, sobre todo debido a su degradación lisosómica reducida derivada del decremento en la actividad o en la cantidad de la hidrolasa ácida lisosómica específica que suele ser responsable de su degradación.

V. REGULACIÓN DE LA GLUCOGÉNESIS Y GLUCOGENÓLISIS

Debido a la importancia del mantenimiento de los niveles de glucosa sanguínea, los procesos de síntesis y degradación del glucógeno están regulados de manera estrecha. En el hígado, la glucogénesis se acelera durante los periodos en que el cuerpo ha sido bien alimentado, mientras que la glucogenólisis se acelera en los periodos de ayuno. En el músculo esquelético, la glucogenólisis ocurre durante el ejercicio activo y la glucogénesis se inicia tan pronto como el músculo se encuentra de nuevo en reposo.

La regulación de la síntesis y la degradación se logra en dos niveles. Primero, la glucógeno sintasa y la glucógeno fosforilasa se regulan de forma hormonal (por fosforilación/desfosforilación covalentes) para cubrir las necesidades del cuerpo como un todo. Segundo, estas mismas enzimas están reguladas de manera alostérica (por moléculas efectoras) para cubrir las necesidades de un tejido particular.

A. Activación covalente de la glucogenólisis

La unión de hormonas, como glucagón o adrenalina, en los receptores acoplados a proteína G en la membrana plasmática señala la necesidad de que el glucógeno se degrade, ya sea para elevar los niveles de glucosa en sangre o para proporcionar energía al músculo en movimiento.

1. **Activación de proteína cinasa A:** la unión de glucagón o adrenalina a los receptores acoplados a proteína G (GPCR) específica del hepatocito, o de la adrenalina a la GPCR de un miocito específico, deriva en la activación mediada por proteína G de la adenilil ciclasa. Esta enzima cataliza la síntesis de monofosfato de adenosina cíclico (AMPc), el cual activa la proteína cinasa A dependiente de AMPc (PKA). El AMPc une las dos subunidades reguladoras de la PKA tetramérica, lo cual libera dos subunidades catalíticas individuales que son activas (fig. 12-9). A continuación, PKA fosforila varias enzimas del metabolismo del glucógeno, lo cual afecta su actividad. (Nota: cuando se elimina el AMPc, se vuelve a formar el tetrámero inactivo.)

2. **Activación de fosforilasa cinasa:** la fosforilasa cinasa existe en dos formas: una forma "b" inactiva y una forma "a" activa. La PKA activa fosforila la forma "b" inactiva de fosforilasa cinasa y produce la forma "a" activa (*véase* fig. 12-9).

3. **Activación de glucógeno fosforilasa:** la glucógeno fosforilasa también existe en una forma "b" desfosforilada e inactiva, y en una forma fosforilada "a" activa. Fosforilasa cinasa a es la única enzima que fosforila glucógeno fosforilasa b a su forma "a" activa, la cual entonces comienza la glucogenólisis (*véase* fig. 12-9).

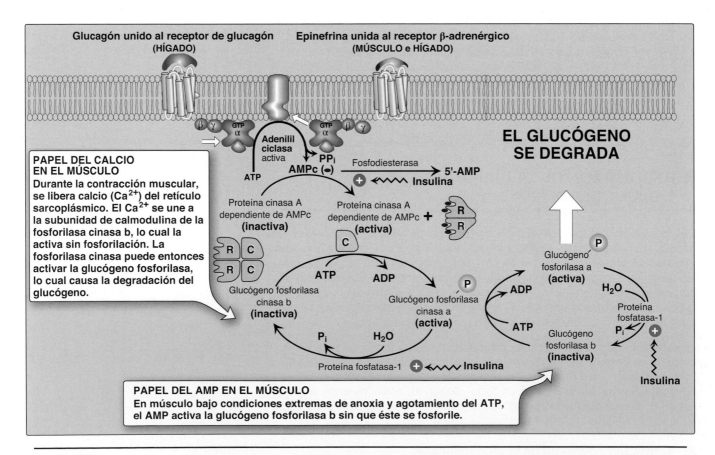

Figura 12-9

Estimulación e inhibición de la degradación del glucógeno. AMP, monofosfato de adenosina; AMPc, AMP cíclico; C, subunidad catalítica; GTP, trifosfato de guanosina; (P), fosfato; PPᵢ, pirofosfato; R, subunidad reguladora.

4. **Amplificación de la señal:** la cascada de reacciones antes descrita activa la glucogenólisis. El gran número de pasos secuenciales sirve para ampliar el efecto de la señal hormonal, es decir, unas cuantas moléculas de hormona que se unen a su GPCR hacen que un sinnúmero de moléculas de PKA se activen, cada una de las cuales activa muchas moléculas de fosforilasa cinasa. Esto causa la producción de muchas moléculas de glucógeno fosforilasa activa que pueden degradar glucógeno.

5. **Mantenimiento del estado fosforilado:** los grupos fosfato añadidos a la fosforilasa cinasa y fosforilasa en respuesta al AMPc se mantienen porque la enzima que elimina de manera hidrolítica el fosfato, proteína fosfatasa-1 (PP1), se inactiva por acción de proteínas inhibidoras que también se fosforilan y activan en respuesta al AMPc (*véase* fig. 12-9). Dado que la insulina también activa la fosfodiesterasa que degrada al AMPc, se opone a los efectos de glucagón y adrenalina.

B. Inhibición covalente de la glucogénesis

La enzima regulada en la glucogénesis, glucógeno sintasa, también existe en dos formas, la forma activa "a" y la inactiva "b". En contraste con la fosforilasa cinasa y la fosforilasa, la forma activa de la glucógeno sintasa se desfosforila, mientras que la forma inactiva se fosforila en diversos sitios en la enzima, con el nivel de inactivación proporcional al grado de fosforilación (fig. 12-10). Diversas proteína cinasas catalizan la fosforilación en respuesta al AMPc (p. ej., PKA y fosforilasa cinasa) u otros mecanismos de señal (*véase* C, más adelante). Glucógeno sintasa b puede reconvertirse en la forma "a" por medio de PP1. La figura 12-11 resume la regulación covalente del metabolismo del glucógeno.

C. Regulación alostérica de glucogénesis y glucogenólisis

Además de las señales hormonales, glucógeno sintasa y glucógeno fosforilasa responden a los niveles de metabolitos y a las necesidades energéticas de la célula. La glucogénesis se estimula cuando los niveles de glucosa y energía son altos, mientras que la glucogenólisis se incrementa cuando los niveles de glucosa y energía son bajos. Esta regulación alostérica permite una respuesta rápida a las necesidades de una célula y puede avasallar los efectos de la regulación covalente mediada por hormonas. (Nota: las formas "a" y "b" de las enzimas alostéricas del metabolismo del glucógeno se encuentran cada una en un equilibrio entre las conformaciones R [relajada, más activa] y T [tensa, menos activa] [*véase* p. 53]. La unión de los efectores desplaza el equilibrio y altera la actividad enzimática sin alterar de forma directa la modificación covalente.)

1. **Regulación en el estado de buena alimentación:** en el estado de buena alimentación, la glucosa 6-fosfato, que está presente en concentraciones elevadas (fig. 12-12), activa de modo alostérico a la glucógeno sintasa b tanto en el hígado como en el músculo. En contraste, la glucógeno fosforilasa a se inhibe en forma alostérica por acción de la glucosa 6-fosfato, lo mismo que por el ATP, una señal de alta energía. Nótese que en el hígado, pero no en el músculo, la glucosa libre también es inhibidor alostérico de la glucógeno fosforilasa a.

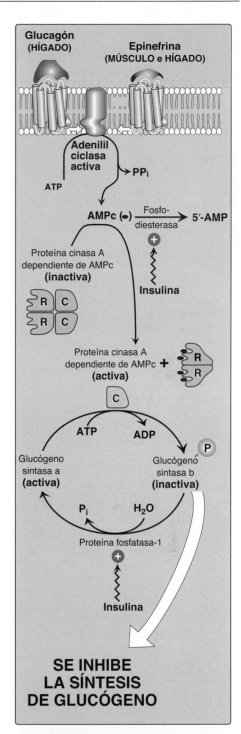

Figura 12-10

Regulación hormonal de la síntesis de glucógeno. (Nota: en contraste con glucógeno fosforilasa, glucógeno sintasa se inactiva con la fosforilación.) ADP, difosfato de adenosina; AMPc, monofosfato de adenosina cíclico; C, subunidad catalítica; (P), fosfato; PP$_i$, pirofosfato; R, subunidad reguladora.

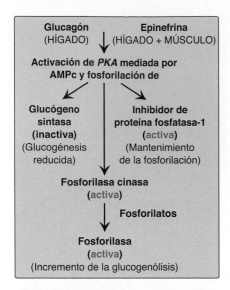

Figura 12-11
Resumen de la regulación
covalente mediada por hormonas
del metabolismo de glucógeno.
AMPc, monofosfato de adenosina;
PKA, proteína cinasa A.

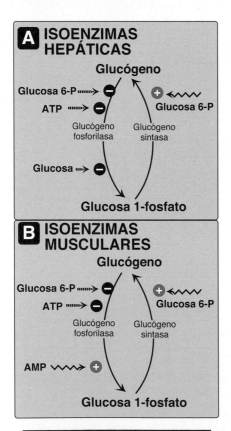

Figura 12-12
Regulación alostérica de
glucogénesis y glucogenólisis en
hígado **(A)** y músculo **(B)**. P, fosfato;
AMP, monofosfato de adenosina.

2. **Activación de la glucogenólisis por AMP:** la glucógeno fosforilasa (miofosforilasa) del músculo, pero no la isoenzima hepática, es
activa en la presencia de altas concentraciones de AMP que ocurren bajo condiciones extremas de anoxia y agotamiento de ATP. El
AMP se une a la glucógeno fosforilasa b y la activa sin fosforilarla
(*véase* fig. 12-9). Recuerde que AMP también activa la fosfofructo-
cinasa-1 de la glucólisis, lo cual permite que la glucosa de la glucogenólisis se oxide.

3. **Activación de la glucogenólisis por el calcio:** el calcio (Ca^{2+}) se
libera en el sarcoplasma de las células musculares (miocitos) en
respuesta a la estimulación neural y en el hígado en respuesta a
la unión de adrenalina en los receptores α1-adrenérgicos. El Ca^{2+}
se une a la calmodulina (CaM), el miembro más ampliamente distribuido de la familia de proteínas pequeñas que se unen al Ca^{2+}.
La unión de cuatro moléculas de Ca^{2+} a la CaM dispara un cambio
conformacional tal que el complejo Ca^{2+}-CaM activado se une a
moléculas proteicas y las activa, con frecuencia enzimas que están
inactivas en ausencia de este complejo (fig. 12-13). Por lo tanto,
CaM funciona como una subunidad esencial de muchas proteínas
complejas. Una de ellas es la fosforilasa cinasa tetramérica, cuya
forma "b" se activa por la unión de Ca^{2+} en su subunidad δ (CaM)
sin necesidad de que la PKA fosforile a la cinasa. (Nota: la adrenalina en los receptores β-adrenérgicos envía señales a través de una
elevación en el AMPc, no por el aumento de Ca^{2+}).

a. **Activación de fosforilasa cinasa muscular:** durante la contracción muscular se da una necesidad rápida y urgente de ATP.
Este se obtiene por medio de la degradación del glucógeno muscular a glucosa 6-fosfato, que entra a la glucólisis. Los impulsos
nerviosos causan la despolarización de la membrana, que promueve la liberación de Ca^{2+} del retículo sarcoplásmico hacia el
sarcoplasma de los miocitos. El Ca^{2+} se une a la subunidad de
CaM y el complejo activa la fosforilasa cinasa b muscular (*véase*
fig. 12-9).

b. **Activación de fosforilasa cinasa hepática:** durante el estrés
fisiológico se libera adrenalina de la médula suprarrenal y señala
la necesidad de glucosa sanguínea. Esta glucosa viene en un inicio de la glucogenólisis hepática. La unión de la adrenalina a la
GPCR α_1-adrenérgica del hepatocito activa una cascada dependiente de fosfolípidos que deriva en movimiento de Ca^{2+} desde
el RE hacia el citoplasma. Se forma un complejo de Ca^{2+}-CaM
y se activa la fosforilasa cinasa b hepática. Nótese que el Ca^{2+}
liberado también ayuda a activar la proteína cinasa C que puede
fosforilar e inactivar la glucógeno sintasa a.

VI. ENFERMEDADES DEL ALMACENAMIENTO DE GLUCÓGENO

Las EAG son un grupo de alteraciones genéticas causadas por defectos
en las enzimas requeridas para la degradación del glucógeno o, más raro,
la síntesis de este polisacárido. Los síntomas más comunes son la hipoglucemia (baja concentración de glucosa en sangre), el agrandamiento del
hígado, el crecimiento lento y la debilidad o los calambres musculares.

Estas afecciones pueden derivar en la formación de glucógeno con estructura anormal o en la acumulación de cantidades excesivas de glucógeno

normal en tejidos específicos como resultado de la degradación deficiente. Una enzima particular puede tener un defecto en un solo tejido, como en el hígado (lo cual produce hipoglucemia) o en el músculo (donde causaría debilidad), o el defecto puede ser más generalizado y afectar una diversidad de tejidos, como el corazón y los riñones. La gravedad varía desde fatal al inicio de la infancia, hasta trastornos leves que no amenazan la existencia. Los tipos más prevalentes de las EAG se decriben en la tabla 12-1 y cuatro de los EAG más comunes se ilustran en la figura 12-8.

VII. RESUMEN DEL CAPÍTULO

- Los almacenes principales de **glucógeno** en el cuerpo se encuentran en el **músculo esquelético**, donde sirven como reserva de combustible para la síntesis de **ATP** durante la **contracción** muscular, y en el **hígado**, donde se usan para mantener la concentración de **glucosa sanguínea**, en particular durante las etapas tempranas del **ayuno**.

- El glucógeno es un **polímero altamente ramificado** de α-D-glucosa.

- La **UDP-glucosa**, el bloque de construcción del glucógeno, se sintetiza a partir de **glucosa 1-fosfato** y **UTP** por la **UDP-glucosa pirofosforilasa** (fig. 12-14).

- La **glucosa** de la UDP-glucosa se transfiere a los **extremos no reductores** de las cadenas de glucógeno por medio de la enzima **glucógeno sintasa** que requiere un iniciador y forma los enlaces α(1→4). El **iniciador** se forma tomando como iniciador a la **glucogenina**. Las ramas se forman mediante la **amilo-α(1→4)→ α(1→6)-transglucosilasa** (una **4:6 transferasa**), que transfiere un conjunto de seis a ocho residuos glucosilo del extremo no reductor de la cadena de glucógeno (por rotura de un enlace α[1→4]) y la formación de un enlace α(1→6) con otro residuo de la cadena.

- La **glucógeno fosforilasa** rompe los enlaces α(1→4) entre los residuos glucosilo en los extremos no reductores de las cadenas de glucógeno y produce **glucosa 1-fosfato**.

- La glucosa 1-fosfato se convierte en **glucosa 6-fosfato** por medio de la **fosfoglucomutasa**.

- En el **músculo**, la glucosa 6-fosfato entra a la glucólisis. En el **hígado**, el fosfato se elimina mediante la **glucosa 6-fosfatasa**, y se produce glucosa libre que puede usarse para mantener los niveles de glucosa en sangre al inicio del ayuno.

- La deficiencia de fosfatasa causa la **enfermedad de von Gierke** y deriva en la incapacidad hepática para proporcionar glucosa libre al cuerpo durante el ayuno. Afecta tanto la degradación del glucógeno como la gluconeogénesis.

- La síntesis de glucógeno y su degradación **se regulan de forma recíproca** para cubrir las necesidades de todo el organismo por medio de las mismas señales hormonales, es decir, un nivel **elevado de insulina** resulta en un **incremento** general **de glucogénesis** y **reducción de glucogenólisis**, mientras que la **elevación de glucagón** o **adrenalina**, causa los efectos opuestos.

- Las enzimas clave se fosforilan por acción de **proteína cinasas**, algunas de las cuales dependen de **AMPc**, un compuesto que incrementan glucagón y adrenalina. Los grupos fosfato son eliminados por **proteína fosfatasa-1**.

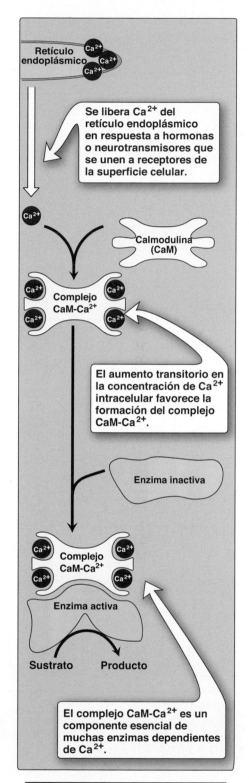

Figura 12-13

Calmodulina media muchos efectos del calcio intracelular (Ca^{2+}). (Nota: Ca^{2+} activa la fosforilasa cinasa en hígado y músculos.)

- Además de esta **regulación covalente**, la **glucógeno sintasa**, **fosforilasa cinasa** y **fosforilasa** se **regulan en forma alostérica** para cubrir las necesidades de los tejidos.

- En el estado de buena alimentación, glucosa 6-fosfato activa la glucógeno sintasa, pero la glucosa 6-fosfato, lo mismo que el ATP, inhiben a la glucógeno fosforilasa.

- En el hígado, la glucosa libre también sirve como inhibidor alostérico de glucógeno fosforilasa.

- La elevación del **calcio** en el músculo durante el ejercicio, y en el hígado como respuesta a adrenalina, activa la fosforilasa cinasa al unirse a la subunidad de **CaM** de la enzima. Esto permite que la enzima active la glucógeno fosforilasa y se produce, en consecuencia, degradación del glucógeno.

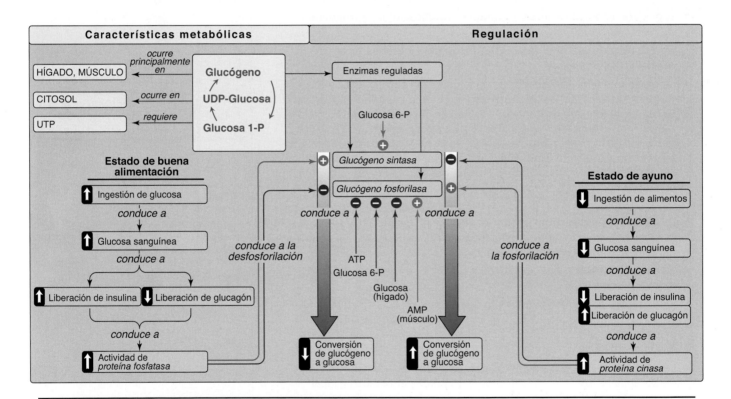

Figura 12-14

Mapa conceptual para el metabolismo de glucógeno en el hígado. (Nota: la glucógeno fosforilasa se fosforila por medio de la fosforilasa cinasa, cuya forma "b" puede activarse con el calcio). AMP, monofosfato de adenosina; P, fosfato; UDP y UTP, di y trifosfatos de uridina.

Preguntas de estudio

Elija la RESPUESTA correcta

En las preguntas 12.1 a 12.4, relacione la enzima deficiente con el hallazgo clínico en enfermedades del almacenamiento de glucógeno (EAG).

Opción	EAG	Enzima deficiente
A	Enfermedad de von Gierke tipo Ia	Glucosa 6-fosfatasa
B	Enfermedad de Pompe tipo II	Maltasa ácida
C	Enfermedad de Cori tipo III	4:4 transferasa
D	Enfermedad de Andersen tipo IV	4:6 transferasa
E	Enfermedad de McArdle tipo V	Miofosforilasa
F	Enfermedad de Hers tipo VI	Fosforilasa hepática

12.1 Intolerancia al ejercicio, sin elevación en el lactato sanguíneo durante el ejercicio.

Respuesta correcta = E. Deficiencia de miofosforilasa (la isoenzima muscular de glucógeno fosforilasa o enfermedad de McArdle) evita la degradación de glucógeno en el músculo y priva a este tejido de glucosa derivada de glucógeno, lo cual lleva a la disminución de la glucólisis y de su producto anaerobio, lactato.

12.2 Cirrosis fatal y progresiva, y glucógeno con cadenas externas más largas de lo normal.

Respuesta correcta = D. 4:6 Deficiencia de 4:6 transferasa (enzima ramificante, enfermedad de Andersen), un defecto en la síntesis de glucógeno, que produce glucógeno con menos ramas y menos soluble.

12.3 Acumulación generalizada de glucógeno, hipotonía grave y muerte por insuficiencia cardiaca.

Respuesta correcta = B. Deficiencia de maltasa ácida ($\alpha[1\rightarrow4]$-glucosidasa ácida, o enfermedad de Pompe), que previene la degradación de cualquier tipo de glucógeno que entre a los lisosomas. Una diversidad de tejidos se ve afectada y la patología más grave resulta del daño cardiaco.

12.4 Hipoglucemia grave en el ayuno, acidemia láctica, hiperuricemia e hiperlipidemia.

Respuesta correcta = A. Deficiencia de glucosa 6-fosfatasa (o enfermedad de von Gierke) evita que el hígado libere glucosa libre hacia la sangre, lo cual causa hipoglucemia grave en el ayuno, acidemia láctica, hiperuricemia e hiperlipidemia.

12.5 ¿Cuál efecto tienen adrenalina y glucagón sobre el metabolismo de glucógeno hepático?
   A. Ambos fosforilan y activan la glucógeno fosforilasa y la glucógeno sintasa.
   B. Ambos fosforilan e inactivan la glucógeno fosforilasa y la glucógeno sintasa.
   C. Ambos provocan una mayor degradación del glucógeno y una menor síntesis en el hígado.
   D. Ambos hacen que la síntesis de glucógeno tenga un aumento neto.

Respuesta correcta = C. Tanto adrenalina como glucagón causan un incremento en la degradación de glucógeno y una disminución de su síntesis en el hígado mediante la modificación covalente (fosforilación) de enzimas clave del metabolismo de glucógeno. La glucógeno fosforilasa se fosforila y activa (forma "a"), mientras que la glucógeno sintasa se fosforila y desactiva (forma "b"). El glucagón no causa una elevación en el calcio.

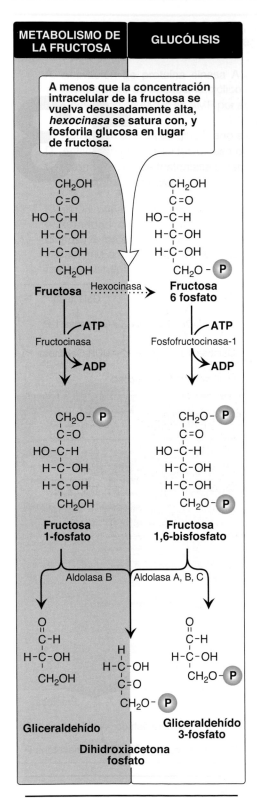

Figura 13-2
Productos de fosforilación de la fructosa y su degradación. ADP, difosfato de adenosina; **P**, fosfato.

en la dieta), riñones e intestino delgado, y convierte a fructosa en fructosa 1-fosfato, por medio del ATP como donador de fosfato. (Nota: estos tres tejidos también contienen aldolasa B, que se analiza en la sección B.)

B. Degradación de fructosa 1-fosfato

La fructosa 1-fosfato no se fosforila a fructosa 1,6-bisfosfato como la fructosa 6-fosfato (*véase* p. 133), sino que se degrada por acción de la aldolasa B (también llamada fructosa 1-fosfato aldolasa) en dos triosas, dihidroxiacetona fosfato (DHAP) y gliceraldehído. (Nota: los humanos expresan tres isoenzimas aldolasa [el producto de tres genes diferentes]: aldolasa A en la mayoría de los tejidos; aldolasa B en el hígado, riñones e intestino delgado, y aldolasa C en el cerebro. Todas rompen la fructosa 1,6-bisfosfato producida durante la glucólisis a DHAP y gliceraldehído 3-fosfato, pero solo aldolasa B rompe a fructosa 1-fosfato.) DHAP puede usarse en glucólisis o gluconeogénesis, mientras que gliceraldehído puede metabolizarse a través de diversas vías, como ilustra la figura 13-3.

C. Cinética

La velocidad del metabolismo de la fructosa es más rápida que la de la glucosa porque la producción de triosas a partir de fructosa 1-fosfato elude la reacción catalizada por la fosfofructocinasa-1, el principal paso limitante de la velocidad en la glucólisis.

D. Trastornos

La deficiencia de una de las enzimas clave requeridas para la entrada de fructosa en las vías metabólicas puede derivar en un trastorno benigno, como resultado de la deficiencia de fructocinasa (fructosuria esencial), o una alteración grave en el metabolismo hepático o renal derivada de la deficiencia de aldolasa B o intolerancia hereditaria a la fructosa (IHF), la cual ocurre en ~1:200 000 nacidos vivos (*véase* fig. 13-3).

Los primeros síntomas de IHF aparecen cuando el lactante deja de alimentarse con leche que contenga lactosa y comienza a ingerir alimentos que contengan sacarosa o fructosa. La fructosa 1-fosfato se acumula y produce una caída en el nivel de fosfato inorgánico (P_i) y, en consecuencia, en la producción de ATP. A medida que el ATP disminuye, se eleva monofosfato de adenosina (AMP). El AMP se degrada, lo cual causa hiperuricemia y acidemia láctica. La disminución en la disponibilidad de ATP hepático reduce la gluconeogénesis (lo cual lleva a hipoglucemia con vómito) y la síntesis de proteínas (que provoca un decremento en los factores de coagulación sanguínea y otras proteínas esenciales). La reabsorción renal de P_i también disminuye. (Nota: la caída en P_i también inhibe la glucogenólisis).

El diagnóstico de IHF puede realizarse sobre la base de la fructosa en orina, pruebas enzimáticas mediante hepatocitos o con pruebas basadas en el ADN (*véase* cap. 35). Con la IHF deben eliminarse sacarosa y fructosa de la dieta para evitar la insuficiencia hepática y tal vez la muerte. Nótese que los individuos con IHF tienden apresentar una aversión de por vida hacia los dulces.

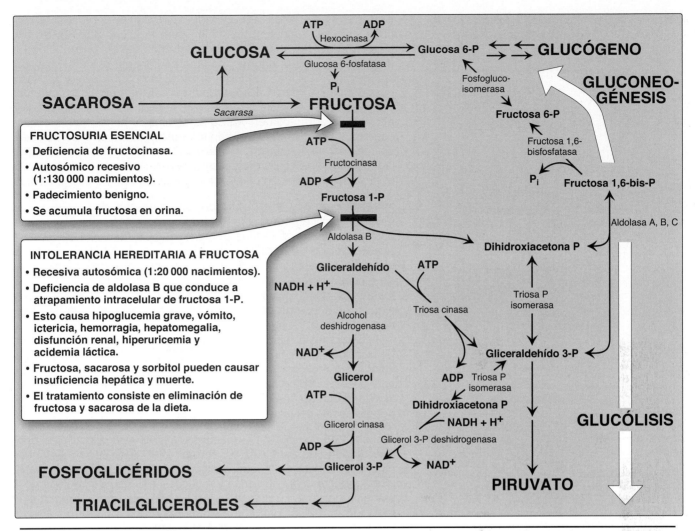

Figura 13-3

Resumen del metabolismo de fructosa. ADP, difosfato de adenosina; NADH, dinucleótido de nicotinamida y adenina; P, fosfato; P_i, fosfato inorgánico.

E. Conversión de manosa a fructosa 6-fosfato

La manosa, el epímero C-2 de glucosa, es un componente importante de las glucoproteínas. La hexocinasa fosforila a la manosa y se produce manosa 6-fosfato, que, a su vez, se isomeriza de manera reversible a fructosa 6-fosfato por medio de la fosfomanosa isomerasa. (Nota: la mayor parte de la manosa intracelular se sintetiza a partir de fructosa o es manosa preexistente producida por la degradación de glucoproteínas y rescatada por hexocinasa. Los carbohidratos de la dieta contienen poca manosa.)

F. Conversión de glucosa en fructosa vía sorbitol

La mayoría de los azúcares se fosforila de forma rápida después de entrar a las células. En consecuencia, quedan atrapadas dentro de ellas, porque los fosfatos orgánicos no pueden cruzar con libertad las membranas sin transportadores específicos. Un mecanismo alternativo para metabolizar un monosacárido es convertirlo en un poliol (alcohol de azúcar) mediante la reducción de un grupo aldehído, lo que produce un grupo hidroxilo adicional.

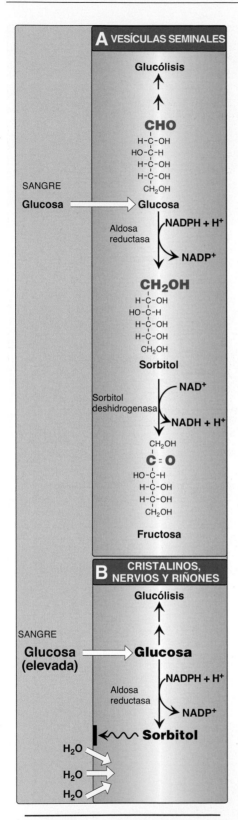

Figura 13-4
Metabolismo del sorbitol. NADH,
dinucleótido de nicotinamida y
adenina; NADPH, dinucleótido
fosfato de nicotinamida y adenina.

1. **Síntesis de sorbitol:** aldosa reductasa reduce la glucosa y produce sorbitol (o glucitol; fig. 13-4), pero la K_m es alta. La enzima aldosa reductasa se encuentra en muchos tejidos, entre ellos los de retina, cristalino, riñones, nervios periféricos, ovarios y vesículas seminales. Una segunda enzima, sorbitol deshidrogenasa, puede oxidar el sorbitol a fructosa en células hepáticas, ováricas y de vesículas seminales (*véase* fig. 13-4). La vía de doble reacción de glucosa a fructosa en vesículas seminales beneficia las células espermáticas, mismas que usan la fructosa como una fuente esencial de energía de carbohidratos. La vía de sorbitol a fructosa en el hígado proporciona un mecanismo por el cual todo el sorbitol disponible se convierte en un sustrato que puede entrar a la glucólisis.

2. **Hiperglucemia y metabolismo del sorbitol:** dado que no se requiere insulina para la entrada de glucosa a las células de retina, cristalino, riñones y nervios periféricos, gran cantidad de glucosa puede entrar a estas células durante un estado hiperglucémico (p. ej., en la diabetes mal controlada). Las concentraciones elevadas de glucosa intracelular y una provisión adecuada de dinucleótido fosfato de nicotinamida y adenina (NADPH) reducido hacen que la aldosa reductasa produzca un incremento significativo en la cantidad de sorbitol, el cual no puede pasar con eficiencia a través de las membranas celulares y, por lo tanto, permanece atrapado dentro de la célula (*véase* fig. 13-4). Esto se exacerba cuando la producción de sorbitol deshidrogenasa se encuentra en bajas cantidades o está ausente. Como resultado, el sorbitol se acumula en estas células y provoca fuertes efectos osmóticos e hinchazón de las células debido al influjo y la retención de agua.

   Algunas alteraciones patológicas asociadas con la diabetes pueden atribuirse a este estrés osmótico, incluidos la formación de cataratas, la neuropatía periférica y los problemas microvasculares que conducen a la nefropatía y retinopatía. El uso de NADPH en la reacción de aldosa reductasa disminuye la generación de glutatión reducido, un antioxidante importante, y también puede estar relacionado con complicaciones diabéticas.

III. METABOLISMO DE LA GALACTOSA

La fuente dietética principal de galactosa es la lactosa (galactosil β-1,4-glucosa) obtenida de la leche y los lácteos. (Nota: la digestión de la lactosa mediante la β-galactosidasa, también llamada lactasa, de la membrana celular de la mucosa intestinal se analizó en la p. 121). Una cierta cantidad de galactosa también puede obtenerse por la degradación lisosómica de glucoproteínas y glucolípidos. Al igual que la fructosa (y la manosa), el transporte de galactosa al interior de las células no depende de la insulina.

A. Fosforilación

Lo mismo que fructosa, la galactosa debe fosforilarse antes de que pueda metabolizarse más. La mayoría de los tejidos tiene una enzima específica para este propósito, galactocinasa, la cual produce galactosa 1-fosfato (fig. 13-5). Al igual que con otras cinasas, ATP es el donador de fosfato.

B. Formación de uridina difosfato-galactosa

Galactosa 1-fosfato no puede entrar a la vía glucolítica, a menos que se convierta primero a uridina difosfato (UDP)-galactosa (fig. 13-6). Esto

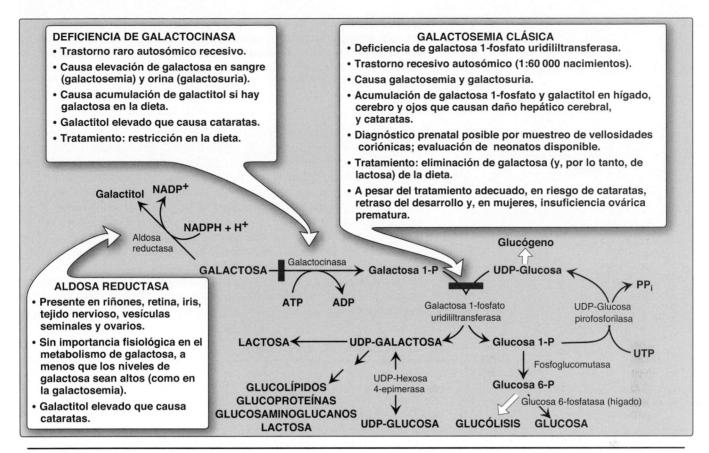

DEFICIENCIA DE GALACTOCINASA
- Trastorno raro autosómico recesivo.
- Causa elevación de galactosa en sangre (galactosemia) y orina (galactosuria).
- Causa acumulación de galactitol si hay galactosa en la dieta.
- Galactitol elevado que causa cataratas.
- Tratamiento: restricción en la dieta.

GALACTOSEMIA CLÁSICA
- Deficiencia de galactosa 1-fosfato uridililtransferasa.
- Trastorno recesivo autosómico (1:60 000 nacimientos).
- Causa galactosemia y galactosuria.
- Acumulación de galactosa 1-fosfato y galactitol en hígado, cerebro y ojos que causan daño hepático cerebral, y cataratas.
- Diagnóstico prenatal posible por muestreo de vellosidades coriónicas; evaluación de neonatos disponible.
- Tratamiento: eliminación de galactosa (y, por lo tanto, de lactosa) de la dieta.
- A pesar del tratamiento adecuado, en riesgo de cataratas, retraso del desarrollo y, en mujeres, insuficiencia ovárica prematura.

ALDOSA REDUCTASA
- Presente en riñones, retina, iris, tejido nervioso, vesículas seminales y ovarios.
- Sin importancia fisiológica en el metabolismo de galactosa, a menos que los niveles de galactosa sean altos (como en la galactosemia).
- Galactitol elevado que causa cataratas.

Figura 13-5

Metabolismo de la galactosa. ADP, difosfato de adenosina; NADPH, dinucleótido fosfato de nicotinamida y adenina; P, fosfato; PP$_i$, pirofosfato; UDP y UTP, di- y trifosfatos de uridina.

ocurre en una reacción de intercambio, donde UDP-glucosa reacciona con galactosa 1-fosfato, de la que se obtiene UDP-galactosa y glucosa 1-fosfato (*véase* fig. 13-5). La galactosa 1-fosfato uridililtransferasa (GALT) cataliza la reacción. (Nota: el producto de glucosa 1-fosfato puede isomerizarse a glucosa 6-fosfato, el cual puede entrar a la glucólisis o ser desfosforilado.)

C. Conversión de UDP-galactosa a UDP-glucosa

Para que la UDP-galactosa entre al flujo principal del metabolismo de la glucosa, primero debe isomerizarse a su epímero C-4, UDP-glucosa, por acción de la UDP-hexosa 4-epimerasa. Esta "nueva" UDP-glucosa (producida a partir de la UDP-galactosa original) puede participar en las reacciones biosintéticas (p. ej., en la glucogénesis) al igual que en la reacción GALT. (Nota: *véase* fig. 13-5 que muestra un resumen de las interconversiones).

D. UDP-galactosa en las reacciones de biosíntesis

UDP-galactosa puede servir como donador de unidades de galactosa en un sinnúmero de vías metabólicas de síntesis, incluidas la de lactosa (*véase* IV, más adelante), glucoproteínas, glucolípidos y glucosaminoglucanos. (Nota: si la dieta no proporciona galactosa [p. ej., cuando no puede obtenerse de la lactosa debido a la falta de

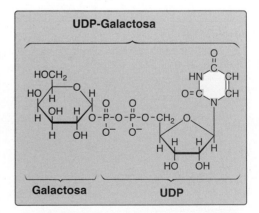

Figura 13-6

Estructura de UDP-galactosa. UDP, difosfato de uridina.

β-galactosidasa en personas que son intolerantes a lactosa], todos los requerimientos de los tejidos por UDP-galactosa pueden cubrirse por la acción de UDP-hexosa 4-epimerasa sobre la UDP-glucosa, la cual se produce de modo eficiente a partir de glucosa 1-fosfato y uridina trifosfato [*véase* fig. 13-5].)

E. Trastornos

La GALT es deficiente en gran medida en los individuos con galactose-mia clásica (*véase* fig. 13-5). En este trastorno se acumula la galactosa 1-fosfato y, por lo tanto, la galactosa. Las consecuencias fisiológicas son semejantes a las de la IHF, pero se afecta un espectro más amplio de tejidos. La galactosa acumulada se desvía hacia las vías metabó-licas laterales como las de producción de galactitol. Esta reacción se cataliza mediante la aldosa reductasa, la misma enzima que reduce a la glucosa a sorbitol. La deficiencia de GALT es parte del panel de evaluación de los recién nacidos. El tratamiento de la galactosemia requiere eliminar la galactosa y la lactosa de la dieta. Las deficiencias en galactocinasa y en la epimerasa derivan en trastornos menos gra-ves del metabolismo de galactosa, aunque las cataratas son comunes (*véase* fig. 13-5).

IV. SÍNTESIS DE LACTOSA

La lactosa es un disacárido que consta de una molécula de β-galactosa unida por un enlace β(1→4) a una glucosa. Por lo tanto, la lactosa es galac-tosil β(1→4)-glucosa. Dado que la lactosa, azúcar de la leche, se elabora en las glándulas mamarias lactantes (que producen leche), la leche y otros productos lácteos son las fuentes de lactosa en la dieta.

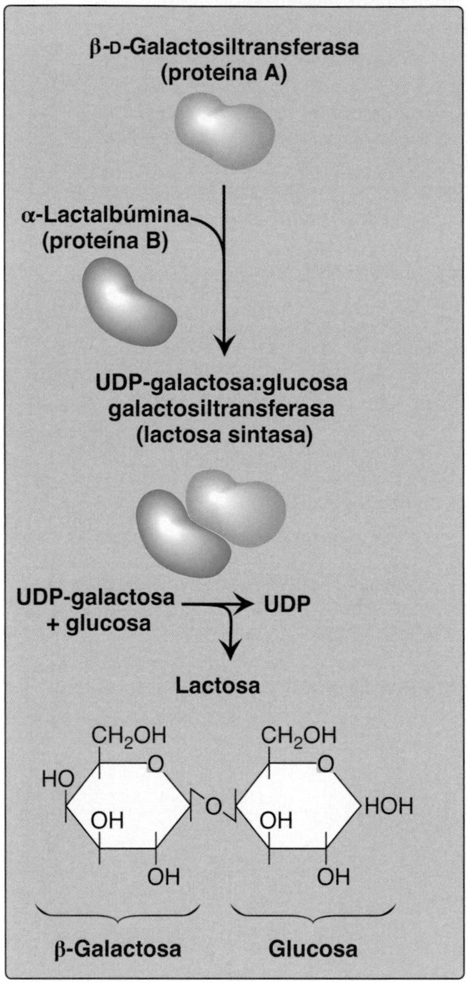

La lactosa sintasa (UDP-galactosa:glucosa galactosiltransferasa) cataliza la síntesis de lactosa en el aparato de Golgi. Esta enzima, compuesta por pro-teínas A y B, transfiere galactosa de UDP-galactosa a glucosa y libera UDP (fig. 13-7). La proteína A es una β-D-galactosiltransferasa y se encuentra en un sinnúmero de tejidos corporales. En tejidos que no son de la glándula mamaria en lactancia, esta enzima transfiere la galactosa de UDP-galac-tosa a la N-acetil- D-glucosamina, lo que forma el mismo enlace β(1→4) que se encuentra en la lactosa, y produce N-acetil lactosamina, un componente de las glucoproteínas estructuralmente importantes con enlaces-N (*véase* p. 209). En contraste, la proteína B solo se encuentra en glándulas mama-rias lactantes. Se trata de la α-lactalbúmina, y su síntesis se estimula por la hormona peptídica prolactina. La proteína B forma un complejo con la enzima, la proteína A, lo cual cambia la especificidad de esa transferasa (al reducir la K_m de la glucosa) de manera que se produce lactosa, más que N-acetil lactosamina (*véase* fig. 13-7).

β-D-Galactosiltransferasa
(proteína A)

α-Lactalbúmina
(proteína B)

UDP-galactosa:glucosa
galactosiltransferasa
(lactosa sintasa)

UDP-galactosa ⟶ UDP
+ glucosa

Lactosa

β-Galactosa   Glucosa

Figura 13-7
Síntesis de lactosa. UDP, difosfato de uridina.

Aplicación clínica 13-1: intolerancia a la lactosa

La intolerancia a la lactosa, también llamada malabsorción de lactosa, afecta hasta 60% de los adultos con ascendencia distinta a la del norte de Europa. Este es el resultado de la deficiencia de β-galactosidasa o lactasa en el intes-tino delgado. Hay que recordar (*véanse* p. 121 y fig. 8.11) que la insuficiencia de lactasa impide digerir los productos lácteos en su totalidad. Tras consumir productos lácteos, las personas intolerantes a la lactosa pueden experimen-tar calambres, diarrea e hinchazón. Los suplementos de lactasa y evitar pro-ductos lácteos pueden ser eficaces para tratar esta afección.

V. RESUMEN DEL CAPÍTULO

- La fuente principal de fructosa es el disacárido **sacarosa**, mismo que, cuando se rompe, libera cantidades equimolares de **fructosa** y **glucosa** (fig. 13-8).

- El transporte de la fructosa al interior de las células **no depende de la insulina**.

- Fructosa se fosforila primero a **fructosa 1-fosfato** por acción de la **fructocinasa** y luego **aldolasa B** la rompe en **DHAP** y **gliceraldehído**. Estas enzimas se encuentran en el **hígado**, los **riñones** y el **intestino delgado**.

- La deficiencia de fructocinasa provoca un padecimiento benigno, **fructosuria esencial**, mientras que la deficiencia de aldolasa B causa la **IHF**, en la cual la **hipoglucemia grave** y la **insuficiencia hepática** conducen a la **muerte** si la fructosa (y la sacarosa) no se elimina de la dieta.

- **Manosa**, un componente importante de las **glucoproteínas**, se fosforila por medio de la **hexocinasa** a **manosa 6-fosfato**, que se isomeriza de manera reversible a **fructosa 6-fosfato** por medio de la **fosfomanosa isomerasa**.

- La glucosa puede reducirse a **sorbitol** (**glucitol**) mediante la **aldosa reductasa** en muchos tejidos, incluidos **cristalino**, **retina**, **nervios periféricos**, **riñones**, **ovarios** y **vesículas seminales**. En hígado, ovarios y vesículas seminales, una segunda enzima, la **sorbitol deshidrogenasa**, puede oxidar al sorbitol para producir **fructosa**.

- La **hiperglucemia** resulta en la acumulación de sorbitol en las células que carecen de sorbitol deshidrogenasa. Los **eventos osmóticos** derivados causan hinchamiento de las células y pueden contribuir a la **formación de cataratas**, la **neuropatía periférica**, la **nefropatía** y la **retinopatía** que se observan en la **diabetes**.

- La fuente dietética principal de **galactosa** es la **lactosa**. El transporte de galactosa al interior de las células es independiente de insulina. La galactosa es en un inicio fosforilada a galactosa 1-fosfato por la **galactocinasa**, y la deficiencia de esta resulta en cataratas.

- Galactosa 1-fosfato se convierte en **UDP-galactosa** por medio de **GALT**, con el nucleótido proporcionado por UDP-glucosa. La deficiencia de esta enzima causa **galactosemia clásica**. Se acumula galactosa 1-fosfato y el exceso de galactosa se convierte en **galactitol** mediante la **aldosa reductasa**. Esto causa **daño hepático**, **daño cerebral** y **cataratas**. El tratamiento requiere la eliminación de galactosa (y lactosa) de la dieta.

- Para que UDP-galactosa entre al flujo principal del metabolismo de glucosa, primero debe isomerizarse a UDP-glucosa por efecto de **UDP-hexosa 4-epimerasa**. Esta enzima también puede usarse para producir UDP-galactosa a partir de UDP-glucosa cuando la primera se requiere para la síntesis de glucoproteínas y glucolípidos.

- La **lactosa** es un disacárido de **galactosa** y **glucosa**. Los **productos lácteos** son las fuentes dietéticas de la lactosa. La lactosa se sintetiza mediante **lactosa sintasa** a partir de **UDP-galactosa** y **glucosa** en la **glándula mamaria lactante**. La enzima tiene dos subunidades, la **proteína A** (que es una **galactosiltransferasa** que se encuentra en la mayoría de las células, donde sintetiza **N-acetil lactosamina**) y la **proteína B** (α-**lactalbúmina**, que se halla solo en las glándulas mamarias lactantes, y cuya síntesis se estimula por medio de la hormona peptídica **prolactina**). Cuando ambas subunidades están presentes, la transferasa produce lactosa.

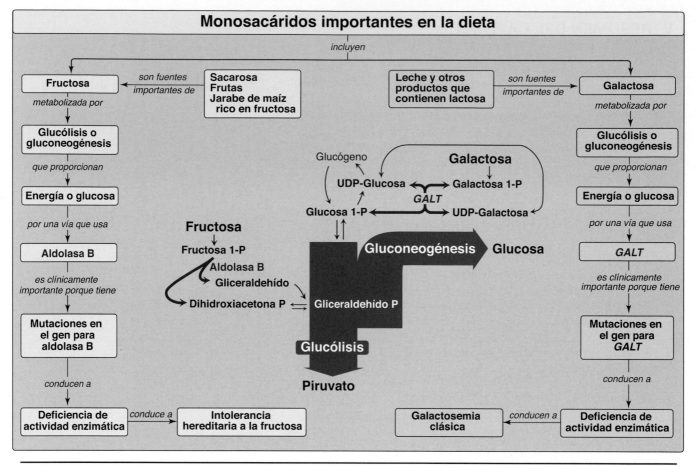

Figura 13-8
Mapa conceptual del metabolismo de fructosa y galactosa. GALT, galactosa 1-fosfato uridililtransferasa; P, fosfato; UDP, difosfato de uridina.

Preguntas de estudio

Elija la RESPUESTA correcta.

13.1 Una mujer con galactosemia clásica que sigue una dieta libre de galactosa da a luz a un lactante a término. Puede producir lactosa en la leche materna porque:

A. La galactosa puede obtenerse a partir de la fructosa por isomerización.

B. Es posible producir galactosa por epimerización a partir de un metabolito de glucosa.

C. Hexocinasa puede fosforilar de modo eficiente la galactosa a galactosa 1-fosfato.

D. La enzima afectada en la galactosemia se activa por una hormona de la glándula mamaria.

Respuesta correcta = B. Uridina difosfato (UDP)-glucosa se convierte en UDP-galactosa por acción de UDP-hexosa 4-epimerasa y proporciona así la forma apropiada de galactosa para la síntesis de lactosa. La isomerización de fructosa a galactosa no ocurre en el cuerpo humano. Hexocinasa no convierte a la galactosa en galactosa 1-fosfato. Una dieta libre de galactosa no proporciona galactosa. La galactosemia es el resultado de una deficiencia enzimática (galactosa 1-fosfato uridililtransferasa.

13.2 Llevan a un niño de 6 meses de edad con su médico debido a que presenta vómito, sudores nocturnos y temblores. Su historial revela que estos síntomas iniciaron después de introducir jugos de frutas en su dieta mientras dejaba de tomar leche materna. El examen físico fue notable por mostrar hepatomegalia. Las pruebas de orina del bebé fueron positivas para azúcar reductor, pero negativos para glucosa. Es muy probable que el lactante sufra de una deficiencia de:

A. Aldolasa B

B. Fructocinasa

C. Galactocinasa

D. β-galactosidasa

Respuesta correcta = A. Los síntomas sugieren intolerancia hereditaria a la fructosa, una deficiencia en aldolasa B. Las deficiencias en fructocinasa o galactocinasa derivan en trastornos relativamente benignos caracterizados por niveles elevados de fructosa o galactosa en sangre y orina. La deficiencia de β-galactosidasa (lactasa) deriva en la disminución de la capacidad para degradar lactosa (azúcar de la leche). La deficiencia congénita de lactasa es bastante rara y se habría presentado mucho antes en este bebé (y con síntomas diferentes). La deficiencia típica de lactasa (intolerancia adulta a la lactosa) se presenta a mayor edad.

13.3 En la síntesis de lactosa:

A. La expresión de α-lactalbúmina está disminuida por la hormona prolactina.

B. La galactosiltransferasa cataliza la transferencia de galactosa de la galactosa 1-fosfato a la glucosa.

C. La proteína A se usa en forma exclusiva.

D. La α-lactalbúmina disminuye la afinidad de la proteína A por glucosa.

E. La prolactina estimula la expresión de la proteína B.

Respuesta correcta = D. La expresión de α-lactalbúmina (proteína B) aumenta por acción de la hormona prolactina. Uridina difosfato-galactosa es la forma empleada por la galactosiltransferasa (proteína A). La proteína A también participa en la síntesis del aminoazúcar N-acetil lactosamina. La proteína B reduce la constante de Michaelis (K_m) y, por lo tanto, incrementa la afinidad de la proteína A por la glucosa.

13.4 Una niña de 3 meses de edad es evaluada por nubosidad en sus ojos. Su examen físico revela cataratas. Además de carecer de sonrisa social o de ser capaz de seguir los objetos de manera visual, todos los demás aspectos del examen de la niña son normales. Las pruebas de orina de la bebé son positivas para azúcar reductor, pero negativos para glucosa. ¿Qué enzima es, muy probablemente, deficiente en esta niña?

A. Aldolasa B

B. Fructocinasa

C. Galactocinasa

D. Galactosa 1-fosfato uridililtransferasa

Respuesta correcta = C. La niña presenta deficiencia de galactocinasa y no es capaz de fosforilar de modo adecuado la galactosa. Esta última se acumula en sangre (y orina). En el cristalino del ojo, la aldosa reductasa reduce la galactosa en galactitol, un alcohol de azúcar, que causa efectos osmóticos que derivan en la formación de cataratas. La deficiencia de galactosa 1-fosfato uridililtransferasa también resulta en cataratas, pero se caracteriza por daño hepático y efectos neurológicos. La deficiencia de fructocinasa es un trastorno benigno. La deficiencia de aldolasa B es grave, con efectos en diversos tejidos, pero no es común observar cataratas.

13.5 En una persona con una concentración elevada de glucosa en sangre y un suministro adecuado de NADPH, ¿cuál de los siguientes metabolitos se producirá en alta concentración y permanecerá atrapado en la célula?

A. Fructosa

B. Galactosa

C. Lactosa

D. Sorbitol

E. Sacarosa

Respuesta correcta = D. El sorbitol estará elevado en esta situación. Una concentración elevada de glucosa intracelular y un suministro adecuado de NADPH reducido hacen que la aldosa reductasa produzca un aumento significativo de sorbitol, que no puede pasar de manera eficaz a través de las membranas celulares y, por lo tanto, queda atrapado dentro de la célula. El sorbitol atrapado en las células contribuye entonces a las complicaciones de la diabetes mellitus, como la formación de cataratas, la neuropatía periférica y los problemas microvasculares.

La vía de la pentosa fosfato y del dinucleótido fosfato de nicotinamida y adenina

14

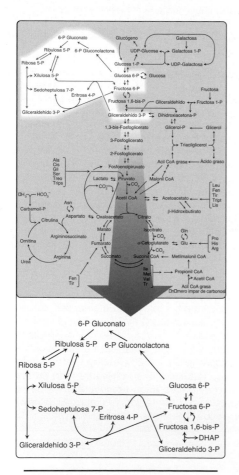

Figura 14-1

La vía de la pentosa fosfato representada como componente del mapa metabólico. (Nota: *véase* fig. 9-2 para un mapa más detallado del metabolismo). DHAP, dihidroxiacetona fosfato; P, fosfato.

I. GENERALIDADES

La vía de la pentosa fosfato, también llamada lanzadera de hexosa monofosfato, provee la ribosa 5-fosfato para la biosíntesis de nucleótidos y es importante como fuente principal del cuerpo del dinucleótido fosfato de nicotinamida y adenina (NADPH), un reductor bioquímico. NADPH es la fuente celular de equivalentes reductores para la biosíntesis de ácidos grasos y colesterol y para la reducción del peróxido de hidrógeno (H_2O_2) formado en respuesta al estrés oxidativo y como subproducto del metabolismo aeróbico. La glucosa-6 fosfato deshidrogenasa (G6PD) cataliza el primer paso, que limita la velocidad de la vía; la herencia ligada al X de la deficiencia de G6PD deriva en insuficiencia de NADPH, en particular en los eritrocitos, lo que los hace susceptibles de lisis en respuesta al estrés oxidativo. La vía no produce ni consume ATP.

Las reacciones de esta vía ocurren en el citosol e incluyen una fase oxidativa irreversible, seguida por una serie de interconversiones reversibles azúcar-fosfato (fig. 14-1). En la fase oxidativa, el carbono 1 de una molécula de glucosa 6-fosfato se libera como dióxido de carbono (CO_2), y se producen un azúcar pentosa-fosfato más dos NADPH reducidos. La velocidad y dirección de las reacciones reversibles están determinadas por la provisión y la demanda de intermediarios de la vía. La ruta de la pentosa fosfato también produce ribosa 5-fosfato, requerido para la biosíntesis de nucleótidos (*véase también* cap. 23 III), y proporciona un mecanismo para la conversión de los azúcares pentosa a triosas y hexosas, que son intermediarios de la glucólisis.

II. REACCIONES OXIDATIVAS IRREVERSIBLES

La porción oxidativa de la vía de la pentosa fosfato consta de tres reacciones irreversibles que conducen a la formación de ribulosa 5-fosfato, CO_2 y dos moléculas de NADPH por cada molécula de glucosa 6-fosfato que se oxida (fig. 14-2). Esta porción de la vía es en particular importante en el hígado, las glándulas mamarias en lactancia y el tejido adiposo para la biosíntesis NADPH dependiente de ácidos grasos (*véase también* cap. 16 III); en los testículos, los ovarios, la placenta y la corteza suprarrenal para la biosíntesis dependiente de NADPH de hormonas esteroides (*véase también*

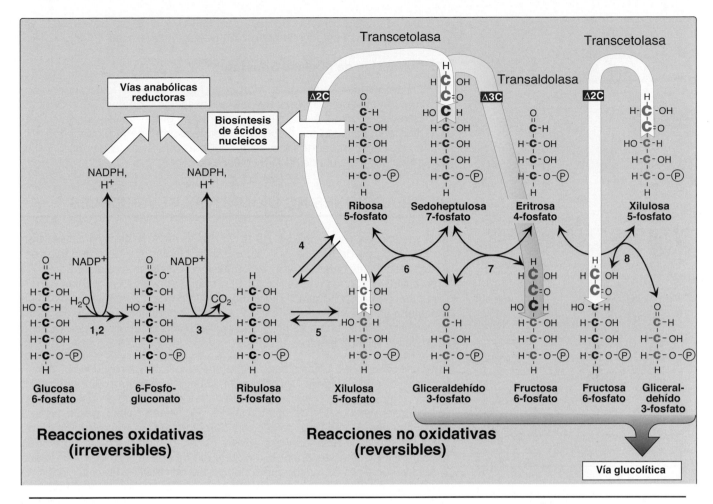

Figura 14-2
Reacciones de la vía de la pentosa fosfato. Las enzimas numeradas en esta figura son: (1, 2) glucosa 6-fosfato deshidrogenasa y 6-fosfogluconolactona hidrolasa, (3) 6-fosfogluconato deshidrogenasa, (4) ribosa 5-fosfato isomerasa, (5) fosfopentosa epimerasa, (6, 8) transcetolasa (coenzima: pirofosfato de tiamina), y (7) transaldolasa. **Δ2C**, se transfieren dos carbonos de un donador cetosa a un aceptor aldosa en las reacciones de transcetolasa; **Δ3C**, tres carbonos se transfieren en la reacción de transaldolasa. Esto puede representarse como: azúcar de 5C + azúcar de 5C ⟶ azúcar de 7C + azúcar de 3C ⟶ azúcar de 4C + azúcar de 6C. CO_2, dióxido de carbono; NADP(H), dinucleótido fosfato de nicotinamida y adenina; ℗, fosfato.

cap. 19); y en los eritrocitos para la reducción dependiente de NADPH del glutatión.

A. Deshidrogenación de glucosa 6-fosfato

La glucosa 6-fosfato deshidrogenasa (G6PD) cataliza la oxidación de glucosa 6-fosfato a 6-fosfogluconolactona al tiempo que se reduce la coenzima $NADP^+$ a NADPH. Esta reacción inicial es el paso comprometido, limitante de la velocidad y regulado de la vía. El NADPH es un inhibidor competitivo potente de la G6PD, y la proporción de NADPH/$NADP^+$ es lo bastante alta para inhibir de manera sustancial la enzima bajo la mayoría de las condiciones metabólicas. No obstante, con el aumento en el requerimiento de NADPH, la proporción de NADPH/$NADP^+$ disminuye, y el flujo a través de la vía aumenta en respuesta al incremento en la actividad de G6PD. Se debe destacar que la insulina activa la expresión del gen para G6PD, y el flujo a través de la vía aumenta en el estado de absorción (*véase también* cap. 25 III).

B. Formación de ribulosa 5-fosfato

La 6-fosfogluconolactona hidrolasa hidroliza la 6-fosfogluconolactona en el segundo paso. La descarboxilación oxidativa del producto, 6-fosfogluconato, se cataliza por medio de una 6-fosfogluconato deshidrogenasa. Este tercer paso irreversible produce ribulosa 5-fosfato, un azúcar pentosa-fosfato, CO_2 (del carbono 1 de la glucosa) y una segunda molécula de NADPH (*véase* fig. 14-2).

III. REACCIONES NO OXIDATIVAS REVERSIBLES

Las reacciones no oxidativas de la vía de la pentosa fosfato ocurren en todos los tipos de células que sintetizan nucleótidos y ácidos nucleicos. Estas reacciones catalizan la interconversión de azúcares que contienen de tres a siete carbonos (*véase* fig. 14-2). Estas reacciones reversibles permiten que la ribulosa 5-fosfato producida por la porción oxidativa de la vía se convierta ya sea en ribosa 5-fosfato, necesaria para la síntesis de nucleótidos (*véase también* cap. 23 III), o en intermediarios de la glucólisis, fructosa 6-fosfato y gliceraldehído 3-fosfato.

Muchas células que llevan a cabo reacciones biosintéticas reductoras tienen una mayor necesidad de NADPH que para ribosa 5-fosfato. En este caso, la transcetolasa, que transfiere dos unidades de carbono en una reacción que requiere pirofosfato de tiamina (TPP), y la transaldolasa, que transfiere tres unidades de carbono, convierten la ribulosa 5-fosfato producida como un producto final de la fase oxidativa a gliceraldehído 3-fosfato y fructosa 6-fosfato. En contraste, cuando la necesidad de ribosa para los nucleótidos y ácidos nucleicos es mayor que la necesidad de NADPH, las reacciones no oxidativas pueden proporcionar la ribosa 5-fosfato de gliceraldehído 3-fosfato y fructosa 6-fosfato en ausencia de los pasos oxidativos (fig. 14-3).

> Además de la transcetolasa, los complejos multienzimáticos de piruvato deshidrogenasa (*véase también* cap. 10 II), la α-cetoglutarato deshidrogenasa del ciclo de los ácidos tricarboxílicos (*véase también* cap. 10 II) y la α-ceto ácido deshidrogenasa de cadena ramificada del catabolismo de aminoácidos de cadena ramificada requieren TPP (*véase también* cap. 21 III).

IV. USOS DE NADPH

La coenzima NADPH difiere del dinucleótido de nicotinamida y adenina (NADH) solo por la presencia de un grupo fosfato en una de las unidades de ribosa (fig. 14-4). Este cambio en la estructura, que parece pequeño, permite que NADPH interactúe con enzimas específicas para NADPH que tienen papeles únicos en la célula. Por ejemplo, en el citosol de los hepatocitos, la proporción de $NADP^+/NADPH$ en el estado estable es ~0.1, lo cual favorece el uso de NADPH en las reacciones reductoras de biosíntesis. Esto contrasta con la proporción elevada de $NAD^+/NADH$ (~1 000), que favorece el papel oxidativo de NAD^+. Esta sección resume algunas funciones importantes específicas de NADPH en reacciones reductoras de biosíntesis y de detoxificación.

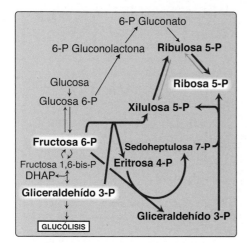

Figura 14-3
Formación de ribosa 5-fosfato a partir de intermediarios de la glucólisis. DHAP, dihidroxiacetona fosfato; P, fosfato.

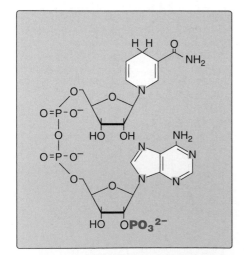

Figura 14-4
Estructura del dinucleótido fosfato de nicotinamida y adenina (NADPH) reducido.

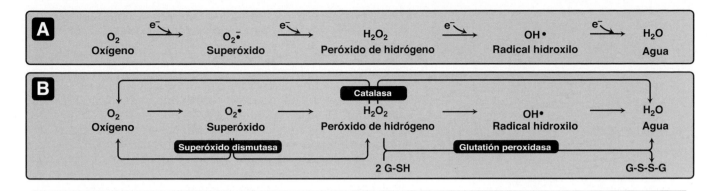

Figura 14-5
A) Formación de intermediarios reactivos del oxígeno. e⁻, electrones. **B)** Acciones de las enzimas antioxidantes. G-SH, glutatión reducido; G-S-S-G, glutatión oxidado. (Nota: *véase* fig. 14-6B para la regeneración del G-SH.)

A. Biosíntesis reductora

Al igual que NADH, NADPH puede considerarse como una molécula de alta energía. No obstante, los electrones de NADPH se usan para la biosíntesis reductora más que para la transferencia en la cadena de transporte de electrones como sucede con NADH (*véase* cap. 7 V). En las transformaciones metabólicas de la vía de pentosa fosfato, parte de la energía de glucosa 6-fosfato se conserva en el NADPH, una molécula con potencial de reducción negativo (*véase* cap. 7), que, en consecuencia, puede usarse en reacciones que requieran un donador de electrones, como la síntesis de ácidos grasos (*véase* cap. 17 III), colesterol y hormonas esteroides (*véase también* cap. 19 III y VII).

B. Reducción de H_2O_2

El H_2O_2 es un miembro de la familia de especies reactivas de oxígeno (ERO) que se forman a partir de la reducción parcial de oxígeno molecular, O_2 (fig. 14-5A). Estos compuestos se forman de manera continua como productos secundarios del metabolismo aeróbico, o mediante reacciones con fármacos y toxinas ambientales o cuando el nivel de antioxidantes se reduce, lo que crea las condiciones del estrés oxidativo. Estos intermediarios de oxígeno altamente reactivos pueden causar daño químico grave al ADN, las proteínas y los lípidos no saturados, y pueden conducir a la muerte celular. Las ERO se han implicado en un sinnúmero de procesos patológicos, entre ellos, lesiones de reperfusión, cáncer, enfermedad inflamatoria y envejecimiento. La célula tiene varios mecanismos protectores que minimizan el potencial tóxico de estos compuestos. Las ERO también pueden generarse cuando los leucocitos (*véase* sección D, en la p. 189) eliminan microbios.

1. **Enzimas que catalizan reacciones antioxidantes:** el glutatión reducido (G-SH), un tripeptídico tiólico (γ-glutamilcisteinilglicina) presente en la mayoría de las células, puede detoxificar químicamente H_2O_2 [fig. 14-5B]. Esta reacción, catalizada por glutatión peroxidasa, forma glutatión oxidada (G-S-S-G), que ya no tiene propiedades protectoras. La célula regenera el G-SH en una reacción catalizada por glutatión reductasa, que usa NADPH como fuente de equivalentes reductores. En consecuencia, el NADPH proporciona de manera indirecta electrones para la reducción de H_2O_2 (fig. 14-6). Enzimas adicionales, como superóxido dismutasa y catalasa, catalizan la conversión de otras ERO en productos ino-

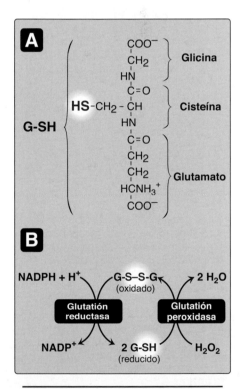

Figura 14-6
A) Estructura de glutatión reducido (G-SH). (Nota: el glutamato se une con cisteína mediante su γ-carboxilo, en lugar de su α-carboxilo.) **B)** Los papeles de G-SH y dinucleótido de nicotinamida y adenina fosfato reducido (NADPH) en la reducción de peróxido de hidrógeno (H_2O_2) para dar agua. G-S-S-G, glutatión oxidado.

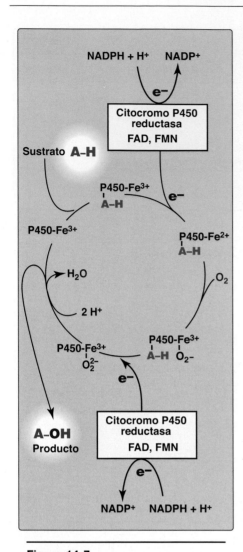

Figura 14-7
Ciclo catalítico de la citocromo P450
(CYP) monooxigenasa (simplificado).
Los electrones (e⁻) pasan de
dinucleótido de nicotinamida
y adenina fosfato (NADPH) a
dinucleótido de flavina adenina
(FAD) a mononucleótido de flavina
adenina (FMN) de la reductasa y
luego al hierro (Fe) del hemo de la
enzima CYP. (Nota: en el sistema
mitocondrial, e⁻ se mueven del FAD
a una proteína hierro-azufre y luego a
la enzima CYP.)

cuos (*véase* fig. 14-5B). Como grupo, estas enzimas sirven como sistemas de defensa para protegerse contra los efectos tóxicos de las ERO.

2. **Químicos antioxidantes:** un sinnúmero de agentes reductores intracelulares, como ascorbato o vitamina C, vitamina E y β-caroteno, son capaces de reducir y, por lo tanto, detoxificar ERO en el laboratorio. El consumo de alimentos ricos en estos compuestos antioxidantes se ha correlacionado con un riesgo reducido de ciertos tipos de cánceres, así como con una menor frecuencia de otros problemas crónicos de salud. Por lo tanto, es tentador especular que los efectos de estos compuestos son, en parte, una expresión de su capacidad para inactivar el efecto tóxico de las ERO. No obstante, los ensayos clínicos con antioxidantes como complementos dietéticos no han logrado mostrar efectos benéficos claros. En el caso de la complementación dietética con β-caroteno, la tasa de cáncer pulmonar en fumadores aumentó en lugar de disminuir. En consecuencia, los efectos positivos para la salud de las frutas y verduras de la dieta parecen reflejar una interacción compleja entre muchos compuestos naturales, que no se ha duplicado al consumir compuestos antioxidantes aislados (*véase también* cap. 29).

C. Sistema de la citocromo P450 monooxigenasa

Las monooxigenasas (oxidasas de función mixta) incorporan un átomo de O_2 en un sustrato (lo cual crea un grupo hidroxilo) y el otro átomo se reduce para dar agua (H_2O). En el sistema de citocromo P450 (CYP) monooxigenasa, NADPH proporciona los equivalentes reductores requeridos por esta serie de reacciones (fig. 14-7). Este sistema lleva a cabo diferentes funciones en dos lugares diferentes en las células. La reacción total catalizada por la enzima CYP es:

$$R-H + O_2 + NADPH + H^+ \rightarrow R-OH + H_2O + NADP^+$$

donde R puede ser un esteroide, fármaco u otro compuesto. Las enzimas CYP en realidad son una superfamilia de monooxigenasas relacionadas que contienen grupos hemo y participan en una amplia gama de reacciones. El P450 en su nombre refleja la absorción de luz a 450 nm por la proteína.

1. **Sistema mitocondrial:** una función importante del sistema CYP monooxigenasa que se encuentra asociado con la membrana mitocondrial interna es la biosíntesis de hormonas esteroides. En tejidos esteroidogénicos, como placenta, ovarios, testículos y corteza suprarrenal, se usa para hidroxilar intermediarios en la conversión de colesterol a hormonas esteroides, un proceso que hace que estos compuestos hidrofóbicos sean más solubles en agua (*véase* cap. 19 VII). El hígado usa este mismo sistema en la síntesis de ácidos biliares (*véase* cap. 19 V) y la hidroxilación de colecalciferol a 25-hidroxicolecalciferol (vitamina D_3; *véase* cap. 29 XII), y el riñón lo usa para hidroxilar la vitamina D_3 a su forma biológicamente activa 1,25-dihidroxilada.

2. **Sistema microsomal:** el sistema microsomal CYP monooxigenasa que está asociado con la membrana del retículo endoplásmico liso, en particular en el hígado, funciona sobre todo en la detoxificación de compuestos extraños o xenobióticos. Estos incluyen numerosos fármacos y contaminantes tan variados como productos del petróleo y

pesticidas. Las enzimas CYP del sistema microsomal, como CYP3A4, pueden usarse para hidroxilar estas toxinas (fase I). El propósito de estas modificaciones es doble. Primero, puede activar o inactivar por sí mismo un fármaco y, segundo, hacer que un compuesto tóxico sea más soluble, para facilitar así su excreción en orina o heces. Sin embargo, con frecuencia el nuevo grupo hidroxilo servirá como sitio de conjugación con una molécula polar, como el ácido glucurónico (*véase* cap. 15 III), lo cual incrementará de modo significativo la solubilidad del compuesto (fase II). Es importante destacar que los polimorfismos (*véase* cap. 35) en los genes de las enzimas CYP pueden conducir a diferencias en el metabolismo de los fármacos.

D. Fagocitosis y eliminación de microbios por los leucocitos

La fagocitosis es la ingestión de microorganismos, partículas extrañas y desechos celulares por medio de endocitosis mediada por receptores en los leucocitos como neutrófilos y macrófagos (monocitos). Es un mecanismo de defensa importante, en particular en infecciones bacterianas. Neutrófilos y monocitos están armados con mecanismos tanto dependientes de oxígeno como independientes de este para matar a las bacterias.

1. **Independientes de oxígeno:** los mecanismos independientes de oxígeno usan cambios de pH en los fagolisosomas y enzimas lisosómicas para destruir a los patógenos.

2. **Dependientes de oxígeno:** los mecanismos dependientes de oxígeno incluyen las enzimas NADPH oxidasa y mieloperoxidasa (MPO) que funcionan juntas para matar a las bacterias (fig. 14-8). En general, el sistema MPO es el más potente de los mecanismos bactericidas. El sistema inmunológico reconoce a una bacteria invasora y esta es atacada por anticuerpos que la unen a un receptor en la célula fagocítica. Después de que ocurre la internalización del microorganismo, se activa la NADPH oxidasa, localizada en la membrana celular del leucocito, y esta reduce el O_2 del tejido circundante a superóxido (O_2^-), un radical libre de ERO, al tiempo que se oxida el NADPH. El rápido consumo de O_2 que acompaña la formación de O_2^- se denomina "estallido respiratorio". (Nota: la NADPH oxidasa activa es un complejo asociado con membrana que contiene un flavocitocromo y péptidos adicionales que se translocan desde el citoplasma cuando se activa el leucocito. Los electrones se mueven de NADPH a O_2 por medio del dinucleótido de flavina adenina [FAD] y el hemo, y generan O_2^-.)

Deficiencias genéticas raras en la NADPH oxidasa causan enfermedad granulomatosa crónica (EGC) caracterizada por infecciones persistentes graves y la formación de granulomas (áreas nodulares de inflamación) que secuestran a las bacterias que no fueron destruidas. A continuación, el O_2^- se convierte en H_2O_2 (también una ERO), ya sea de modo espontáneo o catalizado por superóxido dismutasa. En presencia de MPO, una enzima lisosómica que contiene hemo y está presente dentro del fagolisosoma, los iones peróxido más cloruro se convierten en ácido hipocloroso (HOCl), el componente principal del limpiador doméstico, el cual mata a las bacterias. El peróxido también puede reducirse de modo parcial al radical hidroxilo (OH•), una ERO, o reducirse por completo hasta H_2O por medio de la catalasa o la glutatión peroxidasa. Las deficiencias en MPO no confieren un aumento en la vulnerabilidad a la infección porque el peróxido de la NADPH oxidasa es bactericida.

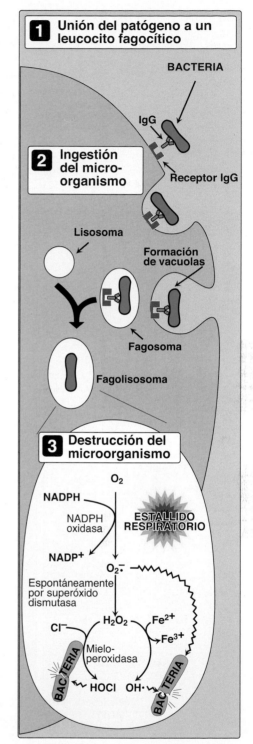

Figura 14-8

La fagocitosis y la vía dependiente de oxígeno (O_2) de la eliminación microbiana. IgG, inmunoglobulina G; NADP(H), dinucleótido fosfato de nicotinamida y adenina; O_2^-, superóxido; H_2O_2, peróxido de hidrógeno; HOCl, ácido hipocloroso; OH•, radical hidroxilo.

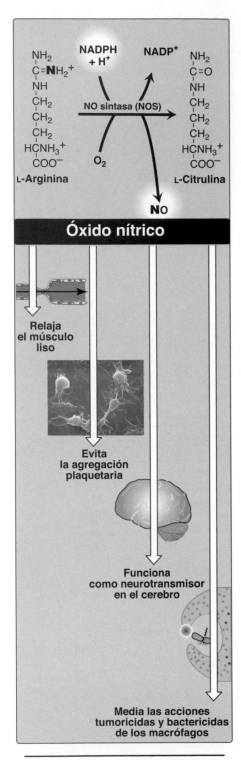

Figura 14-9

Síntesis y algunas acciones del óxido nítrico (NO). (Nota: mononucleótido de flavina, dinucleótido de flavina adenina, el grupo hemo y tetrahidrobiopterina son coenzimas adicionales requeridas por *NOS*). NADP(H), dinucleótido fosfato de nicotinamida y adenina.

E. Síntesis de óxido nítrico

El óxido nítrico (NO) se reconoce como un mediador en una amplia gama de sistemas biológicos. NO es el factor relajante derivado del endotelio que causa vasodilatación al relajar el músculo liso vascular. También actúa como neurotransmisor, evita la agregación plaquetaria y juega un papel esencial en la función de los macrófagos. Posee una vida media muy corta en los tejidos (3 a 10 segundos) porque reacciona con el O_2 y se convierte en nitratos y nitritos incluido el peroxinitrito (O = NOO^-), una especie reactiva del nitrógeno (ERN). Nótese que el NO es un gas de radical libre gaseoso que con frecuencia se confunde con el óxido nitroso (N_2O), el "gas de la risa" o "gas hilarante" que se usa como anestésico y es químicamente estable.

1. **Sintasa del óxido nítrico:** arginina, O_2 y NADPH son sustratos para la NO sintasa citosólica ([NOS], fig. 14-9). Mononucleótido de flavina (FMN), FAD, el grupo hemo y tetrahidrobiopterina (*véase* cap. 21 V) son coenzimas, y NO y citrulina son productos de la reacción. Se han identificado tres isoenzimas NOS, cada una producto de un gen diferente. Dos son enzimas constitutivas (que se producen a una velocidad constante) y dependientes de calcio (Ca^{2+})-calmodulina ([CAM] *véase* cap. 12 V). Se encuentran sobre todo en el endotelio (eNOS) y el tejido neuronal (nNOS) y producen de manera continua niveles muy bajos de NO para la vasodilatación y la neurotransmisión. Una enzima inducible, independiente de Ca^{2+} (iNOS) puede expresarse en muchas células, incluidos macrófagos y neutrófilos, como defensa temprana contra patógenos. Los inductores específicos para la *iNOS* varían con el tipo de célula e incluyen citosinas proinflamatorias, como el factor de necrosis tumoral-α (TNF-α) e interferón-γ (IFN-γ), y las endotoxinas bacterianas como lipopolisacáridos (LPS). Estos compuestos promueven la síntesis de iNOS, la cual puede resultar en la producción de grandes cantidades de NO durante horas o incluso días.

2. **Óxido nítrico y endotelio vascular:** el NO es un mediador importante en el control del tono del músculo liso vascular. Las eNOS sintetizan el NO en las células endoteliales y este difunde hacia el músculo liso vascular, donde activa la forma citosólica de guanilil ciclasa (o guanilato ciclasa) para formar guanosina monofosfato cíclico (cGMP). Esta reacción es análoga a la formación de adenosina monofosfato cíclico (AMPc) por la adenilil ciclasa (*véase* cap. 9 II. D). La elevación que deriva en cGMP causa la activación de proteína cinasa G, la cual fosforila los canales del Ca^{2+} y provoca la disminución en la entrada de Ca^{2+} hacia las células de músculo liso. Esto reduce la activación de la cinasa de la cadena ligera de miosina por Ca^{2+}-CaM y como resultado se reduce la contracción del músculo liso y se favorece su relajación.

   Los nitratos vasodilatadores, como nitroglicerina, se metabolizan a NO y se produce entonces la relajación del músculo liso vascular y, por lo tanto, disminuye la tensión arterial. En consecuencia, el NO puede considerarse como un nitrovasodilatador endógeno. Nótese que bajo condiciones hipóxicas, nitrito (NO_2^-) puede reducirse a NO, que se une a la desoxihemoglobina. El NO se libera hacia la sangre y se genera vasodilatación e incremento del flujo sanguíneo.

3. **Óxido nítrico y actividad bactericida de macrófagos:** en los macrófagos, la actividad de iNOS en general es baja, pero la síntesis de la enzima se ve significativamente estimulada por LPS bacteriana y por la liberación de IFN-γ y TNF-α en respuesta a la infección. Los macrófagos activados forman radicales que se com-

binan con el NO para formar intermediarios que se descomponen y producen el radical OH• altamente bactericida.

4. **Funciones adicionales:** el NO es un inhibidor potente de la adhesión y agregación plaquetarias (al activar la vía del cGMP). También se ha caracterizado como neurotransmisor en los sistemas nerviosos central y periférico.

V. DEFICIENCIA DE G6PD

La deficiencia de G6PD es un padecimiento hereditario que afecta sobre todo a los hombres y se caracteriza por anemia hemolítica cuando el individuo afectado se expone a un estrés oxidante. La anemia es provocada por la incapacidad de los glóbulos rojos (eritrocitos) para detoxificar los agentes oxidantes. Con la deficiencia de G6PD, hay menos NADPH disponible para mantener una reserva de glutatión reducido para detoxificar el H_2O_2 generado en respuesta al estrés oxidante.

A. Papel de G6PD en los eritrocitos

La actividad adecuada de la G6PD es necesaria para que las células formen el NADPH, esencial para el mantenimiento de la reserva de G-SH. Aunque la deficiencia de G6PD ocurre en todas las células del individuo afectado, su máxima gravedad se da en los eritrocitos, donde la vía de la pentosa fosfato proporciona la única manera de generar NADPH. Además, el eritrocito carece de núcleo y de ribosomas y no puede renovar su provisión de la enzima, lo que deja a los eritrocitos en particular vulnerables a las variantes de la enzima con estabilidad reducida. Otros tejidos tienen una fuente alternativa de NADPH (vía malato deshidrogenasa $NADP^+$ dependiente [enzima málica]; *véase* cap. 17 III).

Aplicación clínica 14-1: características de la deficiencia de G6PD

Heredada como un rasgo vinculado con el cromosoma X, la deficiencia de G6PD aqueja sobre todo a los hombres y es la anormalidad enzimática causante de enfermedades más común en humanos. Afecta a > 400 millones de personas en el mundo. Esta deficiencia de enzimas tiene la mayor prevalencia en personas con ancestros de Oriente Medio, África tropical y Asia, y partes del Mediterráneo. La deficiencia de G6PD es, de hecho, una familia de deficiencias causadas por un sinnúmero de mutaciones diferentes en el gen que codifica para G6PD. Solo algunas de las variantes proteicas resultantes causan síntomas clínicos.

Además de episodios periódicos de anemia hemolítica en respuesta al estrés oxidativo, una manifestación clínica frecuente de la deficiencia de G6PD es la ictericia neonatal que aparece 1 a 4 días después del nacimiento. La ictericia, que puede ser grave, es el resultado típico del incremento en la producción de la bilirrubina sin conjugar (*véase* cap. 22 II). La duración de la vida de los individuos con formas graves de deficiencia de G6PD puede acortarse en cierta forma como resultado de complicaciones derivadas de la hemólisis crónica. Este efecto negativo de la deficiencia de G6PD se ha equilibrado en la evolución por un incremento en la resistencia al paludismo producido por *Plasmodium falciparum*. La infección de los eritrocitos por el parásito induce un estrés oxidativo que provoca la lisis de los eritrocitos y protege al huésped del desarrollo de paludismo.

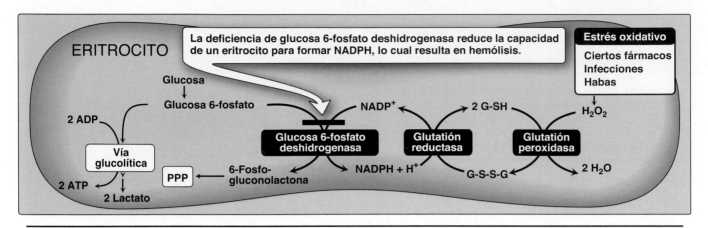

Figura 14-10

Vías del metabolismo de glucosa 6-fosfato en el eritrocito. G-S-S-G, glutatión oxidado; G-SH, glutatión reducido; H_2O_2, peróxido de hidrógeno; NADP(H), dinucleótido fosfato de nicotinamida y adenina; PPP, vía de la pentosa fosfato.

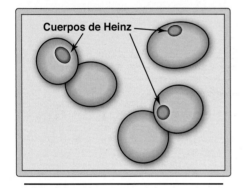

Figura 14-11

Esquema que muestra el aspecto de los cuerpos de Heinz en los eritrocitos de un paciente con deficiencia de glucosa 6-fosfato deshidrogenasa.

La deficiencia de la G6PD perjudica el proceso de detoxificación de los radicales libres y peróxidos que se forman dentro de la célula (fig. 14-10). G-SH también ayuda a mantener los estados reducidos de los grupos sulfhidrilo en las proteínas, incluida hemoglobina. La oxidación de esos grupos sulfhidrilo conduce a la formación de proteínas desnaturalizadas que generan masas insolubles, llamadas "cuerpos de Heinz", que se unen a las membranas de los eritrocitos (fig. 14-11). La oxidación adicional de proteínas membranales hace que las membranas de los eritrocitos sean rígidas (menos deformables) y son retiradas de la circulación por los macrófagos en el bazo e hígado.

B. Factores precipitantes en la deficiencia de G6PD

Los individuos varones que han heredado una mutación de *G6PD* en su único cromosoma X se consideran hemicigotos para el rasgo de deficiencia de G6PD, ya que solo tienen un cromosoma X. Por lo regular, aquellos afectados permanecerán asintomáticos, a menos o hasta que experimenten un estrés oxidante fuerte, que puede provenir del tratamiento con un medicamento oxidante, la ingestión de habas o una infección grave. La lisis de los eritrocitos y la anemia hemolítica se producen en los individuos con deficiencia de G6PD en respuesta a agentes inductores de estrés oxidante.

1. **Medicamentos oxidantes:** los fármacos que pueden ocasionar estrés oxidante y producir anemia hemolítica en los pacientes con deficiencia de G6PD suelen estar en categorías que comienzan con la letra A: algunos *antibióticos* (en particular las sulfamidas), algunos *antipalúdicos*, algunos *analgésicos* y algunos *antipiréticos*. Solo ciertos fármacos de cada categoría están implicados. Hay listas de medicamentos, disponibles para los prescriptores, que incluyen agentes que suelen ser seguros y aquellos que es mejor evitar en individuos con deficiencia de G6PD.

2. **Favismo:** las personas con algunas formas de deficiencia de G6PD, en especial la variante mediterránea, son en particular vulnerables al efecto hemolítico de las habas, un elemento común de la dieta en la región del Mediterráneo. El favismo, o efecto hemolítico de ingerir habas, no se observa en todos los individuos con deficiencia de G6PD, pero todos los pacientes con favismo tienen deficiencia de G6PD.

3. **Infección:** la infección es el factor precipitante más común de la hemólisis en la deficiencia por G6PD. La respuesta inflamatoria a

la infección deriva en la generación de radicales libres en los macrófagos. Los radicales pueden difundir hacia el eritrocito y causar daño oxidativo.

C. Variantes del gen *G6PD*

La clonación y secuenciación del gen *G6PD* (*véase* cap. 35) han permitido identificar más de 400 variantes de *G6PD* que dan lugar a la deficiencia de la enzima G6PD. Algunas mutaciones no afectan la actividad enzimática. Casi todas las mutaciones que derivan en una baja función de la enzima G6PD son mutaciones puntuales sin sentido (*véase* cap. 33 II); algunas causan disminución de la actividad catalítica o decremento de la estabilidad, mientras que otras mutaciones de *G6PD* alteran la afinidad de unión con el NADP+ o la glucosa 6-fosfato. La enzima G6PD activa existe como homodímero o tetrámero. Las mutaciones en la interface entre subunidades pueden afectar la estabilidad.

La gravedad de la anemia hemolítica en aquellos con deficiencia de G6PD por lo general se correlaciona con la cantidad de actividad enzimática residual en los eritrocitos del paciente. Las variantes G6PD pueden clasificarse como se muestra en la figura 14-12. G6PD A⁻ es el prototipo de la forma moderada (clase III) de la enfermedad. El eritrocito contiene una G6PD inestable, pero cinéticamente normal, donde la mayor parte de la actividad enzimática se presenta en los reticulocitos y eritrocitos más jóvenes (fig. 14-13). Los eritrocitos más viejos tienen el menor nivel de actividad enzimática y son eliminados de manera preferencial en un episodio hemolítico. Dado que la hemólisis no afecta células más jóvenes, los episodios son autolimitantes. La G6PD mediterránea es el prototipo de una deficiencia más grave (clase II). Las mutaciones clase I (raras) son las más graves y están asociadas con anemia hemolítica no esferocítica crónica, la cual ocurre incluso en ausencia de estrés oxidativo.

Tanto la proteína G6PDA⁻ como la G6PD mediterránea representan enzimas mutantes que difieren de sus variantes normales respectivas en un solo aminoácido. No se han identificado supresiones grandes ni mutaciones del marco de lectura, lo cual sugiere que la ausencia total de actividad de G6PD es probablemente letal.

VI. Resumen del capítulo

- La **vía de la pentosa fosfato** es el principal productor de **NADPH** en el cuerpo (fig. 14-14).

- **No** se usa ni se consume **ATP** en la vía.

- La vía incluye una fase oxidativa irreversible seguida de una serie de interconversiones reversibles de azúcar-fosfato.

- Las **reacciones reversibles no oxidativas** interconvierten los azúcares. La ribulosa 5-fosfato se convierte en **ribosa 5-fosfato**, requerida para la síntesis de nucleótidos y ácidos nucleicos, o a **fructosa 6-fosfato** y **gliceraldehído 3-fosfato** (intermediarios glucolíticos).

- La **porción oxidativa** productora de NADPH de la vía provee equivalentes reductores para las reacciones de biosíntesis reductora y detoxificación.

- En esta parte de la vía, la **glucosa 6-fosfato** se convierte de manera irreversible en **ribulosa 5-fosfato**, y se producen **dos NADPH**. La **G6PD** cataliza el paso regulado y la elevación en la **proporción de NADPH/NADP+** inhibe en gran medida a la enzima.

Clase	Síntomas clínicos	Actividad enzimática residual
I	Muy grave (anemia hemolítica no esferocítica, crónica)	< 10%
*II	Grave (anemia hemolítica aguda)	< 10%
*III	Moderada	10 a 60%
IV	Ninguna	> 60%

Figura 14-12
Clasificación de las variantes de la deficiencia de glucosa 6-fosfato deshidrogenasa (G6PD). (Nota: las variantes de clase V [no se muestran] resultan en la sobreproducción de G6PD.) * = más común.

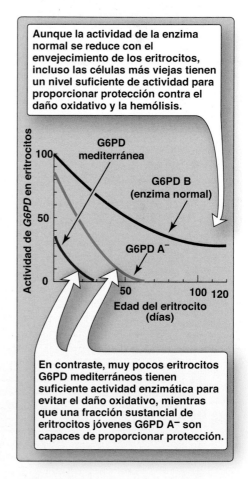

Aunque la actividad de la enzima normal se reduce con el envejecimiento de los eritrocitos, incluso las células más viejas tienen un nivel suficiente de actividad para proporcionar protección contra el daño oxidativo y la hemólisis.

En contraste, muy pocos eritrocitos G6PD mediterráneos tienen suficiente actividad enzimática para evitar el daño oxidativo, mientras que una fracción sustancial de eritrocitos jóvenes G6PD A⁻ son capaces de proporcionar protección.

Figura 14-13
Decaimiento de la actividad de glucosa 6-fosfato deshidrogenasa (G6PD) eritrocitaria con el envejecimiento de las células para tres de las formas más comunes de la enzima.

- El NADPH es una fuente de **equivalentes reductores** en la **biosíntesis reductora**, como la producción de ácidos grasos en hígado, tejido adiposo y glándula mamaria; colesterol en el hígado, y hormonas esteroides en placenta, ovarios, testículos y corteza suprarrenal.

- El NADPH también se requiere en los eritrocitos para la reducción del H_2O_2 producido como consecuencia del metabolismo aeróbico.

- La **glutatión peroxidasa** utiliza el **G-SH** para reducir el peróxido en agua. La **glutatión reductasa** utiliza NADPH como la fuente de electrones para reducir al **glutatión oxidado (G-S-S-G)**.

- El NADPH proporciona equivalentes reductores para el **sistema mitocondrial de P450 monooxigenasa**, el cual se usa en la síntesis de hormonas esteroides en el tejido esteroidogénico, **síntesis de ácidos biliares** en el hígado y la **activación de vitamina D** en hígado y riñones.

- El **sistema microsomal** usa el NADPH para **detoxificar** xenobióticos, como fármacos y una diversidad de contaminantes. El NADPH proporciona los equivalentes reductores para los fagocitos implicados en la eliminación de los microorganismos invasores. La **NADPH oxidasa** usa oxígeno molecular (O_2) y electrones del NADPH para producir **radicales superóxido**, mismos que, a su vez, pueden convertirse en peróxido por acción de la **superóxido dismutasa**.

- La **deficiencia de G6PD, una enfermedad vinculada con el cromosoma X** que afecta sobre todo a varones, disminuye la capacidad del eritrocito para formar el NADPH esencial para el mantenimiento del G-SH almacenado. Las células más afectadas son los eritrocitos porque no tienen fuentes adicionales de NADPH. Se caracteriza por la **anemia hemolítica** ocasionada por la producción de radicales libres y peróxidos después de la exposición al estrés oxidativo, el cual incluye infecciones graves, **fármacos oxidantes** o **habas**. El alcance de la anemia depende de la cantidad de enzima residual. Los neonatos con deficiencia de G6PD pueden presentar **ictericia neonatal prolongada**.

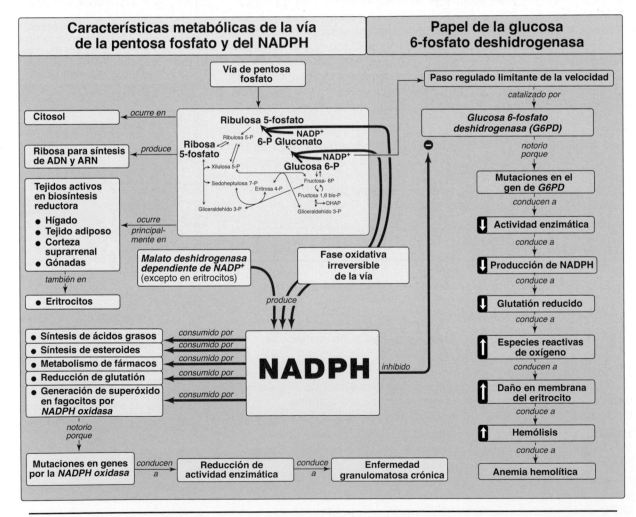

Figura 14-14

Mapa conceptual de la vía de pentosa fosfato y dinucleótido fosfato de nicotinamida y adenina (NADPH).

Preguntas de estudio

Elija la RESPUESTA correcta.

14.1 Como preparación para un viaje a un área de la India, un joven recibe un antipalúdico como medida profiláctica. Varios días tras el inicio de esta terapia desarrolla ictericia y se le diagnostica anemia. ¿Un nivel bajo de cuál de los siguientes es una consecuencia de la deficiencia enzimática más probable y la causa subyacente de la presentación del paciente?

    A. Glucosa 6-fosfato.

    B. Forma oxidada de dinucleótido de nicotinamida y adenina.

    C. Forma reducida de glutatión.

    D. Ribosa 5-fosfato.

> Respuesta correcta = C. El glutatión (G-SH) es esencial para la integridad de los eritrocitos y se mantiene en esta forma reducida (funcional) por acción de la glutatión reductasa dependiente de dinucleótido fosfato de nicotinamida y adenina (NADPH). El NADPH proviene de la porción oxidativa de la vía de pentosa fosfato. Los individuos con una deficiencia de la enzima regulada de esta vía, glucosa 6-fosfato deshidrogenasa (G6PD), tienen una menor capacidad para generar NADPH y, por lo tanto, menor capacidad de mantener reducido al G-SH. Cuando se les trata con un medicamento antioxidante como primaquina, algunos pacientes con deficiencia de G6PD desarrollan anemia hemolítica. El dinucleótido de nicotinamida y adenina (NAD[H]) no se produce en la vía ni se usa como coenzima de G-SH reductasa. Una disminución en ribosa 5-fosfato no causa hemólisis.

14.2 La presión arterial baja (hipotensión arterial) es una señal de choque séptico, que deriva de una grave respuesta inflamatoria a la infección bacteriana. Con base en esta información, una causa probable de esta hipotensión es:

    A. La activación de la sintasa del óxido nítrico endotelial que provoca una disminución del óxido nítrico.

    B. La vida media prolongada del óxido nítrico promueve un exceso de vasoconstricción a largo plazo.

    C. Lisina, la fuente de nitrógeno para la síntesis de óxido nítrico, es desaminada por bacterias.

    D. La endotoxina bacteriana promueve la síntesis de iNOS, lo que causa sobreproducción de óxido nítrico.

> Respuesta correcta = D. La sobreproducción de óxido nítrico (NO) de vida corta por la sintasa de óxido nítrico (NO) inducible independiente de calcio (iNOS) deriva en vasodilatación excesiva que lleva a hipotensión. La enzima endotelial (eNOS) es constitutiva y produce niveles bajos de NO a velocidad consistente. Las NOS usan arginina, no lisina, como la fuente de nitrógeno.

14.3 A un individuo, a quien recientemente se le prescribió un fármaco (atorvastatina) para reducir el colesterol, se le recomienda que limite el consumo de jugo de toronja, dado que se ha visto que la ingesta elevada de este jugo da lugar a un incremento del medicamento en la sangre, lo cual aumenta el riesgo de efectos secundarios. Atorvastatina es un sustrato de la enzima CYP3A4 del citocromo P450, y el jugo de toronja inhibe la enzima. Con base en esta información, lo más probable es que las enzimas CYP:

    A. Aceptan electrones de dinucleótido de nicotinamida y adenina.

    B. Catalizan la hidroxilación de moléculas hidrofóbicas.

    C. Difieren en sintasa de óxido nítrico en cuanto a que contienen grupos hemo.

    D. Funcionan en asociación con una oxidasa.

> Respuesta correcta = B. Las enzimas CYP hidroxilan compuestos hidrofóbicos y los hacen más solubles en agua. El dinucleótido fosfato de nicotinamida y adenina (NADPH) reducido de la vía de la pentosa fosfato es el donador de electrones. Tanto las enzimas CYP como las isozimas de sintasa del óxido nítrico contienen grupos hemo.

14.4 En pacientes masculinos hemicigotos para deficiencia de glucosa 6-fosfato deshidrogenasa, las consecuencias fisiopatológicas son más aparentes en los eritrocitos que en otras células como en el hígado. La mejor explicación para estos hallazgos es que:

A. El exceso de glucosa 6-fosfato en el hígado, pero no en los eritrocitos, puede canalizarse en glucógeno y evitar así el daño celular.

B. Las células hepáticas, en contraste con los eritrocitos, tienen mecanismos alternativos para proporcionar dinucleótido fosfato de nicotinamida y adenina reducido requerido para mantener la integridad celular.

C. La producción de eritrocitos de ATP requerida para mantener la integridad celular depende en exclusiva de la derivación de glucosa 6-fosfato a la vía de pentosa fosfato.

D. En los eritrocitos, en contraste con las células hepáticas, la actividad de glucosa 6-fosfatasa disminuye el nivel de glucosa 6-fosfato, lo cual deriva en daño celular.

Respuesta correcta = B. El daño celular está relacionado de forma directa con la disminución en la capacidad de la célula para regenerar el glutatión reducido, para lo cual se necesitan grandes cantidades de dinucleótido fosfato de nicotinamida y adenina (NADPH), y los eritrocitos no tienen otra forma de producir el NADPH que la vía de la pentosa fosfato. El problema es la reducción del producto (NADPH), no el incremento en el sustrato (glucosa 6-fosfato). Los eritrocitos no tienen glucosa 6-fosfatasa. La vía de la pentosa fosfato no produce ATP.

14.5 Una coenzima esencial para diversas enzimas del metabolismo es un derivado de la vitamina tiamina. ¿El estado de la tiamina en el organismo puede determinarse mediante una medición de la actividad de qué enzima?

A. Transcetolasa.
B. Glucosa-6-fosfato deshidrogenasa.
C. Piruvato deshidrogenasa.
D. Glutatión peroxidasa.

Respuesta correcta = B. Los eritrocitos no contienen mitocondrias y, en consecuencia, no poseen enzimas mitocondriales como la piruvato deshidrogenasa que requiere la coenzima derivada de tiamina llamada "pirofosfato de tiamina (TPP)". No obstante, sí contienen la transcetolasa citosólica que necesita TPP, cuya actividad se usa en la clínica para valorar el estatus de la tiamina.

Glucosaminoglucanos, proteoglicanos y glucoproteínas

15

I. GENERALIDADES SOBRE GLUCOSAMINOGLUCANOS

Los glucosaminoglucanos (GAG) son grandes complejos de cadenas de heteropolisacáridos con carga negativa. Por lo general están asociados con una pequeña cantidad de estructuras formadoras de proteínas llamadas *proteoglicanos*, que suelen constar de hasta 95% de carbohidratos. Los GAG tienen una capacidad especial de capturar grandes cantidades de agua y, por lo tanto, de producir la matriz de tipo gel que constituye la sustancia básica del cuerpo, misma que, junto con las proteínas fibrosas estructurales como colágeno, elastina y fibrilina-1, y proteínas adhesivas como fibronectina, forman la matriz extracelular (MEC). [a]Los GAG hidratados sirven como soporte flexible para que la MEC interactúe con las proteínas estructurales y adhesivas, y como tamiz molecular, ya que influyen en el movimiento de materiales a través de la MEC. Las propiedades viscosas lubricantes de las secreciones mucosas también resultan de la presencia de los GAG, lo cual llevó a la nomenclatura original de estos compuestos como mucopolisacáridos.

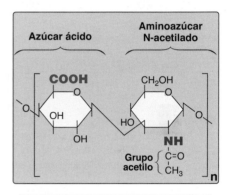

Figura 15-1
Unidad repetitiva de disacárido de los glucosaminoglucanos.

II. ESTRUCTURA

Los GAG son cadenas largas no ramificadas de heteropolisacáridos compuestas de una unidad repetitiva de disacárido donde uno de los azúcares es un aminoazúcar *N*-acetilado, ya sea *N*-acetilglucosamina (GlcNAc) o *N*-acetilgalactosamina (GalNAc) (fig. 15-1), y el otro es un azúcar ácido. Una sola excepción es el queratán sulfato, que contiene galactosa en lugar de un azúcar ácido. El aminoazúcar puede ser D-glucosamina o D-galactosamina, en las cuales el grupo amino suele estar acetilado y se elimina su carga positiva. El aminoazúcar también puede estar sulfatado en el carbono 4 o 6 o en un nitrógeno no acetilado. El azúcar ácido puede ser ácido D-glucurónico o su epímero C-5, ácido L-idurónico (fig. 15-2). Estos azúcares urónicos contienen grupos carboxilo con carga negativa a pH fisiológico y, junto con los grupos sulfato ($-SO_4^{2-}$), le dan a los GAG su naturaleza fuertemente negativa.

A. Relación estructura-función

Debido a la alta concentración de cargas negativas, estas cadenas de heteropolisacáridos tienden a estar extendidas en solución. Se repelen

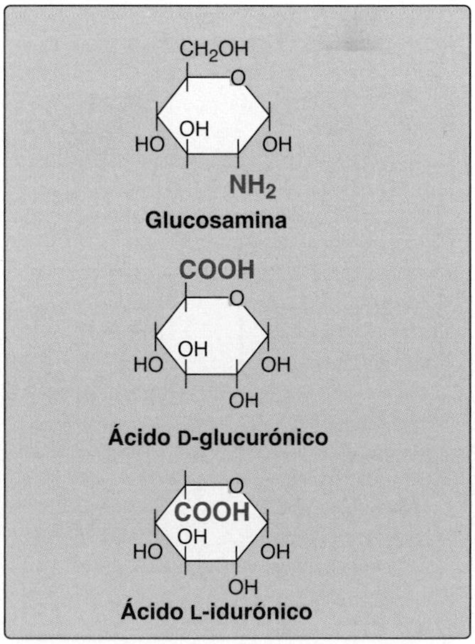

Figura 15-2
Algunas unidades de monosacáridos encontradas en los glucosaminoglucanos.

---

[a]Para más información sobre la MEC, *véase LIR. Biología molecular y celular*, 2.ª edición, capítulo 2.

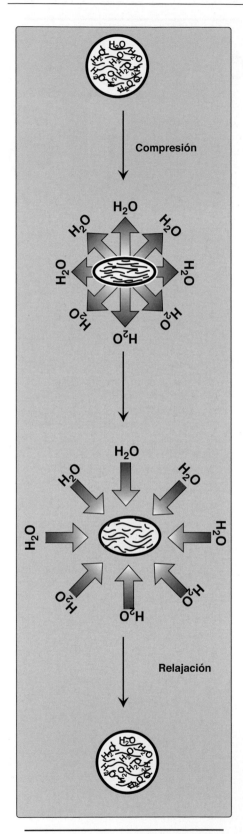

Figura 15-3
Resiliencia de glucosaminoglucanos.

entre sí y están rodeadas por una cubierta de moléculas de agua. Cuando se juntan, se deslizan evitándose, semejante a como lo hacen dos imanes con la misma polaridad que parecen deslizarse en sentido contrario uno de otro. Esto produce la consistencia resbalosa de las secreciones mucosas y el líquido sinovial. Cuando una solución que contiene GAG se comprime, el agua se expulsa y el GAG se ve forzado a ocupar un volumen menor. Cuando la compresión se libera, los GAG regresan de nuevo a su volumen original hidratado debido a la repulsión entre sus cargas negativas. Esta propiedad contribuye a la resiliencia del líquido sinovial y del humor vítreo del ojo (fig. 15-3).

B. Clasificación

Los seis tipos principales de GAG se dividen según su composición monomérica, la clase de enlaces glucosídicos y la localización de unidades sulfato. La estructura de los GAG y su distribución en el cuerpo se ilustran en la figura 15-4. Todos los GAG, excepto el ácido hialurónico, están sulfatados y se unen de manera covalente a la proteína para formar monómeros de proteoglucanos.

C. Proteoglucanos

Los proteoglucanos se encuentran en la MEC y en la superficie externa de las células.

1. **Estructura de los monómeros:** un monómero de proteoglucano que se encuentra en el cartílago consta de una proteína central a la cual se unen en forma covalente hasta 100 cadenas lineales de GAG. Cada una de estas cadenas puede estar compuesta de hasta 200 unidades de disacáridos; se extienden hacia afuera de la proteína central y permanecen separadas entre sí debido a la repulsión entre cargas. La estructura derivada semeja un escobillón para botellas (fig. 15-5). En los proteoglucanos del cartílago, condroitín sulfato y queratán sulfato son los principales tipos de GAG. Nótese que los proteoglucanos están agrupados en familias de genes que codifican proteínas centrales con características estructurales comunes. La familia de las agrecanas (agrecana, versicana, neurocana y brevicana), abundantes en el cartílago, es un ejemplo.

2. **Enlace GAG-proteína:** los GAG unidos a la proteína del núcleo a través del enlace covalente se forman casi siempre a través de un

---

Aplicación clínica 15-1: proteoglucanos, cartílago y osteoartritis

La osteoartritis afecta a millones de personas en todo el mundo. En esta enfermedad el cartílago de las articulaciones se degrada y se pierden los proteoglucanos que suelen ayudar a amortiguar la articulación. Sin la resiliencia del cartílago que protege la articulación, se produce dolor, rigidez e hinchazón, con empeoramiento progresivo de los signos y síntomas. Se ha informado que la glucosamina y la condroitina alivian el dolor y detienen la progresión de la osteoartritis. Estos compuestos están disponibles como suplementos dietéticos de venta libre en Estados Unidos. Según varios estudios clínicos bien controlados, parece que el sulfato de glucosamina (pero no el clorhidrato de glucosamina) y el sulfato de condroitina pueden tener un efecto pequeño a moderado en el alivio de los síntomas de la osteoartritis.

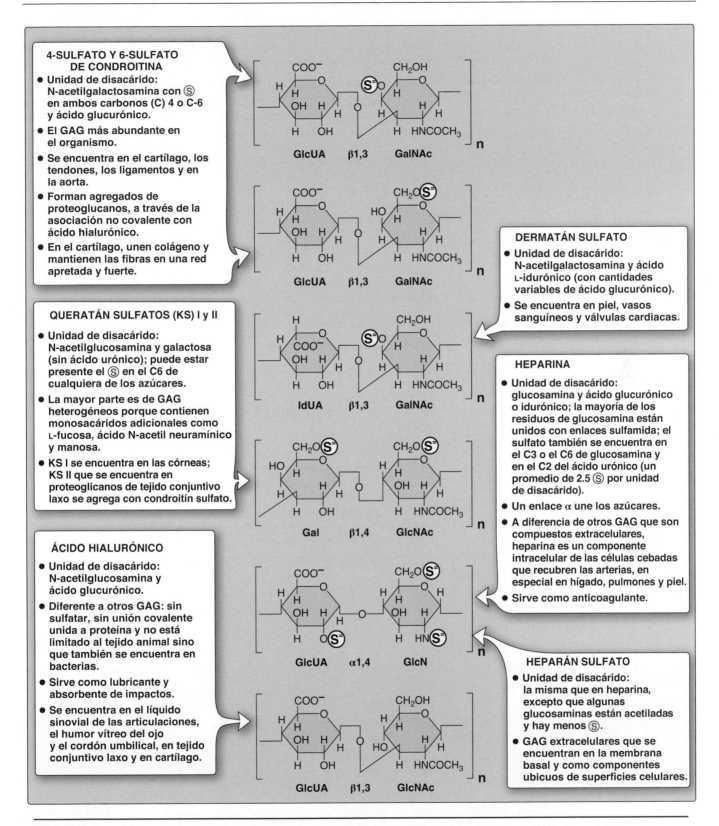

4-SULFATO Y 6-SULFATO DE CONDROITINA

- Unidad de disacárido: N-acetilgalactosamina con Ⓢ en ambos carbonos (C) 4 o C-6 y ácido glucurónico.
- El GAG más abundante en el organismo.
- Se encuentra en el cartílago, los tendones, los ligamentos y en la aorta.
- Forman agregados de proteoglucanos, a través de la asociación no covalente con ácido hialurónico.
- En el cartílago, unen colágeno y mantienen las fibras en una red apretada y fuerte.

QUERATÁN SULFATOS (KS) I y II

- Unidad de disacárido: N-acetilglucosamina y galactosa (sin ácido urónico); puede estar presente el Ⓢ en el C6 de cualquiera de los azúcares.
- La mayor parte es de GAG heterogéneos porque contienen monosacáridos adicionales como L-fucosa, ácido N-acetil neuramínico y manosa.
- KS I se encuentra en las córneas; KS II que se encuentra en proteoglicanos de tejido conjuntivo laxo se agrega con condroitín sulfato.

ÁCIDO HIALURÓNICO

- Unidad de disacárido: N-acetilglucosamina y ácido glucurónico.
- Diferente a otros GAG: sin sulfatar, sin unión covalente unida a proteína y no está limitado al tejido animal sino que también se encuentra en bacterias.
- Sirve como lubricante y absorbente de impactos.
- Se encuentra en el líquido sinovial de las articulaciones, el humor vítreo del ojo y el cordón umbilical, en tejido conjuntivo laxo y en cartílago.

DERMATÁN SULFATO

- Unidad de disacárido: N-acetilgalactosamina y ácido L-idurónico (con cantidades variables de ácido glucurónico).
- Se encuentra en piel, vasos sanguíneos y válvulas cardiacas.

HEPARINA

- Unidad de disacárido: glucosamina y ácido glucurónico o idurónico; la mayoría de los residuos de glucosamina están unidos con enlaces sulfamida; el sulfato también se encuentra en el C3 o el C6 de glucosamina y en el C2 del ácido urónico (un promedio de 2.5 Ⓢ por unidad de disacárido).
- Un enlace α une los azúcares.
- A diferencia de otros GAG que son compuestos extracelulares, heparina es un componente intracelular de las células cebadas que recubren las arterias, en especial en hígado, pulmones y piel.
- Sirve como anticoagulante.

HEPARÁN SULFATO

- Unidad de disacárido: la misma que en heparina, excepto que algunas glucosaminas están acetiladas y hay menos Ⓢ.
- GAG extracelulares que se encuentran en la membrana basal y como componentes ubicuos de superficies celulares.

Figura 15-4

Estructura de unidades repetitivas en y distribución de glucosaminoglucanos (GAG). Los grupos sulfato (Ⓢ) se muestran en todas las posiciones posibles. Gal, galactosa; GalNAc, N-acetilgalactosamina; GlcN, glucosamina; GlcNAc, N-acetilglucosamina; GlcUA e IdUA, ácidos glucurónico e idurónico.

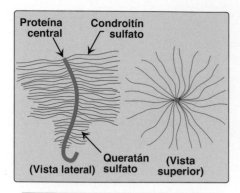

Figura 15-5
Modelo en escobillón de un monómero de proteoglicano de cartílago.

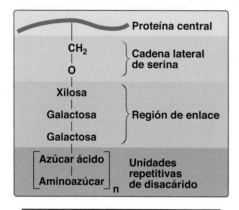

Figura 15-6
Regiones de enlace de los glucosaminoglucanos.

trihexósido (galactosa-galactosa-xilosa) y un residuo de serina en la proteína. Se forma un enlace O-glucosídico entre la xilosa y el grupo hidroxilo de la serina (fig. 15-6).

3. **Formación de agregados:** muchos monómeros de proteoglucanos pueden asociarse con una molécula de ácido hialurónico para formar agregados de proteoglucanos. La asociación no es covalente y ocurre ante todo a través de interacciones iónicas entre la proteína central y el ácido hialurónico. La asociación se estabiliza por medio de proteínas pequeñas adicionales llamadas proteínas de entrecruce (fig. 15-7).

III. SÍNTESIS

Las cadenas de heteropolisacáridos se alargan por la adición secuencial y alternada de azúcares ácidos y aminoazúcares, donados ante todo por sus derivados de uridina difosfato (UDP). Una familia de glucosiltransferasas cataliza estas reacciones. Dado que los GAG se producen para su exportación desde la célula, su síntesis ocurre sobre todo en el aparato de Golgi.

A. Síntesis de aminoazúcares

Los aminoazúcares son componentes esenciales de glucoconjugados como proteoglucanos, glucoproteínas y glucolípidos. La vía de síntesis de los aminoazúcares (hexosaminas) es muy activa en los tejidos conjuntivos, donde hasta 20% de la glucosa fluye a través de esta vía metabólica.

1. **N-Acetilglucosamina y N-acetilgalactosamina:** el monosacárido fructosa 6-fosfato es el precursor GlcNAc y GalNAc. Un grupo hidroxilo en la fructosa es remplazado por el nitrógeno de la amida de una glutamina y el producto de glucosamina 6-fosfato se acetila, isomeriza y activa para producir el nucleótido de azúcar UDP-GlcNAc (fig. 15-8). UDP-GalNAc se genera por la epimerización de UDP-GlcNAc. Son estas formas de nucleótido de azúcar de los aminoazúcares las que se usan para alargar las cadenas de carbohidratos.

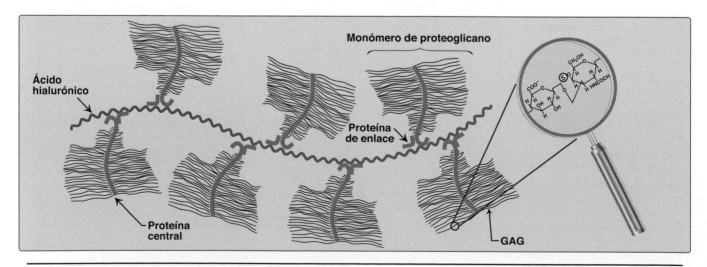

Figura 15-7
Agregado de proteoglucanos. GAG, glucosaminoglucano.

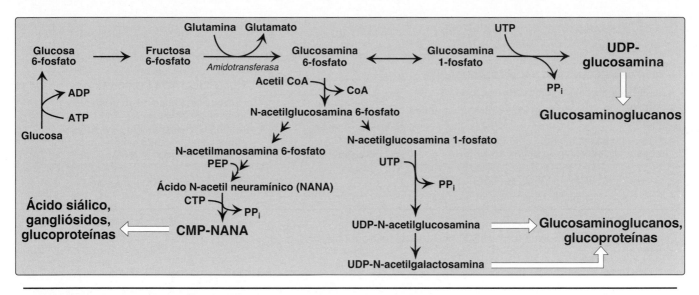

Figura 15-8

Síntesis de aminoazúcares. ADP, difosfato de adenosina; CoA, coenzima A; CTP y CMP, citidina tri- y monofosfatos; PEP, fosfoenolpiruvato; PP$_i$, pirofosfato; UTP y UDP, uridina tri- y difosfatos.

2. **Ácido N-acetilneuramínico:** el NANA, un monosacárido ácido de nueve carbonos (véase fig.18-15), es miembro de la familia de ácidos siálicos, cada uno de los cuales se acetila en un sitio diferente. Estos compuestos por lo general se encuentran como residuos terminales de carbohidratos de las cadenas laterales de oligosacáridos en glucoproteínas, glucolípidos o, con menos frecuencia, de los GAG. N-acetilmanosamina 6-fosfato (derivada de fructosa 6-fosfato) y fosfoenolpiruvato (un intermediario en la glucólisis) son las fuentes inmediatas de carbono y nitrógeno para la síntesis de NANA (véase fig. 15-8). Antes de que el NANA pueda añadirse a un oligosacárido en crecimiento, debe activarse a citidina monofosfato (CMP)-NANA al reaccionar con citidina trifosfato (CTP). La CMP-NANA sintetasa cataliza la reacción. CMP-NANA es el único azúcar de nucleótido en el metabolismo humano donde el nucleótido transportador es un monofosfato en lugar de un difosfato.

B. **Síntesis de azúcares ácidos**

El ácido D-glucurónico, cuya estructura es la de la glucosa con un carbono 6 oxidado ($-CH_2OH \rightarrow -COOH$), y su epímero C-5, ácido L-idurónico, son componentes esenciales de los GAG. El ácido glucurónico también es necesario para la detoxificación de compuestos lipofílicos como las bilirrubinas, los esteroides y muchos fármacos, incluidas las estatinas, porque la conjugación con glucuronato (glucoronidación) incrementa la solubilidad en agua. En plantas y mamíferos (que no sean conejillos de Indias ni primates, incluidos los humanos), el ácido glucurónico es precursor del ácido ascórbico (vitamina C), como se muestra en la figura 15-9. Esta vía del ácido urónico también proporciona un mecanismo mediante el cual la D-xilulosa de la dieta puede entrar a vías metabólicas centrales.

1. **Ácido glucurónico:** el ácido glucurónico puede obtenerse en pequeñas cantidades de la dieta y de la degradación lisosómica de

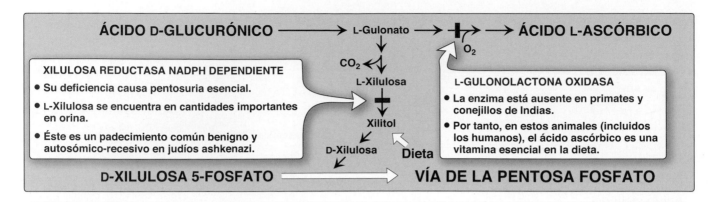

Figura 1-9

Metabolismo del ácido glucurónico. CO_2, dióxido de carbono; NADPH, dinucleótido de nicotinamida y adenina fosfato reducido.

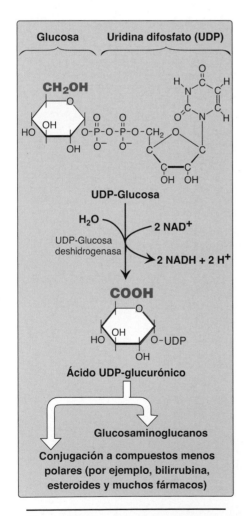

Figura 15-10

Oxidación de UDP-glucosa en ácido UDP-glucurónico. NAD(H), dinucleótido de nicotinamida y adenina.

los GAG. También puede sintetizarse de la vía del ácido urónico, en el cual la glucosa 1-fosfato reacciona con uridina trifosfato (UTP) y se convierte en UDP-glucosa. La oxidación de UDP-glucosa produce ácido UDP-glucurónico, la forma que proporciona ácido glucurónico para la síntesis de GAG y la glucoronidación (fig. 15-10). El producto final del metabolismo del ácido glucurónico en humanos es D-xilulosa 5-fosfato, que puede entrar a la vía de la pentosa fosfato y producir los intermediarios glucolíticos gliceraldehído 3-fosfato y fructosa 6-fosfato (*véanse* figs. 15-9 y 14-2).

2. **Ácido L-idurónico:** la síntesis del ácido L-idurónico ocurre después de que el ácido D-glucurónico se ha incorporado en la cadena de carbohidratos. Uronosil 5-epimerasa causa la epimerización del D-azúcar al L-azúcar.

C. Síntesis de las proteínas centrales

Los ribosomas generan la proteína central en el retículo endoplásmico rugoso (RER), esta entra luego a la luz del RER y pasa después al aparato de Golgi, donde se glucosila por acción de las glucosiltransferasas unidas a la membrana.

D. Síntesis de la cadena de carbohidratos

La formación de la cadena de carbohidratos se inicia por la síntesis de un pequeño punto de enlace en la proteína central donde ocurrirá la síntesis de la cadena de carbohidratos. El enlace más común es un trihexósido formado por la transferencia de una xilosa de la UDP-xilosa al grupo hidroxilo de una serina (o treonina) catalizada por xilosiltransferasa. Dos moléculas de galactosa se añaden a continuación y se completa el trihexósido. Esto va seguido por la adición secuencial de azúcares ácidos y aminoazúcares de manera alternada (fig. 15-11) y la epimerización de algunos residuos D-glucuronilo a residuos L-iduronilo.

E. Adición del grupo sulfato

La sulfatación de un GAG ocurre después de que el monosacárido a ser sulfatado se ha incorporado en la cadena de carbohidratos en crecimiento. La fuente de sulfato es el 3′-fosfoadenosil-5′-fosfosulfato

(PAPS), una molécula de adenosina monofosfato con un grupo sulfato unido al 5'-fosfato; *véase* fig. 18-16. Las sulfotransferasas catalizan la reacción de sulfatación. La síntesis del GAG sulfatado, condroitín sulfato se muestra en la figura 15-11. Es importante destacar que PAPS también es el donador de azufre en la síntesis de glucoesfingolípidos.

IV. DEGRADACIÓN

Los GAG se degradan en los lisosomas, que contienen enzimas hidrolíticas que alcanzan su máxima acividad a un pH de ~5. Por lo tanto, como grupo, estas enzimas se llaman hidrolasas ácidas. El óptimo pH bajo dentro de los lisosomas es un mecanismo protector que evita que las enzimas destruyan a la célula si se presentara una fuga hacia el citosol donde el pH es neutro. [b]Las vidas medias de los GAG varían de minutos a meses e influyen en ellas el tipo de GAG y su localización en el cuerpo.

A. GAG y fagocitosis

Dado que los GAG son compuestos extracelulares o de la superficie celular, primero deben invaginarse en la membrana celular (fagocitosis) y formar una vesícula dentro de la cual están los GAG que deben degradarse. A continuación, esta vesícula se fusiona con un lisosoma y forma una vesícula digestiva en la cual los GAG se degradan con eficiencia.

B. Degradación lisosómica

La degradación lisosómica de los GAG requiere un gran número de hidrolasas ácidas para la digestión total. Primero, las cadenas de polisacáridos se rompen por acción de las endoglucosidasas y se producen oligosacáridos. Se produce una mayor degradación de los oligosacáridos en forma secuencial a partir del extremo no reductor de cada cadena. El último grupo (sulfato o azúcar) agregado durante la síntesis es el primer grupo en eliminarse, por acción de las sulfatasas o las exoglucosidasas. La figura 15-12 muestra ejemplos de algunas de estas enzimas y los enlaces que hidrolizan. (Nótese que las endo- y exoglucosidasas también participan en la degradación lisosómica de glucoproteínas y glucolípidos. Las deficiencias en estas enzimas resultan en la acumulación de carbohidratos parcialmente degradados, lo cual produce daño tisular.)

> La deficiencia múltiple de sulfatasas (enfermedad de Austin) es una enfermedad rara del almacenamiento en lisosomas en donde todas las sulfatasas no funcionan debido a un defecto en la formación de formilglicina, un derivado de aminoácido necesario en el sitio activo para que se presente la actividad enzimática.

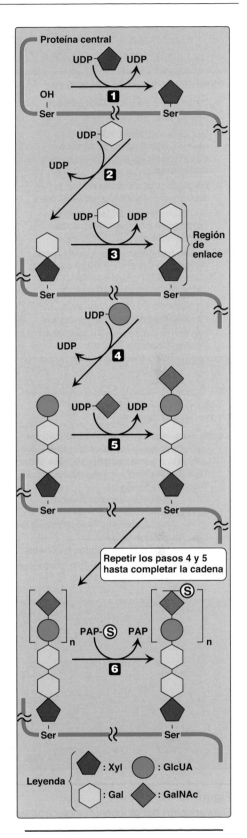

Figura 15-11
Síntesis de condroitín sulfato. PAP- Ⓢ, 3'-fosfoadenosil-5'-fosfosulfato; Ser, serina.

---

[b]Para más información sobre los lisosomas, *véase LIR. Biología molecular y celular*, 2.ª edición, capítulo 5.

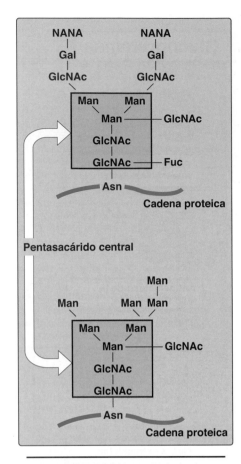

Figura 15-14

Oligosacáridos de enlace-N
complejos (**arriba**) y de alto
contenido de manosa (**abajo**).
(Nota: los miembros de cada clase
contienen el mismo pentasacárido
central [que se muestra dentro del
recuadro].) Asn, asparagina; Fuc,
fucosa; Gal, galactosa; GlcNAc,
N-acetilglucosamina; Man, manosa;
NANA, ácido N-acetilneuramínico.

A. Enlace carbohidrato-proteína

Los glucanos pueden unirse a la proteína a través un enlace N- u
O-glucosídico (*véase* p. 119). En el primer caso, la cadena de azúcar
está unida al grupo amida de una cadena lateral de asparagina y, en el
segundo caso, al grupo hidroxilo de una cadena lateral ya sea de una
serina o una treonina. En el caso del colágeno, hay un enlace O-glucosídico entre galactosa o glucosa y el grupo hidroxilo de hidroxilisina.

B. Oligosacáridos con enlaces N- y O-

Una glucoproteína puede contener un solo tipo de enlace glucosídico
(N- u O-) o puede tener ambos tipos dentro de la misma molécula.

1. **Enlace-O:** los glucanos con enlace-O pueden tener uno o más
   tipos de azúcares ordenados ya sea en un patrón lineal o ramificado. Muchas se encuentran en glucoproteínas extracelulares o
   como componentes de la glucoproteína membranal. Por ejemplo,
   los oligosacáridos con enlace-O en la superficie de los eritrocitos
   proporcionan las determinantes ABO de los grupos sanguíneos. Si
   el azúcar terminal en el glucano es GalNAc, el grupo sanguíneo es
   A. Si es una galactosa, el grupo sanguíneo es B. Si no se encuentra
   presente GalNAc ni galactosa, el grupo sanguíneo es O.

2. **Enlace-N:** los glucanos con enlace-N están divididos en dos
   amplias clases: oligosacáridos complejos y oligosacáridos de alto
   contenido de manosa. Ambos contienen el mismo centro de pen-
   tasacáridos que se muestra en la figura 15-14, pero los oligosacáridos complejos contienen un grupo diverso de azúcares adicionales,
   por ejemplo, GlcNAc, GalNAc, L-fucosa y NANA, mientras que los
   oligosacáridos de alto contenido de manosa contienen sobre todo
   manosa.

VIII. SÍNTESIS DE GLUCOPROTEÍNAS

Las proteínas destinadas a funcionar en el citoplasma se sintetizan en ribosomas citosólicos libres. No obstante, las proteínas, incluidas las glucoproteínas, destinadas para las membranas celulares, los lisosomas o para ser
exportadas desde la célula, se sintetizan en ribosomas unidos al retículo
endoplásmico. Estas proteínas contienen secuencias de señal específicas
que actúan como direcciones moleculares y envían a las proteínas a sus
destinos adecuados. Una secuencia hidrofóbica N-terminal dirige de modo
inicial a estas proteínas al RER, lo cual permite que el polipéptido en crecimiento sea transportado hacia la luz (*véase* p. 529). Las proteínas se transportan a continuación a través de vesículas secretoras hacia el aparato de
Golgi, que actúa como centro de clasificación (fig. 15-15). En el aparato
de Golgi, aquellas glucoproteínas que se secretarán de la célula o que se
dirigirán a los lisosomas se empacan en vesículas que se fusionan con la
membrana celular (o lisosómica) y liberan su contenido. Aquellas que están
destinadas a convertirse en componentes de la membrana celular se integran en la membrana del aparato de Golgi, el cual produce "yemas" que
forman vesículas que añaden sus glucoproteínas unidas a membrana a la
membrana celular y se orientan con la porción de carbohidrato hacia el
exterior de la célula (*véase* fig. 15-15).

A. Componentes de carbohidratos

Los precursores de los componentes de carbohidratos de las glucoproteínas son los nucleótidos de azúcar, que incluyen UDP-glucosa,

UDP-galactosa, UDP-GlcNAc y UDP-GalNAc. Además, guanosina difosfato (GDP)-manosa, GDP-L-fucosa (que se sintetiza a partir de GDP-manosa) y CMP-NANA pueden donar azúcares a la cadena en crecimiento. Cuando el NANA acídico está presente, el oligosacárido tiene una carga negativa a pH fisiológico. Los oligosacáridos se unen de manera covalente a las cadenas laterales de aminoácidos específicos en la proteína, donde la estructura tridimensional de la proteína determina si un aminoácido específico está o no glucosilado.

B. Síntesis de glucoproteína con enlaces-O

La síntesis de glucoproteínas con enlaces-O es muy semejante a la de GAG. Primero, la proteína a la cual se unirán los azúcares se sintetiza en el RER y su expulsa hacia su luz. La glucosilación comienza con la transferencia de GalNAc (desde UDP-GalNAc) al grupo hidroxilo de un residuo específico de serina o treonina. Las glucosiltransferasas responsables de la síntesis en pasos (desde los azúcares individuales) de los oligosacáridos están unidas a las membranas del aparato de Golgi. Estas actúan en un orden específico, sin usar una plantilla como se requiere para la síntesis del ADN, el ácido ribonucleico (ARN) y las proteínas (véase Unidad VII), sino que reconocen la propia estructura del oligosacárido en crecimiento como el sustrato apropiado.

C. Síntesis de glucoproteínas con enlaces-N

La síntesis de glucoproteínas con enlaces-N ocurre en la luz del RER y requiere la participación de la forma fosforilada de dolicol (dolicol pirofosfato), un lípido de la membrana del RER (fig. 15-16). El producto inicial se procesa en el RER y en el aparato de Golgi.

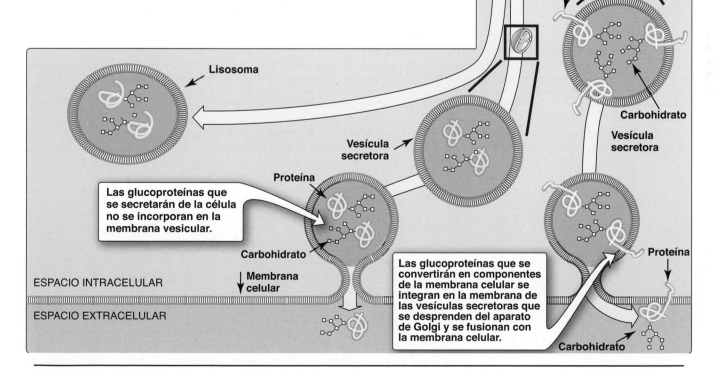

RETÍCULO ENDOPLÁSMICO RUGOSO (RER)
- Los ribosomas están unidos al lado citosólico de la membrana del RER.
- Las vesículas que contienen proteína se envían al aparato de Golgi para ser procesadas.

Ribosoma

Las vesículas se desprenden del aparato de Golgi y su contenido procesado se envía a la membrana celular, el entorno extracelular o los lisosomas.

Vesícula secretora

APARATO DE GOLGI

Proteína

Carbohidrato

Vesícula secretora

Lisosoma

Vesícula secretora

Proteína

Carbohidrato

Las glucoproteínas que se secretarán de la célula no se incorporan en la membrana vesicular.

Proteína

Carbohidrato

Membrana celular

ESPACIO INTRACELULAR

ESPACIO EXTRACELULAR

Las glucoproteínas que se convertirán en componentes de la membrana celular se integran en la membrana de las vesículas secretoras que se desprenden del aparato de Golgi y se fusionan con la membrana celular.

Proteína

Carbohidrato

Figura 15-15

Transporte de glucoproteínas hacia y a través del aparato de Golgi y su secreción subsiguiente o su incorporación a un lisosoma o a la membrana celular.

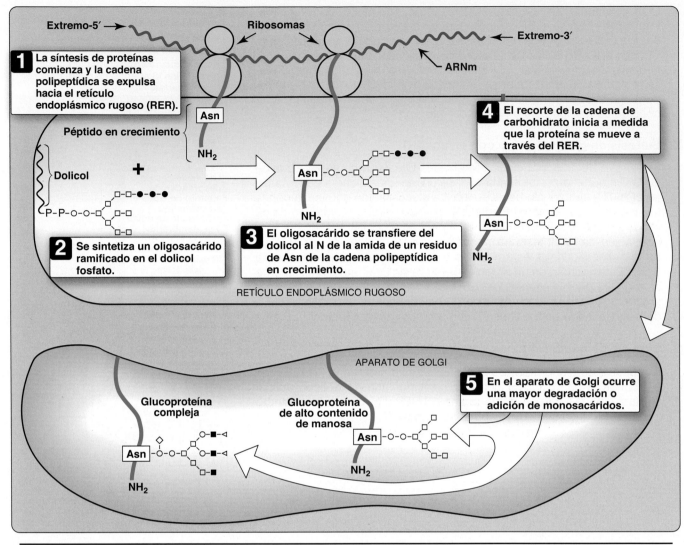

Figura 15-16
Síntesis de glucoproteínas con enlaces-N. ○, N-acetilglucosamina; □, manosa; ●, glucosa; ■, galactosa; ◇ o ◁, grupo terminal (fucosa o ácido N-acetilneuramínico); ARNm, ARN mensajero; Asn, asparagina.

1. **Síntesis de oligosacáridos unidos a dolicol:** como en el caso de las glucoproteínas con enlaces-O, la proteína se sintetiza en el RER y entra a su luz. No obstante, no se glucosila con azúcares individuales. En lugar de ello, se construye primero un oligosacárido unido a lípidos. Este consta de dolicol, un lípido de la membrana del RER generado a partir de un intermediario de la síntesis de colesterol (*véase* p. 269), unido mediante un enlace pirofosfato a un oligosacárido que contiene GlcNAc, manosa y glucosa. Los azúcares que se añadirán de forma secuencial al dolicol por acción de glucosiltransferasas unidas a membrana son primero GlcNAc, seguida por manosa y glucosa (*véase* fig. 15-16). El oligosacárido entero de 14 azúcares se transfiere luego del dolicol al nitrógeno de la amida de un residuo de asparagina en la proteína que será glucosilada mediante una proteína-oligosacárido transferasa presente en el RER. (Nota: el antibiótico tunicamicina inhibe la glucosilación con enlace-N).

Los trastornos congénitos de la glucosilación (TCG) son síndromes producidos ante todo por defectos en la glucosilación con enlace-N de las proteínas, ya sea de la formación de oligosacáridos (tipo I) o de su procesado (tipo II).

2. **Procesado de oligosacáridos con enlace-N:** después de la adición a la proteína, el oligosacárido con enlace-N se procesa mediante la eliminación de residuos manosil y glucosil específicos a medida que la glucoproteína pasa a través del RER. Por último, las cadenas de oligosacáridos se completan en el aparato de Golgi por la adición de una variedad de azúcares (p. ej., GlcNAc, GalNAc y manosas adicionales, y luego fucosa o NANA como grupos terminales) para producir una glucoproteína compleja. Como alternativa, estas no se procesan de manera adicional y dejan cadenas que contienen manosa en una glucoproteína de alto contenido de manosa (*véase* fig. 15-16). La suerte final de las glucoproteínas con enlace-N es la misma que la de las glucoproteínas con enlace-O (p. ej., la célula puede liberarlas o pueden convertirse en parte de una membrana celular). Además, las glucoproteínas con enlace-N pueden dirigirse hacia los lisosomas.

3. **Enzimas lisosómicas:** las glucoproteínas con enlaces-N que se procesan en el aparato de Golgi pueden fosforilarse en el carbono 6 de uno o más residuos manosil. UDP-GlcNAc proporciona el fosfato en una reacción catalizada por una fosfotransferasa. Los receptores, localizados en la membrana del aparato de Golgi, se unen a los residuos de manosa 6-fosfato (M6P) de estas proteínas, las cuales a continuación se empacan en vesículas y se envían a los lisosomas (fig.15-17).

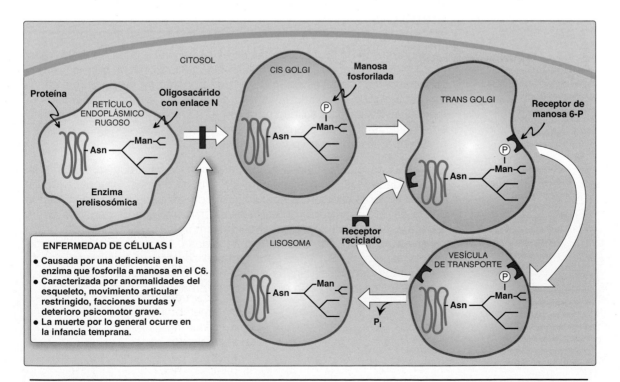

Figura 15-17
Mecanismo para el transporte de glucoproteínas con enlaces-N hacia los lisosomas. Asn, asparagina; Man, manosa; Ⓟ, fosfato; P_i, fosfato inorgánico.

Aplicación clínica 15-2: enfermedad de células I

La enfermedad de células I es una afección rara del almacenamiento en los lisosomas. Se denomina así debido a los grandes cuerpos de inclusión que se ven en las células de los pacientes con esta enfermedad. La GlcNAc fosfotransferasa es deficiente y no se genera manosa 6-fosfato en las proteínas destinadas a los lisosomas. La falta de M6P en los residuos de aminoácidos hace que las hidrolasas ácidas precursoras transiten hacia la membrana plasmática y sean secretadas de manera constitutiva, en lugar de dirigirse a los lisosomas. En consecuencia, las hidrolasas ácidas están ausentes de los lisosomas, y los sustratos macromoleculares para estas enzimas digestivas se acumulan dentro de los lisosomas, lo que genera los cuerpos de inclusión que definen el trastorno. Además, se encuentran concentraciones elevadas de las enzimas lisosómicas en el plasma y la orina del paciente, lo cual indica que el proceso de dirección hacia los lisosomas es deficiente.

La enfermedad de células I se caracteriza por anormalidades esqueléticas, movimiento articular restringido, rasgos faciales burdos (dismórficos) y deterioro psicomotor grave. Dado que la enfermedad de células I tiene características en común con las mucopolisacaridosis y las esfingolipidosis, esta se clasifica como mucolipidosis (ML II). En la actualidad no existe una cura y por lo general ocurre la muerte por complicaciones cardiopulmonares en etapas tempranas de la infancia. La seudopolidistrofia de Hurler (ML III) es una forma de mucolipidosis menos grave de la enfermedad de células I, en la que la fosfotransferasa mantiene cierta actividad enzimática residual, y se asemeja de manera sintomática a una forma leve del síndrome de Hurler.

IX. DEGRADACIÓN DE GLUCOPROTEÍNAS LISOSÓMICAS

La degradación de las glucoproteínas es semejante a la de los GAG (*véase* p. 203). Por lo general, las hidrolasas ácidas lisosómicas son, cada una, específicas para la eliminación de un componente de la glucoproteína. Se trata sobre todo de exoenzimas que eliminan sus grupos respectivos de manera inversa a la de su incorporación (el último que se unió es el primero en eliminarse). Si alguna enzima de degradación falta, la degradación que realiza otra exoenzima no puede continuar.

Un grupo de enfermedades autosómicas recesivas muy raras llamadas enfermedades de almacenamiento de glucoproteínas (oligosacaridosis), causadas por la deficiencia de cualquiera de las enzimas de degradación, deriva en la acumulación de estructuras parcialmente degradadas en los lisosomas. Por ejemplo, la α-manosidosis tipo 3 es una deficiencia grave, progresiva y fatal de la enzima α-manosidasa. La presentación es semejante al síndrome de Hurler, pero también se observa inmunodeficiencia. Fragmentos de oligosacáridos ricos en manosa aparecen en la orina. El diagnóstico se lleva a cabo por análisis enzimático.

X. RESUMEN DEL CAPÍTULO

- Los **GAG** se sintetizan en el aparato de Golgi como **cadenas largas, con carga negativa** y **no ramificadas de polisacáridos,** por lo general compuestas por una **unidad repetitiva de disacáridos** (azúcar ácido-aminoazúcar)$_n$.

- El **aminoazúcar** puede ser D-**glucosamina** o D-**galactosamina** y el **azúcar ácido** puede ser ácido D-**glucurónico** o su epímero C-5, ácido L-**idurónico**.

- Los GAG atrapan grandes cantidades de agua y producen así la matriz gelatinosa que forma la base de la **sustancia basal** del cuerpo y las propiedades viscosas y lubricantes de las secreciones mucosas.

- Hay seis tipos principales de GAG: **condroitín 4-** y **6-sulfatos, queratán sulfato, dermatán sulfato, heparina, heparán sulfato** y **ácido hialurónico**.

- Todas los GAG, excepto el ácido hialurónico, se encuentran unidos de manera covalente a una **proteína central** formando **monómeros de proteoglucanos**. Muchos monómeros de proteoglucanos se asocian con una molécula de **ácido hialurónico** para formar **agregados de proteoglucanos**.

- Los proteoglucanos terminados se secretan hacia la **MEC** o permanecen asociados con la superficie externa de las células.

- Los GAG se degradan por acción de las **hidrolasas ácidas lisosómicas**. La deficiencia de cualquiera de las hidrolasas deriva en una **mucopolisacaridosis**, en la que los GAG se acumulan en los tejidos y causan síntomas como **deformidades esqueléticas** y de la **MEC**, así como **discapacidad intelectual**. Los ejemplos de estas enfermedades genéticas incluyen los **síndromes de Hunter** (vinculado al cromosoma X) y **de Hurler**.

- Las **glucoproteínas** se sintetizan en el RER y el aparato de Golgi y son proteínas a las cuales los **oligosacáridos** (**glucanos**) están unidos de manera covalente.

- Las glucoproteínas **unidas a membrana** participan en el **reconocimiento de la superficie celular**, la **antigenicidad de la superficie celular**, y como componentes de la MEC y de las **mucinas** de los tractos gastrointestinal y urogenital, donde actúan como lubricantes biológicos protectores. Casi todas las proteínas globulares presentes en el plasma humano son glucoproteínas.

- Los precursores de los componentes de carbohidrato de las glucoproteínas son **nucleótidos de azúcar**. Las **glucoproteínas con enlace-O** se sintetizan en el aparato de Golgi por medio de la transferencia secuencial de azúcar desde sus nucleótidos transportadores hacia el grupo hidroxilo de un residuo de Ser o Thr en la proteína. Las **glucoproteínas con enlace-N** se crean a través de la transferencia de un oligosacárido preformado desde su transportador lipídico de la membrana del RER, **dolicol pirofosfato**, hacia el N de la amida de un residuo de Asn en la proteína. Contienen cantidades variables de **manosa**.

- La deficiencia en la **N-acetilglucosamina fosfotransferasa** que fosforila a los residuos de manosa en el carbono 6 en las enzimas de glucoproteínas con enlace-N destinadas a los lisosomas deriva en **enfermedad de células I**.

- Las glucoproteínas se degradan en los lisosomas por acción de las **hidrolasas ácida**s. La deficiencia de cualquiera de estas enzimas produce **enfermedades de almacenamiento de glucoproteínas lisosómicas**, que dan lugar a la acumulación de estructuras degradadas de modo parcial en el lisosoma y provocan una serie de síntomas como la deformidad del esqueleto y la discapacidad intelectual.

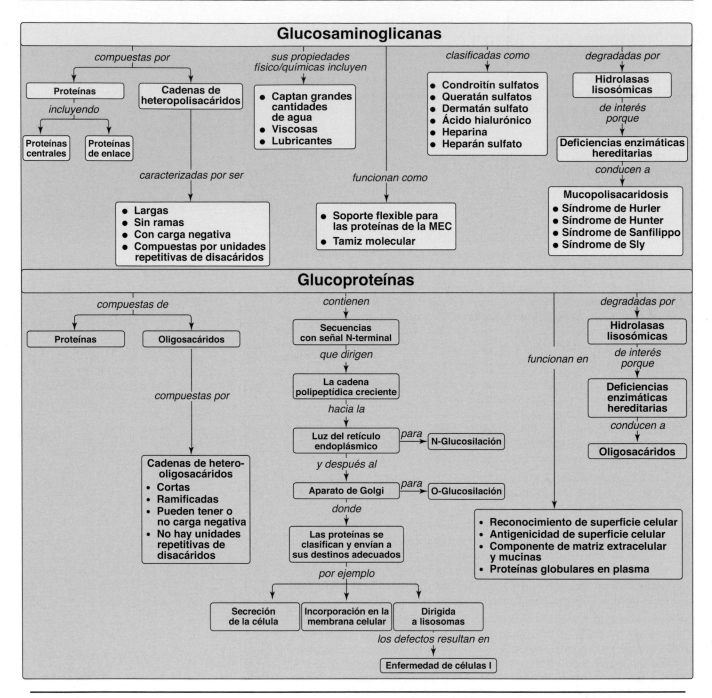

Figura 15-18
Mapa de conceptos clave para glucosaminoglucanos y glucoproteínas. MEC, matriz extracelular.

Preguntas de estudio

Elija la RESPUESTA correcta.

15.1 Las mucopolisacaridosis son enfermedades hereditarias del almacenamiento en lisosomas. Se producen debido a:

A. Defectos en la degradación de las glucosaminoglucanos.

B. Defectos en el envío de las enzimas a los lisosomas.

C. Aumento en la velocidad de síntesis del componente de carbohidratos de los proteoglucanos.

D. Velocidad insuficiente de la síntesis de enzimas proteolíticas.

E. La síntesis de cantidades anormalmente pequeñas de proteínas centrales.

> Respuesta correcta = A. Las mucopolisacaridosis se producen debido a deficiencias en cualquiera de las hidrolasas ácidas lisosómicas responsables de la degradación de los glucosaminoglucanos (no proteínas). La enzima se dirige de forma correcta al lisosoma, de modo que los niveles sanguíneos de la enzima no aumentan, pero no es funcional. En estas enfermedades, la síntesis de los componentes proteicos y de carbohidratos de los proteoglucanos no se ve afectada, tanto en términos de estructura como de cantidad.

15.2 ¿En cuál de las siguientes enzimas sugiere una deficiencia la presencia del siguiente compuesto en la orina de un paciente?

$$
\begin{array}{ccc}
\text{Sulfato} & & \text{Sulfato} \\
| & & | \\
\text{GalNac} - \text{GlcUA} - & \text{GalNAc} - &
\end{array}
$$

A. Galactosidasa

B. Glucuronidasa

C. Iduronidasa

D. Manosidasa

E. Sulfatasa

> Respuesta correcta = E. La degradación de glucoproteínas sigue la regla: la última en llegar es la primera en irse. Dado que la sulfatación es el último paso en la síntesis de esta secuencia, se requiere una sulfatasa para el siguiente paso en la degradación del compuesto que se muestra.

15.3 Un niño de 8 meses de edad presenta facciones burdas, anormalidades esqueléticas y retraso tanto en el crecimiento como en el desarrollo. Se sospecha enfermedad de células I. ¿Cuál de las siguientes opciones se observará en este paciente si el diagnóstico es correcto?

A. Disminución en la producción de glucoproteínas con enlace-O de superficie celular.

B. Niveles elevados de hidrolasas ácidas en sangre.

C. Incapacidad para N-glucosilar proteínas.

D. Incremento en la síntesis de proteoglucanos.

E. Oligosacáridos en orina.

> Respuesta correcta = B. La enfermedad de células I es una alteración en el almacenamiento lisosómico producido por la deficiencia de la fosfotransferasa necesaria para la síntesis de la señal de manosa 6-fosfato que dirige a las hidrolasas ácidas hacia la matriz lisosomal. Esto deriva en la secreción de estas enzimas de la célula y en la acumulación de materiales dentro del lisosoma debido a la degradación deficiente. Ninguna de las demás opciones se relaciona con la enfermedad de células I ni con la función lisosómica. Los oligosacáridos en la orina son característicos de las muco y polisacaridosis, pero no de la enfermedad de células I (una mucolipidosis tipo II).

15.4 Un lactante con turbidez en la córnea presenta dermatán sulfato y heparán sulfato en orina. ¿La detección de actividad reducida de cuál de las siguientes enzimas confirmaría el posible diagnóstico de síndrome de Hurler?

A. α-L-iduronidasa

B. α-glucuronidasa

C. Glucosiltransferasa

D. Iduronato sulfatasa

> Respuesta correcta = A. El síndrome de Hurler, un defecto en la degradación lisosómica de los glucosaminoglucanos (GAG) con turbidez en la córnea, se debe a la deficiencia de α-L-Iduronidasa. La β-glucuronidasa es deficiente en el síndrome de Sly y la iduronato sulfatasa en el síndrome de Hunter. Las glucosiltransferasas son enzimas en la síntesis de GAG.

15.5 Un hombre de 67 años de edad se presenta para evaluación del dolor y la rigidez de su rodilla izquierda y se
le diagnostica osteoartritis. ¿La disminución en cuál
de los siguientes contribuye a sus síntomas?

A. Hidrolasas ácidas lisosomales

B. Proteoglucanos del cartílago

C. Glucoproteínas con enlace-O de la superficie celular

D. Fosfotransferasa de Golgi

Respuesta correcta = B. Los proteoglucanos contribuyen
a la resiliencia del cartílago. En la osteoartritis, el cartílago
se ha degradado y la protección que suelen proporcionar
los proteoglucanos se ha perdido. La enfermedad no es
provocada por defectos lisosomales, incluidos el tránsito o
la función de las hidrolasas ácidas.

Metabolismo de los lípidos de la dieta

16

I. GENERALIDADES

Los lípidos son un grupo heterogéneo de moléculas orgánicas insolubles (hidrofóbicas) en agua (fig. 16-1). Debido a su insolubilidad en soluciones acuosas, los lípidos del cuerpo por lo general se encuentran compartamentalizados, como en el caso de los lípidos asociados con membranas o las gotas de triacilglicerol (TAG) en los adipocitos, o los lípidos que se transportan en sangre asociados con proteínas, como en las partículas de lipoproteínas o en la albúmina. Los lípidos son una fuente importante de energía para el cuerpo y también proporcionan la barrera hidrofóbica que permite la separación de los contenidos acuosos de las células y las estructuras subcelulares. Los lípidos efectúan funciones adicionales en el cuerpo (p. ej., algunas vitaminas liposolubles poseen funciones reguladoras o de coenzimas, y las prostaglandinas y las hormonas esteroides tienen papeles principales en el control de la homeostasis del cuerpo). Las deficiencias o los desequilibrios del metabolismo de lípidos pueden conducir a algunos de los problemas clínicos principales que enfrentan los médicos, como ateroesclerosis, diabetes y obesidad.

II. DIGESTIÓN, ABSORCIÓN, SECRECIÓN Y APROVECHAMIENTO

La ingestión diaria de lípidos de los adultos estadounidenses es de ~78 g, de los cuales > 90% es TAG, también llamado triglicérido (TG), que consta de tres ácidos grasos (AG) esterificados sobre un esqueleto de glicerol (*véase* fig.16-1). El resto de los lípidos dietéticos consta sobre todo de colesterol, ésteres de colesterilo, fosfolípidos y AG no esterificados (libres) (AGL). La digestión de los lípidos de la dieta inicia en el estómago y se completa en el intestino delgado. El proceso se resume en la figura 16-2.

A. Digestión en el estómago

La digestión de lípidos en el estómago es limitada. Está catalizada por la lipasa lingual que se produce en las glándulas de la parte posterior de la lengua y por la lipasa gástrica que se secreta en la mucosa gástrica. Ambas enzimas son relativamente estables en ácido, con valores óptimos de pH de 4 a 6. Estas lipasas ácidas hidrolizan los AG de

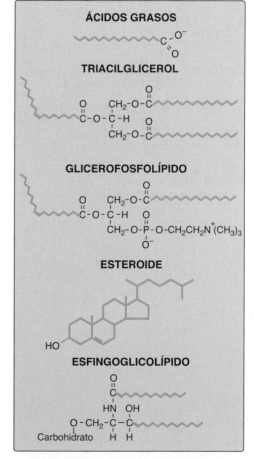

Figura 16-1
Estructura de algunas clases comunes de lípidos. Las porciones hidrofóbicas de las moléculas se muestran en color naranja.

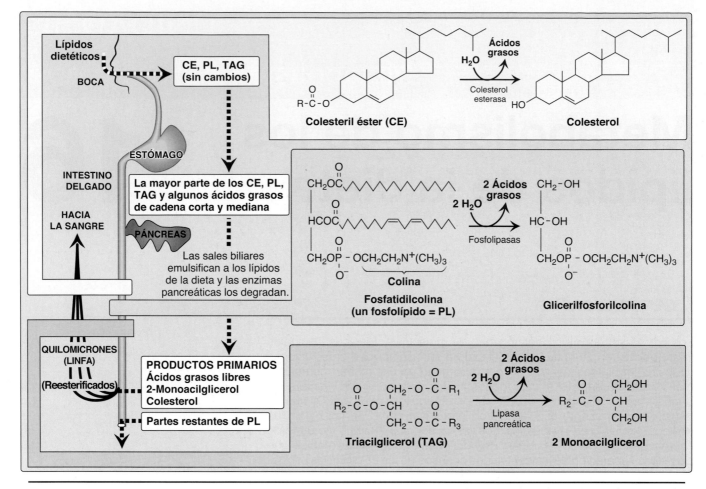

Figura 16-2
Generalidades de la digestión de los lípidos.

las moléculas de TAG, en particular aquellos que contienen AG con cadenas de longitud corta o mediana (≤ 12 carbonos) como los que se encuentran en la grasa de la leche. En consecuencia, estas lipasas tienen un papel en particular relevante en la digestión de lípidos en los lactantes, para quienes la grasa de la leche es la principal fuente de calorías. También son enzimas digestivas importantes en individuos con insuficiencia pancreática como aquellos con fibrosis quística (FQ). Las lipasas lingual y gástrica ayudan a estos pacientes a degradar las moléculas de TAG (en especial aquellas con cadenas cortas a medianas de AG) a pesar de una ausencia parcial o total de lipasa pancreática (*véase* sección D.1 más adelante).

B. Fibrosis quística

La fibrosis quística (FQ) es la enfermedad genética letal más común entre los caucásicos de ascendencia del norte de Europa y tiene una prevalencia de ~1: 3 300 nacimientos en Estados Unidos. La FQ es un trastorno recesivo autosómico causado por mutaciones en el gen para la proteína reguladora de conductancia transmembrana de FQ (CFTR) que funciona como canal del cloro en el epitelio de páncreas, pulmones, testículos y glándulas sudoríparas. La CFTR defectuosa causa la secreción reducida de cloro y el incremento en la captación de sodio y agua. En el páncreas, la pérdida de agua en la superficie celular produce el espesamiento del moco, el cual tapa los conductos pancreáticos y evita que las enzimas pancreáticas lleguen al intestino, lo que provoca una insuficiencia pancreática. El tratamiento incluye el remplazo de estas enzimas y la complementación con vitaminas liposolubles. (Nota: la FQ también causa infecciones pulmonares crónicas con enfermedad pulmonar progresiva e infertilidad masculina.)

C. Emulsificación en el intestino delgado

El proceso crítico de la emulsificación de los lípidos de la dieta ocurre en el duodeno. La emulsificación incrementa el área de superficie de las gotitas lipídicas hidrofóbicas de tal manera que las enzimas digestivas, que trabajan en la interface de la gotita y la solución acuosa circundante, puedan actuar con eficacia. La emulsificación se logra a través de dos mecanismos complementarios, esto es, el uso de las propiedades detergentes de las sales biliares conjugadas y la mezcla mecánica debida a la peristalsis. Las sales biliares, que se producen en el hígado y se almacenan en la vesícula biliar, son derivados anfipáticos del colesterol. Las sales biliares conjugadas constan de un anillo de esterol hidroxilado al cual está unida en forma covalente una molécula de glicina o taurina por medio de un enlace amida (fig. 16-3). Estos agentes emulsificantes interaccionan con las gotitas del lípido de la dieta y los contenidos acuosos duodenales, y se estabilizan así las gotitas a medida que se hacen más pequeñas debido a la peristalsis y se impide que se fusionen. (Nota: en el cap. 19 se encuentra un análisis más detallado del metabolismo de las sales biliares.)

D. Degradación por enzimas pancreáticas

Los TAG, ésteres de colesterilo y fosfolípidos de la dieta se degradan (digieren) en forma enzimática en el intestino delgado por medio de las enzimas pancreáticas, cuya secreción se controla mediante hormonas.

1. **Degradación de triacilglicerol:** las moléculas de TAG son demasiado grandes para que las células de la mucosa (enterocitos) de las vellosidades intestinales las capten con eficiencia. Por lo tanto, se hidrolizan por acción de una esterasa, la lipasa pancreática, que retira de manera preferencial los AG en los carbonos 1 y 3. Los productos primarios de la hidrólisis son, en consecuencia, una mezcla de 2-monoacil-glicerol (2-MAG) y AGL (véase fig. 16-2). (Nota: la lipasa pancreática se encuentra en altas concentraciones en las secreciones pancreáticas [2 a 3% del total de proteína presente] y posee gran eficiencia catalítica, lo cual asegura que solo la deficiencia pancreática grave, como la que se observa en la FQ, deriva en una mala absorción significativa de grasa.) Una segunda proteína, la colipasa, también secretada por el páncreas, se une a la lipasa en una proporción de 1:1 y la ancla en la interfaz lípido-acuosa. La colipasa restaura la actividad de la lipasa en presencia de sustancias inhibitorias como sales biliares que se unen a las micelas. (Nota: colipasa se secreta como el zimógeno, procolipasa, que se activa en el intestino por acción de la tripsina.) Orlistat, un fármaco antiobesidad, inhibe las lipasas gástrica y pancreática, lo cual disminuye la absorción de grasa y deriva en la pérdida de peso.

2. **Degradación de colesteril éster:** la mayor parte del colesterol de la dieta está presente en forma libre (no esterificada), con 10 a 15% presente en la forma esterificada. Los ésteres de colesterilo se hidrolizan por acción de la colesteril éster hidrolasa (colesterol esterasa), que produce colesterol más AGL (*véase* fig. 16-2). La actividad de esta enzima aumenta en gran medida en presencia de sales biliares.

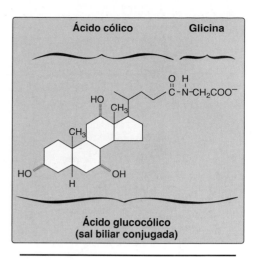

Figura 16-3
Estructura del ácido glucocólico.

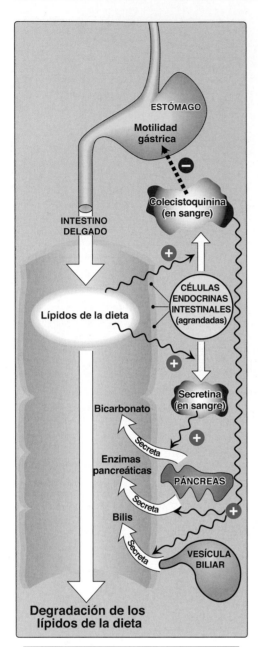

Figura 16-4
Control hormonal de la digestión de lípidos en el intestino delgado. (Nota: el intestino delgado se divide en tres partes: duodeno [superior, 5%], yeyuno e íleon [inferior, 55%].)

3. **Degradación de fosfolípidos:** el jugo pancreático es rico en la proenzima de fosfolipasa A_2 que, lo mismo que la procolipasa, se activa por medio de tripsina y, al igual que colesteril éster hidrolasa, requiere sales biliares para su actividad óptima. Fosfolipasa A_2 retira un AG del carbono 2 de un fosfolípido y deja un lisofosfolípido. Por ejemplo, fosfatidilcolina (el fosfolípido predominante de la digestión) se convierte en lisofosfatidilcolina. El AG restante en el carbono 1 puede eliminarse por medio de lisofosfolipasa, lo cual deja una base glicerilfosforilo (p.ej., glicerilfosforilcolina, *véase* fig. 16-2) que puede excretarse en las heces, degradarse aún más o absorberse.

4. **Control:** la secreción pancreática de las enzimas hidrolíticas que degradan los lípidos de la dieta en el intestino delgado está controlada por hormonas (fig. 16-4). Las células enteroendocrinas que se encuentran en todo el intestino delgado secretan varias hormonas como la colecistoquinina (CCK) y la secretina. Las células enteroendocrinas I de la mucosa del duodeno y yeyuno inferior producen la hormona peptídica CCK, en respuesta a la presencia de lípidos y proteínas digeridas de forma parcial que entran a estas regiones del intestino delgado superior. La CCK actúa sobre la vesícula biliar (y hace que se contraiga y libere bilis, una mezcla de sales biliares, fosfolípidos y colesterol libre) y sobre las células exocrinas del páncreas (lo cual hace que liberen enzimas digestivas). También reduce la motilidad gástrica, y esto resulta en una liberación más lenta del contenido gástrico en el intestino delgado. Las células S enteroendocrinas producen otra hormona peptídica, la secretina, en respuesta al bajo pH del quimo que entra al intestino desde el estómago. La secretina hace que el páncreas libere una solución rica en bicarbonato que ayuda a neutralizar el pH del contenido intestinal, lo cual los lleva al pH apropiado para la actividad digestiva de las enzimas pancreáticas.

E. Absorción por enterocitos

Los ácidos grasos libres (AGL), el colesterol libre y 2-MAG son los productos primarios de la digestión de lípidos en el yeyuno. Esto, más las sales biliares y las vitaminas liposolubles (A, D, E y K), forman micelas mixtas (esto es, conglomerados en forma de disco de una mezcla de lípidos anfipáticos que se fusionan con sus grupos hidrofóbicos hacia el interior y sus grupos hidrofílicos hacia el exterior). En consecuencia, las micelas mixtas son solubles en el entorno acuoso de la luz intestinal (fig. 16-5). Estas partículas se acercan al sitio primario de absorción de lípidos, la membrana con borde de cepillo de los enterocitos. Esta membrana apical con abundantes microvellosidades está separada de los contenidos lipídicos de la luz intestinal por una capa de agua que no se remueve y casi no se mezcla con la mayoría de líquidos. La superficie hidrofílica de las micelas facilita el transporte de los lípidos hidrofóbicos a través de la capa de agua inmóvil hacia la membrana con borde en cepillo donde son absorbidos. Las sales biliares se absorben en el íleon terminal y < 5% de ellas se pierde en las heces. (Nota: el colesterol y los esteroles vegetales son absorbidos por los enterocitos a través de la proteína Niemann-Pick C1 L1 (NPC1L1) en las células del borde en cepillo. La ezetimiba, un fármaco reductor de colesterol, inhibe la NPC1L1 al reducir la absorción de colesterol en el intestino delgado.) Dado que los FA de cadena corta y mediana son hidrosolubles, no requieren la ayuda de micelas mixtas para su absorción en la mucosa intestinal.

F. Resíntesis de triacilglicerol y colesteril éster

La mezcla de lípidos absorbidos por los enterocitos migra hacia el retículo endoplásmico liso (REL) donde tiene lugar la biosíntesis de lípidos complejos. Los AG de cadena larga se convierten primero en su forma activada mediante la acil coenzima A (CoA) sintetasa de ácidos grasos (tiocinasa de ácidos grasos), como se muestra en la figura 16-6. Por medio de derivados de la acil CoA de ácidos grasos, los 2-MAG absorbidos por los enterocitos se convierten en TAG a través de reacilaciones secuenciales por medio de dos aciltransferasas: acil CoA:-MAG aciltransferasa y acil CoA:diacilglicerol aciltransferasa. Los lisofos-folípidos se reacilan por acción de una familia de aciltransferasas para formar fosfolípidos y el colesterol se acila sobre todo por medio de CoA:colesterol aciltransferasa. (Nota: casi todos los AG de cadena larga que entran a los enterocitos se aprovechan de esta manera para formar TAG, fosfolípidos y ésteres de colesterilo. Los AG de cadena corta y media no se convierten en sus derivados de CoA y no se reesterifican a 2-MAG. En lugar de ello, se liberan hacia la circulación portal, donde son transportados por la albúmina del suero hacia el hígado.)

G. Secreción de los enterocitos

Los TAG y ésteres de colesterilo recién resintetizados son muy hidrofó-bicos y se agregan en medios acuosos. Por lo tanto, deben empacarse como partículas de gotitas lipídicas rodeadas por una capa delgada compuesta de fosfolípidos, colesterol no esterificado y una molécula de la proteína apolipoproteína (apo) B-48. Esta capa estabiliza la par-tícula e incrementa su solubilidad, lo que evita la fusión de múltiples partículas. (Nota: la proteína de transferencia de triglicéridos microso-males es esencial para el ensamblaje de todas las partículas ricas en TAG que contenían apo B en el RE.) Las partículas de lipoproteína se liberan de los enterocitos por exocitosis y pasan a los lacteales (vasos linfáticos en las vellosidades del intestino delgado). La presencia de estas partículas en la linfa después de una comida con alto conte-nido en lípidos da una apariencia lechosa. Esta linfa se llama quilo (en

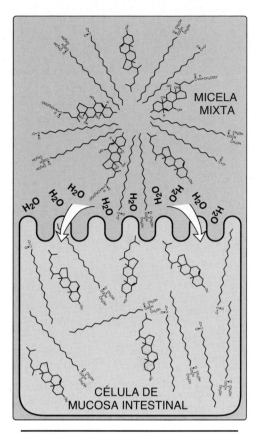

Figura 16-5
Absorción de lípidos contenidos en una micela mixta de una célula de mucosa intestinal. La micela en sí misma no es absorbida. (Nota: los ácidos grasos de cadena corta y mediana no requieren incorporación en las micelas.)

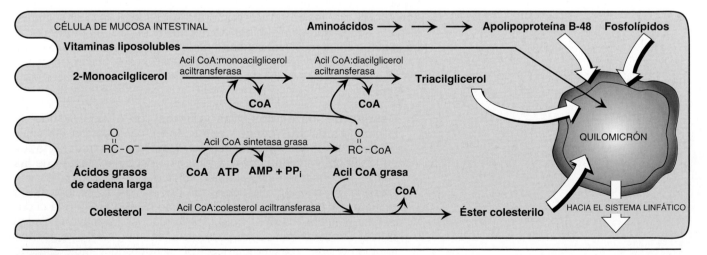

Figura 16-6
Generación y secreción de quilomicrones en las células de la mucosa intestinal. (Nota: los ácidos grasos de cadena corta y mediana no requieren ser incorporados a los quilomicrones y entran de forma directa a la sangre). AMP, monofosfato de adenosina; CoA, coenzima A; PPi, pirofosfato.

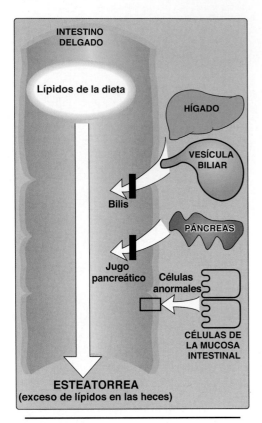

Figura 16-7
Posibles causas de esteatorrea.

oposición al quimo, el nombre que se da a la masa semilíquida de la comida digerida de forma parcial que pasa del estómago al duodeno), y las partículas se llaman quilomicrones. Los quilomicrones siguen al sistema linfático hacia el conducto torácico y luego se dirigen a la vena subclavia izquierda, donde entran a la sangre. Los pasos en la producción de los quilomicrones se resumen en la figura 16-6. (Nota: una vez liberados en la sangre, los quilomicrones nacientes [inmaduros] captan apolipoproteínas E y C-II de las lipoproteínas de alta densidad y maduran. [Para una descripción más detallada de la estructura y el metabolismo de los quilomicrones, véase cap. 19.].)

H. Malabsorción lipídica

La malabsorción lipídica, que resulta en un incremento de los lípidos en las heces (incluidas las vitaminas liposolubles y los AG esenciales, *véase* cap. 17), un padecimiento que se conoce como esteatorrea, puede producirse por alteraciones en la digestión de lípidos, en su absorción o en ambas (fig. 16-7). Tales alteraciones pueden deberse a diversas enfermedades, incluidos la FQ (que causa mala digestión), el síndrome de intestino corto (que produce reducción de la absorción) y la cirugía bariátrica (secreción insuficiente de enzimas pancreáticas).

> La capacidad de los AG de cadena corta y mediana de ser captados por los enterocitos sin la ayuda de micelas mixtas los ha vuelto relevantes en la terapia de nutrición médica para individuos con trastornos por malabsorción.

I. Aprovechamiento en los tejidos

La mayor parte de los TAG contenidos en los quilomicrones se rompe en los lechos capilares de los músculos esquelético y cardiaco y en el tejido adiposo. Los TAG se degradan en AGL y glicerol por acción de la lipoproteína lipasa (LPL). Los adipocitos y las células musculares son los principales productores de esta enzima. La LPL secretada se ancla a la superficie luminal de las células endoteliales en los capilares de los tejidos muscular y adiposo. La LPL se activa cuando se une al cofactor ApoCII que reside en las partículas de lipoproteínas circulantes. (Nota: la quilomicronemia [hiperlipoproteinemia tipo I] es un trastorno raro, autosómico recesivo, causado por una deficiencia de LPL o de su coenzima apo C-II [*véase* cap. 19]. El resultado es la quilomicronemia en el ayuno y la hipertriacilglicerolemia grave, que puede causar pancreatitis.)

1. **Destino de los ácidos grasos libres:** los AGL derivados de la hidrólisis de TAG pueden entrar de forma directa a las células musculares y los adipocitos adyacentes o ser transportados en la sangre asociados con la albúmina del suero hasta que las células los absorben. (Nota: la albúmina del suero humana es una proteína de gran tamaño secretada por el hígado; transporta un sinnúmero de compuestos principalmente hidrofóbicos en la circulación, incluidos los AGL y algunos fármacos). La mayoría de las células puede oxidar los AG para producir energía. Los adipocitos también pueden reesterificar los AGL para producir moléculas de TAG, las cuales se almacenan hasta que el organismo necesita los ácidos grasos.

2. **Destino del glicerol:** el glicerol liberado de los TAG es captado en la sangre y se fosforila por acción de la glicerol cinasa hepática para producir glicerol 3-fosfato, que puede entrar ya sea a la glucólisis o a la gluconeogénesis por oxidación a dihidroxiacetona fosfato o usarse en la síntesis de TAG (*véase* cap. 17).

3. **Destino de los restos de quilomicrones:** después de que se han eliminado la mayoría de los TAG, los restos de quilomicrones (que contienen ésteres de colesterilo, fosfolípidos, apolipoproteínas, vitaminas liposolubles y una pequeña cantidad de TAG) se unen a los receptores en el hígado (apo E es el ligando; *véase* cap. 19) y se someten a endocitosis. Los remanentes intracelulares se hidrolizan hasta sus partes componentes. El cuerpo puede reciclar el colesterol y las bases nitrogenadas de fosfolípidos (p. ej., colina). (Nota: si la eliminación de los residuos por el hígado decrece debido a una unión deficiente a su receptor, los compuestos se acumulan en el plasma. Esto se observa en la rara hiperlipoproteinemia III [también llamada disbetalipoproteinemia hereditaria o enfermedad beta amplia].)

III. RESUMEN DEL CAPÍTULO

- La **digestión de los lípidos en la dieta** inicia en el estómago y continúa en el intestino delgado (fig. 16-8).

- Los **ésteres de colesterilo**, **fosfolípidos** y **TAG** que contienen **AG de cadena larga** se degradan en el **intestino delgado** por acción de **enzimas pancreáticas**. Las más importantes de estas enzimas son **colesterol esterasa**, **fosfolipasa A₂** y **lipasa pancreática**. En la **FQ**, el moco espeso evita que estas enzimas lleguen al intestino.

- Los TAG en la **grasa de la leche** contienen **AG de cadenas corta** a **mediana** y se degradan en el **estómago** por medio de las **lipasas ácidas** (**lipasa lingual** y **lipasa gástrica**).

- La naturaleza **hidrófoba** de las grasas requiere que los lípidos de la dieta se **emulsifiquen** mediante una degradación eficiente. La emulsificación ocurre en el intestino delgado mediante la **acción peristáltica** (mezclado mecánico) y las **sales biliares** (detergentes).

- Los productos primarios de la degradación de lípidos de la dieta son: **2-MAG, colesterol** no esterificado (libre) y **AG libres**. Estos compuestos, más las **vitaminas liposolubles**, forman **micelas mixtas** que facilitan a las células de la **mucosa intestinal** (**enterocitos**) la absorción de lípidos de la dieta. Estas células aprovechan los AG de cadena larga activados para regenerar los TAG y los ésteres de colesterilo y también sintetizan proteínas **apo B-48**, los cuales se ensamblan en conjunto con las proteínas liposolubles en **partículas lipoproteicas** llamadas **quilomicrones**. Los AG de cadena corta y mediana entran de forma directa a la sangre.

- Los quilomicrones se liberan primero hacia la **linfa** y luego entran a la **sangre**, donde la **LPL** degrada su centro lipídico (con **apo C-II** como la coenzima) en los **capilares** del **músculo** y el tejido **adiposo**. De esta manera, los lípidos de la dieta están disponibles para los tejidos periféricos.

- La deficiencia en la capacidad para degradar componentes del quilomicrón, o de eliminar restos de este después de que se han degradado los TAG, deriva en la acumulación de estas partículas en sangre.

- **La mala digestión de las grasas, o su malabsorción, causa esteatorrea (lípidos en las heces).**

16.4 Una mujer de 45 años de edad llega al servicio de urgencias por dolor agudo, náusea y vómito. La tomografía computarizada indica pancreatitis aguda que conlleva un aumento de la activación de tripsina. ¿Cuál de los siguientes factores es más probable que se active en esta condición?

A. Lipasa gástrica
B. Lipasa pancreática
C. Lisofosfolipasa
D. Colipasa

> Respuesta correcta: D. La colipasa se segrega en forma de zimógeno, la procolipasa, que es activada en el intestino por la tripsina. La colipasa es importante para la lipasa pancreática para hidrolizar los triacilgliceroles. La lipasa gástrica hidroliza los ácidos grasos de cadena corta y media de la leche, de especial importancia para los lactantes y los pacientes con insuficiencia pancreática. La lisofosfolipasa es fundamental para la digestión de fosfolípidos.

16.5 Una niña de 22 meses de edad es llevada al médico por sus padres porque rehúsa alimentarse y tiene diarrea crónica, distensión abdominal y pérdida de peso. Se le diagnostica enfermedad de retención de quilomicrones, que impide la liberación de quilomicrones en los vasos linfáticos. ¿Es muy probable que esta paciente presente una deficiencia de cuál de las siguientes vitaminas?

A. Ácido ascórbico
B. Betacaroteno
C. Folato
D. Piridoxina

> Respuesta correcta: B. El quilomicrón es importante para la absorción de las vitaminas liposolubles: vitaminas A, D, E y K. El betacaroteno es una provitamina A que se empaqueta en el quilomicrón antes de su liberación en los vasos linfáticos. El ácido ascórbico es la vitamina C, el folato es la vitamina B9 y la piridoxina es la vitamina B6. Estas tres vitaminas son hidrosolubles.

Metabolismo de ácidos grasos, triacilglicerol y cuerpos cetónicos

17

I. GENERALIDADES

Los ácidos grasos existen de forma libre en el cuerpo (es decir, no están esterificados) y como acil ésteres grasos en moléculas más complejas como los triacilgliceroles (TAG). Los niveles bajos de ácidos grasos libres (AGL) ocurren en todos los tejidos, pero cantidades sustanciales en ocasiones pueden encontrarse en el plasma, en particular durante el ayuno. Los AGL del plasma (transportados en la albúmina del suero) siguen un camino desde su punto de origen (TAG de tejido adiposo o lipoproteínas circulantes) hasta su sitio de consumo (la mayoría de los tejidos). Muchos tejidos pueden oxidar a los AGL, en particular hígado y músculo, para suministrar energía y, en el hígado, para proporcionar el sustrato para la síntesis de cuerpos cetónicos. Los ácidos grasos también son componentes estructurales de los lípidos membranales, como fosfolípidos y glucolípidos (*véase* cap. 18). Los ácidos grasos unidos a ciertas proteínas aumentan la capacidad de dichas proteínas para asociarse con las membranas. Los ácidos grasos también son precursores de las prostaglandinas, sustancias de tipo hormonal (*véase* cap. 18). Los ácidos grasos esterificados, en forma de TAG almacenados en tejido adiposo blanco (TAB), sirven como la principal reserva de energía del cuerpo. Las alteraciones en el metabolismo de ácidos grasos se asocian con obesidad y diabetes. La figura 17-1 ilustra las vías metabólicas de la síntesis y degradación de ácidos grasos y su relación con el metabolismo de carbohidratos.

II. ESTRUCTURA DE ÁCIDOS GRASOS

Un ácido graso consta de una cadena hidrofóbica de hidrocarburos con un grupo carboxilo terminal que tiene una pK_a (*véase* p. 30) de ~ 4.8 (fig.17-2). A pH fisiológico, el grupo carboxilo terminal (–COOH) se ioniza, con lo que se convierte en $-COO^-$. (Nota: cuando el pH está por arriba del pK, predomina la forma desprotonada [*véase* p. 31].) Este grupo aniónico tiene afinidad por el agua, lo cual le da al ácido graso su naturaleza anfipática (que posee ambas regiones, una hidrofílica y otra hidrofóbica). No obstante, en los ácidos grasos de cadena larga (AGCL) predomina la porción hidrofóbica. Estas moléculas son altamente insolubles en agua y deben transportarse en la circulación en asociación con la proteína. Más de 90% de los ácidos grasos que se encuentran en el plasma está en forma de ésteres de ácidos grasos (sobre todo TAG,

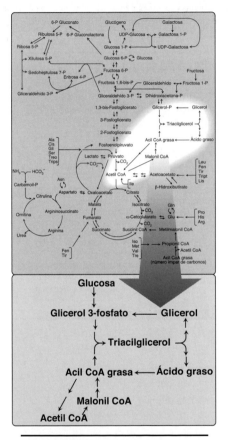

Figura 17-1
Síntesis y degradación de triacilglicerol. CoA, coenzima A.

Figura 17-2
Estructura de un ácido graso. El carbono próximo al grupo carbonilo se denomina alfa (α). El siguiente carbono es el carbono beta (β). Cuando la cadena es más larga, el último carbono de la cadena se designa como carbono ω.

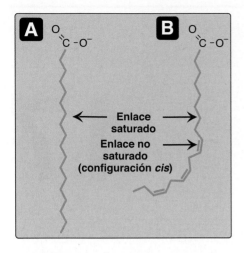

Figura 17-3
Un ácido grado saturado (**A**) y uno insaturado (**B**) El color naranja denota las porciones hidrofóbicas de las moléculas. (Nota: los dobles enlaces cis hacen que un ácido graso se tuerza).

Figura 17-4
Algunos ácidos grasos de importancia fisiológica. (Nota: un ácido graso que contenga 2 a 4 carbonos se considera corto; 6 a 12, mediano; 14 a 20, largo, y ≥ 22, muy largo.)

colesteril ésteres y fosfolípidos) contenidos en partículas de lipoproteína circulantes (*véase* cap. 19). Los AGL se transportan en la circulación asociados con albúmina, la proteína más abundante del suero.

A. Saturación de ácidos grasos

Es posible que las cadenas de ácidos grasos no contengan enlaces dobles (es decir, que estén saturadas) o que contengan uno o más de los mismos (esto es, que sean mono o poliinsaturados). En los humanos, la mayoría son saturados o monoinsaturados. Cuando están presentes dobles enlaces, casi siempre están en la configuración cis más que en la trans. La introducción de un doble enlace cis hace que el ácido graso se doble o tuerza en esa posición (fig. 17-3). Si el ácido graso tiene dos o más doble enlaces, estos siempre están espaciados con intervalos de tres carbonos. (Nota: en general, la adición de dobles enlaces disminuye la temperatura de fusión [T_m] de un ácido graso, mientras que el aumento de la longitud de la cadena incrementa la T_m. Dado que es común que los lípidos membranales contengan AGCL, la presencia de dobles enlaces en algunos ácidos grasos ayuda a mantener la naturaleza fluida de tales lípidos. En la p. 431 se encuentra un análisis de la presencia en la dieta de los ácidos grasos insaturados cis y trans.)

B. Longitud de cadena de los ácidos grasos y posición de los dobles enlaces

La figura 17-4 muestra los nombres comunes y las estructuras de algunos ácidos grasos de importancia fisiológica. En los humanos predominan los ácidos grasos con un número par de átomos de carbono (16, 18 o 20) y los ácidos grasos más largos (> 22 carbonos) se encuentran en el cerebro. Los átomos de carbono se numeran a partir del carbono carbonilo como número 1. El número antes de los dos puntos indica la cantidad de carbonos en la cadena, y los que siguen a los dos puntos indican los números y posiciones (en relación con el extremo carboxilo) de los dobles enlaces. Por ejemplo, como se denota en la figura 17-4, el ácido araquidónico, 20:4(5,8,11,14), tiene 20 carbonos de largo y tiene cuatro dobles enlaces (entre los carbonos 5-6, 8-9, 11-12 y 14-15). (Nota: el carbono 2, al cual está unido el grupo carboxilo, también se llama carbono α, el carbono 3 es el carbono β y el carbono 4 es el carbono γ. El carbono del grupo metilo terminal se llama carbono ω sin importar el largo de la cadena.) También es posible hacer referencia a los dobles enlaces en un ácido graso en relación con el extremo ω (metilo) de la cadena. El ácido araquidónico se denomina ácido graso ω-6 porque el doble enlace terminal está a seis enlaces del extremo ω (fig. 17-5A). (Nota: también puede usarse la designación equivalente de n-6 [fig. 17-5B]). Otro ácido graso ω-6 es el ácido linoleico esencial 18:2(9,12). En contraste, el ácido α-linolénico, 18:3(9,12,15), es un ácido graso esencial ω-3.

C. Ácidos grasos esenciales

El ácido linoleico, el precursor del ácido ω-6 araquidónico que es el sustrato para la síntesis de prostaglandinas, y el ácido α-linolénico, el precursor de los ácidos grasos ω-3 que son importantes para el crecimiento y el desarrollo, son esenciales en la dieta de los humanos porque estos carecen de las enzimas que pueden formar dobles enlaces carbono–carbono después del 9° carbono del extremo metilo (ω) de un ácido graso. (Nota: el ácido araquidónico se vuelve esencial si hay deficiencia de ácido linoleico en la dieta. En el cap. 28 se encuentra un análisis de la importancia nutricional de los ácidos grasos ω-3 y ω-6.)

> La deficiencia de ácidos grasos esenciales (rara) puede provocar dermatitis seca y escamosa derivada de la incapacidad para sintetizar moléculas que proporcionan la barrera de agua en la piel (*véase* p. 252).

III. SÍNTESIS *DE NOVO* DE ÁCIDOS GRASOS

Los carbohidratos y proteínas obtenidos de la dieta que exceden los requerimientos corporales de estos nutrientes pueden convertirse en ácidos grasos. En los adultos, la síntesis *de novo* de ácidos grasos ocurre sobre todo en el hígado y las glándulas mamarias en lactancia y, en menor grado, en el tejido adiposo. Este proceso citosólico es endergónico y reductivo. Incorpora carbonos de acetil coenzima A (CoA) en la cadena creciente del ácido graso utilizando ATP y dinucleótido fosfato de nicotinamida y adenina reducido (NADPH). (Nota: los TAG de la dieta también proveen ácidos grasos. En el cap. 25 se encuentra un análisis del metabolismo de los nutrientes dietéticos del estado de buena alimentación.)

A. Producción citosólica de acetil CoA

El primer paso en la síntesis de ácidos grasos es la transferencia de unidades de acetato desde la acetil CoA mitocondrial al citosol. La acetil CoA mitocondrial se produce por oxidación del piruvato (*véase* cap. 10) y por el catabolismo de ciertos aminoácidos (*véase* cap. 21). No obstante, la porción de CoA de acetil CoA no puede cruzar la membrana mitocondrial interna y solo la porción acetilo entra al citosol. Esto lo hace como parte del citrato producido por la condensación de acetil CoA con oxaloacetato (OAA) por acción de la citrato sintasa (fig. 17-6). (Nota: el transporte de citrato hacia el citosol ocurre cuando la concentración de citrato mitocondrial es elevada. Esto se observa cuando se inhibe la isocitrato deshidrogenasa del ciclo de ácidos tricarboxílicos [ATC] en presencia de grandes cantidades de ATP, lo que hace que se acumulen citrato e isocitrato. En consecuencia, el citrato citosólico puede considerarse como una señal de alta energía. Debido a que se requiere una gran cantidad de ATP para la síntesis de ácidos grasos, el incremento tanto en ATP como en citrato fomentan esta vía.) En el citosol, la ATP citrato liasa rompe el citrato a OAA y acetil CoA.

B. Carboxilación de acetil CoA a malonil CoA

La carboxilación, y luego la descarboxilación, de los grupos acilo en el citosol proporcionan la energía para las condensaciones de carbono a carbono en la síntesis de ácidos grasos. La carboxilación de la acetil CoA a malonil CoA se cataliza por acción de la acetil CoA carboxilasa (ACC) (fig. 17-7). La ACC transfiere el dióxido de carbono (CO_2) del bicarbonato (HCO_3^-) en una reacción que requiere ATP. La coenzima es biotina (vitamina B_7), la cual se une de manera covalente con un residuo lisilo de la carboxilasa (*véase* fig. 29-16). La ACC carboxila la biotina unida, la cual transfiere el grupo carboxilo activado a la acetil CoA.

1. Regulación a corto plazo de acetil CoA carboxilasa: esta carboxilación es, a la vez, el paso limitante de velocidad y el paso regulado en la síntesis de ácidos grasos (*véase* fig. 17-7). La forma inactiva de ACC es un protómero (complejo ≥ 2 polipéptidos). La enzima se activa de forma alostérica por el citrato, el cual hace que se polimericen los protómeros, y se inactiva de manera alostérica con palmitoil CoA (el producto final de la vía), lo cual causa despo-

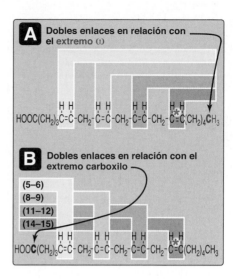

Figura 17-5
Ácido araquidónico, 20:4(5,8,11,14), que ilustra la posición de los dobles enlaces. **A)** El ácido araquidónico es un ácido graso ω-6 porque el primer doble enlace del extremo ω está a seis carbonos de dicho extremo. **B)** También se denomina como ácido graso n-6 porque el último doble enlace a partir del extremo carboxilo está a 14 carbonos de ese extremo: 20 − 14 = 6 = n. Por lo tanto, las designaciones "ω" y "n" son equivalentes (*véase**).

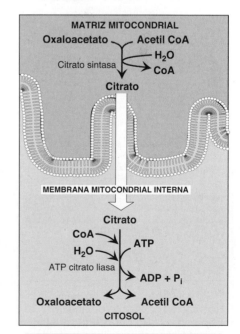

Figura 17-6
Producción de acetil coenzima A (CoA) citosólica. (Nota: el sistema transportador de tricarboxilato transporta el citrato). ADP, difosfato de adenosina; P_i, fosfato inorgánico.

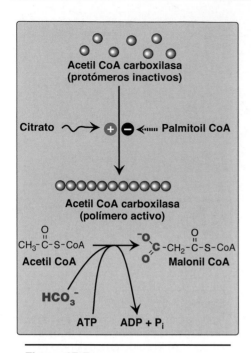

Figura 17-7
Regulación alostérica de la síntesis de malonil coenzima A (CoA) por la acetil CoA carboxilasa. El grupo carboxilo aportado por el bicarbonato (HCO_3^-) se muestra en *azul*. ADP, difosfato de adenosina; P_i, fosfato inorgánico.

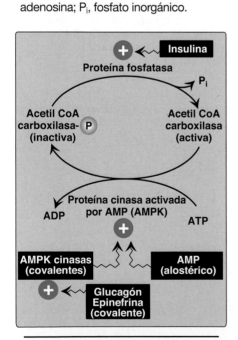

Figura 17-8
Regulación covalente de acetil CoA carboxilasa por AMPK, que en sí misma está regulada tanto de modo covalente como alostérico. ADP y AMP, di- y monofosfatos de adenosina; CoA, coenzima A; (P), fosfato; P_i, fosfato inorgánico.

limerización. Un segundo mecanismo de regulación a corto plazo es por acción de la fosforilación reversible. La proteína cinasa activada por monofosfato de adenosina (AMPK) fosforila e inactiva la ACC. La AMPK por sí misma se activa de modo alostérico mediante el AMP y de manera covalente por la fosforilación vía diversas cinasas. La proteína cinasa A (PKA) dependiente de AMP cíclico (AMPc) activa por lo menos una de estas AMP cinasas. Por lo tanto, en presencia de las hormonas contrarreguladoras, como adrenalina y glucagón, la ACC está fosforilada e inactiva (fig. 17-8). En presencia de insulina, la ACC está desfosforilada y activa. (Nota: esto es análogo a la regulación de la glucógeno sintasa [*véase* cap. 12].)

2. **Regulación a largo plazo de la acetil CoA carboxilasa:** el consumo prolongado de una dieta que contenga un exceso de calorías (en particular si es rica en carbohidratos y deficiente en grasas) provoca un incremento en la síntesis de ACC y, en consecuencia, un aumento en la producción de ácidos grasos. Una dieta baja en calorías o rica en grasas y baja en carbohidratos tiene el efecto opuesto. (Nota: la síntesis de ACC se activa por medio de carbohidratos [en especial glucosa] a través de la proteína de unión del elemento de respuesta al factor de transcripción de carbohidratos [ChREBP] y por medio de insulina a través de la proteína 1c de unión al elemento regulador del factor de transcripción del esterol [SREBP-1c]. La sintasa de ácidos grasos (SAG) [*véase* C más *adelante*] está regulada en forma semejante. La función y regulación de SREBP se describen en el cap. 19.) Metformina, que se usa en el tratamiento de la diabetes tipo 2, reduce los TAG del plasma mediante la activación de AMPK, lo cual deriva en la inhibición de la actividad de ACC (por fosforilación) y la inhibición de ACC y la expresión de SAG (por reducción de la SREBP-1c). Metformina disminuye la glucosa en sangre al aumentar la captación en músculo de la glucosa mediada por AMPK.

C. Sintasa de ácidos grasos en eucariotes

La serie restante de reacciones de ácidos grasos en eucariotes se cataliza mediante la enzima homodimérica y multifuncional SAG. El proceso implica la adición de dos carbonos de malonil CoA en el extremo carboxílico de una serie de aceptores de acilo. Cada monómero de SAG es un polipéptido multicatalítico con seis dominios enzimáticos diferentes más un dominio con una proteína transportadora acilo que contiene 4'-fosfopanteteína (ACP). La 4'-fosfopanteteína, un derivado del ácido pantoténico (vitamina B_5, *véase* cap. 29) transporta unidades acilo en su grupo tiol (–SH) terminal y las lleva a los dominios catalíticos de la SAG durante la síntesis de ácidos grasos. También es un componente de la CoA. Los números de reacción entre corchetes que aparecen entre paréntesis se refieren a la figura 17-9.

(1) Un grupo acetilo se transfiere de la acetil CoA hacia el grupo –SH del ACP.

(2) A continuación, este fragmento de dos carbonos se transfiere a un sitio de retención temporal.

(3) La ACP, ahora vacía, acepta un grupo malonilo de tres carbonos de la malonil CoA.

(4) El grupo acetil en el residuo de cisteína se condensa con el grupo malonilo de la ACP al liberarse el CO_2, que añadió en un principio la ACC. El resultado es una unidad de cuatro carbonos unida al dominio de la ACP.

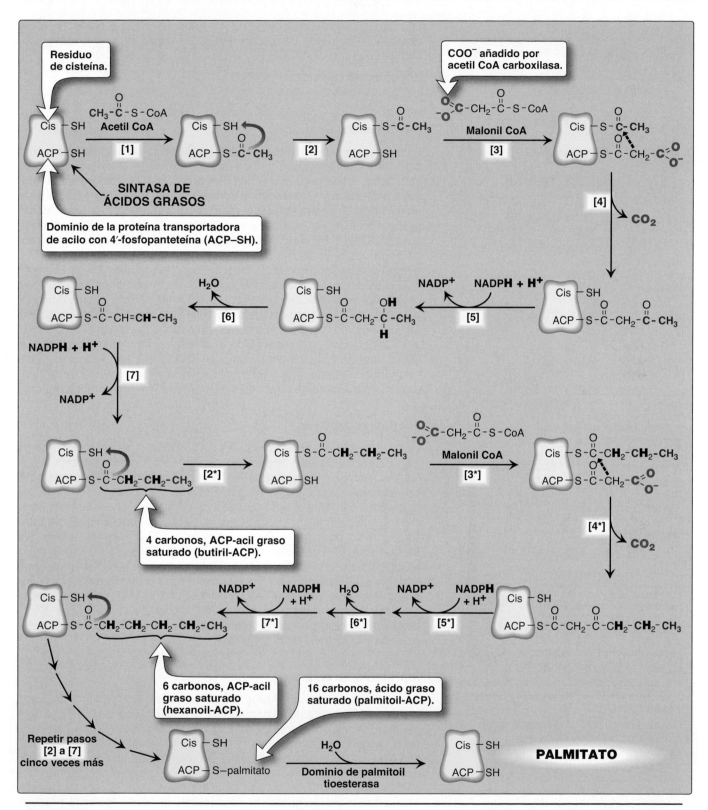

Figura 17-9

Síntesis de palmitato (16:0) por la sintasa de ácido graso multifuncional. (Nota: los números entre corchetes corresponden a los números entre paréntesis en el texto. Una segunda repetición de los pasos está indicada por los números con asterisco [*]. Los carbonos proporcionados de forma directa por acetil coenzima A [CoA] se muestran en *rojo*.) ACP, dominio de la proteína transportadora de acilo; CO_2, dióxido de carbono; NADP(H), dinucleótido fosfato de nicotinamida y adenina.

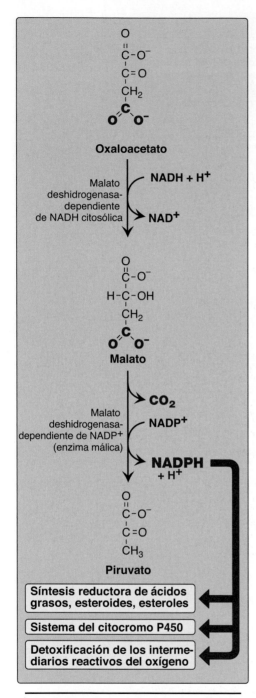

Figura 17-10
Conversión citosólica de oxaloacetato
a piruvato con la generación de
dinucleótido fosfato de nicotinamida
y adenina (NADPH). (Nota: la vía de
pentosa fosfato también es fuente
de NADPH). CO_2, dióxido de carbono;
NAD(H), dinucleótido de nicotinamida y
adenina.

Las siguientes tres reacciones convierten el grupo 3-cetoacilo en el
grupo acilo saturado correspondiente por medio de un par de reducciones que requieren NADPH y un paso de deshidratación.

(5) El grupo ceto se reduce a alcohol.

(6) Se elimina una molécula de agua y se crea un doble enlace trans entre
los carbonos 2 y 3 (los carbonos α y β).

(7) El doble enlace se reduce.

Esta secuencia de pasos deriva en la producción de un grupo de cuatro
carbonos (butirilo), cuyos tres carbonos terminales están por completo
saturados, y que permanece unido al dominio ACP. Los pasos se repiten (indicados por un asterisco), comenzando con la transferencia de la
unidad butirilo desde el ACP al residuo de cisteína [2*], la unión de un
grupo malonilo a la ACP [3*] y la condensación de los dos grupos que
liberan CO_2 [4*]. El grupo carbonilo en el carbono β (carbono 3, el tercer
carbono desde el azufre) se reduce [5*], deshidrata [6*] y reduce [7*],
lo cual genera hexanoil-ACP. Este ciclo de reacciones se repite hasta
que el ácido graso alcanza una longitud de 16 carbonos. La actividad
catalítica final de SAG rompe el enlace tioéster y libera una molécula de
palmitato por completo saturada (16:0). (Nota: todos los carbonos en el
ácido palmítico han pasado a través de malonil CoA, con excepción de
los dos donados por la acetil CoA original [el primer aceptor acilo], que
se encuentran en el extremo metilo [ω] del ácido graso. Esto subraya la
naturaleza limitante de la velocidad de la reacción de ACC.) En la glándula mamaria lactante se producen ácidos grasos de menor longitud.

D. Fuentes reductoras

La síntesis de un palmitato requiere 14 NADPH, un agente reductor. La
vía de pentosa fosfato (véase cap. 14) es un proveedor importante de
los NADPH. Se producen dos NADPH por cada molécula de glucosa
6-fosfato que entra a esta vía. La conversión citosólica de malato en
piruvato, en la cual malato se oxida y descarboxila por acción de la
enzima málica (malato deshidrogenasa-NADP⁺ dependiente) del citosol, también produce NADPH citosólico (y CO_2), como se puede ver
en la figura 17-10. (Nota: el malato puede generarse a partir de la
reducción del OAA por la malato deshidrogenasa NADH-dependiente
citosólica [véase fig.17-10]. La glucólisis es una fuente del NADH citosólico requerido para esta reacción. A su vez, el OAA puede derivarse
del rompimiento del citrato por la ATP citrato liasa.) La figura 17-11
presenta un resumen de la interrelación entre el metabolismo de la
glucosa y la síntesis de palmitato.

E. Alargamiento adicional

Aunque el palmitato, un AGCL de 16 carbonos y totalmente saturado
(16:0), es el producto final primario de la actividad de SAG, puede alargarse aún más por medio de la adición de unidades de dos carbonos
en el extremo del carboxilato, sobre todo en el retículo endoplásmico
liso (REL). El alargamiento requiere un sistema de enzimas separadas
más que una enzima multifuncional. Malonil CoA es el donador de dos
carbonos y el NADPH proporciona los electrones. El cerebro posee
capacidades de alargamiento adicionales, lo cual le permite producir
los ácidos grasos de cadena muy larga ([AGCML] de más de 22 carbonos) que se requieren para la síntesis de lípidos cerebrales.

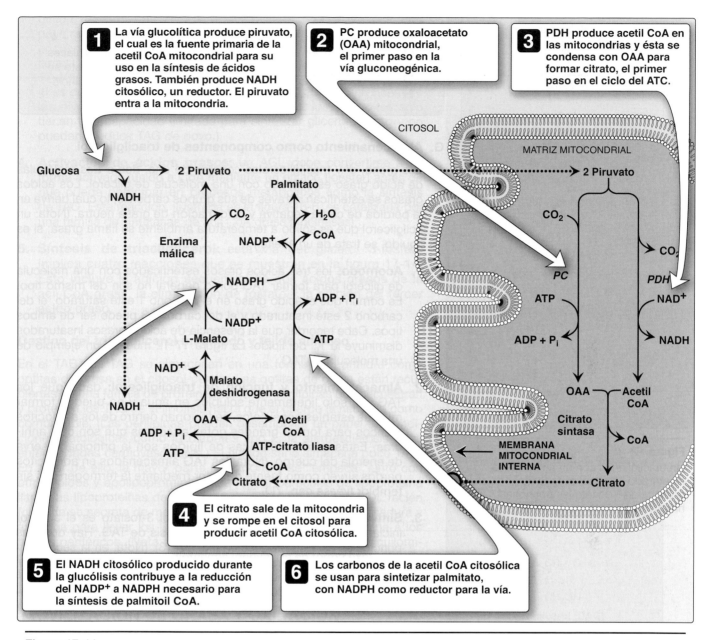

Figura 17-11

Interrelaciones entre el metabolismo de la glucosa y la síntesis de palmitato. ADP, difosfato de adenosina; ATC, ácido tricarboxílico; CO_2, dióxido de carbono; CoA, coenzima A; NAD(H), dinucleótido de nicotinamida y adenina; NADP(H), dinucleótido fosfato de nicotinamida y adenina; PC, piruvato carboxilasa; PDH, piruvato deshidrogenasa; P_i, fosfato inorgánico.

F. Desaturación de cadenas

Hay enzimas (desaturasas de acil CoA grasas), también presentes en el REL, que son responsables de la desaturación de AGCL (es decir, añaden dobles enlaces cis). Las reacciones de insaturación requieren oxígeno (O_2), NADH, citocromo b_5 y su reductasa unida a dinucleótido de flavina adenina. El ácido graso y el NADH se oxidan a medida que el O_2 se reduce a H_2O. Es común que el primer doble enlace se inserte entre los carbonos 9 y 10, y produzca sobre todo ácido oleico, 18:1(9), así como pequeñas cantidades de ácido palmitoleico, 16:1(9). Es posible sintetizar una diversidad de ácidos grasos poliinsaturados a través de la desaturación adicional combinada con la elongación.

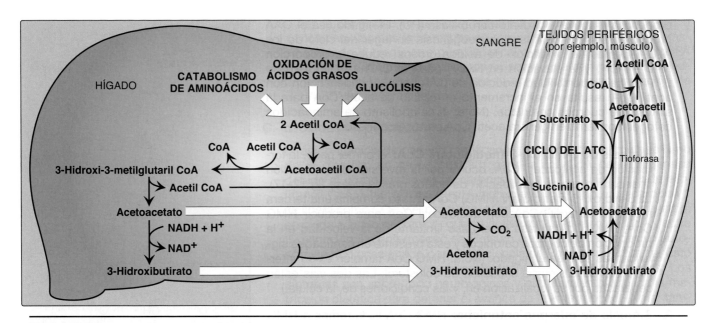

Figura 17-23

Síntesis de cuerpos cetónicos en el hígado y su uso en tejidos periféricos. El hígado y los eritrocitos no pueden usar cuerpos cetónicos. (Nota: la tioforasa también se conoce como succinil CoA-acetoacetato CoA transferasa.) CoA, coenzima A; NAD(H), dinucleótido de nicotinamida y adenina; ATC, ácido tricarboxílico; CO_2, dióxido de carbono.

(DT1), donde la concentración sanguínea de cuerpos cetónicos puede alcanzar 90 mg/dL (*vs.* < 3 mg/dL en individuos normales), y la excreción urinaria de cuerpos cetónicos puede ser hasta de 5000 mg/24 horas. La elevación de la concentración de cuerpos cetónicos en sangre puede derivar en acidemia. (Nota: el grupo carboxilo de un cuerpo cetónico tiene un pK_a de ~4. Por lo tanto, cada cuerpo cetónico pierde un protón [H^+] al circular en la sangre, lo cual reduce el pH. Asimismo, en la DT1 sin controlar, la pérdida urinaria de glucosa y cuerpos cetónicos produce deshidratación. Por lo tanto, el incremento en el número de H^+ que circula en un volumen reducido de plasma puede causar una grave acidosis [cetoacidosis, fig. 17-24] conocida como cetoacidosis diabética [CAD]). Un síntoma frecuente de la CAD es un olor de frutas en el aliento, mismo que resulta del incremento en la producción de acetona. La cetoacidosis también puede observarse en casos de ayuno prolongado y consumo excesivo de etanol.

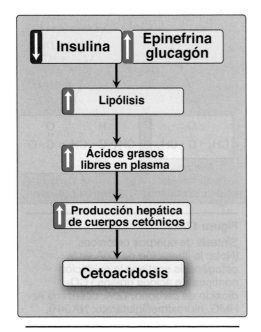

Figura 17-24

Mecanismo de la cetoacidosis diabética que se observa en la diabetes tipo 1 sin controlar.

VI. RESUMEN DEL CAPÍTULO

- Un **ácido graso**, por lo general una cadena lineal de hidrocarburos con un grupo carboxilo terminal, puede ser **saturado** o **insaturado**.

- Dos ácidos grasos insaturados son esenciales en la dieta: los **ácidos linoleico** y α-**linolénico**.

- Los ácidos grasos se sintetizan en el **citosol hepático** después de una comida que contenga un exceso de carbohidratos y proteínas.

- Los carbonos que se usan para sinterizar ácidos grasos provienen de la **acetil CoA**, la energía se deriva del **ATP** y los equivalentes reductores del **NADPH** (fig. 17-25) proporcionados por la **vía de la pentosa fosfato** y la **enzima málica**.

- El **citrato** lleva unidades acetilo de dos carbonos desde la matriz mitocondrial al citosol.

- El paso regulado en la síntesis de ácidos grasos es la carboxilación de acetil CoA a **malonil CoA** por medio de la enzima que requiere **biotina** y **ATP**, la **ACC**.

- El **citrato** activa en forma alostérica la ACC y **palmitoil CoA** la inhibe. La **insulina** también puede activar la **ACC**, y **AMPK** puede inhibirla en respuesta a **adrenalina**, **glucagón** o por una elevación en el **AMP**.

- La **SAG** cataliza los pasos restantes en la síntesis de ácidos grasos. Esta enzima produce **palmitoil CoA** por medio de la adición de unidades de dos carbonos de malonil CoA a una serie de aceptores de acilo.

- Los ácidos grasos pueden **alargarse** y **desaturarse** en el **REL**.

- Cuando se requieren los ácidos grasos para producir energía, la **LSH** (activada por **adrenalina** e **inhibida** por **insulina**), junto con otras **lipasas**, degrada el **TAG** almacenado en los **adipocitos**.

- La **albúmina sérica** transporta los productos de ácidos grasos al hígado y los tejidos periféricos, donde su oxidación proporciona energía. La sangre lleva el esqueleto de **glicerol** de los TAG degradados al **hígado**, donde sirve de **precursor gluconeogénico**.

- La degradación de ácidos grasos (**β-oxidación**) ocurre en **mitocondrias**.

- La **lanzadera de carnitina** se requiere para transportar ácidos grasos de cadena larga del citosol a la matriz mitocondrial. **Malonil CoA** inhibe a CPT-I, por lo que se evita la síntesis y degradación simultáneas de los ácidos grasos.

- La β-oxidación mitocondrial de ácidos grasos produce **acetil CoA**, **NADH** y **FADH$_2$**.

- Una de cuatro **acil CoA** deshidrogenasas, cada una con especificidad por la longitud de cadena, cataliza el primer paso en la β-oxidación.

- La **deficiencia de MCAD** causa una disminución en la oxidación de ácidos grasos, lo cual deriva en **hipocetonemia** e **hipoglucemia** grave.

- La oxidación de ácidos grasos con **número impar** de carbonos produce **propionil CoA** que se carboxila a **metilmalonil CoA** (por medio de la **propionil CoA carboxilasa** que requiere **biotina** y **ATP**), la cual se convierte después en **succinil CoA** (un precursor gluconeogénico) por acción de la **metilmalonil CoA mutasa** que **requiere vitamina B$_{12}$**.

- Un error genético en la mutasa o la deficiencia de vitamina B$_{12}$ causa **acidemia metilmalónica** y **aciduria**. La β-oxidación de los ácidos grasos **insaturados** requiere enzimas adicionales.

- La β-oxidación de un **AGCML** y la α-oxidación de los ácidos grasos de **cadena ramificada** ocurren en el **peroxisoma**.

- Las deficiencias resultan en **adrenoleucodistrofia vinculada con el cromosoma X** y **enfermedad de Refsum**, de forma respectiva.

- La **ω-oxidación**, por lo regular una vía menor, ocurre en el REL.

- Las mitocondrias hepáticas pueden convertir la acetil CoA derivada de la oxidación de ácidos grasos en **acetoacetato** y **3-hidroxibutirato** (**cuerpos cetónicos**).

- Los tejidos periféricos que contienen mitocondrias pueden oxidar a 3-hidroxibutirato para dar acetoacetato, el cual puede romperse a dos acetil CoA y producir así energía para la célula.

- A diferencia de los ácidos grasos, el **cerebro** utiliza los cuerpos cetónicos y, en consecuencia, son combustibles importantes durante el ayuno.

- Dado que el hígado carece de la **tioforasa** que se requiere para degradar los cuerpos cetónicos, este los sintetiza de manera específica para los tejidos periféricos.

- La **cetoacidosis** ocurre cuando la velocidad de formación de cuerpos cetónicos es mayor que la tasa de uso, como se ve en casos de **diabetes mellitus tipo 1** no controlada.

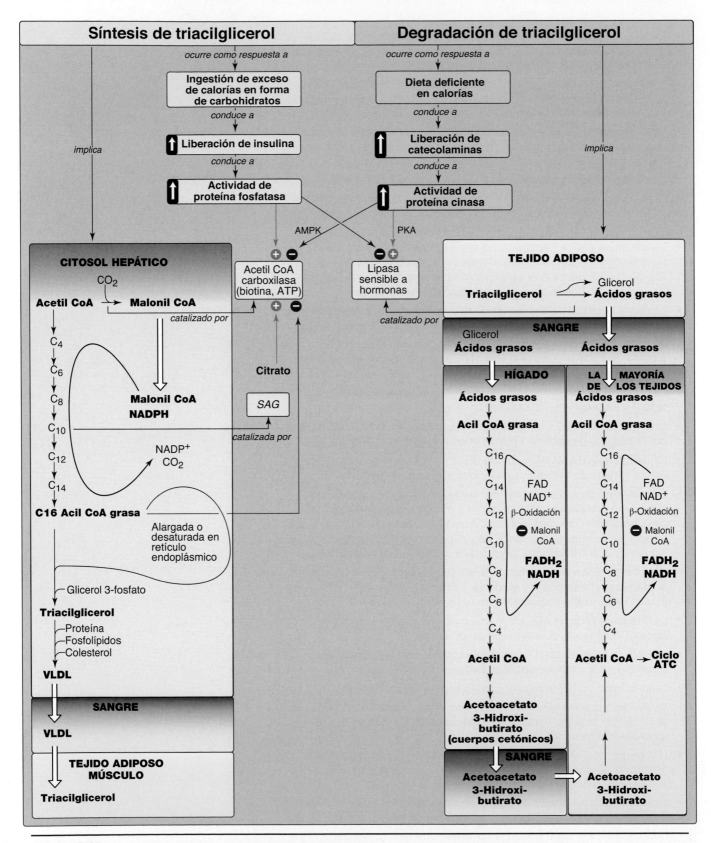

Figura 17-25

Mapa conceptual para el metabolismo de ácidos grasos y triacilglicerol. AMPK, proteína cinasa activada por monofosfato de adenosina; ATC, ácido tricarboxílico; CO_2, dióxido de carbono; CoA, coenzima A; FAD(H_2), dinucleótido de flavina adenina; NAD(H), dinucleótido de nicotinamida y adenina; NADP(H), dinucleótido fosfato de nicotinamida y adenina; PKA, proteína cinasa A; SAG, sintasa de ácidos grasos; VLDL, lipoproteína de muy baja densidad.

Preguntas de estudio

Elija la RESPUESTA correcta.

17.1 Cuando el ácido oleico, 18:1(9), se desatura en el carbono 6 y luego se alarga, ¿cuál es la representación correcta del producto?

A. 19:2(7,9)

B. 20:2(ω-6)

C. 20:2(6,9)

D. 20:2(8,11)

Respuesta correcta = D. Los ácidos grasos se alargan en el retículo endoplásmico liso mediante la adición de dos carbonos por vez en el extremo carboxilado (carbono 1) de la molécula. Esto empuja los dobles enlaces en el carbono 6 y el carbono 9 más allá del carbono 1. El producto 20:2(8,11) es un ácido graso ω-9 (n-9).

17.2 Un lactante de 4 meses de edad está bajo evaluación a causa de hipoglucemia por ayuno. Las pruebas de laboratorio al admitirlo revelan niveles bajos de cuerpos cetónicos (hipocetonemia), carnitina libre y acilcarnitinas de cadena larga en sangre. Los niveles de ácidos grasos libres en sangre son elevados. ¿Cuál de las siguientes deficiencias explicaría mejor estos resultados?

A. Triglicérido lipasa adiposa.

B. Transportador de carnitina.

C. Carnitina palmitoiltransferasa-I.

D. Deshidrogenasa de ácidos grasos de cadena larga.

Respuesta correcta = B. Un defecto en el transportador de carnitina (deficiencia primaria de carnitina) derivaría en niveles menores de carnitina en sangre (como resultado de un incremento en la pérdida urinaria) y niveles bajos en los tejidos. En el hígado, esto reduce la oxidación de ácidos grasos y la cetogénesis. En consecuencia, los niveles sanguíneos de ácidos grasos libres aumentan. Las deficiencias de triglicérido lipasa adiposa reducirían la disponibilidad de ácidos grasos. La deficiencia de carnitina palmitoiltransferasa-I resultaría en elevación de la carnitina en sangre. Los defectos en cualquiera de las enzimas de la β-oxidación derivarían en deficiencia secundaria de carnitina, con una elevación en acilcarnitinas.

17.3 Un adolescente, preocupado por su peso, intenta mantener una dieta libre de grasas por un periodo de varias semanas. Si se examinara su capacidad para sintetizar diversos lípidos, se encontraría que tiene alta deficiencia en su capacidad para sintetizar?

A. Colesterol

B. Glucolípidos

C. Fosfolípidos

D. Prostaglandinas

E. Triacilglicerol

Respuesta correcta = D. Las prostaglandinas se sintetizan a partir de ácido araquidónico. El ácido araquidónico se sintetiza a partir de ácido linoleico, un ácido graso esencial obtenido por humanos a partir de lípidos de la dieta. El adolescente podría ser capaz de sintetizar todos los demás compuestos pero, tal vez, en cantidades algo reducidas.

17.4 Un niño de 6 meses de edad fue hospitalizado después de sufrir una convulsión. Su historial reveló que durante varios días antes su apetito había disminuido debido a un virus estomacal. Al admitirlo, su glucosa sanguínea era de 24 mg/dL (el nivel normal referente a su edad es de 60 a 100). Su orina fue negativa para cuerpos cetónicos y positiva para una diversidad de ácidos dicarboxílicos. Los niveles de carnitina en sangre (libre y unida a acilos) eran normales. Se hizo un diagnóstico tentativo de deficiencia de acil coenzima A deshidrogenasa grasa de cadena mediana (MCAD). En pacientes con deficiencia de MCAD, ¿cuál de las siguientes es la explicación más probable para la hipoglucemia por ayuno?

A. Disminución de la producción de acetil coenzima A.

B. Disminución de la capacidad para convertir la acetil coenzima A en glucosa.

C. Incremento de la conversión de acetil coenzima A en acetoacetato.

D. Incremento en la producción de ATP y dinucleótido de nicotinamida y adenina.

Respuesta correcta = A. La oxidación deficiente de ácidos grasos < 12 carbonos de longitud deriva en la disminución de la producción de acetil coenzima A (CoA), el activador alostérico de piruvato carboxilasa, una enzima gluconeogénica y, por lo tanto, los niveles de glucosa caen. Acetil CoA nunca puede usarse para la síntesis neta de glucosa. El acetoacetato es un cuerpo cetónico, y con la deficiencia de acil coenzima A deshidrogenasa grasa de cadena mediana, la cetogénesis decrece como resultado de la disminución en la producción del sustrato, acetil CoA. La oxidación deficiente de ácidos grasos significa que se generan menos ATP y dinucleótido de nicotinamida y adenina, y ambos son necesarios para la gluconeogénesis.

17.5 Una lactante de 6 semanas de edad llega a urgencias por hipotonía y retraso en el crecimiento. La exploración física muestra rasgos faciales dismórficos y hepatomegalia. Los estudios de laboratorio muestran concentraciones elevadas de ácidos grasos de cadena muy larga y ácido fitánico. ¿Cuál de los siguientes es el diagnóstico más probable?

A. Adrenoleucodistrofia ligada a X.

B. Enfermedad de Refsum.

C. Síndrome de Zellweger.

D. Deficiencia de ácidos grasos de cadena muy larga (AGCML).

Respuesta correcta = C. El síndrome de Zellweger se debe a la incapacidad para enviar proteínas de la matriz hacia el peroxisoma. Por lo tanto, todas las actividades del peroxisoma se ven afectadas debido a que es imposible formar peroxisomas funcionales. En consecuencia, los estudios de laboratorio muestran una elevación tanto de VLCA como de ácido fitánico en el suero. La enfermedad de Refsum es causada por una deficiencia de PhyH peroxisomal. Esto da lugar a la acumulación de ácido fitánico en el plasma y los tejidos. En la adrenoleucodistrofia ligada al cromosma X, el defecto es la incapacidad para transportar AGCML hacia el peroxisoma, pero otras funciones de este último, como la α-oxidación, son normales.

Metabolismo de fosfolípidos, glucoesfingolípidos y eicosanoides

18

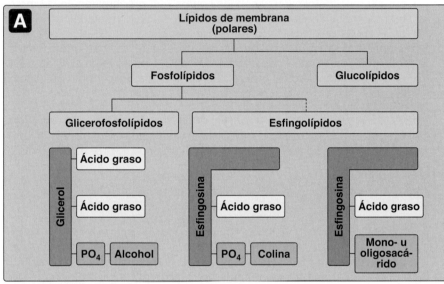

A

Lípidos de membrana (polares)

Fosfolípidos — Glucolípidos

Glicerofosfolípidos — Esfingolípidos

Glicerol: Ácido graso / Ácido graso / PO₄ — Alcohol

Esfingosina: Ácido graso / PO₄ — Colina

Esfingosina: Ácido graso / Mono- u oligosacárido

I. GENERALIDADES DE LOS FOSFOLÍPIDOS

Los lípidos de membrana se componen de cuatro tipos principales: fosfolípidos, esfingolípidos, glucolípidos y colesterol. En este capítulo, solo se analizan los lípidos de membrana polares (fig. 18-1A). Los fosfolípidos son compuestos iónicos formados por un alcohol que está unido por medio de un enlace fosfodiéster ya sea a un diacilglicerol (DAG) o a una esfingosina. Al igual que los ácidos grasos (AG), los fosfolípidos poseen naturaleza anfipática. Es decir, cada uno tiene una cabeza hidrofílica, el grupo fosfato, más cualquier alcohol que esté unido a este (p. ej., serina, etanolamina y colina; que se realzan en azul en la fig. 18-1B), y una larga cola hidrofóbica que contiene AG o hidrocarburos derivados de AG (que se muestran en color naranja en la fig. 18-1B). Los fosfolípidos son los lípidos predominantes en las membranas celulares. En las membranas, la porción hidrofóbica de una molécula de fosfolípidos está asociada con las porciones no polares de otros componentes membranales como glucolípidos, proteínas y colesterol. La cabeza hidrofílica (polar) del fosfolípido se extiende hacia el exterior e interactúa con el entorno acuoso intracelular o extracelular (*véase* fig. 18-1B). Los fosfolípidos de membrana también funcionan como reservorio para los mensajeros intracelulares y, para algunas proteínas, los fosfolípidos sirven como anclaje a las membranas celulares. Los fosfolípidos que no son de membrana desempeñan funciones adicionales en el cuerpo, por ejemplo, como componentes del surfactante pulmonar e integrantes esen-

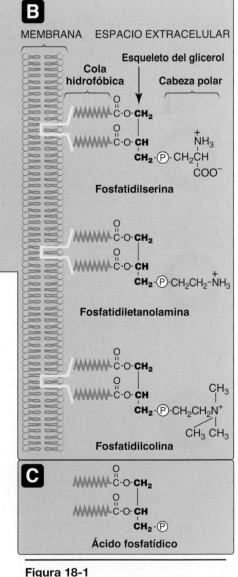

B

MEMBRANA ESPACIO EXTRACELULAR

Cola hidrofóbica / Esqueleto del glicerol / Cabeza polar

Fosfatidilserina

Fosfatidiletanolamina

Fosfatidilcolina

C

Ácido fosfatídico

Figura 18-1
A) Lípidos de membrana polar.
B) Estructuras de algunos glicerofosfolípidos. **C)** Ácido fosfatídico. Ⓟ, fosfato (un anión).

247

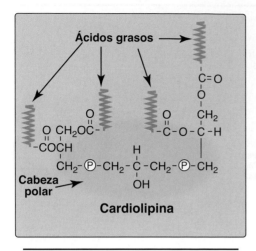

Figura 18-2
Estructura de la cardiolipina (difosfatidil glicerol). (P), fosfato.

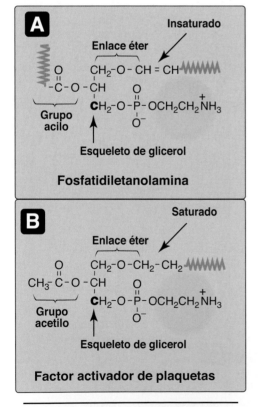

Figura 18-3
Los glicerofosfolípidos éter. **A)** El plasmalógeno fosfatidiletanolamina. **B)** Factor activador de plaquetas. (〜〜〜 es una cadena larga e hidrófobica de compuestos hidrocarbonados.)

---

ciales de la bilis, donde sus propiedades detergentes ayudan a la solubilización del colesterol.

II. ESTRUCTURA DE LOS FOSFOLÍPIDOS

Hay dos clases de fosfolípidos; aquellos que poseen glicerol (de la glucosa) como esqueleto y los que contienen esfingosina (de serina y palmitato). Ambas clases se encuentran como componentes estructurales de las membranas y las dos tienen un papel en la generación de moléculas de señales lipídicas.

A. Glicerofosfolípidos

Los fosfolípidos que contienen glicerol se denominan "glicerofosfolípidos" (o fosfoglicéridos). Los glicerofosfolípidos constituyen la clase principal de fosfolípidos y son los lípidos que predominan en las membranas; todos contienen (o son derivados de) ácido fosfatídico (AF), que es un DAG con un grupo fosfato en el carbono 3 (fig. 18-1C). A pesar de la aparente simetría del esqueleto de glicerol de tres carbonos, los fosfolípidos son sentido-dependientes, y el C-1 no es intercambiable con el C-3 del esqueleto de glicerol. El AF es el fosfoglicérido más sencillo y es precursor de otros miembros de este grupo.

1. **Glicerofosfolípidos a partir de ácido fosfatídico y un alcohol:** el grupo fosfato del AF puede esterificarse para formar un compuesto que contenga un grupo alcohol (*véase* fig. 18-1). Por ejemplo:

Serina	+ AF →	fosfatidilserina (FS)
Etanolamina	+ AF →	fosfatidiletanolamina (FE)
Colina	+ AF →	fosfatidilcolina (FC) (lecitina)
Inositol	+ AF →	fosfatidilinositol (FI)
Glicerol	+ AF →	fosfatidilglicerol (FG)

2. **Cardiolipina:** dos moléculas de AF esterificadas a través de sus grupos fosfato con una molécula adicional de glicerol forman cardiolipina o difosfatidilglicerol (fig. 18-2). Cardiolipina se encuentra en las membranas en procariotas y eucariotas. En eucariotas, la cardiolipina es casi exclusiva de la membrana mitocondrial interna, donde mantiene la estructura y función de ciertos complejos respiratorios de la cadena de transporte de electrones. (Nota: cardiolipina es antigénica. Un paciente infectado con *Treponema pallidum* [*T. pallidum*], la bacteria que causa la sífilis, desarrolla anticuerpos [Ab] contra cardiolipina. La prueba de Wasserman para sífilis detecta Ab generados contra *T. pallidum* al someter el suero del paciente a cardiolipina como antígeno. El origen de la respuesta antigénica a la cardiolipina no se conoce bien, pues no se sabe si la cardiolipina es huésped debido a un daño tisular en el huésped o por el propio *T. pallidum*).

3. **Plasmalógenos:** cuando el AG del carbono 1 de un glicerofosfolípido es sustituido por un grupo alquilo insaturado, unido a la molécula de glicerol mediante un enlace éter (en lugar de un enlace éster), se produce un fosfoglicérido éter conocido como plasmalógeno. Por ejemplo, la fosfatidiletanolamina, que es abundante en el tejido nervioso [fig. 18-3A)], es el plasmalógeno que es semejante en estructura a la fosfatidiletanolamina. La fosfatidilcolina, abundante en el músculo cardiaco, es el otro lípido eterificado presente en cantidades significativas en mamíferos. (Nota: los plasmalógenos poseen un "al" más que un "il" en sus nombres.)

4. **Factor activador de plaquetas:** un segundo ejemplo de un gli-cerofosfolípido éter es el factor activador de plaquetas (FAP), que presenta un grupo alquilo saturado unido al carbono 1 mediante un enlace éter y un residuo acetilo (en lugar de un AG) en el carbono 2 del esqueleto del glicerol [fig. 18-3B]. El FAP se sintetiza y libera en diversos tipos celulares. Se une a los receptores de superficie y desencadena potentes eventos trombóticos e inflamatorios agudos. Por ejemplo, el FAP activa células inflamatorias y media reacciones de hipersensibilidad, inflamatorias agudas y anafilácticas. Hace que las plaquetas se agreguen y activen, y que los neutrófilos y macró-fagos alveolares generen radicales superóxido para que maten a las bacterias (*véase* cap. 14). También reduce la presión arterial. (Nota: el FAP es una de las moléculas bioactivas más potentes conocidas, que causan efectos a concentraciones tan bajas como 10^{-11} mol/L).

B. Esfingofosfolípidos: esfingomielina

El esqueleto de la esfingomielina está constituido por el amino alcohol esfingosina, en lugar del glicerol (fig. 18-4). Un AG con cadena larga (AGCL) se une al grupo amino de la esfingosina a través de un enlace amida y se produce una ceramida, que también puede servir como precursor de glucolípidos. El grupo alcohol en el carbono 1 de la esfin-gosina se esterifica con fosforilcolina, lo cual produce esfingomielina, el único esfingolípido de importancia en los humanos. La esfingomie-lina es un constituyente importante de la vaina de mielina de las fibras nerviosas y es esencial para la integridad y la función de la mielina. (Nota: la vaina de mielina es una estructura membranosa estratificada que aísla y protege los axones neuronales del sistema nervioso central [SNC]. También permite una rápida conducción neuronal a lo largo de los axones.)

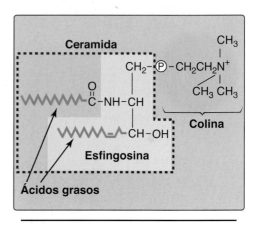

Figura 18-4
Estructura de la esfingomielina que muestra la esfingosina (*recuadro verde*) y los componentes de ceramida (en *recuadro punteado*). Ⓟ, fosfato.

III. SÍNTESIS DE FOSFOLÍPIDOS

La síntesis de glicerofosfolípidos implica ya sea una donación del AF de citi-dina difosfato (CDP)-DAG a un alcohol, o la donación del fosfomonoéster del alcohol de CDP-alcohol a DAG (fig. 18-5). En ambos casos, la estructura unida a CDP se considera como intermediario activado, y la citidina mo-nofosfato (CMP) se libera como un producto secundario. En consecuencia, un concepto clave en la síntesis de glicerofosfolípidos es la activación, ya sea del DAG o del alcohol que se añadirá, por enlace con el CDP. (Nota: esto es semejante a la activación de los azúcares al unirse a uridina difos-fato [UDP] [*véase* cap. 12]). Los AG esterificados con los grupos alcohol del glicerol pueden variar en gran medida y contribuir así a la heterogeneidad de este grupo de compuestos, donde los AG saturados se suelen encon-trar en el carbono 1 y los insaturados en el carbono 2. La mayoría de los fosfolípidos se sintetiza en el retículo endoplásmico liso (REL). De ahí, se transportan al aparato de Golgi y luego a las membranas de los organelos o a la membrana plasmática, o se secretan de la célula por exocitosis. (Nota: la síntesis de éteres lipídicos a partir de dihidroxiacetona fosfato se inicia en los peroxisomas.)

A. Ácido fosfatídico

El AF es el precursor de otros glicerofosfolípidos. Las etapas de sín-tesis a partir de glicerol 3-fosfato y dos moléculas de acil coenzima A (CoA) grasa se ilustran en la figura 17-14, en la cual AF aparece como precursor de triacilglicerol (TAG).

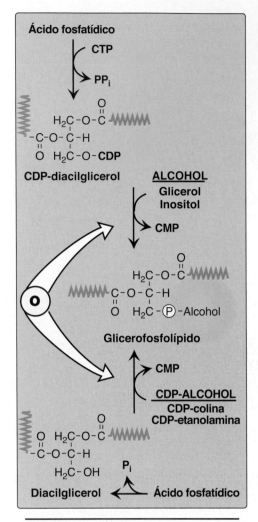

Figura 18-5
La síntesis de glicerofosfolípidos
requiere la activación ya sea de
diacilglicerol o de un alcohol por unión
con citidina difosfato (CDP). CMP y
CTP, citidina mono y trifosfatos; P_i,
fosfato inorgánico; PP_i, pirofosfato.
(〜〜〜 es una cadena hidrocarbonada
de ácidos grasos.)

Casi todas las células, con excepción de los eritrocitos
maduros, pueden sintetizar fosfolípidos, mientras que la
síntesis de TAG ocurre en esencia en el hígado, el tejido
adiposo, las glándulas mamarias lactantes y las células de
la mucosa intestinal.

B. Fosfatidilcolina y fosfatidiletanolamina

Los fosfolípidos neutros FC y FE son los más abundantes en la mayoría
de las células eucariotas. La vía principal de su síntesis usa colina y
etanolamina obtenidas de la dieta o del recambio de los fosfolípidos
corporales. (Nota: en el hígado también puede sintetizarse FC a partir
de FS y FE [*véase* 2 más adelante]).

1. **Síntesis a partir de colina y etanolamina preexistentes:** estas
   vías de síntesis implican la fosforilación de colina o etanolamina por
   las cinasas, seguida por la conversión de la forma activa CDP-co-
   lina o CDP-etanolamina. Por último, se transfiere colina fosfato
   o etanolamina fosfato del nucleótido (lo cual deja CMP) a una molécula de DAG (*véase* fig. 18-5).

   a. **Importancia de la reutilización de colina:** la reutilización de
      colina es importante porque, aunque los humanos pueden sin-
      tetizar colina *de novo*, la cantidad producida es insuficiente para
      nuestras necesidades. Por lo tanto, la colina es un nutriente
      esencial en la dieta con una ingesta adecuada (*véase* p. 426)
      de 550 mg para los hombres y 425 mg para las mujeres. (Nota:
      la colina también se usa para la síntesis de acetilcolina, un neu-
      rotransmisor.) Aunque la deficiencia de colina es rara, puede
      provocar daños musculares y enfermedad del hígado graso no
      alcohólico.

   b. **Fosfatidilcolina en el surfactante pulmonar:** la vía antes des-
      crita es la ruta principal para la síntesis de dipalmitoilfosfatidilco-
      lina (DPFC o dipalmitoil lecitina). En la DPFC, las posiciones 1 y
      2 del glicerol están ocupadas por palmitato, un AGCL saturado.
      La DPFC, producida y secretada por neumocitos tipo II, es un
      componente lipídico esencial del surfactante pulmonar, que es la
      capa de fluido extracelular que recubre a los alveolos. El surfac-
      tante sirve para disminuir la tensión superficial de esta capa de
      líquido, lo cual reduce la presión necesaria para volver a inflar los
      alveolos, lo que evita el colapso alveolar (atelectasia). (Nota: el
      surfactante es una mezcla compleja de lípidos [90%] y proteínas
      [10%], donde la DPFC es el componente principal para reducir la
      tensión superficial.)

La madurez pulmonar fetal puede medirse al determinar
la proporción de lecitina/esfingomielina (L/E), en el líquido
amniótico. Un valor ≥ 2 es evidencia de madurez, porque
refleja el desplazamiento de la síntesis de esfingomielina a
la de DPFC que ocurre en los neumocitos en torno a las ~32
semanas de gestación.

   c. **Madurez pulmonar:** el síndrome de dificultad respiratoria
      (SDR) en lactantes prematuros se asocia con una producción

o secreción insuficiente de surfactante y provoca una parte importante de los fallecimientos neonatales en los países occidentales. La maduración pulmonar puede acelerarse si se administran glucocorticoides a la madre poco antes del parto para inducir la expresión de genes específicos. También se usa la administración posnatal de un surfactante natural o sintético (por instilación intratraqueal). (Nota: los SDR agudos, que se observan en todos los grupos de edad, son resultado del daño alveolar [debido a infección, lesión o aspiración] que causa la acumulación de líquido en los alveolos e impide el intercambio de oxígeno [O_2] y dióxido de carbono [CO_2]).

2. **Síntesis de fosfatidilcolina a partir de fosfatidilserina:** el hígado requiere un mecanismo para producir FC, incluso cuando los niveles de colina libre son bajos, porque exporta cantidades significativas de FC en la bilis y como componente de las lipoproteínas del plasma. Para proporcionar la FC necesaria, FS se descarboxila a FE por acción de la FS descarboxilasa. La FE pasa entonces por tres pasos de metilación para producir FC, como se ilustra en la figura 18-6. S-adenosilmetionina es el donador de grupos metilo (*véase* cap. 21).

C. Fosfatidilserina

La síntesis de FS en los tejidos de mamíferos la constituye la reacción de intercambio de bases en la que la etanolamina de la FE es remplazada por serina libre (*véase* fig. 18-6). Esta reacción, aunque reversible, se usa sobre todo para producir la FS requerida para la síntesis de membranas. La FS tiene una carga negativa neta. (*Véase* cap. 36 para conocer el papel de la FS en la coagulación.)

D. Fosfatidilinositol

El fosfatidilinositol (FI) se sintetiza a partir de inositol libre y CDP-DAG, como se ve en la figura 18-5. El FI es un fosfolípido raro en cuanto a que con gran frecuencia contiene ácido esteárico en el carbono 1 y ácido araquidónico en el carbono 2 del glicerol. Por lo tanto, FI sirve como reservorio de ácido araquidónico en las membranas y, en consecuencia, proporciona el sustrato para la síntesis de prostaglandinas (PG) cuando se requiere. Al igual que la FS, el FI tiene una carga neta negativa. (Nota: existe asimetría en la composición de fosfolípidos de la membrana celular. FS y FI por ejemplo, se encuentran sobre todo en la capa interior. La asimetría se logra mediante las enzimas ATP-dependientes conocidas como "flipasas" y "flopasas".)

1. **Función en la transducción de señales a través de las membranas:** la fosforilación del FI unido a la membrana produce polifosfoinosítidos como fosfatidilinositol 4,5-bisfosfato ([PIP_2; fig. 18-7). El rompimiento de PIP_2 por la fosfolipasa C ocurre en respuesta a la unión de diversos neurotransmisores, hormonas y factores de crecimiento a los receptores acoplados a la proteína G (GPCR), como el receptor adrenérgico α_1, en la membrana celular y la activación de la subunidad $G_{q\alpha}$ (fig. 18-8). Los productos de esta escisión, inositol 1,4,5-trifosfato (IP_3) y DAG, median la movilización de calcio intracelular y la activación de proteína cinasa C, las cuales actúan de manera sinérgica para provocar respuestas celulares específicas. La transducción de las señales a través de la membrana se logra de esta forma.

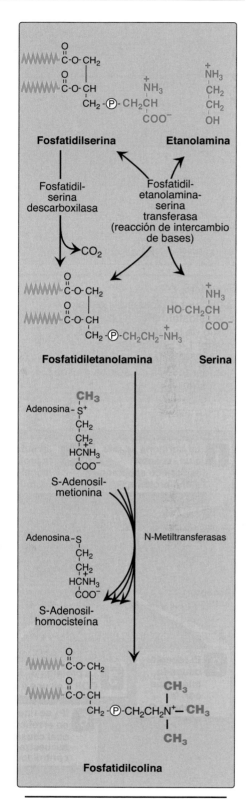

Figura 18-6

Síntesis de fosfatidilcolina a partir de fosfatidilserina en el hígado. (〰〰 es una cadena hidrocarbonada de ácidos grasos.) P, fosfato; CO_2, dióxido de carbono.

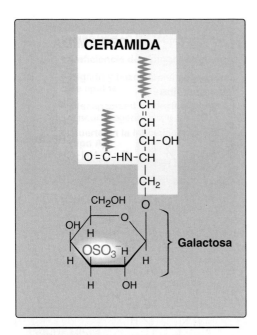

Figura 18-17
Estructura de galactocerebrósido
3-sulfato. (〰〰〰 es una cadena
hidrofóbica de compuestos
hidrocarbonados.)

1. **Propiedades comunes:** hay deficiencia de una enzima hidrolítica lisosómica específica en la forma clásica de cada trastorno. Por lo tanto, se acumula tan solo un único esfingolípido (el sustrato de la enzima deficitaria) en los órganos implicados en cada enfermedad. (Nota: la velocidad de biosíntesis del lípido acumulado es normal.) Los trastornos son progresivos y, aunque muchos son fatales en la infancia, se observa una extensa variabilidad fenotípica que conduce a la designación de diferentes tipos clínicos, como los tipos A y B en la enfermedad de Niemann-Pick. También se observa una variabilidad genética porque un trastorno determinado puede ser producto de cualquiera de una diversidad de mutaciones dentro de un mismo gen. Las esfingolipidosis son enfermedades autosómicas recesivas, excepto la enfermedad de Fabry, que está ligada al cromosoma X. La incidencia de las esfingolipidosis es baja en la mayoría de las poblaciones, salvo para las enfermedades de Gaucher y Tay-Sachs que, como en la enfermedad de Niemann-Pick, muestran una frecuencia elevada en la población de judíos ashkenazi. (Nota: la enfermedad de Tay-Sachs también tiene una frecuencia elevada en poblaciones estadounidenses de origen irlandés, francocanadienses y cajún de Louisiana).

2. **Diagnóstico y tratamiento:** una esfingolipidosis específica puede diagnosticarse al medir la actividad enzimática en cultivos de fibroblastos o leucocitos periféricos, o mediante el análisis del ADN (*véase* cap. 35). El examen histológico del tejido afectado también es útil. (Nota: los cuerpos de inclusión en forma de concha se observan en la enfermedad de Tay-Sachs y el citosol con apariencia de papel de seda arrugado se puede ver en la enfermedad de Gaucher [fig. 18-20]). El diagnóstico prenatal, donde se usan cultivos de amniocitos o de vellosidades coriónicas, está disponible. La enfermedad de Gaucher, en la que los macrófagos se saturan con glucocerebrósidos, y la enfermedad de Fabry, donde los globósidos se acumulan en los lisosomas vasculares endoteliales de cerebro, corazón, riñones y piel, se tratan mediante una terapia de remplazo de enzimas humanas recombinantes, pero el costo monetario es en extremo alto. El mal de Gaucher también se ha tratado con trasplante de médula ósea (porque los macrófagos se derivan de células madre hematopoyéticas). También se trata de manera farmacológica con miglustat, que reduce el sustrato (glucosilceramida) para la enzima deficiente. Esta estrategia se conoce como terapia de reducción de sustrato.

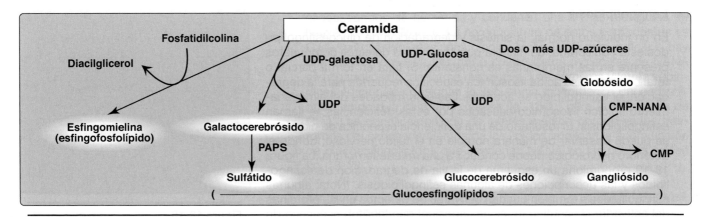

Figura 18-18
Resumen de la síntesis de esfingolípidos. CMP, citidina monofosfato; NANA, ácido N-acetilneuramínico; PAPS,
3'-fosfoadenosil-5'-fosfosulfato; UDP, difosfato de uridina.

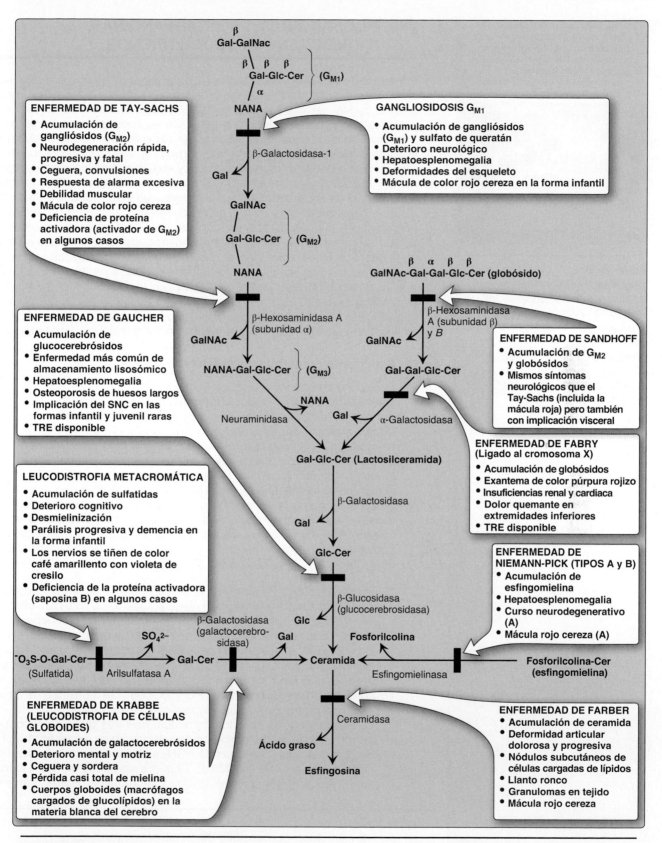

Figura 18-19

Degradación de esfingolípidos que muestra las enzimas lisosómicas afectadas en las enfermedades genéticas relacionadas, las esfingolipidosis. Todas son enfermedades autosómicas recesivas con excepción de la Fabry, que está ligada al cromosoma X, y todas pueden ser mortales a corta edad. Cer, ceramida; Gal, galactosa; Glc, glucosa; GalNAc, N-acetilgalactosamina; NANA, ácido N-acetilneuramínico; SNC, sistema nervioso central. SO_4^{2-}, sulfato; ERT, terapia de remplazo enzimático.

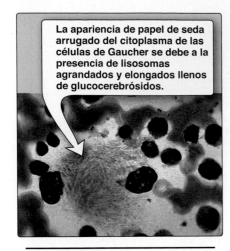

La apariencia de papel de seda arrugado del citoplasma de las células de Gaucher se debe a la presencia de lisosomas agrandados y elongados llenos de glucocerebrósidos.

Figura 18-20
Células aspiradas de médula ósea de un paciente con enfermedad de Gaucher.

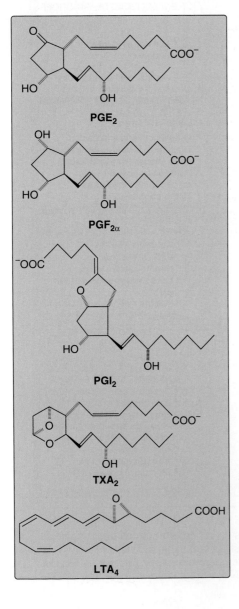

PGE₂

PGF₂α

PGI₂

TXA₂

LTA₄

VIII. EICOSANOIDES: PROSTAGLANDINAS, TROMBOXANOS Y LEUCOTRIENOS

PG, tromboxanos (TX) y leucotrienos (LT) se conocen de manera colectiva como eicosanoides para reflejar su origen a partir de AG ω-3 y ω-6 poliinsaturados con 20 carbonos (eicosa = 20). Estos son compuestos en extremo potentes que generan una amplia gama de respuestas, tanto fisiológicas (respuesta inflamatoria) como patológicas (hipersensibilidad). Aseguran la integridad gástrica y la función renal, regulan la contracción del músculo liso (el intestino y el útero son sitios clave) y el diámetro de los vasos sanguíneos, y mantienen la homeostasis plaquetaria. Aunque se han comparado a las hormonas en términos de sus acciones, los eicosanoides difieren de las hormonas endocrinas en que se producen en cantidades muy pequeñas en casi todos los tejidos, en lugar de en glándulas especializadas, y actúan de manera local en vez de ser transportados por la sangre a sitios distantes. Los eicosanoides no se almacenan y tienen una vida media en extremo corta, pues son metabolizados con rapidez a productos inactivos. Sus acciones biológicas están mediadas por la GPCR de la membrana plasmática (*véase* p. 127), que son diferentes en los sistemas de órganos y suelen dar lugar a cambios de la producción de adenosina monofosfato cíclico. La figura 18-21 muestra ejemplos de las estructuras eicosanoides.

A. Síntesis de prostaglandinas y tromboxanos

El ácido araquidónico, un AG ω-6 que contiene 20 carbonos y cuatro enlaces dobles (un AG eicosatetraenoico), es el precursor inmediato del tipo predominante de PG humanos (serie 2 o aquellos con dos dobles enlaces, como se ve en la fig. 18-22). Se deriva mediante el alargamiento y la desaturación del AG esencial ácido linoleico, también un AG ω-6. El ácido araquidónico se incorpora en los fosfolípidos de la membrana (por lo regular FI) en el carbono 2, del cual se libera por acción de la fosfolipasa A₂ (fig. 18-23) en respuesta a una diversidad de señales, como la elevación en el nivel de calcio. (Nota: los PG de la serie 1 contienen un doble enlace y se derivan de un AG eicosatrienoico ω-6, ácido dihomo-γ-linolénico, mientras que los PG de serie 3 contienen tres dobles enlaces y se derivan del ácido eicosapentaenoico [EPA], un AG ω-3. *Véase* p. 316.)

1. **Prostaglandina H₂ sintasa:** el primer paso en la síntesis de PG y TX es la ciclización oxidativa de ácido araquidónico libre para obtener PGH₂ por medio de la PGH₂ sintasa (o prostaglandina endoperóxido sintasa). Esta enzima es una proteína unida a la membrana del retículo endoplásmico que posee dos actividades catalíticas: la ácido graso ciclooxigenasa (COX), que requiere dos moléculas de O₂, y la peroxidasa, que requiere glutatión reducido (*véase* cap. 14). La PGH₂ se convierte en una diversidad de PG y TX, como se muestra en la figura 18-23, mediante las sintasas específicas de las células. (Nota: las PG contienen un anillo de cinco carbonos, mientras que los TX contienen un anillo oxano heterocíclico de seis miembros [*véase* fig. 18-21].) Se conocen dos isoenzimas de PGH₂ sintasa, que por lo general se denotan como COX-1 y COX-2. COX-1 se produce en forma constitutiva en la mayoría de los tejidos y se requiere para el manteni-

Figura 18-21
Ejemplos de estructuras eicosanoides. (Nota: las prostaglandinas se denominan como sigue: PG más una tercera letra [p. ej., E], la cual designa el tipo y acomodo de los grupos funcionales en la molécula. El número del subíndice indica la cantidad de enlaces dobles en la molécula. PGI₂ también se conoce como prostaciclina. Los tromboxanos se designan por TX y los leucotrienos como LT.)

miento de tejido gástrico sano, la homeostasis renal y la agregación plaquetaria. COX-2 es inducible en un número limitado de tejidos en respuesta a productos de células inmunes e inflamatorias activadas. (Nota: el incremento en la síntesis de PG subsiguiente a la inducción de COX-2 media el dolor, calor, rubor y la hinchazón de la inflamación y la fiebre de la infección.)

2. **Inhibición de la síntesis:** la síntesis de PG y de TX puede inhibirse con compuestos no relacionados. Por ejemplo, cortisol (un agente antiinflamatorio esteroideo) inhibe la actividad de la fosfolipasa A_2 (*véase* fig. 18-23) y, por lo tanto, el ácido araquidónico, sustrato para la síntesis de PG y TX, no se libera de los fosfolípidos membranales. El ácido acetilsalicílico, la indometacina y la fenilbutazona (todos ellos fármacos antiinflamatorios no esteroides [AINE]) inhiben COX-1 y COX-2 y, por lo tanto, evitan la síntesis de la molécula progenitora, la PGH_2. (Nota: la inhibición sistémica de COX-1, lo que daña el estómago y los riñones y merma la coagulación sanguínea, es la base de la toxicidad del ácido acetilsalicílico [AAS]). El AAS (pero no otros AINE) también induce la síntesis de lipoxinas (mediadores antiinflamatorios derivados del ácido araquidónico), resolvinas y protectinas (mediadores que resuelven la inflamación derivados de EPA). Los inhibidores específicos para COX-2 (los coxibs) se diseñaron para reducir los procesos inflamatorios patológicos mediados por COX-2 al tiempo que se mantenían las funciones fisiológicas de COX-1. En la actualidad, el celecoxib es el único coxib aprobado por la FDA.

B. Tromboxanos y prostaglandinas en la homeostasis plaquetaria

El tromboxano A_2 (TXA_2) se produce por acción de la COX-1 en plaquetas activadas. Promueve la adhesión y agregación plaquetarias y la contracción del músculo liso, lo cual favorece la formación de coágulos sanguíneos (trombos). (*Véase* cap. 36.) La prostaciclina (PGI_2), producida por la COX-2 en las células vasculares endoteliales, inhibe la agregación plaquetaria y estimula la vasodilatación y, por lo tanto, impide la trombogénesis. Los efectos opuestos del TXA_2 y de la PGI_2 limitan la formación de trombos a los sitios de lesiones vasculares. (Nota: el AAS tiene efecto antitrombogénico; inhibe la síntesis de TXA_2 por COX-1 en plaquetas y la síntesis de PGI_2 por parte de la COX-2 en células endoteliales mediante la acetilación irreversible de estas isoenzimas [fig. 18-24]. La inhibición de la COX-1 no puede superarse en las plaquetas, que carecen de núcleos. No obstante, la inhibición de la COX-2 puede superarse en las células endoteliales porque tienen núcleos y, en consecuencia, pueden generar más de esta enzima. Dicha diferencia es la base de la terapia con dosis bajas de AAS que se emplea para reducir el riesgo de evento vascular cerebral y de ataques cardiacos al reducir la formación de trombos.)

C. Síntesis de leucotrienos

El ácido araquidónico se convierte a una diversidad de ácidos hidroperoxiácidos (—OOH) lineales mediante una vía separada que implica a una familia de lipooxigenasas (LOX). Por ejemplo, la 5-LOX convierte al ácido araquidónico en ácido 5-hidroperoxi-6,8,11,14 eicosatetraenoico ([El 5-HPETE]; *véase* fig. 18-23). El 5-HPETE se convierte en una serie de LT que contiene cuatro dobles enlaces y la naturaleza de los productos finales varía según el tejido. Los LT son mediadores de la respuesta alérgica y de la inflamación. Los inhibidores de la 5-LOX y los antagonistas del receptor de LT se usan contra el asma. (Nota: la síntesis de LT se inhibe con cortisol y no con AINE. La enfermedad respiratoria exacerbada por AAS es una respuesta a la producción excesiva de LT con el uso de AINE en ~10% de sujetos con asma.)

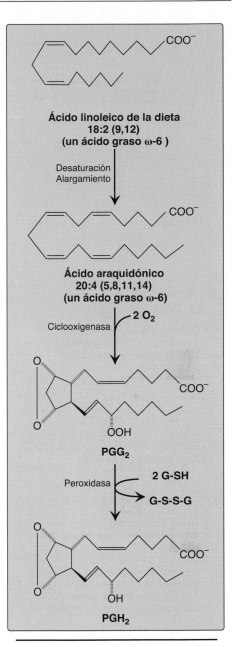

Figura 18-22
Oxidación y ciclación del ácido araquidónico por las dos actividades catalíticas (ciclooxigenasa y peroxidasa) de la PGH_2 sintasa (prostaglandina endoperóxido sintasa). G-SH, glutatión reducido; G-S-S-G, glutatión oxidado; PG, prostaglandina.

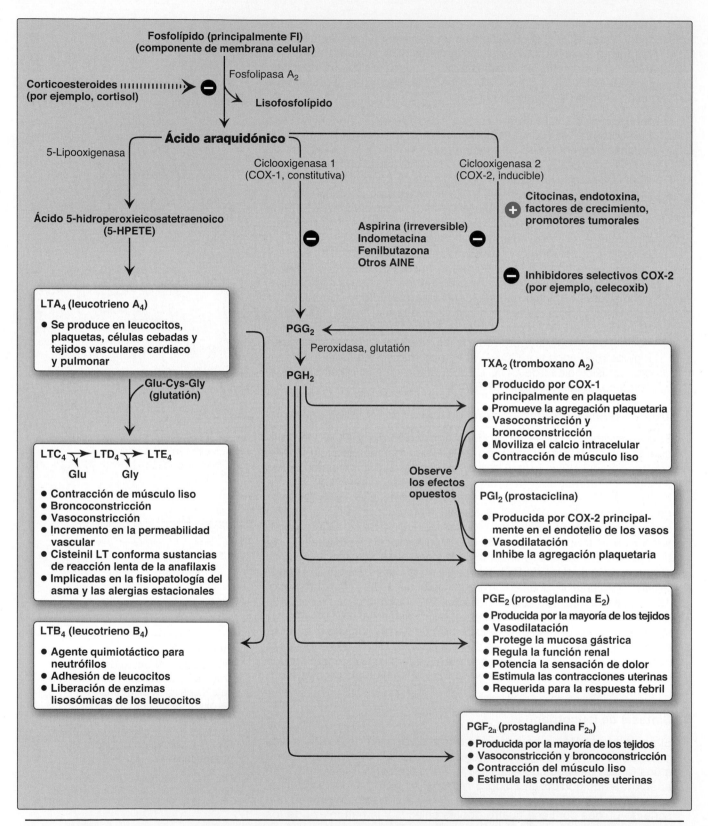

Figura 18-23

Resumen de la biosíntesis y la función de algunas prostaglandinas (PG) importantes, leucotrienos (LT) y un tromboxano (TX) a partir del ácido araquidónico. (Nota: el ácido araquidónico de los fosfolípidos de membrana deriva del ácido graso [AG] ω-6 esencial, linoleico, que es también un ácido graso ω-6.) AINE, antiinflamatorios no esteroides; Cys, cisteína; FI, fosfatidilinositol; Glu, glutamato; Gly, glicina.

IX. Resumen del capítulo

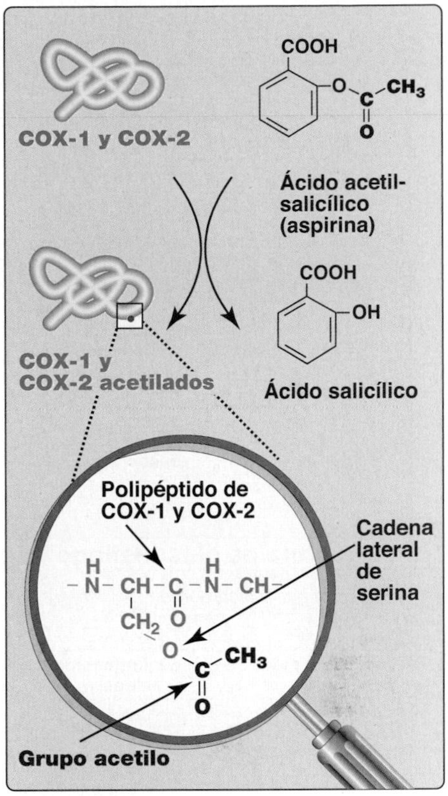

- Los **fosfolípidos** son compuestos polares e iónicos formados por un **alcohol** (p. ej., **colina** o **etanolamina**) unidos por un enlace fosfodiéster, a **DAG**, lo cual produce **fosfatidilcolina** o **fosfatidiletanolamina**, o al amino alcohol **esfingosina** (fig. 18-25).
- La adición de un ácido graso de cadena larga a la esfingosina produce una **ceramida**.
- La adición de **fosforilcolina** produce el fosfolípido **esfingomielina**.
- Los fosfolípidos son los lípidos predominantes de las **membranas celulares**.
- Los fosfolípidos no membranales sirven como componentes del **surfactante pulmonar** y la **bilis**.
- La **dipalmitoilfosfatidilcolina**, también llamada **dipalmitoil lecitina**, es el componente lipídico principal del **surfactante pulmonar**.
- La producción insuficiente de surfactante produce el **SDR**.
- **FI** sirve como reserva para el **ácido araquidónico** en las membranas.
- La fosforilación del FI unido a las membranas genera **PIP$_2$**. La **fosfolipasa C** degrada a este compuesto en respuesta a la unión de diversos neurotransmisores, hormonas y factores de crecimiento a los **GPCR** en la membrana.
- Los productos de la **fosfolipasa C**, el **IP$_3$** y el **DAG** median la movilización del **calcio** intracelular y la activación de la **proteína cinasa C**, la cual actúa de manera sinérgica para evocar las respuestas celulares.
- Es posible unir en forma covalente proteínas específicas a través de un puente de carbohidratos al FI unido a membranas, lo cual forma un **ancla de GFI**. La deficiencia en la síntesis de GFI en las células hematopoyéticas deriva en la enfermedad hemolítica **hemoglobinuria paroxística nocturna**.
- Las **fosfolipasas** que se encuentran en todos los tejidos y el jugo pancreático llevan a cabo la degradación de los fosfoglicéridos.

COX-1 y COX-2

COOH

Ácido acetil-salicílico (aspirina)

COOH

COX-1 y COX-2 acetilados

Ácido salicílico

Polipéptido de COX-1 y COX-2

Cadena lateral de serina

Grupo acetilo

Figura 18-24
Acetilación irreversible de ciclooxigenasa (COX)-1 y COX-2 por el AAS.

- La **esfingomielina** se degrada a ceramida más fosforilcolina por acción de la enzima lisosómica **esfingomielinasa**, cuya deficiencia causa la **enfermedad de Niemann-Pick (A** y **B)**.
- Los **glucoesfingolípidos** son derivados de las **ceramidas** a las cuales se han unido carbohidratos. Añadir una molécula de azúcar a la ceramida produce un **cerebrósido**, adicionar un oligosacárido produce un **globósido** y agregar una molécula **NANA** ácida produce un **gangliósido**.
- Los glucoesfingolípidos se encuentran de manera predominante en las membranas celulares del **cerebro** y del **tejido nervioso periférico**, con altas concentraciones en la **vaina de mielina**. Son **antigénicos**. Los glucolípidos se degradan en los **lisosomas** por acción de las **hidrolasas ácidas**. Una deficiencia de cualquiera de estas enzimas causa **esfingolipidosis**, en las cuales se acumula un esfingolípido característico.
- Las **PG**, los **TX** y **LT**, los **eicosanoides**, se producen en cantidades muy pequeñas en casi todos los tejidos, actúan de modo local y poseen una vida media en extremo corta.
- Los **eicosanoides** sirven como mediadores de la **respuesta inflamatoria**. El **ácido araquidónico** es el precursor inmediato de la clase predominante de PG humanas (aquellas con dos enlaces dobles); se deriva por el alargamiento y desaturación del ácido graso esencial, **ácido linoleico** y se almacena en la membrana como componente de un fosfolípido, por lo general FI.
- El ácido araquidónico se libera del fosfolípido por medio de la **fosfolipasa A$_2$** (inhibida por **cortisol**).
- La síntesis de **PG** y **TX** comienza con la ciclación oxidativa del ácido araquidónico libre para dar PGH$_2$ mediante la **PGH$_2$ sintasa** (o **prostaglandina endoperóxido sintasa**), una proteína de la membrana del retículo endoplásmico que posee dos actividades catalíticas: la **COX de ácido graso** y la **peroxidasa**.
- Hay dos isoenzimas de PGH$_2$ sintasa: **COX-1** (constitutiva) y **COX-2** (inducible).
- El **ácido acetilsalicílico (AAS)** inhibe **COX-1** y **COX-2** de modo irreversible. Los efectos opuestos de PGI$_2$ y el TXA$_2$ limitan la formación de coágulos.
- Los **LT** son moléculas lineales producidas a partir del ácido araquidónico por la vía de la **5-LOX**; y median la respuesta alérgica. El cortisol, y no el AAS, inhibe su síntesis.

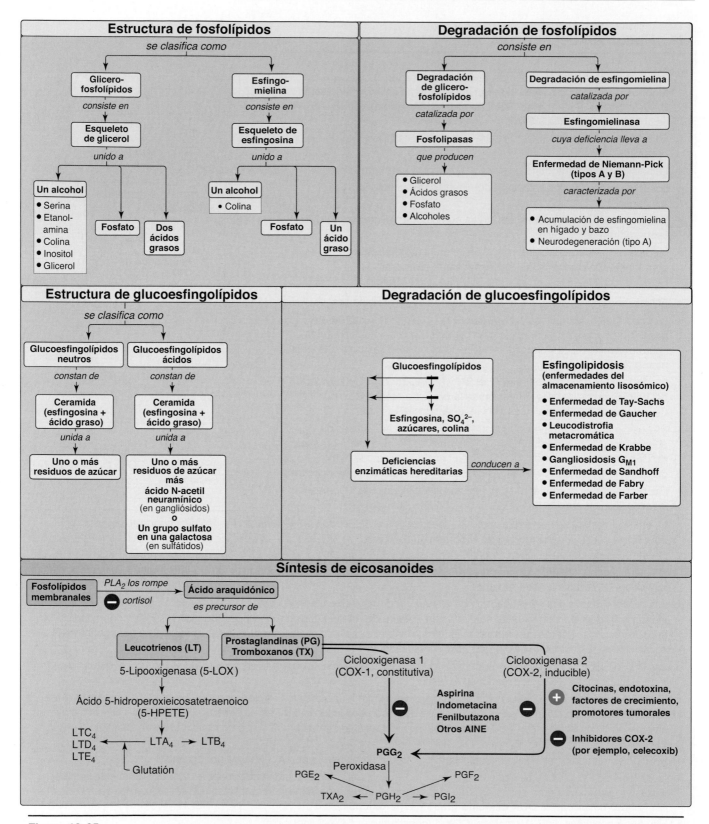

Figura 18-25

Mapa conceptual sobre fosfolípidos, glucoesfingolípidos y eicosanoides. PLA_2, fosfolipasas A_2; SO_4^{2-}, ion sulfato; AINE, antiinflamatorios no esteroides.

Preguntas de estudio

Elija la RESPUESTA correcta.

18.1 La enfermedad respiratoria exacerbada por ácido acetilsalicílico (EREA) es una reacción grave contra los antiinflamatorios no esteroides (AINE) caracterizada por una broncoconstricción 30 minutos a varias horas después de la ingesta. ¿Cuál de estos enunciados sobre los AINE explica mejor los síntomas observados en pacientes con EREA?

A. Inhibición de la actividad de la proteína reguladora de conductancia transmembranal de la fibrosis quística, lo cual resulta en el espesamiento del moco que bloquea las vías aéreas.

B. Inhibición de la ciclooxigenasa, pero no la lipooxigenasa, lo cual desplaza ácido araquidónico hacia la síntesis de leucotrieno.

C. Activación de la actividad de ciclooxigenasa de la prostaglandina H_2 sintasa, lo cual deriva en el aumento de la síntesis de prostaglandinas que promueven la vasodilatación.

D. Activación de las fosfolipasas, lo cual resulta en la reducción de las cantidades de dipalmitoilfosfatidilcolina y el colapso alveolar (atelectasia).

Respuesta correcta = B. Los AINE inhiben la ciclooxigenasa, pero no la lipooxigenasa, así que cualquier ácido araquidónico disponible se usa para la síntesis de leucotrienos broncoconstrictores. Los AINE no influyen en la proteína reguladora de conductancia transmembranal en la fibrosis quística (CF), cuyos defectos son la causa de CF. Los AINE no inhiben la fosfolipasa A_2, solo los esteroides. Los AINE inhiben, no activan, a la ciclooxigenasa. Los AINE no tienen efecto alguno sobre las fosfolipasas.

18.2 Un lactante, nacido después de 28 semanas de gestación, mostró rápida evidencia de insuficiencia respiratoria. Los resultados del laboratorio clínico y de imagenología apoyaron el diagnóstico de síndrome de dificultad respiratoria del recién nacido. ¿Cuál de los siguientes enunciado más preciso sobre este síndrome?

A. No tiene relación con el nacimiento prematuro del neonato.

B. Es consecuencia de una cantidad demasiado baja de neumocitos tipo II.

C. Es probable que la proporción lecitina/esfingomielina en el líquido amniótico sea elevada (> 2).

D. Se esperaría que la concentración de dipalmitoilfosfatidilcolina en el líquido amniótico fuera menor que la de un neonato a término.

E. Es un trastorno de fácil tratamiento y baja mortalidad.

F. Se trata con la administración de surfactante a la madre justo antes de un parto.

Respuesta correcta = D. La dipalmitoilfosfatidilcolina (DPFC dipalmitoil lecitina) es el surfactante pulmonar que se encuentra en los pulmones maduros y sanos. El síndrome de dificultad respiratoria (SDR) puede presentarse en pulmones que generan muy poco de este compuesto. Si la proporción lecitina/esfingomielina (L/E) en el líquido es ≥ 2, se considera que los pulmones de un recién nacido están lo bastante maduros (en los pulmones prematuros se esperaría una relación < 2). El SDR no se debería a un número muy reducido de neumocitos tipo II, los cuales simplemente secretarían esfingomielina en lugar de DPFC a las 28 semanas de gestación. Se le administra a la madre un glucocorticoide, no un surfactante, antes del parto (en forma antenatal). El surfactante se administraría al neonato de forma posnatal para reducir la tensión superficial.

18.3 Se evalúa a un niño de 10 años de edad que presenta sensación de quemazón en los pies y conglomerados de pequeñas manchas rojas púrpura en su piel. Los estudios de laboratorio revelaron proteína en su orina. El análisis enzimático reveló una deficiencia de α-galactosidasa y se recomendó terapia de remplazo enzimático. ¿Cuál de los siguientes es el diagnóstico más probable?

A. Enfermedad de Fabry.

B. Enfermedad de Farber.

C. Enfermedad de Gaucher.

D. Enfermedad de Krabbe.

E. Enfermedad de Niemann-Pick.

Respuesta correcta = A. La enfermedad de Fabry, una deficiencia de α-galactosidasa, es la única esfingolipidosis ligada al cromosoma X. Se caracteriza por dolor en las extremidades y un exantema rojo púrpura en la piel (angioqueratomas generalizados) y complicaciones renales y cardiacas. La proteína en su orina indica daño renal. Está disponible la terapia de remplazo enzimático.

18.4 Un niño de 5 años de edad es llevado al pediatra por su madre debido a distensión abdominal y dolor en la pierna. La madre afirma que su hijo empezó a tener dificultades para caminar y comenzó a caerse de forma repetida. La exploración física muestra retraso en el desarrollo y hepatoesplenomegalia. El examen fundoscópico muestra manchas rojo cereza en la mácula. ¿Cuál de los siguientes hallazgos histológicos del tejido afectado es más probable que confirme el diagnóstico?

A. Cuerpos de inclusión en forma de concha en las células neuronales.

B. Aspecto de papel de seda arrugado en el citosol.

C. Macrófagos espumosos en la médula ósea.

D. Cuerpos globoides en los macrófagos.

Respuesta correcta = C. La enfermedad de Niemann-Pick tipo B es el diagnóstico más probable debido a la presencia de hepatomegalia, defectos neurológicos que provocan caídas y áreas de color rojo cereza en la mácula. El hallazgo histológico es el aspecto espumoso de los macrófagos del sistema reticuloendotelial por la acumulación de esfingomielina.

18.5 La recomendación médica actual para individuos que sufren dolor de tórax es llamar a los servicios médicos de urgencia y masticar una aspirina de potencia regular sin capa entérica. ¿Cuál es la base para recomendar AAS?

El ácido acetilsalicílico (AAS) posee efecto antitrombogénico: evita la formación de coágulos sanguíneos que podrían ocluir los vasos del corazón. El AAS inhibe la síntesis de tromboxano A_2 por medio de la ciclooxigenasa-1 en las plaquetas mediante la acetilación irreversible, lo cual inhibe por tanto la activación plaquetaria y la vasoconstricción. Masticar una aspirina sin capa entérica aumenta la velocidad de absorción.

Metabolismo de colesterol, lipoproteínas y esteroides

19

I. GENERALIDADES

El colesterol, el principal alcohol esteroide en animales, lleva a cabo un sinnúmero de funciones esenciales en el cuerpo. Por ejemplo, el colesterol es un componente estructural de todas las membranas celulares, cuya fluidez modula; y en los tejidos especializados es precursor de ácidos biliares, hormonas esteroides y vitamina D. Por lo tanto, es de gran importancia que las células del cuerpo tengan asegurada una provisión adecuada de colesterol. Para cubrir esta necesidad, se ha desarrollado una compleja serie de mecanismos de transporte, biosíntesis y regulación. El hígado tiene un papel central en la regulación de la homeostasis del colesterol en el cuerpo. Por ejemplo, el colesterol entra a la reserva hepática de colesterol desde varias fuentes que incluyen al colesterol de la dieta, así como el sintetizado *de novo* en los tejidos extrahepáticos y por el propio hígado. El colesterol se elimina desde el hígado como colesterol sin modificar en la bilis o puede convertirse en sales biliares que se secretan en la luz intestinal. También puede servir como un componente de las lipoproteínas plasmáticas que transportan lípidos hacia los tejidos periféricos. En humanos, el equilibrio entre entrada y salida de colesterol no es preciso, lo cual deriva en el depósito paulatino de colesterol en los tejidos, en particular en el recubrimiento endotelial de los vasos sanguíneos. Esto es un proceso en potencia letal cuando el depósito de lípidos conduce a la formación de placas (ateromas), lo cual causa el estrechamiento de los vasos sanguíneos (ateroesclerosis) y un mayor riesgo de enfermedad en vasos cardiacos, cerebrales y periféricos. La figura 19-1 resume las fuentes principales de colesterol hepático y las vías a través de las cuales el colesterol sale del hígado.

II. ESTRUCTURA DEL COLESTEROL

El colesterol es un compuesto muy hidrofóbico. Consta de cuatro anillos hidrocarbonados fusionados (A a D) llamados núcleo esteroide, y posee una cadena hidrocarbonada ramificada de ocho carbonos unida al carbono 17 del anillo D. El anillo A posee un grupo hidroxilo en el carbono 3 y el anillo B tiene un doble enlace entre los carbonos 5 y 6 (fig. 19-2).

A. Esteroles

Los esteroides con 8 a 10 átomos de carbono en la cadena lateral en el carbono 17 y un grupo hidroxilo en el carbono 3 se clasifican como esteroles.

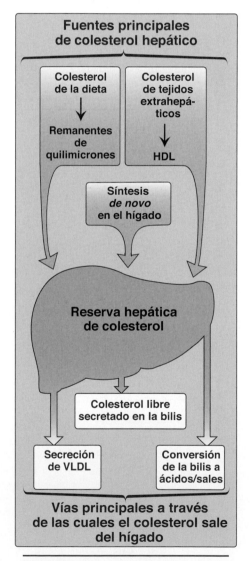

Figura 19-1
Fuentes de colesterol hepático (entrada) y vías por las que el colesterol sale del hígado (salida). HDL y VLDL, lipoproteínas de alta y muy baja densidades.

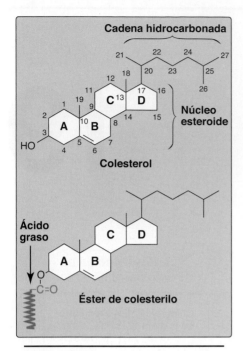

Figura 19-2
Estructura del colesterol y su éster.

El colesterol es el esterol principal en los tejidos animales. Este se deriva de la síntesis *de novo* y absorción del colesterol de la dieta. La ingestión intestinal de colesterol está mediada por la proteína Niemann-Pick C1-tipo 1, la cuál es el blanco del fármaco ezetimibe, el cuál actúa reduciendo la absorción del colesterol de la dieta (*véase* cap. 16). (Nota: los humanos absorben mal los esteroles vegetales [fitoesteroles; absorción de 5% comparado con 40% para el colesterol], como el β-sitoesterol. Después de entrar a los enterocitos, se transportan en forma activa de regreso a la luz intestinal. Los defectos en el transportador de salida [ABCG5/8] resultan en el raro padecimiento de sitoesterolemia, en el que los esteroles vegetales se acumulan en la sangre y los tejidos, lo cuál interfiere con el flujo sanguíneo regular, aumentando así el riesgo de presentación de enfermedades cardiovasculares como un infarto cardiaco, un evento vascular cerebral (ECV) o inclusive muerte súbita. Debido a que una cierta cantidad de colesterol también se transporta de regreso, los esteroles vegetales reducen la absorción del colesterol de la dieta. La ingestión cotidiana de ésteres de esteroles vegetales proporcionados, por ejemplo, en alimentos para untar, es una de las estrategias alimenticias para reducir los niveles de colesterol en plasma [*véase* cap. 28]).

B. Ésteres de colesterilo

La mayor parte del colesterol plasmático se encuentra en forma esterificada (con un ácido graso [AG] unido al carbono 3, como se ve en la fig. 19-2), lo cual hace que la estructura sea mucho más hidrofóbica que el colesterol libre (no esterificado). Los ésteres de colesterilo no se encuentran en las membranas y se suelen presentar solo en bajas concentraciones en la mayoría de las células. Debido a su hidrofobicidad, el colesterol y sus ésteres deben transportarse en asociación con proteínas como componentes de una partícula lipoproteica o solubilizarse por medio de fosfolípidos y sales biliares en la bilis.

III. SÍNTESIS DE COLESTEROL

Casi todos los tejidos en los humanos sintetizan colesterol, aunque hígado, intestino, corteza suprarrenal y tejidos reproductivos, incluidos ovarios, testículos y placenta, hacen las mayores contribuciones a la reserva de colesterol. Al igual que con los AG, todos los átomos de carbono en el colesterol provienen de acetil coenzima A (CoA) y el dinucleótido fosfato de nicotinamida y adenina (NADPH) proporciona los equivalentes reductores. La vía es endergónica y se impulsa por hidrólisis del enlace tioéster de alta energía de la acetil CoA y el enlace fosfato terminal del ATP. La síntesis requiere enzimas en el citosol, la membrana del retículo endoplásmico liso (REL) y el peroxisoma. La vía responde a cambios en la concentración de colesterol, y los mecanismos reguladores existen para equilibrar la velocidad de síntesis de colesterol contra la velocidad de excreción de colesterol. Un desequilibrio en esta regulación puede conducir a una elevación en los niveles circulantes de colesterol en plasma y crear el potencial para la enfermedad vascular.

A. Síntesis de 3-hidroxi-3-metilglutaril coenzima A

Las primeras dos reacciones en la vía biosintética de colesterol son semejantes a las que hay en la vía que produce cuerpos cetónicos (*véase* fig. 17-22). Estos derivan en la producción de 3-hidroxi-3 metilglutaril CoA (HMG CoA; fig. 19-3). Primero, dos moléculas de acetil CoA se condensan para formar acetoacetil CoA. A continuación, una tercera molécula de acetil CoA se añade por acción de HMG CoA sintasa y se produce HMG CoA, un compuesto de seis carbonos. (Nota: las células del parénquima hepático contienen dos isoenzimas de la

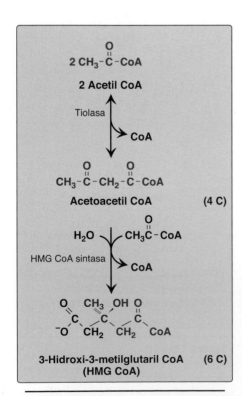

Figura 19-3
Síntesis de HMG CoA. CoA, coenzima A.

sintasa. La enzima citosólica participa en la síntesis de colesterol, mientras que la enzima mitocondrial funciona en la vía para síntesis de cuerpos cetónicos.)

B. Síntesis de mevalonato

La HMG CoA reductasa reduce a la HMG CoA a mevalonato. Este es el paso clave limitante de la velocidad y la regulación de la síntesis de colesterol. Ocurre en el citosol, usa dos moléculas de NADPH como el agente reductor y libera CoA, lo que hace que la reacción sea irreversible (fig. 19-4). (Nota: HMG CoA reductasa es una proteína integral de membrana del REL, con su dominio catalítico proyectado hacia el citosol. La regulación de la actividad de reductasa se analiza en D, más adelante.)

C. Síntesis de colesterol a partir de mevalonato

Las reacciones y enzimas implicadas en la síntesis de colesterol a partir de mevalonato se ilustran en la figura 19-5. (Nota: los números que se muestran entre corchetes a continuación corresponden a reacciones numeradas que se exponen en esta figura.)

[1] Mevalonato se convierte en 5-pirofosfomevalonato en dos pasos, cada uno de los cuales transfiere un grupo fosfato del ATP.

[2] Una unidad isopreno de cinco carbonos, isopentenil pirofosfato (IPP), se forma por la descarboxilación de 5-pirofosfomevalonato. La reacción requiere ATP. (Nota: IPP es el precursor de una familia de moléculas con diversas funciones, los isoprenoides. El colesterol es un esterol isoprenoide. Los isoprenoides no esteroles incluyen dolicol y ubiquinona [o coenzima Q].)

[3] IPP se isomeriza a 3,3-dimetilalil pirofosfato (DPP).

[4] IPP y DPP se condensan para formar geranil pirofosfato (GPP) de 10 carbonos.

[5] Una segunda molécula de IPP se condensa a continuación con GPP para formar farnesil pirofosfato (FPP) de 15 carbonos. (Nota: la unión covalente de farnesil con proteínas, un proceso conocido como prenilación, es un mecanismo para anclar las proteínas [p. ej., ras] a la cara interna de las membranas plasmáticas.)

[6] Dos moléculas de FPP se combinan, lo que libera pirofosfato, y se reducen, con lo que forman el compuesto de 30 carbonos llamado escualeno. (Nota: el escualeno está formado de seis unidades isoprenoides. Dado que 3 ATP se hidrolizan por residuo de mevalonato convertido a IPP, se requiere un total de 18 ATP para producir el poliisoprenoide escualeno.)

[7] El escualeno se convierte al esterol lanosterol por medio de una secuencia de dos reacciones catalizadas por enzimas asociadas con el REL que usan oxígeno molecular (O_2) y NADPH. La hidroxilación del escualeno lineal dispara la ciclización de la estructura a lanosterol.

[8] La conversión de lanosterol a colesterol es un proceso de múltiples pasos que implica el acortamiento de la cadena lateral, la eliminación oxidativa de los grupos metilo, la reducción de enlaces dobles y la migración de un doble enlace. El síndrome de Smith-Lemli-Opitz (SLOS, por sus siglas en inglés), un trastorno autosómico recesivo de la biosíntesis de colesterol, se produce por una deficiencia parcial en la 7-dehidrocolesterol-7-reductasa, la enzima que reduce el doble enlace en el 7-dehidrocolesterol (7-DHC), por lo que se convierte en colesterol. El SLOS es uno de varios síndromes multisis-

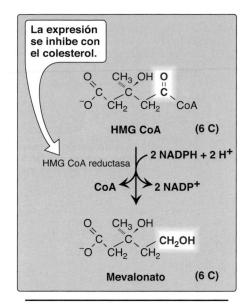

Figura 19-4
Síntesis de mevalonato. HMG CoA, hidroximetilglutaril coenzima A; NADP(H), dinucleótido fosfato de nicotinamida y adenina.

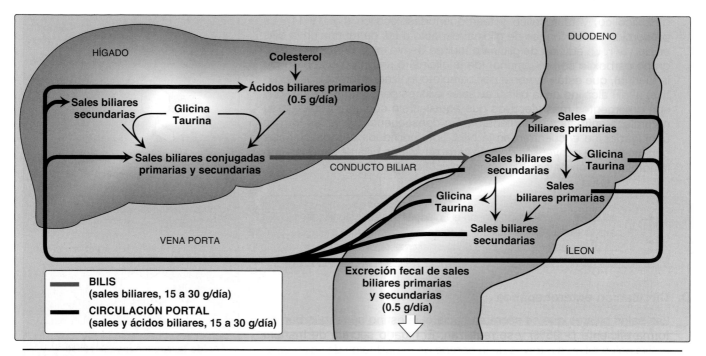

Figura 19-12
Circulación enterohepática de sales biliares. (Nota: los ácidos biliares ionizados se llaman sales biliares).

Figura 19-13
Vesícula biliar con cálculos.

F. Deficiencia de sales biliares: colelitiasis

El paso del colesterol desde el hígado hacia la bilis debe estar acompañado por la secreción simultánea de fosfolípidos y de sales biliares. Si este proceso dual se altera y hay más colesterol presente del que pueden solubilizar las sales biliares y la FC presentes, el colesterol puede precipitarse en la vesícula biliar, lo cual conduce a la enfermedad por cálculos de colesterol o colelitiasis (fig.19-13). Es común que este trastorno se produzca por la disminución de ácidos biliares en la bilis, como se observa con el uso de fibratos (p. ej., gemfibrozil) para reducir el colesterol (y los TAG) en la sangre. La colecistectomía laparoscópica (eliminación quirúrgica de la vesícula biliar a través de una pequeña incisión) es en la actualidad el tratamiento de elección. No obstante, para pacientes que no pueden someterse a cirugía, la administración oral de ácido quenodesoxicólico para complementar la provisión de ácidos biliares del organismo resulta en la disolución paulatina (meses o años) de los cálculos biliares. (Nota: los cálculos biliares son responsables de > 85% de las colelitiasis, con la bilirrubina y los cálculos mixtos como responsables del resto).

VI. LIPOPROTEÍNAS PLASMÁTICAS

Las lipoproteínas plasmáticas son complejos macromoleculares esféricos de lípidos y proteínas (apolipoproteínas). Las partículas de lipoproteínas incluyen quilomicrones, remanentes de quilomicrones, lipoproteínas de muy baja densidad (VLDL), remanentes de VLDL, también conocidos como lipoproteínas de densidad intermedia (IDL), lipoproteínas de baja densidad (LDL), lipoproteínas de alta densidad (HDL) y lipoproteína (a) (Lp[a]). Difieren en composición lipídica y proteica, en tamaño, densidad (fig. 19-14) y sitio de origen. (Nota: dado que las partículas lipoproteicas intercambian lípidos y apolipoproteínas de forma constante, el contenido real de apolipoproteína y lípido de cada clase de partículas es en cierta forma variable.) Las lipoproteínas funcionan tanto para mantener su componente lipídico soluble al transportarlo hacia el plasma, como para proporcionar un mecanismo eficiente para el transporte de su contenido lipídico hacia (y desde) los tejidos. Los humanos presentan un depósito paulatino de lípidos (en especial de colesterol) en los tejidos.

A. Composición

Las lipoproteínas están compuestas por un centro lipídico neutro (que contiene TAG y ésteres de colesterilo) rodeado de una cubierta de apolipoproteínas anfipáticas, fosfolípido y colesterol no esterificado (libre) (fig. 19-15). Estos compuestos anfipáticos se orientan de tal manera que sus porciones polares están expuestas en la superficie de la lipoproteína, lo cual hace que la partícula sea soluble en solución acuosa. Los TAG y el colesterol transportados por las lipoproteínas se obtienen ya sea de la dieta (fuente exógena) o de la síntesis *de novo* (fuente endógena). (Nota: el contenido de colesterol [C] de las lipoproteínas plasmáticas se mide ahora de rutina en sangre en ayunas. La ecuación de Friedewald [LDL-C = C total – HDL-C – TAG/5] se usa para calcular LDL-C una vez que se miden el C total C, HDL y los TAG en el suero. Está fórmula supone que la proporción de TAG/colesterol es de 5/1 en la VLDL. La concentración normal de colesterol es < 200 mg/dL.)

1. **Tamaño y densidad:** los quilomicrones son las partículas lipoproteicas con menor densidad y mayor tamaño, y las que contienen el mayor porcentaje de lípido (como TAG) y el menor porcentaje de proteína. Las VLDL y LDL son sucesivamente más densas y tienen proporciones mayores de proteína respecto a los lípidos. Las partículas de HDL son las más pequeñas y densas. Las lipoproteínas plasmáticas pueden separarse sobre la base de su movilidad electroforética, como se muestra en la figura 19-16, o sobre la base de su densidad por ultracentrifugación.

2. **Apolipoproteínas:** las apolipoproteínas asociadas con partículas de lipoproteína poseen un sinnúmero de funciones diversas como proporcionar sitios de reconocimiento para receptores de la superficie celular y servir como activadores o coenzimas para enzimas implicadas en el metabolismo lipoproteico. Algunas de las apolipoproteínas se requieren como componentes estructurales esenciales de las partículas y no pueden eliminarse (de hecho, las partículas no pueden producirse sin ellas), mientras que otras se transfieren libremente entre lipoproteínas. Las apolipoproteínas se dividen por estructura y función en varias clases principales, denotadas por letras, y cada clase tiene subclases (p. ej., apolipoproteína [apo] C-I, apo C-II y apo C-III). (Nota: todavía no se conocen las funciones de todas las apolipoproteínas.)

B. Metabolismo de quilomicrones

Los quilomicrones se conforman en las células de la mucosa intestinal y transportan TAG dietético (exógeno), colesterol, vitaminas liposolubles y ésteres de colesterilo a los tejidos periféricos (fig. 19-17). (Nota: los TAG constituyen cerca de 90% de los lípidos en un quilomicrón.)

1. **Síntesis de apolipoproteínas:** apo B-48 es exclusiva de los quilomicrones. Su síntesis se inicia en el RE rugoso (RER) y se glucosila al pasar a través del RER hacia el aparato de Golgi. (Nota:

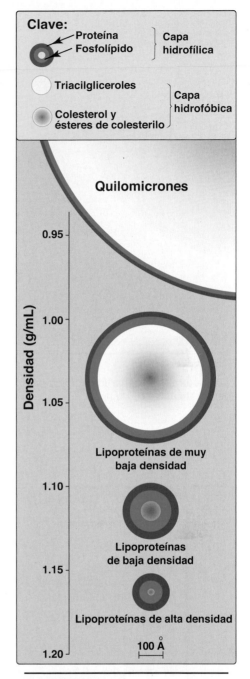

Figura 19-14
Las partículas de lipoproteínas plasmáticas presentan una gama de tamaños y densidades, y se muestran sus valores típicos. La amplitud de los anillos corresponde a la cantidad aproximada de cada componente. (Nota: aunque el colesterol y sus ésteres se representan como un componente en el centro de cada partícula, físicamente el colesterol se encuentra en la superficie, mientras que los ésteres de colesterilo están en el interior.)

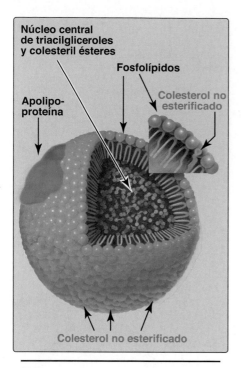

Figura 19-15
Estructura de una partícula típica de lipoproteína.

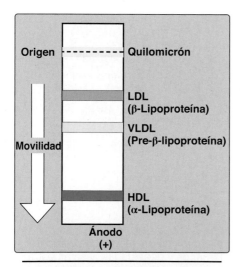

Figura 19-16
Movilidad electroforética de las partículas lipoproteicas en plasma. (Nota: el orden de lipoproteína de baja densidad [LDL] y lipoproteínas de muy baja densidad [VLDL] se invierte cuando se emplea la ultracentrifugación como técnica de separación.) HDL, lipoproteína de alta densidad.

apo B-48 se llama así porque constituye 48% de N-terminal de la proteína codificada por el gen apo B. La Apo B-100, que se sintetiza en el hígado y se encuentra en las VLDL y LDL, representa la proteína entera codificada por este gen. La "edición" postranscripcional [*véase* cap. 34] de una citosina a uracilo en el ARN mensajero [ARNm] de apo B-100 intestinal crea un codón sin sentido [para detenerse] [*véase* cap. 34], que solo permite la traducción de 48% del ARNm.)

2. **Conformación de quilomicrones:** muchas enzimas implicadas en la síntesis de TAG, colesterol y fosfolípidos se localizan en el REL. La integración de apolipoproteínas y lípidos en los quilomicrones requiere proteínas de transferencia de triglicéridos microsomales (MTP), que carga a la apo B-48 con lípido. Esto ocurre antes de la transición del RE al aparato de Golgi, donde las partículas se empacan en vesículas secretoras. Estas se fusionan con la membrana plasmática y liberan a las lipoproteínas, las cuales entran entonces al sistema linfático y, por último, a la sangre. (Nota: los quilomicrones dejan el sistema linfático a través del conducto torácico que se vacía en la vena subclavia izquierda.)

3. **Modificación de quilomicrones nacientes:** la partícula liberada por la célula de la mucosa intestinal se llama quilomicrón naciente porque está incompleta en el aspecto funcional. Cuando llega al plasma, la partícula se modifica con rapidez y recibe apo E (que es reconocida por receptores hepáticos) y apo C. Esta última incluye apo C-II, la cual es necesaria para la activación de lipoproteína lipasa (LPL), la enzima que degrada los TAG que contiene el quilomicrón. La fuente de estas apolipoproteínas es la HDL circulante (*véase* fig. 19-17). (Nota: apo C-III en las lipoproteínas ricas en TAG inhibe la LPL).

4. **Degradación de triacilglicerol por lipoproteína lipasa:** LPL es una enzima extracelular que está anclada a las paredes de los capilares de la mayoría de los tejidos, pero en forma predominante a las del tejido adiposo en los músculos cardiaco y esquelético. El hígado adulto no expresa esta enzima. (Nota: existe una lipasa hepática en la superficie de las células endoteliales del hígado. Esta tiene un papel en la degradación del TAG en los quilomicrones y las VLDL y es importante en el metabolismo de la HDL.) La LPL, activada por apo C-II en los quilomicrones circulantes, hidroliza a TAG en estas partículas para dar AG y glicerol. Los AG se almacenan (en tejido adiposo) o se usan para obtener energía (en el músculo). El hígado capta el glicerol y lo convierte en dihidroxiacetona fosfato (un intermediario de la glucólisis), y se usa en la síntesis de lípidos o en la gluconeogénesis. (Nota: los pacientes con deficiencia de LPL o apo C-II [hiperlipoproteinemia tipo I o quilomicronemia hereditaria] muestran una acumulación dramática [≥ 1 000 mg/dL] de quilomicrones-TAG en plasma [hipertriacilglicerolemia] incluso en el ayuno. Estos individuos están en alto riesgo de tener pancreatitis aguda. El tratamiento es la reducción de la grasa en la dieta.)

5. **Expresión de lipoproteína lipasa:** el tejido adiposo y los músculos cardiaco y esquelético producen LPL. El estado nutricional y el nivel hormonal regulan la expresión de las isoenzimas específicas de tejido. Por ejemplo, en el estado de buena alimentación (niveles elevados de insulina), la síntesis de LPL aumenta en el tejido adiposo, pero disminuye en el tejido muscular. El ayuno (insulina reducida) favorece la síntesis de LPL en músculo. (Nota: la mayor concentración de LPL se da en músculo cardiaco, lo cual refleja el

uso de los AG para proporcionar gran parte de la energía necesaria para la función cardiaca.)

6. **Formación de remanentes de quilomicrones:** a medida que el quilomicrón circula y la LPL degrada > 90% del TAG en su núcleo central, la partícula se reduce de tamaño y aumenta en densidad. Asimismo, las apolipoproteínas C (pero no apo B ni E) se devuelven a la HDL. La partícula restante, llamada "remanente", se elimina con rapidez de la circulación por acción del hígado, cuyas membranas celulares contienen receptores lipoproteicos que reconocen a la apo E (*véase* fig. 19-17). Los remanentes de quilomicrones se unen a estos receptores y se introducen a los hepatocitos por endocitosis. La vesícula fagocitada se fusiona entonces con un lisosoma, y las apolipoproteínas, los ésteres de colesterilo y otros componentes del residuo se degradan de manera hidrolítica, lo que libera aminoácidos, colesterol libre y AG. El receptor se recicla. (Nota: el

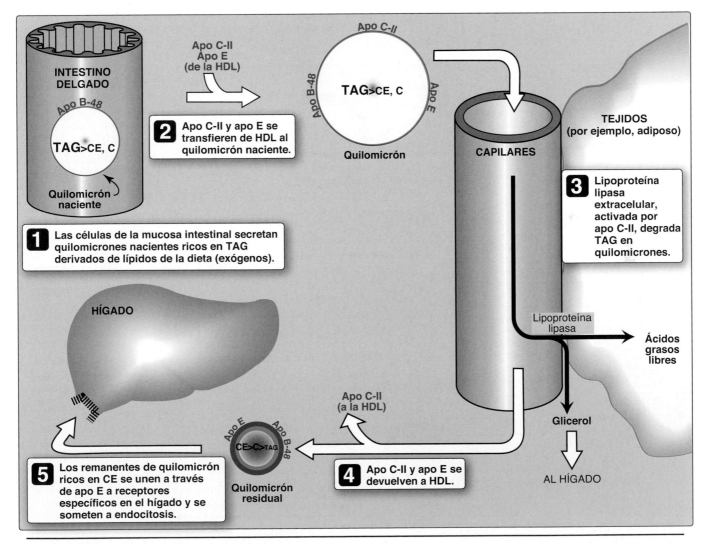

Figura 19-17

Metabolismo de los quilomicrones. Apo B-48, apo C-II y apo E son apolipoproteínas que se encuentran como componentes de partículas lipoproteicas en plasma. Las partículas no están dibujadas a escala (la fig. 19-14 muestra detalles de su tamaño y densidad). TAG, triacilglicerol; C, colesterol; CE, ésteres de colesterilo; HDL, lipoproteína de alta densidad.

mecanismo de endocitosis mediada por receptores se ilustra para LDL en la fig. 19-21.)

C. Metabolismo de lipoproteínas de muy baja densidad

Las VLDL se producen en el hígado (fig. 19-18). Se componen de manera predominante de TAG endógeno (~60%), y su función es llevar este lípido desde el hígado (sitio de síntesis) a los tejidos periféricos. Ahí, el TAG es degradado por LPL, como se señala para los quilomicrones. (Nota: el hígado graso no alcohólico [esteatosis hepática] se presenta en condiciones en las que hay un desequilibrio entre la síntesis de TAG hepático y la secreción de VLDL. Tales condiciones incluyen obesidad y diabetes mellitus tipo 2 [*véase* cap. 26]).

1. **Liberación desde el hígado:** el hígado secreta las VLDL de forma directa a la sangre como partículas nacientes que contienen apo B-100. Debe obtener apo C-II y apo E de la HDL circulante (*véase* la fig. 19-18). Al igual que en el caso de los quilomicrones, apo C-II se requiere para la activación de LPL. (Nota: abetalipoproteinemia es una hipolipoproteinemia rara ocasionada por un defecto en MTP, que conduce a la incapacidad de cargar a apo B con lípidos. En

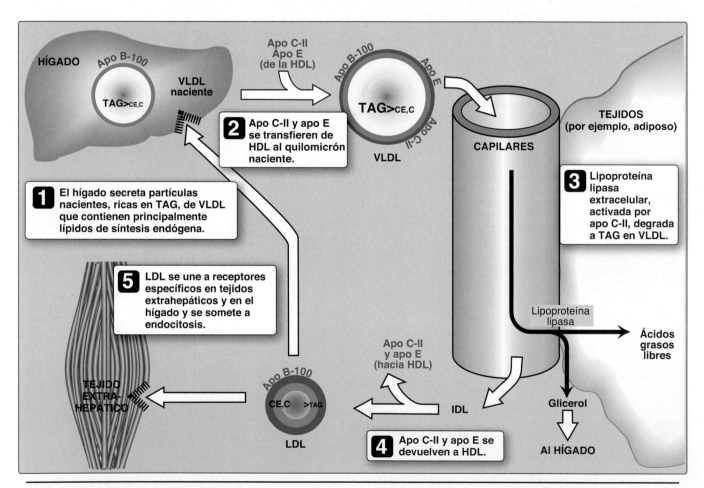

Figura 19-18

Metabolismo de partículas de proteínas de muy baja densidad (VLDL) y lipoproteínas de baja densidad (LDL). Apo B-100, C-II y E son apolipoproteínas que se encuentran como componentes de partículas lipoproteicas en plasma. Las partículas no están dibujadas a escala (*véase* fig. 19-14 para mayores detalles sobre su tamaño y densidad). (Nota: el hígado también puede captar IDL.) TAG, triacilglicerol; HDL e IDL, lipoproteínas de densidades alta e intermedia; C, colesterol; CE, éster de colesterilo.

consecuencia, se forman pocas VLDL o pocos quilomicrones, y TAG se acumula en hígado e intestino. Disminuye la absorción de vitaminas liposolubles. Las LDL son bajas.)

2. **Modificación en la circulación:** a medida que las VLDL pasan a través de la circulación, LPL degrada al TAG, lo cual hace que el tamaño de las VLDL disminuya y estas se hagan más densas. Los componentes de superficie, incluidas las apolipoproteínas C y E, se devuelven a las HDL, pero las partículas retienen a apo B-100. Asimismo, algunos TAG se transfieren de VLDL a HDL en una reacción de intercambio que transfiere de modo concomitante ésteres de colesterilo de HDL a VLDL. La proteína de transferencia de éster de colesterilo (CETP) lleva a cabo este intercambio, como se muestra en la figura 19-19.

3. **Conversión a lipoproteínas de baja densidad:** con estas modificaciones, las VLDL se convierten a LDL en el plasma. Las IDL de diversos tamaños se forman durante esta transición. Las células hepáticas también pueden captar IDL a través de endocitosis mediada por receptores que usan apo E como ligando. Apo E suele estar presente en tres isoformas, E-2 (la más rara), E-3 (la más común) y E-4. Apo E-2 se une mal a los receptores y los pacientes homocigóticos para apo E-2 presentan una eliminación deficiente de IDL y de remanentes de quilomicrones. Estos individuos padecen hiperlipoproteinemia hereditaria tipo III (disbetalipoproteinemia hereditaria o enfermedad de beta ancha), con hipercolesterolemia y ateroesclerosis prematura. (Nota: la isoforma apo E-4 confiere una mayor susceptibilidad a una edad más temprana de la aparición de la forma de inicio tardío de la enfermedad de Alzheimer. El efecto es dependiente de la dosis y los homocigotos se encuentran bajo mayor riesgo. Las estimaciones respecto al riesgo varían.)

D. Metabolismo de lipoproteínas de baja densidad

Las partículas de LDL contienen mucho menos TAG que sus predecesoras VLDL y poseen una alta concentración de colesterol y colesteril ésteres (fig. 19-20). Cerca de 70% del colesterol en plasma se encuentra en las LDL.

1. **Endocitosis mediada por receptores:** la función primaria de las partículas de LDL es proporcionar colesterol a los tejidos periféricos (o devolverlo al hígado). Lo hacen mediante la unión con receptores de LDL en la membrana plasmática que reconocen a apo B-100 (pero no a apo B-48). Dado que estos receptores LDL también pueden unirse a apo E, se les conoce como receptores B-100/apo E. La figura 19-21 presenta un resumen de la captación y degradación de partículas LDL. (Nota: los números en corchetes a continuación se refieren a los números correspondientes en la figura.) Un mecanismo semejante de endocitosis mediada por receptores se emplea para la captación y degradación de residuos de quilomicrones y de IDL en el hígado.

[1] Los receptores LDL son glucoproteínas con carga negativa que están agrupadas en cavidades de las membranas celulares. El lado citosólico de la cavidad está recubierto con la proteína clatrina, que estabiliza el pozo.

[2] Después de unirse, el complejo LDL-receptor se somete a endocitosis. (Nota: los defectos en la síntesis de los receptores funcionales de LDL causan una elevación significativa en LDL-C del plasma. Los pacientes con tales deficiencias tienen una hiperlipi-

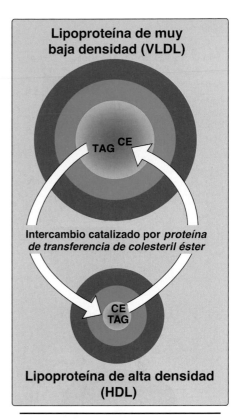

Figura 19-19
Transferencia de éster de colesterilo (CE) de HDL a VLDL en intercambio por triacilglicerol (TAG).

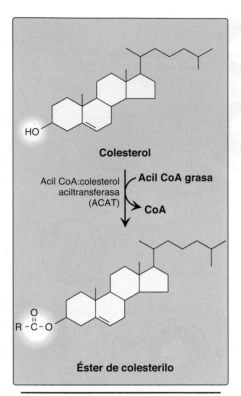

Figura 19-22
Síntesis de colesteril éster intracelular por acción de ACAT. (Nota: lecitina:colesterol acil transferasa [LCAT] es la enzima extracelular que esterifica el colesterol a través del uso de fosfatidilcolina [lecitina] como la fuente de ácidos grasos.) CoA, coenzima A.

E. Metabolismo de proteínas de alta densidad

Las HDL comprenden una familia heterogénea de lipoproteínas con metabolismo complejo que aún no se entiende del todo. Las partículas de HDL se forman en la sangre por la adición de lípido a la apo A-1, una apolipoproteína que se produce y secreta en el hígado y el intestino. Apo A-1 es responsable de ~70% de las apolipoproteínas en las HDL. Las HDL llevan a cabo incontables funciones importantes, incluidas las siguientes.

1. **Provisión de apolipoproteínas:** las partículas de HDL sirven como reservorio circulante de apo C-II (la apolipoproteína que se transfiere a las VLDL y los quilomicrones, y es un activador de LPL) y apo E (la apolipoproteína requerida para la endocitosis mediada por receptores de las IDL y los residuos de quilomicrones).

2. **Captación de colesterol no esterificado:** las HDL nacientes son partículas en forma de disco que contienen sobre todo fosfolípido (en gran medida FC) y apo A, C y E. Estas captan colesterol de tejidos no hepáticos (periféricos) y lo devuelven al hígado como ésteres de colesterilo (fig. 19-24). (Nota: las partículas de HDL son excelentes aceptores de colesterol no esterificado como resultado de su alta concentración de fosfolípidos, los cuales son importantes disolventes de colesterol.)

3. **Esterificación de colesterol:** el colesterol que captan las HDL se esterifica de inmediato por medio de la enzima plasmática lecitina:colesterol aciltransferasa (LCAT, también conocida como PCAT, en donde la P significa FC, la fuente de los AG). El hígado sintetiza y secreta esta enzima. LCAT se une a las HDL nacientes y es activada por apo A-I. LCAT transfiere el AG del carbono 2 de la FC al colesterol. Esto produce un éster de colesterilo hidrofóbico, el cual se secuestra en el núcleo central de las HDL, y lisofosfatidilcolina, que se une a la albúmina. (Nota: la esterificación mantiene el gradiente de concentración de colesterol, lo cual permite la salida continua del colesterol a las HDL.) A medida que HDL naciente discoide acumula colesteril éster, primero se vuelve HDL3 relativamente escasa en éster de colesterilo y, de manera eventual, en una partícula HDL2 rica en éster de colesterilo que transporta tales ésteres al hígado. La lipasa hepática que degrada TAG y fosfolípidos participa en la conversión de HDL2 a HDL3 (véase fig. 19-24). CETP transfiere parte de los ésteres de colesterilo de HDL a VLDL en intercambio por TAG, lo cual alivia la inhibición por producto de LCAT. Dado que VLDL se cataboliza a LDL, el hígado al final capta los ésteres de colesterilo transferidos por CETP.

4. **Transporte inverso de colesterol:** la transferencia selectiva de colesterol desde las células periféricas hacia las HDL y desde HDL hacia el hígado para la síntesis o eliminación de ácidos biliares a través de la bilis es un componente clave de la homeostasis de colesterol. Este proceso de transporte inverso del colesterol (TIC) es, en parte, la base para la relación inversa que se observa entre la concentración de HDL en plasma y la ateroesclerosis y para la designación de HDL como el transportador de colesterol "bueno". (Nota: el ejercicio y los estrógenos elevan los niveles de HDL.) El TIC implica la salida de colesterol desde las células periféricas hacia las HDL, la esterificación del colesterol por LCAT, la unión de HDL ricas en éster de colesterilo (HDL2) al hígado (y, quizás, a células esteroidogénicas), la transferencia selectiva de los ésteres

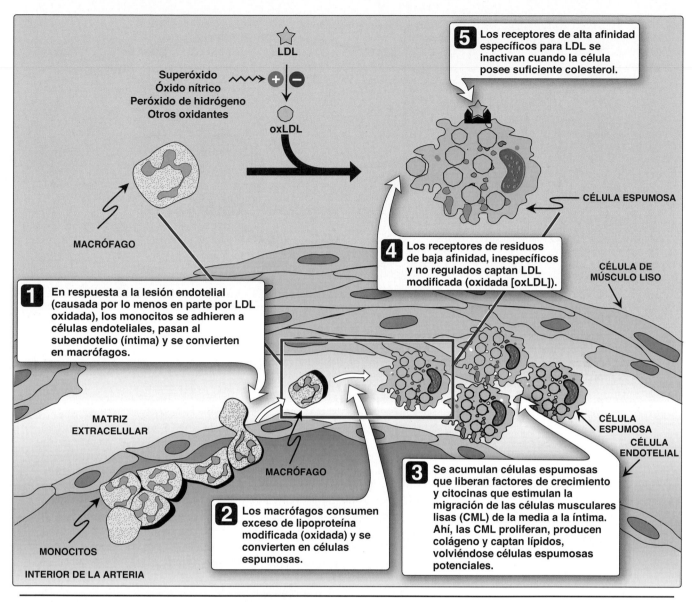

Figura 19-23
La función de las lipoproteínas de baja densidad (LDL) oxidadas en la formación de placas en la pared arterial.

de colesterilo al interior de estas células y la liberación de HDL con lípidos reducidos (HDL3). La salida de colesterol desde las células periféricas está mediado ante todo por la proteína de transporte ABCA1. (Nota: la enfermedad de Tangier es una deficiencia muy rara de ABCA1 y se caracteriza por la ausencia virtual de partículas de HDL debido a la degradación de apo A-1 escasa en lípidos.) La captación de ésteres de colesterilo en el hígado está mediada por el receptor de superficie celular barredor clase B tipo 1 (SR-B1) que se une a HDL (*véase* sección VI D3 para mayor información sobre receptores SR-A). La partícula de HDL en sí no es captada. En lugar de ello, hay captación selectiva del éster de colesterilo de la partícula de HDL. (Nota: el nivel bajo de HDL-C es un factor de riesgo para ateroesclerosis.)

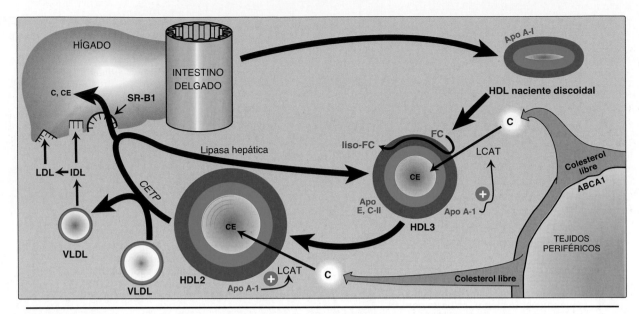

Figura 19-24
Metabolismo de partículas de lipoproteínas de alta densidad (HDL). Apo, apolipoproteína; ABCA1, ATP-proteína transportadora ABC de unión al ATP; C, colesterol; CE, colesteril éster; LCAT, lecitina:colesterol aciltransferasa; VLDL, IDL y LDL, lipoproteínas de densidades muy baja, intermedia y baja; CETP, proteína de transferencia de éster de colesterilo; SR-B1, receptor residual B1.

> ABCA1 es una proteína "casete" (ABC) que se une al ATP. Las proteínas ABC usan la energía de la hidrólisis de ATP para transportar materiales, incluidos los lípidos, hacia dentro y hacia fuera de las células y a través de los compartimentos intracelulares. Además de la enfermedad de Tangier, los defectos en proteínas específicas de ABC derivan en sito-esterolemia, fibrosis quística, adrenoleucodistrofia ligada al cromosoma X, síndrome de deficiencia respiratoria debida a reducción de la secreción de surfactante y enfermedad hepática provocada por la disminución en la secreción de sales biliares.

F. Lipoproteína (a) y enfermedad cardiaca

Lipoproteína (a), o Lp(a), es casi idéntica en estructura a una partícula de LDL. Su característica distintiva es la presencia de una molécula adicional de apolipoproteína, apo(a), la cual se une de manera covalente a un solo sitio de apo B-100. Apo(a) es estructuralmente homóloga al plasminógeno, el precursor de una proteasa sanguínea cuyo blanco es fibrina. La fibrina es el componente proteico principal de los coágulos sanguíneos (*véase* cap. 36). La Lp(a) es un factor de riesgo independiente para cardiopatía coronaria. El componente apo(a) de las partículas de Lp(a) está indicado para promover la aterogénesis. Los niveles circulantes de Lp(a) se determinan sobre todo por genética. No obstante, la dieta puede desempeñar algún papel, ya que se ha visto que los AG trans incrementan Lp(a). Por otro lado, la niacina reduce a Lp(a), lo mismo que a LDL-C y TAG, pero eleva al HDL-C.

VII. HORMONAS ESTEROIDES

El colesterol es el precursor de toda clase de hormonas esteroides: gluco-corticoides (p. ej., cortisol), mineralocorticoides (p. ej., aldosterona) y de las hormonas sexuales (esto es, andrógenos, estrógenos y progestinas), como se muestra en la figura 19-25. (Nota: glucocorticoides y mineralocorticoides se llaman de manera colectiva "corticoesteroides".) Su síntesis y secreción ocurren en la corteza suprarrenal (cortisol, aldosterona y andrógenos), los ovarios y placenta (estrógenos y progestinas), así como los testículos (testosterona). Las hormonas esteroides se transportan en sangre desde sus sitios de síntesis hasta sus órganos blanco. Debido a su hidrofobicidad, deben formar complejos con una proteína plasmática. La albúmina puede actuar como un transportador inespecífico y lleva aldosterona. Sin embargo, las proteínas plasmáticas específicas transportadoras de esteroides se unen a las hormonas esteroides con más fuerza que la albúmina (p. ej., la globulina que se une a corticoesteroides, o transcortina, es responsable de transportar cortisol). Un sinnúmero de enfermedades genéticas se producen por deficiencias en pasos específicos en la biosíntesis de hormonas esteroides. En la figura 19-26 se describen algunas enfermedades representativas.

A. Síntesis

La síntesis implica el acortamiento de la cadena hidrocarbonada del colesterol y de la hidroxilación del núcleo esteroide. La reacción inicial y limitante de la velocidad convierte al colesterol en pregnenolona de 21 carbonos. La cataliza la enzima de rompimiento de cadenas laterales del colesterol, una oxidasa de función mixta del citocromo P450 (CYP) de la membrana mitocondrial interna que también se conoce como P450$_{scc}$ y la desmolasa. Se requieren NADPH y O_2 para la reacción. El sustrato colesterol puede ser sintetizado *de novo*, tomarse de las lipoproteínas o liberarse mediante una esterasa a partir de ésteres de colesterilo almacenados en el citosol de los tejidos esteroidogénicos. El colesterol pasa a la membrana mitocondrial externa. Un punto importante de control es el movimiento subsiguiente desde la membrana externa a la membrana interna de la mitocondria. Este proceso está mediado por la proteína esteroidogénica reguladora aguda (StAR). Pregnenolona es el compuesto madre para todas las hormonas esteroides (*véase* fig. 19-26). Se oxida y luego se isomeriza a progesterona, que se modifica aún más a otras hormonas esteroides por medio de reacciones de hidroxilación catalizadas por la proteína CYP en el REL y las mitocondrias. Un defecto en la actividad o la cantidad de una enzima en esta vía puede conducir a una deficiencia en la síntesis de hormonas más allá del paso afectado y a un exceso en las hormonas o los metabolitos antes de ese paso. Dado que todos los miembros de la vía poseen actividad biológica potente, ocurren desequilibrios metabólicos graves con las deficiencias de enzimas (*véase* fig. 19-26). En forma colectiva, estos trastornos se conocen como hiperplasias suprarrenales congénitas (HSC). (Nota: la enfermedad de Addison, debido a la destrucción autoinmune de la corteza suprarrenal, se caracteriza por insuficiencia adrenocortical.)

B. Hormonas esteroides de la corteza suprarrenal

Las hormonas esteroides se sintetizan y secretan en respuesta a señales hormonales. Los corticoesteroi-

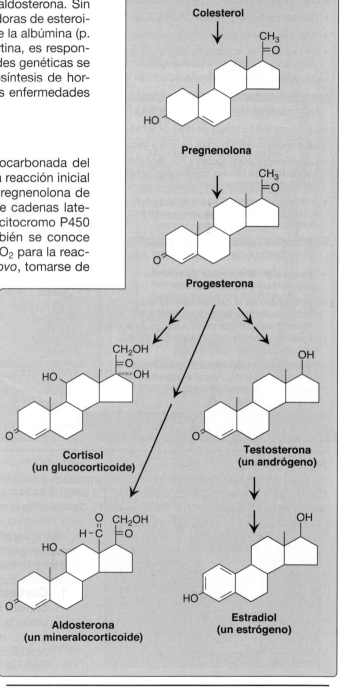

Figura 19-25
Hormonas esteroides clave.

CORTEZA SUPRARRENAL

ALDOSTERONA

- Estimula la reabsorción renal de Na$^+$ y la excreción de K$^+$.

CORTISOL

- Incrementa la gluconeogénesis.
- Acción antiinflamatoria.
- Degradación de proteínas en músculo.

OVARIOS

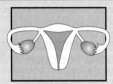

ESTRÓGENOS

- Controlan el ciclo menstrual.
- Promueve el desarrollo de las características sexuales femeninas secundarias.

PROGESTERONA

- Fase secretora del útero y las glándulas mamarias.
- Implantación y maduración del óvulo fertilizado.

TESTÍCULOS

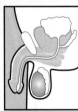

TESTOSTERONA

- Estimula la espermatogénesis.
- Promueve el desarrollo de características sexuales secundarias masculinas.
- Estimula el anabolismo.
- Favorece la masculinización del feto.

Figura 19-28
Acciones de las hormonas esteroides. K$^+$, potasio; Na$^+$, sodio.

---

ponden a una hormona esteroide específica y, por lo tanto, aseguran la regulación coordinada de estos genes. Los complejos hormona-receptor también pueden inhibir la transcripción en asociación con correpresores. (Nota: la unión de una hormona con su receptor causa un cambio conformacional en el receptor que descubre su dominio de unión al ADN, lo cual permite que el complejo interactúe a través de un motivo de dedos de zinc con la secuencia apropiada de ADN. Los receptores para hormonas esteroides, más aquellos para hormona tiroidea, ácido retinoico y 1,25-dihidroxicolecalciferol [vitamina D], son miembros de una superfamilia de reguladores de genes estructuralmente relacionados que funcionan de manera semejante.)

E. Metabolismo adicional

Las hormonas esteroides por lo general se convierten en productos inactivos de excreción metabólica en el hígado. Las reacciones incluyen la reducción de enlaces insaturados y la introducción de grupos hidroxilo adicionales. Las estructuras resultantes se vuelven más solubles por conjugación con ácido glucurónico o sulfato (a partir de 3′-fosfoadenosil -5′-fosfosulfato). Estos metabolitos conjugados son bastante hidrosolubles y no necesitan proteínas acarreadoras. Se eliminan en heces y orina.

VIII. Resumen del capítulo

- El **colesterol** es un compuesto hidrofóbico, con un solo grupo hidroxilo, al cual puede unirse un AG y producir un **colesteril éster** aún más hidrofóbico.
- El colesterol se sintetiza casi en todos los tejidos humanos, aunque sobre todo en **hígado**, **intestino**, **corteza suprarrenal** y **tejidos reproductivos.**
- La síntesis requiere enzimas del **citosol**, el **REL** y los **peroxisomas**.
- El paso limitante de la velocidad y regulado en la síntesis de colesterol es catalizado por la **HMG CoA reductasa**, que produce **mevalonato** a partir de HMG CoA.
- Una serie de mecanismos regula a la **HMG CoA reductasa**: 1) a través del factor de transcripción **SREBP-2**; 2) **degradación** acelerada de la **proteína** cuando los niveles de colesterol son altos; 3) **fosforilación** que causa **inactivación** de la enzima por **AMPK**, y 4) regulación hormonal por **insulina** y **glucagón**.
- Las **estatinas** son **inhibidores competitivos** de HMG CoA reductasa. Estos fármacos se usan para reducir el colesterol en plasma de pacientes con **hipercolesterolemia**.
- La estructura de anillo del colesterol no se puede degradar en humanos. Se elimina del cuerpo ya sea por conversión en sales biliares o por secreción en la **bilis**.
- El paso limitante de velocidad en la síntesis de ácidos biliares se cataliza por la **colesterol-7-α-hidroxilasa**, la cual es inhibida por los **ácidos biliares**.
- Antes de que los ácidos biliares salgan del hígado, estos se conjugan. Los ácidos biliares conjugados se conocen como sales biliares, que están **más** ionizadas y son **más hidrosolubles** que los ácidos biliares en el pH alcalino de la bilis.
- Las **bacterias** intestinales modifican las sales biliares, y producen las **sales biliares secundarias**.
- Las sales biliares se reabsorben de manera eficiente (> 95%) y regresan al hígado mediante la **circulación enterohepática**.
- La circulación enterohepática de sales biliares se reduce con los **secuestradores de los ácidos biliares**.

- Si entra más colesterol a la bilis de aquel que pueden solubilizar las sales biliares y la FC disponibles, puede producirse la **enfermedad por cálculos biliares** (**colelitiasis**).

- Las lipoproteínas plasmáticas (*véase* fig. 19-30) incluyen **quilomicrones, VLDL, LDL** y **HDL**. Estas funcionan para mantener a los lípidos solubles mientras los transportan entre los tejidos.

- Las lipoproteínas están compuestas por **TAG** y **colesteril ésteres** en el núcleo central de lípido neutro rodeado de una cubierta de **apolipoproteínas anfipáticas, fosfolípidos** y **colesterol no esterificado**.

- Los **quilomicrones** se ensamblan en las **células de la mucosa intestinal** a partir de **lípidos de la dieta**. Cada partícula naciente de **quilomicrón** posee una molécula de **apo B-48**.

- Debido a su gran tamaño, los **quilomicrones** son liberados de las células hacia el sistema linfático y viajan hacia la sangre. Apo C-II activa la **LPL** endotelial, la cual degrada los TAG en los quilomicrones a AG y glicerol. Los **AG** que son liberados se almacenan en **tejido adiposo** o se usan para obtener energía en el **músculo**. El **glicerol** se metaboliza en el **hígado**.

- Después de que se elimina la mayor parte de TAG, los **remanentes de quilomicrones**, que llevan la mayor parte del **colesterol de la dieta**, se unen al receptor hepático que reconoce a apo E.

- Los pacientes con **deficiencia** de LPL o apo C-II muestran una acumulación muy notoria de quilomicrones en el plasma (**hiperlipoproteinemia tipo I** o **quilomicronemia hereditaria**) incluso en estado de ayuno.

- Las VLDL nacientes se producen en el hígado y están compuestas en forma predominante de TAG. Contienen una sola molécula de **apo B-100**. Las VLDL transportan el TAG hepático a los tejidos periféricos, donde LDL degrada al lípido.

- La partícula de VLDL recibe **colesteril ésteres** de HDL en intercambio por TAG. Este proceso se logra por acción de la **CETP**.

- Las VLDL en plasma se convierten primero a IDL y luego a LDL.

- Apo B-100 en la LDL es reconocida por el **receptor de LDL**, lo que deriva en la **endocitosis mediada por receptores de LDL**. **El contenido de LDL** se degrada en los **lisosomas y el receptor de LDL se recicla**. La proteasa **PCSK9** evita el reciclaje de receptores.

- La captación defectuosa de estos remanentes de quilomicrones y de IDL provoca una **hiperlipoproteinemia tipo III** o **disbetalipoproteinemia**.

- Los defectos en la síntesis de receptores funcionales de LDL causa **hiperlipoproteinemia tipo IIa** (**FH**).

- Las HDL se crean por **lipidación** de **apo A-1** sintetizada en el hígado y el intestino. Poseen incontables funciones, incluido 1) servir como **reservorio** circulante de apo C-II y apo E para quilomicrones y VLDL; 2) eliminar el **colesterol** de los tejidos periféricos a través de ABCA1 y por medio de su esterificación mediante el uso de **LCAT**, una enzima plasmática sintetizada por el hígado que es activada por **apo A-1**, y 3) transportar estos colesteril ésteres al hígado (**TIC**) para su captación a través del **SR-B1**.

- El colesterol es el precursor de todas las clases de **hormonas esteroides**, que incluyen **glucocorticoides, mineralocorticoides** y las **hormonas sexuales**. La síntesis ocurre en la **corteza suprarrenal** (**glucocorticoides, mineralocorticoides** y **andrógenos**), las **gónadas** y la **placenta**.

- El paso inicial y limitante de la velocidad es la conversión de colesterol a pregnenolona por la enzima de rompimiento de cadenas laterales **P450$_{scc}$**. Las deficiencias en la síntesis conducen a la **HSC**.

- Cada hormona esteroide se une a un receptor intracelular específico en su célula blanco. Estos **complejos receptor-hormona** se unen a secuencias reguladoras específicas del ADN (**ERH**) en asociación con proteínas coactivadoras/correpresores, con lo que se regula la **transcripción** de los genes blanco.

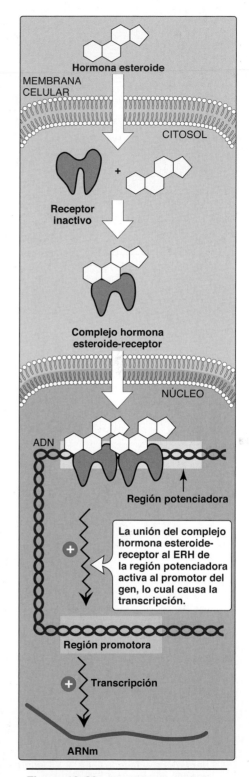

Figura 19-29
Activación de la transcripción por interacción del complejo hormona esteroide-receptor con el elemento de respuesta a hormonas (ERH). El receptor contiene dominios que se unen a la hormona, el ADN y las proteínas coactivadoras. ARNm, ARN mensajero.

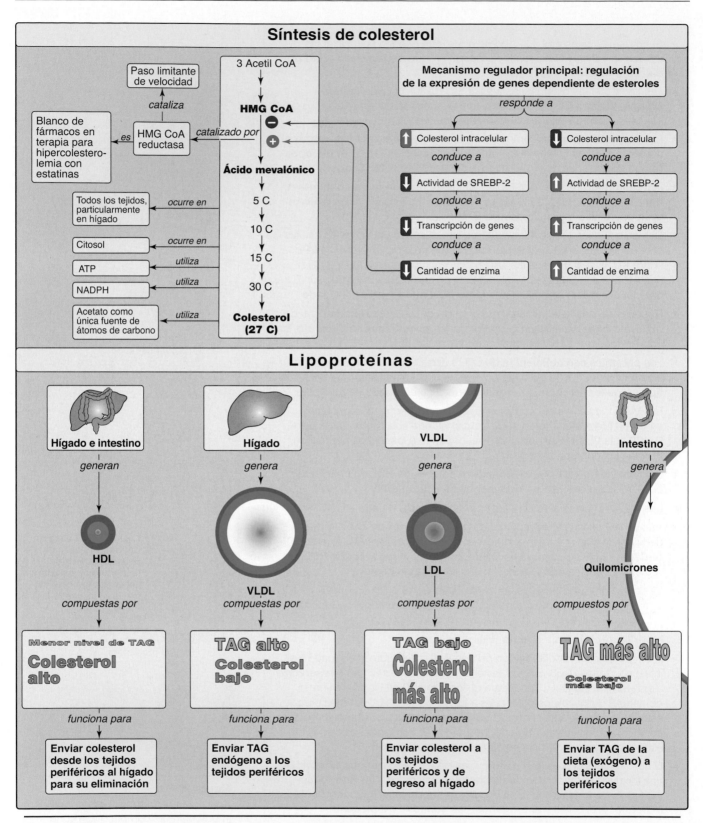

Figura 19-30
Mapa conceptual para colesterol y lipoproteínas. C, carbono; HDL, LDL y VLDL, lipoproteínas de alta, baja y muy baja densidades; HMG CoA, hidroximetilglutaril coenzima A; NADPH, dinucleótido fosfato de nicotinamida y adenina; SREBP, proteína de unión al elemento regulador del esterol; TAG, triacilglicerol.

Preguntas de estudio

Elija la RESPUESTA correcta.

19.1 Se modificaron ratones por ingeniería genética para que presentaran hidroxilmetilglutaril coenzima A reductasa en la cual, serina 871, un sitio de fosforilación, fue remplazada por alanina. ¿Cuál de los siguientes enunciados acerca de la forma modificada de la enzima tiene la mayor probabilidad de ser correcto?

A. La enzima no responde a la disminución de ATP.

B. La enzima no responde a estatinas.

C. La enzima no responde al sistema de elemento de respuesta a esterol-proteína de unión al elemento de respuesta a esterol.

D. La enzima no puede ser degradada por el sistema de proteosoma-ubiquitina.

Respuesta correcta = A. La reductasa se regula por fosforilación y desfosforilación covalentes. La disminución de ATP deriva en una elevación de monofosfato de adenosina (AMP) que activa la AMP cinasa (AMPK), por lo cual desfosforila e inactiva la reductasa. En ausencia de serina, un sitio común de fosforilación, la enzima no puede fosforilarse por acción de AMPK. La enzima también se regula de manera fisiológica mediante cambios en la transcripción y la degradación, y farmacológica por medio de estatinas (fármacos inhibidores competitivos), pero nada de esto depende de la fosforilación de serina.

19.2 Calcule la cantidad de colesterol de lipoproteínas de baja densidad en un individuo cuya sangre en ayuno dio los siguientes resultados en la prueba de panel de lípidos: colesterol total = 300 mg/dL, colesterol de lipoproteínas de alta densidad = 25 mg/dL, triglicéridos = 150 mg/dL.

A. 55 mg/dL

B. 95 mg/dL

C. 125 mg/dL

D. 245 mg/dL

Respuesta correcta = D. El colesterol total en la sangre de un individuo en ayuno, según la ecuación de Friedewald, igual a la suma del colesterol de lipoproteínas de baja densidad más el colesterol de lipoproteínas de alta densidad, más el colesterol en las lipoproteínas de muy baja densidad (VLDL). Este último término se calcula al dividir el valor del triacilglicerol entre 5 porque el colesterol es responsable de cerca de 1/5 del volumen de VLDL en la sangre en ayuno.

Para las preguntas 19.3 y 19.4, utilice la descripción siguiente.

Una joven con historial de dolor abdominal grave llega a su hospital local a las 5 a.m. con dolor intenso. Se le toma una muestra de sangre y su plasma se observa lechoso, con un nivel de triacilglicerol > 2 000 mg/dL (normal = 4 a 150 mg/dL). La paciente se somete a una dieta extremadamente limitada en grasa, pero con complementos de triglicéridos de cadena mediana.

19.3 ¿Cuál de las siguientes partículas de lipoproteína tiene mayor probabilidad de ser responsable de la apariencia del plasma de la paciente?

A. Quilomicrones.

B. Lipoproteínas de alta densidad.

C. Lipoproteínas de densidad intermedia.

D. Lipoproteínas de baja densidad.

E. Lipoproteínas de muy baja densidad.

Respuesta correcta = A. La apariencia lechosa de su plasma se produce por quilomicrones ricos en triacilglicerol. Dado que al parecer las 5 a.m. son varias horas después de su cena, la paciente debe tener dificultad para degradar estas partículas lipoproteicas. Las lipoproteínas de densidad intermedia, baja y alta contienen sobre todo colesteril ésteres y si una o más de estas partículas tenía niveles elevados, causaría hipercolesterolemia. Las lipoproteínas de densidad muy baja no causan la apariencia lechosa descrita del plasma.

19.4 ¿Cuál de las siguientes proteínas tiene mayor probabilidad de ser deficiente en esta paciente?

  A. Apolipoproteína A-I.
  B. Apolipoproteína B-48.
  C. Apolipoproteína C-II.
  D. Proteína de transferencia colesteril éster.
  E. Proteína de transferencia de triglicérido microsomal.

Respuesta correcta = C. El triacilglicerol (TAG) en los quilomicrones se degrada por medio de la lipoproteína lipasa (LPL) endotelial, que requiere apolipoproteína (apo) C-II como coenzima. La deficiencia de LPL o de apo C-II deriva en la reducción de la capacidad para degradar quilomicrones hasta sus residuos, los cuales son eliminados (vía apo E) por los receptores hepáticos. Apo A-I es la coenzima para la lecitina:colesterol aciltransferasa, apo B-48 es la proteína estructural característica de los quilomicrones; la proteína de transferencia de colesteril éster cataliza el intercambio colesteril éster-TAG entre lipoproteínas de alta densidad y de muy baja densidad (VLDL), y la proteína de transferencia de triglicéridos microsomales está implicada en la formación, no en la degradación, de quilomicrones (y VLDL).

19.5 Complete la siguiente tabla para un individuo con deficiencia clásica de 21-α-hidroxilasa en relación con un individuo normal.

Variable	Aumento	Disminución
Aldosterona		
Androstenediona		
Cortisol		
Glucosa en sangre		
Hormona adrenocorticotrópica		
Tensión arterial		

¿De qué manera podrían cambiar los resultados si este individuo tuviera deficiencia de 17-α-hidroxilasa, en lugar de 21-α-hidroxilasa?

La deficiencia clásica de 21-α-hidroxilasa hace que los mineralocorticoides (aldosterona) y los glucocorticoides (cortisol) estén casi ausentes. Dado que la aldosterona incrementa la tensión arterial y el cortisol aumenta la glucosa sanguínea, la deficiencia de estas sustancias deriva en la disminución de la tensión arterial y la glucosa sanguínea, de forma respectiva. El cortisol por lo regular retroalimenta para inhibir la liberación de la hormona adrenocorticotrópica (ACTH) por la pituitaria y, de esta manera, su ausencia da lugar a una elevación de ACTH. La pérdida de la 21-α-hidroxilasa empuja a progesterona y pregnenolona hacia la síntesis de andrógenos y, por lo tanto, provoca la elevación de los niveles de androstenediona. Con una deficiencia de 17-α-hidroxilasa, la síntesis de hormonas sexuales disminuiría. Si la producción mineralocorticoides aumentara, conduciría a la hipertensión.

Aminoácidos: eliminación del nitrógeno

20

I. GENERALIDADES

A diferencia de las grasas y los carbohidratos, el cuerpo no almacena aminoácidos. Es decir, no existe ninguna proteína cuya única función sea mantener una provisión de aminoácidos para su uso futuro. Por lo tanto, los aminoácidos deben obtenerse de la dieta, sintetizarse *de novo*, o producirse a partir de la degradación normal de proteínas corporales. Cualquier aminoácido cuya concentración exceda las necesidades biosintéticas de la célula se degrada con rapidez. La primera fase del catabolismo implica la eliminación de los grupos α-amino (por lo general por la transaminación y la subsiguiente desaminación oxidativa), con la formación de amoniaco y los α-cetoácidos correspondientes, los esqueletos carbonados de los aminoácidos. Una porción del amoniaco libre se excreta en la orina, pero la mayor parte se usa en la síntesis de la urea (fig. 20-1), que de forma cuantitativa es la vía más importante para la eliminación de nitrógeno del organismo. En la segunda fase del catabolismo de aminoácidos, descrito en el capítulo 21, los esqueletos carbonados de los α-cetoácidos se convierten en intermediarios comunes de vías metabólicas productoras de energía. Estos compuestos pueden metabolizarse a dióxido de carbono (CO_2) y agua (H_2O), glucosa, ácidos grasos o cuerpos cetónicos a través de las vías centrales del metabolismo descritas en los capítulos 9 a 14 y 17.

II. METABOLISMO GENERAL DEL NITRÓGENO

El catabolismo de aminoácidos forma parte de un proceso metabólico más extenso, el de moléculas que contienen nitrógeno. El nitrógeno entra al cuerpo en diversos compuestos presentes en los alimentos, los más importantes de los cuales son los aminoácidos contenidos en la proteína de la dieta. El nitrógeno abandona el cuerpo en forma de urea, amoniaco y otros productos derivados del metabolismo de aminoácidos (como creatinina, *véase* p. 344). El papel de las proteínas del cuerpo en estas transformaciones involucra dos conceptos importantes: el conjunto de aminoácidos y el recambio de proteínas.

A. Conjunto de aminoácidos

Los aminoácidos libres están presentes a través de todo el cuerpo, como en las células, la sangre y los líquidos extracelulares. Para propó-

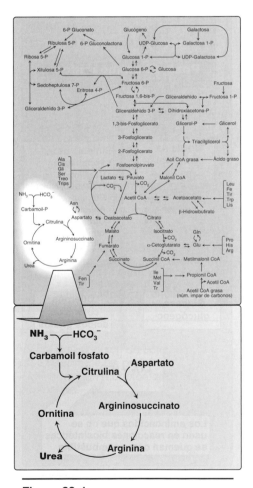

Figura 20-1

El ciclo de la urea representado como parte de las vías esenciales del metabolismo energético. (Nota: *véase* fig. 9-2, p. 125, que muestra un mapa más detallado del metabolismo.) NH_3, amoniaco; CO_2, dióxido de carbono.

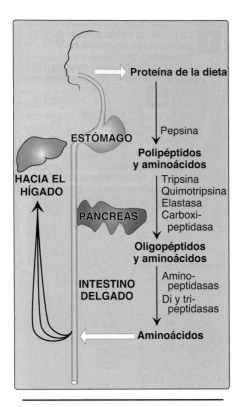

Figura 20-4
Digestión de las proteínas de la dieta por las enzimas proteolíticas del tracto gastrointestinal. AACR, aminoácidos de cadena ramificada.

1. **Ácido clorhídrico:** el HCl estomacal está demasiado diluido (pH 2 a 3) como para hidrolizar las proteínas. La función del ácido, secretado por las células parietales del estómago, es más bien la de destruir algunas bacterias y desnaturalizar las proteínas, lo cual las hace entonces más vulnerables a la hidrólisis subsiguiente por proteasas.

2. **Pepsina:** las células principales del estómago secretan esta endopeptidasa estable en ácido como zimógeno (o proenzima) inactivo, el pepsinógeno. (Nota: en general, los zimógenos contienen aminoácidos adicionales en sus secuencias que evitan que sean catalíticamente activos.) En presencia de HCl, el pepsinógeno sufre un cambio conformacional que le permite cortarse a sí mismo (autocatálisis) para dar la forma activa, la pepsina, la cual libera polipéptidos y algunos aminoácidos libres de las proteínas en la dieta.

B. Digestión por enzimas pancreáticas

Al entrar al intestino delgado, los polipéptidos producidos en el estómago por la acción de pepsina se degradan aún más hasta oligopéptidos y aminoácidos por acción de un grupo de proteasas pancreáticas que incluyen tanto endopeptidasas (escinden dentro del polipéptido) y exopeptidasas (que cortan en los extremos). (Nota: el bicarbonato [HCO_3^-], secretado por el páncreas en respuesta a la hormona intestinal secretina, eleva el pH intestinal.)

1. **Especificidad:** cada una de estas enzimas posee una especificidad diferente por los grupos R de los aminoácidos adyacentes al enlace peptídico excindible (fig. 20-5). Por ejemplo, la tripsina solo degrada la proteína cuando el grupo carbonilo del enlace peptídico está formado por arginina o lisina. Estas enzimas, lo mismo que la pepsina descrita antes, se sintetizan y secretan como zimógenos inactivos.

2. **Liberación de zimógenos:** la liberación y activación de los zimógenos pancreáticos están mediadas por la secreción de colecistocinina, una hormona polipeptídica del intestino delgado (*véase* p. 218).

3. **Activación de zimógeno:** la enteropeptidasa (también llamada enterocinasa), una serina proteasa sintetizada por y presente en la

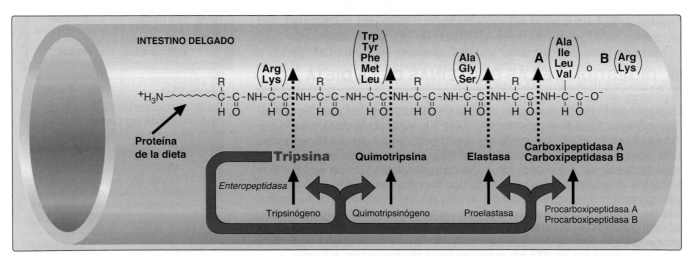

Figura 20-5
Degradación de la proteína dietética en el intestino delgado por las proteasas pancreáticas. Se muestran los enlaces peptídicos susceptibles a la hidrólisis para cada una de las proteasas pancreáticas principales. (Nota: las tres primeras son serín endopeptidasas, mientras que las últimas dos son exopeptidasas. Cada una se produce a partir de un zimógeno inactivo.)

superficie luminal (apical) de las células de mucosa intestinal (enterocitos) del borde en cepillo, convierte el zimógeno pancreático tripsinógeno en la tripsina por eliminación de un hexapéptido del N-terminal de tripsinógeno. La tripsina convierte, en forma subsiguiente, otras moléculas de tripsinógeno en tripsina al romper un número limitado de enlaces peptídicos específicos en zimógeno. Así, la enteropeptidasa desencadena una cascada de actividad proteolítica debido a que la tripsina es el activador común de todos los zimógenos pancreáticos (*véase* fig. 20-5).

4. **Anormalidades de la digestión:** en individuos con una deficiencia en la secreción pancreática (p. ej., debido a pancreatitis crónica, fibrosis quística o eliminación quirúrgica del páncreas), la digestión y absorción de grasa y proteínas son incompletas. Esto provoca la aparición anormal de lípidos en las heces (un trastorno llamado esteatorrea; *véase* p. 220), así como de proteína sin digerir.

> La enfermedad celiaca (celiaquía) es una afección por malabsorción derivada del daño mediado por el sistema inmunológico en el intestino delgado como respuesta a la ingestión de gluten (o gliadina producida por el gluten), una proteína que se encuentra en trigo, cebada y centeno.

C. Digestión de oligopéptidos por enzimas intestinales pequeñas

La superficie luminal del enterocito contiene aminopeptidasa, una exopeptidasa que rompe de forma repetida el residuo N-terminal de los oligopéptidos para producir incluso los péptidos más pequeños y aminoácidos libres.

D. Absorción intestinal de aminoácidos y péptidos pequeños

La mayoría de los aminoácidos libres se capta en los enterocitos a través de un sistema de transporte activo secundario dependiente de sodio por proteínas transportadoras de solutos (SLC) de la membrana apical. Se conocen por lo menos siete sistemas de transporte diferentes con especificidades aminoacídicas sobrelapadas. Los dipéptidos y tripéptidos, sin embargo, son transportados por un transportador de péptidos ligado a protones (PepT1). A continuación los péptidos se hidrolizan hasta aminoácidos libres. Al margen de su origen, los aminoácidos libres se liberan de los enterocitos hacia el sistema portal mediante transportadores independientes de sodio de la membrana basolateral. Por lo tanto, solo se encuentran aminoácidos libres en la vena porta después de una comida que contenga proteínas. Estos aminoácidos se metabolizan en el hígado o se liberan en la circulación general. (Nota: el hígado no metaboliza los aminoácidos de cadena ramificada [AACR] sino que, en lugar de ello, son enviados desde el hígado a los músculos a través de la sangre [fig. 20-4]).

E. Anormalidades en la absorción

El intestino delgado y los túbulos proximales de los riñones poseen sistemas comunes de transporte para la captación de aminoácidos. En consecuencia, un defecto en cualquiera de estos sistemas deriva en la incapacidad para absorber aminoácidos específicos hacia el intestino y a los túbulos renales. Por ejemplo, un sistema es responsable de la captación de cistina y de los aminoácidos dibásicos ornitina, arginina y lisina (representados como COAL). En el trastorno hereditario cistinuria, este sistema de transportadores es defectuoso, por lo que los cua-

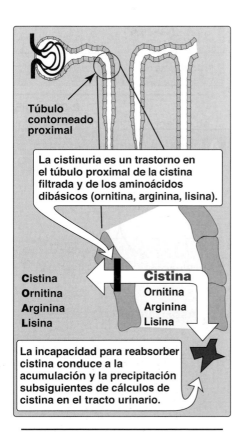

Túbulo contorneado proximal

La cistinuria es un trastorno en el túbulo proximal de la cistina filtrada y de los aminoácidos dibásicos (ornitina, arginina, lisina).

Cistina
Ornitina
Arginina
Lisina

Cistina
Ornitina
Arginina
Lisina

La incapacidad para reabsorber cistina conduce a la acumulación y la precipitación subsiguientes de cálculos de cistina en el tracto urinario.

Figura 20-6
Defecto genético observado en la cistinuria. (Nota: la cistinuria es diferente a la cistinosis, un raro defecto en el transporte de cistina hacia fuera de los lisosomas que resulta en la formación de cristales de cistina dentro del lisosoma y con daño extenso en tejidos.)

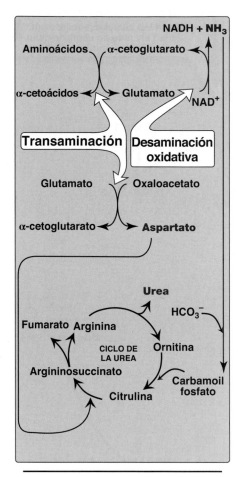

Figura 20-15
El flujo del nitrógeno desde los aminoácidos a la urea. Los grupos amino para la síntesis de urea se obtienen en forma de amoniaco (NH_3) y aspartato. NADH, dinucleótido de nicotinamida y adenina; HCO_3^-, bicarbonato.

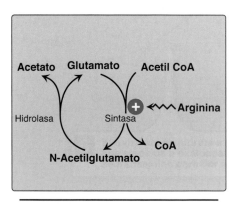

Figura 20-16
Formación y degradación del Nacetilglutamato, un activador alostérico de carbamoil fosfato sintetasa I. CoA, coenzima A.

insuficiencia renal, los niveles de urea en plasma están elevados y promueven una mayor transferencia de urea desde la sangre hacia el intestino. La acción intestinal de ureasa sobre esta urea se convierte en una fuente clínica importante de amoniaco y contribuye a la hiperamonemia que se observa con frecuencia en estos pacientes. La administración oral de antibióticos reduce el número de bacterias intestinales responsables de esta producción de amoniaco.

B. Estequiometría general

$$Aspartato + NH_3 + HCO_3^- + 3ATP + H_2O \rightarrow$$
$$urea + fumarato + 2ADP + AMP + 2P_i + PP_i$$

Debido a que se consumen cuatro enlaces fosfato de alta energía en la síntesis de cada molécula de urea, la síntesis de urea es irreversible, con un gran ΔG negativo (*véase* p. 102). Un nitrógeno de la molécula de urea proviene del amoniaco libre y el otro del aspartato. El glutamato es el precursor inmediato tanto del amoniaco (a través de la desaminación oxidativa por la GDH) como del nitrógeno del aspartato (a través de la transaminación del oxaloacetato por la AST). En efecto, ambos átomos de nitrógeno de la urea se derivan del glutamato el cual, a su vez, toma el nitrógeno de otros aminoácidos (fig. 20-15).

C. Regulación

El NAG es un activador esencial para la CPS I, el paso limitante en el ciclo de la urea. Este incrementa la afinidad de la CPS I por el ATP. El NAG se sintetiza a partir de acetil CoA y glutamato por acción de la N-acetilglutamato sintasa (NAGS), como se muestra en la figura 20-16, en una reacción para la cual la arginina es un activador. El ciclo también está regulado por la disponibilidad del sustrato (regulación a corto plazo) y la inducción de la enzima (a largo plazo).

VI. METABOLISMO DEL AMONIACO

Todos los tejidos producen amoniaco durante el metabolismo de diversos compuestos y este se elimina sobre todo por la formación de urea en el hígado. Sin embargo, el nivel de amoniaco en sangre debe mantenerse muy abajo, porque incluso las concentraciones un poco elevadas (hiperamonemia) son tóxicas para el sistema nervioso central (SNC). En consecuencia, se requiere un mecanismo para el transporte de nitrógeno desde los tejidos periféricos hacia el hígado para la eliminación final como urea mientras se mantienen bajos los niveles circulantes de amoniaco libre.

A. Fuentes de amoniaco

Los aminoácidos son de forma cuantitativa la fuente más importante de amoniaco porque la mayoría de las dietas occidentales es rica en proteína y proporciona un exceso de aminoácidos, los cuales viajan hacia el hígado y se someten a la transdesaminación (es decir, al enlace de las reacciones de la aminotransferasa y la GDH), lo que produce amoniaco. (Nota: el hígado cataboliza sobre todo los aminoácidos de cadena lineal.) No obstante, es posible obtener cantidades sustanciales de amoniaco de otras fuentes.

1. **Glutamina:** una fuente importante de glutamina en plasma proviene del catabolismo de AACR en el músculo esquelético. Esta glutamina es captada por las células intestinales, hepáticas y renales. El

hígado y los riñones generan amoniaco a partir de glutamina a través de las acciones de glutaminasa (fig. 20-17) y GDH. En los riñones, la mayor parte de este amoniaco se excreta en la orina como NH_4^+, el cual proporciona un mecanismo importante para mantener el equilibrio ácidobase del cuerpo a través de la excreción de protones. En el hígado, el amoniaco se detoxifica hasta urea y se excreta. (Nota: el α-cetoglutarato, el segundo producto de la GDH, es un precursor glucogénico en hígado y riñones.) La glutaminasa intestinal también genera amoniaco. Los enterocitos obtienen glutamina ya sea de la sangre o a partir de la digestión de la proteína de la dieta. (Nota: el metabolismo intestinal de la glutamina también produce alanina, la cual se usa en el hígado para la gluconeogénesis, y citrulina, que se emplea en los riñones para sintetizar arginina.)

2. **Bacterias intestinales:** el amoniaco se forma a partir de la urea mediante la acción de la ureasa bacteriana en la luz del intestino. Este amoniaco es absorbido por el intestino a través de la vena porta y casi todo es eliminado por el hígado vía su conversión a urea.

3. **Aminas:** las aminas obtenidas de la dieta y las monoaminas que sirven como hormonas o neurotransmisores dan lugar al amoniaco por la acción de la monoaminooxidasa (*véase* p. 342).

4. **Purinas y pirimidinas:** en el catabolismo de las purinas y pirimidinas, los grupos amino unidos a los átomos del anillo se liberan como amoniaco (*véase* fig. 23-15 en la p. 357).

B. Transporte en la circulación

Aunque el amoniaco se produce de modo constante en los tejidos, está presente en niveles muy bajos en la sangre. Esto se debe a la rápida eliminación de amoniaco sanguíneo en el hígado y al hecho de que diversos tejidos, en particular el músculo, liberan nitrógeno de los aminoácidos en la forma de glutamina y alanina, más que como amoniaco libre (*véase* fig. 20-13).

1. **Urea:** en términos cuantitativos, la formación de urea en el hígado es la vía de eliminación más importante para el amoniaco. La urea viaja en la sangre desde el hígado a los riñones, donde pasa al filtrado glomerular.

2. **Glutamina:** esta amida del glutamato proporciona una forma no tóxica de almacenamiento y transporte del amoniaco (fig. 20-18). La formación de glutamina a partir de glutamato y amoniaco, por mediación de la glutamina sintetasa, es dependiente de ATP y ocurre sobre todo en músculo esquelético e hígado, pero también es importante en el SNC, donde es el mecanismo principal para la eliminación de amoniaco en el cerebro. La glutamina se encuentra en el plasma en concentraciones mayores a las de otros aminoácidos, lo que concuerda con su función de transporte. (Nota: el hígado mantiene bajos los niveles de amoniaco en sangre por medio de la glutaminasa, la GDH y el ciclo de la urea en los hepatocitos periportales [cercanos al influjo de la sangre] y por medio de la glutamina sintetasa como medio de captación de amoniaco en los hepatocitos perivenosos.) El metabolismo del amoniaco se resume en la figura 20-19.

C. Hiperamonemia

La capacidad del ciclo de la urea hepático supera la velocidad normal de generación de amoniaco, y los niveles de amoniaco en sangre por lo

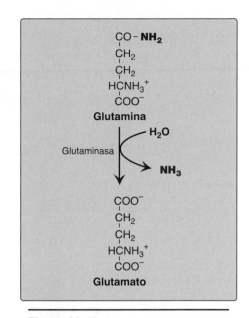

Figura 20-17
Hidrólisis de glutamina para formar amoniaco (NH_3).

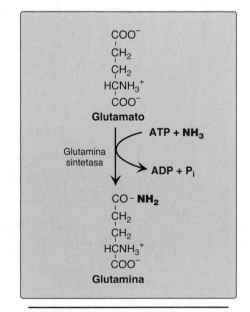

Figura 20-18
Síntesis de glutamina. ADP, difosfato de adenosina; NH_3, amoniaco; P_i, fosfato inorgánico.

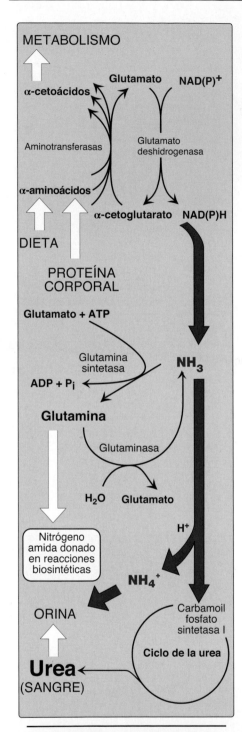

Figura 20-19
Metabolismo del amoniaco (NH$_3$).
El contenido de urea en la orina se
reporta como nitrógeno de urea
urinaria, o UUN. La urea en sangre
se reporta como BUN (nitrógeno
de urea en sangre). (Nota: las
enzimas glutamato deshidrogenasa,
glutamina sintetasa y carbamoil
fosfato sintetasa I fijan NH$_3$ en las
moléculas orgánicas.)

general son bajos (5 a 35 µmol/L). No obstante, cuando la función hepática está comprometida, debido ya sea a defectos genéticos del ciclo de
la urea o a una enfermedad hepática, los niveles en la sangre pueden ser
> 1 000 µmol/L. Tal hiperamonemia es una emergencia médica, porque
el amoniaco tiene un efecto neurotóxico directo sobre el SNC. Por ejemplo, las concentraciones elevadas de amoniaco en sangre provocan los
síntomas de intoxicación por amoniaco, que incluyen temblores, lengua
pastosa, somnolencia (aturdimiento), vómito, edema cerebral y visión
borrosa. En altas concentraciones, el amoniaco puede causar el coma y
la muerte. Hay dos tipos principales de hiperamonemia:

1. **Adquirida:** la enfermedad hepática es una causa común de hiperamonemia adquirida en adultos y puede deberse, por ejemplo, a la
   hepatitis viral o a hepatotoxinas como el alcohol. La cirrosis hepática puede derivar en la formación de circulación colateral alrededor
   del hígado. Como resultado, la sangre portal se desvía de forma
   directa hacia la circulación sistémica y no tiene acceso al hígado.
   La conversión de amoniaco en urea está, por lo tanto, gravemente
   deteriorada, lo que aumenta los niveles de amoniaco circundante.

2. **Congénita:** se han descrito deficiencias genéticas en cada una de
   las cinco enzimas del ciclo de la urea (y de NAGS), con una incidencia general de ~1:25 000 nacimientos vivos. La deficiencia de OTC
   está ligada al cromosoma X y afecta de manera predominante a los
   varones, aunque las mujeres portadoras también pueden presentar
   síntomas. Todos los demás padecimientos relacionados con el ciclo
   de la urea siguen un patrón de herencia autosómico recesivo. En
   cada caso, la falla para sintetizar urea conduce a la hiperamonemia
   durante las primeras semanas después del nacimiento. Las combinaciones de otros síntomas comunes a la hiperamonemia (temblores,
   dificultad para hablar, somnolencia, vómito, edema cerebral, visión
   borrosa, discapacidad intelectual y del desarrollo y, en la hiperamonemia grave, incluso el coma y la muerte) también pueden observarse en diferentes deficiencias del ciclo de la urea. El diagnóstico se
   basa en los síntomas, las pruebas de laboratorio y las pruebas genéticas. En el pasado, los defectos en el ciclo de la urea tenían alta morbilidad (manifestaciones neurológicas) y mortalidad. En las siguientes
   secciones se resume la información adicional para las deficiencias específicas del ciclo de la urea.

   a. **Deficiencia de ornitina transcarbamilasa:** la deficiencia de
      OTC es el trastorno más común del ciclo de la urea. Los resul-
      tados de pruebas de laboratorio específicas incluyen una dis-
      minución de la reacción y de los productos derivados citrulina y
      arginina. Es interesante destacar que también hay un aumento
      de las concentraciones detectables de ácido orótico en suero y
      orina. El carbamoil fosfato, uno de los sustratos de la OTC, se
      convierte en cambio en un sustrato para la biosíntesis de pirimi-
      dina, que entra en la vía descendente de la reacción reguladora
      (*véase* fig. 23-21, p. 360). Como resultado, el ácido orótico es un
      intermediario de la vía de biosíntesis de pirimidina sobreprodu-
      cida. (Nota: el ácido orótico elevado también se observa en la
      aciduria orótica hereditaria, debido a una deficiencia de la enzima
      de biosíntesis de pirimidina en la UMP sintasa [UMPS]. Junto con
      las pruebas genéticas, la deficiencia de OTC puede diagnosti-
      carse de forma diferenciada de la de UMPS con base en otros
      síntomas. La hiperamonemia es un síntoma de la deficiencia de
      OTC, pero no de la de UMPS; en cambio, la anemia megaloblás-
      tica puede ser un síntoma de la deficiencia de UMPS.)

b. **Deficiencia de argininosuccinato sintetasa:** esta deficiencia también se denomina citrulinemia tipo 1, ya que hay una acumulación del sustrato para la reacción, la citrulina, en sangre y orina. Puede haber una forma neonatal aguda (clásica), una forma más leve de inicio tardío, una forma que comienza durante o después del embarazo, así como una forma asintomática. En la forma neonatal aguda, la citrulina puede detectarse como parte del cribado neonatal. Esta detección es crítica para prevenir la hiperamonemia y el daño cerebral.

c. **Deficiencia de argininosuccinato liasa:** en esta deficiencia hay una acumulación del sustrato para la reacción, el argininosuccinato, en la orina, lo que da lugar a la aciduria argininosuccínica. Esta es una prueba diagnóstica que forma parte del cribado neonatal. En las formas más graves y tardías de la deficiencia, la aciduria puede estar asociada con anomalías neurológicas, retrasos en el desarrollo y deterioro cognitivo.

d. **Deficiencia de arginasa-I:** en la deficiencia de arginasa-I se produce una acumulación del sustrato para la reacción, la arginina, en sangre y orina, y suele llamarse argininemia o hiperargininemia. La hiperamonemia que se observa con la deficiencia de arginasa suele ser menos grave porque la arginina contiene dos nitrógenos de desecho y puede excretarse por la orina. Por ello, los pacientes con esta deficiencia pueden parecer sanos al nacer y tener un desarrollo normal durante los primeros 1 a 3 años. Después de esto, los primeros síntomas de la deficiencia de arginasa pueden aparecer con aparentes retrasos en el desarrollo, pérdida de los avances del desarrollo y discapacidad intelectual. La hiperamonemia puede ser episódica, estar asociada con las comidas con alto contenido de proteínas o con periodos de estrés, como una enfermedad o el ayuno.

e. **Deficiencia de N-acetilglutamato sintasa:** al igual que la deficiencia de aginasa-I, la deficiencia de NAGS puede provocar retrasos en el desarrollo y discapacidad intelectual. Las formas menos graves pueden ser episódicas en etapas posteriores de la vida, asociadas con periodos de comidas ricas en proteínas, estrés o ayuno. El ácido carglúmico es un tratamiento aprobado por la FDA para la deficiencia de NAGS. Este es una forma sintética de NAG, el activador alostérico positivo de la carbamoil fosfato sintetasa I.

f. **Tratamiento para la hiperamonemia:** El tratamiento de las deficiencias de la enzima del ciclo de la urea implica tanto la restricción de la proteína en la dieta en presencia de suficientes calorías para evitar el catabolismo proteico, como la eliminación del exceso de amoniaco en la sangre. Esto puede variar en función de la deficiencia enzimática y la gravedad del defecto. Los pacientes siguen una dieta baja en proteínas, con los valores mínimos necesarios para mantener una buena salud. Esto puede variar según la edad y el peso del paciente. Se pueden adquirir bebidas con fórmulas especiales y alimentos médicos, o ambos, en los que las concentraciones de proteínas se adaptan a las necesidades del paciente. Los medicamentos que eliminan el nitrógeno, incluidos los ácidos aromáticos benzoato y fenilbutirato, pueden reducir las concentraciones de amoniaco en la sangre. El benzoato se combina con la glicina para formar hipurato. El fenilbutirato se convierte en fenilacetato y se com-

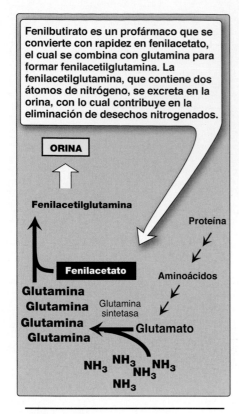

Fenilbutirato es un profármaco que se convierte con rapidez en fenilacetato, el cual se combina con glutamina para formar fenilacetilglutamina. La fenilacetilglutamina, que contiene dos átomos de nitrógeno, se excreta en la orina, con lo cual contribuye en la eliminación de desechos nitrogenados.

Figura 20-20
El tratamiento de pacientes con defectos en el ciclo de la urea por administración de fenilbutirato para ayudar en la excreción de amoniaco (NH_3).

bina con glutamina para formar fenilacetilglutamina (fig. 20-20). Ambos productos finales, hipurato y fenilacetilglutamina, se excretan con facilidad en la orina. La excreción combinada de glicina y glutamina, y su posterior biosíntesis, reduce de forma efectiva los valores de amoniaco y la posibilidad de hiperamonemia. En la hiperamonemia grave, los pacientes también pueden requerir diálisis, líquidos intravenosos u otros tratamientos que permitan reducir con rapidez las concentraciones de amoniaco en sangre y eviten daños cerebrales permanentes.

VII. Resumen del capítulo

- El **nitrógeno entra** en el organismo en forma de diversos compuestos presentes en los alimentos, de los cuales los más importantes son los **aminoácidos** contenidos en las **proteínas de la dieta**.

- El **nitrógeno abandona** el organismo en forma de **urea**, **amoniaco** y otros productos procedentes del metabolismo de aminoácidos (fig. 20-21).

- Los aminoácidos libres del organismo se producen por hidrólisis de las proteínas de la dieta mediante **proteasas** activadas a partir de su forma **zimógeno** en el estómago e intestino, degradación de proteínas tisulares y síntesis *de novo*. Este **conjunto de aminoácidos** se consume en la síntesis de proteínas corporales, se metaboliza para la obtención de energía, o sus miembros se usan como precursores para otros compuestos nitrogenados.

- Los aminoácidos libres procedentes de la digestión son absorbidos por los **enterocitos** intestinales por medio de un **transporte activo secundario ligado a sodio**. Los péptidos pequeños se absorben mediante el **transporte ligado a los protones.**

- Las proteínas corporales se degradan y vuelven a sintetizar en forma simultánea, en un proceso que se conoce como **recambio de proteínas**. La concentración de una proteína celular puede determinarse por la regulación de su síntesis o degradación. La **Ub–proteasoma** selectiva, citosólica y dependiente de trifosfato de adenosina (ATP) y las **hidrolasas ácidas lisosómicas**, no selectivas e independientes de ATP son los dos sistemas enzimáticos principales responsables de **degradar proteínas**.

- El nitrógeno no puede almacenarse y los aminoácidos que superan las necesidades biosintéticas de la célula se degradan de inmediato. La primera fase del **catabolismo** implica la transferencia de los grupos α-amino a través de la **transaminación** por parte de **aminotransferasas (transaminasas)** dependientes de **fosfato de piridoxal**, seguida de la **desaminación oxidativa** de **glutamato** por la **GDH**, con lo que se forma **amoniaco** y los **α-cetoácidos correspondientes**.

- Una parte del **amoniaco libre** se excreta en la **orina**. Otra parte se usa en la conversión de glutamato en **glutamina** para el transporte seguro, pero la mayor parte se usa en la síntesis hepática de **urea**, que, de forma cuantitativa, es la vía más importante para la eliminación de nitrógeno del organismo. La **alanina** también transporta nitrógeno al hígado para eliminarse como urea.

- Las dos causas principales de **hiperamonemia** (con sus efectos neurológicos) son enfermedades hepáticas adquiridas y deficiencias hereditarias de enzimas del ciclo de la urea, como la **OTC** ligada al cromosoma X.

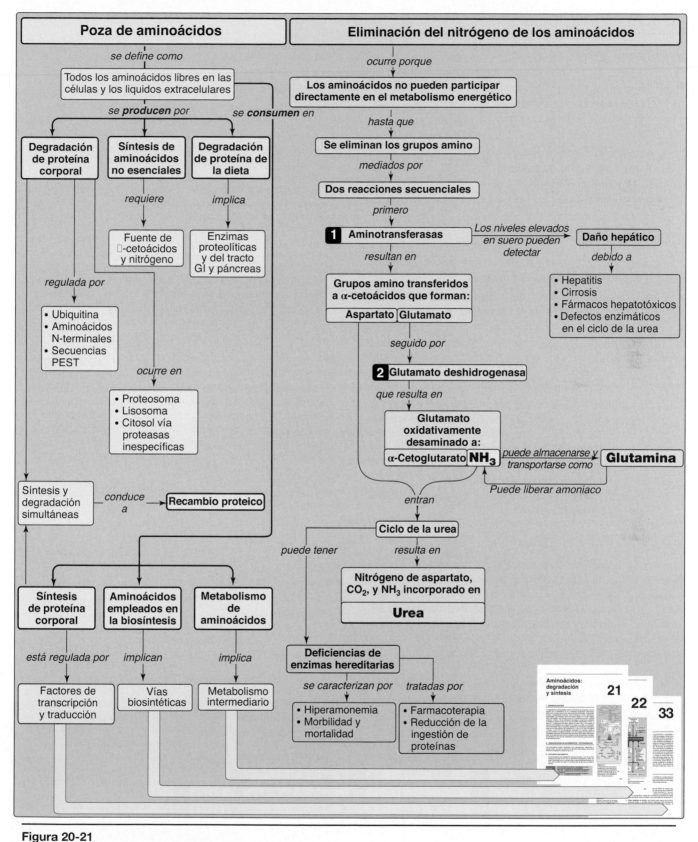

Figura 20-21

Mapa conceptual clave para el metabolismo de nitrógeno. CO_2, dióxido de carbono; GI, gastrointestinal; NH_3, amoniaco; PEST, prolina, glutamato, serina, treonina.

Preguntas de estudio

Elija la RESPUESTA correcta.

20.1 En esta reacción de transaminación (derecha), ¿cuáles de los
siguientes son los productos X
y Y?

Oxaloacetato   X

Glutamato   Y

A. Alanina, α-cetoglutarato.
B. Aspartato, α-cetoglutarato.
C. Glutamato, alanina.
D. Piruvato, aspartato.
E. Alanina, piruvato.

Respuesta correcta = B. Las reacciones de transaminación siempre tienen un aminoácido y un α-cetoácido
como sustratos. Los productos de la reacción también son
un aminoácido (correspondiente al sustrato α-ceto) y un
α-cetoácido (correspondiente al sustrato aminoácido). Tres
pares aminácido/α-cetoácido, que se suelen encontrar en
el metabolismo, son la alanina/piruvato, el aspartato/oxa-
loacetato y el glutamato/α-cetoglutarato. En esta pregunta,
glutamato se desamina para formar α-cetoglutarato y oxaloacetato se amina para formar aspartato.

20.2 ¿Cuál de los siguientes enunciados sobre aminoácidos y su metabolismo es correcto?

A. Los aminoácidos libres son captados por los
enterocitos a través de un sistema de transporte
vinculado con un solo protón.
B. En individuos sanos y bien alimentados, la aportación a la poza de aminoácidos excede el des-
gaste.
C. El hígado usa amoniaco para regular los protones.
D. La glutamina derivada del músculo se metaboliza
en los tejidos hepático y renal hasta amoniaco más
un precursor gluconeogénico.
E. El primer paso en el catabolismo de la mayoría de
los aminoácidos es su desaminación oxidativa.
F. El amoniaco tóxico generado a partir del nitrógeno
amida de los aminoácidos se transporta a través
de la sangre como arginina.

Respuesta correcta = D. Glutamina, producida por el
catabolismo de los aminoácidos de cadena ramificada
en los músculos, se desamina por glutaminasa para dar
amoniaco + glutamato. El glutamato se desamina por glutamato deshidrogenasa a amoniaco + α-cetoglutarato, que
puede usarse para la gluconeogénesis. Los enterocitos
captan los aminoácidos libres mediante diferentes sistemas de transporte ligados con sodio. Los individuos sanos
y bien alimentados se encuentran en equilibrio nitroge-
nado, en el cual la entrada de nitrógeno iguala a su salida.
El hígado convierte el amoniaco en urea y los riñones usan
el amoniaco para regular los protones. El catabolismo de
aminoácidos se inicia con la transaminación que genera
glutamato. Glutamato se somete a desaminación oxidativa. El amoniaco tóxico se transporta como glutamina y
alanina. Arginina se sintetiza e hidroliza en el ciclo de la
urea en el hígado.

Para las preguntas 20.3 a 20.5, utilice la siguiente escena:

Una recién nacida parecía sana hasta las 24 h de nacida,
cuando entró en letargo. Un examen para sepsis resultó
negativo. A las 56 horas, comenzó a mostrar actividad con-
vulsiva focal. Su nivel de amoniaco en plasma fue de 887
µmol/L (el normal es de 5 a 35 µmol/L). Los niveles cuantitativos de aminoácidos en plasma revelaron una marcada
elevación de citrulina, pero no de argininosuccinato.

20.3 ¿Cuál de las siguientes actividades enzimáticas tiene
mayor probabilidad de ser deficiente en esta paciente?

A. Arginasa.
B. Argininosuccinato liasa.
C. Argininosuccinato sintetasa.
D. Carbamoil fosfato sintetasa I.
E. Ornitina transcarbamilasa.

Respuesta correcta = C. Se han descrito deficiencias genéticas de cada una de las cinco enzimas del ciclo de la urea,
lo mismo que las deficiencias de N-acetilglutamato sintasa. La acumulación de citrulina (pero no de argininosuccinato) en el plasma de esta paciente significa que la enzima
requerida para la conversión de citrulina a argininosuccinato
(argininosuccinato sintetasa) es deficiente, mientras que la
enzima que rompe el argininosuccinato (argininosuccinato
liasa) es funcional.

20.4 ¿Cuál de los siguientes compuestos también estaría elevado en la sangre de esta paciente?

    A. Asparagina

    B. Glutamina

    C. Lisina

    D. Urea

    E. Arginina

Respuesta correcta = B. Las deficiencias en las enzimas del ciclo de la urea derivan en la falla para sintetizar urea y conducen a hiperamonemia en las primeras semanas después del nacimiento. La glutamina también estará elevada porque actúa como una forma no tóxica de almacenamiento y transporte del amoniaco. Por lo tanto, la elevación de glutamina acompañará a la hiperamonemia. Asparagina y lisina no funcionan como secuestrantes. La urea se reduciría debido a la actividad deficiente del ciclo de la urea. (Nota: alanina también se elevaría en esta paciente.)

20.5 ¿Por qué podría ser beneficiosa la complementación con arginina para esta paciente?

Arginasa rompe la arginina en urea y ornitina. Ornitina se combina con carbamoil fosfato por acción de ornitina transcarbamilasa para formar citrulina. Citrulina, que contiene un nitrógeno de desecho, será excretada.

Aminoácidos: degradación y síntesis

21

I. GENERALIDADES

La degradación de aminoácidos consiste en la eliminación de los grupos α-amino, seguida por el catabolismo de los α-cetoácidos (esqueletos carbonados). Estas vías convergen para formar siete productos intermedios: oxalacetato, piruvato, α-cetoglutarato, fumarato, succinil coenzima A (CoA), acetil CoA y acetoacetato. Los productos entran de manera directa a las vías del metabolismo intermediario, lo que da lugar a la síntesis de glucosa, cuerpos cetónicos o lípidos, o a la producción de energía a través de su oxidación a dióxido de carbono (CO_2) por el ciclo de ácidos tricarboxílicos (ATC). La figura 21-1 proporciona una visión general de estas vías, y se presenta un resumen más detallado en la figura 21-15 (*véase* p. 323). Los aminoácidos no esenciales (fig. 21-2) pueden sintetizarse en cantidades suficientes a partir de los productos intermedios del metabolismo o, como en el caso de cisteína y tirosina, a partir de los aminoácidos esenciales. Por el contrario, debido a que el organismo humano no puede sintetizar (o producir en cantidades suficientes) los aminoácidos esenciales, estos deben obtenerse a partir de la dieta para que ocurra la síntesis normal de proteínas. Los defectos genéticos en las vías del metabolismo de aminoácidos pueden provocar enfermedades graves.

II. AMINOÁCIDOS GLUCOGÉNICOS Y CETOGÉNICOS

Los aminoácidos pueden clasificarse como glucogénicos, cetogénicos o ambos en función de cuáles de los siete productos intermedios se producen durante su catabolismo (*véase* fig. 21-2).

A. Aminoácidos glucogénicos

Los aminoácidos cuyo catabolismo produce piruvato o uno de los intermedios del ciclo de los ATC se denominan glucogénicos. Dado que estos intermedios son sustratos para la gluconeogénesis (*véase* p. 153), pueden dar lugar a la síntesis neta de glucosa en hígado y riñones.

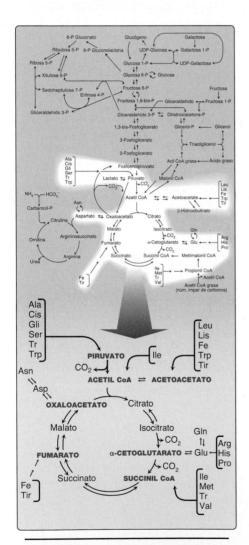

Figura 21-1
El metabolismo de aminoácidos representado como parte de las vías esenciales del metabolismo energético. (*Véase* fig. 9-2, para un mapa más detallado del metabolismo). CoA, coenzima A; CO_2, dióxido de carbono.

Clave de color que se usa en este capítulo	• **TEXTO EN MAYÚSCULAS AZULES = nombres de los siete productos del metabolismo de aminoácidos** • Texto rojo = nombres de los aminoácidos glucogénicos • Texto café = nombres de los aminoácidos glucogénicos y cetogénicos • Texto verde = nombres de los aminoácidos cetogénicos • Texto cian = compuestos de un carbono

B. Aminoácidos cetogénicos

Los aminoácidos cuyo catabolismo produce acetil CoA (de forma directa, sin que el piruvato sea intermediario) o acetoacetato (o su precursor acetoacetil CoA) se denominan "cetogénicos" (*véase* fig. 21-2). El acetoacetato es uno de los cuerpos cetónicos, los cuales también incluyen el 3-hidroxibutirato y la acetona (*véase* p. 240). La leucina y la lisina son los únicos aminoácidos exclusivamente cetogénicos que se encuentran en las proteínas. Sus esqueletos carbonados no son sustratos para la gluconeogénesis y, en consecuencia, no pueden dar lugar a la síntesis neta de glucosa.

III. CATABOLISMO DEL ESQUELETO CARBONADO DE LOS AMINOÁCIDOS

Las vías por las que se catabolizan los aminoácidos están organizadas de manera conveniente en función de cuál (o cuáles) de los siete intermediarios mencionados antes se produce a partir de un aminoácido particular.

A. Aminoácidos que forman oxaloacetato

La asparagina se hidroliza por acción de la asparaginasa, lo que libera amoniaco y aspartato (fig. 21-3). Aspartato se convierte en su cetoácido correspondiente por transaminación para formar oxaloacetato (*véase* fig. 21-3). (Nota: algunas células leucémicas de rápida división son incapaces de sintetizar suficiente asparagina para mantener su crecimiento. Esto convierte a la asparagina en un aminoácido esencial para estas células que, por lo tanto, requieren captarla de la sangre. Para tratar a los pacientes con leucemia puede administrarse asparaginasa de forma sistemática, que hidroliza la asparagina a aspartato. La asparaginasa reduce el nivel de asparagina en plasma y, como resultado, priva a las células cancerosas del nutriente requerido.)

B. Aminoácidos que forman α-cetoglutarato vía glutamato

1. **Glutamina:** este aminoácido es hidrolizado a glutamato y amoniaco por medio de la enzima glutaminasa (*véase* p. 307). El glutamato se convierte en α-cetoglutarato por transaminación o desaminación oxidativa mediante acción de glutamato deshidrogenasa (*véase* p. 302).

2. **Prolina:** este aminoácido se oxida a glutamato. Este se transamina o se desamina de forma oxidativa para formar α-cetoglutarato.

3. **Arginina:** este aminoácido es hidrolizado por la arginasa para producir ornitina (y urea). (Nota: la reacción ocurre sobre todo en el hígado como parte del ciclo de la urea [*véase* p. 305]). La ornitina se convierte después en α-cetoglutarato, con el glutamato semialdehído como intermediario.

4. **Histidina:** la histidina se desamina de forma oxidativa por medio de histidasa para dar ácido urocánico, que a continuación forma N-formiminoglutamato ([FIGlu], fig. 21-4). FIGlu dona su grupo formimino al tetrahidrofolato (THF), y da lugar a glutamato, que se degrada como se describió antes. Una deficiencia de histidasa da lugar a un error congénito del metabolismo un tanto benigno, la histidinemia, que se caracteriza por concentraciones elevadas de histidina en sangre y orina. (Nota: los individuos con carencias de ácido fólico excretan

	Glucogénicos	Glucogénicos y cetogénicos	Cetogénicos
No esenciales	Alanina Arginina Asparagina Aspartato Cisteína Glutamato Glutamina Glicina Prolina Serina	Tirosina	
Esenciales	Histidina Metionina Treonina Valina	Isoleucina Fenillalanina Triptófano	Leucina Lisina

Figura 21-2

Clasificación de los aminoácidos. (Nota: algunos aminoácidos pueden volverse condicionalmente esenciales; p. ej., la suplementación con glutamina y arginina ha mostrado mejorar la recuperación en pacientes con traumatismo, infecciones posoperatorias e inmunosupresión.)

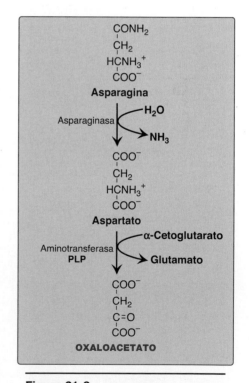

Figura 21-3

Metabolismo de asparagina y aspartato. NH_3, amoniaco; PLP, fosfato de piridoxal.

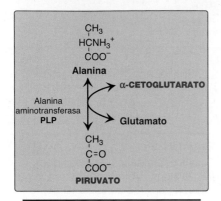

Figura 21-4
Degradación de histidina. NH_3, amoniaco.

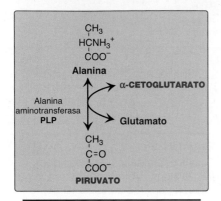

Figura 21-5
Transaminación de alanina a piruvato. PLP, fosfato de piridoxal.

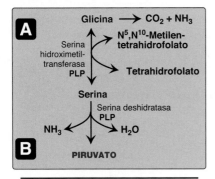

Figura 21-6
A) Interconversión de serina y glicina y oxidación de glicina. **B)** Deshidratación de serina a piruvato. PLP, fosfato de piridoxal; NH_3, amoniaco.

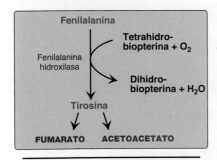

Figura 21-7
Degradación de la fenilalanina.

mayores cantidades de FIGlu en orina, en particular después de la ingestión de una dosis grande de histidina. La prueba de excreción de FIGlu se ha usado para diagnosticar la deficiencia de ácido fólico. La página 320 presenta un análisis sobre el ácido fólico, el THF y el metabolismo de un carbono.)

C. Aminoácidos que forman piruvato

1. **Alanina:** este aminoácido pierde su grupo amino por transaminación para formar piruvato (fig. 21-5). (Nota: el catabolismo del triptófano produce alanina y, por lo tanto, piruvato [*véase* fig. 21-10 en la p. 318].)

2. **Serina:** este aminoácido puede convertirse en glicina, ya que el THF se transforma en N^5,N^{10}-metilentetrahidrofolato (N^5,N^{10}-MTHF), como se muestra en la figura 21-6A. La serina también puede convertirse en piruvato (*véase* fig. 21-6B).

3. **Glicina:** este aminoácido puede convertirse en serina mediante la adición reversible de un grupo metileno del N^5,N^{10}-MTHF [*véase* fig. 21-6A)] u oxidarse a CO_2 y amoniaco por el sistema de degradación de glicina. La glicina puede desaminarse a glioxilato (por una D-aminoácido oxidasa; *véase* p. 303), que puede oxidarse a oxalato o transaminarse a glicina. La carencia de transaminasa en los peroxisomas hepáticos causa sobreproducción de oxalato, formación de cálculos de oxalato y daño renal (oxaluria primaria tipo 1).

4. **Cisteína:** este aminoácido, que contiene azufre, se somete a desulfuración para producir piruvato. (Nota: el sulfato liberado puede usarse para sintetizar al 3′-fosfoadenosina-5′-fosfosulfato [PAPS], un dador de sulfato para una variedad de aceptores). La cisteína también puede oxidarse a su derivado disulfuro, cistina.

5. **Treonina:** este aminoácido se convierte a piruvato en la mayoría de los organismos, pero constituye una vía de menor importancia (en el mejor de los casos) en los humanos.

D. Aminoácidos que forman fumarato

1. **Fenilalanina y tirosina:** la hidroxilación de la fenilalanina produce tirosina (fig. 21-7). Esta reacción irreversible, catalizada por la fenilalanina hidroxilasa (PAH) que requiere tetrahidrobiopterina (BH_4), inicia el catabolismo de fenilalanina. Así, el metabolismo de fenilalanina y el de tirosina se fusionan, y se induce, en última instancia, a la formación de fumarato y acetoacetato. Por lo tanto, fenilalanina y tirosina son tanto glucogénicas como cetogénicas.

2. **Carencias hereditarias:** las carencias hereditarias de las enzimas del metabolismo de la fenilalanina y la tirosina causan fenilcetonuria (PKU) (*véase* p. 322), tirosinemia (*véase* p. 327), alcaptonuria (*véase* p. 327) y albinismo (*véase* p. 327).

E. Aminoácidos que forman succinil CoA: metionina

Metionina es uno de cuatro aminoácidos que forman succinil CoA. Este aminoácido que contiene azufre merece atención especial porque se convierte en S-adenosilmetionina (SAM), el donante de grupos metilo más importante en el metabolismo de residuos monocarbonados (fig. 21-8). La metionina es también la fuente de homocisteína (Hcy), un metabolito asociado con la ateroesclerosis vascular y la trombosis (*véase* p. 318).

1. **Síntesis de S-adenosilmetionina:** la metionina se condensa con ATP y forma SAM, un compuesto de alta energía que es raro porque no contiene fosfato. La formación de SAM está impulsada por la hidrólisis de los tres enlaces fosfato en el ATP (*véase* fig. 21-8).

2. **Grupo metilo activado:** el grupo metilo unido al azufre en SAM se activa y puede transferirse por medio de metiltransferasas a una diversidad de moléculas aceptoras, como noradrenalina en la síntesis de adrenalina. El grupo metilo por lo general se transfiere a átomos de nitrógeno u oxígeno (como en la síntesis y degradación de adrenalina de manera respectiva; *véase* p. 342) y en ocasiones a átomos de carbono (como con citosina). El producto de la reacción, la S-adenosilhomocisteína (SAH), es un tioéter simple, análogo a la metionina. La pérdida de energía libre resultante hace que la transferencia de metilo sea en esencia irreversible.

3. **Hidrólisis de S-adenosilhomocisteína:** después de la donación del grupo metilo, la SAH se hidroliza a Hcy y adenosina. Hcy

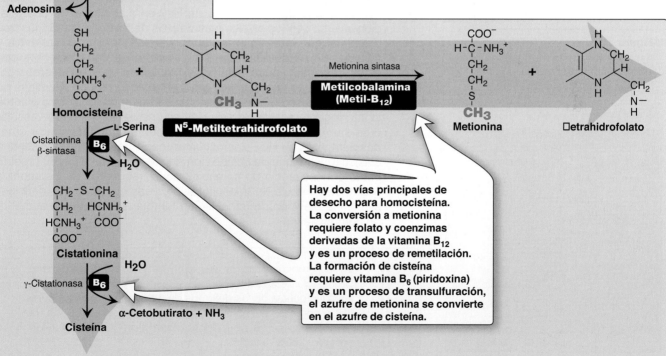

Figura 21-8

La degradación y resíntesis de metionina. (Nota: la resíntesis de metionina a partir de homocisteína es la única reacción en la cual el tetrahidrofolato hace ambas cosas: transportar y donar un grupo metilo [–CH$_3$]. En todas las demás reacciones, SAM es el transportador y el donador del grupo metilo). NH$_3$, amoniaco; P$_i$, fosfato inorgánico; PP$_i$, pirofosfato.

tiene dos destinos. Si existe carencia de metionina, la Hcy puede metilarse de nuevo para producir metionina (*véase* fig. 21-8). Si las reservas de metionina son adecuadas, Hcy puede entrar a la vía de transulfuración donde se convierte a cisteína.

a. **Resíntesis de metionina:** la Hcy acepta un grupo metilo de N^5-metiltetrahidrofolato (N^5-metil-THF) en una reacción que requiere metilcobalamina, una coenzima derivada de la vitamina B_{12} (*véase* p. 449). (Nota: el grupo metilo es transferido por la metionina sintasa desde el derivado B_{12} a Hcy, lo que regenera la metionina. La cobalamina es remetilada a partir de N^5-metil-THF.)

b. **Síntesis de cisteína:** catalizada por la cistationina β-sintasa, la Hcy se condensa con serina y forma cistationina, que se hidroliza a α-cetobutirato y cisteína (*véase* fig. 21-8). Esta secuencia que requiere vitamina B_6 tiene el efecto neto de convertir serina a cisteína y la Hcy a α-cetobutirato, que se descarboxila de manera oxidativa para formar propionil CoA. El propionil CoA se convierte a succinil CoA (*véase* fig. 17-20). Dado que Hcy se sintetiza a partir del aminoácido esencial metionina, la cisteína no es un aminoácido esencial siempre y cuando haya suficiente metionina.

4. **Relación de homocisteína con la enfermedad vascular:** el aumento de los niveles plasmáticos de Hcy promueve el daño oxidativo, la inflamación y la disfunción endotelial, y constituye un factor de riesgo independiente para las afecciones vasculares oclusivas como la enfermedad cardiovascular (ECV) y el evento vascular cerebral (fig. 21-9). En ~7% de la población se observan ligeros aumentos (hiperhomocisteinemia). Los estudios epidemiológicos han mostrado que los niveles de Hcy en plasma tienen una relación inversa con los niveles plasmáticos de folato, B_{12} y B_6, las tres vitaminas que intervienen en la conversión de Hcy a metionina y cisteína. Se ha demostrado que el aporte de complementos con estas vitaminas reduce los niveles circulantes de Hcy. Sin embargo, en pacientes con ECV establecida, el tratamiento con vitaminas no reduce los episodios cardiovasculares ni la mortalidad. Esto plantea la interrogante acerca de si la Hcy es una causa del daño vascular o solo un marcador de este daño. (Nota: se han observado grandes aumentos en Hcy plasmática en pacientes con homocistinuria clásica [que resulta de la hiperhomocistinemia grave [> 100 μmol/L] como consecuencia de carencias poco frecuentes de cistationina β-sintasa de la vía de transulfuración, *véase* p. 327.) Las deficiencias en la reacción de remetilación también producen un aumento de homocisteína.

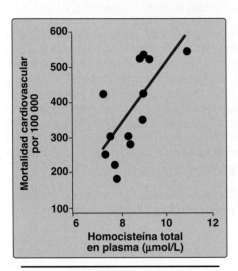

Figura 21-9
Asociación entre la mortalidad por enfermedad cardiovascular y la homocisteína total en plasma.

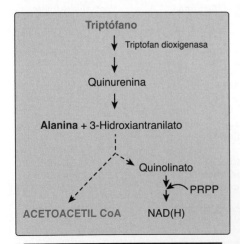

Figura 21-10
Metabolismo de triptófano por la vía de quinurenina (abreviada). CoA, coenzima A; PRPP, fosforribosil pirofosfato; NAD(H), dinucleótido de nicotinamida y adenina.

En las embarazadas, la elevación de Hcy suele indicar una deficiencia de ácido fólico, que se asocia con un incremento en la incidencia de los defectos de tubo neural (cierre incompleto, como en la espina bífida) en el feto (*véase* p. 449). La complementación periconcepcional con folato reduce el riesgo de tales defectos.

F. Otros aminoácidos que forman succinil-CoA

La degradación de valina, isoleucina y treonina también deriva en la producción de succinil-CoA, un producto intermedio del ciclo de ATC y compuesto gluconeogénico. (Nota: se metaboliza a piruvato.)

1. **Valina e isoleucina:** estos compuestos son aminoácidos de cadena ramificada (BCAA) que generan propionil-CoA, que se convierte en metilmalonil CoA y luego a succinil-CoA por medio de reacciones que requieren biotina y vitamina B_{12}.

2. **Treonina:** este aminoácido se deshidrata a α-cetobutirato, que se convierte a propionil-CoA y luego succinil-CoA. Propionil-CoA, entonces, se genera por el catabolismo de los aminoácidos metionina, valina, isoleucina y treonina. (Nota: propionil CoA también se genera por la oxidación de ácidos grasos con un número impar de átomos de carbono [*véase* p. 239].)

G. Aminoácidos que forman acetil CoA o acetoacetil CoA

El triptófano, la leucina, la isoleucina y la lisina forman acetil CoA o acetoacetil CoA en forma directa, sin pasar por piruvato como producto intermedio. Como se señaló antes, la fenilalanina y la tirosina también generan acetoacetato durante su catabolismo (*véase* fig. 21-7). Por lo tanto, hay un total de seis aminoácidos cetogénicos de modo parcial o completo.

1. **Triptófano:** este aminoácido es tanto glucogénico como cetogénico porque su catabolismo produce alanina acetoacetil-CoA (fig. 21-10). (Nota: el quinolinato derivado del catabolismo de triptófano se usa en la síntesis del dinucleótido nicotidamina y adenina [NAD; *véase* p. 454]).

2. **Leucina:** este aminoácido tiene un metabolismo cetogénico exclusivo, con la formación de acetil-CoA y acetoacetato (fig. 21-11). Las primeras dos reacciones en el catabolismo de leucina y los otros BCAA, isoleucina y valina, son catalizados por enzimas que usan los tres BCAA (o sus derivados) como sustratos (*véase* H más adelante).

3. **Isoleucina:** este aminoácido es a la vez cetogénico y glucogénico, porque su metabolismo produce acetil-CoA y propionil-CoA.

4. **Lisina:** este aminoácido es cetogénico de forma exclusiva y es inusual debido a que ninguno de sus grupos amino experimenta una transaminación como primera etapa del catabolismo. Al final, la lisina se convierte en acetoacetil-CoA.

H. Degradación de aminoácidos de cadena ramificada

Los BCAA isoleucina, leucina y valina son aminoácidos esenciales. A diferencia de otros aminoácidos, se metabolizan sobre todo en los tejidos periféricos (en particular músculo), más que en el hígado. Puesto que estos tres aminoácidos tienen una vía de degradación similar, es conveniente describirlos como un grupo (*véase* fig. 21-11).

1. **Transaminación:** la transferencia de los grupos amino de los tres BCAA al α-cetoglutarato es catalizada por una única enzima que requiere vitamina B_6, la aminotransferasa de aminoácidos de cadena ramificada, que se expresa en especial en el músculo esquelético.

2. **Descarboxilación oxidativa:** la eliminación del grupo carboxilo de los α-cetoácidos derivados de leucina, valina e isoleucina se cataliza por un único complejo multienzimático, el complejo de deshidrogenasa de α-cetoácido cadena ramificada (BCKD). Una deficiencia enzimática en este complejo da lugar a la enfermedad

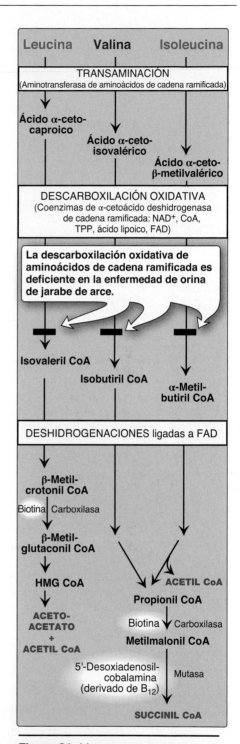

Figura 21-11
Degradación de leucina, valina e isoleucina. (Nota: β-metilcrotonil CoA carboxilasa es una de las carboxilasas que requiere biotina que se analizan en este libro. Las otras tres son: piruvato carboxilasa, acetil CoA carboxilasa y propionil CoA carboxilasa.) CoA, coenzima A; FAD, dinucleótido de flavina y adenina; HMG, hidroximetilglutarato; NAD, dinucleótido de nicotinamida y adenina; TPP, tiamina pirofosfato.

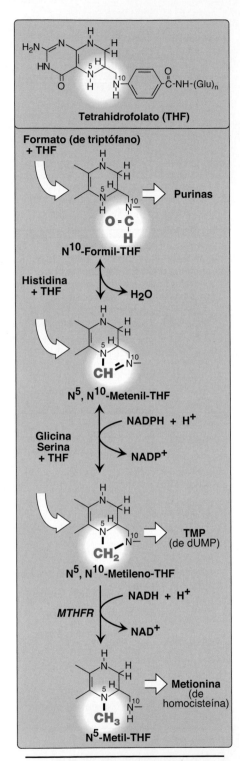

Figura 21-12
Resumen de las interconversiones y usos del THF. (Nota: N^5, N^{10}-metenil-THF también se deriva de N^5-formimino-THF [*véase* fig. 21-4]. dUMP, desoxiuridina monofosfato; MTHFR, N^5,N^{10}-metilen-THF reductasa; NAD(H), dinucleótido de nicotinamida y adenina; NADP(H), dinucleótido difosfato de nicotinamida y adenina; TMP, monofosfato de timidina.

de la orina con olor a jarabe de arce (EOOJA) (*véanse* fig. 21-11 y p. 326). Este complejo usa pirofosfato de tiamina, ácido lipoico, forma oxidada de dinucleótido de flavina y adenina (FAD), NAD^+ y CoA como coenzimas y produce NADH. (Nota: esta reacción es similar a la conversión de piruvato a acetil CoA por el complejo de piruvato deshidrogenasa [PDH; véase p. 144] y la oxidación del α-cetoglutarato a succinil CoA por el complejo de α-cetoglutarato deshidrogenasa [*véase* la p. 147]. El componente dihidrolipoil deshidrogenasa [enzima 3 o E3] es idéntico en los tres complejos.)

3. **Deshidrogenaciones:** la oxidación de los productos formados en la reacción de BCKD produce derivados α-β-insaturados de acil CoA y $FADH_2$. Esta reacción es análoga a la deshidrogenación ligada a FAD de la β-oxidación de ácidos grasos (*véase* p. 236). (Nota: la carencia de la deshidrogenasa específica para isovaleril CoA causa problemas neurológicos y se relaciona con olor a "pies sudorosos" en los líquidos corporales.)

4. **Productos finales:** el catabolismo de la isoleucina al final produce acetil-CoA y succinil-CoA, de modo que es cetogénica y glucogénica. La valina proporciona succinil-CoA y es glucogénica. La leucina es cetogénica, ya que se metaboliza a acetoacetato y acetil-CoA. Además, en las reacciones de descarboxilación y deshidrogenación se producen NADH y $FADH_2$, de forma respectiva. (Nota: el catabolismo de BCAA también produce glutamina y alanina, que son enviadas a la sangre desde el músculo [véase p. 303].)

IV. EL ÁCIDO FÓLICO Y EL METABOLISMO DE AMINOÁCIDOS

Algunas vías sintéticas precisan la adición de grupos monocarbonados que existen en diversos estados de oxidación, como formilo, metenilo, metileno y metilo. Estos grupos con un solo carbono pueden transferirse desde compuestos transportadores como THF y SAM hacia estructuras específicas que se están sintetizando o modificando. El "conjunto de unidades monocarbonadas" se refiere a las unidades de un solo carbono unidas a este grupo de portadores. (Nota: el CO_2 que proviene del bicarbonato [HCO_3^-] es transportado por la vitamina biotina [*véase* p. 455], que es el grupo prostético para la mayoría de las reacciones de carboxilación, pero no se considera miembro del conjunto de unidades monocarbonadas. Anomalías en la capacidad para añadir o eliminar biotina de las carboxilasas provocan una carencia múltiple de carboxilasas. El tratamiento consiste en el aporte de complementos de biotina.)

A. Ácido fólico y metabolismo de un carbono

La forma activa del ácido fólico, THF, se produce a partir de folato mediante dihidrofolato reductasa en una reacción de dos moles de dinucleótido fosfato de nicotinamida y adenina (NADPH). La unidad monocarbonada trasportada por el THF se une al nitrógeno N^5 o N^{10}, o a ambos, N^5 y N^{10}. La figura 21-12 muestra las estructuras de los diferentes miembros de la familia de THF y sus interconversiones, e indica las fuentes de unidades de un carbono y las reacciones sintéticas en las que participan los miembros específicos. (Nota: una deficiencia de folato se manifiesta en forma de anemia megaloblástica debido a la menor disponibilidad de las purinas y del monofosfato de timidina requeridos para la síntesis de ADN [*véase* p. 360]).

V. BIOSÍNTESIS DE AMINOÁCIDOS NO ESENCIALES

Los aminoácidos no esenciales se sintetizan a partir de productos intermedios del metabolismo o, como en el caso de tirosina y cisteína, a partir de los aminoácidos esenciales fenilalanina y metionina, de manera respectiva. Las reacciones de síntesis para los aminoácidos no esenciales se resumen más adelante en la figura 21-15. (Nota: algunos aminoácidos que se encuentran en las proteínas, como hidroxiprolina e hidroxilisina [véase p. 71], son modificados a partir de sus aminoácidos precursores después de su incorporación en una proteína [modificación postraduccional].)

A. Síntesis a partir de α-cetoácidos

La alanina, el aspartato y el glutamato se sintetizan por transferencia de un grupo amino hacia los α-cetoácidos piruvato, oxaloacetato y α-cetoglutarato, de forma respectiva. Estas reacciones de transaminación (fig. 21-13) son las vías biosintéticas más directas. El glutamato es inusual ya que también puede sintetizarse por desaminación oxidativa inversa, catalizada por glutamato deshidrogenasa, cuando los niveles de amoniaco son elevados (véase fig. 20-11).

B. Síntesis por amidación

1. **Glutamina:** este aminoácido, que contiene un enlace amida con amoniaco en el carboxilo γ, se forma a partir de glutamato y amoniaco por acción de la glutamina sintetasa (véase fig. 20-18, p. 307). La reacción es impulsada por la hidrólisis de ATP. Además de producir glutamina para la síntesis de proteínas, la reacción también constituye un importante mecanismo para el transporte de amoniaco en una forma no tóxica. (Véase p. 307 para más información del metabolismo del amoniaco).

2. **Asparagina:** este aminoácido, que contiene un enlace amida con amoniaco en el carboxilo β, se forma a partir de aspartato por acción de asparaginasa sintetasa, con la glutamina como dador de amida. Igual que la síntesis de glutamina, la reacción requiere ATP y tiene un equilibrio muy desplazado en la dirección de la síntesis de amidas.

C. Prolina

El glutamato es convertido a través del glutamato semihaldehído a prolina mediante reacciones de ciclización y reducción. (Nota: el semialdehído también puede transaminarse a ornitina.)

D. Serina, glicina y cisteína

Las vías sintéticas para estos aminoácidos están interconectadas.

1. **Serina:** este aminoácido proviene del 3-fosfoglicerato, un producto intermedio de la glucólisis (véase fig. 9-18), que primero se oxida a 3-fosfopiruvato y luego se transamina a 3-fosfoserina. La serina se forma por hidrólisis del éster fosfato. También puede formarse a partir de glicina mediante una transferencia de un grupo hidroximetilo por serina hidroximetiltransferasa utilizando N^5,N^{10}-MTHF como el dador de un carbono (véase fig. 21-6A). (Nota: selenocisteína [Sec], el aminoácido codificado genéticamente número 21, se sintetiza a partir de serina y selenio [véase p. 478], mientras que serina está unida al ARN de transferencia. La Sec se encuentra en ~25 proteínas humanas, incluida la glutatión peroxidasa [véase p. 187] y la tiorredoxina reductasa [véase p. 354]).

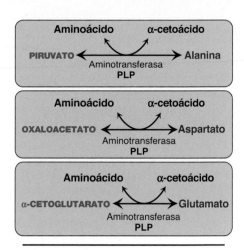

Figura 21-13
Formación de alanina, aspartato y glutamato a partir de los α-cetoácidos correspondientes por transaminación. PLP, fosfato de piridoxal.

2. **Glicina:** este aminoácido se sintetiza a partir de serina por eliminación de un grupo hidroximetilo, reacción que también cataliza la serina hidroximetiltransferasa (*véase* fig. 21-6A). THF es el aceptor de un carbono.

3. **Cisteína:** este aminoácido se sintetiza por dos reacciones consecutivas en las que se combina Hcy con serina formando cistationina, la cual, a su vez, se hidroliza a α-cetobutirato y cisteína (*véase* fig. 21-8). (Nota: la Hcy se deriva de metionina, como se describe en la p. 317. Dado que la metionina es un aminoácido esencial, la síntesis de cisteína solo puede mantenerse si el aporte alimentario de metionina es adecuado.)

E. Tirosina

La tirosina se forma a partir de la fenilalanina por acción de la PAH (*véase* p. 316). La reacción requiere oxígeno molecular y la coenzima BH_4 que puede sintetizarse a partir de trifosfato de guanosina. Un átomo de oxígeno molecular se convierte en el grupo hidroxilo de la tirosina y el otro átomo se reduce a agua. Durante la reacción, BH_4 se oxida a dihidrobiopterina (BH_2). La BH_4 se regenera a partir de la BH_2 por medio de la dihidropteridina reductasa que requiere NADH. La tirosina, al igual que la cisteína, se forma a partir de un aminoácido esencial y, por lo tanto, solo es no esencial cuando hay cantidades adecuadas de fenilanina procedentes de la dieta.

VI. TRASTORNOS DEL METABOLISMO DE AMINOÁCIDOS

Estos trastornos de un solo gen, un subconjunto de las anomalías congénitas del metabolismo, suelen ser causadas por mutaciones de pérdida de función en las enzimas implicadas en el metabolismo de los aminoácidos. Las anomalías hereditarias pueden expresarse como una pérdida total de la actividad enzimática o, con más frecuencia, una deficiencia parcial en la actividad catalítica. Sin tratamiento, las anomalías del metabolismo de los aminoácidos provocan casi siempre discapacidad intelectual u otros defectos del desarrollo como consecuencia de una acumulación perjudicial de metabolitos. Aunque se han descrito > 50 trastornos de este tipo, muchos son raros y su frecuencia es < 1 por cada 250 000 en la mayoría de las poblaciones (fig. 21-14). Sin embargo, en forma colectiva constituyen una porción muy significativa de las enfermedades genéticas pediátricas (fig. 21-15).

A. Fenilcetonuria

La fenilcetonuria (PKU) es el error congénito del metabolismo de los aminoácidos más común en la clínica (incidencia 1:15 000). La PKU clásica es un trastorno autosómico recesivo derivado de mutaciones de pérdida de función en el gen que codifica la fenilalanina hidroxilasa (PAH, fig. 21-16). De forma bioquímica, la PKU se caracteriza por una acumulación de fenilalanina (hiperfenilalaninemia) y una carencia de tirosina (esta se forma a partir de fenilalanina por acción de la PAH). La fenilalanina está presente en altas concentraciones (10 veces lo normal) no solo en el plasma, sino también en la orina y los tejidos corporales. Tirosina, que suele formarse a partir de fenilalanina por acción de PAH, es deficiente. El tratamiento incluye la restricción de fenilalanina en la dieta y complementos con tirosina. (Nota: la hiperfenilalaninemia también puede deberse a carencias en cualquiera de diversas enzimas necesarias para sintetizar BH_4 o de dihidropteridina reductasa, la cual regenera BH_4 a partir de BH_2 [fig. 21-17]. Tales deficiencias elevan de modo indirecto las concentraciones de fenilalanina, dado que PAH requiere a BH_4 como coenzima. La BH_4 también es necesaria para la tirosina hidroxilasa y la

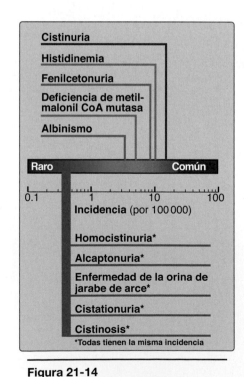

Figura 21-14
Incidencia de enfermedades hereditarias del metabolismo de aminoácidos. (Nota: la cistinuria es la anomalía congénita más común en el transporte de aminoácidos.)

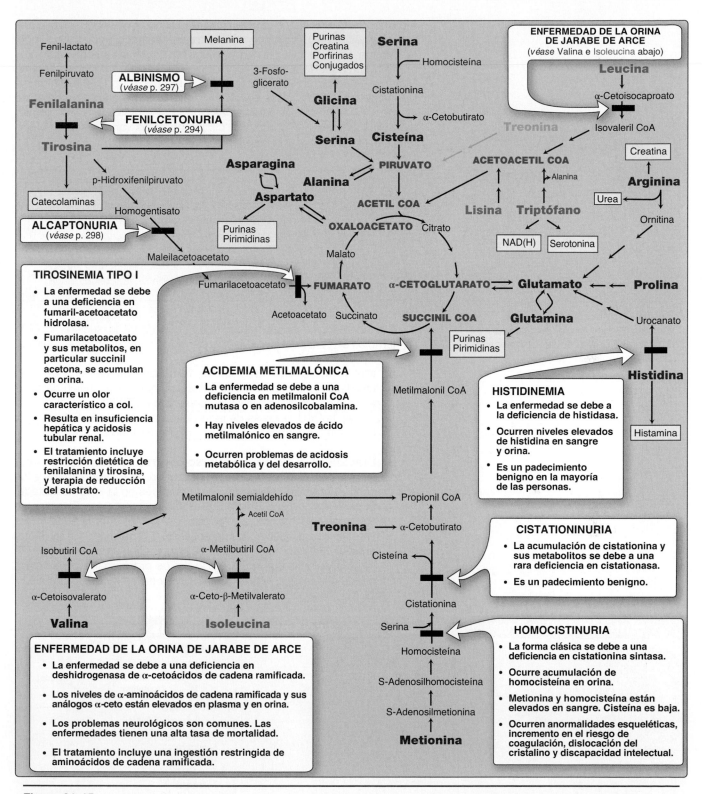

Figura 21-15

Resumen del metabolismo de aminoácidos en humanos. Las deficiencias enzimáticas determinadas de forma genética se resumen en recuadros blancos. Los compuestos nitrogenados derivados de aminoácidos se muestran en los recuadros pequeños de color amarillo. La clasificación de aminoácidos presenta un código de color: **rojo**, glucogénico; **café**, glucogénico y cetogénico; **verde**, cetogénico. Los compuestos en MAYÚSCULAS AZULES son los siete metabolitos a los que converge el metabolismo de todos los aminoácidos. CoA, coenzima A; NAD(H), dinucleótido de nicotinamida y adenina.

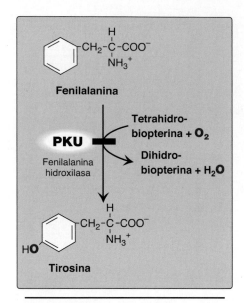

Figura 21-16
Una deficiencia en la fenilalanina
hidroxilasa deriva en la enfermedad
de fenilcetonuria (PKU).

triptófano hidroxilasa, que catalizan las reacciones que conducen a la síntesis de neurotransmisores como serotonina y catecolaminas. La simple
restricción de la fenilalanina en la dieta no anula los efectos que produce la carencia de neurotransmisores en el sistema nervioso central.
El complemento con BH$_4$ y la terapia de remplazo con L-3,4-dihidroxi-
fenilalanina [L-DOPA, *véase* p. 342] y 5-hidroxitriptófano [productos de
las reacciones afectadas catalizadas por tirosina hidroxilasa y triptófano
hidroxilasa] mejoran el pronóstico clínico en estas variantes de la hiperfenilalaninemia, aunque la respuesta es impredecible).

> Las pruebas de detección en recién nacidos para numero-
> sos trastornos tratables, incluidos los del metabolismo de
> aminoácidos, se realiza por espectrometría de masa en tán-
> dem en muestras de la sangre obtenida por punción en el
> talón. Por ley, todos los estados en Estados Unidos deben
> evaluar > 20 trastornos y algunos de ellos evalúan > 50. En
> todos los estados se realiza la detección de la fenilcetonuria.

1. **Características adicionales:** como el nombre lo sugiere, la PKU
   también se caracteriza por niveles elevados de fenilcetona en la orina.

   a. **Metabolitos elevados de la fenilalanina:** fenilpiruvato (una
      fenilcetona), fenilacetato y fenil-lactato, que no se suelen producir
      en cantidades significativas en presencia de PAH funcional, se ele-
      van en la PKU, además de la fenilalanina (fig. 21-18). Estos meta-
      bolitos le proporcionan a la orina un olor a moho característico.

   b. **Efectos en el sistema nervioso central:** la discapacidad inte-
      lectual grave, el retraso en el desarrollo, la microencefalia y las
      convulsiones son síntomas característicos en la PKU no tratada.
      El paciente con una PKU no tratada suele presentar síntomas de
      discapacidad intelectual alrededor del primer año de edad y rara
      vez alcanza un cociente intelectual (CI) > 50 (fig. 21-19). (Nota:
      en la actualidad estas manifestaciones clínicas se observan en
      raras ocasiones como resultado de los programas de detección
      neonatal que permiten el diagnóstico y tratamiento tempranos.)

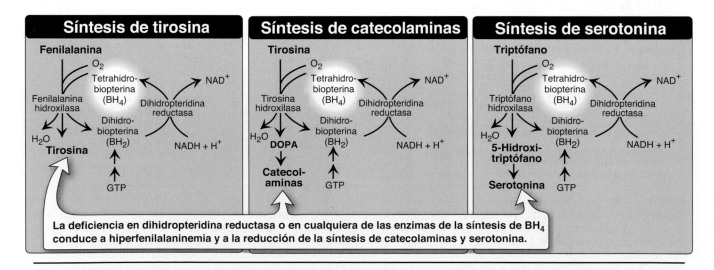

Figura 21-17
Reacciones biosintéticas relacionadas con aminoácidos y tetrahidrobiopterina. (Nota: las hidroxilasas de aminoácidos
aromáticos usan BH$_4$ y no PLP [fosfato de piridoxal].) NAD(H), dinucleótido de nicotinamida y adenina; GTP, difosfato de
guanosina; DOPA, L-3,4-dihidroxifenilalanina.

c. Hipopigmentación: los pacientes con PKU sin tratar a menudo muestran una carencia pigmentaria (cabello rubio, piel clara y ojos azules). La hidroxilación de tirosina por tirosinasa que requiere cobre, que es el primer paso en la formación del pigmento melanina, es inhibida en la PKU porque hay una disminución de tirosina.

2. **Evaluación y diagnóstico neonatales:** el diagnóstico precoz de la PKU es importante porque la enfermedad puede tratarse con medidas dietéticas. Debido a la falta de síntomas neonatales, es imprescindible realizar pruebas de laboratorio que permitan detectar altos niveles de fenilalanina en sangre. Sin embargo, el lactante con PKU a menudo presenta niveles sanguíneos normales de fenilalanina al nacer, puesto que la madre elimina el exceso de fenilalanina de la sangre de su feto afectado a través de la placenta. Los niveles normales de fenilalanina pueden persistir hasta que el recién nacido haya sido expuesto durante 24 a 48 h a una alimentación con proteínas. Por lo tanto, las pruebas de detección precoz se suelen realizar después de este periodo para evitar falsos negativos. Para los recién nacidos con una prueba de detección selectiva positiva, el diagnóstico se confirma a través de la determinación cuantitativa de los niveles de fenilalanina.

3. **Diagnóstico prenatal:** la PKU clásica es causada por una de las 100 o más mutaciones diferentes en el gen que codifica la síntesis de PAH. La frecuencia de una mutación dada varía entre las poblaciones y la enfermedad con frecuencia es doblemente heterocigótica (es decir, que el gen PAH tiene una mutación en cada alelo). A pesar de esta complejidad, el diagnóstico prenatal es posible (*véase* p. 568).

4. **Tratamiento:** la mayoría de las proteínas naturales contiene fenilalanina, un aminoácido esencial, y es imposible satisfacer las necesidades proteicas del organismo sin sobrepasar el límite de fenilalanina con una dieta normal. Por lo tanto, en los pacientes con PKU, la fenilalanina en sangre se mantiene a niveles próximos a los normales mediante la administración de preparados de aminoácidos sintéticos libres de fenilalanina y complementados con algunos alimentos naturales (como frutas, vegetales y ciertos cereales) seleccionados por su contenido bajo en fenilalanina. La cantidad se ajusta según la tolerancia del individuo que se estima a partir de los niveles sanguíneos de fenilalanina. Entre más temprano se inicie el tratamiento, habrá más oportunidad de evitar el daño neurológico por completo. Los individuos que reciben un tratamiento apropiado pueden tener una inteligencia normal. (Nota: el tratamiento debe comenzar durante los 7 a 10 primeros días de vida para evitar las deficiencias cognitivas.) Debido a que fenilalanina es un aminoácido esencial, debe evitarse un tratamiento exagerado que provoque concentraciones de fenilalanina en sangre por debajo de los normales. Los pacientes con PKU no son capaces de sintetizar tirosina a partir de fenilalanina, por lo que la tirosina se convierte en un aminoácido esencial que debe aportarse con la dieta. La suspensión de la dieta restringida en fenilalanina en la primera infancia se asocia con un bajo rendimiento en las pruebas de CI. Los pacientes adultos con PKU muestran deterioro en las puntuaciones de CI tras abandonar la dieta (fig. 21-20). Por lo tanto, se recomienda restringir la fenilalanina de los alimentos durante toda la vida. (Nota: se sugiere a los individuos con PKU que eviten el aspartame, un edulcorante artificial que contiene fenilalanina.)

5. **Fenilcetonuria materna:** si una mujer con PKU que no consume una dieta baja en fenilalanina se embaraza, sus descendientes pueden verse afectados por el "síndrome de PKU materna". Incluso si

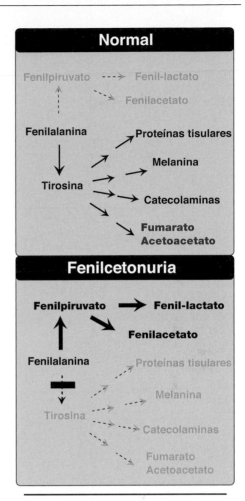

Figura 21-18
Vías del metabolismo de fenilalanina en personas sanas y en pacientes con fenilcetonuria.

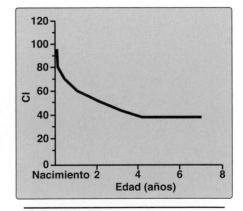

Figura 21-19
Capacidad intelectual típica en pacientes de diferentes edades con fenilcetonuria no tratada. CI, cociente intelectual.

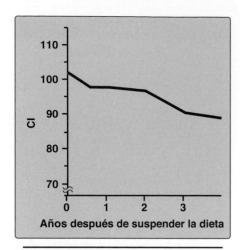

Figura 21-20
Puntuaciones de cambios en el cociente intelectual (CI) después de suspender la dieta con bajo contenido de fenilalanina en pacientes con fenilcetonuria.

el feto no ha heredado la enfermedad (es decir, el feto es heterocigoto para la mutación *PAH*), los altos niveles de fenilalanina en sangre causan microcefalia y anormalidades cardiacas congénitas en el feto (la fenilalanina es teratógena). Puesto que estas respuestas del desarrollo a los altos niveles fenilalanina ocurren durante los primeros meses de gestación, el control dietético de la fenilalanina en sangre debe comenzar antes de la concepción y mantenerse durante todo el embarazo.

B. Enfermedad de la orina con olor a jarabe de arce

La EOOJA es un trastorno autosómico recesivo poco frecuente (1:185 000), en el que existe una deficiencia parcial o total de BCKD, un complejo enzimático mitocondrial que descarboxila de forma oxidativa leucina, isoleucina y valina (*véase* fig. 21-11). Estos BCAA y sus α-cetoácidos correspondientes se acumulan en sangre y causan un efecto tóxico que interfiere con las funciones cerebrales. La enfermedad se caracteriza por problemas alimentarios, vómito, cetoacidosis, cambios en el tono muscular, problemas neurológicos que pueden derivar en el coma (en especial por el aumento de leucina) y un olor característico a jarabe de arce en la orina causado por el aumento de isoleucina. Si no se trata, la enfermedad es mortal. Si el tratamiento se retrasa, se produce la discapacidad intelectual.

1. **Clasificación:** la EOOJA abarca un tipo clásico y diversas variantes del trastorno. La forma neonatal clásica es el tipo de EOOJA más común. Los leucocitos o fibroblastos cutáneos en cultivo de estos pacientes muestran escasa o ninguna actividad de la BCKD. Los lactantes con EOOJA clásica muestran síntomas dentro de los primeros días de vida. Si no se diagnostica y se trata, la EOOJA es letal en las primeras semanas de vida. Los pacientes con formas intermedias tienen una mayor actividad enzimática (hasta 30% de lo normal). Los síntomas son más leves y aparecen entre la infancia y la adolescencia. Los pacientes con la variante EOOJA rara dependiente de tiamina de la EOOJA responden a dosis elevadas de esta vitamina.

2. **Evaluación y diagnóstico:** igual que con la PKU, se dispone de una prueba de diagnóstico prenatal y la detección selectiva neonatal y la mayoría de los individuos afectados es heterocigoto compuesto.

3. **Tratamiento:** la EOOJA se trata con una fórmula sintética que está libre de BCAA, complementada con una cantidad limitada de leucina, isoleucina y valina que permite el crecimiento y desarrollo normales sin producir niveles tóxicos. (Nota: la concentración elevada de leucina es la causa del daño neurológico en la EOOJA y su concentración se vigila con cuidado.) El diagnóstico temprano y el tratamiento dietético durante toda la vida son esenciales para que el niño con EOOJA se desarrolle en forma normal. (Nota: los BCAA constituyen una fuente importante de energía en tiempos de demanda metabólica y los individuos con EOOJA corren el riesgo de descompensación durante periodos de mayor catabolismo de proteínas.)

C. Albinismo

El albinismo abarca un grupo de padecimientos en los que un defecto en el metabolismo de la tirosina provoca una producción deficitaria de melanina. Estas anomalías conducen a una ausencia parcial o total de pigmento en la piel, el cabello y los ojos. El albinismo se presenta en diferentes formas, y puede heredarse de varias maneras: autosómica recesiva (modo principal), autosómica dominante o ligado al cromosoma X. La ausencia total de pigmento del pelo, ojos y piel (fig. 21-21), el albinismo oculocutáneo tirosinasa negativo (albinismo de tipo 1), deriva de la ausencia o el defecto en una tirosinasa que requiere cobre. Esta es la forma más grave de la enfermedad. Además de la hipopigmentación, los individuos afectados tienen defectos visuales y fotofobia (la luz solar daña sus ojos). También presentan un mayor riesgo de cáncer de piel.

D. Homocistinuria

Las homocistinurias son un grupo de trastornos que implican defectos en el metabolismo de la Hcy. Estas enfermedades autosómicas recesivas se caracterizan por altos niveles urinarios de Hcy, altos niveles plasmáticos de Hcy y metionina, y bajos niveles plasmáticos de cisteína. La causa más común de homocistinuria es un defecto en la enzima cistationina β-sintasa, que convierte la Hcy en cistationina (fig. 21-22). Las personas homocigotas para la carencia de cistationa β-sintasa presentan luxación de cristalino (ectopia lentis), anomalías esqueléticas (dedos y extremidades largos), discapacidad intelectual y aumento del riesgo de desarrollar trombos (formación de coágulos sanguíneos). La trombosis es la principal causa de muerte temprana en estos individuos. El tratamiento incluye la restricción de metionina y la complementación con vitamina B_{12} y folato. La cisteína se convierte en un aminoácido esencial y debe complementarse. Como el glutatión se sintetiza a partir de la cisteína (fig. 14-6), añadir cisteína a la dieta también es útil para reducir el estrés oxidativo. Asimismo, algunos pacientes responden a la administración oral de piridoxina (vitamina B_6), que se convierte en fosfato de piridoxal, la coenzima de cistationina β-sintasa. Estos pacientes que responden a la vitamina B_6, por lo general tienen un inicio de síntomas clínicos más leve y tardío cuando se compara con los pacientes que no responden a B_6. (Nota: las deficiencias en metilcobalamina [véase fig. 21-8] o en N^5,N^{10}-MTHF reductasa [MTHFR; véase fig. 21-12] también derivan en el aumento de Hcy.)

E. Alcaptonuria

La alcaptonuria es una aciduria orgánica poco frecuente que implica una deficiencia en la ácido homogentísico oxidasa, lo que deriva en la acumulación de ácido homogentísico (AH), un intermediario en la vía de degradación de la tirosina (véase fig. 21-15). La afección tiene tres síntomas característicos: aciduria homogentísica (la orina contiene niveles elevados de AH, el cual se oxida a un pigmento oscuro cuando se deja reposar, como se muestra en la fig. 21-23A), el inicio temprano de artritis en las grandes articulaciones y el depósito de un pigmento negro (ocronosis) en cartílagos y tejido colagenoso (véase fig. 21-23B). Las manchas oscuras en los pañales pueden indicar la enfermedad en los lactantes, pero por lo general no hay síntomas presentes sino hasta cerca de los 40 años de edad. El tratamiento incluye la restricción dietética de fenilalanina y tirosina para reducir los niveles de AH. Aunque la alcaptonuria no es mortal, la artritis asociada puede conducir a una discapacidad grave. (Nota: las deficiencias en fumarilacetoacetato hidrolasa, la enzima terminal del metabolismo de tirosina, causan tirosemia tipo I [véase fig. 21-15] y un olor característico de col en la orina.)

F. Acidemia metilmalónica

La acidemia metilmalónica (AMM) es un trastorno autosómico recesivo raro (1:100 000) causado por una deficiencia de la metilmalonil CoA mutasa, que convierte L-metilmalonil CoA en succinil CoA. Dado que la mutasa requiere vitamina B_{12}, la enfermedad también puede derivar

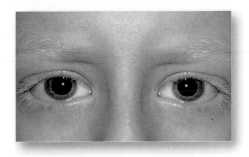

Figura 21-21
Paciente con albinismo oculocutáneo que muestra cejas y pestañas blancas y ojos con apariencia de color rojo.

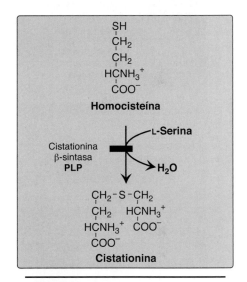

Figura 21-22
Deficiencia enzimática en la homocistinuria. PLP, fosfato de piridoxal.

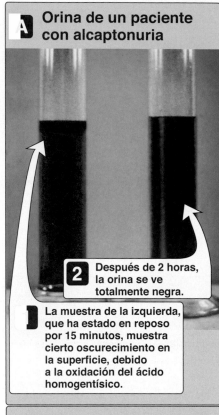

A Orina de un paciente con alcaptonuria

2 Después de 2 horas, la orina se ve totalmente negra.

La muestra de la izquierda, que ha estado en reposo por 15 minutos, muestra cierto oscurecimiento en la superficie, debido a la oxidación del ácido homogentísico.

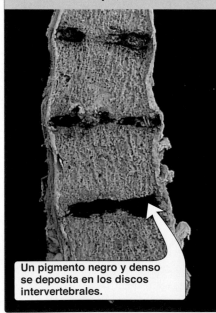

B Vértebras de un paciente con alcaptonuria

Un pigmento negro y denso se deposita en los discos intervertebrales.

Figura 21-23
Muestras de un paciente con alcaptonuria. **A)** Orina. **B)** Vértebras.

de una deficiencia grave de B_{12}. La descomposición de los ácidos grasos de cadena impar, la valina, la isoleucina, la metionina y la treonina puede provocar AMM, debido a esta deficiencia enzimática. La elevación del metilmalonato en sangre y orina puede ocasionar una acidosis metabólica. También puede haber un aumento de propionil-CoA, lo que agrava la aciduria con una acumulación de ácido propiónico adicional. Los síntomas aparecen en la infancia temprana, y varían según el grado de deficiencia enzimática, e incluyen retraso en el crecimiento, vómito, deshidratación, hipotonía, retraso en el desarrollo, convulsiones, hepatomegalia, hiperamonemia y una encefalopatía progresiva. Si es grave y no se trata, puede provocar discapacidad intelectual, daño renal o hepático crónico, pancreatitis y coma o muerte. El tratamiento incluye una dieta baja en proteínas y alta en calorías, así como la administración de suplementos de vitamina B_{12}. La dieta limita la ingesta de isoleucina, treonina, metionina y valina, ya que estos aminoácidos pueden provocar la acumulación de ácido metilmalónico debido a la deficiencia de mutasa.

VII. Resumen del capítulo

- Los **aminoácidos** cuyo catabolismo proporciona **piruvato** o uno de los productos **intermedios** del **ciclo de los ATC** se denominan **glucogénicos** (fig. 21-24). Pueden dar lugar a la síntesis neta de **glucosa** en **hígado** y **riñones**. Los aminoácidos solo glucogénicos son la glutamina, el glutamato, la prolina, la arginina, la histidina, la alanina, la serina, la glicina, la cisteína, la metionina, la valina, la treonina, el aspartato y la asparagina.

- Los aminoácidos cuyo catabolismo proporciona acetil-CoA (de forma directa, sin que el piruvato sirva de intermediario) o acetoacetato (o su precursor, acetatoacetil-CoA) se denominan **cetogénicos**. La leucina y la lisina son exclusivamente cetogénicos.

- La tirosina, la fenilalanina, el triptófano y la isoleucina son cetogénicos y glucogénicos.

- Los **aminoácidos no esenciales** pueden sintetizarse a partir de productos metabólicos intermedios o a partir de los esqueletos carbonados de los aminoácidos esenciales.

- Los **aminoácidos esenciales** se tienen que obtener de la **dieta**. Estos incluyen la histidina, la metionina, la treonina, la valina, la isoleucina, la fenilalanina, el triptófano, la leucina y la lisina.

- La **PKU** es causada por una **deficiencia** de la **PAH**, la enzima que convierte a la fenilalanina en tirosina. La **hiperfenilalaninemia** también puede deberse a deficiencias en las enzimas que sintetizan o regeneran la coenzima para la PAH, BH_4. Los pacientes con PKU no tratados sufren discapacidad intelectual grave, retraso en el desarrollo, microcefalia, convulsiones y un olor característico en la orina. El tratamiento consiste en controlar la fenilalanina en la dieta. La **tirosina** se convierte en un componente dietético esencial para las personas con PKU.

- La **EOOJA** se produce por la deficiencia parcial o completa de la **BCKD**, la enzima que descarboxila **BCAA, leucina**, **isoleucina** y **valina**. Los síntomas incluyen problemas de alimentación, vómito, cetoacidosis, cambios en el tono muscular y olor dulzón característico de la orina. Si no se trata, la enfermedad conduce a problemas neurológicos que provocan la muerte. El tratamiento requiere el control de la ingesta de BCAA.

- Otras enfermedades genéticas importantes asociadas con el metabolismo de los aminoácidos incluyen el **albinismo**, la **homocistinuria**, la **AMM**, la **alcaptonuria**, la **histidinemia**, la **tirosinemia** y la **cistationinuria**.

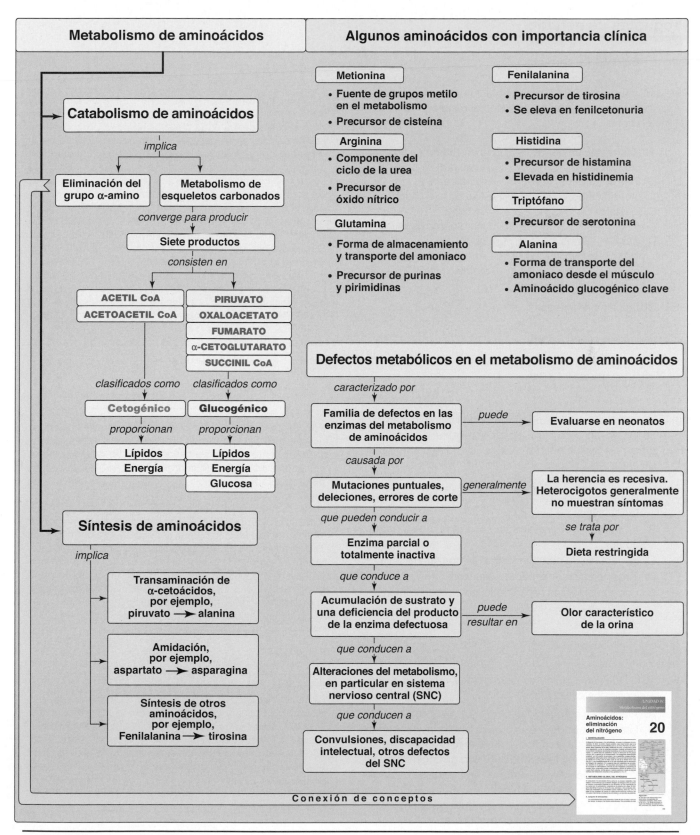

Figura 21-24
Mapa conceptual para el metabolismo de aminoácidos. CoA, coenzima A.

Preguntas de estudio

Elija la RESPUESTA correcta.

Para las preguntas 21.1 a 21.3, relacione la enzima deficiente con el signo clínico asociado o el resultado de laboratorio en orina.

A. Pigmentación negra del cartílago.

B. Pies sudorosos, con olor a fluidos.

C. Cristales de cistina en orina.

D. Cabello blanco y ojos color rojo.

E. Incremento en aminoácidos de cadena ramificada.

F. Aumento en homocisteína.

G. Incremento de metionina.

H. Aumento de fenilalanina.

21.1 Cistationina β-sintasa.

21.2 Oxidasa de ácido homogentísico.

21.3 Tirosinasa.

Respuestas correctas = F, A, D, de forma respectiva. La deficiencia en cistationina β-sintasa en la degradación de metionina deriva en una elevación de la homocisteína. La deficiencia en oxidasa del ácido homogentísico de la degradación de ácido homogentísico da lugar al aumento del ácido homogentísico que forma un pigmento negro que se deposita en el tejido conjuntivo (ocronosis). La deficiencia en tirosinasa resulta en el decremento de la formación de melanina a partir de tirosina en piel, cabello y ojos. Un olor semejante al de pies sudorosos es característico de la deficiencia de isovaleril coenzima A deshidrogenasa. Con la cistinuria se observan cristales de cistina en orina, un defecto en la absorción intestinal y renal de cistina. El aumento en aminoácidos de cadena ramificada se nota en la enfermedad de la orina de jarabe de arce, el aumento en metionina se observa en defectos del metabolismo de homocisteína y el incremento en fenilalanina, en la fenilcetonuria.

21.4 Una lactante de 1 semana de edad, que nació en su hogar en un área rural con poca atención médica, presenta fenilcetonuria clásica sin detectar. ¿Cuál de estos enunciados acerca de esta bebé o su tratamiento, o ambos, es correcto?

A. Debe iniciarse de inmediato una dieta libre de fenilalanina.

B. El tratamiento dietético se suspenderá en la edad adulta.

C. Se requiere la complementación con vitamina B_6.

D. Tirosina es un aminoácido esencial.

E. Los suplementos de ácido fólico pueden aumentar la actividad de PAH.

Respuesta correcta = D. En pacientes con fenilcetonuria no es posible la síntesis de tirosina a partir de fenilalanina y, por lo tanto, se vuelve esencial y debe proporcionarse en la dieta. Es necesario controlar la fenalanina en la dieta pero no puede eliminarse por completo debido a que es un aminoácido esencial. El tratamiento dietético debe iniciarse durante los primeros 7 a 10 días de vida para evitar la discapacidad intelectual y se recomienda la restricción vitalicia de fenilalanina para evitar el deterioro cognitivo. De igual manera, los niveles elevados de fenilalanina son teratogénicos para un feto en desarrollo. El cofactor de PAH es la tetrahidrobiopterina (BH_4). La suplementación con BH_4 puede ayudar a reducir las concentraciones de fenilalanina si el defecto enzimático está en la producción de BH_4 o en su reducción a partir de la dihidrobiopterina.

21.5 ¿Cuál de los siguientes enunciados respecto a los aminoácidos es correcto?

A. Alanina es cetogénica.

B. Los aminoácidos que se catabolizan de forma directa hasta acetilcoenzima A (CoA) (sin formar piruvato como intermediario) son glucogénicos.

C. Los aminoácidos de cadena ramificada se catabolizan sobre todo en el hígado.

D. Cisteína es esencial para individuos que consumen una dieta muy limitada en metionina.

E. Alanina es un aminoácido esencial.

Respuesta correcta = D. Metionina es el precursor de cisteína, que se vuelve esencial si la metionina está muy restringida. Alanina es un aminoácido glucogénico clave. Acetil CoA no puede utilizarse para la síntesis neta de glucosa. Los aminoácidos catabolizados hasta acetil CoA, acetoacetato y acetoacetil CoA son cetogénicos. Los aminoácidos de cadena ramificada se catabolizan principalmente en el músculo esquelético. La alanina es un aminoácido no esencial, sintetizado a partir del piruvato por una transaminasa.

21.6 ¿Por qué sería la acidosis láctica un hallazgo esperado en una persona con deficiencia de dihidrolipoil deshidrogenasa de la forma (E3) con enfermedad de la orina con olor a jarabe de arce?

Los tres complejos de deshidrogenasa de α-cetoácidos (piruvato deshidrogenasa [PDH], α-cetoglutatato deshidrogenasa y deshidrogenasa de α-cetoácidos de cadena ramificada [BCKD]) poseen una enzima 3, o E3, en común. En la enfermedad de la orina con olor a jarabe de arce deficiente en E3, además de la acumulación de los aminoácidos de cadena ramificada y sus derivados α-cetoácidos como resultado de la disminución en la actividad de BCKD, también aumentará el lactato debido a la disminución de la actividad de PDH.

21.7 En contraste con el fosfato de piridoxal derivado de la vitamina B_6 requerido en la mayoría de las reacciones enzimáticas que involucran aminoácidos, ¿qué coenzima necesitan las hidroxilasas de aminoácidos aromáticos?

La coenzima requerida es la tetrahidrobiopterina, derivada de guanosina trifosfato.

Aminoácidos: conversión en productos especializados

22

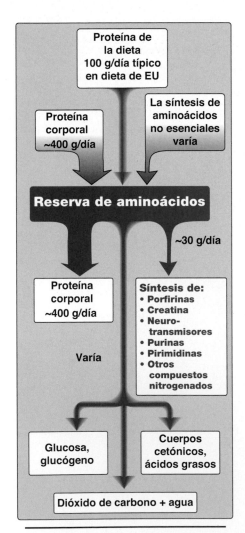

Figura 22-1
Los aminoácidos como precursores de compuestos nitrogenados.

I. GENERALIDADES

Además de servir como las unidades de construcción para las proteínas, los aminoácidos son precursores de muchos compuestos nitrogenados que poseen importantes funciones fisiológicas (fig. 22-1). Estas moléculas incluyen porfirinas, neurotransmisores, hormonas, purinas y pirimidinas. (Nota: la p. 190 muestra la síntesis de óxido nítrico a partir de arginina.)

II. METABOLISMO DE PORFIRINAS

Las porfirinas son compuestos cíclicos que se unen con facilidad a iones metálicos, por lo general a hierro ferroso (Fe^{2+}) o férrico (Fe^{3+}). La metaloporfirina con mayor prevalencia en humanos es el grupo hemo, que consta de un Fe^{2+} coordinado en el centro del anillo tetrapirrólico de protoporfirina IX (*véase* p. 334). El hemo es el grupo prostético para la hemoglobina (Hb), la mioglobina, los citocromos, incluido el sistema de citocromo P450 (CYP) monooxigenasa, la catalasa, la óxido nítrico sintasa y la peroxidasa. Estas hemoproteínas se sintetizan y degradan con rapidez. Por ejemplo, cada día se sintetizan 6 a 7 g de Hb para remplazar el hemo perdido a través del recambio normal de eritrocitos. La síntesis y degradación de las porfirinas asociadas y el reciclaje del hierro se coordinan con el recambio de hemoproteínas.

A. Estructura

Las porfirinas son moléculas planas cíclicas formadas por la unión de cuatro anillos pirrólicos a través de puentes metenilo (fig. 22-2). Hay tres características estructurales de estas moléculas importantes para comprender su importancia médica.

1. **Cadenas laterales:** las distintas porfirinas varían en la naturaleza de las cadenas laterales unidas a cada uno de los cuatro anillos pirrólicos. Las uroporfirinas contienen cadenas laterales de acetato ($-CH_2-COO-$) y propionato ($-CH_2-CH_2-COO-$); las coproporfirinas contienen grupos metilo ($-CH_3$) y propionato, y la protoporfirina IX (y el hemo b, el hemo más común) contiene grupos vinilo ($-CH=CH_2$),

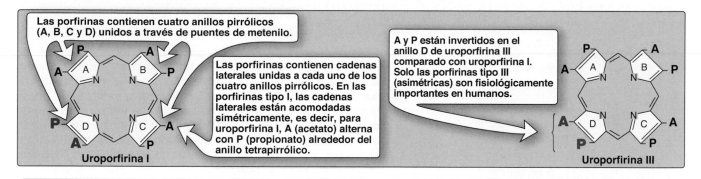

Figura 22-2

Estructuras de uroporfirina I y uroporfirina III.

metilo y propionato. (Nota: los grupos metilo y vinilo se producen por la descarboxilación de las cadenas laterales de acetato y propionato, de forma respectiva.)

2. **Distribución de cadenas laterales:** las cadenas laterales de las porfirinas pueden ordenarse alrededor del núcleo tetrapirrólico en cuatro formas diferentes designadas por los números romanos del I al IV. Solo las porfirinas tipo III, que contienen una sustitución asimétrica en el anillo D (*véase* fig. 22-2), son fisiológicamente importantes en los humanos. (Nota: la protoporfirina IX es un miembro de la serie tipo III.)

3. **Porfirinógenos:** estos precursores de porfirinas (p. ej., uroporfirinógeno) existen en una forma químicamente reducida e incolora y sirven como intermediarios entre porfobilinógeno (PBG) y las protoporfirinas oxidadas y coloreadas en la biosíntesis del hemo.

B. Biosíntesis del grupo hemo

Los sitios principales de biosíntesis del hemo son el hígado y las células productoras de eritrocitos de la médula ósea. En el hígado, que sintetiza un sinnúmero de hemoproteínas (en particular las proteínas CYP), la velocidad de síntesis del hemo es muy variable y responde a alteraciones en las reservas del hemo celular ocasionadas por los requerimientos fluctuantes para hemoproteínas. En contraste, la síntesis de hemo en las células eritroides, que son activas en la síntesis de Hb, es relativamente constante y coincide con la velocidad de síntesis de las globinas. (Nota: más de 85% del total de síntesis de hemo ocurre en el tejido eritroide. Los eritrocitos maduros carecen de mitocondrias y son incapaces de sinterizar el hemo.) La reacción inicial y los últimos tres pasos en la formación de porfirinas ocurren en las mitocondrias, mientras que los pasos intermedios de la vía biosintética tienen lugar en el citosol. (Nota: la fig. 22-8 resume la síntesis del grupo hemo.)

1. **Formación de ácido δ-aminolevulínico:** la glicina (un aminoácido no esencial) y la succinil coenzima A (un intermediario del ciclo de los ácidos tricarboxílicos) proveen todos los átomos de carbono y nitrógeno de la molécula de porfirina y se condensan para formar el ácido δ-aminolevulínico (ALA) en una reacción catalizada por la ALA sintasa (ALAS; fig. 22-3). Esta reacción requiere fosfato de piridoxal (PLP; *véase* p. 452) como coenzima y es el paso determinante y limitante de la velocidad en la síntesis de porfirina. (Nota: hay dos isoformas ALAS, cada una producida por diferentes genes y controlada por diferentes mecanismos. ALAS1 se encuentra en todos los tejidos, mientras que ALAS2 es eritroide específica. Las muta-

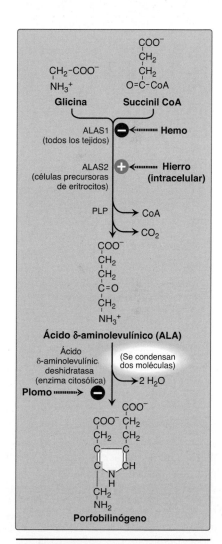

Figura 22-3

Vías de la síntesis de porfirina: formación de porfobilinógeno. (Nota: ALAS1 está regulada por el hemo; ALAS2 está regulada por el hierro). ALAS, sintasa del ácido δ-aminolevulínico; CoA, coenzima A; CO_2, dióxido de carbono; PLP, fosfato de piridoxal. (Continúa en las figs. 22-4 y 22-5).

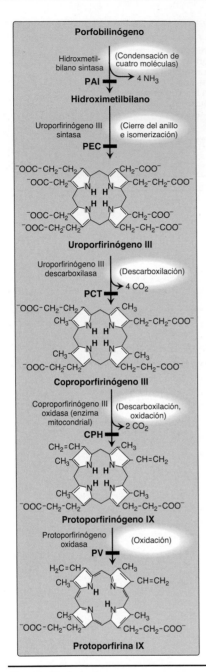

Figura 22-4

Vía de síntesis de porfirina: la formación de protoporfirina IX. (Continúa de la fig. 22-3.) Los prefijos uro- (orina) y copro- (heces) reflejan los sitios iniciales de su descubrimiento. Las deficiencias enzimáticas en las porfirias se indican con las barras negras. CPH, coproporfiria hereditaria; PAI, porfiria aguda intermitente; PCT, porfiria cutánea tardía; PEC, porfiria eritropoyética congénita; PV, porfiria variegata. (Nota: la deficiencia en uroporfirinógeno III sintasa evita la isomerización pero no el cierre del anillo, lo cual resulta en la producción de porfirinas tipo I).

ciones que producen pérdida de función en ALAS2 derivan en anemia sideroblástica ligada al cromosoma X y a sobrecarga de hierro.)

a. **Efectos hemo (hemina):** cuando la producción de porfirina excede la disponibilidad de las apoproteínas que la requieren, el hemo se acumula y se convierte en hemina mediante la oxidación de Fe^{2+} a Fe^{3+}. La hemina reduce la cantidad (y, por lo tanto, la actividad) de ALAS1 al reprimir la transcripción de su gen, aumentar la degradación de su ARN mensajero y reducir la importación de la enzima en las mitocondrias. (Nota: en células eritroides, ALAS2 está controlada por la disponibilidad del hierro intracelular [*véase* p. 549].)

b. **Efectos de los fármacos:** la administración de cualquiera de un gran número de fármacos (y varias sustancias químicas xenobióticas ambientales, presentes en ciertos alimentos, cosméticos y productos comerciales) da lugar a un aumento significativo en la actividad hepática de ALAS1. Estas moléculas se metabolizan en el sistema de CYP monooxigenasa microsomal, un sistema de hemoproteína oxidasa que se encuentra en el hígado (*véase* p. 188). En respuesta a estos medicamentos, la síntesis de proteínas CYP aumenta y conduce a un mayor consumo del grupo hemo, un componente de estas proteínas. Esto, a su vez, provoca una disminución en la concentración del hemo en los hepatocitos. La concentración intracelular reducida de hemo no unido conduce a un incremento en la síntesis de ALAS1 y desencadena un incremento correspondiente en la síntesis de ALA.

2. **Formación de porfobilinógeno:** la condensación citosólica de dos ALA para formar PBG por acción de la ALA deshidratasa (PBG sintasa) que contiene zinc es en extremo sensible a la inhibición por iones de metales pesados (p. ej., plomo) que remplazan al zinc (*véase* fig. 22-3). Esta inhibición es, en parte, responsable por la elevación del ALA y de la anemia que se ven en el envenenamiento por plomo.

3. **Formación de uroporfirinógeno:** la condensación de cuatro moléculas de PBG, catalizada por la hidroximetilbilano sintasa, produce el tetrapirrol lineal hidroxilmetilbilano. Una deficiencia de esta enzima deriva en porfiria aguda intermitente (PAI, fig. 22-4; *véanse* también p. 337 y fig. 22-8 para más detalles sobre las diferentes formas de porfiria). Uropofirinógeno III sintasa cicliza e isomeriza hidroximetilbilano para producir uroporfirinógeno III. Una deficiencia de esta enzima deriva en porfiria eritropoyética congénita (PEC). Uroporfirinógeno III sufre descarboxilación de sus grupos acetato por acción de uroporfirinógeno III descarboxilasa (UROD) y genera coproporfirinógeno III. Una deficiencia de esta enzima da lugar a la porfiria cutánea tardía (PCT). Estas tres reacciones ocurren en el citosol.

4. **Formación del hemo:** el coproporfirinógeno III entra a la mitocondria y dos cadenas laterales de propionato se descarboxilan mediante la coproporfirinógeno III oxidasa para dar grupos vinilo que generan protoporfirinógeno IX. Una deficiencia en esta enzima deriva en coproporfiria hereditaria (CPH). El protoporfirinógeno IX se oxida por la protoporfirinógeno oxidasa a protoporfirina IX. Una deficiencia en esta enzima genera porfiria variegata (PV). La introducción del hierro (como Fe^{2+}) en la protoporfirina IX produce el hemo. Este paso puede ocurrir de manera espontánea, pero la velocidad mejora por medio de ferroquelatasa, una enzima que, lo mismo que ALA deshidratasa, se inhibe con el plomo (fig. 22-5). Una deficiencia de esta enzima deriva en protoporfiria eritropoyética (PPE).

Aplicación clínica 22-1: intoxicación por plomo

La intoxicación por plomo es una acumulación de plomo en el cuerpo durante un periodo de meses a años. Las fuentes habituales de plomo incluyen la exposición a pinturas a base de plomo y al polvo o las escamas de pintura frecuentes en edificios antiguos; el plomo de las tuberías domésticas también puede contaminar el agua potable. La exposición puede ocurrir por inhalación, contacto con la piel o las mucosas, o ingestión. El plomo tiene un sabor dulce, y la exposición por ingestión es de especial interés en los lactantes y niños pequeños. Los síntomas de intoxicación por plomo pueden incluir retrasos en el desarrollo, problemas de aprendizaje y bajo CI, dolor abdominal, estreñimiento, cambios neurológicos e irritabilidad. Las concentraciones muy elevadas de plomo pueden ser mortales. El plomo inhibe la ALA deshidratasa y la ferroquelatasa, ambas enzimas implicadas en la síntesis de hemo, y por lo tanto provoca una disminución de esta. Además, los valores elevados de plomo perjudican la utilización del hierro. Esto da lugar a un mayor uso del zinc (en lugar del hierro) como sustrato para la quelación a la protoporfirina IX por la ferroquelatasa. En consecuencia, los pacientes con intoxicación por plomo pueden presentar anemia y concentraciones elevadas de protoporfirina de zinc. El aumento de ALA puede ser tóxico para las neuronas. El plomo también puede atravesar la barrera hematoencefálica y es neurotóxico. El tratamiento habitual consiste en eliminar la fuente de exposición al contaminante del plomo, pero en los casos de intoxicación grave por plomo (más de 45 µg/dL medidos en el suero) pueden utilizarse quelantes divalentes como el succímero (DMSA, ácido 2,3-dimercaptosuccínico), el ácido etilendiaminotetracético disódico de calcio (EDTA) u otros para eliminar el exceso de iones de plomo de la sangre.

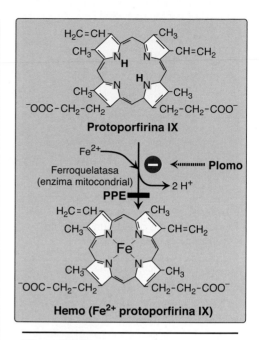

Protoporfirina IX

Hemo (Fe^{2+} protoporfirina IX)

Figura 22-5
Vía de síntesis de porfirinas: formación del hemo b. (Continúa de las figs. 22-3 y 22-4.) Fe^{2+}, hierro ferroso. La deficiencia enzimática en la porfiria se indica con una *barra negra*; PPE, protoporfiria eritropoyética.

C. Porfirias

Las porfirias son defectos raros, hereditarios (o en ocasiones adquiridos) en la síntesis del grupo hemo, que derivan en la acumulación y el incremento en la excreción de porfirinas o precursores de porfirinas (véase fig. 22-8). (Nota: las porfirias hereditarias son trastornos autosómicos dominantes [AD] o autosómicos recesivos [AR]). Cada porfiria resulta en la acumulación de un patrón único de intermediarios ocasionada por la deficiencia de una enzima en la vía sintética hemo. (Nota: la porfiria, derivada de la palabra griega "púrpura", se refiere al color rojizo-púrpura causado por las porfirinas de tipo pigmento en la orina de algunos pacientes con defectos en la síntesis del grupo hemo.)

1. **Manifestaciones clínicas:** las porfirias se clasifican como eritropoyéticas o hepáticas, en función de que la deficiencia enzimática se produzca en las células eritropoyéticas de la médula ósea o en el hígado. Las porfirias hepáticas pueden clasificarse, además, como crónicas o agudas. En general, los individuos con un defecto enzimático previo a la síntesis de los tetrapirroles manifiestan signos abdominales y neuropsiquiátricos, mientras que aquellos con defectos enzimáticos que conducen a la acumulación de intermediarios del tetrapirrol muestran fotosensibilidad (es decir, comezón y ardor [prurito] en la piel cuando se exponen a la luz solar). (Nota: la fotosensibilidad es el resultado de la oxidación de porfirinógenos incoloros a porfirinas coloreadas, las cuales son moléculas que sensibilizan a la luz y se cree que participan en la formación de radicales superóxido derivados de oxígeno. Estos radicales pueden causar daño oxidativo en las membranas y ocasionar la liberación de enzimas destructivas de los lisosomas.)

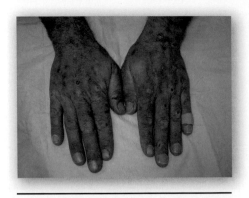

Figura 22-6
Erupciones en la piel de un paciente
con porfiria cutánea tardía.

Figura 22-7
Orina de un paciente con porfiria
cutánea tardía (**derecha**) y de un
paciente con excreción normal de
porfirina (**izquierda**).

a. **Porfiria hepática crónica:** la PCT, la porfiria más común, es una enfermedad hepática crónica. La afección está asociada con una deficiencia grave de UROD, pero diversos factores, como la sobrecarga hepática de hierro, la exposición a la luz solar, la ingestión de alcohol, la terapia con estrógenos y la presencia de infecciones por hepatitis B o C, o por VIH, influyen en la expresión clínica de la deficiencia. (Nota: las mutaciones en UROD se encuentran en solo 20% de los individuos afectados. La herencia es AD.) Es típico el inicio clínico durante la cuarta o quinta década de la vida. La acumulación de porfirina conduce a los síntomas cutáneos (fig. 22-6), así como a la formación de una orina que es de color rojizo a marrón bajo luz natural (fig. 22-7) y rosada a roja bajo luz fluorescente.

b. **Porfirias hepáticas agudas:** las porfirias hepáticas agudas (porfiria con deficiencia de ALA deshidratasa, PAI, CPH y PV) se caracterizan por ataques agudos de síntomas gastrointestinales (GI), neuropsiquiátricos y motores que pueden ir acompañados por fotosensibilidad (fig. 22-8). Las porfirias que conducen a la acumulación de ALA y PBG, como la PAI, causan dolor abdominal y alteraciones neuropsiquiátricas que van desde la ansiedad hasta el delirio. Los síntomas de las porfirias hepáticas agudas con frecuencia se desencadenan por el uso de fármacos como barbituratos y etanol, que inducen la síntesis del sistema microsomal de oxidación de fármacos CYP que contienen hemo. Esto reduce aún más la cantidad de hemo disponible el cual, a su vez, promueve el incremento en la síntesis de ALAS1.

c. **Porfirias eritropoyéticas:** las porfirias eritropoyéticas crónicas (PEC y PPE) causan fotosensibilidad caracterizada por erupciones en piel y ampollas que aparecen al inicio de la infancia (fig. 22-8).

2. **Incremento en la actividad de la ácido δ-aminolevulínico sintasa:** una característica común de las porfirias hepáticas es la síntesis reducida del hemo. En el hígado, el hemo funciona de manera normal como represor del gen ALAS1. Por lo tanto, la ausencia de este producto final deriva en un aumento en la síntesis de ALAS1 (desrepresión/activación). Esto causa un incremento en la síntesis de intermediarios que ocurre antes del bloqueo genético. La acumulación de estos intermediarios tóxicos es la fisiopatología principal de las porfirias.

3. **Tratamiento:** los pacientes requieren apoyo médico durante los ataques agudos de porfiria, en particular tratamiento para el dolor y el vómito. La gravedad de los síntomas agudos de las porfirias puede reducirse por inyección intravenosa de hemina y glucosa. La hemina consiste en una estructura de protoporfirina con un hierro férrico (Fe^{3+}) coordinado con un ion cloruro. La administración de hemina reduce el déficit de porfirinas. Esto, a su vez, disminuye la síntesis de ALAS1 y minimiza la producción de intermedios tóxicos de porfirina. Las dosis elevadas de glucosa también pueden disminuir la biosíntesis de porfirinas en el hígado. Estos tratamientos son en particular eficaces para tratar la PAI y otras porfirias agudas. La protección contra la luz solar, la ingestión de β-caroteno (provitamina A; *véase* p. 456) que elimina radicales libres, y la flebotomía (que elimina porfirinas) son útiles en las porfirias con fotosensibilidad.

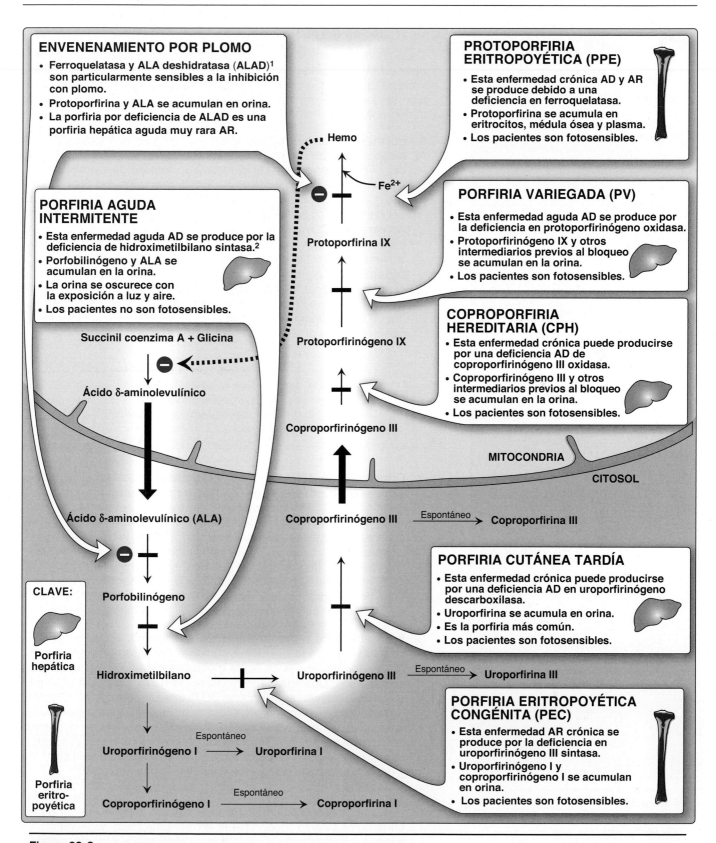

ENVENENAMIENTO POR PLOMO

- Ferroquelatasa y ALA deshidratasa (ALAD)[1] son particularmente sensibles a la inhibición con plomo.
- Protoporfirina y ALA se acumulan en orina.
- La porfiria por deficiencia de ALAD es una porfiria hepática aguda muy rara AR.

PROTOPORFIRIA ERITROPOYÉTICA (PPE)

- Esta enfermedad crónica AD y AR se produce debido a una deficiencia en ferroquelatasa.
- Protoporfirina se acumula en eritrocitos, médula ósea y plasma.
- Los pacientes son fotosensibles.

PORFIRIA AGUDA INTERMITENTE

- Esta enfermedad aguda AD se produce por la deficiencia de hidroximetilbilano sintasa.[2]
- Porfobilinógeno y ALA se acumulan en la orina.
- La orina se oscurece con la exposición a luz y aire.
- Los pacientes no son fotosensibles.

PORFIRIA VARIEGADA (PV)

- Esta enfermedad aguda AD se produce por la deficiencia en protoporfirinógeno oxidasa.
- Protoporfirinógeno IX y otros intermediarios previos al bloqueo se acumulan en la orina.
- Los pacientes son fotosensibles.

COPROPORFIRIA HEREDITARIA (CPH)

- Esta enfermedad crónica puede producirse por una deficiencia AD de coproporfirinógeno III oxidasa.
- Coproporfirinógeno III y otros intermediarios previos al bloqueo se acumulan en la orina.
- Los pacientes son fotosensibles.

Hemo

Fe^{2+}

Protoporfirina IX

Protoporfirinógeno IX

Succinil coenzima A + Glicina

Ácido δ-aminolevulínico

Coproporfirinógeno III

MITOCONDRIA

CITOSOL

Ácido δ-aminolevulínico (ALA)

Coproporfirinógeno III → Espontáneo → Coproporfirina III

CLAVE:

Porfiria hepática

Porfobilinógeno

PORFIRIA CUTÁNEA TARDÍA

- Esta enfermedad crónica puede producirse por una deficiencia AD en uroporfirinógeno descarboxilasa.
- Uroporfirina se acumula en orina.
- Es la porfiria más común.
- Los pacientes son fotosensibles.

Hidroximetilbilano → Uroporfirinógeno III → Espontáneo → Uroporfirina III

Porfiria eritro-poyética

PORFIRIA ERITROPOYÉTICA CONGÉNITA (PEC)

- Esta enfermedad AR crónica se produce por la deficiencia en uroporfirinógeno III sintasa.
- Uroporfirinógeno I y coproporfirinógeno I se acumulan en orina.
- Los pacientes son fotosensibles.

Uroporfirinógeno I → Espontáneo → Uroporfirina I

Coproporfirinógeno I → Espontáneo → Coproporfirina I

Figura 22-8

Resumen de la síntesis del hemo. [1]También se denomina porfobilinógeno sintasa. [2]También se le llama porfobilinógeno deaminasa. (Nota: se desconocen las deficiencias sintomáticas en ALA sintasa-1 [ALAS1]. Las deficiencias en ALAS2 ligada al cromosoma X derivan en una anemia.) AD, autosómica dominante; ALA, ácido δ-aminolevulínico; AR, autosómica recesiva; Fe, hierro.

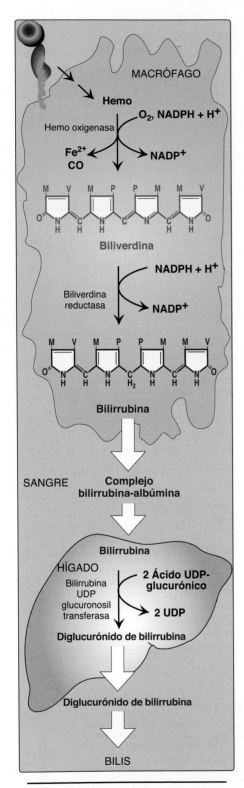

Figura 22-9

Formación de bilirrubina a partir del hemo y su conversión a diglucurónido de bilirrubina. CO, monóxido de carbono; Fe, hierro; NADP(H), dinucleótido fosfato de nicotinamida y adenina; UDP, uridina difosfato.

D. Degradación del hemo

Después de ~120 días en la circulación, el sistema fagocítico mononuclear (SFM) captura los eritrocitos y los degrada, en particular en hígado y bazo (fig. 22-9). Cerca de 85% del hemo destinado para la degradación se deriva de eritrocitos senescentes (fig. 22-10). El resto viene de la degradación de hemoproteínas diferentes de Hb.

1. **Formación de bilirrubina:** el primer paso en la degradación del hemo se cataliza por medio de hemo oxigenasa en los macrófagos del SFM. En presencia de dinucleótido fosfato de nicotinamida y adenina y de oxígeno, la enzima cataliza tres oxigenaciones sucesivas que derivan en la apertura del anillo de porfirina (y la conversión del hemo cíclico en biliverdina lineal), la producción de monóxido de carbono (CO) y la liberación de Fe^{2+} (fig. 22-9). (Nota: el CO posee una función biológica de actuar como una molécula de señalamiento y antiinflamatorio. El hierro se analiza en el cap. 30.) La biliverdina, un pigmento verde, se reduce para formar la bilirrubina color rojo-naranja. La bilirrubina y sus derivados se denominan de manera colectiva "pigmentos biliares". (Nota: los colores cambiantes de un hematoma reflejan el patrón de variación de intermediarios que ocurre durante la degradación del hemo.)

> La bilirrubina, exclusiva de los mamíferos, parece funcionar en bajos niveles como un antioxidante. En este papel, se oxida a biliverdina, la cual se reduce mediante biliverdina reductasa, para regenerar la bilirrubina.

2. **Captación de bilirrubina por el hígado:** dado que la bilirrubina es apenas un poco soluble en el plasma, se transporta por medio de la sangre al hígado a través de su unión no covalente a la albúmina. (Nota: ciertos fármacos aniónicos, como los salicilatos y las sulfonamidas, pueden desplazar la bilirrubina de la albúmina, lo cual permite que la bilirrubina entre al sistema nervioso central [SNC]. Esto causa un potencial daño neuronal en lactantes [*véase* p. 341]). La bilirrubina se disocia de la molécula transportadora de albúmina, entra en el hepatocito por medio de la difusión facilitada y se une a las proteínas intracelulares, en particular a la proteína ligandina.

3. **Formación de diglucurónido de bilirrubina:** en el hepatocito, la solubilidad de la bilirrubina aumenta por la adición en secuencia de dos moléculas de ácido glucurónico en un proceso llamado conjugación. Una enzima microsomal llamada bilirrubina UDP-glucuronosiltransferasa (bilirrubina UGT) que usa difosfato de uridina (UDP)-ácido glucurónico como donador de glucuronato cataliza las reacciones. El producto diglucurónido de bilirrubina se denomina "bilirrubina conjugada" (BC). (Nota: grados variables de deficiencia de bilirrubina UGT dan lugar a los síndromes de Crigler-Najjar I y II y de Gilbert, donde el Crigler-Najjar I es el más grave.)

4. **Secreción de bilirrubinas en la bilis:** la BC se transporta de forma activa contra un gradiente de concentración hacia el interior de los canalículos biliares y luego hacia la bilis. Este paso dependiente de energía y limitante de la velocidad es vulnerable a las deficiencias causadas por la enfermedad hepática. (Nota: una deficiencia rara en la proteína requerida para transportar la BC fuera del hígado causa el síndrome de Dubin-Johnson.) La bilirrunina no conjugada (BNC) no se suele secretar con la bilis.

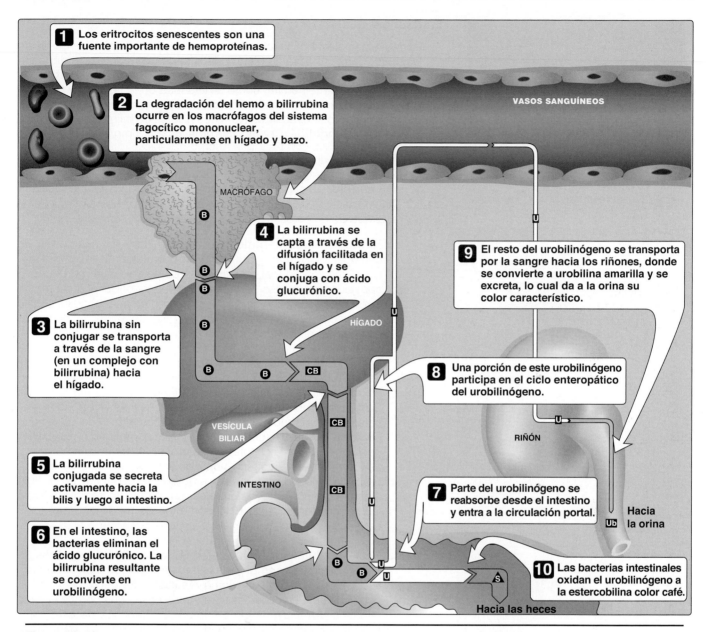

1 Los eritrocitos senescentes son una fuente importante de hemoproteínas.

2 La degradación del hemo a bilirrubina ocurre en los macrófagos del sistema fagocítico mononuclear, particularmente en hígado y bazo.

VASOS SANGUÍNEOS

MACRÓFAGO

4 La bilirrubina se capta a través de la difusión facilitada en el hígado y se conjuga con ácido glucurónico.

9 El resto del urobilinógeno se transporta por la sangre hacia los riñones, donde se convierte a urobilina amarilla y se excreta, lo cual da a la orina su color característico.

3 La bilirrubina sin conjugar se transporta a través de la sangre (en un complejo con bilirrubina) hacia el hígado.

HÍGADO

8 Una porción de este urobilinógeno participa en el ciclo enteropático del urobilinógeno.

VESÍCULA BILIAR

RIÑÓN

5 La bilirrubina conjugada se secreta activamente hacia la bilis y luego al intestino.

INTESTINO

7 Parte del urobilinógeno se reabsorbe desde el intestino y entra a la circulación portal.

Hacia la orina

6 En el intestino, las bacterias eliminan el ácido glucurónico. La bilirrubina resultante se convierte en urobilinógeno.

10 Las bacterias intestinales oxidan el urobilinógeno a la estercobilina color café.

Hacia las heces

Figura 22-10

Catabolismo del hemo. **B** = bilirrubina; **CB** = bilirrubina conjugada; **S** = estercobilina; **U** = urobilinógeno; **Ub** = urobilina.

5. **Formación de urobilina en el intestino:** las bacterias intestinales hidrolizan y reducen la BC para producir urobilinógeno, un compuesto incoloro. Las bacterias oxidan aún más la mayor parte del urobilinógeno para dar estercobilina, que le proporciona a las heces su color marrón característico. No obstante, parte se reabsorbe desde el intestino y entra a la circulación portal. Una porción de este urobilinógeno participa en el ciclo enterohepático del urobilinógeno en el cual es captado por el hígado y luego secretado de nuevo hacia la bilis. El resto del urobilinógeno se transporta en sangre hacia los riñones, donde se convierte en urobilina amarilla y se excreta, lo cual proporciona a la orina su color característico. El metabolismo de la bilirrubina se resume en la figura 22-10.

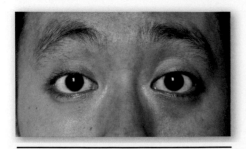

Figura 22-11
Paciente con ictericia cuyas
escleróticas presentan un tono amarillo.

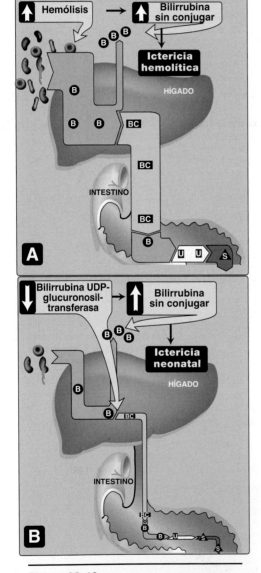

Figura 22-12
Alteraciones en el metabolismo del
hemo. **A)** Ictericia hemolítica. **B)** Ictericia
neonatal. **B** = bilirrubina; **BC** = bilirrubina
conjugada; **S** = estercobilina; **U** =
urobilinógeno; UDP, uridina difosfato.

E. Ictericia

La ictericia (o el íctero) se refiere al color amarillo de la piel, las bases de las uñas y la esclerótica (lo blanco del ojo) ocasionado por el depósito de bilirrubina, secundario al incremento de los niveles de bilirrubina en sangre (hiperbilirrubinemia), como se muestra en la figura 22-11. Aunque no es una enfermedad, la ictericia por lo general es un síntoma de un padecimiento subyacente. (Nota: los niveles de bilirrubina en sangre suelen ser ≤ 1 mg/dL. La ictericia se ve a los 2 a 3 mg/dL.)

1. **Tipos:** la ictericia puede clasificarse en tres tipos principales que se describen a continuación. No obstante, en la práctica clínica, la ictericia con frecuencia es más compleja de lo que esta clasificación simple indica. Por ejemplo, la acumulación de bilirrubina puede ser el resultado de defectos en más de un paso de su metabolismo.

   a. **Hemolítica (prehepática):** el hígado tiene la capacidad de conjugar y excretar > 3000 mg de bilirrubina/día, mientras que la producción normal de bilirrubina es de solo 300 mg/día. Esta capacidad en exceso permite al hígado responder al aumento en la degradación del hemo con un incremento correspondiente en la conjugación y la secreción de BC. No obstante, la hemólisis extensa (p. ej., en pacientes con anemia de células falciformes o deficiencia de piruvato cinasa o glucosa 6-fosfato deshidrogenasa) puede producir bilirrubina más rápido de lo que esta puede ser conjugada. Los niveles de BNC en la sangre se elevan (hiperbilirrubinemia sin conjugar), lo cual causa ictericia (fig. 22-12A). Debido a la hemólisis, las concentraciones de BC pueden elevarse en gran medida hasta el rango más alto de la capacidad hepática normal y excretarse en la bilis. La cantidad de urobilinógeno que entra a la circulación enterohepática también aumenta, así como el urobilinógeno urinario. Aun así, los valores de BC, urobilinógeno, estercobilina y urobilina se observan en el lado más alto de sus rangos normales. En la ictericia hemolítica, solo las concentraciones de BNC son altos de modo anormal en la sangre.

   b. **Hepatocelular (hepática):** el daño a las células hepáticas (p. ej., en pacientes con cirrosis o hepatitis) puede causar hiperbilirrubinemia sin conjugar como resultado del decremento en la conjugación. El urobilinógeno aumenta en la orina porque el daño hepático disminuye la circulación enterohepática de este compuesto, lo cual permite que entre más a la sangre, a partir de la cual se filtra hacia la orina. La orina se oscurece en consecuencia, mientras que las heces pueden ser de color arcilla pálido. Los niveles plasmáticos de las transaminasas de alanina y aspartato (ALT y AST, de manera respectiva; *véase* p. 300) se elevan. Si se produce BC pero no se secreta con eficiencia del hígado hacia la bilis (colestasis intrahepática), puede tener fugas hacia la sangre (regurgitación) y causar hiperbilirrubinemia conjugada. En la ictericia hepática, los niveles de BNC y BC están anormalmente elevados en la sangre.

   c. **Obstructiva (poshepática):** en este caso, la ictericia no es consecuencia de la producción excesiva de bilirrubina ni de la disminución de la conjugación sino que, en lugar de ello, deriva de la obstrucción del conducto biliar común (colestasis extrahepática). Por ejemplo, la presencia de un tumor o de cálculos biliares puede bloquear el conducto e impedir el paso de BC hacia el intestino. Los pacientes con ictericia obstructiva sufren dolor gastrointestinal y náusea, y producen heces que son de color arcilla claro. La BC regurgita hacia la sangre (hiperbilirrubinemia conjugada) y por último se excreta en orina (la cual se oscurece con el tiempo) y se denomina "bilirrubina urinaria". El urobilinógeno urinario está ausente.

2. **Ictericia en recién nacidos:** la mayoría de los recién nacidos (60% a término y 80% prematuros) muestra una elevación de la BNC en la primera semana posnatal (e ictericia fisiológica transitoria) debido a que la actividad de la bilirrubina UGT hepática es baja al nacer (alcanza los niveles adultos en cerca de 4 semanas), como se muestra en las figuras 22-12B y 22-13. La BNC elevada que excede la capacidad de unión de la albúmina (20 a 25 mg/dL) puede difundir hacia los ganglios basales, lo cual causa encefalopatía tóxica (querníctero) y una ictericia patológica. Por lo tanto, los recién nacidos con niveles muy elevados de bilirrubina se tratan con luz fluorescente azul (fototerapia), como se muestra en la figura 22-14, que convierte a la bilirrubina en isómeros más polares y, por lo tanto, hidrosolubles. Estos fotoisómeros pueden excretarse en la bilis sin conjugación con el ácido glucurónico. (Nota: debido a las diferencias de la solubilidad, solo la BNC cruza la barrera hematoencefálica y solo la BC aparece en orina.)

3. **Medición de la bilirrubina:** la bilirrubina se suele medir por la reacción de Van den Bergh, en la cual el ácido sulfanílico diazotado reacciona con bilirrubina para formar azodipirroles rojos, los cuales se miden por colorimetría. En solución acuosa, la BC hidrosoluble reacciona rápido con el reactivo (en un lapso de 1 min) y se dice que es reacción directa. La BNC, que es mucho menos soluble en solución acuosa, reacciona más lento. No obstante, cuando la reacción se lleva a cabo en metanol, tanto la BC como la BNC son solubles y reaccionan con el reactivo, lo que proporciona el valor de bilirrubinas totales. La bilirrubina de la reacción indirecta, que corresponde a la BNC, se obtiene por medio de la resta de la bilirrubina de la reacción directa de la bilirrubina total. (Nota: en el plasma normal, solo ~4% de la bilirrubina total es conjugada, o de reacción directa, porque la mayoría se secreta hacia la bilis).

III. OTROS COMPUESTOS NITROGENADOS

A. Catecolaminas

La dopamina, la noradrenalina (NA) y la adrenalina (o epinefrina) son aminas biológicamente activas (biogénicas) que en forma colectiva se llaman "catecolaminas". La dopamina y la NA se sintetizan en el cerebro y funcionan como neurotransmisores. La adrenalina se sintetiza a partir de la NA en la médula suprarrenal.

1. **Función:** fuera del SNC, la NA y su derivado metilado, la adrenalina, son las hormonas reguladoras del metabolismo de carbohidratos y lípidos. La NA y la adrenalina se liberan de vesículas de almacenamiento en la médula suprarrenal como respuesta al miedo, el ejercicio, el frío y los niveles bajos de glucosa en sangre. Incrementan la degradación de glucógeno y triacilglicerol, lo mismo que aumentan la tensión arterial y el gasto cardiaco. Estos efectos son parte de una respuesta coordinada para preparar al individuo para el estrés y con frecuencia se denominan reacciones de "lucha o huida".

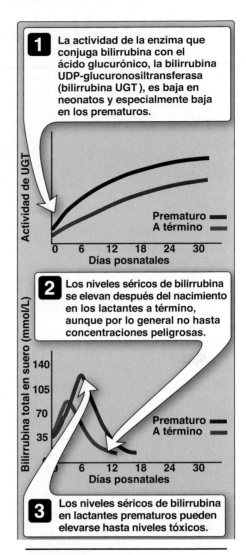

1 La actividad de la enzima que conjuga bilirrubina con el ácido glucurónico, la bilirrubina UDP-glucuronosiltransferasa (bilirrubina UGT), es baja en neonatos y especialmente baja en los prematuros.

Actividad de UGT

Prematuro ▬
A término ▬

0   6   12   18   24   30
Días posnatales

2 Los niveles séricos de bilirrubina se elevan después del nacimiento en los lactantes a término, aunque por lo general no hasta concentraciones peligrosas.

Bilirrubina total en suero (mmol/L)

140
105
70
35

Prematuro ▬
A término ▬

6   12   18   24   30
Días posnatales

3 Los niveles séricos de bilirrubina en lactantes prematuros pueden elevarse hasta niveles tóxicos.

Figura 22-13
Ictericia neonatal. UDP, difosfato de uridina.

Figura 22-14.
Fototerapia en la ictericia neonatal.

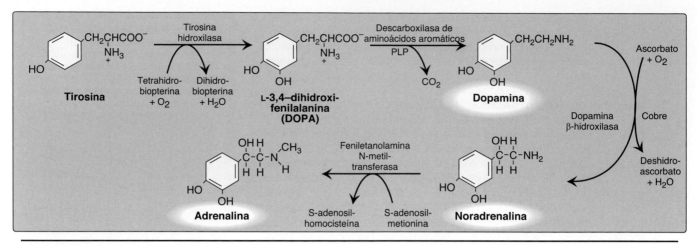

Figura 22-15

Síntesis de las catecolaminas. (Nota: los catecoles tienen dos grupos de hidroxilos adyacentes). PLP, fosfato de piridoxal.

2. Síntesis: las catecolaminas se sintetizan a partir de la tirosina, como se muestra en la figura 22-15. La tirosina se hidroxila primero por medio de tirosina hidroxilasa para formar L-3,4-dihidroxifenilalanina (DOPA, un catecol) en una reacción análoga a la que se describe para la hidroxilación de la fenilalanina (*véase* p. 316). La enzima que requiere tetrahidrobiopterina (BH₄) es abundante en el SNC, los ganglios simpáticos y la médula suprarrenal, y cataliza el paso limitante de la velocidad. DOPA entonces se descarboxila en una reacción catalizada por la DOPA descarboxilasa (DDC) y que requiere PLP para formar dopamina (la primera catecolamina en la vía). A continuación, la dopamina se hidroxila por medio de dopamina β-hidroxilasa para producir NA en una reacción que requiere ácido ascórbico (vitamina C) y cobre. La adrenalina se forma a partir de NA mediante una reacción de N-metilación que utiliza S-adenosilmetionina (SAM) como donador de metilo (*véase* p. 317).

3. Degradación: las catecolaminas se inactivan por desaminación oxidativa catalizada por la monoamino oxidasa (MAO) y por O-metilación catalizada por la catecol-O-metiltransferasa (COMT) donde se utiliza SAM como donador de metilo (fig. 22-16). Las reacciones pueden ocurrir en uno u otro orden. Los productos aldehído de la reacción de MAO se oxidan a los ácidos corres-

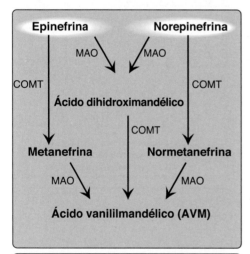

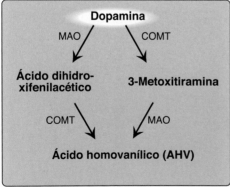

Figura 22-16

Metabolismo de las catecolaminas por medio de catecol-O-metiltransferasa (COMT) y monoamino oxidasa (MAO). (Nota: COMT requiere S-adenosilmetionina.)

Aplicación clínica 22-2: enfermedad de Parkinson

La enfermedad de Parkinson, un trastorno neurodegenerativo del movimiento, se debe a la producción insuficiente de dopamina como resultado de la pérdida idiopática de células productoras de dopamina en el cerebro. La administración de levodopa (L-DOPA) es el tratamiento más común, porque dopamina no puede cruzar la barrera hematoencefálica. La carbidopa es un fármaco que inhibe la actividad de la DDC, lo que impide la conversión de L-DOPA a dopamina en el sistema nervioso periférico. Como la carbidopa no puede atravesar la barrera hematoencefálica, cuando se utiliza junto con la L-DOPA permite que una mayor cantidad de L-DOPA periférica atraviese la barrera hematoencefálica para alcanzar un rango más terapéutico en el SNC. En el caso de una deficiencia de BH₄, la L-DOPA puede administrarse como suplemento de neurotransmisores para producir dopamina, NA y adrenalina.

pondientes. Los productos de estas reacciones se excretan en la orina como ácido vanililmandélico (AVM) a partir de adrenalina y NA y como ácido homovanílico (AHV) a partir de dopamina. (Nota: el AVM y las metanefrinas se incrementan con los feocromocitomas, tumores raros de glándulas suprarrenales caracterizados por producción excesiva de catecolaminas.)

4. **Inhibidores de la monoamino oxidasa:** la MAO se encuentra en el tejido neural y en otros tipos como el intestino y el hígado. En la neurona, esta enzima realiza desaminación oxidativa e inactiva cualquier exceso de moléculas neurotransmisoras (NA, dopamina y serotonina) que pueda fugarse de las vesículas sinápticas cuando la neurona está en reposo. Los inhibidores de la MAO (IMAO) pueden inactivar de manera irreversible o reversible a la enzima, lo cual permite que algunas moléculas neurotransmisoras escapen a la degradación y, por lo tanto, hagan ambas cosas: se acumulen dentro de la neurona presináptica y tengan fugas hacia el espacio sináptico. Esto provoca la activación de receptores de NA y serotonina y puede ser responsable de la acción antidepresiva de los IMAO. (Nota: la interacción de los IMAO con alimentos que contengan tiramina se analiza en la p. 442.)

B. Histamina

Histamina es un mensajero químico que media una amplia gama de respuestas celulares, incluidas las reacciones alérgicas e inflamatoria y la secreción de ácido gástrico. Un vasodilatador potente, la histamina, se forma por descarboxilación de la histidina en una reacción catalizada por la histidina descarboxilasa y que requiere PLP (fig. 22-17). Los mastocitos la secretan como resultado de reacciones alérgicas o traumatismos. La histamina no tiene aplicaciones clínicas, pero los agentes que interfieren con la acción de la histamina tienen aplicaciones terapéuticas importantes. Los antihistamínicos suelen ser análogos de la histamina que bloquean la unión de esta a sus receptores para reducir las respuestas a histaminas.

C. Serotonina

La serotonina, también llamada 5-hidroxitriptamina (5-HT), se sintetiza o almacena en diversos sitios del cuerpo (fig. 22-18). La mayor cantidad de todas se encuentra en la mucosa intestinal. Se encuentran cantidades menores en el SNC, donde funciona como neurotransmisor, y en las plaquetas (*véase* cap. 36 en línea). La serotonina se sintetiza a partir del triptófano, que se hidroxila en una reacción que requiere BH_4 análoga a la que cataliza la fenilalanina hidroxilasa. El producto, 5-hidroxitriptófano, se descarboxila a 5-HT. Si hay una deficiencia de BH_4, se puede administrar 5-hidroxitriptófano como suplemento neurotransmisor para producir serotonina. La serotonina tiene múltiples papeles fisiológicos, incluidos la percepción del dolor y la regulación del sueño, el apetito, la temperatura, la tensión arterial, las funciones cognitivas y el estado de ánimo (causa una sensación de bienestar). (Nota: los inhibidores selectivos de la recaptación de serotonina [ISRS] mantienen los niveles de serotonina y, por lo tanto, funcionan como antidepresivos.) La MAO degrada la serotonina a ácido 5-hidroxi-3-indolacético (5-HIAA).

D. Creatina

La creatina fosfato (también llamada fosfocreatina), el derivado fosforilado de creatina que se encuentra en el músculo, es un compuesto de alta energía que proporciona una reserva pequeña, pero que se movi-

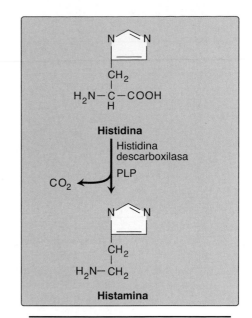

Figura 22-17
Biosíntesis de histamina.
PLP, piridoxal fosfato.

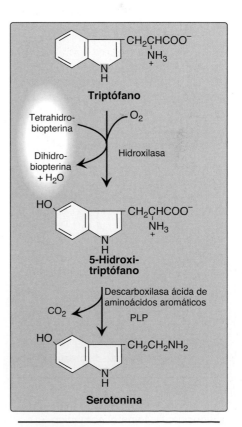

Figura 22-18
Síntesis de serotonina. (Nota: serotonina se convierte en melatonina, un regulador del ritmo circadiano, en la glándula pineal.) CO_2, dióxido de carbono; PLP, fosfato de piridoxal.

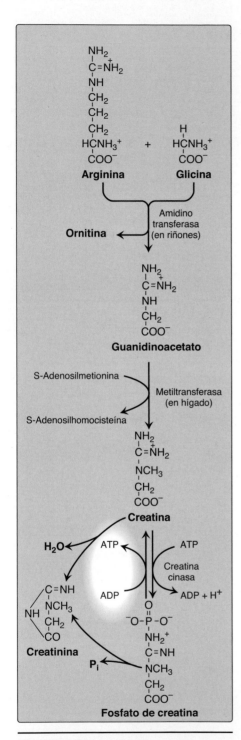

Figura 22-19
Síntesis de creatina. ADP, difosfato de
adenosina; P_i, fosfato inorgánico.

liza con rapidez, de fosfatos de alta energía que se pueden transferir en forma reversible al difosfato de adenosina (fig. 22-19) para mantener el nivel intracelular de ATP durante los primeros minutos de una contracción muscular intensa. (Nota: la cantidad de creatina fosfato en el cuerpo es proporcional a la masa muscular.)

1. **Síntesis:** la creatina se sintetiza en hígado y riñones a partir de glicina y el grupo guanidino de arginina, más un grupo metilo proveniente de SAM (fig. 22-19). Los productos animales son fuentes en la dieta. La creatina se fosforila de modo reversible a creatina fosfato por medio de la creatina cinasa, con ATP como donador de fosfatos. (Nota: la presencia de creatina cinasa [isozima MB] en el plasma indica daño cardiaco y se usa en el diagnóstico del infarto de miocardio [*véase* p. 94].)

2. **Degradación:** la creatina y el fosfato de creatina se ciclan de manera espontánea con una velocidad lenta, pero constante, para formar creatinina, la cual se excreta en la orina. La cantidad excretada es proporcional al contenido total de creatina fosfato y, por lo tanto, puede usarse para estimar la masa muscular. Cuando la masa muscular disminuye por cualquier razón (p. ej., debido a parálisis o a distrofia muscular), el contenido de creatinina de la orina se reduce. Asimismo, una elevación de creatinina en la sangre es un indicador sensible de mal funcionamiento renal, dado que la creatinina por lo regular se elimina de la sangre con rapidez y se excreta. Un varón adulto típico excreta ~1 a 2 g de creatinina/día.

E. Melanina

La melanina es un pigmento que se encuentra en diversos tejidos, en particular ojos, pelo y piel. Se sintetiza a partir de la tirosina en los melanocitos (células formadoras de pigmentos) de la epidermis. Funciona para proteger a las células subyacentes de los efectos dañinos de la luz solar. Un defecto en la producción de melanina deriva en albinismo oculocutáneo y el tipo más común de este se debe a defectos en la tirosinasa, la cual contiene cobre (*véase* p. 327).

IV. Resumen del capítulo

- Los **aminoácidos** son los **precursores** de muchos compuestos nitrogenados incluidas las **porfirinas** que, en combinación con **hierro Fe^{2+}**, forman el grupo **hemo** (fig. 22-20).

- Los sitios principales para la **biosíntesis del hemo** son el **hígado** y las **células productoras de eritrocitos** de la médula ósea. En el hígado, la velocidad de la síntesis del hemo es muy variable y responde a alteraciones en la reserva celular de hemo ocasionadas por los requerimientos fluctuantes de las hemoproteínas (en particular las **enzimas del CYP**). En contraste, la síntesis del hemo en células eritroides es relativamente constante y concuerda con la velocidad de la síntesis de Hb.

- La síntesis del hemo comienza con **glicina** y **succinil coenzima A**. El **paso determinante** es la formación del **ácido δ-ALA**. Esta reacción mitocondrial está catalizada por la **ALAS1** en el hígado (que se inhibe mediante **hemina**, la forma oxidada del hemo que se acumula cuando el hemo no se utiliza lo suficiente) y **ALAS2** en los tejidos eritroides (hierro regulado).

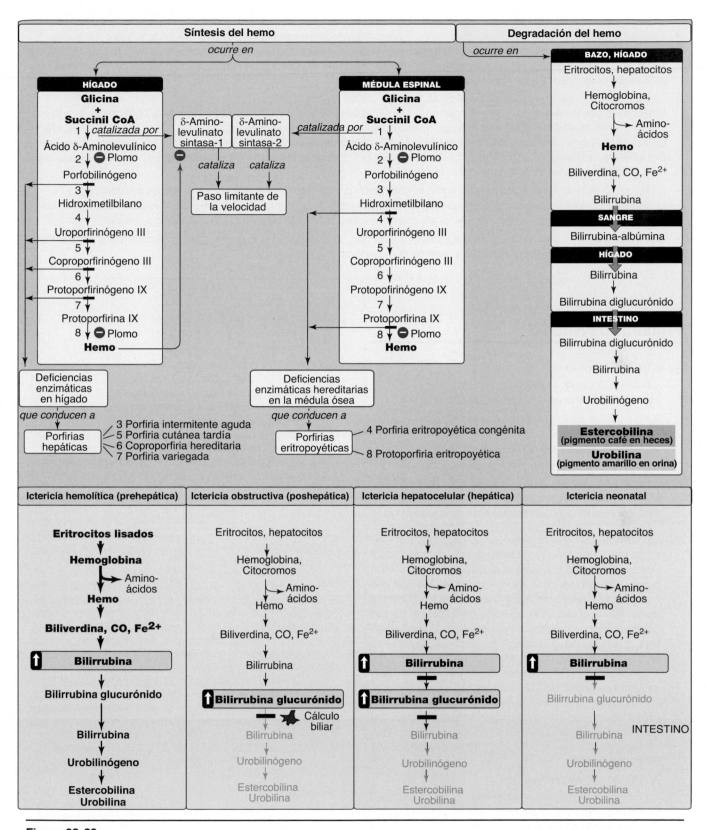

Figura 22-20

Mapa conceptual clave para el metabolismo del grupo hemo. ▬▬▬, bloqueo en la vía. (Nota: la ictericia hepatocelular puede deberse a la disminución en la conjugación de bilirrubina o a la reducción de la secreción de bilirrubina conjugada del hígado a la bilis.) CO, monóxido de carbono; CoA, coenzima A; Fe, hierro.

- Las **porfirias** se deben a defectos hereditarios o adquiridos (**envenenamiento por plomo**) en la síntesis del hemo, lo cual provoca la acumulación y el incremento en la excreción de porfirinas o de precursores de estas. Los defectos enzimáticos al inicio de la vía metabólica causan **dolor abdominal** y **síntomas neuropsiquiátricos**, mientras que defectos posteriores causan **fotosensibilidad**.

- La **degradación** del hemo ocurre en el **SFM**, en especial en **hígado** y **bazo**. El primer paso es la producción de **biliverdina** por acción de la **hemo oxigenasa**. La biliverdina se reduce de modo subsiguiente a **bilirrubina,** la cual se transporta en la **albúmina** hacia el hígado, donde su solubilidad aumenta por la adición de dos moléculas de **ácido glucurónico** por acción de la **bilirrubina UGT**. La **bilirrubina diglucurónido** (la **BC**) se transporta hacia los **canalículos biliares**, donde las bacterias intestinales la hidrolizan y reducen para producir **urobilinógeno**, el cual se oxida aún más debido a la acción bacteriana hasta **estercobilina**.

- La **ictericia** (**íctero**) es el nombre que recibe la coloración amarillenta de la piel y las escleróticas producida por el depósito de bilirrubina secundario al incremento de los niveles de bilirrubina en sangre. Tres tipos comunes de ictericia son: la **hemolítica (prehepática)**, la **obstructiva (poshepática)** y la **hepatocelular (hepática)** (*véase* fig. 22-20).

- Otros compuestos nitrogenados importantes derivados de los aminoácidos incluyen a las **catecolaminas (dopamina, NA** y **adrenalina), creatina, histamina, serotonina, melanina** y **ácido nítrico**.

Preguntas de estudio

Elija la RESPUESTA correcta.

22.1 La actividad de la ácido δ-aminolevulínico sintasa:
   - A. Cataliza el paso limitante en la biosíntesis de porfirinas.
   - B. Se ve reducida por el hierro en los eritrocitos.
   - C. Disminuye en el hígado de individuos tratados con ciertos fármacos como el barbiturato fenobarbital.
   - D. Ocurre en el citosol.
   - E. Requiere tetrahidrobiopterina como coenzima.

Respuesta correcta = A. La sintasa del ácido δ-aminolevulínico es mitocondrial y cataliza el paso limitante de velocidad y regulado de la síntesis de porfirinas. Requiere fosfato de piridoxal como coenzima. El hierro disminuye la producción de la isozima eritroide. La isozima hepática aumenta en pacientes tratados con ciertos fármacos.

22.2 Un hombre de 50 años de edad se presenta con ámpulas dolorosas en la parte posterior de sus manos. Es instructor de golf y señala que las ámpulas brotaron poco después del inicio de la temporada de golf. No ha estado expuesto de manera reciente a los irritantes comunes de la piel. Ha padecido un trastorno parcial de convulsiones complejas que se inició ~3 años antes tras una lesión en la cabeza. El paciente ha tomado fenitoína (su único medicamento) desde el inicio del trastorno convulsivo. Admite consumir un promedio semanal de etanol de ~18 latas de 360 mL de cerveza. Los cultivos obtenidos de las lesiones en la piel no presentaron crecimiento de organismos. Una muestra de orina colectada durante 24 h presenta uroporfirina elevada (1 000 mg; normal < 27 mg). El diagnóstico más probable es:
   - A. Porfiria intermitente aguda.
   - B. Porfiria congénita eritropoyética.
   - C. Protoporfiria eritropoyética.
   - D. Coproporfiria hereditaria.
   - E. Porfiria cutánea tarda.

Respuesta correcta = E. La enfermedad está asociada con la deficiencia de uroporfirinógeno III descarboxilasa (UROD), pero la expresión clínica de la deficiencia enzimática está influida por una lesión hepática ocasionada por el entorno (p. ej., etanol) y agentes infecciosos (p. ej., virus de la hepatitis B). La exposición a la luz solar también puede ser un factor precipitante. El inicio clínico se suele dar durante la cuarta o quinta década de vida. La acumulación de porfirina conduce a síntomas hepáticos y a orina de color rojo a marrón. El tratamiento del paciente convulsivo con fenitoína causó el incremento de la síntesis de ácido δ-aminolevulínico sintasa y, en consecuencia, de uroporfirinógeno, el sustrato de la UROD deficiente. Los resultados de laboratorio y clínicos son inconsistentes para otras porfirias.

22.3 Un paciente se presenta con ictericia, dolor abdominal y náusea. Los resultados del laboratorio clínico se presentan a continuación:

Bilirrubina en plasma	Urobilinógeno en orina	Bilirrubina en orina
Incremento en la bilirrubina conjugada	Ausente	Presente

¿Cuál es la causa más probable de ictericia?

A. Disminución de la conjugación hepática de bilirrubina.

B. Disminución de la captación de bilirrubina en hígado.

C. Reducción de la secreción de bilis hacia el intestino.

D. Incremento en la hemólisis.

Respuesta correcta = C. Los datos son consistentes con ictericia obstructiva en la cual un bloqueo del conducto biliar común reduce la secreción de BC, que contiene bilis, hacia el intestino (heces de color pálido). La BC regurgita hacia la sangre (hiperbilirrubinemia conjugada). La BC se excreta hacia la orina (la cual se oscurece) y se denomina bilirrubina urinaria. El urobilinógeno urinario está ausente porque su fuente es el urobilinógeno intestinal, mismo que presenta un nivel bajo. Las otras opciones no concuerdan con los datos.

22.4 Llevan a un niño de 2 años de edad con su pediatra para su evaluación respecto a problemas intestinales. Los padres informan que el niño ha estado decaído durante las últimas semanas. Las pruebas de laboratorio revelan una anemia microcítica hipocrómica. Los niveles de plomo en sangre están elevados. ¿Cuál de las siguientes enzimas tiene mayor probabilidad de presentar actividad mayor de la normal en el hígado de este niño?

A. Ácido δ-aminolevulínico sintasa.

B. Bilirrubina UDP glucuronosiltransferasa.

C. Ferroquelatasa.

D. Hemo oxigenasa.

E. Porfrobilinógeno sintasa.

Respuesta correcta = A. Este niño presenta la porfiria adquirida por el envenenamiento con plomo. Este metal inhibe la deshidratasa del ácido δ-aminolevulínico y la ferroquelatasa, y, en consecuencia, la síntesis del hemo. La disminución del hemo impide la represión de la ácido δ-aminolevulínico-1 sintasa (la isozima hepática), lo cual deriva en un incremento en su actividad. La disminución en el hemo también da lugar a un decremento de la síntesis de hemoglobina y se observa la anemia. El plomo inhibe de forma directa la ferroquelatasa. Las demás opciones son enzimas de la degradación del hemo.

22.5 Un hombre de 50 años de edad presenta temblores en las manos, marcha lenta e inestable y rigidez. Después de exploraciones neurológicas y pruebas adicionales, el paciente es diagnosticado con enfermedad de Parkinson. ¿Cuál de los siguientes tratamientos sería el más eficaz en este paciente?

A. Biopterina.

B. β-caroteno.

C. Hemina.

D. Levodopa–carbidopa.

E. Inhibidores de la recaptura de serotonina.

Respuesta correcta = D. Levodopa (L-DOPA) puede atravesar la barrera hematoencefálica para utilizarla como sustrato de la DOPA descarboxilasa y aumentar las concentraciones de dopamina en el sistema nervioso central. La carbidopa no puede cruzar la barrera hematoencefálica e inhibe la DOPA descarboxilasa periférica. Esto proporciona concentraciones terapéuticas más altas de L-DOPA para el sistema nervioso central. La biopterina puede ser un agente terapéutico útil para las reacciones de la hidroxilasa de aminoácidos aromáticos cuando el cofactor es deficiente. El β-caroteno es un antioxidante que puede eliminar los radicales libres. Junto con la flebotomía, puede ayudar con la fotosensibilidad en casos de porfiria aguda. La hemina reduce el déficit de porfirinas. Esto, a su vez, disminuye la síntesis de ALAS1 y minimiza la producción de intermedios tóxicos de porfirina. Los inhibidores de la recaptura de serotonina ayudan a mantener los niveles de serotonina y funcionan como antidepresivos.

22.6 ¿Cuál de las siguientes pruebas de laboratorio puede indicar un mal funcionamiento del riñón en un paciente?

A. Aumento de los valores de la isoenzima MB de creatina cinasa en sangre.

B. Aumento de los niveles de ácido vanililmandélico y metanefrina en orina.

C. Aumento de las concentraciones de diglucurónido de bilirrubina en sangre.

D. Disminución de los niveles de creatinina en orina.

E. Aumento de los niveles de creatinina en sangre.

Respuesta correcta = E. Por lo general, los riñones eliminan con rapidez la creatinina de la sangre y la excretan en la orina. Un aumento de la concentración de creatinina en sangre indica una disfunción renal. El incremento de los niveles de la isoenzima MB de la creatina cinasa en sangre sería indicativo de daño cardiaco o infarto de miocardio. El aumento de los niveles de ácido vanililmandélico y metanefrina en orina supondría la existencia de tumores de la glándula suprarrenal, caracterizados por una mayor producción de catecolaminas. El aumento de los valores de diglucurónidos de bilirrubina en sangre indicaría una ictericia obstructiva. La disminución de los índices de creatinina en orina revelaría una reducción de la masa muscular, como la atrofia muscular por parálisis o la distrofia muscular.

Metabolismo de nucleótidos

23

I. GENERALIDADES

Los fosfatos de ribonucleósidos y desoxirribonucleósidos (nucleótidos) son esenciales para todas las células. Sin ellos, no es posible producir ácido ribonucleico (ARN) o ácido desoxirribonucleico (ADN) y, en consecuencia, tampoco es posible la síntesis de proteínas ni la proliferación de las células. Los nucleótidos también sirven como transportadores de intermediarios activados en la síntesis de ciertos carbohidratos, lípidos y proteínas conjugadas (p. ej., uridina difosfato [UDP]-glucosa y citidina difosfato [CDP]-colina) y son elementos estructurales de diversas coenzimas esenciales, como coenzima A, dinucleótido de flavina y adenina ($FAD[H_2]$), dinucleótido de nicotinamida y adenina (NAD[H]) y dinucleótido fosfato de nicotinamida y adenina (NADP[H]). Los nucleótidos, como el monofosfato de adenosina cíclico (AMPc) y el monofosfato de guanosina cíclico (GMPc), sirven como segundos mensajeros en vías de transducción de señales. Además, los nucleótidos son compuestos reguladores importantes para muchas de las vías del metabolismo intermediario, e inhiben o activan enzimas clave. Las bases púricas y pirimídicas que se encuentran en los nucleótidos pueden sintetizarse *de novo* u obtenerse a través de vías de captación que permiten reutilizar las bases preformadas derivadas del recambio celular normal. (Nota: son pocas las purinas y pirimidinas proporcionadas por la dieta que se utilizan; en cambio, casi todos los ácidos nucleicos que entran en el tracto gastrointestinal [GI] se degradan).

II. ESTRUCTURA

Los nucleótidos están compuestos por una base nitrogenada; una pentosa monosacárido y uno, dos o tres grupos fosfato. Las bases nitrogenadas pertenecen a dos familias de compuestos: purinas y pirimidinas.

A. Bases púricas y pirimídicas

Las purinas son estructuras de doble anillo y las pirimidinas tienen un solo anillo. Tanto ADN como ARN contienen las mismas bases púricas: adenina (A) y guanina (G). Tanto ADN como ARN contienen la pirimidina citosina (C), pero difieren en su segunda base pirimídica: el ADN contiene timina (T), mientras que el ARN contiene uracilo (U). T y U difieren solo en que T tiene un grupo metilo (fig. 23-1). En ocasiones se encuentran bases inusuales (modificadas) en algunas especies de ADN (p. ej., en algunos ADN virales) y de ARN (p. ej., en el ARN de transferencia [ARNt]). Las modificaciones de las bases incluyen metilación, glucosilación, acetilación y reducción. La figura 23-2 muestra algunos ejem-

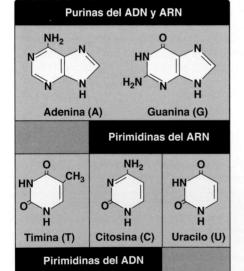

Figura 23-1
Purinas y pirimidinas que se suelen encontrar en el ADN y ARN.

plos de bases inusuales. (Nota: la presencia de una base inusual en una secuencia nucleotídica puede ayudar en su reconocimiento para enzimas específicas o protegerla de la degradación por nucleasas.)

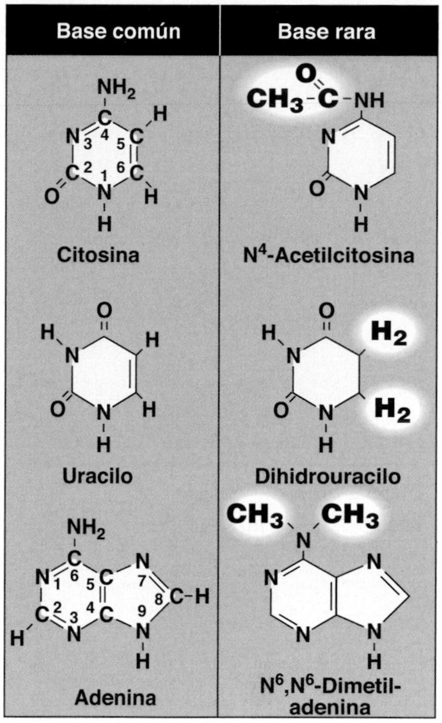

B. Nucleósidos

La adición de un azúcar pentosa a una base a través de un enlace N-glucosídico (véase p. 118) produce un nucleósido. Si el azúcar es ribosa, se produce un ribonucleósido y si el azúcar es 2-desoxirribosa, se produce un desoxirribonucleósido (fig. 23-3A). Los ribonucleósidos de A, G, C y U se denominan: adenosina, guanosina, citidina y uridina, de forma respectiva. Los desoxirribonucleósidos de A, G, C y T tienen el prefijo adicional desoxi- (p. ej., desoxiadenosina). (Nota: el compuesto desoxitimidina con frecuencia solo se llama timidina y se sobreentiende el prefijo desoxi-, porque está incorporado solo en el ADN.) Los átomos de carbono y nitrógeno de los anillos en la base y el azúcar se numeran por separado (véase fig. 23-3B). (Nota: los carbonos en la pentosa se numeran de 1′ a 5′. Por lo tanto, cuando se hace referencia al carbono 5′ de un nucleósido [o nucleótido], se especifica más bien un átomo de carbono en la pentosa más que en la base.)

C. Nucleótidos

La adición de uno o más grupos fosfato en un nucleósido produce un nucleótido. El primer grupo fosfato se une por un enlace éster al 5′-OH de la pentosa, con lo que se forma un nucleósido 5′-fosfato o un 5′-nucleótido. El tipo de pentosa se denota por el prefijo de 5′-ribonucleótido y 5′-desoxirribonucleótido en los nombres. Si un grupo fosfato se une al carbono-5′ de la pentosa, la estructura es un monofosfato de nucleósido, como monofosfato de adenosina (AMP o adenilato). Si se añade un segundo o tercer fosfato al nucleósido, resulta un difosfato de nucleósido (p. ej., difosfato de adenosina [ADP] o trifosfato de adenosina [ATP]; véase fig. 23-4). El segundo y tercer fosfatos están conectados, cada uno, al nucleótido por un "enlace de alta energía" (un enlace con carga negativa elevada en la energía libre [−ΔG, véase p. 102] de hidrólisis). (Nota: los grupos fosfato son responsables de las cargas negativas asociadas con nucleótidos y hacen que ADN y ARN se denominen "ácidos nucleicos".)

III. SÍNTESIS DE NUCLEÓTIDOS PURÍNICOS

Los átomos del anillo de purinas se derivan de un sinnúmero de compuestos, incluidos aminoácidos (aspartato, glicina y glutamina), dióxido de carbono (CO_2) y N^{10}-formiltetrahidrofolato (N^{10}-formil-THF), como se muestra en la figura 23-5. El anillo de purina se forma sobre todo en el hígado por medio de una serie de reacciones que añaden los carbonos y nitrógenos donados a la ribosa 5-fosfato preformada. (Nota: la síntesis de ribosa 5-fosfato a partir de glucosa 6-fosfato a través de la vía pentosa fosfato se analiza en la p. 186.)

A. Síntesis de 5-fosforribosil-1-pirofosfato

El 5-fosforribosil-1-pirofosfato (PRPP) es una pentosa activada que participa en la síntesis y la captación de purinas y pirimidinas. La síntesis de PRPP a partir de ATP y ribosa 5-fosfato se cataliza por medio

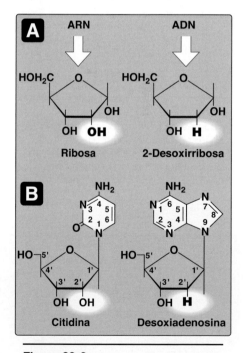

Figura 23-2
Ejemplos de bases raras.

Figura 23-3
A) Pentosas que se encuentran en los ácidos nucleicos. **B)** Ejemplos de sistemas de numeración de nucleósidos que contienen purinas y pirimidinas.

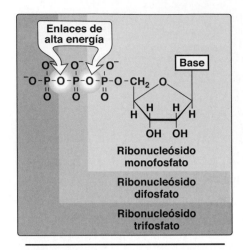

Figura 23-4

Mono-, di- y trifosfato de
ribonucleósido.

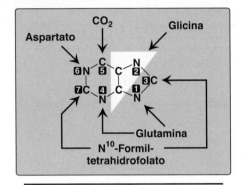

Figura 23-5

Fuentes de los átomos individuales en
el anillo purínico. Los números en los
recuadros negros señalan el orden en
el cual los átomos se añaden (*véase*
fig. 23-7). CO_2, dióxido de carbono.

de la PRPP sintetasa (fig. 23-6). Esta enzima ligada al cromosoma X se
activa con fosfato inorgánico y es inhibida por nucleótidos purínicos
(inhibición por producto final). (Nota: dado que el componente de azúcar de PRPP es ribosa, los ribonucleótidos son el producto final de la
síntesis *de novo* de purinas. Cuando se requieren desoxirribonucleótidos para la síntesis de ADN, el componente de azúcar ribosa se reduce
[*véase* p. 354].)

B. Síntesis de 5-fosforribosilamina

La figura 23-7 muestra la síntesis de 5-fosforribosilamina a partir de
PRPP y glutamina. El grupo amida de la glutamina remplaza al grupo
pirofosfato unido al carbono 1 del PRPP. Este es el paso determinante
en la biosíntesis del nucleótido de purina. La enzima que cataliza la
reacción, glutamina:fosforribosilpirofosfato amidotransferasa (GPAT),
se inhibe con 5′-nucleótidos purínicos AMP y monofosfato de guanosina (GMP o guanilato), los productos finales de la vía. La velocidad
de la reacción también está controlada por la concentración intracelular de PRPP. (Nota: la concentración de PRPP suele estar muy por
debajo de la constante de Michaelis [K_m] para la GPAT. En consecuencia, cualquier pequeño cambio en la concentración de PRPP causa un
cambio proporcional en la velocidad de la reacción [*véase* p. 87]).

C. Síntesis de monofosfato de inosina

Los siguientes nueve pasos de la biosíntesis de nucleótidos purínicos
que conducen a la síntesis de inosina monofosfato ([IMP] cuya base es
hipoxantina) se ilustran en la figura 23-7. IMP es el nucleótido purínico
madre para AMP y GMP. Cuatro pasos en esta vía requieren N^{10}-formil-
THF como donador de un carbono (*véase* p. 320). (Nota: la hipoxantina
se encuentra en el ARNt [*véase* fig. 33-9 en la p. 527].)

D. Inhibidores sintéticos

Algunos inhibidores sintéticos de la síntesis de purinas (p. ej., las sulfonamidas) están diseñados para inhibir el crecimiento de microorganismos de división rápida sin interferir con las funciones de las células
humanas (*véase* fig. 23-7). Otros inhibidores de la síntesis de purinas,
como los análogos estructurales del ácido fólico (p. ej., metotrexato),
se usan de manera farmacológica para controlar la diseminación del

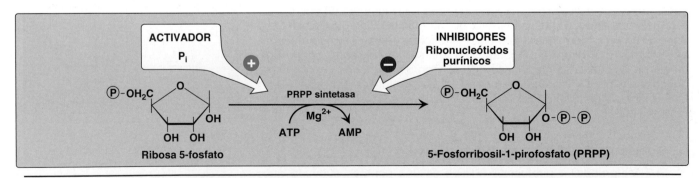

Figura 23-6

Síntesis de PRPP, que muestra el activador y los inhibidores de la reacción. (Nota: este no es el paso determinante de la
síntesis de purinas porque PRPP se usa en otras vías como la de salvamento [*véase* p. 353]). AMP, adenosín monofosfato;
Mg, magnesio; Ⓟ, fosfato; P_i, fosfato inorgánico.

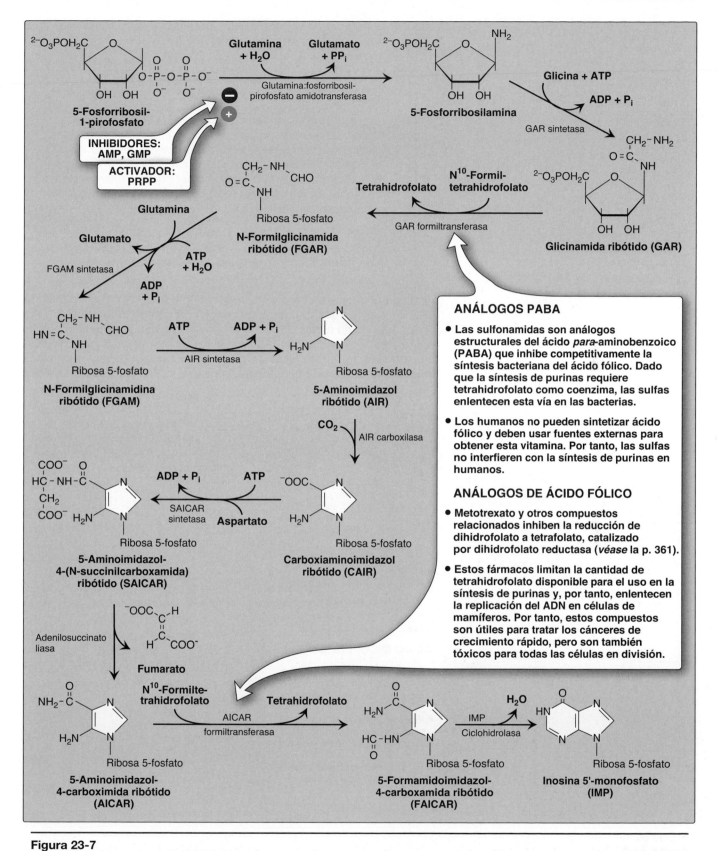

Figura 23-7

Síntesis *de novo* de nucleótidos purínicos que muestra el efecto inhibitorio de algunos análogos estructurales. AMP y ADP, mono y difosfatos de adenosina; CO_2, dióxido de carbono; GMP, monofosfato de guanosina; P_i, fosfato inorgánico; PP_i, pirofosfato; PRPP, 5-fosforribosil-1-pirofosfato.

cáncer por medio de la interferencia con la síntesis de nucleótidos y, por lo tanto, del ADN y ARN (*véase* fig. 23-7).

> Los inhibidores de la síntesis de purinas en humanos son en extremo tóxicos para los tejidos, en especial para las estructuras en desarrollo como aquellas de los fetos, o para tipos celulares que por lo general se replican con rapidez, incluidos los de médula ósea, piel, tracto GI, sistema inmunológico o folículos pilosos. Como resultado, los individuos que toman tales fármacos anticáncer pueden sufrir efectos adversos, como anemia, piel escamosa, trastornos del tracto GI, inmunodeficiencia y pérdida del cabello.

E. Síntesis de adenosina y guanosín monofosfato

La conversión de IMP, ya sea a AMP o a GMP, usa una vía de dos pasos que requiere energía y nitrógeno (fig. 23-8). (Nota: la síntesis de AMP requiere trifosfato de guanosina [GTP] como fuente de energía y aspartato como fuente de nitrógeno, mientras que la síntesis de GMP requiere ATP y glutamina.) Asimismo, la primera reacción en cada vía es inhibida por el producto de dicha vía. Esto proporciona un mecanismo para desviar IMP a la síntesis de la purina presente en menor

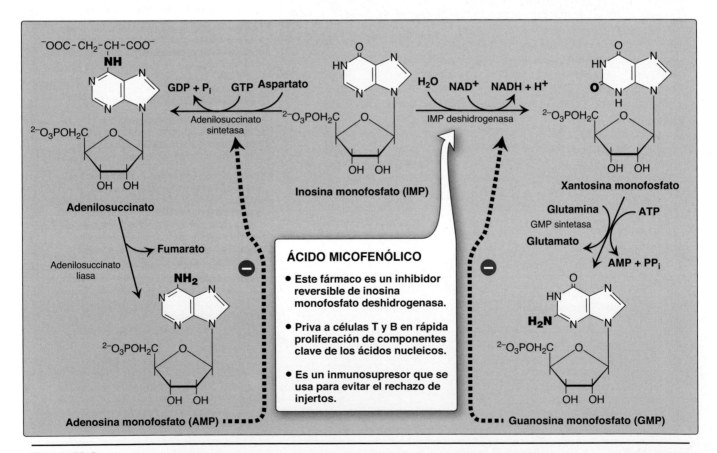

Figura 23-8
Conversión de IMP a AMP (adenilato) y GMP (guanilato) que muestra la inhibición por retroalimentación. GDP y GTP, di y trifosfatos de guanosina; NAD(H), dinucleótido de nicotinamida y adenina; P_i, fosfato inorgánico; PP_i, pirofosfato.

cantidad. Si ambos, AMP y GMP, están presentes en cantidades adecuadas, la vía de síntesis de nucleótidos purínicos *de novo* se inhibe en el paso de GPAT.

El ácido micofenólico es un inhibidor reversible de la IMP deshidrogenasa, la enzima usada para generar GMP. Los linfocitos T y B proliferantes son muy susceptibles a las bajas concentraciones de este nucleótido de purina clave, por lo que el ácido micofenólico es un agente inmunosupresor eficaz para prevenir el rechazo de los trasplantes de órganos (riñón, corazón e hígado), así como para tratar ciertos trastornos inmunológicos como el lupus o la enfermedad de Crohn.

F. Síntesis de di y trifosfatos de nucleósidos

Los difosfatos de nucleósidos se sintetizan a partir de los monofosfatos de nucleósido correspondientes por acción de nucleósido monofosfato cinasas específicas de las bases (fig. 23-9). (Nota: estas cinasas no discriminan entre la ribosa o la desoxirribosa en el sustrato). El ATP es por lo general la fuente del fosfato transferido porque está presente en mayores concentraciones que los otros trifosfatos de nucleósidos. Adenilato cinasa es en particular activa en hígado y músculo, donde el recambio de energía derivado de ATP es alto. Su función es mantener el equilibrio entre los nucleótidos de adenina (AMP, ADP y ATP). Los difosfatos y trifosfatos de nucleósidos se interconvierten por acción del nucleósido difosfato cinasa, una enzima que, a diferencia de las monofosfato cinasas, posee amplia especificidad por el sustrato.

G. Vía de rescate de purinas

Las purinas que derivan del recambio normal de ácidos nucleicos celulares o la pequeña cantidad que se obtiene de la dieta y no se degrada, pueden convertirse en trifosfatos de nucleósidos y emplearse en el cuerpo. Esto se denomina vía de rescate de las purinas. (Nota: la vía de rescate o salvamento es en particular importante en el cerebro.)

1. **Rescate de base púrica para los nucleótidos:** dos enzimas están implicadas: adenina fosforribosiltransferasa (APRT) e hipoxantina-guanina fosforribosiltransferasa (HGPRT) ligada a X. Ambas usan PRPP como la fuente del grupo ribosa 5-fosfato (fig. 23-10). La liberación de pirofosfato y su subsiguiente hidrólisis por pirofosfatasa hace irreversibles a estas reacciones. (Nota: adenosina es el único nucleósido de purina que se rescata. Se fosforila a AMP por la acción de la adenosina cinasa.)

2. **Síndrome de Lesch-Nyhan:** este es un trastorno raro, recesivo y ligado al cromosoma X asociado con una deficiencia, casi completa, de HGPRT. La deficiencia deriva en una incapacidad para rescatar la hipoxantina o la guanina, a partir de lo cual se producen cantidades excesivas de ácido úrico, el producto final de la degradación de purinas (*véase* p. 355). Además, la falta de esta vía de rescate provoca el incremento en los niveles de PRPP y la disminución de los niveles de IMP y GMP. Como resultado, GPAT (el paso regulado en la síntesis de purinas) posee un exceso de sustrato y una menor proporción de inhibidor disponible y la síntesis *de novo* de la purina aumenta. La combinación de una reducción en la reutilización de purinas y el aumento en la síntesis de esta última da

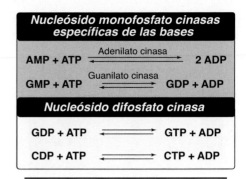

Figura 23-9
Conversión de monofosfatos de nucleósido a di y trifosfatos de nucleósido. AMP y ADP, mono y difosfatos de adenosina; CDP y CTP, di y trifosfatos de citidina; GMP, GDP y GTP, mono, di y trifosfatos de guanosina.

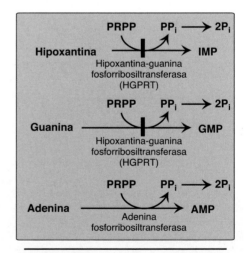

Figura 23-10
Vías metabólicas de ahorro en la síntesis de nucleótidos purínicos. (Nota: la deficiencia casi completa de HGPRT deriva en el síndrome de Lesch-Nyhan. Se conocen deficiencias parciales de HGPRT. A medida que la cantidad de enzima funcional aumenta, la gravedad de los síntomas disminuye.) IMP, GMP y AMP, inosina, monofosfatos de guanosina y adenosina; PPᵢ, pirofosfato; PRPP, 5-fosforribosil-1-pirofosfato.

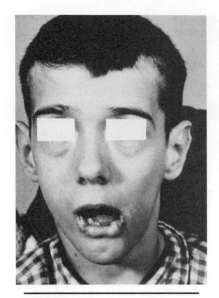

Figura 23-11
Lesiones en los labios de un
paciente con síndrome de
Lesch-Nyhan.

lugar al incremento de la degradación de purinas y la producción de
grandes cantidades de ácido úrico, lo cual hace que la deficiencia
de HGPRT sea una causa hereditaria de hiperuricemia. En pacientes con síndrome de Lesch-Nyhan, la hiperuricemia con frecuencia deriva en la formación de piedras de ácido úrico en los riñones
(urolitiasis) y en el depósito de cristales de urato en las articulaciones (artritis gotosa) y los tejidos blandos. Asimismo, el síndrome se
caracteriza por disfunción motora, déficits cognitivos y trastornos
del comportamiento que incluyen la automutilación (p. ej., morderse
los labios y los dedos), como se ve en la figura 23-11.

IV. SÍNTESIS DE DESOXIRRIBONUCLEÓTIDOS

Todos los nucleótidos descritos hasta ahora contienen ribosa (ribonucleótidos). No obstante, la síntesis de ADN requiere 2′-desoxirribonucleótidos,
mismos que se producen a partir de difosfato de ribonucleósido por acción
de la enzima ribonucleótido reductasa durante la fase-S del ciclo celular
(*véase* p. 495). (Nota: la misma enzima actúa sobre los ribonucleótidos de
pirimidina.)

A. Ribonucleótido reductasa

La ribonucleótido reductasa (difosfato de ribonucleósido reductasa) es
un dímero compuesto por dos subunidades no idénticas, R1 (o α) y la
más pequeña R2 (o β). Esta enzima es específica para la reducción de
difosfatos de nucleósido purínicos (ADP y GDP) y difosfatos de nucleósidos pirimídicos (CDP y UDP) a sus formas desoxi (dADP, dGDP, dCDP
y dUDP). Los donadores inmediatos de los átomos de hidrógeno necesarios para la reducción del grupo 2′-hidroxilo son dos grupos sulfhidrilo (—SH) de la propia enzima (subunidad R1), que forman un enlace
disulfuro durante la reacción (*véase* p. 43). (Nota: R2 contiene el radical
tirosilo estable requerido para la catálisis en R1.)

1. **Regeneración de enzimas reducidas:** con el fin de que ribonu-
    cleótido reductasa continúe con la producción de desoxirribo-
    nucleótidos en R1, el enlace disulfuro creado durante la producción
    del 2′-desoxicarbono debe someterse a reducción. La fuente de
    los equivalentes reductores es tiorredoxina, una coenzima proteica
    de la ribonucleótido reductasa. Tiorredoxina contiene dos residuos
    cisteína separados por dos aminoácidos en la cadena peptídica.
    Los dos grupos —SH de tiorredoxina donan sus átomos de hidró-
    geno a la ribonucleótido reductasa, y forman un enlace disulfuro en
    el proceso (fig. 23-12).

2. **Regeneración de tiorredoxina reducida:** la tiorredoxina debe
    convertirse de nuevo a su forma reducida con el fin de continuar
    con el desempeño de su función. Los equivalentes reductores se
    obtienen de NADPH + H⁺ y la reacción es catalizada por la tiorredo-
    xina reductasa, una selenoproteína (*véase* p. 321).

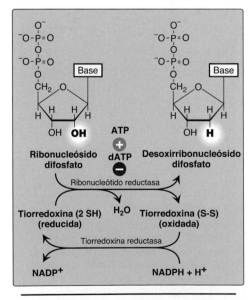

Figura 23-12
Conversión de ribonucleótidos
a desoxirribonucleótidos. DATP,
desoxiadenosina trifosfato; NADP(H),
dinucleótido fosfato de nicotinamida y
adenina.

B. Regulación de síntesis de desoxirribonucleótidos

La ribonucleótido reductasa es responsable de mantener un suministro equilibrado de los desoxirribonucleótidos requeridos para la síntesis de ADN. En consecuencia, la regulación de la enzima es compleja.
Además del sitio catalítico, R1 contiene dos sitios alostéricos definidos
implicados en la regulación de la actividad enzimática (fig. 23-13).

Aplicación clínica 23-1: hidroxiurea

El fármaco hidroxiurea (hidroxicarbamida) inhibe a la ribonucleótido reductasa, por lo cual inhibe la generación de sustratos para la síntesis de ADN. El fármaco es un agente antineoplásico y se usa en el tratamiento de cánceres como melanoma. La hidroxiurea también se emplea en el tratamiento de la anemia de células falciformes (*véase* p. 62). No obstante, el incremento en la hemoglobina fetal que se ve con hidroxiurea se debe a cambios en la expresión de genes y no a la inhibición de ribonucleótido reductasa.

1. **Sitios activos:** la unión de desoxiadenosina trifosfato (dATP) a los sitios alostéricos (conocidos como sitios activos) en R1 inhibe la actividad catalítica global de la enzima y, por lo tanto, impide la reducción de cualquiera de los cuatro difosfatos de nucleósidos. Esto evita con eficacia la síntesis de ADN y explica la toxicidad de los niveles aumentados de dATP que se observan en padecimientos como la deficiencia de adenosina desaminasa (ADA) (*véase* p. 358). En contraste, la unión de ATP en estos sitios activa la enzima.

2. **Sitios de especificidad del sustrato:** la unión de los trifosfatos de nucleósido en sitios alostéricos adicionales (conocidos como sitios de especificidad del sustrato) en R1 regula la especificidad del sustrato y causa un incremento en la conversión de diferentes especies de ribonucleótidos a desoxirribonucleótidos según se requieren para la síntesis de ADN. Por ejemplo, la unión del trifosfato de desoxitimidina en el sitio de especificidad provoca un cambio conformacional que permite la reducción de GDP a dGDP en el sitio catalítico cuando hay ATP en el sitio activo.

V. DEGRADACIÓN DE LOS NUCLEÓTIDOS DE PURINA

La degradación de ácidos nucleicos de la dieta ocurre en el intestino delgado, donde las nucleasas pancreáticas los hidrolizan a nucleótidos. Enzimas intestinales degradan en forma secuencial los nucleótidos a nucleósidos, azúcares fosforilados y bases libres. El ácido úrico es el producto final de la degradación intestinal de purinas. (Nota: los nucleótidos purínicos derivados de la síntesis *de novo* se degradan sobre todo en el hígado. Las bases libres salen del hígado y son rescatados en los tejidos periféricos.)

A. Degradación en el intestino delgado

Las ribonucleasas y desoxirribonucleasas, secretadas por el páncreas, hidrolizan el ARN y ADN de la dieta hasta obtener oligonucleótidos, que se hidrolizan aún más por medio de fosfodiesterasas pancreáticas, lo cual produce una mezcla de 3′ y 5′-mononucleótidos. En la superficie de la mucosa intestinal, las nucleotidasas eliminan los grupos fosfato de forma hidrolítica y se liberan nucleósidos que entran a los enterocitos por medio de transportadores dependientes de sodio y se degradan por acción de las nucleosidasas (nucleósido fosforilasas) a bases libres más (desoxi) ribosa 1-fosfato. Las bases púricas derivadas de la dieta no se usan en una medida apreciable para la síntesis de ácidos nucleicos tisulares. En lugar de ello, se degradan a ácido úrico en los enterocitos. La mayor parte del ácido úrico entra a sangre y de modo eventual se excreta en la orina. La figura 23-14 muestra un resumen de esta vía. (Nota: los mamíferos que no son primates producen urato oxidasa [uricasa], la cual rompe el anillo de purina y genera alantoína.

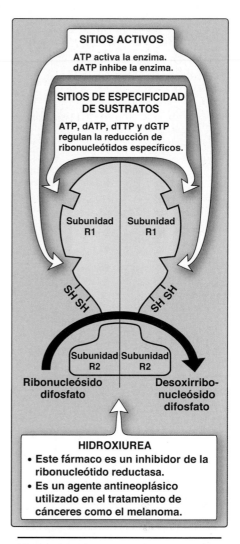

Figura 23-13
Regulación de ribonucleótido reductasa. (Nota: la subunidad R1 también se denomina α y la R2, β.) dATP, dTTP y dGTP, trifosfatos de desoxiadenosina, desoxitimidina y desoxiguanosina.

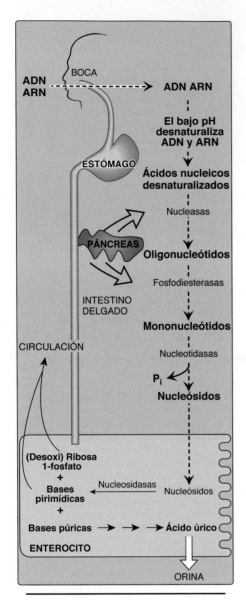

Figura 23-14
Digestión de ácidos nucleicos de la dieta. P_i, fosfato inorgánico.

La urato oxidasa modificada recombinante se usa en la actualidad en la clínica para reducir los niveles de urato.)

B. Formación de ácido úrico

La figura 23-15 presenta un resumen de los pasos en la producción de ácido úrico y las enfermedades genéticas asociadas con deficiencias de enzimas específicas de degradación. (Nota: los números entre corchetes se refieren a reacciones específicas en la figura.)

1. Se elimina un grupo amino del AMP para producir IMP por la AMP (adenilato) desaminasa o a partir de la adenosina para producir inosina (hipoxantina-ribosa) por la ADA.

2. El IMP y el GMP se convierten en sus formas de nucleósido respectivas, inosina y guanosina, por la acción de la 5′-nucleotidasa.

3. La purina nucleósido fosforilasa convierte la inosina y la guanosina en sus bases púricas respectivas, hipoxantina y guanina. (Nota: una mutasa interconvierte la ribosa-1 y la ribosa-5-fosfato).

4. La guanina se desamina para formar xantina.

5. La hipoxantina se oxida a xantina por medio de la xantina oxidasa (XO), que contiene molibdeno. La xantina se oxida aún más hasta ácido úrico, el producto final de la degradación de las purinas en humanos. El ácido úrico se excreta sobre todo en la orina.

C. Enfermedades asociadas con la degradación de las purinas

1. **Gota:** la gota es un trastorno que inicia por los altos niveles de ácido úrico (el producto final del catabolismo de las purinas) en la sangre (hiperuricemia), como resultado de la sobreproducción o de la baja excreción de ácido úrico. La hiperuricemia puede conducir al depósito de urato monosódico (UMS) en las articulaciones y a una respuesta inflamatoria hacia los cristales, lo cual provoca artritis gotosa al inicio aguda que luego progresa a gota tofácea crónica. Las masas nodulares de cristales de UMS (tofos) se pueden depositar en los tejidos blandos y resultar en gota tofácea crónica (fig. 23-16). También puede observarse la formación de los cálculos de ácido úrico en el riñón (urolitiasis). (Nota: la hiperuricemia no es suficiente para causar gota, pero la gota siempre va precedida de hiperuricemia. Esta última suele ser asintomática, pero puede ser un indicio de comorbilidades como la hipertensión). El diagnóstico definitivo de gota requiere aspiración y análisis del líquido sinovial (fig. 23-17) de la articulación afectada (o del material de un tofo) por medio de microscopia de luz polarizada para confirmar la presencia de cristales de UMS en forma de agujas (fig. 23-18).

   a. **Baja excreción de ácido úrico:** en > 90% de los individuos con hiperuricemia la causa es la baja excreción de ácido úrico. La baja excreción puede ser primaria, debido a defectos excretores inherentes aún sin identificar, o secundaria a procesos conocidos de la enfermedad que afectan la manera en que el riñón maneja el urato (p. ej., en la acidosis láctica, el lactato incrementa la reabsorción renal de urato, por lo que reduce su excreción) y a factores ambientales como el uso de fármacos (p. ej., diuréticos tiazida) o la exposición al plomo (gota saturnina).

   b. **Sobreproducción de ácido úrico:** una causa menos común de hiperuricemia es la sobreproducción de ácido úrico. La hiperuricemia primaria es, en su mayor parte, idiopática (carece de causa conocida). No obstante, diversas mutaciones no identificadas en el gen para PRPP sintetasa ligada al cromosoma X

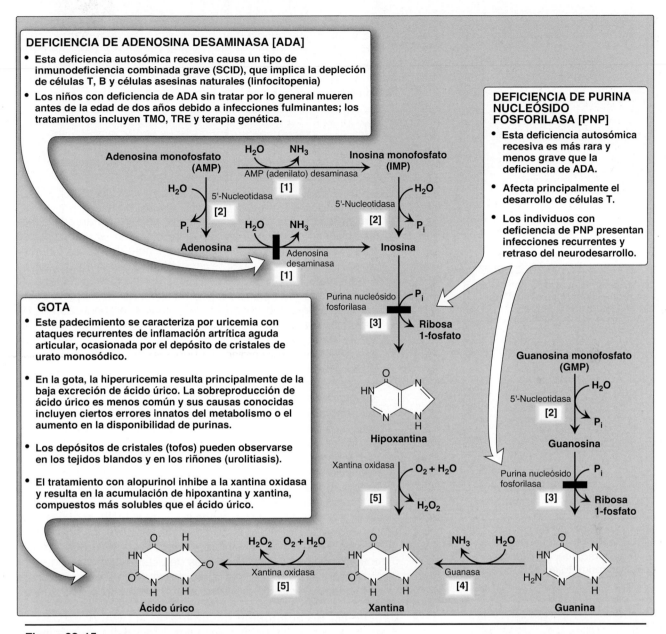

DEFICIENCIA DE ADENOSINA DESAMINASA [ADA]
- Esta deficiencia autosómica recesiva causa un tipo de inmunodeficiencia combinada grave (SCID), que implica la depleción de células T, B y células asesinas naturales (linfocitopenia)
- Los niños con deficiencia de ADA sin tratar por lo general mueren antes de la edad de dos años debido a infecciones fulminantes; los tratamientos incluyen TMO, TRE y terapia genética.

DEFICIENCIA DE PURINA NUCLEÓSIDO FOSFORILASA [PNP]
- Esta deficiencia autosómica recesiva es más rara y menos grave que la deficiencia de ADA.
- Afecta principalmente el desarrollo de células T.
- Los individuos con deficiencia de PNP presentan infecciones recurrentes y retraso del neurodesarrollo.

GOTA
- Este padecimiento se caracteriza por uricemia con ataques recurrentes de inflamación artrítica aguda articular, ocasionada por el depósito de cristales de urato monosódico.
- En la gota, la hiperuricemia resulta principalmente de la baja excreción de ácido úrico. La sobreproducción de ácido úrico es menos común y sus causas conocidas incluyen ciertos errores innatos del metabolismo o el aumento en la disponibilidad de purinas.
- Los depósitos de cristales (tofos) pueden observarse en los tejidos blandos y en los riñones (urolitiasis).
- El tratamiento con alopurinol inhibe a la xantina oxidasa y resulta en la acumulación de hipoxantina y xantina, compuestos más solubles que el ácido úrico.

Figura 23-15
Degradación de nucleótidos purínicos en ácido úrico que ilustra algunas de las enfermedades genéticas asociadas con esta vía. (Nota: el número entre corchetes se refiere a las citas numeradas correspondientes en el texto.) H_2O_2, peróxido de hidrógeno; NH_3, amoniaco; P_i, fosfato inorgánico; TMO, trasplante de médula ósea; TRE, terapia de remplazo enzimático.

dan lugar a que la enzima tenga una velocidad máxima incrementada ($V_{máx}$; *véase* p. 85) para la producción de PRPP, una K_m menor (*véase* p. 87) para ribosa 5-fosfato o una disminución en la sensibilidad hacia los nucleótidos purínicos, sus inhibidores alostéricos (*véase* p. 90). En cada caso, el incremento en la disponibilidad de PRPP incrementa la producción de purinas, misma que deriva en niveles elevados de ácido úrico en plasma. El síndrome de Lesch-Nyhan (*véase* p. 353) también causa hiperuricemia como resultado del rescate reducido de hipoxantina y guanina y el incremento subsiguiente de la disponibilidad de PRPP. La hiperuricemia secundaria suele ser la consecuencia del aumento en la disponibilidad de purinas (p. ej., en pacientes

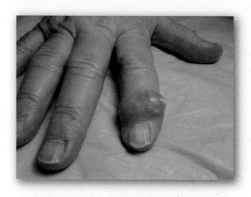

Figura 23-16
Gota. Tofos gotosos de las manos.

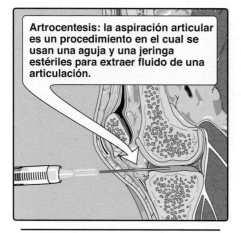

Figura 23-17
El análisis del líquido articular puede ayudar a definir las causas de la hinchazón de la articulación y la artritis, como infección, gota y enfermedad reumatoide.

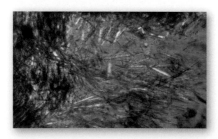

Figura 23-18
La gota puede diagnosticarse por la presencia de cristales negativamente birrefringentes de urato monosódico en líquido sinovial aspirado que se examina con microscopia de luz polarizada. Aquí, los cristales se observan dentro de leucocitos polimorfonucleares.

con trastornos mieloproliferativos o que están bajo quimioterapia y, en consecuencia, tienen una alta tasa de recambio celular). La hiperuricemia también puede deberse a enfermedades metabólicas que no parecen estar relacionadas, como la enfermedad de Von Gierke (*véase* fig. 12-8, p. 165) o la intolerancia hereditaria a la fructosa (*véase* p. 176).

> Una dieta rica en carne roja, mariscos (en especial crustáceos) y etanol está asociada con un mayor riesgo de gota, mientras que una dieta rica en productos lácteos bajos en grasa se relaciona con un riesgo reducido.

c. Tratamiento: los ataques agudos de gota se tratan con agentes antiinflamatorios. Se utilizan colchicina, fármacos esteroides como prednisona y medicamentos no esteroides como indometacina. (Nota: la colchicina previene la formación de microtúbulos y reduce así la entrada de neutrófilos hacia el área afectada. Al igual que otros fármacos antiinflamatorios, no tiene efecto sobre los niveles de ácido úrico.) Las estrategias terapéuticas a largo plazo para la gota implican reducir el nivel de ácido úrico por debajo de su punto de saturación (6.5 mg/dL) y prevenir así el depósito de cristales de UMS. Los agentes uricosúricos como el probenecid o la sulfinpirazona, que incrementan la excreción renal de ácido úrico, se usan en pacientes que excretan bajas cantidades de este ácido. El alopurinol, un análogo estructural de la hipoxantina, inhibe la síntesis de ácido úrico y se usa en pacientes que producen cantidades excesivas del ácido. El alopurinol se oxida a oxipurinol, un inhibidor de larga duración de la XO. Esto deriva en una acumulación de hipoxantina y xantina (*véase* fig. 23-15), que son compuestos más solubles que el ácido úrico y, por lo tanto, menos propensos a iniciar una respuesta inflamatoria. En pacientes con niveles normales de HGPRT, la hipoxantina puede reutilizarse en la vía de rescate, lo que reduce los niveles de PRPP y, por consiguiente, la síntesis *de novo* de las purinas. Febuxostat, un inhibidor no purínico de la XO, también está disponible. (Nota: los niveles de ácido úrico en sangre por lo regular están cercanos al punto de saturación. Una razón para esto pueden ser los fuertes efectos antioxidantes del ácido úrico.)

2. Deficiencia de adenosina desaminasa: la ADA se expresa en diversos tejidos, pero, en humanos, los linfocitos poseen la mayor actividad de esta enzima citoplásmica. La deficiencia de ADA resulta en una acumulación de adenosina, misma que se convierte en su ribonucleótido o desoxirribonucleótido por la acción de cinasas celulares. Al elevarse los niveles de dATP, se inhibe la ribonucleótido reductasa y, en consecuencia, se evita la producción de todos los nucleótidos que contienen desoxirribosa (*véase* p. 354). En consecuencia, las células no pueden hacer ADN ni dividirse. (Nota: el dATP y la adenosina que se acumulan en la deficiencia de ADA conducen a la suspensión del desarrollo y a la apoptosis de linfocitos.) En su forma más grave, este trastorno autosómico recesivo causa un tipo de enfermedad de inmunodeficiencia combinada grave (SCID), que involucra la disminución de las células T, B y asesinas naturales (NK). La deficiencia de ADA es responsable de ~14% de los casos de SCID en Estados Unidos. Los tratamientos incluyen trasplantes de médula ósea, así como terapias de remplazo enzimático y genética (*véase* p. 576). Sin el tratamiento apropiado, los niños con esta enfermedad por lo general mueren por infección alrededor de la edad de 2 años. (Nota: la deficiencia de purina nucleósido fosforilasa deriva en una inmunodeficiencia menos grave que afecta sobre todo a las células T.)

VI. SÍNTESIS Y DEGRADACIÓN DE LAS PIRIMIDINAS

A diferencia de la síntesis del anillo de purinas, que se construye sobre una ribosa 5-fosfato, el anillo pirimídico se sintetiza antes de unirse a la ribosa 5-fosfato donada por el PRPP. Las fuentes de los átomos en el anillo pirimídico son glutamina, CO_2 y aspartato (fig. 23-19).

A. Síntesis de carbamoil fosfato

El paso regulado de esta vía en las células de los mamíferos es la síntesis de carbamoil fosfato a partir de la glutamina y el CO_2 catalizado por la carbamoil fosfato sintetasa (CPS) II. El trifosfato de uridina (UTP, el producto final de esta vía, que se puede convertir en los demás nucleótidos de pirimidina) inhibe a CPS II y PRPP la activa. (Nota: el carbamoil fosfato, sintetizado por CPS I, es también precursor de la urea [*véase* p. 305]. Los defectos en la ornitina transcarbamilasa del ciclo de la urea promueven la síntesis de pirimidina debido al aumento en la disponibilidad de carbamoil fosfato. La figura 23-20 presenta una comparación de las dos enzimas.)

B. Síntesis de ácido orótico

El segundo paso en la síntesis de pirimidinas es la formación de carbamoil aspartato, catalizada por aspartato transcarbamoilasa. A continuación, el anillo de pirimidina se cierra por acción de la dihidroorotasa. El dihidroorotato resultante se oxida para producir ácido orótico (orotato), como se ve en la figura 23-21. El mononucleótido de flavina (FMN) se reduce en esta reacción.

C. Síntesis de nucleótidos pirimídicos

El anillo pirimídico completo se convierte en el nucleótido orotidina monofosfato (OMP) en la segunda etapa de la síntesis (*véase* fig. 23-21). Como se ve con las purinas, el PRPP es el donador de ribosa 5-fosfato. La enzima orotato fosforribosiltransferasa produce OMP y libera pirofosfato, lo cual hace que la reacción sea biológicamente irreversible. (Nota: tanto la síntesis de purinas como de pirimidinas requiere glutamina, ácido aspártico y PRPP como precursores esenciales.) OMP (orotidilato) se descarboxila a monofosfato de uridina (UMP) por medio de orotidilato descarboxilasa. Las actividades de la fosforribosiltransferasa y la descarboxilasa son dominios catalíticos separados de un solo polipéptido llamado UMP sintasa. La aciduria orótica hereditaria (un trastorno muy raro) puede deberse a una deficiencia de una o ambas actividades de esta enzima bifuncional, que derivan en la presencia de ácido orótico en la orina (*véase* fig. 23-21). Puesto que la primera reacción de la biosíntesis de la pirimidina es inhibida por UTP, la aciduria orótica hereditaria y su anemia asociada se tratan con uridina. Cabe recordar que una deficiencia de OTC en el ciclo de la urea se presentaría con concentraciones elevadas de orotato en la orina (*véase* p. 559). Esto se debe a que el sustrato de carbamoil fosfato de la OTC se canaliza en su lugar hacia la síntesis de pirimidina. La UMP se fosforila en forma secuencial a UDP y UTP. (Nota: UDP es un sustrato de ribonucleótido reductasa, que genera dUDP. Este último se fosforila

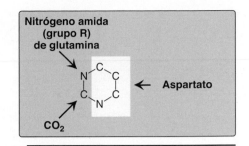

Figura 23-19
Fuentes de los átomos individuales del anillo de pirimidina. CO_2, dióxido de carbono.

Variable	*CPS I*	*CPS II*
Localización celular	Mitocondrias	Citosol
Vía implicada	Ciclo de la urea	Síntesis de pirimidinas
Fuente de nitrógeno	Amoniaco	Grupo γ-amida de glutamina
Reguladores	Activador: N-acetil-glutamato	Activador: PRP Inhibidor: UTP

Figura 23-20
Resumen de las diferencias entre carbamoil fosfato sintetasa (CPS) I y II: PRPP, 5-fosforribosil-1-pirofosfato; UTP, trifosfato de uridina.

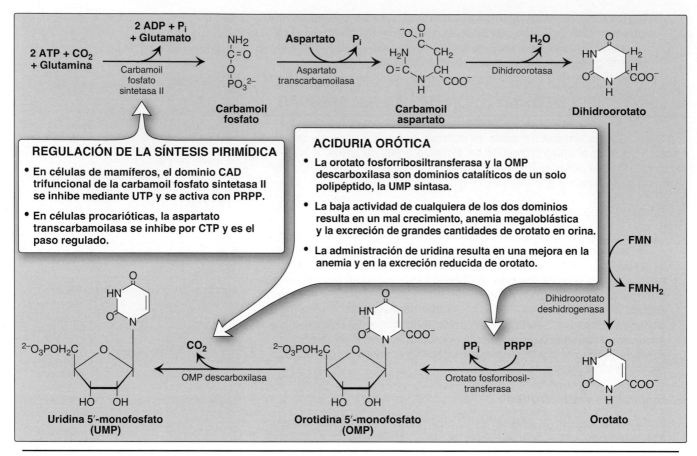

Figura 23-21
Síntesis *de novo* de pirimidina. ADP, difosfato de adenosina; CTP, citidina trifosfato; FMN(H$_2$), flavina mononucleótido; P$_i$,
fosfato inorgánico; PP$_i$, pirofosfato; PRPP, 5-fosforribosil-1-pirofosfato.

a dUTP, mismo que se hidroliza con rapidez a dUMP por acción de
la UTP difosfatasa [dUTPasa]. En consecuencia la dUTPasa tiene un
papel importante en la disponibilidad reductora de dUTP como sustrato
para la síntesis de ADN y se previene así la incorporación errónea de U
en el ADN.)

D. Síntesis de trifosfato de citidina

El trifosfato de citidina (CTP) se produce por la aminación del UTP
mediante la actividad de la CTP sintetasa (*véase* fig. 23-22), donde la
glutamina proporciona el nitrógeno. Parte de este CTP se desfosforila
a CDP, que es sustrato para la ribonucleótido reductasa. El producto
dCDP puede fosforilarse a dCTP para la síntesis de ADN o desfosfori-
larse a dCMP que se desamina a dUMP.

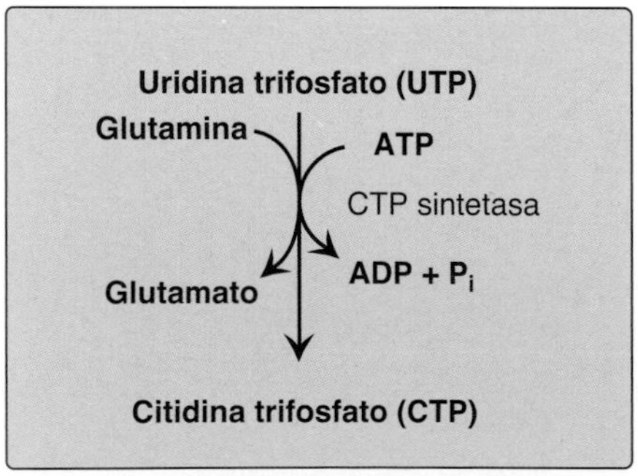

E. Síntesis de monofosfato de desoxitimidina

El dUMP se convierte en monofosfato de desoxitimidina (dTMP) por
medio de timidilato sintasa, que usa N^5,N^{10}-metilén-THF como la fuente
del grupo metilo (*véase* p. 320). Esta es una reacción inusual en cuanto
a que THF no solo contribuye con una unidad de carbono, sino también
con dos átomos de hidrógeno del anillo de pteridina, lo cual deriva en
la oxidación de THF a dihidrofolato (DHF; fig. 23-23). Los inhibidores
de la timidilato sintasa incluyen análogos de T como el 5-fluorouracilo,
que sirven como agentes antitumorales. El 5-fluorouracilo se convierte

Figura 23-22
Síntesis de CTP a partir de UTP.
(Nota: CTP, necesario para la síntesis
de ARN, se convierte en dCTP para
la síntesis de ADN.) ADP, difosfato de
adenosina; P$_i$, fosfato inorgánico.

metabólicamente a monofosfato de 5-fluorodesoxiuridina (5-FdUMP), que se une de modo permanente a la timidilato sintasa inactiva, lo que hace que el fármaco sea un inhibidor suicida (*véase* p. 88). El DHF puede reducirse a THF por la DHF reductasa (*véase* fig. 29-2, p. 448), una enzima que se inhibe con análogos de folato como metotrexato. Al reducir el suministro de THF, estos fármacos no solo inhiben la síntesis de purinas (*véase* fig. 23-7), sino que, al evitar la metilación de dUMP a dTMP, también disminuyen la disponibilidad de este componente esencial del ADN. La síntesis de ADN se inhibe y el crecimiento celular se hace más lento. En consecuencia, estos fármacos se usan para tratar el cáncer. (Nota: aciclovir [un análogo de purinas] y 3'-azido-3'-desoxitimidina [AZT; un análogo de pirimidinas] se usan para tratar infecciones por virus herpes simplex y virus de inmunodeficienca humana, de forma respectiva. Cada uno inhibe la ADN polimerasa viral.)

F. Degradación y vía de rescate de las pirimidinas

A diferencia del anillo purínico, que no se rompe en humanos y se excreta como ácido úrico poco soluble, el anillo pirimidínico se rompe y degrada para dar productos altamente solubles, la β-alanina (de la degradación de CMP y UMP) y el β-aminoisobutirato (de la degradación de TMP), con la producción de amoniaco y CO_2. Las bases pirimídicas pueden rescatarse como nucleósidos, los cuales se fosforilan a nucleótidos. No obstante, su elevada solubilidad hace que el rescate de pirimidinas sea menos significativo en el aspecto clínico que el rescate de purinas. (Nota: el rescate de nucleósidos pirimidínicos es la base para el uso de uridina en el tratamiento de la aciduria orótica hereditaria [*véase* p. 360].)

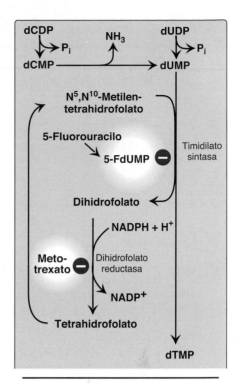

Figura 23-23
Síntesis de dTMP a partir de dUMP, que ilustra los sitios de acción de fármacos antineoplásicos.

VII. Resumen del capítulo

- Los **nucleótidos** están compuestos por una **base nitrogenada** (**A, G, C, U** y **T**), un **azúcar pentosa** y uno, dos o tres **grupos fosfato** (fig. 23-24).

- A y G son **purinas**, y C, U y T son **pirimidinas**.

- Si el azúcar es **ribosa**, el nucleótido es un **ribonucleósido fosfato** (p. ej., AMP) y puede tener diversas funciones en la célula, incluido ser un componente de **ARN**. Si el azúcar es **desoxirribosa**, el nucleótido es un **desoxinucleósido fosfato** (p. ej., desoxi AMP) y se encontrará en forma casi exclusiva como componente del **ADN**.

- El **paso determinante** en la **síntesis de purinas** usa **PRPP** (una pentosa activada que proporciona la **ribosa 5-fosfato** para la síntesis *de novo* y el rescate de purinas y pirimidinas) y nitrógeno de **glutamina** para producir fosforribosilamina. La enzima es **GPAT**, se inhibe por medio de AMP y GMP (los productos finales de la vía) y se activa mediante PRPP.

- Los nucleótidos purínicos también pueden producirse a partir de bases purínicas preformadas por medio de **reacciones de rescate** catalizadas por **APRT** y **HGPRT**. La deficiencia casi total de HGPRT causa el **síndrome de Lesch-Nyhan**, una forma grave y hereditaria de hiperuricemia acompañada por la automutilación compulsiva.

- Todos los desoxirribonucleósidos se sintetizan a partir de ribonucleótidos por acción de la enzima **ribonucleótido reductasa**. Esta enzima está muy regulada (p. ej., está en gran medida inhibida por **dATP**, un compuesto que se sobreproduce en las células de médula espinal de individuos con **deficiencia de ADA**). La deficiencia de ADA causa **SCID**.

- El producto final de la degradación de purina es el **ácido úrico**, un compuesto de baja solubilidad cuya sobreproducción o baja secreción causa **hiperuricemia** que, si va acompañada por el depósito de **cristales de UMS** en articulaciones y tejidos blandos y de una respuesta inflamatoria a tales cristales, deriva en **gota**.

- El primer paso en la **síntesis de pirimidinas**, la producción de carbamoil fosfato por acción de la **CPS II**, es el paso **regulado** en esta vía (que se inhibe mediante **UTP** y se activa por PRPP). El UTP producido por esta vía puede convertirse en CTP.

- **Desoxiuridina monofosfato** puede convertirse en dTMP por acción de **timidilato sintasa**, una enzima a la cual están dirigidos fármacos anticancerosos como **5-fluorouracilo**.

- La regeneración de **tetrahidrofolato** a partir del DHF producido en la reacción de timidilato sintasa necesita **dihidrofolato reductasa**, una enzima a la cual está dirigido el fármaco **metotrexato**.

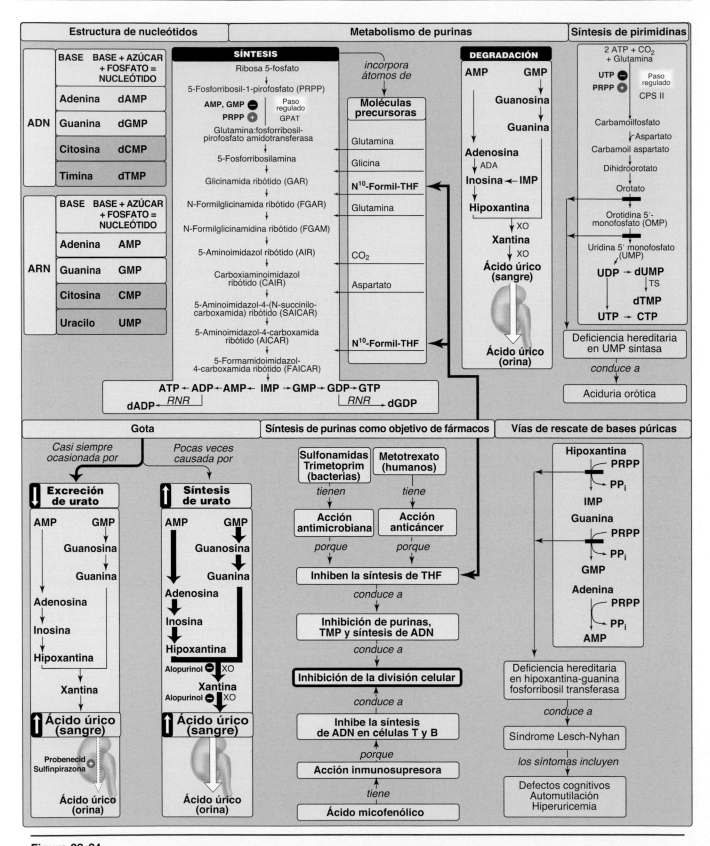

Figura 23-24

Mapa conceptual para el metabolismo de nucleótidos. ADA, adenosina desaminasa; AMP, GMP, CMP, TMP, e IMP, monofosfatos de adenosina, guanosina, citidina, timidina e inosina; CPS II, carbamoil fosfato sintetasa I; d, desoxi; GPAT, glutamina:fosforribosil pirofosfato amidotransferasa; PP$_i$, pirofosfato; PRPP, 5-fosforribosil-1-pirofosfato; RNR, ribonucleótido reductasa; THF, tetrahidrofolato; TS, timidilato sintasa; XO, xantina oxidasa.

Preguntas de estudio

Elija la RESPUESTA correcta.

23.1 La azaserina, un fármaco con aplicación en la investigación, inhibe enzimas dependientes de glutamina. En la estructura genérica de purina que se muestra aquí, ¿cuál de los nitrógenos (N) del anillo se vería más afectado por la azaserina en su incorporación?

A. 1
B. 3
C. 7
D. 9

Respuesta correcta = D. Glutamina proporciona el N en la posición 9 en el primer paso de la síntesis *de novo* y su incorporación se vería afectada por azaserina. Aspartato dona el N en la posición 1 y glicina el de la posición 7. El N en la posición 3 también proviene de glutamina, pero azaserina habría inhibido la síntesis de purina antes de este paso.

23.2 Un paciente de 42 años de edad sometido a terapia de radiación para cáncer de próstata desarrolla dolor grave en la articulación falángica metatarsal de su dedo gordo derecho. Se detectan cristales de urato monosódico por medio de microscopia de luz polarizada en líquido obtenido de esta articulación por artrocentesis. ¿Cuál sería el producto final cuya producción excesiva causa directamente el dolor del paciente?

A. Biosíntesis *de novo* de pirimidina.
B. Degradación de pirimidina.
C. La biosíntesis *de novo* de purinas.
D. Rescate de purinas.
E. Degradación de purinas.

Respuesta correcta = E. El dolor del paciente se debe a la gota que deriva de una respuesta inflamatoria a la cristalización de un exceso de urato (como urato monosódico) en sus articulaciones. La terapia de radiación ocasionó la muerte celular con degradación de ácidos nucleicos y sus purinas constituyentes. El ácido úrico, el producto final de la degradación de purinas, es un compuesto relativamente insoluble que puede causar gota (y cálculos renales). El metabolismo de pirimidinas no está asociado con la producción de ácido úrico. La sobreproducción de purinas puede derivar de forma indirecta en hiperuricemia. El rescate de purinas reduce la producción de ácido úrico.

23.3 ¿Cuál de las siguientes enzimas del metabolismo de nucleótidos forma el par correcto con su inhibidor farmacológico?

A. Dihidrofolato reductasa—metotrexato.
B. Inosina monofosfato deshidrogenasa–hidroxiurea.
C. Ribonucleótido reductasa—5-fluorouracilo.
D. Timidilato sintasa—alopurinol.
E. Xantina oxidasa—probenecid.

Respuesta correcta = A. Metotrexato interfiere con el metabolismo del folato al actuar como inhibidor competitivo de la enzima dihidrofolato reductasa. Esto crea una gran carencia de tetrahidrofolato en las células y las vuelve incapaces de sintetizar purinas y timidina monofosfato. El ácido micofenólico inhibe a inosina monofosfato deshidrogenasa. Hidroxiurea inhibe a ribonucleótido reductasa. 5-fluorouracilo inhibe a timidilato sintasa. Alopurinol inhibe a xantina oxidasa y probenecid incrementa la excreción renal de urato, pero no inhibe su producción.

23.4 Una paciente de 1 año de edad presenta letargo, debilidad y anemia. Su estatura y peso son reducidos para su edad. Su orina contiene un nivel elevado de ácido orótico. La actividad de uridina monofosfato sintasa es baja. ¿Cuál de los siguientes compuestos tiene mayor probabilidad de aliviar sus síntomas?

A. Adenina
B. Guanina
C. Hipoxantina
D. Timidina
E. Uridina

Respuesta correcta = E. La excreción elevada de ácido orótico y la baja actividad de uridina monofosfato (UMP) sintasa indican que la paciente tiene aciduria orótica, un trastorno genético muy raro que afecta la síntesis *de novo* de pirimidinas. Las deficiencias de uno, o ambos, dominios catalíticos de UMP sintasa impiden a la paciente sintetizar pirimidinas. Uridina, un nucleósido pirimidínico, es un tratamiento útil porque se desvía de las actividades faltantes y puede captarse como UMP, que puede convertirse en todas las demás pirimidinas. Aunque timidina es un nucleósido pirimidínico, no puede convertirse en otras pirimidinas. Hipoxantina, guanina y adenina son todas bases purínicas y no pueden convertirse en pirimidinas.

23.5 ¿Qué pruebas de laboratorio ayudarían a distinguir una aciduria orótica causada por la deficiencia de oritina transcarbamilasa de la causada por deficiencia de uridina monofosfato sintasa?

Tanto en la aciduria orótica como en la deficiencia de ornitina transcarbamilasa hay concentraciones elevadas de orotato en la orina. Se esperaría que el nivel de amoniaco en sangre se elevara en la deficiencia de ornitina transcarbamilasa, misma que afecta el ciclo de la urea, pero no en la deficiencia de uridina monofosfato sintasa.

Efectos metabólicos de la insulina y el glucagón

24

I. GENERALIDADES

Cuatro tejidos principales tienen un papel dominante en el metabolismo energético: hepático, adiposo, muscular y cerebral. Estos tejidos contienen conjuntos únicos de enzimas, de tal manera que cada uno se ha especializado en el almacenamiento, uso o generación de combustibles específicos. Estos tejidos no funcionan de manera aislada, sino que forman parte de una red en la que uno puede proporcionar sustratos a otro o procesar compuestos producidos en otros tejidos. La comunicación entre tejidos está mediada por el sistema nervioso, por la disponibilidad de los sustratos circulantes y por la variación en los niveles de hormonas en plasma (fig. 24-1). La integración del metabolismo energético se controla sobre todo por las acciones de dos hormonas peptídicas, la insulina y el glucagón (secretadas en respuesta a los cambios en los niveles de sustratos en la sangre), y con las catecolaminas adrenalina y noradrenalina (secretadas en respuesta a señales neuronales), las cuales desempeñan un papel secundario. Los cambios en los niveles circulantes de estas hormonas permiten al cuerpo almacenar energía cuando la comida es abundante o que disponga de la energía almacenada, como ocurre durante las crisis de supervivencia (p. ej., hambre, lesiones graves y situaciones de "lucha o huída"). Este capítulo describe la estructura, la secreción y los efectos metabólicos de las dos hormonas que afectan en forma más profunda el metabolismo de la energía.

II. INSULINA

La insulina es una hormona peptídica producida por las células β de los islotes de Langerhans, los cuales son agrupaciones de células insertadas en la porción endocrina del páncreas (fig. 24-2). (Nota: la palabra "insulina" se deriva del término en latín para "isla".) Los islotes forman solo 1 a 2% del total de células del páncreas. La insulina es la hormona más importante en la coordinación del uso de combustible en los tejidos. Sus efectos metabólicos son anabólicos y favorecen, por ejemplo, la síntesis de glucógeno, triacilglicerol (TAG) y proteína.

A. Estructura

La insulina está compuesta por 51 aminoácidos acomodados en dos cadenas polipeptídicas, designadas A (21 aminoácidos) y B, que están

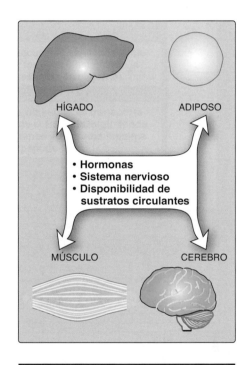

HÍGADO   ADIPOSO

- Hormonas
- Sistema nervioso
- Disponibilidad de sustratos circulantes

MÚSCULO   CEREBRO

Figura 24-1
Mecanismos de comunicación entre cuatro tejidos principales.

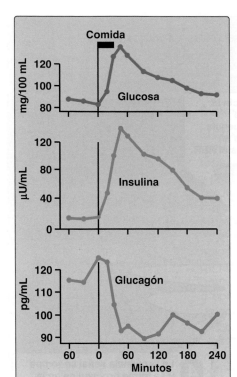

Figura 24-5

Los cambios en los niveles sanguíneos de glucosa, insulina y glucagón después de la ingestión de una comida con alto contenido en carbohidratos.

las células sensoras de glucosa más importantes en el cuerpo. Al igual que el hígado, las células β contienen transportadores GLUT-2 y expresan glucocinasa (hexocinasa IV; *véase* p. 132). A niveles de glucosa en sangre > 45 mg/dL, glucocinasa fosforila glucosa en cantidades proporcionales a la concentración de glucosa. La proporcionalidad deriva de la falta de inhibición directa de glucocinasa por glucosa 6-fosfato, su producto. Asimismo, la relación sigmoidea entre la velocidad de la reacción y la concentración de sustrato maximiza la capacidad de respuesta de la enzima hacia los cambios en el nivel de glucosa en sangre. El subsecuente metabolismo de glucosa 6-fosfato genera ATP, lo cual conduce a la secreción de insulina (*véase* el recuadro más adelante).

b. **Aminoácidos:** la ingestión de proteínas causa una elevación transitoria en los niveles plasmáticos de aminoácidos (p. ej., arginina) que mejora la secreción de insulina estimulada por glucosa de las células β pancreáticas endocrinas. (Nota: los ácidos grasos tienen un efecto semejante.)

c. **Hormonas peptídicas gastrointestinales:** los péptidos intestinales, como el péptido tipo glucagón-1 (GLP-1) y el polipéptido gástrico inhibidor (GIP; también llamado "péptido insulinotrópico dependiente de glucosa"), incrementan la sensibilidad de las células β a la glucosa. Estos se liberan del intestino delgado después de la ingestión de alimentos, lo cual causa una elevación anticipada en los niveles de insulina y, por lo tanto, se denominan incretinas. Su acción puede ser responsable por el hecho de que la misma cantidad de glucosa administrada por vía oral induce una secreción mucho mayor de insulina que su administración intravenosa (IV). Los fármacos antihiperglucémicos de la clase de los miméticos de incretina, usados para tratar la diabetes tipo 2,

La liberación dependiente de glucosa de insulina en la sangre está mediada a través de la elevación intracelular de la concentración del calcio (Ca^{2+}) en la célula β. La glucosa que entra en las células β por medio de GLUT-2 se fosforila y metaboliza con el subsiguiente aumento de los valores de ATP intracelular. Los canales del potasio (K^+) sensibles a ATP se cierran en respuesta al aumento de los niveles de ATP y causan la depolarización de la membrana plasmática. La despolarización media la apertura de los canales del Ca^{2+} que se activan con el voltaje en la membrana plasmática, y el influjo del Ca^{2+}. Un aumento del Ca^{2+} citosólico señala la exocitosis de las vesículas que contienen insulina de la célula β. La función de las sulfonilureas es incrementar la secreción de insulina al cerrar los canales del K^+ sensibles al ATP. Estas se denominan secretagogos de insulina y son agentes orales utilizados para tratar la hiperglucemia en la diabetes tipo 2. Las meglitinidas funcionan de forma similar a las sulfonilureas, pero tienen una afinidad de unión más débil y una mayor disociación con los canales de K^+ sensibles al ATP, por lo que son secretagogos de insulina de acción más corta. Por el contrario, los diazóxidos abren el canal de K^+ sensible al ATP, lo que provoca una disminución de la secreción de insulina. Los diazóxidos se utilizan para tratar la hipoglucemia causada por el hiperinsulinismo congénito o en los insulinomas (tumores productores de insulina).

funcionan para aumentar la sensibilidad a la glucosa de las células β, lo que aumenta la secreción de insulina.

2. **Secreción reducida:** la síntesis y la liberación de insulina se reducen cuando hay escasez de combustibles de la dieta y también durante periodos de estrés fisiológico (p. ej., infección, hipoxia y ejercicio vigoroso), lo que evita la hipoglucemia. Las catecolaminas, noradrenalina y adrenalina, que se derivan de tirosina en el sistema nervioso simpático (SNS) y la médula suprarrenal, y luego se secretan, son las mediadoras principales de estos efectos. La secreción está controlada en gran medida por las señales neuronales. Las catecolaminas (sobre todo adrenalina) tienen un efecto directo sobre el metabolismo energético, lo cual causa una movilización rápida de combustibles que producen energía, incluidos la glucosa del hígado (producida por glucogenólisis o gluconeogénesis; *véase* p. 155) y los ácidos grasos (AG) del tejido adiposo (producido por lipólisis; *véase* p. 233). Asimismo, estas aminas biogénicas pueden anular la liberación normal de insulina estimulada por glucosa. Por lo tanto, en situaciones de emergencia, el SNS remplaza en gran medida la concentración de glucosa en plasma como la influencia controladora sobre la secreción de las células β. La regulación de la secreción de insulina se resume en la figura 24-6.

D. Efectos metabólicos

La insulina promueve la absorción celular de nutrientes (sobre todo glucosa); también favorece el almacenamiento de nutrientes, como glucógeno, TAG y proteína, e inhibe su movilización.

1. **Efectos sobre el metabolismo de carbohidratos:** los efectos de la insulina sobre el metabolismo de glucosa promueven su almacenamiento y son más prominentes en tres tejidos: hígado, músculo y tejido adiposo. En hígado y músculo, la insulina incrementa la síntesis de glucógeno. En músculo y tejido adiposo, la insulina incrementa la captación de glucosa al aumentar el número de transportadores de glucosa (GLUT-4; *véase* p. 130) en la membrana celular. Por lo tanto, la administración IV de insulina provoca una disminución inmediata en el nivel de glucosa en sangre. En el hígado, la insulina disminuye la producción de glucosa a través de la inhibición de glucogenólisis y gluconeogénesis. (Nota: los efectos de la insulina se deben no solo a cambios en la actividad de la enzima, sino también a la cantidad de enzima en tanto que la insulina altera la transcripción de genes.)

2. **Efectos sobre el metabolismo de los lípidos:** una elevación en la insulina causa una reducción significativa rápida en la liberación de AG del tejido adiposo mediante la inhibición de la actividad de la lipasa sensible a hormonas, una enzima clave de la degradación de TAG en adipocitos. La insulina actúa al promover la desfosforilación y, en consecuencia, la inactivación de la enzima (*véase* p. 234). La insulina también aumenta el transporte y el metabolismo de la glucosa al interior de los adipocitos, lo cual proporciona el sustrato de glicerol 3-fosfato para la síntesis de TAG (*véase* p. 232). La expresión del gen para la lipoproteína lipasa (LL), que degrada los TAG en quilomicrones circulantes y lipoproteínas de muy baja densidad (VLDL; *véase* p. 280), aumenta por la insulina en tejido adiposo, con lo que se proporciona AG para la esterificación del glicerol. (Nota: la insulina también promueve la conversión de glucosa en TAG en el hígado. Los TAG se secretan en VLDL.)

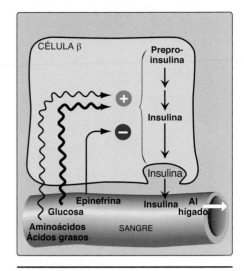

Figura 24-6
La regulación de la liberación de insulina de las células β pancreáticas. (Nota: las hormonas peptídicas gastrointestinales también estimulan la liberación de insulina.)

3. **Efectos sobre la síntesis de proteínas:** en la mayoría de los tejidos, la insulina estimula tanto la entrada de aminoácidos a las células como la síntesis de proteínas (traducción). (Nota: la insulina estimula la síntesis de proteínas a través de la activación covalente de los factores requeridos para iniciar la traducción.)

E. Mecanismo

La insulina se une a los receptores específicos, de alta afinidad, en la membrana celular de la mayoría de los tejidos, incluidos hepático, muscular y adiposo. Este es el primer paso en una cascada de reacciones que conducen por último a un acomodo diverso de acciones biológicas (fig. 24-7).

1. **Receptor de insulina:** el receptor de insulina se sintetiza como un solo polipéptido que se glucosila y rompe en subunidades α y β, que se ensamblan luego como un tetrámero unido por enlaces disulfuro (*véase* fig. 24-7). Las subunidades α extracelulares contienen el sitio de unión a insulina. Un dominio hidrofóbico en cada subunidad β abarca la membrana plasmática. El dominio citosólico de la subunidad β es una tirosina cinasa, que se activa mediante insulina. Como resultado, el receptor de insulina se clasifica como un receptor tirosina cinasa.

2. **Transducción de señales:** la unión de insulina a las subunidades α del receptor de insulina induce cambios conformacionales que se transmiten a las subunidades β. Esto promueve una rápida autofosforilación de residuos específicos de tirosina en cada subunidad β (fig. 24-7). La autofosforilación inicia una cascada de respuestas de señalización celular incluida la fosforilación de una familia de proteínas llamadas sustratos del receptor de insulina (SRI). Se han identificado por lo menos cuatro SRI que muestran estructuras semejantes, pero diferentes distribuciones tisulares. Las proteínas SRI fosforiladas interaccionan con otras moléculas de señalización a través de dominios específicos (conocidos como SH2) y activan un sinnúmero de vías que afectan la expresión de genes, el metabolismo celular y el crecimiento. Las acciones de la insulina se terminan por la desfosforilación del receptor.

3. **Efectos membranales:** el transporte de glucosa hacia ciertos tejidos, como el muscular y el adiposo, aumenta en presencia de insulina (fig. 24-8). La insulina promueve el movimiento de los transportadores de glucosa sensibles a insulina (GLUT-4) desde un depósito localizado en las vesículas intracelulares hasta la membrana celular. (Nota: el movimiento es el resultado de una cascada de señalización en la cual un SRI se une a y activa la cinasa [fosfoinosítido 3cinasa], que conduce a la fosforilación del fosfolípido membranal fosfatidilinositol 4,5-bisfosfato [PIP_2] a la forma 3,4,5-trifosfato [PIP_3] que se une y activa a cinasa 1 dependiente de fosfoinosítido. Esta cinasa, a su vez, activa a Akt [o proteína cinasa B], que resulta en movimiento de GLUT-4.) En contraste, otros tejidos tienen sistemas insensibles a insulina para el transporte de glucosa (fig. 24-9). Por ejemplo, hepatocitos, eritrocitos y células de sistema nervioso, mucosa intestinal, túbulos renales y córnea no requieren insulina para captar glucosa.

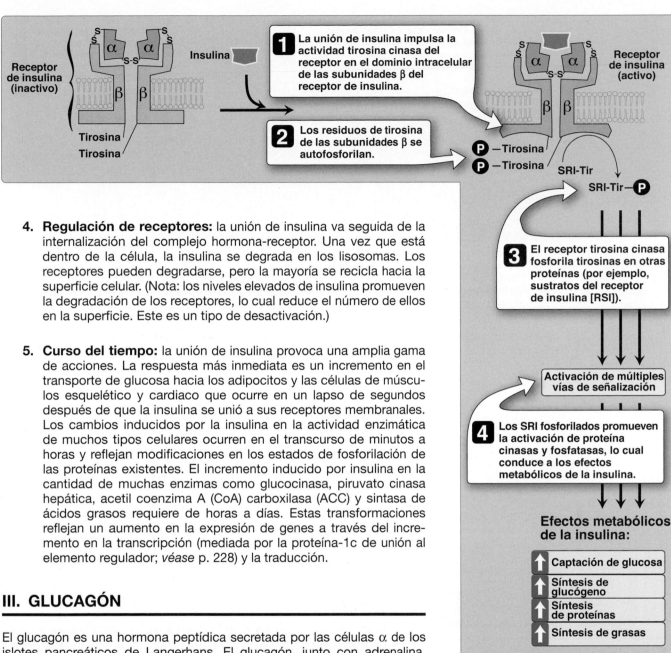

4. **Regulación de receptores:** la unión de insulina va seguida de la internalización del complejo hormona-receptor. Una vez que está dentro de la célula, la insulina se degrada en los lisosomas. Los receptores pueden degradarse, pero la mayoría se recicla hacia la superficie celular. (Nota: los niveles elevados de insulina promueven la degradación de los receptores, lo cual reduce el número de ellos en la superficie. Este es un tipo de desactivación.)

5. **Curso del tiempo:** la unión de insulina provoca una amplia gama de acciones. La respuesta más inmediata es un incremento en el transporte de glucosa hacia los adipocitos y las células de múscu- los esquelético y cardiaco que ocurre en un lapso de segundos después de que la insulina se unió a sus receptores membranales. Los cambios inducidos por la insulina en la actividad enzimática de muchos tipos celulares ocurren en el transcurso de minutos a horas y reflejan modificaciones en los estados de fosforilación de las proteínas existentes. El incremento inducido por insulina en la cantidad de muchas enzimas como glucocinasa, piruvato cinasa hepática, acetil coenzima A (CoA) carboxilasa (ACC) y sintasa de ácidos grasos requiere de horas a días. Estas transformaciones reflejan un aumento en la expresión de genes a través del incre- mento en la transcripción (mediada por la proteína-1c de unión al elemento regulador; *véase* p. 228) y la traducción.

III. GLUCAGÓN

El glucagón es una hormona peptídica secretada por las células α de los islotes pancreáticos de Langerhans. El glucagón, junto con adrenalina, noradrenalina, cortisol y la hormona del crecimiento (las hormonas contra- rreguladoras), se opone a muchas de las acciones de insulina (fig. 24-10). Lo más importante, el glucagón actúa para mantener los niveles sanguíneos de glucosa por la activación de la glucogenólisis y gluconeogénesis hepá- ticas. El glucagón está compuesto de 29 aminoácidos ordenados en una sola cadena polipeptídica. (Nota: a diferencia de la insulina, la secuencia de aminoácidos del glucagón es la misma en todas las especies de mamíferos examinados hasta la fecha). El glucagón se sintetiza como una gran mo- lécula precursora (preproglucagón) que se convierte en glucagón a través de una serie de rompimientos proteolíticos selectivos, semejantes a los des- critos para la biosíntesis de insulina (*véase* fig. 24-3). En contraste con la insulina, el preproglucagón se procesa para dar productos diferentes en los distintos tejidos, por ejemplo, GLP-1 en células L intestinales. Al igual que la insulina, el glucagón tiene una vida media corta.

Figura 24-7
Mecanismo de acción de la insulina. ℗, fosfato; S-S, enlace disulfuro; Tir, tirosina.

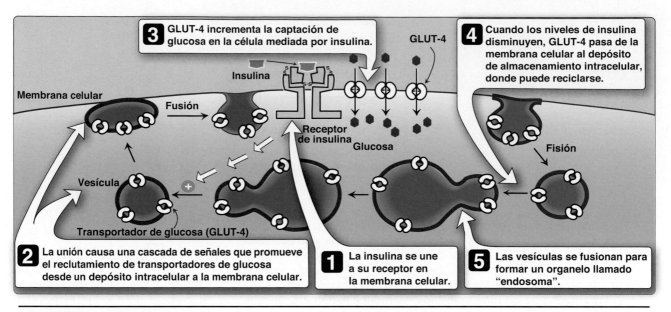

Figura 24-8
El reclutamiento, mediado por insulina, de GLUT-4 desde los almacenes intracelulares hasta la membrana celular en los tejidos de músculos esquelético y cardiaco y tejido adiposo. S-S, enlace disulfuro.

	Transporte activo	Transporte facilitado
Sensible a insulina		Tejido de músculos esquelético y cardiaco, y adiposo (juntos son responsables de la mayor masa tisular)
Sin sensibilidad a insulina	Epitelio intestinal Túbulos renales Plexo coroideo	Eritrocitos Leucocitos Cristalino del ojo Córnea Hígado Cerebro

Figura 24-9
Características del transporte de glucosa en diversos tejidos.

A. Aumento en la secreción

La célula α responde ante una diversidad de estímulos que señalan hipoglucemia real o potencial (fig. 24-11). En forma específica, la secreción de glucagón aumenta cuando los niveles en sangre de glucosa, aminoácidos y catecolaminas son bajos.

1. **Nivel reducido de glucosa en sangre:** la disminución en la concentración de glucosa en plasma es el estímulo primario para la liberación de glucagón. Durante un ayuno de una noche o prolongado, los niveles elevados de glucagón evitan la hipoglucemia (en la sección IV más adelante encontrará un análisis sobre la hipoglucemia).

2. **Aminoácidos:** los aminoácidos (p. ej., la arginina) derivados de una comida que contenga proteína estimulan la liberación de glucagón. El glucagón evita con eficacia la hipoglucemia que de otra manera ocurriría como resultado del incremento de secreción de insulina que también se produce después de una comida con alto contenido en proteínas.

3. **Catecolaminas:** los niveles elevados de adrenalina circulante (de la médula suprarrenal), noradrenalina (de la inervación simpática del páncreas), o ambos, estimulan la liberación de glucagón. Por lo tanto, durante los periodos de estrés fisiológico, los niveles elevados de catecolaminas pueden anular el efecto de los sustratos circulantes sobre las células α. En estas situaciones, sin importar la concentración de glucosa sanguínea, los niveles de glucagón se elevan en anticipación del incremento en el uso de glucosa. En contraste, los niveles de insulina se deprimen.

B. Reducción de la secreción

La secreción de glucagón disminuye de modo significativo debido a la glucosa elevada en sangre y por la insulina. Ambas sustancias aumentan después de la ingestión de glucosa o de una comida rica en carbohidratos (*véase* fig. 24-5). La regulación de la secreción de glucagón se resume en la figura 24-11.

C. Efectos metabólicos

El glucagón es una hormona catabólica que promueve el mantenimiento de los niveles de glucosa en sangre. Su objetivo principal es el hígado. El glucagón también tiene un efecto en la movilización y utilización de AG en los tejidos adiposo y muscular.

1. **Efectos sobre el metabolismo de carbohidratos:** la administración IV de glucagón conduce a una elevación inmediata en la glucosa sanguínea. Esto se debe a un incremento en la degradación de las reservas de glucógeno hepático (*véase* p. 156) y a un aumento en la gluconeogénesis (*véase* p. 146). Durante el día, las concentraciones posprandiales de glucosa en sangre se mantienen sobre todo mediante la glucogenólisis hepática, y la gluconeogénesis proporciona la glucosa adicional en sangre. Dado que el periodo interprandial es más largo mientras dormimos y las reservas de glucógeno se reducen, la gluconeogénesis aumenta y proporciona una mayor fuente de glucosa en sangre a medida que avanza la noche. El glucagón también inhibe la glucólisis al disminuir los valores del activador alostérico de la PFK-1, la fructosa 2, 6-bisfosfato (*véase* p. 146).

2. **Efectos sobre el metabolismo lipídico:** el efecto primario de glucagón sobre el metabolismo lipídico es la inhibición de la síntesis de AG a través de la fosforilación y la inactivación subsiguiente de ACC por proteína cinasa activada por monofosfato de adenosina (AMP; *véase* p. 228). La disminución resultante en la producción de malonil CoA elimina la inhibición sobre la carnitina palmitoiltransferasa-1, necesaria para el transporte de AG de cadena larga a la matriz mitocondrial para la β-oxidación (*véase* p. 234). El glucagón también tiene un papel en la lipólisis de los adipocitos, pero los activadores principales de la lipasa sensible a hormonas (vía la fosforilación por proteína cinasa A) son las catecolaminas. Los AG libres movilizados por los adipocitos son captados por los tejidos hepáticos y musculares y se oxidan a acetil CoA. El hígado utiliza el acetil CoA en la síntesis de cuerpos cetónicos. Las células musculares utilizarán el acetil CoA para obtener energía. El glucagón y las catecolaminas también activan a LL en los tejidos musculares cardiacos y esqueléticos, para permitir la captación de AG de los complejos VLDL en el estado de ayuno. Si se tiene en cuenta que el glucagón estimula el secuestro intracelular de GLUT-4, tiene sentido que los tejidos musculares aumenten el uso de AG como fuente de energía.

3. **Efectos en el metabolismo proteico:** glucagón incrementa la captación hepática de aminoácidos proporcionados por el músculo, lo cual deriva en un aumento en la disponibilidad de esqueletos carbonados para la gluconeogénesis. Como consecuencia, los niveles plasmáticos de aminoácidos disminuyen.

D. Mecanismo

El glucagón se une a receptores de alta afinidad acoplados a proteína G (GPCR) en la membrana celular de los hepatocitos. Los GPCR para el glucagón son distintos de los GPCR que unen adrenalina. (Nota: los receptores de adrenalina, no glucagón, se encuentran en el músculo esquelético.) La unión de glucagón da lugar a la activación de adeni-

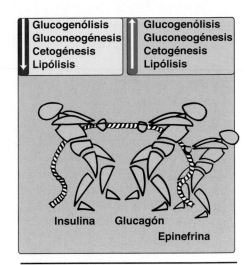

Figura 24-10
Acciones opuestas de insulina y glucagón más epinefrina.

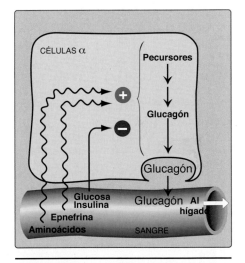

Figura 24-11
Regulación de la liberación de glucagón de las células α pancreáticas. (Nota: los aminoácidos aumentan la liberación de insulina y glucagón, mientras que la glucosa incrementa la liberación de insulina y disminuye la de glucagón.)

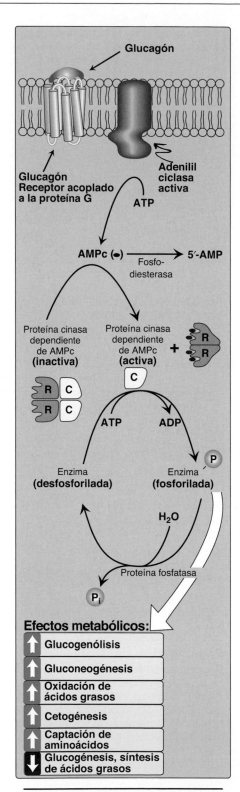

Figura 24-12
Mecanismo de acción del glucagón.
(Nota: para mayor claridad, se omitió
la activación de proteína G de adenilil
ciclasa.) ADP, difosfatodeadenosina;
AMPc, monofosfato de adenosina
cíclico; C, subunidad catalítica; (P),
fosfato; R, subunidad reguladora.

lil ciclasa en la membrana plasmática (fig. 24-12; *véase* p. 127). Esto
causa la elevación en el AMP cíclico (AMPc), misma que a su vez activa
la proteína cinasa A dependiente de AMPc y aumenta la fosforilación
de enzimas específicas u otras proteínas. Esta cascada de actividades
enzimáticas crecientes deriva en la activación, mediada por la fosforilación, o en la inhibición de enzimas reguladoras clave implicadas en el
metabolismo de carbohidratos y lípidos. Un ejemplo de tal cascada en
la degradación del glucógeno se muestra en la figura 12-9 en la p. 168.
(Nota: el glucagón, lo mismo que la insulina, afecta la transcripción de
genes; p. ej., el glucagón induce la expresión de fosfoenolpiruvato carboxicinasa [*véase* p. 157].)

IV. HIPOGLUCEMIA

La hipoglucemia se caracteriza por 1) síntomas del sistema nervioso central (SNC) que incluyen confusión, conducta aberrante o coma; 2) un nivel
simultáneo de glucosa en sangre ≤ 50 mg/dL, y 3) síntomas que se resuelven en un lapso de minutos después de la administración de glucosa (fig.
24-13). La hipoglucemia es una emergencia médica porque el SNC tiene un
requerimiento absoluto de una provisión continua de glucosa en la sangre
que sirve como combustible metabólico. La hipoglucemia transitoria puede
causar disfunción cerebral, mientras que la hipoglucemia prolongada causa
daño cerebral. Por lo tanto, no es de extrañar que el cuerpo tenga múltiples mecanismos superpuestos para evitar o corregir la hipoglucemia. Los
cambios hormonales más importantes para combatir la hipoglucemia son el
incremento en la secreción de glucagón y catecolaminas, combinado con la
reducción de la secreción insulínica.

A. Síntomas

Los síntomas de hipoglucemia pueden dividirse en dos categorías. Los
adrenérgicos (neurogénicos, autónomos), como ansiedad, palpitaciones, temblor y sudoración, que están mediados por la liberación de
catecolaminas (sobre todo adrenalina) regulada por el hipotálamo en
respuesta a la hipoglucemia. Es común que los síntomas adrenérgicos
ocurran cuando los niveles de glucosa en sangre caen en forma abrupta.
La segunda categoría de síntomas hipoglucémicos son los neuroglucopénicos. La provisión deficiente de glucosa al cerebro (neuroglucopenia) deriva en la alteración de la función cerebral, lo cual causa cefalea,
confusión, lengua pastosa, convulsiones, coma y muerte. Es frecuente
que los síntomas neuroglucopénicos sean resultado de la disminución
paulatina de glucosa en sangre, con frecuencia a niveles < 50 mg/dL.
La reducción lenta en la glucosa priva al SNC de combustible, pero no
logra desencadenar una respuesta adrenérgica adecuada.

B. Sistemas glucorreguladores

Los humanos poseen dos sistemas superpuestos de regulación de glucosa que se activan con la hipoglucemia: 1) las células α pancreáticas,
que liberan glucagón, y 2) los receptores en el hipotálamo que responden a las concentraciones bajas anormales de glucosa en sangre. Los
glucorreceptores hipotalámicos pueden desencadenar tanto la secreción de catecolaminas (mediada por la división simpática del sistema
nervioso autónomo) como la liberación de hormona adrenocorticotrópica (ACTH) y hormona del crecimiento en la pituitaria anterior (*véase*
fig. 24-13). (Nota: ACTH incrementa la síntesis y secreción de cortisol
en la corteza suprarrenal [*véase* p. 288].) El glucagón, las catecolaminas, el cortisol y la hormona del crecimiento en ocasiones se llaman

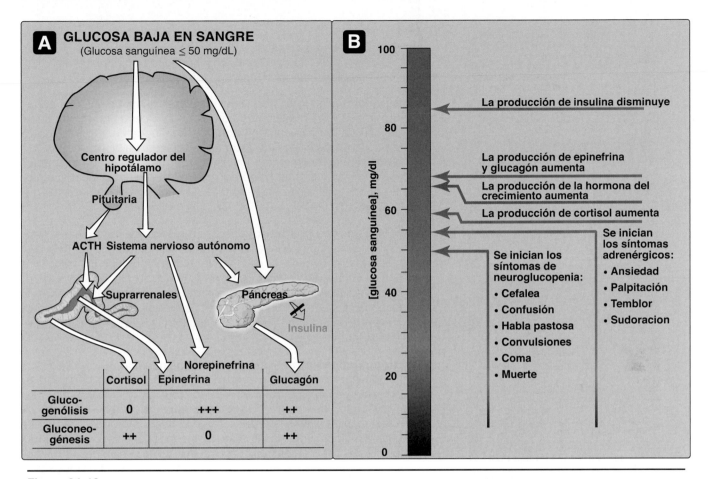

Figura 24-13

A) Acciones de algunas de las hormonas glucorreguladoras en respuesta al bajo nivel de glucosa sanguínea. **B)** Umbrales glucémicos para las diversas respuestas a la hipoglucemia. (Nota: la glucosa en sangre normal en ayunas es de 70 a 99 mg/dL). + = estímulo débil; ++ = estímulo moderado; +++ = estímulo fuerte; 0 = sin efecto; ACTH = hormona adrenocorticotrópica.

hormonas contrarreguladoras, porque cada una se opone a la acción de la insulina en el uso de la glucosa.

1. **Glucagón y adrenalina:** la secreción de estas hormonas contra-rreguladoras tiene su mayor importancia en la regulación aguda y a corto plazo de los niveles de glucosa en sangre. El glucagón es-timula la glucogenólisis y gluconeogénesis hepáticas. La adrenalina promueve la glucogenólisis y la lipólisis. Inhibe la secreción de insu-lina y evita así la captación de glucosa mediada por GLUT-4 en los tejidos muscular y adiposo. La adrenalina asume un papel crítico en la hipoglucemia cuando la secreción de glucagón es deficiente, por ejemplo, en las etapas tardías de la diabetes mellitus tipo 1 (*véase* p. 403). La prevención o corrección de la hipoglucemia falla cuando ambos, glucagón y adrenalina, son deficientes.

2. **Cortisol y hormona del crecimiento:** estas hormonas contra-rreguladoras son menos importantes en el mantenimiento a corto plazo de la concentración de glucosa sanguínea. No obstante, tie-nen un papel en el manejo a largo plazo (transcripcional) del meta-bolismo de glucosa.

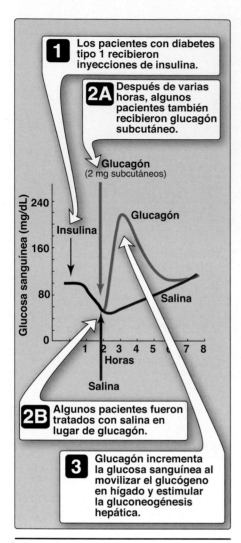

Figura 24-14
Reversión de la hipoglucemia inducida
por insulina mediante la administración
de glucagón subcutáneo.

C. Tipos

La hipoglucemia puede dividirse en cuatro tipos: 1) inducida por insulina, 2) posprandial (en ocasiones denominada "hipoglucemia reactiva"), 3) hipoglucemia por ayuno y 4) relacionada con alcohol.

1. **Hipoglucemia inducida por insulina:** la hipoglucemia ocurre con frecuencia en pacientes con diabetes que reciben tratamiento de insulina, en particular en aquellos que luchan por lograr control estrecho de los niveles de glucosa sanguínea. La hipoglucemia leve en pacientes totalmente conscientes se trata por la administración oral de carbohidratos. Es común que a los pacientes inconscientes se les administre glucagón por vía subcutánea o intramuscular (fig. 24-14).

2. **Hipoglucemia posprandial:** esta es la segunda forma más común de hipoglucemia. Se debe a la liberación exagerada de insulina después de una comida, lo cual provoca una hipoglucemia transitoria con síntomas adrenérgicos leves. El nivel de glucosa en plasma regresa a la normalidad incluso si no se alimentó al paciente. El único tratamiento que por lo general se requiere es que el paciente consuma comidas pequeñas en lugar de las tres comidas principales acostumbradas.

3. **Hipoglucemia por ayuno:** la baja concentración de glucosa sanguínea durante el ayuno es rara, pero tiene más probabilidad de presentarse como problema médico grave. La hipoglucemia en el ayuno, que tiende a producir síntomas neuroglucopénicos, puede ser el resultado de una reducción en la tasa de producción de glucosa por glucogenólisis hepática o gluconeogénesis. De este modo, los niveles bajos de glucosa con frecuencia se ven en pacientes con daño hepatocelular o insuficiencia suprarrenal o en individuos bajo ayuno que han consumido grandes cantidades de etanol (*véase* 4 más adelante). De modo alternativo, la hipoglucemia en ayuno puede ser el resultado de un incremento en la velocidad del uso de glucosa en los tejidos periféricos debido a la sobreproducción de insulina por tumores pancreáticos raros. Si se deja sin tratar, un paciente con hipoglucemia por ayuno puede perder la conciencia y presentar convulsiones y coma. (Nota: ciertos errores innatos del metabolismo, p. ej., defectos en la oxidación de AG, derivan en hipoglucemia por ayuno.)

4. **Hipoglucemia relacionada con alcohol:** el alcohol (etanol) se metaboliza en el hígado por medio de dos reacciones de oxidación (fig. 24-15). El etanol se convierte primero en acetaldehído por medio de la alcohol deshidrogenasa que contiene zinc. A continuación, acetaldehído se oxida a acetato mediante la aldehído deshidrogenasa (ALDH). (Nota: ALDH se inhibe mediante disulfiram, un fármaco que se usa en el tratamiento del alcoholismo crónico. La elevación resultante en acetaldehído provoca rubor, taquicardia, hiperventilación y náusea.) En cada reacción se transfieren electrones al dinucleótido de nicotinamida y adenina (NAD^+), lo cual causa un aumento en la proporción de la forma reducida (NADH) respecto a NAD^+. La abundancia de NADH favorece la reducción de piruvato a lactato y de oxaloacetato (OAA) a malato. Como se ve en la página 153, piruvato y OAA son sustratos en la síntesis de glucosa. Por lo tanto, el incremento en NADH mediado por etanol hace que estos precursores gluconeogénicos se desvíen en vías alternas e induzcan una reducción de la síntesis de glucosa. Esto puede precipitar la hipoglucemia, en particular en individuos que

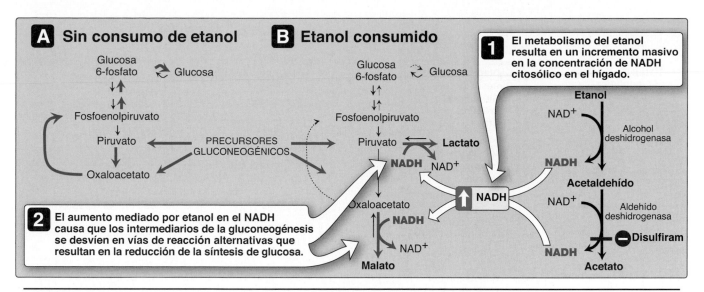

Figura 24-15
A) Gluconeogénesis normal en ausencia del consumo de etanol. **B)** Inhibición de la gluconeogénesis derivada del metabolismo hepático del etanol. NAD(H), dinucleótido de nicotinamida y adenina.

han agotado sus reservas hepáticas de glucógeno. (Nota: la disponibilidad reducida de OAA permite que la acetil CoA se desvíe hacia la síntesis de cuerpos cetónicos en el hígado [*véase* p. 239] y resultar en cetosis alcohólica, que puede generar cetoacidosis.) La hipoglucemia puede producir muchas de las conductas asociadas con la intoxicación alcohólica, como agitación, juicio deficiente y belicosidad. En consecuencia, el consumo de alcohol en individuos vulnerables (como aquellos que están bajo ayuno o que han realizado ejercicio prolongado y agotador) puede producir hipoglucemia que suele contribuir a los efectos de conducta del alcohol. Dado que el consumo de alcohol también puede incrementar el riesgo de hipoglucemia en pacientes que usan insulina, se advierte a aquellos que están en un protocolo de tratamiento intensivo con insulina (*véase* p. 403) sobre el mayor riesgo de hipoglucemia que por lo general ocurre muchas horas después de la ingestión de alcohol.

El consumo crónico de alcohol también puede producir hígado graso alcohólico debido al incremento en la síntesis hepática de TAG acoplada con la formación deficiente o la liberación de VLDL. Esto ocurre como resultado de una disminución en la oxidación de AG ocasionada por una caída en la proporción de NAD^+/NADH y el aumento en la lipogénesis generada por el incremento en la disponibilidad de AG (disminución del catabolismo) y de gliceraldehido 3-fosfato (la deshidrogenasa se inhibe por la baja proporción de NAD^+/NADH; *véase* p. 135). Con el consumo continuo de alcohol, el hígado graso alcohólico puede progresar primero a hepatitis alcohólica y luego a cirrosis alcohólica.

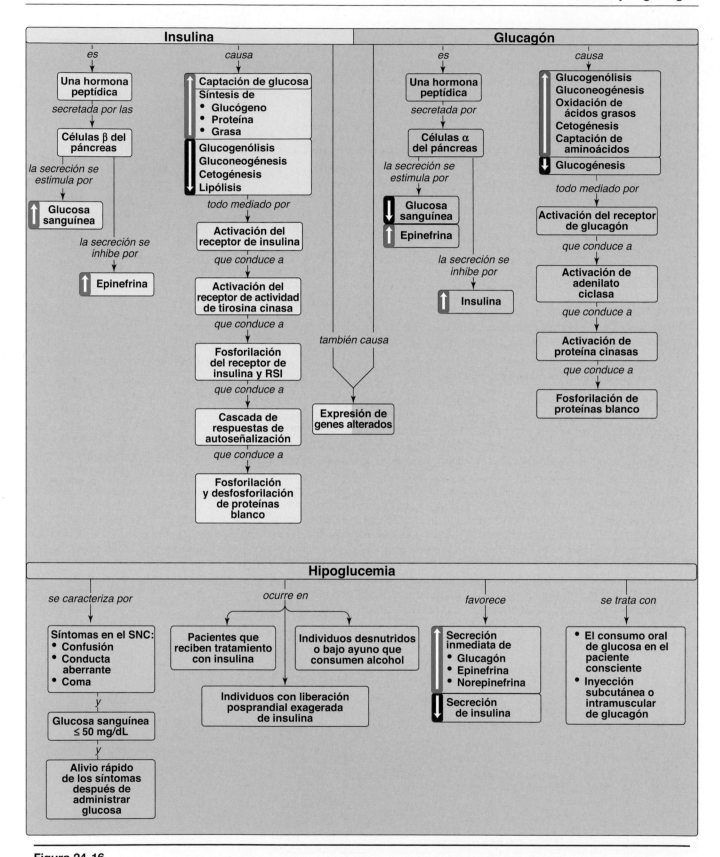

Figura 24-16
Mapa conceptual de los efectos metabólicos de insulina y glucagón lo mismo que de la hipoglucemia. SRI, sustratos del receptor de insulina.

V. Resumen del capítulo

- La integración del **metabolismo de energía** está bajo el control sobre todo de la **insulina** y las acciones opuestas por el **glucagón** y las catecolaminas, en particular **adrenalina** (fig. 24-16). Los cambios en los niveles circulantes de estas hormonas permiten al cuerpo almacenar energía cuando la comida es abundante o hacer que la energía almacenada esté disponible en tiempos de **estrés fisiológico** (p. ej., durante las crisis de supervivencia, como una hambruna).

- La **insulina** es una hormona peptídica producida por las **células β** de los **islotes de Langerhans** del **páncreas**. Consta de las cadenas A y B unidas por enlaces disulfuro. La elevación en la glucosa sanguínea es la señal más importante para la **secreción** de insulina. Las **catecolaminas**, secretadas en respuesta a estrés, traumatismo o ejercicio extremo, inhiben la secreción de insulina.

- La insulina incrementa la captación de glucosa (mediante transportadores del azúcar [**GLUT-4**] en tejido muscular y adiposo) y la síntesis de **glucógeno, proteína** y **TAG**. Esta es una hormona **anabólica**. Estas acciones están mediadas por la unión a su **receptor tirosina cinasa** de membrana. La unión inicia una cascada de respuestas de señalización celular, incluida la fosforilación de una familia de proteínas llamadas **proteínas SRI**.

- El **glucagón** es una hormona peptídica monomérica producida por las **células α** de los islotes pancreáticos (tanto la síntesis de insulina como la de glucagón implican la formación de precursores inactivos que se rompen para formar las hormonas activas). El glucagón, junto con adrenalina, noradrenalina, cortisol y hormona del crecimiento (las **hormonas contrarreguladoras**), se oponen a muchas de las acciones de insulina.

- El glucagón actúa para mantener la glucosa sanguínea durante periodos de hipoglucemia potencial e incrementa la **glucogenólisis, gluconeogénesis, oxidación de ácidos grasos, cetogénesis** y **captación de aminoácidos**. Es una hormona **catabólica**. La secreción de glucagón se estimula por los niveles bajos de glucosa, aminoácidos y catecolaminas. Su secreción se inhibe por medio de niveles elevados de glucosa y por la insulina.

- El glucagón se une a **GPCR** de alta afinidad en la membrana celular de los hepatocitos. La unión deriva en la activación de **adenilil ciclasa**, que produce el segundo mensajero **AMPc**. La activación subsiguiente de la **proteína cinasa A dependiente de AMPc** da lugar a la activación o inhibición mediada por la **fosforilación** de enzimas reguladoras clave implicadas en el metabolismo de carbohidratos y lípidos. Tanto insulina como glucagón afectan la **transcripción de genes**.

- La **hipoglucemia** se caracteriza por el nivel bajo de glucosa en sangre acompañado por **síntomas adrenérgicos** y **neuroglucopénicos** que se resuelven con rapidez por la administración de glucosa. La hipoglucemia inducida por insulina, la posprandial y la de ayuno provocan la liberación de glucagón y adrenalina. La elevación de la forma reducida de **dinucleótido de nicotinamida y adenina** (**NADH**) que acompaña al metabolismo del **etanol** inhibe la gluconeogénesis y lleva a hipoglucemia en individuos con reservas agotadas de glucógeno hepático. El consumo de alcohol también incrementa el riesgo de hipoglucemia en pacientes que usan insulina. El consumo crónico de alcohol puede causar **enfermedad de hígado graso**.

Preguntas de estudio

Elija la RESPUESTA correcta.

24.1 ¿Cuál de los siguientes enunciados aplica para la insulina, pero no para el glucagón?

    A. Es una hormona peptídica que se secreta en las células pancreáticas.

    B. Sus acciones están mediadas por la unión a un receptor que se encuentra en la membrana celular de los hepatocitos.

    C. Sus efectos incluyen alteraciones en la expresión de genes.

    D. Las catecolaminas reducen su secreción.

    E. Los aminoácidos aumentan su secreción.

    F. Su síntesis implica un precursor no funcional que se rompe para generar una molécula funcional.

Respuesta correcta = D. Las catecolaminas inhiben la secreción de insulina por las células β pancreáticas, mientras que estas estimulan la secreción de glucagón por las células α. Todos los demás enunciados se aplican tanto para insulina como para glucagón.

24.2 ¿En cuál de los siguientes tejidos es dependiente de insulina el transporte de glucosa al interior de la célula?

A. Adiposo

B. Cerebral

C. Hepático

D. Eritrocítico

E. Pancreático

Respuesta correcta = A. El transportador de glucosa (GLUT-4) en tejido adiposo (y muscular) es dependiente de insulina. La insulina provoca el movimiento de GLUT-4 desde las vesículas intracelulares a la membrana celular. Los demás tejidos en la lista contienen GLUT independientes de insulina porque siempre están localizados en la membrana celular.

24.3 Una mujer de 39 años de edad se presenta en la sala de urgencias quejándose de debilidad y mareos. Recuerda haberse levantado esa mañana para realizar sus tareas semanales y olvidó desayunar. Bebió 1 taza de café para el almuerzo y no comió nada durante el día. Se reunió con amigos a las 8 p.m. y tomó algunas bebidas. A medida que avanzó la noche se sintió rápidamente débil y mareada, y la llevaron al hospital. Las pruebas de laboratorio revelaron que su glucosa en sangre era de 45 mg/dL (normal = 70 a 99). Le administraron jugo de naranja y se sintió mejor de inmediato. La base bioquímica de su hipoglucemia inducida por alcohol es un aumento en:

A. La oxidación de ácidos grasos.

B. La proporción entre las formas reducida y oxidada de dinucleótido de nicotinamida y adenina.

C. Oxaloacetato y piruvato.

D. El uso de acetil coenzima A en la síntesis de ácidos grasos.

E. La síntesis de glucógeno.

Respuesta correcta = B. La oxidación de etanol a acetato por deshidrogenasas va acompañada por la reducción de dinucleótido de nicotinamida y adenina (NAD^+) a NADH. La elevación en la proporción $NADH/NAD^+$ desplaza el piruvato hacia lactato y oxaloacetato (OAA) a malato, lo cual reduce la disponibilidad de sustratos para gluconeogénesis y deriva en hipoglucemia. La elevación del nivel de NADH también reduce el NAD^+ necesario para la oxidación de ácidos grasos (AG). La reducción en OAA desvía a cualquier acetil coenzima A producida hacia la cetogénesis. Obsérvese que la inhibición de la degradación de AG deriva en su reesterificación como triacilglicerol que puede resultar en hígado graso. El glucógeno no se sintetizaría en condiciones hipoglucémicas.

24.4 Un paciente recibe un diagnóstico de insulinoma, un tumor endocrino raro, cuyas células se derivan sobre todo de células β pancreáticas. ¿Cuál de los siguientes signos se considerarían lógicamente característicos de un insulinoma?

A. Disminución del peso corporal.

B. Reducción del péptido de conexión en sangre.

C. Decremento de glucosa en sangre.

D. Disminución de insulina en sangre.

E. Disminución de la actividad de GLUT-4.

Respuesta correcta = C. Los insulinomas se caracterizan por la producción constante de insulina (y, por lo tanto, de péptido C) en las células tumorales. El incremento en insulina estimula la captación de glucosa en tejidos como el muscular y el adiposo, que tienen transportadores de glucosa GLUT-4 dependientes de insulina, lo cual deriva en hipoglucemia. Sin embargo, la hipoglucemia es insuficiente para suprimir la producción y secreción de insulina. Los insulinomas, pues, se caracterizan por el incremento de insulina en sangre y la reducción de glucosa sanguínea. La insulina, como hormona anabólica, resulta en el aumento de peso.

24.5 En un paciente con un tumor todavía más raro que secreta glucagón derivado de las células α del páncreas, ¿cómo se esperaría que difiriera la presentación en relación con el paciente en la pregunta 24.4?

Un tumor pancreático que secretara glucagón (glucagonoma) derivaría en hiperglucemia, no en hipoglucemia. La producción constante de glucagón generaría la gluconeogénesis constante y se emplearían aminoácidos de la proteólisis como sustratos. Esto resultaría en la pérdida de peso corporal.

El ciclo alimentación-ayuno

25

I. GENERALIDADES SOBRE EL ESTADO DE ABSORCIÓN

El estado de absorción (buena nutrición) es el periodo de 2 a 4 h después de la ingestión de una comida normal. Durante este intervalo ocurren incrementos transitorios en la glucosa, los aminoácidos y los triacilgliceroles (TAG) del plasma, los últimos sobre todo como componentes de quilomicrones sintetizados y secretados por las células de mucosa intestinal (*véase* p. 278). El tejido de los islotes del páncreas responde a la secreción de incretina gastrointestinal (*véase* p. 368) y al nivel elevado de glucosa con incremento en la secreción de insulina y disminución de la secreción de glucagón. La elevada proporción de insulina/glucagón y la fácil disponibilidad de sustratos circulantes hacen que el estado de absorción sea un periodo anabólico que se caracteriza por el aumento en la síntesis de TAG y glucógeno para reabastecer las reservas de combustible, así como el aumento en la síntesis de proteínas. Durante este periodo de absorción, casi todos los tejidos usan glucosa como combustible, y la respuesta metabólica del cuerpo está dominada por alteraciones en el hígado, el tejido adiposo, el músculo esquelético y el cerebro. En este capítulo se introduce un "mapa de órganos" en el que se representa el movimiento de los metabolitos entre tejidos. El objetivo es crear una visión expandida y útil en la clínica del metabolismo en todo el cuerpo.

II. MECANISMOS REGULADORES

El flujo de intermediarios a través de las vías metabólicas está controlado por cuatro mecanismos: 1) la disponibilidad de sustratos, 2) la regulación alostérica de enzimas, 3) la modificación covalente de enzimas y 4) la inducción-represión de la síntesis de enzimas, sobre todo a través de la regulación de la transcripción. Aunque al principio este esquema puede parecer redundante, cada mecanismo opera bajo una escala de tiempo diferente (fig. 25-1) y permite que el cuerpo se adapte a una amplia gama de situaciones fisiológicas. En el estado de absorción, estos mecanismos reguladores aseguran que los nutrientes disponibles se capturen, como es el caso de glucógeno, TAG y proteínas.

A. Disponibilidad de los sustratos

En la fase de absorción, la glucosa es el sustrato energético predominante para casi todos los tipos de células. El transportador GLUT facilita la captación de glucosa y la hexocinasa atrapa la glucosa en la célula por fosforilación, según la cinética relativa (K_m [constante de Michaelis]) de cada enzima. Con concentraciones elevadas de glucosa

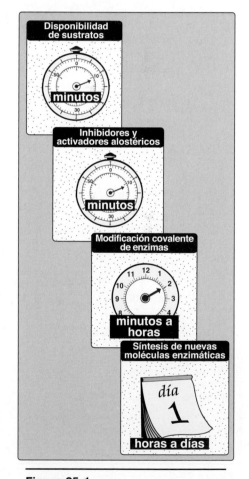

Figura 25-1

Mecanismos de control del metabolismo y algunos tiempos típicos de respuesta. (Nota: los tiempos de respuesta pueden variar según la naturaleza del estímulo y de un tejido a otro.)

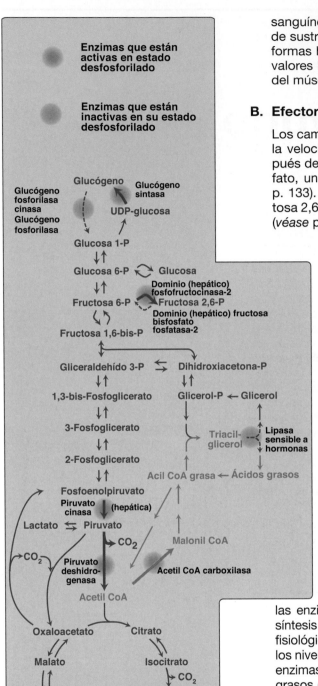

Figura 25-2

Reacciones importantes del metabolismo intermediario reguladas por la fosforilación enzimática. **Texto azul** = intermediarios del metabolismo de carbohidratos; **texto marrón** = intermediarios del metabolismo lipídico; CoA, coenzima A; CO_2, dióxido de carbono; P, fosfato.

sanguínea en la fase de absorción, el aumento de la concentración de sustrato garantiza que haya suficiente glucosa incluso para las isoformas hepáticas, GLUT-2 y glucocinasa (hexocinasa IV), que poseen valores K_m más altos (menor afinidad) comparados con las isoformas del músculo esquelético, GLUT-4 y hexocinasa I, de forma respectiva.

B. Efectores alostéricos

Los cambios alostéricos por lo general implican reacciones que limitan la velocidad. Por ejemplo, la glucólisis en el hígado se estimula después de una comida por medio del incremento en fructosa 2,6-bisfosfato, un activador alostérico de la fosfofructocinasa-1 (PFK-1; *véase* p. 133). En contraste, la gluconeogénesis está disminuída por la fructosa 2,6-bisfosfato, un inhibidor alostérico de fructosa 1,6-bisfosfatasa (*véase* p. 157).

C. Modificación covalente

La actividad de muchas enzimas está regulada por la adición (vía cinasas, como proteína cinasa A [PKA] dependiente de monofosfato de adenosina cíclico [AMPc] y proteína cinasa activada por monofosfato de adenosina [AMPK]) o la eliminación (vía fosfatasas) de grupos fosfato de residuos específicos de serina, treonina o tirosina de la proteína. En el estado de absorción, la mayoría de las enzimas con regulación covalente está en forma desfosforilada y es activa (fig. 25-2). La glucógeno fosforilasa cinasa (*véase* p. 168), la glucógeno fosforilasa (*véase* p. 168) y la lipasa sensible a hormonas (LSH; *véase* p. 233) son tres excepciones que son inactivas en su forma desfosforilada. (Nota: en el hígado, la forma desfosforilada del dominio bifuncional fosfofructocinasa-2 [PFK-2] es activa, lo que aumenta la producción del activador alostérico fructosa 2,6-bisfosfato [*véase* p. 134]. El otro dominio, la fructosa 2, 6-bisfosfatasa, también es inactivo en la forma desfosforilada.)

D. Inducción y represión de la síntesis enzimática

El incremento (inducción) o decremento (represión) de la síntesis enzimática conduce a cambios en el número de moléculas enzimáticas, en lugar de cambiar la actividad de las moléculas enzimáticas existentes. Las enzimas sujetas a la regulación de la síntesis con frecuencia son aquellas que se necesitan bajo condiciones fisiológicas específicas. Por ejemplo, en el estado de buena nutrición, los niveles elevados de enzima provocan un incremento en la síntesis de enzimas clave, como acetil CoA carboxilasa (ACC) y sintasa de ácidos grasos (AG, *véase* p. 378), implicadas en el metabolismo anabólico. En el estado de ayuno, glucagón induce la expresión de fosfoenolpiruvato carboxilasa (PEPCK) de la gluconeogénesis (*véase* p. 394). (Nota: ambas hormonas afectan la transcripción génica.)

III. EL HÍGADO: CENTRO DE DISTRIBUCIÓN DE NUTRIENTES

El hígado se encuentra en una situación única para procesar y distribuir los nutrientes de la dieta porque el drenaje venoso del intestino y el páncreas pasa a través de la vena portal hepática antes de entrar a la circulación general. Por consiguiente, después de una comida, el hígado se baña en sangre que contiene los nutrientes absorbidos y los niveles elevados de insulina secretada por el páncreas. Durante el periodo de absorción, el hígado capta los carbohidratos, lípidos y la mayor parte de los aminoácidos. Estos nutrientes se metabolizan, almacenan o desvían hacia otros tejidos. De esta manera, el hígado suaviza las fluctuaciones amplias potenciales en la disponibilidad de nutrientes para los tejidos periféricos.

A. Metabolismo de carbohidratos

El hígado suele ser un productor de glucosa más que un órgano que usa glucosa. No obstante, después de una comida que contiene carbohidratos, el hígado se convierte en un consumidor neto y retiene cerca de 60 g por cada 100 g de glucosa que se presentan en el sistema portal. Este incremento en el uso refleja el aumento de captación de glucosa en el hepatocito. Su transportador de glucosa independiente de insulina (GLUT-2) posee alta K_m para glucosa y, por lo tanto, capta glucosa solo cuando el azúcar sanguíneo es elevado (*véase* p. 132). Los procesos que se activan cuando aumenta la glucosa hepática incluyen a los siguientes.

1. **Incremento de la fosforilación de glucosa:** los niveles elevados de glucosa dentro del hepatocito (como resultado de niveles extracelulares altos) permiten que la glucocinasa fosforile la glucosa a glucosa 6-fosfato (fig. 25-3). (Nota: glucocinasa posee una K_m elevada para la glucosa, no está sujeta a la inhibición directa por producto y presenta una curva de reacción sigmoidea [*véase* p. 132].)

2. **Aumento en la glucogénesis:** la conversión de glucosa 6-fosfato a glucógeno se ve favorecida por la activación de glucógeno sintasa, tanto por desfosforilación como por el incremento en la disponibilidad de glucosa 6-fosfato, su efector alostérico positivo (*véase* fig. 25-3).

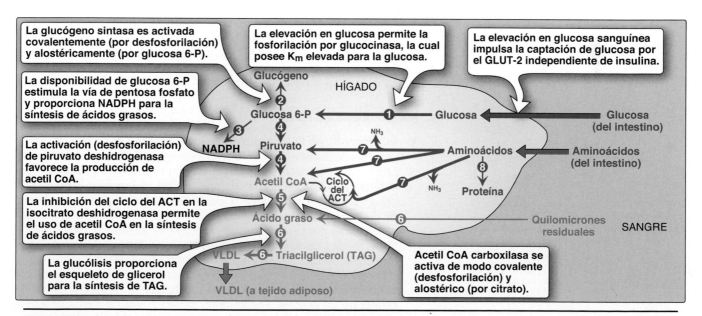

Figura 25-3

Vías metabólicas principales en el hígado en el estado de absorción. (Nota: acetil coenzima A [CoA] también se usa para la síntesis de colesterol.) Los *números* que aparecen *dentro de círculos* en la figura indican en el texto vías importantes para el metabolismo de carbohidratos, grasas o proteínas. **Texto en azul** = intermediarios del metabolismo de carbohidratos; **texto marrón** = intermediarios del metabolismo lipídico; **texto verde** = intermediarios del metabolismo proteico; ATC, ácido tricarboxílico; GLUT, transportador de glucosa; NADPH, dinucleótido fosfato de nicotinamida y adenina; NH_3, amoniaco; P, fosfato; VLDL, lipoproteína de muy baja densidad.

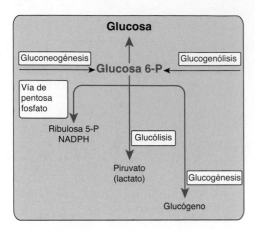

Figura 25-4
Papel central de la glucosa 6-fosfato en
el metabolismo. (Nota: la presencia de
glucosa 6-fosfatasa en hígado permite
la producción de glucosa libre a partir
de la glucosa 6-fosfato producida en
la glucogénolisis y gluconeogénesis).
NADPH, dinucleótido fosfato de
nicotinamida y adenina; P, fosfato.

3. **Incremento de la actividad de la vía de pentosa fosfato:** el
aumento en la disponibilidad de glucosa 6-fosfato, combinado con
el uso activo de dinucleótido fosfato de nicotinamida y adenina
(NADPH) en la lipogénesis hepática, estimula la vía de pentosa fosfato (*véase* p. 185). Esta vía por lo general representa 5 a 10% de la
glucosa metabolizada por el hígado (*véase* fig. 25-3).

4. **Aumento de la glucólisis:** en el hígado, la glucólisis es significativa solo durante el periodo de absorción después de una comida
con alto contenido en carbohidratos. La conversión de glucosa
a piruvato se estimula a través de la elevada proporción insulina/
glucagón que deriva en cantidades aumentadas de las enzimas
reguladas de la glucólisis: glucocinasa, PFK-1 y piruvato cinasa
(PK; *véase* p. 139). Asimismo, PFK-1 se activa de forma alostérica
por medio de la fructosa 2,6-bisfosfato generada por el dominio
cinasa activo (desfosforilado) de la PFK-2 bifuncional. PK está desfosforilada y activa. Piruvato deshidrogenasa (PDH), que convierte
piruvato a acetil CoA, está activa (desfosforilada) porque piruvato
inhibe a PDH cinasa (*véase* fig. 25-3). El acetil CoA se puede usar
como sustrato para la síntesis de AG u oxidarse para obtener energía en el ciclo de ácidos tricarboxílicos (ACT). (*Véase* fig. 25-4 para
el papel central de la glucosa 6-fosfato.)

5. **Producción reducida de glucosa:** mientras la glucólisis y la glucogénesis (vías que promueven el almacenamiento de glucosa) se
estimulan en el hígado en el estado de absorción, la gluconeogénesis
y glucogénólisis (vías que generan glucosa) se inhiben. Piruvato carboxilasa (PC), que cataliza el primer paso en la gluconeogénesis, se
muestra en gran medida inactiva debido a los niveles bajos de acetil
CoA, su activador alostérico (*véase* p. 154). (Nota: el acetil CoA está en
uso para la síntesis de AG.) La alta proporción insulina/glucagón también favorece la inactivación de otras enzimas gluconeogénicas como
fructosa 1,6-bisfosfatasa por el inhibidor alostérico fructosa 2,6-bis-
fosfato (fig. 9-17, p. 134). La glucogénólisis se inhibe por medio de la
desfosforilación de glucógeno fosforilasa y fosforilasa cinasa. (Nota: el
incremento en la captación y la reducción de la producción de glucosa
sanguínea en el periodo de absorción evita la hiperglucemia.)

B. **Metabolismo de lípidos**

1. **Incremento en la síntesis de ácidos grasos:** el hígado es el sitio
principal de síntesis de novo de AG (*véase* fig. 25-3). La síntesis de AG,
un proceso citosólico, se ve favorecida en el periodo de absorción por
la disponibilidad de los sustratos acetil CoA (del metabolismo de glucosa y aminoácidos) y NADPH (del metabolismo de glucosa en la ruta
de pentosa fosfato), y por la activación de ACC tanto por la desfosforilación como por la presencia de su activador alostérico, citrato. (Nota:
la inactividad de AMPK favorece la desfosforilación.) ACC cataliza la
formación de malonil CoA a partir de acetil CoA, la reacción limitante
de la velocidad para la síntesis de AG (*véase* p. 227). (Nota: malonil CoA
también inhibe la carnitina palmitoil transferasa-I [CPT-I] de la oxidación
de AG [*véase* p. 235]. Por lo tanto, citrato activa de forma directa la
síntesis de AG e inhibe de modo indirecto la degradación de AG.)

a. **Fuente de acetil coenzima A citosólica:** el piruvato de la glucólisis aeróbica entra a las mitocondrias y se descarboxila por
acción de PDH. El producto de acetil CoA se combina con oxaloacetato (OAA) para formar citrato vía la citrato sintasa del ciclo

del ATC. Cuando el ciclo del ATC está muy activo, los valores de ATP aumentan. El ATP inhibe la isocitrato deshidrogenasa, lo que provoca una acumulación de citrato. El citrato sale de la mitocondria y entra al citosol. ATP citrato liasa (Inducida por insulina) rompe el citrato y se produce el sustrato de acetil CoA de ACC más OAA.

b. **Fuente adicional de NADPH:** el OAA se reduce a malato, el cual se descarboxila en forma oxidativa para dar piruvato por medio de la enzima málica y se forma NADPH (*véase* fig. 187-11 en la p. 231).

2. **Aumento de la síntesis de triacilglicerol:** la síntesis de TAG se ve favorecida porque la acil CoA de ácidos grasos está disponible tanto a partir de la síntesis *de novo* como de la hidrólisis del componente TAG de los quilomicrones residuales retirados de la sangre por los hepatocitos (*véase* p. 220). Glicerol 3-fosfato, el esqueleto para la síntesis de TAG, se deriva de la glucólisis (*véase* p. 233). El hígado "empaqueta" este TAG endógeno en partículas de proteína de muy baja densidad (VLDL) que se secretan hacia la sangre por el uso de tejidos extrahepáticos, en particular tejidos adiposo y muscular (*véase* fig. 25-3).

C. Metabolismo de aminoácidos

1. **Incremento en la degradación de aminoácidos:** en el periodo de absorción, hay más aminoácidos de los que el hígado puede usar en la síntesis de proteínas y en otras moléculas nitrogenadas. Los aminoácidos sobrantes no se almacenan sino que se liberan a la sangre para que otros tejidos los empleen en la síntesis de proteínas, o para su desaminación, donde los esqueletos carbonados derivados se degradan en el hígado para dar piruvato, acetil CoA o intermediarios del ciclo del ATC. Estos metabolitos pueden oxidarse para obtener energía o utilizarse en la síntesis de AG (*véase* fig. 25-3). El hígado tiene capacidad limitada para iniciar la degradación de los aminoácidos de cadena ramificada (BCAA) leucina, isoleucina y valina. Estos pasan a través del hígado casi sin cambios y se metabolizan en el músculo (*véase* p. 319).

2. **Aumento de la síntesis de proteínas:** el cuerpo no almacena proteínas para obtener energía de la misma manera que mantiene las reservas de glucógeno o TAG. No obstante, sí ocurre un aumento transitorio en la síntesis de proteínas hepáticas en el estado de absorción, lo que da lugar al remplazo de cualquier proteína que pueda haberse degradado durante un periodo previo de ayuno (fig. 25-3).

IV. EL TEJIDO ADIPOSO: ALMACÉN DE ENERGÍA

El tejido adiposo ocupa solo el segundo lugar respecto al hígado en su capacidad de distribuir moléculas de combustible. En un hombre de 70 kg, el tejido adiposo blanco (TAB) pesa ~14 kg, o cerca de la mitad de la masa muscular total. En cada adipocito del TAB, casi su volumen entero puede ocuparse con una gota de TAG anhidro calóricamente denso (fig. 25-5).

A. Metabolismo de carbohidratos

1. **Aumento en el transporte de glucosa:** los niveles de insulina circulante se elevan en el estado de absorción, lo cual deriva en

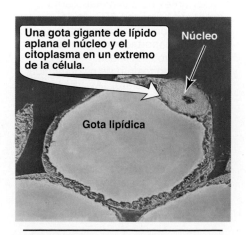

Una gota gigante de lípido aplana el núcleo y el citoplasma en un extremo de la célula.

Núcleo

Gota lipídica

Figura 25-5
Micrografía electrónica de transmisión colorida de los adipocitos.

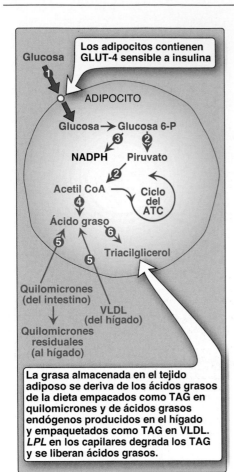

Figura 25-6
Vías metabólicas principales
en el tejido adiposo durante el
estado de absorción. (Nota: los
números que aparecen dentro de
los *círculos* en la figura indican,
en el texto correspondiente, vías
importantes para el metabolismo
del tejido adiposo.) ATC, ácido
tricarboxílico; CoA, coenzima A;
GLUT, transportador de glucosa;
LPL, lipoproteína lipasa; NADPH,
dinucleótido fosfato de nicotinamida
y adenina; P, fosfato; TAG,
triacilglicerol; VLDL, lipoproteína de
muy baja densidad.

el influjo de glucosa hacia los adipocitos vía el GLUT-4 sensible a
insulina reclutado hacia la superficie de la célula desde las vesículas
intracelulares (fig. 25-6). Hexocinasa fosforila a la glucosa.

2. **Aumento en la glucólisis:** el incremento en la disponibilidad
   intracelular de la glucosa deriva en una mejor velocidad de glucólisis (*véase* fig. 25-6). En el tejido adiposo, la glucólisis sirve como
   una función sintética al proporcionar glicerol 3-fosfato para la síntesis de TAG (*véase* p. 232). (Nota: el tejido adiposo carece de glicerol
   cinasa.)

3. **Incremento en la actividad de la vía de las pentosas fosfato:** el tejido adiposo puede metabolizar glucosa por medio de
   la vía de pentosa fosfato y producir así NADPH, el cual es esencial
   para la síntesis de AG (fig. 25-6). Sin embargo, en humanos la síntesis *de novo* no es una fuente importante de AG en el tejido adiposo,
   excepto cuando se refiere a un individuo que ha ayunado de forma
   previa (*véase* fig. 25-6).

B. Metabolismo de lípidos

La mayoría de los AG añadidos a los almacenes de TAG de los adipocitos después del consumo de una comida con contenido lipídico procede
de la degradación de TAG exógeno (de la dieta) en los quilomicrones
enviados por el intestino y del TAG endógeno en las VLDL proporcionadas por el hígado (*véase* fig. 25-6). Los AG se liberan a partir de lipoproteínas mediante la acción de lipoproteína lipasa (LPL), una enzima
extracelular unida a las células endoteliales de las paredes capilares en
muchos tejidos, en particular adiposo y muscular (*véase* p. 278). En el
tejido adiposo, LPL es activada por insulina. Por lo tanto, en el estado
de buena nutrición, los niveles elevados de glucosa e insulina favorecen
el almacenamiento de TAG (fig. 25-6), donde todos los carbonos han
sido proporcionados por la glucosa. (Nota: el nivel elevado de insulina
favorece la forma desfosforilada [inactiva] de LSH [*véase* p. 233], lo que
inhibe la lipólisis del TAG almacenado en el estado de buena nutrición.)

V. MÚSCULO ESQUELÉTICO EN REPOSO

El músculo esquelético es responsable de ~40% de la masa corporal en
individuos con peso sano y puede usar glucosa, aminoácidos, AG y cuerpos
cetónicos como combustible. En el estado de buena nutrición, el músculo
utiliza la glucosa vía GLUT-4 (para obtener energía y sintetizar glucógeno) y
aminoácidos (para obtener energía y sintetizar proteínas). En contraste con
el hígado, no hay regulación covalente de PFK-2 en el músculo esquelético.
No obstante, en la isozima cardiaca, el dominio cinasa se activa por la fosforilación mediada por la adrenalina (*véase* p. 134).

> El músculo esquelético es el único capaz de responder a
> cambios sustanciales en la demanda de ATP que acompaña
> a la contracción. En el reposo, el músculo es responsable
> de ~25% del consumo de oxígeno (O_2) del cuerpo, mientras
> que durante el ejercicio vigoroso es responsable de hasta
> 90%. Esto subraya el hecho de que el músculo esquelético,
> a pesar de su potencial para pasar periodos transitorios de
> glucólisis anaeróbica, es un tejido oxidativo.

A. Metabolismo de carbohidratos

1. **Incremento en el transporte de glucosa:** el incremento transitorio en la glucosa plasmática y la insulina tras una comida rica en carbohidratos conduce a un aumento en el transporte de glucosa en las células musculares (miocitos) por GLUT-4 (fig. 25-7), lo que reduce la glucosa sanguínea. La glucosa se fosforila a glucosa 6-fosfato por medio de hexocinasa y se metaboliza para cubrir las necesidades de energía de los miocitos.

2. **Incremento en la glucogénesis:** el aumento en la proporción insulina/glucagón y la disponibilidad de glucosa 6-fosfato favorecen la síntesis de glucógeno, en particular si se han agotado los almacenes de glucógenos como resultado del ejercicio (fig. 25-7).

B. Metabolismo de lípidos

Los AG se liberan de los quilomicrones y las VLDL por la acción de LPL (*véanse* pp. 278 y 281). No obstante, los AG son de importancia secundaria como combustible para el músculo en reposo durante el estado de buena nutrición, en el cual la glucosa es la fuente primaria de energía. Como resultado, el músculo esquelético secreta una cantidad basal de LPL en la fase de absorción. (Nota: el músculo cardiaco siempre segregará LPL a un valor basal más alto que el músculo esquelético. El músculo cardiaco puede obtener 50 a 60% de su energía del AG en la fase de absorción. En el estado de ayuno esto puede aumentar hasta 90%.)

C. Metabolismo de aminoácidos

1. **Aumento en la síntesis de proteínas:** el incremento en la captación de aminoácidos y la síntesis de proteínas ocurren en el periodo de absorción después de la ingestión de una comida que contenga proteína (fig. 25-7). Esta síntesis remplaza la proteína degradada desde la comida anterior.

2. **Aumento en la captación de aminoácidos con cadena ramificada:** el músculo es el sitio principal para la degradación de los BCAA porque contiene la transaminasa necesaria (*véase* p. 19). Los BCAA de la dieta escapan al metabolismo hepático y el músculo los capta. Es aquí donde se emplean para la síntesis de proteínas (fig. 25-7) y como fuentes de energía.

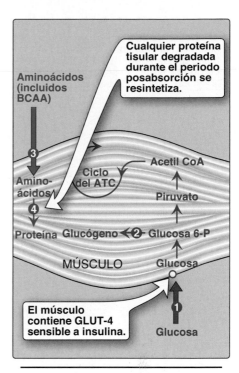

Figura 25-7
Las vías metabólicas principales en el músculo esquelético en el estado de absorción. (Nota: los *números* que aparecen *dentro de círculos* en la figura indican en el texto, las vías importantes para el metabolismo de carbohidratos o proteínas). ATC, ácido tricarboxílico; BCAA, aminoácidos de cadena ramificada; CoA, coenzima A; GLUT, transportador de glucosa; P, fosfato.

VI. CEREBRO

Aunque solo contribuye con 2% del peso corporal de un adulto, el cerebro representa 20% del consumo basal de O_2 del cuerpo en reposo. Dado que el cerebro es vital para el funcionamiento apropiado de todos los órganos del cuerpo, se da prioridad especial a sus necesidades energéticas. Para proporcionar energía, los sustratos deben ser capaces de cruzar las células endoteliales que recubren los vasos sanguíneos en el cerebro (la barrera hematoencefálica [BHE]). En el estado de buena nutrición, el cerebro emplea de manera exclusiva la glucosa como combustible (el GLUT-1 de la BHE es independiente de insulina con una K_m baja [1 a 2 mM]) y oxida por completo ~140 g/día a dióxido de carbono y agua. Dado que el cerebro no cuenta con almacenes significativos de glucógeno, depende por completo de la disponibilidad de glucosa en sangre (fig. 25-8). (Nota: si los niveles de glucosa en sangre caen a < 50 mg/dL [el nivel normal de glucosa sanguínea en ayunas es de 70 a 99 mg/dL], la función cerebral se vuelve deficiente [fig. 24-13 y p. 374].)

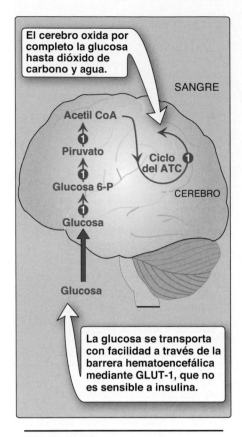

El cerebro oxida por completo la glucosa hasta dióxido de carbono y agua.

SANGRE

Acetil CoA

Piruvato

Ciclo del ATC ❶

Glucosa 6-P

CEREBRO

Glucosa

Glucosa

La glucosa se transporta con facilidad a través de la barrera hematoencefálica mediante GLUT-1, que no es sensible a insulina.

Figura 25-8
Vías metabólicas principales del cerebro en el estado de absorción. (Nota: los *números* que aparecen *dentro de círculos* en la figura indican en el texto, las vías importantes para el metabolismo de carbohidratos). ATC, ácido tricarboxílico; CoA, coenzima A; GLUT, transportador de glucosa; P, fosfato.

El cerebro también carece de almacenes significativos de TAG y los AG que circulan en sangre hacen pocas contribuciones a la producción de energía por razones que no están claras. Los intercambios entre tejidos característicos del periodo de absorción se resumen en la figura 25-9.

VII. GENERALIDADES DEL ESTADO DE AYUNO

El ayuno se inicia si no se ingieren alimentos después del estado de absorción. Puede ser resultado de una incapacidad para obtener alimentos, el deseo de perder peso con rapidez o de situaciones clínicas en las cuales el individuo no puede comer (p. ej., debido a traumatismo, cirugía, cáncer o quemaduras). En ausencia de alimentos, los niveles plasmáticos de glucosa, aminoácidos y TAG caen, lo cual dispara una reducción en la secreción de insulina y un incremento en la secreción de glucagón, adrenalina y cortisol. La disminución de la proporción insulina/hormona contrarreguladora y la menor disponibilidad de sustratos circulantes hacen que el lapso posabsorción de la privación de nutrientes sea un periodo catabólico caracterizado por la degradación de TAG, glucógeno y proteína. Esto pone en movimiento un intercambio de sustratos entre el hígado, el tejido adiposo, el músculo esquelético y el cerebro que se guía por dos prioridades: 1) la necesidad de mantener niveles adecuados en plasma de glucosa para sostener el metabolismo energético en cerebro, eritrocitos y otros tejidos que requieren glucosa y 2) la necesidad de movilizar AG de los TAG en el TAB para la síntesis y liberación de cuerpos cetónicos desde el hígado a fin de suministrar energía a otros tejidos y ahorrar proteína corporal. Como resultado, los niveles de glucosa sanguínea se mantienen dentro de un intervalo estrecho durante el ayuno, mientras que aumentan los niveles de AG y cuerpos cetónicos. (Nota: mantener la concentración de glucosa requiere que los sustratos para la gluconeogénesis [como piruvato, alanina y glicerol] estén disponibles.)

A. Almacenes de energía

La figura 25-10 muestra los combustibles metabólicos disponibles en un hombre normal de 70 kg al inicio del ayuno. Observe los enormes almacenes calóricos disponibles en la forma de TAG comparados con los contenidos en el glucógeno. (Nota: aunque la proteína se señala como fuente de energía, cada proteína también posee funciones no relacionadas con el metabolismo energético [p. ej., estructural o enzimática]. Por lo tanto, solo cerca de un tercio de la proteína corporal puede usarse para la producción de energía sin comprometer en forma fatal las funciones vitales.)

B. Cambios enzimáticos

Durante el ayuno (lo mismo que en el estado de buena nutrición) el flujo de intermediarios a través de las vías del metabolismo energético está controlado por cuatro mecanismos: 1) la disponibilidad de sustratos; 2) la regulación alostérica de las enzimas; 3) la modificación covalente de enzimas, y 4) la inducción-represión de la síntesis enzimática. Los cambios metabólicos observados en el ayuno por lo general son opuestos a los descritos para el estado de absorción (fig. 25-9). Por ejemplo, aunque la mayoría de las enzimas reguladas por modificación covalente está desfosforilada y activa en el estado de buena nutrición, se encuentra fosforilada e inactiva en el estado de ayuno. Tres excepciones son glucógeno fosforilasa (*véase* p. 168), glucógeno fosforilasa cinasa (*véase* p. 168) y LSH (*véase* p. 233), que están activas en el estado fosforilado. En el ayuno, los sustratos no provienen de la dieta sino que están disponibles por la degradación de las reservas o los tejidos, o ambos, como la

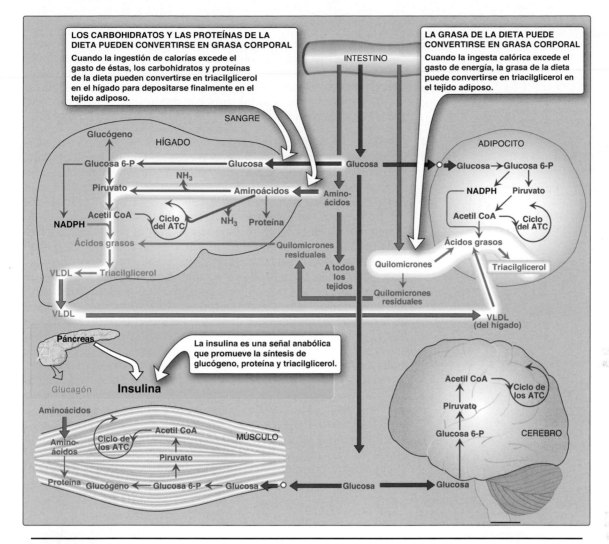

Figura 25-9

Relaciones entre tejidos en el estado de absorción y las señales hormonales que las promueven. (Nota: los *círculos pequeños* en el perímetro del músculo y el adipocito indican transportadores de glucosa dependientes de insulina.) ATC, ácido tricarboxílico; CoA, coenzima A; NADPH, dinucleótido fosfato de nicotinamida y adenina; P, fosfato; VLDL, lipoproteínas de muy baja densidad.

glucogenólisis con liberación de glucosa desde el hígado, la lipólisis con liberación de AG y glicerol de los TAG en tejido adiposo y la proteólisis con liberación de aminoácidos del músculo. Reconocer que los cambios en el ayuno son recíprocos a los del estado de alimentación es útil para comprender el flujo y reflujo del metabolismo.

VIII. EL HÍGADO DURANTE EL AYUNO

El papel primario del hígado durante el ayuno es mantener el nivel de glucosa sanguínea a través de la producción de glucosa (a partir de la glucogenólisis y gluconeogénesis) para tejidos que requieren glucosa y la síntesis y distribución de cuerpos cetónicos para su uso en otros tejidos. En consecuencia, el metabolismo hepático se distingue del metabolismo periférico (o extrahepático).

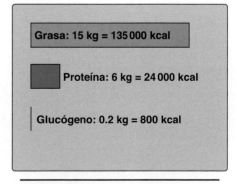

Grasa: 15 kg = 135 000 kcal

Proteína: 6 kg = 24 000 kcal

Glucógeno: 0.2 kg = 800 kcal

Figura 25-10

Combustibles metabólicos presentes en un hombre de 70 kg al inicio del ayuno. Las reservas de grasa son suficientes para cubrir las necesidades de energía durante ~80 días.

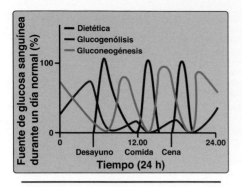

Figura 25-11
Fuentes de glucosa durante un día
normal de tres comidas.

A. Metabolismo de carbohidratos

El hígado usa primero la degradación de glucógeno y luego la gluconeogénesis para mantener los niveles de glucosa sanguínea y sostener
el metabolismo energético del cerebro y otros tejidos que requieren glucosa en el estado de ayuno. (Nota: hay que recordar que la presencia de
glucosa-6-fosfatasa en el hígado permite la producción de glucosa libre
tanto de la glucogenólisis como de la gluconeogénesis [fig. 25-4]).

1. **Aumento en la glucogenólisis:** la figura 25-11 muestra las fuentes de glucosa sanguínea durante un día común de tres comidas.
   Después del desayuno, la comida y la cena, la fuente principal de las
   concentraciones de glucosa sanguínea en la fase de absorción es la
   dieta, que alcanza su máximo en las primeras 2 horas. Durante este
   tiempo, se reponen las reservas de glucógeno hepático (fig. 25-3).
   A medida que los valores de glucosa en sangre procedentes de la
   dieta disminuyen, se produce un aumento en la secreción de glucagón y la secreción de insulina se reduce. El crecimiento de la proporción glucagón/insulina causa la rápida movilización de las reservas
   de glucógeno hepático (~80 g de glucógeno en el estado de buena
   nutrición) debido a la fosforilación (y activación) mediada por PKA
   de la glucógeno fosforilasa cinasa que fosforila (y activa) a la glucógeno fosforilasa (*véase* p. 168). La gluconeogénesis contribuye solo
   en un pequeño porcentaje a los valores de glucosa sanguínea después del desayuno y la comida, ya que las reservas de glucógeno
   son suficientes durante estos periodos interprandiales más cortos.
   Las reservas hepáticas de glucógeno apenas son suficientes para
   mantener los niveles de glucosa en sangre durante el periodo más
   largo (~12 horas) después de la cena y el ayuno mientras dormimos.
   A última hora de la noche o a primera hora de la mañana, a medida
   que la fracción principal del glucógeno hepático se agota, la gluconeogénesis se convierte en la principal fuente de glucosa sanguínea.
   Si un individuo continúa en ayunas al día siguiente, la gluconeogé-

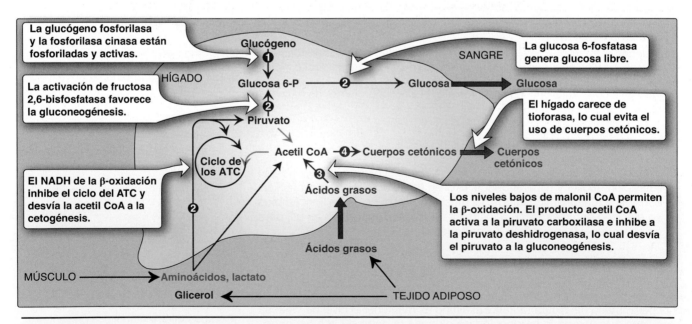

Figura 25-12
Vías metabólicas hepáticas principales durante el ayuno. (Nota: los *números* que aparecen *dentro de círculos* en la figura
indican en la cita correspondiente en el texto las vías metabólicas importantes para carbohidratos o grasas.) ATC, ácidos
tricarboxílicos; CoA, coenzima A; NADH, dinucleótido de nicotinamida y adenina; P, fosfato.

nesis se mantiene como la principal fuente para sostener los índices de glucosa en sangre. La figura 25-12 muestra la degradación del glucógeno como parte de la respuesta metabólica general del hígado durante el ayuno. (Nota: la fosforilación de glucógeno sintasa inhibe de modo simultáneo la glucogénesis.)

2. **Incremento de la gluconeogénesis:** la síntesis de glucosa y su liberación hacia la circulación son funciones hepáticas vitales durante los ayunos cortos y prolongados (fig. 25-12). Los esqueletos carbonados para la gluconeogénesis se derivan sobre todo de aminoácidos glucogénicos, lactato del músculo y glicerol del tejido adiposo. La gluconeogénesis, favorecida por la activación de fructosa 1,6-bisfosfatasa (debido a la disminución en la disponibilidad de su inhibidor, fructosa 2,6-bisfosfato; *véase* p. 155) y por inducción de PEPCK por el glucagón (*véase* p. 156), inicia 4 a 6 h después de la última comida y se vuelve totalmente activa a medida que las reservas de glucógeno hepático se agotan (fig. 25-11). (Nota: la disminución en fructosa 2,6-bisfosfato inhibe de modo simultáneo la glucólisis en PFK-1 [*véase* p. 133].)

B. Metabolismo de lípidos

1. **Aumento de la oxidación de ácidos grasos:** la oxidación de AG obtenidos de la hidrólisis de TAG en tejido adiposo es la fuente principal de energía en el tejido hepático en estado de ayuno (fig. 25-12). La caída en malonil CoA debido a la fosforilación (inactivación) de ACC por AMPK elimina el freno de CPT-I, lo que permite la β-oxidación (*véase* p. 235). La oxidación de AG genera NADH, dinucleótido de flavina adenina ($FADH_2$) y acetil CoA. El NADH inhibe el ciclo de los ATC y desplaza el OAA hacia malato. Esto provoca que acetil CoA esté disponible para la cetogénesis. Acetil CoA también es un activador alostérico de PC e inhibidor alostérico de PDH, por lo cual se favorece el uso de piruvato en la gluconeogénesis (fig. 11-9, p. 158). (Nota: acetil CoA no puede emplearse como sustrato para la gluconeogénesis, en parte porque la reacción de PDH es irreversible.) La oxidación de NADH y $FADH_2$ acoplada con la fosforilación oxidativa proporciona la energía requerida por las reacciones PC y PEPCK de la gluconeogénesis.

2. **Aumento de la cetogénesis:** el hígado es único en cuanto a su capacidad de sintetizar y liberar cuerpos cetónicos, sobre todo 3-hidroxibutirato, pero también acetoacetato, para su uso como combustible en tejidos periféricos, pero no en el propio hígado porque este carece de tioforasa (*véase* p. 241). La cetogénesis, que se inicia durante los primeros días de ayuno (fig. 25-13), se favorece cuando la concentración de acetil CoA de la oxidación de AG excede la capacidad oxidativa del ciclo de los ATC. (Nota: la cetogénesis libera CoA y asegura su disponibilidad para la oxidación continua de AG.) La disponibilidad de cuerpos cetónicos hidrosolubles circulantes es importante durante el ayuno porque pueden usarse como combustible en la mayoría de los tejidos, incluido el cerebro, una vez que su nivel en sangre es lo bastante alto. La concentración de cuerpos cetónicos en la sangre aumenta de ~50 μM a ~6 mM en el ayuno. Esto reduce la necesidad de la gluconeogénesis derivada de esqueletos carbonados de aminoácidos, lo cual preserva a las proteínas esenciales (fig. 25-11). La cetogénesis como parte de la respuesta hepática global hacia el ayuno se muestra en la figura 25-12. (Nota: los cuerpos cetónicos son ácidos orgánicos y, cuando están presentes en altas concentraciones, pueden causar cetoacidosis.)

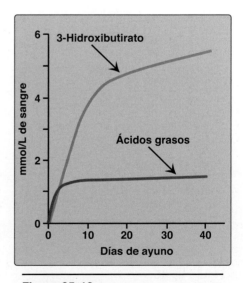

Figura 25-13
Concentraciones de ácidos grasos y 3-hidroxibutirato en la sangre durante el ayuno. (Nota: 3-hidroxibutirato se forma a partir de la reducción de acetoacetato dependiente de NADH.)

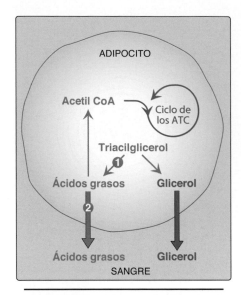

Figura 25-14
Vías metabólicas principales en el tejido adiposo durante el ayuno. (Nota: los *números dentro de los círculos*, que aparecen en la figura indican en la cita correspondiente en el texto, vías importantes para el metabolismo de los lípidos). ATC, ácido tricarboxílico; CoA, coenzima A.

IX. EL TEJIDO ADIPOSO EN EL AYUNO

A. Metabolismo de carbohidratos

El transporte de glucosa por el GLUT-4 sensible a insulina hacia el adipocito y su metabolismo subsiguiente se reducen debido a los niveles bajos de insulina circulante. Esto deriva en la disminución de la síntesis de TAG.

B. Metabolismo de lípidos

1. **Incremento en la degradación de grasas:** la fosforilación mediada por PKA y la activación de LSH (*véase* p. 233) y la hidrólisis subsiguiente de grasa almacenada (TAG) mejoran con las catecolaminas elevadas noradrenalina y adrenalina. Estas hormonas, que se secretan de las terminaciones de los nervios simpáticos en el tejido adiposo o en la médula suprarrenal, o en ambos, son activadores fisiológicamente importantes de LSH (fig. 25-14).

2. **Aumento de la liberación de ácidos grasos:** los AG obtenidos de la hidrólisis de TAG almacenado en adipocitos se liberan sobre todo a la sangre (fig. 25-14). Unidos con albúmina, se transportan hacia una diversidad de tejidos para su uso como combustible. El glicerol producido de la degradación de TAG se emplea como precursor gluconeogénico en el hígado, el cual contiene glicerol cinasa. (Nota: los AG también pueden oxidarse a acetil CoA, la cual puede entrar al ciclo del ATC, y así producir energía para el adipocito.)

> Los AG pueden reesterificarse a glicerol 3-fosfato en los adipocitos a partir de la gliceroneogénesis (*véase* p. 234). Los fármacos antihiperglucémicos tiazolidinediona funcionan para aumentar la transcripción de PEPCK en los tejidos adiposos, lo que incrementa la gliceroneogénesis y la reesterificación de TAG. La disminución de la concentración de AG en plasma mejora la sensibilidad a la insulina, ya que el músculo y otros tipos de tejido se vuelven más dependientes de la oxidación de glucosa para obtener energía.

3. **Disminución de la captación de AG:** en el ayuno, la actividad de la LPL del tejido adiposo es baja. En consecuencia, los AG en el TAG circulante de las lipoproteínas están menos disponibles para el tejido adiposo que para el músculo.

X. MÚSCULO ESQUELÉTICO EN REPOSO DURANTE EL AYUNO

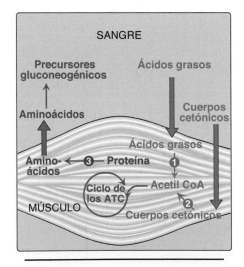

Figura 25-15
Vías metabólicas principales en el músculo esquelético durante el ayuno. (Nota: los *números dentro de los círculos*, que aparecen en la figura indican en la cita correspondiente del texto, las vías importantes para el metabolismo lipídico o proteico.) ATC, ácido tricarboxílico; CoA, coenzima A.

El músculo en reposo pasa de la glucosa a los AG como su principal fuente de combustible durante el ayuno. (Nota: en contraste, el músculo en actividad al inicio usa creatina fosfato y sus reservas de glucógeno. Durante el ejercicio intenso, la glucosa 6-fosfato de la glucogenólisis se convierte en lactato por medio de la glucólisis anaeróbica [*véase* p. 153]. El lactato se usa en el hígado para la gluconeogénesis [ciclo de Cori; *véase* p. 153]. A medida que estas re-servas de glucógeno se agotan, los AG libres proporcionados por la degradación de TAG en el tejido adiposo se vuelven la fuente de energía dominante. El aumento de AMP, basado en la contracción, activa a la AMPK que fosforila e inactiva a la isoenzima muscular ACC, lo que disminuye el nivel de Malonil

CoA y permite la oxidación de AG [*véase* p. 227].) (Nota: dado que las células musculares no poseen glucosa 6-fosfatasa, la glucosa 6-fosfato producida por la glucogenólisis muscular en estado de ayuno no puede ser desfosforilada ni contribuir a mantener los valores de glucosa en sangre).

A. Metabolismo de carbohidratos

El transporte de glucosa al interior de los miocitos esqueléticos por medio de GLUT-4 sensible a insulina (*véase* p. 130) y el metabolismo subsiguiente de glucosa se reducen debido a que los niveles circulantes de insulina son bajos. Por lo tanto, la glucosa derivada de la gluconeogénesis hepática no está disponible para el tejido muscular ni el adiposo.

B. Metabolismo lipídico

En el ayuno temprano, el músculo utiliza los AG del tejido adiposo y los cuerpos cetónicos del hígado como combustibles (fig. 25-15). En el ayuno prolongado, el músculo reduce su uso de cuerpos cetónicos (y así los ahorra para el cerebro) y oxida los AG de manera casi exclusiva. La señalización de la adrenalina aumenta la expresión de LPL en las células musculares, lo que permite a las células captar más AG de los triglicéridos VLDL en estado de ayuno. (Nota: la acetil CoA de la oxidación de AG inhibe de manera indirecta a PDH [por activación de PDH cinasa]. Piruvato se transamina para obtener alanina y se usa en el hígado para gluconeogénesis [ciclo glucosa-alanina; *véase* fig. 20-13].)

C. Metabolismo proteico

Durante los primeros días de ayuno, ocurre una rápida degradación de la proteína muscular (p. ej., enzimas glucolíticas), lo cual proporciona aminoácidos que se usan en el hígado para gluconeogénesis (fig. 25-15). Dado que el músculo no tiene receptores de glucagón, la proteólisis muscular se inicia por una caída en la insulina y se sostiene por la elevación en glucocorticoides. (Nota: alanina y glutamina son, en términos cuantitativos, los aminoácidos glucogénicos más importantes liberados del músculo. Se producen por el catabolismo de BCAA [fig. 20-13]. Los enterocitos usan la glutamina como combustible, por ejemplo, y estos producen alanina que se utiliza en la gluconeogénesis hepática [ciclo glucosa-alanina].) En la segunda semana de ayuno, la tasa de proteólisis muscular disminuye, de modo paralelo a una reducción en la necesidad de glucosa como combustible para el cerebro, el cual ha comenzado a usar cuerpos cetónicos como fuente de energía.

XI. EL CEREBRO EN EL AYUNO

Durante los primeros días de ayuno, el cerebro solo usa glucosa como combustible (fig. 25-16). La glucosa sanguínea se mantiene a través de la gluconeogénesis hepática a partir de precursores glucogénicos, como aminoácidos de la proteólisis y glicerol de la lipólisis. En el ayuno prolongado (más allá de 2 a 3 semanas), los cuerpos cetónicos del plasma (fig. 25-12) alcanzan niveles elevados significativos y remplazan a la glucosa como el combustible primario para el cerebro (*véanse* figs. 25-16 y 25-17). Esto reduce la necesidad del catabolismo proteico para la gluconeogénesis: los cuerpos cetónicos ahorran glucosa y, en consecuencia, proteína muscular. (Nota: a medida que se extiende la duración del ayuno desde una noche hasta días a semanas, los niveles de glucosa sanguínea al inicio caen y después se mantienen en el nivel más bajo [65 a 70 mg/dL].) Los cambios metabólicos que ocurren durante el ayuno aseguran que todos los tejidos cuenten con una provisión adecuada de moléculas de combustible. La respuesta de los tejidos principales implicados en el metabolismo energético durante el ayuno se resume en la figura 25-18.

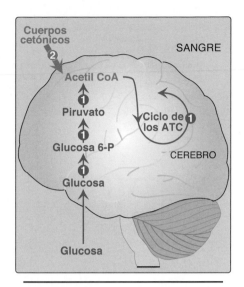

Figura 25-16
Vías metabólicas principales en el cerebro durante el ayuno. (Nota: los *números dentro de los círculos* que aparecen en la figura indican en la cita correspondiente del texto, las vías importantes para el metabolismo de lípidos o carbohidratos).
ATC, ácido tricarboxílico; CoA, coenzima A; P, fosfato.

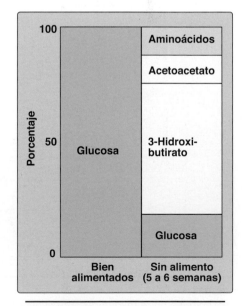

Figura 25-17
Fuentes de combustible empleadas por el cerebro para cubrir las necesidades energéticas en los estados de buena alimentación y ayuno.

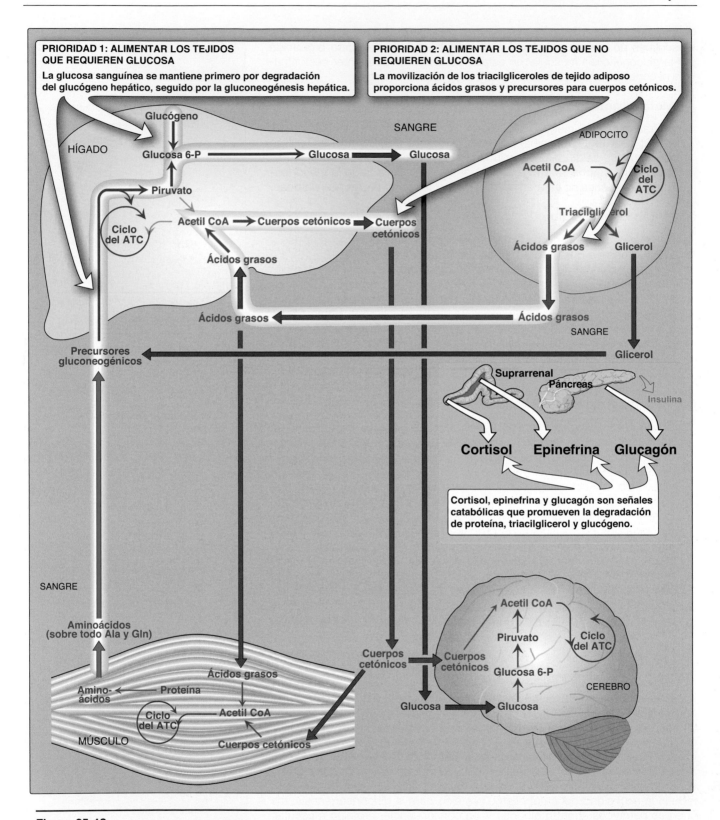

Figura 25-18
Relaciones entre tejidos durante el ayuno y las señales hormonales que las promueven. Ala, alanina; ATC, ácido tricarboxílico; CoA, coenzima A; Gln, glutamina; P, fosfato.

XII. LOS RIÑONES EN EL AYUNO PROLONGADO

A medida que el ayuno continúa hacia la inanición temprana y más allá, el riñón tiene un papel importante. La corteza renal expresa las enzimas de la gluconeogénesis, incluida la glucosa 6-fosfatasa y, en el ayuno tardío, ~50% de la gluconeogénesis ocurre aquí. (Nota: una porción de esta glucosa se emplea para el propio riñón.) El riñón también compensa la acidosis que acompaña el aumento en la producción de cuerpos cetónicos (ácidos orgánicos). El riñón capta la glutamina liberada del metabolismo muscular de los BCAA, y la glutaminasa y glutamato deshidrogenasa renales actúan sobre ella (*véase* p. 339) y producen α-cetoglutarato, el cual puede emplearse como sustrato para la gluconeogénesis, más amoniaco (NH_3). El NH_3 toma los protones de la disociación de los cuerpos cetónicos y se excreta en la orina como amonio (NH_4^+), lo cual incrementa la carga ácida en el cuerpo (fig. 25-19). Por lo tanto, en el ayuno prolongado, hay un desplazamiento de la eliminación de nitrógeno en forma de urea a su desecho como NH_4^+. (Nota: a medida que la concentración de cuerpos cetónicos aumenta, los enterocitos, por lo regular consumidores de glutamina, se vuelven consumidores de cuerpos cetónicos. Esto permite que haya más glutamina a la disposición del riñón.)

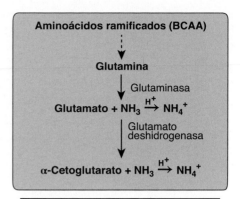

Figura 25-19

Uso de glutamina del catabolismo de BCAA en el músculo para generar amoniaco (NH_3) que se usa para la excreción de protones (H^+) como amonio (NH_4^+) en los riñones.

XIII. Resumen del capítulo

- El flujo de intermediarios a través de las vías metabólicas está controlado por **cuatro mecanismos de regulación:** 1) disponibilidad de sustratos, 2) activación e inhibición alostéricas de las enzimas, 3) modificación covalente de enzimas y 4) inducción/represión de la síntesis de enzimas.

- En el **estado de absorción**, el periodo de 2 a 4 horas después de la ingestión de una comida, estos mecanismos aseguran que los nutrientes disponibles sean capturados como **glucógeno**, **TAG** y **proteína** (fig. 25-20). Durante este intervalo ocurren incrementos transitorios en la glucosa plasmática, los aminoácidos y el TAG, el último sobre todo como componente de los **quilomicrones** que se sintetizan en las células de mucosa intestinal.

- El **páncreas** responde a los niveles elevados de glucosa con un incremento en la secreción de insulina y la disminución en la secreción de glucagón. La **proporción insulina/glucagón** elevada y la gran disponibilidad de sustratos circulantes hace que el estado de absorción sea un **periodo anabólico** durante el cual casi todos los tejidos usan **glucosa** como combustible.

- En la fase de absorción, el **hígado** reabastece las reservas de glucógeno, remplaza cualquier proteína hepática necesaria e incrementa la síntesis de TAG. Estos últimos se empaquetan en **VLDL**, que se exportan a los tejidos periféricos.

- En la fase de absorción, el **tejido adiposo** incrementa la síntesis y el almacenamiento de TAG, mientras que el **músculo** aumenta la síntesis de proteína para remplazar la proteína degradada desde la comida anterior. El **cerebro** usa glucosa de modo exclusivo como combustible.

- Durante el **ayuno**, caen los niveles plasmáticos de glucosa, aminoácidos y TAG, lo cual desencadena una disminución de la secreción de insulina y el aumento de la secreción de glucagón y **adrenalina**. La reducción de la **proporción insulina/hormona contrarreguladora** y la menor disponibilidad de sustratos circulantes hacen que el estado de ayuno sea un **periodo catabólico**.

- El ayuno activa un **intercambio de sustratos** entre el hígado, el tejido adiposo, el músculo esquelético y el cerebro que se guía por dos prioridades: 1) la necesidad de mantener niveles plasmáticos adecuados de glucosa para sostener el metabolismo energético cerebral y de otros tejidos que requieren glucosa y 2) la necesidad de movilizar AG del tejido adiposo y liberar **cuerpos cetónicos** del hígado para proporcionar energía a otros tejidos.

- En el ayuno, el hígado degrada glucógeno e inicia la **gluconeogénesis**, para lo cual emplea un incremento en la **oxidación de AG** con el fin de proporcionar la energía y reducir los equivalentes necesarios para la gluconeogénesis y las unidades estructurales de acetil CoA para la **cetogénesis**.

- En el ayuno, el tejido adiposo degrada los TAG almacenados y proporciona así AG y **glicerol** para el hígado. El músculo también puede usar AG como combustible, lo mismo que cuerpos cetónicos proporcionados por el hígado. Este último usa glicerol para la gluconeogénesis.

- En el ayuno, la **proteína muscular** se degrada para proporcionar aminoácidos para que el hígado los emplee en la gluconeogénesis, pero disminuye a medida que aumentan los cuerpos cetónicos. El cerebro puede usar ambos, glucosa y cuerpos cetónicos como combustibles.

- Desde el ayuno prolongado hasta la inanición, los **riñones** tienen papeles importantes al sintetizar glucosa y excretar **protones** de la disociación de los cuerpos cetónicos como **NH_4^+**.

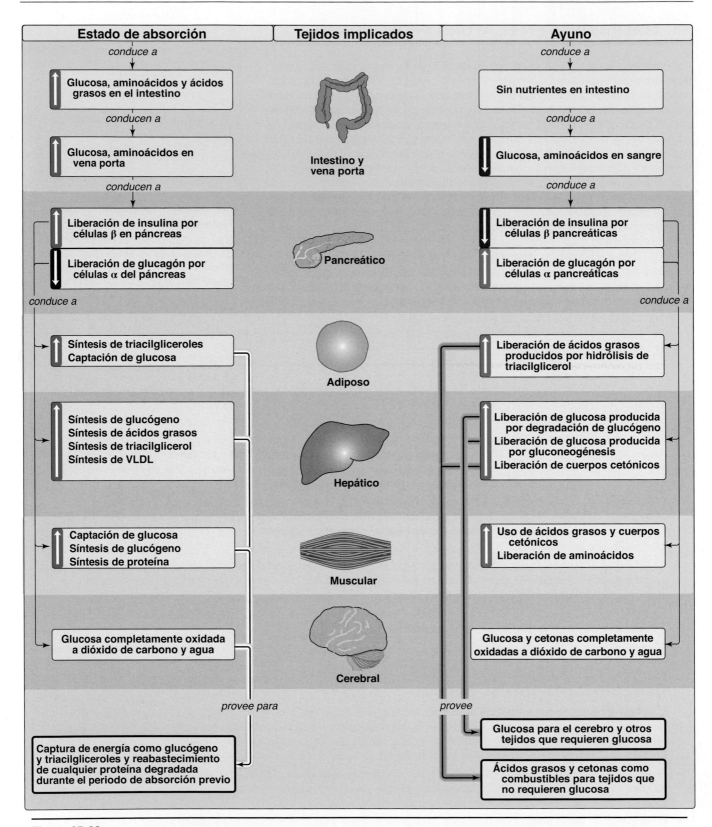

Figura 25-20
Mapa conceptual para el ciclo de alimentación-ayuno. VLDL, lipoproteína de muy baja densidad.

Preguntas de estudio

Elija la RESPUESTA correcta.

25.1 ¿Cuál de los siguientes compuestos presenta alta concentración en plasma durante el estado de absorción (buena nutrición) comparado con el estado de posabsorción (ayuno)?

A. Acetoacetato

B. Quilomicrones

C. Ácidos grasos libres

D. Glucagón

E. Glicerol

> Respuesta correcta = B. Los quilomicrones con alto contenido en triacilglicerol se sintetizan en (y liberan de) el intestino después de ingerir una comida. Acetoacetato, ácidos grasos libres y glucagón se elevan en el estado de ayuno, no en el estado de absorción.

25.2 ¿Cuál de los siguientes enunciados respecto al hígado en el estado de absorción es correcto?

A. Fructosa 2,6-bisfosfato se eleva.

B. Insulina estimula la captación de glucosa.

C. La mayoría de las enzimas modificadas de manera covalente se encuentran en estado fosforilado.

D. Aumenta la fosforilación de acetil coenzima A.

E. Se reprime la síntesis de glucocinasa.

> Respuesta correcta = A. El incremento en los niveles de insulina y la reducción en los de glucagón característicos del estado de absorción promueven la síntesis de fructosa 2,6-bisfosfato, la cual activa en forma alostérica fosfofructocinasa-1 de la glucólisis, mientras que inhibe la fructosa 1,6-bisfosfatasa de la gluconeogénesis. La mayoría de las enzimas con modificación covalente está en el estado desfosforilado y activa, con excepción de la glucógeno fosforilasa cinasa, la glucógeno fosforilasa y la lipasa sensible a hormonas. La mayor parte de la acetil coenzima A no se oxida en el estado de buena nutrición porque se utiliza en la síntesis de ácidos grasos. La captación de glucosa (por el transportador-2 de glucosa) en el hígado es independiente de insulina. Insulina induce la síntesis de glucocinasa en el estado de buena nutrición.

25.3 ¿Cuál de las siguientes enzimas está fosforilada y activa en un individuo que ha hecho ayuno durante 12 horas?

A. Arginasa.

B. Carnitina palmitoil transferasa-I.

C. Sintasa de ácidos grasos.

D. Glucógeno sintasa.

E. Lipasa sensible a hormonas.

F. Fosfofructocinasa-1.

G. Piruvato deshidrogenasa.

> Respuesta correcta = E. La lipasa sensible a hormonas de los adipocitos se fosforila y activa mediante proteína cinasa A en respuesta a adrenalina. Las opciones A, B, C y F no tienen regulación covalente. Las opciones D y G se regulan en forma covalente, pero se inactivan con la fosforilación.

25.4 ¿En cuál de los siguientes periodos proveen los cuerpos cetónicos la mayor proporción de las necesidades calóricas del cerebro en un hombre de 70 kg?

A. Periodo de absorción.

B. Ayuno de una noche.

C. Ayuno de 3 días.

D. Ayuno de 4 semanas.

E. Ayuno de 5 meses.

> Respuesta correcta = D. Los cuerpos cetónicos, derivados del producto de acetil CoA de la oxidación de ácidos grasos, aumentan en sangre durante el ayuno, pero deben alcanzar un nivel crítico para cruzar la barrera hematoencefálica. Por lo regular, esto ocurre en la segunda a tercera semanas de ayuno. Las reservas de grasa en un hombre de 70 kg (~154 lb) no podrían cubrir sus necesidades energéticas durante 5 meses.

25.5 En la inanición prolongada el riñón excreta amonio (NH_4^+), además de urea, para eliminar el exceso de grupos nitrogenados. ¿Cuál de los siguientes es también un beneficio principal de esta excreción de NH_4^+?

A. Disminuir la captación renal de glutamina.

B. Reducir la cetoacidosis.

C. Aumentar el consumo de glutamina de los enterocitos.

D. Incrementar la transaminación de alanina en el músculo.

E. Aumentar la capacidad del ciclo renal de la urea.

Respuesta correcta = B. En la inanición prolongada hay menos proteólisis de las proteínas musculares para la gluconeogénesis hepática (a través de la alanina muscular), y un aumento correspondiente de la producción de cuerpos cetónicos. El riñón compensa la acidosis que acompaña al incremento de la producción y disociación de cuerpos cetónicos. El consumo de glutamina en los enterocitos intestinales disminuye y la absorción renal de glutamina aumenta. El tejido renal convierte la glutamina en α-cetoglutarato, que puede usarse como sustrato para la gluconeogénesis, más amoniaco (NH_3). El NH_3 recoge protones de la disociación de los cuerpos cetónicos y se excreta en la orina como amonio (NH_4^+), lo que disminuye la carga de ácido en el cuerpo (fig. 25-19). En el ayuno prolongado hay una disminución en la eliminación de nitrógeno por el ciclo de la urea, así como un aumento en la excreción de NH_4^+.

25.6 El siguiente diagrama muestra las aportaciones y los gastos de piruvato, una molécula central en el metabolismo de energía.

¿Qué letra del diagrama representa una reacción que requiere biotina y se activa mediante acetil coenzima A?

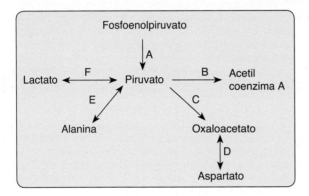

Respuesta correcta = C. Piruvato carboxilasa, una enzima mitocondrial de la gluconeogénesis, requiere biotina (y ATP) y se activa de forma alostérica mediante acetil coenzima A de la oxidación de ácidos grasos. Ninguna de las otras opciones cumple estos criterios. A = piruvato cinasa; B = complejo de piruvato deshidrogenasa; D = aspartato aminotransferasa; E = alanina aminotransferasa; F = lactato deshidrogenasa.

Diabetes mellitus

26

I. GENERALIDADES

La diabetes mellitus (diabetes) no es una enfermedad, sino un grupo heterogéneo de síndromes multifactoriales, sobre todo poligénicos, caracterizados por una elevación de la glucemia en ayuno causada por una carencia relativa o absoluta de insulina. Más de 30 millones de personas en Estados Unidos (~9.4% de la población) tienen diabetes. De esta cifra, se estima que ~8 millones aún no se han diagnosticado. Además, se considera que más de un tercio de los adultos en Estados Unidos tiene prediabetes, y la mayoría desconoce su estado de salud. La diabetes es la causa principal de ceguera y amputaciones en adultos, y es también una causa importante de insuficiencia renal, daño nervioso, ataques cardiacos y eventos vasculares cerebrales. La diabetes es la 7ª causa de muerte en Estados Unidos. La mayoría de los casos de diabetes mellitus puede separarse en dos grupos (fig. 26-1), el tipo 1 ([DM1] llamado de modo coloquial diabetes juvenil o de

Características	Diabetes tipo 1	Diabetes tipo 2
EDAD DE INICIO	Normalmente durante la infancia o la pubertad; los síntomas se desarrollan con rapidez	A menudo después de la edad de 35 años; los síntomas se desarrollan de manera gradual
ESTADO NUTRICIONAL EN EL MOMENTO DEL INICIO DE LA ENFERMEDAD	Con frecuencia desnutrido	Suele haber obesidad
PREVALENCIA	< 10% de los diabéticos diagnosticados	> 90% de los diabéticos diagnosticados
PREDISPOSICIÓN GENÉTICA	Moderada	Muy fuerte
DEFECTO O CARENCIA	Células β destruidas, eliminan la producción de insulina	Resistencia a la insulina combinada con incapacidad de las células β para producir cantidades adecuadas de insulina
FRECUENCIA DE CETOSIS	Común	Rara
INSULINA PLASMÁTICA	De baja a ausente	Alta en las primeras etapas de la enfermedad; baja en la enfermedad de larga duración
COMPLICACIONES AGUDAS	Cetoacidosis	Estado hiperosmolar
RESPUESTA A LOS HIPOGLUCEMIANTES ORALES	No responde	Responde
TRATAMIENTO	Siempre es necesaria la insulina	Dieta, ejercicio físico, hipoglucemiantes orales; insulina (puede ser necesaria o no); la reducción de los factores de riesgo (pérdida de peso, suspensión del tabaquismo, control de la presión arterial, tratamiento de la dislipidemia) son esenciales para el tratamiento

Figura 26-1

Comparación de las diabetes mellitus tipo 1 y tipo 2. (Nota: el nombre de la enfermedad refleja la presentación clínica de cantidades abundantes de orina que contiene glucosa y se deriva de la palabra griega para sifón [diabetes] y la palabra latina para dulce como la miel [mellitus].)

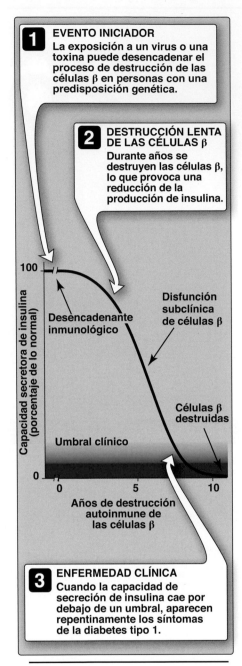

EVENTO INICIADOR
La exposición a un virus o una toxina puede desencadenar el proceso de destrucción de las células β en personas con una predisposición genética.

DESTRUCCIÓN LENTA DE LAS CÉLULAS β
Durante años se destruyen las células β, lo que provoca una reducción de la producción de insulina.

Desencadenante inmunológico

Disfunción subclínica de células β

Células β destruidas

Umbral clínico

Capacidad secretora de insulina (porcentaje de lo normal)

Años de destrucción autoinmune de las células β

ENFERMEDAD CLÍNICA
Cuando la capacidad de secreción de insulina cae por debajo de un umbral, aparecen repentinamente los síntomas de la diabetes tipo 1.

Figura 26-2
Capacidad de secreción de insulina durante el inicio de la diabetes tipo 1. (Nota: la tasa de destrucción autoinmune de las células β puede ser más rápida o más lenta que la mostrada.)

inicio juvenil) y el tipo 2 ([DM2] conocido como diabetes del adulto). Ambos tipos de diabetes pueden afectar a adultos y niños, pero la incidencia de la aparición de la enfermedad a edades más tempranas *versus* más avanzadas se refleja en la terminología coloquial. En Estados Unidos la incidencia y la prevalencia de la enfermedad de tipo 2 están en aumento debido al envejecimiento de la población y al incremento de la prevalencia de la obesidad y de las formas de vida sedentarias (*véase* p. 414). El aumento del número de niños con diabetes tipo 2 es en particular inquietante. Al ritmo actual, el número de individuos con DM2 menores de 20 años de edad podría elevarse 49% para el año 2050 y, si las tasas aumentan, los casos de DM2 en este grupo de edad podrían cuadruplicarse.

II. DIABETES TIPO 1

La DM1 constituye < 10% de los ~30 millones de casos conocidos de diabetes en Estados Unidos. La enfermedad se caracteriza por una carencia absoluta de insulina causada por destrucción autoinmune contra las células β del páncreas. En la DM1, los islotes de Langerhans se infiltran con linfocitos T activados, lo que provoca una afección denominada insulitis. A lo largo de los años, esta destrucción autoinmune induce el agotamiento gradual de la población de células β (fig. 26-2). Sin embargo, los síntomas aparecen de forma abrupta solo después de que se ha destruido entre 80 y 90% de las células β. En este momento, el páncreas no puede responder en forma adecuada a la ingestión de la glucosa y se necesita tratamiento con insulina para restaurar el control metabólico y evitar la cetoacidosis que pone en riesgo la vida. La destrucción de las células β requiere un estímulo del ambiente (como una infección viral) y un determinante genético que provoca el reconocimiento erróneo de las células β como "no propias". (Nota: entre gemelos monocigóticos [idénticos], si un hermano desarrolla DM1, el otro tiene tan solo una posibilidad de 30 a 50% de desarrollar la enfermedad. Esto contrasta con la DM2 [*véase* p. 404], en la que la influencia genética es más fuerte con el eventual desarrollo de la enfermedad para casi todos gemelos monocigóticos). La incidencia de DM1 puede variar según la etnicidad. En Estados Unidos, la DM1 es más común entre los caucásicos/europeos no hispanos, seguidos por las afroamericanas e hispanoamericanos. Es menos común entre las poblaciones asiáticas americanas, con las poblaciones de nativos americanos que tienen las tasas de incidencia más bajas de DM1.

A. Diagnóstico

El inicio de la DM1 es súbito, y suele producirse durante la niñez o la pubertad, de ahí la clasificación de "diabetes de inicio juvenil". Aunque en años recientes, con el aumento de niños diagnosticados con DM2, esta clasificación tiene menos sentido. Los pacientes con DM1 pueden reconocerse en general por la aparición abrupta de poliuria (micción frecuente), polidipsia (sed excesiva) y polifagia (hambre excesiva), desencadenadas a menudo por estrés fisiológico como una infección. Estos síntomas suelen venir acompañados de fatiga y pérdida de peso. El diagnóstico clínico de diabetes se confirma por una glucemia en ayuno ≥ 126 mg/dL (lo normal es 70 a 99). (Nota: el ayuno se define como ningún consumo calórico por al menos 8 horas.) Una glucemia en ayuno de 100 a 125 mg/dL se clasifica como alterada, o tolerancia alterada a la glucosa. Los individuos con una glucemia en ayuno alterada tienen un índice de glucemia superior al normal, pero no lo bastante alto como para diagnosticar una diabetes. Estas personas se consideran prediabéticas y están en mayor riesgo de desarrollar DM2. La medición del porcentaje de hemoglobina glucosilada (HbA$_{1c}$, véase p. 57) en la

sangre puede servir tanto para diagnosticar la diabetes como para evaluar el control glucémico general de los pacientes con diabetes. La tasa
de formación de la HbA$_{1c}$ es proporcional a la concentración promedio de la glucosa sérica durante los 2 a 3 meses previos. La HbA$_{1c}$
normal es < 5.7%; la tolerancia a la glucosa alterada o prediabetes
oscila entre 5.7 y 6.4%; el diagnóstico de diabetes requiere concentraciones de HbA$_{1c}$ ≥ 6.5%. Una prueba de HbA$_{1c}$ no requiere ayuno. El
diagnóstico también puede hacerse con base en la glucemia sin ayuno
(aleatoria) > 200 mg/dL con síntomas clínicos consistentes, aunque es
probable que se pida una prueba de glucemia en ayuno o HbA$_{1c}$ para
confirmar el diagnóstico de una prueba de glucosa en sangre sin ayuno.
La prueba de tolerancia a la glucosa por vía oral, en la que se mide la
glucemia 2 horas después de la ingestión de una solución que contiene 75 g de glucosa, también se usa, pero es menos conveniente. Se
emplea más a menudo para detección en embarazadas para diabetes
gestacional al principio del tercer trimestre (*véase* p. 405).

Cuando la glucemia es > 180 mg/dL, la capacidad renal
dependiente de los transportadores de sodio-glucosa
(TSGL) para reclamar glucosa se ve afectada y la glucosa se
"vierte" hacia la orina. La pérdida de glucosa se ve acompañada por pérdida de agua, lo que deriva en la poliuria (con
deshidratación) y la polidipsia características de la diabetes.

B. Cambios metabólicos

Las anomalías metabólicas de la DM1, sobre todo la hiperglucemia, la
cetonemia y la hipertriacilglicerolemia, son consecuencia de una carencia absoluta de insulina que afecta de manera profunda al metabolismo
en tres tejidos: el hígado, el músculo esquelético y el tejido adiposo
(fig. 26-3).

1. **Hiperglucemia y cetonemia:** las concentraciones elevadas de
   glucosa y cuerpos cetónicos en sangre son las marcas distintivas
   de la DM1 no tratada (fig. 26-3, *véase* Apéndice Casos integrales,
   caso 3, p. 602-603). La hiperglucemia es causada por un aumento
   de la producción hepática de glucosa, mediante gluconeogénesis,
   combinado con una disminución de la utilización periférica de glucosa (el músculo y los tejidos adiposos tienen el transportador de glucosa regulado por insulina, GLUT-4; *véase* p. 130). La cetonemia
   es consecuencia de una mayor movilización de los ácidos grasos
   (AG) de los triacilgliceroles (TAG) en el tejido adiposo, combinada con
   una aceleración de la β-oxidación hepática de los AG y de la síntesis del 3-hidroxibutirato y el acetoacetato (cuerpos cetónicos; *véase*
   p. 240). (Nota: la acetil-coenzima A de la β-oxidación es el sustrato
   para la cetogénesis y el activador alostérico de la piruvato carboxilasa, una enzima gluconeogénica.) Aparece cetoacidosis diabética
   (CAD), un tipo de acidosis metabólica, en 25 a 40% de los pacientes recién diagnosticados de DM1 y puede recurrir si el paciente
   enferma (casi siempre con una infección) o no cumple el tratamiento.
   El tratamiento de la CAD consiste en la reposición hidroelectrolítica
   y la administración de dosis bajas de insulina para corregir de forma
   gradual la hiperglucemia sin causar una hipoglucemia.

2. **Hipertriacilglicerolemia:** no todos los AG que llegan al hígado
   pueden desecharse mediante oxidación y síntesis de cuerpos cetó-

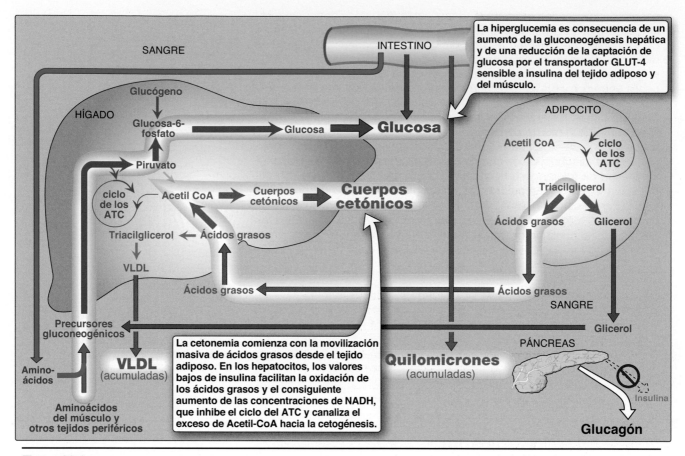

Figura 26-3
Relaciones entre los tejidos en la diabetes tipo 1. ATC, ácido tricarboxílico; CoA, coenzima A; GLUT, transportador de glucosa; VLDL, lipoproteína de muy baja densidad.

nicos. Este exceso de AG se convierte en TAG, que se empaqueta y se secreta al torrente sanguíneo en las lipoproteínas de muy baja densidad (VLDL; *véase* p. 279). Los quilomicrones ricos en TAG alimentario son empaquetado por las células de la mucosa intestinal y secretados al torrente sanguíneo después de una comida (*véase* la p. 277). Como la degradación del TAG de las lipoproteínas catalizado por la lipoproteína lipasa en los lechos capilares del tejido adiposo (*véase* la p. 278) es baja en condiciones diabéticas (la síntesis de la enzima está reducida cuando los niveles de insulina son bajos), los niveles plasmáticos de quilomicrones y VLDL son elevados, lo que provoca una hipertriacilglicerolemia (*véase* fig. 26-3).

C. Tratamiento

Los afectados con DM1 deben depender de la insulina exógena administrada por vía subcutánea, ya sea mediante una inyección periódica o infusión continua asistida con una bomba, para controlar la hiperglucemia y la cetonemia. En la actualidad se usan dos regímenes terapéuticos de inyección, el tratamiento convencional y el intensivo. (Nota: la administración con bomba también se considera tratamiento intensivo.)

1. **Tratamiento convencional frente al tratamiento intensivo:** el tratamiento convencional suele consistir en dos o tres inyecciones diarias de insulina recombinante humana. La media de los niveles de glucemia obtenidos con este tratamiento se encuentra por lo

general en el intervalo de 225 a 275 mg/dL, con un nivel de Hb A$_{1c}$ de 8 a 9% de la hemoglobina total (flecha azul en fig. 26-4). A diferencia de la terapia estándar, el tratamiento intensivo trata de acercarse más a normalizar la glucemia mediante un monitoreo más frecuente e inyecciones subsecuentes de insulina, por lo general ≥ 4 veces al día. Puede alcanzarse una media de glucemia de 150 mg/dL, con una Hb A$_{1c}$ de alrededor de 7% de la hemoglobina total (*véase la flecha roja* en fig. 26-4). (Nota: la glucemia media normal es ~100 mg/dL y la Hb A$_{1c}$ es < 6% [*véase* la flecha negra en la fig. 26-4].) Por lo tanto, no se consigue la normalización de los valores de glucosa (euglucemia) ni siquiera en los pacientes con tratamiento intensivo. No obstante, los pacientes con tratamiento intensivo demostraron una reducción ≥ 50% en las complicaciones microvasculares a largo plazo de la diabetes (es decir, retinopatía, nefropatía y neuropatía) en comparación con los pacientes que reciben la atención convencional. Esto confirma que las complicaciones de la diabetes están relacionadas con una elevación de la glucosa plasmática.

2. **Complicación del tratamiento con insulina: hipoglucemia:** una de las metas terapéuticas en los casos de diabetes es la disminución de los niveles de glucemia en un esfuerzo por limitar el desarrollo de las complicaciones a largo plazo de la enfermedad (*véase* p. 408 para más información sobre las complicaciones crónicas de la diabetes). Sin embargo, es difícil alcanzar la dosis adecuada de insulina. La hipoglucemia causada por un exceso de insulina, que se presenta en > 90% de los pacientes, es la complicación más común de la insulinoterapia. La frecuencia de episodios de hipoglucemia, coma y convulsiones es en particular elevada con los regímenes de tratamiento intensivo diseñados para alcanzar un control estricto de la glucosa (fig. 26-5). En las personas sanas, la hipoglucemia desencadena una secreción compensadora de las hormonas contrarreguladoras, sobre todo el glucagón y la adrenalina, que promueven la producción hepática de glucosa (*véase* p. 374). Sin embargo, los pacientes con DM1 también desarrollan un déficit de la secreción del glucagón. Este defecto se produce en las primeras etapas de la enfermedad y se presenta de manera casi general 4 años después del diagnóstico. Por lo tanto, estos pacientes dependen de la secreción de adrenalina para evitar una hipoglucemia intensa. Sin embargo, a medida que progresa la enfermedad, los pacientes con DM1 muestran neuropatía autónoma diabética y un deterioro de la capacidad para secretar adrenalina en respuesta a la hipoglucemia. La combinación de una deficiencia de la secreción de glucagón y de adrenalina crea una afección denominada algunas veces "inconsciencia de hipoglucemia". Por lo tanto, los pacientes con DM1 de muchos años son en particular vulnerables a la hipoglucemia. El ejercicio vigoroso también puede causar hipoglucemia. Debido a que el ejercicio promueve la captación de glucosa en el músculo y disminuye la necesidad de insulina exógena, se aconseja a los pacientes comprobar los niveles de glucemia antes o después de practicar ejercicio intenso para prevenir o combatir la hipoglucemia.

3. **Contraindicaciones para el tratamiento intensivo (control estricto):** no se incluye a los niños en un programa de control estricto de la glucemia antes de los 8 años de edad por el riesgo de que los episodios de hipoglucemia puedan afectar de forma negativa el desarrollo del cerebro. Las personas mayores no suelen seguir un control estricto porque la hipoglucemia puede causar eventos vasculares cerebrales y ataques cardiacos en esta población. Además, la meta

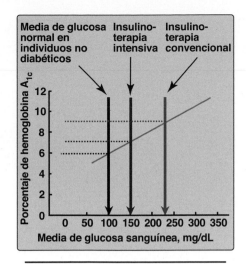

Figura 26-4
Correlación entre la media de glucosa sanguínea y la HbA$_{1c}$ en pacientes con diabetes tipo 1 que reciben insulinoterapia intensiva o convencional. (Nota: los individuos no diabéticos se incluyen para comparación.)

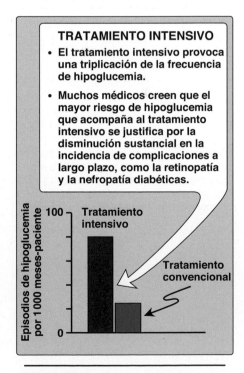

Figura 26-5
Efecto del tratamiento intensivo o convencional en episodios de hipoglucemia en poblaciones de pacientes.

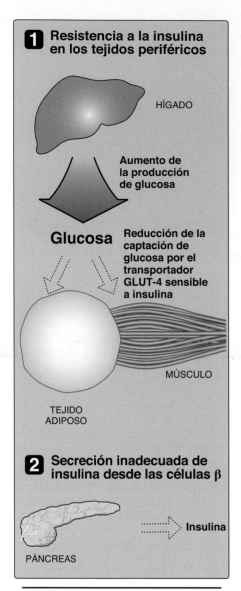

1 **Resistencia a la insulina en los tejidos periféricos**

HÍGADO

Aumento de la producción de glucosa

Glucosa

Reducción de la captación de glucosa por el transportador GLUT-4 sensible a insulina

MÚSCULO

TEJIDO ADIPOSO

2 **Secreción inadecuada de insulina desde las células β**

Insulina

PÁNCREAS

Figura 26-6
Principales factores que contribuyen a la hiperglucemia que se observa en la diabetes tipo 2. GLUT, transportador de glucosa.

principal del control estricto es la prevención de las complicaciones muchos años más tarde. El control estrecho es más valioso para la gente por lo demás sana, cuya expectativa de vida pueda ser de al menos 10 años. (Nota: para la mayoría de los adultos no gestantes con diabetes, las estrategias y los objetivos del tratamiento individual se basan en la duración de la diabetes, la edad/esperanza de vida y los trastornos comórbidos conocidos.)

III. DIABETES TIPO 2

La DM2 es la forma más común de la enfermedad; afecta a > 90% de la población diabética de Estados Unidos. En dicho país, la DM2 es más frecuente entre hispanoamericanos, nativos americanos y afroamericanos, seguidos de los asiáticos americanos. Las poblaciones caucásicas/europeas no hispanas tienen las tasas de incidencia más bajas de DM2. Por lo general, la DM2 se desarrolla de manera gradual sin síntomas evidentes. La enfermedad suele detectarse por medio de pruebas sistemáticas. Sin embargo, muchos individuos con DM2 tienen síntomas de poliuria y polidipsia de varias semanas de duración. La polifagia puede estar presente, pero es menos común. Los pacientes con DM2 tienen una combinación de resistencia a la insulina y células β disfuncionales (fig. 26-6), pero no necesitan insulina para mantener la vida. Sin embargo, en > 90% de estos pacientes, de modo eventual se requiere insulina para controlar la hiperglucemia y mantener la HbA$_{1c}$ < 7%. Las alteraciones metabólicas observadas en la DM2 son más leves que las descritas para la DM1, en parte porque la secreción de insulina en la DM2 (aunque no es adecuada) frena la cetogénesis y debilita el desarrollo de la CAD. (Nota: la insulina suprime la liberación de glucagón [*véase* p. 348].) El diagnóstico se basa más a menudo en la presencia de hiperglucemia, como se describe antes. La patogénesis no implica virus ni anticuerpos autoinmunes y no se entiende por completo. (Nota: una complicación aguda en la DM2 en la población geriátrica es un estado hiperglucémico hiperosmolar caracterizado por hiperglucemia grave y deshidratación, además de un estado mental alterado.)

> La DM2 se caracteriza por hiperglucemia, resistencia a la insulina, un deterioro relativo de la secreción de insulina y, a la larga, insuficiencia de células β. La necesidad eventual de insulinoterapia ha eliminado la designación de la DM2 de diabetes no dependiente de insulina.

A. Resistencia a la insulina

La resistencia a la insulina es la disminución de la capacidad de los tejidos diana, como el hígado, el tejido adiposo blanco y el músculo, de responder de forma adecuada a las concentraciones circulantes normales (o elevadas) de insulina. Por ejemplo, la resistencia a la insulina se caracteriza por la producción hepática no controlada de glucosa, una menor captación de glucosa por el músculo y el tejido adiposo y una mayor lipólisis con producción de ácidos grasos libres (AGL).

1. **Resistencia a la insulina y obesidad:** aunque la obesidad es la causa más común de la resistencia a la insulina y aumenta el riesgo de DM2, la mayoría de las personas con obesidad y resistencia a la insulina no desarrolla diabetes. En ausencia de un defecto de la función de las células β, las personas obesas no diabéticas pueden compensar la resistencia a la insulina con niveles elevados de la hor-

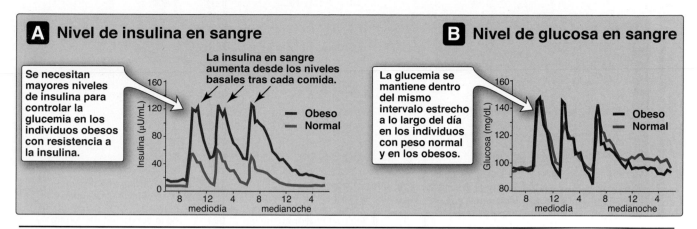

Figura 26-7

Valores sanguíneos diarios de insulina **(A)** y glucosa **(B)** en personas con peso normal y en obesos.

mona. Por ejemplo, en la figura 26-7A se muestra que la secreción de insulina es dos a tres veces más elevada en pacientes con obesidad que en aquellos con cuerpos más delgados. Esta concentración más elevada de insulina compensa el menor efecto de la hormona (como consecuencia de la resistencia a la insulina) y produce niveles de glucemia similares a los observados en las personas delgadas (fig. 26-7B).

2. **Resistencia a la insulina y diabetes tipo 2:** la resistencia a la insulina sola no inducirá una DM2. En lugar de eso, la DM2 se desarrolla en personas con resistencia a la insulina que también muestran un deterioro de la función de las células β. La resistencia a la insulina y el riesgo subsiguiente de desarrollar una DM2 se observa por lo general en las personas obesas, en quienes realizan poca o ninguna actividad física, o en personas de edad avanzada, así como en 3 a 5% de las embarazadas que desarrollan una diabetes gestacional. Estos pacientes no son capaces de compensar lo suficiente la resistencia a la insulina con un aumento de la liberación de esta hormona. En la figura 26-8 se muestra la evolución temporal del desarrollo de la resistencia a la insulina, la hiperglucemia y la pérdida de función de las células β. Antes de la edad en la que es posible diagnosticar la DM2, una persona con resistencia a la insulina es capaz de compensar esta situación al segregar concentraciones de insulina superiores a las normales (> 100% de lo normal). Como resultado, el individuo es capaz de mantener valores de glucosa cercanos a los normales (aunque puede tener niveles de glucosa en el rango de la prediabetes). En algún momento, la elevada secreción de insulina ya no es suficiente para compensar la resistencia a la insulina, y se produce un aumento de la concentración de glucosa sanguínea por encima del umbral de diagnóstico (> 125 mg/dL o $\geq$ 6.5% de HbA$_{1c}$). Tras el diagnóstico inicial, el defecto de las células β puede provocar una secreción de insulina decreciente y un empeoramiento de la hiperglucemia. La reducción en la secreción de insulina puede llegar a estar muy por debajo de 100% de lo normal.

3. **Causas de la resistencia a la insulina:** la resistencia a la insulina aumenta conforme lo hace el peso y disminuye con la pérdida del mismo. El exceso del tejido adiposo (en particular en el abdomen) es la clave en el desarrollo de la resistencia a la insulina. El tejido adiposo no es un mero sitio de almacenamiento de energía, sino también un

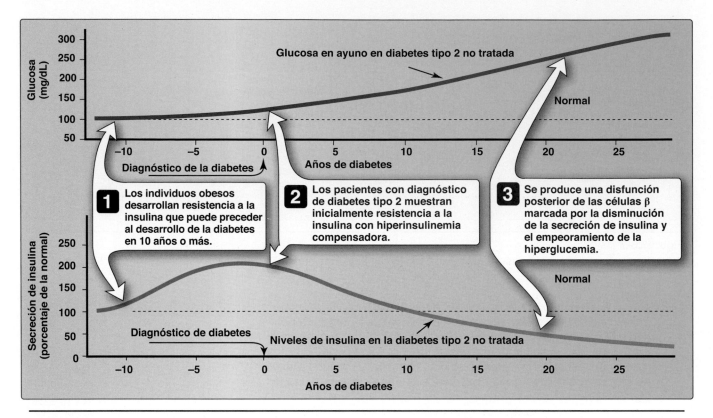

Figura 26-8
Progresión de los niveles sanguíneos de glucosa y de insulina en pacientes con diabetes tipo 2.

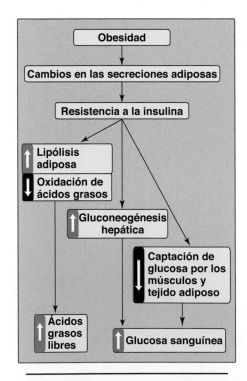

Figura 26-9
Obesidad, resistencia a la insulina e hiperglucemia. (Nota: la inflamación también se relaciona con resistencia a la insulina.)

tejido secretor. Con la obesidad ocurren cambios en las secreciones adiposas que derivan en resistencia a la insulina (fig. 26-9). Estas incluyen la secreción de citocinas proinflamatorias como interleucina 6 y factor de necrosis tumoral α por macrófagos activados (la inflamación se relaciona con resistencia a la insulina); mayor síntesis de leptina, una proteína con efectos proinflamatorios (*véase* p. 418 para los efectos adicionales de la leptina); y menor secreción de adiponectina (*véase* p. 415), una proteína con efectos antiinflamatorios. El resultado neto es una inflamación crónica de bajo grado. Un efecto de la resistencia a la insulina es el aumento de la lipólisis y la producción de AGL (*véase* fig. 26-9). La disponibilidad de AGL disminuye el uso de glucosa, lo que contribuye a hiperglucemia, y aumenta el depósito ectópico de TAG en el hígado (esteatosis hepática). (Nota: la esteatosis resulta en enfermedad de hígado graso no alcohólico. Si se acompaña de inflamación, puede desarrollarse un trastorno más grave, la esteatohepatitis no alcohólica.) Los AGL también tienen un efecto proinflamatorio. A largo plazo, los ácidos grasos libres alteran la señalización de insulina. (Nota: la adiponectina aumenta la β-oxidación de AG [*véase* p. 415]. En consecuencia, una disminución en esta proteína adipocítica contribuye a la disponibilidad de AGL.)

B. Células β disfuncionales

En la DM2, el páncreas conserva en un inicio la capacidad de las células β, lo que provoca niveles de insulina que varían desde superiores a valores normales hasta inferiores a los valores normales. Sin embargo, con el tiempo, las células β se vuelven cada vez más disfuncionales y no pueden secretar suficiente insulina para corregir la hiperglucemia predominante. Por ejemplo, los valores de insulina son altos en los

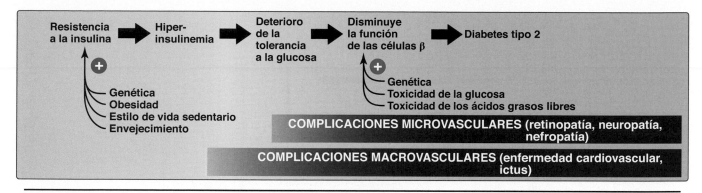

Figura 26-10
Progresión típica de la diabetes tipo 2.

pacientes que sufren DM2, además de obesidad, en comparación con individuos que también presentan obesidad pero sin DM2. Por consiguiente, la progresión natural de la enfermedad provoca una reducción de la capacidad para controlar la hiperglucemia con una secreción endógena de insulina (fig. 26-10). El deterioro de la función de las células β puede acelerarse por los efectos tóxicos de la hiperglucemia sostenida y la elevación de los AGL y un ambiente proinflamatorio.

C. Cambios metabólicos

Las anomalías de la glucosa y el metabolismo del TAG en la DM2 son consecuencia de la resistencia a la insulina que ocurre sobre todo en el hígado, el músculo esquelético y el tejido adiposo blanco (fig. 26-11).

1. **Hiperglucemia:** la hiperglucemia es causada por un aumento de la producción hepática de glucosa, combinada con una disminución de su uso por el músculo y el tejido adiposo (debido a la resistencia a la insulina). En general, la cetonemia es mínima o no existe en los pacientes con DM2 debido a que la presencia de insulina, incluso al existir resistencia a la insulina, restringe cualquier incremento en la cetogénesis hepática.

2. **Dislipidemia:** en el hígado, los AGL se convierten a TAG, que se empaqueta en las VLDL y se secreta al torrente sanguíneo. Los quilomicrones ricos en TAG alimentarios se sintetizan y secretan a partir de las células de la mucosa intestinal después de una comida. Debido a que la degradación del TAG de las lipoproteínas catalizada por la lipoproteína lipasa del tejido adiposo es baja en la diabetes, los niveles plasmáticos de los quilomicrones y las VLDL están elevados, lo que provoca una hipertriacilglicerolemia (*véase* fig. 26-10). Los niveles bajos de lipoproteínas de alta densidad también se relacionan con diabetes tipo 2, lo que tal vez sea resultado de la mayor degradación.

D. Tratamiento

En el tratamiento de la DM2, el objetivo es mantener la glucemia dentro de límites normales y evitar el desarrollo de complicaciones a largo plazo. La pérdida de peso, el ejercicio y el tratamiento médico nutricional (modificaciones a la dieta) suelen corregir la hiperglucemia de la DM2 recién diagnosticada. Los pacientes con DM2 pueden utilizar antihiperglucémicos orales para reducir los índices de la glucosa sanguínea. (Nota: los antihiperglucémicos también se denominan agentes hipoglucémicos, ya que su uso puede provocar hipoglucemia.) Los agentes antihiperglucé-

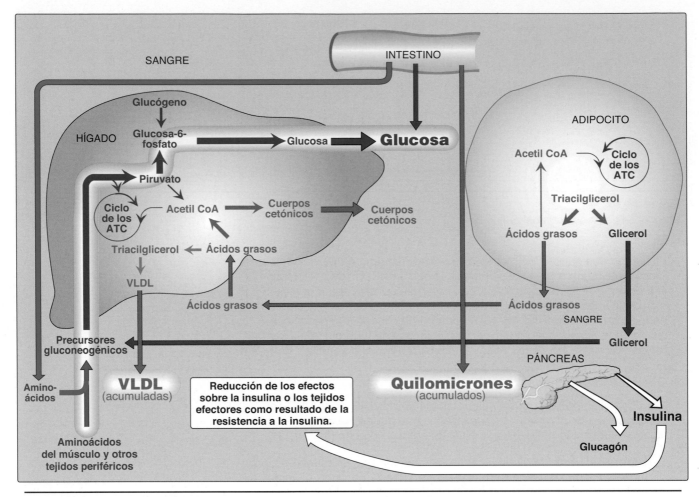

Figura 26-11
Relaciones entre los tejidos en la diabetes tipo 2. (Nota: la cetogénesis está restringida en tanto la acción de la insulina sea adecuada.) ATC, ácido tricarboxílico; CoA, coenzima A; VLDL, lipoproteínas de muy baja densidad.

micos incluyen las biguanidas, como metformina (disminuye la gluconeogénesis hepática), las sulfonilureas y meglitinidas (aumentan la secreción de insulina; *véase* p. 368), las tiazolidinedionas (disminuyen los niveles de AGL y aumentan la sensibilidad a la insulina periférica), los inhibidores de la α-glucosidasa (disminuyen la absorción de los carbohidratos alimentarios), las incretinas (disminuyen la secreción de glucagón, aumentan la secreción de insulina, la sensación de saciedad) y los inhibidores de TSGL (disminuyen la reabsorción renal de glucosa) o la insulinoterapia pueden también necesitarse para alcanzar niveles satisfactorios de glucosa plasmática. (Nota: la cirugía bariátrica en individuos con obesidad patológica y DM2 ha resultado en remisión de la enfermedad en la mayoría de los pacientes. La remisión puede no ser permanente.) Los antihiperglucémicos y sus efectos específicos en los tejidos sobre el metabolismo de la glucosa y los lípidos se resumen en la figura 26-12.

IV. EFECTOS CRÓNICOS Y PREVENCIÓN

Como se indicó antes, las terapias disponibles moderan la hiperglucemia de la diabetes, pero no consiguen normalizar por completo el metabolismo. La elevación de larga duración de la glucemia se relaciona con las complicaciones vasculares crónicas de la diabetes, lo que incluye enfermedad

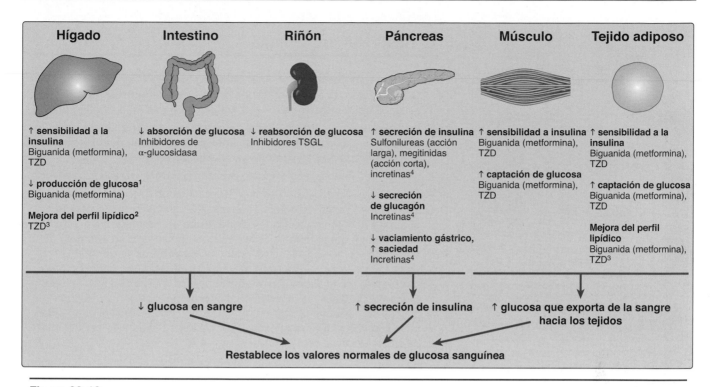

Hígado	Intestino	Riñón	Páncreas	Músculo	Tejido adiposo
↑ **sensibilidad a la insulina** Biguanida (metformina), TZD	↓ **absorción de glucosa** Inhibidores de α-glucosidasa	↓ **reabsorción de glucosa** Inhibidores TSGL	↑ **secreción de insulina** Sulfonilureas (acción larga), megitinidas (acción corta), incretinas[4]	↑ **sensibilidad a insulina** Biguanida (metformina), TZD	↑ **sensibilidad a la insulina** Biguanida (metformina), TZD
↓ **producción de glucosa**[1] Biguanida (metformina)			↓ **secreción de glucagón** Incretinas[4]	↑ **captación de glucosa** Biguanida (metformina), TZD	↑ **captación de glucosa** Biguanida (metformina), TZD
Mejora del perfil lipídico[2] TZD[3]			↓ **vaciamiento gástrico,** ↑ **saciedad** Incretinas[4]		**Mejora del perfil lipídico** Biguanida (metformina), TZD[3]

↓ **glucosa en sangre** ↑ **secreción de insulina** ↑ **glucosa que exporta de la sangre hacia los tejidos**

Restablece los valores normales de glucosa sanguínea

Figura 26-12

Agentes antihiperglucémicos y sus efectos específicos en los tejidos sobre el metabolismo de la glucosa y los lípidos en la diabetes tipo 2. **1.** Disminuyen la gluconeogénesis y la glucogenólisis hepáticas. **2.** Combinación de aumento de las HDL, disminución de los triacilglicéridos y disminución de la lipólisis de los adipocitos, o ambos. **3.** Incremento de la liberación de adiponectina de los adipocitos, aumento de la β-oxidación. **4.** Incretinas e inhibidores de DPP4. TZ, tiazolidinedionas; DPP4, dipeptidil peptidasa 4; TSGL, transportador sodio-glucosa.

cardiovascular y eventos vasculares cerebrales (complicaciones macrovasculares), así como retinopatía, nefropatía y neuropatía (microvascular). El tratamiento intensivo con insulina (*véase* p. 403) retrasa el inicio y la progresión de estas complicaciones a largo plazo. Por ejemplo, la incidencia de retinopatía disminuye a medida que mejora el control de la glucemia y disminuyen los niveles de la Hb A_{1c} (fig. 26-13). (Nota: los datos relacionados con el efecto de un control estricto sobre la enfermedad cardiovascular en la DM2 son menos claros). Las ventajas de un control estricto de la glucemia compensan el mayor riesgo de una hipoglucemia intensa en la mayoría de los pacientes. No está claro cómo la hiperglucemia provoca las complicaciones crónicas de la diabetes. En las células en las que la captación de glucosa no depende de la insulina, la glucemia elevada induce un aumento de los niveles intracelulares de glucosa y de sus metabolitos. Por ejemplo, el incremento del sorbitol intracelular contribuye a la formación de cataratas (*véase* p. 178) en la diabetes. Además, la hiperglucemia promueve al glucagón de las proteínas celulares en una reacción análoga a la formación de la HbA_{1c}. Estas proteínas glucosiladas pasan por reacciones adicionales y se convierten en productos terminales avanzados de la glucación que median algunos de los cambios microvasculares tempranos de la diabetes y pueden reducir la cicatrización de heridas. Algunos de estos productos terminales avanzados de la glucación se unen a un receptor de membrana, lo que provoca la liberación de moléculas proinflamatorias. No existe a la fecha un tratamiento preventivo para la DM1. Un régimen combinado de tratamiento médico nutricional, pérdida de peso, ejercicio y un control estrecho de la hipertensión y las dislipidemias puede reducir de manera significativa el riesgo de DM2. Por ejemplo, en la figura 26-14 se muestra la incidencia de la enfermedad en personas sanas y en personas con sobrepeso con grados variables de ejercicio físico.

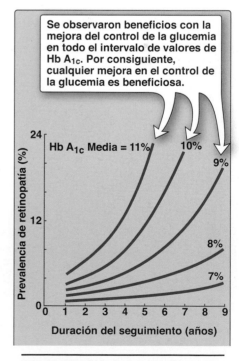

Se observaron beneficios con la mejora del control de la glucemia en todo el intervalo de valores de Hb A_{1c}. Por consiguiente, cualquier mejora en el control de la glucemia es beneficiosa.

Figura 26-13

Relación entre el control de la glucemia y la retinopatía diabética. HbA_{1c}, hemoglobina glucosilada.

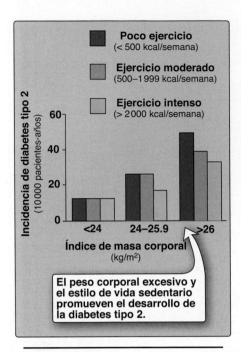

Figura 26-14
Efecto del índice de masa corporal
y del ejercicio en el desarrollo de la
diabetes tipo 2.

V. Resumen del capítulo

- La **diabetes mellitus** es un grupo heterogéneo de síndromes caracterizados por una **elevación** de los niveles de **glucemia en ayuno**
  causada por una carencia relativa o absoluta de insulina (fig. 26-15).
- La diabetes es la causa principal de **ceguera** y **amputaciones** en el
  adulto y una causa importante de **insuficiencia renal**, **daño nervioso**,
  ataques cardiacos y **eventos vasculares cerebrales**.
- La diabetes puede clasificarse en dos grupos, **DM1** y **DM2**.
- La DM1 constituye ~10% de los > 30 millones de casos de diabetes
  en Estados Unidos. La enfermedad se caracteriza por una **carencia
  absoluta** de **insulina** causada por **destrucción autoinmune** contra
  las **células β del páncreas**. Esta destrucción necesita un **estímulo del
  ambiente** (como una infección viral) y un **determinante genético**
  que provoque que las células β se identifiquen de modo erróneo como
  "no propias". Las **anomalías metabólicas** de la DM1 incluyen la **hiperglucemia**, la **CAD** y la **hipertriacilglicerolemia**, que son consecuencia de una carencia de insulina. Aquellos que presentan DM1 dependen
  de la **insulina exógena** inyectada por vía subcutánea para controlar la
  hiperglucemia y la cetoacidosis.
- La **DM2** tiene un fuerte componente **genético**. Es consecuencia de una
  combinación de **resistencia a la insulina** y de **células β disfuncionales**. La resistencia a la insulina es la reducción de la capacidad de los
  tejidos efectores, como el hígado, el tejido adiposo blanco y el músculo
  esquelético para responder de forma adecuada a las concentraciones circulantes normales (o elevadas) de insulina. La **obesidad** es la
  causa más común de resistencia a la insulina. Sin embargo, la mayoría
  de las personas con obesidad y resistencia a la insulina no desarrolla
  diabetes. En ausencia de un defecto en la función de las células β, los
  individuos obesos no diabéticos pueden compensar la resistencia a la
  insulina con niveles elevados de esta. La resistencia a la insulina sola
  no inducirá una DM2. En realidad, la DM2 se desarrolla en las personas que tienen resistencia a la insulina además de un deterioro de la
  función de las células β. Las **alteraciones metabólicas** agudas observadas en la DM2 son más **leves** que las descritas para la forma insu-
  linodependiente de la enfermedad (DM1), en parte porque la secreción
  de insulina en la DM2, aunque no es adecuada, frena la **cetogénesis** y
  debilita el desarrollo de la CAD.
- Los tratamientos disponibles para la diabetes moderan la hiperglucε-
  mia pero no bastan para normalizar por completo el metabolismo. La
  elevación de larga duración de la glucosa sanguínea provoca las **complicaciones crónicas** de la diabetes, lo que incluye **enfermedades
  cardiovasculares** y **eventos vasculares cerebrales** (**macrovasculares**),
  así como **retinopatía**, **nefropatía** y **neuropatía** (**microvasculares**).

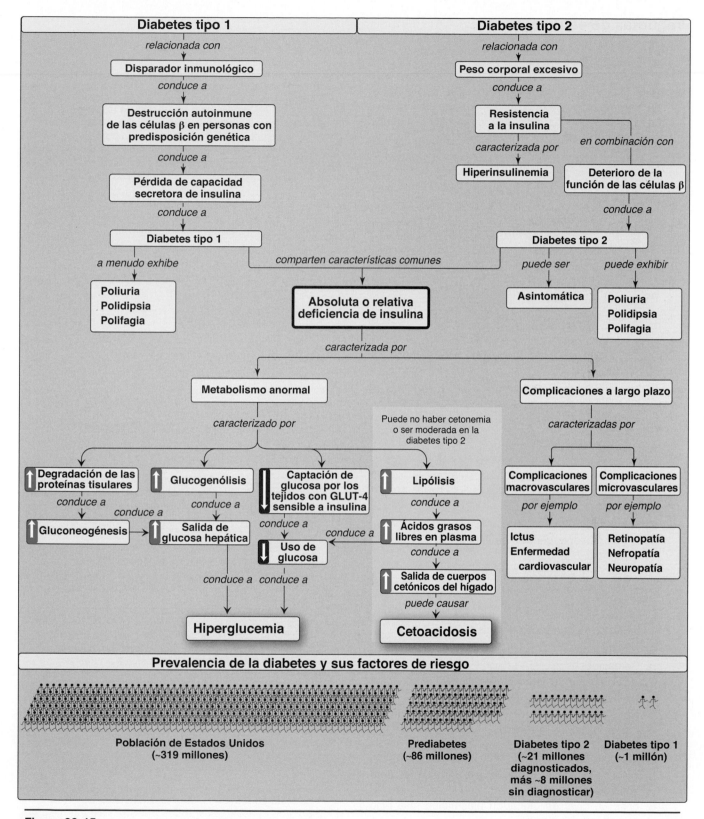

Figura 26-15
Mapa de conceptos fundamentales de la diabetes. (Nota: los datos corresponden a 2014). GLUT, transportador de glucosa.

Preguntas de estudio

Elija la RESPUESTA correcta.

26.1 Se evalúa a tres pacientes por diabetes gestacional y se les proporciona una prueba de tolerancia a la glucosa oral. Según los datos que se muestran a continuación, ¿qué paciente es prediabética?

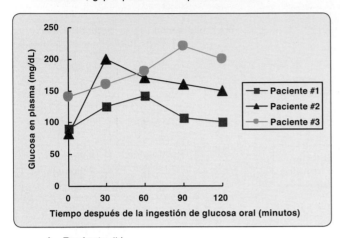

A. Paciente #1

B. Paciente #2

C. Paciente #3

D. Todas

E. Ninguna

Respuesta correcta = B. La paciente #2 tiene una glucemia normal en ayuno, pero alteración de la tolerancia a la glucosa, como lo refleja su glucemia a las 2 horas y, por lo tanto, se describe como prediabética. La paciente #1 tiene una glucemia en ayuno y una tolerancia a la glucosa normales, en tanto que la paciente #3 tiene diabetes.

26.2 ¿En cuál de las siguientes reacciones en el hígado resultaría la carencia relativa o absoluta de insulina en humanos?

A. Menor actividad de la lipasa sensible a hormonas.

B. Menor gluconeogénesis del lactato.

C. Menor glucogenólisis.

D. Mayor formación de 3-hidroxibutirato.

E. Mayor glucogénesis.

Respuesta correcta = D. Los niveles bajos de insulina favorecen la producción de cuerpos cetónicos por el hígado, usando acetil coenzima A generada mediante β-oxidación de los ácidos grasos proporcionados por lipasa sensible a hormonas en el tejido adiposo (no en el hígado). La insulina baja también provoca la activación de la lipasa sensible a hormonas, una menor síntesis de glucógeno y mayor gluconeogénesis y glucogenólisis.

26.3 ¿Cuál de lo siguiente es característico de la diabetes no tratada sin importar el tipo?

A. Hiperglucemia.

B. Cetoacidosis.

C. Niveles bajos de hemoglobina A_{1c}.

D. Niveles normales de péptido C.

E. Obesidad.

F. Patrón de herencia simple.

Respuesta correcta = A. Ocurre glucemia elevada en la diabetes tipo 1 (DM1) como resultado de una falta de insulina. En la diabetes tipo 2 (DM2), la hiperglucemia se debe a un defecto en la función de las células β y resistencia a la insulina. La hiperglucemia deriva en niveles elevados de hemoglobina A_{1c}. La cetoacidosis es rara en la DM2, en tanto que la obesidad es rara en la DM1. El péptido C (conector) es una medida de la síntesis de insulina. Estaría casi ausente en la diabetes tipo 1 y aumentado en un inicio y después disminuido en la DM2. Ambas formas de la enfermedad muestran una genética compleja.

26.4 Un individuo obeso con diabetes tipo 2 por lo general:

A. se beneficia de recibir insulina unas 6 horas después de una comida.

B. tiene un nivel de glucagón plasmático más bajo que un individuo normal.

C. tiene niveles plasmáticos de insulina más bajos que un individuo normal.

D. muestra una mejora significativa en la tolerancia a la glucosa si reduce el peso corporal.

E. muestra un inicio repentino de los síntomas.

Respuesta correcta = D. Muchos individuos con diabetes tipo 2 son obesos y casi todos muestran alguna mejoría en la glucemia con la reducción del peso. Los síntomas suelen desarrollarse de forma gradual. Estos pacientes presentan niveles de insulina elevados y no suelen requerir insulina (desde luego no 6 horas después de una comida) hasta que está más avanzada la enfermedad. Los niveles de glucagón suelen ser normales o bajos.

Para las preguntas 26.5 a 26.7, relacione el antihiperglucémico con su mecanismo de acción terapéutica.

A. Disminuye los valores de AGL y aumenta la sensibilidad periférica a la insulina.

B. Aumenta la secreción de insulina.

C. Reduce la absorción de carbohidratos en la dieta.

D. Disminuye la gluconeogénesis.

E. Reduce la reabsorción renal de glucosa.

26.5. Sulfonilureas

26.6. Inhibidores de TSGL

26.7. Tiazolidinedionas

Respuestas correctas = B, E, A, de forma respectiva. Las sulfonilureas son secretagogos de insulina que estimulan la secreción de insulina del páncreas. Los inhibidores de TSGL disminuyen la reabsorción de glucosa en los riñones, por lo que el exceso de glucosa se elimina por la orina. Las tiazolidinedionas actúan a través de los receptores activados por el proliferador de peroxisomas que median el almacenamiento de AGL en los adipocitos, con lo que aumentan la sensibilidad a la insulina en los tejidos periféricos. Los inhibidores de la α-glucosidasa disminuyen la absorción intestinal de glucosa en la dieta. La metformina disminuye la producción hepática de glucosa.

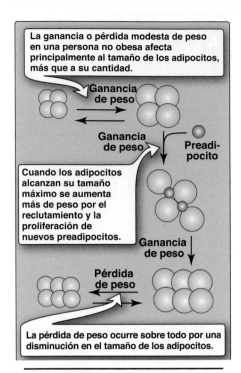

La ganancia o pérdida modesta de peso en una persona no obesa afecta principalmente al tamaño de los adipocitos, más que a su cantidad.

Ganancia de peso

Ganancia de peso → Preadipocito

Cuando los adipocitos alcanzan su tamaño máximo se aumenta más de peso por el reclutamiento y la proliferación de nuevos preadipocitos.

Ganancia de peso

Pérdida de peso

La pérdida de peso ocurre sobre todo por una disminución en el tamaño de los adipocitos.

Figura 27-3
Se cree que ocurren cambios hipertróficos (aumento de tamaño) e hiperplásicos (aumento de número) en la obesidad patológica.

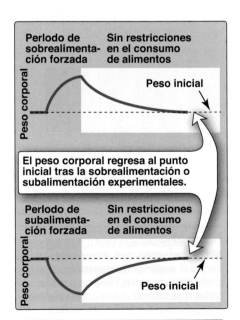

Perlodo de sobrealimentación forzada — Sin restricciones en el consumo de alimentos

Peso corporal

Peso inicial

El peso corporal regresa al punto inicial tras la sobrealimentación o subalimentación experimentales.

Perlodo de subalimentación forzada — Sin restricciones en el consumo de alimentos

Peso corporal

Peso inicial

Figura 27-4
Cambios del peso tras episodios de sobrealimentación o subalimentación seguidos por alimentación sin restricciones.

2. Importancia de la circulación portal: con la obesidad hay una mayor liberación de AGL y secreción de citocinas proinflamatorias, como interleucina 6 (IL-6) y factor de necrosis tumoral α (TNF-α) de tejido adiposo. (Nota: las citocinas son pequeñas proteínas que regulan el sistema inmunológico.) Una hipótesis de por qué los depósitos adiposos abdominales tienen una influencia tan grande sobre la disfunción metabólica en la obesidad es que los ácidos grasos libres y las citocinas que se liberan de estos depósitos entran a la vena porta y, por lo tanto, tienen acceso directo al hígado. En el hígado pueden conducir a resistencia a la insulina (*véase* p. 406) y aumento de la síntesis hepática de TAG, que se libera como componente de las partículas de lipoproteínas de muy baja densidad y contribuye a la hipertriacilglicerolemia relacionada con la obesidad. En contraste, los AGL de los depósitos adiposos subcutáneos de la parte inferior del cuerpo entran a la circulación general, donde pueden oxidarse en el músculo y, por lo tanto, llegar al hígado a menores concentraciones.

D. Cantidad y tamaño de los adipocitos

Cuando los TAG se depositan en los adipocitos, estos se expanden a un promedio de dos a tres veces su volumen normal (fig. 27-3). Sin embargo, la capacidad de expansión de una célula grasa es limitada. Con una nutrición excesiva prolongada, los preadipocitos dentro del tejido adiposo se estimulan para proliferar y diferenciarse en células grasas maduras, lo que aumenta el número de adipocitos. Así, la mayoría de los casos de obesidad se debe a la combinación de un incremento del tamaño (hipertrofia) y la cantidad (hiperplasia) de los adipocitos. Los individuos obesos pueden tener hasta cinco veces la cantidad normal de los adipocitos. (Nota: igual que los demás tejidos, el tejido adiposo pasa por una remodelación continua. Contrario a lo que antes se pensaba, ahora se sabe que los adipocitos pueden morir. El promedio de vida estimado de un adipocito es de 10 años.) Si el exceso de calorías no puede acomodarse dentro del tejido adiposo, los AG excesivos "se derraman" a los otros tejidos, como el músculo y el hígado. La cantidad de esta grasa ectópica tiene una importante relación con la resistencia a la insulina. Con la pérdida de peso en un individuo obeso, el tamaño de las células grasas disminuye, pero la cantidad por lo general no suele verse afectada. Por lo tanto, se alcanza una cantidad de grasa corporal normal al disminuir el tamaño de las células grasas por debajo de lo normal. Sin embargo, las células grasas pequeñas son muy eficaces para volver a acumular grasa y esto puede impulsar el apetito y la recuperación del peso.

III. REGULACIÓN DEL PESO CORPORAL

El peso corporal de la mayoría de las personas tiende a mantenerse bastante estable con el tiempo. Esta observación promovió la teoría de que cada persona tiene un "valor establecido" predeterminado de manera biológica para su peso corporal. El organismo intenta aumentar las reservas adiposas cuando el peso corporal cae por debajo del valor establecido e intenta perder peso cuando el peso corporal es superior a dicho valor. Así, el cuerpo defiende su valor establecido. Por ejemplo, con la pérdida de peso aumenta el apetito y cae el gasto de energía, mientras que con la sobrealimentación disminuye el apetito y el gasto de energía puede aumentar ligeramente (fig. 27-4). Sin embargo, un modelo de valor establecido estricto no explica por qué algunos individuos fracasan al querer volver a su peso inicial tras un periodo de sobrealimentación o la actual epidemia de obesidad.

A. Contribuciones genéticas

Ahora es evidente que el mecanismo genético desempeña un importante papel en la configuración del peso corporal.

1. **Origen biológico:** la importancia de la genética como un determinante de la obesidad se hace evidente al observar cómo los niños que son adoptados suelen exhibir un peso corporal que se correlaciona más con el de sus padres biológicos que con el de los adoptivos. Asimismo, los gemelos idénticos tienen un IMC muy similar, ya sea que crezcan juntos o separados, y sus IMC son más similares que aquellos de los gemelos no idénticos, dicigóticos.

2. **Mutaciones:** algunas mutaciones genéticas raras únicas pueden causar obesidad en humanos. Por ejemplo, las mutaciones en el gen para leptina (que provoca una menor producción) o su receptor (menor función) derivan en hiperfagia (aumento del apetito y el consumo de alimentos) y obesidad patológica (fig. 27-5), lo que subraya la importancia del sistema de leptina para regular el peso corporal en los humanos (*véase* IV más adelante). (Nota: la mayoría de humanos obesos tiene concentraciones elevadas de leptina, pero es resistente a los efectos reguladores del apetito de esta hormona.)

B. Contribuciones ambientales y del comportamiento

La epidemia de obesidad que se ha producido en las últimas décadas no puede explicarse nada más por cambios en los factores genéticos, que son estables en esta corta escala temporal. Está claro que los factores ambientales como la fácil disponibilidad de alimentos apetecibles y muy energéticos desempeñan un papel fundamental. Además, los estilos de vida sedentarios disminuyen la actividad física y aumentan la tendencia a ganar peso. Las conductas alimentarias, como el tamaño de las porciones, la variedad de los alimentos consumidos, las preferencias alimentarias individuales y el número de personas presentes durante las comidas, también influyen sobre el consumo de alimentos. Sin embargo, es importante notar que muchos individuos en el mismo ambiente no se vuelven obesos. La susceptibilidad a la obesidad parece explicarse, al menos en parte, por una interacción de los genes del individuo con su ambiente y puede verse afectada por factores adicionales, como nutrición materna subóptima o excesiva que puede "establecer" los sistemas reguladores del cuerpo para que defiendan un mayor o menor nivel de grasa corporal. Así, es probable que los cambios epigenéticos (*véase* p. 550) influyan sobre el riesgo de obesidad.

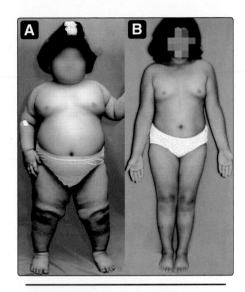

Figura 27-5
A) Paciente con deficiencia de leptina antes de iniciar el tratamiento a los 5 años de edad. **B)** Paciente a los 9 años de edad después de 48 meses de tratamiento con inyecciones subcutáneas de leptina recombinante.

IV. INFLUENCIAS MOLECULARES

La causa de la obesidad puede resumirse en una aplicación en apariencia sencilla de la primera ley de la termodinámica: la obesidad se produce cuando la ingesta de energía (calórica) supera el gasto energético. Sin embargo, el mecanismo que subyace a este desequilibrio involucra una compleja interacción de factores bioquímicos, neurológicos, ambientales y psicológicos. Las vías neurales y humorales básicas que regulan el apetito, el gasto de energía y el peso corporal involucran sistemas que ajustan el consumo de alimentos a corto plazo (de una comida a otra) y envían señales para la regulación a largo plazo (de un día a otro, de una semana a otra, de un año a otro) del peso corporal (fig. 27-6).

A. Señales a largo plazo

Las señales a largo plazo reflejan el estado de las reservas de grasa (TAG).

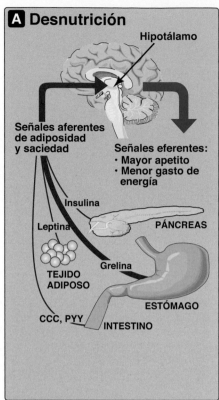

A Desnutrición

Hipotálamo

Señales aferentes de adiposidad y saciedad

Señales eferentes:
• Mayor apetito
• Menor gasto de energía

Insulina

Leptina

PÁNCREAS

Grelina

TEJIDO ADIPOSO

ESTÓMAGO

CCC, PYY

INTESTINO

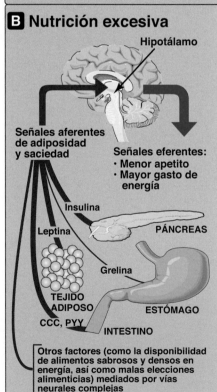

B Nutrición excesiva

Hipotálamo

Señales aferentes de adiposidad y saciedad

Señales eferentes:
• Menor apetito
• Mayor gasto de energía

Insulina

Leptina

PÁNCREAS

Grelina

TEJIDO ADIPOSO

ESTÓMAGO

CCC, PYY

INTESTINO

Otros factores (como la disponibilidad de alimentos sabrosos y densos en energía, así como malas elecciones alimenticias) mediados por vías neurales complejas

Figura 27-6
Algunas señales que influyen sobre el apetito y la saciedad en estados de desnutrición (**A**) y nutrición excesiva (**B**). CCC, colecistocinina; PYY, péptido YY.

1. **Leptina:** la leptina es una hormona peptídica del adipocito que se elabora y secreta en proporción al tamaño de las reservas de grasa. Actúa sobre el cerebro para regular el consumo de alimentos y el gasto de energía. Cuando consumimos más calorías de las que necesitamos, la grasa corporal aumenta, al igual que la producción de leptina por los adipocitos. El cuerpo se adapta al incrementar el uso de energía (aumento de la actividad) y disminuir el apetito (un efecto anorexígeno). Cuando la grasa corporal disminuye, ocurre el efecto opuesto. Por desgracia, la mayoría de los individuos obesos es resistente a la leptina y el sistema de leptina puede ser mejor para prevenir la pérdida de peso que para evitar el aumento del mismo. (Nota: los efectos de la leptina están mediados por la unión a los receptores en el núcleo arqueado del hipotálamo.)

2. **Insulina:** muchos individuos obesos también son hiperinsulinémicos, como mecanismo compensatorio de la resistencia a la insulina (*véase* p. 405). Al igual que la leptina, la insulina actúa sobre las neuronas del hipotálamo para suprimir el apetito. (*Véase* cap. 24 para los efectos de la insulina sobre el metabolismo.)

B. Señales a corto plazo

Las señales a corto plazo de las vías gastrointestinales controlan el hambre y la saciedad, lo que afecta el tamaño y la cantidad de las comidas durante un periodo de minutos a horas. En ausencia del consumo de alimentos (entre comidas), el estómago produce grelina, una hormona orexigénica (estimulante del apetito) que impulsa el hambre. A medida que se consumen los alimentos, las hormonas gastrointestinales, incluidos colecistocinina y péptido YY, entre otras, inducen la saciedad (un efecto anorexígeno), con lo que se deja de comer, mediante acciones de vaciado gástrico y signos neurales al hipotálamo. Dentro del hipotálamo, los neuropéptidos (como el neuropéptido orexigénico Y [NPY] y la hormona α-melanocito estimulante [α-MSH] anorexigénica) y los neurotransmisores (como serotonina y dopamina anorexigénicas) son importantes para regular el hambre y la saciedad. Las señales a corto y largo plazos interactúan, en tanto que la leptina aumenta la secreción de α-MSH y disminuye la secreción del NPY. Así, hay muchos bucles reguladores complejos que controlan el tamaño y el número de los alimentos en relación con el estado de las reservas de grasa del cuerpo. (Nota: α-MSH, un producto de escisión de la proopiomelanocortina, se une al receptor de melanocortina-4 [MC4R]. Las mutaciones de pérdida de la función a MC4R se relacionan con obesidad de inicio temprano.)

V. EFECTOS METABÓLICOS

Los efectos metabólicos principales de la obesidad incluyen dislipidemias, intolerancia a la glucosa y resistencia a la insulina, expresadas ante todo en el hígado, el músculo esquelético y el tejido adiposo. Estas anormalidades metabólicas reflejan las señales moleculares que se originan de la mayor masa de adipocitos (*véanse* fig. 26-9, p. 406 y fig. 27-6). (Nota: alrededor de 30% de los individuos obesos no exhibe estas anormalidades metabólicas.)

A. Síndrome metabólico

La obesidad abdominal está relacionada con una combinación de anomalías metabólicas (hiperglucemia, resistencia a la insulina, hiperinsulinemia, dislipidemia aterogénica [altas concentraciones de lipoproteínas de baja densidad pequeñas (LDL), bajo nivel de lipoproteínas de alta densidad (HDL) y elevado de TAG] e hipertensión) que se conocen como síndrome metabólico (fig. 27-7). Es un factor de riesgo para enfermedad cardiovascular y DM2. La inflamación sistémica, crónica, de grado bajo, que se observa con la obesidad contribuye a la patogénesis de la resistencia a la insulina y la DM2 y tal vez desempeñe un papel en el síndrome metabólico. En la obesidad, los adipocitos liberan mediadores proinflamatorios como IL-6 y TNF-α. Además, los valores de adiponectina, que por lo regular suprime la inflamación y sensibiliza los tejidos a la insulina, son bajos.

B. Enfermedad de hígado no alcohólico

La obesidad y la resistencia a la insulina se asocian con un aumento de la lipólisis de los TAG del TAB y de los AG libres en la circulación. Esto conduce al depósito ectópico de TAG en el hígado (esteatosis hepática) y resulta en un mayor riesgo de enfermedad de hígado graso no alcohólico ([EHGNA], *véase* p. 406).

VI. OBESIDAD Y SALUD

La obesidad está correlacionada con el incremento del riesgo de muerte (fig. 27-8) y es un factor de riesgo de una serie de afecciones crónicas, entre ellas la DM2, la dislipidemia, la hipertensión, la enfermedad cardiovascular, algunos cánceres, los cálculos biliares, la artritis, la gota, los trastornos del piso pélvico (p. ej., incontinencia urinaria), EHGNA y la apnea del sueño. La relación entre la obesidad y las morbilidades relacionadas es más intensa entre las personas < 55 años de edad. Después de la edad de 74 años deja de existir una relación entre el aumento del IMC y la mortalidad. (Nota: la obesidad también tiene consecuencias sociales [p. ej., estigmatización y discriminación].) La pérdida de peso en las personas obesas induce una disminución de la presión arterial y de los niveles de TAG en plasma y de glucosa en sangre. También aumentan los niveles de las HDL.

VII. REDUCCIÓN DE PESO

La reducción de peso puede ayudar a disminuir las complicaciones de la obesidad. Para lograr la reducción de peso, el paciente obeso debe reducir el consumo de energía o aumentar el gasto de energía, aunque se piensa que un menor consumo de energía contribuye más a la inducción de la pérdida de peso. Por lo general, un plan para la reducción de peso combina un cambio en la dieta; aumento de la actividad física; y modificación conductual, que puede incluir la educación en nutrición y la planificación de comidas, el registro de la ingesta de alimentos a través de un diario, modificación de aquellos factores que llevan a comer en exceso, y el reaprendizaje de las señales de saciedad. Los medicamentos o la cirugía pueden recomendarse. Una vez que se logra la pérdida de peso, el mantenimiento del peso es un proceso independiente que requiere vigilancia debido a que la mayoría de los pacientes recupera el peso luego de suspender sus esfuerzos para perderlo.

A. Restricción calórica

La dieta es el abordaje practicado con mayor frecuencia para controlar el peso. Debido a que 453 gramos de tejido adiposo corresponden a ~3 500 kcal, se puede estimar el efecto que tendrá la restricción calórica sobre la cantidad de tejido adiposo. La pérdida de peso en las dietas con restricción calórica se determina sobre todo por el consumo calórico y no por la composición de los nutrientes. (Nota: sin embargo, los aspec-

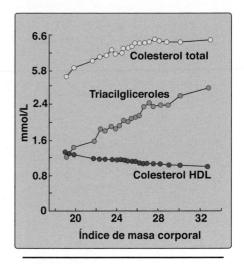

Figura 27-7
Índice de masa corporal y cambios en los lípidos sanguíneos. HDL, lipoproteínas de alta densidad.

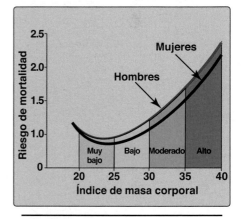

Figura 27-8
Índice de masa corporal y riesgo relativo de muerte.

tos de la composición pueden afectar el control glucémico y el perfil de lípidos en sangre.) La restricción calórica es ineficaz a largo plazo para muchos individuos. Más de 90% de las personas que tratan de perder peso recupera el peso perdido cuando se suspende la intervención con dieta. De cualquier modo, aunque pocos individuos alcanzan su peso ideal con tratamiento, las pérdidas de peso de 10% del peso corporal a lo largo de un periodo de 6 meses por lo general reducen la presión arterial y los niveles de lípidos y fomentan el control de la DM2.

B. Actividad física

Un aumento de la actividad física puede crear un déficit de energía. Aunque añadir el ejercicio a un esquema hipocalórico puede no producir una mayor pérdida de peso en un inicio, el ejercicio es un componente importante de los programas dirigidos a mantener la pérdida de peso. Además, la actividad física aumenta la buena forma cardiorrespiratoria y reduce el riesgo de enfermedad cardiovascular, independiente de la pérdida de peso. Las personas que combinan la restricción calórica y el ejercicio con el tratamiento conductual pueden esperar una pérdida de ~5 a10% del peso corporal previo al tratamiento durante un periodo de 4 a 6 meses. Los estudios muestran que los individuos que mantienen su programa de ejercicio recuperan menos peso después de la pérdida de peso inicial.

C. Tratamiento farmacológico

La Food and Drug Administration de Estados Unidos permite el uso de varios medicamentos para perder peso en adultos. Estos incluyen orlistat (disminuye la absorción de la grasa en los alimentos), lorcaserina y fentermina en combinación con topiramato (promueve la saciedad a través de la señalización de serotonina), liraglutida (un mimético de la incretina, disminuye el apetito al activar al receptor de péptido similar a glucagón tipo 1, *véase* fig. 26-12) y bupropión en combinación con naltrexona (aumenta el metabolismo al reducir el apetito). Sus efectos sobre la reducción de peso tienden a ser modestos. (Nota: se está explorando la activación farmacológica de los adipocitos pardos [*véase* p. 110].)

D. Tratamiento quirúrgico

La derivación gástrica y las cirugías restrictivas son eficaces para causar pérdida de peso en individuos con obesidad patológica. A través de mecanismos que no se entienden a detalle, estas operaciones mejoran en gran medida el control glucémico en individuos diabéticos con obesidad patológica. (Nota: se ha aprobado la implantación de un dispositivo que estimula de manera eléctrica el nervio vago para disminuir el consumo de alimentos.)

VIII. Resumen del capítulo

- La **obesidad**, la acumulación de exceso de grasa corporal, se produce cuando la ingesta de **energía** (**calórica**) **supera** el **gasto energético** (fig. 27-9). La obesidad está en aumento en los países industrializados por la reducción del gasto energético diario y el incremento de la ingesta de energía como consecuencia de la creciente disponibilidad de alimentos sabrosos y económicos.

- El **IMC** es fácil de determinar y tiene una elevada correlación con la grasa corporal. Casi 69% de los estadounidenses adultos tiene **sobrepeso** (IMC ≥ 25) y > 33% de este grupo es **obeso** (IMC ≥ 30).

- La distribución anatómica de la grasa corporal tiene una importante influencia sobre los riesgos de salud relacionados. El exceso de grasa localizado en el **abdomen** (parte superior del cuerpo, forma de manzana), como se refleja por la **circunferencia de la cintura**, se relaciona con un mayor riesgo de **hipertensión**, **resistencia a la insulina**, **diabetes**,

dislipidemia y **cardiopatía coronaria** en comparación con la grasa que se ubica en las caderas y los muslos (parte inferior del cuerpo, forma de pera).

- El peso de una persona viene determinado por factores genéticos y ambientales.

- El **apetito** está influido por señales aferentes o entrantes (señales neuronales, es decir, hormonas circulantes como las **leptinas** y los metabolitos) que están integrados por el **hipotálamo**. Estas señales diversas promueven la liberación de péptidos hipotalámicos (como **NPY** y α-**MSH**) y activan las señales nerviosas de salida o eferentes.

- La obesidad muestra correlación con un mayor riesgo de **fallecimiento** y es también un factor de riesgo para una serie de **afecciones crónicas**.

- La **reducción del peso** se logra con un **balance de energía negativo**, es decir, al disminuir la ingesta calórica o aumentar el gasto de energía. Casi todas las dietas que limitan grupos particulares de alimentos o macronutrientes inducen una pérdida de peso en un corto plazo. El mantenimiento de la pérdida de peso a largo plazo es difícil de lograr.

- Con el **tratamiento farmacológico** se producen modestas reducciones de la ingesta de alimentos. Los **procedimientos quirúrgicos**, como la derivación gástrica, diseñados para reducir el consumo de alimentos son una opción para los pacientes con obesidad patológica que no respondieron a otros tratamientos.

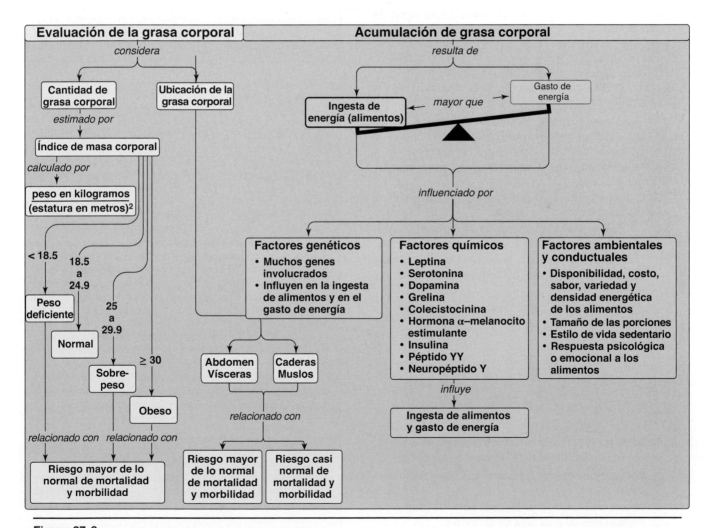

Figura 27-9

Mapa de conceptos fundamentales de la obesidad. (Nota: el índice de masa corporal también se puede calcular por peso en libras/[estatura en pulgadas]^2 × 703.)

Preguntas de estudio

Elija la RESPUESTA correcta.

Para las preguntas 27.1 y 27.2, use el siguiente escenario.

Una mujer de 40 años de edad, con una estatura de 155 cm y un peso de 85.5 kg va a la consulta del médico porque quiere perder peso. Su cintura mide 104.1 cm y su cadera 99.1 cm. La exploración física y los datos de laboratorio están todos dentro de los valores de referencia. Su único hijo, de 14 años de edad, su hermana y sus dos padres tienen sobrepeso. La paciente refiere que ha sido obesa durante su niñez y la adolescencia. Durante los últimos 15 años ha realizado siete dietas diferentes durante periodos de 2 semanas a 3 meses, que le hicieron perder desde 2.3 kg hasta 11.3 kg en cada ocasión. Al interrumpir cada dieta ganó el peso de nuevo y regresó de los 83.9 a 86.2 kg.

27.1   Calcule e interprete el índice de masa corporal para la paciente.

> Índice de masa corporal (IMC) = peso en kg/(estatura en m)^2 = 85.5/1.55^2 = 35.6. Debido a que su IMC es > 30, la paciente se clasifica como obesa.

27.2   ¿Cuál de las siguientes afirmaciones describe mejor a esta paciente?

   A. Tiene casi el mismo número de adipocitos que un individuo de peso normal, pero cada adipocito es de mayor tamaño.
   B. Muestra un patrón de distribución de grasas de tipo manzana.
   C. Cabría esperar que sus niveles de adiponectina fueran mayores de lo normal.
   D. Cabría esperar que sus niveles de leptina circulantes estuvieran por debajo de los valores normales.
   E. Cabría esperar que sus niveles de triacilgliceroles circulantes estuvieran por debajo de los valores normales.

> Respuesta correcta = B. Su proporción cintura/cadera es 1.05 (41/39). La forma de manzana se define como una proporción cintura/cadera > 0.8 para las mujeres y > 1.0 para los varones. Por lo tanto, tiene un patrón de distribución de grasa de tipo manzana, que se observa de manera más habitual en los hombres. Comparada con otras mujeres con el mismo peso corporal, que tienen un patrón de distribución de grasa ginecoide (forma de pera), su patrón de grasa androide la coloca en una situación de mayor riesgo de presentar diabetes, hipertensión, dislipidemia y cardiopatía coronaria. Las personas con obesidad marcada y antecedentes de obesidad en la infancia tienen un depósito adiposo compuesto por una gran cantidad de adipocitos, cada uno cargado con triacilgliceroles (TAG). Los niveles de leptina plasmática son proporcionales a la masa grasa, lo que sugiere que la resistencia a la leptina, más que su deficiencia, ocurre en la obesidad humana. Los niveles de adiponectina disminuyen con el aumento de la masa grasa. Los ácidos grasos libres circulantes elevados característicos de la obesidad se transportan al hígado y se convierten en TAG. Los TAG se liberan como componentes de las lipoproteínas de muy baja densidad, lo que deriva en valores elevados de TAG en plasma o se almacenan en el hígado, lo que resulta en esteatosis hepática.

27.3 ¿Cuál de las siguientes anomalías metabólicas se asocia con obesidad abdominal y síndrome metabólico?

   A. Concentraciones de glucosa más altas de lo normal.
   B. Valores de HDL más altos de lo normal.
   C. Presión arterial más baja de lo normal.
   D. Valores de insulina por debajo de lo normal.
   E. Niveles de TAG inferiores a los normales.

> Respuesta correcta = A. La obesidad abdominal está asociada con el síndrome metabólico, que se define como un conjunto de anomalías metabólicas que incluyen hiperglucemia, resistencia a la insulina, hiperinsulinemia, dislipidemia aterogénica (concentraciones elevadas de lipoproteínas de baja densidad [LDL], concentraciones bajas de lipoproteínas de alta densidad [HDL] y TAG elevados) e hipertensión. El síndrome metabólico es un factor de riesgo para desarrollar enfermedades cardiovasculares y DM2. La inflamación sistémica crónica de bajo grado que se observa con la obesidad contribuye a la resistencia a la insulina y a la DM2 y quizá desempeñe un papel en el síndrome metabólico.

27.4 ¿Cuál de los siguientes enunciados sobre la leptina es correcto?

A. La expresión y secreción de leptina es proporcional de forma inversa al tamaño de las reservas de grasa.

B. La leptina envía señales para disminuir el apetito y aumentar el gasto de energía.

C. La leptina envía señales para reducir la secreción de la hormona α-melanocito estimulante (α-MSH).

D. La leptina envía señales para incrementar la secreción de adiponectina de los adipocitos.

E. La leptina envía señales para aumentar la secreción del neuropéptido Y (NPY).

> Respuesta correcta = B. A medida que se consumen más calorías de las que se necesitan, la grasa corporal aumenta. Los valores de leptina se incrementan, mientras que los de adiponectina disminuyen a medida que aumenta el peso corporal. El cuerpo se adapta al incremento de energía al aumentar el uso de energía (al aumentar la actividad) y disminuir el apetito (un efecto anorexígeno). La señalización de la leptina incrementa la secreción de α-MSH anorexigénica y reduce la secreción de NPY orexigénico.

27.5 ¿Cuál de las siguientes afirmaciones describe mejor la relación entre la obesidad y la enfermedad de hígado graso no alcohólico?

A. Los quilomicrones aumentan el aporte de AG al hígado.

B. El aumento de AG libre en la circulación conduce a la deposición de TAG en el hígado.

C. El aumento de la relación NADH:NAD$^+$ incrementa la actividad de la glicerol 3-fosfato deshidrogenasa.

D. La resistencia a la insulina conduce a una menor lipólisis de los depósitos de TAG del TAB.

E. La obesidad provoca un aumento de la síntesis hepática de AG.

> Respuesta correcta = B. La obesidad y la resistencia a la insulina se asocian con un aumento de la lipólisis del TAG del TAB y del AG libre en la circulación, no de los quilomicrones. Esto conduce a un depósito ectópico de TAG en el hígado (esteatosis hepática) y provoca un mayor riesgo de enfermedad de hígado graso no alcohólico (EHGNA). La obesidad y la resistencia a la insulina conducirían a una disminución de la síntesis hepática de AG. El aumento de la relación NADH:NAD$^+$ deriva del alcoholismo crónico.

Nutrición: visión de conjunto y macronutrientes

28

I. GENERALIDADES

Los nutrientes son los constituyentes del alimento necesarios para mantener las funciones normales del organismo. Toda la energía (calorías) es proporcionada por tres clases de nutrientes: grasas, carbohidratos y proteínas (fig. 28-1). Debido a que la ingesta de estas moléculas ricas en energía es mayor (cantidades en gramos) que la de otros nutrientes del alimento (cantidades de mg a µg), se denominan macronutrientes. Aunque el alcohol también es una fuente de energía, no es un nutriente e interfiere en el crecimiento, el mantenimiento y la reparación. Este capítulo se centra en las clases y cantidades de macronutrientes que son necesarios para mantener una salud óptima y evitar enfermedades crónicas. Los nutrientes necesarios en menores cantidades [miligramos (mg) o microgramos (µg)], las vitaminas y los minerales se denominan micronutrientes y se consideran en los capítulos 29 y 30. Los nombres de macronutrientes y micronutrientes no indican su importancia relativa, sino que denotan sus necesidades relativas de ingesta dietética. Un nutriente es un micronutriente cuando se necesita menos de 1 gramo al día.

II. INGESTAS DE REFERENCIA PARA LA DIETA

Comités de expertos canadienses y estadounidenses organizados por el Consejo de Alimentación y Nutrición del Instituto de Medicina de la National Academy of Sciences han recopilado las ingestas de referencia para la dieta (IRD), que son estimaciones de las cantidades de nutrientes necesarios para evitar carencias y mantener una salud y un crecimiento óptimos. Estas cantidades sustituyen y amplían las porciones recomendadas en la dieta (RDA), que se han publicado con revisiones periódicas desde 1941. A diferencia de las RDA, las IRD establecen límites superiores para el consumo de algunos nutrientes e incorporan el papel de estos al mantenimiento de la salud a lo largo de la vida, yendo más allá de la mera prevención de enfermedades carenciales. Ambas, la ingesta de referencia y la porción recomendada, se refieren al promedio diario de nutrientes ingeridos a largo plazo, porque no es necesario consumir todas las RDA cada día.

A. Definición

Las IRD consisten en cuatro patrones de referencia alimentaria para la ingesta de nutrientes designados por etapa en la vida (edad), estados fisiológicos y género específicos (fig. 28-2).

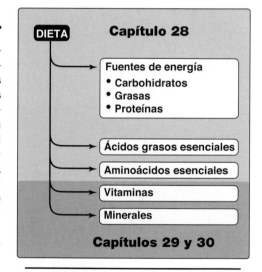

Figura 28-1

Nutrientes esenciales obtenidos de la dieta. (Nota: el etanol puede contribuir de forma significativa a la ingesta calórica diaria de algunos individuos.)

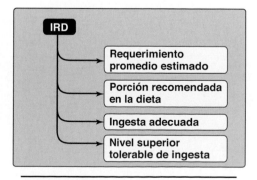

Figura 28-2

Componentes de las ingestas de referencia en la dieta (IRD).

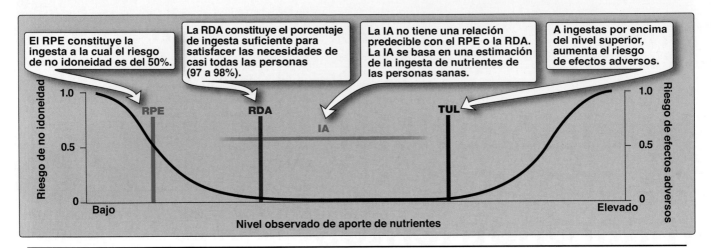

Figura 28-3

Comparación de los componentes de las ingestas de referencia en la dieta. IA, ingesta adecuada; RDA, porción recomendada en la dieta, RPE, requerimiento promedio estimado; TUL, nivel superior tolerable de ingesta.

1. **Requerimiento promedio estimado:** el nivel promedio diario de ingesta de nutrientes que se calcula que satisface el requisito de 50% de las personas sanas en una etapa concreta de la vida y grupo de género es el requerimiento promedio estimado (RPE) (fig. 28-3). Este es útil para estimar los requisitos reales en grupos y personas.

2. **Porciones recomendadas en la dieta:** la RDA es el nivel promedio diario de ingesta alimentaria que es suficiente para satisfacer los requisitos nutricionales de casi todas (97 a 98%) las personas en una etapa de la vida y en un grupo de género (fig. 28-3). La RDA no es el requisito mínimo para los individuos sanos, sino que está establecida con toda intención para proporcionar un margen de seguridad para la mayoría de las personas. Los RPE sirven como base para establecer la RDA. Si se dispone de la desviación estándar (DE) del RPE y si el requerimiento del nutriente sigue una distribución normal, la RDA se establece en 2 DE por encima del RPE (es decir, $RDA = RPE + 2\ DE_{RPE}$).

3. **Ingesta adecuada:** se establece la ingesta adecuada en vez de la RDA si no se dispone de pruebas científicas suficientes para calcular un RPE o RDA. La IA se basa en estimaciones de la ingesta de nutrientes de un grupo (o grupos) de personas en apariencia sanas. Por ejemplo, la IA para lactantes pequeños, para quienes la leche humana es la única fuente de alimento o recomendada durante los 6 primeros meses, se basa en la media diaria estimada de aporte de nutrientes suministrada por la leche humana para lactantes sanos, nacidos a término, que son alimentados de forma exclusiva con leche materna.

4. **Nivel superior tolerable de ingesta:** el nivel superior tolerable (TUL) de la ingesta es el nivel promedio más elevado de ingesta diaria de nutrientes que es probable que no represente un riesgo de efectos adversos para la salud a casi ninguna de las personas de la población general. A medida que la ingesta aumenta por encima del TUL el posible riesgo de efectos adversos puede incrementarse. Los TUL son útiles dada la creciente disponibilidad de alimentos enriquecidos y al aumento del consumo de complementos alimentarios. Para algunos nutrientes quizá no haya datos suficientes sobre los que basar un nivel superior tolerable.

B. Utilización de las ingestas de referencia en la dieta

Para la mayoría de los nutrientes se ha establecido una IRD (fig. 28-4). Por lo general hay un RPE y una RDA correspondientes. La mayoría está establecida por edad y género y puede verse influida por factores especiales, como el embarazo y la lactancia en mujeres (*véase* sección IX). Cuando no hay datos suficientes para estimar un RPE (o una RDA) se designa una IA. Aquellas por debajo del RPE necesitan mejorarse porque la probabilidad de adecuación es ≤ 50% (fig. 28-3). Las ingestas entre el RPE y la RDA tal vez deban mejorarse porque la probabilidad de idoneidad es < 98% y las ingestas iguales o superiores a la RDA pueden considerarse adecuadas. Las ingestas por encima de la IA pueden considerarse adecuadas y las comprendidas entre el TUL y la RDA no plantean riesgo de efectos adversos. (Nota: debido a que la IRD está diseñada para satisfacer las necesidades nutricionales de los individuos sanos, no incluye ninguna necesidad especial de los enfermos.)

III. REQUERIMIENTOS DE ENERGÍA EN HUMANOS

Los requerimientos estimados de energía (REE) son el promedio de ingesta de energía procedente del alimento que de modo previsible mantendrá el equilibrio energético (esto es, cuando las calorías consumidas son iguales a la energía gastada) en un adulto sano de una edad, un género y una talla definidos, cuyo peso y nivel de actividad física son compatibles con una buena salud. Las diferencias en la genética, la composición corporal, el metabolismo y el comportamiento de las personas hace difícil predecir con precisión los requerimientos calóricos de una persona. Sin embargo, algunas aproximaciones sencillas pueden proporcionar estimaciones útiles. Por ejemplo, los adultos sedentarios necesitan alrededor de 30 kcal/kg/día para mantener su peso corporal; los adultos moderadamente activos necesitan 35 kcal/kg/día y los adultos muy activos necesitan 40 kcal/kg/día.

A. Contenido energético de los alimentos

El contenido de energía de los alimentos se calcula a partir del calor liberado por la combustión total del alimento en un calorímetro. Se expresa en kilocalorías (kcal o Cal). En la figura 28-5 se muestran los factores de conversión estándar para la determinación del valor calórico metabólico de la grasa, las proteínas y los carbohidratos. Una caloría es la cantidad de energía necesaria para elevar la temperatura de 1 gramo de agua 1 grado Celsius. Una kilocaloría es la cantidad de energía necesaria para elevar 1 000 gramos (1 kg) de agua en 1 grado Celsius. En nutrición, las unidades de 1 000 calorías se conocen como kilocalorías o Cal. Esto significa que "1 gramo de carbohidrato equivale a 4 calorías" en nutrición es en realidad "1 gramo de carbohidrato equivale a 4 000 calorías".

Obsérvese que el contenido de energía de la grasa es más del doble que el correspondiente a los carbohidratos de las proteínas, mientras que el contenido de energía del etanol es intermedio entre el de las grasas y el de los carbohidratos. (Nota: el Joule [J] es la unidad del Sistema Internacional de Unidades [SI] que se utiliza para la energía y se usa en gran medida en países distintos de Estados Unidos. Una cal = 4.2 J; 1 kcal [1 Cal, 1 caloría de los alimentos] = 4.2 kJ. Para conseguir uniformidad, muchos científicos promueven el uso de los joules en lugar de las calorías en Estados Unidos. Sin embargo, la kcal todavía predomina, y es la unidad que se utiliza en este texto.)

MICRO-NUTRIENTE	RPE, RDA, o IA	TUL
Tiamina	RPE, RDA	—
Riboflavina	RPE, RDA	—
Niacina	RPE, RDA	TUL
Vitamina B$_6$	RPE, RDA	TUL
Folato	RPE, RDA	TUL
Vitamina B$_{12}$	RPE, RDA	—
Ácido pantoténico	IA	—
Biotina	IA	—
Colina	IA	TUL
Vitamina C	RPE, RDA	TUL
Vitamina A	RPE, RDA	TUL
Vitamina D	RPE, RDA	TUL
Vitamina E	RPE, RDA	TUL
Vitamina K	IA	—
Boro	—	TUL
Calcio	RPE, RDA	TUL
Cromo	IA	—
Cobre	RPE, RDA	TUL
Flúor	IA	TUL
Yodo	RPE, RDA	TUL
Hierro	RPE, RDA	TUL
Magnesio	RPE, RDA	TUL
Manganeso	IA	TUL
Molibdeno	RPE, RDA	TUL
Níquel	—	TUL
Fósforo	RPE, RDA	TUL
Selenio	RPE, RDA	TUL
Vanadio	—	TUL
Zinc	RPE, RDA	TUL

Figura 28-4

Ingestas de referencia en la dieta para las vitaminas y los minerales en humanos a partir del año de edad. (Nota: se ha establecido una RDA para los carbohidratos y las proteínas [macronutrientes], pero no para la grasa.) IA, ingesta adecuada; RDA, porción recomendada en la dieta; RPE, requerimiento promedio estimado; TUL, nivel superior tolerable de ingesta; —, sin valor establecido.

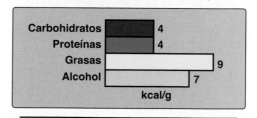

	kcal/g
Carbohidratos	4
Proteínas	4
Grasas	9
Alcohol	7

Figura 28-5

Energía promedio procedente de los principales componentes de los macronutrientes y el alcohol.

SUSTRATO	CR
Carbohidratos	1.00
Proteínas	0.84
Grasas	0.71

Figura 28-6

El cociente respiratorio (CR). (Nota: para las proteínas, el nitrógeno se elimina y excreta, y los ácidos α-ceto se oxidan).

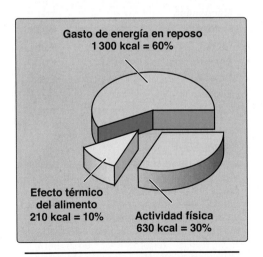

Figura 28-7

Gasto total de energía estimado en una mujer sana de 20 años de edad, 1.65 m de estatura, 50 kg de peso y que realiza una actividad ligera.

B. Uso de la energía en el organismo

La energía generada por el metabolismo de los macronutrientes se usa en tres procesos del organismo que precisan energía: la tasa metabólica en reposo (TMR), la actividad física y el efecto térmico del alimento. Otro proceso menor que requiere energía es la termogénesis (no se muestra en la fig. 28-7). El número de kcal consumidas por estos procesos en un periodo de 24 h es el gasto total de energía (GTE).

1. **Tasa metabólica en reposo:** TMR se denomina a la energía que gasta un individuo en un estado posabsortivo en reposo. Representa la energía necesaria para llevar a cabo las funciones normales del organismo, como la respiración, el flujo sanguíneo y el transporte de iones. La tasa metabólica en reposo puede determinarse por diversos métodos, como la calorimetría, el agua doblemente marcada o fórmulas matemáticas. Sin embargo, la calorimetría indirecta es el método más utilizado para cuantificar la TMR al medir el oxígeno (O_2) consumido o el dióxido de carbono (CO_2) producido. (Nota: la proporción de CO_2 a O_2 es el cociente respiratorio [CR]. Refleja el combustible o el sustrato metabólico que se oxida para obtener energía en los tejidos [fig. 28-6]). Los CR para carbohidratos, proteínas y grasas son de 1.0, 0.84 y 0.71, de manera respectiva. Por ejemplo, la oxidación completa de la glucosa usa 6 O_2 y produce 6 CO_2, por lo que la relación es 1. Por otro lado, el ácido graso más común, el palmitato, cuando se oxida usa 23 O_2 y produce 16 CO_2, por lo que la relación CR = CO_2/O_2 = 0.7. Un CR cercano a 0.8 refleja la oxidación de la mezcla de grasas y carbohidratos en la dieta.

   La TMR también puede estimarse con ecuaciones que incluyen género y edad (la TMR refleja la masa muscular magra, que es mayor en hombres y en jóvenes), así como la talla y el peso. Un estimado aproximado que se usa con frecuencia es 1 kcal/kg/hora para hombres y 0.9 kcal/kg/hora para mujeres. (Nota: la tasa metabólica basal [TMB] puede determinarse si se usan condiciones ambientales más extremas, pero esto no acostumbra hacerse. La TMR es cerca de 10% mayor que la TMB). En el adulto, la TMR de 24 h, conocida como el gasto de energía en reposo (GER), es de alrededor de 1 800 kcal para hombres (70 kg) y 1 300 kcal para mujeres (50 kg). De 60 a 75% del gasto total de energía en individuos sedentarios se atribuye al GTE (fig. 28-7). (Nota: los individuos hospitalizados por lo general son hipercatabólicos y la TMR se multiplica por un factor de lesión que varía de 1.0 [infección leve] a 2.0 [quemaduras graves] para calcular el GTE.)

2. **Actividad física:** la actividad muscular proporciona la mayor variación del gasto total de energía. La cantidad de energía consumida depende de la duración y la intensidad del ejercicio. El costo de energía se expresa como un múltiplo de la TMR (el rango es 1.1 a > 8.0), lo que se conoce como índice de actividad física (IAF) o el equivalente metabólico de la tarea (EMT). En general, una persona con una actividad ligera requiere alrededor de 30 a 50% más calorías que la tasa metabólica en reposo (*véase* fig. 28-7), en tanto que una persona muy activa puede precisar ≥ 100% por encima de la TMR.

3. **Efecto térmico del alimento:** la producción de calor en el organismo aumenta hasta 30% por encima del nivel de reposo durante la digestión y la absorción del alimento. Este efecto se denomina efecto térmico del alimento o termogénesis inducida por el alimento. La respuesta térmica a la ingesta de alimento puede suponer hasta 5 a 10% del GTE.

4. **Termogénesis:** existen dos tipos de termogénesis, la adaptativa y la termogénesis de actividad sin ejercicio (TASE). La primera es la producción regulada de calor en respuesta a cambios ambientales de temperatura y alimentación, por ejemplo, los escalofríos en respuesta al frío. La TASE incluye las actividades diarias más comunes, como moverse, caminar al trabajo, caminar mientras se habla por teléfono y estar de pie.

IV. INTERVALOS ACEPTABLES DE DISTRIBUCIÓN DE MACRONUTRIENTES

Los intervalos aceptables de distribución de macronutrientes (IADM) se definen como los intervalos de aporte de un macronutriente concreto que se relacionan con reducción del riesgo de enfermedad crónica a la vez que proporcionan cantidades adecuadas de nutrientes esenciales. Los IADM para adultos son 45 a 65% de las calorías totales procedentes de carbohidratos, 20 a 35% procedentes de las grasas y 10 a 35% procedentes de las proteínas (fig. 28-8). Las propiedades biológicas de las grasas, los carbohidratos y las proteínas del alimento se describen a continuación.

V. GRASAS DE LOS ALIMENTOS

La incidencia de una serie de enfermedades crónicas está influida de forma significativa por las clases y las cantidades de los nutrientes consumidos (fig. 28-9). Las grasas alimentarias influyen en gran medida en la incidencia de las cardiopatías coronarias (CPC), si bien las pruebas que relacionan la grasa de los alimentos con el riesgo de cáncer o de obesidad son mucho más débiles.

> En el pasado, las recomendaciones alimentarias destacaban la disminución de la cantidad total de grasa en la dieta. Por desgracia, esto resultó en un mayor consumo de granos refinados y azúcares añadidos. En la actualidad, la investigación indica que el tipo de grasa es más importante que la cantidad total de grasa consumida.

A. Lípidos plasmáticos y cardiopatía coronaria

El colesterol plasmático puede proceder de la dieta o de la biosíntesis endógena. En cualquier caso, el colesterol es transportado de un tejido a otro en combinación con proteínas y fosfolípidos, en forma de lipoproteínas.

1. **Lipoproteínas de baja y alta densidad:** el nivel del colesterol plasmático no está regulado con precisión, sino que varía en respuesta a la dieta. Valores elevados de colesterol total (hipercolesterolemia) derivan en un mayor riesgo de cardiopatía coronaria (fig. 28-10). Existe una correlación mucho más fuerte entre los niveles de colesterol de lipoproteínas de baja densidad (C-LDL) sanguíneo y las cardiopatías coronarias (*véase* cap. 19). A medida que el C-LDL aumenta, las cardiopatías coronarias también lo hacen. Por el contrario, niveles elevados de colesterol de lipoproteínas de alta densidad (C-HDL) se han asociado con una disminución del riesgo de cardiopatía (*véase* cap. 19). (Nota: el triacilglicerol [TAG] plasmático elevado se asocia con cardiopatía coronaria, pero aún no se ha demostrado una relación causal.) Niveles anómalos de lípidos plasmáticos (dislipidemias)

MACRONUTRIENTE	IADM (porcentaje de energía)
Grasas	20–35
Ácidos grasos poliinsaturados ω–6	5–10
Ácidos grasos poliinsaturados ω–3	0.6–1.2*

Aproximadamente 10% de la grasa total puede proceder de ácidos grasos ω–3 o ω–6 de cadena más larga.

Carbohidratos	45–65

● RDA
Hombres y mujeres: 130 g/día

No más de 10% de las calorías totales debe proceder de azúcares añadidos.

Fibra

● IA
Hombres: 38 g/día; mujeres: 25 g/día

Proteínas	10–35

● RDA
Hombres: 56 g/día; mujeres: 46 g/día

Figura 28-8
Intervalos aceptables de distribución de macronutrientes (IADM) en adultos. (Nota: *cada vez hay más pruebas que sugieren que niveles más elevados de ácidos grasos poliinsaturados ω-3 proporcionan protección frente a la cardiopatía coronaria). IA, ingesta adecuada, RDA, porción recomendada en la dieta.

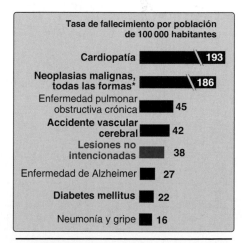

Tasa de fallecimiento por población de 100 000 habitantes

Cardiopatía	193
Neoplasias malignas, todas las formas*	186
Enfermedad pulmonar obstructiva crónica	45
Accidente vascular cerebral	42
Lesiones no intencionadas	38
Enfermedad de Alzheimer	27
Diabetes mellitus	22
Neumonía y gripe	16

Figura 28-9
Influencia de la nutrición en algunas causas comunes de muerte en Estados Unidos en el año 2010. El rojo indica las causas de fallecimiento en las cuales la dieta desempeña un papel significativo. El azul indica causas de fallecimiento en las cuales desempeña un papel el consumo excesivo de alcohol. (Nota: *la dieta tiene un papel solo en algunas formas de cáncer.)

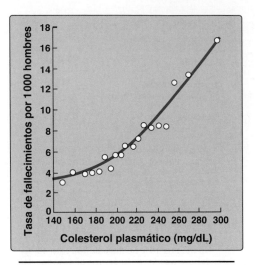

Figura 28-10
Correlación de la tasa de fallecimientos
por cardiopatía coronaria con la
concentración de colesterol plasmático.
(Nota: los datos se obtuvieron de un
estudio de múltiples años realizado
en hombres en el cual la tasa de
fallecimiento se ajustó para la edad.)

actúan en combinación con el tabaquismo, la obesidad, un estilo de vida sedentario, resistencia a la insulina y otros factores de riesgo para aumentar el potencial de cardiopatía coronaria.

2. **Efecto beneficioso de la reducción del colesterol plasmático:** el tratamiento alimentario o farmacológico de la hipercolesterolemia es eficaz en la reducción del C-LDL, el aumento del C-HDL y la reducción del riesgo de sufrir un evento cardiovascular. Los cambios en las concentraciones plasmáticas de lipoproteínas inducidos por la dieta son modestos, por lo regular de 10 a 20%, mientras que el tratamiento con estatinas disminuye el colesterol plasmático en 30 a 60% (*véase* p. 273). (Nota: el tratamiento alimentario y farmacológico también puede disminuir el TAG.)

B. Grasas del alimento y lípidos plasmáticos

Los TAG son cuantitativamente la clase más importante de grasas alimentarias. La influencia de los TAG en los lípidos sanguíneos viene determinada por la naturaleza química de sus ácidos grasos constituyentes. La presencia o ausencia de enlaces dobles (saturados frente a monoinsaturados o poliinsaturados), el número y la localización de los dobles enlaces (ω-6 frente a ω-3) y la configuración cis frente a la trans de los ácidos grasos insaturados son las características estructurales más importantes que influyen en los lípidos sanguíneos.

1. **Grasa saturada:** los TAG compuestos fundamentalmente de ácidos grasos cuyas cadenas de hidrocarburos no contienen ningún doble enlace se denominan grasas saturadas. El consumo de grasas saturadas está asociado en gran medida con niveles elevados de colesterol plasmático total y C-LDL, así como con un mayor riesgo de cardiopatía coronaria. Las principales fuentes de ácidos grasos saturados son los productos lácteos y la carne, y algunos aceites vegetales como los de coco y palma (una fuente importante de grasa en América Latina y Asia, aunque no en Estados Unidos). La mayoría de los expertos aconseja limitar la ingesta de grasas saturadas a < 10% de la ingesta calórica total y sustituirlas por grasas no saturadas (y granos enteros).

> Los ácidos grasos saturados con longitudes de cadena de 14 (mirístico) y 16 (palmítico) carbonos son los que aumentan con más potencia el colesterol sérico. El ácido esteárico (18 carbonos, se encuentra en muchos alimentos, entre ellos el chocolate) produce solo aumentos modestos del colesterol plasmático.

2. **Grasas monoinsaturadas:** los TAG que contienen sobre todo ácidos grasos con un enlace doble se conocen como grasas monoinsaturadas. Los ácidos grasos que contienen más de un doble enlace se denominan ácidos grasos poliinsaturados (AGPI). Los ácidos grasos monoinsaturados (AGMI) se obtienen por lo general de aceites vegetales. Cuando sustituyen a los ácidos grasos saturados en la dieta, los AGMI reducen el colesterol plasmático total y el colesterol LDL, pero mantienen o aumentan el colesterol HDL. Esta capacidad de los AGMI para modificar de manera favorable los niveles de lipoproteínas puede explicar, en parte, la observación de que en las culturas mediterráneas, con dietas con alto contenido en aceite de oliva (rico en ácido oleico monoinsaturado), se registra una baja incidencia de cardiopatías. (Nota: aunque no hay un IADM para los AGMI, se recomienda que las grasas de la dieta sean, en su mayoría, ácidos grasos insaturados [AGMI y AGPI].)

a. La dieta mediterránea: esta dieta es un claro ejemplo de dieta rica en AGMI (del aceite de oliva, las nueces y el pescado) y en AGPI (de los aceites de pescado, vegetales y algunos frutos secos), pero baja en grasas saturadas. Por ejemplo, en la figura 28-11 se resume la composición de la dieta mediterránea en comparación con una dieta occidental similar a la consumida en Estados Unidos y una dieta típica con bajo contenido en grasas. La dieta mediterránea contiene alimentos frescos estacionales, con abundancia de materia vegetal, bajo contenido de carne roja y el aceite de oliva como principal fuente de grasa. Esta dieta se relaciona con una reducción del colesterol total y del colesterol LDL en plasma, disminución de los TAG y el aumento del colesterol HDL cuando se compara con una dieta occidental típica con mayor contenido en grasas saturadas.

3. **Grasas poliinsaturadas:** los TAG que contienen sobre todo ácidos grasos con más de un enlace doble se conocen como grasas poliinsaturadas. En los efectos de los AGPI sobre la enfermedad cardiovascular influye la localización de los dobles enlaces dentro de la molécula.

a. Ácidos grasos ω-6: estos son AGPI de cadena larga, cuyo primer enlace doble comienza en la posición del sexto enlace al contar desde el extremo metilo (ω) de la molécula de ácido graso. (Nota: también se denominan ácidos grasos n-6 [*véase* cap. 17].) El consumo de grasas que contienen ácidos grasos poliinsaturados ω-6, sobre todo el ácido linoleico (18:2, [9,12]) obtenido de los aceites vegetales, reduce el colesterol plasmático cuando sustituye a las grasas saturadas. El C-LDL plasmático se reduce pero el C-HDL, que protege de las cardiopatías coronarias, también, lo que disminuye en parte los beneficios de reducir el C-LDL. Las nueces, los aguacates, las aceitunas, la semilla de soya y diversos aceites, entre ellos el de girasol y el de maíz, son fuentes habituales de estos ácidos grasos. El IADM para el ácido linoleico es 5 a 10%. (Nota: la menor recomendación para la ingesta de AGPI en relación con los AGMI obedece a la preocupación de que la oxidación mediada por radicales [peroxidación] de los AGPI puede conducir a productos dañinos.)

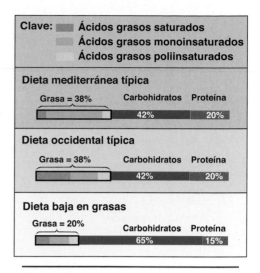

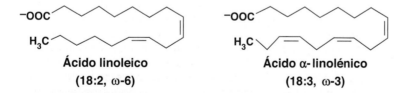

Ácido linoleico
(18:2, ω-6)

Ácido α-linolénico
(18:3, ω-3)

Figura 28-11
Composición de las dietas mediterránea, occidental y baja en grasas típicas.

b. Ácidos grasos ω-3: estos compuestos son ácidos grasos poliinsaturados de cadena larga con el primer doble enlace que empieza en la posición del tercer enlace desde el extremo metilo (ω). Los ácidos grasos poliinsaturados ω-3 del alimento suprimen las arritmias cardiacas, reducen los TAG séricos, disminuyen la tendencia a la trombosis, la presión arterial y de manera sustancial el riesgo de mortalidad cardiovascular, pero tienen poco efecto sobre los niveles de colesterol LDL o HDL. La evidencia sugiere que tienen efectos antiinflamatorios. Los AGPI ω-3, en especial el ácido α-linoleico 18:3(9,12,15) se encuentran en los aceites vegetales, como el de linaza y canola, y algunas nueces, como las de Castilla. El IADM para el ácido α-linolénico es de 0.6 a 1.2%. Los aceites de pescado contienen ácido ω-3 docosahexaenoico (DHA, 22:6) y ácido eicosapentaenoico (AEP, 20:5). Se recomiendan dos comidas con pescados grasos (p. ej., salmón, caballa, anchoas, sardinas, aren-

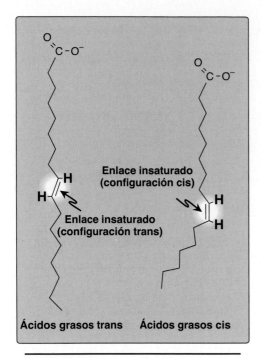

Figura 28-12
Estructura de los ácidos grasos cis y trans.

que) a la semana. (Nota: el DHA se incluye en las fórmulas para lactantes para promover el desarrollo del cerebro.) Los ácidos linoleico y α-linolénico son ácidos grasos esenciales (AGE), necesarios para la fluidez de la membrana y la síntesis de eicosanoides (*véase* cap. 18, VIII). La deficiencia de AGE, causada sobre todo por la malabsorción de grasa, se caracteriza por dermatitis con descamación como resultado del agotamiento de las ceramidas cutáneas con ácidos grasos de cadena larga (*véase* cap.18, III. F).

4. **Ácidos grasos trans:** los ácidos grasos trans (fig. 28-12) se clasifican de forma química como ácidos grasos insaturados, pero en el organismo se comportan más como ácidos grasos saturados, es decir, elevan el C-LDL y disminuyen el C-HDL, lo que aumenta el riesgo de cardiopatías coronarias. Los ácidos grasos trans no aparecen de manera natural en las plantas, pero sí en pequeñas cantidades en los animales. Sin embargo, se forman durante la hidrogenación de los aceites vegetales (p. ej., en la fabricación de las margarinas y los aceites vegetales parcialmente hidrogenados). Los ácidos grasos trans son un componente principal de muchos alimentos preparados comercializados, como las galletas y la mayoría de los alimentos fritos. En 2006, la Food and Drug Administration de Estados Unidos exigió que las etiquetas con información nutricional (*véase* sección VIII B2) indiquen el contenido de grasas trans de los alimentos empacados y ha tomado medidas para eliminar los ácidos grasos trans en los alimentos procesados.

5. **Colesterol alimentario:** el colesterol se encuentra solo en los productos animales. La America Heart Association declaró en 2015 que "no hay pruebas suficientes para determinar si la disminución del colesterol en la dieta reduce el LDL-C" y el Dietary Guidelines Advisory Committee concluyó que "las pruebas disponibles no muestran una relación significativa entre el consumo de colesterol en la dieta y el colesterol sérico".

C. Otros factores alimentarios que afectan a las cardiopatías coronarias

El consumo moderado de alcohol (hasta 1 copa/día para mujeres y hasta 2 copas/día para hombres) reduce el riesgo de cardiopatía coronaria, porque existe una correlación positiva entre el consumo moderado de alcohol (etanol) y la concentración plasmática de C-HDL. Sin embargo, debido a los posibles peligros asociados con el abuso del alcohol, los profesionales de la salud se muestran reacios a recomendar el aumento del consumo de alcohol a sus pacientes. El vino tinto puede proporcionar efectos cardioprotectores añadidos a los derivados de su contenido de alcohol (p. ej., el vino tinto contiene compuestos fenólicos que inhiben la oxidación de las lipoproteínas). (Nota: estos antioxidantes están presentes también en las pasas y en el jugo de uvas.) En la figura 28-13 se resumen los efectos de las grasas alimentarias. (Nota: estudios recientes [incluidos metaanálisis] han despertado interrogantes relacionadas con las guías actuales para grasas alimentarias y prevención de las cardiopatías coronarias.)

VI. CARBOHIDRATOS DE LA DIETA

El principal papel de los carbohidratos de la dieta es proporcionar energía. Aunque la ingesta calórica autoinformada en Estados Unidos llegó a un máximo en 2003 y ahora va a la baja, la incidencia de obesidad ha aumentado de manera notable (*véase* cap. 27). Durante este mismo periodo, el consumo de carbohidratos se ha incrementado de manera significativa

TIPO DE GRASA	EFECTOS METABÓLICOS		EFECTOS SOBRE LA PREVENCIÓN DE ENFERMEDADES
Ácido graso trans	⬆ LDL ⬇ HDL		⬆ Incidencia de cardiopatía coronaria
Ácido graso saturado	⬆ LDL Poco efecto sobre las HDL		⬆ Incidencia de cardiopatía coronaria; puede aumentar el riesgo de cáncer de colon, próstata
Ácidos grasos monoinsaturados	⬇ LDL Mantiene o aumenta las HDL		⬇ Incidencia de cardiopatía coronaria
Ácidos grasos poliinsaturados ω–6, como ácido linoleico	⬇ LDL ⬇ HDL Proporciona ácido araquidónico, que es un precursor importante de las prostaglandinas y los leucotrienos		⬇ Incidencia de cardiopatía coronaria
Ácidos grasos poliinsaturados ω–3, como DHA	Poco efecto sobre las LDL Poco efecto sobre las HDL Suprime las arritmias cardiacas, reduce los triacilgliceroles séricos, reduce la tendencia a la trombosis, reduce la presión arterial, reduce la inflamación		⬇ Incidencia de cardiopatía coronaria ⬇ Riesgo de muerte cardiaca súbita

Figura 28-13
Efectos dietéticos de las grasas. DHA, ácido docosahexaenoico; HDL, lipoproteína de alta densidad; LDL, lipoproteína de baja densidad.

(a medida que disminuyó el consumo de grasa), lo que llevó a algunos observadores a vincular la obesidad con el consumo de carbohidratos. Sin embargo, la obesidad también se ha relacionado con crecientes estilos de vida inactivos y con alimentos ricos en calorías servidos en raciones grandes. Los carbohidratos en sí mismos no engordan.

A. Clasificación

Los carbohidratos de la dieta se clasifican en azúcares sencillos (monosacáridos y disacáridos), azúcares complejos (polisacáridos) y fibra.

1. **Monosacáridos:** la glucosa y la fructosa son los principales monosacáridos de los alimentos. La glucosa es abundante en la fruta, el maíz dulce, el jarabe de maíz y la miel. La fructosa libre se encuentra junto con la glucosa libre en la miel y las frutas (p. ej., manzanas).

    a. **Jarabe de maíz rico en fructosa:** los jarabes de maíz ricos en fructosa (HFCS) se preparan mediante un proceso enzimático para convertir su glucosa en fructosa. A continuación, se añade jarabe de maíz puro (100% glucosa) a la fructosa para obtener la dulzura deseada. En Estados Unidos, el HFCS 55 (que contiene 55% de fructosa y 42% de glucosa) suele usarse como sustituto para la sacarosa en las bebidas, incluidos los refrescos, y el HFCS 42 se utiliza en alimentos procesados. La composición y el metabolismo del HFCS y la sacarosa son similares, con la mayor diferencia en que el HFCS se ingiere como una mezcla de monosacáridos (fig. 28-14). En la mayoría de los estudios no ha podido demostrarse una diferencia significativa entre los alimentos con sacarosa y HFCS en cuanto a la respuesta de glucosa o insulina posprandial. (Nota: el aumento en el uso de HFCS es paralelo al incremento en la obesidad, pero no se ha demostrado una relación causal.)

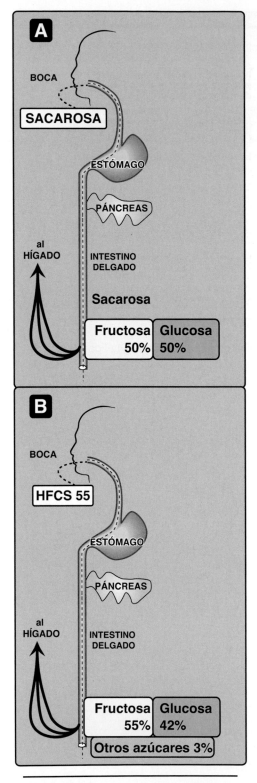

Figura 28-14
La digestión de sacarosa (**A**) o jarabe de maíz rico en fructosa (HFCS) 55 (**B**) conduce a la absorción de glucosa más fructosa.

2. **Disacáridos:** los disacáridos más abundantes son la sacarosa (glucosa + fructosa), la lactosa (glucosa + galactosa) y la maltosa (glucosa + glucosa). La sacarosa es el azúcar de mesa ordinario y es abundante en las melazas y el jarabe de arce. La lactosa es el azúcar principal de la leche. La maltosa es un producto de la digestión enzimática del glucógeno y los almidones en el intestino. Se encuentra también en cantidades significativas en la cerveza y los licores de malta, ya que la maltosa se encuentra en los granos en germinación. El término "azúcar" se refiere a los monosacáridos y los disacáridos. Los "azúcares añadidos" son los azúcares y los jarabes (como el HFCS) añadidos a los alimentos durante su procesamiento o su preparación.

3. **Polisacáridos:** los carbohidratos complejos se componen de oligosacáridos y polisacáridos que son en su mayoría polímeros de glucosa. Ejemplos de polisacáridos son el almidón, el glucógeno y la fibra dietética. El almidón es un ejemplo de un carbohidrato complejo que se encuentra en abundancia en las plantas. Las fuentes habituales de almidón son el trigo y otros cereales, las papas, las legumbres y los vegetales.

4. **Fibra:** la fibra alimentaria es la parte comestible de las plantas que son carbohidratos no digeribles, no almidones, y la lignina (un polímero no carbohidrato de alcoholes aromáticos). Aunque la fibra soluble es resistente a la digestión y la absorción en el intestino delgado de los humanos, es fermentada de forma completa o parcial por las bacterias a ácidos grasos de cadena corta (AGCC) en el intestino grueso. Los AGCC desempeñan un papel esencial para regular el metabolismo del huésped, el sistema inmunológico y la proliferación celular. La fibra insoluble pasa a través de las vías digestivas en su mayor parte sin cambio. La fibra alimentaria proporciona poca energía, pero tiene diversos efectos beneficiosos. En primer lugar, proporciona masa a la dieta (fig. 28-15). La fibra puede absorber más de 10 a 15 veces su propio peso en agua, lo que lleva líquido a la luz intestinal y aumenta la motilidad del intestino, con lo que promueve los movimientos intestinales (laxante). La fibra soluble retrasa el vaciado gástrico y puede provocar una sensación de plenitud (saciedad). Este retraso en el vaciado gástrico también provoca una reducción de los picos de glucemia después de una comida. En segundo lugar, se ha demostrado que el consumo de fibra soluble reduce los niveles de colesterol LDL al aumentar la excreción fecal de ácidos biliares e interferir en la reabsorción de los ácidos biliares (*véase* cap. 19 sección V). Por ejemplo, las dietas ricas en salvado de avena (25 a 50 g/día), una fibra soluble, están relacionadas con una reducción modesta pero significativa del riesgo de cardiopatía coronaria al disminuir los niveles de colesterol total y C-LDL. Por otro lado, las dietas ricas en fibra reducen el riesgo de estreñimiento, hemorroides y diverticulosis. La ingesta adecuada para fibra alimentaria es de 25 g/día para las mujeres y 38 g/día en los hombres. Sin embargo, las dietas de la mayoría de los estadounidenses tienen un contenido en fibra mucho menor, de cerca de 15 g/día. (Nota: el término "fibra funcional" se utiliza para la fibra aislada que tiene beneficios demostrados para la salud, como los complementos de fibra disponibles en el comercio.) La introducción de la fibra en la dieta debe ser gradual, ya que puede provocar molestias abdominales, gases, diarrea e incluso estreñimiento.

B. Carbohidratos del alimento y glucemia

Algunos alimentos que contienen carbohidratos producen una elevación rápida de la concentración de glucosa en sangre seguida de un descenso pronunciado, mientras que otros provocan una elevación gradual seguida de una disminución lenta (fig. 28-16). Así, difieren en su respuesta glucémica. (Nota: la fibra interfiere con la respuesta glucémica.)

El índice glucémico clasifica los alimentos ricos en carbohidratos en una escala de 0 a 100 con base en la respuesta glucémica que producen en relación con la respuesta glucémica causada por la misma cantidad de carbohidratos (50 g) consumidos en forma de pan blanco o glucosa. Un índice glucémico bajo es < 55, en tanto que uno elevado es ≥ 70. Las evidencias sugieren que una dieta con un índice glucémico bajo favorece el control glucémico en individuos con diabetes. Los alimentos con un índice glucémico bajo tienden a crear una sensación de saciedad a lo largo de un periodo más prolongado y pueden contribuir a limitar la ingesta calórica. (Nota: la proporción en que una ración de un alimento aumenta la glucemia se conoce como carga glucémica. Un alimento [p. ej., zanahorias] puede tener un índice glucémico alto y una carga glucémica baja.)

C. Requerimientos de carbohidratos

Los carbohidratos no son nutrientes esenciales, porque los esqueletos de carbono de los aminoácidos pueden convertirse en glucosa (*véase* cap. 21 sección II A). Sin embargo, aportan nutrientes esenciales, como vitaminas y minerales. Además, la ausencia de carbohidratos en el alimento induce a cetogénesis (*véase* cap. 17 sección V) y degradación de las proteínas del organismo, cuyos aminoácidos constituyentes proporcionan los esqueletos de carbono para la gluconeogénesis (*véase* cap. 11 sección II C). La RDA de carbohidratos se establece en 130 g/día para los adultos y los niños, en función de la cantidad de glucosa utilizada por los tejidos dependientes de carbohidratos, como el cerebro y los eritrocitos. Sin embargo, este nivel de ingesta suele superarse. Los adultos deben consumir de 45 a 65% de sus calorías totales en forma de carbohidratos. Ahora se recomienda que el azúcar añadido no represente más de 10% de la energía total debido a la posibilidad de que desplace de la dieta a los alimentos ricos en nutrientes. (Nota: los azúcares añadidos se relacionan con aumento del peso corporal y diabetes tipo 2.)

D. Azúcares simples y enfermedad

No hay pruebas directas de que el consumo de azúcares simples presentes de forma natural en los alimentos sea peligroso. En contra de la opinión popular, las dietas ricas en sacarosa no inducen diabetes ni hipoglucemia. También en contra de la creencia popular, los carbohidratos no son compuestos engordadores en sí mismos. Producen 4 kcal/g (lo mismo que las proteínas y menos de la mitad que las grasas, *véase* fig. 28-5) y solo inducen la síntesis de grasas cuando se consumen en exceso y más allá de las necesidades energéticas del organismo. Sin embargo, sí hay una relación entre el consumo de sacarosa y la caries dental, en particular si no se realiza un tratamiento con flúor (*véase* cap. 30 sección III E).

VII. PROTEÍNAS DE LA DIETA

El IADM para proteínas es de 10 a 35%. Las proteínas de los alimentos proporcionan aminoácidos esenciales (AAE, *véase* fig. 21-2). Nueve de los 20 aminoácidos necesarios para la síntesis de las proteínas del organismo son esenciales (es decir, no pueden ser sintetizados en los humanos).

A. Calidad de las proteínas

La calidad de una proteína alimentaria se mide por su capacidad para proporcionar los AAE necesarios para el mantenimiento de los tejidos. La mayoría de las agencias gubernamentales ha adoptado la escala corregida de aminoácidos por digestibilidad proteica (PDCAAS) como el estándar mediante el cual se evalúa la calidad de las proteínas. La PDCAAS se basa en el perfil de AAE después de corregir para la digestibilidad de la proteína. La mayor puntuación posible según estas direc-

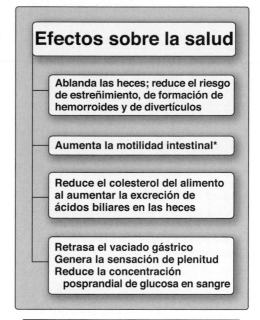

Figura 28-15
Acciones de la fibra de la dieta. (Nota: *aumentar la motilidad intestinal disminuye el tiempo de exposición de los intestinos a los carcinógenos.)

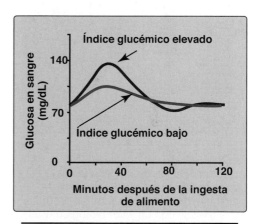

Figura 28-16
Concentraciones de glucosa en sangre después de la ingesta de alimentos con índices glucémicos bajos o elevados. (Nota: el índice glucémico se define como el área bajo la curva de glucosa en sangre.)

Fuente	Valor de PDCAAS
Proteínas animales	
Huevos	1.00
Proteínas de la leche	1.00
Res/aves/pescado	0.82–0.92
Gelatina	0.08
Proteínas vegetales	
Proteína de soya	1.00
Frijoles rojos	0.68
Pan de trigo entero	0.40

Figura 28-17
Calidad relativa de algunas proteínas
habituales de la dieta. PDCAAS, escala
corregida de digestibilidad de proteínas
y aminoácidos.

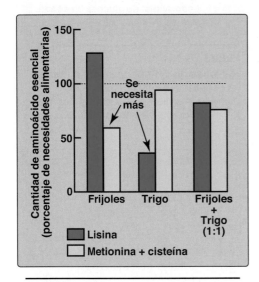

Figura 28-18
La combinación de dos proteínas
incompletas que tienen carencias de
aminoácidos complementarias produce
una mezcla con un valor biológico más
elevado.

trices es 1.00. Esta puntuación de aminoácidos proporciona un método
para equilibrar los aportes de proteínas de peor calidad con las proteínas alimentarias de alta calidad.

1. **Proteínas de origen animal:** las proteínas de origen animal (carne
roja, aves, leche y pescado) tienen una elevada calidad porque contienen todos los AAE en proporciones similares a las necesarias
para la síntesis de las proteínas de los tejidos humanos (fig. 28-17) y
se digieren con mayor facilidad. (Nota: la gelatina preparada a partir
del colágeno animal es una excepción. Tiene poco valor biológico
como consecuencia de su escaso contenido en diversos AAE.)

2. **Proteínas de origen vegetal:** las proteínas procedentes de los
vegetales tienen una menor calidad que las proteínas de origen
animal, pues tienen bajas cantidades de más de uno de los AAE.
Por lo tanto, se denominan proteínas incompletas. Las proteínas
animales como el huevo, la leche y la carne se conocen como proteínas completas porque contienen niveles adecuados de todos los
AAE. Proteínas de diferentes fuentes vegetales pueden combinarse
de tal modo que el resultado sea equivalente en valor nutricional
a la proteína animal. Por ejemplo, el trigo (con escaso contenido
en lisina pero rico en metionina) puede combinarse con los frijoles
rojos (bajos en metionina pero ricos en lisina) para obtener un mayor
valor biológico que cualquiera de sus proteínas componentes (fig.
28-18). (Nota: las proteínas animales también pueden complementar el valor biológico de las proteínas vegetales.)

B. Equilibrio de nitrógeno

Se produce equilibrio de nitrógeno cuando la cantidad de nitrógeno
consumido es igual a la de nitrógeno excretado en la orina (sobre todo
como nitrógeno ureico en orina), el sudor y las heces. La mayoría de los
adultos sanos está en una situación de equilibrio de nitrógeno. (Nota:
existe, en promedio, 1 g de nitrógeno en 6.25 g de proteína).

1. **Equilibrio de nitrógeno positivo:** esta situación se produce
cuando la ingesta de nitrógeno supera su excreción, y se observa
cuando hay crecimiento de tejidos, por ejemplo en la infancia, en el
embarazo o durante la recuperación de una enfermedad que haya
causado un gran adelgazamiento.

2. **Equilibrio de nitrógeno negativo:** esta situación se produce
cuando la pérdida de nitrógeno es mayor que su ingesta. Se asocia
con un aporte de proteína alimentaria inadecuado, falta de algún
AAE o en situaciones de estrés fisiológico debidas a traumatismos,
quemaduras, enfermedades u operaciones.

El equilibrio de nitrógeno (N) (g $N_{entra} - N_{sale}$) en un periodo
de 24 h puede determinarse por la fórmula, Equilibrio de N =
ingesta de proteínas en g/6.25 – (nitrógeno ureico en la orina
+ 4 g), donde 4 g representa la pérdida en orina en formas
distintas al nitrógeno ureico en orina más la pérdida en la
piel y las heces.

C. Requerimientos de proteínas

La cantidad de proteína necesaria en la dieta varía en función de su valor
biológico. Cuanto mayor sea la proporción de proteína animal incluida
en la dieta, menor es la proteína necesaria. Se ha calculado una porción
recomendada en la dieta de proteína para las proteínas de valor biológico mixto de 0.8 g/kg de peso corporal para los adultos, o alrededor de
56 g de proteína para una persona que pese 70 kg. Las personas que

realizan un ejercicio muy intenso de manera regular pueden beneficiarse de un aporte extra de proteína para mantener la masa muscular y se ha recomendado una ingesta diaria de alrededor de 1 g/kg para atletas. Las mujeres embarazadas o lactantes necesitan hasta 30 g/día añadidos a sus requerimientos basales. Para poder hacer frente al crecimiento, los lactantes deben consumir 2 g/kg/día. (Nota: los estados de enfermedad influyen sobre los requerimientos de proteínas. Es posible que se requiera restricción de proteínas en casos de enfermedad renal, en tanto que las quemaduras requieren un aumento en la ingesta proteínica.)

1. **Consumo de un exceso de proteínas:** consumir más proteínas de la RDA no aporta ninguna ventaja fisiológica. La proteína consumida por encima de las necesidades del organismo es desaminada y los esqueletos de carbono derivados se metabolizan para proporcionar energía o acetil-coenzima A para la síntesis de ácidos grasos. Cuando el exceso de proteína es eliminado del organismo en forma de nitrógeno urinario suele ir acompañado de un aumento del calcio urinario, de modo que aumenta el riesgo de nefrolitiasis (cálculos renales) y osteoporosis.

2. **El efecto ahorrador de proteínas de los carbohidratos:** en los requerimientos de proteínas en la dieta influye el contenido de carbohidratos de esta. Cuando la ingesta de carbohidratos es baja, los aminoácidos son desaminados con objeto de proporcionar esqueletos de carbono para la síntesis de la glucosa que el sistema nervioso central necesita como combustible. Si la ingesta de carbohidratos es < 130 g/día se metabolizan cantidades sustanciales de proteínas para proporcionar precursores de la gluconeogénesis. Por consiguiente, se considera que los carbohidratos son "ahorradores de proteínas" porque permiten el uso de aminoácidos para la reparación y el mantenimiento de las proteínas tisulares antes que para la gluconeogénesis.

D. Desnutrición de proteínas-energía (calorías)

En los países desarrollados, la desnutrición de proteínas-energía (DPE), también conocida como nutrición insuficiente de proteínas-energía, se aprecia con mayor frecuencia en los pacientes con una enfermedad que disminuye el apetito o altera la forma en que se digieren o absorben los nutrientes, o bien en pacientes hospitalizados con un traumatismo mayor o una infección. (Nota: estos pacientes con catabolismo elevado requieren a menudo una administración intravenosa [IV o parenteral] o a través de sonda [enteral] de nutrientes.) La DPE también puede apreciarse en niños o personas mayores que están desnutridos. En los países en vías de desarrollo puede observarse una ingesta inadecuada de proteínas, energía o ambas como la causa primaria de la DPE. Las personas afectadas muestran gran variedad de síntomas, entre ellos una depresión del sistema inmunológico relacionada con la reducción de la capacidad para resistir la infección. La muerte como consecuencia de una infección secundaria es frecuente. La DPE es un espectro de diversos grados de desnutrición y dos formas extremas son el kwashiorkor y el marasmo (tabla 28-1). (Nota: el kwashiorkor marásmico tiene características de ambas formas.)

Tabla 28-1: características físicas de la desnutrición extrema de proteínas y energía en niños

Tipo de desnutrición de proteínas y energía	Peso para la edad (% esperado)	Peso para la talla	Edema	Contenido de músculo y grasa
Kwashiorkor	60–80	Normal o ↓	Presente	↓
Marasmo	<60	Marcadamente ↓	Ausente	Marcadamente ↓

Nota: el hígado graso y los cambios en la piel y el pelo del kwashiorkor no se observan en el marasmo.

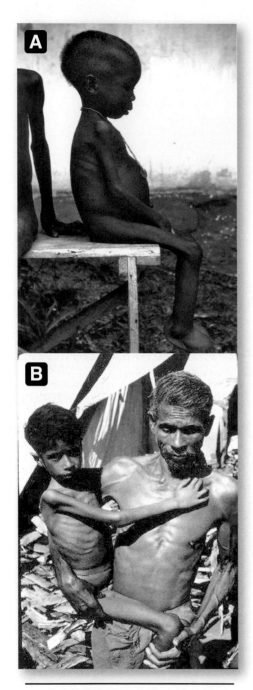

Figura 28-19
A) Niño con kwashiorkor. Nótese el abdomen y la parte inferior de las piernas con hinchazón. **B)** Niño que sufre de marasmo.

1. **Kwashiorkor:** el kwashiorkor se produce cuando la privación proteínica es un tanto mayor que la reducción de calorías totales. La privación de proteínas está relacionada con una pérdida intensa de proteínas viscerales. A menudo se observa kwashiorkor en niños después del destete, a la edad aproximada de 1 año, cuando su dieta consta sobre todo de carbohidratos. Los síntomas típicos incluyen interrupción del crecimiento, lesiones cutáneas, pelo despigmentado, anorexia, hígado graso, edema compresible bilateral y reducción de la concentración de albúmina sérica. El edema se produce como consecuencia de la falta de proteínas en sangre, sobre todo albúmina, para mantener la distribución del agua entre la sangre y los tejidos. Puede enmascarar la pérdida de músculos y grasa. Por lo tanto, la desnutrición crónica se refleja en las concentraciones de albúmina sérica. (Nota: debido a que la ingesta calórica de carbohidratos puede ser adecuada, los niveles de insulina suprimen la lipólisis y la proteólisis. El kwashiorkor es, por lo tanto, desnutrición no adaptada.)

2. **Marasmo:** el marasmo se produce cuando la privación de calorías es relativamente mayor que la reducción de proteínas. Por lo general se observa en niños menores de 1 año de edad cuando la leche materna se complementa o sustituye con papillas acuosas de cereales locales, que suelen ser deficitarias en proteínas y calorías. Los síntomas típicos son interrupción del crecimiento, agotamiento muscular extremo (emaciación), debilidad y anemia (fig. 28-19). Las víctimas del marasmo no muestran el edema observado en el kwashiorkor. (Nota: el realimentar a individuos con desnutrición extrema puede derivar en hipofosfatemia [*véase* cap. 30 sección II A2] debido a que cualquier fosfato disponible se utiliza para fosforilar los intermediarios de los carbohidratos. Suele administrarse leche debido a su alto contenido en fosfato.)

> La caquexia, un trastorno de emaciación caracterizado por pérdida del apetito y atrofia muscular (con o sin aumento de la lipólisis) que no puede revertirse mediante el apoyo nutricional convencional, se observa en una variedad de enfermedades crónicas, como cáncer y enfermedad pulmonar y renal crónica. Se relaciona con una disminución en la tolerancia y la respuesta al tratamiento y un menor tiempo de supervivencia.

VIII. HERRAMIENTAS PARA LA NUTRICIÓN

Se ha desarrollado una serie de herramientas que proporcionan a los consumidores información sobre qué (y cuánto) deben comer, así como el contenido nutricional de los alimentos que consumen. Herramientas adicionales permiten a los profesionales médicos valorar si se están cumpliendo o no los requerimientos nutricionales de una persona.

A. MyPlate

MyPlate fue diseñado por el U.S. Department of Agriculture (USDA) para ilustrar de forma gráfica sus recomendaciones sobre qué grupos de alimentos y en qué cantidades deben consumirse a diario. En MyPlate, las cantidades relativas de cada uno de los cinco grupos alimentarios (vegetales, granos, proteínas, frutas y lácteos) se representan por el tamaño relativo de su sección en el plato (fig. 28-20). El número de raciones depende de variables que incluyen edad y género. También se utiliza el Healthy Eating Plate creado por expertos de la Harvard School of Public Health y la Harvard Medical School. Se diferencia de MyPlate, que aconseja limitar la leche y sustituirla por agua. Además, recomienda aceites saludables y actividad física.

B. Etiqueta de información nutricional

La mayoría de los productos empacados debe tener una etiqueta de información nutricional o "Etiqueta de alimentos" (fig. 28-21) que incluye el tamaño de una porción individual, las calorías que aporta y la cantidad de raciones por empaque. Además, se muestra un porcentaje de los valores diarios para la mayoría de los nutrientes enumerados. (Nota: este porcentaje se basa en una dieta de 2 000 calorías para adultos sanos.)

1. **Porcentaje de los valores diarios:** este porcentaje compara la cantidad de un nutriente determinado en una porción individual de un producto en relación con la ingesta diaria recomendada para un nutriente. Por ejemplo, el porcentaje de los valores diarios para los micronutrientes enumerados, así como para los carbohidratos y fibra totales, se basan en las recomendaciones de la ingesta diaria mínima. Por lo tanto, si la etiqueta indica 20% del calcio, una porción proporciona 20% de las cantidades mínimas recomendadas de calcio que se requieren cada día. En contraste, el porcentaje de los valores diarios para grasa saturada, colesterol y sodio se basan en su consumo máximo diario recomendado y el porcentaje del valor diario refleja qué porcentaje de este máximo proporciona la porción. No hay un porcentaje de valores diarios para proteínas debido a que la ingesta recomendada depende del peso corporal. (Nota: "azúcares" representa monosacáridos y disacáridos. El resto de los carbohidratos [carbohidratos totales – (fibra + azúcares)] consiste en oligosacáridos y polisacáridos.)

2. **Etiquetas de información nutricional:** en 2014, la USDA propuso los siguientes cambios a la etiqueta de información nutricional: deben incluirse azúcares añadidos, vitamina D y potasio; se deben eliminar las vitaminas A y C, grasas totales y calorías de las grasas, ya que el tipo de grasa es más importante que la cantidad; y el tamaño de la porción debe ajustarse para reflejar las cantidades que las personas en realidad consumen. Además, el diseño se cambió para resaltar las partes más importantes de la etiqueta (fig. 28-22).

C. Valoración nutricional

La valoración de la nutrición evalúa el estado nutricional con base en información clínica. Incluye (pero no se limita a) antecedentes alimentarios, medias antropométricas y datos de laboratorio. Los datos de la valoración pueden resultar en terapia nutricional médica (TNM), que es el tratamiento de alteraciones médicas mediante un plan nutricional personalizado. Por ejemplo, la TNM para la hiperlipidemia implica reducir la cantidad y los tipos de grasas y, a menudo, las calorías de la dieta.

1. **Antecedentes alimentarios:** es el registro del consumo de alimentos a lo largo de un periodo determinado. Para un diario de alimentación se registran los tipos específicos y las cantidades exactas de los alimentos consumidos en "tiempo real" (tan pronto como sea posible después de comer) durante un periodo de 3 a 7 días. Los abordajes retrospectivos incluyen un cuestionario de frecuencia de

Figura 28-20
MyPlate.

Información nutricional

Tamaño de la porción 1 taza (228 g)
Porciones por empaque alrededor de 2

Cantidad por porción	
Calorías 250	Calorías de grasa 110

	% valor diario*
Grasa total 12 g	**18%**
Grasa saturada 3 g	**15%**
Grasa *trans* 3 g	
Colesterol 30 mg	**10%**
Sodio 470 mg	**20%**
Carbohidratos totales 31 g	**10%**
Fibra alimentaria 0 g	**0%**
Azúcares 5 g	
Proteínas 5 g	

Vitamina A	4%
Vitamina C	2%
Calcio	20%
Hierro	4%

*El porcentaje de valores diarios se basa en una dieta de 2 000 calorías. Sus valores diarios pueden ser mayores o menores dependiendo de sus requerimientos calóricos:

		Calorías: 2 000	2 500
Grasa total	Menos de	65 g	80 g
Grasa saturada	Menos de	20 g	25 g
Colesterol	Menos de	300 mg	300 mg
Sodio	Menos de	2 400 mg	2 400 mg
Carbohidratos totales		300 g	375 g
Fibra alimentaria		25 g	30 g

Figura 28-21
Etiqueta de información nutricional (etiqueta de alimentos).

Información nutricional

8 porciones por contenedor
Tamaño de porción   2/3 de taza (55 g)

Cantidad en 2/3 de taza

Calorías   230

%VD*		
12%	**Grasa total** 8 g	
5%	**Grasa saturada** 1 g	
	Grasa *trans* 0 g	
0%	**Colesterol** 0 mg	
7%	**Sodio** 160 mg	
12%	**Carbohidratos totales** 37 g	
14%	**Fibra alimentaria** 4 g	
	Azúcares 1 g	
	Azúcares añadidos 0 g	
	Proteínas 3 g	
10%	**Vitamina D** 2 µg	
20%	**Calcio** 260 mg	
45%	**Hierro** 8 mg	
5%	**Potasio** 235 mg	

* Nota al pie sobre valores diarios (VD) y calorías de referencia a insertarse en este lugar.

Figura 28-22
Etiqueta de información nutricional que muestra los cambios propuestos en 2014 para implementarse en 2018.

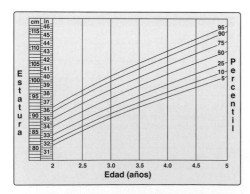

Figura 28-23
Gráfica de crecimiento clínico de estatura para niños de 2 a 5 años de edad de los *Centers for Disease Control and Prevention* (CDC) (*véase* https://www.cdc.gov/growthcharts/). Las gráficas para niña son color rosa.

los alimentos (p. ej., qué frutas se consumieron y con qué frecuencia en 1 día, semana o mes típico) y recordar qué alimentos específicos y en qué cantidades se consumieron en un periodo de 24 horas.

2. **Mediciones antropométricas:** son las mediciones físicas del cuerpo. Incluyen (pero no se limitan) peso corporal, talla, índice de masa corporal (un indicador de obesidad, *véase* cap. 27 II A), grosor del pliegue cutáneo (un indicador de grasa subcutánea) y circunferencia de la cintura (un indicador de grasa abdominal, la circunferencia de brazo es indicativo de la masa magra; *véase* cap. 27 II). (Nota: el peso corporal ideal puede calcularse con el método Hamwi: 48 kg [para hombres] o 45 kg [para mujeres] por los primeros 152 cm de estatura + 2.25 kg por cada 2.54 cm por arriba de 152 cm de estatura, con un ajuste − 10% para una complexión delgada y + 10% para una gruesa.)

3. **Indicadores bioquímicos:** se obtienen mediante pruebas realizadas en líquidos, tejidos y en los desechos corporales. Pueden incluir C-LDL en plasma (para riesgo cardiovascular), grasa fecal (para malabsorción), índices eritrocíticos (para deficiencias vitamínicas) y equilibrio de N y proteínas séricas (como albúmina y transtiretina [prealbúmina]) para el estado de proteínas-energía. (Nota: estas proteínas se elaboran en el hígado y transportan moléculas como ácidos grasos y tiroxina [*véase* cap. 30 sección IV A] a través de la sangre. Los niveles bajos de albúmina se correlacionan con un aumento de la morbilidad y la mortalidad en pacientes hospitalizados. La vida media corta [2 a 3 días] de transtiretina en comparación con la de la albúmina [20 días] ha llevado a su uso para monitorear la evolución de los pacientes hospitalizados.)

> La insuficiencia nutricional puede ser el resultado de ingesta inadecuada de nutrientes (causada, p. ej., por la incapacidad para comer, pérdida de apetito o menor disponibilidad), absorción inadecuada, menor utilización, aumento de la excreción o mayores requerimientos.

IX. NUTRICIÓN Y ETAPAS DE LA VIDA

En cada etapa de la vida se requieren fuentes de energía de macronutrientes, micronutrientes, AGE y AAE. Además, cada etapa tiene necesidades nutricionales específicas.

A. Lactancia, infancia y adolescencia

El rápido crecimiento y desarrollo en la lactancia (del nacimiento a 1 año de edad) y la infancia (1 año de edad a la adolescencia) tienen mayores requerimientos de energía y proteínas en relación con el tamaño del cuerpo que lo que se requiere en etapas posteriores de la vida. En la adolescencia, los marcados aumentos que ocurren en la talla y el peso incrementan las necesidades nutricionales. Se utilizan gráficas de crecimiento (fig. 28-23) para comparar la estatura (talla) de un individuo o su peso con los valores esperados para otros de la misma edad (≤ 20 años) y género. Estas se basan en datos de una gran cantidad de individuos normales con el tiempo. (Nota: las desviaciones de la curva de crecimiento esperado, como se reflejan al cruzarse dos o más líneas de percentiles, son causa de preocupación.)

1. **Lactantes:** la nutrición ideal de los lactantes se basa en la leche materna debido a que esta proporciona calorías y la mayoría de los

micronutrientes en cantidades apropiadas para el lactante humano. Los carbohidratos, las proteínas y la grasa están presentes a una proporción de 7:3:1. (Nota: además de la disacárido lactosa, la leche humana contiene cerca de 200 oligosacáridos únicos. Alrededor de 90% de la microbiota [la población de microbios] en el intestino del lactante alimentado al seno materno corresponde a un tipo *Bifidobacterium infantis*, que expresa todas las enzimas necesarias para degradar estos azúcares complejos. Los azúcares, a su vez, actúan como prebióticos que favorecen el crecimiento de *B. infantis*, un probiótico [bacterias benéficas].) Sin embargo, la leche materna tiene poca vitamina D, y exclusivamente los bebés alimentados al seno materno requieren complementos de vitamina D. (Nota: la leche humana proporciona anticuerpos y otras proteínas que reducen el riesgo de infección.)

> La microbiota en el cuerpo humano junto con su genoma se conoce como microbioma. Esta se adquiere al nacer en el ambiente y cambia con las etapas de la vida. El microbioma intestinal influye sobre la nutrición del hospedador al facilitar el procesamiento de los alimentos consumidos y en sí mismo se ve influenciado por dicho alimento. Su relación con la nutrición insuficiente, la obesidad y la diabetes está en investigación.

2. **Niños:** al igual que con los lactantes, los niños tienen mayores necesidades de calorías y nutrientes. Sin embargo, las preocupaciones primarias en esta etapa son la deficiencia de hierro y calcio.

3. **Adolescentes:** en la adolescencia, la ganancia de la talla y el peso incrementa la necesidad de calorías, proteínas, calcio, hierro y fósforo. Los patrones de alimentación en esta etapa pueden dar lugar a un consumo excesivo de grasa, sodio y azúcar y un consumo insuficiente de vitamina A, tiamina y ácido fólico. (Nota: los trastornos alimenticios y la obesidad son preocupaciones para este grupo de edad.)

B. Etapa adulta

La nutrición excesiva es una preocupación en adultos jóvenes, en tanto que la desnutrición es causa de inquietud en adultos de edad avanzada.

1. **Adultos jóvenes:** la nutrición en los adultos jóvenes se enfoca en mantener una buena salud y prevenir enfermedad. El objetivo es una dieta rica en alimentos de origen vegetal (con un enfoque en la fibra y los granos enteros), un consumo limitado de grasas saturadas y ácidos grasos trans y una ingesta equilibrada de AGPI ω-3 y ω-6.

2. **Mujeres embarazadas o en lactancia:** los requerimientos calóricos, proteínicos y de casi todos los micronutrientes aumentan en el embarazo y la lactancia. Suelen recomendarse complementos de ácido fólico (para prevenir defectos del tubo neural [*véase* cap. 29 sección II 2]), vitamina D, calcio, hierro, yodo y ácido docosahexaenoico.

3. **Adultos mayores:** el envejecimiento aumenta el riesgo de desnutrición. La disminución del apetito que deriva de un menor sentido del gusto (disgeusia) y el olfato (hiposmia) reduce el consumo de nutrientes. (Nota: las limitaciones físicas, lo que incluye problemas con la dentición y factores psicosociales, como el aislamiento, también pueden tener un papel en la reducción de la ingesta.) La ingesta

Nota del revisor científico:

El síndrome de intestino irritable (SII) es un trastorno gastrointestinal funcional con síntomas que incluyen dolor abdominal asociado con un cambio en la forma o frecuencia de las heces, afecta entre 5 y 10% de la población. Aún no se conoce la causa del SII pero la mayor parte de los diagnósticos es producto de una mala dieta, es por eso que el tratamiento se basa en una alimentación baja en carbohidratos denominados FODMAP (oligo, di y monosacáridos y polioles fermentables) los cuales son una clase de carbohidratos pequeños no digeribles, los FODMAP están relacionados principalmente con su actividad osmótica, que empuja el agua hacia el tracto gastrointestinal produciendo diarrea, además, tras entrar en el colon, representan un alimento fácil de utilizar por la microbiota intestinal que los fermenta aumentando la producción de gases y empeorando el cuadro clínico del síndrome de intestino irritable.

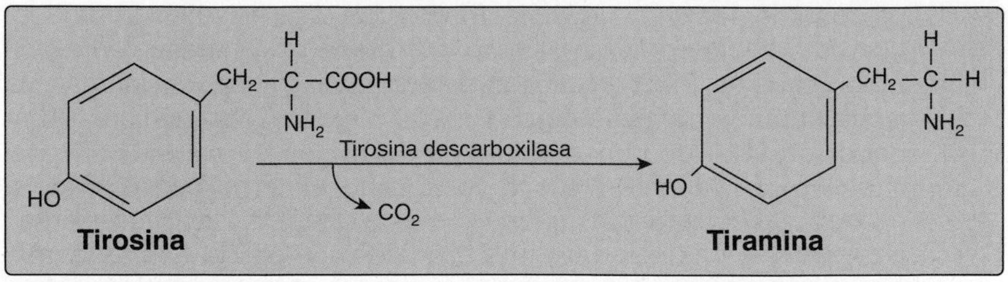

Figura 28-24
Descarboxilación de tirosina a tiramina. CO_2 = dióxido de carbono.

inadecuada de proteínas, calcio y vitaminas D y B_{12} es frecuente. La deficiencia de vitamina B_{12} puede dar lugar a una menor absorción causada por aclorhidria (reducción del ácido gástrico, *véase* cap. 29 IV). En el envejecimiento, la masa muscular magra disminuye y la grasa aumenta, lo que deriva en una menor TMR. (Nota: las interacciones fármacos-nutrientes pueden presentarse en cualquier etapa de la vida, pero son más frecuentes a medida que la cantidad de medicamentos aumenta con el paso del tiempo.)

Aplicación clínica 28-1: inhibidores de la monoaminooxidasa

Los inhibidores de la monoaminooxidasa (MAO), usados para tratar la depresión (*véase* cap. 22 sección III A4) y la enfermedad de Parkinson temprana, pueden interactuar con los alimentos que contienen tiramina. La tiramina es una monoamina derivada de la descarboxilación de la tirosina durante el curado, añejado o fermentación de los alimentos (fig. 28-24). Provoca la liberación de noradrenalina, lo que aumenta la presión arterial y la frecuencia cardiaca. Los pacientes que toman inhibidores de la MAO y consumen estos alimentos están en riesgo de una crisis hipertensiva.

X. Resumen del capítulo

- Las **ingestas de referencia en la dieta (IRD)** proporcionan estimados de las cantidades de nutrientes que se consideran necesarios para prevenir deficiencias y mantener una salud y un crecimiento óptimos.

- Las IRD constan de los **requerimientos promedio estimados (RPE)**, la **porción recomendada en la dieta (RDA)**, la **ingesta adecuada (IA)** y **el nivel superior tolerable (TUL)**.

- Los **requerimientos promedio estimados (RPE)** es el promedio de aporte alimentario diario que basta para satisfacer las necesidades de 50% de los individuos sanos en una etapa particular de la vida (edad) y género.

- La **porción recomendada en la dieta (RDA)** es el promedio de ingesta alimentaria diaria que es suficiente para cumplir con los requerimientos de nutrientes de casi todos (97 a 98%) los individuos en una etapa de la vida y género.

- La **ingesta adecuada (IA)** se fija en lugar de la RDA si no se cuenta con pruebas científicas suficientes para calcular dicha cantidad.

- El **nivel superior tolerable (TUL)** es el mayor nivel de ingesta diaria promedio de nutrientes que tal vez no se asocie con un riesgo de efectos adversos para la salud en la mayoría de los individuos en la población general.

- La energía generada por el metabolismo de los **macronutrientes** (9 kcal/g de grasa y 4 kcal/g de proteína o carbohidratos) se usa para que se produzcan en el organismo tres procesos que requieren energía: **tasa metabólica en reposo, efecto térmico del alimento** y **actividad física**.

- Los **intervalos aceptables de distribución de macronutrientes (IADM)** se definen como los intervalos de aporte de un macronutriente concreto relacionados con un menor riesgo de enfermedad crónica que a la vez proporcionan cantidades adecuadas de nutrientes esenciales.

- Los adultos deben consumir **45 a 65%** de sus **calorías totales** en forma de **carbohidratos, 20 a 35%** en forma de **grasas** y **10 a 35%** en forma de **proteínas** (fig. 28-25).

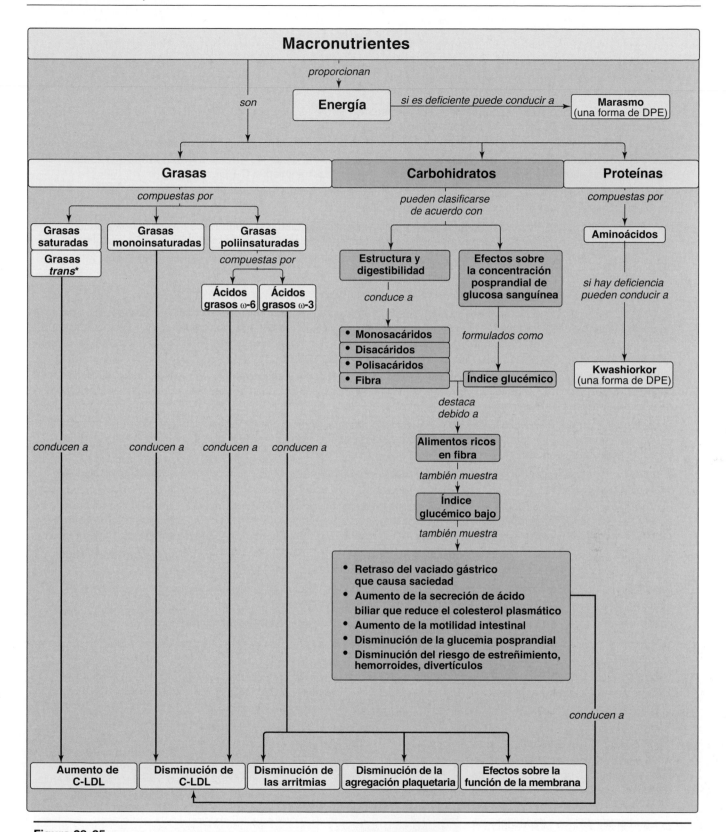

Figura 28-25

Mapa de conceptos fundamentales de los macronutrientes. (Nota: *los ácidos grasos trans se clasifican de modo químico como insaturados). C, colesterol; DPE, desnutrición de proteínas y energía; LDL, lipoproteínas de baja densidad.

- Niveles elevados de colesterol en lipoproteínas de baja densidad (C-LDL) derivan en un mayor riesgo de **cardiopatía coronaria**.

- Niveles elevados de colesterol de lipoproteínas de alta densidad (C-HDL) se han asociado con un menor riesgo de cardiopatía coronaria.

- El tratamiento dietético o farmacológico de la **hipercolesterolemia** reduce con eficacia el C-LDL, aumenta el C-HDL y disminuye el riesgo de cardiopatía coronaria.

- El consumo de **grasas saturadas** está relacionado en gran medida con niveles elevados de colesterol plasmático total y C-LDL. Cuando sustituyen a los ácidos grasos saturados en la dieta, las **grasas monoinsaturadas** reducen el colesterol plasmático total y el colesterol LDL, pero mantienen o disminuyen el C-HDL.

- El consumo de grasas que contienen **ácidos grasos poliinsaturados** ω-6 reduce el colesterol LDL plasmático, pero también el C-HDL, que protege contra las coronariopatías.

- Las grasas **poliinsaturadas** ω-3 de la dieta suprimen las arritmias cardiacas y reducen los triacilgliceroles séricos, reducen la tendencia a la trombosis y disminuyen de manera sustancial el riesgo de mortalidad cardiovascular.

- Los **carbohidratos** proporcionan **energía** y **fibra** a la dieta. Cuando se consumen como parte de una dieta en la cual la ingesta de calorías es igual al gasto de energía, no promueven la obesidad.

- Las **proteínas** de la dieta proporcionan **aminoácidos esenciales**.

- La **calidad de la proteína** se mide por su capacidad para proporcionar los aminoácidos esenciales necesarios para el mantenimiento de los tejidos. Las proteínas de origen animal, en general, tienen una proteína de mayor calidad que la procedente de las plantas. Sin embargo, proteínas de diferentes fuentes vegetales pueden combinarse de tal modo que el resultado sea equivalente en valor nutricional a una proteína animal.

- El **balance de nitrógeno (N) es positivo** cuando la ingesta de N supera su excreción. Esta situación se observa cuando hay crecimiento de los tejidos, por ejemplo en la infancia, durante el embarazo o durante la recuperación de una enfermedad con emaciación.

- Un **balance de N negativo** se asocia con pérdidas de N mayores que su aporte, en situaciones de aporte inadecuado de proteínas de la dieta, falta de algún aminoácido esencial o en casos de estrés fisiológico debido a traumatismo, quemaduras, una enfermedad o una operación quirúrgica.

- El **kwashiorkor** ocurre cuando la privación de proteínas es un tanto mayor que la reducción de calorías totales. Se caracteriza por edema.

- El **marasmo** ocurre cuando la privación de calorías es un tanto mayor que la reducción de proteínas. No se ha observado edema. Ambas son formas extremas de **desnutrición de proteína-energía (DPE)**. Las **etiquetas de información nutricional** proporcionan a los consumidores información sobre el contenido nutricional de los alimentos empacados.

- La valoración médica del estado nutricional incluye los **antecedentes alimentarios**, las **medidas antropométricas** y los **datos de laboratorio**. Cada etapa de la vida tiene necesidades nutricionales específicas.

- Se utilizan **gráficas de crecimiento** para monitorear el patrón de crecimiento de los individuos del nacimiento a la adolescencia.

- Las **interacciones fármaco-nutriente** son causa de preocupación, en especial en adultos mayores.

Preguntas de estudio

Elija la RESPUESTA correcta.

28.1 Para el niño que se muestra a la derecha, ¿cuál de las siguientes afirmaciones apoyaría un diagnóstico de kwashiorkor? Considere que el niño:

    A. Parece regordete debido al aumento de los depósitos de grasa en el tejido adiposo.

    B. Exhibe edema abdominal y periférico.

    C. Tiene un nivel de albúmina sérica superior a lo normal.

    D. Presenta una marcada reducción de peso para la talla.

Respuesta correcta = B. El kwashiorkor es causado por una ingesta inadecuada de proteína en presencia de una ingesta aceptable a adecuada de energía (calorías). Los datos típicos en un paciente con kwashiorkor incluyen edema abdominal y periférico (nótese la inflamación en el abdomen y las piernas) causado sobre todo por una disminución en la concentración de albúmina sérica. Las reservas de grasa del cuerpo se agotan, pero el peso para la talla puede ser normal debido al edema. El tratamiento incluye una dieta adecuada en calorías y proteínas.

28.2 ¿Cuál de las siguientes afirmaciones relativa a los lípidos alimentarios es correcta?

A. El aceite de coco es rico en grasas monoinsaturadas y el aceite de oliva es rico en grasas saturadas.

B. Los ácidos grasos que contienen enlaces dobles en la configuración trans, a diferencia de los isómeros cis que aparecen de manera natural, elevan los niveles de colesterol de lipoproteínas de alta densidad.

C. Los ácidos grasos poliinsaturados linoleico y linolénico son componentes necesarios.

D. Los triacilgliceroles obtenidos de las plantas contienen por lo general menos ácidos grasos insaturados que los procedentes de animales.

Respuesta correcta = C. Los humanos son incapaces de elaborar ácidos grasos linoleico y linolénico. En consecuencia, estos ácidos grasos son esenciales en la dieta. El aceite de coco es rico en grasas saturadas y el aceite de oliva lo es en grasas monoinsaturadas. Los ácidos grasos trans elevan los niveles plasmáticos de colesterol de lipoproteínas de baja densidad, no colesterol de lipoproteínas de alta densidad. Los triacilgliceroles obtenidos de las plantas suelen contener más ácidos grasos insaturados que los procedentes de los animales.

28.3 Si un hombre de 70 kg de peso consume un promedio diario de 275 g de carbohidratos, 75 g de proteínas y 65 g de lípidos, ¿cuál de las siguientes conclusiones es acertada?

A. Alrededor de 20% de las calorías procede de los lípidos.

B. La dieta contiene una cantidad suficiente de fibra alimentaria.

C. El individuo está en situación de equilibrio de nitrógeno.

D. Las proporciones de carbohidratos, proteínas y lípidos de la dieta coinciden con las recomendaciones actuales.

E. La ingesta de energía total por día es de cerca de 3 000 kcal.

Respuesta correcta = D. La ingesta de energía total es (275 g de carbohidratos × 4 kcal/g) + (75 g de proteínas × 4 kcal/g) + (65 g de lípidos × 9 kcal/g) = 1 100 + 300 + 585 = 1 985 kcal totales/día. El porcentaje de calorías procedente de los carbohidratos es 1 100/1 985 = 55; el porcentaje de calorías procedente de las proteínas es 300/1 985 = 15, y el porcentaje de calorías procedente de los lípidos es de 585/1 985 = 30. Estos porcentajes están muy cerca de las recomendaciones actuales. La cantidad de fibra o el equilibrio de nitrógeno no pueden deducirse a partir de los datos presentados. Si la proteína es de bajo valor biológico, es posible que el equilibrio de nitrógeno sea negativo.

28.4 En la bronquitis crónica, la producción excesiva de moco provoca obstrucción de las vías respiratorias que deriva en hipoxemia (nivel bajo de oxígeno en sangre), alteración de la espiración e hipercapnia (retención de dióxido de carbono). ¿Por qué se recomendaría una dieta rica en grasas y baja en carbohidratos para un paciente con enfermedad pulmonar obstructiva crónica causada por bronquitis crónica?

A. La grasa contiene más átomos de oxígeno en relación con los átomos de carbono o hidrógeno que los carbohidratos.

B. Los lípidos tienen una menor densidad calórica que los carbohidratos.

C. El metabolismo de los lípidos genera menos dióxido de carbono.

D. El cociente respiratorio para la grasa es mayor que el cociente respiratorio para los carbohidratos.

Respuesta correcta = C. Un objetivo terapéutico en la enfermedad pulmonar obstructiva crónica causada por bronquitis aguda consiste en garantizar una nutrición apropiada sin elevar el cociente respiratorio (CR), que es la proporción de dióxido de carbono (CO_2) producido frente al oxígeno consumido, con lo que se minimiza la producción de CO_2. Se produce menos CO_2 a partir del metabolismo de la grasa (CR = 0.7) que del catabolismo de los carbohidratos (CR = 1.0). Los lípidos contienen menos átomos de oxígeno. Los lípidos tienen una mayor densidad calórica que los carbohidratos. (Nota: el CR se determina mediante calorimetría indirecta.)

28.5 Un hombre de 32 años de edad es rescatado de una casa en llamas y se le ingresa al hospital con quemaduras en más de 45% de su cuerpo (quemaduras graves). El hombre pesa 70 kg y mide 183 cm. ¿Cuál de los siguientes es el mejor estimado rápido de los requerimientos diarios inmediatos de calorías para este paciente?

A. 1 345 kcal

B. 1 680 kcal

C. 2 690 kcal

D. 3 360 kcal

Respuesta correcta = D. Un estimado rápido de uso frecuente del gasto total de energía para los hombres es 1 kcal/1 kg de peso corporal/24 h. (Nota: es de 0.8 kcal para las mujeres.) Para este paciente, el valor es 1 680 kcal (1 kcal/kg/h × 24 h × 70 kg). Además, debe incluirse en el cálculo un factor de lesión de 2 para quemaduras graves: 1 680 kcal × 2 = 3 360 kcal.

28.6 ¿Cuál de los siguientes es el mejor consejo que puede dar a un paciente que pregunta sobre la anotación "porcentaje de valor diario" en las etiquetas de información nutricional?

A. Debe lograrse un valor diario de 100% para cada nutriente cada día.

B. Elija alimentos que tengan el mayor porcentaje de valor diario para todos los nutrientes.

C. Elija alimentos con un bajo porcentaje de valor diario para los micronutrientes.

D. Elija alimentos con un bajo porcentaje de valor diario para la grasa saturada.

Para las preguntas 28.7 y 28.8, utilice el siguiente caso.

Un varón sedentario de 50 años de edad que pesa 80 kg solicita una exploración física. Niega tener problemas de salud. Los análisis sistemáticos de sangre no son dignos de mención, salvo por el colesterol plasmático, que es de 295 mg/dL. (El valor de referencia es < 200 mg.) El paciente rechaza el tratamiento farmacológico para su hipercolesterolemia. El análisis de lo que recuerda que ingirió durante 1 día es el siguiente:

Kilocalorías	3 475 kcal	Colesterol	822 mg
Proteínas	102 g	Grasa saturada	69 g
Carbohidratos	383 g	Grasa total	165 g
Fibra	6 g		

28.7 ¿El disminuir cuál de los siguientes componentes alimentarios tendría un mayor efecto en la reducción del colesterol plasmático?

A. Carbohidratos.
B. Colesterol.
C. Fibra.
D. Grasa monoinsaturada.
E. Grasa poliinsaturada.
F. Grasa saturada.

28.8 ¿Qué información sería necesaria para calcular el gasto total de energía del paciente?

Respuesta correcta = D. El porcentaje de valor diario compara la cantidad de un nutriente determinado en una sola ración de un producto con la ingesta diaria recomendada para dicho nutriente. El porcentaje de valor diario para los micronutrientes presentados en la etiqueta, así como para los carbohidratos y fibras totales, se basan en el consumo mínimo diario recomendado, en tanto que el porcentaje de valor diario para la grasa saturada, el colesterol y el sodio se basan en su consumo máximo diario recomendado.

Respuesta correcta = F. La ingesta de grasa saturada influye en gran manera en el colesterol plasmático de esta dieta. El paciente consume una dieta rica en grasas y rica en calorías y 42% de la grasa que ingiere es saturada. Las recomendaciones dietéticas más importantes son reducir la ingesta de calorías totales, sustituir las grasas monoinsaturadas y poliinsaturadas por grasas saturadas y aumentar la fibra alimentaria. Una disminución del colesterol de la dieta sería útil, pero no es un objetivo principal.

Se requieren las variables del gasto de energía basal diario (tasa metabólica en reposo estimada/h × 24 h) y el índice de actividad física con base en el tipo y duración de las actividades físicas. Se añadiría 10% adicional para considerar el efecto térmico de los alimentos. Nótese que si el paciente estuviera hospitalizado, se incluiría un factor de lesión al cálculo y se modificaría el índice de actividad física. Existen tablas para el índice de actividad física y el factor de lesión.

Micronutrientes: vitaminas

29

I. GENERALIDADES

Las vitaminas son moléculas orgánicas que no pueden ser sintetizadas en cantidades adecuadas por los humanos y que, por consiguiente, deben suministrarse en la dieta. Nueve vitaminas (ácido fólico, cobalamina, ácido ascórbico, piridoxina, tiamina, niacina, riboflavina, biotina y ácido pantoténico) se clasifican como hidrosolubles. Debido a que estas se excretan con facilidad en la orina, la toxicidad es rara. Sin embargo, las deficiencias pueden desarrollarse con rapidez. Cuatro vitaminas (A, D, K y E) se denominan liposolubles (fig. 29-1), y se liberan, absorben y transportan (en quilomicrones, *véase* cap. 19 sección VI B) con la grasa alimentaria. Estas se almacenan en el hígado y el tejido adiposo y se eliminan más lento que las vitaminas hidrosolubles. De hecho, el consumo de vitaminas A y D por encima de la ingesta de referencia en la dieta (*véase* cap. 28) puede conducir a la acumulación de cantidades tóxicas de estos compuestos. Las vitaminas se necesitan para realizar funciones celulares específicas. Por ejemplo, muchas de las hidrosolubles son precursoras de coenzimas para las enzi-

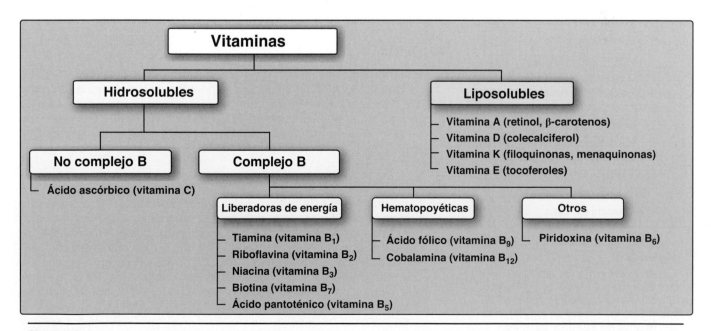

Figura 29-1

Clasificación de las vitaminas. Debido a que se requieren en menores cantidades que los macronutrientes (carbohidratos, proteínas y lípidos), las vitaminas se conocen como micronutrientes.

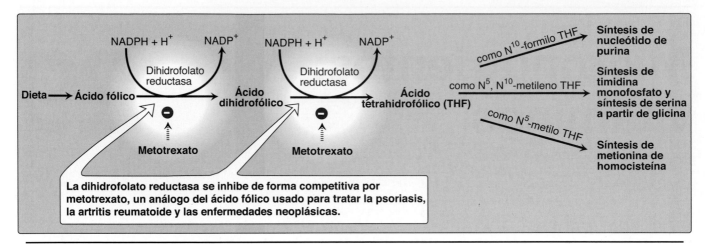

Figura 29-2
Producción y uso de tetrahidrofolato. NADP(H), dinucleótido fosfato de nicotinamida y adenina.

mas del metabolismo intermedio. Al contrario que las vitaminas hidrosolubles, solo una vitamina liposoluble (la vitamina K) tiene función de coenzima.

II. ÁCIDO FÓLICO (VITAMINA B$_9$)

La vitamina B$_9$ describe muchas formas de folato de origen natural. El ácido fólico es la forma sintética del folato que se utiliza en los suplementos y en la fortificación de los alimentos. Sin embargo, estos dos términos, ácido fólico y folato, suelen utilizarse de manera indistinta. El ácido fólico desempeña un papel clave en el metabolismo monocarbonado, y es esencial para la biosíntesis de diversos compuestos. La deficiencia de ácido fólico es tal vez la carencia vitamínica más común en Estados Unidos, en particular entre las embarazadas y los alcohólicos. (Nota: los vegetales de hojas abundantes color verde oscuro son una buena fuente de ácido fólico.)

A. Función

El tetrahidrofolato (THF), la forma reducida y coenzimática del folato, recibe unidades de un carbono de donantes, como la serina, la glicina y la histidina, y los transfiere a productos intermedios en la síntesis de aminoácidos, purinas y monofosfato de timidina (TMP), un nucleótido de pirimidina que se encuentra en el ácido desoxirribonucleico (ADN) (fig. 29-2).

B. Anemias nutricionales

La anemia es un estado en el que la sangre tiene una concentración de hemoglobina inferior a la normal, lo que provoca una menor capacidad para transportar oxígeno (O$_2$). Las anemias nutricionales (es decir, las causadas por un aporte inadecuado de uno o más nutrientes esenciales) pueden clasificarse según el tamaño de los eritrocitos o el volumen corpuscular medio (VCM) observados en la sangre (fig. 29-3). La anemia microcítica (VCM por debajo de lo normal), producida por falta de hierro, es la forma más común de anemia nutricional. La segunda categoría principal de anemia nutricional, la macrocítica (VCM por encima de lo normal) es consecuencia de una deficiencia de ácido fólico o de vitamina B$_{12}$. (Nota: estas anemias macrocíticas suelen denominarse megaloblásticas porque la deficiencia en alguna [o ambas] de estas vitaminas provoca acumulación de precursores inmaduros grandes de

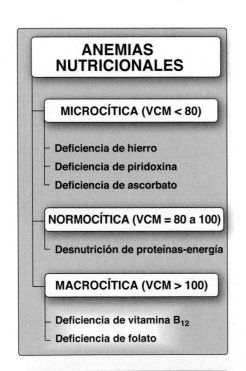

Figura 29-3
Clasificación de las anemias nutricionales por tamaño eritrocítico. El volumen corpuscular medio (VCM) normal en las personas mayores de 18 años de edad es de entre 80 a 100 μm³. (Nota: también se observa anemia microcítica con la intoxicación por metales pesados [p. ej., plomo].)

los eritrocitos, conocidos como megaloblastos, en la médula ósea y la sangre [fig. 29-4]. También se observan neutrófilos hipersegmentados.)

1. **Folato y anemia:** pueden producirse niveles séricos inadecuados de folato por un aumento en la demanda (p. ej., embarazo y lactancia; *véase* cap. 28 sección IX), absorción deficiente causada por una enfermedad del intestino delgado, alcoholismo o tratamiento con fármacos (p. ej., metotrexato) que son inhibidores de la dihidrofolato reductasa (*véase* fig. 29-2). Una dieta exenta de folato puede provocar deficiencia en unas pocas semanas. El resultado principal de la deficiencia de ácido fólico es la anemia megaloblástica (*véase* fig. 29-4), causada por una reducción de la síntesis de los nucleótidos de purinas y de monofosfato de timidina (TMP), que induce una incapacidad de las células (incluidos precursores eritrocíticos) para sintetizar ADN y, por consiguiente, para dividirse.

2. **Folato y defectos del tubo neural:** la espina bífida y la anencefalia, los defectos del tubo neural (DTN) más comunes, afectan a ~3 000 embarazos al año en Estados Unidos. Se ha demostrado que el aporte de complementos de ácido fólico antes de la concepción y durante el primer trimestre reduce de manera significativa los DTN. Por consiguiente, se aconseja a todas las mujeres en edad fértil que consuman 0.4 mg/día (400 µg/día) de ácido fólico para reducir el riesgo de tener un embarazo afectado por defectos del tubo neural y 10 veces esa cantidad si un embarazo previo estuvo afectado. El aporte de folato debe ser el adecuado en el momento de la concepción, porque es en las primeras semanas de la vida fetal cuando se produce el desarrollo crucial dependiente de folato, en un momento en el que muchas mujeres todavía no saben que están embarazadas. En 1998, la Food and Drug Administration autorizó la fortificación de productos de cereales con ácido fólico y también recomendó la administración de suplementos de folato en pastillas, lo que proporciona un complemento alimentario de ~0.1 mg/día. Se calcula que gracias a este aporte complementario ~50% de las mujeres en edad reproductiva podría recibir unos 0.4 mg de folato de cualquier fuente.

III. COBALAMINA (VITAMINA B$_{12}$)

Los humanos necesitan vitamina B$_{12}$ para dos reacciones enzimáticas esenciales: la remetilación de la homocisteína a metionina y la isomerización de la metilmalonil-coenzima A (CoA) producida durante la degradación de algunos aminoácidos (isoleucina, valina, treonina y metionina) y de los ácidos grasos (FA) con números impares de átomos de carbono (fig. 29-5). Cuando hay deficiencia de esta vitamina, se acumulan FA anómalos (ramificados) que se incorporan a las membranas celulares, entre ellas las del sistema nervioso central (SNC). Esto puede explicar algunas de las manifestaciones neurológicas de la deficiencia de vitamina B$_{12}$. (Nota: también se requiere ácido fólico [como N^5-metilo THF] en la remetilación de homocisteína. Por lo tanto, la deficiencia de B$_{12}$ o folato produce niveles elevados de homocisteína.)

A. Estructura de la cobalamina y sus formas coenzimáticas

La cobalamina contiene un sistema anular de corrina que se parece al anillo de porfirina de hemo (*véase* cap. 22), pero difiere de las porfirinas en que dos de los anillos de pirrol están unidos de forma directa y no a través de un puente de meteno. El cobalto (*véase* cap. 30 sección IV) se mantiene en el centro del anillo de corrina gracias a cuatro enlaces de coordinación de los nitrógenos de los grupos pirrol. El resto de

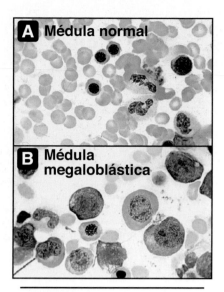

Figura 29-4
Histología de la médula ósea en personas normales (**A**) y con deficiencia de folato (**B**).

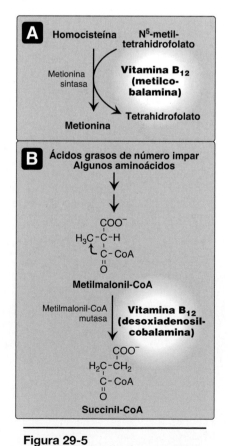

Figura 29-5
A y **B**) Reacciones que requieren las formas coenzimáticas de la vitamina B$_{12}$. CoA, coenzima A.

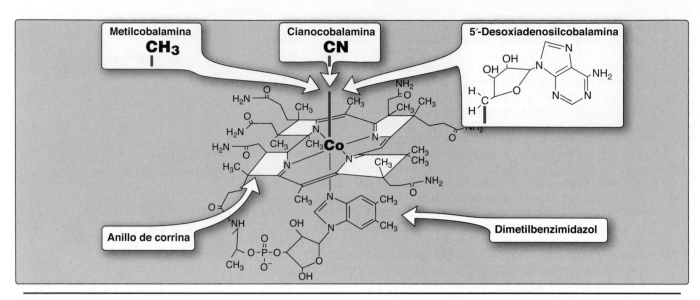

Figura 29-6
Estructura de la vitamina B_{12} (cianocobalamina) y sus formas coenzimáticas (metilcobalamina y 5'-desoxiadenosilcobalamina).

los enlaces de coordinación del cobalto se crea con el nitrógeno del 5,6-dimetilbenzimidazol, y en las preparaciones comerciales de la vitamina en forma de cianocobalamina con el cianuro (fig. 29-6). Las formas coenzimáticas fisiológicas de la cobalamina son la 5'-desoxiadenosilcobalamina y la metilcobalamina, en que el cianuro es sustituido por la 5'-desoxiadenosina o un grupo metilo, de forma respectiva (*véase* fig. 29-6).

B. Distribución

La vitamina B_{12} es sintetizada solo por microorganismos; no está presente en las plantas. Los animales la obtienen preformada de su microbiota intestinal (*véase* cap. 28 sección IX A) o al consumir alimentos procedentes de otros animales. La cobalamina se encuentra en cantidades apreciables en hígado, leche entera, huevos, pescado, productos lácteos y cereales fortificados.

C. Hipótesis de la trampa de folatos

Los efectos de la deficiencia de cobalamina son más pronunciados en las células de división rápida, como el tejido eritropoyético de la médula ósea y las células de la mucosa del intestino. Dichos tejidos necesitan las formas N^5,N^{10}-metileno y N^{10}-formilo del THF para la síntesis de los nucleótidos necesarios en la replicación del ADN (*véanse* pp. 349 y 360). Sin embargo, en la deficiencia de vitamina B_{12}, la utilización de la forma N^5-metilo del THF en la metilación dependiente de vitamina B_{12} de homocisteína a metionina está afectada. Dado que la forma metilo no puede convertirse de modo directo a las otras formas de THF, el folato está atrapado en la forma N^5-metilo, que se acumula. Los niveles de las otras formas disminuyen. Así, la deficiencia de cobalamina induce una deficiencia de las formas THF necesarias para la síntesis de purinas y de TMP, y esto provoca los síntomas de la anemia megaloblástica.

D. Indicaciones clínicas para la cobalamina

Al contrario de lo que ocurre con las otras vitaminas hidrosolubles, en el organismo se almacenan cantidades significativas (2 a 5 mg) de vitamina B_{12}. Como resultado, pueden pasar varios años hasta que aparezcan síntomas clínicos de deficiencia de B_{12} como consecuencia de una menor ingesta de la vitamina. (Nota: la deficiencia ocurre mucho más rápido [meses] si la absorción se ve alterada [*véase* más adelante]. La prueba de Schilling evalúa la absorción de vitamina B_{12}.) La deficiencia de vitamina B_{12} puede determinarse por el nivel de ácido metilmalónico en sangre, que está elevado en individuos con una ingesta insuficiente o una menor absorción de la vitamina.

1. **Anemia perniciosa:** la deficiencia de vitamina B_{12} se observa con mayor frecuencia en pacientes que no pueden absorber la vitamina en el intestino (fig. 29-7). La vitamina B_{12} se libera de los alimentos en el ambiente ácido del estómago. (Nota: la malabsorción de cobalamina en los adultos mayores se debe más a menudo a la menor secreción de ácido gástrico [aclorhidria].) La vitamina B_{12} libre se une entonces a una glucoproteína (proteína R o haptocorrina) y el complejo se desplaza hacia el intestino. La vitamina B_{12} se libera de la proteína R por la acción de las enzimas pancreáticas y se une a otra glucoproteína, denominada factor intrínseco (FI). El complejo cobalamina-FI se desplaza por el intestino y acaba uniéndose a un receptor (cubilina) en la superficie de las células de la mucosa del íleon. La cobalamina es transportada en las células de la mucosa y más adelante a la circulación general, donde es transportada por su proteína de unión (transcobalamina). La vitamina B_{12} se capta y almacena sobre todo en el hígado. Se libera hacia la bilis y se reabsorbe de forma eficiente en el íleon. La malabsorción pronunciada de vitamina B_{12} provoca anemia perniciosa. Esta enfermedad es más a menudo resultado de una destrucción autoinmune de las células parietales gástricas encargadas de la síntesis del factor intrínseco (la ausencia de FI evita la absorción de B_{12}). (Nota: los pacientes que se han sometido a una gastrectomía parcial o total presentan deficiencia de factor intrínseco, y por lo tanto, de vitamina B_{12}.) Las personas con deficiencia de cobalamina suelen estar anémicas (se ve afectado el reciclaje de folato) y en etapas más avanzadas de la enfermedad muestran síntomas neuropsiquiátricos. Los efectos en el SNC son irreversibles. La anemia perniciosa requiere tratamiento de por vida con dosis elevadas de B_{12} por vía oral o con una inyección intramuscular de cianocobalamina. (Nota: las dosis suplementarias hacen efecto incluso en ausencia de FI debido a que ~1% de la captación de vitamina B_{12} ocurre por difusión independiente de FI.)

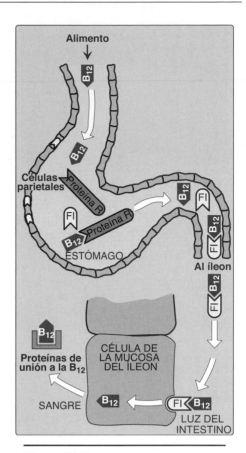

Figura 29-7
Absorción de la vitamina B_{12}.
(Nota: no se muestra la liberación dependiente de ácido de B_{12} de los alimentos.) FI, factor intrínseco.

> Los complementos de ácido fólico pueden anular de modo parcial las anomalías hematológicas de la deficiencia de B_{12} y, por consiguiente, enmascarar una deficiencia de cobalamina. Así, para prevenir efectos posteriores en el SNC por la deficiencia de vitamina B_{12}, el tratamiento de la anemia megaloblástica suele iniciarse con ácido fólico y vitamina B_{12} hasta que se pueda determinar la causa de la anemia.

IV. ÁCIDO ASCÓRBICO (VITAMINA C)

La forma activa de la vitamina C es el ácido ascórbico (fig. 29-8). Su función principal es la de agente reductor. La vitamina C es una coenzima en reacciones de hidroxilación (p. ej., hidroxilación de los residuos prolilo y lisilo del colágeno; y la hidroxilación de la dopamina a noradrenalina en la síntesis de adrenalina), en que su papel es mantener el hierro (Fe) de las **hidroxilasas** en la forma ferrosa (Fe^{+2}) reducida. Por lo tanto, se necesita vitamina C para el mantenimiento del tejido conjuntivo normal, así como para la cicatrización de las heridas. La vitamina C facilita también la absorción del hierro no

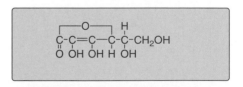

Figura 29-8
Estructura del ácido ascórbico.

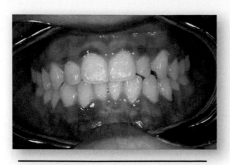

Figura 29-9
Manifestaciones orales en un
paciente con escorbuto.

hemo de los alimentos desde el intestino mediante la reducción de la forma férrica (Fe^{+3}) a Fe^{+2} (*véase* cap. 30 sección III B).

A. Deficiencia

Una deficiencia de ácido ascórbico produce escorbuto, una enfermedad caracterizada por encías dolorosas y esponjosas, pérdida de dientes, fragilidad de los vasos sanguíneos, hemorragia, hinchazón de las articulaciones, cambios óseos y fatiga (fig. 29-9). Muchos de los síntomas de deficiencia pueden explicarse por un defecto en la hidroxilación del colágeno, lo que provoca problemas en el tejido conjuntivo. También puede observarse una anemia microcítica provocada por la menor absorción de hierro.

B. Prevención de la enfermedad crónica

La vitamina C pertenece a un grupo de nutrientes entre los que se encuentran la vitamina E (*véase* p. 466) y el β-caroteno (*véase* sección XI A) y que se conocen como antioxidantes. (Nota: la vitamina C regenera la forma funcional y reducida de la vitamina E.) Aunque se cree que la administración de suplementos de vitamina C o E puede reducir la incidencia de algunas enfermedades crónicas, no hay pruebas que respalden estas afirmaciones.

V. PIRIDOXINA (VITAMINA B₆)

La vitamina B_6 es un término colectivo para la piridoxina, el piridoxal y la piridoxamina, todos derivados de la piridina. Difieren solo en la naturaleza del grupo funcional unido al anillo (fig. 29-10). La piridoxina aparece sobre todo en plantas, mientras que el piridoxal y la piridoxamina se encuentran en alimentos obtenidos de los animales. Los tres compuestos pueden actuar como precursores del fosfato de piridoxal (PLP), que es la coenzima biológicamente activa. El PLP funciona como coenzima para un gran número de enzimas, en particular las que catalizan reacciones en las que intervienen aminoácidos, por ejemplo, en la transulfuración de homocisteína a cisteína, y en la síntesis de dopamina y serotonina. (Nota: el PLP también se requiere para la **glucógeno fosforilasa** [*véase* cap. 12]).

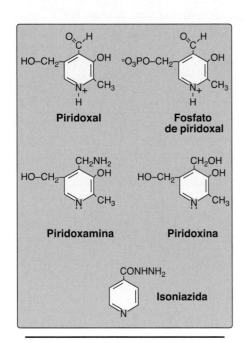

Figura 29-10
Estructuras de la vitamina B_6 y el
antituberculoso isoniazida.

Tipo de reacción	Ejemplo
Transaminación	Oxalacetato + glutamato ⇄ aspartato + α-cetoglutarato
Desaminación	Serina → piruvato + NH_3
Descarboxilación	Histidina → histamina + CO_2
Condensación	Glicina + succinil CoA → ácido δ-aminolevulínico

A. Indicaciones clínicas para la piridoxina

La isoniazida es un fármaco que se utiliza a menudo para el tratamiento de la tuberculosis y que puede inducir una deficiencia de vitamina B_6 al formar un derivado inactivo con el PLP. La administración de complementos de B_6 es, por lo tanto, esencial para algunos pacientes para prevenir el desarrollo de neuropatía periférica. Por lo demás, las deficiencias nutricionales de piridoxina son poco frecuentes, pero se han observado en lactantes recién nacidos alimentados con fórmulas con bajo contenido en B_6, en mujeres que toman anticonceptivos y en personas alcohólicas.

B. Toxicidad

La vitamina B_6 es la única vitamina hidrosoluble con toxicidad importante. Ocurren síntomas neurológicos (neuropatía sensorial) con aportes superiores a 500 mg/día, una cantidad cercana a 400 veces la porción recomendada en la dieta (RDA) y más de cinco veces el nivel superior tolerable de ingesta (TUL). (*Véase* cap. 28 para más detalles sobre RDA y TUL). Cuando se interrumpe la administración de la vitamina se produce una mejoría sustancial, pero no una recuperación completa.

VI. TIAMINA (VITAMINA B₁)

El pirofosfato de tiamina (TPP) es la forma biológicamente activa de la vitamina y se forma por la transferencia de un grupo pirofosfato del trifosfato de adenosina (ATP) a la tiamina (fig. 29-11). El TPP actúa como coenzima en la formación o la degradación de α-cetoles por acción de la **transcetolasa** (fig. 29-12A) y en la descarboxilación oxidativa de los α-cetoácidos (fig. 29-12B).

A. Indicaciones clínicas para la tiamina

La descarboxilación oxidativa del piruvato y del α-cetoglutarato, que desempeña un papel clave en el metabolismo energético de la mayoría de las células, es en particular importante en los tejidos del sistema nervioso central. En la deficiencia de tiamina, la actividad de estas dos reacciones catalizadas por deshidrogenasa disminuye, lo que provoca una menor producción de ATP y, por lo tanto, un deterioro de la función celular. La α-cetoácido deshidrogenasa de cadena ramificada del músculo también requiere TPP (*véase* p. 319). (Nota: es la descarboxilasa de cada uno de estos complejos multienzimáticos de α-cetoácido deshidrogenasa la que requiere el TPP.) La deficiencia de tiamina se diagnostica a partir del aumento de la actividad transcetolasa eritrocítica que se observa al añadir TPP.

1. **Beriberi:** este síndrome grave de deficiencia de tiamina se encuentra en áreas en las que hay desnutrición grave o en zonas donde los alimentos con almidón y bajos en tiamina, como el arroz blanco o pulido, son el componente principal de la dieta. El beriberi en el adulto se clasifica como seco (caracterizado por neuropatía periférica, sobre todo en las piernas) o húmedo (caracterizado por edema debido a miocardiopatía dilatada).

2. **Síndrome de Wernicke-Korsakoff:** en Estados Unidos, la deficiencia de tiamina, que se observa sobre todo relacionada con el alcoholismo crónico, se debe a una insuficiencia alimentaria o a un deterioro de la absorción intestinal de la vitamina. Algunos alcohólicos desarrollan el síndrome de Wernicke-Korsakoff, un estado de deficiencia de tiamina caracterizado por confusión mental, ataxia de la marcha, nistagmo (un movimiento de vaivén de los globos oculares) y oftalmoplejía (debilidad de los músculos oculares) con la encefalopatía de Wernicke, así como problemas de la memoria y alucinaciones con la demencia de Korsakoff. El síndrome es tratable con la administración de complementos de tiamina, pero la recuperación de la memoria por lo general es parcial.

VII. NIACINA (VITAMINA B₃)

La niacina, o ácido nicotínico, es un derivado de piridina sustituido. Las formas biológicamente activas de la coenzima son la dinucleótido de nicotinamida y adenina (NAD$^+$) y su derivado fosforilado, la dinucleótido fosfato de nicotinamida y adenina (NADP$^+$), como se muestra en la figura 29-13. La nicotinamida, un derivado del ácido nicotínico que contiene una amida en vez de un grupo carboxilo, también se encuentra en la dieta. La nicoti-

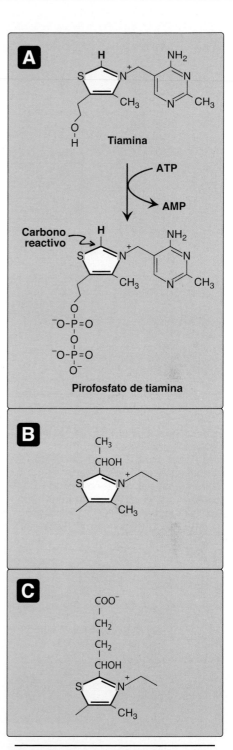

Figura 29-11
A) Estructura de la tiamina y su forma coenzimática, el pirofosfato de tiamina. **B)** Estructura del producto intermedio formado en la reacción catalizada por la piruvato deshidrogenasa. **C)** Estructura del producto intermedio formado en la reacción catalizada por la α-cetoglutarato deshidrogenasa. AMP, adenosina monofosfato.

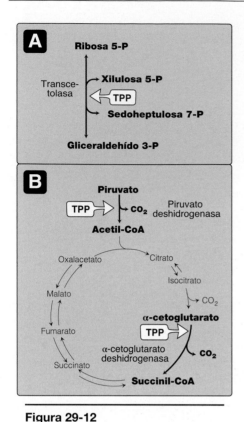

Figura 29-12
Reacciones que utilizan tiamina pirofosfato (TPP) como coenzima.
A) Transcetolasa. **B)** Piruvato deshidrogenasa y α-cetoglutarato deshidrogenasa. (Nota: α-cetoácido
deshidrogenasa de cadena ramificada
utiliza también TPP.) CO_2, dióxido de
carbono; CoA, coenzima A; P, fosfato.

namida se desamina con facilidad en el organismo y, por consiguiente, es
equivalente al ácido nicotínico desde el punto de vista nutricional. La NAD^+
y la $NADP^+$ actúan como coenzimas en las reacciones de oxidación-reducción en que la coenzima pasa por reducción del anillo de piridina al aceptar dos electrones de un ion hidruro, como se muestra en la figura 29-14.
Las formas reducidas de NAD^+ y $NADP^+$ son el NADH y NADPH, de forma
respectiva. (Nota: un metabolito del triptófano, el quinolinato, puede convertirse a NAD[P]. En comparación, 60 mg de triptófano = 1 mg de niacina).

A. Distribución

La niacina se encuentra en los cereales y los granos enriquecidos y no
refinados, la leche y las carnes magras (en especial el hígado).

B. Indicaciones clínicas para la niacina

1. **Deficiencia:** la deficiencia de niacina causa pelagra, una enfermedad que afecta a la piel, el aparato digestivo y el SNC. Los síntomas
de la pelagra avanzan siguiendo las tres D: dermatitis (fotosensibilidad), diarrea, demencia y, si no se trata, otra D: defunción. La enfermedad de Hartnup, caracterizada por una absorción deficiente de
triptófano, puede provocar síntomas similares a la pelagra. (Nota: el
maíz es bajo tanto en niacina como en triptófano. Las dietas a base
de cereal pueden causar pelagra.)

2. **Tratamiento de la hiperlipidemia:** la niacina en dosis de 1.5 g/
día o 100 veces la RDA inhibe de forma marcada la lipólisis en el
tejido adiposo, el principal productor de ácidos grasos libres circulantes. El hígado suele utilizar estos ácidos grasos circulantes como
precursores principales para la síntesis de triacilglicerol (TAG). La
niacina provoca, por lo tanto, una reducción de la síntesis hepática de TAG, que se necesitan para la producción de lipoproteínas
de muy baja densidad (VLDL; *véase* p. 280). Las lipoproteínas de
baja densidad (LDL, ricas en colesterol) proceden de las VLDL del
plasma. Así, se reducen los TAG (en las VLDL) y el colesterol (de las
LDL) del plasma. Por consiguiente, la niacina es en particular útil en
el tratamiento de la hiperlipoproteinemia tipo IIb, caracterizada por

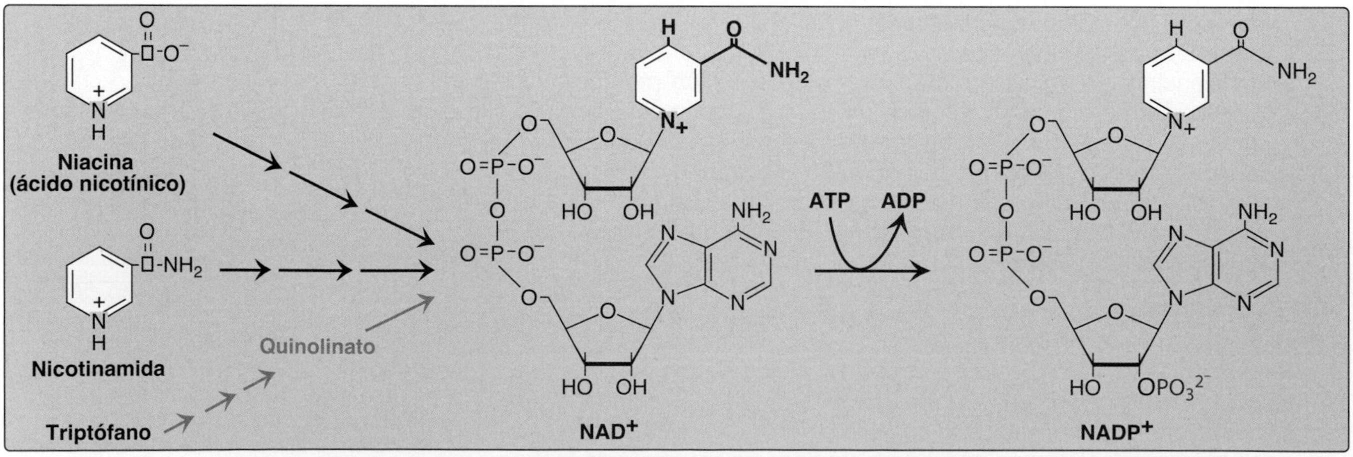

Figura 29-13
Estructura y biosíntesis del dinucleótido de nicotinamida y adenina (NAD^+) y el dinucleótido fosfato de nicotinamida y
adenina ($NADP^+$). ADP, difosfato de adenosina.

la elevación de las VLDL y las LDL. Las dosis elevadas de niacina requeridas pueden causar rubor mediado por las prostaglandinas. El ácido acetilsalicílico puede reducir este efecto secundario al inhibir la síntesis de prostaglandinas (*véase* p. 261). También puede haber comezón. (Nota: la niacina aumenta las lipoproteínas de alta densidad y reduce los niveles de Lp[a] [*véase* p. 286].)

VIII. RIBOFLAVINA (VITAMINA B$_2$)

Las dos formas biológicamente activas de B$_2$ son el mononucleótido de flavina (FMN) y el dinucleótido de flavina adenina (FAD), formados por la transferencia de una fracción de adenosín monofosfato del ATP al FMN (fig. 29-15). El FMN y el FAD son capaces, cada uno, de aceptar de manera reversible dos átomos de hidrógeno, lo que forma FMNH$_2$ y FADH$_2$, de forma respectiva. El FMN y el FAD se unen estrechamente, a veces de manera covalente, a las flavoenzimas (p. ej., NADH deshidrogenasa [FMN] y succinato deshidrogenasa [FAD]) que catalizan la oxidación o la reducción de un sustrato. La deficiencia de riboflavina no está asociada con ninguna enfermedad importante en el humano, aunque suele acompañar a otras deficiencias vitamínicas. Los síntomas de deficiencia incluyen a la dermatitis, la queilosis (aparición de fisuras en los ángulos de la boca) y la glositis (lengua con aspecto liso y púrpura). (Nota: debido a que la riboflavina es sensible a la luz, la fototerapia para hiperbilirrubinemia [*véase* p. 341] puede requerir complementos con la vitamina.)

IX. BIOTINA (VITAMINA B$_7$)

La biotina es una coenzima de las reacciones de carboxilación, en las cuales actúa como portador de dióxido de carbono activado (CO$_2$) para el mecanismo de las carboxilaciones dependientes de biotina. La biotina está unida de forma covalente a los grupos ε-amino de los residuos de lisina de las enzimas dependientes de biotina (fig. 29-16). La deficiencia de biotina no ocurre de manera natural, ya que esta vitamina se encuentra muy presente en los alimentos. Asimismo, un porcentaje alto de los requerimientos de biotina de los humanos se obtiene a partir de las bacterias intestinales. Sin embargo, la adición de clara de huevo crudo a la dieta como fuente de proteínas induce síntomas de deficiencia de biotina, a saber, dermatitis, pérdida de pelo, pérdida de apetito y náusea. La clara del huevo crudo

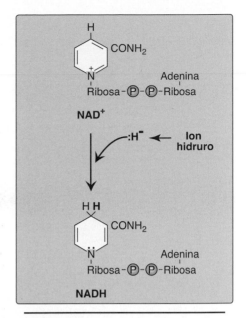

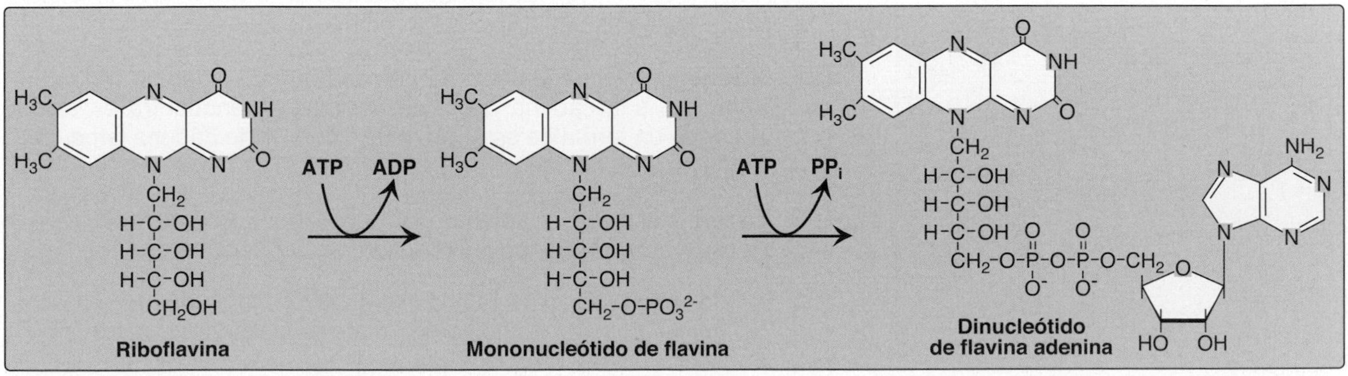

Figura 29-14
Reducción de la dinucleótido de nicotinamida y adenina (NAD$^+$) oxidada a NADH. (Nota: el ion hidruro consta de un átomo de hidrógeno [H] más un electrón). Ⓟ, fosfato.

Figura 29-15
Estructura y biosíntesis de las formas oxidadas de mononucleótido de flavina y dinucleótido de flavina adenina. ADP, difosfato de adenosina; PP$_i$, pirofosfato.

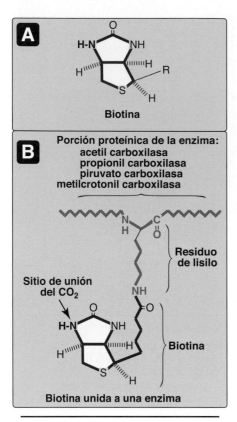

Figura 29-16

A) Estructura de la biotina.
B) Biotina unida de forma covalente a un residuo de lisilo de una enzima dependiente de biotina. CO_2, dióxido de carbono.

Figura 29-17
Estructura de la coenzima A.

contiene la glucoproteína avidina, que se une en gran medida a la biotina e impide su absorción desde el intestino. Sin embargo, se ha calculado que con una dieta normal serían necesarios 20 huevos/día para inducir un síndrome de deficiencia. (Nota: la inclusión de huevo crudo en la dieta no se recomienda debido a la posibilidad de infección por *Salmonella enterica*).

> La deficiencia múltiple de carboxilasa deriva de una menor capacidad de añadir biotina a las carboxilasas durante su síntesis o de eliminarla durante su degradación. El tratamiento consiste en la administración de complementos de biotina.

X. ÁCIDO PANTOTÉNICO (VITAMINA B₅)

El ácido pantoténico es un componente de la CoA que actúa en la transferencia de grupos de los acilo (fig. 29-17). La CoA contiene un grupo tiol el cual transporta compuestos acilo como ésteres tiólicos activados. Ejemplos de este tipo de compuestos son la succinil-CoA, los acetil-CoA grasos y la acetil-CoA. El ácido pantoténico es también un componente del dominio transportador de proteína acilo de la **sintasa de ácidos grasos**. Los huevos, el hígado y la levadura son las fuentes más importantes de ácido pantoténico, aunque la vitamina está distribuida de forma generalizada. La deficiencia de ácido pantoténico no está bien caracterizada en humanos y no se ha establecido una RDA.

XI. VITAMINA A

La vitamina A es una vitamina liposoluble que proviene sobre todo de fuentes animales como el retinol (vitamina A preformada), un retinoide. Los retinoides, una familia de moléculas relacionadas de manera estructural, son esenciales para la visión, la reproducción, el crecimiento y el mantenimiento de los tejidos epiteliales. El ácido retinoico procedente de la oxidación del retinol interviene en la mayoría de las acciones de los retinoides, excepto en el caso de la visión, que depende del derivado aldehído del retinol, el retinal.

A. Estructura

Los retinoides incluyen las formas naturales de la vitamina A, el retinol y sus metabolitos (fig. 29-18) y sus formas sintéticas (fármacos).

1. **Retinol:** el retinol, un alcohol primario que contiene un anillo β-ionona con una cadena lateral insaturada, se encuentra en tejidos animales en forma de éster de retinilo con FA de cadena larga. Es la forma de almacenamiento de la vitamina A.

2. **Retinal:** este es el aldehído obtenido por oxidación del retinol. Retinal y retinol pueden interconvertirse con facilidad.

3. **Ácido retinoico:** este es el derivado ácido obtenido por oxidación del retinal. El ácido retinoico no puede reducirse en el organismo y, por consiguiente, no puede dar lugar al retinal ni al retinol.

4. **β-caroteno:** los alimentos de origen vegetal contienen β-caroteno (provitamina A), que puede escindirse de forma oxidativa en el

intestino para producir dos moléculas de retinal. En los humanos, la conversión no es eficiente y la actividad de β-caroteno de la vitamina A solo es 1/12 parte de la del retinol.

B. Absorción y transporte al hígado

Los ésteres de retinol de los alimentos son hidrolizados en la mucosa intestinal, y liberan retinol y FFA (fig. 29-19). El retinol procedente de los ésteres y de la reducción de retinal a partir de la escisión de β-caroteno vuelve a esterificarse a los ácidos grasos de cadena larga dentro de los enterocitos y se secreta como componente de los quilomicrones en el sistema linfático. Los ésteres de retinol contenidos en los remanentes de quilomicrón son captados por el hígado y almacenados en él. (Nota: todas las vitaminas liposolubles se transportan en los quilomicrones.)

C. Liberación del hígado

Cuando es necesario, el retinol es liberado del hígado y transportado a través de la sangre hasta los tejidos extrahepáticos por la proteína de unión al retinol en un complejo con transtiretina (*véase* fig. 29-19). El complejo ternario se une a una proteína de transporte en la superficie de las células de los tejidos periféricos, lo que permite la entrada de retinol. Una proteína de unión al retinol intracelular transporta el retinol a sitios en el núcleo, donde la vitamina regula la transcripción de una manera análoga a las hormonas esteroideas.

D. Mecanismo de acción del ácido retinoico

El retinol se oxida a ácido retinoico. El ácido retinoico se une con gran afinidad a las proteínas receptoras específicas (receptores de ácido retinoico [RAR]) presentes en el núcleo de los tejidos efectores, como las células epiteliales (fig. 29-20). El complejo ácido retinoico-RAR se une en respuesta a elementos en el ADN y recluta activadores o represores para regular la síntesis del ARN específico de retinoides, lo que da lugar al control de la producción de proteínas específicas que intervienen en diversas funciones fisiológicas. Por ejemplo, los retinoides controlan la expresión del gen de la queratina en la mayoría de los tejidos epiteliales del organismo. (Nota: las proteínas RAR forman parte de la superfamilia de reguladores transcripcionales entre los que se cuentan las hormonas esteroideas y tiroideas y la vitamina D, todas las cuales funcionan de una manera similar [*véase* p. 289].)

E. Funciones

1. **Ciclo visual:** la vitamina A es un componente de los pigmentos visuales de los conos y los bastones oculares. La rodopsina, el pigmento visual de los bastones de la retina, consiste en 11-cis retinal unido a la proteína opsina (*véase* fig. 29-19). Cuando la rodopsina, un receptor unido a la proteína G, se expone a la luz, ocurre una serie de isomerizaciones fotoquímicas que provocan el descoloramiento de la rodopsina y la liberación del todo-trans retinal y la opsina. Este proceso activa la transducción de la proteína G, lo que desencadena un impulso nervioso que es transmitido por el nervio óptico hasta el cerebro. La regeneración de la rodopsina precisa la isomerización del todo- trans retinal de vuelta a 11-cis retinal. El todo-trans retinal se reduce a todo-trans retinol, se esterifica y se isomeriza a 11-cis retinal, que se oxida a 11-cis retinal. Este último se combina con la opsina para formar rodopsina, lo que completa

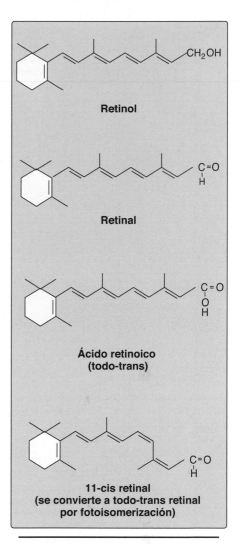

Figura 29-18
Estructura de los retinoides.

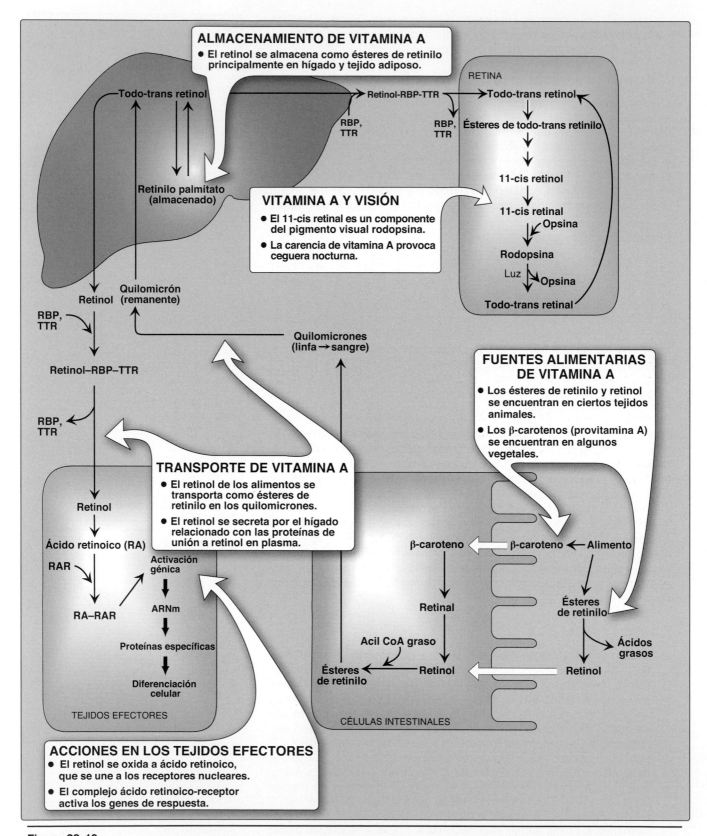

Figura 29-19

Absorción, transporte y almacenamiento de la vitamina A y sus derivados. (Nota: β-caroteno es un carotenoide, una planta pigmentada con actividad antioxidante.) ARNm, ARN mensajero; CoA, coenzima A; RAR, receptor de ácido retinoico; RBP, proteína de unión al retinol; TTR, transtiretina.

el ciclo. Reacciones similares son responsables de la visión en color en las células denominadas conos.

2. **Mantenimiento de las células epiteliales:** la vitamina A es esencial para la diferenciación normal en los tejidos epiteliales y la secreción de moco y, por lo tanto, apoya las defensas del cuerpo en forma de barrera contra los patógenos.

3. **Reproducción:** el retinol y el retinal son esenciales para una reproducción normal porque contribuyen a la espermatogénesis en el macho y a prevenir la reabsorción fetal en la hembra. El ácido retinoico es inactivo para el mantenimiento de la reproducción y en el ciclo visual, pero promueve el crecimiento y la diferenciación de las células epiteliales.

F. Distribución

El hígado, el riñón, la crema, la mantequilla y la yema de huevo son buenas fuentes de vitamina A preformada. Las verduras y frutas de color amarillo, anaranjado y verde oscuro son buenas fuentes de carotenos (provitamina A).

G. Requerimientos

La RDA para los adultos es de 900 equivalentes de actividad de retinol (EAR) para hombres y 700 EAR para mujeres. En comparación, 1 EAR = 1 µg de retinol, 12 µg de β-caroteno o 24 µg de otros carotenoides.

H. Indicaciones clínicas para la vitamina A

El ácido retinoico y el retinol, aunque están relacionados de forma química, tienen aplicaciones terapéuticas muy diferentes. El retinol y su precursor carotenoide se utilizan como complementos alimenticios, y varias formas de ácido retinoico son útiles en dermatología (fig. 29-21).

1. **Deficiencia:** la vitamina A, administrada en forma de retinol o ésteres de retinilo, se utiliza para el tratamiento de los pacientes con deficiencia vitamínica. La ceguera nocturna (nictalopía) es uno de los primeros signos de deficiencia de vitamina A. Aumenta el umbral visual, lo que dificulta que se vea en una luz tenue. Una deficiencia prolongada induce una pérdida irreversible en el número de células visuales. Una deficiencia intensa de vitamina A induce xeroftalmía, sequedad patológica de la conjuntiva y la córnea causada en parte por el aumento de la síntesis de queratina. Si no se trata, la xeroftalmía provoca una ulceración de la córnea y, en última instancia, ceguera debida a la formación de tejido cicatricial opaco. Esta afección se observa con más frecuencia en los niños de los países tropicales en vías de desarrollo. Más de 500 000 de ellos en todo el mundo se quedan ciegos cada año debido a xeroftalmía causada por un aporte insuficiente de vitamina A en la dieta.

2. **Trastornos cutáneos:** los problemas dermatológicos como el acné se tratan de manera eficaz con ácido retinoico o sus derivados (*véase* fig. 29-21). Los casos leves de acné y el envejecimiento de la piel se tratan con tretinoína (ácido todo-trans retinoico). La tretinoína es demasiado tóxica para su administración sistémica (oral) y está confinada a la aplicación tópica. (Nota: la tretinoína oral se utiliza en el tratamiento de la leucemia promielocítica aguda). En pacientes con acné quístico grave que no responden a los tratamientos convencionales, se administra isotretinoína (ácido 13-cis retinoico) por vía oral. Se utiliza un retinoide sintético oral para tratar la psoriasis.

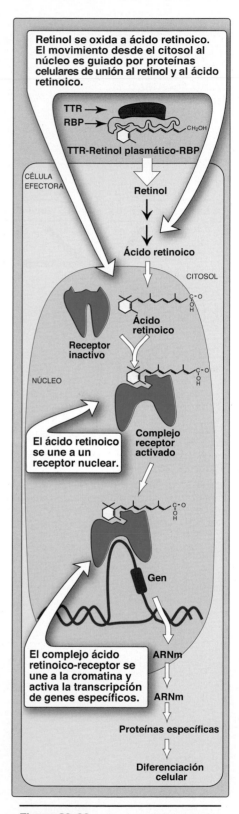

Figura 29-20
Acción de los retinoides. (Nota: el complejo ácido retinoico-receptor es un dímero, pero se muestra aquí como monómero para simplificar.) ARNm, ARN mensajero; RBP, proteína de unión al retinol; TTR, transtiretina.

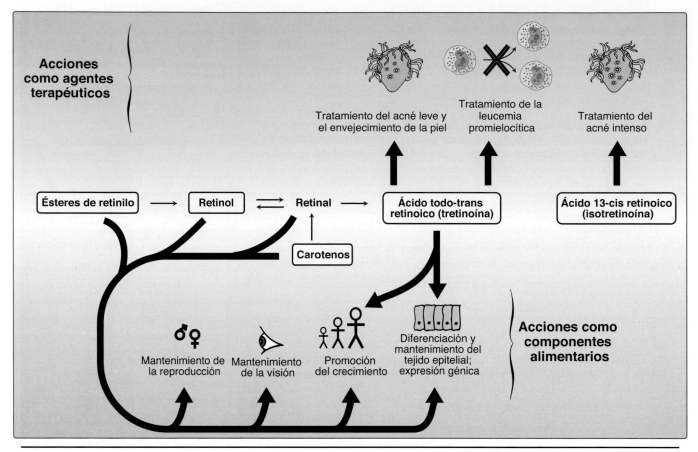

Figura 29-21
Resumen de las acciones de los retinoides. Los compuestos en los recuadros están disponibles como componentes alimentarios o como agentes farmacológicos.

I. Toxicidad de los retinoides

1. **Vitamina A:** la ingesta excesiva de vitamina A (pero no caroteno) produce un síndrome tóxico denominado hipervitaminosis A. Debe evitarse la ingesta de cantidades que superen los 7.5 mg/día de retinol. Los signos tempranos de hipervitaminosis A crónica se reflejan en la piel, que se vuelve seca y prurítica (debido a la menor síntesis de queratina); en el hígado, que aumenta de tamaño y puede volverse cirrótico; y en el SNC, en el cual un aumento de la presión intracraneal puede imitar los síntomas de un tumor cerebral. Las embarazadas en particular no deben tomar cantidades excesivas de vitamina A por su potencial teratógeno (causa malformaciones congénitas en el feto en desarrollo). El límite superior es 3 000 µg de vitamina A preformada/día. (Nota: la vitamina A promueve el crecimiento óseo. Sin embargo, en exceso, se relaciona con una menor densidad mineral ósea y un aumento en el riesgo de fracturas).

2. **Isotretinoína:** el fármaco, un isómero del ácido retinoico, es teratógeno y está contraindicado de manera absoluta en mujeres en edad fértil, a menos que tengan un acné quístico desfigurante que no responda a los tratamientos convencionales. Antes de iniciar el tratamiento debe descartarse el embarazo y utilizarse un método anticonceptivo adecuado. El tratamiento prolongado con isotretinoína puede derivar en un aumento en los triacilgliceroles y el colesterol, lo que puede causar cierta preocupación por el incremento del riesgo de enfermedad cardiovascular.

XII. VITAMINA D

Las vitaminas D son un grupo de esteroles que tienen una función similar a las hormonas. La molécula activa, el 1,25-dihidroxicolecalciferol (1,25-diOH-D_3), se une a proteínas receptoras intracelulares. El complejo 1,25-diOH-D_3-receptor interactúa con los elementos de respuesta en el ADN en el núcleo de las células efectoras de manera similar a como lo hace la vitamina A (*véase* fig. 29-20) y estimula o reprime de modo selectivo la transcripción génica. La acción más destacada del calcitriol es la regulación de los niveles séricos de calcio y fósforo.

A. Distribución

1. **Precursor endógeno de la vitamina:** el 7-dehidrocolesterol, un producto intermedio en la síntesis del colesterol, se convierte en colecalciferol en la dermis y la epidermis humanas expuestas a la luz del sol y se transporta al hígado unido a la proteína de unión a vitamina D.

2. **Dieta:** el ergocalciferol (vitamina D_2) procedente de las plantas y el colecalciferol (vitamina D_3) procedente de los tejidos animales son fuentes de actividad de la vitamina D preformada (fig. 29-22). La vitamina D_2 y la vitamina D_3 solo difieren de forma química en la presencia de un doble enlace adicional y de un grupo metilo en el esterol vegetal. La vitamina D en los alimentos se empaca en quilomicrones. (Nota: la vitamina D preformada es un requerimiento alimentario solo en las personas con una exposición limitada a la luz solar.)

B. Metabolismo

1. **Formación de 1,25-dihidroxicolecalciferol:** las vitaminas D_2 y D_3 no son biológicamente activas, pero se convierten *in vivo* en calcitriol, la forma activa de la vitamina D, a partir de dos reacciones de hidroxilación secuenciales (fig. 29-23). La primera hidroxilación se produce en la posición 25 y está catalizada por una **25-hidroxilasa** específica en el hígado. El producto de la reacción, el 25-hidroxicolecalciferol (25-OH-D_3; calcidiol), es la forma predominante de la vitamina D en suero y la principal forma de almacenamiento. El 25-OH-D_3 se hidroxila otra vez en la posición 1 por la acción de **25-hidroxicolecalciferol 1-hidroxilasa** que se encuentra sobre todo en los riñones, lo que deriva en la formación de 1,25-diOH-D_3 (calcitriol). (Nota: ambas hidroxilasas son proteínas del citocromo P450 [*véase* cap. 14]).

2. **Regulación de la hidroxilación:** el calcitriol es el metabolito más potente de la vitamina D. Su formación está regulada de forma rigurosa por el nivel de iones fosfato (PO_4^{3-}) y calcio (Ca^{2+}) en el plasma, como se muestra en la figura 29-24. La actividad de **25-hidroxicolecalciferol 1-hidroxilasa** se incrementa de forma directa por un nivel plasmático bajo de PO_4^{3-} o de forma indirecta por un nivel plasmático bajo de Ca^{2+}, que desencadenan la secreción de hormona paratiroidea (PTH) a partir de las células principales de la glándula paratiroides. PTH aumenta la **1-hidroxilasa**. Así, la hipocalcemia causada por un aporte insuficiente de Ca^{2+} en los alimentos provoca niveles elevados de 1,25-diOH-D_3. (Nota: 1,25-diOH-D_3 inhibe la expresión de PTH, lo que forma un asa de retroalimentación negativa. También reduce la actividad de 1-hidroxilasa.)

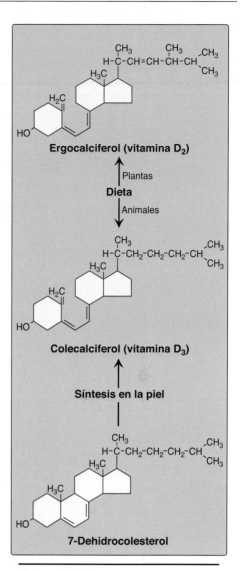

Figura 29-22
Fuentes de vitamina D. Las vitaminas D_2 y D_3 se convierten primero a calcidiol y después a calcitriol (vitamina D activa). (Nota: 7-dehidrocolesterol [provitamina D_3] disminuye en la piel de adultos mayores.)

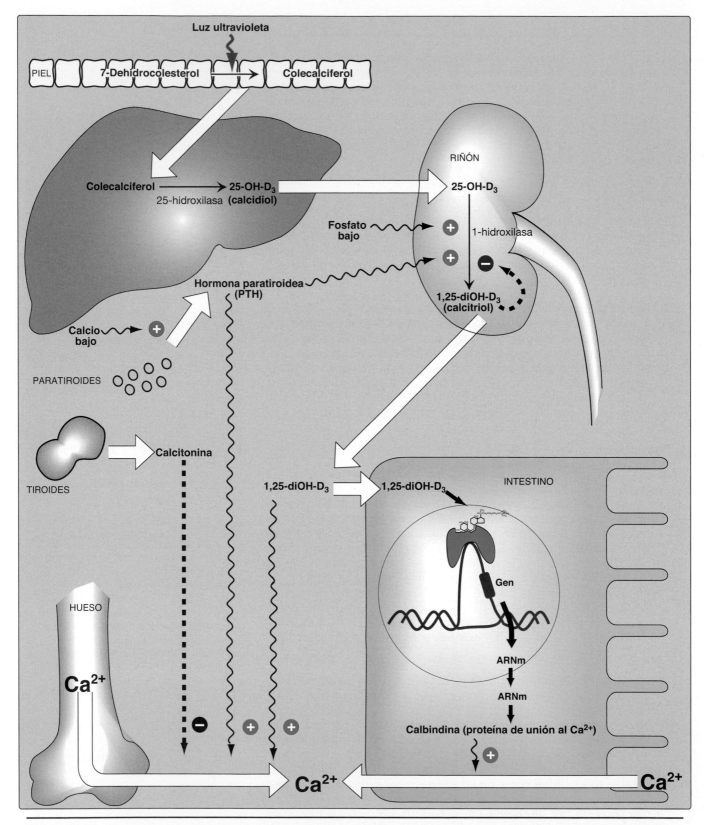

Figura 29-23

Metabolismo y acciones de la vitamina D. (Nota: la calcitonina, una hormona tiroidea, reduce el calcio [Ca^{2+}] de la sangre al inhibir su movilización a partir del hueso, su absorción del intestino y su resorción por el riñón. Se opone a las acciones de la PTH). ARNm, ARN mensajero; 25-OH-D_3, 25-hidroxicolecalciferol; 1,25-diOH-D_3, 1,25-dihidroxicolecalciferol.

C. Función

La función general del calcitriol consiste en mantener niveles séricos adecuados de Ca^{2+}. Realiza esta función al: 1) aumentar la captación de Ca^{2+} por el intestino, 2) minimizar la pérdida de Ca^{2+} por los riñones al aumentar la reabsorción y 3) estimular la reabsorción (desmineralización) de hueso cuando el Ca^{2+} en sangre es bajo (*véase* fig. 29-23).

1. **Efecto en el intestino:** el calcitriol estimula la absorción intestinal de Ca^{2+} al entrar a la célula intestinal y unirse a un receptor citosólico. El complejo 1,25-diOH-D_3-receptor se desplaza a continuación al núcleo, donde interactúa de manera selectiva con los elementos de respuesta en el ADN. Como resultado, la captación de Ca^{2+} es favorecida por un aumento en la expresión de la proteína de unión al calcio calbindina. Así, el mecanismo de acción del 1,25-diOH-D_3 es típico de las hormonas esteroideas (*véase* p. 289).

2. **Efecto en el hueso:** el hueso está compuesto de colágeno y cristales de $Ca_5(PO_4)_3OH$ (hidroxiapatita). Cuando el Ca^{2+} sanguíneo es bajo, 1,25-diOH-D_3 estimula la resorción ósea mediante un proceso que es impulsado por la PTH. El resultado es un aumento del Ca^{2+} sérico. Por lo tanto, el hueso es un reservorio importante de Ca^{2+} que puede movilizarse para mantener los niveles séricos. (Nota: la PTH y el calcitriol también trabajan juntos para evitar la pérdida renal de Ca^{2+}.)

D. Distribución y requerimientos

La vitamina D está presente de manera natural en el pescado graso, el hígado y la yema de huevo. La leche, a menos que esté enriquecida de modo artificial, no es una buena fuente de esta vitamina. La RDA para personas de 1 a 70 años de edad es de 15 µg/día y 20 µg/día si son mayores. Sin embargo, los expertos no están de acuerdo sobre el nivel óptimo de vitamina D necesaria para mantener la salud. (Nota: 1 µg de vitamina D = 40 unidades internacionales [UI]). Debido a que la leche materna es una fuente insuficiente de vitamina D, se recomiendan los complementos para lactantes alimentados al seno materno.

E. Indicaciones clínicas para la vitamina D

1. **Raquitismo nutricional:** la deficiencia de vitamina D causa una desmineralización neta del hueso, lo que provoca raquitismo en los niños y osteomalacia en los adultos (fig. 29-25). El raquitismo se caracteriza por la formación continua de la matriz de colágeno del hueso, pero una mineralización incompleta de dicha matriz deriva en huesos blandos y flexibles. En la osteomalacia, la desmineralización de huesos preexistentes aumenta su susceptibilidad a la fractura. La exposición insuficiente a la luz solar, un consumo deficitario de vitamina D, o ambos, se producen sobre todo en los lactantes y en las personas mayores. La deficiencia de vitamina D es más común en las latitudes septentrionales, porque la exposición a la luz ultravioleta es menor y se produce menos síntesis de vitamina D en la piel. (Nota: las mutaciones de pérdida de función en el receptor de vitamina D resulta en raquitismo hereditario por deficiencia de vitamina D.)

2. **Osteodistrofia renal:** la enfermedad renal crónica da lugar a una disminución de la capacidad para formar vitamina D activa, así como a una mayor retención de PO_4^{3-}, lo que deriva en hiperfosfatemia e hipocalciemia. El Ca^{2+} bajo en sangre resulta en una elevación de la PTH y una desmineralización ósea relacionada con liberación de Ca^{2+} y PO_4^{3-}. Los complementos de vitamina D constituyen un tratamiento eficaz. Sin embargo, estos deben ir acompañados de tratamiento de reducción de PO_4^{3-} para prevenir una pérdida ulterior de hueso y la precipitación de cristales de fosfato de calcio.

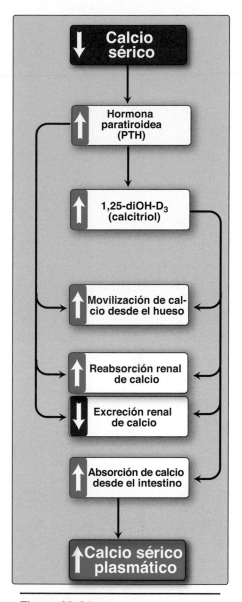

Figura 29-24

Respuesta a niveles séricos bajos de calcio. (Nota: calcitriol también aumenta la absorción intestinal y la reabsorción renal de fosfato. En contraste, PTH disminuye la reabsorción renal de fosfato.) 1,25-diOH-D_3, 1,25-dihidroxicolecalciferol.

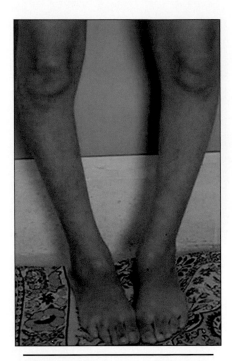

Figura 29-25
Piernas curvadas de un varón de
mediana edad con osteomalacia,
una deficiencia nutricional
de vitamina D que provoca
desmineralización del esqueleto.

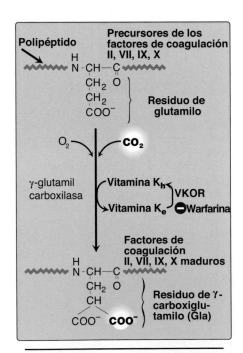

Figura 29-26
Carboxilación del glutamato para
formar γ-carboxiglutamato. h,
hidroquinona; e, epóxido; VKOR,
vitamina K epóxido reductasa.

3. **Hipoparatiroidismo:** la falta de PTH provoca hipocalciemia e
hiperfosfatemia. (Nota: la PTH aumenta la excreción de fosfato.)
Los pacientes afectados pueden tratarse con vitamina D y con
complementos de calcio.

F. Toxicidad

Como todas las vitaminas liposolubles, la vitamina D puede almacenarse
en el organismo y se metaboliza muy despacio. Dosis elevadas (100 000 UI
durante semanas o meses) pueden causar pérdida del apetito, náusea,
sed y debilidad. La intensificación de la absorción de Ca^{2+} y de la reabsorción ósea provoca hipercalciemia, que puede inducir la formación de
depósitos de sales calcio en tejidos blandos (calcificación metastásica).
El TUL es 100 µg/día (4 000 UI/día) para individuos de 9 años de edad y
mayores, con un nivel bajo para aquellos menores de los 9 años. (Nota:
la toxicidad solo se observa con el uso de complementos. El exceso de
vitamina D producido en la piel se convierte a las formas inactivas.)

XIII. VITAMINA K

El papel principal de la vitamina K es la modificación postraduccional de
una variedad de proteínas (la mayoría de las cuales participa en la coagulación sanguínea), en la que actúa como coenzima en la carboxilación
de ciertos residuos de ácido glutámico en esas proteínas. La vitamina K
existe en diversas formas activas, por ejemplo en las plantas como filoqui-
nona (o vitamina K_1) y en la flora bacteriana intestinal como menaquinona
(o vitamina K_2). Un derivado sintético de la vitamina K, la menadiona, puede
convertirse a vitamina K_2.

A. Función

1. **Formación de γ-carboxiglutamato:** la vitamina K es necesaria
para la modificación postraduccional de los factores de coagulación, protrombina, FVII, FIX y FX (véase cap. 36), que se sintetizan
en el hígado. La formación de factores de coagulación funcionales
requiere la carboxilación dependiente de vitamina K de varios residuos de ácido glutámico a residuos de γ-carboxiglutamato (Gla) (fig.
29-26). La carboxilación requiere **γ-glutamil carboxilasa**, O_2, CO_2
y la forma hidroquinona de la vitamina K (que se oxida a su forma
epóxido). La formación de residuos Gla es sensible a la inhibición
por warfarina, un análogo sintético de la vitamina K que inhibe la
vitamina K epóxido reductasa (VKOR), la enzima requerida para
regenerar la forma hidroquinona funcional de la vitamina K.

2. **Interacción de la protrombina con las membranas:** los residuos Gla son buenos quelantes de los iones calcio con carga
positiva debido a sus dos grupos carboxilato con carga negativa
adyacentes. Con la protrombina, por ejemplo, el complejo protrom-
bina-calcio puede unirse a fosfolípidos de membrana con carga
negativa en la superficie del endotelio dañado y las plaquetas. La
unión a la membrana aumenta la velocidad a la que se produce la
conversión proteolítica de protrombina en trombina (fig. 29-27).

3. **Residuos de γ-carboxiglutamato en otras proteínas:** los residuos de Gla también están presentes en otras proteínas distintas a
las que intervienen en la formación de los coágulos sanguíneos. Por
ejemplo, la osteocalcina y la proteína Gla de la matriz en el hueso y
las proteínas C y S (que participan en la limitación de los coágulos
sanguíneos) también pasan por γ-carboxilación.

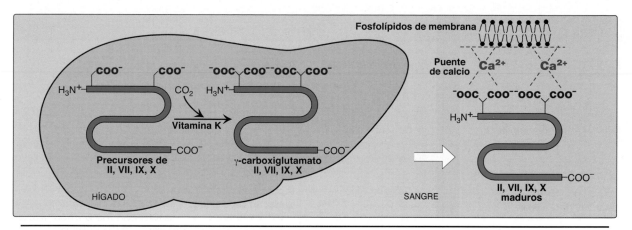

Figura 29-27
Papel de la vitamina K en la coagulación sanguínea. CO_2, dióxido de carbono.

B. Distribución y requerimientos

La vitamina K se encuentra en la col, la col rizada, las espinacas, la yema de huevo y el hígado. La ingesta adecuada para la vitamina K es de 120 µg/día para hombres adultos y 90 µg para mujeres adultas. También ocurre síntesis de la vitamina en la microbiota intestinal.

C. Indicaciones clínicas para la vitamina K

1. **Deficiencia:** una verdadera deficiencia de vitamina K es inusual debido a que en general las bacterias intestinales la producen en cantidades adecuadas, además de que se obtienen de los alimentos. Si disminuye la población bacteriana en el intestino (p. ej., por antibióticos), se reduce la cantidad de vitamina de formación endógena y esto puede inducir una hipoprotrombinemia en las personas con desnutrición marginal (p. ej., en un paciente geriátrico debilitado). Esta afección puede requerir complementos de vitamina K para corregir la tendencia hemorrágica. Además, ciertos antibióticos de tipo cefalosporina (p. ej., cefamandol) provocan hipoprotrombinemia, al parecer por un mecanismo semejante al de la warfarina que inhibe **VKOR**. Por consiguiente, su uso como tratamiento suele ir acompañado de un complemento de vitamina K. La deficiencia también puede afectar la salud ósea.

2. **Deficiencia en el recién nacido:** debido a que el intestino de los recién nacidos es estéril, en un inicio carece de bacterias que sinteticen vitamina K. Como la leche humana proporciona solo cerca de una quinta parte de los requerimientos diarios de vitamina K, se recomienda que todos los neonatos reciban una dosis intramuscular única de vitamina K como profilaxis contra las enfermedades hemorrágicas.

D. Toxicidad

La administración prolongada de dosis elevadas de menadiona puede producir anemia hemolítica e ictericia en el lactante debido a sus efectos tóxicos sobre la membrana de los eritrocitos. Por lo tanto, ya no se usa para tratar la deficiencia de vitamina K. No se ha establecido un TUL para la forma natural.

XIV. VITAMINA E

Las vitaminas E son ocho tocoferoles naturales, de los cuales el α-tocoferol es el más activo (fig. 29-28). La función principal de la vitamina E es como

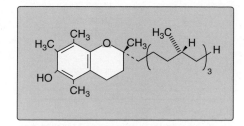

Figura 29-28
Estructura de la vitamina E (α-tocoferol).

VITAMINA	OTROS NOMBRES	FORMA ACTIVA	FUNCIÓN
Vitamina B$_9$	Ácido fólico	Ácido tetrahidrofólico	Transferencia de unidades monocarbonadas; síntesis de metionina, serina, nucleótidos de purinas y monofosfato de timidina
Vitamina B$_{12}$	Cobalamina	Metilcobalamina Desoxiadenosil cobalamina	Cofactor para las reacciones: Homocisteína → metionina Metilmalonil CoA → succinil CoA
Vitamina C	Ácido ascórbico	Ácido ascórbico	Antioxidante Cofactor para las reacciones de hidroxilación, por ejemplo: En el procolágeno: prolina → hidroxiprolina lisina → hidroxilisina
Vitamina B$_6$	Piridoxina Piridoxamina Piridoxal	Fosfato de piridoxal	Coenzima para enzimas, en particular en el metabolismo de aminoácidos
Vitamina B$_1$	Tiamina	Pirofosfato de tiamina	Coenzima de las enzimas que catalizan: Piruvato → acetil CoA α-cetoglutarato → succinil CoA Ribosa 5-P + xilulosa 5-P → sedoheptulosa 7-P + gliceraldehído 3-P Oxidación de α-cetoácidos de cadena ramificada
Vitamina B$_3$	Niacina Ácido nicotínico	NAD$^+$, NADP$^+$	Transferencia de electrones
Vitamina B$_2$	Riboflavina	FMN, FAD	Transferencia de electrones
Vitamina B$_7$	Biotina	Biotina ligada a enzima	Reacciones de carboxilación
Vitamina B$_5$	Ácido pantoténico	Coenzima A	Transportador de acilos **HIDROSOLUBLES**
Vitamina A	Retinol Retinal Ácido retinoico β-caroteno	Retinol Retinal Ácido retinoico	**LIPOSOLUBLES** Mantenimiento de la reproducción Visión Promoción del crecimiento Diferenciación y mantenimiento de los tejidos epiteliales Expresión génica
Vitamina D	Colecalciferol Ergocalciferol	1,25-Dihidroxi- colecalciferol	Captación de calcio Expresión génica
Vitamina K	Menadiona Menaquinona Filoquinona	Menadiona Menaquinona Filoquinona	γ-carboxilación de los residuos de glutamato en los factores de coagulación y otras proteínas
Vitamina E	α-tocoferol	Cualquiera de varios derivados de tocoferol	Antioxidante

Figura 29-29

Resumen de las vitaminas. (Nota: la colina, como la vitamina D, se considera un micronutriente esencial en humanos a pesar de que somos capaces de sintetizarla.) CoA, coenzima A; FAD, dinucleótido de flavina adenina; FMN, mononucleótido de flavina; NAD(P), dinucleótido (fosfato) de nicotinamida y adenina; P, fosfato. (*Continúa en la siguiente página.*)

DEFICIENCIA	SIGNOS Y SÍNTOMAS	TOXICIDAD	NOTAS
Anemia megaloblástica Defectos del tubo neural	Anemia Defectos congénitos	Ninguna	La administración de niveles elevados de folato puede enmascarar la carencia de vitamina B_{12}
Anemia perniciosa Demencia Degeneración medular	Anemia megaloblástica Síntomas neuropsiquiátricos	Ninguna	La anemia perniciosa se trata con vitamina B_{12} intramuscular o con dosis elevadas por vía oral
Escorbuto	Encías esponjosas, inflamadas Dientes sueltos Mala cicatrización de las heridas Sangrado	Ninguna	No se han establecido los beneficios de la administración de complementos en estudios controlados
Poco frecuente	Glositis Neuropatía	Sí	La isoniazida puede inducir deficiencia. Se produce neuropatía sensorial a dosis elevadas
Beriberi Síndrome de Wernicke-Korsakoff (más frecuente en alcohólicos)	Neuropatía periférica (forma seca), edema y miocardiopatía (forma húmeda) Confusión, ataxia, pérdida de la memoria, alucinaciones, movimientos oculares no regulados	Ninguna	—
Pelagra	Dermatitis Diarrea Demencia	Ninguna	Dosis elevadas de niacina utilizadas para el tratamiento de la hiperlipidemia
Poco frecuente	Dermatitis Estomatitis angular	Ninguna	—
Poco frecuente	Dermatitis	Ninguna	El consumo de grandes cantidades de clara de huevo cruda (que contiene una proteína de unión a biotina, la avidina, que se une a biotina) puede inducir una carencia de biotina
Poco frecuente	—	Ninguna	**HIDROSOLUBLES**
			LIPOSOLUBLES
Ceguera nocturna Xeroftalmía Infertilidad Retraso del crecimiento	Aumento del umbral visual Sequedad de la córnea	Sí	El β-caroteno no es tóxico de forma aguda, pero no se recomienda su administración complementaria El exceso de vitamina A puede aumentar la incidencia de fracturas
Raquitismo (en niños) Osteomalacia (en adultos)	Huesos blandos, flexibles	Sí	La vitamina D no es una vitamina verdadera porque puede sintetizarse en la piel; la aplicación de lociones de protección solar o un color de piel oscuro reducen esta síntesis
Recién nacido Poco frecuente en adultos	Hemorragia	Poco frecuente	Las bacterias intestinales producen vitamina K La carencia de vitamina K es común en recién nacidos Se recomienda el tratamiento intramuscular con vitamina K al nacer
Poco frecuente	La fragilidad eritrocítica induce anemia hemolítica	Ninguna	Los beneficios de la administración de complementos no se han establecido en ensayos controlados

Figura 29-29

Resumen de las vitaminas. (*Continúa de la página previa.*)

antioxidante en la prevención de las oxidaciones no enzimáticas (p. ej., oxidación de y peroxidación de los ácidos grasos poliinsaturados por O_2 y radicales libres). (Nota: la vitamina C regenera la vitamina E activa.)

A. Distribución y requerimientos

Los aceites vegetales son ricos en vitamina E, mientras que el hígado y los huevos contienen cantidades moderadas. La RDA para el α-tocoferol es de 15 mg/día para los adultos. Los requerimientos de vitamina E aumentan a medida que incrementa la ingesta de FA poliinsaturados para limitar la peroxidación de FA.

B. Deficiencia

Los recién nacidos tienen pocas reservas de vitamina E, pero la leche materna (y las fórmulas lácteas) contiene la vitamina. Los lactantes con muy bajo peso al nacer pueden recibir complementos para prevenir la hemólisis y la retinopatía relacionada con deficiencia de vitamina E. Cuando se observa en adultos suele estar relacionada con un transporte o una absorción de lípidos deficiente. (Nota: la abetalipoproteinemia, causada por un defecto en la formación de quilomicrones [y VLDL], deriva en deficiencia de vitamina E [*véase* p. 280].)

C. Indicaciones clínicas para la vitamina E

No se recomienda la administración de vitamina E para prevenir enfermedades crónicas, como las enfermedades cardiovasculares o el cáncer. Los estudios clínicos en los que se utilizó la administración complementaria de vitamina E han sido decepcionantes de manera homogénea. Por ejemplo, los participantes en el *Alpha-Tocopherol, Beta-Carotene Cancer Prevention Study* que recibieron dosis elevadas de vitamina E no solo no obtuvieron beneficio cardiovascular alguno, sino que presentaron una mayor incidencia de eventos vasculares cerebrales. (Nota: las vitaminas E y C se usan para frenar la progresión de la degeneración macular relacionada con la edad.)

D. Toxicidad

La vitamina E es la menos tóxica de las vitaminas liposolubles y no se ha observado toxicidad alguna a dosis de 300 mg/día (TUL = 1 000 mg/día).

> Las poblaciones que consumen dietas con alto contenido en frutas y verduras presentan una menor incidencia de algunas enfermedades crónicas. Sin embargo, los estudios clínicos no han permitido demostrar de manera definitiva que se obtenga beneficio alguno con la administración de complementos de ácido fólico, vitaminas A, C o E; o combinaciones de antioxidantes para la prevención del cáncer o de la enfermedad cardiovascular.

XV. Resumen del capítulo

Las vitaminas se resumen en la figura 29-29.

Preguntas de estudio

Elija la RESPUESTA correcta.

Para las preguntas 29.1 a 29.5, relacione la deficiencia de vitamina con la consecuencia clínica.

A. Ácido fólico

B. Niacina

C. Vitamina A

D. Vitamina B_{12}

E. Vitamina C

F. Vitamina D

G. Vitamina E

H. Vitamina K

29.1 Hemorragia.

29.2 Diarrea y dermatitis.

29.3 Defectos del tubo neural.

29.4 Ceguera nocturna (nictalopía).

29.5 Encías dolorosas y esponjosas y dientes flojos.

29.6 Una mujer de 52 años de edad se presenta con fatiga de varios meses de duración. Los estudios de laboratorio revelan anemia macrocítica, así como niveles disminuidos de hemoglobina, elevados de homocisteína y normales de ácido metilmalónico. ¿Cuál de los siguientes es más probable que sea deficiente en esta mujer?

A. Ácido fólico

B. Ácido fólico y vitamina B_{12}

C. Hierro

D. Vitamina C

29.7 Una niña afroamericano de 10 meses de edad, cuya familia recién se mudó de Maine a Virginia, se está evaluando por la apariencia comba de sus piernas. Los padres informan que la bebé sigue alimentándose al seno materno y que no toma ningún complemento. Los estudios radiológicos confirman la sospecha de raquitismo causado por deficiencia de la vitamina D. ¿Cuál de las siguientes afirmaciones relacionadas con la vitamina D es correcta?

A. Una deficiencia da lugar a una mayor secreción de calbindina.

B. La enfermedad renal crónica deriva en la producción excesiva de 1,25-dihidroxicolecalciferol (calcitriol).

C. 25,hidroxicolecalciferol (calcidiol) es la forma activa de la vitamina.

D. Es necesaria en la dieta de los individuos con exposición limitada a la luz solar.

E. Sus acciones están mediadas a través de la unión a receptores unidos de proteína G.

F. Se opone al efecto de la hormona paratiroidea.

29.8 ¿Por qué una deficiencia de vitamina B_6 puede provocar una hipoglucemia en ayunas? ¿Qué otra deficiencia vitamínica también puede resultar en hipoglucemia?

Respuestas correctas = H, B, A, C, E. La vitamina K es indispensable para la formación de los residuos γ-carboxiglutamato en varias proteínas necesarias para la coagulación sanguínea. En consecuencia, una deficiencia de vitamina K provoca una tendencia al sangrado. La deficiencia de niacina se caracteriza por las tres D: diarrea, dermatitis y demencia (y si no se trata puede haber una cuarta: defunción). La deficiencia de ácido fólico puede derivar en defectos del tubo neural en el feto en desarrollo. La ceguera nocturna es uno de los primeros signos de deficiencia de vitamina A. Los bastones en la retina detectan imágenes en blanco y negro y funcionan mejor con poca luz, por ejemplo, en la noche. La rodopsina, el pigmento visual de los bastones, consta de retinal 11-cis unido a la proteína opsina. Se requiere vitamina C para la hidroxilación de prolina y lisina durante la síntesis de colágeno. La deficiencia intensa de vitamina C (escorbuto) deriva en tejido conjuntivo defectuoso, caracterizado por encías dolorosas y esponjosas, dientes sueltos, fragilidad capilar, anemia y fatiga.

Respuesta correcta = A. Se observa anemia macrocítica con las deficiencias de ácido fólico, vitamina B_{12} o ambos. Se utiliza vitamina B_{12} en solo dos reacciones en el cuerpo: la remetilación de homocisteína a metionina, que también requiere ácido fólico (como tetrahidrofolato [THF]), y la isomerización de metilmalonil coenzima A a succinil coenzima A, que no requiere THF. La homocisteína elevada y los niveles normales de ácido metilmalónico en la sangre de la paciente reflejan una deficiencia de ácido fólico como la causa de la anemia macrocítica. La deficiencia de hierro provoca anemia microcítica, lo que también puede ser el caso con la deficiencia de vitamina C.

Respuesta correcta = D. La vitamina D es necesaria en la dieta de los individuos con exposición limitada a la luz solar, como los que viven en latitudes septentrionales, como Maine y aquellos de piel oscura. Nótese que la leche materna es baja en vitamina D y que la falta de complementos aumenta el riesgo de una deficiencia. La deficiencia de vitamina D deriva en una menor síntesis de calbindina. La enfermedad renal crónica disminuye la producción de calcitriol (1,25-dihidroxicolecalciferol), la forma activa de la vitamina. La vitamina D se une a los receptores nucleares y altera la transcripción génica. Sus efectos son sinérgicos con la hormona paratiroidea.

La vitamina B_6 es necesaria para la degradación de glucógeno mediante la glucógeno fosforilasa. Su deficiencia derivaría en hipoglucemia en ayuno. Además, una deficiencia de biotina (necesaria por la piruvato carboxilasa de la gluconeogénesis) también daría lugar a hipoglucemia en ayuno.

Micronutrientes: minerales

30

I. GENERALIDADES

Los minerales son sustancias inorgánicas (elementos) requeridas por el cuerpo en pequeñas cantidades. Funcionan en una variedad de procesos, como la formación de los huesos y los dientes, el equilibrio de los líquidos, la conducción nerviosa, la contracción muscular, la señalización y la catálisis. (Nota: varios minerales son cofactores enzimáticos esenciales.) Al igual que las vitaminas orgánicas (*véase* cap. 29), los minerales son micronutrientes requeridos en cantidades expresadas en miligramos o microgramos. Aquellos que los adultos necesitan en mayores cantidades (> 100 mg/día) se conocen como macrominerales. Los minerales que se requieren en cantidades entre 1 y 100 mg/día son los microminerales (oligoelementos). Los minerales ultraoligoelementos se requieren en cantidades < 1 mg/día (fig. 30-1). (Nota: la clasificación de minerales específicos en estas categorías pueden variar entre fuentes.) Las concentraciones minerales en el cuerpo están influidas por sus índices de absorción y excreción.

II. MACROMINERALES

Los macrominerales incluyen calcio (Ca^{2+}), fósforo ([P] como fosfato inorgánico [P_i o PO_4^{3}]), magnesio (Mg^{2+}), sodio (Na^+), cloruro (Cl^-) y potasio (K^+). (Nota: las formas iónicas libres son electrolitos.)

A. Calcio y fósforo

Estos macrominerales se consideran en conjunto debido a que son componentes de la hidroxiapatita ($Ca_5[PO_4]_3OH$), que constituye los huesos y los dientes.

1. **Calcio:** el calcio (Ca^{2+}) es el mineral más abundante en el cuerpo, y ~98% se encuentra en los huesos. El resto participa en una serie de procesos, como señalización, contracción muscular y coagulación sanguínea. El calcio se une a una variedad de proteínas, lo que incluye calmodulina (*véase* cap. 12), **fosfolipasa A_2** (*véase* p. 260) y **proteína cinasa C** (*véase* p. 251) y altera su actividad. (Nota: la calbindina es una proteína de unión a calcio intracelular inducida por vitamina D que participa en la absorción de calcio en el intestino [*véase* p. 463]). Los productos lácteos, muchos vegetales verdes (p. ej., brócoli, pero no espinaca) y jugo de naranja fortificado son buenas fuentes alimentarias. Aunque se desconocen síndromes de deficiencia alimentaria, la ingesta promedio de calcio en Estados Unidos es insuficiente para la salud óptima de los huesos. Solo se observa toxicidad con los complementos (límite superior tolerable [TUL] = 2 500 mg/día para adultos). Puede ocurrir hipercalciemia (elevación del calcio sérico) por la producción excesiva de hormona

CLASIFICACIONES DE MINERALES	RDA (O IA*) PARA ADULTOS
MACROMINERALES	
Calcio (Ca)	1 000-2 000 mg
Cloruro (Cl)	1 800-2 300 mg*
Magnesio (Mg)	310-420 mg
Fósforo (P)	700 mg
Potasio (K)	4 700 mg*
Sodio (Na)	1 500 mg*
MICROMINERALES (OLIGOELEMENTOS)	
Cromo (Cr)	30-35 mg
Cobre (Cu)	900 µg
Flúor (como fluoruro [F⁻])	3-4 mg
Hierro (Fe)	8-18 mg
Manganeso (Mn)	1.8-2.3 mg*
Zinc (Zn)	8-11 mg
MICROMINERALES (ULTRAOLIGOELEMENTOS)	
Yodo (I)	150 µg
Molibdeno (Mo)	45 µg
Selenio (Se)	55 µg

Figura 30-1
Clasificación de los minerales y las cantidades recomendadas que deben ingerirse por día en adultos. (Nota: *se establece una ingesta adecuada si no se cuenta con suficiente evidencia científica para calcular la porción recomendada en la dieta [RDA].)

paratiroidea (PTH). Esto puede causar estreñimiento y cálculos renales. La hipocalciemia (disminución del calcio sérico) puede ser el resultado de una deficiencia de PTH o vitamina D. Puede conducir a desmineralización ósea (reabsorción). (Nota: la regulación hormonal de los niveles séricos de Ca^{2+} se presentó en la sección de vitamina D del cap. 29 y se revisa en 3 más adelante.)

> La masa ósea aumenta desde la lactancia hasta el inicio de los años reproductivos y después comienza a mostrar una pérdida relacionada con la edad tanto en hombres como en mujeres y que aumenta el riesgo de fractura. Esta pérdida es mayor en mujeres posmenopáusicas caucásicas. Algunos estudios han mostrado que los complementos con Ca^{2+} y vitamina D disminuyen dicho riesgo.

2. **Fósforo:** el fósforo libre (P_i) es el anión intracelular más abundante. Sin embargo, 85% del fósforo del cuerpo se encuentra en forma de hidroxiapatita inorgánica, con la mayor parte del resto en compuestos intracelulares orgánicos como fosfolípidos, ácidos nucleicos, ATP y creatina fosfato. El fosfato se encuentra como ATP para las **cinasas** y como P_i para las **fosforilasas** (p. ej., **glucógeno fosforilasa**, *véase* cap. 12). (Nota: su adición [por las **cinasas**] o su eliminación [por las **fosfatasas**] es un medio importante de regulación covalente de las enzimas [*véase* cap. 25].) El fósforo está distribuido en gran medida en los alimentos (la leche es una buena fuente) y la deficiencia alimentaria es poco frecuente. La hipofosfatemia puede ser provocada por la realimentación de carbohidratos a pacientes desnutridos (síndrome de realimentación, *véase* p. 438), el uso excesivo de antiácidos que contienen aluminio (quelados de aluminio fósforo) y el aumento de la pérdida urinaria en respuesta a una mayor producción de PTH (*véase* más adelante). La debilidad muscular es un síntoma frecuente. La hiperfosfatemia se debe sobre todo a una disminución de los niveles de PTH. El exceso de P_i puede combinarse con Ca^{2+} y formar cristales que se depositan en los tejidos blandos (calcificación metastásica). (Nota: la proporción Ca^{2+}/P_i es importante para la formación ósea [la proporción es de alrededor de 2/1 en hueso] y algunos expertos están preocupados de que la sustitución de leche rica en Ca^{2+} por refrescos deficientes en Ca^{2+} y con alto contenido en P_i puedan afectar la salud ósea.)

3. **Regulación hormonal:** los niveles séricos de Ca^{2+} y P_i se controlan sobre todo por calcitriol (1,25-dihidroxicolecalciferol, la forma activa de la vitamina D) y PTH, los cuales responden a una disminución en el Ca^{2+} sérico. El calcitriol, producido por los riñones, aumenta el Ca^{2+} y el P_i séricos al incrementar la resorción ósea y la absorción intestinal y reabsorción renal de Ca^{2+} y P_i (fig. 30-2). La PTH (de las glándulas paratiroideas) aumenta el Ca^{2+} sérico al incrementar la reabsorción ósea, aumentar la reabsorción renal de calcio y activar la **1-hidroxilasa** renal que produce calcitriol a partir de calcidiol (25-OH-D3; fig. 30-3). En contraste con el calcitriol, la PTH disminuye la reabsorción de P_i en los riñones, lo que reduce el fósforo sérico. (Nota: el P_i sérico elevado aumenta la PTH y disminuye el calcitriol.) Una tercera hormona, la calcitonina (de las células C de la glándula tiroides), responde a los niveles séricos elevados de Ca^{2+} al promover la mineralización ósea y aumentar la excreción renal de Ca^{2+} (y P_i).

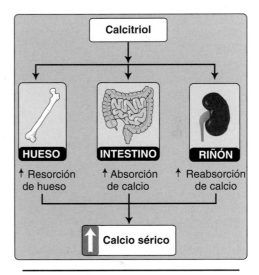

Figura 30-2
Efecto del calcitriol sobre el calcio sérico (Ca^{2+}).

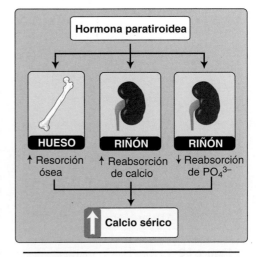

Figura 30-3
Efecto de la hormona paratiroidea sobre el calcio sérico (Ca^{2+}). PO_4^{3-}, fosfato.

B. Magnesio

Alrededor de 60% del Mg^{2+} del cuerpo está en los huesos, pero solo representa 1% de la masa ósea. El mineral es necesario para una variedad de reacciones enzimáticas, lo que incluye la fosforilación por **cinasas** (el Mg^{2+} se une al cosustrato ATP) y la formación de un enlace fosfodiéster por las **polimerasas de ADN** y **ARN**. El Mg^{2+} se encuentra distribuido en gran medida en los alimentos, pero la ingesta promedio en Estados Unidos se encuentra por debajo de los niveles recomendados. La hipomagnesiemia puede deberse a una menor absorción o una mayor excreción de Mg^{2+}. Los síntomas incluyen hiperexcitabilidad de los músculos esqueléticos y los nervios, así como arritmias cardiacas. Se aprecia hipotensión en la hipermagnesiemia. (Nota: se utiliza sulfato de magnesio en el tratamiento de la preeclampsia, un trastorno hipertensivo del embarazo.)

C. Sodio, cloruro y potasio

Estos macrominerales se consideran en conjunto debido a que desempeñan funciones importantes en varios procesos fisiológicos. Por ejemplo, mantienen el equilibrio del agua, el equilibrio osmótico, el equilibrio ácido-base (pH) y los gradientes eléctricos a través de las membranas celulares (potencial de membrana) que son esenciales para el funcionamiento de las neuronas y los miocitos. (Nota: estos procesos se analizan en *LIR. Fisiología.*)

1. **Sodio y cloruro:** Na^+ y Cl^- son sobre todo electrolitos extracelulares. Se absorben con facilidad de los alimentos que contienen sal (NaCl), mucha de la cual proviene de alimentos procesados. (Nota: Na^+ es necesario para la absorción intestinal [y la absorción renal] de la glucosa y la galactosa [*véase* cap. 8] y los aminoácidos libres [*véase* p. 299] mediante transportadores ligados a Na^+. El Cl^- se usa para formar el ácido clorhídrico necesario para la digestión [*véase* p. 298].) En Estados Unidos, el promedio de ingesta diaria de NaCl es 1.5 a 3 veces la ingesta apropiada de 3.8 mg/día (TUL = 5.8 g/día). Las deficiencias alimentarias son raras.

   a. **Hipertensión:** la ingesta de Na^+ se relaciona con la presión arterial. La ingesta de Na^+ estimula los centros de la sed en el cerebro y la secreción de hormona antidiurética a partir de la hipófisis, lo que conduce a la retención de agua. Esto deriva en un aumento en el volumen plasmático y, en consecuencia, en incremento de la presión arterial. La hipertensión crónica puede dañar el corazón, los riñones y los vasos sanguíneos. Las reducciones moderadas en la ingesta de Na^+ se han traducido en disminuciones modestas en la presión arterial.

   b. **Hipernatriemia e hiponatriemia:** la hipernatriemia, que suele deberse a una pérdida excesiva de agua, y la hiponatriemia, que a menudo es causada por una disminución en la capacidad de excretar agua, pueden derivar en daño cerebral intenso. (Nota: la hiponatriemia crónica aumenta la excreción de Ca^{2+} y puede resultar en osteoporosis [masa ósea reducida].)

2. **Potasio:** en contraste con el Na^+, el K^+ es sobre todo un electrolito intracelular. (Nota: el diferencial de concentración de sodio y potasio a través de la membrana celular es mantenido por la Na^+/K^+ ATPasa [fig. 30-4].) En contraste con el Na^+ y el Cl^-, el K^+ (al igual que el Mg^{2+}) se ingiere en cantidades insuficientes en las dietas occidentales debido a que sus fuentes primarias, frutas y vegetales,

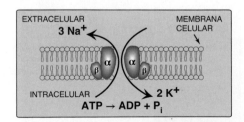

Figura 30-4
Na^+/K^+ ATPasa. Na^+, sodio; K^+, potasio; ADP, difosfato de adenosina; P_i, fosfato.

se consumen en cantidades insuficientes. (Nota: aumentar el K^+ en la dieta disminuye la presión arterial al incrementar la excreción de Na^+.) El intervalo normal de las concentraciones de K^+ es reducido e incluso los cambios modestos (hacia arriba o abajo, dan lugar a hiperpotasiemia o hipopotasiemia) pueden derivar en arritmias cardiacas y debilidad de músculo esquelético. (Nota: la hipopotasiemia puede deberse al uso inapropiado de laxantes para perder peso.) No se ha establecido un TUL para el K^+.

III. OLIGOELEMENTOS (MICROMINERALES)

Los oligoelementos incluyen cobre (Cu), hierro (Fe), manganeso (Mn) y zinc (Zn). Los adultos los requieren en cantidades de entre 1 y 100 mg/día.

A. Cobre

El Cu es un componente clave de varias enzimas que desempeñan funciones fundamentales en el cuerpo (fig. 30-5). Estas incluyen **ferroxidasas** como la **ceruloplasmina** y la **hefaestina** que participan en la oxidación del hierro ferroso (Fe^{2+}) a su forma férrica (Fe^{3+}), que es necesaria para su almacenamiento intracelular o su transporte a través de la sangre (*véase* B.1 más adelante). La carne, los mariscos, las nueces y los granos enteros son buenas fuentes de Cu en la dieta. La deficiencia en los alimentos es rara. En caso de que sí se desarrolle deficiencia, puede encontrarse anemia debido al efecto del Fe sobre el metabolismo. La toxicidad de fuentes alimentarias también es rara (TUL = 10 mg/día). El síndrome de Menkes y la enfermedad de Wilson, de forma respectiva, son causas genéticas de deficiencia de Cu y sobrecarga de Cu.

1. **Síndrome de Menkes:** en el síndrome de Menkes (enfermedad del cabello ensortijado), un raro trastorno ligado al sexo (1:140 000 hombres), el eflujo del Cu alimentario de los eritrocitos intestinales hacia la circulación mediante la *ATPasa (ATP7A)* transportadora de Cu se ve afectado. Esto deriva en una deficiencia sistémica de Cu. En consecuencia, el Cu libre (no unido) en suero y orina es bajo, igual que la concentración de **ceruloplasmina**, que transporta más de 90% del Cu en la circulación (fig. 30-6). Se observan degeneración neurológica progresiva y trastornos del tejido conjuntivo, al igual que cambios en el cabello. La administración parenteral de Cu se ha usado como tratamiento con un éxito variable. (Nota: la forma más leve del síndrome de Menkes se conoce como síndrome del asta occipital.)

2. **Enfermedad de Wilson:** en la enfermedad de Wilson, un trastorno autosómico recesivo que afecta a 1:35 000 nacidos vivos, el eflujo de un exceso de Cu del hígado mediante ATP7B se ve afectado. El Cu se acumula en el hígado; se filtra a la sangre; y se deposita en el cerebro, los ojos, los riñones y la piel. En contraste con el síndrome de Menkes, el Cu libre en orina y suero está elevado (*véase* fig. 30-6). Se aprecian disfunción hepática y síntomas neurológicos y psiquiátricos. Es posible que haya anillos de Kayser-Fleischer (depósitos de Cu en la córnea) (fig. 30-7). El tratamiento consiste en el uso de por vida de quelantes de Cu, como penicilamina.

> La biodisponibilidad (porcentaje de cantidad ingerida que puede absorberse) de un mineral puede verse influenciada por otros minerales. Por ejemplo, el exceso de zinc disminuye la absorción de Cu y el Cu es necesario para la absorción de Fe.

ENZIMAS QUE REQUIEREN Cu	FUNCIÓN
Citocromo c oxidasa	Transfiere los electrones del citocromo c al oxígeno en ETC
Dopamina β-hidroxilasa	Hidroxila la dopamina a noradrenalina
Ferroxidasas	Oxida hierro
Lisil oxidasa	Forma enlaces cruzados en el colágeno y la elastina
Tirosinasa	Sintetiza la melanina
Superóxido dismutasa (forma no mitocondrial; también requiere zinc)	Convierte el superóxido a peróxido de hidrógeno

Figura 30-5
Ejemplos de enzimas que requieren cobre (Cu). ETC, cadena de transporte de electrones.

VARIABLE	MENKES	WILSON
Cobre en todo el cuerpo	Bajo	Alto
Cobre sérico libre	Bajo	Alto
Cobre urinario	Bajo	Alto
Herencia	Ligada al sexo	AR
ATPasa transportadora de cobre afectada	ATP7A	ATP7B

Figura 30-6
Comparación del síndrome de Menkes y la enfermedad de Wilson. Cu, cobre; AR, autosómico recesivo.

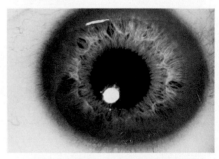

Figura 30-7
Anillos de Kayser-Fleischer.

B. Hierro

El cuerpo adulto por lo general contiene 3 a 4 g de Fe. Es un componente de muchas proteínas, tanto catalíticas (p. ej., **hidroxilasas** como **prolil hidroxilasa,**) como no catalíticas. El hierro puede enlazarse con el azufre (S) como se observa en las proteínas Fe-S de la cadena de transporte de electrones o puede ser parte del grupo prostético hemo en proteínas como hemoglobina (alrededor de 70% de todo el Fe), mioglobina y los citocromos. (Nota: el Fe iónico libre es tóxico debido a que puede causar la producción del radical hidroxilo, una especie reactiva de oxígeno [ERO].) El Fe de los alimentos está disponible como Fe^{2+} en el hemo (fuentes animales) y Fe^{3+} en fuentes no hemo (plantas). El hierro hemo es menos abundante, pero se absorbe mejor. La carne, las aves, algunos mariscos, los alimentos enriquecidos con hierro como los cereales y los granos, las lentejas y los vegetales de hojas verdes son buenas fuentes alimentarias de Fe. Alrededor de 10% de la ingesta de Fe se absorbe. Esta cantidad, cerca de 1 a 2 mg/día, es suficiente para restituir el Fe perdido del cuerpo sobre todo a través del desprendimiento celular.

1. **Absorción, almacenamiento y transporte:** la captación intestinal de hemo se realiza mediante una proteína transportadora de hemo (fig. 30-8). Dentro de los enterocitos, la **hemo oxigenasa** libera Fe^{2+} del hemo (*véase* p. 338). El Fe no hemo se capta a través del transportador divalente de iones metálicos 1 (TDM-1) de la membrana apical. (Nota: la vitamina C promueve la absorción de hierro no hemo debido a que es la coenzima para el **citocromo b duodenal [Dcytb]**, una **ferrirreductasa** que reduce Fe^{3+} a Fe^{2+}.) El Fe^{2+} absorbido de fuentes de hemo y no hemo tiene dos posibles destinos: puede 1) oxidarse a Fe^{3+} y almacenarse mediante la proteína intracelular ferritina (hasta 4 500 Fe^{3+}/ferritina) o 2) transportarse fuera del enterocito por la proteína de membrana basolateral ferroportina, oxidarse por la proteína de membrana que contiene cobre, hefaestina, y captarse por la proteína de transporte plasmático transferrina (2 Fe^{3+}/transferrina), como se muestra en la figura 30-8. (Nota: las células distintas a los enterocitos utilizan la proteína plasmática que contiene cobre,

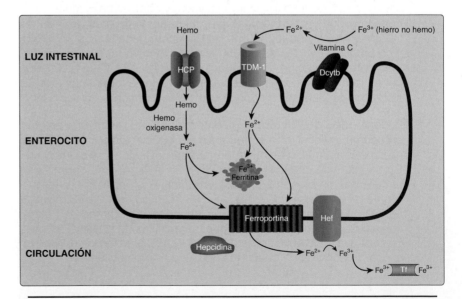

Figura 30-8
Absorción, almacenamiento y transporte de hierro alimentario (Fe). Dcytb, citocromo b duodenal (una ferrirreductasa); HCP, proteína transportadora de hemo; Hef, hefaestina; TDM, transportador divalente de iones metálicos; Tf, transferrina.

ceruloplasmina, en lugar de la **hefaestina**.) En individuos normales, la transferrina (Tf) está saturada en una tercera parte con Fe^{3+}. La ferroportina, el único exportador conocido de Fe de las células a la sangre en los humanos, está regulada por el péptido hepático hepcidina que induce la internalización y degradación lisosómica de ferroportina. Por lo tanto, la hepcidina es la molécula central en la homeostasis de Fe. (Nota: la transcripción de hepcidina se suprime cuando hay deficiencia de Fe.)

2. **Reciclado:** los macrófagos fagocitan los eritrocitos viejos, dañados o ambos, lo que libera Fe hemo que es expulsado de las células a través de la ferroportina, oxidado mediante la **ceruloplasmina** y transportado por la Tf como se describió con anterioridad. El Fe reciclado satisface alrededor de 90% de nuestros requerimientos diarios, que son de modo predominante para la eritropoyesis.

3. **Captación:** el Fe^{3+} unido a Tf de los eritrocitos y macrófagos se une a los receptores (TfR) en los eritroblastos y otras células que requieren Fe y es captado por endocitosis mediada por el receptor. El Fe^{3+} se libera de Tf para usarse (o almacenarse en la ferritina) y el TfR (y la Tf) se recicla en un proceso similar al de la endocitosis mediada por receptor que se observa con las partículas de las lipoproteínas de baja densidad (*véase* p. 281). (Nota: la regulación de la traducción del ARN mensajero para ferritina y el TfR por las proteínas reguladoras de hierro y los elementos que responden al hierro se discuten en el cap. 34.)

4. **Deficiencia:** la deficiencia de hierro puede derivar en anemia microcítica hipocrómica (fig. 30-9), la anemia más frecuente en Estados Unidos, como resultado de una menor síntesis de hemoglobina y, en consecuencia, disminución del tamaño de los eritrocitos. El tratamiento consiste en la administración de hierro de diversas maneras según la gravedad de la anemia.

5. **Exceso:** la sobrecarga de hierro puede ocurrir con la ingestión accidental. (Nota: la intoxicación aguda con Fe es la causa más frecuente de muertes por intoxicación en niños < 6 años de edad [TUL = 40 mg/día para niños, 45 mg/día para adultos].) El tratamiento consiste en el uso de un quelante de Fe. También puede ocurrir sobrecarga con defectos genéticos. Un ejemplo es la hemocromatosis hereditaria (HH), un trastorno autosómico recesivo de sobrecarga de Fe que se encuentra sobre todo en personas de ascendencia del norte de Europa. Es causada con mayor frecuencia por mutaciones al gen HFE (Fe elevado). Puede observarse hiperpigmentación con hiperglucemia ("diabetes de bronce") y el daño hepático (un importante sitio de almacenamiento para Fe), pancreático y cardiaco. En la HH, el Fe sérico y la saturación de Tf están elevados. El tratamiento consiste en flebotomía o uso de quelantes de Fe. (Nota: la sobrecarga de Fe se observa con mutaciones a las proteínas del metabolismo de Fe que derivan en niveles bajos inapropiados de hepcidina. Puede resultar en hemosiderosis [el depósito de hemosiderina, una forma intracelular e insoluble de almacenamiento de Fe].)

C. Manganeso

El manganeso es importante para la función de varias enzimas (fig. 30-10). Los granos enteros, las legumbres (p. ej., los frijoles y los chícharos), las nueces y el té (en especial el té verde) son buenas fuentes del mineral. La toxicidad de los alimentos y los complementos también es rara (TUL = 11 mg/día para adultos).

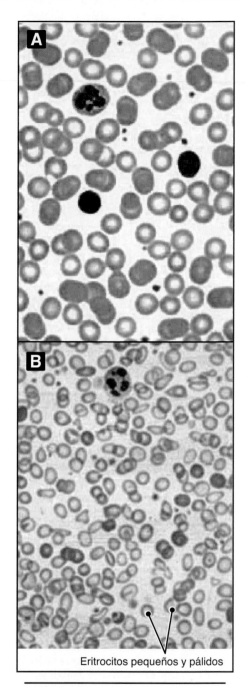

Eritrocitos pequeños y pálidos

Figura 30-9
A) Eritrocitos normales. **B)** Eritrocitos pequeños (microcíticos) y pálidos en la anemia microcítica.

ENZIMA QUE REQUIERE Mn	FUNCIÓN
Arginasa I	Hidroliza la arginina a urea además de la ornitina en el ciclo de la urea
Glucosiltransferasas	Transfieren azúcares en la síntesis de proteoglucanos
Piruvato carboxilasa	Carboxila el piruvato a OAA en la gluconeogénesis
Superóxido dismutasa (forma mitocondrial)	Convierte el superóxido a peróxido de hidrógeno

Figura 30-10
Ejemplos de enzimas que requieren manganeso (Mn). OAA, oxaloacetato.

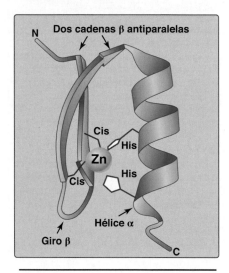

Figura 30-11
El dedo de zinc (Zn) es un motivo frecuente en las proteínas que unen el ADN. Cis, cisteína; His, histidina.

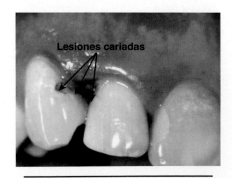

Figura 30-12
Caries dentales.

D. Zinc

El zinc desempeña importantes funciones estructurales y catalíticas en el cuerpo. Los dedos de zinc son estructuras supersecundarias en las proteínas (p. ej., factores de transcripción) que se unen al ADN y regulan la expresión génica (fig. 30-11). Cientos de enzimas requieren zinc para su actividad. Algunos ejemplos incluyen **alcohol deshidrogenasa**, que oxida el etanol a acetaldehído (*véase* p. 376); **anhidrasa carbónica**, que es importante en el sistema amortiguador de bicarbonato (*véase* cap. 4); **ALA deshidratasa** (porfobilinógeno sintasa) de la síntesis de hemo, que es inhibida por el plomo (el plomo remplaza al zinc; *véase* p. 334); y la forma no mitocondrial de **superóxido dismutasa**, que también requiere cobre (*véase* fig. 30-5). Las fuentes alimentarias de zinc incluyen carne, pescado, huevos y productos lácteos. Los fitatos (moléculas de almacenamiento de fósforo en plantas como cereales, semillas, legumbres y algunos frutos secos) se unen de forma irreversible con el zinc en el intestino, lo que disminuye su absorción, y pueden derivar en una deficiencia. (Nota: los fitatos también pueden unir Ca^{2+} y Fe no hemo.) Varios fármacos (p. ej., penicilamina) quelan metales y su uso puede causar deficiencia de zinc. (Nota: se observa deficiencia intensa en acrodermatitis enteropática, un trastorno autosómico recesivo que surge debido a un defecto en el transportador intestinal para zinc. Los síntomas incluyen exantemas alrededor de los orificios y en las extremidades, desarrollo y crecimiento más lentos, diarrea y deficiencias inmunes. También pueden ocurrir problemas de la visión debido a que el zinc se necesita para el metabolismo de la vitamina A.)

> Las células eucariotas infectadas con bacterias pueden restringir la disponibilidad de los micronutrientes esenciales hierro, manganeso y zinc a los patógenos. Esto disminuye la supervivencia intracelular del patógeno y también se conoce como "inmunidad nutricional".

E. Otros microminerales

El cromo (Cr) y el flúor (F) también desempeñan funciones en el cuerpo. El cromo potencia la acción de la insulina mediante un mecanismo desconocido. Se encuentra en las frutas, los vegetales, los productos lácteos y la carne. El flúor (como fluoruro [F⁻]) se añade al agua en muchas partes del mundo para reducir la incidencia de caries dentales (fig. 30-12). El F⁻ sustituye el grupo hidroxilo de hidroxiapatita, lo que forma fluoroapatita que es más resistente al ácido que disuelve el esmalte producido por las bacterias de la boca.

IV. ULTRAOLIGOMINERALES

Los ultraoligominerales incluyen yodo (I), selenio (Se) y molibdeno (Mo). Todos son necesarios para los adultos en cantidades < 1 mg/día.

A. Yodo

El yodo se utiliza en la síntesis de la hormona tiroidea triyodotironina (T_3) y de la tiroxina (T_4) que son necesarias para el desarrollo, el crecimiento y el metabolismo. El yoduro circulante (I⁻) es captado ("atrapado") y concentrado en las células foliculares epiteliales en la glándula tiroides. Después se envía dentro del coloide de la luz folicular, donde se oxida a yodo (I_2) por la **tiroperoxidasa (TPO)**, como se muestra en la

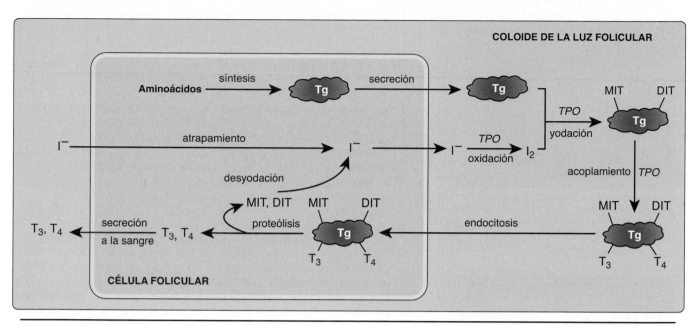

Figura 30-13

Síntesis de hormona tiroidea. DIT, diyodotirosina; I⁻, yoduro; I₂, yodo; MIT, monoyodotirosina; T₃, triyodotirosina; T₄, tiroxina; Tg, tiroglobulina; TPO, tiroperoxidasa.

figura 30-13. La *TPO* usa el I_2 para yodar residuos de tirosina selectos en la tiroglobulina (Tg), formando la monoyodotirosina y la diyodotirosina, como se muestra en la figura 30-14. (Nota: Tg se sintetiza y secreta en el coloide por las células foliculares.) El acoplamiento de dos diyodotirosinas en Tg deriva en T_4, en tanto que el acoplamiento de una yodotirosina y una diyodotirosina resulta en T_3. La Tg yodada se endocita y almacena en las células foliculares hasta que se necesita, momento en que se digiere de forma proteolítica para liberar T_3 y T_4, que se secretan en la circulación (*véase* fig. 30-13). Bajo condiciones normales, alrededor de 90% de la hormona tiroidea secretada es T_4 que es transportada por la transtiretina. En tejidos efectores (p. ej., el hígado y el cerebro en desarrollo), T_4 se convierte a T_3 (la forma más activa) mediante **desyodinasas** que contienen selenio. T_3 se une al receptor nuclear que une el ADN a elementos de respuesta tiroidea y funciona como un factor de transcripción. (Nota: la producción de hormona tiroidea está controlada por la tirotropina [hormona estimulante de la tiroides (TSH)] de la hipófisis anterior. La secreción de TSH está en sí misma controlada por la hormona liberadora de tirotropina [TRH] del hipotálamo.)

1. **Hipotiroidismo:** la ingesta insuficiente de yodo puede derivar en bocio, una hipertrofia de la tiroides en respuesta a la estimulación excesiva por parte de TSH, como se muestra en la figura 30-15. La deficiencia más intensa da lugar a hipotiroidismo que se caracteriza por fatiga, aumento de peso, disminución de la termogénesis y reducción de la tasa metabólica (*véase* p. 428). Si ocurre deficiencia hormonal durante el desarrollo fetal y del lactante (hipotiroidismo congénito), el resultado puede ser discapacidad intelectual irreversible (antes llamada "cretinismo"), hipoacusia, espasticidad y talla baja. En Estados Unidos, los productos lácteos, los mariscos y la carne son las fuentes primarias de yodo. El uso de sal yodada ha reducido en gran medida la deficiencia alimentaria de yodo. (Nota:

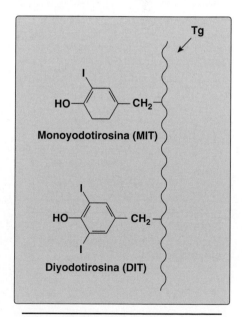

Figura 30-14

Yodación de tiroglobulina (Tg) con producción de MIT y DIT.

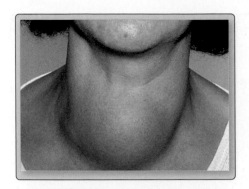

Figura 30-15
Bocio.

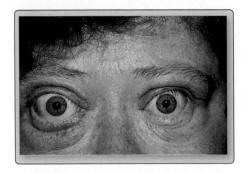

Figura 30-16
Exoftalmos.

ENZIMAS QUE REQUIEREN Mo	FUNCIÓN
Aldehído oxidasa	Metaboliza fármacos
Sulfito oxidasa	Convierte sulfito a sulfato en el metabolismo de los aminoácidos metionina y cisteína que contienen azufre
Xantina oxidasa	Oxida hipoxantina a xantina y xantina a ácido úrico en la degradación de purina

Figura 30-17
Enzimas (oxidasas) que requieren molibdeno (Mo).

la destrucción autoinmune de TPO es una causa de tiroiditis de Hashimoto [un hipotiroidismo primario].)

2. **Hipertiroidismo:** este trastorno es el resultado de la sobreproducción de hormona tiroidea. Aunque puede deberse a la ingesta excesiva de complementos que contienen yodo (TUL = 1.1 g/día para adultos), la causa más frecuente de hipertiroidismo es la enfermedad de Graves, en que se produce un anticuerpo que simula el efecto de TSH, lo que deriva en la producción no regulada de hormona tiroidea. Esto puede causar nerviosismo, pérdida de peso, aumento de la sudoración y frecuencia cardiaca, ojos saltones (exoftalmos, fig. 30-16) y bocio.

B. Selenio

El selenio (Se) está presente en cerca de 25 proteínas humanas (selenoproteínas) como un constituyente del aminoácido selenocisteína, que se deriva de la serina (*véase* p. 321). Las selenoproteínas incluyen **glutatión peroxidasa**, que oxida el glutatión en la reducción de la hidrógeno peroxidasa, una ERO, a agua (*véase* cap. 14); **tiorredoxina reductasa**, que reduce tiorredoxina, una coenzima de la **ribonucleótido reductasa** (*véase* p. 354); y **desyodinasas** que eliminan yodo de las hormonas tiroideas. La carne, los productos lácteos y los granos son fuentes alimentarias importantes. La enfermedad de Keshan, identificada por primera vez en China, es una miocardiopatía causada por consumir alimentos producidos en suelos deficientes en selenio. La toxicidad (selenosis) provocada por la ingestión excesiva de complementos causa uñas y cabello quebradizos. También pueden apreciarse efectos cutáneos y neurológicos (TUL = 400 μg en adultos).

C. Molibdeno

El molibdeno (Mo) funciona como un cofactor para un número reducido de **oxidasas** de mamíferos (fig. 30-17). Las legumbres son una importante fuente de los alimentos. No se conocen síndromes de deficiencias alimentarias. El Mo tiene baja toxicidad en los humanos (TUL = 2 mg/día en adultos).

El cobalto (Co), un ultraoligomineral, es un componente de la vitamina B_{12} (cobalamina, *véase* p. 449) que se necesita en forma de metilcobalamina para la remetilación de la homocisteína en metionina (*véase* p. 317) o adenosilcobalamina en la isomerización de metilmalonil coenzima A (CoA) a succinil CoA (*véase* p. 239). No se ha establecido una porción recomendada en la dieta o ingesta de referencia en la dieta (*véase* p. 427) para el Co.

V. Resumen del capítulo

Los minerales se resumen en la figura 30-18.

CLASIFICACIÓN	FUNCIÓN(ES)	NOTAS
Macrominerales: > 100 mg/día para adultos		
Calcio (Ca)	Componente de la hidroxiapatita ($Ca_5[PO_4]_3OH$) de hueso y dientes, contracción muscular, señalización, coagulación de la sangre	Deficiencias alimentarias desconocidas; toxicidad por complementos; la hipocalcemia con deficiencia de PTH o vitamina D causa cálculos renales; la hipercalcemia con elevación de PTH causa resorción ósea.
Cloruro (Cl)	Equilibrio de líquidos (junto con Na, K), digestión	La deficiencia alimentaria es rara; se ingiere en exceso como NaCl
Magnesio (Mg)	Componente (menor) del hueso; regula la actividad enzimática (se une a sustratos o enzimas)	La ingesta promedio en Estados Unidos está por debajo de los niveles recomendados; se observan hiperexcitabilidad y arritmias con la hipomagnesemia; hay hipotensión con la hipermagnesemia
Fósforo (P)	Componente de la hidroxiapatita del hueso y los dientes, almacenamiento de energía, estructura de la membrana, regulación	Las deficiencias alimentarias son raras; hay hipofosfatemia con debilidad muscular en el síndrome de realimentación, el aumento de la PTH y el uso de antiácidos que contienen aluminio; hiperfosfatemia con calcificación metastásica en la deficiencia de PTH
Potasio (K)	Potencial de membrana, presión arterial	La ingesta promedio en Estados Unidos está por debajo del nivel recomendado; los cambios modestos hacia arriba o abajo en los niveles séricos resultan en arritmias y debilidad muscular
Sodio (Na)	Potencial de membrana; volumen de sangre y presión arterial; captación de glucosa, galactosa y aminoácidos	Las deficiencias alimentarias son raras; se ingiere en exceso como NaCl; se observa hiponatremia con una pérdida de agua excesiva; hipernatremia con retención de agua
Microminerales (oligoelementos): 1-100 mg/día		
Cromo (Cr)	Potencia la acción de la insulina	Mecanismo desconocido
Cobre (Cu)	Cofactor enzimático	Las deficiencias alimentarias son raras; síndrome de Menkes (deficiencia sistémica genética de cobre) y enfermedad de Wilson (sobrecarga sistémica genética de cobre)
Flúor (como fluoruro [F^-])	Aumenta la resistencia al ácido que disuelve el esmalte de la boca ante las bacterias	La deficiencia resulta en caries dental
Hierro (Fe)	Cofactor enzimático, unión a oxígeno, proteínas Fe-S	La deficiencia alimentaria resulta en anemia microcítica; la hemocromatosis hereditaria, como una enfermedad genética de la sobrecarga de hierro, junto con la "diabetes bronceada" (hiperglucemia, hiperpigmentación)
Manganeso (Mn)	Cofactor enzimático	La deficiencia alimentaria es rara
Zinc (Zn)	Cofactor enzimático, estructura proteínica (dedo de zinc)	Los fitatos y algunos fármacos disminuyen la absorción; deficiencia grave (acrodermatitis enteropática) con defecto de transportador
Microminerales (ultraoligoelementos): < 1 mg/día		
Yodo (I)	Síntesis de hormona tiroidea (T_3, T_4)	La ingesta insuficiente causa bocio, hipotiroidismo con fatiga, aumento de peso y disminución de la tasa metabólica; daño neurológico en la deficiencia congénita; hipertiroidismo (producción excesiva de T_3, T_4) en la enfermedad de Graves
Molibdeno (Mo)	Cofactor enzimático	Deficiencia alimentaria desconocida
Selenio (Se)	Se encuentra (como selenocisteína) en las selenoproteínas	La deficiencia alimentaria es rara (enfermedad de Keshan con suelos deficientes en selenio), toxicidad por los complementos

Figura 30-18

Resumen de minerales. Cl^-, cloruro; PTH, hormona paratiroidea; S, azufre; T_3, triyodotironina; T_4, tiroxina.

Preguntas de estudio

Para las preguntas 30.1 a 30.7, relacione el mineral con la descripción más apropiada.

A. Calcio
B. Cloruro
C. Cobre
D. Yodo
E. Hierro
F. Magnesio
G. Manganeso
H. Molibdeno
I. Fósforo
J. Potasio
K. Selenio
L. Sodio
M. Zinc

30.1 ¿Los niveles elevados de qué mineral pueden derivar en hipertensión en ciertas poblaciones?

30.2 ¿Qué mineral es el principal anión extracelular?

30.3 ¿Una disminución de qué mineral puede observarse en el síndrome de realimentación y con el uso excesivo de antiácidos que contienen aluminio?

30.4 ¿Qué mineral es un constituyente de algunos aminoácidos encontrados en proteínas que participan en la defensa antioxidante, el metabolismo de la hormona tiroidea y las reacciones de reducción-oxidación?

30.5 ¿Qué mineral es el que se requiere para la formación de una estructura proteínica supersecundaria que permite la unión al ADN? (Su deficiencia puede causar dermatitis.)

30.6 ¿La deficiencia de qué mineral puede provocar dolor óseo, tetania (espasmos musculares intermitentes), parestesia (una sensación de "piquetes de aguja") y una mayor tendencia a sangrar?

30.7 ¿La deficiencia de qué mineral puede resultar en bocio y en una tasa metabólica reducida?

30.8 El síndrome de DiGeorge es un trastorno congénito que da lugar a anomalías estructurales e incapacidad del timo y de las hormonas paratiroideas para desarrollarse. Las manifestaciones clínicas incluyen infecciones recurrentes como una consecuencia de la deficiencia de linfocitos T. ¿Cuál de las siguientes es una consecuencia clínica esperada de la deficiencia de hormona paratiroidea?

A. Aumento de la resorción ósea.
B. Aumento de la resorción de calcio en el riñón.
C. Aumento del calcitriol sérico.
D. Aumento de fosfato sérico.

Respuestas correctas = L, B, I, K, M, A, D. La hipernatremia (aumento del sodio sérico) puede llevar a la retención de agua que puede causar hipertensión en poblaciones sensibles a la sal (p. ej., afroamericanos). El cloruro es el principal anión extracelular. (Nota: el sodio es el principal catión extracelular, el potasio es el principal catión intracelular y el fosfato es el principal anión intracelular. El diferencial de concentración a través de la membrana se mantiene por el transporte activo.) El metabolismo de los carbohidratos incluye la generación de intermediarios fosforilados. La realimentación de individuos con desnutrición grave atrapa el fosfato y deriva en hipofosfatemia. La debilidad muscular es un síntoma frecuente. La selenocisteína, un aminoácido formado de la serina y el selenio, se encuentra en las proteínas (selenoproteínas) como la glutatión peroxidasa, las desyodinasas y la tiorredoxina reductasa. Los dedos de zinc son un tipo de motivo estructural que se encuentra en las proteínas (p. ej., factores de transcripción) que se unen al ADN. La deficiencia importante de zinc como un resultado de las mutaciones a su transportador intestinal puede derivar en acrodermatitis enteropática, que se caracteriza por dermatitis, diarrea y alopecia. El calcio es necesario para la mineralización ósea, la contracción muscular, la conducción nerviosa y la coagulación sanguínea. Su deficiencia afecta todos estos procesos. Las hormonas tiroideas son tirosinas yodadas liberadas por la digestión proteolítica de la tiroglobulina. La ingesta insuficiente de yodo hace que la tiroides aumente de tamaño en un intento por aumentar la síntesis de la hormona. (Nota: también puede ocurrir bocio si se produce demasiada hormona, como en la enfermedad de Graves o, si se produce demasiado poca, puede ocurrir enfermedad de Hashimoto. Ambas son trastornos autoinmunes.) La hormona tiroidea aumenta la tasa metabólica en reposo.

Respuesta correcta = D. La hormona paratiroidea (PTH) aumenta la resorción ósea (desmineralización) y resulta en la liberación de calcio y fosfato. También incrementa la reabsorción renal de calcio debido a que la PTH activa la hidroxilasa renal que convierte el calcidiol a calcitriol. La PTH también aumenta la excreción renal de fosfato. Con el hipoparatiroidismo del síndrome de DiGeorge, todas estas actividades de la PTH están afectadas. En consecuencia, se observan hipocalciemia e hiperfosfatemia.

Para las preguntas 30.9 y 30.10, relacione los signos y síntomas con la patología.

    A. Enfermedad de Graves

    B. Hemocromatosis hereditaria

    C. Hipercalciemia

    D. Hiperfosfatemia

    E. Enfermedad de Keshan

    F. Síndrome de Menkes

    G. Selenosis

    H. Enfermedad de Wilson

30.9 Un hombre de 28 años de edad acude a consulta por quejas de dolor reciente y muy intenso en el cuadrante superior derecho. También informa cierta dificultad con las tareas motoras finas. No se observa ictericia en la exploración física. Las pruebas de laboratorio fueron relevantes para elevación de las pruebas de función hepática (alanina y aspartato aminotransferasas en suero) y calcio y fosfato urinarios elevados. La consulta de oftalmología reveló anillos de Kayser-Fleischer en la córnea. Se inició al paciente con penicilamina y zinc.

> Respuesta correcta = H. El paciente tiene enfermedad de Wilson, un trastorno autosómico recesivo que disminuye el eflujo de cobre del hígado debido a mutaciones en la proteína de transporte de cobre hepático ATP7B. Parte del cobre se filtra a la sangre y se deposita en el cerebro, los ojos, los riñones y la piel. Esto deriva en daño hepático y renal, efectos neurológicos y cambios en las córneas causados por el exceso de cobre. El tratamiento consiste en la administración del quelante del metal penicilamina. (Nota: dado que el zinc también es quelado, los complementos de zinc también son frecuentes.) La enfermedad de Graves da lugar a hipertiroidismo. La hemocromatosis hereditaria es un trastorno de sobrecarga de hierro. La enfermedad de Keshan es el resultado de la deficiencia de selenio, en tanto que la selenosis se debe a un exceso de selenio. El síndrome de Menkes es el resultado de una deficiencia sistémica de cobre como consecuencia de mutaciones en ATP7A, una proteína de transporte de cobre intestinal.

30.10 Una mujer de 52 años de edad se presenta en el consultorio debido a cambios no planeados en la pigmentación de su piel que le dan una apariencia bronceada. A la exploración física se muestra hiperpigmentación, hepatomegalia e ictericia leve en la esclerótica. Las pruebas de laboratorio son relevantes por la elevación de las transaminasas séricas (pruebas de función pulmonar) y glucemia. Los resultados de las otras pruebas están pendientes.

> Respuesta correcta = B. La paciente tiene hemocromatosis hereditaria, una enfermedad de sobrecarga de hierro que se debe a niveles bajos inadecuados de hepcidina causados sobre todo por mutaciones en el gen HFE (hierro elevado). La hepcidina regula la ferroportina, la única proteína de exportación y hierro conocida en los humanos, al aumentar su degradación. El aumento en el hierro con la deficiencia de hepcidina causa degradación. El aumento en el hierro con la deficiencia de hepcidina provoca hiperpigmentación e hiperglucemia ("diabetes bronceada"). El tratamiento consiste en flebotomía o en el uso de quelantes de hierro. (Nota: las pruebas de laboratorio pendientes mostrarían un aumento del hierro sérico y la saturación de transferrina.)

UNIDAD VII:
Almacenamiento y expresión
de la información genética

Estructura, replicación y reparación del ADN

31

I. GENERALIDADES

Los ácidos nucleicos son necesarios para el almacenamiento y la expresión de la información genética. Hay dos tipos de ácidos nucleicos distintos desde el punto de vista químico: el ácido desoxirribonucleico (ADN) y el ácido ribonucleico (ARN; *véase* cap. 32). El ADN, el depósito de la información genética (o genoma), está presente no solo en los cromosomas, en el núcleo de los organismos eucariotas, sino también en las mitocondrias y en los cloroplastos de las plantas. Las células procariotas, que carecen de núcleo, tienen un solo cromosoma, pero pueden también contener ADN no cromosómico en forma de plásmidos. La información genética encontrada en el ADN se copia y se transmite a las células hijas a través de la replicación del ADN. Cada tipo de célula está especializado y expresa solo los genes necesarios para desempeñar su función en el mantenimiento del organismo. El ADN contenido en un huevo fertilizado codifica la información que dirige el desarrollo de un organismo. Este desarrollo puede consistir en la producción de miles de millones de células. Por consiguiente, el ADN no solo debe ser capaz de duplicarse de forma exacta cada vez que se divide una célula, sino también de hacer que la información que contiene se exprese de manera selectiva. La transcripción (síntesis de ARN) es la primera etapa en la expresión de la información genética (*véase* cap. 32). A continuación, el código contenido en la secuencia de nucleótidos de las moléculas de ARN mensajero (síntesis de proteínas, *véase* cap. 33) se traduce, completando así la expresión del gen. La regulación de la expresión génica se comenta en el capítulo 34.

> El flujo de información del ADN al ARN y a las proteínas se denomina "dogma central" de la biología molecular (fig. 31-1) y permite describir a todos los organismos, con excepción de algunos virus que tienen ARN como depósito de su información genética.

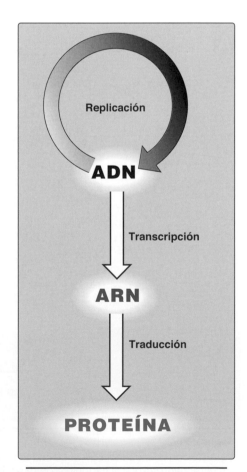

Figura 31-1
El "dogma central" de la biología molecular.

II. ESTRUCTURA DEL ADN

El ADN es un polímero de monofosfatos de desoxirribonucleósidos (dNMP), también llamados nucleótidos, unidos de modo covalente por medio de enlaces fosfodiéster 3'-5'. Con la excepción de algunos virus que contienen ADN de una sola cadena (monocatenario, ADNss), el ADN existe como molécula de doble cadena (bicatenario, ADNds), en la que las dos cadenas se enrollan entre sí para formar una doble hélice. (Nota: la secuencia del dNMP enlazado es la estructura primaria, en tanto que la doble hélice es la estructura secundaria.) En las células eucariotas, el ADN se encuentra relacionado con diversos tipos de proteínas (conocidas en conjunto como nucleoproteínas) presentes en el núcleo, mientras que en los procariotas el complejo proteína-ADN está presente en una región no unida a membrana conocida como nucleoide.

A. Enlaces fosfodiéster 3'→5'

Los enlaces fosfodiéster unen el grupo 3'-hidroxilo de la desoxipentosa de un nucleótido al grupo 5'-hidroxilo de la desoxipentosa de un nucleótido adyacente a través de un grupo fosforilo (fig. 31-2). La larga cadena no ramificada derivada tiene polaridad, con un extremo 5' (el extremo con el fosfato libre) y un extremo 3' (el extremo con el hidroxilo libre) que no están unidos a otros nucleótidos. Por convención, las bases localizadas a lo largo del esqueleto de desoxirribosafosfato

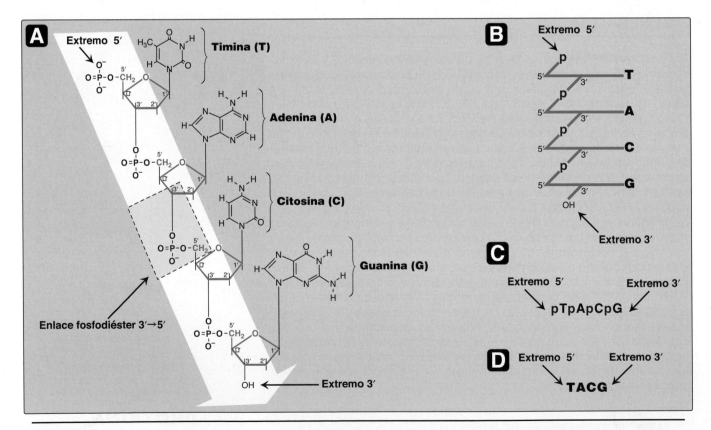

Figura 31-2
A) ADN con la secuencia de nucleótidos escrita en dirección 5'→3'. Se muestran un enlace fosfodiéster 3'→5' resaltado en el *recuadro azul* y el esqueleto de desoxirribosafosfato sombreado en *amarillo* con la *flecha* que indica la dirección de la síntesis de la cadena de ADN. **B)** ADN escrito de forma más estilizada para destacar el esqueleto de ribosafosfato. **C)** Una representación más sencilla de la secuencia de nucleótidos. **D)** La representación más simple (y más frecuente). (Nota: se asume que la secuencia base de nucleótidos está escrita en dirección 5'→ 3' a menos que se indique lo contrario.)

resultante se escriben siempre en orden desde el extremo 5′ hacia el extremo 3′ de la cadena. Por ejemplo, la secuencia de bases del ADN que se muestra en la figura 31-2A se escribe TACG y se lee "timina, adenina, citosina, guanina". Los enlaces fosfodiéster entre los nucleótidos pueden hidrolizarse de forma enzimática por medio de una familia de nucleasas: las desoxirribonucleasas para el ADN y las ribonucleasas para el ARN, o escindirse de forma hidrolítica por sustancias químicas. (Nota: solo el ARN se escinde por álcalis.)

B. Doble hélice

En la doble hélice, las dos cadenas se enrollan alrededor de un eje común llamado eje helicoidal. Las cadenas están emparejadas de una manera antiparalela (es decir, el extremo 5′ de una cadena está emparejado con el extremo 3′ de la otra cadena) como se muestra en la figura 31-3. En la hélice de ADN, el esqueleto hidrófilo de desoxirribosafosfato de cada cadena está en la parte externa de la molécula, mientras que las bases hidrófobas están apiladas en la parte interna. La estructura general se asemeja a una escalera de caracol. La relación espacial entre las dos cadenas en la hélice crea un surco mayor (ancho) y un surco menor (estrecho). Estos surcos proporcionan un acceso para la unión de las proteínas reguladoras a sus secuencias de reconocimiento específicas a lo largo de la cadena del ADN. (Nota: ciertos antineoplásicos, como dactinomicina [actinomicina D], ejercen su efecto citotóxico al interponerse en el surco estrecho de la doble hélice del ADN, lo que interfiere en la síntesis del ADN [y del ARN].)

1. **Emparejamiento de bases:** las bases de una cadena del ADN se emparejan con las bases de la segunda cadena, de tal manera que una adenina (A) está siempre emparejada con una timina (T) y una citosina (C) está siempre emparejada con una guanina (G). (Nota: los pares de bases se disponen perpendiculares al eje de la hélice [*véase* fig. 31-3].) Por consiguiente, una cadena de polinucleótidos de la doble hélice del ADN es siempre el complemento de la otra. Dada la secuencia de bases de una cadena, puede determinarse la secuencia de bases de la cadena complementaria (fig. 31-4). (Nota: el emparejamiento específico de las bases en el ADN lleva a la regla de Chargaff, según la cual, en cualquier muestra de ADN bicatenario, la cantidad de adenina es igual a la cantidad de timina, la cantidad de guanina es igual a la cantidad de citosina y la cantidad total de purinas [A + G] es igual a la cantidad total de pirimidinas [T + C]). Los pares de bases se mantienen unidos mediante enlaces de hidrógeno: 2 entre A y T y 3 entre G y C (fig. 31-5). Los pares de bases también se apilan a lo largo del eje para que los planos de sus anillos estén paralelos. Los enlaces de hidrógeno de los pares de bases, más las interacciones hidrófobas entre las bases apiladas, estabilizan la estructura de la doble hélice.

2. **Separación de las dos cadenas de ADN:** las dos cadenas de la doble hélice se separan cuando se rompen los enlaces de hidrógeno entre las bases emparejadas. La rotura puede producirse en el laboratorio si se altera el pH de la solución del ADN de modo que se ionicen las bases del nucleótido o si se calienta la solución. (Nota: los enlaces fosfodiéster covalentes no se rompen con este tratamiento.) Cuando se expone el ADN al calor, la temperatura a la cual se pierde la mitad de la estructura helicoidal se define como la temperatura de fusión (T_m). La pérdida de estructura helicoidal en el ADN, llamada desnaturalización, puede monitorearse al medir su absorbancia a 260 nm. (Nota: el ADNcs tiene una absorbancia

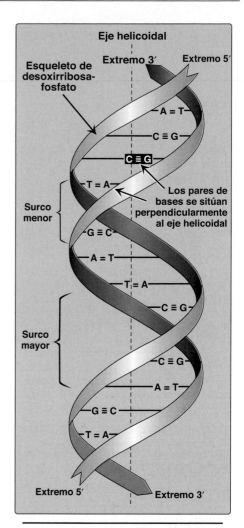

Figura 31-3
Doble hélice del ADN. Se ilustran algunas de sus características estructurales principales. A, adenina; C, citosina; G, guanina; T, timina.

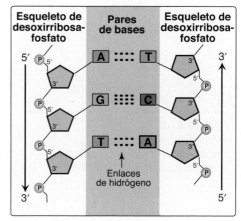

Figura 31-4
Dos secuencias de ADN complementarias. A, adenina; C, citosina; G, guanina; T, timina.

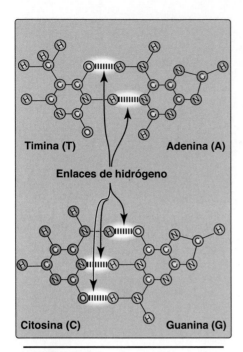

Figura 31-5
Enlaces de hidrógeno entre las bases
complementarias.

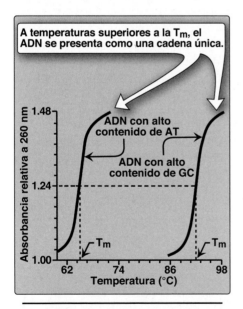

Figura 31-6
Temperaturas de fusión (T$_m$) de
moléculas de ADN con diferentes
composiciones de nucleótidos.

relativa más alta que el ADNdc a esa longitud de onda.) Puesto
que hay 3 enlaces de hidrógeno entre G y C pero solo 2 entre A y
T, el ADN que contiene concentraciones elevadas de A y de T se
desnaturaliza a una temperatura más baja que el ADN rico en G y
C (fig. 31-6). Si la solución de ADN se enfría o se titula a pH neutro,
las cadenas complementarias del ADN pueden volver a formar la
doble hélice por el proceso denominado renaturalización (o reem-
parejamiento). (Nota: la separación de las dos cadenas a lo largo de
regiones cortas ocurre tanto durante la síntesis de ADN como de la
síntesis de ARN.)

3. **Formas estructurales:** hay tres formas estructurales principales
   del ADN: la forma B (descrita por Watson y Crick en 1953), la forma
   A y la forma Z. La forma B es una hélice dextrógira con 10 pares
   de bases por vuelta (o giro) de 360° de la hélice y con los planos de
   las bases perpendiculares al eje helicoidal. Se cree que el ADN cromosómico consta sobre todo de ADN-B (la fig. 31-7 ilustra un modelo
   espacial del ADN-B). La forma A se produce al deshidratar un poco
   la forma B. Es también una hélice dextrógira, pero hay 11 pares de
   bases por vuelta y los planos de los pares de bases están inclinados
   20° con respecto a la perpendicular al eje helicoidal. La conformación
   que se encuentra en los híbridos ADN-ARN (*véase* p. 490) o en las
   regiones de doble cadena de ARN-ARN es tal vez muy parecida a la
   forma A. La forma ADN-Z es una hélice levógira que contiene alrededor de 12 pares de bases por vuelta (*véase* fig. 31-7). (Nota: el esqueleto de desoxirribosafosfato zigzaguea, de ahí, el nombre ADN-Z.) En
   las regiones del ADN que tienen una secuencia de purinas y pirimidinas alternas pueden producirse estiramientos de ADN-Z de forma
   natural (p. ej., poli GC). Las transiciones entre las formas helicoidales
   B y Z del ADN pueden desempeñar una función en la regulación de
   la expresión génica.

C. Moléculas de ADN circulares y lineales

Cada cromosoma del núcleo de una célula eucariota contiene una larga
molécula lineal de ADN bicatenario, que está unido a una mezcla compleja de proteínas (histonas y no histonas, *véase* p. 497) para formar la
cromatina. Los eucariotas tienen moléculas de ADN bicatenario circular
cerrado en sus mitocondrias, al igual que los cloroplastos en las plantas.
Un organismo procariota por lo general contiene una sola molécula de
ADN bicatenario único circular. Cada cromosoma procariota está relacionado con proteínas distintas a las histonas que puede condensar el
ADN para formar un nucleoide. Además, la mayoría de las especies de
bacterias también contiene pequeñas moléculas de ADN circular extra-
cromosómico llamadas plásmidos. El ADN de los plásmidos lleva información genética y se replica de forma sincronizada o no con la división
cromosómica. (Nota: el uso de plásmidos como vectores mediante tecnología de ADN recombinante se describe en el cap. 35.)

> Los plásmidos pueden llevar genes que confieren a la bac-
> teria hospedadora resistencia a los antibióticos y pueden
> facilitar la transferencia de información genética de una bac-
> teria a otra.

 ## III. ETAPAS EN LA REPLICACIÓN DEL ADN DE LOS PROCARIOTAS

Cuando se separan las dos cadenas de la doble hélice del ADN, cada una
puede servir como plantilla para la replicación (síntesis) de una nueva cadena

complementaria. Esto produce dos moléculas hijas, cada una de las cuales contiene dos cadenas de ADN (una nueva, una vieja) con una orientación antiparalela (*véase* fig. 31-3). Este proceso se denomina replicación semiconservadora porque, aunque el dúplex original se separa en dos mitades (y, por consiguiente, no se conserva como una entidad), cada una de las cadenas originales permanece intacta en cada uno de los dos dúplex nuevos (fig. 31-8). Las enzimas que intervienen en el proceso de replicación del ADN son polimerasas dirigidas por una plantilla que requieren magnesio (Mg^{2+}) y que pueden sintetizar la secuencia complementaria de cada cadena con extraordinaria fidelidad. Las reacciones descritas en esta sección se conocieron por primera vez a partir de estudios realizados con la bacteria *Escherichia coli* (*E. coli*) y la descripción que aquí se presenta se refiere al proceso que tiene lugar en procariotas. La síntesis de ADN en organismos superiores es más compleja, pero consiste en el mismo tipo de mecanismos. En cualquier caso, el comienzo de la replicación del ADN compromete a la célula a continuar el proceso hasta que se ha replicado el genoma entero.

A. Separación de las cadenas complementarias

Para que las dos cadenas complementarias del ADN bicatenario original se repliquen, primero deben separarse (o "fundirse") en una pequeña región, porque las polimerasas solo utilizan el ADN monocatenario como plantilla. En los organismos procariotas, la replicación del ADN comienza en una única secuencia de nucleótidos, un sitio conocido como el origen de la replicación u ori (ori C en *E. coli*), como se muestra en la figura 31-9A. (Nota: esta secuencia se identifica como secuencia de consenso, debido a que el orden de los nucleótidos es en esencia el mismo en cada sitio.) El ori incluye segmentos cortos ricos en AT que facilitan la fusión. En los eucariotas, la replicación comienza en múltiples sitios en cada cromosoma (fig. 31-9B). Tener múltiples orígenes de replicación proporciona rapidez al mecanismo de replicación, dada la longitud de las moléculas de ADN eucariota.

B. Formación de la horquilla de replicación

A medida que las dos cadenas se desenrollan y se separan, ocurre una síntesis en las dos horquillas de replicación que se alejan del origen en direcciones opuestas (de forma bidireccional), lo que genera una burbuja de replicación (*véase* fig. 31-9). (Nota: el término "horquilla de replicación" proviene de la estructura en forma de Y en que los dientes de la horquilla representan las cadenas separadas [*véase* fig. 31-10].)

1. **Proteínas necesarias:** la iniciación de la replicación del ADN requiere el reconocimiento del origen (sitio de inicio) de replicación por un grupo de proteínas que forman el complejo preiniciador. Estas proteínas son las responsables de la fusión en el ori, de mantener la separación de las cadenas originales y de desenrollar la doble hélice por delante de la horquilla de replicación que avanza. En *E. coli*, estas proteínas son las siguientes.

   a. **Proteína AdnA:** la proteína AdnA inicia la replicación al unirse a secuencias nucleotídicas específicas en el oriC (cajas AdnA). La unión da lugar a que una región rica en AT (el elemento de desenrollamiento de ADN) en el origen, se fusione. La fusión (separación de las cadenas) deriva en una región corta y localizada de ADN monocatenario.

   b. **Helicasas del ADN:** estas enzimas se unen al ADN monocatenario cerca de la horquilla de replicación y a continuación se mueven hacia la región bicatenaria vecina y fuerzan la separación de las cadenas (de hecho, desenrollan la doble hélice). Las helicasas requieren la energía proporcionada por la hidrólisis de ATP

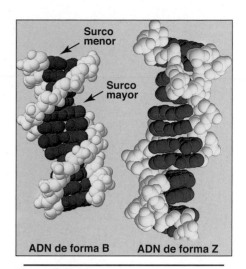

Figura 31-7
Estructuras del ADN-B y ADN-Z.

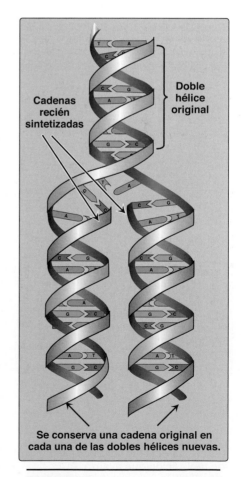

Figura 31-8
Replicación semiconservadora del ADN.

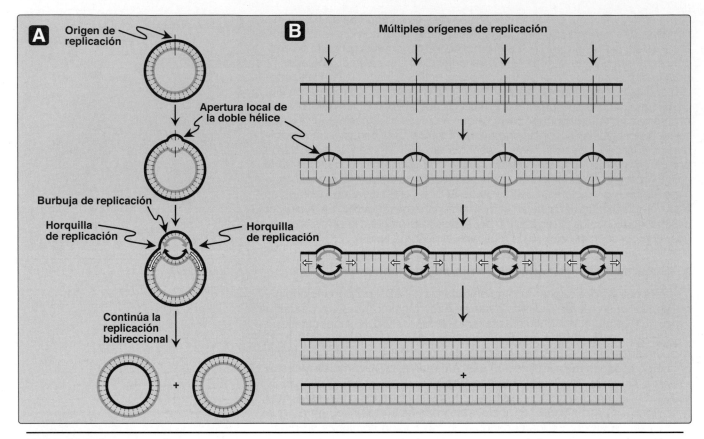

Figura 31-9

Replicación del ADN: orígenes y horquillas de replicación. **A)** Pequeño ADN circular procariota. **B)** ADN eucariota lineal largo.

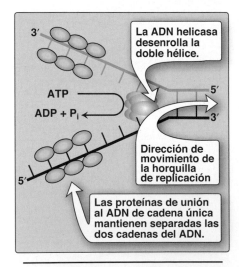

Figura 31-10

Proteínas responsables de mantener la separación de las cadenas originales y de desenrollar la doble hélice por delante de la horquilla de replicación que avanza. ADP, difosfato de adenosina; P_i, fosfato inorgánico.

(*véase* fig. 31-10). El desenrollamiento de la horquilla de replicación causa superenrollamiento en otras regiones de la molécula de ADN. (Nota: AdnB es la principal helicasa de la replicación en *E. coli*. La unión de esta proteína hexamérica al ADN requiere de AdnC.) El superenrollamiento es un tipo de estructura terciaria en la que la doble hélice de un cromosoma se cruza sobre sí misma una o varias veces para aliviar la tensión de torsión en la molécula de ADN.

c. **Proteínas de unión al ADN monocatenario:** estas proteínas se unen al ADN de una sola cadena generado por las helicasas (*véase* fig. 31-10). La unión es de forma cooperativa (es decir, la unión de una molécula de proteína de unión de una sola cadena [USC] facilita la unión fuerte de moléculas adicionales de proteína USC a la cadena de ADN). Las proteínas USC no son enzimas, sino que actúan al alterar el equilibrio entre el ADN bicatenario y el ADN monocatenario en la dirección de las formas de cadena simple. Estas proteínas no solo mantienen las dos cadenas de ADN separadas en el área del origen de replicación, lo que proporciona la plantilla de cadena simple requerida por las polimerasas, sino que también protegen al ADN de las nucleasas que degradan el ADN monocatenario.

2. **Solución al problema del superenrollamiento:** este puede derivar de una torsión excesiva (superenrollamiento positivo) o una torsión insuficiente (superenrollamiento negativo) de ADN. A medida

que las dos cadenas de la doble hélice se separan, se encuentran con un problema, a saber, la aparición de los superenrollamientos positivos en la región de ADN situada por delante de la horquilla de replicación (fig. 31-11) y de los superenrollamientos negativos en la región por detrás de la horquilla. La acumulación de superenrollamientos positivos interfiere en la separación ulterior de las cadenas de ADN. (Nota: el superenrollamiento puede demostrarse si se sostiene con firmeza un extremo de un cable telefónico helicoidal mientras se gira el otro extremo. Si se gira el cable en la dirección que comprime las espirales, el cable se enrollará alrededor de sí mismo en el espacio para formar superenrollamientos positivos. Si se gira el cable en la dirección que afloja las espirales, el cable se enrollará alrededor de sí mismo en la dirección opuesta para formar los superenrollamientos negativos.) Para solucionar este problema existe un grupo de enzimas llamadas topoisomerasas del ADN, que son responsables de eliminar los superenrollamientos de la hélice mediante la escisión temporal de una o ambas cadenas de ADN.

a. **Topoisomerasas del ADN tipo I:** estas enzimas escinden de manera reversible una cadena de la doble hélice y forman un enlace covalente con el extremo de la cadena seccionada. Tienen al mismo tiempo actividad de corte de las cadenas y de resellado de las cadenas. No requieren ATP, más bien parecen almacenar la energía del enlace fosfodiéster que escinden y vuelven a utilizar esa energía para resellar la cadena (fig. 31-12). Cada vez que una enzima crea una muesca transitoria en una cadena del ADN, gira alrededor de la cadena de ADN intacta antes de volver a sellar la muesca, lo que alivia (relaja) los superenrollamientos acumulados. En *E. coli* las topoisomerasas tipo I relajan los superenrollamientos negativos (es decir, los que contienen menos vueltas de hélice que el ADN relajado) y en muchas células eucariotas y procariotas (pero no en *E. coli*), los superenrollamientos negativos y positivos (es decir, los que contienen menos o más vueltas de hélice que el ADN relajado).

b. **Topoisomerasas del ADN tipo II:** estas enzimas se unen con fuerza a la doble hélice del ADN y generan roturas transitorias en ambas cadenas. A continuación, la enzima pasa una segunda parte de la doble hélice de ADN a través de la rotura y, por último, vuelve a sellarla (fig. 31-13). Como resultado, este proceso que requiere ATP puede liberar los superenrollamientos negativos y positivos. La ADN girasa, una topoisomerasa tipo II que se encuentra en las bacterias y las plantas, tiene la capacidad inusual de poder introducir superenrollamientos negativos en el ADN circular mediante la energía de la hidrólisis del ATP. Esto facilita la replicación del ADN porque los superenrollamientos negativos neutralizan los superenrollamientos positivos introducidos durante la abertura de la doble hélice. También ayuda a la separación transitoria de las cadenas, necesaria durante la transcripción (*véase* p. 509).

Los antineoplásicos, como las camptotecinas, actúan sobre la topoisomerasa tipo I humana, en tanto que el etopósido se dirige a la topoisomerasa tipo II humana. La ADN girasa bacteriana es la única diana de un grupo de agentes antimicrobianos llamados fluoroquinolonas (p. ej., ciprofloxacina).

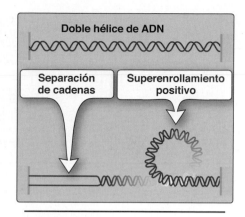

Figura 31-11
Superenrollamiento positivo como resultado de la separación de las cadenas del ADN.

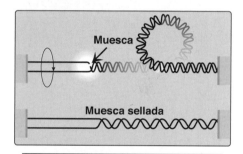

Figura 31-12
Acción de las ADN topoisomerasas tipo I.

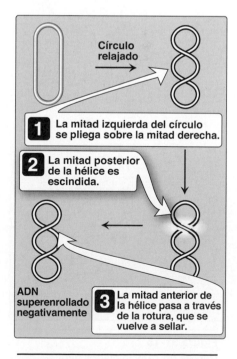

Figura 31-13
Acción de la ADN topoisomerasa tipo II.

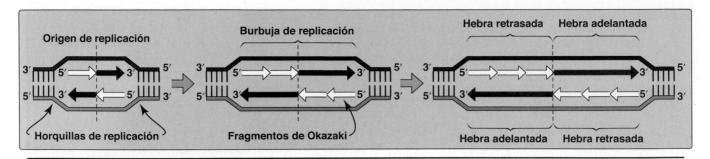

Figura 31-14
Síntesis discontinua del ADN. *Flechas negras* = síntesis continua; *flechas blancas* = discontinuas.

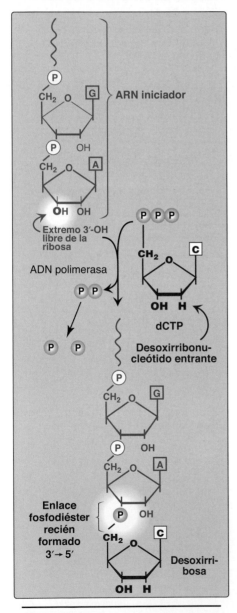

Figura 31-15
Uso de un ARN iniciador para empezar la síntesis del ADN. dCTP, desoxicitidina trifosfato; Ⓟ y ●, fosfato.

C. Dirección de la replicación del ADN

Las polimerasas del ADN (ADN pol) responsables de copiar las plantillas de ADN, solo pueden leer las secuencias de nucleótidos originales en la dirección 3'→5' y sintetizan las cadenas nuevas de ADN en la dirección 5'→3' (antiparalela). Por consiguiente, a partir de una doble hélice original, los dos tramos de cadenas de nucleótidos recién sintetizados deben crecer en direcciones opuestas, una en dirección 5'→3' hacia la horquilla de replicación y otra en dirección 5'→3' lejos de la horquilla de replicación (fig. 31-14). Esto se logra por medio de un mecanismo ligeramente diferente en cada cadena.

1. **Cadena adelantada:** la cadena que se copia en la dirección de la horquilla de replicación que avanza, se llama cadena adelantada y se sintetiza de forma continua.

2. **Cadena retrasada:** la cadena que se copia en la dirección que se aleja de la horquilla de replicación, se sintetiza de manera discontinua, es decir, se copian pequeños fragmentos del ADN cerca de la horquilla de replicación. Estos cortos tramos de ADN discontinuo, denominados fragmentos de Okazaki, son al final unidos (ligados) por la ligasa para convertirse en una sola cadena continua. La nueva cadena de ADN producida por este mecanismo se llama cadena retrasada.

D. ARN iniciador

Las ADN polimerasas no pueden iniciar la síntesis de una cadena de ADN complementaria sobre una plantilla que consiste por completo de una cadena única. Necesitan un iniciador de ARN, que es un tramo corto de una base de ARN emparejada con la plantilla del ADN, con lo que forma un híbrido de doble cadena de ADN-ARN. El grupo hidroxilo libre en el extremo 3' del iniciador de ARN sirve como primer aceptor de un desoxinucleótido por acción de la ADN polimerasa (fig. 31-15). (Nota: recuérdese que la glucógeno sintasa también necesita un iniciador [*véase* p. 162].)

1. **Primasa:** una ARN polimerasa específica, llamada primasa (AdnG), sintetiza los cortos fragmentos de ARN (de ~10 nucleótidos de largo) que son complementarios y antiparalelos de la plantilla del ADN. En el dúplex híbrido resultante, el uracilo (U) del ARN se empareja con la A del ADN. Como se muestra en la figura 31-16, estas cortas secuencias de ARN se sintetizan de forma constante en la horquilla de replicación de la cadena retrasada, pero en la cadena adelantada solo es necesaria una secuencia de ARN en el origen de replicación. Los

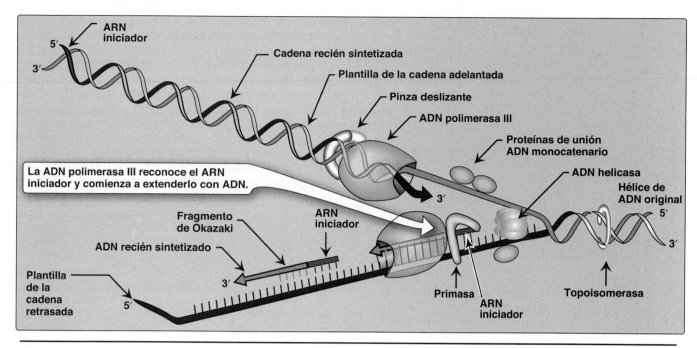

La ADN polimerasa III reconoce el ARN iniciador y comienza a extenderlo con ADN.

Figura 31-16
Elongación de las cadenas adelantada y retrasada. (Nota: la pinza deslizante de ADN no se muestra para la cadena retrasada.)

sustratos para este proceso son los trifosfatos de 5′-ribonucleósidos y se libera pirofosfato (PP$_i$) a medida que se añade cada ribonucleósido monofosfato mediante la formación de un enlace fosfodiéster 3′→5′. (Nota: el ARN iniciador se elimina más tarde, como se describe en F más adelante.)

2. **Primosoma:** la adición de la primasa convierte el complejo preiniciador de proteínas necesario para la separación de las cadenas de ADN en un primosoma (*véase* p. 487). El primosoma genera el ARN iniciador necesario para la síntesis de la cadena adelantada e inicia la formación de los fragmentos de Okazaki en la síntesis de la cadena retrasada discontinua. Igual que en la síntesis del ADN, la dirección de síntesis del iniciador es 5′→3′.

E. Elongación de la cadena

Las ADN polimerasas procariotas (y eucariotas) alargan una cadena nueva de ADN al añadir los desoxirribonucleótidos de uno en uno al extremo 3′ de la cadena en crecimiento (*véase* fig. 31-16). La secuencia de nucleótidos que se añade viene dictada por la secuencia de bases de la cadena parental, que sirve de plantilla. Los nucleótidos entrantes, usados en la síntesis de la nueva cadena, se emparejan con las bases de la plantilla.

1. **ADN polimerasa III:** la elongación de la cadena de ADN está catalizada por la enzima de múltiples subunidades, la ADN pol III. Al usar al grupo hidroxilo 3′ del ARN iniciador como el aceptor del primer desoxirribonucleótido, la ADN pol III comienza a añadir los nucleótidos a lo largo de la plantilla de cadena única que especifica la secuencia de bases de la nueva cadena sintetizada. La ADN pol III es una enzima muy procesiva (es decir, permanece unida a la cadena que actúa de plantilla a medida que avanza y no tiene que disociarse y volver a unirse antes de añadir cada nucleótido nuevo). La proce-

sividad de la ADN pol III es resultado de que su subunidad β forma un anillo que rodea y se mueve a lo largo de la cadena de ADN que sirve de plantilla, por lo que actúa como una pinza deslizante por el ADN. (Nota: la formación de la pinza es facilitada por un complejo de proteínas, el cargador de pinzas, y por hidrólisis de ATP.) La cadena nueva (hija) crece en dirección 5′→3′, antiparalela a la cadena original (véase fig. 31-16). Los nucleótidos sustrato son los trifosfatos de 5′-desoxirribonucleósidos. Cuando se añade cada nuevo monofosfato de desoxinucleósido a la cadena creciente a través de un enlace fosfodiéster 3′→5′ se libera el PP_i (véase fig. 31-15). La hidrólisis del PP_i a 2 P_i por la pirofosfatasa significa que se usan en total dos enlaces de alta energía para dirigir la adición de cada desoxinucleótido.

> La producción del PP_i y su hidrólisis subsiguiente a 2 P_i es un tema común en bioquímica. La eliminación del PP_i impulsa hacia delante una reacción que genera PP_i y la hace en esencia irreversible.

Para producir la elongación del ADN deben estar presentes los cuatro sustratos (desoxiadenosina trifosfato [dATP], desoxitimidina trifosfatasa [dTTP], desoxicitidina trifosfato [dCTP] y desoxiguanosina trifosfato [dGTP]). La síntesis de ADN se detiene cuando la concentración del nucleótido cae por debajo de la K_m para la unión de la polimerasa al nucleótido.

2. **Corrección del ADN recién sintetizado:** para la supervivencia de un organismo es muy importante que la secuencia de nucleótidos del ADN se duplique con la menor cantidad de errores posibles. La lectura equivocada de la secuencia de la plantilla podría dar lugar a mutaciones deletéreas, tal vez letales. Para asegurar la fidelidad de la replicación, la ADN pol III tiene, además de su actividad polimerasa 5′→3′, una actividad correctora (exonucleasa 3′→5′, fig. 31-17). A medida que se añaden nucleótidos a la cadena, la ADN pol III hace una comprobación para asegurar que el nucleótido recién añadido en efecto sea el complemento de la base en la plantilla de cadena. Si no es así, la actividad de la exonucleasa 3′→5′ corrige el nucleótido añadido de forma errónea en dirección opuesta a la polimerización. (Nota: dado que la función de exonucleasa del ADN pol III requiere un extremo 3′-hidroxi emparejado de manera errónea con una base, no degrada secuencias de nucleótidos en forma correcta.) Por ejemplo, si la base de la plantilla es la citosina y la enzima inserta por error una adenina en vez de una guanina en la cadena nueva, la actividad de la exonucleasa 3′→5′ elimina de forma hidrolítica el nucleótido mal colocado. A continuación, la polimerasa 5′→3′ repite el paso de adición de nucleótidos e inserta el nucleótido correcto que contiene la guanina (véase fig. 31-17). (Nota: los dominios de la 5′→3′ polimerasa y 3′→5′ exonucleasa se ubican en diferentes subunidades de la ADN pol III.)

> La anemia falciforme es causada por un único cambio de nucleótido, un error de inserción de una T en el lugar de una A, en el gen de la β-globina. Esta mutación da lugar a un aminoácido incorrecto (una valina en el lugar de un glutamato) en la proteína β-globina que altera la función de la proteína en el eritrocito.

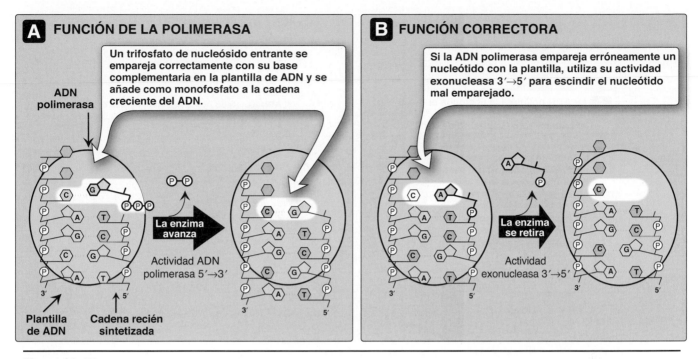

Figura 31-17
La actividad exonucleasa 3′→5′ permite a la ADN polimerasa III corregir la cadena de ADN recién sintetizada.

F. Escisión de los ARN iniciadores y su sustitución por ADN

La ADN pol III continúa la síntesis del ADN en la cadena retrasada hasta que se acerca al extremo 5′ de un ARN iniciador. Cuando esto ocurre, el ARN se escinde y el hueco entre los fragmentos Okazaki es llenado por una ADN pol I.

1. **Actividad de la exonucleasa 5′→3′:** además de tener la actividad polimerasa 5′→3′ que sintetiza ADN, y la actividad exonucleasa 3′→5′, que corrige la cadena de ADN recién sintetizada como hace la ADN pol III, la ADN polimerasa I tiene también una actividad exonucleasa 5′→3′ que es capaz de eliminar de modo hidrolítico el ARN iniciador. (Nota: las exonucleasas eliminan nucleótidos del extremo de la cadena del ADN, en vez de escindir la cadena de manera interna como hacen las endonucleasas [fig. 31-18]). Primero, la ADN polimerasa I localiza el espacio (muesca) entre el extremo 3′ del ADN recién sintetizado por acción de la ADN polimerasa III y el extremo 5′ del ARN iniciador adyacente. A continuación, la ADN polimerasa I elimina de forma hidrolítica los nucleótidos del ARN que están por delante de ella, y se mueve en la dirección 5′→3′ (actividad exonucleasa 5′→3′). A medida que elimina los ribonucleótidos, la ADN polimerasa I los sustituye por desoxirribonucleótidos y sintetiza ADN en la dirección 5′→3′ (actividad polimerasa 5′→3′). Al tiempo que sintetiza el ADN, también corrige al usar la actividad exonucleasa 3′→5′ para eliminar los errores. Esta eliminación/síntesis/corrección continúa hasta que el ARN cebador se ha degradado por completo y el hueco se llena de ADN (fig. 31-19). (Nota: la ADN polimerasa I usa su actividad de polimerasa 5′→3′ para llenar los huecos generados durante la mayoría de los tipos de reparación de ADN [véase p. 500].)

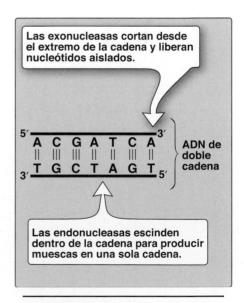

Figura 31-18
Actividad endonucleasa frente a actividad exonucleasa. (Nota: las endonucleasas de restricción [véase p. 556] escinden ambas cadenas.)

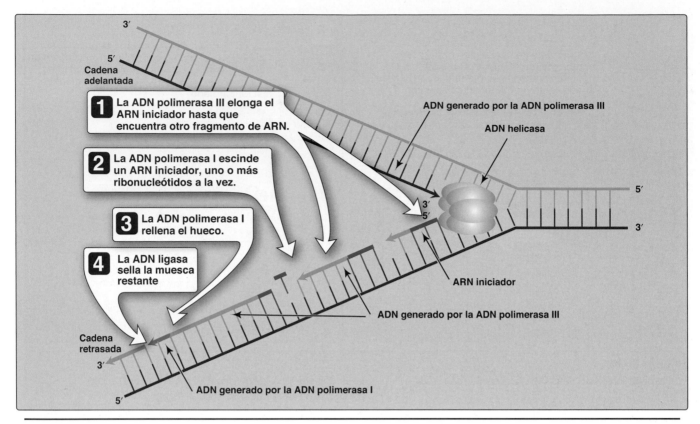

Figura 31-19
Eliminación del ARN iniciador y llenado de los huecos resultantes por acción de la ADN polimerasa I.

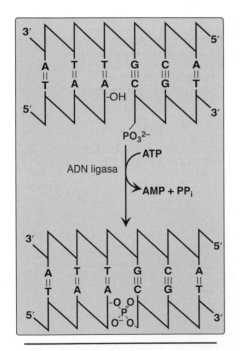

Figura 31-20
Formación de un enlace
fosfodiéster por la ADN ligasa.

2. Comparación de las actividades de las exonucleasas 5′→3′ y 3′→5′: la actividad de exonucleasa 5′→3′ de la ADN pol I permite que la polimerasa se mueva en sentido 5′→3′, para eliminar de forma hidrolítica uno o más nucleótidos a la vez del extremo 5′ del ARN iniciador de ~10 nucleótidos de largo. En contraste, la actividad de la exonucleasa 3′→5′ de la ADN pol I y III permite que estas polimerasas, que se mueven de 3′→5′, eliminen de forma hidrolítica un nucleótido mal colocado a la vez del extremo 3′ de una cadena de ADN en crecimiento, lo que aumenta la fidelidad de replicación de modo tal que el ADN recién replicado no tenga más de un error por 10^7 nucleótidos.

G. ADN ligasa

La ADN polimerasa solo puede catalizar la formación de enlaces fosfodiéster entre una cadena de ADN y un mononucleótido y no puede unir dos secciones de una cadena de ADN. El enlace fosfodiéster final entre el grupo 5′fosfato en el ADN sintetizado por la ADN pol III y el grupo 3′-hidroxilo en el ADN generado por la ADN pol I está catalizado por la ADN ligasa (fig. 31-20). La unión (ligadura) de estos dos tramos de ADN requiere energía, que en la mayoría de los organismos proviene de la escisión del ATP a adenosín monofosfato + PP$_i$.

H. Terminación

La terminación de la replicación en *E. coli* está mediada por una secuencia específica de unión de la proteína, sustancia utilizada para la terminación (Tus) a sitios de terminación (Ter) en el ADN, lo que detiene el movimiento de la horquilla de replicación.

IV. REPLICACIÓN DEL ADN DE EUCARIOTAS

El proceso de replicación que el ADN en eucariotas es muy similar al de la síntesis del ADN procariota. Ya se han comentado algunas diferencias, como los múltiples orígenes de replicación en las células eucariotas frente a los orígenes de replicación únicos en los procariotas. Se han identificado proteínas de reconocimiento de origen eucariota, proteínas de unión al ADN monocatenario y ADN helicasas dependientes de ATP y sus funciones son análogas a las de las proteínas procariotas que ya se han comentado. En cambio, los ARN iniciadores son eliminados por la RNasa H y la endonucleasa colgajo 1 (FEN1) en vez de por una ADN polimerasa (fig. 31-21).

A. El ciclo celular eucariota

Los acontecimientos que rodean la replicación del ADN eucariota y la división celular (mitosis) están coordinados para producir el ciclo celular (fig. 31-22). El periodo que precede a la replicación se denomina fase Gap1 (G_1). La replicación del ADN se produce durante la fase de síntesis (S). Después de la síntesis del ADN, hay otro periodo (fase G_2 o Gap2) previo a la mitosis (M). Se dice que las células que han dejado de dividirse, como los linfocitos T maduros, han salido del ciclo celular y están en la fase G_0. Estas células en reposo pueden estimularse para entrar de nuevo a la fase G_1 a fin de reanudar la división. (Nota: el ciclo celular es regulado por una serie de puntos de control que evitan la entrada a la siguiente fase del ciclo hasta que se ha completado la fase precedente. Hay dos clases fundamentales de proteínas que controlan el progreso de una célula durante el ciclo celular y son las ciclinas y las cinasas dependientes de ciclinas [Cdk]).

B. ADN polimerasas de eucariotas

Se han identificado al menos cinco ADN polimerasas de alta fidelidad en eucariotas, que se han identificado y clasificado en función de su peso molecular, su ubicación celular, su sensibilidad a los inhibidores y las plantillas o los sustratos en los que actúan. Se denominan por medio de letras griegas más que por números romanos (fig. 31-23).

1. **Pol α:** es una enzima de múltiples subunidades. Una subunidad tiene actividad primasa, la cual inicia la síntesis de las cadenas en la cadena adelantada y al principio de cada fragmento de Okazaki en la cadena retrasada. La subunidad primasa sintetiza un ARN iniciador corto que después se extiende por la actividad polimerasa $5'\to3'$ de la pol α, que genera un corto fragmento de ADN que más tarde es alargado por una pol de ADN más elaborada, como pol ε pol δ. (Nota: pol α también se conoce como pol α/primasa.)

2. **Pol ε y pol δ:** pol ε se recluta para completar la síntesis del ADN en la cadena adelantada, en tanto que pol δ alarga los fragmentos de Okazaki de la cadena retrasada, cada uno mediante la actividad exonucleasa $3'\to5'$ para corregir el ADN recién sintetizado. (Nota: la ADN pol ε se relaciona con el antígeno nuclear de la célula en proliferación [ANCP], una proteína que sirve como pinza deslizante del ADN de la misma manera que lo hace la subunidad β de la ADN polimerasa III en *E. coli*, con lo que asegura una alta procesividad.)

FUNCIÓN	PROTEÍNA(S)
Reconocimiento del origen	ORC
Actividad de helicasa	*MCM*
Protección ADN monocatenario	PRA
Síntesis del iniciador	Pol a/primasa
Pinza deslizante	ANCP
Eliminación del iniciador	RNasa H, FEN1

Figura 31-21

Las proteínas y su función en la replicación eucariota. ANCP, antígeno nuclear de la célula en proliferación; FEN, endonucleasa colgajo; MCM, mantenimiento de minicromosomas (complejo); ORC, complejo de reconocimiento del origen; PRA, proteína de replicación A.

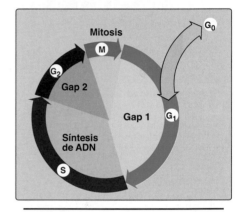

Figura 31-22

El ciclo de la célula eucariota. (Nota: las células pueden dejar el ciclo celular y entrar en un estado de reposo reversible conocido como G_0.)

POLI-MERASA	FUNCIÓN	CORREC-CIÓN*
Pol α (alfa)	• **Contiene primasa** • **Inicia la síntesis del ADN**	−
Pol β (beta)	• **Reparación**	−
Pol δ (delta)	• **Elonga los fragmentos de Okazaki de la cadena retrasada**	+
Pol ε (épsilon)	• **Elonga la cadena adelantada**	+
Pol γ (gamma)	• **Replica el ADN mitocondrial**	+

Figura 31-23

Actividades de las ADN polimerasas (pol) eucariotas. (Nota: el asterisco [*] denota actividad exonucleasa $3'\to5'$.)

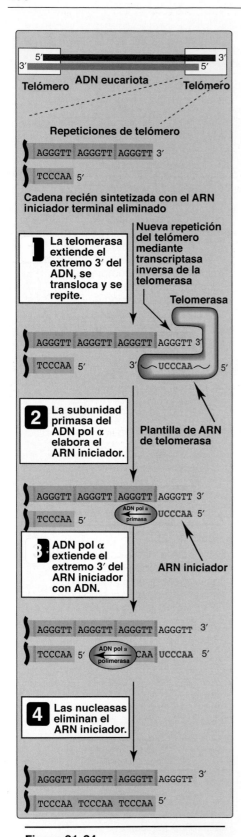

Figura 31-24
Mecanismo de acción de la telomerasa, una ribonucleoproteína. pol, polimerasa.

3. **Pol β y pol γ:** la pol β interviene en el llenado del hueco en la reparación del ADN. La pol γ replica el ADN mitocondrial.

C. Telómeros

Los telómeros son complejos de ADN asociados con proteínas (se conocen en conjunto como *shelterin*) ubicados en los extremos de los cromosomas lineales. Mantienen la integridad estructural del cromosoma, lo que evita el ataque de las nucleasas, además de permitir la reparación de los sistemas para distinguir entre un extremo verdadero y una rotura en el ADN bicatenario. En humanos, el ADN telomérico está constituido por varios millares de repeticiones en tándem de una secuencia hexámera no codificante, la AGGGTT, cuyas bases están emparejadas con la secuencia repetitiva AACCCT. La cadena con repeticiones AGGGTT (la "cadena rica en G") es más larga que su cadena complementaria con repeticiones AACCCT (la "cadena rica en C"), lo que deja un ADN monocatenario de unos centenares de nucleótidos de longitud en el extremo 3'. Se cree que la región de cadena única se pliega sobre sí misma y forma una estructura en bucle que está estabilizada por la proteína.

1. **Acortamiento de los telómeros:** las células eucariotas enfrentan un problema especial al replicar los extremos de sus moléculas de ADN lineal. Después de la eliminación del ARN iniciador del extremo 5' de la cadena retrasada, no hay forma de llenar el hueco restante con ADN. En consecuencia, en la mayoría de las células somáticas humanas normales, los telómeros se acortan con cada división celular sucesiva. Una vez que los telómeros se acortan más allá de una cierta longitud crítica, la célula no puede dividirse más y se dice que es senescente. En las células germinales y las células madre, así como en las células cancerosas, los telómeros no se acortan y las células no envejecen. Esto se debe a la presencia de una ribonucleoproteína, la telomerasa, que mantiene la longitud de los telómeros en estas células.

2. **Telomerasa:** este complejo contiene una proteína, TERT, que actúa como una transcriptasa inversa y una pieza corta de ARN, TERC, que actúa como plantilla. La plantilla de ARN, rica en C, empareja sus bases con el extremo 3', rico en G, de la cadena única del ADN telomérico (fig. 31-24). La transcriptasa inversa utiliza la plantilla de ARN para sintetizar ADN en la dirección 5'→3' habitual, extendiendo el ya largo extremo 3'. La telomerasa se transloca a continuación al extremo recién sintetizado y se repite el proceso. Una vez alargada la cadena rica en G, la actividad de primasa del ADN pol α puede utilizarla como plantilla para sintetizar un ARN iniciador. El iniciador es extendido por acción de la ADN pol α y después eliminado por las nucleasas.

> Los telómeros pueden considerarse como relojes mitóticos, porque su longitud en la mayoría de las células está relacionada de forma inversa con el número de veces que las células se han dividido. El estudio de los telómeros permite analizar la biología del envejecimiento normal, las enfermedades de envejecimiento prematuro (progerias) y el cáncer.

D. Transcriptasa inversa

Como se observa con la telomerasa, las transcriptasas inversas son ADN polimerasas dirigidas por ARN. En la replicación de retrovirus como el virus de la inmunodeficiencia humana (VIH) interviene una transcriptasa inversa. Estos virus portan su genoma en forma de moléculas de ARN monocatenario. Después de la infección de una célula hospedadora, la enzima transcriptasa inversa viral utiliza el ARN viral como plantilla para la síntesis de 5'→3' de ADN viral, que a continuación se integra en los cromosomas del hospedador. La actividad de la transcriptasa inversa también puede observarse en los transposones, elementos de ADN que pueden moverse de un sitio a otro del genoma (*véase* p. 551). En eucariotas, la mayoría de los transposones se transcribe a ARN, y una transcriptasa inversa codificada por el transposón utiliza el ARN como plantilla para la síntesis de ADN, que a su vez se inserta de modo aleatorio en el genoma. (Nota: los transposones que incluyen un ARN intermedio se llaman retrotransposones o retroposones.)

E. Inhibición de la replicación de ADN por análogos de nucleósidos

El crecimiento de la cadena de ADN puede bloquearse mediante la incorporación de ciertos análogos de nucleósidos que se han modificado en la porción azúcar (fig. 31-25). Por ejemplo, la eliminación del grupo hidroxilo del carbono 3' del anillo de desoxirribosa, como ocurre en la 2',3'-didesoxiinosina (ddl; también conocida como didanosina), o la conversión de la desoxirribosa en otro azúcar, como arabinosa, evita una mayor elongación de la cadena. Al bloquear la síntesis del ADN, estos compuestos retrasan la división de las células de crecimiento rápido y de los virus. Por ejemplo, el arabinósido de citosina (citarabina, o araC) se ha utilizado en la quimioterapia anticancerosa, mientras que el arabinósido de adenina (vidarabina, o araA) es un antiviral. La sustitución de la fracción azúcar, como en la azidotimidina (AZT) también llamada zidovudina (ZDV), también detiene la elongación de la cadena de ADN. (Nota: estos fármacos en general se administran como nucleósidos, que a continuación se convierten en nucleótidos por la acción de las cinasas celulares.)

V. ORGANIZACIÓN DEL ADN EUCARIOTA

¡Una célula humana típica (diploide) contiene 46 cromosomas, cuyo ADN total tiene una longitud de ~2 m! Resulta difícil imaginar cómo una cantidad tan grande de material genético puede empaquetarse de manera eficaz en el volumen de un núcleo celular para poder replicarse con éxito y pueda expresarse su información genética. Para que esto suceda es necesaria la interacción del ADN con una gran cantidad de proteínas, cada una de las cuales realiza una función específica en el empaquetamiento ordenado de estas largas moléculas de ADN. El ADN eucariota está asociado con proteínas básicas muy unidas, llamadas histonas. Estas sirven para ordenar el ADN en unidades estructurales fundamentales, llamadas nucleosomas, que recuerdan a las perlas de un collar. Los nucleosomas se disponen a continuación en estructuras cada vez más complejas que organizan y condensan las largas moléculas de ADN en los cromosomas y que pueden separarse durante la división celular. (Nota: el complejo de ADN y proteínas que se encuentra dentro de los núcleos de las células eucariotas se llama cromatina.)

A. Histonas y formación de los nucleosomas

Hay cinco clases de histonas, denominadas H1, H2A, H2B, H3 y H4. Estas pequeñas proteínas evolutivamente conservadas tienen una carga positiva a un pH fisiológico como resultado de su alto contenido de lisina y de arginina. Como consecuencia de su carga positiva, forman enlaces iónicos con el ADN cargado de manera negativa. Las histonas, junto con los iones cargados de manera positiva como el Mg^{2+}, ayudan a neutralizar los grupos fosfato con carga negativa del ADN.

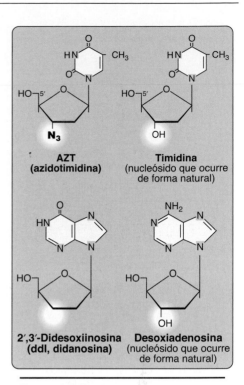

Figura 31-25
Ejemplos de análogos de nucleósidos que carecen de un grupo 3'-hidroxilo. (Nota: la ddl se convierte en su forma activa [ddATP].)

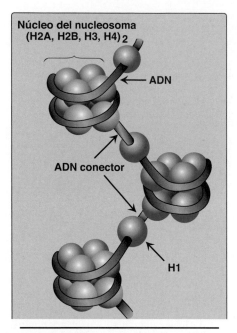

Figura 31-26
Organización del ADN humano; se ilustra la estructura de los nucleosomas. H, histona.

1. **Nucleosomas:** dos moléculas de cada una de las histonas H2A, H2B, H3 y H4 forman el núcleo octamérico de cada perla individual de nucleosoma. Alrededor de este núcleo estructural se enrolla casi dos veces un segmento de ADN bicatenario (fig. 31-26). El enrollamiento elimina una vuelta de la hélice, lo que produce un superenrollamiento negativo. (Nota: los extremos N-terminales de estas histonas pueden estar acetilados, metilados o fosforilados. Estas modificaciones covalentes reversibles pueden influir en la fuerza con que se unen las histonas al ADN y afectar de esta manera la expresión de genes específicos. La modificación de las histonas es un ejemplo de epigenética, o cambios hereditarios en la expresión génica causados sin alterar la secuencia de nucleótidos.) Los nucleosomas vecinos están unidos por un ADN conector de ~50 pares de bases de longitud. La histona H1 no se encuentra en el núcleo del nucleosoma, sino que se une a la cadena del ADN conector entre las perlas del nucleosoma. La H1 es la histona más específica de tejido y más específica de especie de las histonas. Facilita el empaquetamiento de los nucleosomas en estructuras más compactas.

2. **Niveles superiores de organización:** los nucleosomas pueden empaquetarse con más fuerza (apilarse) para formar un nucleofilamento. Esta estructura adopta la forma de una espiral y se suele denominar fibra de 30 nm. La fibra está organizada en bucles que están anclados por un andamiaje nuclear que contiene varias proteínas. Niveles añadidos de organización conducen a la estructura cromosómica final (fig. 31-27).

B. Destino de los nucleosomas durante la replicación del ADN

Los nucleosomas originales se disocian para permitir el acceso al ADN durante la replicación. Una vez que se sintetiza el ADN, los nucleosomas

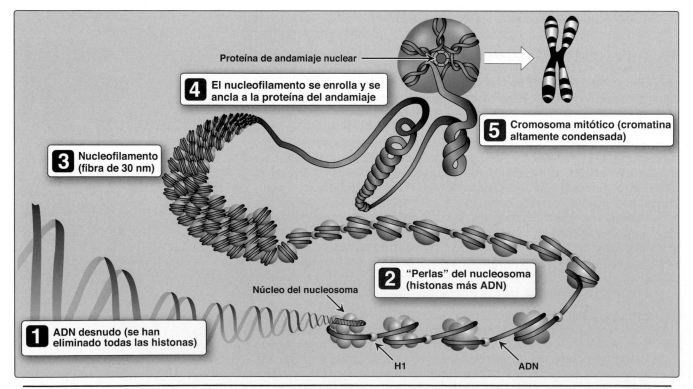

Figura 31-27
Organización estructural del ADN eucariota. (Nota: se observa una compactación lineal de 10^4 de 1 a 5.) H, histona.

se forman con rapidez. Sus proteínas de histonas provienen tanto de la síntesis *de novo* como de la transferencia de las histonas originales.

VI. REPARACIÓN DEL ADN

A pesar del elaborado sistema de corrección empleado durante la síntesis del ADN, pueden producirse errores (como el apareamiento incorrecto de las bases o la inserción incorrecta de uno o unos pocos nucleótidos adicionales). Además, el ADN está sometido en forma constante a las agresiones ambientales que causan la alteración o la eliminación de las bases nucleotídicas. Los agentes perjudiciales pueden ser productos químicos (p. ej., el ácido nitroso, que puede desaminar las bases) o radiación (p. ej., radiación ultravioleta [UV] no ionizante, que puede fusionar dos pirimidinas adyacentes entre sí en el ADN, y la radiación ionizante de alta energía, que puede causar roturas de la doble cadena). Las bases también se alteran o se pierden de manera espontánea en el ADN de los mamíferos a una tasa de muchos miles por célula al día. Si el daño no se repara, puede introducirse un cambio (mutación) permanente que puede provocar cualquiera de una serie de efectos deletéreos, lo que incluye pérdida de control sobre la proliferación de la célula mutada, que induce el cáncer. Por fortuna, las células son muy eficientes en la reparación del daño producido a su ADN, en especial cuando el daño afecta solo a una o dos bases en un lugar de la misma cadena del dúplex de ADN. La mayor parte de los sistemas de reparación (llamados sistemas de reparación por escisión) consiste en el reconocimiento del daño (lesión) en el ADN, la eliminación o supresión del daño, el relleno del hueco dejado por la supresión que usa la cadena complementaria no dañada como plantilla para la síntesis del ADN, y la unión para restaurar la continuidad de la cadena reparada. Estos sistemas de reparación de la supresión eliminan de uno a decenas de nucleótidos. (Nota: la síntesis de reparación del ADN puede ocurrir fuera de la fase S.) El daño también puede afectar a las dos cadenas del ADN en su ubicación (p. ej., las roturas de doble cadena). Estas formas de daño son corregidas por sistemas de reparación distintos a aquellos que eliminan el daño en una sola cadena.

A. Reparación de apareamiento erróneo

Algunas veces los errores de la replicación escapan a la función correctora durante la síntesis del ADN y causan un error de pares equivocados o de emparejamiento de una a varias bases. En *E. coli*, la reparación de emparejamiento erróneo (REE) está mediada por un grupo de proteínas conocidas como proteínas Mut (fig. 31-28). En los humanos hay proteínas homólogas. (Nota: ocurre REE en minutos de la replicación y reduce la tasa de errores de replicación de 1 en 10^7 a 1 en 10^9 nucleótidos.)

1. **Identificación de la cadena con errores de apareamiento:** cuando se produce un error de apareamiento, las proteínas Mut que identifican el o los nucleótidos mal apareados deben poder discriminar entre la cadena correcta y la cadena con el error. La discriminación se basa en el grado de metilación. Las secuencias GATC, que se encuentran una vez cada 1 000 nucleótidos, están metiladas en el residuo A por la ADN adenina metilasa (DAM). Esta metilación no se realiza justo después de la síntesis, por lo que el ADN está hemimetilado (es decir, la cadena original está metilada, pero la cadena hija no lo está). Se supone que la cadena original metilada es la correcta y es la cadena hija la que se repara. (Nota: aún no se conoce el mecanismo exacto por el que se identifica la cadena hija en los eucariotas, pero tal vez implique el reconocimiento de las muescas en la cadena recién sintetizada.)

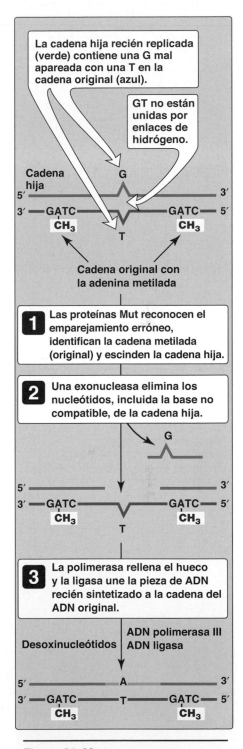

Figura 31-28

Reparación de apareamiento erróneo dirigida por metilos en *Escherichia coli*. (Nota: la proteína Mut S reconoce el apareamiento erróneo y recluta Mut L. El complejo activa Mut H, que escinde la cadena no metilada [hija].)

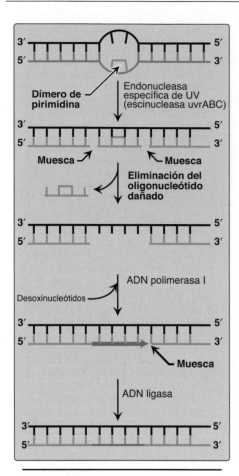

Figura 31-29
Reparación por escisión de
nucleótidos de los dímeros de
pirimidina en el ADN de *Escherichia
coli*. UV, ultravioleta.

2. Procedimiento de reparación: cuando se identifica la cadena
que contiene el error de apareamiento, una endonucleasa produce
muescas en la cadena y el o los nucleótidos mal apareados son
eliminados por una exonucleasa. También se eliminan otros nucleótidos en los extremos 5′ y 3′ del error de apareamiento. El hueco
dejado por la eliminación de los nucleótidos es llenado por una
ADN polimerasa, por lo general ADN pol III, que utiliza la cadena
hermana como plantilla. El hidroxilo 3′ del ADN recién sintetizado
es unido al fosfato 5′ del fragmento restante de la cadena de ADN
original por una ADN ligasa.

> Los defectos en las proteínas que intervienen en la reparación
> de los apareamientos erróneos en los humanos se relacionan
> con el síndrome de Lynch, también conocido como cáncer
> colorrectal hereditario no poliposico (CCHNP). Las muta-
> ciones en MSH2 y MLH1 (dos homólogos humanos de las
> proteínas Mut bacterianas) son responsables de 90% de los
> pacientes con síndrome de Lynch. El CCHNP se relaciona
> con un mayor riesgo de desarrollar cáncer de colon (así como
> otros cánceres), pero solo alrededor de 5% de todos los cán-
> ceres de colon es consecuencia de mutaciones en la REE.

B. Reparación de la supresión de nucleótido

La exposición de una célula a la radiación UV puede dar lugar a la
unión covalente de dos pirimidinas adyacentes (por lo general T) con
la producción de un dímero. Estos enlaces cruzados intracadenas evitan que la ADN polimerasa duplique la cadena del ADN más allá del
sitio de formación del dímero. En las bacterias, los dímeros T son escin-
didos por proteínas UvrABC en un proceso conocido como reparación
de escisión de nucleótidos (REN), como se ilustra en la figura 31-29. La
ruta REN también existe en los humanos (*véase* 2 más adelante). REN
tiene dos mecanismos de detección de daños en el ADN, la reparación
genómica global, que localiza los daños en todos los cromosomas, y
la reparación acoplada a la transcripción, que identifica las lesiones de
ADN encontradas por las ARN polimerasas.

**1. Reconocimiento y escisión de los dímeros inducidos por
UV:** una endonucleasa específica de UV (llamada uvrABC escinu-
cleasa) reconoce el dímero voluminoso y escinde la cadena dañada
en el lado 3′ y en el lado 5′ de la lesión. Se escinde un corto oligonucleótido que contiene el dímero, lo que deja un hueco en la cadena
del ADN. Este hueco se llena con una ADN polimerasa I y una ADN
ligasa. La ruta REN humana utiliza proteínas adicionales para eliminar los dímeros de pirimidina que se forman en las células cutáneas
y para reparar el daño en el ADN creado por la exposición química,
como los aductos G causados por el benzo[a]pireno del humo del
cigarro. Ocurre REN a lo largo del ciclo celular.

2. Radiación UV y cáncer: En la rara enfermedad genética humana
xeroderma pigmentoso, las células de la piel de un individuo no
pueden reparar los dímeros de pirimidina causados por la luz solar,
y el resultado es una acumulación extensa de mutaciones y, por
consiguiente, numerosos cánceres de la piel de aparición temprana (fig. 31-30). El xeroderma pigmentoso puede estar causado
por defectos en cualquiera de los diferentes genes necesarios que
codifican para las proteínas del xeroderma pigmentoso requeridas
para la REN del daño UV.

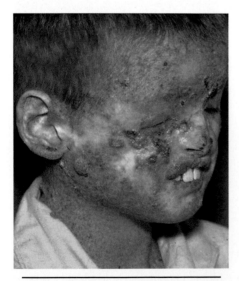

Figura 31-30
Paciente con xeroderma pigmentoso.

C. Reparación por escisión de bases

Las bases del ADN pueden alterarse, ya sea de manera espontánea, como ocurre con la C, que sufre una lenta desaminación (la pérdida de su grupo amino) para formar U, o por la acción de compuestos desaminantes o alquilantes. Por ejemplo, el ácido nitroso, que se forma en la célula a partir de precursores, como los nitratos, desamina la C, la A (a hipoxantina) y la G (a xantina). El dimetil sulfato puede alquilar (metilar) adenina. Las bases también pueden perderse de manera espontánea por hidrólisis de la espina dorsal del azúcar desoxirribosa. Por ejemplo, se pierden ~10 000 bases de purina de esta manera por célula al día. Las lesiones que incluyen alteraciones o pérdida de bases pueden corregirse por medio de la escisión por reparación de bases (ERB; fig. 31-31).

1. **Eliminación de bases anómalas:** en la ERB, las bases anómalas, como el U, que pueden presentarse en el ADN ya sea por desaminación de la C o por el uso incorrecto del dUTP en lugar del dTTP durante la síntesis del ADN, son reconocidas por ADN glucosilasas específicas que las escinden de forma hidrolítica del esqueleto de desoxirribosafosfato de la cadena. Esto deja un sitio apirimidínico, o apúrico, si se eliminó una purina, ambos denominados sitios AP.

2. **Reconocimiento y reparación de un sitio AP:** las AP endonucleasas específicas reconocen que falta una base e inician el proceso de escisión y llenado del hueco al realizar un corte endonucleolítico solo al lado 5′ del sitio AP. Una desoxirribosa fosfato liasa retira el residuo de azúcar fosfato único sin base. La ADN polimerasa I y la ADN ligasa completan el proceso de reparación.

D. Reparación de roturas de la doble cadena

La radiación ionizante, los quimioterapéuticos como doxorrubicina y los radicales libres oxidativos (*véase* p. 187) pueden causar roturas de la doble cadena en el ADN que pueden ser letales para la célula. (Nota: estas roturas también ocurren de forma natural durante la recombinación genética.) Las roturas de la doble cadena no pueden corregirse por medio de la estrategia antes descrita de escisión del daño en una cadena y el uso de la cadena no dañada como plantilla para sustituir el o los nucleótidos que faltan. En su lugar, se reparan por uno de dos sistemas. El primero es la reparación por unión de extremos no homólogos, en la cual un grupo de proteínas median el reconocimiento, procesamiento y unión de los extremos de dos fragmentos de ADN. Sin embargo, se pierde una porción de ADN en el proceso. En consecuencia, la reparación de unión de extremos no homólogos es sujeta a errores y mutágena. Los defectos en este proceso se relacionan con una predisposición al cáncer y a los síndromes de inmunodeficiencia. El segundo sistema de reparación, la reparación por recombinación homóloga, utiliza las enzimas que por lo general realizan la recombinación genética entre los cromosomas homólogos durante la meiosis. Este sistema es mucho menos propenso a generar errores (libre de errores) que la unión de extremos no homólogos, debido a que el ADN que se perdió se remplaza al usar ADN homólogo como plantilla. La recombinación homóloga ocurre ya avanzados S y G_2 del ciclo celular, en tanto que la reparación de unión de extremos no homólogos puede ocurrir en cualquier momento. (Nota: las mutaciones a las proteínas BRCA1 o BRCA2 [cáncer mamario 1 o 2], que participan en la recombinación homóloga, aumentan el riesgo de desarrollar cáncer mamario y ovárico.)

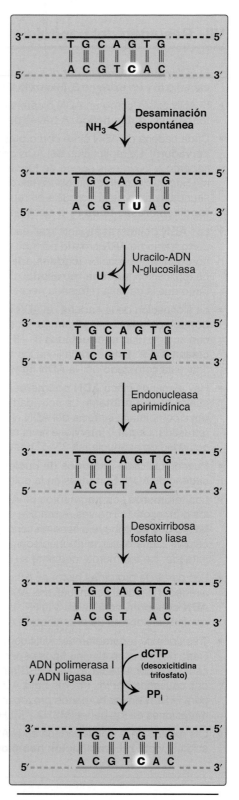

Figura 31-31
Corrección de alteraciones de las bases por reparación de escisión de bases. C, citosina; NH_3, amoniaco; PP_i, pirofosfato; U, uracilo.

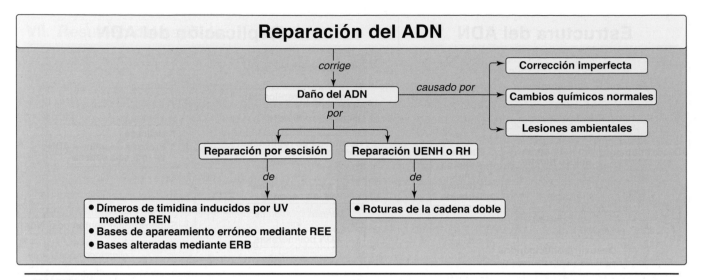

Figura 31-33
Mapa de conceptos fundamentales de la reparación del ADN. ERB, escisión por reparación de bases; REE, reparación de emparejamiento erróneo; REN, reparación de escisión de nucleótidos; RH, recombinación homóloga; UENH, unión de extremos no homólogos; UV, ultravioleta.

Preguntas de estudio

Elija la RESPUESTA correcta.

31.1 Los padres de una niña de 10 años de edad la llevan al dermatólogo. Tiene muchas pecas en la cara, el cuello, los brazos y las manos y sus padres indican que es inusualmente sensible a la luz solar. Se identifican en la cara dos carcinomas basocelulares. Con base en el cuadro clínico, ¿cuál de los procesos siguientes es más probable que sea defectuoso en esta paciente?

A. Reparación de roturas de la doble cadena mediante recombinación homóloga susceptible a errores

B. Eliminación de bases mal apareadas desde el extremo 3' de los fragmentos de Okazaki por un proceso dirigido por metilo.

C. Eliminación de dímeros de pirimidina del ADN por reparación por escisión de nucleótidos.

D. Eliminación del uracilo del ADN mediante reparación por escisión de bases.

E. Eliminación de nucleótidos emparejados de manera incorrecta por la actividad exonucleasa pol ε 3'→5'

Respuesta correcta = C. La sensibilidad a la luz solar, la presencia de gran cantidad de pecas en partes del cuerpo expuestas al sol y la aparición de cáncer de piel a temprana edad indican que es muy probable que la paciente tenga xeroderma pigmentoso. Estos pacientes tienen déficit de alguna de las varias proteínas necesarias para la reparación de los daños del ADN causados por los dímeros de pirimidina en la luz ultravioleta. Las roturas de la doble cadena se reparan por unión de extremos no homólogos (susceptible a errores) o por recombinación homóloga ("libre de errores"). La metilación no se utiliza para la discriminación de cadenas en la reparación de apareamientos erróneos en eucariotas. El uracilo es eliminado de las moléculas de ADN por una glucosilasa específica en la reparación por escisión de bases, pero un defecto en este proceso no causa xeroderma pigmentoso.

31.2 Los telómeros son complejos de ADN y proteína que protegen los extremos de los cromosomas lineales. En la mayoría de las células somáticas humanas normales, los telómeros se acortan en cada división. Sin embargo, en las células madre y en las células cancerosas la longitud telomérica se mantiene. En la síntesis de los telómeros:

A. La telomerasa, una ribonucleoproteína, proporciona el ARN y la polimerasa necesarios para la síntesis.

B. El ARN de la telomerasa sirve como iniciador.

C. El ARN de la telomerasa es una ribozima.

D. La proteína de la telomerasa es una ADN poli-merasa dirigida por ADN.

E. Se alarga la cadena rica en C más corta.

F. La dirección de la síntesis es 3'→5'.

Respuesta correcta = A. La telomerasa es una partícula de ribonucleoproteína necesaria para el mantenimiento del telómero. La telomerasa contiene un ARN que sirve como plantilla, no como iniciador, para la síntesis del ADN telomérico por la transcriptasa inversa de la telomerasa. El ARN telomérico no tiene actividad catalítica. Como transcriptasa inversa que es, la telomerasa sintetiza el ADN utilizando su plantilla de ARN y, por lo tanto, es una ADN polimerasa dirigida por ARN. La dirección de la síntesis, como con todas las síntesis de ADN, es 5'→3', y el extremo 3' de la cadena rica en G ya más larga que se extiende.

31.3 Durante el estudio de la estructura de un pequeño gen que se secuenció en el Proyecto Genoma Humano, un investigador notó que una cadena de la molécula del ADN contiene 20 A, 25 G, 30 C y 22 T. ¿Qué cantidad de cada base se encuentra en la molécula de doble cadena completa?

A. A = 40, G = 50, C = 60, T = 44
B. A = 42, G = 55, C = 55, T = 42
C. A = 44, G = 60, C = 50, T = 40
D. A = 45, G = 45, C = 52, T = 52
E. A = 50, G = 47, C = 50, T = 47

Respuesta correcta = B. Las dos cadenas del ADN son complementarias entre sí; la base A se aparea con T, y la base G se aparea con C. Así pues, las 20 A de la primera cadena estarían apareadas con 20 T en la segunda cadena; las 25 G de la primera cadena estarían apareadas con 25 C en la segunda cadena, y así de forma sucesiva. Cuando se unen todas, se indican los números correctos de cada base en la opción B. Nótese que, en la respuesta correcta, A = T y G = C.

31.4 Enliste el orden en que las siguientes enzimas participan en la síntesis de la cadena principal durante la replicación procariota.

A. Ligasa.
B. Polimerasa I (actividad de exonucleasa 3'→5').
C. Polimerasa I (actividad de exonucleasa 5'→3').
D. Polimerasa I (actividad de polimerasa 5'→3').
E. Polimerasa III.
F. Primasa.

Respuesta correcta: F, E, C, D, B, A. La primasa constituye el ARN iniciador; la polimerasa (pol) III extiende el iniciador con ADN (y corrige); pol I retira el iniciador con su actividad de exonucleasa 5'→3', llena el hueco con su actividad de polimerasa 5'→3' y elimina los errores con su actividad de exonucleasa 3'→5'; y la ligasa forma el enlace fosfodiéster 5'→3' que une el ADN elaborado por pol I y pol III.

31.5 Los didesoxinucleótidos carecen de un grupo 3'-hidroxilo. ¿Por qué la incorporación de un didesoxinucleótido en el ADN detiene la replicación?

La falta del grupo 3'-OH previene la formación del enlace 3'hidroxilo →5' fosfato que une un nucleótido con el siguiente en el ADN.

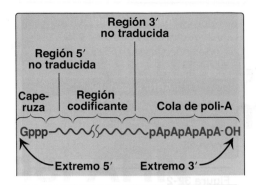

Figura 32-4
Estructura del ARN mensajero
eucariota. A, adenina; G, guanina.

C. ARN mensajero

El ARNm constituye tan solo ~5% del ARN presente en la célula, pero es con mucho, el tipo de ARN más heterogéneo en cuanto a tamaño y secuencia de bases. El ARNm es ARN de codificación porque transporta la información genética del ADN para usarse en la síntesis de proteínas. En eucariotas, esto implica el transporte de ARNm fuera del núcleo y hacia el citosol. Un ARNm que lleva información de más de un gen es policistrónico (cistrón = gen). El ARNm policistrónico es característico de procariotas, mitocondrias, algunos virus, y en el cloroplasto de las plantas. Cuando el ARNm lleva información de un solo gen, se dice que es monocistrónico y es característico de eucariotas. Además de las regiones codificantes de proteínas que se pueden traducir, el ARNm contiene regiones no traducibles en sus extremos 5′ y 3′ (fig. 32-4). Las características estructurales especiales del ARNm eucariota (pero no del procariota) son una larga secuencia de nucleósidos de adenina (A; una cola de poli-A) en el extremo 3′ del ARN, más una caperuza en el extremo 5′, que consta de una molécula de 7-metil-guanosina unida a través de un enlace trifosfato inusual (5′→5′). Los mecanismos para modificar el ARNm que permiten crear estas características estructurales especiales se analizan en las pp. 514 y 515.

III. TRANSCRIPCIÓN DE LOS GENES PROCARIOTAS

La estructura de la ARN pol, que requiere magnesio, las señales que controlan la transcripción y la diversidad de modificaciones que pueden experimentar los transcritos de ARN difieren de un organismo a otro y en particular de procariotas a eucariotas. Por esta razón, los procesos de transcripción en procariotas y eucariotas se describen por separado.

A. Propiedades de la ARN polimerasa procariota

En bacterias, una sola especie de ARN polimerasa sintetiza todos los ARN, excepto los cortos iniciadores de ARN necesarios para la replicación del ADN. (Nota: los iniciadores de ARN son sintetizados por una enzima monomérica especializada, la primasa [*véase* p. 490].) La ARN pol es una enzima de múltiples subunidades que reconoce una secuencia de nucleótidos (la región promotora) al principio de un segmento de ADN que se ha de transcribir. A continuación realiza una copia de ARN complementario de la plantilla de la cadena de ADN y después reconoce el final de la secuencia de ADN que se ha de transcribir (la región de terminación). El ARN se sintetiza desde su extremo 5′ hasta su extremo 3′ en dirección antiparalela a la plantilla de la cadena de ADN (*véase* p. 487). La plantilla se copia como en la síntesis de ADN, en la que una guanina (G) en el ADN especifica una citosina (C) en el ARN, una C especifica una G, una T especifica una A, pero una A especifica un U en lugar de una T (fig. 32-5). Así, el ARN es complementario de la plantilla de la cadena (antisentido, menos) de ADN e idéntico a la cadena codificante (sentido, más), pero con U en lugar de T. Dentro de la molécula de ADN, regiones de ambas cadenas pueden servir como plantillas para la transcripción. Sin embargo, para un gen dado, solo una de las dos cadenas de ADN puede ser la plantilla. La cadena que se usa es determinada por la ubicación del promotor para ese gen. La transcripción por la ARN polimerasa implica una enzima central y varias proteínas auxiliares.

1. **Enzima central:** se requieren cinco de las subunidades peptídicas de la enzima, 2α, 1β, 1β′ y 1 Ω, para el ensamblaje enzimático (α, Ω), la unión de la plantilla (β′) y la actividad polimerasa 5′→3′ (β),

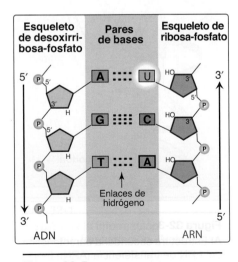

Figura 32-5
Pares de bases complementarias antiparalelas entre ADN y ARN.
A, adenina; C, citosina; G, guanina; T, timina; U, uracilo.

y en conjunto reciben el nombre de enzima central (fig. 32-6). Sin embargo, esta enzima carece de especificidad (es decir, no es capaz de reconocer la región promotora en la plantilla de ADN).

2. **Holoenzima:** gracias a la subunidad σ (factor sigma) la ARN pol reconoce las regiones promotoras en el ADN. La subunidad σ más la enzima central forman la holoenzima. (Nota: diferentes factores σ reconocen distintos grupos de genes, con predominio de σ^{70}).

B. Etapas de la síntesis de ARN

El proceso de transcripción de un gen típico de *Escherichia coli* (*E. coli*) puede dividirse en tres fases: iniciación, elongación y terminación. Una unidad de transcripción se extiende desde el promotor hasta la región de terminación y el producto del proceso de transcripción realizado por la ARN polimerasa se denomina transcrito primario.

1. **Iniciación:** el proceso de transcripción comienza con la unión de la holoenzima ARN polimerasa a una región del ADN conocida como promotor. El promotor procariota contiene secuencias de consenso características (fig. 32-7). (Nota: las secuencias de consenso son secuencias idealizadas en las que la base mostrada en cada posición es la base que se encuentra con más frecuencia [pero no necesariamente siempre] en esa posición.) Las que son reconocidas por los factores σ de la ARN pol procariota incluyen los siguientes.

a. **Secuencia –35:** una secuencia consenso (5'-TTGACA-3'), centrada unas 35 bases a la izquierda del sitio de iniciación de la transcripción (*véase* fig. 32-7), es el punto inicial de contacto para la holoenzima y se forma un complejo cerrado. (Nota: por convención, las secuencias regulatorias que controlan la transcripción son designadas por la secuencia nucleotídica 5' → 3' en la cadena codificante. Se asigna un número negativo a la base en la región promotora si ocurre antes [a la izquierda de, hacia el extremo 5'] del sitio de inicio de transcripción. Por lo tanto, la secuencia TTGACA está centrada cerca de la base 35. A la primera base en este sitio de inicio de la transcripción se le asigna una posición de –1. No hay una base a la que se le designe como "0".)

b. **Caja de Pribnow:** la holoenzima se mueve y cubre una segunda secuencia consenso (5'-TATAAT-3'), centrada en torno a –10 (*véase* fig. 32-7), que es el sitio de fusión (desenrollamiento) de un tramo corto (~14 pares de bases) de ADN. Esta fusión inicial convierte el complejo de iniciación cerrado en un complejo

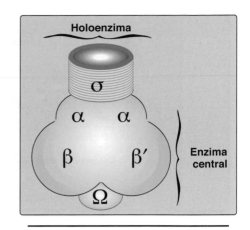

Figura 32-6
Componentes de la ARN polimerasa procariota.

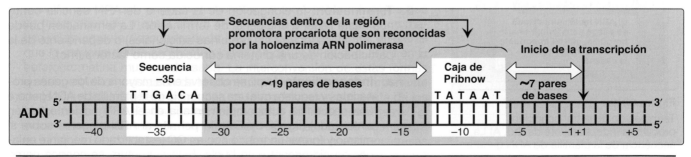

Figura 32-7
Estructura de la región promotora procariota. A, adenina; C, citosina; G, guanina; T, timina.

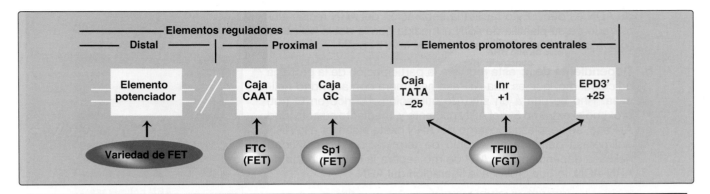

Figura 32-12
Promotor del gen eucariota con acción cis y elementos reguladores y sus factores generales y específicos de transcripción con acción trans (FGT y FET, de forma respectiva). Inr, iniciador; EPD3′, elemento promotor en dirección 3′.

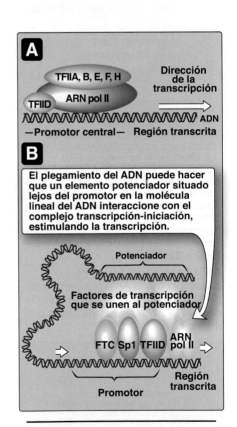

Figura 32-13
A) Asociación de los factores generales de transcripción (TFII) y ARN polimerasa II (ARN pol II) en el promotor central. (Nota: el número romano II indica un factor de transcripción para ARN pol II.) **B)** Estimulación de la transcripción por un potenciador. FTC, factor de transcripción de caja CAAT; Sp1, factor de especificidad 1.

y el ADN. (Nota: el reposicionamiento de los nucleosomas dependiente de ATP también es necesario para acceder al ADN.)

B. ARN polimerasas nucleares

Existen tres clases diferentes de ARN pol en el núcleo de las células eucariotas. Todas ellas son enzimas grandes con múltiples subunidades. Cada clase de ARN pol reconoce genes concretos. (Nota: las mitocondrias contienen una sola ARN pol que se asemeja a la enzima bacteriana por su función.)

1. **ARN polimerasa I:** esta enzima sintetiza en el nucléolo el precursor de ARNr de 28S, 18S y 5.8S en el nucléolo.

2. **ARN polimerasa II:** esta enzima sintetiza a los precursores del ARNm, que se procesan y después se traducen para producir proteínas. La ARN pol II también sintetiza ciertos ARNnc pequeños, como ARNnop, ARNnp y miARN.

   a. **Promotores para la ARN polimerasa II:** en algunos genes transcritos por la ARN pol II se encuentra una secuencia de nucleótidos (TATAAA), casi idéntica a la de la caja de Pribnow (*véase* p. 509), centrada ~25 nucleótidos en dirección 5′ del sitio de iniciación de la transcripción. Esta secuencia de consenso promotora central se denomina caja TATA o de Hogness. Sin embargo, en la mayoría de los genes no hay una caja TATA. En lugar de ello, están presentes diferentes elementos promotores centrales, como un iniciador (Inr) o elemento promotor en dirección 3′ (fig. 32-12). (Nota: no se encuentra una secuencia de consenso en todos los promotores centrales). Debido a que estas secuencias están en la misma molécula de ADN que el gen que se está transcribiendo, se denominan elementos que actúan en cis. Estas secuencias sirven de sitios de unión para las proteínas conocidas como factores de transcripción general, que a su vez interactúan entre sí y con la ARN polimerasa II.

   b. **Factores generales de transcripción:** los factores generales de transcripción son los requisitos mínimos para el reconocimiento del promotor, el reclutamiento de la ARN pol II hacia el promotor, la formación del complejo de preiniciación y la iniciación de la transcripción a nivel inicial (fig. 32-13A). Los factores generales de transcripción son codificados por diferentes genes, se sintetizan en el citosol y se difunden (transitan) a sus sitios de acción y por lo tanto están transactuando. (Nota: a diferencia de la holoenzima de procariotas, la ARN pol II de eucariotas no reconoce ni se une al promotor por sí sola, sino que es guiada por el factor de transcripción IID [TFIID], un factor general de transcripción que contiene una proteína de unión a TATA y factores relacionados con TATA, reconoce y une la caja TATA [y otros elementos promotores centrales]. TFIIF, otro factor general de transcripción lleva la polimerasa al promotor. La actividad helicasa de TFIIH fusiona el ADN y su actividad cinasa fosforila la polimerasa, lo que le permite despejar el promotor.)

c. **Elementos reguladores y activadores transcripcionales:** las secuencias de consenso adicionales se encuentran en dirección 5′ del promotor central (*véase* fig. 32-12). Las que están cerca del promotor central (dentro de una distancia de ~200 nucleótidos) son los elementos reguladores proximales, como las cajas CAAT y GC. Aquellas que están más lejos son los elementos reguladores distales, como los promotores (*véase* d. más adelante). Las proteínas que se conocen como activadores transcripcionales o factores específicos de transcripción unen estos elementos reguladores. Los factores específicos de transcripción se unen a los elementos proximales del promotor para regular la frecuencia de inicio de la transcripción y se unen a los elementos distales para mediar la respuesta a señales como las hormonas (*véase* p. 546) y para regular qué genes se expresan en un momento determinado del tiempo. Un gen eucariota típico que codifica una proteína presenta sitios de unión para muchos factores de este tipo. Los factores específicos de transcripción tienen dos dominios de unión. Uno es un dominio de unión a ADN, el otro es un dominio de activación de la transcripción que recluta el factor general de la transcripción hacia el promotor central, así como a proteínas del coactivador, como las enzimas HAT que participan en la modificación de cromatina. (Nota: el mediador, un coactivador de subunidad múltiple de la transcripción catalizada por ARN polimerasa II, se une a la polimerasa, al factor general de transcripción y al factor específico de transcripción y regula el inicio de la transcripción.)

> Los activadores transcripcionales unen el ADN a través de una variedad de motivos, como la hélice-bucle-hélice, dedo de zinc y cremallera de leucina (*véase* p. 42).

d. **Papel de los potenciadores:** los potenciadores son secuencias de ADN especiales que aumentan la tasa de iniciación de la transcripción por la ARN pol II. Los potenciadores se encuentran en el mismo cromosoma que el gen cuya transcripción estimulan (fig. 32-13B). Sin embargo, 1) pueden estar localizados en dirección 5′ (hacia el lado 5′) o en dirección 3′ (hacia el lado 3′) del sitio de iniciación de la transcripción; 2) pueden estar próximos al promotor o a miles de pares de bases de distancia de él (fig. 32-14), y 3) pueden ocurrir en cualquiera de las cadenas del ADN. Los potenciadores contienen secuencias de ADN denominadas elementos de respuesta que se unen a factores específicos de transcripción. Al doblar o curvar el ADN, los factores específicos de transcripción pueden interactuar con otros factores de transcripción unidos a un promotor y con la ARN pol II, con lo que se estimula la transcripción (*véase* fig. 32-13B). Los mediadores también unen promotores. (Nota: aunque los silenciadores son similares a los potenciadores en cuanto a que actúan a gran distancia, reducen el nivel de la expresión génica.)

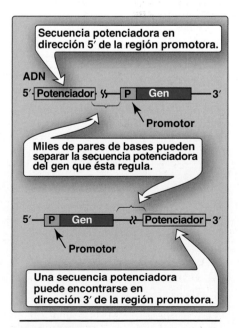

Figura 32-14
Algunas localizaciones posibles de las secuencias potenciadoras.

e. Inhibidores de la ARN polimerasa II: la α-amanitina, una potente toxina producida por el hongo venenoso *Amanita phalloides* (denominado también oronja verde u "hongo de la muerte") se une con fuerza a ARN pol II y frena su movimiento, con lo que inhibe la síntesis de ARNm.

3. ARN polimerasa III: esta enzima sintetiza ARNt, ARNr 5S y parte de los ARNnp y ARNnop.

V. MODIFICACIÓN POSTRANSCRIPCIONAL DEL ARN

Un transcrito primario es una copia lineal inicial de ARN de una unidad transcripcional (el segmento de ADN situado entre las secuencias de iniciación y terminación específicas). Los transcritos primarios de los ARNt y los ARNr de procariotas y eucariotas sufren modificaciones postranscripcionales por escisión de los transcritos originales por ribonucleasas. Los ARNt se modifican después para ayudar a conferir a cada especie su identidad única. Por el contrario, el ARNm procariota suele ser idéntico a su transcrito primario, mientras que el ARNm eucariota se modifica de modo extenso tanto después de la transcripción como junto a esta.

A. ARN ribosómico

El ARNr de células procariotas y eucariotas se genera a partir de moléculas precursoras largas denominadas ARN prerribosómicos. Los ARNr 23S, 16S y 5S de procariotas se producen a partir de una única molécula de ARN precursora, al igual que los ARNr 28S, 18S y 5.8S de eucariotas (fig. 32-15). (Nota: el ARNr 5S eucariota es sintetizado por la ARN pol III y modificado por separado.) El ARN prerribosómico es escindido por ribonucleasas para proporcionar segmentos de ARNr de tamaño intermedio, que son procesados aún más (recortados por las exonucleasas y modificados en algunas bases y ribosas) para producir las especies de ARN requeridas. (Nota: en eucariotas, los genes de ARNr se encuentran en largas disposiciones en tándem. La síntesis de ARNr y el procesamiento ocurren en el nucléolo, con la facilitación de la modificación de las bases y los azúcares por el ARNnpo).

B. ARN de transferencia

Los ARNt eucariotas y procariotas se producen también a partir de moléculas precursoras más largas que han de modificarse (fig. 32-16). Las secuencias en ambos extremos de la molécula se eliminan y, de estar presente, las nucleasas eliminan también un intrón de secuencia intermedia del bucle. Otras modificaciones postranscripcionales incluyen la adición de una secuencia –CCA mediante la acción de la nucleotidiltransferasa al extremo 3′-terminal del ARNt y la modificación de bases en posiciones específicas para producir las bases inusuales características del ARNt (*véase* p. 348).

C. ARN mensajero eucariota

El conjunto de todos los transcritos primarios sintetizados en el núcleo por la ARN pol II se conoce como ARN heterogéneo nuclear (ARNhn). Los componentes pre-ARNm del ARNhn sufren una extensa modificación cotranscripcional y postranscripcional en el núcleo y se convierten en ARNm maduro. Estas modificaciones suelen incluir lo siguiente. (Nota: la pol II en sí misma recluta las proteínas requeridas para las modificaciones.)

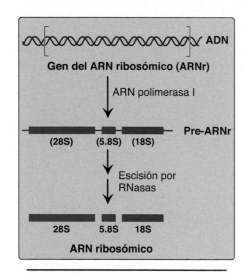

Figura 32-15
Procesamiento postranscripcional del ARN ribosómico eucariota por ribonucleasas (RNasas). S, unidad Svedberg.

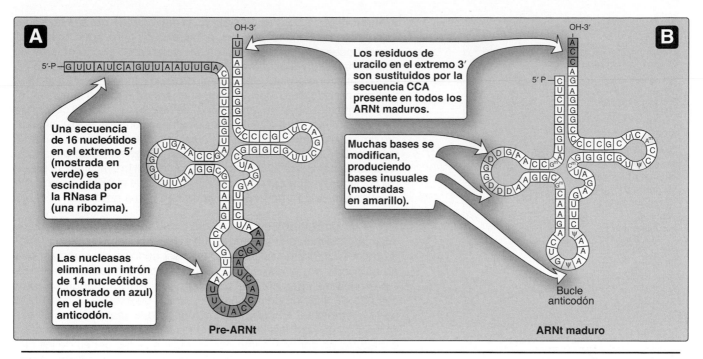

Figura 32-16

A) Transcrito de un ARN de transferencia precursor (pre-ARNt). **B)** ARNt maduro (funcional) después de la modificación postranscripcional. Las bases modificadas incluyen D (dihidrouracilo), ψ (seudouracilo) y ^{m}, que significa que la base ha sido metilada.

1. **Adición de la caperuza 5′:** este proceso constituye la primera de las reacciones de procesamiento del pre-ARNm (fig. 32-17). La caperuza es una 7-metilguanosina unida al extremo 5′-terminal del ARNm a través de un enlace trifosfato 5′ → 5′ inusual que es resistente a la mayoría de las nucleasas. La creación de la caperuza requiere la eliminación del grupo γ fosforil del 5′-trifosfato del pre-ARNm, seguida de la adición de un guanosín monofosfato (de guanosín trifosfato) por la enzima nuclear guanililtransferasa. La metilación de esta guanina terminal se produce en el citosol y es catalizada por la guanina-7-metiltransferasa. La S-adenosilmetionina es la fuente del grupo metilo (*véase* p. 316). Pueden producirse otros pasos de metilación. La adición de esta caperuza de 7-metilguanosina ayuda a estabilizar el ARNm y permite el inicio eficiente de la traducción (*véase* p. 528).

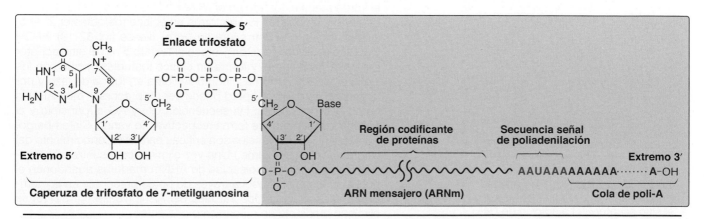

Figura 32-17

Modificación postranscripcional del ARNm que muestra la caperuza de 7-metilguanosina y la cola de poliadenilato (poli-A).

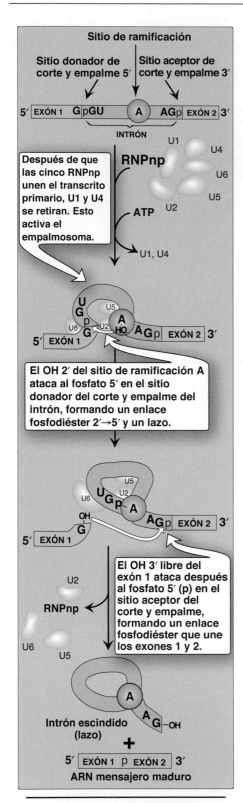

Figura 32-18
Corte y empalme. (Nota: U1 une al sitio donador 5′ y U2 une la rama A y el sitio aceptor 3′. La adición de U4-U6 completa el complejo.) RNPnp, ribonucleoproteína nuclear pequeña.

2. **Adición de una cola de 3′ poli-A:** la mayor parte del ARNm eucariota (con notables excepciones, entre ellos los que codifican las histonas) posee una cadena de 40 a 250 adenilatos (monofosfatos de adenosina) unida al extremo 3′ (*véase* fig. 32-17). Esta cola de poli-A no se transcribe a partir del ADN sino que es añadida por la enzima nuclear poliadenilato polimerasa, que usa ATP como sustrato. El preARNm se escinde en dirección 3′ de una secuencia de consenso denominada secuencia señal de poliadenilación (AAUAAA), situada próxima al extremo 3′ del ARN, y la cola de poli-A se añade al nuevo extremo 3′. Las colas de PoliA terminan la transcripción eucariota. Además, estas colas ayudan a estabilizar el ARNm, facilitan su salida del núcleo y ayudan a la traducción. Una vez que el ARNm ha entrado en el citosol, la cola de poli-A se acorta en forma gradual.

3. **Corte y empalme:** la maduración del ARNm eucariota suele implicar la eliminación de secuencias de ARN del transcrito primario de secuencias de ARN (intrones o secuencias intermedias) que no codifican proteínas. Las secuencias codificantes que quedan, los exones, se unen entre sí para formar el ARNm maduro. El proceso de eliminación de intrones y de unión de exones se denomina corte y empalme. El complejo molecular que realiza estas tareas se conoce como empalmosoma. Unos pocos transcritos primarios eucariotas no contienen intrones (p. ej., los de los genes de las histonas). Otros contienen pocos intrones, mientras que otros, como los transcritos primarios de las cadenas α del colágeno, contienen > 50 intrones que deben eliminarse.

   a. **Papel de los ARN nucleares pequeños:** los ARNnp ricos en U, cuando se asocian con múltiples proteínas, forman cinco partículas de ribonucleoproteínas nucleares pequeñas (RNPnp), designadas como U1, U2, U4, U5 y U6 que median el corte y empalme. Facilitan la eliminación de intrones y forman pares de bases con las secuencias de consenso presentes en cada extremo del intrón (fig. 32-18). (Nota: en el lupus eritematoso sistémico, una enfermedad autoinmune, los pacientes producen anticuerpos contra sus propias proteínas nucleares, como RNPnp.)

   b. **Mecanismo:** la unión de las RNPnp coloca las secuencias de los exones vecinos en la posición correcta para el proceso de corte y empalme, lo que permite que ocurran dos reacciones de transesterificación (catalizada por el ARN de U2, U5 y U6). El grupo OH 2′ de un nucleótido de A (conocido como sitio de ramificación A) en el intrón ataca al fosfato en el extremo 5′ del intrón (sitio donador de corte y empalme), lo que forma un enlace fosfodiéster 2′ → 5′ inusual y crea una estructura en "lazo" (*véase* fig. 32-18). El OH 3′ recién liberado del exón 1 ataca al fosfato 5′ en el sitio aceptor del corte y empalme, y forma un enlace fosfodiéster que une los exones 1 y 2. El intrón escindido se libera en forma de lazo y por lo general se degrada, pero puede ser un precursor para ARNnc como ARNnop. (Nota: las secuencias GU y AG al principio y al final de los intrones, de forma respectiva, no varían. Sin embargo, las secuencias adicionales son críticas para el reconocimiento del sitio de corte y empalme.) Una vez eliminados los intrones y unidos los exones, las moléculas de ARNm maduras abandonan el núcleo y pasan al citosol a través de poros presentes en la membrana nuclear. (Nota: los intrones del ARNt [*véase* fig. 32-16] se eliminan mediante un mecanismo diferente.)

   c. **Efecto de mutaciones en el sitio de corte y empalme:** las mutaciones en los sitios de corte y empalme pueden ocasionar un empalme incorrecto y la producción de proteínas aberrantes. Se estima que al menos 20% de todas las enfermedades genéticas es consecuencia de mutaciones que afectan al corte y empalme del ARN. Por ejemplo, las mutaciones que provocan un corte y empalme incorrecto del ARNm de la β-globina son responsables de algunos casos de β-talasemia, una enfermedad en la que la producción de la proteína β-globina es defectuosa (*véase* p. 63). Las mutaciones en el sitio de corte y empalme pueden hacer que se omitan exones (eliminen) o se retengan intrones. También pueden activar sitios de corte y empalme crípticos, que son sitios que contienen la secuencia de consenso 5′ o 3′ pero que por lo regular no se usan.

4. **Corte y empalme alternativo:** las moléculas de pre-ARNm > 90% de los genes humanos pueden experimentar formas alternativas de corte y empalme en diferentes tejidos. Esto da lugar a múltiples variaciones del ARNm y, por lo tanto, de su producto proteínico (fig. 32-19), y parece ser un mecanismo para producir un conjunto diverso de proteínas a partir de un conjunto limitado de genes. Por ejemplo, el ARNm para tropomiosina, una proteína de unión al filamento de actina del citoesqueleto (y de las células musculares en el aparato contráctil), pasa por un extenso corte y empalme alternativo específico de tejido con la producción de múltiples isoformas de la proteína de la tropomiosina.

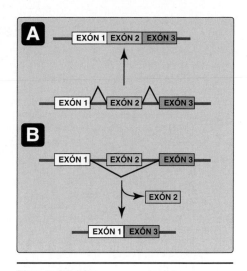

Figura 32-19
Patrones de corte y empalme alternativos en el ARN mensajero (ARNm) eucariota. La eliminación (omisión) del exón 2 del ARNm en el recuadro B da lugar a un producto proteínico que es diferente del elaborado a partir del ARNm en el recuadro A.

VI. Resumen del capítulo

- Existen tres tipos principales de ARN que participan en el proceso de síntesis de proteínas: **ARNr, ARNt** y **ARNm**. ARN difiere del ADN al contener **ribosa** en lugar de desoxirribosa y **U** en lugar de T. El **ARNr** es un componente de los **ribosomas**. El **ARNt** sirve de molécula **adaptadora** que transporta un aminoácido específico al lugar de síntesis de proteínas. El **ARNm** (que codifica ARN) transporta la información genética del ADN para la síntesis de proteínas.

- El proceso de síntesis de ARN se denomina **transcripción**. La enzima que sintetiza el ARN, **ARN pol**, usa los ribonucleósidos trifosfatos como sustratos para la **actividad polimerasa 5′→3′**. En los procariotas y en los eucariotas, la ARN pol no requiere iniciador.

- En las células **procariotas**, la **ARN pol enzima central** tiene cinco subunidades (2α, 1β, 1β′ y 1Ω). La enzima central requiere una subunidad adicional, el **factor sigma** (σ), que reconoce la secuencia de nucleótidos (región **promotora**) en el ADN. Esta región contiene **secuencias de consenso** que están muy conservadas e incluyen la **caja de Pribnow –10** y la **secuencia –35**. Se necesita otra proteína, el factor **rho** (ρ), para la **terminación** de la transcripción de algunos genes.

- Existen tres clases diferentes de ARN polimerasa en el núcleo de las células **eucariotas**. La **ARN pol I** sintetiza el precursor de ARNr en el nucléolo. La **ARN pol II** sintetiza los precursores de los ARNm, un poco de ARNnc y la **ARN pol III** sintetiza los precursores de los ARNt y ARNr 5S. Los **promotores** centrales para los genes transcritos por la **ARN pol II** contienen secuencias de consenso con **acción cis**, como la **caja TATA** (de **Hogness**), que sirven de sitios de unión para los **factores generales de transcripción**. En dirección 5′ se encuentran los elementos reguladores **proximales**, como las cajas CAAT y GC, y los elementos reguladores **distales**, como los **potenciadores**. Los **factores específicos de la transcripción** (activadores transcripcionales) y el **complejo mediador** unen estos elementos y regulan la expresión del gen. La transcripción eucariota requiere que la **cromatina** se relaje (descondense) en un proceso que se conoce como **remodelación de cromatina**.

- Un **transcrito primario** es una copia lineal de la **unidad transcripcional**, el segmento de ADN que se encuentra entre las secuencias de iniciación y de terminación específicas. El ARNm procariota por lo general es idéntico al transcrito primario, en tanto que el **pre-ARNm** se modifica de modo extenso de una forma cotranscripcional y postranscripcional. Así, por ejemplo, una **caperuza de 7-metilguanosina** se une al extremo 5′ del ARNm a través de un enlace 5′→5′. Una **larga cola de poli-A** se une mediante poliadenilato polimerasa al extremo 3′ de la mayor parte de los ARNm. La mayor parte de los ARNm eucariotas también contiene **secuencias intermedias** (**intrones**) que deben eliminarse para que el ARNm sea funcional. Su eliminación, así como la unión de **secuencias expresadas** (**exones**), requieren un **empalmosoma** compuesto de **RNPnp** que median el proceso de corte y **empalme**. El ARNm eucariota es **monocistrónico**, pues contiene información de un solo gen, en tanto que el ARNm procariota es **policistrónico** (fig. 32-20).

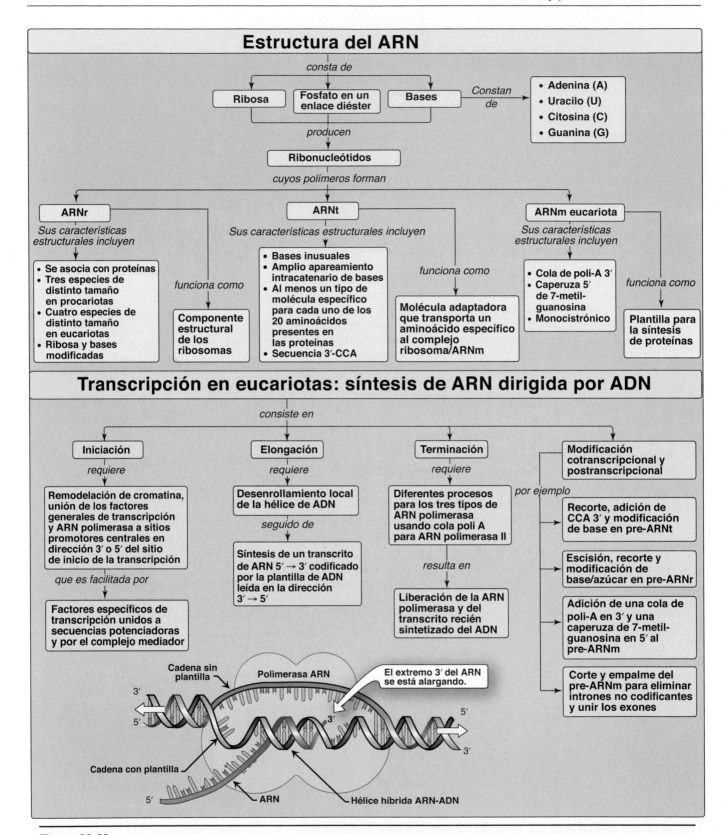

Figura 32-20

Mapa de conceptos fundamentales de la estructura y síntesis del ARN. ARNm, ARN mensajero; ARNr, ARN ribosómico; ARNt, ARN de transferencia.

Preguntas de estudio

Elija la RESPUESTA correcta.

32.1 A un niño de 8 meses de edad con anemia grave se le diagnostica β-talasemia. El análisis genético demuestra que uno de sus genes de la β-globina presenta una mutación que crea un nuevo sitio aceptor de corte y empalme de 19 nucleótidos en dirección 5′ del sitio aceptor de corte y empalme normal del primer intrón. ¿Cuál de las siguientes afirmaciones describe mejor la nueva molécula de ARN mensajero que se puede producir a partir de este gen mutante?

A. El exón 1 será demasiado corto.

B. El exón 1 será demasiado largo.

C. El exón 2 será demasiado corto.

D. El exón 2 será demasiado largo.

E. Faltará el exón 2.

Respuesta correcta = D. Puesto que la mutación añade un sitio receptor de corte y empalme adicional en dirección 5′ (el extremo 3′) del intrón 1, los 19 nucleótidos que se suelen encontrar en el extremo 3′ del lazo del intrón 1 escindido pueden permanecer detrás formando parte del exón 2. La presencia de estos nucleótidos adicionales en la región codificante de la molécula de ARN mensajero (ARNm) mutante impedirá que el ribosoma traduzca el mensaje a una molécula proteína de β-globina normal. Aquellos ARNm en los que se use el sitio de corte y empalme normal para eliminar el primer intrón serán normales y su traducción producirá una proteína de β-globina normal.

32.2 A un niño de 4 años de edad que se cansa con facilidad y presenta dificultades para andar se le diagnostica distrofia muscular de Duchenne, un trastorno recesivo ligado al cromosoma X. El análisis genético muestra que el gen del paciente para la proteína muscular distrofina contiene una mutación en su región promotora. De las opciones indicadas, ¿cuál será más probable que sea defectuosa debido a esta mutación?

A. La iniciación de la transcripción de la distrofina.

B. La terminación de la transcripción de la distrofina.

C. La adición de la caperuza al ARN mensajero de la distrofina.

D. El corte y empalme del ARN mensajero de la distrofina.

E. La adición de la cola al ARN mensajero de la distrofina.

Respuesta correcta = A. Las mutaciones en el promotor impiden la formación del complejo de inicio de transcripción de la ARN polimerasa II, lo que deriva en una disminución en la iniciación de la síntesis de ARN mensajero (ARNm). Una deficiencia en el ARNm de la distrofina provocará una deficiencia en la producción de la proteína distrofina. Los defectos en la adición de una caperuza, el corte y empalme y la cola no son una consecuencia de las mutaciones del promotor. Sin embargo, pueden resultar en ARNm con menor estabilidad (defectos de la caperuza y la cola) o un ARNm en que los exones se han omitido (perdido) o los intrones se han retenido (defectos de corte y empalme).

32.3 ¿Una mutación en cuál de las siguientes secuencias de ARN mensajero (ARNm) eucariota afectaría con más probabilidad al proceso por medio del cual se añade la cola de poliadenilato (poli-A) al extremo 3′ del ARNm?

A. AAUAAA

B. CAAT

C. CCA

D. GU...A...AG

E. TATAAA

Respuesta correcta = A. Una endonucleasa escinde el ARNm justo en la dirección 3′ partiendo de esta señal de poliadenilación, lo que crea un nuevo extremo 3′ al que la poliadenilato polimerasa añade la cola de poli A usando ATP como sustrato en un proceso independiente de la plantilla. CAAT y TATAAA son secuencias que están en los promotores para la ARN polimerasa II. CCA se añade al extremo 3′ del pre-ARNt por la nucleotidiltransferasa. GU...A...AG denota un intrón en el pre-ARNm eucariota.

32.4 ¿Cuál de los siguientes factores proteicos identifica el promotor de los genes codificadores de proteína en las eucariotas?

A. Caja de Pribnow

B. Rho

C. Sigma

D. TFIID

E. U1

Respuesta correcta = D. El factor de transcripción general TFIID reconoce y une elementos del promotor central como la caja tipo TATA en genes de codificación de proteínas eucariotas. Estos se transcriben por la ARN polimerasa II. La caja de Pribnow es un elemento de acción cis en los promotores procariotas. Rho participa en la terminación de la transcripción procariota. Sigma es la subunidad de la ARN polimerasa procariota que reconoce y une el promotor procariota. U1 es una ribonucleoproteína que participa en el corte y empalme del pre-ARNm eucariota.

32.5 ¿Cuál es la secuencia (escrita de forma convencional) del producto ARN de la secuencia de plantilla de ADN, GATCTAC, también escrita de forma convencional?

Respuesta correcta = 5′-GUAGAUC-3′. Las secuencias de ácido nucleico están escritas de manera convencional de 5′ a 3′. La plantilla de la cadena (5′-GATCTAC-3′) se usa como 3′-CATCTAG-5′. El producto de ARN es complementario a la plantilla de la cadena (e idéntico a la cadena de codificación), en que U sustituye a T.

Síntesis de proteínas

33

I. GENERALIDADES

La información genética, almacenada en los cromosomas y transmitida a las células hijas a través de la replicación del ADN se expresa a través de la transcripción al ARN y, en el caso del ARN mensajero (ARNm), posterior a la traducción a proteínas (polipéptidos) como se muestra en la figura 33-1. (Nota: el proteoma es la serie completa de las proteínas expresadas en una célula.) El proceso de la síntesis de proteínas se denomina traducción porque el "lenguaje" de la secuencia de nucleótidos en el ARNm se traduce al lenguaje de una secuencia de aminoácidos. El proceso de traducción requiere un código genético a través del cual la información contenida en la secuencia de nucleótidos se expresa para producir una secuencia específica de aminoácidos. Cualquier alteración en la secuencia de nucleótidos puede provocar la inserción de un aminoácido incorrecto en la cadena proteínica, que puede causar una enfermedad o incluso la muerte del organismo. Las proteínas inmaduras recién hechas (nacientes) pasan por una variedad de procesos para obtener su forma funcional. Deben plegarse de forma apropiada, de lo contrario el plegado incorrecto puede derivar en agregación o degradación de la proteína. Muchas proteínas se modifican de forma covalente para alterar sus actividades. Por último, las proteínas se dirigen a sus destinos intracelulares o extracelulares finales por medio de señales presentes en las propias proteínas.

II. EL CÓDIGO GENÉTICO

El código genético es un "diccionario" que identifica la correspondencia entre una secuencia de bases de nucleótidos y una secuencia de aminoácidos. Cada "palabra" individual en el código está compuesta por tres bases de nucleótidos. Estas palabras genéticas se denominan codones.

A. Codones

Los codones se presentan en el lenguaje del ARNm de adenina (A), guanina (G), citosina (C) y uracilo (U). Sus secuencias de nucleótidos se escriben siempre desde el extremo 5′ hacia el extremo 3′. Las cuatro bases de nucleótidos se usan para producir los codones de tres bases. Por consiguiente, existen 64 combinaciones distintas de bases tomadas de tres en tres (un triplete), como se muestra en la figura 33-2.

1. **Cómo traducir un codón:** esta tabla puede usarse para traducir cualquier codón y, de esta manera, determinar qué aminoácidos están codificados por una secuencia de ARNm. Por ejemplo, el

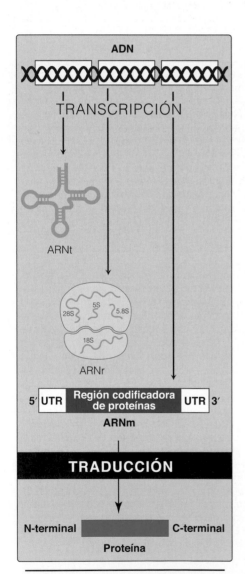

Figura 33-1
Síntesis o traducción de proteínas. ARNm, ARN mensajero; ARNr, ARN ribosómico; ARNt, ARN de transferencia; UTR, región no traducida.

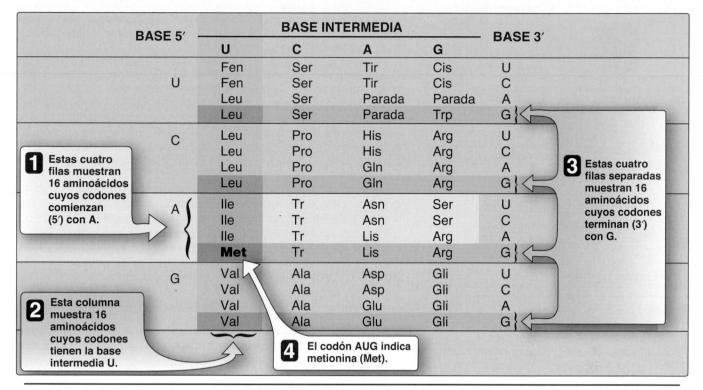

BASE 5'	BASE INTERMEDIA				BASE 3'
	U	C	A	G	
U	Fen	Ser	Tir	Cis	U
	Fen	Ser	Tir	Cis	C
	Leu	Ser	Parada	Parada	A
	Leu	Ser	Parada	Trp	G
C	Leu	Pro	His	Arg	U
	Leu	Pro	His	Arg	C
	Leu	Pro	Gln	Arg	A
	Leu	Pro	Gln	Arg	G
A	Ile	Tr	Asn	Ser	U
	Ile	Tr	Asn	Ser	C
	Ile	Tr	Lis	Arg	A
	Met	Tr	Lis	Arg	G
G	Val	Ala	Asp	Gli	U
	Val	Ala	Asp	Gli	C
	Val	Ala	Glu	Gli	A
	Val	Ala	Glu	Gli	G

1 Estas cuatro filas muestran 16 aminoácidos cuyos codones comienzan (5') con A.

2 Esta columna muestra 16 aminoácidos cuyos codones tienen la base intermedia U.

3 Estas cuatro filas separadas muestran 16 aminoácidos cuyos codones terminan (3') con G.

4 El codón AUG indica metionina (Met).

Figura 33-2
Uso de la tabla del código genético para traducir el codón AUG. A, adenina; C, citosina; G, guanina; U, uracilo. Las abreviaturas de tres letras para muchos aminoácidos comunes se muestran como ejemplos.

codón AUG codifica la metionina (Met; *véase* fig. 33-2). (Nota: el AUG es el codón de inicio de la traducción.) De los 64 codones, 61 codifican los 20 aminoácidos comunes (*véase* p. 25).

2. **Codones de terminación:** tres de los codones, UAA, UAG y UGA, no codifican aminoácidos, sino que son codones de terminación (también llamados de parada o sin sentido). Cuando uno de estos codones aparece en una secuencia del ARNm, la síntesis de la proteína codificada por ese ARNm se detiene.

B. Características

El uso del código genético es en extremo uniforme en todos los organismos vivos. Se supone que una vez que el código genético convencional evolucionó en los organismos primitivos, cualquier mutación (un cambio permanente en la secuencia del ADN) que hubiera alterado su significado habría causado la alteración de la mayor parte, si no todas, las secuencias proteínicas, lo que derivaría en la muerte. Las características del código genético son las siguientes:

1. **Especificidad:** el código genético es específico (inequívoco), es decir, un codón particular siempre codifica el mismo aminoácido.

2. **Universalidad:** el código genético es casi universal en la medida en que su especificidad se ha conservado desde las primeras etapas de la evolución, con solo ligeras diferencias en cómo se traduce dicho código. (Nota: hay una excepción en las mitocondrias,

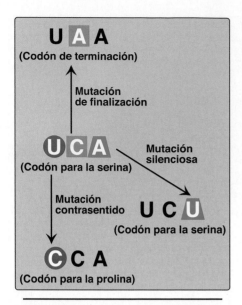

Figura 33-3
Posibles efectos del cambio de una
sola base nucleotídica en la región
codificadora de una cadena del ARN
mensajero. A, adenina; C, citosina;
U, uracilo.

en las que unos pocos codones tienen significados diferentes de
los que se muestran en la figura 33-2. Por ejemplo, UGA codifica
para triptófano [Trp].)

3. **Degeneración:** el código genético es degenerado (a veces llamado redundante). Aunque cada codón corresponde a un único aminoácido, puede haber más de un triplete que codifique determinado aminoácido. Por ejemplo, la arginina (Arg) está codificada por seis codones diferentes (*véase* fig. 33-2). Solo Met y Trp tienen un solo triplete de codificación. La mayoría de los codones que codifican el mismo aminoácido difieren en la última base del triplete.

4. **Ausencia de superposición y ausencia de comas:** el código genético carece de superposiciones y de comas, es decir, se lee a partir de un punto de inicio fijo como una secuencia continua de bases, tomadas de tres en tres sin ninguna puntuación entre codones. Por ejemplo, AGCUGGAUACAU se lee como AGC UGG AUA CAU. El orden de los codones que produce la secuencia correcta de aminoácidos en una proteína se denomina marco de lectura.

C. **Consecuencias de la alteración de la secuencia de nucleótidos**

El cambio de una sola base nucleotídica (una mutación puntual) en la región de codificación de un ARNm puede inducir cualquiera de tres resultados (fig. 33-3).

1. **Mutación silenciosa:** el codón que contiene la base cambiada puede codificar el mismo aminoácido. Por ejemplo, si el codón UCA de la serina (Ser) se cambia a la tercera base y se convierte en UCU, aún codifica la serina. Esto se denomina mutación silenciosa.

2. **Mutación de contrasentido:** el codón que contiene la base cambiada puede codificar un aminoácido diferente. Por ejemplo, si al codón UCA de la serina se le asigna una primera base diferente y se convierte en CCA, codificará un aminoácido diferente (en este caso la prolina [Pro]). Esto se conoce como una mutación de contrasentido.

3. **Mutación sin sentido:** el codón que contiene la base cambiada puede convertirse en un codón de terminación. Por ejemplo, si al codón UCA de la serina se le cambia la segunda base y se convierte en UAA, el nuevo codón provoca la terminación prematura de la traducción en ese punto y la producción de una proteína acortada (truncada). Esto se denomina mutación sin sentido. (Nota: la vía de degradación mediada por sin sentido puede degradar el ARNm que contiene paradas prematuras.)

4. **Otras mutaciones:** estas pueden alterar la cantidad o la estructura de la proteína producida por traducción.

   a. **Expansión por repetición de trinucleótidos:** a veces se amplifica el número de una secuencia de tres bases que se repite en tándem, de manera que se presentarán muchas copias del triplete. Si esto se produce dentro de la región codificadora de un gen, la proteína contendrá muchas copias extra de un aminoácido. Por ejemplo, la expansión del codón CAG en el exón 1 del gen para la proteína huntingtina conduce la inserción de muchos residuos de glutamina adicionales en la proteína, lo que causa el trastorno neurodegenerativo enfermedad de Huntington (fig. 33-4). Las glutaminas añadidas derivan en una proteína larga anormal que se escinde, lo que produce fragmentos tóxicos que se agregan en las neuronas. Si la expansión por repetición de trinucleótidos tiene lugar en la porción no traducida de un gen, el resultado puede ser una disminución en la cantidad de proteína producida como puede verse en el síndrome de X frágil y en la distrofia miotónica. Se conocen más de 20 enfermedades de expansión de tripletes. (Nota: en el síndrome de X frágil, la causa más frecuente de discapacidad intelectual en hombres, la expansión resulta en silenciamiento del gen a través de hipermetilación del ADN [*véase* p. 550]).

b. **Mutaciones del sitio de corte y empalme:** las mutaciones en los sitios de corte y empalme (*véase* p. 516) pueden alterar la forma de eliminación de los intrones de las moléculas de ARNm precursoras (pre-ARNm), lo que produce proteínas aberrantes. (Nota: en la distrofia miotónica, un trastorno muscular, el silenciamiento génico es el resultado de alteraciones de corte y empalme debido a expansión del triplete.)

c. **Mutaciones del marco de lectura:** si se quitan o se añaden uno o dos nucleótidos a la región codificadora de un ARNm, se produce una mutación del marco de lectura y se altera este marco. Esto puede dar lugar a un producto con una secuencia de aminoácidos radicalmente diferente o un producto truncado debido a la creación de un codón de terminación (fig. 33-5). Si tres nucleótidos se añaden o eliminan, el efecto sobre la proteína depende de dónde se produzcan los cambios. Si los tres nucleótidos se añaden dentro de una secuencia de codones existente o se eliminan de dos codones adyacentes, se produce un cambio de estructura. Si se añaden tres nucleótidos entre dos codones, entonces se agrega un aminoácido nuevo a la proteína o se genera un alto en la síntesis que acorta el producto. La supresión de un codón provoca la pérdida de un aminoácido. La pérdida o adición de tres nucleótidos puede mantener el marco de lectura, pero puede dar lugar a una patología grave. Por ejemplo, la fibrosis quística, una enfermedad hereditaria crónica y progresiva que afecta sobre todo a los sistemas pulmonar y digestivo, es provocada casi siempre por la deleción de tres nucleótidos de la región codificadora de un gen, lo que tiene como consecuencia la pérdida de fenilalanina (Phe o F; *véase* p. 29) en la posición 508 (ΔF508) en la proteína del regulador de conductancia transmembrana en la fibrosis quística (RTFQ) codificada por ese gen. Esta mutación ΔF508 evita el plegamiento normal de RTFQ, lo que conduce a su destrucción por el proteasoma (*véase* p. 297). La RTFQ suele funcionar como un canal de cloruro en las células epiteliales y su pérdida deriva en la producción de secreciones espesas y pegajosas en los pulmones y el páncreas, que provocan daños pulmonares y deficiencias digestivas (*véase* p. 216). La incidencia de fibrosis quística es más elevada (1 en 3 300) en personas con ascendencia de Europa del norte. En más de 70% de los pacientes con fibrosis quística, la causa de la enfermedad es la mutación ΔF508.

III. COMPONENTES NECESARIOS PARA LA TRADUCCIÓN

Se necesita una gran cantidad de componentes para la síntesis de una proteína. Esto incluye todos los aminoácidos que se encuentran en el producto terminado, el ARNm que se va a traducir, los ARN de transferencia (ARNt) para cada uno de los aminoácidos, los ribosomas funcionales, las fuentes de ener-

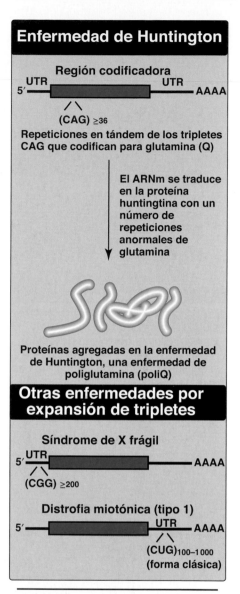

Figura 33-4
Función de las repeticiones de tripletes en tándem en el ARN mensajero (ARNm) que causan la enfermedad de Huntington y otras enfermedades por expansión de tripletes. (Nota: en individuos no afectados, el número de repeticiones en la proteína huntingtina es < 27; en la proteína del retraso mental de X frágil es 5 a 44; y en la cinasa de la proteína de distrofia miotónica es 5 a 34.) A, adenina; C, citosina; G, guanina; Q, abreviatura de una sola letra para glutamina; U, uracilo; UTR, región no traducida.

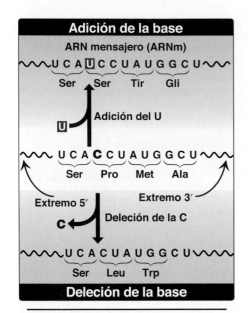

Figura 33-5

Las mutaciones del marco de lectura producidas como consecuencia de la adición o la deleción de una base pueden causar una alteración en el marco de lectura del ARNm.
A, adenina; C, citosina; G, guanina; U, uracilo.

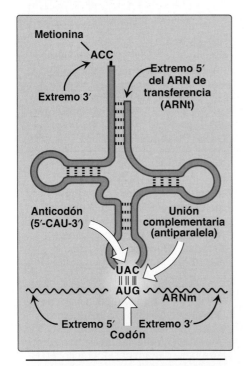

Figura 33-6

Unión complementaria y antiparalela del anticodón para el metionil-ARNt (CAU) al codón del ARN mensajero (ARNm) para la metionina (AUG), el codón de inicio para la traducción.

gía y las enzimas, así como también los factores proteínicos necesarios para los pasos de iniciación, elongación y terminación de la cadena polipeptídica.

A. Aminoácidos

Todos los aminoácidos que acaban por aparecer en la proteína terminada deben estar presentes en el momento de la síntesis de la proteína. Si falta un aminoácido, la traducción se detiene en el codón que especifica dicho aminoácido. (Nota: esto demuestra la importancia de tener en la dieta todos los aminoácidos esenciales [*véase* p. 315] en cantidades suficientes como para asegurar la síntesis continua de proteínas.)

B. ARN de transferencia

Se necesita al menos un tipo específico de ARNt por aminoácido. En los humanos hay al menos 50 especies de ARNt, mientras que las bacterias contienen al menos 30 especies. Como el ARNt solo lleva 20 aminoácidos diferentes, algunos aminoácidos tienen más de una molécula específica de ARNt. Esto es en particular cierto en aquellos aminoácidos que están codificados por varios codones.

1. **Sitio de unión de los aminoácidos:** cada molécula de ARNt tiene un sitio de unión para un aminoácido específico (cognado) en su extremo 3′ (fig. 33-6). El grupo carboxilo del aminoácido establece un enlace éster con el hidroxilo 3′ de la porción de ribosa del nucleótido A en la secuencia –CCA en el extremo 3′ del ARNt. (Nota: cuando un ARNt tiene un aminoácido unido de modo covalente [activado], se dice que el aminoácido está cargado. Sin un aminoácido unido está descargado.)

2. **Anticodón:** cada molécula de ARNt contiene también una secuencia de nucleótidos de tres bases, el anticodón, que se acopla a un codón específico en el ARNm (*véase* fig. 33-6). Este codón especifica la inserción en la cadena polipeptídica en crecimiento del aminoácido transportado por el ARNt.

C. Aminoacil-ARNt sintetasas

Esta familia de 20 enzimas diferentes es necesaria para unir los aminoácidos a su correspondiente ARNt. Cada miembro de la misma reconoce un aminoácido específico y todo el ARNt que corresponde a ese aminoácido (ARNt isoaceptores, hasta cinco por aminoácido). La aminoacil-ARNt sintetasa cataliza una reacción de dos pasos que tiene como resultado la unión covalente del grupo carboxilo α de un aminoácido a la A en la secuencia –CCA en su extremo 3′ de su ARNt correspondiente. La reacción total requiere ATP, que se escinde en monofosfato de adenosina (AMP) y pirofosfato inorgánico (PP$_i$), como se muestra en la figura 33-7. La extrema especificidad de la sintetasa para reconocer el aminoácido y su ARNt cognado contribuye a la gran fidelidad de la traducción del mensaje genético. Además de su actividad de síntesis, las aminoacil-ARNt sintetasas tienen una actividad de corrección o edición que puede eliminar aminoácidos incorrectos de la enzima o de la molécula del ARNt.

D. ARN mensajero

Para la síntesis de la cadena polipeptídica deseada debe estar presente el ARNm específico necesario como plantilla.

E. Ribosomas funcionalmente competentes

Como se muestra en la figura 33-8, los ribosomas son grandes complejos de proteínas y de ARN ribosómico (ARNr) en que predomina el ARNr. Estos consisten en dos subunidades (una grande y una pequeña) cuyos tamaños relativos se indican en términos de sus coeficientes de sedimentación o valores Svedberg (S). (Nota: como los valores S se determinan a la vez por la forma y el tamaño, sus valores numéricos no son estrictamente aditivos. Por ejemplo, las subunidades ribosómicas procariotas de 50S y 30S forman juntas un ribosoma de 70S. Las subunidades eucariotas de 60S y 40S forman un ribosoma de 80S.) Los ribosomas procariotas y eucariotas son similares en estructura y realizan la misma función, es decir, como los complejos macromoleculares en que ocurre la síntesis de las proteínas.

> La subunidad ribosómica pequeña une el ARNm y determina la exactitud de la traducción al asegurar el correcto apareamiento de bases entre el codón del ARNm y el anticodón del ARNt. La subunidad grande del ribosoma cataliza la formación de los enlaces peptídicos que unen los residuos de aminoácidos en una proteína.

1. **ARN ribosómico:** como se expuso en la p. 507, los ribosomas procariotas contienen tres moléculas de ARNr, mientras que los ribosomas eucariotas contiene cuatro (*véase* fig. 33-8). Los ARNr se generan a partir de un pre-ARNr a través de la acción de las ribonucleasas y se modifican algunas bases y ribosas.

2. **Proteínas ribosómicas:** las proteínas ribosómicas están presentes en cantidades mayores en los ribosomas eucariotas que en los ribosomas procariotas. Estas proteínas desempeñan una variedad de papeles en la estructura y la función del ribosoma y sus interacciones con otros componentes del sistema de traducción.

3. **Sitios A, P y E:** el ribosoma tiene tres sitios de unión para las moléculas de ARNt: los sitios A, P y E, cada uno de los cuales se extiende en ambas subunidades. Juntos cubren tres codones vecinos. Durante la traducción, al sitio A se une un aminoacil-ARNt entrante, según la dirección del codón que ocupa el sitio en ese momento. Este codón especifica cuál es el siguiente aminoácido que debe añadirse a la cadena peptídica en crecimiento. El sitio P está ocupado por el peptidil-ARNt. Este ARNt transporta la cadena de aminoácidos que ya se ha sintetizado. El sitio E está ocupado por el ARNt vacío, que está a punto de salir del ribosoma (*véase* fig. 33-13 para una ilustración del papel de los sitios A, P y E durante la traducción).

4. **Ubicación celular:** en las células eucariotas, los ribosomas están libres en el citosol o en estrecha asociación con el retículo endoplásmico (que se conoce, por lo tanto, como retículo endoplásmico rugoso o RER). Los ribosomas asociados con el RER son responsables de la síntesis de las proteínas (lo que incluye glucoproteínas; *véase* p. 206) que serán exportadas de la célula, incorporadas a las membranas o importadas a los lisosomas (*véase* p. 209 para una visión de conjunto de este último proceso). Los ribosomas citosólicos sintetizan proteínas necesarias en el mismo citosol o que se destinan al núcleo, las mitocondrias y los peroxisomas. (Nota: las

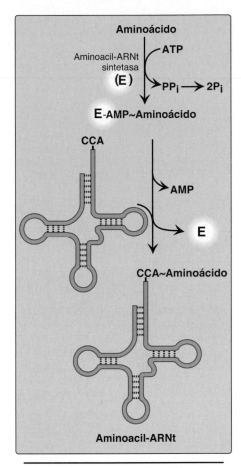

Figura 33-7
Unión de un aminoácido específico a su ARN de transferencia (ARNt) correspondiente por la acción de la aminoacil-ARNt sintetasa. PP$_i$, pirofosfato; P$_i$, fosfato inorgánico; A, adenina, C, citosina; AMP, monofosfato de adenosina; ~, enlace de alta energía.

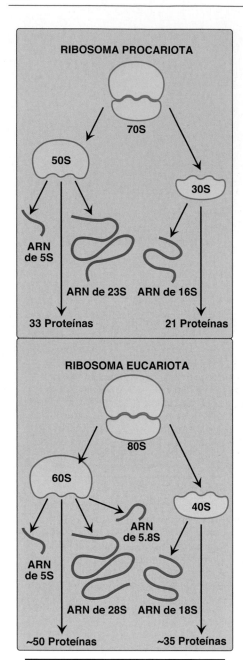

Figura 33-8
Composición ribosómica. (Nota:
el número de proteínas en las
subunidades ribosómicas eucariotas
varía un poco entre especies.) S,
unidad Svedberg.

mitocondrias contienen sus propios ribosomas [55S] y su propio y
único ADN circular. Sin embargo, la mayoría de las proteínas mitocondriales está codificada por ADN nuclear, se sintetiza por completo en el citosol y después se dirige a la mitocondria.)

F. Factores proteínicos

Se necesitan factores de iniciación, elongación y terminación (o liberación) para la síntesis polipeptídica. Algunos de estos factores proteínicos realizan una función catalítica, mientras que otros parecen
estabilizar la maquinaria sintética. (Nota: un número de los factores son
pequeñas proteínas G citosólicas y por lo tanto están activas cuando
se unen a trifosfato de guanosina [GTP] e inactivas cuando se unen
a difosfato de guanosina [GDP]. *Véase* p. 128 para un análisis de las
proteínas relacionadas con la membrana.)

G. Fuentes de energía

Es necesaria la escisión de cuatro enlaces de alta energía para añadir
un aminoácido a la cadena polipeptídica en crecimiento: dos del ATP
en la reacción de la aminoacil-ARNt sintetasa, uno en la eliminación del
PP_i y uno en la hidrólisis posterior del PPi, a dos P_i por pirofosfatasa
y dos del GTP, uno para la unión del aminoacil-ARNt al sitio A y uno
para la etapa de translocación (*véase* fig. 33-13). (Nota: en las células
eucariotas se necesitan más moléculas de ATP y GTP para la iniciación, mientras que para la terminación se necesita otra molécula de
GTP tanto en eucariotas como en procariotas.) Así, la traducción es un
importante consumidor de energía.

IV. RECONOCIMIENTO DE LOS CODONES POR LOS ARN DE TRANSFERENCIA

El apareamiento correcto del codón del ARNm con el anticodón del ARNt
es esencial para una traducción exacta (*véase* fig. 33-6). La mayor parte de
los ARNt (ARNt isoaceptor) reconoce más de un codón para un aminoácido
dado.

A. Unión antiparalela entre el codón y el anticodón

La unión del anticodón del ARNt al codón del ARNm sigue las reglas
de unión complementaria y antiparalela, es decir, el codón del ARNm
es leído como 5′ → 3′ por el apareamiento de anticodón en la dirección
opuesta (3′ → 5′) (fig. 33-9). (Nota: las secuencias de nucleótidos siempre se escriben en la dirección 5′ a 3′ a menos que se indique lo contrario. Dos secuencias de nucleótidos se orientan de forma antiparalela.)

B. Hipótesis de bamboleo

El mecanismo por el cual los ARNt pueden reconocer más de un codón
para un aminoácido específico se describe en la hipótesis de bamboleo, según la cual el par codón-anticodón sigue las reglas tradicionales
de Watson-Crick (G se aparea con C y A con U) para las dos primeras
bases del codón, pero puede ser menos estricta para la última base. La
base en el extremo 5′ del anticodón (la primera base del anticodón) no
está tan definida desde el punto de vista espacial como las otras dos
bases. El movimiento de esta primera base permite el apareamiento
de bases no tradicional con la base 3′ del codón (la última base del
codón). Este movimiento se denomina bamboleo y permite a un único
ARNt reconocer más de un codón. En la figura 33-9 se muestran ejem-

plos de estos apareamientos flexibles. El resultado del bamboleo es que no es necesario que haya 61 especies de ARNt para leer los 61 codones que codifican aminoácidos.

V. ETAPAS EN LA TRADUCCIÓN

El proceso de síntesis de proteínas traduce el alfabeto de tres letras de las secuencias de nucleótidos presentes en el ARNm al alfabeto de 20 letras de los aminoácidos que constituyen las proteínas. El ARNm se traduce desde su extremo 5′ hacia su extremo 3′, lo que produce una proteína que se sintetiza desde su extremo amino (N)-terminal hacia su extremo carboxilo (C)-terminal. Los ARNm procariotas suelen tener varias regiones codificadoras (es decir, son policistrónicos). Cada región codificadora tiene su propio codón de iniciación y de terminación, y produce una especie distinta de polipéptido. En contraste, cada ARNm eucariota tiene solo una región codificadora (es decir, es monocistrónico). El proceso de traducción se divide en tres etapas independientes: iniciación, elongación y terminación. La traducción en eucariotas se asemeja a la observada en procariotas en la mayoría de los detalles. Las diferencias individuales se mencionan en el texto.

 Una diferencia importante es que, en las procariotas, la traducción y la transcripción están acopladas de modo temporal, ya que la traducción empieza antes de que finalice la transcripción, como consecuencia de una falta de membrana nuclear en procariotas.

A. Iniciación

La iniciación de la síntesis de proteínas consiste en el montaje de los componentes del sistema de traducción antes de que se produzca la formación del enlace peptídico. Estos componentes incluyen las dos subunidades ribosómicas, el ARNm que se va a traducir, el aminoacil-ARNt especificado por el primer codón del mensaje, el GTP y los factores de iniciación que facilitan el montaje de este complejo de iniciación (*véase* fig. 33-13). (Nota: en procariotas se conocen tres factores de iniciación [IF-1, IF-2 e IF-3], mientras que en eucariotas hay muchos [denominados eIF para indicar el origen eucariota]. Los eucariotas también necesitan ATP para la iniciación.) Existen dos mecanismos mediante los que el ribosoma reconoce la secuencia de nucleótidos (AUG) que inicia la traducción.

1. **Secuencia de Shine-Dalgarno:** en *Escherichia coli* (*E. coli*) una secuencia de bases de nucleótidos rica en purinas, conocida como la secuencia de Shine-Dalgarno (SD), está localizada de 6 a 10 bases en dirección 5′ del codón de iniciación AUG en la molécula del ARNm (es decir, cerca de su extremo 5′). El componente 16S del ARN ribosómico de la subunidad ribosómica pequeña (30S) tiene una secuencia de nucleótidos cerca de su extremo 3′ que es complementaria de toda o de parte de la secuencia SD. Por consiguiente, el extremo 5′ del ARNm y el extremo 3′ del ARNr 16S pueden formar pares de bases complementarios y facilitar la colocación de la subunidad ribosómica 30S en el ARNm, en estrecha proximidad con el codón de iniciación AUG (fig. 33-10).

2. **Caperuza 5′:** el ARNm eucariota no tiene secuencias de SD. En eucariotas, la subunidad ribosómica pequeña (40S, auxiliada por los miembros de la familia eIF-4 de proteínas) se une cerca de la

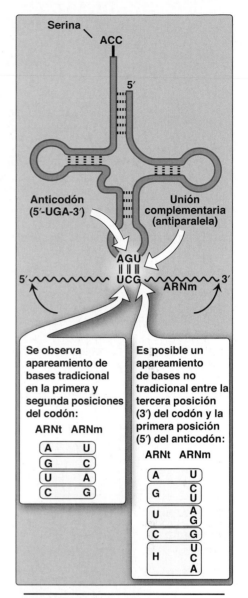

Figura 33-9

Bamboleo: apareamiento no tradicional de bases entre el nucleótido 5′ (primer nucleótido) del anticodón y el nucleótido 3′ (último nucleótido) del codón. La hipoxantina (H) es el producto de la desaminación de adenina y la base en el nucleótido inosina monofosfato (IMP). A, adenina; ARNm, ARN mensajero; C, citosina; G, guanina; RNt, ARN de transferencia; U, uracilo.

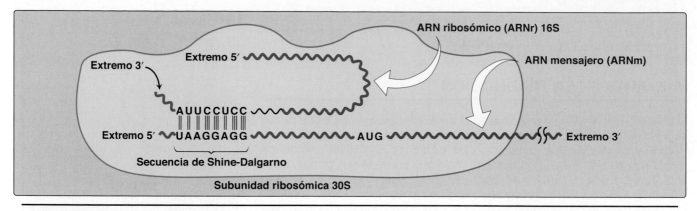

Figura 33-10
Unión complementaria entre la secuencia de Shine-Dalgarno del ARNm procariota y el ARNr 16S. S, unidad Svedberg.

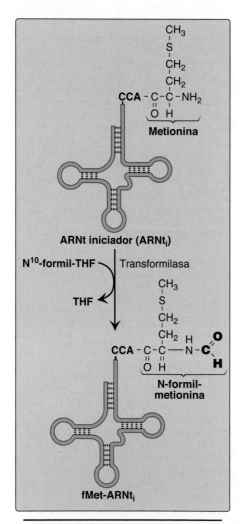

Figura 33-11
Generación del iniciador N-formilmetionil-ARN de transferencia (fMet-ARNt$_i$). A, adenina; C, citosina; THF, tetrahidrofolato.

estructura de caperuza en el extremo 5′ del ARNm y avanza por el ARNm 5′ → 3′ hasta que encuentra el iniciador AUG. Este proceso de barrido necesita ATP. La iniciación independiente de la caperuza puede ocurrir si la subunidad 40S se une a un sitio de entrada a un ribosoma interno cerca del codón de inicio. (Nota: las interacciones entre las proteínas eIF-4 de unión a la caperuza y las proteínas de unión a la cola poli-A en el ARNm eucariota median la circularización del ARNm y es probable que prevengan el uso del ARNm procesado de forma incompleta en la traducción.)

3. **Codón de iniciación:** el AUG de iniciación es reconocido por un ARNt iniciador (ARNti) especial. El reconocimiento es facilitado por el IF-2-GTP en procariotas y por el eIF-2-GTP (junto a otros eIF) en eucariotas. El ARNt$_i$ es el único ARNt reconocido por el (e) IF-2 y el único ARNt que va de forma directa al sitio P en la subunidad pequeña. (Nota: las modificaciones de base distinguen el ARNt$_i$ del ARNt usado para los codones AUG internos.) En las bacterias y en las mitocondrias, el ARNti lleva una metionina N-formilada, (fMet), como se muestra en la figura 33-11. Después de que Met se une al ARNt$_i$, la enzima transformilasa añade el grupo formilo, que utiliza el N^{10}-formil-tetrahidrofolato (*véase* p. 320) como dador de carbono. En eucariotas, el ARNt$_i$ citosólico lleva una metionina que no está formilada. Tanto en células procariotas como eucariotas, la Met N-terminal suele eliminarse antes de completar la traducción. La gran subunidad ribosómica se une entonces al complejo y se forma un ribosoma funcional con el ARNt$_i$ cargado en el sitio P. El sitio A se encuentra vacío. (Nota: [e]IF específico funciona como factor contra la asociación y evita la adición prematura de la subunidad grande.) El difosfato de guanosina en (e)IF-2 se hidroliza a GDP. En eucariotas, el factor de intercambio del nucleótido guanina eIF-2B facilita la reactivación de eIF-2-GDP a través de la sustitución de GDP por GTP.

B. **Elongación**

La elongación de la cadena polipeptídica consiste en la adición de aminoácidos al extremo carboxilo de la cadena en crecimiento. La entrada del aminoacil-ARNt, cuyo codón aparece a continuación en la plantilla de ARNm en el sitio ribosómico A (un proceso que se conoce como decodificación), está facilitada en *E. coli* por los factores de elongación EF-Tu-GTP y EF-Ts y necesita la hidrólisis del GTP. (Nota: en las células eucariotas, los factores de elongación comparables son el EF-1α-GTP y el EF-1βγ. Tanto EF-Ts como EF-1βγ funcionan en el intercambio del nucleótido de guanina.) La formación de los enlaces peptídicos entre el grupo carboxilo α del aminoácido en el sitio P y el grupo amino α del aminoácido en el sitio A está catalizada por la peptidiltransferasa, una actividad intrínseca del ARNr de la subunidad grande (fig. 33-12). (Nota: como este ARNr cataliza la reacción, se le conoce como ribozima.) Una vez que se ha formado el enlace peptídico, el péptido en el ARNt en el sitio P se transfiere al aminoácido en el ARNt en el sitio A, un proceso que se conoce como transpeptidación. El ribosoma avanza entonces tres nucleótidos hacia el extremo 3′ del ARNm. Este proceso se conoce como translocación y, en los procariotas, necesita la participación del EF-G-GTP (las células eucariotas utilizan el EF-2-GTP) y la hidrólisis del GTP. La translocación causa el movimiento del ARNt descargado del sitio P al sitio E para la liberación y el movimiento del peptidil-ARNt del sitio A hacia el sitio P. El proceso se repite hasta que se encuentra un codón de terminación. (Nota: debido a la longitud de la mayoría del ARNm, más de un ribosoma a la vez puede traducir un mensaje. El complejo de un ARNm y una variedad de ribosomas se conoce como polisoma o polirribosoma.)

C. Terminación

La terminación se produce cuando en el sitio A aparece uno de los tres codones de terminación. En E. coli estos codones son reconocidos por los factores de liberación: RF-1, que reconoce UAA y UAG, y RF-2, que reconoce UGA y UAA. La unión de estos factores de liberación produce la hidrólisis del enlace que une el péptido al ARNt en el sitio P, lo que provoca la liberación del ribosoma de la proteína naciente. Un tercer factor de liberación, el RF-3-GTP, causa a continuación la liberación del RF-1 o del RF-2 a medida que se hidroliza el GTP (*véase* fig. 33-13). (Nota: los eucariotas tienen un solo factor de liberación, el eRF, que reconoce los tres codones de terminación. Un segundo factor, el eRF-3, funciona como el RF-3 procariota. *Véase* fig. 33-14 para un resumen de los factores usados en la traducción.) Los pasos en la síntesis proteínica de procariotas, así como algunos inhibidores antibióticos del proceso, se resumen en la figura 33-13. El polipéptido recién sintetizado puede experimentar otras modificaciones como se describe más adelante y las subunidades ribosómicas, ARNm, ARNt y factores de proteínas pueden reciclarse y usarse para sintetizar otros polipéptidos. (Nota: en los procariotas, los factores de reciclaje ribosómicos median la separación de las subunidades. En eucariotas se requiere la hidrólisis de eRF y ATP.)

D. Regulación de la traducción

Aunque lo más frecuente es que la expresión génica esté regulada a nivel transcripcional, algunas veces también se regula la traducción. Un mecanismo importante para lograrlo en los eucariotas es la modificación covalente del eIF-2: el eIF-2 fosforilado es inactivo (*véase* p. 550). En eucariotas y en procariotas, la regulación puede conseguirse también a través de proteínas que se unen al ARNm e inhiben su uso al bloquear la traducción.

E. Plegado de las proteínas

Las proteínas deben plegarse para asumir su estado funcional nativo. El plegado puede ser espontáneo (como resultado de una estructura primaria) o estar facilitado por proteínas conocidas como chaperones (*véase* p. 45).

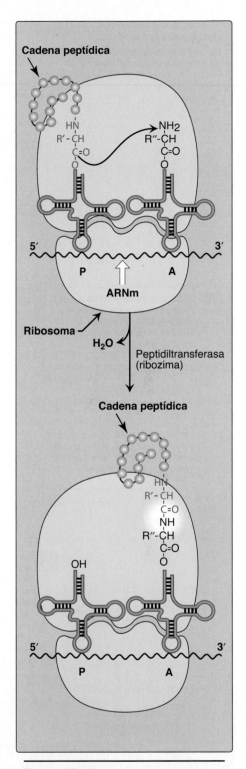

Figura 33-12
Formación de un enlace peptídico. La formación de un enlace peptídico deriva en la transferencia del péptido en el ARN de transferencia (ARNt) en el sitio P al aminoácido en el ARNt en el sitio A (transpeptidación). ARNm, ARN mensajero; R′R″, diferentes cadenas laterales de aminoácidos.

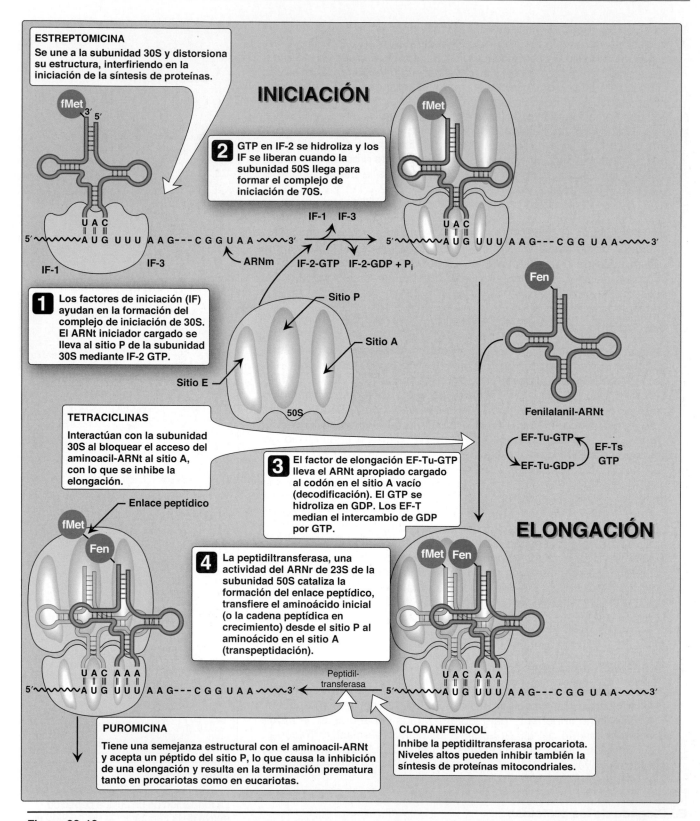

ESTREPTOMICINA
Se une a la subunidad 30S y distorsiona su estructura, interfiriendo en la iniciación de la síntesis de proteínas.

INICIACIÓN

2 GTP en IF-2 se hidroliza y los IF se liberan cuando la subunidad 50S llega para formar el complejo de iniciación de 70S.

1 Los factores de iniciación (IF) ayudan en la formación del complejo de iniciación de 30S. El ARNt iniciador cargado se lleva al sitio P de la subunidad 30S mediante IF-2 GTP.

Sitio P
Sitio A
Sitio E
50S

Fenilalanil-ARNt

EF-Tu-GTP
EF-Tu-GDP
EF-Ts
GTP

TETRACICLINAS
Interactúan con la subunidad 30S al bloquear el acceso del aminoacil-ARNt al sitio A, con lo que se inhibe la elongación.

3 El factor de elongación EF-Tu-GTP lleva el ARNt apropiado cargado al codón en el sitio A vacío (decodificación). El GTP se hidroliza en GDP. Los EF-T median el intercambio de GDP por GTP.

ELONGACIÓN

Enlace peptídico

4 La peptidiltransferasa, una actividad del ARNr de 23S de la subunidad 50S cataliza la formación del enlace peptídico, transfiere el aminoácido inicial (o la cadena peptídica en crecimiento) desde el sitio P al aminoácido en el sitio A (transpeptidación).

Peptidil-transferasa

PUROMICINA
Tiene una semejanza estructural con el aminoacil-ARNt y acepta un péptido del sitio P, lo que causa la inhibición de una elongación y resulta en la terminación prematura tanto en procariotas como en eucariotas.

CLORANFENICOL
Inhibe la peptidiltransferasa procariota. Niveles altos pueden inhibir también la síntesis de proteínas mitocondriales.

Figura 33-13
Etapas en la síntesis de proteínas (traducción) en procariotas y su inhibición por antibióticos. (Nota: EF-T es un factor de intercambio de nucleótido de guanina. Facilita la eliminación del difosfato de guanosina [GDP] de EF-Tu, lo que permite su remplazo por trifosfato de guanosina [GTP]. El equivalente eucariota es EF-1βγ.) Arg, arginina; ARNm, ARN mensajero; ARNt, ARN de transferencia; Fen, fenilalanina; fMet, metionina formilada; Lis, lisina; S, unidad Svedberg. (*Continúa en la siguiente página.*)

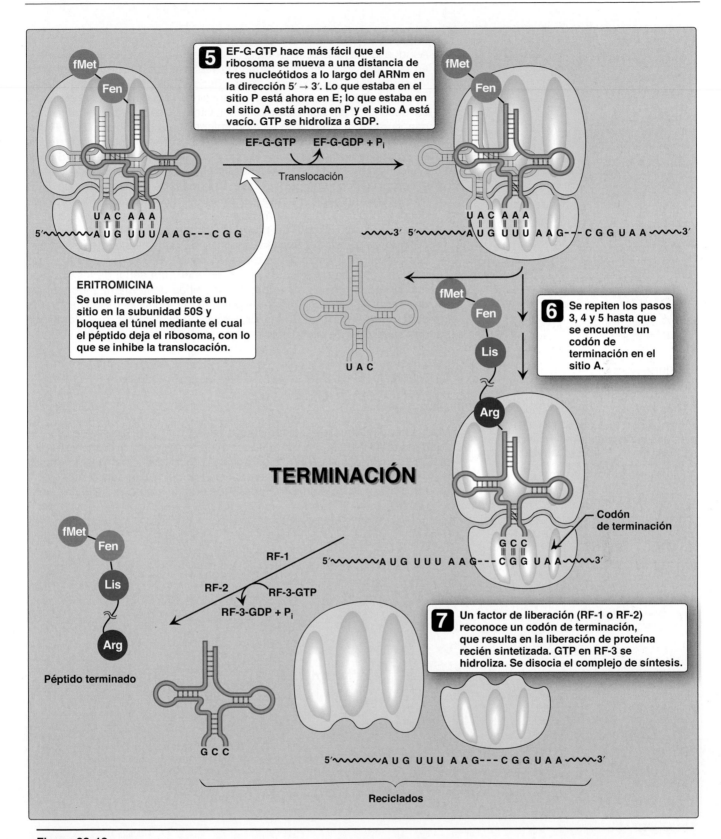

Figura 33-13

(Nota: en eucariotas, la toxina diftérica activa EF-2 [el equivalente al EF-G procariota], con lo que se inhibe la fase de translocación de la elongación. El ricino, una toxina de la semilla de ricino, elimina una forma A específica del ARN ribosómico 28S [ARNr] en la subunidad grande de los ribosomas eucariotas, con lo que limita la función ribosómica.) (*Continúa de la página anterior.*)

Célula	Factor	Función
Iniciación		
Proc Euc	IF-2-GTP eIF-2GTP	Llevar el ARNt iniciador cargado al sitio P
Proc Euc	IF-3 eIF-3	Prevenir la asociación de subunidades
Elongación		
Proc Euc	EF-Tu-GTP EF1α-GTP	Llevar el resto del ARNt cargado al sitio A
Proc Euc	EF-Ts EF-1βγ	Factores de intercambio del nucleótido guanina
Proc Euc	EF-G-GTP EF-2-GTP	Translocación
Terminación		
Proc Euc	RF-1, 2 eRF	Reconocer los codones de parada
Proc Euc	RF-3-GTP eRF-3-GTP	Liberación de otros RF

Figura 33-14

Factores proteínicos en tres etapas de traducción. ARNt, ARN de transferencia; EF, factor de elongación; Euc, eucariotas; GTP, trifosfato de guanosina; IF, factor de iniciación; Proc, procariotas; RF, factor de liberación.

F. Direccionamiento de las proteínas

Aunque la mayoría de la síntesis de proteína en los eucariotas se inicia en el citoplasma, muchas proteínas realizan sus funciones dentro de los orgánulos subcelulares o en el exterior de la célula. Estas proteínas suelen contener secuencias de aminoácidos que dirigen las proteínas a su destino final. Por ejemplo, las proteínas secretadas se direccionan durante la síntesis (direccionamiento cotraduccional) al RER por la presencia de la secuencia señal hidrófoba N-terminal. La secuencia se reconoce por la partícula de reconocimiento de señales (PRS), una ribonucleoproteína que une el ribosoma, detiene la elongación y envía el complejo ribosoma-péptido a un conducto de la membrana del RER (el translocón) mediante interacción con el receptor de la PRS. La traducción continúa, la proteína entra a la luz del RER y la secuencia señal se escinde (fig. 33-15). La proteína se mueve a través del RER y el aparato de Golgi, se procesa, empaca en las vesículas y se secreta. Las proteínas direccionadas después de la síntesis (postraduccional) incluyen proteínas nucleares que contienen una señal de localización nuclear básica, corta e interna; las proteínas de la matriz mitocondrial que contienen una secuencia de entrada mitocondrial de hélice α, anfipática con N-terminal; y las proteínas peroxisómicas que contienen una señal de tripéptido C-terminal.

VI. MODIFICACIONES POSTRADUCCIONAL Y COTRADUCCIONAL

Muchas cadenas polipeptídicas se modifican de modo covalente, ya sea mientras todavía están unidas al ribosoma (cotraduccional) o una vez completada su síntesis (postraduccional). Estas modificaciones pueden incluir la eliminación de una parte de la secuencia traducida o la adición covalente de uno o más grupos químicos necesarios para la actividad de la proteína.

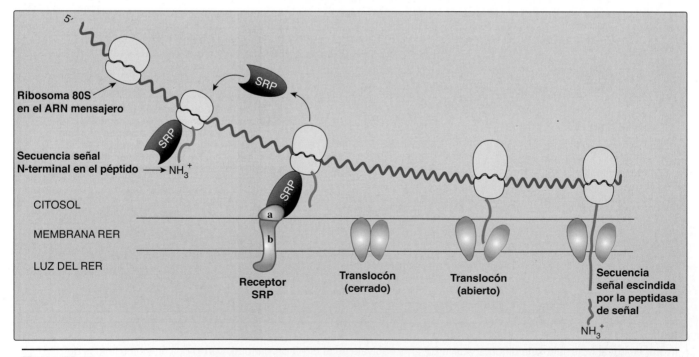

Figura 33-15

Direccionamiento cotraduccional de proteínas al retículo endoplásmico rugoso (RER). SRP, partícula de reconocimiento de señal.

A. Recorte

Muchas proteínas destinadas a la secreción por la célula se producen en un inicio como grandes moléculas precursoras que no son activas desde el punto de vista funcional. Las endoproteasas especializadas pueden eliminar porciones de la cadena proteínica y provocar la liberación de una molécula activa. El sitio celular de la reacción de escisión depende de la proteína que se vaya a modificar. Algunas proteínas precursoras se escinden en el retículo endoplásmico o en el aparato de Golgi, otras se escinden en vesículas secretoras en desarrollo (p. ej., la insulina, *véase* fig. 24-4, p. 367) y otras, como el colágeno (*véase* p. 73), incluso se escinden después de su secreción.

B. Modificaciones covalentes

La función de las proteínas puede verse afectada por la modificación covalente de una diversidad de grupos químicos (fig. 33-16). Ejemplos de estas modificaciones son los siguientes.

1. **Fosforilación:** la fosforilación se produce en los grupos hidroxilo de la serina, la treonina o, con menos frecuencia, los residuos de tirosina en una proteína. Está catalizada por una enzima de una familia de proteincinasas y puede anularse por la acción de las proteinfosfatasas. La fosforilación puede aumentar o disminuir la actividad funcional de la proteína. Varios ejemplos de estas reacciones de fosforilación se han discutido antes (p. ej., *véase* cap. 12, p. 168 para la regulación de la síntesis y degradación del glucógeno).

2. **Glucosilación:** muchas de las proteínas destinadas a formar parte de una membrana o a ser segregadas de la célula tienen cadenas de carbohidratos unidas *en bloque* al nitrógeno amida de una asparagina (enlace N-) o construida en secuencia en los grupos hidroxilo de la serina, la treonina o la hidroxilisina (enlaces O-). La N-glucosilación ocurre en el RER y la O-glucosilación en el aparato de Golgi. (El proceso de producción de esas glucoproteínas se ha descrito en la p. 205.) Las hidrolasas ácidas N-glucosiladas se direccionan a la matriz de los lisosomas mediante la fosforilación de los residuos de manosa en el carbono 6 (*véase* p. 209).

3. **Hidroxilación:** los residuos de prolina y lisina de las cadenas α del colágeno se hidroxilan en gran medida en el retículo endoplásmico por parte de las hidroxilasas dependientes de vitamina C (*véase* p. 73).

4. **Otras modificaciones covalentes:** estas pueden ser necesarias para la actividad funcional de una proteína. Por ejemplo, pueden añadirse otros grupos carboxilo a los residuos de glutamato mediante carboxilación dependiente de la vitamina K (*véase* p. 464). Los residuos de γ-carboxiglutamato resultantes (Gla) son esenciales para la actividad de varias de las proteínas de la coagulación sanguínea. (véase cap. 60). La biotina se une de modo covalente a los grupos ε-amino de los residuos de lisina de las enzimas dependientes de biotina que catalizan reacciones de carboxilación, como la piruvato carboxilasa (*véase* fig. 11-3, p. 154). La unión de lípidos, por ejemplo de grupos farnesilo, puede contribuir al anclaje de proteínas en las membranas (*véase* p. 245). Además, muchas proteínas son acetiladas de forma cotraduccional en el extremo N. (Nota: la acetilación reversible de las proteínas de las histonas influyen sobre la expresión génica [*véase* p. 550].)

C. Degradación de las proteínas

Las proteínas defectuosas (p. ej., que están mal plegadas) o que están destinadas a un recambio rápido suelen estar marcadas para ser des-

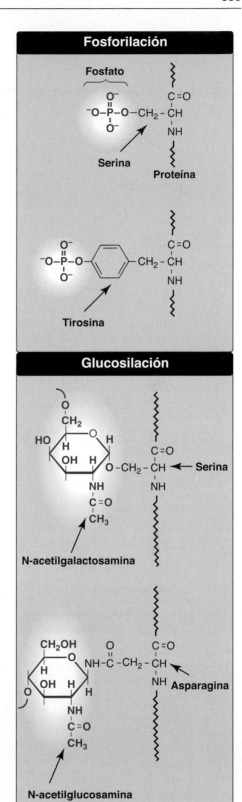

Figura 33-16
Modificaciones covalentes de algunos residuos de aminoácidos. (*Continúa en la siguiente página.*)

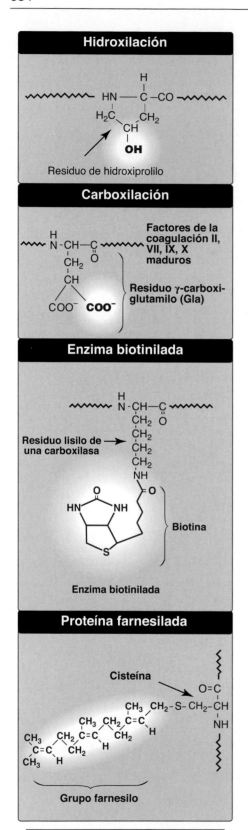

Figura 33-16
Modificaciones covalentes de algunos
residuos de aminoácidos. (*Continúa
de la página anterior.*)

truidas mediante ubiquitinación, la unión covalente de una pequeña
proteína, muy conservada, llamada ubiquitina (*véase* fig. 20-3, p. 297).
Las proteínas marcadas de esta manera son degradadas con rapidez
por el proteasoma, que es un sistema macromolecular proteolítico
dependiente del ATP localizado en el citosol. Por ejemplo, el plegado
inadecuado de la proteína RTFQ (*véase* p. 523) deriva en su degradación
proteosómica. (Nota: si se impide el plegado, las proteínas desdobladas se acumulan en el RER, lo que causa un estrés que desencadena
la respuesta de la proteína desdoblada, en la que aumenta la expresión
de los chaperones; la traducción global disminuye por la acción de la
fosforilación de eIF-2; y las proteínas desdobladas se envían al citosol,
se ubiquitinizan y se degradan en el proteasoma mediante un proceso
denominado degradación relacionada con el ER.)

VII. Resumen del capítulo

- Los **codones** están compuestos por tres nucleótidos en el ARNm, que
  contienen las bases **A**, **G**, **C** y **U**. Los codones siempre se escriben en
  la dirección **5′ → 3′**.

- De las 64 combinaciones posibles de tres bases, 61 codifican los 20
  aminoácidos comunes y tres señalan la terminación de la síntesis de
  proteínas (**traducción**). En un organismo, el código genético es específico (cada codón produce un aminoácido) y degenerado (más de un
  codón puede codificar cada aminoácido).

- La alteración de la secuencia de nucleótidos en un codón puede causar
  mutaciones silenciosas (el codón alterado codifica el aminoácido
  original), **mutaciones de contrasentido** (el codón alterado codifica un
  aminoácido diferente) o **mutaciones sin sentido** (el codón alterado es
  un codón de terminación). Las mutaciones del marco de lectura que
  son el resultado de la adición o supresión de una base pueden provocar una alteración en el marco de lectura del ARNm.

- La **traducción** de una proteína requiere la presencia de todos los **aminoácidos** en la proteína; el **ARNt** y la **aminoacil-ARNt sintetasa** para
  cada aminoácido; el **ARNm** que codifica la proteína; los **ribosomas**
  completamente competentes (70S en procariotas, 80S en eucariotas);
  los **factores proteínicos** necesarios para la iniciación, la elongación y
  la terminación de la síntesis de la proteína; y **ATP** y **GTP** como fuentes
  de energía.

- Los ribosomas son grandes complejos de **proteínas** y **ARNr**. Están
  constituidos por **dos subunidades**, 30S y 50S en procariotas y 40S y
  60S en eucariotas. Cada ribosoma tiene tres tipos de unión: los sitios
  A, P y E, que cubren tres codones vecinos. El **sitio A** se une a un **aminoacil-ARNt entrante**, el **sitio P** está ocupado por **el peptidil-ARNt** y
  el **sitio E** está ocupado por el **ARNt vacío**.

- Un codón del ARNm se reconoce por el **anticodón** del ARNt, siguiendo
  las reglas de unión **complementaria** y **antiparalela**. La **hipótesis del
  bamboleo** establece que la primera base (5′) del anticodón no está tan
  limitada espacialmente como las otras dos bases. El apareamiento no
  tradicional de bases puede producirse entre la primera base (5′) del
  anticodón y la última base (3′) del codón y permite de esta manera que
  un único ARNt reconozca más de un codón para un aminoácido específico.

- Para la **iniciación** de la síntesis de proteínas, un ARNm debe asociarse
  con la subunidad ribosómica pequeña. El proceso requiere **IF**. En los

procariotas, una región rica en purinas del ARNm (la **secuencia SD**) aparea sus bases con una secuencia complementaria en el ARNr de 16S y da como resultado la colocación de la subunidad pequeña en el ARNm. En los eucariotas, este posicionamiento está guiado por la **caperuza 5′ del ARNm**, que está unida por proteínas de la familia eIF-4. El **codón de iniciación AUG** y la **N-formilmetionina** es el aminoácido de iniciación en procariotas, mientras que la **metionina** lo es en eucariotas. El ARNt iniciador (ARNti) cargado llega al sitio P gracias a **(e)IF-2**.

- La **elongación** (alargamiento) de la cadena polipeptídica ocurre por la adición de aminoácidos al extremo. **Factores de elongación** facilitan la unión del aminoacil-ARNt al sitio A así como el movimiento de los ribosomas a lo largo del ARNm. La formación del enlace peptídico es catalizada por **peptidiltransferasa**, que es una actividad intrínseca al ARNr de la subunidad grande y, por lo tanto, es una **ribozima**. Después de la formación del enlace peptídico, el ribosoma avanza a lo largo del ARNm en la **dirección 5′ → 3′** hacia el codón siguiente (**translocación**). Dada la longitud de la mayoría de los ARNm, un mensaje puede ser traducido a la vez por más de un ribosoma, formando un **polisoma.**

- La **terminación** comienza cuando un codón de terminación se mueve hacia el sitio A y es reconocido por los **factores de liberación**. La nueva proteína sintetizada se libera del complejo ribosómico y el ribosoma se disocia del ARNm.

- Numerosos **antibióticos** interfieren en el proceso de la síntesis de proteínas en las procariotas.

- Muchas cadenas polipeptídicas pueden modificarse de forma covalente durante o después de la traducción. Tales modificaciones incluyen la **eliminación** de aminoácidos; la **fosforilación**, que puede activar o inactivar la proteína; la **glucosilación**, que desempeña una función en el **direccionamiento de las proteínas;** o la **hidroxilación**, como se observa en el colágeno.

- El direccionamiento de las proteínas puede ser ya sea **cotraduccional** (como con las proteínas secretadas) o **postraduccional** (como con las proteínas de la matriz mitocondrial).

- Las proteínas deben **plegarse** para alcanzar su forma funcional. El plegado puede ser espontáneo o estar facilitado por **chaperones**. Las proteínas defectuosas (p. ej., mal plegadas) o que están destinadas a un recambio rápido se marcan mediante la unión de una pequeña proteína altamente conservada llamada **ubiquitina** para ser destruidas. Las proteínas así marcadas son degradadas con rapidez por un complejo citosólico conocido como **proteasoma** (fig. 33-17).

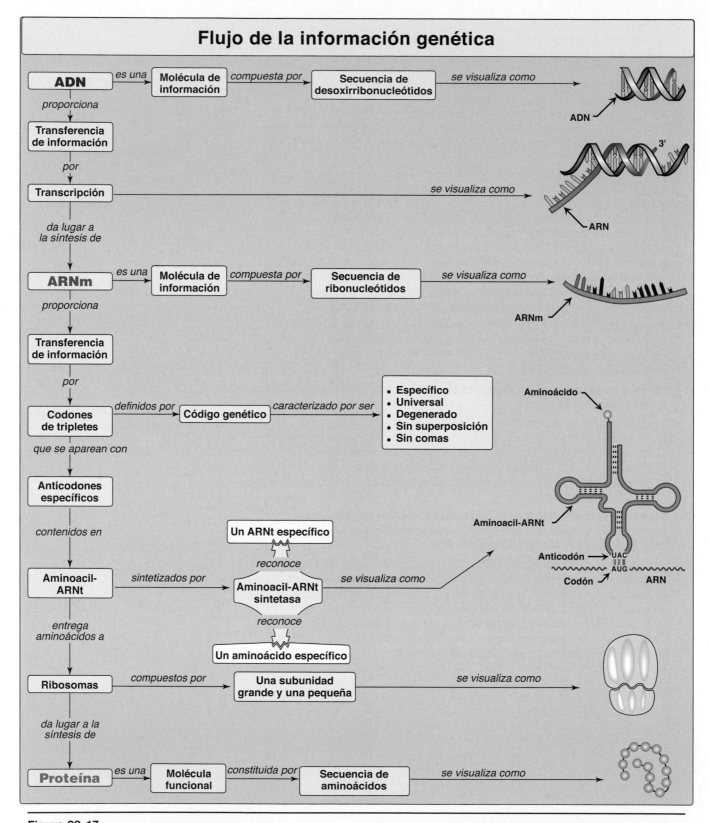

Figura 33-17
Mapa de conceptos fundamentales de la síntesis de proteínas. ARNm, ARN mensajero; ARNt, ARN de transferencia; A, adenina; C, citosina; G, guanina; U, uracilo.

Preguntas de estudio

Elija la RESPUESTA correcta.

33.1 Se descubre que un varón anémico de 20 años de edad tiene una forma anómala de globina β (*Hemoglobin Constant Spring*) que tiene una longitud de 172 aminoácidos en lugar de los 141 que se encuentran en la proteína normal. ¿Cuál de las siguientes mutaciones puntuales es consistente con esta anomalía? Utilice la figura 33-2 para responder la pregunta.

A. CGA → UGA

B. GAU → GAC

C. GCA → GAA

D. UAA → CAA

E. UAA → UAG

Respuesta correcta = D. La mutación del codón de terminación normal de UAA a CAA en el ARN mensajero de globina β hace que el ribosoma inserte una glutamina en ese punto. Por lo tanto, continuará alargando la cadena de la proteína hasta llegar al siguiente codón de parada, situado más adelante en el mensaje, lo que provoca una proteína larga anormal. El cambio de CGA (arginina) con UGA (parada) haría que la proteína fuera demasiado corta. GAU y GAC codifican para aspartato y no causarían cambio alguno en la proteína. El cambio de GCA (alanina) a GAA (glutamato) no cambiaría el tamaño del producto proteínico. Un cambio de UAA a UAG simplemente cambiaría un codón de terminación por otro y no tendría efectos sobre la proteína.

33.2 Una compañía farmacéutica estudia un nuevo antibiótico que inhibe la síntesis de las proteínas bacterianas. Cuando se añade este antibiótico a un sistema de síntesis de proteínas *in vitro* que está traduciendo la secuencia de ARNm AUGUUUUUUUAG, el único producto formado es el dipéptido fMet-Fen. ¿Qué etapa en la síntesis de proteínas estará inhibida con mayor probabilidad por el antibiótico?

A. Iniciación.

B. Unión del ARNt cargado al sitio ribosómico A.

C. Actividad peptidiltransferasa.

D. Translocación ribosómica.

E. Terminación.

Respuesta correcta = D. Como se produce fMet-Fen (metionil-fenilalanina formilada), los ribosomas deben ser capaces de completar la iniciación, unir el Fen-ARNt al sitio A y usar la actividad peptidiltransferasa para formar el primer enlace peptídico. Como el ribosoma no es capaz de continuar más adelante, el movimiento ribosómico (translocación) es la etapa que estará inhibida con mayor probabilidad. Por consiguiente, el ribosoma se detiene antes de alcanzar el codón de parada de este mensaje.

33.3 Una molécula de ARNt que se supone que transporta cisteína (ARNt^cis) está cargada de manera errónea y en realidad transporta alanina (ala-ARNt^cis). Al asumir que no haya correcciones, ¿cuál sería el destino más probable de este residuo de alanina durante la síntesis de la proteína?

A. Alanina se incorpora a una proteína.

B. Cisteína se incorpora a una proteína.

C. Alanina se transfiere a un ARNt^Ala en el sitio E del ribosoma.

D. No se produce la síntesis de proteínas ya que la alanina permanece unida al ARNt.

E. Alanina se convierte químicamente en cisteína por medio de enzimas celulares.

Respuesta correcta = A. Una vez que un aminoácido está unido a una molécula del ARNt, solo el anticodón de ese ARNt determina la especificidad de incorporación. Por lo tanto, la alanina cargada de manera incorrecta se incorporará a la proteína en una posición determinada por un codón de cisteína. Un ARNt mal cargado provocará un cambio en la proteína que no se debe a una mutación en el ADN.

33.4 En un paciente con fibrosis quística causada por la mutación ΔF508, la proteína reguladora de la conductancia transmembrana en la fibrosis quística (RTFQ) mutante se pliega de manera incorrecta. Las células del paciente modifican esta proteína anómala mediante la unión de moléculas de ubiquitina. ¿Cuál es el destino de esta proteína RTFQ modificada?

A. Es degradada por el proteasoma.

B. Es colocada en vesículas de almacenamiento.

C. Es reparada por enzimas celulares.

D. Está dirigida al lisosoma.

E. Es segregada de la célula.

Respuesta correcta = A. La ubiquitinación suele marcar proteínas viejas, dañadas o mal plegadas para ser destruidas en el proteasoma citosólico. No se conoce ningún mecanismo celular para la reparación de las proteínas dañadas. Las proteínas se dirigen a la matriz del lisosoma mediante un residuo de manosa 6-fosfato.

33.5 Muchos antimicrobianos inhiben la traducción. ¿Cuál de los siguientes antimicrobianos está apareado de forma correcta con su mecanismo de acción?

   A. El cloranfenicol inhibe la transformilasa.
   B. La eritromicina se une a la subunidad ribosómica 60S.
   C. La puromicina inactiva el factor 2 de elongación.
   D. La estreptomicina se une a la subunidad ribosómica 30S.
   E. Las tetraciclinas inhiben la peptidiltransferasa.

Respuesta correcta = D. La estreptomicina une la subunidad 30S e inhibe el inicio de la traducción. El cloranfenicol inhibe la actividad peptidil transferasa del ARNr 23S (ribozima) de la subunidad 50S. La eritromicina une la subunidad ribosómica 50S (60S denota una eucariota) y bloquea el túnel a través del cual el péptido deja el ribosoma. La puromicina tiene una estructura similar a la del aminoacil-ARNt. Se incorpora a la cadena en crecimiento, inhibe la elongación y deriva en una terminación temprana tanto en eucariotas como en procariotas. Las tetraciclinas unen la subunidad ribosómica 30S y bloquean el acceso al sitio A, lo que inhibe la elongación.

33.6 La traducción de un polirribonucleótido sintético que contiene la secuencia de repetición CAA en un sistema de síntesis de proteínas no celular produce tres homopolipéptidos: la poliglutamina, la poliasparagina y la politreonina. Si los codones para la glutamina y la asparagina son CAA y AAC, de forma respectiva, ¿cuál de los siguientes tripletes es el codón de la treonina?

   A. AAC
   B. ACA
   C. CAA
   D. CAC
   E. CCA

Respuesta correcta = B. La secuencia polinucleotídica sintética de CAACAACAACAA...podría ser leída por el sistema de síntesis proteínica *in vitro* empezando por la primera C, la primera A o la segunda A (es decir, en cualquiera de los tres marcos de lectura). En el primer caso, el primer codón triplete sería CAA, que codifica para la glutamina; en el segundo caso, sería AAC, que codifica para la asparagina; en el último caso, el codón triplete sería el ACA, que codifica para la treonina.

33.7 ¿Cuál de los siguientes es necesario para la síntesis de proteínas en eucariotas y procariotas?

   A. Unión de la subunidad ribosómica pequeña a la secuencia de Shine-Dalgarno.
   B. ARN de transferencia metionil formilado Met-ARNt.
   C. Movimiento del ARN mensajero fuera del núcleo y al citoplasma.
   D. Reconocimiento de la caperuza 5′ por los factores de iniciación.
   E. Translocación del peptidil-ARNt del sitio A al sitio P.

Respuesta correcta = E. En procariotas y eucariotas, la traducción continua (elongación) requiere el movimiento del peptidil-ARNt del sitio A al sitio P, para permitir la entrada del siguiente ARNt-aminoácido en el sitio A. Solo los procariotas tienen una secuencia de Shine-Dalgarno y utilizan metionina formilada y solo los eucariotas tienen un núcleo y procesan a nivel postraduccional su ARNm.

33.8 La deficiencia de antitripsina α1 puede derivar en enfisema, una patología pulmonar, debido a que la acción de elastasa, una proteasa de serina, no tiene oposición. La deficiencia de AAT en los pulmones es consecuencia de la secreción alterada del hígado, el sitio en que se sintetiza. ¿Mediante cuál de los siguientes enunciados se caracterizan mejor las proteínas como AAT que están destinadas a ser secretadas?

   A. Su síntesis se inicia en el retículo endoplásmico liso.
   B. Contienen una señal de direccionamiento de manosa 6-fosfato.
   C. Siempre contienen metionina como el aminoácido N-terminal.
   D. Se producen a partir de productos de traducción que tienen una secuencia de señal hidrófoba N-terminal.
   E. No contienen azúcares con enlaces O-glucosídicos debido a que su síntesis no incluye al aparato de Golgi.

Respuesta correcta = D. La síntesis de las proteínas secretadas comienza en los ribosomas libres (citosólicos). Conforme la secuencia señal N-terminal del péptido emerge del ribosoma, se une por la partícula de reconocimiento de señal, se lleva al retículo endoplásmico rugoso (RER), se extiende a la luz y se escinde a medida que continúa la traducción. Las proteínas se mueven a través del RER y el aparato de Golgi y pasan por procesamiento como N-glucosilación (RER) y O-glucosilación (Golgi). En el aparato de Golgi, se empacan en las vesículas secretoras y se liberan de la célula. El retículo endoplásmico liso se relaciona con la síntesis de lípidos, no proteínas y no tiene ribosomas unidos. La fosforilación en el carbono 6 de los residuos de manosa terminales en las glucoproteínas dirigen estas proteínas (hidrolasas ácidas) a los lisosomas. La metionina N-terminal se retira de la mayoría de las proteínas durante el procesamiento.

33.9 ¿Por qué se describe el código genético tanto como degenerado como no ambiguo?

Un aminoácido determinado puede ser codificado por más de un codón (código de degeneración), pero un codón determinado codifica para solo un aminoácido particular (código no ambiguo).

Regulación de la expresión génica

34

I. GENERALIDADES

La expresión génica se refiere al proceso de múltiples etapas que a la larga da lugar a la generación de un producto funcional del gen, ya sea un ácido ribonucleico (ARN) o una proteína. La primera etapa en la expresión génica, el uso del ácido desoxirribonucleico (ADN) para la síntesis del ARN (transcripción), es el principal sitio de regulación en procariotas y eucariotas. En los eucariotas, sin embargo, la expresión génica también incluye extensos procesos postranscripcionales y postraduccionales, así como acciones que influyen en el acceso a regiones particulares del ADN. Cada una de estas etapas puede estar regulada para proporcionar más control sobre las clases y cantidades de los productos funcionales que se generan.

No todos los genes están tan regulados. Por ejemplo, los genes descritos como "constitutivos" codifican los productos necesarios para las funciones celulares básicas y por ello se expresan en forma continua. También se les conoce como genes de "mantenimiento". Los genes regulados, sin embargo, se presentan solo en ciertas condiciones, y pueden expresarse en todas las células del cuerpo o solo en un subtipo de células, por ejemplo, el gen de la cadena alfa del fibrinógeno, que solo se manifiesta en los hepatocitos. La capacidad para regular la expresión génica (es decir, para determinar si se generarán los productos particulares del gen, cuándo y en qué cantidad) dan a la célula el control sobre la estructura y la función. Es la base para la diferenciación, la morfogénesis y la adaptabilidad celular de cualquier organismo. El control de la expresión génica se comprende con más detalle en los procariotas, pero muchos temas se repiten en los eucariotas. En la figura 34-1 se muestran algunos de los sitios en que puede controlarse la expresión génica.

II. SECUENCIAS Y MOLÉCULAS REGULADORAS

La regulación de la transcripción, la etapa inicial en toda expresión génica, está controlada por secuencias reguladoras del ADN, por lo general incrustadas en las regiones no codificadoras del genoma. La interacción entre estas secuencias de ADN y las moléculas reguladoras, como los factores de transcripción, puede inducir o reprimir la maquinaria transcripcional e influir en la clase y la cantidad de productos que se producen. Se dice que estas secuencias de ADN actúan en cis porque influyen en la expresión de los genes solo en el mismo cromosoma que la secuencia reguladora (véase p. 512). Las moléculas reguladoras se conocen como de acción en trans debido a que pueden difundirse (transitar) a través de la célula desde su sitio de síntesis hasta su sitio de unión al ADN (fig. 34-2). Por ejemplo, un factor de transcripción de proteínas (una molécula de acción en trans)

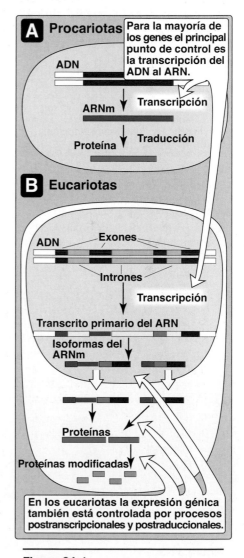

Figura 34-1
Control de la expresión génica.
ARNm, ARN mensajero.

539

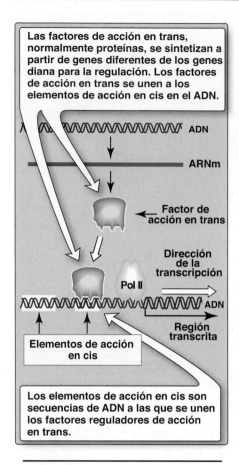

Las factores de acción en trans, normalmente proteínas, se sintetizan a partir de genes diferentes de los genes diana para la regulación. Los factores de acción en trans se unen a los elementos de acción en cis en el ADN.

ADN

ARNm

Factor de acción en trans

Dirección de la transcripción

Pol II

ADN

Región transcrita

Elementos de acción en cis

Los elementos de acción en cis son secuencias de ADN a las que se unen los factores reguladores de acción en trans.

Figura 34-2
Elementos de acción en cis y factores de acción en trans. ARNm, ARN mensajero; Pol II, ARN polimerasa II.

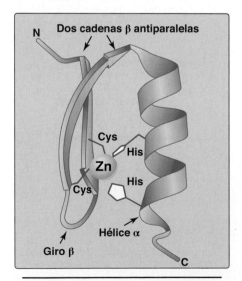

N   Dos cadenas β antiparalelas

Cys
His
Zn
His
Cys
Hélice α
Giro β
C

Figura 34-3
El dedo de zinc (Zn) es un motivo común en las proteínas que se unen al ADN. Cis, cisteína; His, histidina.

que regula un gen en el cromosoma 6 podría haberse producido de un gen situado en el cromosoma 11. La unión de proteínas al ADN se realiza a través de motivos estructurales como los dedos de zinc (fig. 34-3), la cremallera de leucinas o la hélice-bucle-hélice en la proteína.

III. REGULACIÓN DE LA EXPRESIÓN GÉNICA EN PROCARIOTAS

En los organismos procariotas, como la bacteria *Escherichia coli* (*E. coli*), la regulación de la expresión génica tiene lugar ante todo a nivel de la transcripción y, en general, está mediada por la unión de proteínas de acción en trans a elementos reguladores de acción en cis en su única molécula de ADN (cromosoma). (Nota: la regulación de la primera etapa en la expresión de un gen es un enfoque eficaz, ya que no se gasta energía para generar productos innecesarios del gen). El control transcripcional en procariotas puede implicar la iniciación o la terminación prematura de la transcripción.

A. Transcripción del ARN mensajero de operones bacterianos

En las bacterias, los genes estructurales que codifican las proteínas que intervienen en una ruta metabólica particular suelen encontrarse agrupados en forma secuencial en el cromosoma junto con los elementos de acción en cis que determinan la transcripción de estos genes. El producto de la transcripción es un único ARN mensajero (ARNm) policistrónico (*véase* p. 507). Así, los genes están controlados de forma coordinada (es decir, activados o desactivados como una unidad). A este paquete entero se le denomina operón.

B. Operadores en los operones bacterianos

Los operones bacterianos contienen un operador, un segmento de ADN que regula la actividad de los genes estructurales del operón al unir de forma reversible una proteína que se conoce como represor. Si el operador no está unido por el represor, la ARN polimerasa une el promotor, se desplaza por el operador y alcanza los genes que codifican la proteína, que son transcritos a ARNm. Si una molécula represora está unida al operador, la polimerasa se bloquea y no produce ARNm. Mientras el represor esté unido al operador, no se produce ARNm (y por lo tanto, ninguna proteína). Sin embargo, cuando hay una molécula inductora, esta se une al represor y provoca en él un cambio de forma, de modo que deja de estar unido al operador. Cuando esto sucede, la ARN polimerasa puede continuar con la transcripción. Uno de los ejemplos mejor conocidos es el operón de la lactosa (*lac*) de *E. coli*, que ilustra la regulación positiva y la regulación negativa (fig. 34-4).

C. El operón de la lactosa

El operón de la lac contiene genes que codifican tres proteínas que intervienen en el catabolismo del disacárido lactosa: el gen *lacZ* codifica la β-galactosidasa, que hidroliza la lactosa a galactosa y glucosa; el gen *lacY*, que codifica una permeasa que facilita el movimiento de la lactosa hacia el interior de la célula, y el gen *lacA* que codifica la tiogalactósido transacetilasa, que acetila la lactosa. (Nota: se desconoce la función fisiológica de esta acetilación.) Todas estas proteínas se producen al máximo cuando la célula tiene acceso a la lactosa pero no a la glucosa. (Nota: las bacterias usan la glucosa, si está disponible, como combustible con preferencia a cualquier otro azúcar.) La porción reguladora del operón se encuentra en dirección 5′ de los tres genes estructurales, y

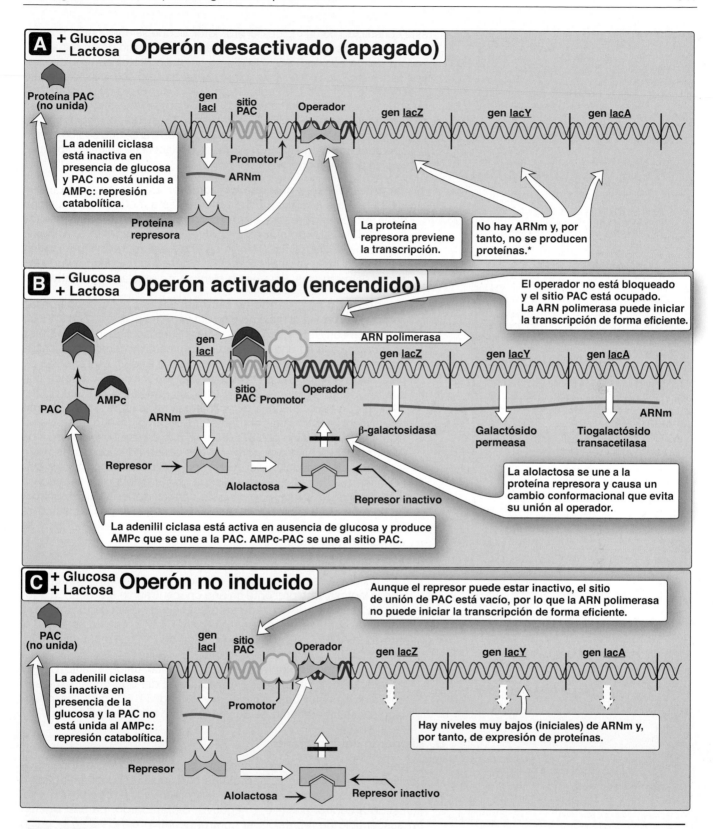

Figura 34-4
Operón de la lactosa de *E. coli* en presencia de (**A**) solo glucosa, (**B**) solo lactosa y (**C**) ambos azúcares. *(Nota: aun cuando el operón haya sido inactivado, el represor se disocia de forma transitoria del operador a una baja velocidad, lo que permite un nivel de expresión muy bajo. La síntesis de solo unas pocas moléculas de permeasa [y β-galactosidasa] permite al organismo responder con rapidez si la glucosa no está disponible.) AMPc, monofosfato de adenosina cíclico; ARNm, ARN mensajero; PAC, proteína activadora del catabolito.

está constituida por la región del promotor, donde se une la ARN polimerasa, y otros dos sitios, el sitio del operador (O) y el sitio de proteína activadora del catabolito (PAC), donde se unen las proteínas reguladoras. Los genes *lacZ*, *lacY* y *lacA* se expresan al máximo solo cuando el sitio O está vacío y el sitio PAC está unido por un complejo de monofosfato de adenosina cíclico (AMPc; *véase* p. 127) y por la PAC, a veces llamada proteína reguladora de AMPc (PRC). Un gen regulador, el gen *lacI*, codifica la proteína represora (un factor de acción en trans) que se une al sitio del operador con gran afinidad. (Nota: el gen lacI tiene su propio promotor y no es parte del operón *lac*.)

1. **Cuando solo hay glucosa disponible:** en este caso, el operón *lac* se reprime (inactiva). Esta represión está mediada por la unión de la proteína represora a través de un motivo hélice-giro-hélice (fig. 34-5) al sitio O, que está en dirección 3′ respecto a la región del promotor (*véase* fig. 34-4A). La unión del represor interfiere en el progreso de la ARN polimerasa y bloquea la transcripción de los genes estructurales. Este es un ejemplo de regulación negativa.

2. **Cuando solo se dispone de lactosa:** en este caso, el operón *lac* se induce (expresa al máximo o se activa). Una pequeña cantidad de lactosa se convierte en un isómero, la alolactosa. Este compuesto es un inductor que se une a la proteína represora y cambia su conformación de modo que ya no puede unirse al sitio O. En ausencia de glucosa, la adenilil ciclasa se activa y se elabora AMPc que se une a la PAC. El complejo de acción en trans AMPc-PAC se une al sitio PAC, lo que hace que la ARN polimerasa inicie la transcripción con alta eficiencia en el sitio del promotor [*véase* fig. 34-4B)]. Este es un ejemplo de regulación positiva. El transcrito es una sola molécula de ARNm policistrónico que contiene tres series de codones de inicio y parada. La traducción del ARNm produce las tres proteínas que permiten que la lactosa sea utilizada por la célula para la producción de energía. (Nota: en contraste con los genes inducibles *lacZ*, *lacY* y *lacA*, cuya expresión está regulada, el gen *lacI* es constitutivo. Su producto génico, la proteína represora, siempre se produce y es activa a menos que el inductor esté presente.)

3. **Cuando se dispone de glucosa y de lactosa:** en este caso, el operón *lac* no está inducido y la transcripción es insignificante, aunque la lactosa esté presente en una concentración elevada. La adenilil ciclasa está desactivada en presencia de glucosa (un proceso conocido como represión por catabolito), por lo que no se forma el complejo AMPc-PAC y el sitio de unión de PAC se mantiene vacío. Por lo tanto, la ARN pol es incapaz de iniciar la transcripción con eficacia, aunque el represor pueda no estar unido al sitio O. Por consiguiente, los tres genes estructurales del operón se expresan solo a niveles muy bajos (iniciales; *véase* fig. 34-4C). (Nota: la inducción causa un aumento de 50 veces frente a la expresión inicial.)

D. El operón del triptófano

El operón del triptófano (*trp*) codifica cinco genes estructurales que codifican para las enzimas necesarias para la síntesis del aminoácido triptófano (*Trp*). Como sucede con el operón *lac*, el operón *trp* está sometido a control positivo y negativo. Sin embargo, para el operón *trp* susceptible de represión, el control negativo consiste en la unión del mismo Trp a la proteína represora, lo que facilita la unión del represor al operador: Trp es un correpresor. Debido a que la represión por *Trp* no siempre es completa, el operón trp, a diferencia del operón lac,

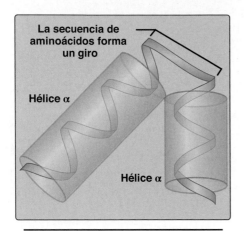

Figura 34-5
Motivo hélice-giro-hélice de la proteína represora *lac*.

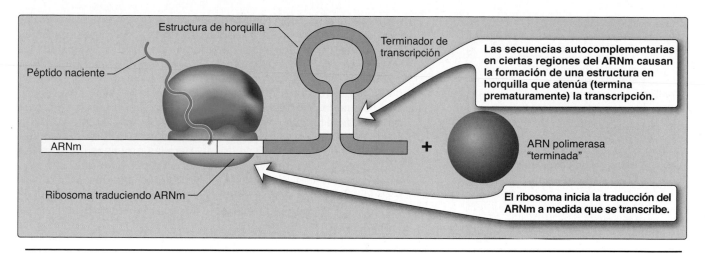

Figura 34-6
Atenuación de la transcripción del operón *trp* cuando abunda el triptófano. ARNm, ARN mensajero.

está también regulado por un proceso conocido como atenuación. Con la atenuación, la transcripción se inicia pero termina bastante antes de completarse (fig. 34-6). Si hay abundancia de Trp, la iniciación de la transcripción que escapó a la represión por el Trp se atenúa (se detiene) por la formación de un atenuador, una estructura de horquilla (bucle) en el ARNm como la que se ve en la terminación independiente de ρ (*véase* p. 510). (Nota: la transcripción y la traducción son procesos acoplados en los procariotas [*véase* p. 527] y, por consiguiente, la atenuación también da lugar a la formación de un producto peptídico truncado, no funcional, que se degrada con rapidez.) Si el Trp es escaso, se expresa el operón. El extremo 5′ del ARNm contiene dos codones adyacentes para el Trp. La carencia de Trp hace que los ribosomas se atoren en estos codones y cubran las regiones del ARNm necesarias para la formación de la horquilla de atenuación. Esto evita la atenuación y permite la continuación de la transcripción.

En procariotas puede haber atenuación transcripcional porque la traducción de un ARNm se inicia antes de haber finalizado su síntesis. En los eucariotas esto no ocurre porque, dado que tienen un núcleo rodeado por una membrana, la transcripción y la traducción son procesos separados de manera espacial y temporal.

E. Coordinación de la transcripción y la traducción

Si bien la regulación transcripcional de la producción de ARNm es fundamental en bacterias, también se produce regulación de la síntesis de ARN ribosómico (ARNr) y de proteínas, que desempeña funciones importantes en la capacidad para adaptarse al estrés ambiental.

1. **Respuesta restrictiva:** *E. coli* tiene siete operones que sintetizan el ARNr necesario para el montaje de los ribosomas y cada uno de ellos se regula en respuesta a cambios en las condiciones ambientales. A la regulación en respuesta a la carencia de aminoácidos se la conoce como respuesta restrictiva. La unión de un ARN de transferencia (ARNt) no cargado al sitio A de un ribosoma (*véase* p. 525)

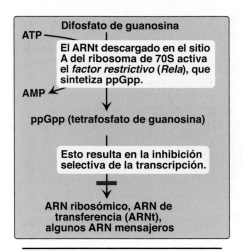

Figura 34-7
Regulación de la transcripción por la respuesta restrictiva a la carencia de aminoácidos. S, unidad Svedberg.

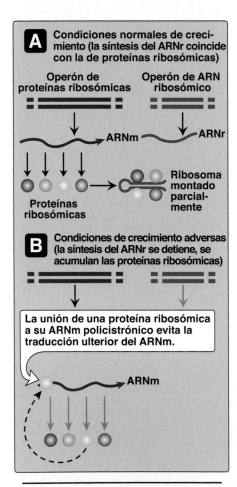

Figura 34-8
Regulación de la traducción por un exceso de proteínas ribosómicas. ARNm, ARN mensajero; ARNr, ARN ribosómico.

desencadena una serie de acontecimientos que inducen la producción de la alarmona, guanosina 5′-difosfato, 3′-difosfato (ppGpp). La síntesis de este inusual derivado fosforilado del difosfato de guanosina (GDP) está catalizada por el factor restrictivo (RelA), una enzima físicamente asociada con los ribosomas. Niveles elevados de ppGpp provocan inhibición de la síntesis de ARNr (fig. 34-7). ppGpp une la ARN pol y altera la selección del promotor a través del uso de diferentes factores sigma para la polimerasa (*véase* p. 508). Además de la síntesis de ARNr, también se inhibe la síntesis de los ARNt y de algunos ARNm (p. ej., para las proteínas ribosómicas [proteínas-r]). Sin embargo, no se inhiben los ARNm que codifican las enzimas necesarias para la biosíntesis de los aminoácidos. La respuesta estricta evita la producción desperdiciada de más ribosomas y promueve la producción de los aminoácidos necesarios cuando estos escasean.

2. **Proteínas ribosómicas reguladoras:** los operones para las proteínas-r pueden ser inhibidos por un exceso de sus propios productos proteínicos. Para cada operón, una proteína-r específica actúa en la represión de la traducción del ARNm policistrónico de ese operón (fig. 34-8). La proteína-r ejerce esta función represora al unirse a la secuencia de Shine-Dalgarno (SD), localizada en el ARNm contiguo al codón de iniciación AUG, en dirección 5′ (*véase* p. 521), e impide así físicamente la unión de la subunidad ribosómica pequeña a la secuencia SD. Una proteína-r inhibe, por lo tanto, la síntesis de todas las proteínas-r del operón. Esta misma proteína-r se une también al ARNr y con una mayor afinidad que al ARNm. Si la concentración de ARNr disminuye, hay proteína-r disponible para unirse a su propio ARNm e inhibir su traducción. Esta regulación coordinada mantiene la síntesis de las proteínas-r en equilibrio con la transcripción del ARNr, de modo que cada uno esté presente en las cantidades adecuadas para la formación de los ribosomas.

IV. REGULACIÓN DE LA EXPRESIÓN GÉNICA EN EUCARIOTAS

El mayor grado de complejidad de los genomas eucariotas, así como la presencia de una membrana nuclear, hace necesaria una mayor variedad de procesos reguladores. Como en los procariotas, el sitio principal de regulación es la transcripción. Una vez más, se observan moléculas de acción en trans que se unen a elementos de acción en cis. Sin embargo, en los eucariotas no hay operones, y deben usarse estrategias alternativas para solucionar el problema de cómo regular de manera coordinada todos los genes necesarios para una respuesta específica. En los eucariotas, la expresión génica está regulada a múltiples niveles, además del nivel de transcripción. Por ejemplo, los modos principales de regulación postranscripcional a nivel del ARNm son el corte y empalme y la poliadenilación alternativos, el control de la estabilidad del propio ARNm y el control de la eficacia de la traducción. Otra regulación tiene lugar al nivel de las proteínas por mecanismos que modulan la estabilidad, la activación o el direccionamiento de la proteína.

A. Regulación coordinada

La necesidad de regular de forma coordinada un grupo de genes que causan una respuesta particular es de importancia clave en los organismos con más de un cromosoma. Hay otro tema subyacente que ocurre de forma repetida: una proteína de acción en trans funciona como un factor específico de la transcripción (FET) que se une a una secuencia de consenso reguladora de acción en cis (*véase* p. 487) para cada uno de los genes del grupo aunque estén en cromosomas diferentes. (Nota: el FET tiene el dominio de unión al ADN [DUA] y un dominio de activación de la transcripción [DAT]. El DAT recluta coactivadores, como las histona acetiltransferasas [*véase* p. 511] y los factores generales de la transcripción [*véase* p. 512] que, junto con al ARN pol, son necesarios para la formación del complejo de iniciación de la transcripción en el promotor. Aunque el DAT recluta una variedad de proteínas, el efecto específico de cualquiera de ellas depende de la composición de las proteínas del complejo. Esto se conoce como el control de la combinación.) Algunos ejemplos de la regulación coordinada en los eucariotas incluyen el circuito de la galactosa y el sistema de respuesta de hormonas.

1. **Circuito de la galactosa:** este esquema regulador permite el uso de la galactosa cuando no hay glucosa disponible. En la levadura, un organismo unicelular, los genes requeridos para metabolizar la galactosa se ubican en cromosomas diferentes. La expresión coordinada está mediada por la proteína Gal4 (Gal = galactosa) un FET que se une a una secuencia de ADN reguladora corta en dirección 5′ de cada uno de los genes. La secuencia se denomina secuencia activadora de galactosa en dirección 5′ (UAS_{Gal}). La unión de Gal4 a UAS_{Gal} a través de los dedos de zinc en su DUA ocurre tanto en ausencia como en presencia de galactosa. Cuando el azúcar está ausente, la proteína reguladora Gal80 une Gal4 en su DAT, con lo que inhibe la transcripción génica (fig. 34-9A). La proteína Gal3 se activa cuando la galactosa está presente. Gal3 une Gal80, con lo que permite que Gal4 active la transcripción (fig. 34-9B). (Nota: la glucosa previene el uso de la galactosa al inhibir la expresión de la proteína Gal4.)

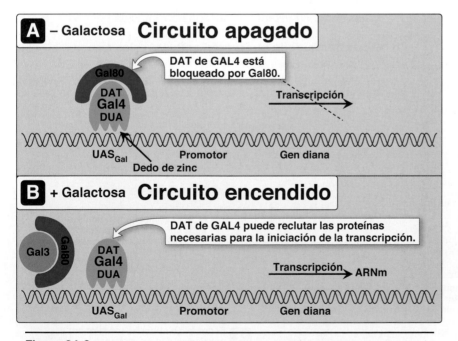

Figura 34-9

Regulación del circuito de galactosa en levadura en la (**A**) ausencia y (**B**) presencia de galactosa. (Nota: genes diana, ya sea en el mismo cromosoma o en uno diferente, cada uno tiene una secuencia activadora de galactosa en dirección 5′ [UAS_{Gal}].) DAT, dominio activador de transcripción; DUA, dominio de unión a ADN; ARNm, ARN mensajero.

2. **Sistema de respuesta hormonal:** los elementos de respuesta a hormonas (ERH) son secuencias de ADN que se unen a proteínas de acción en trans y regulan la expresión génica en respuesta a señales hormonales en organismos pluricelulares. Las hormonas se unen a receptores intracelulares (nucleares; p. ej., hormonas esteroideas, *véase* fig. 19-28) o a receptores de la superficie celular (p. ej., la hormona peptídica, glucagón, *véase* fig. 24-12).

a. **Receptores intracelulares:** los miembros de la superfamilia de receptores nucleares, que abarca los receptores de las hormonas esteroides (glucocorticoides, mineralocorticoides, andrógenos y los estrógenos), vitamina D, ácido retinoico y receptores de hormonas tiroideas funcionan como FET. Además de los dominios para la unión de ADN y activación transcripcional, estos receptores también contienen un dominio de unión a ligando. Por ejemplo, la hormona esteroidea cortisol (un glucocorticoide) se une a receptores intracelulares en el dominio de unión a ligando (fig. 34-10). La unión causa un cambio conformacional en el receptor que lo activa. El complejo receptor-hormona entra en el núcleo, se dimeriza y se une a través de un motivo de dedo de zinc al ADN en un elemento regulador, el elemento de respuesta a los glucocorticoides (ERG) que es un ejemplo de ERH. La unión permite el reclutamiento de los coactivadores al DAT y deriva en la expresión de genes que responden al cortisol, cada uno de los cuales está bajo el control de su propio ERG. La unión del complejo receptor-hormona al ERG permite la expresión coordinada de un grupo de genes diana, aun cuando esos genes estén en cromosomas diferentes. El ERG puede estar localizado antes o después de los genes que regula y a grandes distancias de ellos. Así, el ERG puede funcionar como un verdadero potenciador (*véase* p. 513). (Nota: si están asociados con represores, los complejos hormona-receptor inhiben la transcripción.)

b. **Receptores de la superficie celular:** estos receptores incluyen los de la insulina, la adrenalina y el glucagón. El glucagón, por ejemplo, es una hormona peptídica que se une a su receptor de membrana plasmática acoplado a la proteína G en las células

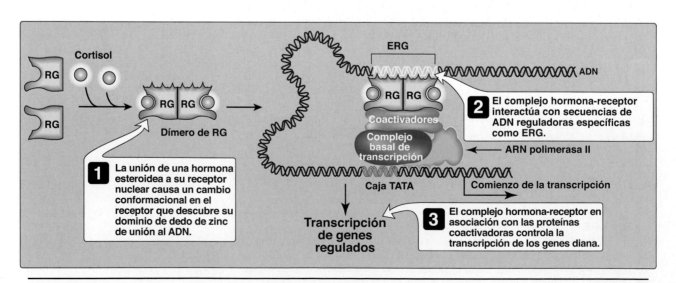

Figura 34-10
Regulación transcripcional por receptores intracelulares de hormonas esteroideas. ERG, elemento de respuesta a los glucocorticoides; RG, receptor del glucocorticoide.

que responden al glucagón. Esta señal extracelular se transduce a continuación a AMPc intracelular, un segundo mensajero (fig. 34-11; *véase* también fig. 9-7), que puede influir en la expresión (y la actividad) de la proteína a través de la fosforilación mediada por la proteincinasa A. En respuesta a una elevación de AMPc, se fosforila y activa un factor de acción en trans (proteína de unión a elementos que responden al AMPc [CREB]). La proteína CREB activa se une a través de un motivo de cremallera de leucinas a un elemento de acción en cis, el elemento que responde al AMPc (ERC), y da como resultado la transcripción de los genes diana con ERC en sus promotores. (Nota: los genes para la fosfoenol-piruvato carboxicinasa y la glucosa 6-fosfatasa, enzimas clave de la gluconeogénesis [*véase* p. 157], son ejemplos de genes regulados de forma positiva por el sistema de AMPc/ERC/CREB).

B. Procesamiento y utilización del ARN mensajero

El ARNm eucariota experimenta varios eventos en el procesamiento antes de ser exportado del núcleo al citoplasma para ser utilizado en la síntesis de proteínas. La adición de la caperuza en el extremo 5' (*véase* p. 514), la poliadenilación en el extremo 3' (*véase* p. 515) y el corte y empalme (*véase* p. 515) son procesos esenciales para la producción de un mensajero eucariota funcional a partir de la mayoría de los pre-ARNm. Las variaciones en el corte y empalme y la poliadenilación pueden afectar la expresión génica. Además, la estabilidad del mensajero también afecta la expresión génica.

1. **Corte y empalme alternativos:** a partir del mismo pre-ARNm pueden sintetizarse isoformas proteínicas específicas de tejido a través de corte y empalme alternativos, que pueden usar sitios aceptores o donadores de corte y empalme alternativo nativos (fig. 34-12). Por ejemplo, el pre-ARNm para tropomiosina (TM) experimenta cortes y empalmes alternativos específicos de tejido para dar lugar a un número de isoformas de la TM (véase p. 516). (Nota: más de 90% de todos los genes humanos experimenta un corte y empalme alternativo.)

2. **Poliadenilación alternativa:** algunos de los transcritos del pre-ARNm tienen más de un sitio para escisión y poliadenilación. La poliadenilación alternativa genera ARNm con diferentes extremos 3', lo que altera la región sin traducir o la secuencia de codificación (traducida). (Nota: la poliadenilación alternativa participa en la producción de las formas unidas a membrana y secretadas de la inmunoglobulina M.)

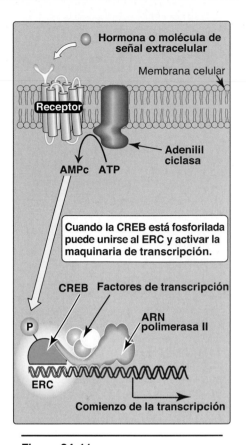

Figura 34-11
Regulación transcripcional por receptores localizados en la membrana celular. (Nota: el monofosfato de adenosina cíclico [AMPc] activa la proteína cinasa A que fosforila la proteína de unión a elementos que responden al AMPc [CREB].) ERC, elementos de respuesta a AMPc.

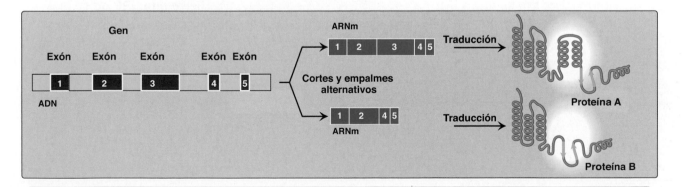

Figura 34-12
Los cortes y empalmes alternativos producen múltiples proteínas, o isoformas, relacionadas a partir de un único gen. ARNm, ARN mensajero.

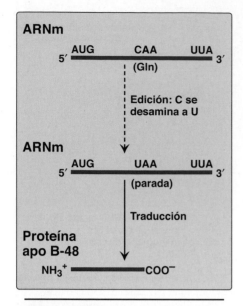

Figura 34-13
Edición del ARNm de la apolipoproteína (apo) B en el intestino y generación de la proteína apo B-48 necesaria para la síntesis de los quilomicrones. A, adenina; ARNm, ARN mensajero; C, citosina; G, guanina; Gln, glutamina; U, uracilo.

El uso de sitios alternativos de corte y empalme y poliadenilación, así como los sitios alternativos de comienzo de la transcripción, explican, al menos en parte, que ~20000 a 25000 genes en el genoma humano puedan dar lugar a más de 100000 proteínas.

3. **Edición del ARN mensajero:** incluso después de haber sido por completo procesado, el ARNm puede experimentar otra modificación postranscripcional en la que se altera una base del ARNm. Esto se conoce como edición del ARN. Un ejemplo importante en los humanos ocurre en el transcrito para la apoproteína (apo) B, un componente esencial de los quilomicrones (*véase* p. 278) y las lipoproteínas de muy baja densidad (VLDL; *véase* p. 280). El ARNm de la apo B se produce en el hígado y el intestino delgado. Sin embargo, solo en el intestino, la base de citosina (C) del codón CAA para la glutamina se desamina de forma enzimática a uracilo (U) y cambia el codón codificante a un codón sin sentido o de parada UAA, como se muestra en la figura 34-13. Esto deriva en una proteína más corta (apo B-48, que representa 48% del mensaje) que se elabora en el intestino (y se incorpora a los quilomicrones) que aquella que se producen en el hígado (apo B-100 completa, incorporada en la VLDL).

4. **Estabilidad del ARN mensajero:** el tiempo que permanece un ARNm en el citosol antes de degradarse influye en la cantidad de producto proteínico que puede producirse a partir de él. La regulación del metabolismo del hierro y el proceso de silenciamiento del gen por el ARN de interferencia (ARNi) ilustran la importancia de la estabilidad del ARNm en la regulación de la expresión génica.

   a. **Metabolismo del hierro:** la transferrina (Tf) es una proteína plasmática que transporta hierro. La Tf se une a los receptores de la superficie celular (receptores de transferrina [TfR]) que se internalizan y proporcionan hierro a las células, como los eritroblastos. El ARNm para el TfR tiene en su UTR 3′ varios elementos de respuesta al hierro que actúan en cis. Los elementos que responden al hierro

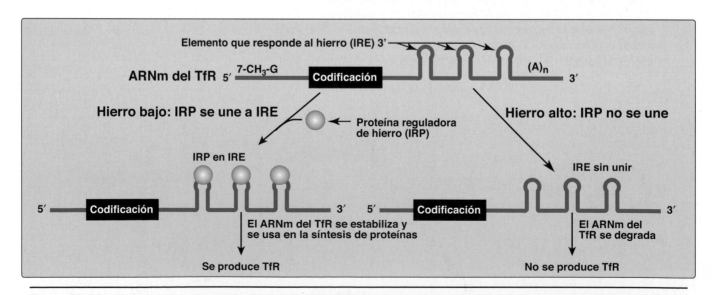

Figura 34-14
Regulación de la síntesis del receptor de transferrina (TfR). (Nota: los elementos de respuesta al hierro [IRE] se ubican en UTR 3′ [región sin traducir] del ARN mensajero [ARNm] del TfR.) Gppp, capuchón de 7 metilguanosina; p(Ap)$_n$A-OH, cola poliadenilada.

tienen una estructura en bucle corta a la que pueden unirse proteínas reguladoras del hierro de acción en trans, como se muestra en la figura 34-14. Cuando la concentración de hierro en la célula es baja, las proteínas reguladoras de hierro se unen a los elementos que responden al hierro en el extremo 3′ y estabilizan el ARNm para el TfR, lo que permite la síntesis de este. Cuando los niveles intracelulares de hierro son altos, las proteínas reguladoras del hierro se disocian. La falta de proteínas reguladoras del hierro unidas al ARNm acelera su degradación y deriva en una reducción de la síntesis disminuida de los TfR. (Nota: el ARNm para ferritina, una proteína intracelular del almacenamiento de hierro, tiene un solo elemento que responde al hierro en el UTR 5′. Cuando los niveles de hierro de la célula son bajos, las proteínas reguladoras del hierro se unen a los elementos que responden al hierro en 5′ y evitan el uso del ARNm, con lo que se elabora menos ferritina. Cuando el hierro se acumula en la célula, las proteínas reguladoras del hierro se disocian, lo que permite la síntesis de la molécula de ferritina para almacenar el exceso de hierro. La ácido aminolevulínico sintasa 2, la enzima regulada de la síntesis hemo [*véase* p. 333] en los eritroblastos, también contiene un elemento que responde al hierro en 5′.) (*Véase* cap. 22 para un análisis de la síntesis del hemo.)

b. **ARN de interferencia:** el ARNi es un mecanismo de silenciamiento génico a través de la menor expresión del ARNm, ya sea por represión de la traducción o bien por una mayor degradación. Desempeña una función clave en procesos tan fundamentales como la proliferación, diferenciación y apoptosis celular. El ARNi está mediado por un ARN corto (~22 nucleótidos) no codificante conocido como microARN (miARN). El miARN surge de transcritos nucleares codificados por medios genómicos, mucho más largos, sobre todo miARN primario (pri-miARN), que se procesan en parte en el núcleo a pre-miARN por una endonucleasa (Drosha) que después se transporta al citoplasma. Ahí, una endonucleasa (Dicer) completa el procesamiento y genera un miARN corto de doble cadena. Una sola cadena (la cadena guía o contrasentido) del miARN se relaciona con un complejo de proteínas citosólicas conocido como el complejo silenciador inducido por ARN (RISC). La cadena guía se hibridiza a continuación con una secuencia complementaria en UTR 3′ de un ARNm diana completo, llevando RISC al ARNm. Esto puede derivar en la represión de la traducción del ARNm o en su degradación por una endonucleasa (Argonauta/Ago/Slicer) del RISC. El grado de complementariedad parece ser el factor determinante (fig. 34-15). El ARNi también puede ser disparado por la introducción de un ARN corto de interferencia (ARNci) exógeno de doble cadena en una célula, un proceso que tiene un enorme potencial terapéutico.

1) **Terapia basada en ARN de interferencia:** en 2018 se aprobó la primera terapia basada en ARNi para tratar la enfermedad de los nervios periféricos (polineuropatía) en pacientes con amiloidosis hereditaria mediada por transtiretina (hATTR) causada por una mutación en el gen que codifica la transtiretina (TTR). El fármaco basado en ARNci, patisiran, impide la producción de la proteína TTR anormal y reduce la acumulación de depósitos amiloides que contienen TTR, que se forman en los nervios periféricos y en el corazón. Existen otras terapias de ARNi en fase de ensayo clínico.

5. **Traducción del ARN mensajero:** la expresión génica también se puede regular al nivel de la traducción de ARNm. Un mecanismo

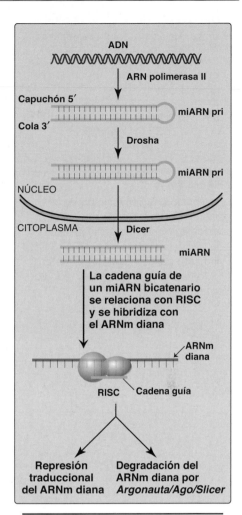

Figura 34-15
Biogénesis y acciones del microARN (miARN). (Nota: el grado de complementariedad entre el ARN mensajero diana [ARNm] y el miARN determina el resultado final con complementariedad perfecta que deriva en degradación del ARNm.) Pri, primario; RISC, complejo silenciador inducido por ARN.

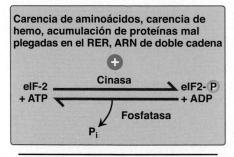

Figura 34-16

Regulación de la iniciación de la traducción en los eucariotas por fosforilación del factor de iniciación de traducción eucariota, eIF-2. ADP, difosfato de adenosina; Ⓟ, fosfato; P$_i$, fosfato inorgánico; RER, retículo endoplásmico rugoso.

por medio del cual se regula la traducción es a través de la fosforilación del factor de iniciación de la traducción eucariota, eIF-2 (fig. 34-16). La fosforilación del eIF-2 inhibe su función y con ella la traducción en la etapa de iniciación (*véase* p. 532). (Nota: la fosforilación de eIF-2 previene su reactivación al inhibir el intercambio de GDP-GTP.) La fosforilación está catalizada por cinasas que se activan en respuesta a condiciones ambientales, como la carencia de aminoácidos, el déficit del hemo, la presencia de ARN de doble cadena (que señala una infección viral) y la acumulación de proteínas mal plegadas en el retículo endoplásmico (*véase* p. 533).

C. Regulación a través de modificaciones en el ADN

La expresión génica en eucariotas también está influida por la disponibilidad de ADN para el aparato de transcripción, la cantidad de copias de los genes y la organización del ADN. (Nota: las transiciones localizadas entre las formas B y Z del ADN [*véase* p. 486] pueden afectar también a la expresión génica.)

1. **Acceso al ADN:** en eucariotas, el ADN se encuentra en complejos con proteínas histonas y no histonas para formar la cromatina (*véase* p. 497). La cromatina transcripcionalmente activa y descondensada (eucromatina) se diferencia de la forma más condensada, inactiva (heterocromatina), de diferentes formas. La cromatina activa contiene las proteínas histonas que han sido modificadas de forma covalente en sus extremos aminoterminales por acetilación o fosforilación reversible (*véase* p. 511 para un análisis de la acetilación/desacetilación de las histonas por las histona acetiltransferasas e histona desacetilasas). Tales modificaciones disminuyen la carga positiva de estas proteínas básicas y como consecuencia reducen la fuerza de su asociación con el ADN cargado de modo negativo. Esto relaja el nucleosoma (*véase* p. 497) y permite que los factores de transcripción accedan a regiones específicas del ADN. Los nucleosomas también pueden reposicionarse, un proceso que requiere ATP y es parte de la remodelación de cromatina. Otra diferencia entre la cromatina transcripcionalmente activa y la inactiva es el grado de metilación de las bases de citosina en las regiones ricas en CG (islas de CpG) en la región promotora de muchos genes. La metilación se realiza por medio de las metiltransferasas que utilizan S-adenosilmetionina como donador de metilos (fig. 34-17). Los genes transcripcionalmente activos están menos metilados (hipometilados) que sus homólogos inactivos, lo que sugiere que la hipermetilación de ADN silencia la expresión génica. La modificación de las histonas y la metilación del ADN son epigenéticos porque hay cambios hereditarios en el ADN que alteran la expresión génica sin alterar la secuencia de la base.

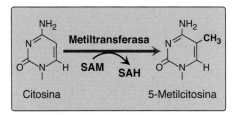

Figura 34-17

Metilación de la citosina en el ADN eucariota. SAH, S-adenosilhomocisteína; SAM, S-adenosilmetionina.

2. **Número de copias de los genes:** un cambio en el número de copias (más o menos) de un gen puede afectar a la cantidad formada del producto del gen. El aumento en el número de copias (amplificación génica) ha contribuido a aumentar la complejidad genómica y aún es un proceso de desarrollo normal en ciertas especies diferentes de los mamíferos. Sin embargo, en mamíferos la amplificación génica está asociada con algunas enfermedades y está implicada en el mecanismo por el que las células desarrollan resistencia a determinados fármacos quimioterapéuticos. Un ejemplo es el metotrexato, un inhibidor de la enzima dihidrofolato reductasa (DHFR), necesaria para la síntesis del timidina trifosfato (TTP) en la ruta biosintética de las pirimidinas (*véase* p. 360 y fig. 29-2). El timidina trifosfato es esen-

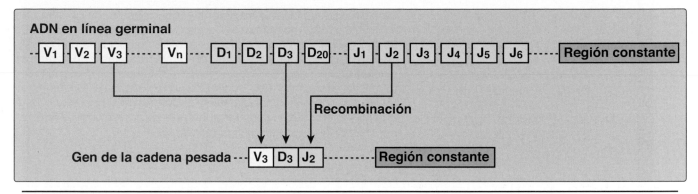

Figura 34-18
Reorganización del ADN en la generación de las inmunoglobulinas. D, diversidad; J, unión; V, variable.

cial para la síntesis del ADN. La amplificación del gen DHFR provoca la expresión de mayor cantidad de la enzima DHFR, lo que permite que las células expuestas al metotrexato sobrevivan porque la producción de TTP puede continuar en presencia del fármaco.

3. **Organización del ADN:** el proceso por el cual los linfocitos B producen las inmunoglobulinas (o anticuerpos) implica reorganizaciones permanentes en el ADN de esas células. Las inmunoglobulinas (p. ej., la IgG) están constituidas por dos cadenas ligeras y dos pesadas; cada cadena contiene regiones de secuencias de aminoácidos variables y constantes. La región variable es el resultado de la recombinación somática de segmentos dentro de los genes de las cadenas ligeras y pesadas. Durante el desarrollo del linfocito B, segmentos del gen de variable único (V), diversidad (D) y unión (J) se seleccionan al azar y se agrupan a través de una reorganización génica para formar una región variable única (fig. 34-18). Este proceso permite la generación de 10^9 a 10^{11} inmunoglobulinas diferentes a partir de un solo gen, lo que proporciona la diversidad necesaria para el reconocimiento de un número enorme de antígenos. (Nota: se observa reacomodo de ADN patológico con la translocación, un proceso mediante el cual dos cromosomas distintos intercambian segmentos de ADN.)

4. **Elementos móviles del ADN:** los transposones (Tn) son segmentos móviles del ADN que se mueven de una manera en esencia aleatoria de un sitio a otro del mismo cromosoma o de uno diferente. El movimiento está mediado por la transposasa, una enzima codificada por el propio Tn. El movimiento puede ser directo, en el que la transposasa corta e inserta el Tn en un sitio nuevo, o replicativo, en el que el transposón se copia y la copia se inserta en otra parte mientras el original aún ocupa su lugar. En los eucariotas, los humanos incluidos, la transposición replicativa incluye con frecuencia un intermedio de ARN elaborado por transcriptasa inversa (*véase* p. 496), en cuyo caso el Tn se denomina retrotransposón. La transposición ha contribuido a la variación estructural en el genoma, pero también tiene el potencial de alterar la expresión génica e incluso de causar enfermedades. El Tn abarca ~50% del genoma humano, con los retrotransposones que representan 90% del Tn. Aunque la gran mayoría de los retrotransposones ha perdido la capacidad de moverse, algunos cuantos aún son activos. Se piensa que la

transposición es la base de determinados casos raros de hemofilia A y de distrofia muscular de Duchenne. (Nota: el problema cada vez mayor de bacterias resistentes a los antibióticos es una consecuencia, al menos en parte, del intercambio de plásmidos entre las células bacterianas. Si los plásmidos contienen los transposones que llevan genes de resistencia a los antibióticos, entonces estos genes pueden pasar del plásmido al cromosoma bacteriano para que la bacteria sea resistente a uno o más fármacos antimicrobianos incluso si el plásmido se pierde de la célula).

V. Resumen del capítulo

- La **expresión génica** genera un producto funcional del gen (ARN o proteína).

- Los **genes** pueden ser **constitutivos** (genes que se expresan siempre) o **regulados** (se expresan solo bajo ciertas condiciones).

- La regulación de la expresión génica tiene lugar sobre todo a nivel de la **transcripción** tanto en procariotas como en eucariotas, y está mediada por la unión de **proteínas de acción en trans a elementos reguladores de acción en cis en el ADN** (fig. 34-19).

- En los **eucariotas**, la regulación también tiene lugar a través de **modificaciones** en el ADN, así como a través de procesos **postranscripcionales** y **postraduccionales**.

- En **procariotas**, la regulación coordinada de los genes cuyos productos proteínicos son necesarios para una ruta metabólica particular se alcanza a través de los **operones** (grupos de genes relacionados de manera funcional dispuestos en secuencia en el cromosoma junto con los elementos reguladores que determinan su transcripción). Ejemplos de *E. coli* son el **operón *lac*** que contiene los genes estructurales *Z*, *Y* y *A*, implicados en el catabolismo de la lactosa; y el **operón *trp***, que contiene los genes necesarios para la síntesis del Trp. El operón trp está regulado por **atenuación**, proceso por el cual la síntesis de ARNm que escapó a la represión por Trp termina antes de completarse.

- En los procariotas, la **respuesta restrictiva** a la carencia de aminoácidos inhibe de manera selectiva la transcripción del **ARNr** y los **ARNt**. La **traducción** es también un proceso de regulación de los genes en procariotas: cuando hay exceso de proteínas-r se unen a la **secuencia SD** en su propio ARNm policistrónico y evitan la unión de los ribosomas.

- En los eucariotas, las hormonas coordinan la expresión de grupos de genes al unirse a un receptor intracelular que actúa como una proteína de acción trans (como sucede con las hormonas esteroides) o a un receptor de la superficie celular que inicia la señalización de un **segundo mensajero** para activar una proteína de acción trans (como sucede con las hormonas peptídicas). En cada caso, la proteína reconoce un elemento de respuesta específico y se une a la secuencia de ADN mediante motivos estructurales como los **dedos de zinc** o una **cremallera de leucina**.

- También se observa regulación **cotranscripcional** y **postranscripcional** en eucariotas, e incluye **corte y empalme** y **poliadenilación alternativos del ARNm**, edición del ARNm y variaciones en la **estabilidad** del ARNm. La síntesis del **receptor de la transferrina** se ve reforzada por la estabilidad del ARNm cuando las concentraciones de hierro son bajas. El **ARN de interferencia** se usa para controlar la estabilidad y la traducción del ARNm y es la base de una nueva clase de agentes terapéuticos.

- La regulación al **nivel de la traducción** puede estar producida por **fosforilación** e inhibición del **factor de iniciación de la traducción eucariota 2**. La expresión génica en los eucariotas también está influida por la **disponibilidad** del ADN para el aparato transcripcional (como se ve en los cambios **epigenéticos** a las proteínas histonas), la cantidad de copias del gen y la **organización** del ADN.

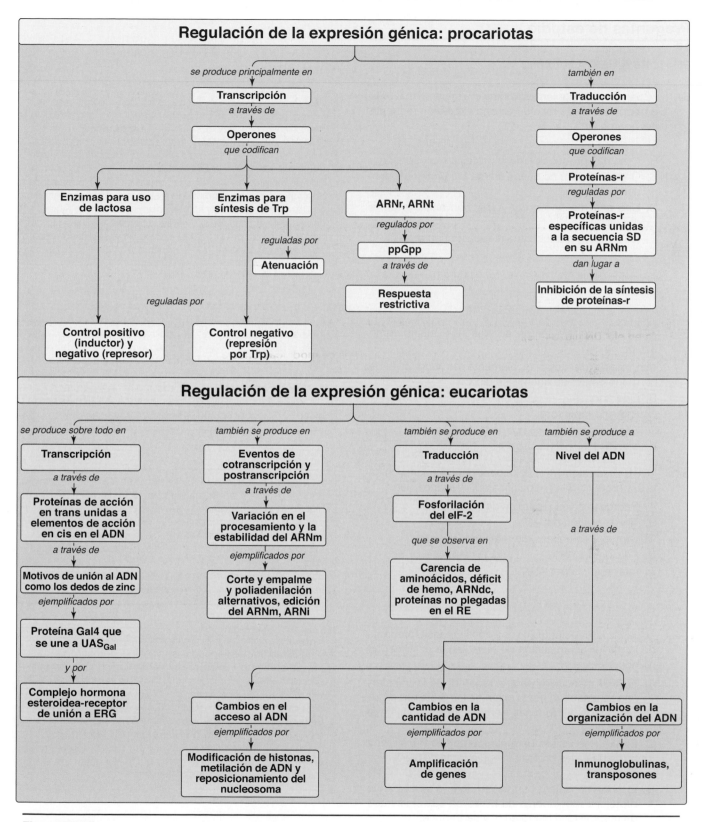

Figura 34-19

Resumen de conceptos fundamentales de la regulación de la expresión génica. ARNi, ARN de interferencia; ARNm, ARNr, ARNt, ARN mensajero, ribosómico y de transferencia, de forma respectiva; dc, doble cadena; eIF, factor de iniciación de la traducción eucariota; ERG, elemento de respuesta a glucocorticoides; Gal, galactosa; ppGpp; tetrafosfato de guanosina; proteína-r, proteína ribosómica; RE, retículo endoplásmico; SD, Shine-Dalgarno; Trp, triptófano; UAS, secuencia activadora en dirección 5′.

Preguntas de estudio

Elija la RESPUESTA correcta.

34.1 ¿Cuál de las siguientes mutaciones tiene mayores probabilidades de resultar en una expresión reducida del operón *lac*?

A. cya⁻ (no hay producción de la adenilil ciclasa).

B. i⁻ (no hay producción de la proteína represora).

C. Oᶜ (el operador no puede unirse a la proteína represora).

D. Una que resulte en una captación alterada de la glucosa.

E. relA⁻ (no se produce una respuesta rigurosa).

> Respuesta correcta = A. En ausencia de glucosa, la adenilil ciclasa produce monofosfato de adenosina cíclico (AMPc), que forma un complejo con la proteína activadora del catabolito (PAC). El complejo AMPc-PAC se une al sitio PAC del ADN y hace que la ARN polimerasa se una con más eficacia al promotor del operón *lac*, lo que aumenta la expresión del operón. Con las mutaciones cya⁻ no se produce la adenilil ciclasa, y de esta manera el operón no puede expresarse al máximo incluso en ausencia de glucosa y en presencia de lactosa. La ausencia de una proteína represora o la reducción de la capacidad del represor para unirse al operador provoca la expresión (en esencia constante) constitutiva del operón *lac*.

34.2 ¿Cuál de los siguientes se describe mejor como acción en cis?

A. Proteína de unión al elemento de respuesta de monofosfato de adenosina cíclico.

B. Operador.

C. Proteína represora.

D. Receptor nuclear de hormona tiroidea.

E. Modificación de la histona.

> Respuesta correcta = B. El operador es parte del propio ADN y por lo tanto es de acción en cis. La proteína de unión al elemento de respuesta de monofosfato de adenosina cíclico, la proteína represora y la proteína del receptor nuclear de hormona tiroidea son moléculas que se difunden (transitan) al ADN, se unen y afectan la expresión de dicho ADN y por consiguiente son de acción en trans.

34.3 ¿Cuál de las siguientes es la base para la expresión de la apoproteína B-48 específica del intestino?

A. Reorganización y pérdida del ADN.

B. Transposición del ADN.

C. Cortes y empalmes alternativos en el ARN.

D. Edición del ARN.

E. Interferencia por ARN.

> Respuesta correcta = D. La producción de la apolipoproteína (apo) B-48 en el intestino y de la apo B-100 en el hígado es el resultado de la edición del ARN en el intestino, donde se cambia un codón de sentido a un codón sin sentido por la desaminación postranscripcional de citosina a uracilo. La reorganización y la transposición del ADN, así como la interferencia por ARN y el corte y empalme alternativo, alteran la expresión del gen, pero no son la base de la producción de la apo B-48 específica de tejido.

34.4 ¿Cuál de las siguientes es una consecuencia probable de la mayor acumulación de hierro en la enfermedad hemocromatosis?

A. El ARN mensajero para el receptor de la transferrina se estabiliza por la unión de las proteínas reguladoras de hierro a sus elementos de respuesta al hierro en 3′.

B. El ARN mensajero para el receptor de transferrina no se une a las proteínas reguladoras de hierro y se degrada.

C. El ARN mensajero para la ferritina no se une a las proteínas reguladoras de hierro en sus elementos de respuesta al hierro en 5′ y se traduce.

D. El ARNm para la ferritina se une a las proteínas reguladoras de hierro y no se traduce.

E. Tanto B como C son correctas.

> Respuesta correcta = E. Cuando los niveles de hierro en el organismo son altos, como se ve en la hemocromatosis, hay un aumento de la síntesis de la molécula de almacenamiento del hierro, la ferritina, y reducción de la síntesis del receptor de la transferrina (TfR) que media la captación del hierro por las células. Estos efectos son el resultado de que los elementos de respuesta al hierro de acción en cis no estén unidos por las proteínas reguladoras del hierro de acción en trans y el resultado es la degradación del ARN mensajero (ARNm) para el TfR y el aumento de la traducción del ARNm para la ferritina.

34.5 Las pacientes con cáncer mamario positivas a receptor de estrógenos (que responde a hormonas) pueden tratarse con el fármaco tamoxifeno, que une el receptor nuclear a estrógeno sin activarlo. ¿Cuál de los siguientes es el resultado más lógico del uso de tamoxifeno?

A. Aumento de la acetilación de genes que responden al estrógeno.

B. Aumento del crecimiento de células de cáncer mamario positivas al receptor de estrógeno.

C. Aumento de la producción de monofosfato de adenosina cíclico.

D. Inhibición del operón de estrógeno.

E. Inhibición de la transcripción de los genes que responden al estrógeno.

Respuesta correcta = E. Tamoxifeno compite con el estrógeno para la unión al receptor nuclear de estrógeno. Tamoxifeno no consigue activar el receptor, lo que previene su unión a las secuencias de ADN que aumentan la expresión de los genes que responden al estrógeno. Así pues, tamoxifeno bloquea los efectos promotores de crecimiento de estos genes y deriva en la inhibición del crecimiento de las células de cáncer mamario dependientes de estrógeno. La acetilación aumenta la transcripción al relajar el nucleosoma. El monofosfato de adenosina cíclico es una señal reguladora mediada por la superficie celular más que por los receptores nucleares. Las células de los mamíferos no tienen operones.

34.6 La región *ZYA* del operón *lac* se expresa al máximo si:

A. Los niveles de monofosfato de adenosina cíclico son bajos.

B. Tanto la glucosa como la lactosa están disponibles.

C. Se puede formar el bucle de atenuación.

D. El sitio PAC está ocupado.

E. La secuencia Shine-Dalgarno no es accesible.

Respuesta correcta = D. Solo cuando no hay glucosa es que los niveles de monofosfato de adenosina cíclico (AMPc) aumentan. El complejo de proteína activadora del catabolito (PAC)-AMPc está unido al sitio PAC y la lactosa está disponible de modo que el operón está expresado al máximo (inducido). Si hay glucosa, el operón está desactivado como resultado de la represión catabólica. El operón *lac* no está regulado por la atenuación, un mecanismo para detener la transcripción en algunos operones, como en el operón *trp*.

34.7 La inactivación del cromosoma X es un proceso mediante el cual uno de los dos cromosomas X en mamíferos de género femenino se condensa e inactiva para prevenir la sobreexpresión de genes ligados a X. ¿Qué tiene mayores probabilidades de ser cierto sobre el grado de metilación de ADN y acetilación de histona en el cromosoma X inactivado?

Las citosinas en las islas CpG estarían hipermetiladas y las proteínas de histonas estarían desaciladas. Ambas condiciones se relacionan con una menor expresión génica y ambas son importantes para mantener la inactivación X.

Tecnologías del ADN y diagnóstico molecular de enfermedades humanas

35

Ana María G. Rivas Estilla, Daniel Arellanos Soto, Sonia A. Lozano Sepúlveda, Kame Galán Huerta y Elsa Garza Treviño

I. GENERALIDADES

Todas las células de un organismo pluricelular, como el humano, tienen la misma información genética. El *genoma* comprende el conjunto de todo el ADN de una célula y los genes que este contiene, por lo que se sabe que el genoma humano incluye al ADN nuclear y mitocondrial (tiene 16 000 bases de longitud), que en conjunto son esenciales para el funcionamiento celular. El genoma humano contiene en total ~3300 millones (10^9) de pares de bases que descifran alrededor de 20 000 a 25 000 genes codificadores de proteínas localizados en 23 cromosomas en el genoma haploide. A finales del siglo pasado, la extensa longitud del ADN dificultó su estudio y el entendimiento de la expresión génica. A mitad de la década de 1980 se comenzó el Proyecto Genoma Humano (HUGO; Human Genoma Organization), el cual pretendía secuenciar el genoma humano completo. Este proyecto se consumó en 2003 debido al desarrollo de diversas técnicas para manipular ácidos nucleicos (fig. 35-1), entre las que se incluyen: 1) el descubrimiento de las *endonucleasas* o *enzimas de restricción* que permiten cortar enormes moléculas de ADN en fragmentos definidos; 2) la clonación de fragmentos de ADN, que proporcionan un mecanismo de amplificación de secuencias nucleotídicas específicas, y 3) el diseño y síntesis de sondas de ADN específicas, que ha permitido la identificación y manipulación de secuencias de nucleótidos específicas. Actualmente, con el desarrollo vertiginoso de la bioinformática, biotecnología, nuevas técnicas del ADN recombinante (para cortar y unir ADN *in vitro*) y nuevos desarrollos de bioingeniería, es posible determinar la secuencia de nucleótidos de largos tramos de ADN y la del genoma humano completo en corto plazo (días). Es posible buscar marcadores moleculares asociados a cáncer y otras enfermedades crónico-degenerativas, además de que posibilita la identificación de virus patógenos en corto tiempo. De esta manera, es posible establecer un diagnóstico molecular de enfermedades, basándose en la identificación de secuencias de nucleótidos normales y mutantes en el ADN de sujetos afectados. De tal manera que el diagnóstico molecular de enfermedades genéticas y alteraciones en la expresión de genes es una realidad y nos permite establecer mecanismos moleculares de patogenicidad para identificar, prevenir y mejorar el tratamiento de pacientes mediante terapia génica. [Nota: actualmente se han secuenciado y publicado las secuencias de nucleótidos de un gran número de genomas virales, procariotas y eucariotas no humanos].

II. ENDONUCLEASAS DE RESTRICCIÓN

Las moléculas de ADN de los organismos vivos tienen tamaños muy grandes, por lo cual se requiere el empleo de herramientas especiales para realizar su análisis in vitro. Este obstáculo se eliminó con el descubrimiento y uso

Endonucleasas de restricción

ADNbc

Las enzimas de restricción rompen el ADN en fragmentos más pequeños, más manejables.

Clonación del ADN

Fragmentos de ADN amplificados

Los fragmentos de ADN deben amplificarse para facilitar su estudio.

Sondas

Fragmento de ADN

CTCCCCTCCTTCCC

GAGGGGAGGAAGGG

Sonda

Una secuencia específica de ADN puede identificarse utilizando una sonda sintética de ADN complementaria.

Figura 35-1
Tres herramientas que facilitan el análisis del ADN humano. ADNbc, ADN bicatenario.

de un grupo especial de enzimas bacterianas llamadas endonucleasas de restricción (enzimas de restricción), que cortan (escinden) el ADN de doble cadena (bicatenario, ADNbc). Cada enzima reconoce y rompe un enlace fosfodiéster del ADN en una misma secuencia de nucleótidos específica denominada sitio de restricción, por lo cual después de aislarlas y purificarlas in vitro, las enzimas de restricción se emplean en técnicas de laboratorio de biología molecular para generar segmentos de ADN definidos con precisión, denominados fragmentos de restricción.

A. Especificidad

Las enzimas de restricción tienen la capacidad de identificar segmentos cortos de ADN (de cuatro a ocho pares de bases [pb]) que contienen secuencias nucleotídicas específicas. Estas secuencias son únicas para cada enzima de restricción y se caracterizan por ser palindrómicas, es decir, presentan simetría rotacional doble (fig. 35-2). Esto significa que, dentro de una región corta del ADN de doble cadena, la secuencia de nucleótidos en las dos cadenas es idéntica si se lee en dirección 5′ → 3′; en palabras simples: se leen igual de izquierda a derecha, que de derecha a izquierda.

B. Nomenclatura

Una enzima de restricción recibe su nombre de acuerdo con el organismo del cual se aisló. Las tres primeras letras se escriben en cursivas. La primera letra del nombre (en mayúscula) procede del género de la bacteria. Las dos letras siguientes se toman del nombre de la especie. Una letra adicional indica el tipo de cepa (según se requiera) y un número romano se anexa al final para indicar el orden en que se descubrió la enzima en ese organismo concreto. Por ejemplo, *EcoRI* es la primera *endonucleasa de restricción* aislada de la bacteria *Escherichia coli*.

En las bacterias, la función principal de las *endonucleasas de restricción* es evitar la inclusión o expresión del ADN no bacteriano (exógeno) mediante su corte y posterior degradación, estableciendo un sistema de protección frente a intercambios genéticos. Para evitar el corte del ADN que constituye al cromosoma bacteriano, es modificado por metiltransferasas que transfieren grupos metilo desde la S-adenosil-metionina hacia bases nitrogenadas específicas, lo cual evita por impedimento estérico que las enzimas de restricción reconozcan su sitio blanco.

C. Extremos cohesivos y pegajosos

El corte del ADN bicatenario por medio de enzimas de restricción se lleva a cabo por medio de la ruptura de dos enlaces fosfodiéster en la cadena doble, produciendo un grupo 3′-hidroxilo en un extremo y un grupo 5′-fosfato en el otro. Algunas *endonucleasas de restricción*, como la *Hind*III realizan cortes escalonados que producen extremos pegajosos o cohesivos (es decir, los fragmentos de ADN resultante tienen en los extremos generados por el corte, secuencias de una sola cadena que son complementarias) como se muestra en la figura 35-3. Otras *endonucleasas de restricción*, como la *Hae*III, originan fragmentos con extremos romos que son por completo de doble cadena y, por lo tanto, no pueden formar enlaces de hidrógeno entre ellos. Si se emplea posteriormente una enzima *ADN ligasa* (*véase* la p. 516), los extremos pegajosos de un fragmento de ADN de interés pueden unirse de manera covalente con otros fragmentos de ADN que también tengan extremos pegajosos producidos por corte con la misma *endonucleasa de restricción* (fig. 35-4). [Nota: una *ligasa* codificada por el

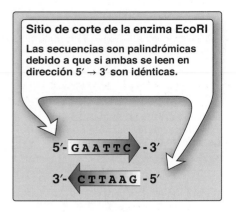

Sitio de corte de la enzima EcoRI

Las secuencias son palindrómicas debido a que si ambas se leen en dirección 5′ → 3′ son idénticas.

5′- GAATTC -3′
3′- CTTAAG -5′

Figura 35-2
El sitio de corte de la *endonucleasa de restricción EcoRI* muestra una secuencia de nucleótidos con una simetría rotacional doble. ADNbc, ADN bicatenario; A, adenina; C, citosina; G, guanina; T, timina.

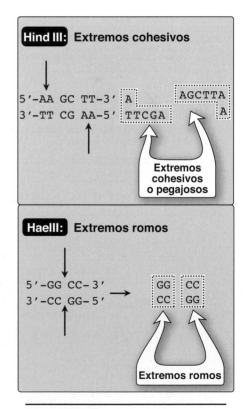

Hind III: Extremos cohesivos

5′-AA GC TT-3′
3′-TT CG AA-5′

A
TTCGA

AGCTTA
A

Extremos cohesivos o pegajosos

HaeIII: Extremos romos

5′-GG CC-3′
3′-CC GG-5′

GG | CC
CC | GG

Extremos romos

Figura 35-3
Especificidad de las *endonucleasas de restricción Hind*III y *Hae*III. A, adenina; C, citosina; G, guanina; T, timina.

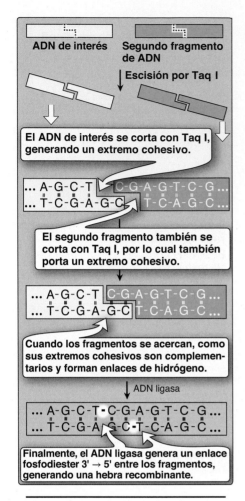

Figura 35-4
Síntesis de ADN recombinante a partir de fragmentos de restricción con extremos cohesivos. A, adenina; C, citosina; G, guanina; T, timina.

bacteriófago T4 puede unir covalentemente fragmentos de restricción con extremos romos].

D. Sitios de restricción

La secuencia nucleotídica dentro del ADN que es reconocida y cortada por una enzima de restricción se denomina *sitio de restricción*. Las *endonucleasas de restricción* cortan al ADN bicatenario en fragmentos de diferentes tamaños, dependiendo de la longitud del ADN y la frecuencia de aparición de la secuencia blanco de la endonucleasa. De tal manera que una endonucleasa que reconoce una secuencia de cuatro pares de bases producirá mayor número de cortes, pero de menor tamaño, que una enzima que reconoce una secuencia única de seis pares de bases, pero con una longitud mayor de fragmentos de restricción. Cientos de estas enzimas están disponibles de forma comercial, cada una con diferentes especificidades de corte que varían en la secuencia de nucleótidos y en la longitud de los sitios de reconocimiento.

III. CLONACIÓN DEL ADN

Actualmente se cuenta con herramientas para realizar modificación genética de organismos para diferentes objetivos dentro del ámbito de la biología molecular. La clonación es el procedimiento en el cual se inserta una molécula de ADN exógeno en un cromosoma bacteriano y después se permite que las bacterias se dividan exponencialmente para generar múltiples copias idénticas de ADN. El procedimiento para poder realizar esto consiste en el corte del ADN bacteriano con una enzima de restricción, lo cual genera una colección de múltiples fragmentos. Cada uno de ellos se purifica y aísla por medio de una electroforesis en gel de agarosa, para luego unirlo a una molécula circular de ADN (denominada *vector de clonación*), con ayuda de una enzima ligasa que genera enlaces fosfodiéster entre el ADN externo y el ADN bacteriano. El resultado es la generación de una molécula híbrida de *ADN recombinante*. Los vectores se internalizan al citoplasma bacteriano o de levaduras mediante un proceso llamado *transformació*n, donde se modifica la permeabilidad de la membrana y la pared celular para permitir el paso del vector de clonación que porta el fragmento ligado. Es posible insertar ADN recombinante en células eucariotas, usando agentes liposolubles que permiten al ADN externo internalizarse durante un proceso que se denomina *transfección*. El proceso de transformación es ineficiente: solo unas cuantas bacterias lograrán mantener en su interior el vector recombinante, pero será una población suficiente para obtener una gran cantidad de ADN ya que las bacterias se replican de manera exponencial. Cuando la bacteria o la levadura se comienza a dividir, en cada ciclo de duplicación se realizan copias idénticas del ADN recombinante internalizado, generando un clon en el cual cada bacteria hija contiene copias del mismo fragmento de ADN insertado, de ahí el nombre de "clonación". El ADN clonado puede ser liberado de su vector por escisión (al usar la *endonucleasa de restricción* adecuada) y aislado. Utilizando este mecanismo pueden producirse muchas copias idénticas del ADN de interés. Una alternativa a la amplificación de segmentos de ADN por clonación biológica, es la reacción en cadena de la polimerasa (PCR, por sus siglas en inglés) que se describe más adelante (p. 623).

A. Vectores

Las moléculas que se emplean para insertar fragmentos de ADN se denominan *vectores*. Se trata de moléculas de ADN circular que tienen tres características: 1) se replican de forma simultánea y autónoma al cromosoma bacteriano durante cada ciclo de duplicación, 2) contienen al menos una secuencia blanco para una enzima de restricción específica, lo cual permite tener un sitio en el cual se pueda ubicar el ADN a ligar, y 3) contiene un gen que le otorgue resistencia a un agente de selección a la bacteria a la cual se internalice esta molécula. Este gen a menudo es uno de resistencia a algún antibiótico específico que permita la selección de las células que portan el vector. Los vectores utilizados tradicionalmente incluyen plásmidos y virus.

1. **Plásmidos procariotas:** el cromosoma bacteriano por lo general está constituido por una molécula circular de ADN. La mayor parte de las bacterias también contienen estructuras extracromosómicas circulares de ADN llamadas plásmidos (fig. 35-5). Estos plásmidos se pueden replicar o no de forma simultánea cuando la bacteria se divide y constituyen un mecanismo de transferencia de genes entre bacterias. Una bacteria resistente a un antibiótico puede "heredar" el gen de resistencia a otra bacteria al hacer una copia del plásmido y movilizarlo hacia otras bacterias por varios mecanismos. Los plásmidos se aíslan de forma sencilla a partir de las células bacterianas, su ADN circular puede cortarse en sitios específicos por acción de las *enzimas de restricción* e insertarse hasta 15 kb (kilobases) de ADN externo (cortado con la misma enzima). El vector plasmídico recombinante se reintroduce en una bacteria para producir un gran número de copias del plásmido. Las bacterias transformadas que crecen en medio de cultivo al cual se añade el antibiótico, mientras mantengan el vector en su interior, pueden sobrevivir. Aquellas que no mantengan el vector recombinante en su interior morirán (fig. 35-6). Se pueden construir secuencias nucleotídicas circulares que funcionan como plásmidos artificiales. Uno de los vectores sintéticos más comunes es el plásmido pBR322 (*véase* fig. 35-5), que contiene un origen de replicación, dos genes de resistencia antibiótica y más de 40 sitios de restricción única. El uso de plásmidos está limitado por el tamaño del ADN que puede insertarse.

2. **Otros vectores:** actualmente no se emplean solo plásmidos bacterianos para clonar fragmentos de ADN, puesto que hay ocasiones donde el tamaño del fragmento a ligar es muy grande, requiriendo sistemas más eficientes para su clonación. En investigación y genética molecular también se emplean virus naturales como vectores de clonación. Tal es el caso de los bacteriófagos que insertan directamente el material al citoplasma bacteriano o retrovirus que se emplean en células eucariotas, estructuras artificiales como los cósmidos que permiten la inserción de hasta 45 kb de ADN, o los BAC (cromosomas artificiales bacterianos) y YAC (cromosomas artificiales de levaduras). BAC y YAC permiten la inserción de fragmentos de ADN de 100 a 300 kb y de 250 a 1 000 kb, respectivamente.

B. Genotecas o banco de genes

Cuando se pretende aislar algún gen que codifica una proteína de interés, en muchos casos se puede recurrir a la creación de una genoteca para rastrear la localización y secuencia en ella de dicho gen. Una genoteca (también llamada biblioteca génica) es una colección desordenada de clonas (que contienen fragmentos de ADN de diversos tamaños) de un organismo en el que se ha introducido (con un vector adecuado) todo el genoma del organismo de interés en forma de fragmentos aleatorios. En teoría, una genoteca representaría el genoma completo en forma de un conjunto de fragmentos clonados con secuencias solapadas, aleatorias y estables en la que hay una representación de secuencias completa. Existen dos clases: las genotecas genómicas y las genotecas de ADN complementario (ADNc). Las genotecas genómicas contienen una copia de cada secuencia de nucleótidos del ADN del genoma que representa la totalidad del ADN de un organismo. En cambio, las genotecas de ADNc incluyen las secuencias de ADN que generan moléculas de ARN mensajero (ARNm) y representan solo los genes expresados por un tipo celular o tejido, en una determinada circunstancia o condición ambiental. [Nota: el ADNc carece de los intrones

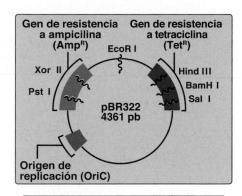

Figura 35-5
Mapa parcial de pBR322 que indica las posiciones de sus genes de resistencia a antibióticos y seis de los > 40 sitios reconocidos por las endonucleasas de restricción específicas. p, plásmido.

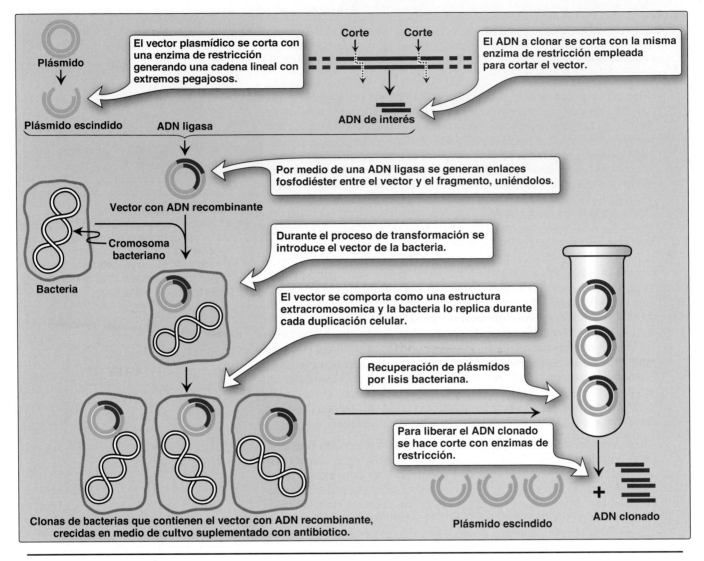

Figura 35-6

Resumen del proceso de clonación génica biológica. ADNbc, ADN bicatenario.

y las regiones de control de los genes, que sí están presentes en las genotecas genómicas, por lo que su utilidad es diferente].

1. **Genotecas genómicas de ADN:** una genoteca genómica contiene fragmentos de ADN genómicos generados mediante la digestión parcial con cantidades limitantes de una *endonucleasa de restricción*, la cual efectúa cortes en determinados sitios del genoma. Esta colección de fragmentos generados de aproximadamente 20 kb (tamaños son superpuestos), posteriormente son clonados en un vector apropiado. Un vector es una molécula de ADN donde se inserta el fragmento de interés. Los vectores de clonación están diseñados de forma tal que permiten la recombinación de ADN foráneo en un sitio de restricción del vector, sin afectar su replicación. Tras ligar el vector y el fragmento de ADN (inserto), se introduce en una célula hospedera, donde se replicará el ADN recombinante para generar múltiples copias idénticas del fragmento de interés. El número de recombinantes necesarios para representar todo el genoma dependerá del tamaño del genoma a clonar y la longitud promedio del inserto. Así, los fragmentos de ADN amplificados representan el genoma completo del organismo y se denominan genotecas genómicas. Cuando el gen de interés posee más de un sitio de restricción se recomienda una digestión parcial ya sea disminuyendo el tiempo o la cantidad de la enzima de restricción

para disminuir la fragmentación indeseada del gen de interés (alrededor de 10 kb). Las enzimas que cortan con mucha frecuencia (es decir, enzimas que reconocen secuencias de cuatro pares de bases) por lo general se usan para este fin, de modo que el resultado es un conjunto casi aleatorio de fragmentos. Esto facilita la posibilidad de que el gen de interés se mantenga intacto dentro de un vector en una clona bacteriana de amplificación. Finalmente, se rastrea la clona o clonas que porten el ADN con el gen o genes de interés.

2. **Genotecas de ADN complementario:** las genotecas de ADNc se obtienen a partir de ARNm (secuencia codificante de un gen), por lo que comprenden solamente los genes que están siendo expresados en un tejido o célula durante un periodo determinado. Para este propósito, se obtiene inicialmente el ARN total o se separa el ARNm y se utiliza como plantilla para sintetizar moléculas de ADNc usando la enzima *transcriptasa reversa* (inversa) (fig. 35-7). Por lo tanto, el ADNc resultante es una copia de doble cadena del ARNm contenido en la célula. [Nota: la plantilla de ARNm está aislada del ARN de transferencia y el ARN ribosómico por la presencia de su cola poli-A]. Los diversos conjuntos de ADNc que representan los transcritos de un único gen pueden presentar diferencias entre sí, indicando que se están usando promotores o sitios de poliadenilación alternativos, o bien que se está produciendo un corte y empalme en sitios diferentes ("*splicing alternativo*"), de manera que algunos exones pueden quedar incluidos o excluidos en algunos transcritos. Las mezclas de fragmentos pueden clonarse para formar una genoteca de ADNc. Dado que el ADNc no tiene intrones, puede clonarse en un vector de expresión para la síntesis de proteínas eucariotas en las bacterias (fig. 35-8). Estos vectores de expresión contienen señales de transcripción y traducción antes o después del sitio de inserción del ADNc, lo que posibilita la transcripción y traducción en bacterias, hongos o células en cultivo, de una molécula de ADNc de longitud completa capaz de producir la proteína que codifica. Estos vectores contienen un promotor bacteriano para la transcripción del ADNc y una secuencia de Shine-Dalgarno (SD; *véase* p. 551) que permite al ribosoma bacteriano iniciar la traducción de la molécula de ARNm resultante. El ADNc se inserta en dirección 3′ del promotor y dentro de un gen de proteína que se expresa en la bacteria (p. ej., lacZ; *véase* p. 490), de modo que el ARNm producido contenga una secuencia SD, unos cuantos codones para la proteína bacteriana y todos los codones para la proteína eucariota. Esto permite una expresión más eficiente y resulta en la producción de una proteína de fusión [Nota: la insulina humana terapéutica se hace en la bacteria utilizando esta tecnología. Sin embargo, las modificaciones traduccionales y postraduccionales que se requieren para la mayoría de las otras proteínas humanas necesitan el uso de hospedadores eucariotas, incluso mamíferos].

C. Secuenciación de ADN

1. **Secuenciación de fragmentos de ADN:** para poder conocer la secuencia de ADN de un fragmento primero se necesita amplificarlo muchas veces. Después se realiza la reacción de secuenciación. Este método fue desarrollado por Frederick Sanger en los años setenta. Se utiliza un cebador de ADN monocatenario complementario al fragmento a secuenciar. La ADN polimerasa se une a la doble hebra y empieza a incorporar nucleótidos. Se utilizan dos tipos de nucleótidos: convencionales y terminadores marcados con fluorescencia. Los terminadores fluorescentes tienen un átomo de hidrógeno en el extremo 3′, en vez de un grupo hidroxilo, y están marcados con cuatro diferentes colorantes fluorescentes (uno para cada base) (en las primeras versiones se marcaba con radiactividad). Esto provoca que la polimerasa no pueda seguir agregando nucleótidos a la hebra de ADN y se retire. Debido a que este proceso se lleva a cabo en múltiples copias

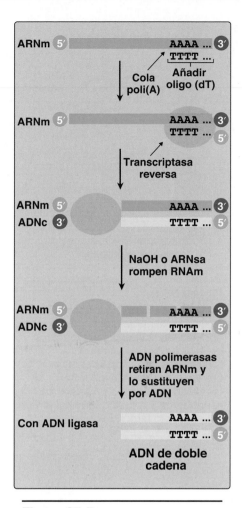

Figura 35-7
Síntesis de ADN complementario (ADNc) a partir de ARN mensajero (ARNm) utilizando *transcriptasa reversa*. La ligadura de las secuencias de ADN bicatenario (ADNbc) que contienen un sitio de restricción a cada extremo permite la clonación biológica del ADNc. [Nota: el ADN es resistente a hidrólisis alcalina]. dATP, dCTP, dGTP, dTTP, trifosfatos de desoxiadenosina, desoxicitidina, desoxiguanosina y desoxitimidina.

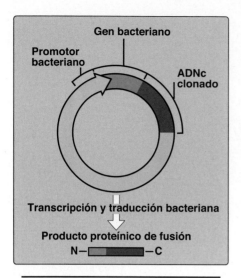

Figura 35-8
Un vector de expresión. El producto es una proteína de fusión que contiene solo algunos aminoácidos de la proteína bacteriana y todos los aminoácidos del ADN complementario (ADNc) proteína codificada. [Nota: las proteínas se escriben del (N)-amino terminal al (C)-carboxilo terminal].

del fragmento a secuenciar, al final se obtienen fragmentos marcados con colorante fluorescente de diferentes tamaños. Posteriormente, los fragmentos son separados de acuerdo con su tamaño por medio de electroforesis en capilares en equipos automatizados. Pasan primero los fragmentos pequeños y al último los más grandes. Conforme van pasando los fragmentos por el capilar, un láser incide sobre los nucleótidos marcados y una cámara captura la fluorescencia emitida. La cámara envía el registro de fluorescencia a la computadora para obtener los diferentes picos del electroferograma (fig. 35-9).

2. **Secuenciación de nueva generación o masiva:** es un método totalmente automatizado que permite secuenciar grandes fragmentos de ADN, por lo que se utiliza para secuenciar genomas completos en corto tiempo (en varios días). Por otra parte, en la secuenciación de nueva generación (NGS, por sus siglas en inglés), el ADN a secuenciar se utiliza directamente para construir una biblioteca de fragmentos, los cuales contienen adaptadores de ADN sintético. Estos adaptadores usan secuencias universales, específicas para cada plataforma, los cuales son utilizados para amplificar los fragmentos de la biblioteca. En la secuenciación de nueva generación la reacción de secuenciación no se lleva a cabo en tubos o placas de 96 pozos. En cambio, los fragmentos de la biblioteca son amplificados en perlas o en canales microfluídicos de vidrio que contienen los adaptadores complementarios a la biblioteca. En comparación con la secuenciación Sanger, donde se realiza la reacción de secuenciación y la detección de manera separada, los equipos de secuenciación de nueva generación llevan a cabo la reacción de secuenciación y la detección de manera simultánea (fig. 35-10). Además, pueden obtener información de miles de reacciones al mismo tiempo, lo que aumenta la cantidad de información generada. Las plataformas de secuenciación de nueva generación se pueden dividir por el método en el que realizan la identificación de las bases: detección de nucleótidos fluorescentes, detección de liberación de H^+ o medición de translocación del ADN a través de un nanoporo. Cada una de las técnicas tiene sus ventajas y desventajas, pero son aplicables dependiendo de la necesidad analítica y del presupuesto.

IV. SONDAS

Una sonda molecular es una herramienta utilizada en biología molecular para designar a moléculas de ADN o ARN de cadena sencilla (monocatenaria) marcadas con un isótopo radiactivo, como el ^{32}P, o con una molécula no radiactiva, como la biotina o un marcador fluorescente, con el fin de ser utilizadas para la detección de secuencias complementarias de ADN. Las sondas tienen la capacidad de encontrar, entre una gran cantidad de fragmentos de un genoma, la secuencia de ADN de interés (ADN diana o blanco) mediante su unión por complementariedad de bases ya sea parcial o total. Las sondas se utilizan para identificar qué banda en un gel o qué clona en una genoteca contiene el ADN diana, mediante un proceso conocido como detección molecular.

A. Hibridación de ADN

La hibridación de ácidos nucleicos (o naturalización) comprende la unión de dos cadenas antiparalelas complementarias de ADN, ADN o de ADN y ARN para formar una molécula de ácido nucleico de doble cadena (bicatenaria). Para lograr esto, un ADN monocatenario, producido mediante desnaturalización alcalina del ADN bicatenario, se une primero a un soporte sólido, como una membrana de nitrocelulosa. La inmovilización de las cadenas de ADN impide que se renaturalicen, pero están disponibles para hibridación con una sonda exógena marcada (de una sola cadena). La hibridación se mide mediante la interacción y complementariedad de las bases nitrogenadas (unión establecida por puentes de hidrógeno) de las distintas cadenas que se retienen en la membrana y son detectadas por el marcaje de la sonda (radioisótopo o fluorescencia). El exceso de moléculas de sonda que no hibriden se elimina lavando la membrana.

B. Sondas de oligonucleótidos sintéticos

Cuando se conoce la secuencia de todo o una parte del ADN diana, pueden sintetizarse sondas oligonucleotídicas de una sola cadena que sean complementarias a una pequeña región del gen de interés, con el propósito de identificar y estudiar fragmentos específicos de ácidos nucleicos mediante su hibridación. Si se desconoce la secuencia del gen, puede utilizarse la secuencia de aminoácidos de la proteína, el producto génico final, para construir una sonda de ácido nucleico usando el código genético como guía. Debido a la degeneración del código genético (*véase* la p. 473), es necesario sintetizar varios oligonucleótidos. [Nota: los oligonucleótidos pueden utilizarse para detectar los cambios de una sola base en la secuencia de la que son complementarios. Por el contrario, las sondas de ADNc contienen muchos millares de bases y su unión al ADN diana con un cambio en una sola base no se ve afectada].

1. **Detección de la mutación del gen de globina β^s:** una estrategia para identificar la mutación de anemia drepanocítica en el gen de β globina es usar una sonda de oligonucleótidos específicos de alelos (OEA) (fig. 35-11). Con el fin de identificar los tres posibles genotipos (homocigoto normal, heterocigoto y homocigoto mutado) se diseñan sondas específicas para el alelo normal (GAG, glutamato) y el alelo mutado (GAG→GTG, glutamato→valina) en el codón 6 del gen de la β globina. Para llevar a cabo la detección de esta mutación se parte de ADN, aislado de los leucocitos y amplificado, el cual se desnaturaliza y aplica a una membrana donde posteriormente se coloca una sonda de oligonucleótidos radiomarcados. Si el ADN aislado es de una persona heterocigota (rasgo drepanocítico) o de un paciente homocigoto (drepanocitemia) tendrá una secuencia que es complementaria a la de la sonda y puede detectarse una forma híbrida bicatenaria. En contraste, el ADN obtenido de personas sanas no es complementario en esta posición y, por lo tanto, no forma un híbrido (*véase* la fig. 35-11). El uso de un par de estas sondas (normal y mutante marcadas con colorantes fluorescentes diferentes) solo permite distinguir los tres posibles genotipos (homocigoto normal, heterocigoto –portador– y homocigoto mutante). El uso de un par de estas sondas OEA solo son útiles si se conoce su mutación y su ubicación (fig. 35-12).

C. Sondas biotiniladas

Tradicionalmente se usaban sondas marcadas con isótopos radiactivos, pero debido a que estas tienen problemas de estabilidad, altos costos en su eliminación y riesgos involucrados con la seguridad biológica, se han desarrollado sondas no radiactivas. Una de las más exitosas se basa en la vitamina biotina (*véase* p. 409), que puede utilizarse para "marcar" nucleótidos que se usarán para sintetizar la sonda. La biotina es capaz de unirse con mucha afinidad a la avidina, una proteína contenida en la clara del huevo de gallina y que es fácil de purificarse. Para detectar la unión biotina-avidina se utilizan colorantes fluorescentes que son detectables ópticamente a diferentes longitudes de onda del espectro electromagnético con gran sensibilidad. De tal manera que puede hacerse evidente la hibridación de un segmento de ADN con su sonda biotinilada complementaria mediante la incubación con una solución conteniendo avidina conjugada con colorante fluorescente. El exceso de moléculas de sonda que no hibride se elimina lavando la membrana. De esta manera, los fragmentos de ADN unidos a la sonda biotinilada serán fluorescentes. Estos procedimientos pueden realizarse en diversos formatos incluyendo geles de electroforesis, membranas de nitrocelulosa e incluso células en cultivo o biopsias de tejido. [Nota: las

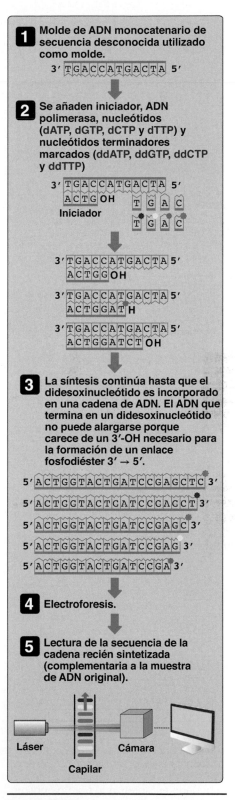

Figura 35-9
Secuenciación de fragmentos de ADN por el método didesoxi de Sanger. [Nota: el método original utilizó un iniciador radiomarcado. Los trifosfatos de didesoxirribonucleótido marcado con tinte fluorescente se usan ahora con frecuencia]. A, adenina; C, citosina; d, desoxi; dd, didesoxi; G, guanina; T, timina.

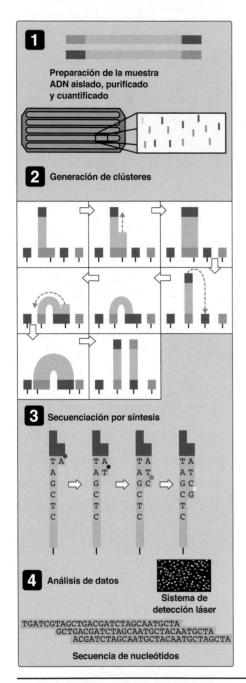

1
Preparación de la muestra
ADN aislado, purificado
y cuantificado

2 Generación de clústeres

3 Secuenciación por síntesis

4 Análisis de datos

Sistema de
detección láser

TGATCGTAGCTGACGATCTAGCAATGCTA
    GCTGACGATCTAGCAATGCTACAATGCTA
        ACGATCTAGCAATGCTACAATGCTAGCTA

Secuencia de nucleótidos

---

sondas marcadas permiten la detección y localización de secuencias de ADN o ARN en las preparaciones celulares o tisulares, es un proceso que se conoce como hibridación *in situ* (ISH). Si la sonda es fluorescente (F) la técnica se conoce como FISH].

D. Anticuerpos

En caso de no tener la información sobre la secuencia de aminoácidos o nucleótidos para llevar a cabo la síntesis de una sonda que detecte el ADN de interés proveniente de una genoteca, se puede identificar directamente la proteína expresada en la clona bacteriana (gen clonado en un vector de expresión que permita la transcripción y traducción del ADNc) con anticuerpos marcados.

V. DETECCIÓN DE SECUENCIAS ESPECÍFICAS DE ADN

A. Transferencia de Southern *(Southern blotting):* es una técnica que combina el empleo de enzimas de restricción, electroforesis y sondas de ADN para generar, separar y detectar fragmentos de ADN. Fue diseñada por E.M. Southern a mitad de los años setenta (fig. 35-13). El ADN se extrae de las células y se digiere con enzimas de restricción. Luego, los fragmentos resultantes se separan por electroforesis en función de su tamaño. Estos fragmentos son desnaturalizados y transferidos (*blotted*) a una membrana de nitrocelulosa para su análisis. En la última etapa de la transferencia de Southern se usa una sonda para identificar los fragmentos de ADN de interés. Los patrones observados en el análisis de esta transferencia dependen a la vez de la *endonucleasa de restricción* específica y de la sonda usada para visualizar los fragmentos de restricción. [Nota: las variantes del método de Southern se han denominado de manera ingeniosa northern si se está estudiando el ARN (*véase* p. 522) y western si se está estudiando la proteína (*véase* p. 525), ninguna de las cuales se relaciona con un nombre o un punto cardinal]. La transferencia de Southern puede detectar mutaciones de ADN como grandes inserciones o deleciones, expansiones de repeticiones de trinucleótidos y reacomodos de nucleótidos. También puede detectar mutaciones puntuales (reemplazo de un nucleótido por otro; véase p. 547) que causan la pérdida o ganancia de sitios de restricción. Estas mutaciones hacen que el patrón de bandas difiera con respecto al observado en un gen normal. Alternativamente, el cambio en la mutación puntual puede crear un nuevo sitio de escisión con la producción de fragmentos más pequeños.

Figura 35-10
Flujo de trabajo de secuenciación de nueva generación (NGS).
1. Se añaden adaptadores a los extremos del ADN. Éstos son complementarios a los iniciadores que tapizan la celda de flujo.
2. Se agrega el ADN con los adaptadores y éstos hibridan con los iniciadores fijos. El ADN complementario al fragmento hibridado es sintetizado por una polimerasa. El ADN se desnaturaliza y la hebra original se elimina. El ADN unido a la celda se dobla e hibrida con el iniciador adyacente formando un puente. De nuevo, la polimerasa sintetiza el complemento. El puente se desnaturaliza para formar dos copias de una sola hebra unidas a la celda de flujo. El proceso se repite y ocurre simultáneamente resultando en una amplificación clonal de todos los fragmentos formando los clústeres.
3. Posteriormente, se añaden nucleótidos marcados con fluorescencia de manera individual. Después de la unión del nucleótido, los clústeres son excitados por una fuente de luz y cada nucleótido emite una fluorescencia característica. Todos los clústeres son leídos simultáneamente y el secuenciador convierte la señal de luz en bases.
4. Terminada la corrida de secuenciación, cada lectura es ensamblada de acuerdo con el genoma de referencia.

B. Proyecto Genoma Humano

Con la disposición de las herramientas de biología molecular y ADN recombinante a finales del siglo pasado, un gran número de científicos y empresas biotecnológicas se aventuraron en 1990 para realizar un proyecto internacional denominado Proyecto Genoma Humano (HUGO, por sus siglas en inglés) bajo la dirección del Dr. Francis Collins. Los principales colaboradores en este proyecto fueron Estados Unidos, Inglaterra, España, Nueva Zelanda y Canadá. La iniciativa tenía como objetivos: 1) secuenciar la totalidad del genoma humano; 2) crear un mapa genético, y 3) lograr la identificación de todos los genes contenidos en el genoma. Inicialmente se utilizaron los primeros métodos basados en hibridación de ácidos nucleicos, como el método de Southern e identificación de sondas moleculares, así como los métodos manuales y luego automatizados de secuenciación de nucleótidos. Para manejar la gran cantidad de bases a secuenciar primero se fragmentó el genoma, después se clonaron fragmentos grandes que se volvieron a fraccionar para, finalmente, secuenciar pequeños fragmentos. Al final, las secuencias se editaban y se ensamblaban mediante programas especializados computacionales y de bioinformática. Este proyecto se culminó en abril del 2003 con la publicación de la secuencia de referencia de todo el genoma humano de 3000 millones de bases. Este hecho fue parte de las celebraciones del 50 aniversario del descubrimiento de la doble hebra de ADN anunciado en abril de 1953. Esta secuencia de referencia contiene alrededor de 2900 millones de pares de bases que corresponden a más de 90% de los aproximadamente 3200 millones que comprenden el ADN humano, ya que las regiones extremadamente difíciles (telómeros y centrómeros) no fueron totalmente secuenciadas. Esta aportación a la biología molecular representa un avance muy significativo en medicina molecular ya que permitirá: identificar genes asociados con enfermedades; conocer las bases genéticas de enfermedades hereditarias; la caracterización de genes alterados en cáncer; desarrollar pruebas de diagnóstico molecular de enfermedades genéticas, diagnóstico presintomático y susceptibilidad genética a diversas enfermedades e infecciones así como predisposición a desarrollar algún tipo de cáncer (p. ej., de mama y de colon); identificación de biomarcadores de cáncer, entre otras numerosas aplicaciones. Actualmente se siguen generando avances en el conocimiento de la secuencia de nucleótidos de diferentes grupos poblacionales; sin embargo, con las plataformas de secuenciación de nueva generación este reto se realiza en tan solo 1 semana. El genoma humano se está actualizando de manera constante mediante la secuenciación de miles de genomas. La secuencia del genoma humano es totalmente accesible en bancos de datos gratuitos, de dominio público y no es patentable.

VI. POLIMORFISMO DE LA LONGITUD DE LOS FRAGMENTOS DE RESTRICCIÓN

Cuando se comparan los genomas de dos personas no relacionadas, presentan 99.5% de similitud en sus secuencias de ADN. Si consideramos que el genoma humano diploide contiene 6 mil millones de pares de bases (pb), entre individuos presentamos una variación de alrededor de 30 millones de pb. Estas variaciones de la secuencia del genoma las denominamos *polimorfismos*. Existen millones de polimorfismos dentro del genoma humano; son variaciones en secuencias de ADN y por lo tanto en el genotipo, entre individuos de una misma especie, que puede derivar en diferentes consecuencias: ausencia de cambio en el fenotipo, mutaciones silenciosas, mayor susceptibilidad a una enfermedad o, en casos raros, ser el causante de una patología específica. Se define de forma tradicional como una variación en la secuencia en un *locus* determinado (alelo) en > 1% de la población. Los polimorfismos ocurren con mayor frecuencia en 98% del genoma que no codifica proteínas (intrones y regiones intergénicas). Un polimorfismo de la longitud

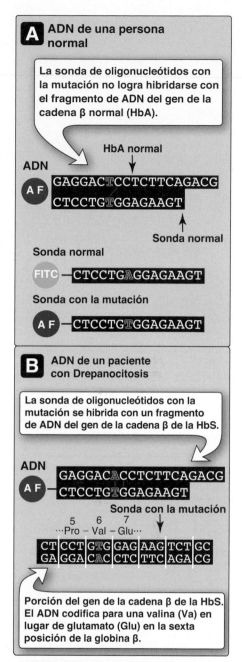

Figura 35-11

La sonda de oligonucleótidos específicos de alelos detecta el alelo S con un marcaje rojo (Alexa Fluor) y el alelo normal en verde (FITC). A, adenina; C, citosina; G, guanina; Pro; prolina; T, timina.

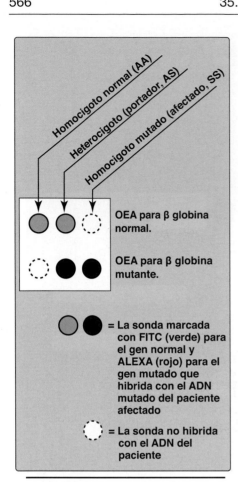

Figura 35-12

Las sondas de oligonucleótidos específicos de alelos (OEA) son utilizadas para diferenciar si la mutación drepanocítica produce la enfermedad de anemia de células falciformes o se presentan rasgos de la enfermedad.

de los fragmentos de restricción (PLFR) es una variante genética que puede identificarse al cortar el ADN en fragmentos con una enzima de restricción. La longitud de los fragmentos obtenidos (fragmentos de restricción) está alterada si la variante genética altera el ADN para originar o eliminar un sitio de restricción. Por lo tanto, la identificación de PLFR sirve como herramienta de análisis para variaciones genéticas humanas: diagnóstico prenatal de enfermedades congénitas.

C. Variaciones del ADN que resultan en PLFR

Las principales variaciones en la secuencia del ADN que originan los PLFR más comunes son los cambios de una base en la secuencia nucleotídica y las repeticiones en tándem de las secuencias de ADN.

1. **Polimorfismos de un solo nucleótido:** aproximadamente 90% de la variación del genoma humano se produce por cambios de una sola base en una posición específica, denominados polimorfismos de un solo nucleótido (SNP, por sus siglas en inglés) (fig. 35-14). El cambio de un nucleótido en un sitio blanco para una enzima de restricción ocasiona que la enzima no pueda reconocerlo y no realice su corte. Otra posibilidad es la aparición de un nuevo sitio de restricción. En ambos casos, el tratamiento del ADN con una endonucleasa origina fragmentos con longitudes diferentes a la normal, los cuales presentarán un patrón diferencial de corrimiento al analizarlos por medio de una electroforesis en gel de agarosa (*véase* fig. 35-13). El polimorfismo que altera el sitio de restricción pudiera ser el sitio de una mutación que causa alguna enfermedad o encontrarse a distancias cortas de la mutación. Se ha realizado un catálogo de SNP comunes en el genoma humano, denominado HapMap (Proyecto internacional de mapeo del haplotipo). Los datos de este proyecto se emplean para realizar estudios de asociación de genoma completo (GWAS, por sus siglas en inglés) para identificar alelos que afectan la salud y se asocian a enfermedad.

2. **Repeticiones en tándem:** en el ADN cromosómico existen secuencias cortas que se repiten de forma variable y se encuentran ubicadas de manera dispersa a lo largo del genoma; se repiten en tándem: una detrás de otra. Estas secuencias se denominan NVRT (número variable de repeticiones en tándem), las cuales son variables entre individuos y exclusivas para cada persona, por lo cual se pueden usar como un código de barras o huella molecular para identificación de individuos (fig. 35-15). Cuando se realiza una digestión del genoma completo con ayuda de enzimas de restricción, se genera un número variable de fragmentos cuya longitud es variable dependiendo del número de unidades de repetición presente en el ADN. Se han identificado muchos *loci* NVRT diferentes que son extremadamente útiles para el análisis de la huella molecular, como en casos forenses y pruebas de paternidad. Tanto SNP como NVRT son polimorfismos que se usan solo como marcadores diagnósticos, ya que en la mayoría de los casos no tienen efecto sobre la estructura, función o velocidad de producción de alguna proteína concreta.

D. Rastreo de cromosomas de los padres a la descendencia

Cuando el ADN de un individuo presenta un polimorfismo que origina un nuevo sitio de restricción, el corte con la enzima correspondiente origina al menos un fragmento adicional. Si la mutación provoca la pérdida de la secuencia palindrómica blanco, se producirán menos fragmentos al realizar el tratamiento con la endonucleasa específica. Un individuo heterocigoto para un polimorfismo presenta una variación de secuencia en el ADN de un cromosoma, pero no la presenta en el homólogo. En estos individuos pueden rastrearse los cromosomas portadores del SNP a la descendencia.

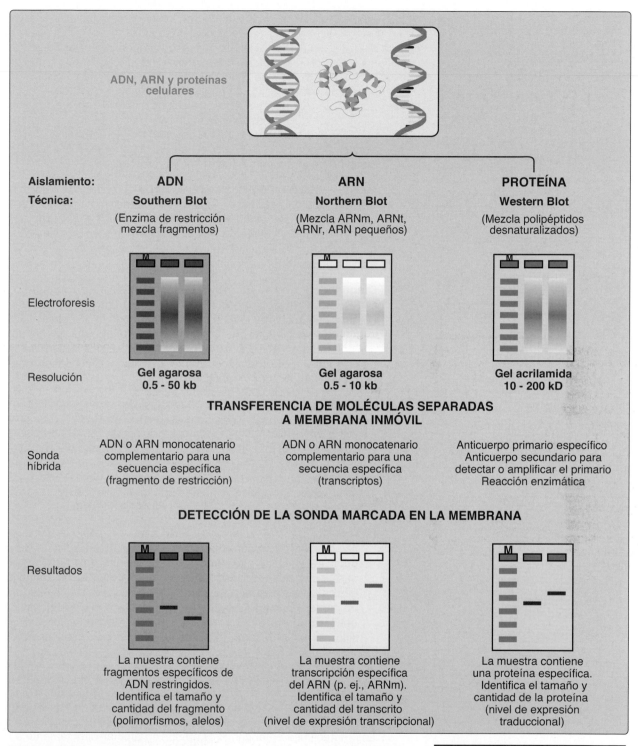

Figura 35-13

Diferentes técnicas para análisis de ADN (Southern blotting), ARN (Northern blotting) y proteínas (Western blottting).

E. Diagnóstico prenatal

Quienes desean tener hijos, pero que saben que sus familias tienen antecedentes de enfermedades genéticas graves, podrían determinar la presencia de dichos trastornos en el producto en gestación. El diagnóstico prenatal es una herramienta que permite, con ayuda de la correspondiente asesoría genética, la toma de decisiones reproductivas asistidas dependiendo del nivel de afectación del feto.

1. **Métodos disponibles:** existen diferentes métodos de diagnóstico con sensibilidades y especificidades variables. Tradicionalmente se

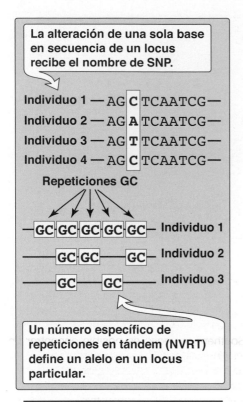

Figura 35-14
Formas comunes de polimorfismo genético. A, adenina; C, citosina; G, guanina; SNP, polimorfismo de nucleótido único; T, timina.

emplean métodos de imagen como la ecografía o los dispositivos de fibra óptica (fetoscopia), los cuales se pueden aplicar si las alteraciones del genotipo originan defectos anatómicos macroscópicos. El análisis de células fetales obtenidas del líquido amniótico o una biopsia de microvellosidades coriónicas resultan útiles para la elaboración de un cariotipo. El uso de técnicas de tinción y clasificación celular permite la identificación de alteraciones cromosómicas numéricas (generación de cromosomas adicionales) como trisomías, o alteraciones estructurales (cromosomas con longitudes anómalas) como las translocaciones. Sin embargo, el estudio directo del ADN fetal proporciona un panorama genético de mayor profundidad.

2. Fuentes del ADN: el ADN a analizar puede obtenerse de células sanguíneas, líquido amniótico o microvellosidades coriónicas. Las técnicas actuales de diagnóstico permiten la amplificación exponencial del ADN fetal por medio de reacción en cadena de la polimerasa, lo cual ha reducido significativamente el tiempo para la realización del análisis y la entrega de resultados.

3. **Diagnóstico de anemia de células falciformes por medio de PLFR:** las hemoglobinopatías son las enfermedades genéticas más comunes en los humanos. En el caso de la anemia de células falciformes o drepanocitemia (fig. 35-16), la mutación puntual que da origen a la enfermedad (*véase* p. 87) es en realidad la misma que la mutación que da lugar al polimorfismo, lo cual permite el diagnóstico de esta hemoglobinopatía por medio de PLFR.

   a. **Análisis del PLFR:** en la drepanocitemia, la secuencia alterada por la mutación puntual elimina el sitio blanco de la enzima de restricción *Mst*II: CCTNAGG (donde N es cualquier nucleótido, *véase* la fig. 35-16). Por lo tanto, la mutación de A a T dentro del codón 6 del gen de la globina β^S elimina un sitio de escisión para la enzima. El ADN normal digerido con *Mst*II produce un fragmento de 1.15 kb, mientras que el gen βS genera un fragmento de 1.35 kb como consecuencia de la pérdida de un sitio de escisión *Mst*II.

   b. **Análisis por PLFR de otras enfermedades genéticas:** el diagnóstico prenatal de drepanocitosis se realiza estudiando el ADN del producto en gestación; sin embargo, esta es una posibilidad analítica que pocas enfermedades tienen, ya que el número de enfermedades causadas por mutaciones puntuales únicas es muy limitado. Los trastornos genéticos provocados por inserciones o deleciones entre dos sitios de restricción, más que por la creación o la pérdida de sitios de escisión, también pueden analizarse por medio de PLFR.

4. **Diagnóstico indirecto de fenilcetonuria utilizando PLFR:** la fenilcetonuria (*véase* p. 322) es una enfermedad caracterizada por la deficiencia de la enzima *fenilalanina hidroxilasa* (*PAH*). El gen de esta enzima se encuentra localizado en el cromosoma 12. Abarca ~90 kb del ADN genómico y contiene 13 exones separados por intrones (fig. 35-17). Las mutaciones en el gen *PAH* no suelen afectar directamente a ningún sitio de reconocimiento de *enzimas de restricción*. Para establecer un protocolo diagnóstico de la fenilcetonuria hay que analizar el ADN de los familiares directos de la persona afectada, para identificar marcadores genéticos (PLFR) que estén muy ligados al rasgo de la enfermedad. Una vez identificados estos marcadores, puede utilizarse el análisis de los PLFR para llevar a cabo el diagnóstico prenatal.

   a. **Identificación del gen mutante:** puede determinarse la presencia del gen mutante identificando el marcador del polimorfismo si se

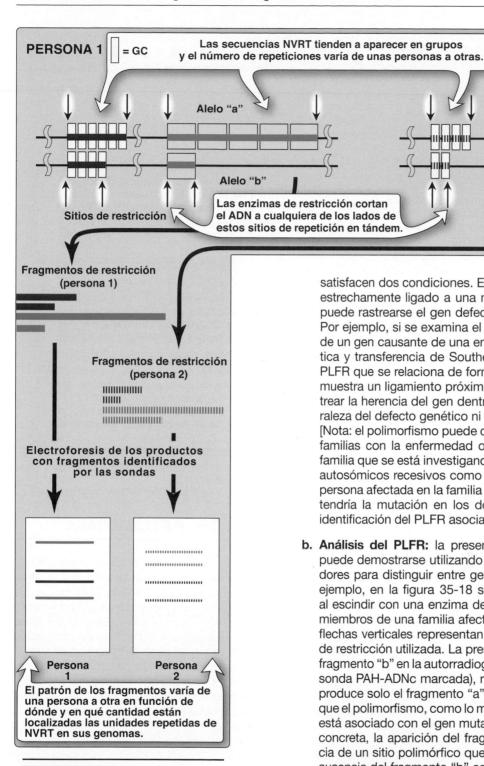

Figura 35-15

Polimorfismo de la longitud de los fragmentos de restricción (PLFR) de un número variable de repeticiones en tándem (NVRT). Para cada persona, se muestra un par de cromosomas homólogos.

satisfacen dos condiciones. En primer lugar, si el polimorfismo está estrechamente ligado a una mutación productora de enfermedad, puede rastrearse el gen defectuoso mediante detección del PLFR. Por ejemplo, si se examina el ADN de una familia que es portadora de un gen causante de una enfermedad mediante escisión enzimática y transferencia de Southern, a veces es posible encontrar un PLFR que se relaciona de forma consistente con ese gen (es decir, muestra un ligamiento próximo y está coheredado). Es posible rastrear la herencia del gen dentro de una familia sin conocer la naturaleza del defecto genético ni su localización precisa en el genoma. [Nota: el polimorfismo puede conocerse a partir del estudio de otras familias con la enfermedad o descubrirse que es exclusivo de la familia que se está investigando]. En segundo lugar, para trastornos autosómicos recesivos como la fenilcetonuria, la presencia de una persona afectada en la familia ayudaría al diagnóstico. Esta persona tendría la mutación en los dos cromosomas, lo que permitiría la identificación del PLFR asociado al trastorno genético.

b. **Análisis del PLFR:** la presencia de genes anómalos de la *PAH* puede demostrarse utilizando polimorfismos de ADN como marcadores para distinguir entre genes normales y genes mutantes. Por ejemplo, en la figura 35-18 se muestra un patrón típico obtenido al escindir con una enzima de restricción apropiada el ADN de los miembros de una familia afectada y someterlo a electroforesis. Las flechas verticales representan los sitios de escisión para la enzima de restricción utilizada. La presencia de un sitio polimórfico crea un fragmento "b" en la autorradiografía (después de hibridación con una sonda PAH-ADNc marcada), mientras que la ausencia de este sitio produce solo el fragmento "a". Nótese que el sujeto II-2 demuestra que el polimorfismo, como lo muestra la presencia del fragmento "b", está asociado con el gen mutante. Por consiguiente, en esta familia concreta, la aparición del fragmento "b" corresponde a la presencia de un sitio polimórfico que marca el gen anómalo para *PAH*. La ausencia del fragmento "b" corresponde a tener únicamente el gen normal. En la figura 35-18, el examen del ADN fetal demuestra que el feto ha heredado dos genes anómalos de sus progenitores y que, por consiguiente, padece fenilcetonuria.

c. **Valor de las pruebas de ADN:** las pruebas a base de ADN son útiles no solo para determinar si un feto nonato está afectado por fenilcetonuria, sino también para detectar portadores no identificados del gen mutado para ayudar a la planeación familiar.

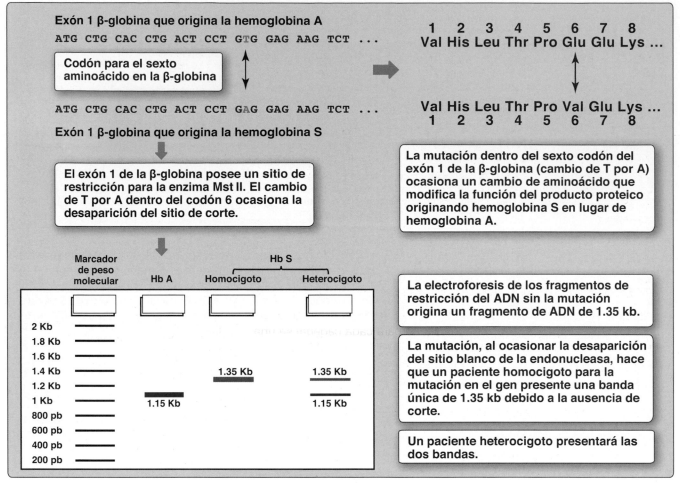

Figura 35-16

Detección de la mutación globina β^S. (1kb, 1 000 pares de bases en ADN bicatenario); Hb, hemoglobina.

 VII. REACCIÓN EN CADENA DE LA POLIMERASA

La reacción en cadena de la polimerasa (PCR, por sus siglas en inglés) es una técnica para amplificar un fragmento de ADN *in vitro*, utilizando como material una secuencia o mezcla compleja de secuencias, llamada ADN molde. Se requiere conocer la secuencia que flanquea el fragmento de ADN a amplificar, este es delimitado por un par de oligonucleótidos de secuencia corta (cebadores o iniciadores). Es una técnica análoga al proceso de replicación de ADN dentro de la célula. *In vitro*, la reacción se lleva a cabo en ciclos; en cada ciclo se obtendrá el doble de copias que al inicio de cada ciclo, permitiendo la síntesis de millones de copias del fragmento (amplicón o producto de PCR) en pocas horas. El ADN molde inicial puede provenir de cualquier fuente, incluyendo bacterias, virus, plantas o animales. Los pasos de la PCR se resumen en las figuras 35-19 y 35-20.

A. Pasos de la PCR

La PCR consiste en tres pasos definidos en tiempo y temperatura que conforman un ciclo: desnaturalización, alineamiento y extensión. Cada ciclo es repetido de 30 a 40 veces. La PCR utiliza una *ADN polimerasa* para la síntesis de los fragmentos deseados del ADN molde. Cada ciclo de amplificación duplica la cantidad del fragmento de ADN, lo que provoca un aumento exponencial del este conforme avanzan los ciclos (2^n, donde n = número de ciclo). Los amplicones pueden analizarse mediante electroforesis en gel, hibridación de Southern o secuenciación. Actualmente existen variaciones de la PCR que permiten detectar el fragmento en la fase de amplificación exponencial por medio de detectores y el uso de sondas con fluoróforos, sin necesidad de electroforesis; por ejemplo, PCR en tiempo real o cuantitativa (qPCR) y PCR digital.

La PCR utiliza un par de cebadores sintéticos que se unen a los extremos del fragmento que se desea amplificar; por lo tanto, la especificidad de la PCR recae en el diseño de los dos cebadores. Estos funcionan como iniciadores de la síntesis por la *ADN polimerasa* y se diseñan con una longitud de 20 a 35 nucleótidos de cadena simple (*véase* fig. 35-19). Deben ser complementarios a las secuencias flanqueantes a la secuencia de interés y se debe evitar que se unan entre sí formando dímeros, ya que esto puede inhibir la reacción. Los componentes de la reacción de PCR son: ADN molde, cebadores, ADN polimerasa, Mg^{+2} y nucleótidos (ATP, GTP, CTP y TTP), y en el caso de qPCR se adiciona una sonda marcada con un fluoróforo o un intercalante de ADN de doble hebra según sea el caso; la reacción se lleva a cabo en un ambiente de pH y concentración de sales controlado.

A continuación se describen los pasos de la PCR.

1. **Desnaturalización del ADN:** se utiliza una temperatura de ~95 °C para separar el ADN bicatenario en cadenas sencillas; a esta temperatura se rompen los puentes de hidrógeno que unen las dos hebras.

2. **Alineamiento de los iniciadores:** se disminuye la temperatura a ~50 °C para que los dos cebadores (uno para cada cadena) se unan con su secuencia complementaria en el ADN monocatenario.

3. **Extensión de las cadenas:** este último paso se realiza a ~72 °C, aquí es donde la *ADN polimerasa* inicia la síntesis o amplificación del fragmento a partir de la cadena molde, utilizando como guía la unión de los cebadores específicos a la secuencia de interés. La *ADN polimerasa* añade los nucleótidos al extremo 3'-hidroxilo del cebador y el crecimiento de la cadena se extiende en dirección 5' → 3'. Los amplicones pueden tener una longitud variada según se haya diseñado el par de cebadores, desde ~50 pb hasta de varios miles de pares de bases.

4. En la actualidad se usa una *ADN polimerasa* termoestable (p. ej., la *Taq* de la bacteria *Thermus aquaticus* que normalmente vive a temperaturas altas), lo cual evita que la polimerasa se desnaturalice y se pueda llevar a cabo el paso de desnaturalización del ADN sin afectar a la enzima. Cada amplicón contiene una sección complementaria a los cebadores; por lo tanto, una vez que se obtenga puede actuar como molde para el siguiente ciclo (*véase* fig. 35-20).

B. Aplicaciones

La PCR posee numerosas aplicaciones; principalmente se ha convertido en una herramienta muy útil en las áreas de investigación, medicina forense y diagnóstico clínico.

1. **Diagnóstico de enfermedades infecciosas:** mediante la PCR se puede detectar la presencia de bacterias o virus en un paciente, incluso se puede saber si la infección se encuentra en su fase activa. Una de las técnicas más usadas para ello es la qPCR: se utilizan un par de cebadores específicos para el microorganismo y una sonda marcada con un fluoróforo diseñada para unirse entre la secuencia que flanquea el par de cebadores, de esta manera la reacción se hace aún más específica. Las sondas de escisión (Taqman) son las más utilizadas. Se requiere de un termociclador con detectores de fluorescencia para hacer las lecturas, la señal de fluorescencia irá en aumento conforme se incrementan las copias del amplicón. La qPCR nos permite saber la cantidad del virus o bacteria presente en el individuo (número de copias o carga viral), algunos ejemplos son el diagnóstico

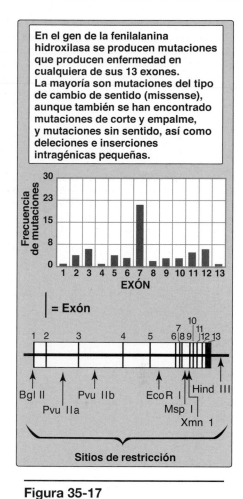

Figura 35-17
Gen de la *fenilalanina hidroxilasa* que muestra 13 exones, sitios de restricción y algunas de las > 500 mutaciones que provocan la fenilcetonuria.

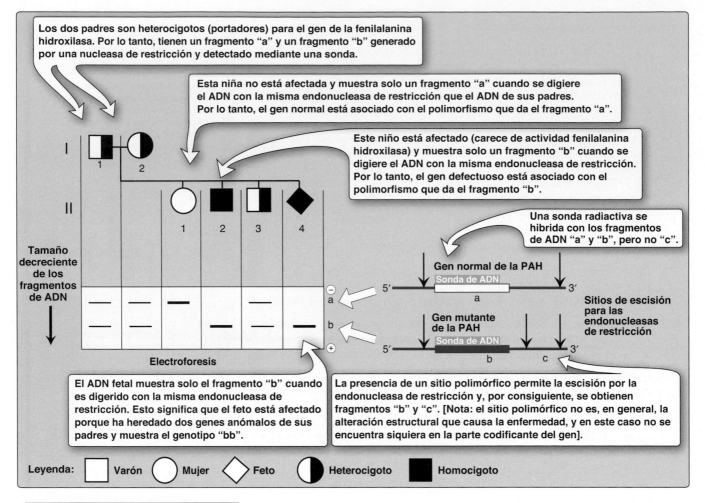

Figura 35-18

Análisis del polimorfismo de la longitud de los fragmentos de restricción en una familia con un niño afectado de fenilcetonuria, una enfermedad autosómica recesiva. El defecto molecular en el gen para *fenilalanina hidroxilasa* (*PAH*) en la familia se desconoce. La familia quería saber si el embarazo actual se vería afectado por fenilcetonuria.

y seguimiento de pacientes infectados con virus de inmunodeficiencia humana (VIH), virus de hepatitis B y C, virus de Dengue, virus de Zika, *Micobacterium tuberculosis*, *Salmonella*, etcétera.

2. **Análisis forense de muestras de ADN:** actualmente se analiza la procedencia del ADN encontrado en una muestra forense mediante PCR de polimorfismos en marcadores llamados "*short tandem repeats*" (STR, por sus siglas en inglés). Los amplicones son marcados con etiquetas fluorescentes y después separados por electroforesis capilar. Los estuches comerciales incluyen alrededor de 15 a 20 regiones STR autosómicas y el marcador sexual. Se puede identificar un individuo partiendo de una muestra de cabello, mancha de sangre o semen.

3. **Facilitar el proceso de secuenciación:** la PCR permite la síntesis de una región de ADN en cantidades suficientes para implementar un protocolo de secuenciación sin necesidad de una clonación biológica laboriosa del ADN.

4. **PCR múltiplex:** la amplificación simultánea de varias regiones usando múltiples pares de cebadores se conoce como PCR multiplex (también puede ser qPCR). Permite realizar en una misma reacción la detección de múltiples microorganismos, genotipos y subtipos, lo que facilita el rápido diagnóstico. Ejemplo de esto, es el genotipificado de VPH, en el cual se puede averiguar si la paciente está infectada con un tipo de VPH de alto riesgo para desarrollo de cáncer cervicouterino (fig. 35-21).

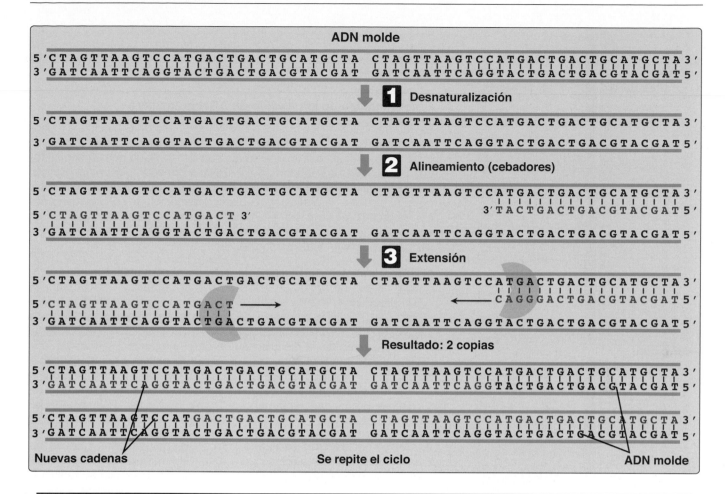

Figura 35-19

Pasos de un ciclo de la PCR. Desnaturalización, alineamiento y extensión.

C. Ventajas sobre otras técnicas

Las principales ventajas de la PCR respecto a otras técnicas de diagnóstico son su sensibilidad y su velocidad. Las secuencias de ADN presentes en cantidades muy bajas pueden amplificarse hasta convertirse en la secuencia predominante. La PCR es tan sensible que pueden amplificarse y estudiarse secuencias de ADN presentes en una célula individual. El aislamiento y la amplificación de una secuencia específica de ADN mediante PCR son más rápidos y tienen una menor dificultad técnica que los métodos tradicionales de clonación que utilizan técnicas de ADN recombinante.

VIII. ANÁLISIS DE LA EXPRESIÓN GÉNICA

Después de determinar la secuencia de nucleótidos de un organismo, el siguiente paso es entender cómo funcionan los genes ante determinados estímulos y ambientes cambiantes. La actividad de un gen comienza con la transcripción y culmina con los cambios postraduccionales que posibilitan a la proteína para interaccionar con otras proteínas y ejercer su función dentro del metabolismo celular. Para ello se evalúa el perfil de expresión génica, el cual nos dice lo que está haciendo realmente una célula, o un tejido en un momento determinado. Las diversas herramientas de biología molecular y biotecnología nos permiten evaluar a diferentes niveles la expresión génica

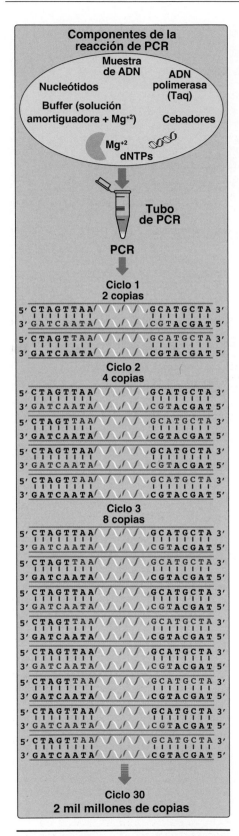

Figura 35-20

Componentes y ciclos múltiples de la PCR. Se muestra el ejemplo de los primeros tres ciclos de una PCR, partiendo hipotéticamente de una sola copia del ADN molde.

(nivel genómico, transcripcional, traduccional, postraduccional y metabolómico) mediante el estudio de ADN, ARN, proteínas y la interacción entre todos estos elementos, de una célula en relación con la expresión de sus genes.

A. Determinación de los niveles de ARN mensajero

La determinación de los niveles de ARN mensajero de una célula o tejidos es un indicador muy importante de cómo reacciona una célula a estímulos en el medio ambiente. Por lo tanto, se han desarrollado numerosos métodos para evaluar la cantidad de un ARNm expresado por un tipo de gen asociado a alguna enfermedad o condición. Tradicionalmente, los niveles de ARNm suelen determinarse mediante hibridación de sondas marcadas con el propio ARNm o con el ADNc producido a partir del ARNm. Con apoyo del desarrollo de la bioingeniería se han derivado numerosos formatos para evidenciar esta interacción.

1. **Transferencias northern:** este método semicuantitativo para evaluar niveles de ARNm se utilizó de manera amplia. Técnicamente es un procedimiento muy similar al método de Southern blotting (*véase* fig. 35-13), con la diferencia de que en la transferencia northern, se separa una mezcla de moléculas de ARNm mediante electroforesis, se transfieren a una membrana con carga negativa y se hibridan con una sonda molecular (de ADN o ARN) específica para identificar el gen que se está buscando. Estas sondas están marcadas químicamente con un colorante fluorescente que es cuantificable y permite estimar la cantidad y el tamaño de las moléculas de ARNm hibridadas en la muestra.

2. **Retrotranscripción asociada con PCR:** actualmente, una de las metodologías más utilizada para medir la expresión de un gen consiste en determinar la cantidad de su ADNc. Para ello se realiza la extracción de ARN total de células, después se sintetiza el ADNc mediante el uso de una enzima llamada retrotranscriptasa o transcriptasa inversa (RT) y se cuantifica para finalmente realizar una amplificación de la secuencia correspondiente del gen mediante PCR. A esta técnica se le conoce como RT-PCR.

3. **Microarreglos:** existen dos tipos de microarreglos genómicos, los que se utilizan para evaluar expresión a nivel de ADN y los que evalúan a nivel de ADN. Los microarreglos de ADN (denominados chips de ADN o gen chip) contienen miles de secuencias de ADN o ADNc monocatenario correspondientes a diferentes genes, inmovilizadas, organizadas en un área no mayor que un portaobjetos de microscopio. Estos microarreglos se utilizan para analizar una muestra en busca de la presencia de variaciones o mutaciones génicas (genotipificación) o para determinar los patrones de producción de ARNm (análisis de la expresión génica) en diversas condiciones biológicas o en la presencia de alguna enfermedad. Para la genotipificación, la muestra es de ADN genómico. Para el análisis de la expresión génica, la población de moléculas de ARNm de un tipo celular concreto se convierte en ADNc y se marca con una etiqueta fluorescente (fig. 35-22). Esta mezcla se expone luego a un genochip (o de ADN), que es un portaobjetos de vidrio o una membrana que contiene miles de moléculas de ADN en un punto (mancha), cada una de las cuales corresponde a un gen diferente. La superficie del chip tiene impresas miles de secuencias que representan numerosos genes (o incluso un genoma completo) o las mutaciones conocidas de un gen, etc. Cuando se unen o hibridan las secuencias de ARN de las muestras analizadas, la fluorescencia de cada mancha es una medida de la cantidad de ese ARNm particular que están presentes en la muestra que se analiza. Los microarreglos

de ADN se utilizan para determinar los diferentes patrones de expresión génica en dos tipos diferentes de células (p. ej., las células normales y las células cancerosas; *véase* la Fig. 35-22). También pueden usarse para subclasificar los cánceres, como el cáncer mamario, para optimizar el tratamiento. [Nota: los microarreglos que incluyen proteínas y los anticuerpos u otras proteínas que los reconocen se están usando para identificar biomarcadores para ayudar en el diagnóstico, pronóstico y tratamiento de la enfermedad con base en un perfil de expresión de proteínas del paciente. Los microarreglos de proteínas (y ADN) son herramientas importantes en el desarrollo de la medicina personalizada (de precisión) en que el tratamiento o las estrategias de prevención consideren las variaciones genéticas, ambientales y del estilo de vida de los individuos].

4. **Análisis en serie de la expresión génica** (SAGE, por sus siglas en inglés) es una técnica que se utiliza para realizar análisis cualitativo y cuantitativo de la expresión génica a nivel de ARNm. Mediante esta técnica se pueden comparar los diferentes perfiles de expresión de una célula normal y una cancerosa; de una célula infectada y una no infectada. Se basa en añadir "etiquetas" a los diferentes ADNc generados a partir de la retrotranscripción de los ARNm. Posteriormente estos fragmentos "etiquetados" (alrededor de 26 pb) son secuenciados para obtener diferentes perfiles de expresión, que corresponden a distintas respuestas celulares ante una condición determinada. En la identificación de ARNm se utilizan los bancos de datos de secuencias de ARNm. La ventaja de esta técnica es que permite un análisis rápido y preciso de la expresión génica.

B. Análisis de proteínas

Otra manera de evaluar la expresión génica es identificar el tipo de proteínas y sus niveles presentes en una célula o tejido en un tiempo determinado y bajo diferentes condiciones ambientales que afectan o modifican las necesidades celulares. Es importante señalar que las modificaciones postraduccionales y proteólisis específica que sufren numerosas proteínas añaden complejidad en la determinación de los tipos de proteínas que se producen en cada célula. Por este motivo, los tipos y las cantidades de proteínas de las células no siempre se corresponden de manera directa con las cantidades de ARNm presentes. Recientemente se han desarrollado numerosas tecnologías que permiten analizar la abundancia y las interacciones de cantidades grandes de proteínas celulares, en donde se incluyen una variedad de técnicas, como espectrometría de masa, dicroísmo circular, resonancia magnética nuclear y electroforesis bidimensional asociados a modelaje molecular tridimensional. Existen otros métodos más tradicionales en donde se utilizan anticuerpos (Ab) marcados para detectar y cuantificar proteínas específicas y para determinar modificaciones postraduccionales.

1. **Ensayos por inmunoadsorción ligada a enzimas (ELISA):** estos son ensayos clásicos que han permitido identificar numerosas proteí-

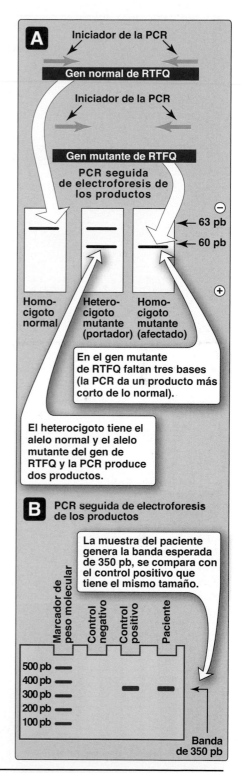

Figura 35-21

Aplicaciones de la técnica de PCR, diagnóstico molecular de enfermedades hereditarias e infecciosas. **A)** Análisis genético de la fibrosis quística mediante PCR. [Nota: la fibrosis quística también se diagnostica usando un análisis de oligonucleótido específico de alelo (*véase* la p. 512)]. **B)** PCR para detección de infección por virus de papiloma humano (VPH). Gel de agarosa (1%) con los productos de PCR para detección de VPH en tejido. Para dar un diagnóstico acertado, se utilizan controles negativos y positivos. En el control negativo se colocan todos los componentes de reacción menos el ADN molde, y en el control positivo se utiliza un ADN que ya se conoce que es positivo. RTFQ, regulador de la conductancia transmembrana en la fibrosis quística; pb, pares de bases.

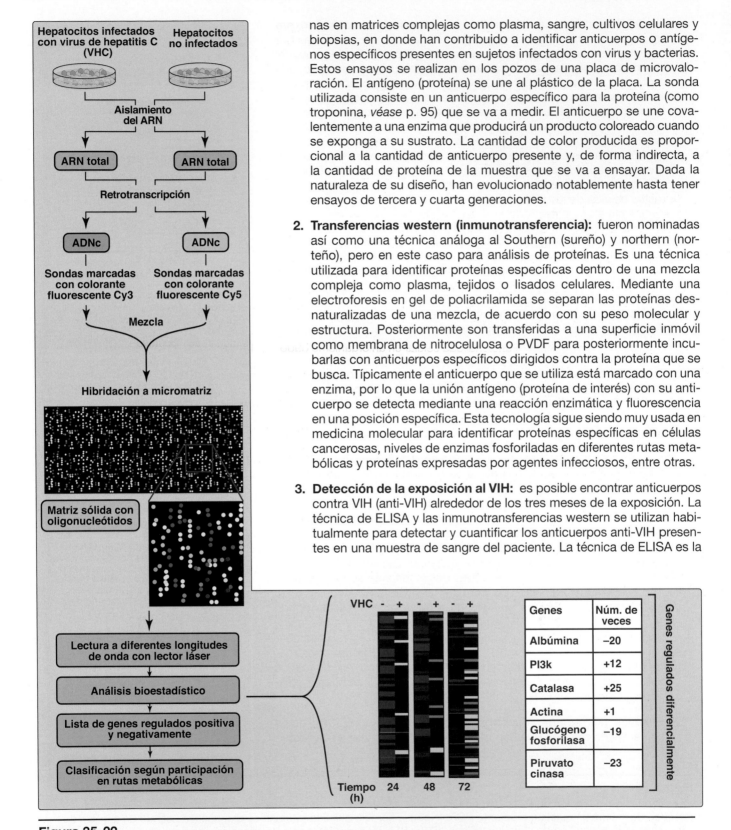

nas en matrices complejas como plasma, sangre, cultivos celulares y biopsias, en donde han contribuido a identificar anticuerpos o antígenos específicos presentes en sujetos infectados con virus y bacterias. Estos ensayos se realizan en los pozos de una placa de microvaloración. El antígeno (proteína) se une al plástico de la placa. La sonda utilizada consiste en un anticuerpo específico para la proteína (como troponina, *véase* p. 95) que se va a medir. El anticuerpo se une covalentemente a una enzima que producirá un producto coloreado cuando se exponga a su sustrato. La cantidad de color producida es proporcional a la cantidad de anticuerpo presente y, de forma indirecta, a la cantidad de proteína de la muestra que se va a ensayar. Dada la naturaleza de su diseño, han evolucionado notablemente hasta tener ensayos de tercera y cuarta generaciones.

2. **Transferencias western (inmunotransferencia):** fueron nominadas así como una técnica análoga al Southern (sureño) y northern (norteño), pero en este caso para análisis de proteínas. Es una técnica utilizada para identificar proteínas específicas dentro de una mezcla compleja como plasma, tejidos o lisados celulares. Mediante una electroforesis en gel de poliacrilamida se separan las proteínas desnaturalizadas de una mezcla, de acuerdo con su peso molecular y estructura. Posteriormente son transferidas a una superficie inmóvil como membrana de nitrocelulosa o PVDF para posteriormente incubarlas con anticuerpos específicos dirigidos contra la proteína que se busca. Típicamente el anticuerpo que se utiliza está marcado con una enzima, por lo que la unión antígeno (proteína de interés) con su anticuerpo se detecta mediante una reacción enzimática y fluorescencia en una posición específica. Esta tecnología sigue siendo muy usada en medicina molecular para identificar proteínas específicas en células cancerosas, niveles de enzimas fosforiladas en diferentes rutas metabólicas y proteínas expresadas por agentes infecciosos, entre otras.

3. **Detección de la exposición al VIH:** es posible encontrar anticuerpos contra VIH (anti-VIH) alrededor de los tres meses de la exposición. La técnica de ELISA y las inmunotransferencias western se utilizan habitualmente para detectar y cuantificar los anticuerpos anti-VIH presentes en una muestra de sangre del paciente. La técnica de ELISA es la

Figura 35-22
Análisis de microarreglos de la expresión génica en células infectadas con el virus de hepatitis C (VHC) mediante microchips. [Nota: también se usan chips de proteína].

herramienta de detección más utilizada debido a su alta sensibilidad y especificidad. Sin embargo, es posible obtener falsos positivos; por tal razón, con frecuencia se utiliza la inmunotransferencia western como prueba de confirmación ya que es aún más específica (fig. 35-23). En caso de que se realice una prueba de detección de VIH en los primeros meses, se recomienda optar por PCR en lugar de ELISA, ya que durante las etapas tempranas de infección es más probable detectar el ARN viral que los anticuerpos.

A. Tecnologías "ómicas" para análisis de expresión génica

Con los recientes avances de las plataformas tecnológicas, bioinformáticas, robótica y de nanomateriales se ha suscitado un avance vertiginoso que actualmente permite estudiar desde una estrategia multidisciplinar y de forma integral los procesos celulares y biológicos en conjunto, lo cual ha dado lugar a la llamada era de las "ómicas". Esta nueva disciplina de ciencias "ómicas" incluye todos aquellos abordajes experimentales y bioinformáticos que permiten estudiar en conjunto o casi en la totalidad un sistema biológico, e incluyen la genómica, proteómica, transcriptómica y metabolómica (fig. 35-24). En el campo de la medicina de aquí se derivan la farmacogenómica, lipidómica, epigenómica, interactómica, infectómica y la medicina de sistemas. De tal manera que todos los datos en conjunto permiten realizar un análisis de funcionalidad celular en un organismo dado, entender los mecanismos moleculares implicados y diseñar nuevas estrategias terapéuticas y diagnósticas, modelos matemáticos de predicción, así como búsqueda de biomarcadores en diferentes enfermedades y cáncer.

1. **Genómica:** fue la primera "ómica" en crearse; como ya hemos descrito anteriormente, se encarga del estudio de la estructura, composición y variaciones de los genomas o ADN. Esta época culminó con la elucidación del genoma humano (*véase* p. 513). Recientemente, las nuevas plataformas de secuenciación masiva (NGS, p. 510) han dado un nuevo auge a la velocidad para secuenciar genomas completos, permitiendo acelerar y analizar mayor número de secuencias génicas, lo que permite un resurgimiento de nuevas vertientes y aplicaciones de la genómica. Los desarrollos tecnológicos en la última década han permitido analizar hasta dos millones de variantes de un mismo indivi-

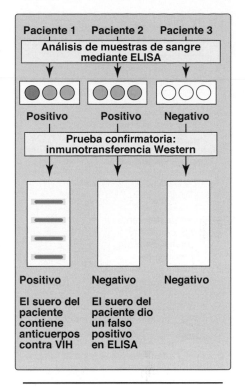

Figura 35-23
Análisis de la exposición al virus de la inmunodeficiencia humana (VIH) mediante ensayos por inmunoadsorción ligada a enzimas (ELISA) e inmunotransferencias western.

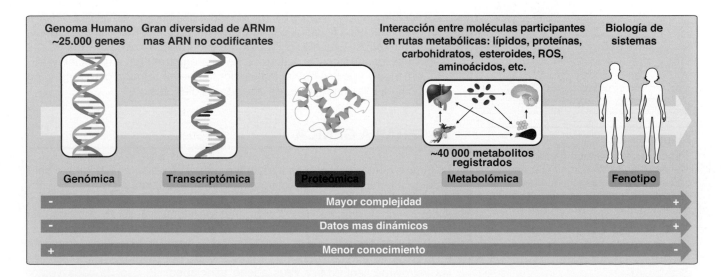

Figura 35-24
Tecnologías "ómicas" utilizadas para evaluar la expresión génica.

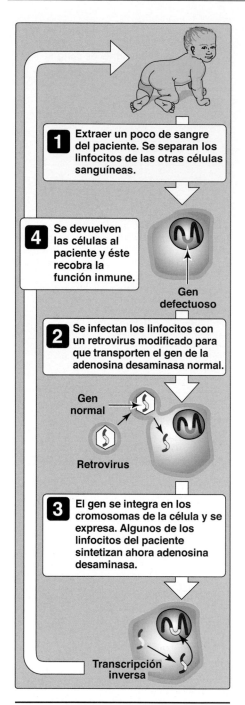

Figura 35-25
Terapia génica para un paciente con inmunodeficiencia combinada grave causada por deficiencia de *adenosina desaminasa*. [Nota: también se usan células madre de médula ósea y vectores retrovirales modificados].

duo al mismo tiempo, lo que ha generado la creación de estudios de asociación del genoma completo conocidos como GWAS (del inglés *genome wide association studies*). Este tipo de iniciativas permite comparar millones de variantes entre diferentes cohortes de sujetos, casos y controles, para identificar asociaciones de variantes genéticas asociadas a una enfermedad.

2. **Transcriptómica:** se encarga de estudiar la expresión de los transcritos (población de ARNm) que provienen de diferentes genes. El tipo y la cantidad de ARN mensajeros es específico de cada célula y de las condiciones fisiopatológicas en determinado momento. Por ejemplo, la población total de ARNm extraído de células intestinales será diferente al de las células del hígado antes y después de comer, en sujetos sanos o con hepatopatías, en la niñez o la senectud. Es por esto que la transcriptómica se hace en tejido y en tiempo específicos, ya que la transcripción es un proceso cambiante y dinámico. Las plataformas tecnológicas que se utilizan para analizar masivamente los perfiles de ARNm incluyen, sobre todo: microarreglos de expresión, secuenciación del ARN (RNAseq, por sus siglas en inglés), análisis del exoma, RT-PCR acoplado a microarreglos, SAGE, entre otros.

3. **Proteómica:** el estudio del proteoma, o todas las proteínas expresadas por un genoma, incluida abundancia relativa, distribución, modificaciones postraduccionales, funciones e interacciones con otras macromoléculas, se conoce como proteómica. Los 20 000 a 25 000 genes de codificación de proteínas del genoma humano se traducen en más de 100 000 proteínas si se consideran modificaciones postranscripcionales o postraduccionales. Aunque el genoma se mantiene básicamente inalterado, las cantidades y los tipos de proteínas de una célula en particular cambian de manera importante a medida que se van activando y desactivando los genes. En la figura 35-24 se comparan algunas de las plataformas "ómicas" descritas en este capítulo.

4. **Metabolómica:** los metabolitos son moléculas que participan como sustratos, intermediarios o productos en las reacciones bioquímicas de una célula y por ende de un organismo. La metabolómica incluye todas las tecnologías que permiten evaluar, medir, identificar y relacionar cambios globales en los metabolitos presentes en fluidos, células, tejidos u organismos, que suceden como respuesta a diferentes estímulos fisiológicos, ambientales, fisiopatológicos, infecciosos, entre otros. Esta disciplina permite encontrar metabolitos específicos relacionados con el desarrollo de una enfermedad, exposición a fármacos y agentes nutricionales, por lo que ha tomado gran auge para estudiar las pandemias de obesidad y diabetes.

IX. TERAPIA GÉNICA

La terapia génica consiste en transferir material genético a un paciente para tratar una enfermedad. El objetivo es lograr la expresión, a niveles terapéuticos y a largo plazo, del gen transferido para compensar el gen mutado. [Nota: se conservan las dos copias, mutada y sana]. Existen dos tipos de terapia génica: 1) *ex vivo*, donde las células del paciente se extraen, transducen y regresan y 2) *in vivo*, donde las células se transducen directamente en el paciente. La transducción se lleva a cabo por medio de vectores virales (retrovirus, lentivirus y virus adeno asociados). El uso de cada vector adenoviral depende del tipo de terapia génica. Los vectores lentivirales se utilizan para la transferencia *ex vivo* a células hematopoyéticas u otras células madre. Mientras que los vectores adeno asociados se utilizan para la transferencia *in vivo* a células posmitóticas. La terapia génica ha sido aprobada para el tratamiento de las siguientes enfermedades: inmunodeficiencia grave combinada causada por la deficiencia de adenosina desaminasa, distrofia de retina hereditaria asociada a la mutación bialélica RPE65, deficiencia familiar de lipoproteinlipasa, lesiones no resecables de melanoma, linfoma de Hodgkin y leucemia linfocítica aguda [fig. 35-25].

La edición génica, al contrario de la terapia génica, permite corregir el gen mutado por medio de recombinación homóloga o edición de bases. La edición génica se puede realizar con nucleasas de dedos de zinc, nucleasas efectoras tipo activadores de la transcripción, y repeticiones palindrómicas cortas agrupadas y regularmente interespaciadas (CRISPR)/Cas9. Estos son diferentes tipos de nucleasas específicas que introducen cortes en la doble hebra de ADN. Después la secuencia no mutada es insertada por los mecanismos celulares de reparación de ADN para corregir el gen. Además, se pueden introducir cambios que alteren el marco de lectura de los genes para disminuir o eliminar su expresión. Existen ensayos clínicos donde se utilizan las nucleasas de dedos de zinc para tratar la hemofilia B, mucopolisacaridosis tipos I y II. También se ha intentado eliminar el gen CCR5, correceptor del VIH, por medio de CRISPR/Cas9 para tratar la infección.

X. ANIMALES TRANSGÉNICOS

Los animales transgénicos están modificados genéticamente para evaluar genes exógenos o generar productos. La producción de animales transgénicos se puede llevar a cabo por dos métodos: 1) introduciendo ADN extraño al genoma inyectándolo en el pronúcleo del huevo fertilizado o 2) seleccionando lugares específicos para la introducción. Si el gen se integra y es estable en un cromosoma, estará presente en la línea germinal del animal y podrá pasar a su descendencia. Algunas aplicaciones de los animales transgénicos son: producción de animales resistentes a infecciones, producción de moléculas de interés médico (α1 antitripsina, antitrombina), producción de órganos animales para uso humano, o modelo de estudio de enfermedades humanas.

XI. Resumen del capítulo

Las **enzimas de restricción** cortan el ADN de doble cadena (bicatenario) en fragmentos más pequeños para permitir su análisis. Cada enzima escinde en una secuencia específica de cuatro a ocho pares de bases (un sitio de restricción), produciendo segmentos de ADN denominados **fragmentos de restricción**. Las secuencias que son reconocidas son los palíndromos. Las enzimas de restricción forman o bien **cortes escalonados (extremos cohesivos)** o **cortes de extremo romo** en el ADN. Las *ligasas de ADN* bacteriano pueden unir dos fragmentos de ADN de diferentes fuentes si han sido cortados por la misma *endonucleasa de restricción*. Esta combinación híbrida de dos fragmentos se denomina **molécula de ADN recombinante**. La introducción de una molécula de ADN extraña en una célula que se está replicando permite la **amplificación** del ADN, un proceso denominado **clonación**. Un **vector** es una molécula de ADN a la cual se une el fragmento de ADN que se va a clonar. Los vectores deben ser capaces de **replicarse de manera autónoma** dentro de la célula hospedadora y deben contener al menos una secuencia específica de nucleótidos reconocida por una *endonucleasa de restricción* y debe llevar por lo menos un gen que confiera la capacidad de seleccionar el vector, como un **gen de resistencia a los antibióticos**. Los organismos procariotas normalmente contienen pequeñas moléculas denominadas **plásmidos** que pueden actuar como vectores. Pueden aislarse con facilidad de la bacteria (o construirse artificialmente), unirse con el ADN de interés y reintroducirse en la bacteria, que se replicará y producirá así múltiples copias del plásmido **híbrido**.

Una **genoteca** (banco de ADN, biblioteca génica) es un conjunto de fragmentos de restricción clonados de ADN de un organismo. Una **genoteca genómica** es una colección de fragmentos de ADN bicatenario obtenidos mediante digestión del ADN total del organismo con una *endonucleasa de restricción* y la ligadura subsecuente a un vector apropiado. Contiene idealmente una copia de todas las secuencias de nucleótidos del ADN del genoma. Por el contrario, las **genotecas de ADN complementario (ADNc)** contienen solo las secuencias de ADN que son complementarias de las moléculas de **ARN mensajero (ARNm) procesado** presentes en una célula y son diferentes de acuerdo con el tipo celular y las condiciones ambientales. Dado que el ADNc no tiene intrones, puede clonarse en un **vector de expresión** para la síntesis de proteínas humanas en bacterias o eucariotas. Los fragmentos de ADN clonados pueden ser secuenciados utilizando el **método de terminación de cadena didesoxi de Sanger**. La **secuenciación de nueva generación (NGS)** es un método totalmente automatizado que permite secuenciar grandes fragmentos de ADN, por lo que se utiliza para secuenciar genomas completos en corto tiempo (días). Una **sonda** es un segmento pequeño de ARN o ADN monocatenario (normalmente marcado con un isótopo radiactivo, como ^{32}P, u otro compuesto reconocible, como la biotina o un tinte fluorescente) que tiene una secuencia de nucleótidos complementaria a la molécula de ADN de interés (ADN diana). Las sondas pueden usarse para identificar el clon de una genoteca o la banda de un gel que contiene el ADN diana. La **transferencia de Southern** es una técnica que combina el empleo de enzimas de restricción, electroforesis y sondas de ADN para generar, separar y detectar fragmentos de ADN. El fragmento de interés se detecta con una sonda. El genoma humano contiene millares de **polimorfismos** (variaciones en la secuencia de ADN a un *locus* determinado). Los polimorfismos pueden surgir de cambios en una sola base y de repeticiones en tándem. El Proyecto Genoma Humano (HUGO) tenía como objetivos: 1) secuenciar la totalidad del genoma humano; 2) crear un mapa genético, y 3) lograr la identificación de todos los genes contenidos en el genoma. Un polimorfismo puede servir como un marcador genético que puede seguirse en familias. Un **polimorfismo de la longitud de los fragmentos de restricción (PLFR)** es una variante genética que puede observarse mediante escisión del ADN en fragmentos de restricción utilizando una enzima de restricción. La sustitución de una base en uno o más nucleótidos en un sitio de restricción puede hacer que el sitio sea irreconocible para una *endonucleasa de restricción particular*. También puede crearse un sitio de restricción nuevo por el mismo mecanismo. En cualquier caso, la escisión con *endonucleasas* produce fragmentos de longitudes diferentes a las normales que pueden detectarse mediante **hibridación** con una sonda. El análisis PLFR puede utilizarse para diagnosticar enfermedades genéticas en las primeras etapas de la gestación de un feto. La **reacción en cadena de la polimerasa (PCR)** es una técnica para amplificar un fragmento de ADN *in vitro*, utilizando como material una secuencia o mezcla compleja de secuencias, llamado ADN molde. **La PCR permite la síntesis de millones de copias de una secuencia específica de nucleótidos** en unas pocas horas. El método se utiliza para amplificar secuencias de ADN de cualquier origen y aún en baja abundancia. Las **aplicaciones de la técnica de PCR** incluyen: 1) identificación de genes mutados asociados a enfermedades hereditarias, 2) diagnóstico molecular de agentes infecciosos, 3) evaluación de la expresión de genes (niveles de ARNm) asociados a desarrollo de cáncer y enfermedades crónico-degenerativas y 4) diagnóstico prenatal y detección de portadores (p. ej., de la fibrosis quística). Los productos de la expresión génica (ARNm y proteínas) pueden medirse por técnicas **como transferencias northern, RT-PCR, SAGE y microarreglos**. Los **microarreglos** se utilizan para determinar los diferentes patrones de expresión génica en dos tipos diferentes de células (p. ej., las células normales y las células cancerosas); los **ensayos por inmunoadsorción ligada a enzimas (ELISA)** y las **inmunotransferencias western (*inmunoblot*)** se utilizan para detectar proteínas específicas. La nueva disciplina de ciencias **"ómicas"**, incluye todos aquellos abordajes experimentales y bioinformáticos que permiten estudiar en conjunto o casi en la totalidad un sistema biológico, e incluyen la **genómica, proteómica, transcriptómica** y **metabolómica**. La **genómica** se encarga del estudio de la estructura, composición y variaciones de los genomas o ADN. La **transcriptómica** estudia la regulación de la expresión de los transcritos (población de ARNm) que provienen de diferentes genes en distintas condiciones y ambientes celulares. El estudio del proteoma, o todas las proteínas expresadas por un genoma, incluida abundancia relativa, distribución, modificaciones postraduccionales, funciones e interacciones con otras macromoléculas, se conoce como **proteómica**. La **metabolómica** incluye todas aquellas tecnologías que permiten evaluar, medir, identificar y relacionar cambios globales en los metabolitos presentes en fluidos, células, tejidos u organismos, que suceden como respuesta a diferentes estímulos fisiológicos, ambientales, fisiopatológicos e infecciosos. El objetivo de la **terapia génica** es la inserción de un gen clonado normal para sustituir un gen defectuoso en una **célula somática**, en tanto que el objetivo de la **corrección génica** es la reparación de un gen mutado. La inserción de un gen extraño (transgén) en la línea germinal de un animal crea un **animal transgénico** que puede producir proteínas terapéuticas o servir como modelos de **knockin** o **knockout** génico para enfermedades humanas.

Preguntas de estudio

Elija la RESPUESTA correcta.

35.1 Smal es una endonucleasa de restricción. ¿Cuál de las siguientes es con más probabilidad la secuencia de reconocimiento de esta enzima?

   A. AAGAGA
   B. GGGCCC
   C. AAGTCC
   D. CCATGA
   E. TCTGTA

> Respuesta correcta: B
> La gran mayoría de las endonucleasas de restricción reconoce palíndromos en ADN bicatenario y el GGGCCC es el único palíndromo entre las opciones. Puesto que se presenta la secuencia de tan solo una cadena de ADN, debe determinarse la secuencia de bases de la cadena complementaria. Para ser un palíndromo, las dos cadenas deben tener la misma secuencia cuando se leen en dirección $5' \rightarrow 3'$. Por lo tanto, el complemento de 5'-GGGCCC-3' es también 5'-GGGCCC-3'.

35.2 Una pareja de judíos askenazí acude al médico con su hijo varón de 5 años de edad para evaluación por dolor óseo, apatía, hiperpigmentación y sangrado por la nariz. Se determina que tiene enfermedad de Gaucher, un trastorno autosómico recesivo de degradación de esfingolípidos. La pareja tiene también una hija. El diagrama siguiente muestra el árbol genealógico de esta familia junto con las transferencias de Southern de un polimorfismo de longitudes de fragmentos de restricción ligados muy estrechamente al gen de la glucosidasa beta, que es defectuosa en la enfermedad de Gaucher. ¿Cuál de las afirmaciones siguientes es más precisa con respecto a la hija?

> Respuesta correcta: B
> Dado que tienen un hijo afectado, tanto el padre como la madre deben ser portadores de la enfermedad. Este hijo debe haber heredado un alelo mutante de cada padre. Como muestra solo la banda de 3 kilobases en la transferencia de Southern, el alelo mutante de esta enfermedad debe estar ligado a la banda de 3 kb. El alelo normal debe estar ligado a la banda de 4 kb y puesto que la hija heredó solo la banda de 4 kb, debe ser homocigota normal para el gen de la glucosidasa beta.

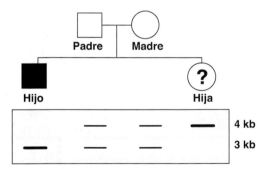

   A. Ella es portadora de la enfermedad de Gaucher.
   B. Ella es homocigota normal.
   C. Ella tiene 50% de posibilidad de tener la enfermedad de Gaucher.
   D. Ella tiene una posibilidad de 25% de tener la enfermedad de Gaucher.
   E. Ella tiene la enfermedad de Gaucher.

Coagulación de la sangre

36

I. GENERALIDADES

La coagulación de la sangre está diseñada para detener de forma rápida las hemorragias de un vaso sanguíneo dañado para poder mantener un volumen sanguíneo constante (hemostasia). La coagulación se consigue mediante la vasoconstricción y la formación de un coágulo (trombo) que consiste de un tapón de plaquetas (hemostasia primaria) y una red de la proteína fibrina (hemostasia secundaria) que estabiliza el tapón de plaquetas. La coagulación se produce en asociación con las membranas en la superficie de las plaquetas y los vasos sanguíneos dañados (fig. 36-1). (Nota: si la coagulación ocurre dentro de un vaso intacto, de modo que la luz esté ocluida y se impida el flujo de sangre, puede ocurrir un trastorno conocido como trombosis, daño tisular grave e incluso la muerte. Esto es lo que sucede, por ejemplo, durante un infarto de miocardio.) Los procesos para limitar la formación de coágulos al área de daño y eliminar el coágulo una vez que ha iniciado la reparación del vaso también desempeñan funciones esenciales en la hemostasia. (Nota: diferentes discusiones de la formación del tapón de plaquetas y la red de fibrina facilitan la presentación de estos procesos de múltiples pasos y múltiples componentes. Sin embargo, los dos trabajan en conjunto para mantener la hemostasia.)

II. HEMOSTASIA SECUNDARIA—FORMACIÓN DE LA RED DE FIBRINA

La formación de la red de fibrina requiere la participación de plaquetas e involucra dos vías únicas, la extrínseca y la intrínseca, que convergen para formar una vía común (fig. 36-2). En cada vía, los componentes principales son proteínas (se conocen como factores [F] de coagulación) designadas con números romanos. Algunos factores tienen nombres adicionales. Por ejemplo, el factor I (FI) es un fibrinógeno y el factor II (FII), una protrombina. Los factores son glucoproteínas que se sintetizan y secretan sobre todo en el hígado.

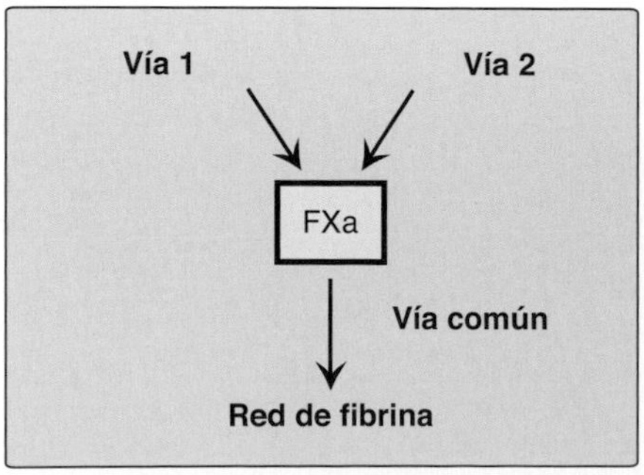

A. Cascada proteolítica

En respuesta a una lesión vascular, los factores, que son proteasas zimógenas inactivas, se convierten de modo secuencial en una forma activa por escisión proteolítica. El producto proteico de una reacción de activación inicia el siguiente evento de escisión en cascada. La forma activa de un factor se denota por una letra "a" minúscula después del número romano. Las proteínas activas FIIa (también llamadas trombinas), FVIIa, FIXa, FXa y FXIa son enzimas de la familia de las serinas proteasas y escinden una unión peptídica del lado carboxilo de un residuo de arginina o lisina en un polipéptido. Por ejemplo, FIX

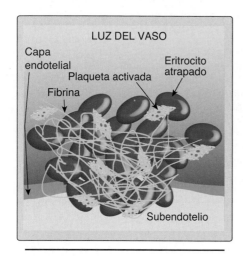

Figura 36-1
Coágulo sanguíneo formado por un tapón de plaquetas activadas y red de fibrina en el sitio de la lesión del vaso.

LUZ DEL VASO
Capa endotelial
Plaqueta activada
Eritrocito atrapado
Fibrina
Subendotelio

Figura 36-2
Tres vías involucradas en la formación de una red de fibrina. F, factor; a, activo.

Vía 1
Vía 2
FXa
Vía común
Red de fibrina

se activa mediante escisión en la arginina 145 y la arginina 180 por FXIa (fig. 36-3). La cascada proteolítica deriva en una enorme tasa de aceleración, debido a que una proteasa activa puede producir muchas moléculas de producto activo, cada una de las cuales, a su vez, puede activar muchas moléculas en la siguiente proteína en la cascada. En algunos casos, la activación puede ser causada por un cambio conformacional en la proteína en ausencia de proteólisis. Las proteínas no proteolíticas desempeñan un papel como proteínas accesorias (cofactores) en las vías. FIII (también llamado factor tisular, FT), FV y FVIII son las proteínas accesorias.

B. Función de la fosfatidilserina y el calcio

La presencia del fosfolípido con carga negativa fosfatidilserina y los iones de calcio (Ca^{2+}) con carga positiva aceleran la velocidad de algunos pasos en la cascada de coagulación.

1. **Fosfatidilserina:** la fosfatidilserina se ubica en particular en la cara intracelular (citosólica) de la membrana plasmática. Su exposición señala la presencia de lesión a las células endoteliales que recubre los vasos sanguíneos. La fosfatidilserina también está expuesta en la superficie de las plaquetas activadas.

2. **Iones de calcio:** el Ca^{2+} une los residuos de γ-carboxiglutamato (Gla) con carga negativa presentes en cuatro de las serina proteasas de la coagulación (FII, FVII, FIX y FX), lo que facilita la unión de estas proteínas a los fosfolípidos expuestos (fig. 36-4). Los residuos Gla son buenos quelantes de Ca^{2+} debido a sus dos grupos carboxilato adyacentes con carga negativa (fig. 36-5). (Nota: el uso de agentes quelantes como el citrato de sodio para unir Ca^{2+} en tubos o bolsas para recolectar sangre evita que la sangre se coagule.)

C. Formación de residuos de γ-carboxiglutamato

La γ-carboxilación es una modificación postraduccional en que 9 a 12 residuos de glutamato (en la N-terminal amino de la proteína diana) se carboxilan en el carbono γ, con lo que forman residuos Gla. El proceso ocurre en el retículo endoplásmico rugoso (RER) de los hepatocitos.

1. **γ-carboxilación:** esta reacción de carboxilación requiere un sustrato de proteína, oxígeno (O_2), dióxido de carbono (CO_2), γ-glutamil carboxilasa y la forma hidroquinona de la vitamina K como una coenzima (fig. 36-6). En la reacción, la forma hidroquinona de la vitamina K se oxida a su forma epóxido a medida que el O_2 se reduce a agua. (Nota: la vitamina alimentaria K, una vitamina liposoluble [*véase* p. 448], se reduce de la forma quinona a la forma de coenzima hidroquinona a través de la vitamina K reductasa [fig. 36-7].)

2. **Inhibición por warfarina:** la formación de residuos Gla es sensible a la inhibición por warfarina, un análogo sintético de la vitamina K que inhibe la enzima vitamina K epóxido reductasa (VKOR). La reductasa, una proteína integral de la membrana del RER, es necesaria para regenerar la forma de hidroquinona funcional de la vitamina K de la forma epóxido generada en la reacción de γ-carboxilación. Así, la warfarina y los fármacos relacionados actúan como anticoagulantes que inhiben la coagulación al funcionar como un antagonista de la vitamina K. Las sales de warfarina se utilizan para fines terapéuticos al limitar la formación de coágulos. (Nota: la warfarina también se usa a nivel comercial como veneno de ratas.

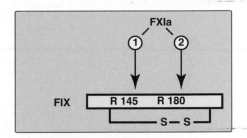

Figura 36-3
Activación de FIX a través de proteólisis por la serina proteasa FXIa. (Nota: la activación puede ocurrir mediante el cambio conformacional para algunos de los factores.) A, activo; F, factor; R, arginina.

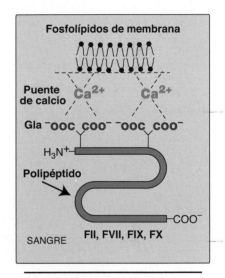

Figura 36-4
Ca^{2+} facilita la unión de los factores que contienen γ-carboxiglutamato (Gla) a los fosfolípidos de membrana. F, factor.

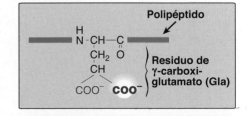

Figura 36-5
Residuo Gla.

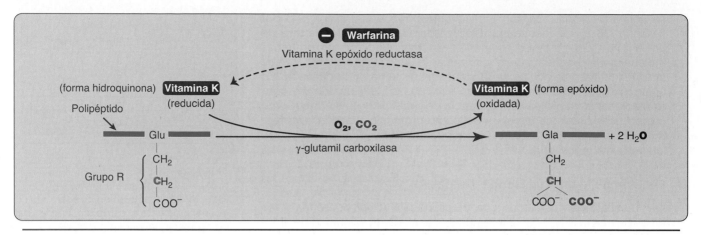

Figura 36-6

γ-carboxilación de un residuo glutamato (Glu) a γ-carboxiglutamato (Gla) por γ-glutamil carboxilasa que requiere vitamina K. El carbono γ se muestra en *azul*. O_2, oxígeno; CO_2, dióxido de carbono.

Fue desarrollado por la *Wisconsin Alumni Research Foundation*, de ahí su nombre).

D. Vías

Dos vías pueden iniciar la formación de la red de fibrina: la vía extrínseca y la vía intrínseca, que convergen en la vía común para crear el coágulo de fibrina. La producción de FXa mediante las vías intrínsecas y extrínsecas triggers la vía común (*véase* fig. 36-2).

1. **Vía extrínseca:** la vía incluye una proteína, el FT, que no está en la sangre pero que queda expuesto cuando los vasos sanguíneos se lesionan. El FT (o FIII) es una glucoproteína transmembrana abundante en el subendotelio vascular. Es una proteína accesoria extravascular y no una proteasa. Cualquier lesión que expone el FT a la sangre con rapidez (en unos cuantos segundos) inicia la vía extrínseca (o el FT). Una vez expuesto, el FT une una proteína circulante que contiene Gla, el FVII, y lo activa a través de un cambio conformacional. (Nota: FVII también puede activarse de forma proteolítica mediante la trombina [*véase* 3 más adelante] u otras serina proteasas.) La activación del complejo FT-FVIIa requiere la presencia de Ca^{2+} y fosfolípidos. El complejo FT-FVIIa entonces une y activa el FX mediante proteólisis (fig. 36-8). Por lo tanto, la activación del FX por

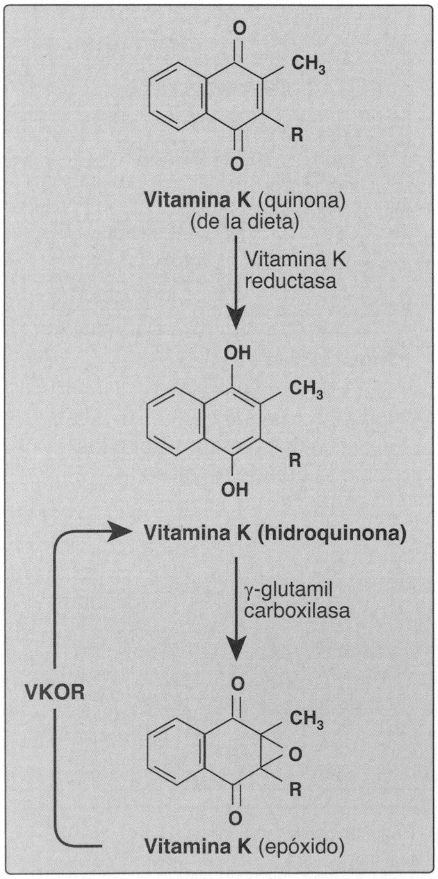

Figura 36-7

El ciclo de la vitamina K. VKOR, vitamina K epóxido reductasa.

Aplicación clínica 36-1: respuesta a la warfarina

Las diferencias genéticas (genotipos) en el gen para la subunidad catalítica 1 de VKOR (VKOR1) influyen sobre la respuesta del paciente a la warfarina. Por ejemplo, un polimorfismo (*véase* p. 565) en la región promotora del gen disminuye la expresión del gen, lo que deriva en una menor elaboración de VKOR, y por lo tanto se necesita una dosis menor de warfarina para obtener un nivel terapéutico. También se conocen los polimorfismos en la enzima del citocromo P450 (CYP2C9) que metabolizan warfarina. En 2010, la Food and Drug Administration de Estados Unidos añadió una tabla de dosificación basada en el genotipo a la etiqueta de warfarina. La influencia de la genética sobre la respuesta de un individuo a un fármaco se conoce como farmacogenética.

la vía extrínseca ocurre en relación con la membrana celular. El FXa se encarga de promover la activación de la vía común del FII (protrombina) para generar FIIa (trombina). La vía extrínseca se inactiva con rapidez mediante el inhibidor de la vía del factor tisular (IVFT) que, en un proceso dependiente de Fxa, se une al complejo factor tisular-FVIIa y evita una mayor producción de FXa.

2. **Vía intrínseca:** todos los factores proteínicos que participan en la vía intrínseca están presentes en la sangre y, por lo tanto, son intravasculares. La secuencia de los eventos que conducen a la activación de FX a FXa por la vía intrínseca es iniciada por la trombina. Esta convierte FXI a FXIa, que a su vez activa FIX, una serina proteasa que contiene Gla. FIXa se combina con FVIIIa (una proteína accesoria transmitida por la sangre) y el complejo activa FX, una serina proteasa que contiene Gla (fig. 36-9). (Nota: el complejo que contiene FIXa, FVIIIa y FX se forma en regiones de membrana expuestas cargadas de manera negativa y FX se activa a FXa. Este complejo en ocasiones se denomina Xasa. La unión del complejo a los fosfolípidos de membrana requiere Ca^{2+}.)

|| La inactivación de la vía extrínseca para IVFT deriva en la dependencia en la vía intrínseca para la producción continua de FXa. Esto explica por qué los individuos con hemofilia sangran a pesar de tener una vía extrínseca intacta.

---

3. **Vía común:** el FXa producido tanto por la vía intrínseca como por la extrínseca inicia la vía común, una secuencia de reacciones que deriva en la generación de fibrina (FIa), como se muestra en la figura 36-11. El FXa se relaciona con FVa (una proteína accesoria transportada en la sangre) y, en presencia de Ca^{2+} y fosfolípidos, forma un complejo unido a membrana que se conoce como protrombinasa. El complejo escinde protrombina (FII) a trombina (FIIa). (Nota: FVa potencia la actividad proteolítica de Fxa.) La unión de Ca^{2+} a los residuos Gla en FII facilitan la unión de FII a la membrana y al complejo de protrombinasa, con escisión subsecuente a FIIa. La escisión de la región que contiene Gla libera FIIa de la membrana y, por lo tanto,

Aplicación clínica 36-2: hemofilia

La hemofilia es una coagulopatía, un defecto en la capacidad de coagulación. La hemofilia A, que representa 80% de todas las hemofilias, deriva de una deficiencia de FVIII, en tanto que la deficiencia de FIX causa la hemofilia B. Cada deficiencia se caracteriza por una capacidad disminuida y retrasada de coagular o formar coágulos anormalmente friables (que se alteran con facilidad). Esto puede manifestarse, por ejemplo, por sangrado hacia las articulaciones (fig. 36-10). El grado de deficiencia de factor determina la gravedad de la enfermedad. El tratamiento actual para la hemofilia es el tratamiento de restitución de factor mediante FVIII o FIX obtenido de sangre humana agrupada o de tecnología de ADN recombinante. Sin embargo, pueden desarrollarse anticuerpos a los factores. La terapia génica es un objetivo. Debido a que los genes para ambas proteínas están en el cromosoma X, la hemofilia es un trastorno ligado a X. (Nota: la deficiencia de FXI deriva en un trastorno hemorrágico al que en ocasiones se le llama hemofilia C.)

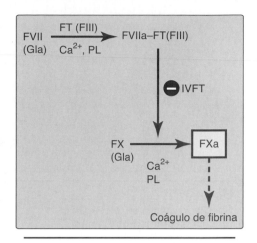

Figura 36-8
Vía del factor tisular (FT) extrínseco. La unión a FVII a FT expuesto (FIII) activa FVII. (Nota: la vía es inhibida de forma rápida por el inhibidor de la vía del factor tisular [IVFT].) a, activo; Ca^{2+}, calcio; F, factor; Gla, γ-carboxiglutamato; PL, fosfolípido.

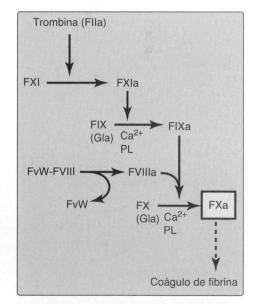

Figura 36-9
Fase de activación de FX de la vía intrínseca. (Nota: el factor de von Willebrand [FvW] estabiliza el FVIII en la circulación.) a, activo; Ca^{2+}, calcio; F, factor; Gla, γ-carboxiglutamato; PL, fosfolípido.

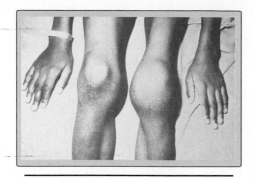

Figura 36-10
Sangrado agudo en los espacios articulares (hemartrosis) en un individuo con hemofilia.

lo libera para activar el fibrinógeno (FI) en la sangre. (Nota: este es el único ejemplo de escisión de la proteína Gla que resulta en la liberación de un péptido que contiene Gla. El péptido viaja al hígado, donde se piensa que actúa como una señal para una mayor producción de proteínas de coagulación.) Los inhibidores orales directos de FXa se han aprobado para su uso clínico como anticoagulantes. En contraste con warfarina, tienen un inicio más rápido y una vida media más corta y no requieren monitoreo sistemático.

> Una mutación puntual común (G20210A) en que una adenina (A) remplaza a una guanina (G) en el nucleótido 20210 en la región no traducida 3′ del gen para FII conduce a mayores concentraciones de FII en la sangre. Esto da lugar a la trombofilia, un trastorno caracterizado por una mayor tendencia de la sangre a la coagulación.

a. **Escisión de fibrinógeno a fibrina:** el fibrinógeno (a veces referido como FI) es una glucoproteína soluble elaborada por el hígado. Consiste de dímeros de tres diferentes cadenas polipeptídicas [$(\alpha\beta\gamma)_2$] que se mantienen unidas en los términos N por enlaces disulfuro. Los términos N de las cadenas α y β forman "mechones" en el dominio globular central de los tres existentes (fig. 36-12). Los mechones tienen una carga negativa y derivan en repulsión entre las moléculas de fibrinógeno. La trombina (FIIa) escinde los mechones cargados (lo que libera los fibrinopéptidos A y B) y el fibrinógeno se convierte en FIa (fibrina). Como resultado de la pérdida de carga, los monómeros son capaces de relacionarse de forma no covalente en un acomodo escalonado y se forma un coágulo de fibrina suave (soluble).

b. **Enlace cruzado de fibrina:** las moléculas de fibrina relacionadas presentan enlace cruzado covalente. Esto convierte el coágulo suave en un coágulo duro (insoluble). FXIIIa, una transglutaminasa, une de forma covalente la γ-carboxamida del residuo de glutamina en una molécula de fibrina al ε-amino de un

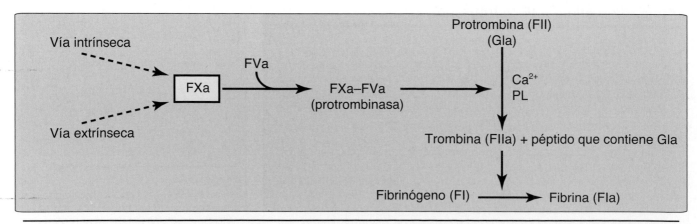

Figura 36-11
Generación de fibrina por FXa y la vía común. a, activo; Ca^{2+}, calcio; F, factor; Gla, γ-carboxiglutamato; PL, fosfolípido.

residuo de lisina en otra mediante la formación de un enlace isopeptídico y la liberación de amoniaco (fig. 36-13). (Nota: FXIII también se activa por la trombina.)

c. **Importancia de la trombina:** la activación de FX por la vía extrínseca proporciona una "chispa" de FXa que deriva en la activación inicial de trombina. La trombina (FIIa) activa entonces los factores de las vías común (FV, FI, FXIII), intrínseca (FXI, FVIII) y extrínseca (FVII) (fig. 36-14). A continuación, la vía extrínseca inicia la coagulación mediante la generación de FXa y la vía intrínseca amplifica y sostiene la coagulación después de que la vía extrínseca ha sido inhibida por el IVFT. (Nota: la hirudina, un péptido secretado de las glándulas salivales de sanguijuelas medicinales, es un potente inhibidor directo de la trombina [IDT]. La hirudina recombinante inyectable se ha aprobado para su uso clínico. Dabigatrán es un IDT oral.) Se logra una interferencia adicional entre las vías de la coagulación mediante la activación mediada por el FVIIa-FT de la vía intrínseca y por la activación mediada por FXIIa de la vía extrínseca. El cuadro completo de la coagulación sanguínea fisiológica a través de la formación de un coágulo de fibrina duro se muestra en la figura 36-15. Los factores de la cascada de la coagulación se presentan organizados por función en la figura 36-16.

Se cuenta con pruebas de laboratorio clínico para evaluar la función de la vía extrínseca a través de las vías comunes (tiempo de protrombina [TP] mediante tromboplastina y expresado como la razón normalizada internacional [RNI] y las vías intrínseca a común (tiempo de tromboplastina parcial activada [TTPa].) La tromboplastina es una combinación de los fosfolípidos + FIII. Una tromboplastina parcial derivativa contiene justo la porción de fosfolípido debido a que no se necesita FIII para activar la vía intrínseca.

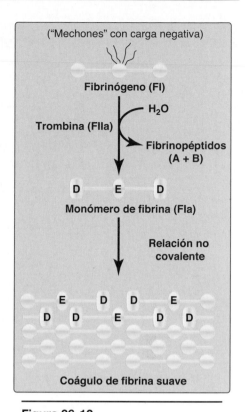

Figura 36-12
Conversión de fibrinógeno a fibrina y formación de un coágulo suave de fibrina. (Nota: D y E se refieren a dominios nodulares en la proteína.)

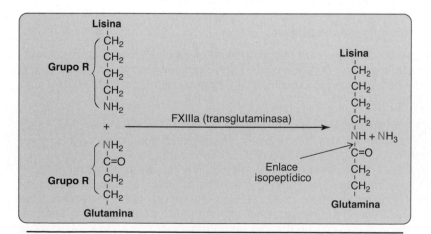

Figura 36-13
Enlaces cruzados de fibrina. FXIIIa forma un enlace isopeptídico covalente entre los residuos de lisina y glutamina. F, factor; NH_3, amoniaco.

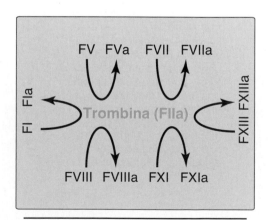

Figura 36-14
Importancia de la trombina en la formación del coágulo de fibrina. a, activo; F, factor.

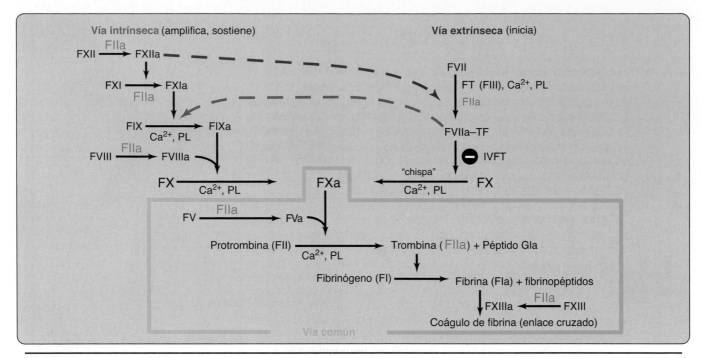

Figura 36-15
Cuadro completo de la coagulación sanguínea fisiológica a través de la formación de un coágulo de fibrina con enlace cruzado (duro). a, activo; Ca^{2+}, calcio; F, factor; FT, factor tisular; Gla, γ-carboxiglutamato; IVFT, inhibidor de la vía del factor tisular; PL, fosfolípido.

> Serina proteasas
> II, VII, IX, X, XI, XII
>
> Proteasas que contienen Gla
> II, VII, IX, X
>
> Proteínas accesorias
> III, V, VIII

Figura 36-16
Factores proteínicos de la cascada de la coagulación organizados por función. La forma activada se designaría con una "a" después del número romano. (Nota: el calcio es IV. No hay VI. I [fibrina] no es ni una proteasa ni una proteína accesoria. XIII es una transglutaminasa). Gla, γ-carboxiglutamato.

III. LIMITACIÓN DE LA COAGULACIÓN

La capacidad de limitar la coagulación a las áreas de daño (anticoagulación) y de eliminar los coágulos una vez que se emprenden los procesos de reparación (fibrinólisis) son aspectos en extremo importantes de la hemostasia. Estas acciones son realizadas por proteínas que inactivan los factores de la , ya sea al unirse a ellos y eliminarlos de la sangre o al degradarlos, y también por proteínas que degradan la red de fibrina.

A. Proteínas inactivadoras

Las proteínas sintetizadas por el hígado y por los propios vasos sanguíneos equilibran el requisito de formar coágulos en los sitios de lesión de los vasos con la necesidad de limitar su formación más allá del área lastimada.

1. **Antitrombina:** la antitrombina III (ATIII; también conocida como antitrombina, AT) es una proteína hepática que circula en la sangre. Inactiva la trombina libre al unirse a esta y llevarla al hígado (fig. 36-17), lo que evita que participe en la coagulación. (Nota: ATIII es un inhibidor de la serina proteinasa, o "serpina". Una serpina contiene un asa reactiva a la cual se une una proteasa específica. Una vez unida, la proteasa escinde una unión peptídica en la serpina, lo que provoca un cambio conformacional que atrapa a la enzima en un complejo covalente. α_1-antitripsina [*véase* p. 76] también es una serpina.) La afinidad de ATIII por la trombina se ve aumentada en gran medida cuando ATIII se une a un heparán sulfato, un glucosaminoglucano intracelular (*véase* p. 197) liberado en respuesta a la lesión por mastocitos relacionados con los vasos sanguíneos.

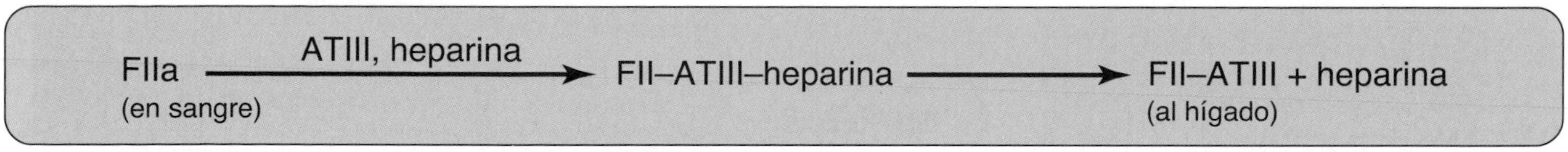

FIIa ——— ATIII, heparina ———→ FII–ATIII–heparina ———→ FII–ATIII + heparina
(en sangre)   (al hígado)

Figura 36-17
Inactivación de FIIa (trombina) mediante la unión de antitrombina III (ATIII) y transporte al hígado. (Nota: la heparina aumenta la afinidad de ATIII por FIIa.) a, activo; F, factor.

La heparina, un anticoagulante, se usa a nivel terapéutico para limitar la formación de coágulos. (Nota: en contraste con el anticoagulante warfarina, que tiene un inicio lento y una vida media prolongada y se administra por vía oral, la heparina tiene un inicio rápido y una vida media corta y requiere administración intravenosa. Los dos fármacos a menudo se usan de forma superpuesta en el tratamiento [y la prevención] de la trombosis.) La ATIII también inactiva FXa y otras serinas proteasas de la coagulación, FIXa, FXIa, FXIIa y el complejo FVIIa-factor tisular. (Nota: la ATIII se une a un pentasacárido específico dentro de la forma de oligosacárido de la heparina. La inhibición de FIIa requiere la forma de oligosacárido, en tanto que la inhibición de FXa solo necesita la forma de pentasacárido. Fondaparinux, una versión sintética del pentasacárido, se utiliza en clínica para inhibir el FXa).

2. **Complejo de proteína C-proteína S:** la proteína C, una proteína circulante que contiene Gla y se elabora en el hígado, se activa por la trombina en complejo con trombomodulina. La trombomodulina, una glucoproteína de membrana integral de las células endoteliales, se une a la trombina, con lo que disminuye la afinidad de esta por el fibrinógeno y aumenta su afinidad por la proteína C. La proteína C en complejo con la proteína S, que también es una proteína que contiene Gla, forma el complejo de proteína C activada (PCA) que escinde las proteínas accesorias FVa y FVIIIa, que se requieren para la actividad máxima de FXa (fig. 36-18). La proteína S ayuda a anclar la PCA al coágulo. Así, la trombomodulina modula la actividad de la trombina y la convierte de una proteína de la coagulación a una proteína de la anticoagulación, con lo que limita el grado de coagulación. El factor V de Leiden es una forma mutante de FV con una glutamina sustituida por arginina en la posición 506 y una resistencia a la PCA. Es la causa heredada más común de trombofilia en Estados Unidos, con la mayor frecuencia en la población caucásica. Los heterocigotos tienen un riesgo siete veces mayor de trombosis venosa y los homocigotos uno hasta 50 veces mayor. (Nota: las mujeres con FV de Leiden están incluso

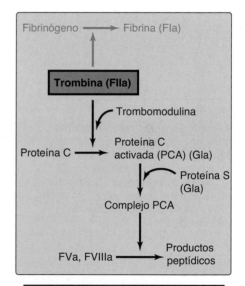

Figura 36-18
Formación y acción del complejo de PCA. a, activo; F, factor; Gla, γ-carboxiglutamato.

Aplicación clínica 36-3: trombofilia

La trombofilia (hipercoagulabilidad) también puede deberse a deficiencias en las proteínas C, S y ATIII; de la presencia de FV de Leiden y de la producción excesiva de trombina (mutación G20210A). Otra forma de trombofilia es la provocada por anticuerpos antifosfolípidos, que puede estar presente en personas con trastornos autoinmunes, como el lupus. (Nota: un trombo que se forma en las venas profundas de la pierna [trombosis venosa profunda o TVP] puede causar una embolia primaria si el coágulo [o una parte de él] se desprende, viaja a los pulmones y bloquea la circulación.)

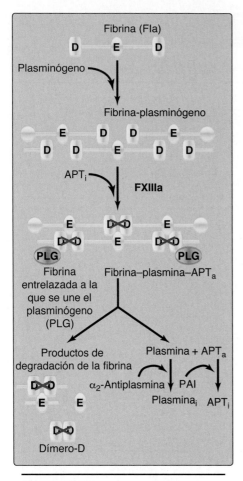

Figura 36-19
Fibrinólisis. La plasmina escinde la fibrina enlazada en productos de degradación de la fibrina. La plasmina y el APT se liberan del coágulo. a, activo; APT, activador del plasminógeno tisular; i, inactivo; IAP, inhibidor del activador de plasminógeno.

en mayor riesgo de trombosis durante el embarazo o cuando toman estrógeno.)

B. Fibrinólisis

Los coágulos son parches temporales que deben retirarse una vez que comienza la reparación de la herida. El coágulo de fibrina es escindido por la proteína plasmina a productos de la degradación de fibrina (fig. 36-19). (Nota: la medición del dímero $_D$, un producto de la degradación de fibrina que contiene dos dominios D con enlace cruzado liberados por la acción de la plasmina, puede usarse para valorar el grado de coagulación.) La plasmina es una serina proteasa generada a partir de plasminógeno por parte de los activadores de plasminógeno. El plasminógeno, segregado por el hígado hacia la circulación, se une a la fibrina y se incorpora en los coágulos a medida que se forman. El activador del plasminógeno tisular (APT, APt), elaborado por las células endoteliales vasculares y secretado en una forma inactiva en respuesta a la trombina, se activa cuando se une a fibrina-plasminógeno. La plasmina unida y el APT_a están protegidos de sus inhibidores, la α_2-antiplasmina y los inhibidores del activador de plasminógeno, de forma respectiva. Una vez que se diluye el coágulo de fibrina, la plasmina y el APT_a están a disposición de sus inhibidores. La fibrinólisis terapéutica puede lograrse mediante tratamiento con APT, disponible en el comercio mediante técnicas de ADN recombinante. En la actualidad se utiliza sobre todo para el evento vascular cerebral isquémico. La eliminación mecánica del coágulo (trombectomía) se utiliza con más frecuencia para el tratamiento del infarto de miocardio. (Nota: la urocinasa es un activador del plasminógeno [u-AP] que se elabora en una variedad de tejidos y se aisló en un principio de la orina. La estreptocinasa [de bacterias] activa tanto el plasminógeno libre como el unido a fibrina.)

El plasminógeno contiene motivos estructurales conocidos como "dominios kringle" que median las interacciones entre proteínas. Debido a que la lipoproteína (a) [Lp(a)] también contiene dominios kringle, compite con el plasminógeno para la unión con FIa. El potencial de inhibir la fibrinólisis puede ser la base para la relación de la Lp(a) elevada con un mayor riesgo de enfermedad cardiovascular (*véase* p. 277).

IV. HEMOSTASIA PRIMARIA — FORMACIÓN DEL TAPÓN DE PLAQUETAS

Las plaquetas (trombocitos) son pequeños fragmentos carentes de núcleo de los megacariocitos que se adhieren al colágeno expuesto del endotelio dañado, se activan y se agregan para formar un tapón de plaquetas (fig. 36-20; *véase* también fig. 36-1). La formación del tapón de plaquetas se denomina hemostasia primaria debido a que es la primera respuesta al sangrado. En un adulto saludable hay 150 000 a 450 000 plaquetas por μL de sangre. Tienen un tiempo de vida de hasta 10 días, después de lo cual son captadas por el hígado y el bazo y se destruyen. Se cuenta con pruebas de laboratorio clínico para medir la cantidad de plaquetas y su actividad.

A. Adhesión

La adhesión de plaquetas al colágeno expuesto en el sitio de lesión de los vasos está mediada por la proteína factor de von Willebrand (FvW). El FvW se une al colágeno y las plaquetas se unen al FvW a través de

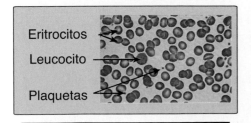

Figura 36-20
Comparación del tamaño de las plaquetas, los eritrocitos y un leucocito.

la glucoproteína Ib (GPIb), un componente del complejo receptor de membrana (GPIb-V-IX) en la superficie de la plaqueta (fig. 36-21). La unión al FvW detiene el movimiento hacia delante de las plaquetas. (Nota: la deficiencia en el receptor para el FvW deriva en el síndrome de Bernard-Soulier, un trastorno de adhesión plaquetaria disminuida.) El FvW es una glucoproteína que se libera de las plaquetas. También se elabora y secreta por las células endoteliales. Además de mediar la unión de las plaquetas al colágeno, el FvW también se une al FVIII en la sangre y lo estabiliza. La deficiencia del FvW da lugar a la enfermedad de von Willebrand (EvW), la coagulopatía hereditaria más frecuente. La EvW deriva de una menor unión de las plaquetas al colágeno y de una deficiencia en el FVIII (debido a una mayor degradación). Las plaquetas también pueden unirse de forma directa al colágeno a través del receptor de membrana glucoproteína VI (GPVI). Una vez adheridas, las plaquetas se activan. (Nota: el daño al endotelio también expone FT, lo que inicia la vía extrínseca de la coagulación sanguínea y la activación de FX [véase fig. 36-8].)

B. Activación

Una vez que se han adherido a las áreas de lesión, las plaquetas se activan. La activación plaquetaria implica cambios morfológicos (de forma) y desgranulación, el proceso por el cual las plaquetas secretan los contenidos de sus gránulos de almacenamiento α y δ (o densos). Las plaquetas activadas también exponen fosfatidilserina en su superficie. La externalización de la fosfatidilserina está mediada por una enzima activada por Ca^{2+} conocida como escramblasa que altera la asimetría de membrana creada por la flipasa (véase p. 251). La trombina es el activador plaquetario más potente. La trombina se une a los receptores activados por proteasa, que son un tipo de receptor acoplado a proteína G (RAPG) en la superficie de las plaquetas (fig. 36-22) y los activa. La trombina se relaciona sobre todo con las proteínas G_q (véase p. 251), lo que deriva en la activación de fosfolipasa C y en una elevación en el diacilglicerol (DAG) y el inositol trifosfato (IP_3). (Nota: la trombomodulina, mediante su unión a trombina, disminuye la disponibilidad de trombina para la activación plaquetaria [véase fig. 36-18].)

1. **Desgranulación:** el DAG activa la proteína cinasa C, un evento clave para la desgranulación. IP_3 provoca la liberación de Ca^{2+} (de los gránulos densos). El Ca^{2+} activa la fosfolipasa A_2, que escinde los fosfolípidos de membrana para liberar ácido araquidónico, el sustrato para la síntesis de tromboxano A_2 (TXA_2) en plaquetas activadas por la ciclooxigenasa-1 (COX-1) (véase p. 260). El TXA_2 provoca vasoconstricción, aumenta la desgranulación y se une al RAPG plaquetario, lo que provoca la activación de plaquetas adicionales. Recuérdese que el ácido acetilsalicílico inhibe de forma irreversible la COX, y en consecuencia, la síntesis de TXA_2, por lo que se le conoce como el fármaco antiplaquetario. La desgranulación también deriva en la libera-

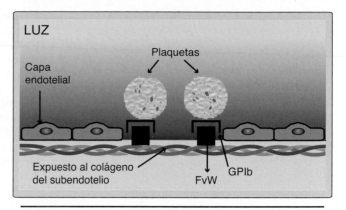

Figura 36-21
Unión de plaquetas a través del receptor de glucoproteínas Ib (GPIb) al factor de von Willebrand (FvW). El FvW está unido al colágeno expuesto en el sitio de lesión.

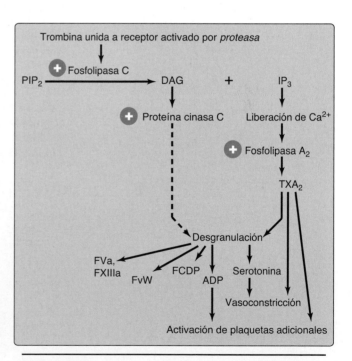

Figura 36-22
Activación plaquetaria por la trombina. (Nota: los receptores activados por proteasa son un tipo de receptor acoplado a proteína G.) ADP, difosfato de adenosina; Ca^{2+}, calcio; DAG, diacilglicerol; F, factor; FCDP, factor de crecimiento derivado de plaquetas; FvW, factor de von Willebrand; IP_3, inositol trifosfato; PIP_2, fosfoinositol bisfosfonato; TXA_2, tromboxano A_2.

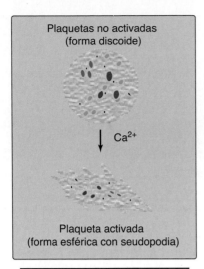

Figura 36-23
Las plaquetas activadas
experimentan un cambio de
forma iniciado por calcio (Ca^{2+}).

ción de serotonina y difosfato de adenosina (ADP) de los gránulos densos. La serotonina causa vasoconstricción. El ADP se une al RAPG en la superficie de las plaquetas, lo cual activa las plaquetas adicionales. (Nota: algunos fármacos antiplaquetarios, como clopidogrel, son antagonistas del receptor de ADP.) El factor de crecimiento derivado de plaquetas (que participa en la cicatrización de las heridas), FvW, FV, FXIII y FI están entre otras proteínas liberadas de los gránulos α. (Nota: el factor activador de plaquetas [FAP], un éter fosfolípido [*véase* p. 249] sintetizado por una variedad de tipos celulares, incluidas células endoteliales y plaquetas, une los receptores de FAP [RAPG] en la superficie de las plaquetas y los activa.)

2. **Cambio morfológico:** el cambio en la forma de las plaquetas activadas, de discoides a esféricas, con extensiones similares a seudópodos que facilitan las interacciones entre plaquetas y entre estas y la superficie (fig. 36-23), se inicia mediante la liberación de Ca^{2+} de los gránulos densos. El Ca^{2+} unido a calmodulina (*véase* p. 168) media la activación de la miosina cadena ligera de cinasa que fosforila la miosina cadena ligera, lo que deriva en una mayor reorganización del citoesqueleto plaquetario.

C. Agregación

La activación provoca cambios considerables en las plaquetas que conducen a su agregación. Los cambios estructurales en un receptor de superficie (GPIIb/IIIa) exponen los sitios de unión para fibrinógeno. Las moléculas de fibrinógeno unidas relacionan las plaquetas activadas entre sí (fig. 36-24), con un solo fibrinógeno capaz de unir dos plaquetas. El fibrinógeno se convierte a fibrina por la acción de la trombina y después presenta relación cruzada de forma covalente mediante el FXIIIa proveniente tanto de la sangre como de plaquetas. (Nota: la exposición de fosfatidilserina en la superficie de las plaquetas activadas permite la formación del complejo Xasa [VIIIa, IXa, X, y Ca^{2+}] con formación subsecuente de FXa y generación de FIIa.) La formación de fibrina (hemostasia secundaria) fortalece el tapón de plaquetas. (Nota: defectos raros en el receptor de plaquetas para fibrinógeno derivan en trombastenia de Glanzmann [menor función plaquetaria], en tanto que los autoanticuerpos a este receptor son una causa de trombocitopenia inmune [reducción en la cantidad de plaquetas].)

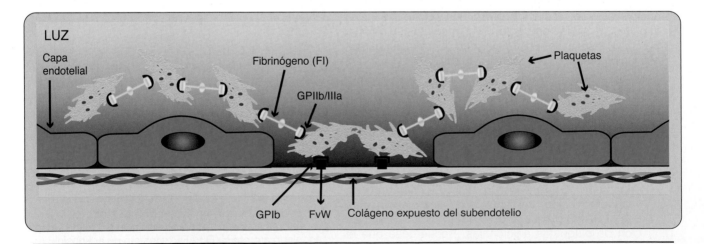

Figura 36-24
Enlace de plaquetas por el fibrinógeno a través del receptor de glucoproteína (GP) IIb/IIIa. (Nota: las formas en la molécula del fibrinógeno representan los dos dominios D y uno E.) GPIb, receptor de glucoproteína Ib; FvW, factor de von Willebrand.

> La activación innecesaria de plaquetas se previene porque 1) una pared vascular intacta está separada de la sangre por una monocapa de células endoteliales, lo que evita el contacto de las plaquetas con el colágeno; 2) las células endoteliales sintetizan prostaglandina I_2 (PGI_2 o prostaciclina) y óxido nítrico, cada uno de los cuales causa vasodilatación, y 3) las células endoteliales tiene una ADPasa de superficie celular que convierte ADP a monofosfato de adenosina.

V. Resumen del capítulo

- La **coagulación sanguínea** para con rapidez el sangrado de un vaso sanguíneo dañado para mantener un volumen constante de sangre (**hemostasia**). La coagulación se logra mediante la formación de un **coágulo** (**trombo**) que consiste de un tapón de **plaquetas** y una red de la proteína **fibrina** (fig. 36-25).

- La formación de una **red de fibrina** por la **cascada de la coagulación** involucra las **vías extrínseca** e **intrínseca** que incluyen factores (F) proteínicos que convergen en **FXa** para formar la **vía común**. Muchos de los factores proteínicos son **serinas proteasas**.

- **γ-glutamil carboxilasa** y su coenzima, la forma hidroquinona de la **vitamina K**, son necesarias para la formación de residuos de γ-carboxiglutamato (Gla) en las proteasas de coagulación **FII**, **FVII**, **FIX** y **FX**. El calcio y los residuos de Gla facilitan la unión de estas proteínas a la **fosfatidilserina** con carga negativa en el sitio de lesión y en la superficie de las plaquetas.

- En la reacción de carboxilasa, la vitamina K se oxida a la forma epóxido no funcional. La **warfarina**, un análogo sintético de la vitamina K usado en clínica para reducir la coagulación, inhibe la enzima **vitamina K epóxido reductasa** que regenera la vitamina K reducida funcional.

- La vía extrínseca se inicia por la exposición de **FIII** (**FT**), una **proteína accesoria**, en el subendotelio vascular. El FVII circulante se une a la FT y es activado por ella para formar el complejo **factor tisular-FVIIa,** que a su vez activa el FX mediante proteólisis. FXa permite la producción de **trombina** (FIIa) a través de la vía común. La trombina entonces activa los componentes de la vía intrínseca. La vía extrínseca se inhibe rápido por el **IVFT**.

- La vía intrínseca es iniciada por la **trombina**, que activa FXI a FXIa. FXIa activa FIX a FIXa. FIXa entonces se combina con FVIIIa y el complejo activa FX. La deficiencia de FVIII resulta en **hemofilia A**, en tanto que la deficiencia de FIX deriva en la menos frecuente **hemofilia B**.

- En la vía común, FXa se relaciona con **FVa** (una proteína accesoria) para formar la **protrombinasa** que escinde la **protrombina** (**FII**) a **trombina** (**FIIa**). La trombina entonces escinde el **fibrinógeno** (**FI**) a **fibrina** (**FIa**).

- Los monómeros de fibrina se relacionan, para formar un **coágulo de fibrina soluble** (**suave**). Las moléculas de fibrina presentan **enlaces cruzados** por el **FXIIIa**, lo que forma un coágulo de fibrina **insoluble** (**duro**). El coágulo de fibrina es escindido (**fibrinólisis**) por la proteína **plasmina**, una serina proteasa que se genera a partir del **plasminógeno** por **activadores de plasminógeno** como el **activador del plasminógeno tisular** (**APT**, **APt**). El APT recombinante se usa de modo terapéutico en el evento vascular cerebral isquémico.

- El hígado y los vasos sanguíneos producen proteínas **anticoagulación**. La **AT**, un inhibidor de la serina proteasa, o **serpina**, es activada por el heparán sulfato (o el fármaco anticoagulante heparina) y se une a la trombina y FXa y las elimina de la sangre. La **proteína C** es activada por el complejo **trombina-trombomodulina** y después forma un complejo con la **proteína S**, lo que produce **PCA**. El complejo de PCA escinde las proteínas accesorias FVa y FVIIIa. El **FV de Leiden** es resistente a PCA y provoca el trastorno **trombofílico** hereditario más frecuente en Estados Unidos.

- La formación de un **tapón de plaquetas** inicia cuando una lesión a los tejidos daña los vasos sanguíneos y expone el colágeno del subendotelio del vaso a la luz del mismo. Las plaquetas (trombocitos) se adhieren al colágeno expuesto a través de una interacción entre la GPIb de su superficie y el FvW que se une al colágeno en el subendotelio. La deficiencia de FvW deriva en EvW, la coagulopatía hereditaria más frecuente.

- Una vez que se adhieren, las plaquetas se activan y luego se agregan en el lugar dañado. La activación implica cambios en la forma y desgranulación, el proceso mediante el cual las plaquetas liberan los contenidos de sus gránulos de almacenamiento. La trombina es el activdor más potente de las plaquetas.

- Las plaquetas activadas liberan sustancias que causan vasoconstricción, reclutan y activan otras plaquetas, además de que apoyan la formación de un coágulo de fibrina. Los cambios estructurales en un receptor de superficie (GPIIb/IIIa) exponen los sitios de unión para fibrinógeno que enlazan las plaquetas activadas entre sí para formar el tapón de plaquetas inicial suelto (hemostasia primaria).

- El fibrinógeno es convertido a fibrina por la trombina. La fibrina forma enlaces cruzados por la acción de FXIIIa que proviene tanto de la sangre como de las plaquetas. Esto fortalece la red de fibrina y estabiliza el tapón de plaquetas (hemostasia secundaria).

- Los trastornos plaquetarios y las proteínas de la coagulación pueden afectar la capacidad de coagulación. El TP y el TTPa son pruebas de laboratorio clínico usadas para evaluar la cascada de coagulación.

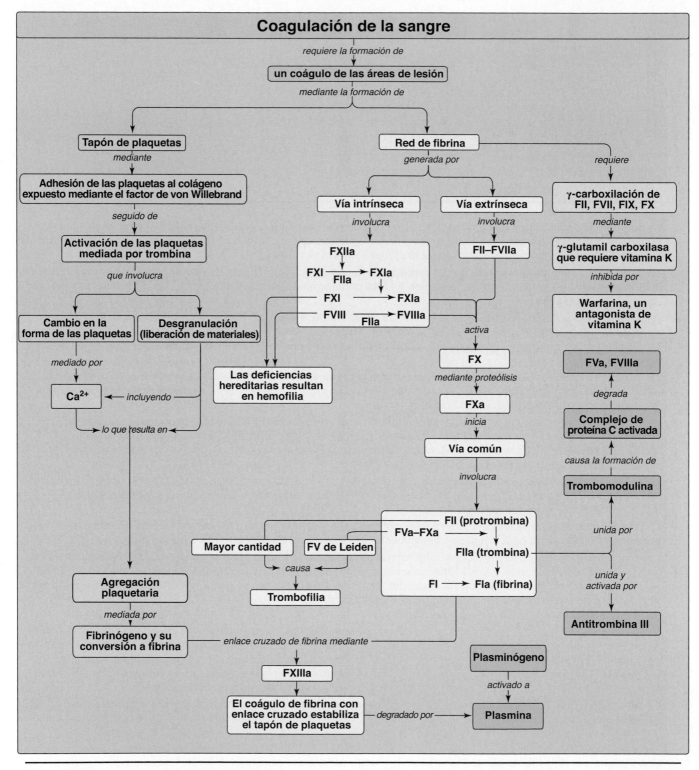

Figura 36-25
Mapa de conceptos clave para la coagulación sanguínea. a, activo; F, factor; Ca^{2+}, calcio.

Preguntas de estudio

Elija la RESPUESTA correcta.

Para las preguntas 36-1 a 36-5, relacione los factores (F) proteínicos más apropiados de la coagulación con su descripción.

A. FI   F. FVIII
B. FII   G. FIX
C. FIII   H. FX
D. FV   I. FXI
E. FVII   J. FXIII

36.1 Este factor activa los componentes de las vías intrínseca, extrínseca y común.

36.2 Este factor convierte el coágulo soluble en un coágulo insoluble.

36.3 Este factor inicia la vía común.

36.4 Este factor es una proteína accesoria que potencia la actividad del factor Xa.

36.5 Este factor es una serina proteasa que contiene γ-carboxiglutamato de la vía extrínseca.

Respuestas correctas = B, J, H, D, E. La trombina (FII) se forma en la vía común y activa los componentes en cada una de las tres vías de la cascada de coagulación. FXIII, una transglutaminasa, forma enlaces cruzados covalentes relacionados con monómeros de fibrina, lo que convierte un coágulo soluble en uno insoluble. La generación de FXa por las vías intrínseca y extrínseca inicia la vía común. FV aumenta la actividad de FXa. Es una de las tres proteínas accesorias (no proteasas). Las otras son FIII (factor tisular) y FVIII (forma complejos con FIX para activar FX). FVII es una serina proteasa que contiene γ-carboxiglutamato que forma complejos con FIII en la vía extrínseca.

36.6 ¿En qué paciente no estaría afectado el tiempo de protrombina (TP) y el tiempo de tromboplastina parcial activada (TTPa) estaría prolongado?
A. Un paciente bajo tratamiento con ácido acetilsalicílico.
B. Un paciente con enfermedad hepática en etapa terminal.
C. Un paciente con hemofilia.
D. Un paciente con trombocitopenia.

Respuesta correcta = C. El TP mide la actividad de la vía extrínseca a través de la común y el TTPa mide la actividad de la vía intrínseca a través de la común. Los pacientes con hemofilia tienen deficiencia ya sea de FVIII (hemofilia A) o FIX (hemofilia B), los componentes de la vía común. Por lo tanto, el TP no está afectado y el TTPa está prolongado. Los pacientes que reciben tratamiento con ácido acetilsalicílico y aquellos con trombocitopenia tienen alteraciones en la función y la cantidad de las plaquetas, de forma respectiva, y no en las proteínas de la cascada de coagulación. Por lo tanto, el TP y el TTPa no están afectados. Los pacientes con enfermedad hepática en etapa terminal tienen una menor capacidad para sintetizar las proteínas de la coagulación. Muestran un TP y un TTPa prolongados.

36.7 ¿Cuál de los siguientes puede descartarse en un paciente con trombofilia?
A. Deficiencia A de antitrombina III.
B. Deficiencia de FIX.
C. Deficiencia de proteína C.
D. Exceso de protrombina.
E. Expansión de FV de Leiden.

Respuesta correcta = B. Las deficiencias sintomáticas en los factores de la coagulación se presentarán con una menor capacidad de coagular (coagulopatía). Sin embargo, la trombofilia se caracteriza por una mayor tendencia a la coagulación. Las opciones A, C, D y E derivan en trombofilia.

36.8 Las guías actuales para el tratamiento de pacientes con un evento vascular cerebral agudo (uno causado por un coágulo de sangre que obstruye uno de los vasos que suministran sangre al cerebro) incluyen la recomendación de que el activador de plasminógeno tisular (APT) puede usarse poco después del inicio de los síntomas. La base de la recomendación para APT es que activa:

A. Antitrombina.
B. El complejo de proteína C activada.
C. El receptor del factor de von Willebrand.
D. La serina proteasa que degrada fibrina.
E. Trombomodulina.

Respuesta correcta = D. El APT convierte el plasminógeno a plasmina. La plasmina (una serina proteasa) degrada la red de fibrina, lo que elimina la obstrucción al flujo sanguíneo. La antitrombina III en asociación con la heparina une la trombina y la transporta al hígado, acción que disminuye la disponibilidad de la trombina en la sangre. El complejo de proteína C activada degrada las proteínas accesorias FV y FVIII. El receptor de plaquetas para el factor de von Willebrand no se ve afectado por el APT. La trombomodulina une trombina y la convierte de una proteína de la coagulación a una de la anticoagulación al disminuir su activación de fibrinógeno y aumentar su activación de proteína C.

36.9 La adhesión, activación y agregación de las plaquetas proporcionan el tapón inicial en el sitio de lesión del vaso. ¿Cuál de los siguientes enunciados relacionados con la formación del tapón de plaquetas es correcto?

A. Las plaquetas activadas pasan por un cambio de forma que disminuye su área de superficie.
B. La formación de un tapón de plaquetas se previene en los vasos intactos mediante la producción de tromboxano A_2 por las células endoteliales.
C. La fase de activación requiere la producción de monofosfato de adenosina cíclico.
D. La fase de adhesión está mediada por la unión de plaquetas al factor de von Willebrand a través de la glucoproteína Ib.
E. La trombina activa las plaquetas mediante la unión a un receptor acoplado a proteína G activada por proteasa y provoca la activación de la proteína cinasa A.

Respuesta correcta = D. La fase de adhesión de la formación del tapón de plaquetas se inicia mediante la unión del factor de von Willebrand al receptor (glucoproteína Ib) en la superficie de las plaquetas. El cambio de forma de discoide a esférico con seudopodia aumenta el área de superficie de las plaquetas. El tromboxano A_2 es elaborado por las plaquetas. Causa activación plaquetaria y vasoconstricción. El difosfato de adenosina se libera de las plaquetas activadas y en sí mismo activa las plaquetas. La trombina funciona sobre todo a través de los receptores acoplados a las proteínas G_q y causa la activación de la fosfolipasa C.

36.10 El síndrome nefrótico es una enfermedad renal caracterizada por la pérdida de proteína en la orina (≥ 3 g/día) que se acompaña de edema. La pérdida de proteína deriva en un estado hipercoagulable. ¿La excreción de cuál de las siguientes proteínas explicaría la trombofilia que se observa en este síndrome?

A. Antitrombina
B. FV
C. FVIII
D. Protrombina

Respuesta correcta = A. La antitrombina III (ATIII) inhibe la acción de la trombina (FIIa), una proteína de la coagulación que contiene Gla y que activa las vías extrínseca, intrínseca y común. La excreción de ATIII en el síndrome nefrótico permite que las acciones de FIIa continúen, lo que da lugar a un estado hipercoagulable. Las otras opciones son proteínas necesarias para la coagulación. Su excreción en la orina disminuiría la coagulación.

36.11 ¿El bloquear la acción de cuál de las siguientes proteínas sería un tratamiento racional para hemofilia B?

A. FIX
B. FXIII
C. Proteína C
D. Inhibidor de la vía de factor tisular

Respuesta correcta = D. La hemofilia B es una coagulopatía causada por una menor producción de trombina por la vía común como resultado de una deficiencia en el FIX de la vía intrínseca. Dado que la vía extrínseca también puede derivar en la producción de trombina, bloquear el inhibidor de esta vía (inhibidor de la vía del factor tisular) debe, en un principio, aumentar la producción de trombina.

36.12 Los padres de una recién nacida no saben si permitir que la bebé reciba la inyección de vitamina K que se recomienda poco después del nacimiento para prevenir el sangrado por deficiencia de vitamina K, el cual es causado por las bajas concentraciones de la vitamina en los recién nacidos. ¿La actividad de cuál de los siguientes factores proteínicos que participan en la coagulación estaría disminuido en esta paciente si no recibe la inyección?

A. FV
B. FVII
C. FXI
D. FXIII

Respuesta correcta = B. FVII es una proteína de la coagulación que contiene γ-carboxiglutamato (Gla). La creación de residuos Gla por la γ-glutamil carboxilasa requiere vitamina K como una coenzima. El FII, FIX y FX, así como las proteínas C y S que limitan la coagulación, también contienen residuos Gla. Las otras opciones no contienen residuos Gla.

36.13 La trombina, producida en la vía común de la coagulación, tiene actividades procoagulantes y anticoagulantes. ¿Cuál de las siguientes es una actividad anticoagulante de la trombina?

A. Activar FXIII.
B. Unirse a la trombomodulina.
C. Aumentar la producción de óxido nítrico.
D. Inhibir FV y FVIII.
E. Inhibir la activación plaquetaria.

Respuesta correcta = B. La trombina unida a trombomodulina activa la proteína C que degrada las proteínas accesorias FV y FVIII, con lo que se inhibe la coagulación. La activación de FXIII por la trombina fortalece el coágulo de fibrina. El óxido nítrico, un vasodilatador elaborado por las células endoteliales, disminuye la formación de coágulos. No está afectado por la trombina. La trombina es un poderoso activador de plaquetas.

36.14 ¿Cuál de los siguientes resultados se esperaría para un paciente con una deficiencia en el FXIII?

A. Tanto el tiempo de protrombina como el tiempo de tromboplastina parcial activado están disminuidos.
B. Tanto el tiempo de protrombina como el tiempo de tromboplastina parcial activado están aumentados.
C. Tanto el tiempo de protrombina como el tiempo de tromboplastina parcial activado permanecen sin cambios.
D. Solo el tiempo de protrombina está afectado.
E. Solo el tiempo de tromboplastina parcial activado está afectado.

Respuesta correcta = C. El FXIII es una transglutaminasa que forma enlaces cruzados con las moléculas de fibrina en un coágulo suave para formar un coágulo duro. Su deficiencia no afecta las pruebas de TP y el TTPa. (Nota: se evalúa mediante una prueba de solubilidad del coágulo.

36.15 ¿Por qué los individuos con síndrome de Scott, un trastorno raro causado por mutaciones a la escramblasa en las plaquetas, tienen una tendencia al sangrado?

La escramblasa mueve a la fosfatidilserina (PS) de la hojuela citosólica a la hojuela extracelular en la membrana plasmática de las plaquetas. Esto altera la ubicación asimétrica de los fosfolípidos de membrana creados por flipasas dependientes de ATP (se mueve de la PS de la hojuela extracelular a la citosólica) y flopasas (mueven fosfatidilcolina [PC] en dirección opuesta). El tener PS en la cara externa de las membranas plaquetarias proporciona un sitio para los factores de coagulación de las proteínas para interactuar y activar la trombina. Si la escramblasa está inactiva, la PS no está disponible para estos factores y el resultado es el sangrado.

36.16 Varios días después de eliminar una infestación de ratas en su casa, los padres de una niña de 3 años de edad se preocupan de que ella pueda haber ingerido los gránulos que contenían veneno. Después de llamar a la línea para control de envenenamientos, la llevan a la sala de urgencias. Los estudios en sangre revelan que los tiempos de protrombina y de tromboplastina parcial activado están prolongados y hay una menor concentración de trombina, FVII, FIX y FX. ¿Por qué la administración de vitamina K sería un abordaje racional al tratamiento de esta paciente?

Muchos venenos para roedores son súper warfarinas, es decir, son fármacos que tienen una vida media prolongada en el cuerpo. La warfarina inhibe la γ-carboxilación (producción de γ-carboxiglutamato o de residuos Gla), y las proteínas de la coagulación que han disminuido son las proteasas que contienen Gla de la cascada de coagulación. (Nota: las proteínas C y S de la anticoagulación también son proteínas que contienen Gla.) Debido a que la warfarina funciona como un antagonista de la vitamina K, la administración de vitamina K es un abordaje racional al tratamiento.

APÉNDICE
Casos clínicos

I. CASOS INTEGRALES

Las vías metabólicas, presentadas en un inicio en aislamiento, están, de hecho, relacionadas para formar una red interconectada. Los siguientes estudios de caso integrales ilustran cómo un trastorno en un proceso puede causar trastornos en otros procesos de la red.

CASO 1: DOLOR TORÁCICO

Presentación del paciente: un hombre de 35 años de edad con dolor torácico subesternal intenso de ~2 horas de duración es llevado en ambulancia a su hospital local a las 5 a.m. El dolor se acompaña de disnea (falta de aliento), diaforesis (sudoración) y náusea.

Antecedentes enfocados: el paciente informa episodios de dolor torácico con el esfuerzo en los últimos cuantos meses, pero su intensidad había sido menor y eran más cortos. Fuma (2 a 3 cajetillas al día), solo toma alcohol en raras ocasiones, consume una dieta "típica" y camina con su esposa casi todos los fines de semana. Su presión arterial ha sido normal. Los antecedentes familiares revelan que su padre y una tía paterna murieron a consecuencia de una cardiopatía a los 45 y 39 años de edad, de forma respectiva. Refiere que su madre y hermano menor (de 31 años de edad) gozan de buena salud.

Exploración física (datos pertinentes): él se encuentra pálido y con la piel pegajosa y está angustiado por el dolor torácico. La presión arterial y la frecuencia respiratoria están elevadas. Se notan depósitos lípidos en la periferia de las córneas (arco corneal; *véase* la imagen izquierda) y bajo la piel en y alrededor de los párpados (xantelasmas; *véase* imagen derecha). No se detectan depósitos en los tendones (xantomas).

Arco corneal   **Xantelasmas**

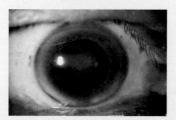   

Resultados de las pruebas pertinentes: el electrocardiograma del paciente es consistente con un infarto de miocardio. La angiografía revela áreas de estenosis (estrechamiento) pronunciadas de varias arterias coronarias. Los resultados iniciales del laboratorio clínico incluyen lo siguiente:

	Paciente	Intervalo de referencia
Troponina	0.5 ng/mL	Debajo de 0.04 ng/mL
Colesterol total	365 mg/dL (**A**)	< 200
Colesterol de lipoproteínas de baja densidad (LDL)	304 mg/dL (**A**)	< 130
Colesterol de lipoproteínas de alta densidad (HDL)	38 mg/dL (**B**)	> 45
Triglicéridos (triacilgliceroles)	115 mg/dL	< 150

A, alto; **B**, bajo. [Nota: el paciente no había comido en ~8 horas antes de la obtención de sangre.]

Diagnóstico: el infarto agudo de miocardio, la necrosis (muerte) irreversible del músculo cardiaco secundaria a isquemia (disminución del flujo sanguíneo), se debe a la oclusión (bloqueo) de un vaso sanguíneo más a menudo por un coágulo sanguíneo (trombo). De forma subsecuente se determina que el paciente tiene hipercolesterolemia familiar heterocigota, también conocida como hiperlipidemia tipo IIa.

Tratamiento inmediato: se le suministra O_2, un vasodilatador y analgésicos, y se le somete a un procedimiento de colocación de endoprótesis para restablecer la perfusión (restaurar el flujo sanguíneo al corazón).

Tratamiento a largo plazo: el plan de tratamiento a largo plazo tal vez incluya hipolipemiantes estatinas, ácido acetilsalicílico diario y asesoría sobre nutrición, ejercicio y suspensión del tabaquismo.

Pronóstico: los pacientes con hipercolesterolemia familiar heterocigota tienen ~50% de la cantidad normal de receptores de LDL funcionales y una hipercolesterolemia (dos a tres veces lo normal) que los pone en riesgo elevado (riesgo > 50%) de cardiopatía coronaria prematura. Sin embargo, < 5% de los pacientes con hipercolesterolemia tiene en realidad la variante familiar heterocigota.

Perla de nutrición: las recomendaciones dietéticas para las personas con hipercolesterolemia familiar heterocigota incluyen limitar las grasas saturadas a < 7% de las calorías totales y el colesterol a < 200 mg/día, además de sustituir las grasas no saturadas por grasas saturadas y añadir fibra soluble (10 a 20 g/día) y esteroles vegetales (2 g/día) por sus efectos hipocolesterolémicos. La fibra aumenta la excreción de ácidos biliares. Esto deriva en un aumento en la captación hepática de LDL ricas en colesterol para proporcionar el sustrato para la síntesis de ácidos biliares. Los esteroles vegetales disminuyen la absorción de colesterol en el intestino.

Gema de genética: la hipercolesterolemia familiar es causada por cientos de mutaciones diferentes en el gen para el receptor de LDL (en el cromosoma 19) que afecta la cantidad o función del receptor. La hipercolesterolemia familiar es una enfermedad autosómica dominante en la cual los homocigotos están más afectados que los heterocigotos. La hipercolesterolemia familiar heterocigota tiene una incidencia de ~1:500 en la población general. Se relaciona con un mayor riesgo de enfermedad cardiovascular. El estudio genético de los parientes de primer grado del paciente permitiría identificar a los individuos afectados para tratamiento.

PREGUNTAS DE ESTUDIO: elija la RESPUESTA correcta.

PE1. Los triacilgliceroles son lípidos a base de glicerol. ¿Cuál de los siguientes también es un lípido a base de glicerol?

A. Gangliósido GM_2

B. Fosfatidilcolina

C. Prostaglandina PGI_2

D. Esfingomielina

E. Vitamina D

PE2. Las estatinas son de beneficio para los pacientes con hipercolesterolemia porque:

A. Disminuyen un paso limitante de la velocidad y regulado de la biosíntesis *de novo* de colesterol.

B. Disminuyen la expresión del gen para el receptor de LDL.

C. Aumentan la oxidación del colesterol a $CO_2 + H_2O$.

D. Interfieren con la absorción de las sales biliares en la circulación enterohepática.

E. Reducen el colesterol al aumentar la síntesis de hormona esteroidea y vitamina D.

PE3. Las estatinas son inhibidores competitivos de la HMG CoA reductasa. ¿Cuál de las siguientes afirmaciones sobre el mecanismo de acción de las estatinas es, por lo tanto, correcta?

A. Las estatinas funcionan como inhibidores irreversibles.

B. Las estatinas provocan un aumento tanto en la constante de Michaelis (K_m) aparente como en la velocidad máxima aparente ($V_{máx}$).

C. Las estatinas aumentan la K_m aparente y no tienen efecto sobre la $V_{máx}$.

D. Las estatinas disminuyen tanto la K_m aparente como la $V_{máx}$ aparente.

E. Las estatinas no tienen efecto sobre la K_m y disminuyen la $V_{máx}$ aparente.

PE4. La menor perfusión tisular resulta en hipoxia (disminución de la disponibilidad de O_2). En relación con la normoxia, en la hipoxia:

A. La cadena de transporte de electrones se aumentará para proporcionar protones para la síntesis de ATP.

B. La relación de la NAD^+ a la NADH aumentará.

C. Se activará el complejo piruvato deshidrogenasa.

D. Se aumentará el proceso de la fosforilación a nivel de sustrato en el citosol.

E. El ciclo del ácido tricarboxílico se aumentará.

PREGUNTAS DE REFLEXIÓN

PR1. En relación con un individuo con receptores LDL defectuosos familiares, ¿cuál sería el fenotipo esperado en un individuo con apolipoproteína B-100 defectuosa familiar? ¿Con apolipoproteína E-2, la isoforma que solo une débilmente su receptor?

PR2. ¿Por qué se le prescribió ácido acetilsalicílico? **Pista:** ¿Qué producto del metabolismo del ácido araquidónico es inhibido por el ácido acetilsalicílico?

PR3. El músculo cardiaco por lo regular usa un metabolismo aerobio para satisfacer sus necesidades de energía. Sin embargo, en la hipoxia, la glucólisis anaerobia está aumentada. ¿Qué activador alostérico de la glucólisis es responsable de este efecto? Con la hipoxia, ¿cuál será el producto terminal de la glucólisis?

PR4. Uno de los motivos para fomentar la suspensión del tabaquismo y el ejercicio para este paciente es que estos cambios aumentan el nivel de HDL, y las HDL elevadas reducen el riesgo de cardiopatía coronaria. ¿Cómo es que una elevación en las HDL reduce el riesgo de cardiopatía coronaria?

CASO 2: HIPOGLUCEMIA GRAVE EN AYUNO

Presentación del paciente: el paciente es un niño de 4 meses de edad cuya madre está preocupada por los movimientos de "sacudidas" que hace justo antes de comer. Le dice al pediatra que los movimientos comenzaron ~1 semana antes, son más aparentes por las mañanas y desaparecen poco después de comer.

Antecedentes enfocados: el niño nació a término tras un embarazo y un parto normales. Su apariencia fue normal al nacer. En sus gráficas de crecimiento ha estado en el percentil 30º tanto para peso como para talla desde el nacimiento. Sus inmunizaciones están actualizadas. Comió por última vez unas pocas horas antes.

Exploración física (datos pertinentes): el niño parece somnoliento y se siente pegajoso al tacto. Su frecuencia respiratoria está elevada. Su temperatura es normal. Tiene un abdomen firme y protuberante que parece no estar sensible. Puede palparse su hígado 4 cm por debajo del margen costal derecho y está suave.

Resultados de las pruebas pertinentes:

	Paciente	Intervalo pediátrico de referencia
Glucosa	50 mg/dL (**B**)	60-105
Lactato	3.4 mmol/L (**A**)	0.6-3.2
Ácido úrico	5.6 mg/dL (**A**)	2.4-5.4
Colesterol total	220 mg/dL (**A**)	< 170
Triglicéridos (triacilgliceroles)	280 mg/dL (**A**)	< 90
pH	7.30 (**B**)	7.35-7.45
HCO_3^-	12 mEq/L (**B**)	19-25

A = alto; **B** = bajo.

Se envía al niño al hospital infantil regional para una evaluación más detallada. Los estudios de ultrasonido confirman hepatomegalia y riñones aumentados y simétricos, pero no muestran evidencia de tumores. Se realiza una biopsia hepática. Los hepatocitos están agrandados. La tinción revela grandes cantidades de lípidos (sobre todo triacilglicerol) y carbohidratos. El glucógeno hepático está elevado en cantidad y normal en su estructura. El ensayo enzimático mediante homogenizado de hígado tratado con detergente revela < 10% de la actividad normal de la glucosa 6-fosfatasa, una enzima de la membrana reticular endoplásmica en el hígado y los riñones.

Diagnóstico: deficiencia de glucosa 6-fosfatasa (enfermedad de almacenamiento de glucógeno tipo Ia, enfermedad de von Gierke).

Tratamiento (inmediato): recibió glucosa por vía intravenosa y su concentración de glucosa en sangre se elevó hasta el rango normal. Sin embargo, a medida que avanzaba el día, esta cayó muy por debajo de lo normal. La administración de glucagón no tuvo efecto sobre los niveles de glucosa sanguínea pero aumentó el lactato en sangre. Sus niveles de glucosa sanguínea fueron capaces de mantenerse mediante una infusión constante de glucosa.

Pronóstico: los individuos con deficiencia de glucosa 6-fosfatasa desarrollan adenomas hepáticos en la segunda década de vida y están en mayor riesgo de carcinoma hepático. La afección renal puede causar una alteración de la función tubular, lo que provoca acidosis, y la función glomerular también puede verse afectada y derivar en enfermedad renal crónica. Los pacientes están en mayor riesgo de desarrollar gota, pero esto rara vez ocurre antes de la pubertad.

Perla de nutrición: la terapia de nutrición médica de largo plazo para este niño está diseñada para mantener sus niveles de glucosa sanguínea en el rango normal. Se aconsejan las alimentaciones diurnas frecuentes (cada 2 a 3 h) con alto contenido en carbohidratos (proporcionado por almidón de maíz que se hidroliza despacio) e infusión nasogástrica nocturna (ayudada con bomba) de glucosa. Se recomienda evitar la fructosa y la galactosa porque se metabolizan a intermediarios glucolíticos y lactato, que pueden exacerbar los problemas metabólicos. Se prescriben complementos de calcio y vitamina D.

Gema de genética: la enfermedad por almacenamiento de glucógeno es un trastorno autosómico recesivo causado por > 100 mutaciones conocidas al gen para la glucosa 6-fosfato ubicado en el cromosoma 17. Tiene una incidencia de 1:100 000 y representa ~25% de todos los casos de enfermedad de almacenamiento de glucógeno en Estados Unidos. Es una de las pocas causas genéticas de hipoglucemia en recién nacidos. La enfermedad de almacenamiento de glucógeno Ia no se incluye de forma sistemática en el tamiz neonatal. [Nota: la deficiencia de translocasa que mueve la glucosa 6-fosfato hacia el retículo endoplásmico es la causa de la enfermedad de almacenamiento de glucógeno Ib. Se observan hipoglucemia y neutropenia.]

PREGUNTAS DE ESTUDIO: elija la RESPUESTA correcta.

PE1. El paciente es hipoglucémico porque:

A. No puede producirse glucosa no fosforilada a partir de glucogenólisis o gluconeogénesis.

B. La glucógeno fosforilasa está desfosforilada e inactiva y el glucógeno no puede degradarse.

C. La lipasa sensible a hormonas está inactiva y no pueden ser generados sustratos para la gluconeogénesis.

D. La disminución en la relación de insulina/glucagón aumenta los transportadores de glucosa en el hígado y los riñones.

PE2. Al paciente se le prescriben complementos de calcio debido a que la acidosis crónica puede causar desmineralización ósea, lo que deriva en osteopenia. También se prescribe vitamina D $(1,25\text{-diOH-D}_3)$ debido a que la vitamina D:

A. Une receptores de membrana acoplados a proteína G_q y causa una elevación en el inositol trifosfato.

B. No puede ser sintetizada por los humanos y, por lo tanto, debe proporcionarse en la dieta.

C. Es una vitamina liposoluble que aumenta la absorción intestinal de calcio.

D. Actúa como el grupo coenzima-prostético para calbindina, un transportador de calcio en el intestino.

PE3. La hepatomegalia y la renomegalia que se observan en este niño son sobre todo el resultado de un aumento en la cantidad de glucógeno almacenado en estos órganos. ¿Cuál es la base para la acumulación de glucógeno en estos órganos?

A. La glucólisis se disminuye, lo que empuja la glucosa a glucogénesis.

B. La mayor oxidación de los ácidos grasos ahorra glucosa para la glucogénesis.

C. Glucosa 6-fosfato es un activador alostérico de la glucógeno sintasa b.

D. La elevación en la relación insulina/glucagón favorece la glucogénesis.

PE4. La glucosa 6-fosfatasa es una proteína integral de la membrana del retículo endoplásmico. ¿Cuál de los siguientes enunciados sobre esta proteína es correcto?

A. Si está glucosilada, el carbohidrato se ubica en la porción de la proteína que se extiende al citosol.

B. Se sintetiza en los ribosomas que están libres en el citosol.

C. El dominio que abarca la membrana consiste de aminoácidos hidrofílicos.

D. La señal de direccionamiento inicial es una secuencia señal amino terminal hidrofóbica.

PREGUNTAS DE REFLEXIÓN

PR1. ¿Cuál es el motivo probable para los movimientos de sacudidas del paciente?

PR2. ¿Por qué se trata el homogenizado hepático con detergente? **Pista:** piense en el sitio en que se ubica la enzima.

PR3. ¿Por qué la concentración de glucosa sanguínea de este paciente no está afectada por el glucagón? **Pista:** ¿cuál es la función del glucagón en individuos normales que experimentan una caída en la glucosa sanguínea?

PR4. ¿Por qué el urato y el lactato están elevados en un trastorno del metabolismo de glucógeno? **Pista:** es el resultado de una disminución en el fosfato inorgánico (P_i), ¿pero por qué está disminuido el P_i?

PR5. ¿Por qué están elevados los triacilgliceroles y el colesterol? **Pista:** la glucosa es la fuente de carbono primaria para su síntesis. ¿Por qué no están elevados los cuerpos cetónicos?

CASO 3: HIPERGLUCEMIA E HIPERCETONEMIA

Presentación del paciente: una mujer de 40 años de edad fue llevada al servicio de urgencias por su esposo en un estado desorientado y confundido.

Antecedentes enfocados: su esposo informa que la paciente ha tenido diabetes tipo 1 durante los últimos 24 años y esta es su primera urgencia médica en 2 años.

Exploración física (datos pertinentes): la paciente presentó signos de deshidratación, como membranas mucosas y piel secas, turgencia cutánea reducida y presión arterial baja. También tuvo signos de acidosis, como respiración profunda y rápida (respiración de Kussmaul). Su aliento tenía un olor un tanto afrutado. Su temperatura era normal.

Resultados de las pruebas pertinentes: los resultados de las pruebas sanguíneas realizadas por el laboratorio clínico se muestran a continuación:

	Paciente	Intervalo de referencia
Glucosa	414 mg/dL (23 mmol/L) (**A**)	70-99 (3.9-5.5)
Nitrógeno en la urea sanguínea	8 mmol/L (**A**)	2.5-6.4
3-hidroxibutirato	350 mg/dL (**A**)	0-3
HCO_3^-	12 mmol/L (**B**)	22-28
Na^+	136 mmol/L	138-150
K^+	5.3 mmol/L	3.5-5.0
Cl^-	102 mmol/L	95-105
pH	7.1 (**B**)	7.35-7.45

A = alto; **B** = bajo.

La exploración microscópica de la orina reveló leucocitos, sospechosos de una infección urinaria, que más tarde se confirmó con un cultivo de orina.

Diagnóstico: la paciente está en cetoacidosis diabética que se vio precipitada por una infección urinaria. [Nota: la diabetes aumenta el riesgo de infecciones como las de tipo urinario.]

Tratamiento inmediato: se le administró insulina. La rehidratación se inició con solución salina normal administrada por vía intravenosa (IV). La glucosa sanguínea, los cuerpos cetónicos y los electrolitos se midieron de forma periódica. Se inició el tratamiento de la infección urinaria con antibióticos.

Tratamiento a largo plazo: la diabetes aumenta el riesgo de complicaciones macrovasculares, como arteriopatía coronaria y evento vascular cerebral, y complicaciones microvasculares, como retinopatía, nefropatía y neuropatía. El monitoreo constante para estas complicaciones deberá continuar.

Pronóstico: la diabetes es la séptima causa principal de muerte por enfermedad en Estados Unidos. Los individuos con diabetes tienen una esperanza de vida reducida en relación con aquellos sin diabetes.

Perla de nutrición: el monitoreo de la ingesta total de carbohidratos es sobre todo a través del control de la glucosa sanguínea. Los carbohidratos deben provenir de granos enteros, vegetales, legumbres y frutas. Se recomiendan los productos lácteos bajos en grasa, así como las nueces y los pescados ricos en ácidos grasos ω-3. El consumo de grasas saturadas y *trans* debe minimizarse.	**Gemas de genética:** la destrucción autoinmune de las células β pancreáticas es característica de la diabetes tipo 1. De los *locus* genéticos que confieren riesgo para diabetes tipo 1, la región del antígeno leucocítico humano (HLA) en el cromosoma 6 tiene la relación más fuerte. La mayoría de los genes en la región HLA participa en la respuesta inmune.

PREGUNTAS DE ESTUDIO: elija la RESPUESTA correcta.

PE1. ¿Cuál de los siguientes enunciados relacionados con la diabetes tipo 1 es correcto?

A. El diagnóstico puede hacerse al medir el nivel de glucosa o hemoglobina glucosilada (HbA_{1c}).

B. Durante los periodos de estrés, la orina de un paciente tal vez resulte negativa para reducir azúcares.

C. La diabetes tipo 1 se relaciona con obesidad y un estilo de vida sedentario.

D. Las anormalidades metabólicas características de la diabetes tipo 1 derivan de la insensibilidad a la insulina.

E. El tratamiento con insulina exógena permite la normalización de la glucosa sanguínea.

PE2. Los cuerpos cetónicos:

A. Se elaboran a partir de acetil coenzima A (CoA) que se produce sobre todo por oxidación de la glucosa.

B. Son utilizados por muchos tejidos, en especial el hígado, después de la conversión a acetil CoA.

C. Incluyen acetoacetato, que puede impartir un olor a fruta en el aliento.

D. Requieren albúmina para el transporte a través de la sangre.

E. Utilizados en el metabolismo de la energía son ácidos orgánicos que pueden añadirse a la carga de protones del cuerpo.

PE3. La lipólisis adiposa seguida por los productos de la β-oxidación de los ácidos grasos es necesaria para la generación de los cuerpos cetónicos. ¿Cuál de los siguientes enunciados relacionados con la generación y el uso de ácidos grasos es correcto?

A. La oxidación β mitocondrial de los ácidos grasos se inhibe por el malonil CoA.

B. La producción de ácidos grasos de la lipólisis adiposa está aumentada por la insulina.

C. La acetil CoA producto de la β-oxidación de los ácidos grasos inhibe el uso del piruvato para la gluconeogénesis.

D. La β-oxidación de los ácidos grasos utiliza equivalentes de reducción generados mediante gluconeogénesis.

E. Los ácidos grasos producidos mediante lipólisis son captados por el cerebro y oxidados para obtener energía.

PREGUNTAS DE REFLEXIÓN

PR1. Al ingresar, la paciente se encontraba hipoinsulinémica y se le administró insulina. ¿Por qué la hipoinsulinemia derivó en hiperglucemia? **Pista:** ¿cuál es la función de la insulina en el metabolismo de la glucosa?

PR2. ¿Por qué hay glucosa en su orina (glucosuria)? ¿Cómo se relaciona la glucosuria con su estado deshidratado?

PR3. ¿Por qué se está usando la mayoría de la acetil CoA de la β-oxidación de los ácidos grasos para la cetogénesis en lugar de oxidarse en el ciclo del ácido tricarboxílico?

PR4. ¿Se encontraba en equilibrio de nitrógeno positivo o negativo cuando llegó al hospital?

PR5. ¿Qué respuesta a la cetoacidosis diabética es aparente en esta paciente? ¿Qué respuesta es probable que ocurra en el riñón? **Pista:** además de la conversión a urea, ¿cómo se elimina el amoniaco tóxico del cuerpo?

PR6. ¿Qué sería cierto sobre los niveles de cuerpos cetónicos y glucosa durante los periodos de estrés fisiológico en individuos con oxidación alterada de los ácidos grasos?

CASO 4: HIPOGLUCEMIA, HIPERCETONEMIA Y DISFUNCIÓN HEPÁTICA

Presentación del paciente: un hombre de 59 años de edad con habla farfullada, ataxia (pérdida de la coordinación del músculo esquelético) y dolor abdominal fue llevado a la sala de urgencias.

Antecedentes enfocados: este paciente es conocido por el personal de la sala de urgencias de visitas anteriores. Tiene antecedentes de 6 años de consumo de alcohol crónico y excesivo. No se sabe que consuma drogas ilegales. En esta visita a la sala de urgencias informa que ha estado bebiendo en exceso en el último día más o menos. No recuerda haber comido nada en este tiempo pero admite vómito, sin evidencia de sangrado reciente.

Exploración física (datos pertinentes): la exploración física fue relevante por la apariencia emaciada del paciente. (Más tarde se determinó que su índice de masa corporal era de 17.5, lo que implica que está en la categoría de bajo peso.) Sus mejillas están eritematosas (de color rojo) debido a los vasos sanguíneos dilatados de la piel (telangiectasia). El movimiento de los ojos fue normal. No se observó ictericia ni edema (inflamación debido a retención de líquidos). El hígado estaba un tanto aumentado de tamaño. Las pruebas a la cabecera de la cama revelaron hipoglucemia e hipercetonemia (como acetoacetato). Se tomaron muestras de sangre y se enviaron al laboratorio clínico.

Resultados de las pruebas pertinentes:

	Paciente	Intervalo de referencia
Etanol	180 mg/dL (**A**)	(> 80 se considera positivo para manejar en estado de ebriedad)
Glucosa	58 mg/dL (**B**)	70-99
Lactato	23 mg/dL (**A**)	5-15
Ácido úrico	7.0 mg/dL	2.5-8.0
3-hidroxibutirato	50 mg/dL (**A**)	0-3.0
Bilirrubina total	1.5 mg/dL (**A**)	0.3-1.0
Bilirrubina directa (conjugada)	0.5 mg/dL (**A**)	0.1-0.3
Albúmina	3.0 g/dL (**B**)	3.5-5.8
Aspartato transaminasa (AST)	130 U/L (**A**)	0-35
Alanina transaminasa (ALT)	75 U/L (**A**)	0-35
Tiempo de protrombina	15.5 s (**A**)	11.0-13.2

A = alto; **B** = bajo.

Pruebas adicionales: la biometría hemática completa y el frotis de sangre revelaron anemia macrocítica (*véase* imagen a la derecha). Se solicitaron las concentraciones de folato y B_{12}.

Diagnóstico: el paciente presenta un trastorno por consumo de alcohol y cetoacidosis alcohólica.

Tratamiento (inmediato): se administraron tiamina y glucosa por vía intravenosa.

Pronóstico: dependencia del alcohol es la tercera causa más frecuente de muerte prevenible en Estados Unidos. Las personas con trastorno por consumo de alcohol están en mayor riesgo de padecer deficiencias vitamínicas, cirrosis, pancreatitis, sangrado gastrointestinal y algunos cánceres.

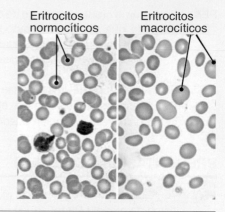

Eritrocitos normocíticos

Eritrocitos macrocíticos

Perla de nutrición: quienes presentan trastorno por consumo de alcohol están en riesgo de deficiencias vitamínicas como resultado de una menor ingesta y absorción. La deficiencia de tiamina (vitamina B_1) es frecuente y puede tener consecuencias graves como síndrome de Wernicke-Korsakoff con sus efectos neurológicos. El pirofosfato de tiamina, la forma en coenzima, se requiere para la oxidación mediada por deshidrogenasa de los α-cetoácidos (como piruvato), así como la transferencia de grupos cetoles de dos carbonos mediante transcetolasa en las interconversiones de azúcar reversibles en la vía de pentosa fosfato.

Gema de genética: el acetaldehído, el producto de la oxidación de etanol por la enzima hepática citosólica que requiere nicotinamida adenina dinucleótido (NAD^+), alcohol deshidrogenasa (ADH), se oxida a acetato por la aldehído deshidrogenasa (ALDH2) mitocondrial que requiere NAD^+. Los individuos con ascendencia del este de Asia suelen tener un polimorfismo de un solo nucleótido que hace que ALDH2 esté en esencia inactiva. Esto deriva en rubor facial inducido por aldehído e intoxicación leve a moderada después del consumo de pequeñas cantidades de alcohol.

PREGUNTAS DE ESTUDIO: elija la RESPUESTA correcta.

PE1. Muchas de las consecuencias metabólicas del consumo crónico y excesivo de alcohol que se observa en este paciente son el resultado de un aumento en la relación de nicotinamida adenina dinucleótido (NADH) reducida a su forma oxidada (NAD^+) tanto en el citoplasma como en las mitocondrias. ¿Cuál de los siguientes enunciados relacionados con los efectos de la elevación en el NADH mitocondrial es correcta?

    A. Aumenta la oxidación de ácidos grasos.

    B. Aumenta la gluconeogénesis.

    C. Se inhibe la lipólisis.

    D. El ciclo del ácido tricarboxílico está inhibido.

    E. La reducción de malato a oxaloacetato en la lanzadera de malato-aspartato aumenta.

PE2. El etanol también puede oxidarse por las enzimas del citocromo P450 (CYP) y CYP2E1 es un ejemplo importante. CYP2E1, que es inducible por etanol, genera especies de oxígeno reactivo en su metabolismo de etanol. ¿Cuál de los siguientes enunciados relacionados con las proteínas CYP es correcto?

    A. Las proteínas CYP son dioxigenasas que contienen hemo.

    B. Las proteínas CYP de la membrana mitocondrial interna participan en las reacciones de desintoxicación.

    C. Las proteínas CYP de la membrana del retículo endoplásmico liso participan en la síntesis de hormonas esteroideas, ácidos biliares y calcitriol.

    D. Las especies de oxígeno reactivo como el peróxido de hidrógeno generado por CYP2E1 pueden oxidarse mediante la glutatión peroxidasa.

    E. La vía de pentosa fosfato es una fuente importante de NADPH que proporciona los equivalentes de reducción necesarios para la regeneración de glutatión funcional.

PE3. Se sabe que el alcohol modula los niveles de serotonina en el sistema nervioso central, donde la monoamina funciona como un neurotransmisor. ¿Cuál de los siguientes enunciados sobre la serotonina es correcto? La serotonina:

    A. Se relaciona con ansiedad y depresión.

    B. Se degrada mediante metilación por monoamina oxidasa.

    C. Se libera por las plaquetas activadas.

    D. Se sintetiza a partir de tirosina.

PE4. El consumo crónico excesivo de alcohol es la causa principal de pancreatitis aguda, un trastorno inflamatorio doloroso que deriva de la autodigestión de la glándula mediante la activación prematura de las enzimas pancreáticas. ¿Cuál de los siguientes enunciados relacionados con el páncreas es correcto?

A. Se esperaría que la autodigestión del páncreas provoque una disminución en las proteínas pancreáticas en sangre.

B. En individuos que evolucionan de pancreatitis aguda a crónica, diabetes y esteatorrea son datos esperados.

C. En respuesta a la secretina, el páncreas exocrino secreta protones para reducir el pH en la luz intestinal.

D. La pancreatitis también puede observarse en individuos con hipercolesterolemia.

PREGUNTAS DE REFLEXIÓN

PR1. A. ¿Qué efecto tiene sobre la glucólisis la elevación en el NADH citosólico que se observa con el metabolismo de etanol? **Pista:** ¿qué coenzima se requiere en la glucólisis?

B. ¿Cómo se relaciona esto con el hígado graso (esteatosis hepática) que suele observarse en individuos dependientes del alcohol?

PR2. ¿Qué podría aconsejarse a individuos con antecedentes de crisis gotosas para reducir su consumo de etanol?

PR3. ¿Por qué el tiempo de protrombina puede verse afectado en individuos dependientes de alcohol?

PR4. Las deficiencias de folato y vitamina B_{12} provocan una anemia macrocítica que puede observarse en las personas con alcoholismo. ¿Por qué es aconsejable medir las concentraciones de vitamina B_{12} antes de complementar con folato en un individuo con anemia macrocítica?

II. RESPUESTAS DE LOS CASOS INTEGRALES

CASO 1: Respuestas a LAS PREGUNTAS DE ESTUDIO

PE1. **Respuesta = B.** La fosfatidilcolina es un fosfolípido a base de glicerol derivado de un diacilglicerol fosfato (ácido fosfatídico) y citidina difosfato-colina. Los gangliósidos se derivan de las ceramidas, lípidos con una columna de esfingosina. Las prostaglandinas de las 2 series (como PGI_2) se derivan del ácido graso poliinsaturado de 20 carbonos, el ácido araquidónico. La esfingomielina es un esfingofosfolípido derivado de la ceramida. La vitamina D se deriva de un intermediario en la vía biosintética para el colesterol esterol.

PE2. **Respuesta = A.** Las estatinas inhiben la hidroximetilglutaril coenzima A (HMG CoA) reductasa, con lo que previenen la reducción dependiente de fosfato de nicotinamida adenina dinucleótido (NADPH) de HMG CoA a mevalonato y disminuyen la biosíntesis de colesterol (*véase* la figura más adelante). La disminución en el contenido de colesterol causada por las estatinas deriva en el movimiento de la proteína de unión del elemento regulador del esterol 2 (SREBP-2) en complejo con la proteína activadora de la escisión de SREBP (SCAP) de la membrana del retículo endoplásmico a la membrana de Golgi. La SREBP-2 se escinde, lo que genera un factor de transcripción que se mueve al núcleo y se une al elemento regulador de esterol a contra corriente de los genes para HMG CoA reductasa y el receptor de lipoproteínas de baja densidad (LDL), lo que aumenta su expresión. Los humanos son incapaces de degradar el núcleo de esteroide a CO_2 + H_2O. Los secuestradores de ácido biliar, como colestiramina, previenen la absorción de sales biliares por el hígado, con lo que aumentan su excreción. El hígado capta entonces colesterol a través del receptor de LDL y lo usa para elaborar los ácidos biliares, con lo que reduce los niveles de colesterol en sangre. Las hormonas esteroideas se sintetizan a partir del colesterol y la vitamina D se sintetiza en la piel a partir de un intermediario (7-dehidrocolesterol) en la vía biosintética del colesterol. Por lo tanto, se esperaría que la inhibición de la síntesis de colesterol disminuyera también su producción.

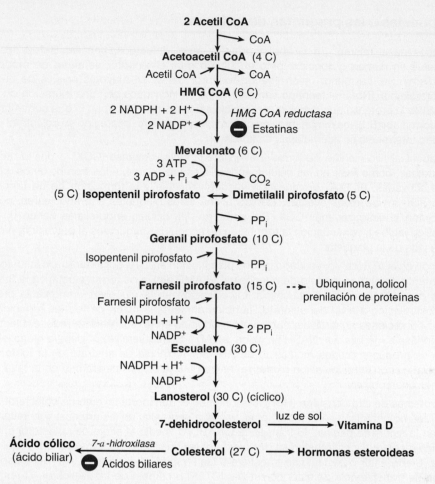

PE3. **Respuesta = C.** Los inhibidores competitivos se unen al mismo sitio que el sustrato (S) y evitan que el sustrato se una. Esto deriva en un aumento en la K_m aparente (constante de Michaelis, o que la concentración S que proporciona la mitad de la velocidad máxima [$V_{máx}$]). Sin embargo, debido a que la inhibición puede revertirse al añadir un sustrato adicional, la $V_{máx}$ no cambia (*véase* la figura a la derecha). Son los inhibidores no competitivos que disminuyen la $V_{máx}$ aparente y no tienen efecto sobre la K_m.

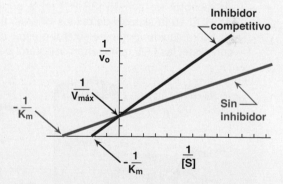

PE4. **Respuesta = D.** En la hipoxia, la fosforilación a nivel de sustrato en la glucólisis proporciona ATP. La fosforilación oxidativa se inhibe por la falta de O_2. Debido a que la tasa de síntesis de ATP por la fosforilación oxidativa controla la tasa de respiración celular, se inhibe el transporte de electrones. La elevación resultante en la razón de la forma reducida de nicotinamida adenina dinucleótido (NADH) a la forma oxidada (NAD^+) inhibe el ciclo del ácido tricarboxílico y el complejo piruvato deshidrogenasa.

CASO 1: Respuestas a las preguntas de reflexión

PR1. El fenotipo sería el mismo. En la apolipoproteína (apo) defectuosa familiar B-100, los receptores LDL son normales en número y función, pero el ligando para el receptor se altera de modo que la unión al receptor disminuye. La menor unión ligando-receptor deriva en mayores niveles de LDL en sangre con hipercolesterolemia. [Nota: el fenotipo sería el mismo en individuos con una mutación de ganancia de función a PCSK9, la proteasa que disminuye el reciclaje del receptor LDL, con lo que aumenta su degradación.] Con la isoforma apo E-2, los remanentes de quilomicrones con alto contenido en colesterol y las lipoproteínas de densidad intermedia se acumularían en la sangre.

PR2. El ácido acetilsalicílico inhibe de forma irreversible la ciclooxigenasa (COX) y, por lo tanto, la síntesis de prostaglandinas, como PGI_2 en las células endoteliales vasculares, y los tromboxanos, como TXA_2, en las plaquetas activadas. El TXA_2 promueve la vasoconstricción y la formación de un tapón plaquetario, en tanto que PGI_2 inhibe estos eventos. Debido a que estas plaquetas son anucleares, no pueden superar esta inhibición al sintetizar más COX. Sin embargo, las células endoteliales tienen un núcleo. El ácido acetilsalicílico inhibe a continuación la formación de coágulos sanguíneos al prevenir la producción de TXA_2 durante la vida de la plaqueta.

PR3. La reducción en el ATP (como resultado de una disminución en O_2 y, por lo tanto, de la fosforilación oxidativa) causa aumento en el monofosfato de adenosina. El AMP activa de forma alostérica la fosfofructocinasa-1, la enzima regulada clave de la glucólisis. La elevación en la glucólisis aumenta la producción de ATP por una fosforilación a nivel del sustrato. También aumenta la razón de formas reducidas a oxidadas de NAD. Bajo condiciones anaerobias, el piruvato producido en la glucólisis se reduce a lactato por la lactato deshidrogenasa a medida que NADH se oxida a NAD^+. Se requiere NAD^+ para la glucólisis continua. Debido a que se producen menos moléculas de ATP por molécula de sustrato en la fosforilación a nivel de sustrato relativa con la fosforilación oxidativa, hay un aumento compensatorio en la tasa de glucólisis bajo condiciones anaeróbicas.

PR4. Las lipoproteínas de alta densidad (HDL) funcionan en el transporte inverso de colesterol. Toman colesterol de los tejidos no hepáticos (periféricos; p. ej., la capa endotelial de las arterias) y lo llevan al hígado (*véase* la figura en la siguiente página). El transportador ABCA1 media el eflujo de colesterol a HDL. El colesterol se esterifica mediante acetiltransferasa de colesterol-lecitina (LCAT) extracelular que requiere apo A-1 como coenzima. Cierto éster colesterilo se transfiere a las lipoproteínas de muy baja densidad (VLDL) mediante la proteína de transferencia de éster colesterilo (CTEP) a cambio de triacilglicerol. El resto es captado por un receptor de barrido (SR-B1) en la superficie de los hepatocitos. El hígado puede usar colesterol de las HDL en la síntesis de ácidos biliares. La eliminación de colesterol de las células endoteliales previene su acumulación (como colesterol o éster colesterilo), lo que disminuye el riesgo de cardiopatía. [Nota: en contraste, las LDL transportan colesterol del hígado a los tejidos periféricos o de vuelta al hígado.]

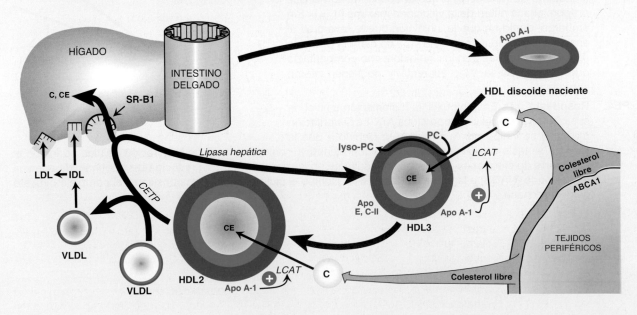

CASO 2: Respuestas a las preguntas de estudio

PE1. **Respuesta = A.** La deficiencia de glucosa 6-fosfatasa previene que la glucosa 6-fosfato generada por glucogenólisis y gluconeogénesis se desfosforile y se libere a la sangre (*véase* la figura más adelante). Los niveles de glucosa en sangre disminuyen y el resultado es hipoglucemia grave en ayuno. [Nota: los síntomas de este paciente solo aparecieron de forma reciente debido a que a los 4 meses de edad se le alimentaba con menor frecuencia.] La hipoglucemia estimula la liberación de glucagón, que conduce a fosforilación y activación de la glucógeno fosforilasa cinasa que fosforila y activa la glucógeno fosforilasa. También se libera adrenalina y conduce a fosforilación y activación de lipasa sensible a hormonas. Sin embargo, los ácidos grasos típicos no pueden servir como sustratos para la gluconeogénesis. Los transportadores de glucosa en el hígado y los riñones son insensibles a insulina.

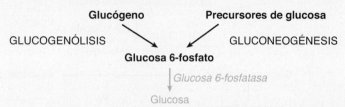

Glucógeno   **Precursores de glucosa**

GLUCOGENÓLISIS   GLUCONEOGÉNESIS

Glucosa 6-fosfato

Glucosa 6-fosfatasa

Glucosa

PE2. **Respuesta = C.** La vitamina D es una vitamina liposoluble que funciona como una hormona esteroidea. En complejo con su receptor nuclear intracelular, aumenta la transcripción del gen para calbindina, una proteína transportadora de calcio (Ca^{2+}) en el intestino (*véase* la figura a la derecha). La vitamina D no se une a un receptor de membrana y no produce un segundo mensajero. Puede sintetizarse en la piel por la acción de la luz ultravioleta en un intermediario de la síntesis de colesterol, el 7-dehidrocolesterol. De las vitaminas liposolubles (A, D, E y K), solo la K funciona como una coenzima.

PE3. **Respuesta = C.** La glucosa 6-fosfato es un efector alostérico positivo de la sintasa b de glucógeno inhibida de forma covalente (fosforilada). Con la elevación en la glucosa 6-fosfato se activa la síntesis de glucógeno y las reservas de glucógeno están aumentadas tanto en el hígado como en los riñones. La mayor disponibilidad de glucosa 6-fosfato también impulsa la glucólisis. El aumento en la glucólisis proporciona sustratos para la lipogénesis, con lo que aumenta la síntesis de ácidos grasos y triacilgliceroles (TAG). En la hipoglucemia, la razón de insulina/glucagón es baja, no alta.

PE4. **Respuesta = D.** Las proteínas de membrana se dirigen en un inicio al retículo endoplásmico mediante una secuencia de señal hidrófoba amino terminal. La glucosilación es la modificación postraduccional más frecuente que se encuentra en las proteínas. La porción glucosilada de las proteínas de membrana se encuentra en la cara extracelular de la membrana. El dominio que abarca la membrana consiste de ~22 aminoácidos hidrófobos. Las proteínas destinadas para la secreción o para las membranas, la luz del retículo endoplásmico, el aparato de Golgi o los lisosomas se sintetizan en los ribosomas relacionados con el retículo endoplásmico.

CASO 2: Respuestas a las preguntas de reflexión

PR1. Las sacudidas son el resultado de la respuesta adrenérgica a la hipoglucemia y están mediadas por la elevación en la adrenalina. La respuesta adrenérgica incluye temblor y sudoración. La neuroglucopenia (transporte inadecuado de glucosa al cerebro) deriva en una alteración de la función cerebral que puede conducir a convulsiones, coma y muerte. Se desarrollan síntomas neuroglucopénicos si persiste la hiperglucemia.

PR2. Los detergentes son moléculas anfipáticas (es decir, tienen tanto regiones hidrófilicas [polares] como hidrófobas [no polares]). Los detergentes solubilizan membranas, con lo que alteran la estructura de las mismas. Si el problema fuera la translocasa que se necesita para mover la glucosa 6-fosfato al retículo endoplásmico, en lugar de la fosfatasa, la alteración de la membrana del retículo endoplásmico permitiría que el sustrato accediera a la fosfatasa.

PR3. El glucagón, una hormona peptídica liberada de las células α pancreáticas en la hipoglucemia, une su receptor de membrana plasmática acoplado a proteína G en los hepatocitos. La subunidad α_s de la proteína G trimérica relacionada se activa (guanosín difosfato se sustituye con guanosín trifosfato), se separa de las subunidades β y γ y activa la adenilil ciclasa que genera monofosfato de adenosina cíclico (AMPc) a partir de ATP. El AMPc activa la proteína cinasa A que fosforila y activa la glucógeno fosforilasa cinasa, que fosforila y activa la glucógeno fosforilasa. La fosforilasa degrada el glucógeno, lo que genera glucosa 1-fosfato que se convierte a glucosa 6-fosfato. Con la deficiencia de glucosa 6-fosfatasa, el proceso de degradación se detiene aquí (*véase* la figura más adelante). En consecuencia, la administración de glucagón es incapaz de causar una elevación de la glucosa sanguínea. [Nota: la adrenalina sería igual de ineficaz.]

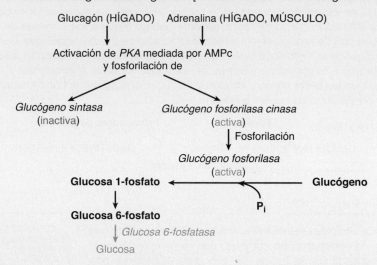

PR4. La disponibilidad de fosfato inorgánico (P_i) disminuye debido a que se atrapa como intermediario glucolítico fosforilado como resultado de un aumento de la glucólisis mediante la elevación en la glucosa 6-fosfato. El urato se eleva debido a que al atrapamiento del P_i disminuye la capacidad de fosforilar difosfato de adenosina (ADP) a ATP y la caída en el ATP causa una elevación en el monofosfato de adenosina (AMP). El AMP se degrada a urato. Además, la disponibilidad de glucosa 6-fosfato impulsa la vía de pentosa fosfato, lo que resulta en una elevación en la ribosa 5-fosfato (procedente de ribulosa 5-fosfato) y, en consecuencia, una elevación en la síntesis de purina. El fosfato de nicotinamida adenina dinucleótido (NADPH) también aumenta. Las purinas elaboradas más allá de lo que se requiere se degradan a urato (*véase* la figura en la siguiente página). [Nota: la disminución en el P_i reduce la actividad de la glucógeno fosforilasa, lo que produce una mayor reserva de glucógeno con una estructura normal.] El lactato está elevado debido a que la disminución en la fosforilación de ADP a ATP da lugar a una reducción en la respiración celular (control respiratorio) como resultado del acoplamiento de estos procesos. En consecuencia, el nicotinamida adenina dinucleótido (NADH) reducido derivado de la glucólisis no puede oxidarse por el Complejo I de la cadena de transporte de electrones. En lugar de ello, es oxidado por la lactato deshidrogenasa citosólica con su coenzima NADH cuando el piruvato se reduce a lactato. [Nota: el piruvato aumenta como resultado del aumento en la glucólisis.] El lactato se ioniza, lo que libera protones (H^+) y lleva a la acidosis metabólica (el pH bajo es causado aquí por una mayor producción de ácido). La compensación respiratoria causa una mayor frecuencia respiratoria.

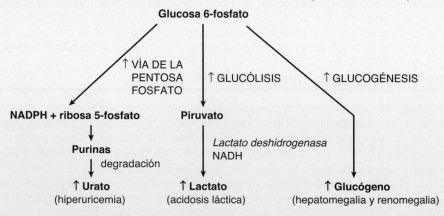

PR5. La mayor glucólisis deriva en mayor disponibilidad de glicerol 3-fosfato para la síntesis hepática de triacilgliceroles. Además, parte del piruvato generado en la glucólisis se descarboxilará de forma oxidativa a acetil coenzima A (CoA). Sin embargo, el ciclo ácido tricarboxílico se inhibe por la elevación del NADH y la acetil CoA se transporta al citosol como un citrato. La elevación de la acetil CoA en el citosol resulta en un aumento en la síntesis de ácidos grasos. Recuerde que el citrato es un activador alostérico de la acetil CoA carboxilasa. El malonil, producto de la acetil CoA carboxilasa inhibe la oxidación de ácidos grasos en el paso de carnitina palmitoiltransferasa I. Debido a que la oxidación de ácidos grasos mitocondriales genera

el sustrato acetil CoA para la cetogénesis hepática, los niveles de cuerpos cetónicos no aumentan. Los ácidos grasos se esterifican a la columna de glicerol, lo que provoca un aumento en los triacilgliceroles que salen del hígado como componentes de las lipoproteínas de muy baja densidad (VLDL). [Nota: la hipoglucemia deriva en una liberación de adrenalina y la activación de la lipólisis de triacilgliceroles con liberación de ácidos grasos libres a la sangre. Los ácidos grasos se oxidan y el exceso se usa en la síntesis hepática de triacilgliceroles.] La acetil CoA también es un sustrato para la síntesis de colesterol. Así, el aumento en la glucólisis resulta en la hiperlipidemia (*véase* la figura a continuación).

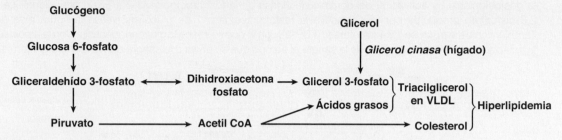

CASO 3: Respuestas a las preguntas de estudio

PE1. **Respuesta correcta = A.** La diabetes se caracteriza por hiperglucemia. La hiperglucemia crónica puede derivar en la glucosilación no enzimática (glicación) de la hemoglobina (Hb), lo que produce HbA_{1c}. Por lo tanto, la medición de la glucosa o la HbA_{1c} en sangre se usa para diagnosticar la diabetes. En respuesta al estrés fisiológico (p. ej., una infección urinaria), la secreción de hormonas contrarreguladoras (como las catecolaminas) deriva en una elevación de la glucosa sanguínea. La glucosa es un azúcar reductor. Es la diabetes tipo 2 la que se relaciona con obesidad y un estilo de vida sedentario y es causada por insensibilidad a la insulina (resistencia a la insulina). La diabetes tipo 1 es causada por una falta de insulina como resultado de la destrucción autoinmune de las células β pancreáticas. Incluso los individuos en un programa de un control glucémico estrecho no alcanzan la euglucemia.

PE2. **Respuesta correcta = E.** Los cuerpos cetónicos 3-hidroxibutirato y acetoacetato son ácidos orgánicos y su ionización contribuye a la carga de protones del cuerpo. Los cuerpos cetónicos se elaboran en la mitocondria de las células hepáticas usando acetil coenzima A (CoA) generada sobre todo a partir de la β-oxidación de los ácidos grasos (*véase* la figura en la siguiente página). Debido a que son hidrosolubles, no requieren un transportador. El hígado no puede usarlos debido a que carece de la enzima tioforasa, que transfiere la CoA de la succinil-CoA al acetoacetato para la conversión a dos moléculas de acetil CoA. Es la acetona liberada en el aliento la que provoca el olor a fruta.

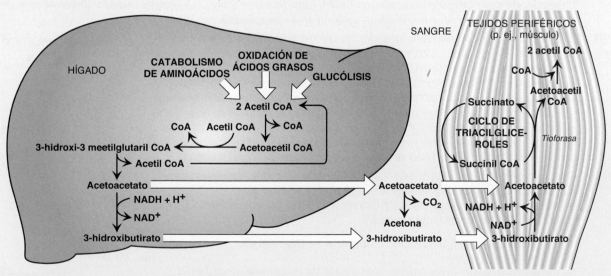

PE3. **Respuesta correcta = A.** El malonil CoA, un intermediario de la síntesis de ácidos grasos, inhibe la β-oxidación de los ácidos grasos mediante la inhibición de la carnitina palmitoiltransferasa I. La lipólisis ocurre cuando la relación de insulina/hormona contrarreguladora disminuye. La acetil CoA, producto de la β-oxidación de los ácidos grasos, inhibe el complejo piruvato deshidrogenasa (PDH) mediante la activación de la PDH cinasa y activa la piruvato carboxilasa. Así, la acetil CoA, empuja al piruvato a la gluconeogénesis. La β-oxidación genera nicotinamida adenina dinucleótido (NADH) reducido, el equivalente de reducción requerido para la gluconeogénesis. El cerebro no cataboliza con facilidad los ácidos grasos para energía.

CASO 3: Respuestas a las preguntas de reflexión

PR1. La hipoinsulinemia deriva en hiperglucemia debido a que se requiere insulina para la captación de la glucosa sanguínea por el músculo y el tejido adiposo. Su transportador de glucosa (GLUT-4) es dependiente de insulina ya que se requiere insulina para el movimiento del transportador a la superficie celular de los sitios de almacenamiento intracelular. También se necesita insulina para suprimir la gluconeogénesis hepática. La insulina suprime la liberación de glucagón de las células α pancreáticas. La elevación resultante en la razón insulina/glucagón provoca la desfosforilación y activación del dominio de cinasa de la fosfofructocinasa-2 (PFK-2) bifuncional. La fructosa 2,6-bisfosfato producida por PFK-2 activa la fosfofructocinasa-1 de glucólisis (*véase* la figura más adelante). También inhibe la fructosa 1,6-bisfosfatasa (FBP-2), con lo que se inhibe la gluconeogénesis. Con la hipoinsulinemia, la incapacidad de captar glucosa de la sangre al tiempo que se envía a la sangre deriva en hiperglucemia.

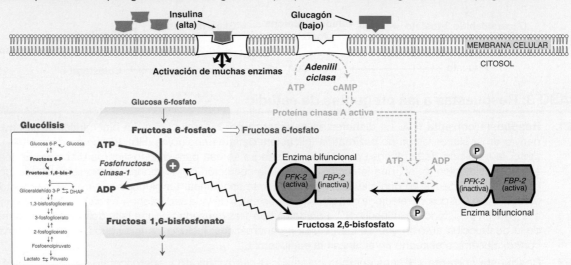

PR2. El nivel de glucosa sanguínea ha superado la capacidad del riñón para reabsorber glucosa (a través del transportador de glucosa dependiente de sodio). La concentración elevada de glucosa en la orina atrae agua de forma osmótica del cuerpo. Esto provoca un aumento de la micción (poliuria) con pérdida de agua que resulta en deshidratación.

PR3. La NADH generada en la β-oxidación de los ácidos grasos inhibe el ciclo del ácido tricarboxílico en los tres pasos donde deshidrogenasas producen NADH. Esto desvía el acetil CoA lejos de la oxidación en el ciclo del ácido tricarboxílico y hacia el uso de un sustrato en la cetogénesis hepática.

PR4. Ella se encontraba en equilibrio negativo de nitrógeno: estaba saliendo más nitrógeno del que entraba. Esto se refleja en la elevación de la concentración de nitrógeno de urea en sangre (NUS) que se observa en la paciente (*véase* la figura en la parte superior derecha). [Nota: el valor de NUS también refleja la deshidratación.] La proteólisis muscular y el catabolismo de los aminoácidos ocurren como resultado de la caída en la insulina. (Hay que recordar que el músculo esquelético no expresa el receptor de glucagón.) El catabolismo de los aminoácidos produce amoniaco (NH₃), que se convierte a urea mediante el ciclo de la urea hepática y se envía a la sangre. [Nota: la urea en la orina se informa como nitrógeno de urea en orina.]

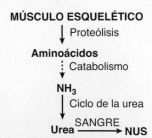

PR5. La respiración de Kussmaul que se observa en esta paciente es una respuesta respiratoria a la acidosis metabólica. La hiperventilación desprende CO_2 y agua, lo que reduce la concentración de protones (H^+) y bicarbonato (HCO_3^-) como se refleja en la siguiente ecuación:

$$H^+ + HCO_3^- \leftrightarrow H_2CO_3 \text{ (ácido carbónico)} \leftrightarrow CO_2 + H_2O.$$

La respuesta renal incluye, en parte, la excreción de H^+ como amonio (NH_4^+). La degradación de los aminoácidos ramificados en el músculo esquelético deriva en la liberación de grandes cantidades de glutamina en la sangre. Los riñones captan y catabolizan la glutamina, lo que genera NH_3 en el proceso. El NH_3 se convierte en NH_4^+ por el H^+ secretado y se excreta (*véase* la figura en medio a la derecha). [Nota: cuando los cuerpos cetónicos son abundantes, los enterocitos se desvían usándolos como combustible en lugar de glutamina. Esto aumenta la cantidad de glutamina que entra al riñón.]

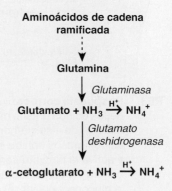

PR6. Debido a que la β-oxidación de los ácidos grasos proporciona el sustrato acetil CoA para la cetogénesis, la alteración de la oxidación β disminuye la capacidad para elaborar cuerpos cetónicos. Los cuerpos cetónicos son una alternativa al uso de glucosa y así, la dependencia en la glucosa aumenta. Debido a que la oxidación β de los ácidos grasos proporciona el NADH y los nucleósido trifosfatos necesarios para la gluconeogénesis, la producción de glucosa disminuye. El resultado es una hipoglucemia hipocetósica. Hay que recordar que esto se observa con la deficiencia de acil CoA deshidrogenasa (MCAD) de cadena media.

CASO 4: Respuestas a las preguntas de estudio

PR1. **Respuesta = D.** La elevación en la nicotinamida adenina dinucleótido (NADH) reducida en las mitocondrias disminuye el ciclo del ácido tricarboxílico, la oxidación de los ácidos grasos y la gluconeogénesis. La NADH inhibe la reacción del isocitrato deshidrogenasa, el paso regulado clave del ciclo del ácido tricarboxílico y la reacción de α-cetoglutarato deshidrogenasa (*véase* la figura en la parte inferior derecha). También favorece la reducción del oxaloacetato (OAA) a malato (no malato a OAA), lo que disminuye la disponibilidad del OAA para la condensación con acetil coenzima A (CoA) en el ciclo del ácido tricarboxílico y para la gluconeogénesis. La oxidación de ácidos grasos requiere la forma oxidada de nicotinamida adenina dinucleótido (NAD$^+$) para el paso de 3-hidroxiacil CoA deshidrogenasa y, por lo tanto, se inhibe por la elevación en NADH. La disminución en la oxidación de ácidos grasos disminuye la producción de ATP y acetil CoA (el activador alostérico de la piruvato carboxilasa) necesaria para la gluconeogénesis. La lipólisis se activa en el ayuno como consecuencia de la caída en la insulina y la elevación en las catecolaminas que deriva en la activación de la lipasa sensible a hormonas.

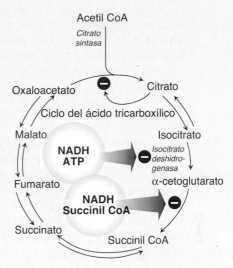

PR2. **Respuesta = E.** La porción irreversible oxidativa de la vía de la pentosa fosfato proporciona fosfato de nicotinamida adenina dinucleótido (NADPH) que suministra los equivalentes de reducción necesarios para la actividad de las proteínas del citocromo P450 (CYP) y para la regeneración del glutatión funcional (reducido). También es una fuente importante de NADPH para los procesos biosintéticos reductivos en el citosol, como la síntesis de ácidos grasos y el colesterol. [Nota: la enzima málica es otra fuente.] Las proteínas CYP son monooxigenasas (oxidasas de función mixta). Incorporan un átomo de O del O_2 en el sustrato en lo que el otro se reduce a agua. Son las proteínas CYP de la membrana del retículo endoplásmico liso que participan en las reacciones de destoxificación. Aquellas en la membrana mitocondrial interna participan en la síntesis de las hormonas esteroideas, los ácidos biliares y la vitamina D. Las especies reactivas de oxígeno se reducen por glutatión peroxidasa a medida que se oxida el glutatión.

PR3. **Respuesta = C.** Las plaquetas activadas liberan serotonina y causan vasoconstricción y agregación plaquetaria. [Nota: las plaquetas no sintetizan serotonina, pero captan lo elaborado en el intestino y lo secretado en la sangre.] La serotonina se relaciona con una sensación de bienestar. Es degradada por el ácido 5-hidroxiindolacético por la monoaminooxidasa que cataliza la desaminación oxidativa. Es la catecol-O-metiltransferasa la que cataliza el paso de metilación en la degradación de las catecolaminas. La serotonina se sintetiza a partir del triptófano en un proceso de dos pasos que utiliza triptófano hidroxilasa que requiere tetrahidrobiopterina (BH$_4$) y una descarboxilasa que requiere piridoxal fosfato (PLP) (*véase* la figura a la derecha).

PR4. **Respuesta = B.** El páncreas exocrino secreta las enzimas requeridas para la digestión de los carbohidratos, proteínas y grasas de los alimentos. El páncreas endocrino secreta las hormonas peptídicas insulina y glucagón. El daño que afecta las funciones del páncreas conduciría a diabetes (disminución de insulina) y esteatorrea (heces grasas), con esta última como consecuencia de mala digestión de la grasa alimentaria. Como se observó en la elevación de las troponinas en el infarto de miocardio y las transaminasas en el daño hepático, la pérdida de integridad celular (como se observaría en la autodigestión del páncreas) hace que las proteínas que suelen ser intracelulares se encuentren en concentraciones mayores de lo normal en la sangre. La secretina provoca que el páncreas libere bicarbonato para elevar el pH del quimo que llega al intestino desde el estómago. Las enzimas pancreáticas funcionan mejor con pH neutro o ligeramente alcalino. La pancreatitis se observa en individuos con hipertrigliceridemia como resultado de una deficiencia en la lipoproteína lipasa o su coenzima, la apolipoproteína C-II.

CASO 4: Respuestas a las preguntas de reflexión

PR1. A. La elevación en NADH citosólica que se observa con el metabolismo del etanol inhibe la glucólisis. El paso de gliceraldehído 3-fosfato deshidrogenasa requiere NAD$^+$, que se reduce a medida que se oxida el gliceraldehído 3-fosfato. Con la elevación en NADH se acumula el gliceraldehído 3-fosfato.

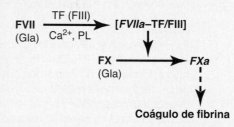

Glicerol 3-fosfato

Ácido lisofosfatídico

Ácido fosfatídico (DAG fosfato)

Diacilglicerol (DAG)

Triacilglicerol (TAG)

B. El gliceraldehído 3-fosfato de la glucólisis se convierte a glicerol 3-fosfato, el aceptor inicial de los ácidos grasos en la síntesis del triacilglicerol (*véase* la figura a la derecha). Los ácidos grasos están disponibles debido a una síntesis mayor (de acetil CoA, que aumenta como resultado tanto de la mayor producción del producto acetato de la oxidación de acetaldehído y un menor uso en el ciclo del ácido tricarboxílico), mayor disponibilidad de la lipólisis en los tejidos adiposos y menor degradación. El triacilglicerol producido en el hígado se acumula (debido en parte a una menor producción de las lipoproteínas de muy baja densidad) y causa hígado graso (esteatosis). La esteatosis hepática es una etapa temprana (y reversible) en la enfermedad hepática relacionada con el alcohol. Las etapas subsecuentes son hepatitis relacionada con alcohol (a veces reversible) y cirrosis (irreversible).

PR2. El aumento de NADH favorece la reducción de piruvato a lactato por la lactato deshidrogenasa. El lactato disminuye la excreción renal de ácido úrico, lo que causa hiperuricemia, un paso necesario para un ataque gotoso agudo. [Nota: el cambio de piruvato a lactato reduce la disponibilidad de piruvato, un sustrato para la gluconeogénesis. Esto contribuye a la hipoglucemia en el paciente.]

PR3. El tiempo de protrombina (TP) mide el tiempo que el plasma tarda en coagularse después de la adición de factor tisular (FIII) con lo que permite la evaluación de las vías extrínsecas (y común) de la coagulación. En la vía extrínseca, el factor tisular forma un complejo con el factor VII (FVII) y el complejo se activa en procesos dependientes de calcio (Ca^{2+}) y fosfolípido (PL) (*véase* la figura en la parte inferior derecha). El FVII, al igual que la mayoría de las proteínas de la coagulación, se elabora en el hígado. El daño hepático inducido por alcohol puede disminuir su síntesis. Además, el FVII tiene una vida media corta y, al igual que la proteína que contiene γ-carboxiglutamato (Gla), su síntesis requiere vitamina K. La mala nutrición puede derivar en una menor disponibilidad de la vitamina K y, por lo tanto, una menor capacidad para coagular. [Nota: la enfermedad hepática grave resulta en un TP y en un tiempo de tromboplastina parcial activada, o TTPa, prolongados.]

FVII (Gla) →[TF (FIII), Ca^{2+}, PL]→ [*FVIIa*–TF/FIII] → FX (Gla) → *FXa* → Coágulo de fibrina

PR4. La administración de folato puede enmascarar una deficiencia de vitamina B$_{12}$ al revertir la manifestación hematológica (anemia macrocítica) de la deficiencia. Sin embargo, el folato no tiene efecto sobre el daño neurológico causado por la deficiencia de B$_{12}$. Así, con el tiempo, los efectos neurológicos pueden ser graves e irreversibles. De este modo, el folato puede enmascarar una deficiencia de B$_{12}$ y prevenir el tratamiento hasta que la neuropatía sea aparente.

III. CASOS ENFOCADOS

CASO 1: ANEMIA MICROCÍTICA

Presentación del paciente: un hombre de 24 años de edad que se está evaluando como seguimiento a una valoración médica previa a la contratación a la que debe someterse antes de empezar su nuevo trabajo.

Antecedentes enfocados: él no tiene problemas médicos significativos. Sus antecedentes familiares no son relevantes.

Datos pertinentes: la exploración física fue normal. El análisis sistemático de la sangre incluyó los siguientes resultados:

	Paciente	Intervalo de referencia
Eritrocitos	4.8×10^6/mm^3	4.3-5.9
Hemoglobina	9.6 g/dL (**B**)	13.5-7.5 (hombres)
Volumen corpuscular medio	70 μm^3 (**B**)	80-100
Hierro sérico	150 μg/dL	50-170

Con base en los datos, se realizó una electroforesis de hemoglobina (Hb). Los resultados son los siguientes:

	Paciente	Intervalo de referencia
HbA	90% (**B**)	96-98
HbA$_2$	6% (**A**)	< 3
HbF	4% (**A**)	< 2

A, alto; **B**, bajo. [Nota: HbA incluye HbA$_{1c}$.]

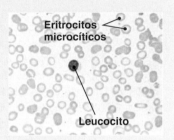

Eritrocitos microcíticos

Leucocito

Diagnóstico: este paciente tiene rasgo de talasemia β (talasemia β menor) que está causando anemia microcítica (*véase* la imagen a la derecha).

Tratamiento: no se requiere ningún tratamiento en este momento. Se advierte a los pacientes que los complementos de hierro no evitan esta anemia.

Pronóstico: el rasgo de talasemia β no provoca mortalidad o morbilidad significativa. Debe informarse a los pacientes sobre la naturaleza genética de su alteración autosómica recesiva para consideraciones de planeación familiar debido a que la talasemia β homocigota (anemia de Cooley) es una alteración grave.

PREGUNTAS RELACIONADAS CON EL CASO: elija la RESPUESTA correcta.

PC1. Las mutaciones al gen de la β globina que derivan en una menor producción de la proteína son la causa de la talasemia β. Las mutaciones afectan sobre todo la transcripción génica o el procesamiento postranscripcional del producto ARN mensajero (ARNm). ¿Cuál de los siguientes enunciados relacionados con el ARNm es correcto?
  A. El ARNm eucariota es policistrónico.
  B. La síntesis de ARNm implica factores de acción en *trans* que se unen a los elementos de acción *cis*.
  C. La síntesis de ARNm se termina en la secuencia de base del ADN timina adenina guanina (TAG).
  D. La poliadenilación del extremo 5´del ARNm eucariota requiere un donador de metilo.
  E. El corte y empalme del ARNm eucariota implica la eliminación de exones y la unión de introns.

PC2. La HbA, un tetrámero de 2 cadenas de globina α y 2 β, suministra O$_2$ de los pulmones a los tejidos y protones y CO$_2$ de los tejidos a los pulmones. ¿La mayor concentración de cuál de los siguientes deriva en un menor suministro de O$_2$ por HbA?
  A. 2,3-bisfosfoglicerato
  B. Dióxido de carbono
  C. Monóxido de carbono
  D. Protones

PC3. ¿Cuál es la base para el aumento en la HbA$_2$ y HbF (Hb fetal) en las talasemias β?

PC4. ¿Por qué la técnica de hibridación de oligonucleótido alelo específico (OSA) es útil en el diagnóstico de todos los casos de anemia drepanocítica pero no en todos los casos de talasemia β?

CASO 2: EXANTEMA CUTÁNEO

Presentación del paciente: una mujer de 34 años de edad que se presenta con un exantema rojo no prurítico en su muslo izquierdo y síntomas tipo gripe.

Antecedentes enfocados: ella informa que el exantema apareció por primera vez hace un poco más de 2 semanas. Comenzó siendo pequeño pero ha ido aumentando de tamaño. Ella también piensa que le está dando gripe porque le duelen los músculos y articulaciones (mialgia y artralgia, de forma respectiva) y ha tenido cefalea los últimos días. Ella informa que ella y su esposo acamparon el mes previo.

Datos pertinentes: la exploración física es relevante por la presencia de una lesión roja, circular y plana con un tamaño ~11 cm que se parece a una diana (eritema migratorio, *véase* la imagen a la derecha). También presenta febrícula.

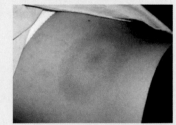

Diagnóstico: la paciente tiene enfermedad de Lyme causada por la bacteria *Borrelia burgdorferi*, que se transmite por la picadura de una garrapata del género *Ixodes*. Las garrapatas infectadas son endémicas de varias regiones de Estados Unidos.

Tratamiento: se le receta doxiciclina, un antibiótico en la familia de la tetraciclina. La vigilancia del paciente continuará hasta que los síntomas se hallan resuelto por completo. Se obtiene sangre para realizar pruebas de laboratorio clínico.

Pronóstico: los pacientes tratados con el antibiótico apropiado en las etapas tempranas de la enfermedad de Lyme suelen recuperarse de forma rápida y completa.

PREGUNTAS RELACIONADAS CON EL CASO: elija la RESPUESTA correcta.

PC1. Los antibióticos de la clase de las tetraciclinas inhiben la síntesis de proteínas (traducción) del ARNm procariota en el paso de inicio. ¿Cuál de los siguientes enunciados sobre la traducción es correcto?
   A. En la traducción eucariota, el aminoácido inicial es metionina formilada.
   B. Solo el ARN de transferencia iniciador cargado va de modo directo al sitio A ribosómico.
   C. La peptidiltransferasa es una ribozima que forma el enlace peptídico entre dos aminoácidos.
   D. La traducción procariota puede inhibirse mediante la fosforilación del factor de iniciación 2.
   E. La terminación de la traducción es independiente de la hidrólisis de guanosín trifosfato.
   F. La secuencia de Shine-Dalgarno facilita la unión de la subunidad grande al ARNm.

PC2. Los Centers for Disease Control and Prevention recomiendan un procedimiento de prueba de dos niveles para la enfermedad de Lyme que implica detección mediante un ensayo por inmunoadsorción ligada a enzimas (ELISA) seguido de una inmunotransferencia Western confirmatoria en cualquier muestra con un resultado ELISA positivo o equívoco. ¿Cuál de los siguientes enunciados sobre estos procedimientos de prueba es correcto?
   A. Ambas técnicas se utilizan para detectar ARNm específico.
   B. Ambas técnicas incluyen el uso de anticuerpos para detectar proteínas.
   C. ELISA requiere el uso de electroforesis.
   D. La inmunotransferencia Western requiere el uso de electroforesis.

PC3. ¿Por qué las células eucariotas no están afectadas por los antibióticos de la clase de las tetraciclinas?

CASO 3: SANGRE EN EL CEPILLO DE DIENTES

Presentación del paciente: un hombre de 84 años de edad para la evaluación de moretones y sangrado de las encías.

Antecedentes enfocados: el paciente vive solo desde la muerte de su esposa 11 meses antes. Ha estado aislado y se le dificulta salir de la casa. Su apetito ha cambiado y se conforma con cereal, café y bocadillos empacados. Se le dificulta masticar.

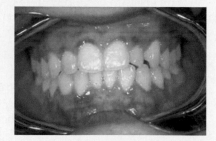

Datos pertinentes: la exploración física fue relevante en cuanto a la presencia de encías hinchadas y de color oscuro (*véase* la imagen a la derecha). Varios de los dientes del paciente estaban flojos, incluido uno que sirve de ancla para su puente dental. Se observaron varias marcas negras y azules (equimosis) en las piernas y en la muñeca derecha había una llaga que no había sanado. La inspección del cuero cabelludo reveló pequeñas marcas rojas (petequias) alrededor de algunos folículos pilosos. Se obtuvieron muestras de sangre para análisis.

Los resultados de las pruebas en sangre son los siguientes:

	Paciente	Intervalo de referencia
Eritrocitos	$4.0 \times 10^6/mm^3$ (**B**)	4.3-5.9
Hemoglobina	10 g/dL (**B**)	13.5-17.5 (hombres)
Volumen corpuscular medio	78 μm^3 (**B**)	80-100
Hierro sérico	40 μg/dL (**B**)	50-170
Ferritina sérica	23 μg/L (**B**)	40-160 μg/L
Capacidad total de unión a hierro	375 μg/dL (**A**)	300-360 μg/dL
Plaquetas	250×10^9/L	150-350×10^9

Los resultados de las pruebas de sangre en heces (prueba de sangre oculta) fueron negativos.

Los resultados de las pruebas de seguimiento (obtenidas varios días después de la cita) incluyeron lo siguiente:

	Paciente	Intervalo de referencia
Vitamina C (plasma)	0.16 mg/dL (**B**)	0.2-2

A, alto; **B**, bajo.

Diagnóstico: él tiene deficiencia de vitamina C con anemia microcítica hipocrómica secundaria a deficiencia de hierro.

Tratamiento: se le recetaron complementos de vitamina C (como ácido ascórbico por vía oral) y hierro (como sulfato ferroso oral). También se le referirá con la trabajadora social.

Pronóstico: el pronóstico para la recuperación es bueno.

PREGUNTAS RELACIONADAS CON EL CASO: elija la RESPUESTA correcta.

PC1. ¿Cuál de los siguientes enunciados sobre la vitamina C es correcto? La vitamina C:
  A. Es un inhibidor competitivo de la absorción de hierro en el intestino.
  B. Es una vitamina liposoluble con una reserva de 3 meses que suele almacenarse en el tejido adiposo.
  C. Es una coenzima necesaria para la hidroxilación de los residuos de prolil y lisil en el colágeno.
  D. Se requiere para el enlace cruzado de colágeno.

PC2. En contraste con la anemia microcítica característica de la deficiencia de hierro (frecuente en adultos mayores), se observa anemia macrocítica con deficiencias de vitamina B_{12} o ácido fólico. Estas deficiencias vitamínicas también son frecuentes en adultos mayores. ¿Cuál de los siguientes enunciados relacionados con estas vitaminas es correcto?
  A. La incapacidad de absorber vitamina B_{12} causa anemia perniciosa.
  B. Ambas vitaminas provocan cambios en la expresión génica.
  C. El ácido fólico desempeña una función clave en el metabolismo de energía en la mayoría de las células.
  D. El tratamiento con metotrexato puede resultar en niveles tóxicos de la forma coenzimática del ácido fólico.
  E. La vitamina B_{12} es la coenzima para las desaminaciones de aminoácidos, descarboxilaciones y transaminaciones.

PC3. ¿Cómo difieren las anemias hemolíticas de las anemias nutricionales?

CASO 4: FRECUENCIA CARDIACA RÁPIDA, DOLOR DE CABEZA Y SUDORACIÓN

Presentación del paciente: una mujer de 45 años de edad se presenta con preocupaciones sobre episodios repentinos (paroxísticos), intensos y cortos de cefalea, sudoración (diaforesis) y corazón acelerado (palpitaciones).

Antecedentes enfocados: ella informa que las crisis empezaron hace ~3 semanas y duran de 2 a 10 min, tiempo durante el cual se siente muy ansiosa. Durante las crisis, siente como si su corazón se saltara latidos (arritmias). Al principio, pensó que las crisis se relacionaban con el estrés que estaba experimentando en fechas recientes en el trabajo y tal vez incluso por la menopausia. La última vez que ocurrió, se encontraba en la farmacia y aprovechó para que le tomaran la presión arterial. Le dijeron que era de 165/110 mm Hg. La paciente nota que ha perdido peso (~4 kg) en este tiempo, a pesar de que ha tenido buen apetito.

Datos pertinentes: la exploración física fue relevante en cuanto a su apariencia delgada y pálida. La presión arterial estaba elevada (150/100 mm Hg), al igual que la frecuencia cardiaca (110 a 120 latidos/min). Con base en sus antecedentes, se solicitaron los niveles en sangre de normetanefrina y metanefrina. Se encontró que estaban elevados.

Diagnóstico: tiene un feocromocitoma, un tumor raro de la médula suprarrenal que secreta catecolaminas.

Tratamiento: Los estudios de imagen del abdomen localizan el tumor en su glándula suprarrenal derecha y se realiza una extirpación quirúrgica laparoscópica del tumor. Se comprobó que el tumor no era maligno. Tras la operación, su presión arterial regresó a la normalidad. La medición de seguimiento de las metanefrinas plasmáticas se hizo 2 semanas después y estaba dentro del intervalo normal.

Pronóstico: el índice de supervivencia a 5 años para feocromocitomas no malignos es > 95%.

PREGUNTAS RELACIONADAS CON EL CASO: elija la RESPUESTA correcta.

PC1. Los feocromocitomas secretan noradrenalina y adrenalina. ¿Cuál de los siguientes enunciados relacionados con la síntesis y degradación de estas dos aminas biógenas es correcto?

  A. El sustrato para su síntesis es el triptófano, que se hidroxila a 3,4-dihidroxifenilalanina (DOPA) mediante triptófano hidroxilasa que requiere tetrahidrobiopterina.

  B. La conversión de DOPA a dopamina utiliza carboxilasa que requiere piridoxal fosfato.

  C. La conversión de noradrenalina a adrenalina requiere vitamina C.

  D. La degradación involucra metilación por catecol-O-metiltransferasa y produce normetanefrina a partir de la noradrenalina y metanefrina de la adrenalina.

  E. La normetanefrina y la metanefrina se desaminan de forma oxidativa a ácido homovanílico por la monoaminooxidasa.

PC2. ¿Cuál de los siguientes enunciados relacionados con las acciones de la adrenalina y la noradrenalina son correctos?

  A. La noradrenalina funciona como un neurotransmisor y una hormona.

  B. Se inician por autofosforilación de residuos selectos de tirosina en sus receptores.

  C. Están mediadas por la unión a receptores adrenérgicos, una clase de receptores nucleares.

  D. Resultan en la activación del glucógeno y la síntesis de triacilglicerol.

PC3. La noradrenalina unida a ciertos receptores causa vasoconstricción y un aumento en la presión arterial. ¿Por qué la noradrenalina puede usarse de forma clínica en el tratamiento del choque séptico?

CASO 5: SENSIBILIDAD AL SOL

Presentación del paciente: un niño de 6 años de edad se está evaluando por áreas de hiperpigmentación similares a pecas en cara, cuello, antebrazos y pantorrillas.

Antecedentes enfocados: su padre informa que el niño siempre ha sido muy sensible al sol. Su piel se enrojece (eritema) y los ojos le lastiman (fotofobia) si se expone al sol por cualquier periodo.

Datos pertinentes: la exploración física fue relevante por la presencia de áreas gruesas y con escamas (queratosis actínica) y áreas hiperpigmentadas en la piel expuesta a la radiación ultravioleta (UV) del sol. También se observaron pequeños vasos sanguíneos dilatados (telangiectasia). Se sometieron a biopsia tejidos de varios sitios en la cara y se determinó que dos eran carcinomas escamocelulares.

Diagnóstico: tiene xeroderma pigmentoso, un defecto raro en la reparación de la escisión de nucleótidos del ADN.

Tratamiento: es esencial la protección de la luz solar mediante el uso de filtros solares, como ropa protectora que refleja la radiación UV y los químicos que la absorben. Se recomienda la exploración frecuente de la piel y los ojos.

Pronóstico: la mayoría de los pacientes con xeroderma pigmentoso muere a temprana edad por cáncer de la piel. Sin embargo, es posible sobrevivir más allá de la mediana edad.

PREGUNTAS RELACIONADAS CON EL CASO: elija la RESPUESTA correcta.

PC1. La reparación del ADN:

  A. Se realiza solo por eucariotas.

  B. De las roturas de doble cadena está libre de errores.

  C. De las bases sin correspondencias implica la reparación de la cadena progenitora.

  D. De los dímeros de pirimidina inducidos por radiación UV implica la eliminación de un oligonucleótido corto que contiene el dímero.

  E. Del uracilo producido por la desaminación de citosina requiere las acciones de endonucleasas y exonucleasas para eliminar la base de uracilo.

PC2. Sobre la síntesis o replicación del ADN:

  A. Tanto en eucariotas como procariotas requiere un iniciador de ARN.

  B. En eucariotas requiere la condensación de cromatina.

  C. En procariotas se logra mediante una sola polimerasa de ADN.

  D. Se inicia en sitios aleatorios en el genoma.

  E. Produce un polímero de desoxirribonucleósidos monofosfato unido por enlaces fosfodiéster $5' \rightarrow 3'$.

PC3. ¿Cuál es la diferencia entre la corrección y la reparación del ADN?

CASO 6: ORINA OSCURA Y ESCLERÓTICAS AMARILLAS

Presentación del paciente: un hombre de 63 años de edad se presenta con fatiga e ictericia esclerótica.

Antecedentes enfocados: él comenzó un tratamiento hace ~4 días con el antibiótico sulfonamida y un analgésico urinario para una infección urinaria. Le dijeron que la orina cambiaría de color (se pondría rojiza) con el analgésico, pero informa que se ha puesto más oscura (más parda) en los 2 últimos días. La noche anterior, su esposa notó que los ojos tenían un tinte amarillento. Dice que se siente sin energía.

Datos pertinentes: la exploración física fue relevante por la apariencia pálida del paciente, una ligera ictericia de las escleróticas, esplenomegalia leve y aumento de la frecuencia cardiaca (taquicardia). Su orina fue positiva para hemoglobina (hemoglobinuria). Un frotis de sangre periférica revela una cifra menor de lo normal de eritrocitos, con algunos que contienen hemoglobina precipitada (cuerpos de Heinz; *véase* la imagen a la derecha) y una cifra mayor de lo normal de reticulocitos (eritrocitos inmaduros). Los resultados de la biometría hemática completa y las pruebas de química sanguínea están pendientes.

Diagnóstico: este paciente tiene deficiencia de glucosa 6-fosfato deshidrogenasa (G6PD), un trastorno ligado a X que causa hemólisis (lisis de eritrocitos).

Tratamiento: la deficiencia de G6PD puede derivar en una anemia hemolítica en individuos afectados expuestos a agentes oxidativos, entre ellos una infección, ciertos medicamentos y las habas. Se le cambiará el antibiótico y se le aconseja evitar ciertos fármacos e informar siempre de su estado a los médicos. Es probable que él no se haya expuesto antes a un factor de estrés oxidante fuerte y que no supiera que tiene este defecto genético.

Pronóstico: en ausencia de exposición a agentes oxidativos, la deficiencia de G6PD no causa mortalidad o morbilidad significativa.

PREGUNTAS RELACIONADAS CON EL CASO: elija la RESPUESTA correcta.

PC1. ¿Cuál de los siguientes enunciados relacionados con la G6PD y la vía de la pentosa fosfato es correcto?
A. La deficiencia de G6PD ocurre solo en los eritrocitos.
B. La deficiencia de G6PD deriva en una incapacidad para mantener el glutatión en su forma reducida.
C. La vía de la pentosa fosfato incluye una reacción reductiva reversible seguida por una serie de interconversiones de azúcar fosforilada.
D. el NADPH producido en la vía de la pentosa fosfato se utiliza en procesos como la oxidación de ácidos grasos.

PC2. Los resultados de su biometría hemática fueron consistentes con una anemia hemolítica. Las pruebas de química sanguínea revelaron una elevación en las concentraciones de bilirrubina. ¿Cuál de los siguientes enunciados relacionados con la bilirrubina es correcto?
A. La hiperbilirrubinemia da lugar a depósitos de bilirrubina en la piel y las escleróticas, lo que provoca ictericia.
B. La solubilidad de la bilirrubina aumenta al conjugarla con dos moléculas de ácido ascórbico en el hígado.
C. La forma conjugada de la bilirrubina aumenta en la sangre con una anemia hemolítica.
D. La fototerapia puede aumentar la solubilidad del exceso de bilirrubina generada en las porfirias.

PC3. ¿Por qué aumenta el urobilinógeno urinario en relación con lo normal en la ictericia hemolítica y se ausenta en la ictericia obstructiva?

CASO 7: DOLOR ARTICULAR

Presentación del paciente: Un hombre de 22 años de edad que se presenta para seguimiento 10 días después de haber recibido tratamiento en la sala de urgencias por inflamación grave en la base del pulgar.

Antecedentes enfocados: esta fue su primera ocurrencia de dolor articular grave. En la sala de urgencias se le administraron antiinflamatorios. Los líquidos aspirados de la articulación carpometacarpiana del pulgar fueron negativos para microorganismos, pero positivos para cristales de urato monosódico en forma de aguja (*véase* la imagen a la derecha). Los síntomas inflamatorios se han resuelto desde entonces. Informa que por lo demás está en un buen estado de salud, sin antece-

dentes médicos previos significativos. Su índice de masa corporal (IMC) es de 31. No se detectaron tofos (depósitos de cristales de urato monosódico bajo la piel) en la exploración física.

Datos pertinentes: los resultados en una muestra de orina de 24 h y las muestras de sangre solicitadas con anticipación a su visita revelan función renal y sección de ácido úrico normales. El urato en sangre fue de 8.5 mg/dL (referencia = 2.5 a 8.0). La edad inusualmente reducida de presentación sugiere una enzimopatía del metabolismo de la purina y se solicitan pruebas adicionales en sangre.

Diagnóstico: el paciente tiene gota (enfermedad de depósitos de cristales de urato monosódico), un tipo de artritis inflamatoria.

Tratamiento: se le dio una receta para medicamentos para el dolor y alopurinol y colquicina. Los objetivos del tratamiento son reducir sus concentraciones de urato en sangre a < 6.0 mg/dL y evitar crisis adicionales. Se le aconsejó que perdiera peso porque tener sobrepeso u obesidad es un factor de riesgo para gota. Su IMC de 31 lo pone en la categoría de obesidad. También se le proporcionó información por escrito sobre la relación entre la dieta y la gota.

Pronóstico: la gota aumenta el riesgo de desarrollar cálculos renales. También se relaciona con hipertensión, diabetes y cardiopatía.

PREGUNTAS RELACIONADAS CON EL CASO: elija la RESPUESTA correcta.

PC1. El alopurinol se convierte en el cuerpo en oxipurinol, que funciona como un inhibidor no competitivo de una enzima en el metabolismo de la purina. ¿Cuál de los siguientes enunciados relacionados con el metabolismo de la purina y su regulación es correcto?
A. Como inhibidor no competitivo, el oxipurinol aumenta la K_m aparente de la enzima diana.
B. La colchicina inhibe la xantina oxidasa, una enzima de la degradación de purina.
C. El glutamato proporciona dos de los átomos de nitrógeno del anillo de la purina.
D. En la síntesis del nucleótido de purina, el sistema del anillo se construye primero y después se acopla a la ribosa 5-fosfato.
E. El oxipurinol inhibe la amidotransferasa que inicia la degradación del sistema de anillo de purina.
F. Las deficiencias enzimáticas parciales o completas en la recuperación de las bases de purina se caracterizan por hiperuricemia.

PC2. ¿Cuál de los siguientes enunciados es verdadero para las pirimidinas?
A. La carbomil fosfato sintetasa I es la actividad enzimática regulada en la síntesis del anillo de pirimidina.
B. El metotrexato disminuye la síntesis del nucleótido de pirimidina timidina monofosfato.
C. La aciduria orótica es una patología de la degradación de pirimidina.
D. La síntesis del nucleótido de pirimidina es independiente del 5-fosforribosil-1-pirofosfato (PRPP).

PC3. Más adelante se muestra que el paciente tiene una forma de PRPP sintetasa que exhibe una mayor actividad enzimática. ¿Por qué esto resulta en hiperuricemia?

CASO 8: AUSENCIA DE MOVIMIENTOS INTESTINALES

Presentación del paciente: una bebé de 48 horas de edad aún no ha presentado motilidad intestinal.

Antecedentes enfocados: la bebé nació a término producto un embarazo y parto normales. Su apariencia al nacer fue normal. Es la primera hija de padres con buena salud y antecedentes familiares irrelevantes.

Datos pertinentes: la bebé presenta distensión abdominal. Recientemente vomitó pequeñas cantidades de material bilioso (de color verde).

Diagnóstico: se confirmó íleo meconial (obstrucción del íleon por meconio, la primera deposición producida por el recién nacido) mediante radiografías abdominales. Alrededor de 98% de los recién nacidos a término con íleo meconial tiene fibrosis quística. El diagnóstico de fibrosis quística se confirmó de forma subsecuente con una prueba de cloro en sudor y análisis genéticos.

Tratamiento: el íleo se trató con éxito sin cirugía. Se refirió a la familia a un centro para fibrosis quística en el hospital infantil regional.

Pronóstico: la fibrosis quística es la enfermedad autosómica recesiva limitante de la vida más frecuente entre caucásicos y se observa en alrededor de 1/3 300 nacidos vivos en Estados Unidos.

PREGUNTAS RELACIONADAS CON EL CASO: elija la RESPUESTA correcta.

PC1. ¿Cuál de los siguientes enunciados relacionados con la fibrosis quística es correcto?

A. Las manifestaciones clínicas de la fibrosis quística son la consecuencia de la retención de cloro con una mayor reabsorción de agua que hace que el moco en la superficie epitelial sea excesivamente espeso y pegajoso.

B. La secreción pancreática excesiva de insulina en la fibrosis quística suele derivar en hipoglucemia.

C. Algunas mutaciones resultan en la degradación prematura de la proteína RTFQ a través del marcaje con ubiquinona seguida por proteólisis mediada por el proteasoma.

D. La mutación más frecuente, ΔF508, deriva en la pérdida de un codón para fenilalanina y se clasifica como una mutación en el marco de referencia.

PC2. La proteína RTFQ es una glucoproteína intrínseca de la membrana plasmática. El direccionamiento de las proteínas destinadas a funcionar como componentes de las membranas:

A. incluye el transporte hacia y a través de la membrana de Golgi.

B. involucra una secuencia de señal amino terminal que se retiene en la proteína funcional.

C. ocurre después de que la proteína se ha sintetizado por completo (es decir, postraduccional).

D. requiere la presencia de los residuos de manosa 6-fosfato en la proteína.

PC3. ¿Por qué puede observarse esteatorrea con la fibrosis quística?

CASO 9: AMONIACO ELEVADO

Presentación del paciente: un bebé de 40 horas de edad con signos de edema cerebral.

Antecedentes enfocados: bebé nacido a término de un embarazo y parto normales. Su apariencia era normal al nacimiento. A las 36 horas de edad, se encontraba irritable, letárgico e hipotérmico. Se alimentaba de forma insuficiente y vomitaba. También exhibió respiración taquipneica (rápida) y postura neurológica. A las 38 horas de edad sufrió una convulsión.

Datos pertinentes: se encontraron alcalosis respiratoria (pH elevado, disminución de CO_2 [hipocapnia]), aumento del amoniaco y disminución del nitrógeno ureico en sangre. Una detección de aminoácidos reveló que el argininosuccinato estaba elevado > 60 veces por encima de valores iniciales y la citrulina aumentó 4 veces. La glutamina estaba elevada y la arginina (Arg) disminuida en relación con lo normal.

Diagnóstico: el paciente tiene un defecto enzimático en el ciclo de la urea con inicio neonatal.

Tratamiento: se realizó hemodiálisis para eliminar el amoniaco. Se administraron fenilacetato sódico y benzoato sódico para ayudar a la excreción de los desechos de nitrógeno, como la Arg. El tratamiento a largo plazo incluirá la limitación de por vida de las proteínas en los alimentos; los complementos con aminoácidos esenciales y la administración de Arg, fenilacetato sódico y fenilbutirato sódico.

Pronóstico: la supervivencia hasta la edad adulta es posible. El grado de afección neurológica se relaciona con el grado y la extensión de la hiperamonemia.

PREGUNTAS RELACIONADAS CON EL CASO: elija la RESPUESTA correcta.

PC1. Con base en estos datos, ¿qué enzima del ciclo de la urea es más probable que esté deficiente en este paciente?

A. Arginasa

B. Argininosuccinato liasa

C. Argininosuccinato sintetasa

D. Carbamoil fosfato sintetasa I

E. Ornitina transcarbamoilasa

PC2. ¿Por qué los complementos de Arg son útiles en este caso?

PC3. En los individuos con deficiencia parcial (más leve) de las enzimas del ciclo de la urea, ¿el nivel de cuál de los siguientes se esperaría que estuviera reducido durante periodos de estrés fisiológico?

A. Alanina

B. Amoniaco

C. Glutamina

D. Insulina

E. pH

CASO 10: DOLOR EN LAS PANTORRILLAS

Presentación del paciente: una mujer de 19 años de edad que se está evaluando para dolor e hinchazón de su pantorrilla derecha.

Antecedentes enfocados: hace 10 días, se le extirpó el bazo después de un accidente en bicicleta en que ella se fracturó la eminencia tibial, lo que requirió inmovilización de la rodilla derecha. Ha tenido una buena recuperación de la cirugía. Ya no está tomando analgésicos pero ha seguido tomando sus anticonceptivos orales.

Datos pertinentes: su pantorrilla derecha presenta un color rojizo (eritematoso) y está tibia al tacto. Está visiblemente hinchada. La pantorrilla izquierda es de apariencia normal y no le causa dolor. Se indica una ecografía.

Diagnóstico: tiene una trombosis venosa profunda. Los anticonceptivos orales son un factor de riesgo para trombosis venosa profunda, al igual que la cirugía y la inmovilización.

Tratamiento (inmediato): se administra heparina para la anticoagulación.

Pronóstico: en los 10 años que siguen a una trombosis venosa profunda, alrededor de un tercio de los individuos presenta una recurrencia.

PREGUNTAS RELACIONADAS CON EL CASO: elija la RESPUESTA correcta.

PC1. ¿Cuál de los siguientes aumentaría el riesgo de trombosis?
A. Producción excesiva de antitrombina.
B. Producción excesiva de proteína S.
C. Expresión de FV de Leiden.
D. Hipoprotrombinemia.
E. Enfermedad de von Willebrand.

PC2. Compare y contraste las acciones de la heparina y la warfarina.

IV. CASOS ENFOCADOS: RESPUESTAS A LAS PREGUNTAS RELACIONADAS CON EL CASO

CASO 1: anemia con talasemia β menor

PC1. Respuesta = B. La transcripción (síntesis de ARN monocatenario de la cadena de plantilla de un ADN bicatenario) requiere la unión de proteínas (factores de acción en *trans*) a secuencias en el ADN (elementos de acción en *cis*). El ARN mensajero (ARNm) eucariota es monocistrónico ya que contiene información de solo un gen (cistrón). La secuencia de base TAG (timina adenina guanina) en la cadena de codificación del ADN es U (uracilo) AG en el ARNm. UAG es una señal que termina la traducción (síntesis de proteínas), no la transcripción. Es la formación del capuchón 5′ del ARNm eucariota la que requiere de metilación (usando S-adenosilmetionina), no poliadenilación del extremo 3′. El corte y empalme es el proceso mediado por un empalmosoma mediante el cual se eliminan los intrones del ARNm eucariota y se unen los exones.

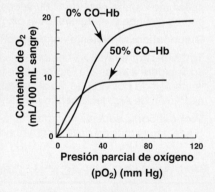

PC2. Respuesta = C. El monóxido de carbono aumenta la afinidad de la hemoglobina (Hb)A por el O_2, con lo que disminuye la capacidad de la HbA de descargar O_2 en los tejidos. El CO estabiliza la forma R (relajada) u oxigenada y desvía la curva de disociación de O_2 a la izquierda, lo que disminuye el suministro de O_2 (*véase* la figura en la parte superior derecha). Las otras opciones disminuyen la afinidad para el O_2, estabilizan la forma T (tensa) o desoxigenada y provocan una desviación de la curva a la derecha.

PC3. La HbA_2 y la Hb fetal (HbF) no contienen globina β. Dado que la producción de globina β disminuye, la síntesis de HbA2 (α2δ2) y HbF (α2γ2) aumenta.

PC4. La anemia drepanocítica es causada por una sola mutación puntual (A→T) en el gen para la globina β que deriva en el remplazo de glutamato por valina en la sexta posición del aminoácido en la proteína. El análisis mutacional que usa sondas de oligonucleótido alelo específico (OSA) para esa

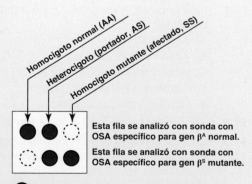

Esta fila se analizó con sonda con OSA específico para gen $β^A$ normal.

Esta fila se analizó con sonda con OSA específico para gen $β^S$ mutante.

● = la sonda se hibridiza con el ADN del paciente.

◌ = la sonda no se hibridiza con el ADN del paciente.

Dos muestras de ADN de cada individuo se aplican a la membrana.

mutación (β^S) y para la secuencia normal (β^A) se usa en el diagnóstico (*véase* la figura en la parte inferior derecha). En contraste, la talasemia β es causada por cientos de diferentes mutaciones. El análisis mutacional con sondas OSA puede valorar las mutaciones comunes, lo que incluye mutaciones puntuales, en poblaciones en riesgo (p. ej., aquellas de origen mediterráneo). La β-talasemia también se conoce como anemia mediterránea. Sin embargo, las mutaciones menos frecuentes no suelen incluirse en el panel y pueden detectarse solo mediante secuenciación de ADN.

CASO 2: exantema cutáneo con enfermedad de Lyme

PC1. **Respuesta = C.** La formación de enlaces peptídicos entre el aminoácido en el sitio A del ribosoma y el último aminoácido añadido al péptido en crecimiento en el sitio P es catalizado por un ARN de la subunidad ribosómica grande. Cualquier ARN con actividad catalítica se conoce como ribozima (*véase* la figura en la siguiente página). Se utiliza metionina formilada para iniciar la traducción procariota. El ARN de transferencia iniciador cargado (ARNt$_i$) es el único ARN que va directamente al sitio P, lo que deja al sitio A disponible para el ARNt que porta el siguiente aminoácido de la proteína que se está elaborando. La traducción eucariota se inhibe mediante la fosforilación del factor de iniciación 2 (eIF-2). La secuencia de Shine-Dalgarno se encuentra en el ARN mensajero (ARNm) procariota y facilita la interacción del ARNm con la subunidad ribosómica pequeña. En eucariotas, las proteínas de unión al capuchón realizan esta tarea.

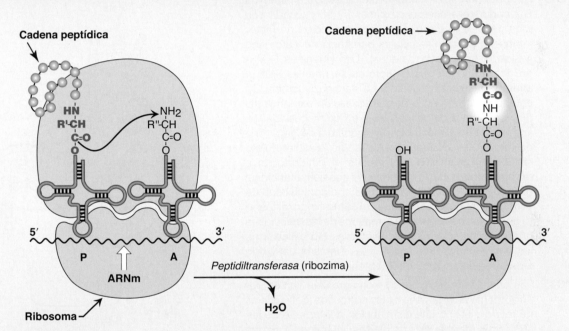

PC2. **Respuesta = B.** El ensayo por inmunoadsorción ligada a enzimas (ELISA) y la inmunotransferencia Western se usan para analizar proteínas. Cada una utiliza anticuerpos para detectar y cuantificar la proteína de interés. Es la inmunotransferencia Western la que utiliza electroforesis. La reacción en cadena de polimerasa (RCP) se usa para amplificar el ADN.

PC3. Los antibióticos de la familia de tetraciclina inhiben la síntesis de proteínas al unirse al sitio A en la subunidad ribosómica pequeña (30S) en los procariotas y bloquearlo. La tetraciclina interactúa de forma específica con el componente del ARN ribosómico (ARNr) 16S de la subunidad 30S, lo que inhibe el inicio de la traducción. Los eucariotas no contienen ARNr 16S. Su subunidad pequeña (40S) contiene ARNr 18S, que no se une con tetraciclina.

CASO 3: sangre en el cepillo de dientes con deficiencia de vitamina C

PC1. **Respuesta = C.** La vitamina C (ácido ascórbico) funciona como una coenzima en la hidroxilación de prolina y lisina en la síntesis de colágeno, una proteína fibrosa de la matriz extracelular. La vitamina C es también la coenzima para el citocromo b duodenal (Dcytb) que reduce el hierro alimentario de la forma férrica (Fe^{3+}) a la ferrosa (Fe^{2+}) que se requiere para la absorción a través del transportador divalente metálico (TDM) de enterocitos (*véase* la figura más adelante). Con una deficiencia de vitamina C, la captación de hierro en los alimentos se ve afectada y resulta en una anemia microcítica hipocrómica. Como es una vitamina hidrosoluble, la vitamina C no se almacena. El enlace cruzado del colágeno por la lisil oxidasa requiere cobre, no vitamina C.

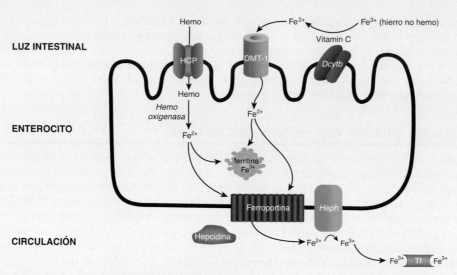

PC2. **Respuesta = A.** La incapacidad de absorber vitamina B_{12} conduce a anemia perniciosa y es causada con más frecuencia por una menor producción de factor intrínseco (FI) por las células parietales del estómago (*véase* la figura a la derecha). Las vitaminas D y A en complejo con sus receptores se unen al ADN y alteran la expresión génica. La tiamina (vitamina B_1) es una coenzima en la descarboxilación oxidativa del piruvato y el α-cetoglutarato y, en consecuencia, es importante en el metabolismo de energía de la mayoría de las células. El metotrexato inhibe la dihidrofolato reductasa, la enzima que reduce el dihidrofolato a tetrahidrofolato (THF), la forma de coenzima funcional del folato. Esto deriva en una menor disponibilidad de THF. Es la piridoxina (vitamina B_6) como piridoxal fosfato que es la coenzima para la mayoría de las reacciones que incluyen aminoácidos. [Nota: las hidroxilasas de los aminoácidos aromáticos y las sintasas del óxido nítrico requieren tetrahidrobiopterina.]

PC3. Las anemias nutricionales se caracterizan ya sea por un aumento en el tamaño de los eritrocitos (deficiencias de folato y B_{12}) o una disminución del tamaño de los eritrocitos (deficiencias de hierro y vitamina C). En las anemias hemolíticas, como las que se observan en las deficiencias de glucosa 6-fosfato deshidrogenasa y piruvato cinasa y en la anemia drepanocítica, el tamaño de los eritrocitos suele ser normal y el número de los eritrocitos disminuye.

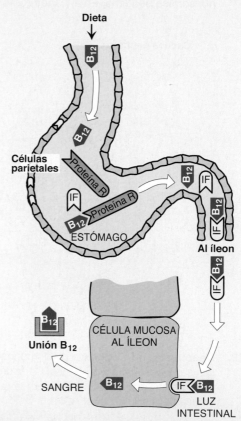

CASO 4: frecuencia cardiaca rápida, cefalea y sudoración con feocromocitoma

PC1. **Respuesta = D.** La degradación tanto de la adrenalina como de la noradrenalina implica la metilación por la catecol-O-metiltransferasa (COMT) que produce normetanefrina a partir de la noradrenalina y la metanefrina de la adrenalina (*véase* la figura a la derecha). Estos dos productos se desaminan a ácido vanililmandélico por la monoaminooxidasa (MAO). El sustrato para la síntesis de catecolaminas es la tirosina, que se hidroxila a 3,4-dihidroxifenilalanina (DOPA) por tirosina hidroxilasa que requiere de tetrahidrobiopterina. La DOPA se convierte a dopamina por una descarboxilasa que requiere piridoxal fosfato. [Nota: la mayoría de las carboxilasas requiere biotina.] La noradrenalina se convierte a adrenalina mediante metilación y la S-adenosilmetionina proporciona el grupo metilo.

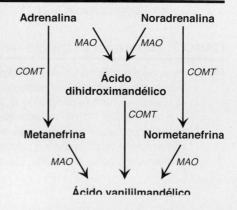

PC2. **Respuesta = A.** La noradrenalina liberada del sistema nervioso simpático funciona como neurotransmisor que actúa sobre las neuronas postsinápticas y causa, por ejemplo, un aumento en la frecuencia cardiaca. También se libera de la médula suprarrenal y, junto con la adrenalina, funciona como una hormona contrarreguladora que deriva en la movilización de combustibles almacenados (p. ej., glucosa y triacilgliceroles). Estas acciones están mediadas por la unión de la noradrenalina a los receptores adrenérgicos, que son receptores acoplados a proteína G de la membrana plasmática y no a los receptores nucleares como aquellos de las hormonas esteroideas o los receptores de la tirosina cinasa de membrana como los de la insulina.

PC3. El choque séptico es hipotensión vasodilatadora (presión arterial baja causada por la dilatación de los vasos sanguíneos) que deriva de la producción de grandes cantidades de óxido nítrico por sintasa de óxido nítrico inducible en respuesta a una infección. La noradrenalina unida a receptores en las células de músculo liso causa vasoconstricción y, por lo tanto, aumenta la presión arterial.

CASO 5: sensibilidad al sol con xeroderma pigmentoso

PC1. **Respuesta = D.** Los dímeros de pirimidina son las lesiones características de ADN causadas por la radiación ultravioleta (UV). En su reparación se implica la escisión de un oligonucleótido que contiene el dímero y la restitución de ese oligonucleótido, un proceso conocido como reparación de la escisión de nucleótidos (REN). (*Véase* la figura a la derecha para una representación del proceso en los procariotas.) Los sistemas de reparación del ADN se encuentran en los procariotas y los eucariotas. Nada está libre de errores, pero el método de recombinación homóloga de reparación de las roturas de doble cadena es mucho menos susceptible a errores que el método de unión de extremos no homólogos (UENH) debido a que cualquier ADN que se haya perdido se remplaza. La reparación de bases con falta de correspondencia implica la identificación y reparación de la cadena recién sintetizada (hija). En procariotas, la extensión de la metilación de la cadena se utiliza para discriminar entre las cadenas. La reparación de la escisión de bases (REB), el mecanismo mediante el cual se elimina el uracilo del ADN, utiliza una glucosilasa para eliminar la base, lo que crea un sitio apirimidínico o apurínico. El azúcar-fosfato se elimina a través de las acciones de las endo y exonucleasas.

PC2. **Respuesta = A.** Todas las replicaciones requieren un ARN iniciador porque las ADN polimerasas no pueden iniciar la síntesis de ADN. La cromatina de los eucariotas se descondensa (relaja) para la replicación. La relajación puede lograrse, por ejemplo, por acetilación mediante histonas de acetiltransferasas. Los procariotas tienen más de una ADN polimerasa. Por ejemplo, pol III extiende el ARN iniciador con ADN y pol I elimina el iniciador y lo remplaza con ADN. La replicación inicia en sitios específicos (uno en procariotas, muchos en eucariotas) que se reconocen por proteínas (p. ej., AdnA en procariotas). Los desoxinucleósido monofosfatos (dNMP) están unidos por un enlace fosfodiéster que une el grupo hidroxilo 3′ del último dNMP añadido con el grupo fosfato 5′ del nucleótido entrante, con lo que forma un enlace fosfodiéster 3′→5′ a medida que se libera pirofosfato.

PC3. La corrección ocurre durante la replicación en la fase S (síntesis de ADN) del ciclo celular e involucra la actividad de exonucleasa 3′→5′ que poseen algunas ADN polimerasas (*véase* la figura más adelante). Debido a que la reparación puede ocurrir de forma independiente de la replicación, puede realizarse por fuera de la fase S.

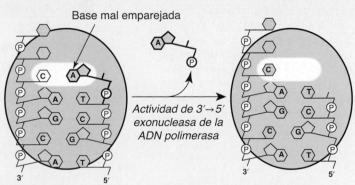

Base mal emparejada

Actividad de 3′→5′ exonucleasa de la ADN polimerasa

CASO 6: orina oscura y escleróticas amarillas con deficiencia de glucosa 6-fosfato deshidrogenasa

PC1. **Respuesta = B.** El glutatión en su forma reducida (G-SH) es un antioxidante importante. La enzima que contiene selenio glutatión peroxidasa reduce el peróxido de hidrógeno (H_2O_2, una especie de oxígeno reactivo) a agua a medida que se oxida la glutationina (G-S-S-G). La glutatión reductasa que requiere fosfato de nicotinamida adenina dinucleótido (NADPH) reducido regenera G-SH de G-S-S-G (*véase* la figura A). La NADPH es proporcionada por reacciones oxidativas de la vía de la pentosa fosfato (*véase* la figura B), que es regulada por la disponibilidad de NADPH en el paso catalizado por glucosa 6-fosfato deshidrogenasa (G6PD) (el primer paso). La deficiencia de G6PD ocurre en todas las células, pero los efectos se observan en los eritrocitos en que la vía de pentosa fosfato es la única fuente de NADPH. LA vía involucra dos reacciones oxidativas irreversibles, cada una de las cuales genera NADPH. La NADPH se usa en procesos reductivos como la síntesis de ácidos grasos (no la oxidación), así como en la síntesis de hormonas esteroideas y colesterol.

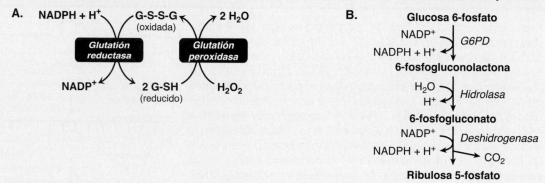

PC2. **Respuesta = A.** La ictericia se refiere al color amarillo de la piel, los lechos ungulares y la esclerótica que resulta del depósito de bilirrubina cuando la concentración de bilirrubina en la sangre está elevada (hiperbilirrubinemia; *véase* la imagen C). La bilirrubina tiene baja solubilidad en las soluciones acuosas y suele aumentar por la conjugación con uridina difosfato-ácido glucurónico en el hígado, lo que forma bilirrubina diglucurónido o bilirrubina conjugada. En condiciones hemolíticas, como en la deficiencia de G6PD, tanto la bilirrubina conjugada como la bilirrubina no conjugada están elevadas, pero es la bilirrubina no conjugada la que se encuentra en la sangre. La bilirrubina conjugada se envía al intestino. Se utiliza la fototerapia para tratar la hiperbilirrubinemia no conjugada debido a que convierte la bilirrubina a formas isoméricas que son más hidrosolubles. La bilirrubina es el producto de la degradación de hemo en las células del sistema fagocítico mononuclear, sobre todo en el hígado y en el bazo. Las porfirias son patologías de la síntesis de hemo y, por lo tanto, no se caracterizan por hiperbilirrubinemia.

C.

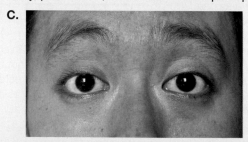

D.

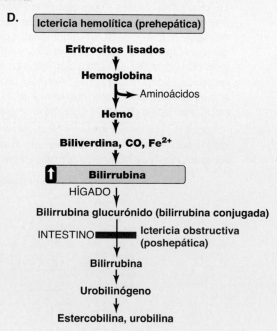

PC3. Con la hemólisis se produce y conjuga más bilirrubina. La bilirrubina conjugada se envía al intestino, donde se convierte a urobilinógeno, parte del cual se reabsorbe, entra a la sangre portal y viaja al riñón. Debido a que la fuente de urobilinógeno urinario es el urobilinógeno intestinal, el urobilinógeno urinario será bajo en la ictericia obstructiva debido a que el urobilinógeno intestinal será bajo como resultado de la obstrucción del colédoco (*véase* la figura D).

CASO 7: dolor articular y gota

PC1. **Respuesta = F.** La recuperación de las bases de purina hipoxantina y guanina a los nucleótidos de purina inosina monofosfato (IMP) y guanosín monofosfato (GMP) por hipoxantina-guanina fosforribosiltransferasa (HGPRT) requiere 5-fosforribosil-1-pirofosfato (PRPP) como la fuente de ribosa 1-fosfato. La recuperación disminuye la cantidad de sustrato disponible para la degradación del ácido úrico. Por lo tanto, una deficiencia en la recuperación deriva en hiperuricemia (*véase* la figura a la derecha). Los inhibidores no competitivos como el oxipurinol no tienen efecto sobre la constante de Michaelis (K_m), pero disminuyen la velocidad máxima aparente ($V_{máx}$). La colchicina es un fármaco antiinflamatorio. No tiene efecto sobre las enzimas de la síntesis o degradación de purina. La

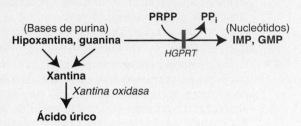

glutamina (no el glutamato) es una fuente de nitrógeno para la síntesis del anillo de purina. En la síntesis del nucleótido de purina, el sistema del anillo de purina se construye en la ribosa 5-fosfato proporcionada por PRPP. El alopurinol y su metabolito, oxipurinol, inhiben la xantina oxidasa de la degradación de purina. La amidotransferasa es la enzima regulada de la síntesis de purina. Su actividad disminuye por los nucleótidos de purina y aumenta por PRPP.

PC2. **Respuesta = B.** El metotrexato inhibe la dihidrofolato reductasa, lo que disminuye la disponibilidad del N^5,N^{10}-metileno tetrahidrofolato necesario para la síntesis de desoxitimidina monofosfato (dTMP) a partir de desoxiuridina monofosfato (dUMP) por timidilato sintasa (*véase* la figura a la derecha). La carbamoil fosfato sintetasa (CPS) II es la actividad enzimática regulada de la biosíntesis de pirimidina en humanos. La CPS I es una enzima del ciclo de la urea. La aciduria orótica es una patología rara de la síntesis de pirimidina causada por la deficiencia en una o ambas actividades enzimáticas de la uridina monofosfato sintasa bifuncional. La síntesis de pirimidina nucleótido, como la síntesis y la recuperación de purina, requiere PRPP.

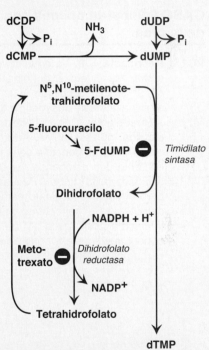

PC3. La mayor actividad de PRPP sintetasa deriva en una mayor síntesis de PRPP. Esto resulta en un aumento en la síntesis del nucleótido de purina más allá de lo necesario. El exceso de los nucleótidos de purina se degrada a ácido úrico, con lo que causa hiperuricemia.

CASO 8: ausencia de movimientos intestinales con fibrosis quística

PC1. **Respuesta = A.** Las manifestaciones clínicas de la fibrosis quística (FQ) son la consecuencia de la retención de cloro con aumento de la absorción de agua que hace que el moco en la superficie epitelial se haga excesivamente espeso y pegajoso. El resultado es el surgimiento de problemas pulmonares y gastrointestinales como infección respiratoria y alteración de las funciones pancreáticas exocrinas y endocrinas (insuficiencia pancreática). La alteración de la función pancreática exocrina puede derivar en diabetes con hiperglucemia relacionada. Algunas mutaciones provocan una mayor degradación de la proteína reguladora de la conductancia transmembrana en la fibrosis quística (RTFQ), pero la degradación se inicia al marcar la proteína con ubiquitina. Las mutaciones del marco de referencia alteran el marco de lectura mediante la adición o deleción de nucleótidos por un número no divisible entre tres. Debido a que la mutación ΔF509 es causada por la pérdida de tres nucleótidos que codifican para fenilalanina (F) en la posición 509 en la proteína RTFQ, no es una mutación de marco de referencia.

PC2. **Respuesta = A.** El direccionamiento de proteínas destinado a funcionar como componentes de la membrana plasmática es un ejemplo de direccionamiento cotraduccional. Implica la iniciación de la traducción en los ribosomas citosólicos; el reconocimiento de la secuencia de señal N-amino terminal en la proteína por la partícula de reconocimiento de señal; el movimiento del complejo sintetizante de proteína a la cara externa de la membrana del retículo endoplásmico; y la continuación de la síntesis de proteínas, como que la proteína es transportada a la luz del retículo endoplásmico y empacada en vesículas que viajan a través del aparato de Golgi y de modo eventual se fusionan con la membrana plasmática. La secuencia de señal N-terminal es eliminada por una peptidasa en la luz del retículo endoplásmico. La manosa 6-fosfato es la señal que direcciona proteínas de forma cotraduccional a la matriz del lisosoma, donde funcionan como hidrolasas ácidas.

PC3. La insuficiencia pancreática que se ha observado en algunos pacientes con fibrosis quística deriva en una menor capacidad para digerir alimentos y se requiere de la digestión para la absorción. Las grasas de los alimentos se mueven a través del intestino y se excretan en las heces (*véase* la figura a la derecha), son malolientes y voluminosas y pueden flotar. Los pacientes están en riesgo de sufrir desnutrición y deficiencias de vitaminas liposolubles. El tratamiento consiste en complementos orales de enzimas pancreáticas.

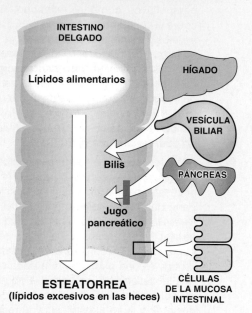

CASO 9: hiperamonemia con defecto en el ciclo de la urea

PC1. **Respuesta = B.** La argininosuccinato liasa (ASL) escinde el argininosuccinato a arginina (Arg) y fumarato. El aumento en el argininosuccinato y la citrulina y la disminución en arginina indican una deficiencia en la ASL (*véase* la figura más adelante). Con la deficiencia de arginasa, la Arg estaría elevada, no disminuida. Además, con la deficiencia de arginasa, la hiperamonemia sería menos intensa debido a que se excretan dos nitrógenos. La deficiencia de argininosuccinato sintetasa (ASS) también causaría un aumento en la citrulina, pero el argininosuccinato estaría bajo o ausente. La deficiencia de carbamoil fosfato sintetasa (CPS) I se caracteriza por concentraciones bajas de Arg y citrulina. La deficiencia de ornitina transcarbamoilasa (OTC), la única enzima ligada a X del ciclo de la urea, derivaría en concentraciones bajas de arginina y citrulina y concentraciones elevadas de ácido orótico urinario. [Nota: el ácido orótico está elevado porque el sustrato carbamoil fosfato de OTC se está usando en el citosol como un sustrato para la síntesis de pirimidina.]

MITOCONDRIA

NH$_3$ + HCO$_3^-$

2 ATP → | CPSI
2 ADP + P$_i$ →

Ornitina ← + Carbamoil fosfato → (en deficiencia de *OTC*) → Carbamoil fosfato

| OTC

Citrulina

CITOSOL

Ácido orótico (pirimidina)

Citrulina — Aspartato
ASS — ATP / AMP + PP$_i$

Ornitina

Argininosuccinato

Urea ← *Arginasa* / *ASL*
H$_2$O → Arginina → Fumarato

PC2. Los complementos de arginina son útiles porque la arginina se hidroliza a urea + ornitina por la arginasa. La ornitina se combina con carbamoil fosfato para formar citrulina (*véase* la figura anterior). Con la deficiencia de ASL (y ASS), la citrulina se acumula y se excreta, con lo que se transportan los desechos de nitrógeno fuera del cuerpo.

PC3. **Respuesta = D.** En los individuos con deficiencias más leves (parciales) en las enzimas del ciclo de la urea, la hiperamonemia puede estar desencadenada por el estrés fisiológico (p. ej., una enfermedad o un ayuno prolongado) que disminuye la relación de insulina/hormona contrarreguladora. [Nota: el grado de hiperamonemia suele ser menos intenso que lo que se observa en formas de inicio neonatal.] La desviación en la relación, resulta, en parte en parte, en la proteólisis del músculo esquelético y los aminoácidos que se liberan se degradan. La degradación implica la transaminación por aminotransferasas que requieren piridoxal fosfato que genera el α-cetoácido derivado del aminoácido + glutamato. El glutamato pasa por desaminación oxidativa a α-cetoglutarato y amoniaco (NH$_3$) por glutamato deshidrogenasa (GDH; *véase* la figura a la derecha). [Nota: GDH es inusual en que utiliza tanto nicotinamida adenina dinucleótido (NAD) como fosfato de nicotinamida adenina dinucleótido (NADP) como coenzimas.]

El NH$_3$, que es tóxico, puede transportarse al hígado como glutamina (Gln) y alanina (Ala). La Gln se genera por la aminación de glutamato por glutamina sintetasa que requiere ATP. En el hígado, la enzima glutaminasa elimina el NH$_3$, que puede convertirse a urea por el ciclo de la urea o excretarse como amonio (NH$_4^+$) (*véase* la figura a la derecha). Así, la Gln es un vehículo no tóxico del transporte de NH$_3$ en la sangre. La Ala se genera en el músculo esquelético a partir del catabolismo de los aminoácidos de cadena ramificada (BCAA). En el hígado, la Ala es transaminada por la alanina transaminasa (ALT) a piruvato (usado en la gluconeogénesis) y glutamato. De este modo, Ala transporta nitrógeno al hígado para la conversión a urea (*véase* la figura más adelante). Por lo tanto, los defectos en el ciclo de la urea provocarían una elevación en NH$_3$, Gln y Ala. El NH$_3$ elevado impulsa la respiración y la hiperventilación provoca una elevación en el pH (alcalosis respiratoria). (Nota: la hiperamonemia es tóxica para el sistema nervioso. Aunque no se entiende por completo el mecanismo exacto, se sabe que el metabolismo de grandes cantidades de NH$_3$ a Gln [en los astrocitos del cerebro] resulta en efectos osmóticos que hacen que el cerebro se hinche. Además, la elevación en Gln disminuye la disponibilidad de glutamato, un neurotransmisor excitatorio.)

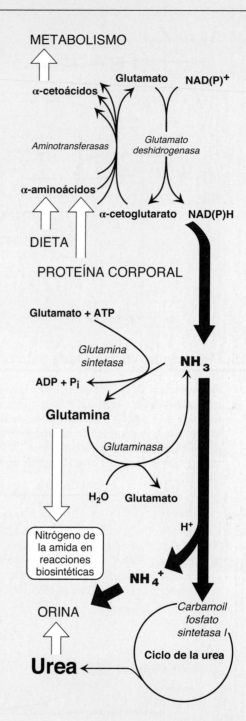

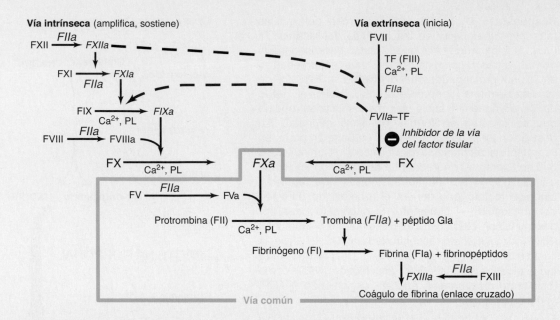

CASO 10: pantorrilla hinchada y dolorosa con trombosis venosa profunda

PC1.   Respuesta = C. El FV de Leiden es una forma mutante de FV que es resistente a proteólisis por el complejo de proteína C activada. La menor capacidad para degradar FV permite la producción continua de trombina activada y conduce a un mayor riesgo de formación de coágulos o trombofilia. La antitrombina III (ATIII) y la proteína S son proteínas de la anticoagulación. La producción elevada, no la disminuida, de protrombina derivaría en trombofilia. La deficiencia de factor de von Willebrand causa una coagulopatía o una deficiencia en la coagulación a través de sus efectos como portador del FVIII y también en la agregación plaquetaria.

$$FIIa \xrightarrow{\text{ATIII, heparina}} FII\text{–}ATIII\text{–heparina} \longrightarrow FII\text{–}ATIII + \text{heparina}$$
(en sangre)   (al hígado)

PC2.   La heparina, un glucosaminoglucano, funciona como anticoagulante. Activa la antitrombina (a veces llamada ATIII), lo que permite a la antitrombina inhibir la trombina y el FXa. La antitrombina funciona al escindir la trombina y el FXa, lo que los hace inactivos. La warfarina, un análogo sintético de la vitamina K, inhibe la vitamina K, la coenzima que se necesita para la γ-carboxilación de los residuos de glutamato a residuos de γ-carboxiglutamato (Gla) en FII, FVII, FIX y FX (*véanse* las figuras).

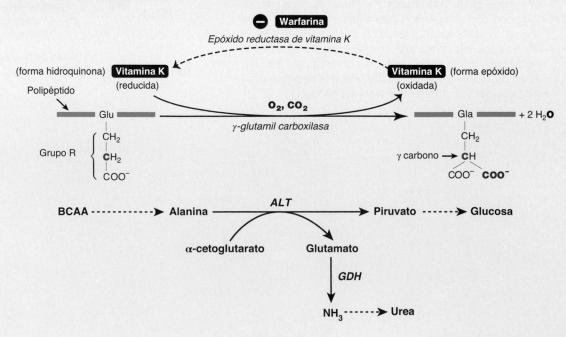

Índice alfabético de materias

Nota: los números de página seguidos por *f* indican figuras; aquellos seguidos por *t* indican tablas. Asimismo, las designaciones de posición y configuración en los nombres químicos (por ejemplo, "3-", "α", "N-", "D-") se omiten en la alfabetización.

A

ABC, proteína transportadora [cassette de unión a ATP], 285, 286, 286*f*
Abetalipoproteinemia, 280-281, 466
ABO, grupo sanguíneo, 206
Absorción, estado de, 381, 396*f*
  cerebro, vías metabólicas en, 387-388, 388*f*
  generalidades, 381
  hígado, vías metabólicas en, 382-385, 383*f*
    metabolismo de las grasas, 383*f*, 384-385
    metabolismo de los aminoácidos, 383*f*, 385
    metabolismo de los carbohidratos, 383-384, 383*f*, 384*f*
  mecanismos de regulación en, 381, 381
    disponibilidad de sustratos, 381-382
    efectores alostéricos, 382
    inducción y represión de la síntesis enzimática, 382
    modificación covalente, 382, 382*f*
  músculo esquelético, vías metabólicas en, 386-387, 387*f*
    metabolismo de las grasas, 387
    metabolismo de los aminoácidos, 387, 387*f*
    metabolismo de los carbohidratos, 387, 387*f*
  tejido adiposo, vías metabólicas en, 385-386, 386*f*
    metabolismo de las grasas, 386, 386*f*
    metabolismo de los carbohidratos, 385-386, 386*f*
ACC. *Véase* Acetil CoA carboxilasa (ACC)
Acetil CoA-ACP transacilasa, 228
Acetil CoA carboxilasa (ACC), 154, 227-228, 228*f*
  ACC2, 235
  regulación de
    corto plazo, 227-228
    largo plazo, 228
Acetil coenzima A (CoA), 153
  carboxilación, a malonil CoA, 227-228
  catabolismo de los aminoácidos y, 315, 319
  en la síntesis de ácidos grasos, 227
  mitocondrial, producción de, 227
  producción citosólica de, 227, 227*f*
  y gluconeogénesis, 158, 158*f*
  y síntesis de colesterol, 268, 268*f*
Acetil coenzima A carboxilasa (ACC), 382
N-acetilgalactosamina, 200, 201*f*, 256
  en oligosacáridos complejos, 206, 206*f*
N-acetilglucosamina-6-sulfatasa, deficiencia de, 204*f*
N-acetilglucosaminidasa, deficiencia de, 204*f*
N-acetilglutamato (NAG), 304*f*, 305, 306
N-acetilglutamato sintasa (NAGS), 306
N-acetilneuramínico, ácido (NANA), 201, 201*f*, 256, 257*f*
Acetoacetato, 240, 315, 319
  formación de, 241, 241*f*,
  uso en tejidos periféricos, 242, 241*f*
Acetoacetil CoA, 319
Acetona, 240
  producción de, 241, 24[*f*
Aciclovir, 361
Ácida, constante de disociación (K$_a$), 30
Ácida(s), hidrolasa(s)
  deficiencia de, 210, 209*f*
  en la degradación de glucoproteínas, 210
Ácida(s), lipasa(s), 215-216
Acidemia metilmalónica, 327-328
Acídicos, azúcares, de glucosaminoglucanos, 197, 197*f*
Ácido(s)
  débiles, 30
  definición de, 30

Ácido acético, 226*f*
  Henderson-Hasselbalch, ecuación de, 31
  titulación, curva de, 31, 31*f*
Ácido acetilsalicílico (aspirina), 591
Ácido δ-aminolevulínico (ALA)
  efecto de fármacos, 334
  formación de, 333-334
  hemo (hemina), efectos, 334
Ácido δ-aminolevulínico sintasa (ALAS), 333
  ALAS1, 333
  ALAS2, 333-334
    pérdida de función, mutaciones de, 334
Ácido ascórbico (vitamina C), 451-452
  deficiencia, 452, 452*f*
  en la prevención de enfermedades crónicas, 452
  estructura de, 451, 451*f*
  funciones, 451-452
  síntesis de, 201, 201*f*
Ácido aspártico, 29
Ácido(s) biliares, 273-276
  estructura de, 273, 274*f*
  primarios, 274
  secundarios, 275
  síntesis de, 188, 274, 274*f*
    en el hígado, 274
    paso limitante en, 274
Ácido butírico, 226*f*
Ácido cáprico, 226*f*
Ácido carglúmico, 309
Ácido carbónico, 55
Ácido clorhídrico (HCl), 297, 298, 298*f*
Ácido cólico, 274, 274*f*. *Véase también* Ácido(s) biliar(es)
Ácido desoxirribonucléico (ADN), 483, 556. *Véase también* Replicación de ADN eucariota; Replicación de ADN procariota
  ADN complementario (ADNc), 560-561, 560*f*
  ADN de cadena sencilla (ADNss), 484, 561, 562
  ADN humano, herramientas para análisis de, 556, 556*f*
    clonación de ADN, 558-562
    endonucleasas de restricción, 556-557
    sondas, 562-564circular, 486
    clonación de, 558-562, 559*f*
      bibliotecas de ADN, 560-561
      secuenciación de fragmentos clonados de ADN, 561
      vectores, 558-560
  cromosómico, 486
  daño a, 499
  desnaturalización, 485-486
  doble hélice del, 484, 485, 485*f*
    surco mayor de la, 485, 485*f*
    surco menor de la, 485, 485*f*
  en la transcripción, 539 (*véase también* Expresión génica)
  en procariotes, 484
    replicación de, 486-495
  enlaces de hidrógeno, 485, 486*f*
  enlaces fosfodiéster 3' a 5' de, 484-485, 484*f*
  enlazador, 498, 498*f*
  estructura de, 484-486
    mapa conceptual para, 503*f*
  estructura primaria, 484
  estructura secundaria, 484
  eucarióticos, 484
    organización en, 497-499, 498*f*
    replicación en, 495-497
  fetal, 567-568
  forma A, 486
  forma B, 486, 487*f*

  forma Z, 486
  formación de histonas y nucleosomas, 497-498, 498*f*
  híbrido/recombinante, 558
  hipermetilación, 550
  lineal, 486
  metilación de, 550
    ADN bacteriano, 557
  microacomodos, 575
  molécula de doble cadena (ADNds), 484, 556
  nucleótidos en, 484
  pares de bases en, 485, 485*f*, 486*f*
  plásmido, 486, 558
    regla de Chargaff, 485
  renaturalización, 486
  reparación, 499-501
    mapa conceptual para, 504*f*
    reparación de roturas de la doble cadena, 501
    reparación de apareamiento erróneo, 499-500, 499*f*
    reparación por escisión de bases, 501, 501*f*
    reparación por escisión de nucleótidos, 500, 500
  replicación de, 483
    en eucariotes, 495-497
    en procariotes, 486-495
    mapa conceptual para, 503*f*
    semiconservador, 486-487, 487*f*
    separación de cadenas, 485-486, 486*f*
    telomérico, 496
    temperatura de fusión, 485, 486*f*
Ácido fólico (vitamina B$_9$), 448-449, 449*f*
  deficiencia de, 448
    en el embarazo, 449
    histología de la médula ósea en, 449, 449*f*
  fuentes de, 448
  función de, 448
  suplementación, 449, 451
  y anemia, 448-449, 449*f*
  y defectos del tubo neural, 449
  y el metabolismo de un carbono, 320, 320*f*
Ácido fosfatídico (PA), 247, 248. *Véase también* Glicerofosfolípidos
Ácido glucocólico, 274, 275*f*
Ácido glutámico, 29
Ácido graso, sintasa de (FAS), 228
Ácido 5-hidroperoxi-6,8,11,14 (5-HPETE), 261
Ácido 5-hidroxi-3-indoleacético (5-HIAA), 343
Ácido L-idurónico
  en glucosaminoglucanos, 197
  síntesis de, 197
Ácido linoleico, 431
Ácido ω-linoleico, 431
Ácido lipoico
  en el complejo de α-cetoácido deshidrogenasa ramificada, 147
  en el complejo de α-cetoglutarato deshidrogenasa, 147
  en el complejo de PDH, 145
Ácido micofenólico, 352*f*, 353
Ácido orótico, 308
  síntesis de, 359
Ácido pantoténico (vitamina B$_5$), 456
  coenzima A, estructura de, 456, 456*f*
  fuentes de, 456
Ácido quenodesoxicólico, 274, 274*f*, 276. *Véase también* Ácido(s) biliar(es)
Ácido retinoico, 455
  estructura de, 455, 457*f*
  para problemas dermatológicos, 459
Ácido retinoico, receptores (RAR), 457, 458*f*

Fuentes de las figuras

Figura 2-12. Modificada de Garrett RH, Grisham CM. *Biochemistry*. Philadelphia, PA: Saunders College Publishing; 1995. Figura 6-36, p. 193.

Figura 2-13. De Dobson CM. Protein misfolding, evolution and disease. *Trends in Biochemical Sciences*. 1999;24(9):329-332, Figura 3.

Figura 3-1A. Illustration: Irving Geis. Rights owned by Howard Hughes Medical Institute. No utilizar sin autorización.

Figura 3-20. Photo From Fizkes/Shutterstock.com.

Figura 3-21B. De Brown Emergency Medicine: Clinical Image of the Week 14: The Blue Man. https://blogs.brown.edu/emergency-medicine-residency/citw-14-the-blue-man/.

Figura 4-3. Electron micrograph of collagen from Natural Toxin Research Center. Texas A&M University Kingsville. Collagen molecule modificada de Mathews CK, van Holde KE, Ahern KG. *Biochemistry*. 3rd ed. Boston, MA: Addison Wesley Longman, Inc.; 2000:175. Figura 6.13.

Figura 4-4. Modificada de Yurchenco PD, Birk DE, Mecham RP, eds. *Extracellular Matrix Assembly and Structure*. San Diego, CA: Academic Press; 1994.

Figura 4-8. Buhler K. Images in clinical medicine. *N Engl J Med*. 1995;332(24):1611.

Figura 4-10. Gru AA. *Pediatric Dermatopathology and Dermatology*. Wolters Kluwer; 2019, Figura 9-1A.

Figura 4-11. Radiograph from Jorde LB, Carey JC, Bamshad MJ, et al. *Medical Genetics*. 2nd ed. St. Louis, MO: Mosby; 1999. http://medgen.genetics.utah.edu/index.htm.

Capítulo 4, Pregunta 4.2. Berge LN, Marton V, Tranebjaerg L, et al. Prenatal diagnosis of osteogenesis imperfecta. *Acta Obstet Gynecol Scand*. 1995;74(4):321-323.

Figura 17-13. *Urbana Atlas of Pathology*, University of Illinois College of Medicine at Urbana-Champaign. Image number 26.

Figura 17-20. Interactive Case Study Companion to Robbins Pathologic Basis of Disease.

Figura 18-9A. Basada en https://commons.wikimedia.org/wiki/File:Cholic_acid.jpg.

Figura 18-13. De Husain AN, Stocker JT, Dehner LP. *Stocker and Dehner's Pediatric Pathology*. 4th ed. Wolters Kluwer; 2016, Figura 15-62D.

Figura 20-21. Success in MRCO path. http://www.mrcophth.com/iriscases/albinism.html.

Figura 20-23A. Bullough PG. *Orthopaedic Pathology*. 5th ed. Mosby, Inc.; 2010, Figura 11-31.

Figura 20-23B. Modificado de Vigorita VJ. *Orthopaedic Pathology*. 3rd ed. Wolters Kluwer; 2016, Figura 16-53B.

Figura 21-6. Imagen proporcionada por Stedman's.

Figura 21-7. Rich MW. Porphyria cutanea tarda. *Postgrad Med*. 1999;105:208-214.

Figura 21-11. De Zay Nyi Nyi/Shutterstock.com.

Figura 21-14. Phototake.

Figura 22-16. Ballantyne JC, Fishman SM, Rathmell JP. *Bonica's Management of Pain*. 5th ed. Wolters Kluwer; 2019, Figura 34-10.

Figura 22-18. De Rubin E, Reisner HM. *Principles of Rubin's Pathology*. 7th ed. Wolters Kluwer; 2019, Figura 22-43D.

Figura 23-2. Childs G. http://www.cytochemistry.net/.

Figura 23-13. Modificado de Cryer PE, Fisher JN, Shamoon H. Hypoglycemia. *Diabetes Care*. 1994;17:734-753.

Figura 24-11. Datos de Baynes JW, Dominiczak MH. *Medical Biochemistry*. 4th ed. Saunders; 2014.

Figura 26-5. Gibson W, Farooqi IS, Moreau M, et al. Hypoglycemia. *J Clin Endocrinol Metab*. 2004;89(10):4821.

Figura 27-19. A, Corey Heitz, MD. https://www.flickr.com/photos/coreyheitzmd/3478702894. **B,** Centers for Disease Control and Prevention Public Health Image Library. Atlanta, GA.

Capítulo 27, Pregunta 27.1. De TknoxB. https://www.flickr.com/photos/tkb/18181998

Figura 28-4. Matthews JH. Queen's University Department of Medicine, Division of Hematology/Oncology, Kingston, Canada.

Figura 30-7. Nolan J. Department of Biochemistry, Tulane University, New Orleans, LA.

Figura 34-27. Basado en Costa JR, Bejcek BE, McGee JE, et al. Genome Editing Using Engineered Nucleases and Their Use in Genomic Screening. 2017 November 20. In: Markossian S, Sittampalam GS, Grossman A, et al., eds. Assay Guidance Manual [Internet]. Bethesda (MD): Eli Lilly & Company and the National Center for Advancing Translational Sciences; 2004.

Figura 35-10. Foerster J, Lee G, Lukens J, et al. *Wintrobe's Clinical Hematology*. 10th ed. Philadelphia, PA: Lippincott Williams & Wilkins; 1998.

Figura 35-20. Cohen BJ, Taylor JJ. *Memmler's the Human Body in Health and Disease*. 10th ed. Baltimore, MD: Lippincott Williams & Wilkins; 2005.

Apéndice, Casos integrales, Caso 1 Figuras. Gold DH, Weingeist TA. Color Atlas of the Eye in Systemic Disease. Baltimore, MD: Lippincott Williams & Wilkins; 2001.

Apéndice, Casos enfocados, Caso 2 Figura. Goodheart HP. *Goodheart's Photographs of Common Skin Disorders*. 2nd ed. Philadelphia, PA: Lippincott Williams & Wilkins; 2003.

Apéndice, Casos enfocados, Caso 7 Figura De Rubin E, Reisner HM. *Principles of Rubin's Pathology*. 7th ed. Wolters Kluwer; 2019, Figura 22-43D.

Apéndice, Casos enfocados, Caso 6 Figura. De Zay Nyi Nyi/Shutterstock.com.